Ludwig Reimer

Elektronenmikroskopische Untersuchungs- und Präparationsmethoden

Zweite, erweiterte Auflage

Mit 247 Abbildungen

Springer-Verlag Berlin Heidelberg New York 1967

Dr. Ludwig Reimer

apl. Professor an der Universität Münster i. W.

ISBN 978-3-642-86558-9   ISBN 978-3-642-86557-2 (eBook)
DOI 10.1007/978-3-642-86557-2

Titel-Nr. 0826

Aus dem Vorwort zur ersten Auflage

Das vorliegende Buch wendet sich an den ständig zunehmenden Kreis der elektronenmikroskopisch arbeitenden Wissenschaftler und soll eine Übersicht über den augenblicklichen Stand der elektronenmikroskopischen Untersuchungs- und Präparationstechnik vermitteln.

Die Präparation muß speziell auf die physikalischen Eigenarten der elektronenmikroskopischen Bildentstehung abgestimmt werden. Während bei technischen und physikalischen Problemen die Oberflächenabdruckmethode bevorzugt zur Anwendung kommt, dominiert auf dem biologischen Sektor die Dünnschicht-Technik. Man sollte jedoch nicht dazu neigen, nur die Fortschritte auf einem dieser Gebiete zu verfolgen. Es zeigen sich viele gemeinsame Gesichtspunkte, die auf beiden Anwendungsgebieten zur Verbesserung der Präparation ausgenutzt werden können. So ist es z. B. möglich, anorganische Pulver oder Metalle in Plexiglas einzubetten und mit Diamantmessern zu schneiden oder organische Objekte als Ergänzung mit elektronenmikroskopischen Oberflächenabdrücken zu untersuchen.

Das Buch soll deshalb eine allgemeine Einführung in die wichtigsten Präparationsverfahren geben. Dabei wird auch vor allem das Artefaktproblem an zahlreichen Beispielen diskutiert. Artefakte sind am besten zu vermeiden, wenn man mehrere voneinander unabhängige Methoden anwendet. Das Buch möchte daher auch Anregungen in dieser Richtung vermitteln. In diesem Zusammenhang sei auch bemerkt, daß man die Elektronenmikroskopie nicht als Selbstzweck betreiben, sondern als ein Hilfsmittel der Forschung unter vielen anderen anwenden sollte.

Eine Übersicht über die Präparationsmethoden wäre jedoch unvollständig, wenn nicht auf die besonderen Verhältnisse bei der elektronmikroskopischen Bildentstehung näher eingegangen wird. Man muß diese bei der Herstellung der Präparate und bei der Deutung der elektronenmikroskopischen Bilder berücksichtigen. So sind z. B. gerade in der Dünnschnitt-Technik zahlreiche Versuche unternommen, Zellorganelle oder spezifische Molekülgruppen durch Kontrastierung mit Schwermetallen zu differenzieren. Andererseits sind die Interferenzschlieren in kristallinen Objekten ohne genaue Kenntnis der Elektronenbeugung nicht zu interpretieren.

Im ersten Teil des Buches wird deshalb über Untersuchungsverfahren berichtet. In vielen Büchern über Elektronenmikroskopie nimmt die

Elektronenoptik einen größeren Raum ein. Da sich dieses Buch in erster Linie an den Praktiker und nicht an den Konstrukteur wendet, wird nur auf die wichtigsten Gesetzmäßigkeiten der Elektronenoptik eingegangen, die zum Verständnis der Wirkungsweise und zum praktischen Gebrauch des Elektronenmikroskopes benötigt werden. Dafür werden um so ausführlicher praktische Fragen, wie z. B. Vergrößerungsbestimmung, Korrektur des Astigmatismus, Stereoabbildung oder Elektronenbeugung, behandelt. Weitere Kapitel beschreiben die Wechselwirkung der Elektronen mit dem Objekt, also Probleme der Bildentstehung und Objekterwärmung, einschließlich der Präparatveränderungen unter Elektronenbeschuß.

Im präparativen Teil werden im wesentlichen die Standardmethoden beschrieben und nur vereinzelt spezielle Verfahren. Man kann sagen, daß jedes Objekt eine individuelle Abstimmung der Präparationsverfahren verlangt, so daß die geeignete Variation der Präparationsbedingungen eines der Hauptprobleme der praktischen Elektronenmikroskopie darstellt.

Es ist im Rahmen dieses Buches unmöglich, die gesamte Literatur zu referieren, vor allem, weil sich der größte Teil der elektronenmikroskopischen Arbeiten mit Anwendungen der Methoden beschäftigt. Solche Arbeiten sind nur dann besonders erwähnt, wenn sie ein gutes Beispiel zur Erläuterung der Anwendung einer Methode darstellen. Allgemein ist die Literaturauswahl so getroffen, daß sie als Ausgangspunkt für ein weiteres Literaturstudium dienen kann. Wegen der besseren Übersichtlichkeit sind die Literaturzitate jeweils an den Schluß des betreffenden Kapitels gesetzt. Um die Beschaffung von Zubehör für die elektronenmikroskopische Präparationstechnik zu erleichtern, ist am Schluß des Buches ein Bezugsquellennachweis gebracht.

Münster i. Westf., im März 1959   L. REIMER

Vorwort zur zweiten Auflage

Seit dem Erscheinen der ersten Auflage vor 7 Jahren hat sich die Elektronenmikroskopie auf fast allen Gebieten in ihren theoretischen und präparativen Grundlagen entwickelt. Um diesem nachzukommen, wurde die erste Auflage völlig neu überarbeitet, ergänzt und auch teilweise umgestellt. Für die Diskussion der Abbildungseigenschaften und Aufzeichnung der zukünftigen Entwicklungsmöglichkeiten wurde etwas näher auf die Grundlagen der Elektronenoptik — speziell der magnetischen Linsen — eingegangen. Durch die Anwendung der Elektronenmikroskopie auf dünnpolierte Metallfolien und ihre Kristallbaufehler ist das Kapitel über Elektronenbeugung und den Kontrast kristalliner Objekte wesentlich erweitert worden, ohne jedoch die Darstellung durch spezielle Erscheinungen zu stark zu überladen. Entsprechendes gilt für den präparativen Teil zur Herstellung durchstrahlbarer Metallfolien. Auf dem biologischen Sektor liegen die wichtigsten Erweiterungen auf dem Gebiete der Fixation, Einbettung und Kontrastierung und der elektronenmikroskopischen Histochemie. Die Verfahren der Negativkontrastierung, Immuno-Ferritin-Methode und Autoradiographie sind neu aufgenommen.

Im präparativen Teil des Buches liegt die besondere Betonung — wie auch schon in der ersten Auflage — in der Darstellung der Standardmethoden und der dabei auftretenden Probleme. Anwendungen und Ergebnisse werden nur insoweit an Beispielen diskutiert, wie sie für die Erläuterung einer Methode erforderlich sind.

Mein besonderer Dank gilt allen Fachkollegen, die mir durch Anregungen, Diskussionen und Durchsicht einzelner Kapitel bei der Abfassung der Neuauflage geholfen haben.

Münster i. Westf., im Januar 1966   L. REIMER

Inhaltsverzeichnis

A. Untersuchungsmethoden

A. Untersuchungsmethoden

§ 1. Elektronenoptische Grundlagen des Durchstrahlungsmikroskopes

1.1. Elektronenstrahlerzeugung

1.1.1. Elektronenaustritt in das Vakuum

Die Elektrizitätsleitung in Metallen erfolgt durch freie Elektronen im Metallgitter, den sog. Leitungselektronen. Größenordnungsmäßig steht pro Atom ein Leitungselektron zur Verfügung. Um diese Elektronen aus dem Festkörper herauszulösen und für die Erzeugung von Elektronenstrahlen im Vakuum zu verwenden, muß ein bestimmter

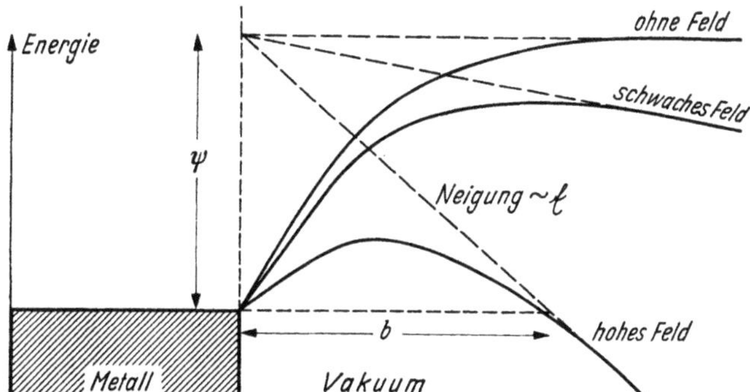

Abb. 1. Potentialverlauf an der Grenze Metall-Vakuum zur Definition der Austrittsarbeit ψ und die Veränderung des Potentials bei einem äußeren elektrischen Feld $\mathfrak{E}$

Energiebetrag — die Austrittsarbeit ψ — aufgebracht werden. Abb. 1 zeigt den Potentialverlauf an der Grenze Metall-Vakuum, der einen „Potentialberg" bildet, den die Elektronen zu überwinden haben. Dies kann auf verschiedene Weise erfolgen:

1. durch Erhitzung des Metalles (Glühemission). Dabei wird durch Wärmeschwingungen des Atomgitters soviel kinetische Energie in Form regelloser Bewegung den Leitungselektronen übermittelt, daß ein großer Teil beim Auftreffen auf die Oberfläche die Energieschwelle der Austrittsarbeit überwinden kann. Wenn man durch eine elektrische Spannung dafür sorgt, daß alle Elektronen nach ihrem Austritt abgesaugt werden,

1   Reimer, Elektronenmikroskop. Methoden, 2. Aufl.

berechnet sich der hiermit verbundene Elektronen-Emissionsstrom I_s nach der Richardsonschen Gleichung zu

$$I_s = n\varepsilon = A_0 F T^2 e^{-\psi/kT} \qquad (1.1)$$

(n = Zahl der pro Sekunde austretenden Elektronen mit der Elementarladung ε, A_0 eine Konstante, F die emittierende Fläche des Metalles, T die absolute Temperatur und k die Boltzmann-Konstante).

Um einen nachweisbaren Elektronenstrom zu erhalten, benötigt man nach (1.1) sehr hohe Temperaturen. In der Regel heizt man Wolframdrähte bis zu einer Temperatur von über 2000° C durch Stromdurchgang auf (direkte Heizung). Mit Oxydkathoden und indirekter Heizung erhält man wegen der geringeren Austrittsarbeit gleich hohe Emissionsströme schon bei Temperaturen etwas höher als 1000° C (s. § 1.1.5).

2. durch Feldemission. Es wird eine so hohe Spannung angelegt, daß eine Überlagerung des Feldpotentials nach Abb. 1 eine Erniedrigung der Austrittsarbeit hervorruft und ferner auch die Breite b des Potentialberges verschmälert. Dadurch können die Elektronen auf Grund ihrer Welleneigenschaften zum Teil den Potentialberg durchdringen (wellenmechanischer Tunnel-Effekt). Maßgebend für die Steilheit der Potentialgeraden in Abb. 1 ist aber nicht die angelegte Spannung U zwischen den Elektroden, sondern die elektrische Feldstärke $\mathfrak{E}$, die vor allem an Spitzen sehr hohe Werte annehmen kann ($\mathfrak{E} = U/r$ mit r als Krümmungsradius der Spitze). Für eine Feldemission mit hoher Ausbeute ist ein $\mathfrak{E} \geqq 10^7$ Volt/cm erforderlich. Bei einer Erhitzung der Spitze kann die Feldemission schon bei geringeren Feldstärken einsetzen (thermische Feldemission, s. § 1.1.5).

3. durch Bestrahlung mit energiereichen Elementarteilchen: a) Lichtquanten (Photoemission), deren Energie $h\nu$ mindestens so groß wie die Austrittsarbeit sein muß (UV-Bestrahlung), b) Elektronen mit einer Mindestenergie von etwa 100 eV (Sekundärelektronenemission), wobei durch ein einfallendes Elektron mehrere Sekundärelektronen ausgelöst werden können und c) beschleunigte Ionen. Alle drei Möglichkeiten werden einschließlich der Glühemission in Emissionsmikroskopen (§ 3.2) zur Auslösung der Elektronen verwendet.

4. besteht die Möglichkeit, die Elektronen aus einer Gasentladung herauszuziehen (INDUNI, 1947; HAHN, 1958).

1.1.2. Die Beschleunigung der Elektronen
zwischen Kathode und Anode

Wenn man keine äußere Spannung zum Absaugen der Elektronen anlegt, so bildet sich um den Wolframdraht eine negativ geladene Raumladungswolke aus, die weitere Elektronen durch elektrostatische Abstoßung am Verlassen des Metalles hindert. Das Anlegen der Spannung bewirkt eine Beschleunigung der Elektronen im elektrischen Feld $\mathfrak{E}$. Die Kraft $\mathfrak{K}$, die auf ein einzelnes Elektron wirkt, beträgt

$$\mathfrak{K} = -\varepsilon\,\mathfrak{E}\,. \tag{1.2}$$

Zwischen zwei Platten (Kondensator) berechnet sich im einfachsten Fall das räumlich konstante Feld $\mathfrak{E}$ aus der angelegten Spannung U und dem Plattenabstand d zu

$$\mathfrak{E} = \frac{U}{d}\,. \tag{1.3}$$

Bei komplizierten Anordnungen und Formen der Elektroden ist die Feldstärke in Richtung und Betrag keineswegs konstant. Eine Berechnung der Feldstärke erfolgt dann am einfachsten über die Äquipotentialflächen $\Phi = $ const (z. B. Abb. 2 und 5), die der Potentialgleichung

$$\varDelta\,\Phi = \frac{\partial^2 \Phi}{\partial x^2} + \frac{\partial^2 \Phi}{\partial y^2} + \frac{\partial^2 \Phi}{\partial z^2} = 0 \tag{1.4}$$

$$(x,\,y,\,z \text{ räumliche Koordinaten})$$

genügen müssen. Bei vorgegebenen Randbedingungen (Angabe des Potentials auf dem sich die Elektroden befinden) hat diese Gleichung eine eindeutige Lösung. Leider läßt sich (1.4) mathematisch in einfacher Form nur für wenige Elektrodenanordnungen lösen. Für die meisten praktischen Fälle ist man auf numerische Näherungsmethoden angewiesen oder ermittelt das Potential in einem Modellversuch (Elektrolytischer Trog, Gummituchmethode, s. RUSTERHOLZ, 1950; GLASER, 1952).

Die elektrischen Feldlinien stehen in jedem Punkte auf diesen Äquipotentialflächen senkrecht. Die Größe der Feldstärke ergibt sich aus der Potentialänderung $d\Phi$, wenn man um die Strecke ds auf einer Feldlinie weiterschreitet

$$\mathfrak{E} = -\frac{d\Phi}{ds}\,. \tag{1.5}$$

Für den gesamten Energiegewinn E, den ein Elektron erhält, wenn es in einer beliebigen Elektrodenanordnung von einem Potential $\Phi = -U_0$ (Kathode K) zu einem positiveren Potential $\Phi = 0$ (Anode A) fliegt, erhält man mit (1.2) und (1.5)

$$E = \int_K^A \mathfrak{K}\,ds = -\int_K^A \varepsilon\,\mathfrak{E}\,ds = +\varepsilon \int_K^A \frac{d\Phi}{ds}\,ds = \varepsilon \int_{-U_0}^0 d\Phi = \varepsilon\,U_0\,. \tag{1.6}$$

Die Energie eines Elektrons beim Durchlaufen eines beliebigen elektrischen Feldes hängt also nur von der Potentialdifferenz ab und nicht von der speziellen Form des Feldes. Diese Energie wird in Form von kinetischer Energie auf das Elektron übertragen. Nach der klassischen

1*

Mechanik kann man mit der Elektronenmasse m und Geschwindigkeit v ansetzen

$$\varepsilon U_0 = \frac{1}{2} m v^2 . \tag{1.7}$$

Für die Geschwindigkeit nach dem Durchlaufen einer Potentialdifferenz U_0 ergibt sich daraus

$$v = \sqrt{\frac{2\varepsilon}{m} U_0} = 5{,}93 \cdot 10^7 \sqrt{U_0} \ \text{cm/sec} \ (U_0 \ \text{in Volt}) . \tag{1.8}$$

Bei einer Beschleunigungsspannung $U_0 = 100\,000$ Volt kommt der so errechnete Wert $v = 1{,}88 \cdot 10^{10}$ cm/sec jedoch nahe an die Lichtgeschwindigkeit $c = 3{,}0 \cdot 10^{10}$ cm/sec heran, so daß die relativistische Massenzunahme $m = m_0(1 - v^2/c^2)^{-1/2}$ zu berücksichtigen ist.

$$v = c \sqrt{1 - \left(\frac{1}{1 + \dfrac{\varepsilon U_0}{m_0 c^2}}\right)^2} \tag{1.8a}$$

Es ergibt sich dann ein 13% kleinerer Wert von $v = 1{,}64 \cdot 10^{10}$ cm/sec.

Die zur Zeit üblichen Beschleunigungsspannungen liegen zwischen 40 und 100 kV. In vielen Geräten ist die Spannung in diesem Bereich stufenweise wählbar. Dieses Spannungsintervall liefert auf der einen Seite ein Optimum an Durchstrahlbarkeit der Objekte und an Kontrast und auf der anderen Seite eine gute Stabilisierungsmöglichkeit der Hochspannung. Es fehlt jedoch nicht an Versuchen, diese Grenze nach oben und unten zu überschreiten. Mit geringeren Spannungen sind vor allem Versuche von VAN DORSTEN und PREMSELA (1960) und WILSKA (1960, 1965) unternommen. Sie sind besonders günstig für Objekte mit geringem Kontrast (z. B. Ultradünnschnitte). Die höchsten Beschleunigungsspannungen von 1,5 MeV wurden von DUPOUY u. a. (1961, 1962) erreicht. In dieser Arbeit sind auch weitere Zitate zu finden, die sich mit Spannungen höher als 100 kV beschäftigen. Mit diesen Höchstspannungsmikroskopen gelang es z. B. Aluminiumfolien von $2-3$ μ Stärke zu durchstrahlen und Versetzungen abzubilden. Der Einfluß der Strahlspannung auf das Auflösungsvermögen wird in § 1.3.6 näher diskutiert.

1.1.3. Die Haarnadelkathode

Bei der gebräuchlichsten Kathodenform erfolgt die Aussendung der Elektronen durch Glühemission von der Spitze eines haarnadelförmig gebogenen Wolframdrahtes (Abb. 6a). Bei der Ausnutzung der Glühemission ist man bestrebt, mit einer Raumladungswolke von Elektronen in der Nähe der Kathode zu arbeiten („Raumladungsbetrieb"). Wenn man nämlich ohne eine entsprechende Hilfsmaßnahme alle austretenden

Elektronen sofort beschleunigen würde, ergäben sich Störungen des Elektronenstromes durch Emissionsschwankungen. Außerdem ist eine Regelung des Strahlstromes bei diesem „Sättigungsbetrieb" nur durch Regelung der Temperatur des Heizdrahtes möglich. Dies führt zu keiner stabilen Regelung. Deshalb verwendet man zum Aufbau einer Raumladung außer Kathode und Anode noch einen „Wehneltzylinder" als

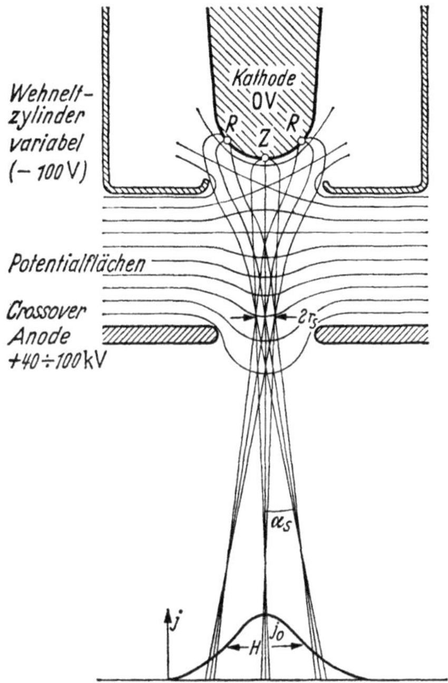

Abb. 2. Potentialflächen und Elektronenbahnen bei einer Strahlbündelung mit Wehneltzylinder

dritte Elektrode (Abb. 2). Diese Hilfselektrode wird mit einer zur Kathode negativen Vorspannung von einigen 100 Volt belegt. Abb. 2 zeigt den Querschnitt des Elektronenbündels und den Verlauf der Äquipotentialflächen unter Betriebsbedingungen. Wenn man die Vorspannung des Wehneltzylinders stark negativ wählt, wird der Kathodenraum völlig von der Anode abgeschirmt, so daß die Hochspannung nicht mehr bis zur Kathode durchgreifen kann. Durch eine Regulierung der Wehneltspannung läßt sich daher stets der Raumladungsbetrieb aufrechterhalten. Nur bei Raumladungsbetrieb ergibt sich im engsten Strahlquerschnitt (auch Cross-over genannt) mit dem Durchmesser $2r_s$ = 10 − 50 μ und hinter der Anode eine Verteilung der Strahlstromdichte j (in A/cm²), welche man gut durch eine Gaußsche Fehlerkurve

$$j = j_0 e^{-r^2/r_0^2} \tag{1.9}$$

approximieren kann (Abb. 2 und 3a). Zwischen der Konstanten r_0 und der Halbwertsbreite H der Verteilung besteht die Relation

$$H = 2\sqrt{\ln 2}\, r_0 . \tag{1.10}$$

Wenn nicht genügend Elektronen vorhanden sind, um die Raumladung aufzubauen (bei Unterheizung der Kathode), wird zuerst im Zentralgebiet Z (Abb. 2) der Kathode die Sättigung erreicht. Jedes austretende Elektron wird sofort abgesaugt. An den Rändern R kann sich dagegen noch eine Raumladung halten. Es ergibt sich unter diesen Umständen

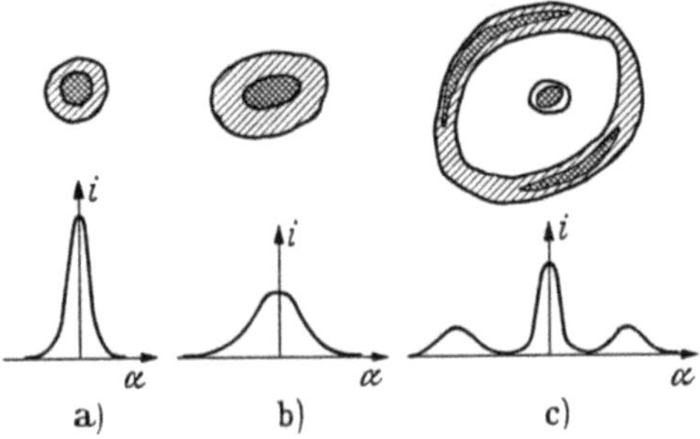

Abb. 3a-c. Intensitätsverteilung im Elektronenstrahl bei a) reinem Raumladungsbetrieb, b) Übergangsbetrieb und c) im Zentrum reinem Sättigungsbetrieb (unterheizte Kathode). Abnahme der Kathodenheizung von a) nach c)

eine sehr ungünstige Intensitätsverteilung in Form eines „Hohlstrahles'' (VON BORRIES, 1948), die man bei unterheizten Kathoden im praktischen Betrieb oft beobachten kann (Abb. 3c). Im Übergangsgebiet hat zwar die Intensitätsverteilung noch im Mittel die Form einer Gaußverteilung, aber es tritt bereits eine Struktur auf.

In vielen Geräten wird die Haarnadelkathode mit Wechselstrom geheizt, welcher direkt einer isolierten Niederspannungswicklung des Hochspannungstransformators entnommen wird. Die Hochspannung wird dabei einem Mittelabgriff der Wicklung zugeführt. Die von einer solchen Kathode emittierten Elektronenstrahlen sind jedoch in ihrer Intensität stark mit 50 und 100 Hz durchmoduliert. Eine derartige Modulation der Elektronenstrahlintensität kann sich störend auf die Bildqualität auswirken (s. GÜTTER u. MAHL, 1960; TANAOKA u. a., 1963), weil hierdurch Schwingungen des Präparates auftreten können.

1.1.4. Einfluß der Form des Wehneltzylinders auf den Richtstrahlwert

Durch eine geeignete Formgebung der Wehneltelektrode kann man erreichen, daß bereits während des Beschleunigungsvorganges der Elektronenstrahl soweit gebündelt wird, daß für die Bilderzeugung hohe

Stromdichten zur Verfügung stehen. Zur Charakterisierung eines Elektronenstrahlers definiert man den Richtstrahlwert

$$R = \frac{j_s}{\pi \alpha_s^2} \; [\text{A} \cdot \text{cm}^{-2} \cdot \text{rad}^{-2}] \tag{1.11}$$

(j_s ist die Maximal-Stromdichte in der Mitte des Cross-over und α_s die Apertur des Elektronenbündels (Abb. 2)). Hinweise für die Bestimmung dieser Größe findet man in den Arbeiten von DOSSE (1940), BOERSCH u. BORN (1958) und MARUSE (1960).

Glühkathoden besitzen einen theoretischen Höchstwert

$$R_{\text{theor}} = \frac{j_k U_0}{\pi \Delta U}, \tag{1.12}$$

welcher durch die Breite $\varepsilon \, \Delta U \cong k T_K$ der Energieverteilung der die Kathode senkrecht zum Strahl verlassenden Elektronen begrenzt wird (DOSSE, 1940). $j_K =$ Strahlstromdichte an der Kathodenoberfläche, welche man aus der Richardsonschen Gleichung (1.1) erhalten kann. Bei einer Kathodentemperatur $T_K = 2800°$ K ergibt sich eine Stromdichte $j_K \cong 3{,}5$ A/cm². Nach (1.12) ergeben diese Werte bei einer Strahlspannung $U_0 = 50$ kV einen theoretischen Höchstwert

$$R_{\text{theor}} = 2{,}3 \cdot 10^5 \, \text{A} \cdot \text{cm}^{-2} \text{rad}^{-2} \, .$$

Für eine ebene Lochblende als Wehneltelektrode (Abb. 4b) zeigt Abb. 4a nach BOERSCH und BORN (1958), wie sich der Richtstrahlwert mit wachsendem Strahlstrom i_s verändert, wenn letzterer bei konstanter Geometrie und Beschleunigungsspannung (20 kV) mittels der Wehneltspannung variiert wird. In den beobachteten Maxima bei den verschiedenen Kathodentemperaturen T_K wird bereits eine Struktur des Strahlprofiles beobachtet. Offenbar ist dann in der Kathodenmitte schon die Sättigung erreicht. In den gestrichelten Teilen ist die Intensitätsverteilung sehr inhomogen. Soll unter den günstigsten Bedingungen kurz unterhalb des Maximums gearbeitet werden, so muß bei jeder Temperatur ein bestimmter Strahlstrom, d. h. andererseits eine bestimmte Wehneltspannung eingehalten werden. Man sieht ferner, daß bei kleinen Strahlströmen eine Erhöhung von T_K keine Erhöhung des Richtstrahlwertes liefert.

Die in Abb. 4a auftretenden Richtstrahlmaxima betragen nur etwa $^1/_5$ des theoretischen Höchstwertes (1.12). Um R_{theor} zu approximieren, wurde bei konstanter T_K der Abstand Kathode-Wehneltblende verändert und durch Variation des Strahlstromes der günstigste Richtstrahlwert $R_{\max}$ aufgesucht. Dieser ist in Abb. 4d gegen die zugehörige Wehneltspannung aufgetragen. Durch eine günstigere Formgebung (Kegelelektrode, Abb. 4c) wird der theoretische Höchstwert schon durch kleinere Wehneltspannungen angenähert.

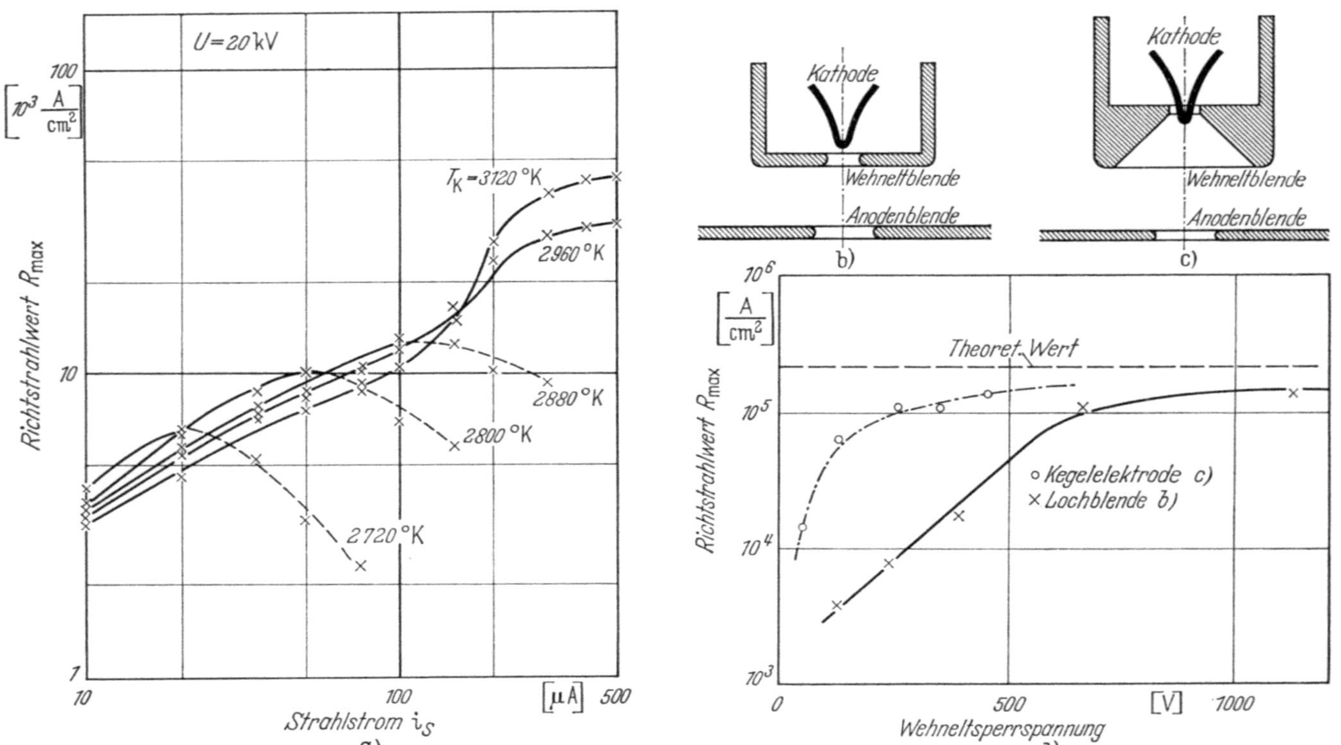

Abb. 4 a—d. a) Richtstrahlwert als Funktion des Strahlstromes i_s bei verschiedenen Kathodentemperaturen für eine ebene Lochblende b) als Wehneltelektrode (U_0 = 20 kV). d) Maximaler Richtstrahlwert als Funktion der Wehneltspannung für die Blendenform b) und die Kegelelektrode c) (nach BOERSCH u. BORN, 1958)

In einer „Fernfokuskathode" nach STEIGERWALD (1949) ist der Wehneltzylinder so geformt, daß sich die Strahlen weit hinter der Kathode bündeln (Abb. 5). Der charakteristische Unterschied gegenüber den obigen einfachen Triodensystemen (Abb. 2, 4b und 4c) besteht darin, daß die Potentialverteilung vor der Kathode eine zerstreuende Wirkung hat, während sie im mittleren Teil wieder sammelnd wirkt und den Elektronenstrahl in einem konvergenten Bündel in einigen Dezimetern Entfernung auf einen Fleck von etwa 0,5 mm konzentriert. Bei der normalen Triode laufen die Elektronen vom Cross-over vor der Kathode im divergenten Bündel zur Objektebene (Abb. 2). Weitere Verbesserungen der Fernfokuskathode wurden von BRAUCKS (1958) und HAHN (1955) mitgeteilt. Mit Fernfokuskathoden erreicht man zwar einfacher höhere Richtstrahlwerte, kann bei der Verwendung von Glühkathoden jedoch nicht den theoretischen Höchstwert (1.12) überschreiten.

1.1.5. Spitzen- und Oxydkathoden

Um noch höhere Richtstrahlwerte zu erhalten, sind zahlreiche Versuche mit Spitzenkathoden durchgeführt, wie sie in ähnlicher Form in der Feldelektronenmikroskopie Verwendung finden (HIBI, 1954, 1956; SAKAKI und MÖLLENSTEDT, 1956; COSSLETT und HAINE, 1954; SAKAKI und MARUSE, 1958, MARUSE, 1960). Zur Herstellung der Spitzen durch elektrolytische Ätzung von Wolframdrähten s. NIEMECK und RUPPIN (1954). Die Aufheizung der Spitzen erfolgt durch Wärmekontakt mit einem geheizten Wolframdraht. Abb. 6b zeigt zwei Möglichkeiten der Montage.

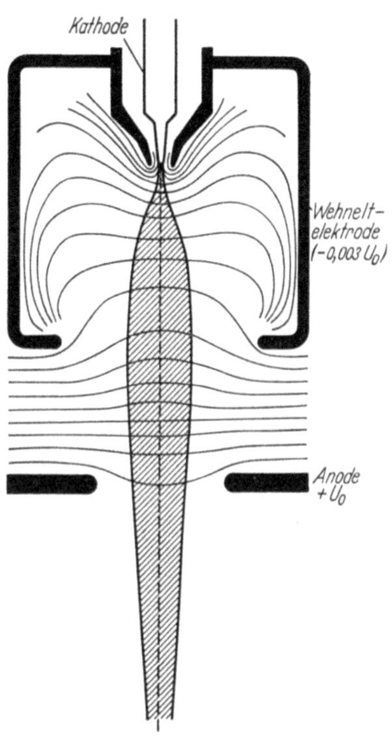

Abb. 5. Potentialflächen und Strahlengang in einer Fernfokuskathode nach STEIGERWALD (1949)

Durch den Mechanismus der Feldemission (§ 1.1.1) erhält man bei einem Krümmungsradius 0,02—1 μ und Feldstärken an der Spitze von $3-4 \cdot 10^7$ V/cm bereits bei kalten, ungeheizten Kathoden Emissionsströme bis zu 10^7 A/cm², während zum Vergleich die Glühemission nur höchstens 10 A/cm² liefert. (Man beachte jedoch die wesentlich kleinere

Emissionsfläche bei der Feldemission). Zum Betrieb der kalten Emission ist aber ein Vakuum besser als 10^{-7} Torr erforderlich, da derartig feine Spitzen sonst durch Ionenbombardement verändert werden. Heizt man jedoch derartige Spitzen auf 1800—2800 °C, so erreicht man nach DRECHSLER u. a. (1958) bei einem größeren und damit weniger anfälligen Spitzenradius von 0,5—2 µ und einem Druck von $10^{-5} - 10^{-4}$ Torr genügend Emission bei Spitzenfeldstärken von $0,1-2 \cdot 10^7$ V/cm. Wenn die Feldstärke an der Spitze also hinreichend groß wird, kann sog. thermische

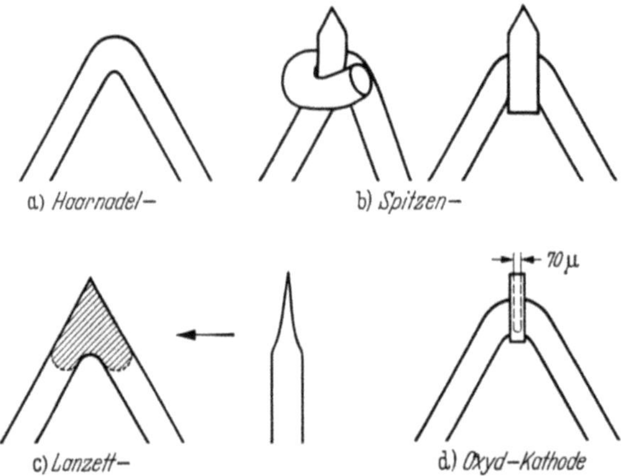

Abb. 6a-d. Aufbau verschiedener Kathodenformen: a) Haarnadelkathode, b) Spitzenkathoden in 2 verschiedenen Montagearten, c) Lanzettkathode in Auf- und Seitenansicht, d) Oxydkathode

Feldemission (TF-Emission) auftreten, bei der die thermische Anregung der Elektronen und der wellenmechanische Tunnel-Effekt zusammenwirken. Daß offenbar TF-Emission bei geheizten Spitzenkathoden mitwirkt, zeigen Messungen des Richtstrahlwertes in Abhängigkeit von der Kathodenheizung (MARUSE, 1960). Während bei Haarnadelkathoden eine Sättigung durch Raumladungsbegrenzung beobachtet wird, steigt bei einer Spitzenkathode R ohne Sättigungserscheinung über den theoretischen Höchstwert (1.12) hinaus an. Auch HANSZEN (1962) beobachtete mit Spitzenkathoden höhere Richtstrahlwerte. THON (1963, 1965) findet jedoch mit Spitzenkathoden im Elmiskop I keine Erhöhung über den theoretischen Richtstrahlwert hinaus (Abb. 7). Das Auftreten der TF-Emission hängt also offenbar stark von den Betriebsbedingungen ab.

Die experimentell einfachere Annäherung des maximalen Richtstrahlwertes mit Spitzenkathoden erlaubt auch bei höheren Vergrößerungen die Beleuchtung des Objektes mit kleiner Bestrahlungsapertur. Dadurch lassen sich bei Feinstrahlbeleuchtung (§ 2.1) kleinere Durchmesser des bestrahlten Bereiches erreichen. Außerdem nimmt die Zahl und Schärfe der beobachtbaren Fresnelsäume (§ 4.2) zu, was die Korrektur des Astigmatismus erleichtert. Dies zeigt unmittelbar, daß der Strahl kohärenter wird. Daher werden auch Phasenkontraste (§ 7) kontrastreicher abgebildet und das Objekt läßt sich dadurch leichter scharf stellen. Die Bedeutung der Spitzenkathoden nimmt daher zu. Sie werden teilweise auch schon kommerziell zu einigen Mikroskoptypen geliefert.

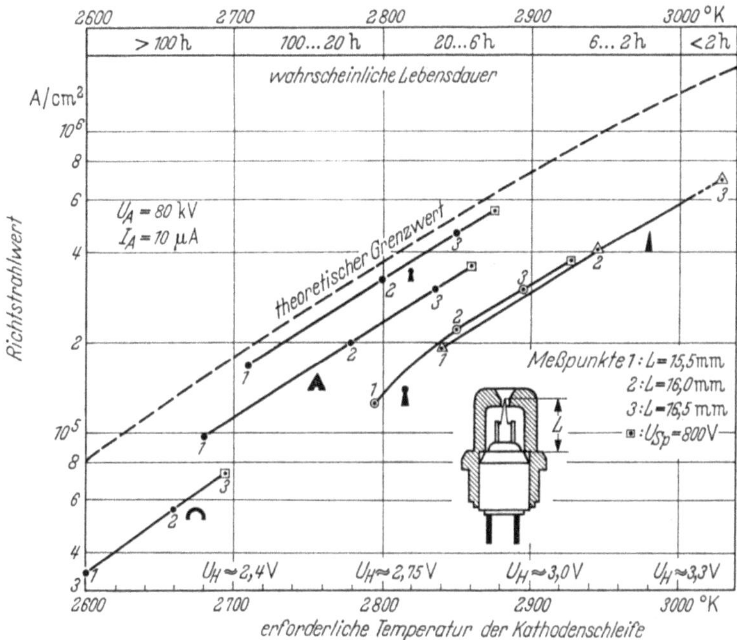

Abb. 7. Daten der Richtstrahlwerte von Spitzen-, Lanzett- und Haarnadelkathoden im Elmiskop I (nach THON, 1963)

Die Anfälligkeit der Spitzenkathoden gegen Überschläge und Ionenbombardement kann man mit Lanzettkathoden (nach Abb. 6c angeschliffene Haarnadelkathoden) vermeiden (SAKAKI und MÖLLENSTEDT, 1956). Ihr Richtstrahlwert liegt zwischen denjenigen der Spitzen- und Haarnadel-Kathoden (Abb. 7).

Gegen die Verwendung von Oxydkathoden, wie sie in Elektronenröhren heute fast ausschließlich verwendet werden, sprachen im wesentlichen folgende Gründe. Unter der Wirkung der hohen elektrischen Feldstärken und der damit verbundenen elektrostatischen Kräfte platzt der Oxydbelag leicht ab. Außerdem wird die strahlende Fläche größer. Von ANDO u. a. (1959) und TOCHIGI u. a. (1962) wurde jedoch eine Konstruktion (Abb. 6d) mitgeteilt, welche diese Nachteile nicht besitzt und mit der Wolframkathode durchaus konkurrieren kann. Das Oxyd befindet sich in einem Platinrohr mit einer 70 μ-Innenbohrung. Bei einer Kathodentemperatur von nur 1120° C wurde bei einem Emissionsstrom von 42 μA ein Richtstrahlwert $1,7 \cdot 10^5$ A $\cdot$ cm^{-2} $\cdot$ rad^{-2} erzielt. Oxydkathoden neigen jedoch dazu, bei wiederholtem Luftzulaß in der Emission nachzulassen.

1.1.6. Die Energieverteilung der Elektronen

Durch den Beschleunigungsvorgang erhalten die Elektronen zwar alle den gleichen Zuwachs εU_0 an kinetischer Energie (§ 1.1.2). Da die Elektronen jedoch vor der Beschleunigung eine statistische Eigenbewegung besitzen, ergibt sich eine Verbreiterung der Energieverteilung. Die statistischen Schwankungen der Elektronenaustrittsenergien werden durch die Maxwell-Boltzmann-Statistik beschrieben. Abweichungen von dieser Gesetzmäßigkeit wurden von BOERSCH (1954) mit einer Gegenfeldmethode hoher Auflösung (0,004 eV) gefunden. Abb. 8 zeigt charakteristische Gegenfeldkurven für a) reinen Sättigungsbetrieb mit kleiner Emissionsstromdichte und b) für einen normalen Raumladungsbetrieb. Aus den Gegenspannungskurven der Abb. 8 erhält man die Verteilungs-

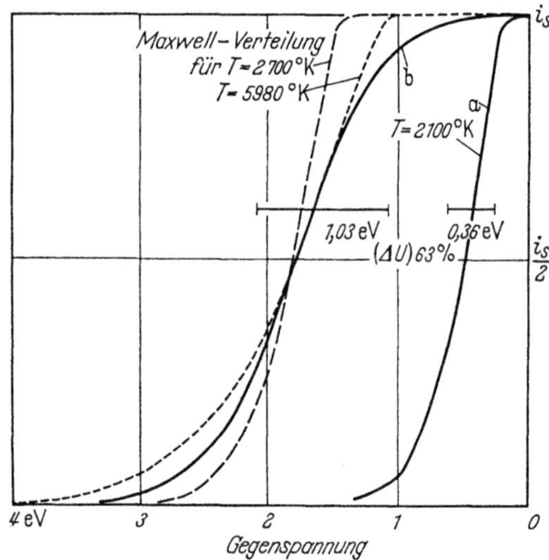

Abb. 8. Gegenspannungskurven zur Analyse der Energieverbreiterung eines Elektronenstrahlers bei a) reinem Sättigungsbetrieb bei kleiner Emissionsdichte (die Kurve deckt sich mit einer Maxwellverteilung für T = 2100° K), b) Raumladungsbetrieb, bei dem die Energieverteilung stark verbreitert ist (Boersch-Effekt) und sich nicht durch eine Maxwellverteilung darstellen läßt

kurve der Energie durch Differentiation. Für a) decken sich die gemessenen und theoretischen Kurven im Rahmen der Meßgenauigkeit. Definiert man als Breite der Energieverteilung dasjenige kleinste Spannungsintervall, in das $1 - 1/e = 63\%$ des Sättigungsstromes fallen, so erhält man theoretisch aus der Maxwell-Boltzmann-Verteilung

$$\varepsilon \, (\Delta U)_{63\%} = 2 \, k \, T \, . \tag{1.13}$$

[Für a) mit $T = 2100°$ K ist $\varepsilon \, (\Delta U)_{63\%} = 0{,}36$ eV.]

Beim Raumladungsbetrieb b) weicht die berechnete Verteilung für die wahre Kathodentemperatur von 2700° K erheblich von der gemessenen Kurve ab. Dem experimentellen Wert $\varepsilon \, (\Delta U)_{63\%} = 1{,}03$ eV würde nach (1.13) formal eine höhere Temperatur von 5980° K entsprechen. Aber auch mit dieser Temperatur kann der gemessene Kurvenverlauf nicht approximiert werden. Die Verschiebung der mittleren Energie zu größeren Energien in Kurve b) gegenüber a) kann durch die Annahme eines Potentialberges gedeutet werden, welcher sich vor der Kathode als Folge der Raumladungswolke ausbildet.

Da die anomale Verbreiterung der Energieverteilung (Boersch-Effekt) stets bei hohen Raumladungsdichten beobachtet wird — sie kann auch infolge einer Fokussierung des Strahles bei elektronenoptischer Abbildung auftreten — wird sie auf longitudinale Raumladungsschwingungen in Strahlrichtung zurückgeführt. Entsprechende Wechselwirkungsmechanismen wurden theoretisch von LENZ (1958), SCHISKE (1962) und ULMER und ZIMMERMANN (1964) diskutiert.

Man kann nach diesen Versuchen für die Energieverteilung der Glühelektronen eine Breite der Größenordnung 1 eV ansetzen. Die Kenntnis dieser Größe ist von Wichtigkeit für die Diskussion der Bildunschärfe infolge chromatischer Linsenfehler (§ 1.3.4) und spielt auch eine Rolle für das Auflösungsvermögen bei der Messung charakteristischer Energieverluste im Objekt (§ 6.4.2).

1.2. Elektronenlinsen

1.2.1. Elektrostatische Linsen

Rotationssymmetrische elektrische und magnetische Felder wirken auf Elektronenstrahlen, die in Richtung der Rotationsachse eingestrahlt werden, ähnlich wie Glaslinsen auf Lichtstrahlen. Das einfachste Beispiel ist eine Lochblende, die man z. B. bei der Ausführung von Anodenblenden vorliegen hat. Wie schon oben erwähnt, ist der Verlauf der Äquipotentialflächen durch die Form der Elektroden und ihren Potentialen eindeutig bestimmt. Eine anschauliche Wiedergabe des Potentialverlaufes kann davon ausgehen, daß man die Potentiallinien (Schnittlinien einer durch die Achse gehenden Ebene mit den Potentialflächen), wie sie in den Abb. 2, 5, 10 eingezeichnet sind, als Höhenschichtlinien in einer räumlichen Darstellung unter Vorzeichenumkehr aufzeichnet. Dies hat den Vorteil, daß man sich ein Bild von den Elektronenbahnen machen kann, wenn man eine kleine Kugel durch dieses Potentialmodell rollen läßt. Ein derartiges Potentialmodell läßt sich besonders einfach mit der „Gummituchmethode" realisieren (s. RUSTERHOLZ, 1950). In Abb. 9 ist das Beispiel des Potentialmodells einer Lochblende gezeichnet. Um den räumlichen Eindruck besser hervorzuheben, sind nicht die Äquipotentiallinien als Höhenlinien gezeichnet, sondern die Profile von Schnitten senkrecht durch das Potentialmodell. Auf diese Weise ist deutlich zu erkennen, daß sich vor und hinter dem Loch ein Potentialsattel ausbildet. Wenn die Elektronen genau auf der Achse einlaufen,

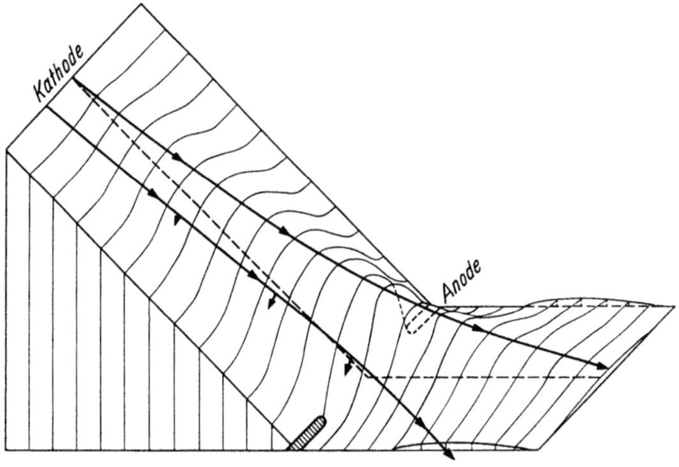

Abb. 9. Potentialverlauf einer Lochblende (Beispiel für Kombination Kathode—Anode) mit 2 Elektronenbahnen zur Veranschaulichung der zerstreuenden Wirkung einer solchen Lochblende

werden sie auf dem Sattel keine Ablenkungskräfte erfahren. Elektronen, die schräg oder außerhalb der Achse einfallen, sind dagegen einer von der Achse weggerichteten radialen Kraftkomponente ausgesetzt. Diese Anordnung wirkt daher als Zerstreuungslinse. Umgekehrt würde man eine Potentialmulde mit der Wirkung einer Sammellinse erhalten, wenn das Potential der Lochblende niedriger liegt (in unserem Modell also höher). Dieser Fall liegt z. B. bei dem gegenüber der Kathode negativen Wehneltzylinder vor.

Für die Ausbildung von Linsen sind einfache Lochblenden aber unzweckmäßig, weil bei ihnen vor und hinter der Linse verschiedenes Potential herrscht und nach (1.8) die Elektronen damit auch verschiedene Geschwindigkeiten besitzen. Man geht daher zu zusammengesetzten Linsensystemen über, die so konstruiert sind, daß in genügender Entfernung vor und hinter der Linse das gleiche Potential herrscht wie an der Beschleunigungsanode. Eine solche Ausführung zeigt Abb. 10 im Querschnitt mit den Potentiallinien. Die mittlere Elektrode liegt annähernd auf Kathodenpotential ($U_L = - U_0$), die beiden äußeren auf

Anodenpotential ($U_B = 0$). Das Potential der mittleren Elektrode kann dabei direkt von der Beschleunigungsspannung mit einem Spannungsteiler abgegriffen werden. Wie das entsprechende Potentialmodell in

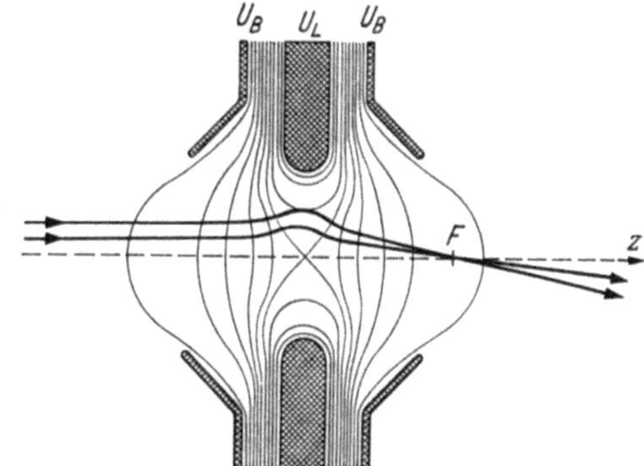

Abb. 10. Querschnitt und Äquipotentiallinien einer symmetrischen elektrostatischen Linse

Abb. 11 zeigt (nur eine Hälfte gezeichnet) bildet sich wieder eine Potentialsattelfläche aus, bei der die Elektronen vor und hinter der Linse eine zusätzliche radiale Kraft nach außen erfahren, wenn sie nicht genau in

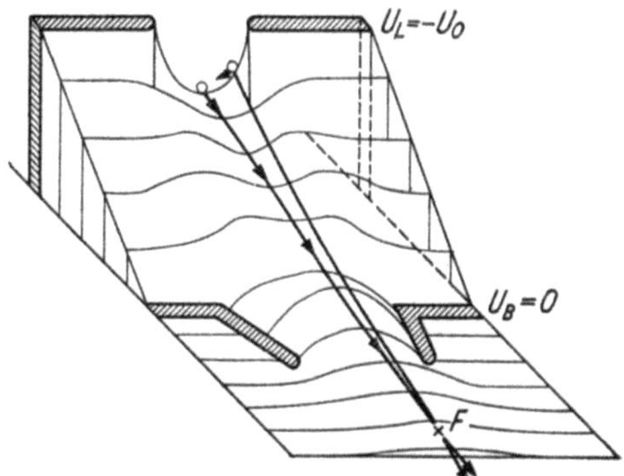

Abb. 11. Potentialprofil der in Abb. 10 im Querschnitt gezeigten Linse mit 2 Elektronenbahnen zur Veranschaulichung der Sammelwirkung (Vereinigung im Brennpunkt F)

Richtung der Achse einfallen. Im Mittelteil der Linse ist jedoch das Potentialmodell entgegengesetzt gekrümmt (Potentialmulde) und übt auf die Elektronen eine radiale Kraft in Richtung auf die Achse aus. Man könnte annehmen, daß sich diese den Strahl zerstreuenden und sammelnden Kräfte gerade aufheben. Dies ist aber nicht der Fall, da die Elektronen beim Durchlaufen der Linse gebremst werden und in der Linsenmitte gerade ihre kleinste Geschwindigkeit besitzen. Daher wird zum

Durchlaufen der Linsenmitte auch eine längere Zeit benötigt. Die Sammelwirkung des Linsenfeldes an dieser Stelle überwiegt die zerstreuenden Wirkungen der Linsen-Außengebiete, weil die Elektronen vor der Linse noch eine hohe Geschwindigkeit besitzen und hinter der Linse nach dem „Herabrollen vom Potentialberg" schon wieder beschleunigt sind. Abb. 12 zeigt den Querschnitt durch eine Objektivlinse eines elektrostatischen Elektronenmikroskopes.

Als wesentliche Eigenschaft einer Sammellinse kennt man von der Lichtoptik her die Bedingung, daß ein parallel einfallendes Strahlenbündel hinter der Linse im Abstand f in einem Brennpunkt F vereinigt wird. Durch Berechnung der Elektronenbahnen kann man für die

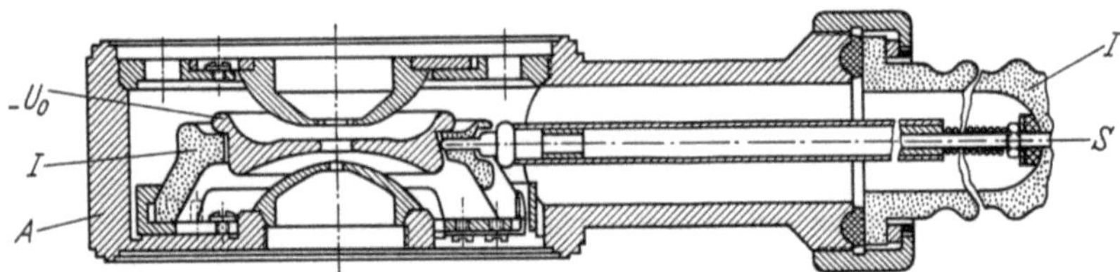

Abb. 12. Aufbau einer elektrostatischen Linse. Die Mittelelektrode wird von Isolatoren I gehalten und die Hochspannung $-U_0$ über den Stecker S zugeführt. Die anderen Elektroden auf Erdpotential sind mit der Außenwand A leitend verbunden

elektrostatischen Elektronenlinsen eine Brennweite ermitteln, die am Beispiel der diskutierten axialsymmetrischen Linse zu der Formel

$$\frac{1}{f} = \frac{1}{8\sqrt{U_0}} \int_{-\infty}^{+\infty} \frac{U'^2\,dz}{U(z)^{3/2}} \text{ mit } U' = \frac{dU(z)}{dz} \tag{1.14}$$

führt. Es ist entscheidend, daß in der Formel nur der Verlauf $U(z)$ des Potentials auf der optischen Achse (z-Richtung) und die Änderung dU/dz auf der Achse eingeht, während in Wirklichkeit selbst bei engen Strahlenbündeln die Elektronen Bahnen beschreiben, die nicht mit der z-Achse zusammenfallen. Bei der Berechnung ist aber das Potential von Punkten neben der optischen Achse unter Ausnutzung der Potentialgleichung (1.4) nach den Werten auf der Achse entwickelt. Eine solche Entwicklung ist nur zulässig, wenn man sich auf kleine Abstände von der Achse beschränkt. Bei größeren Abständen gilt obige Formel nicht mehr und es ergibt sich für solche Strahlen eine andere Brennweite (Öffnungsfehler § 1.3.1). Man muß also mit sehr kleinen Aperturen (Öffnungswinkeln) arbeiten, um diese Fehler zu vermeiden. Sie treten bekanntlich auch bei Glaslinsen auf, die durch Kugelflächen begrenzt werden, und lassen sich durch geeignetes Schleifen weitgehend vermeiden. Die Potentialfelder lassen sich aber nicht „schleifen", so daß man die gegenüber der Lichtoptik extrem kleinen Öffnungswinkel in der Elektronenmikroskopie in Kauf nehmen muß. Dies ist aber kein Verlust, wenn auch der Öffnungsfehler zur Begrenzung des theoretischen Auflösungsvermögens beiträgt (§ 1.3.6), denn zur Erreichung eines genügenden Bildkontrastes muß man geradezu kleine Aperturen verwenden (§ 6). Außerdem treten auch andere — teilweise aus der Lichtoptik bekannte — Bildfehler in Elektronenlinsen auf, die in einem besonderen Abschnitt (§ 1.3) zusammengefaßt sind.

Ausführliche Einzelheiten über die technischen Daten elektrostatischer Linsen findet man in den Arbeiten von HEISE und RANG (1949), LIEBMANN (1949), LIPPERT und POHLIT (1952, 1953), ARCHARD (1956), EVERITT und HANSZEN (1956). Elektrostatische Linsen werden zur Zeit kaum noch bei der Entwicklung von neuen Elektronenmikroskopen verwendet. Ein Hauptnachteil dieser Linsen ist die Neigung zu Hochspannungsüberschlägen zwischen den Linsenelektroden. Deshalb liegt die Hochspannungsgrenze bei 50—60 kV. Um auch dickere Objekte durchstrahlen zu können, kann allerdings im Objektraum die Elektronenenergie durch einen Zwischenbeschleuniger (MÖLLENSTEDT, 1955) auf den doppelten Wert (100 kV) gesteigert werden. Außerdem weisen die elektrostatischen Linsen höhere Öffnungsfehler auf. Ein Vorteil besteht darin, daß nur eine Hochspannungsversorgung erforderlich ist. Da die Potenzen der Potentiale in (1.14) sich gerade aufheben, ändert eine proportionale Veränderung aller Spannungen nichts an dem Wert der Brennweite. Bei elektrostatischen Geräten braucht die Hochspannung daher nicht so konstant geregelt werden wie bei magnetischen Instrumenten, in denen Hochspannung und Linsenströme aus getrennten Stromkreisen gespeist werden.

1.2.2. Magnetische Linsen

In magnetischen Linsen erfahren die Elektronen kompliziertere Ablenkungen als in elektrostatischen. Die Kraft wirkt nicht in Richtung der magnetischen Kraftflußdichte $\mathfrak{B}$, sondern in Richtung des Vektorproduktes (Lorentz-Kraft)

$$\mathfrak{K} = - \varepsilon \, [\mathfrak{v} \times \mathfrak{B}] \qquad (1.15)$$

d. h. die Kraft steht auf der momentanen Bahngeschwindigkeit $\mathfrak{v}$ und der Kraftflußdichte $\mathfrak{B}$ senkrecht. Wird das Elektron in ein homogenes Magnetfeld senkrecht zu diesem eingeschossen, so beschreibt es eine Kreisbahn mit dem Radius

$$r = \frac{m\,v}{\varepsilon\,B} = \sqrt{\frac{2 m_0 U_0}{\varepsilon}} \cdot \sqrt{1 + \frac{\varepsilon\,U_0}{2 m_0 c^2}} \cdot \frac{1}{B} = \sqrt{\frac{11,38 \; U_0 \, [\text{Volt}] + 1,11 \cdot 10^{-5} U_0^2}{B \, [\text{Gauß}]}} \; [\text{cm}] \, ,$$

$$(1.16)$$

weil die Kraft in jedem Punkt der Bahn senkrecht zur augenblicklichen Tangentialgeschwindigkeit in radialer Richtung wirkt. Elektronen, die schräg in ein Magnetfeld eintreten (Abb. 13) laufen auf einer Schraubenbahn, weil für die Ablenkung nur die Komponente $v_\perp$ senkrecht zum Magnetfeld beiträgt, während die Komponente $v_{||}$ in Feldrichtung keine Kraftwirkung verursacht (Verschwinden des Vektorproduktes in (1.15), wenn v und $\mathfrak{B}$ parallel). Betrachtet man in Abb. 13 noch andere Strahlen, die mit der Achse alle einen Winkel α einschließen, so beschreiben diese ähnliche Schraubenbahnen, die sich alle in dem Punkte P' schneiden.

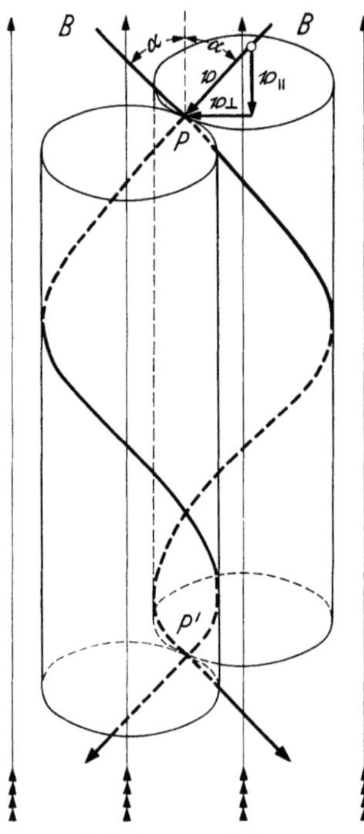

Man kann also sagen, daß das homogene magnetische Längsfeld bereits eine Linsenwirkung ausübt und den Punkt P in P' abbildet.

Wenn man für die Elektronenoptik Linsen mit kurzer Brennweite konstruieren will, muß man das magnetische Feld auf wesentlich kleineren Raum zusammendrängen und dafür zur Erreichung der nötigen Ablenkung die Kraftflußdichte erhöhen. Dies gelingt durch die Ausnutzung der Bündelung magnetischer Kraftlinien durch Polschuhe aus magnetischen Legierungen. Abb. 14 zeigt die Kraftlinienverteilung einer stromdurchflossenen Spule mit und ohne Polschuhsystem. Auf der Achse ergibt sich eine glockenförmige Verteilung der Kraftflußdichte

$$B = \frac{B_0}{1 + \left(\dfrac{z}{a}\right)^2} \tag{1.17}$$

Abb. 13. Ablenkung von Elektronen im longitudinalen Magnetfeld auf Schraubenbahnen und Wirkung dieses Feldes als Linse (Abbildung von P in P')

mit B_0 als Maximalwert an der Stelle $z = 0$ und $2a$ als Halbwertsbreite. Bei einer Durchrechnung der optischen Eigenschaften einer solchen Linse findet man für die Brennweite einer „schwachen Linse" (Brennweite $\gg$ Breite des Glockenfeldes)

$$\frac{1}{f} = \frac{\varepsilon}{8m\,U_0} \int\limits_{-\infty}^{+\infty} B(z)^2\,dz\,, \tag{1.18}$$

wobei auch wieder von den Symmetrieeigenschaften des rotationssymmetrischen Magnetfeldes Gebrauch gemacht wurde, um für achsennahe Strahlen das Magnetfeld in Achsennähe durch die Werte auf der Achse darzustellen. Durch die schraubenförmigen Bahnen in einer magnetischen Linse wird aber bei der Abbildung auch noch eine Drehung des Bildes beobachtet. Der Drehwinkel φ des Bildes gegenüber dem Objekt beträgt

$$\varphi = \sqrt{\frac{\varepsilon}{8m\,U_0}} \int\limits_{-\infty}^{+\infty} B(z)\,dz \ . \tag{1.18a}$$

Wesentlich ist die Abhängigkeit der Brennweite proportional zu B^2, d. h. eine Umkehr der Magnetfeldrichtung (etwa durch Umpolen des Erregerstromes) ruft keine Änderung der Brennweite f hervor, wohl aber einen Vorzeichenwechsel des Drehwinkels φ, weil dieser nach

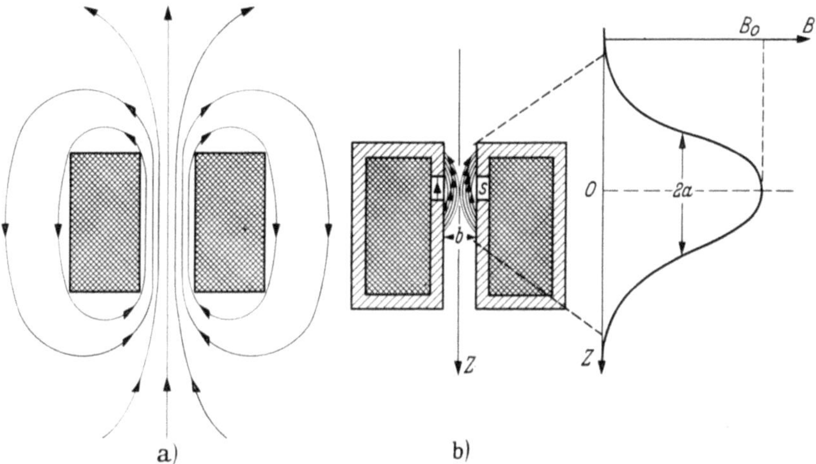

Abb. 14 a u. b. Magnetisches Feld einer Spule a) ohne und b) mit Eisenkern (Polschuhdurchmesser b und Spaltbreite s). Das Feld auf der Achse läßt sich durch eine Glockenkurve (1.17) approximieren (Halbwertsbreite 2a)

(1.18a) zu B proportional ist. Man könnte also theoretisch die Drehung kompensieren, wenn man zwei magnetische Linsen hintereinanderschaltet, die von Strömen in entgegengesetzter Richtung durchflossen werden. Die Linsenwirkung wird sich dann gerade verdoppeln, während die Drehung verschwindet. Praktisch wird hiervon aber selten Gebrauch gemacht, da die Drehung in der Regel nicht stört. Nur wenn man z. B. bei Stereoaufnahmen eine genaue Zuordnung zwischen der Kipprichtung des Präparates und der entsprechenden Richtung im Endbild benötigt, muß in magnetischen Mikroskopen die Drehung bei der vorliegenden Vergrößerung experimentell ermittelt werden (§ 11.2). Auch bei der Zuordnung von Richtungen in Feinbereichs-Beugungsbildern zu Richtungen im Objekt stört die Bilddrehung (§ 5.4.6).

Führt man mit Hilfe der Größen B_0 und a aus (1.17) einen dimensionslosen Linsenparameter

$$k^2 = \frac{\varepsilon}{8m}\,\frac{B_0^2 \cdot a^2}{U_0} = 0{,}022\,\frac{B_0^2\,[Gau\beta]a^2\,[\mathrm{cm}]}{U_0\,[\mathrm{V}]} \tag{1.19}$$

ein, so erhält man für schwache Linsen aus (1.17) und (1.18)

$$f = \frac{2a}{k^2} \; ; \quad \varphi = \pi k \; [\text{rad}] \; . \tag{1.20}$$

Für starke Linsen muß man analog wie bei den „dicken" Linsen der Lichtoptik gegenstands- und bildseitige Brennpunkte und Hauptebenen

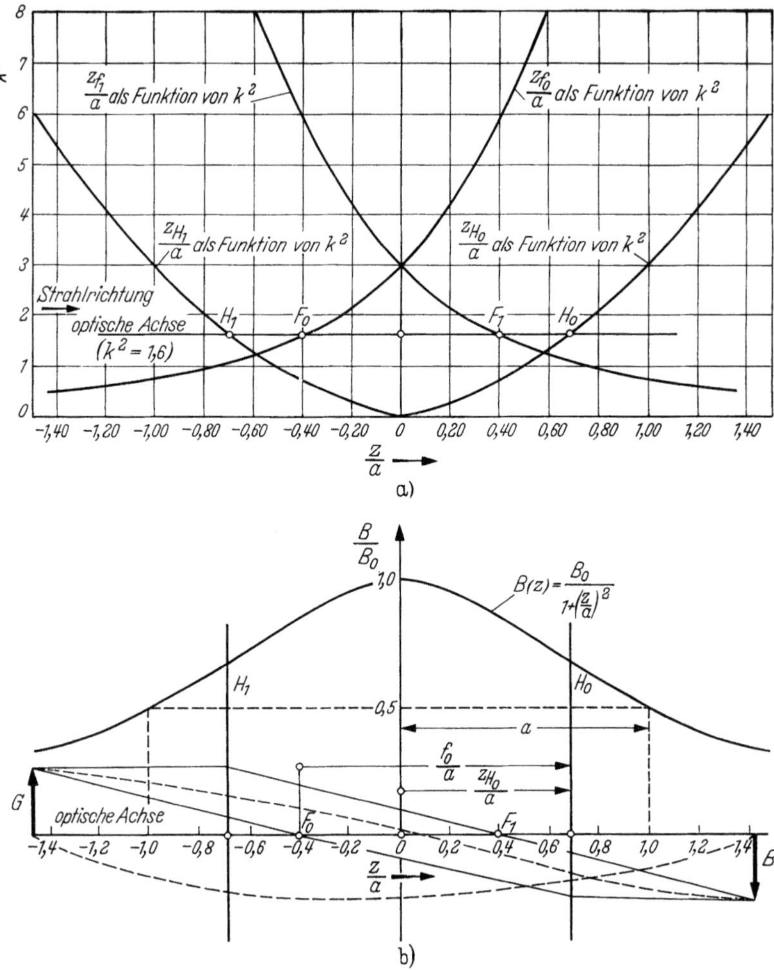

Abb. 15a u. b. a) Haupt- und Brennpunktlagen einer magnetischen Linse als Funktion des Linsenparameters k^2. Das Beispiel einer Bildkonstruktion ist in b) mit $k^2 = 1,6$ dargestellt (nach GLASER, 1941)

einführen. Abb. 15 zeigt die entsprechenden Entfernungen z von der Linsenmitte ($z = 0$) und als Beispiel für $k^2 = 1,6$ die Bildkonstruktion mit Brennpunkten und Hauptebenen.

Für starke Elektronenlinsen ergibt die genaue Durchrechnung:

$$f = \frac{a}{\sin\left(\dfrac{\pi}{\sqrt{k^2 + 1}}\right)} \; ; \quad \varphi = \frac{\pi k}{\sqrt{k^2 + 1}} \; [\text{rad}] \, . \qquad (1.21)$$

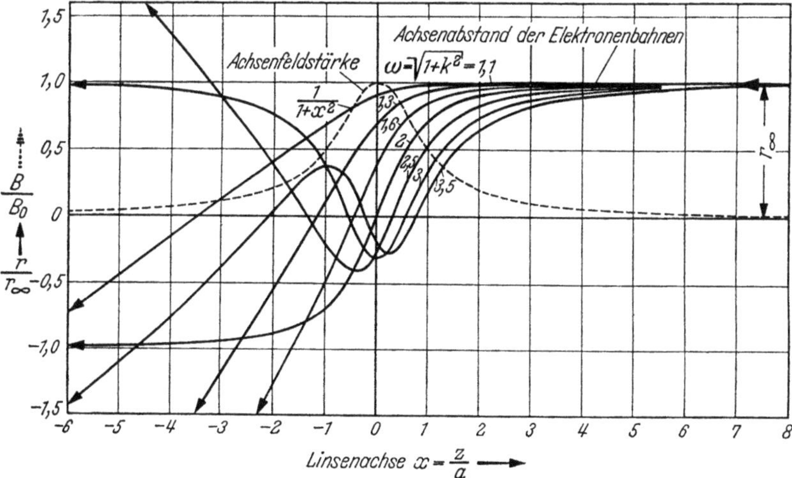

Abb. 16. (I) Brechkraft a/f des symmetrischen Glockenfeldes nach (1.21) berechnet. (II) Brechkraft des gleichen Feldes nach der Näherung von Busch für schwache Linsen (1.18). (III) Öffnungsfehlerkonstante $C_{\ddot{O}}/a$ und (IV) Farbfehlerkonstante C_F/a. 2a = Halbwertsbreite des Glockenfeldes (nach Glaser, 1941)

Abb. 17. Verlauf von Elektronenbahnen, die von rechts in der Höhe 1 in eine magnetische Linse einfallen (Kurvenparameter $\omega = \sqrt{1 + k^2}$)(nach Glaser, 1941)

Diese Formel ergibt für $k^2 \cong 3$ ein Minimum der Brennweite (bzw. Maximum der Brechkraft $1/f$) (Abb. 16). Abb. 17 zeigt einige Elektronenbahnen für verschiedene k^2-Werte, wenn ein Elektronenstrahl von rechts parallel zur optischen Achse einfällt. Aufgetragen ist hier der Abstand r von der optischen Achse. In Wirklichkeit handelt es sich um räumliche schraubenförmige Bahnen (s. o.).

Ausführliche Darstellungen der Eigenschaften magnetischer Linsen findet man in den Arbeiten von DOSSE (1941), GLASER (1941, 1952,) LIEBMANN und GRAD (1951), LENZ (1950, 1952), LIEBMANN (1955).

Die obigen Ausführungen beziehen sich auf Linsen mit symmetrischen Polschuhen. In der Praxis finden vielfach unsymmetrische Linsen Verwendung, bei denen die bildseitige Bohrung größer ist. Letzteres hat u. a. den Vorteil, daß man bei Objektiven in der größeren Bohrung einen weiteren Verschiebungsspielraum für das Objekt zulassen kann. Theoretisch wurden unsymmetrische Linsen insbesondere von GLASER (1941) und DOSSE (1941) untersucht. Dabei wird angesetzt, daß vor und hinter der Linsenmitte das Magnetfeld sich durch eine Glockenkurve (1.17) annähern läßt, aber mit verschiedenen Parametern a. Man führt als Unsymmetriegrad das Verhältnis $q = a_1/a_2$ der Halbwertsbreiten a_1 vor und a_2 hinter der Linsenmitte ein. Bei gleichem k^2 ergeben sich Unterschiede in den Farb- und Öffnungsfehlerkonstanten (§ 1.3). Sie nehmen für Linsen mit $k^2 < 1$ und wachsendem $q > 1$ etwas ab gegenüber dem

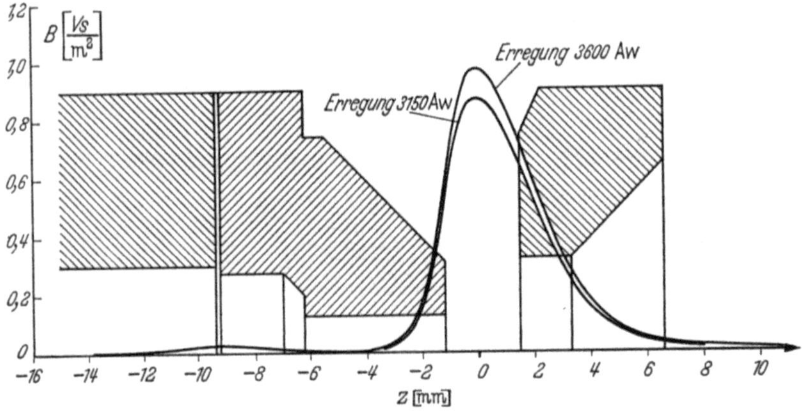

Abb. 18. Querschnitt durch die Polschuhe einer magnetischen Objektivlinse (Siemens-Elmiskop I) und Feldverlauf der magnetischen Induktion B auf der Linsenachse (Beispiel einer unsymmetrischen Glockenkurve mit $k^2 = 0{,}44$ und $q = 1{,}77$, $f = 2{,}7$ mm)

symmetrischen Fall $(q = 1)$. Es ist daher nicht unzweckmäßig, in Objektivlinsen den dingseitigen Feldteil weniger rasch abfallen zu lassen als den bildseitigen. Als Beispiel für ein unsymmetrisches Objektiv ist in Abb. 18 der Querschnitt des Objektivs im Siemens-Elmiskop I gezeigt.

Die meisten Objektive arbeiten mit k^2-Werten kleiner als 2. Bezüglich der minimalen Brennweite wäre $k^2 = 3$ am günstigsten (Abb. 16)

(RUSKA, 1964, 1965; RIECKE, 1962). Auch die Linsenfehler (insbesondere Farb- und Öffnungsfehler) sind wesentlich geringer (s. Abb. 16). Nach Abb. 15 liegt der Brennpunkt einer solchen Linse genau in der Linsenmitte. Da bei einem Objektiv das Objekt in Brennpunktnähe liegt, würde das Objekt also bis zur Linsenmitte in das Magnetfeld eintauchen. Für die Abbildung ist dann nur die 2. Hälfte des Magnetfeldes wirksam. Die 1. Hälfte kann als Kondensor wirken. Den Strahlengang einer solchen

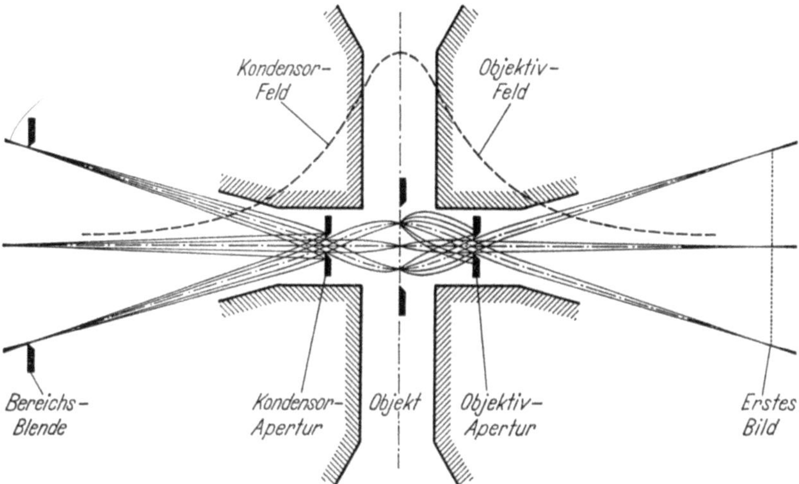

Abb. 19. Bestrahlung und Abbildung des Objektes mittels der„ Kondensor-Objektiv-Einfeldlinse"
(nach RUSKA, 1965)

„Kondensor-Objektiv-Einfeldlinse" zeigt Abb. 19. Der bestrahlte Bereich läßt sich mit der Bereichsblende auf 1000 Å Durchmesser einengen. Die durch diese Linse erreichbaren Verbesserungen im Auflösungsvermögen werden in § 1.3.6 diskutiert.

1.2.3. Permanentmagnetische Linsen

Für die Konstruktion von permanentmagnetischen Linsen benutzt man entweder hohlzylinderförmige Permanentmagnete P oder ordnet mehrere stabförmige Permanentmagnete kranzförmig um die Linsenachse an. Der magnetische Fluß wird durch die Weicheisen-Polschuhe W auf die Linsenspalte konzentriert, so daß 2 Linsenfelder am unteren und oberen Ende entstehen (Abb. 20). Um die Entmagnetisierung des Permanentmagneten möglichst klein zu halten, muß die Legierung eine günstige Entmagnetisierungskurve besitzen. Die Linsenwirkung wird außerdem gesteigert, wenn der Magnet im montierten Zustand noch einmal aufmagnetisiert wird.

Permanentmagnetische Linsen haben folgende Vorteile. Sie benötigen keine Linsenstromversorgung und das Magnetfeld ist konstant. Deshalb finden sie vorzugsweise in Klein-Elektronenmikroskopen Verwendung. Als Nachteil dieser Linsen ist die geringe Regelbarkeit der Brennweite zu nennen. Man kann zur Fokussierung entweder die Hochspannung verändern oder beeinflußt in kleinen Grenzen die Objektivbrennweite durch Verschieben einer Hülse H als magnetischen Nebenschluß. Da

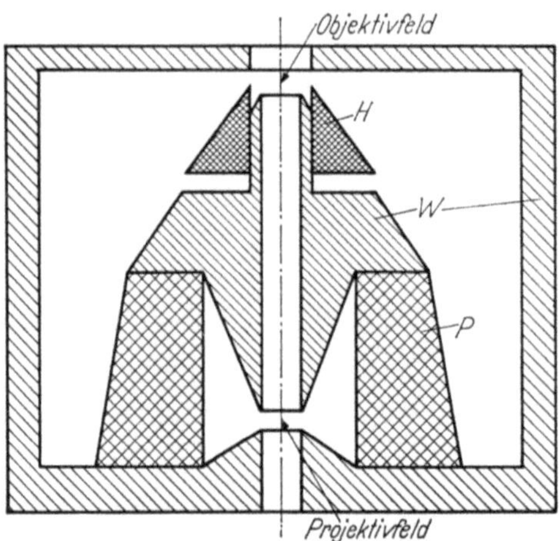

Abb. 20. Aufbau einer magnetostatischen Linse (P = Dauermagnet, W = Weicheisenkern, H = verschiebbare Hülse zur Regelung der Objektivbrennweite)

normale magnetische Linsen bis zur Eisensättigung aufmagnetisiert werden können, erreicht man mit ihnen höhere Feldstärken im Linsenspalt und damit kürzere Brennweiten als mit permanentmagnetischen Linsen.

Einzelheiten über Konstruktion und Eigenschaften permanentmagnetischer Linsen findet man in den Arbeiten von REISNER (1951), RUSKA (1952), LANGNER (1955), VON BORRIES und LENZ (1956), MÜLLER (1957), VON BORRIES und LANGNER (1959), KIMURA und KATAGIRI (1959), Beispiele für die Konstruktion magnetostatischer Mikroskope bei REISNER und DORNFIELD (1950), VON BORRIES (1952), KIMURA und KIKUCHI (1958).

1.3. Bildfehler

Die Linsenformeln für elektrostatische (1.14) und magnetische Linsen (1.18) bis (1.21) gelten für die Elektronenbahnen in unmittelbarer Nähe der Achse und für solche mit kleinem Öffnungswinkel, für die man etwa tgα durch α ersetzen darf. Bei größeren Öffnungswinkeln muß man von der Entwicklung

$$\operatorname{tg}\alpha = \alpha + \frac{1}{3}\alpha^3 + \cdots \tag{1.22}$$

Gebrauch machen und höhere Glieder der Entwicklung mit der 3. Potenz hinzunehmen. Dies führt analog zur Lichtoptik zu 8 Seidelschen Bildfehlern 3. Ordnung. In isotropen, ideal rotationssymmetrischen Linsen gibt es 5 mögliche Bildfehler:

1. Öffnungsfehler
2. Koma
3. Astigmatismus

4. Bildfeldwölbung
5. Verzeichnung.

Bei magnetischen Linsen kommen durch die Bilddrehung noch 3 weitere Fehler hinzu, die man als anisotrope bezeichnet, weil ihre Theorie analog wie in der Lichtoptik doppelbrechender Medien verläuft.

6. Anisotrope Koma
7. Anisotroper Astigmatismus
8. Anisotrope Verzeichnung.

Wenn die Elektronenstrahlen nicht streng monochromatisch sind (hervorgerufen durch a) Hochspannungsschwankungen des Beschleunigungssystems, b) Maxwellsche Geschwindigkeitsverteilung bei der Glühemission und c) Geschwindigkeitsverlusten im Objekt), so kommen noch

9. Farbfehler

hinzu und bei Abweichungen von der Rotationssymmetrie durch nicht streng einzuhaltende Toleranzen bei den Linsenbohrungen oder durch Inhomogenitäten des Polschuhmaterials

10. Axialer Astigmatismus

und schließlich

11. Beugungsfehler,

wenn man die Wellennatur der Elektronen bei der Abbildung berücksichtigt.

Von diesen Bildfehlern spielen für die Elektronenmikroskopie nur der Öffnungsfehler, die Verzeichnung, der axiale Astigmatismus, der Farbfehler und der Beugungsfehler eine wesentliche Rolle. Nur diese sollen daher im folgenden beschrieben werden.

1.3.1. Öffnungsfehler

Der Öffnungsfehler (oder sphärische Fehler) äußert sich darin, daß die Brennweite für äußere Linsenzonen kürzer ist als für innere (Abb. 21). Dadurch gibt es keinen scharfen Bildpunkt, sondern nur eine Stelle mit engstem Strahlquerschnitt $2r_s$ in der Ebene kleinster Verwirrung und in der Gaußschen Bildebene (Bildlage bei extrem kleiner Apertur) ein

Öffnungsfehlerscheibchen vom Radius $\varDelta_{\ddot{o}}$, dem in der Objektebene ein Radius

$$\delta_{\ddot{o}} = \frac{\varDelta_{\ddot{o}}}{V} = C_{\ddot{o}}\,\alpha^3 \tag{1.23}$$

(V Vergrößerung, $C_{\ddot{o}}$ Öffnungsfehlerkonstante) entspricht, welcher mit der 3. Potenz (!) der Apertur α anwächst. Der Öffnungsfehler ist der einzige der 8 Seidelschen Bildfehler, der auch auftritt, wenn das Objekt auf der Achse liegt. Die anderen Fehler wirken sich nur für achsenferne

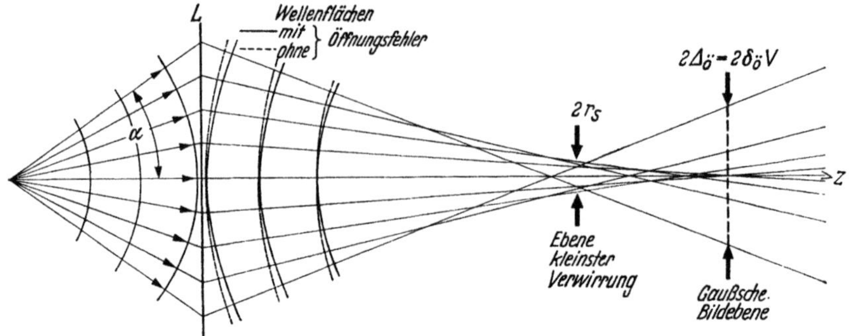

Abb. 21. Zur Definition des Öffnungsfehlers

Punkte aus. Da man durch die hohen Öffnungsfehler schon sehr kleine Aperturen verwenden muß und auch der Farbfehler eine gute Zentrierung der Linsen verlangt, haben die anderen Seidelschen Fehler für die Auflösungsbegrenzung keine große Bedeutung.

Betrachtet man die Abbildung nicht rein geometrisch, sondern wellenmechanisch, so ist der Öffnungsfehler folgendermaßen zu berücksichtigen. Von dem abzubildenden Objektpunkt geht eine Welle aus, deren Wellenflächen (Orte gleicher Phase) konzentrische Kugelflächen sind (Abb. 21). Eine Linse L ohne Öffnungsfehler modifiziert die Wellenflächen so, daß sie hinter der Linse eine entgegengesetzte Krümmung zeigen. Da die Lichtausbreitung senkrecht zur Wellenfläche erfolgt, konvergieren die Wellen im Bildpunkt und werden dort phasenrichtig summiert. Mit einem Öffnungsfehler ist die Wellenfläche in den Randzonen stärker gekrümmt. Im Gaußschen Bildpunkt überlagern sich die Wellen daher nicht mehr phasenrichtig. Da der engste Strahlquerschnitt außerhalb des Gaußschen Bildpunktes liegt, ist auch zu beachten, wie sich die Phase ändert, wenn um $\varDelta f$ defokussiert wird. Für die Phasenverschiebung $\varDelta$, gemessen in absoluten Winkeleinheiten ($\varDelta = 2\pi$ bedeutet Verschiebung um eine ganze Wellenlänge λ) erhält man (SCHERZER, 1949b)

$$\varDelta = \frac{\pi}{2\lambda}\left(C_{\ddot{o}}\vartheta^4 - 2\varDelta f\,\vartheta^2\right) \tag{1.24}$$

Diese Formel ist in Abb. 98 graphisch dargestellt. Sie spielt eine Rolle bei der Diskussion des Phasenkontrastes (§ 7) und des theoretischen Auflösungsvermögens (§ 1.3.6). Δf bedeutet in (1.24) den Abstand der Objektebene von der objektseitigen Scharfstellebene, ϑ den Streuwinkel, unter dem die Elektronen das Objekt verlassen.

Berechnungen der Öffnungsfehlerkonstanten magnetischer Linsen nach der Theorie von GLASER sind in Abb. 16 in Abhängigkeit vom Linsenparameter k^2 aufgetragen. Danach nimmt der Öffnungsfehler mit der Brennweite der Linse ab. Während die minimale Brennweite bei $k^2 = 3$ liegt, hat C_δ ein flaches Minimum erst bei $k^2 = 7$. In elektrostatischen Linsen ist der Öffnungsfehler 4 bis 10mal größer als in magnetischen. Daher ist eine Korrektur des Öffnungsfehlers für elektrostatische Linsen von besonderem Interesse. Entsprechende Oktupollinsen als Korrekturelemente sind nach einem Vorschlag von SCHERZER (1949a) durch SEELIGER (1949), ARCHARD (1955), ARCHARD u. a. (1960) erprobt. Der komplizierte und komponentenreiche Aufbau stellt allerdings sehr hohe Anforderungen an die Justiergenauigkeit (MEYER 1961). HOPPE (1963) schlug die Herstellung von Fresnelschen Zonenkorrekturplatten vor, in denen die Zonen mit unerwünschter Phase ausgeblendet werden (s. § 7.4).

Als Beispiele für die Größe der Öffnungsfehlerkonstanten seien diese für die Objektive einiger kommerzieller Elektronenmikroskope aufgeführt: $C_\delta = 1$ mm (HU-9 der Hitachi Ltd), $C_\delta = 2{,}1$ mm (EM 200 der Fa. Philips), $C_\delta = 4-4{,}5$ mm (Elmiskop I der Fa. Siemens & Halske AG), $C_\delta = 65$ mm (EM-8 der Carl-Zeiss-Werke Oberkochen). Bei letzterem handelt es sich um ein zur Zeit nicht mehr gebautes elektrostatisches Instrument. Über die Herabsetzung des Öffnungsfehlers in „Kondensor-Objektiv-Einfeldlinsen" wird in § 1.3.6 berichtet.

Der Öffnungsfehler des Objektivs macht sich im Endbild besonders deutlich bemerkbar, wenn kristalline Objekte beobachtet werden. Bei herausgenommener Objektiv-Aperturblende oder wenn diese so groß ist, daß Primärstrahl und abgebeugter Strahl die Blende passieren können, ergeben die abgebeugten Strahlen Nebenbilder. Die hellen Linien im Dunkelfeld liegen gegenüber den entsprechenden dunklen Linien im Hellfeld verschoben. Diese Erscheinung läßt sich zur Messung der Öffnungsfehlerkonstanten ausnutzen (HALL, 1949). Andere Meßverfahren für Öffnungsfehler sind u. a. den Arbeiten von SEELIGER (1948), HEISE (1949), LIEBMANN (1949), HANSZEN (1958), KUNATH u. RIECKE (1966) zu entnehmen.

Bei der Feinbereichsbeugung (§ 5.3.2) führt die gleiche Erscheinung dazu, daß nicht nur der durch die Selektorblende ausgeblendete Bereich sondern bei Reflexen höherer Ordnung auch zunehmend benachbarte Objektbereiche zum Beugungsdiagramm beitragen (Zuordnungsfehler).

1.3.2. Verzeichnung

Durch den Öffnungsfehler wird bei schwach vergrößernden Projektivlinsen eine Verzeichnung des Bildes beobachtet. Diese Linsen besitzen eine größere Öffnung und bilden ein durch das Objektiv und evtl. eine Zwischenlinse vergrößertes Zwischenbild weiter ab, in welchem die Apertur der von einem Bildpunkt ausgehenden Strahlen um den Faktor $1/V_0$ (V_0 Vergrößerung des Zwischenbildes) kleiner ist als die Objektivapertur α. In Abb. 22 ist das von einem achsenfernen Punkt P ausgehende

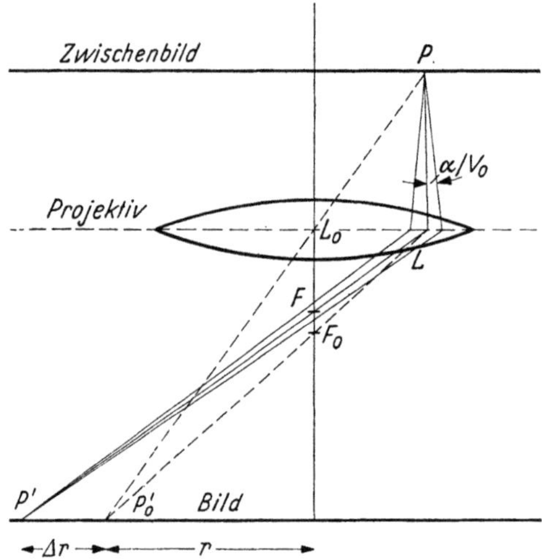

Abb. 22. Zur Entstehung der Verzeichnung bei schwach vergrößernder Projektivlinse

schmale Strahlenbündel eingezeichnet, welches durch den linsennahen Brennpunkt F der achsenfernen Linsenzone L auf den Punkt P' abgebildet wird, während es bei idealer Abbildung ohne Öffnungsfehler durch den Brennpunkt F_0 der achsennahen Linsenzone L_0 in P_0' abgebildet würde. Die Abweichung Δr auf dem Leuchtschirm ist um so größer, je größer r ist und zwar ist Δr nach (1.23) proportional zu r^3, was zu einer „kissenförmigen Verzeichnung" eines quadratischen Objektes führt (Abb. 23a).

Elektrostatische Linsen haben, je nach Betriebsdaten, eine relativ große kissen- oder tonnenförmige Verzeichnung (Abb. 23b). Es gibt auch verzeichnungsfreie elektrostatische Linsen, welche als Objektive aber keine optimalen Eigenschaften besitzen. In magnetischen Linsen ist der eigentliche Verzeichnungsfehler um 1 bis 2 Zehnerpotenzen geringer, so daß Verzeichnungen im wesentlichen nur durch den Öffnungsfehler hervorgerufen werden (s. o.).

Bei magnetischen Linsen tritt außerdem eine anisotrope Verzeichnung (Abb. 23c) auf, bei der die Drehung des Bildes gegenüber dem Objekt nicht für alle Bildpunkte gleich ist. Strahlen, welche die Linse im Abstand r von der Linsenachse passieren, erfahren eine zusätzliche Drehung $\Delta\varphi \sim r^3$. Eine Gerade durch den Bildpunkt wird daher als kubische Parabel abgebildet. Da r in Projektiven mit großem Durchmesser große Werte annehmen kann, ist für diese die anisotrope Verzeichnung besonders ausgeprägt.

Die Verzeichnung führt zwar zu keiner Bildunschärfe, aber für quantitative Ausmessungen ist die Vergrößerung örtlich verschieden.

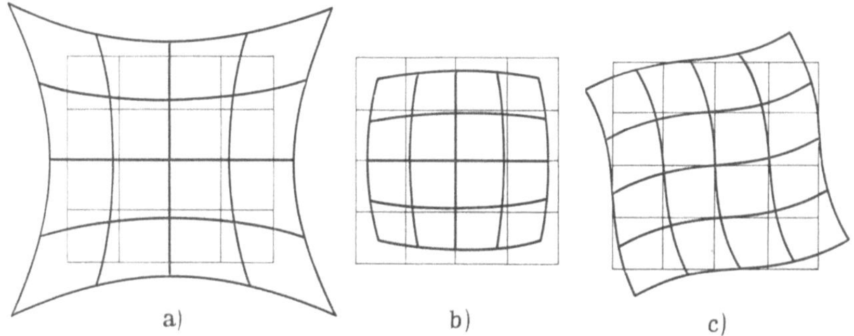

Abb. 23 a—c. Kissenförmige a), tonnenförmige b) und anisotrope Verzeichnung c) (letztere nur für magnetische Linsen)

Die Verzeichnung stört auch, wenn man vergrößerte Ausschnitte eines Objektes zusammenkleben will. Um die Verzeichnung deutlich zu erkennen und eventuell auch zu vermessen, benötigt man sehr feine Netze mit mindestens 20 µ Maschenweite oder entsprechende Oberflächenabdrücke von Kreuzgittern (s. Abb. 40b).

KYNASTON u. MULVEY (1962) weisen darauf hin, daß man bei einer Vergrößerung mit Zwischenlinse und Projektiv die Erregung der beiden Linsen so aufeinander anpassen kann, daß verzerrungsfreie Bilder von 500 bis 3000facher Vergrößerung zu erreichen sind.

1.3.3. Axialer Astigmatismus

Astigmatismus tritt bei ideal rotationssymmetrischen Linsen auf, wenn der Bildpunkt nicht auf der Achse liegt. Das abbildende Strahlenbündel kann man in ein sagittales und meridionales Bildbündel aufspalten (Abb. 24), die sich in zwei hintereinanderliegenden Brennlinien vereinigen. Es gibt also kein scharfes Bild, sondern nur einen Zerstreuungskreis zwischen den beiden Brennlinien F_s und F_m (dabei ist in Abb. 24 so verfahren, als ob der Öffnungsfehler nicht vorhanden wäre). Außerdem liegen die Brennlinien außerhalb der Gaußschen Bildebene

und der Abstand von dieser nimmt mit dem Quadrat des Objekt-
abstandes von der optischen Achse zu. Für Punkte auf der Achse gibt

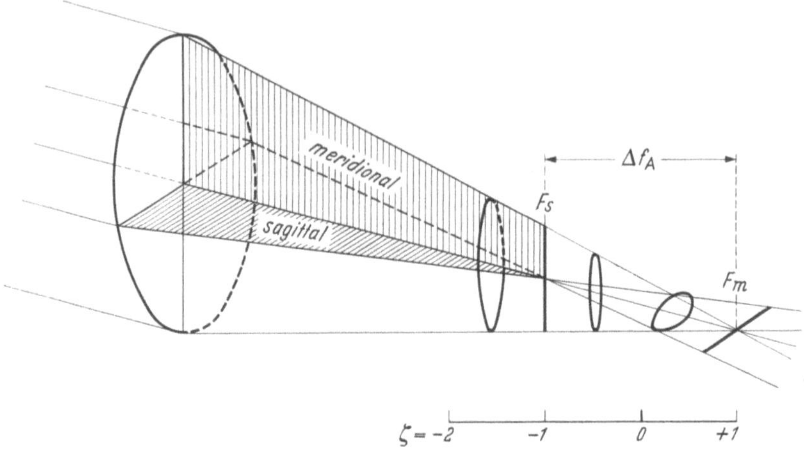

Abb. 24. Zur Definition des Astigmatismus

es diesen Bildfehler also nicht. Dieser Astigmatismus in ideal rotationssymmetrischen Linsen (auf S. 25 unter 3. aufgeführt) ist daher durch
die vom Öffnungsfehler bedingte ge-
ringe zulässige Apertur und der durch
den Farbfehler (s. u.) erforderlichen
Zentrierung zu vernachlässigen.

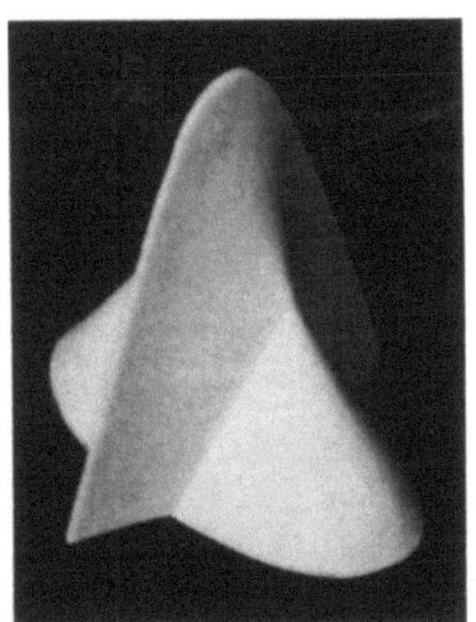

Astigmatismus wird aber dann selbst
für Punkte auf der Achse gefunden,
wenn das Linsenfeld nicht rotationssymmetrisch ist, die Blendenbohrung
z. B. schwach elliptisch ist oder die
Magnetlegierung des Polschuhes inhomogen ist. Deshalb bezeichnet man
diesen Fehler als axialen Astigmatismus. Er hat zur Folge, daß ein kreisförmiges Objekt in den beiden Brennpunkten F_s und F_m immer nur in gegenüberliegenden Punktenscharf zu stellen ist. Die Brennweitendifferenz Δf_A
ist zwar klein und liegt in der Größenordnung 0,1 bis 1 µ. Trotzdem kann hier-

Abb. 25. Kaustikfläche bei astigmatischer Abbildung. In der z-Richtung (von unten nach
oben) hat man sich dieses Modell um den
Faktor 100 gestreckt zu denken (nach GLASER
u. GRÜMM, 1950)

durch, wie im folgenden gezeigt werden soll, das Auflösungsvermögen
begrenzt werden. Der Radius des Astigmatismus-Fehlerscheibchens δ_A

beträgt, wenn man ihn wieder auf das Objekt bezieht

$$\delta_A = \alpha \frac{\Delta f_A}{2} \ . \tag{1.25}$$

Das heißt bei einer Apertur $\alpha = 10^{-2}$ und einem erstrebten Auflösungsvermögen $\delta = 10^{-7}$ cm $= 10$ Å, sollte $2\delta_A < \delta$ sein und damit

$$\Delta f_A < \frac{10^{-7}}{10^{-2}} = 10^{-5} \text{ cm} = 0{,}1 \ \mu \ . \tag{1.26}$$

Nimmt man an, daß die Polschuhbohrung nicht kreisförmig sondern elliptisch ist, mit dem kleinsten Radius $b_0 - \Delta b$ und dem größten

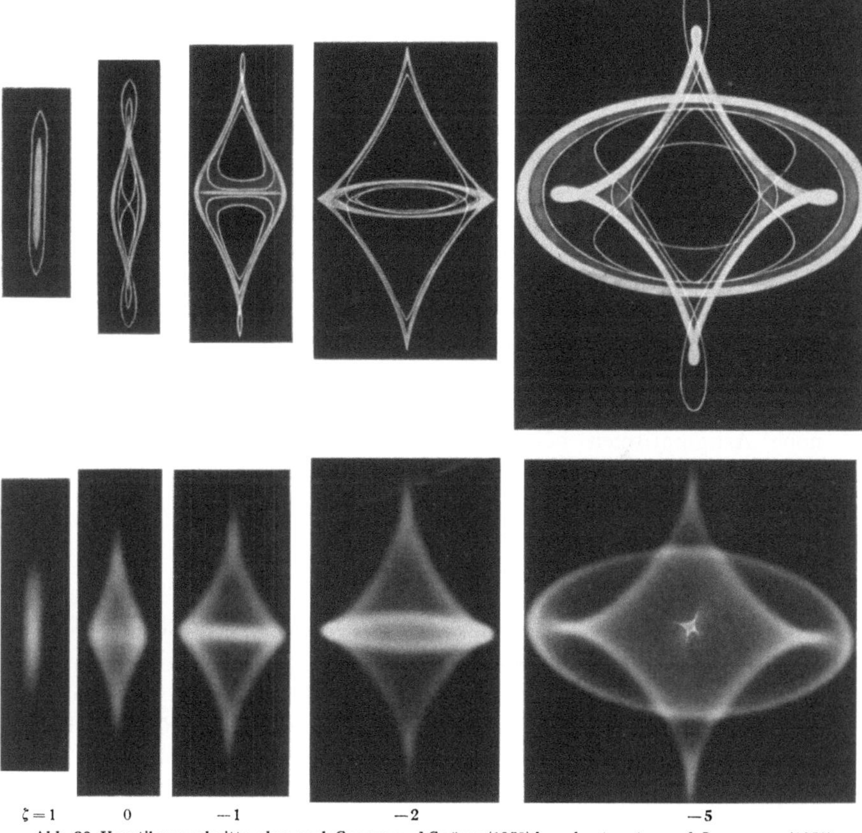

Abb. 26. Kaustikquerschnitte, oben nach GLASER und GRÜMM (1950) berechnet, unten nach LEISEGANG (1953) beobachtet (zur Definition der Koordinaten ζ, s. Abb. 24)

$b_0 + \Delta b$, so berechnet sich, da bei den meisten Objektiven $f \simeq b_0$,

$$\frac{\Delta f_A}{f} = 2 \frac{\Delta b}{b_0} \ .$$

Damit folgt aus (1.26) $\Delta b < 5 \cdot 10^{-6}$ cm $= 0{,}05 \ \mu$. Eine derartige

Toleranz in der Linsenbohrung ist auf den besten Drehbänken und Poliermaschinen nur schwer zu erreichen. Der axiale Astigmatismus läßt sich aber weitgehend kompensieren, worüber in § 4.2 näher berichtet wird.

Für die genauere Betrachtung des Strahlquerschnittes bei astigmatischer Abbildung in der Nähe des Fokus reicht die einfache Skizze in Abb. 24 nicht aus, in der nur ein sagittales und meridionales Bildbündel eingezeichnet ist. Bei einem räumlich geöffneten Strahlenbündel ergibt sich ein komplizierter Strahlenverlauf hinter der Linse, die sog. Kaustik, deren Form von GLASER und GRÜMM (1950) berechnet wurde. In Abb. 25 ist die Photographie eines räumlichen Modells wiedergegeben, welches die einhüllende Fläche aller Strahlenbündel darstellt. Wenn man in verschiedenen Ebenen Schnitte durch diese Fläche legt, berechnen sich Querschnitte der Kaustik, wie sie in der oberen Reihe von Abb. 26 gezeigt sind. Darunter sind Aufnahmen der Kaustikquerschnitte von LEISEGANG (1953) wiedergegeben, welche die gute Übereinstimmung von Theorie und Experiment zeigen. Die Lage der Koordinaten ζ ist in Abb. 24 skizziert. Bei $\zeta = -1$ und $\zeta = +1$ liegen die senkrecht aufeinander stehenden strichförmigen Brennlinien. Derartige Kaustikquerschnitte, die mannigfaltige Formen haben können, beobachtet man zuweilen beim elektronenmikroskopischen Arbeiten, wenn z. B. ein Kondensor nicht genügend fokussiert ist oder die Strahlenapertur für eine Linse zu groß ist.

Neben dem hier besprochenen „zweizähligen Astigmatismus" gibt es noch Astigmatismen höherer Ordnungen. Sie sind aber wesentlich schwächer und können zuweilen erst erkannt werden, nachdem der zweizählige Astigmatismus kompensiert ist.

1.3.4. Farbfehler

Der „Farbfehler" wird durch die verschiedenen Geschwindigkeiten (Wellenlängen) der Elektronen hervorgerufen. Es wird diese seit langem benutzte Bezeichnung beibehalten, obwohl den unterschiedlichen Wellenlängen der Elektronen keine Farben entsprechen. RUSKA (1965) schlägt deshalb die Bezeichnung „Wellenbereichsfehler" vor.

Die möglichen Ursachen für Geschwindigkeitsschwankungen der Elektronen wurden schon oben zusammengefaßt. Schnellere Elektronen lassen sich weniger stark ablenken als langsamere. Dies führt zu einer Brennweitendifferenz Δf_F, aus der sich ein Radius des Farbfehlerscheibchens δ_F — wieder auf das Objekt bezogen —

$$\delta_F = \alpha \Delta f_F \tag{1.27}$$

ergibt. Für magnetische Linsen ist nach (1.18) und (1.20) die Brennweite f proportional zur Beschleunigungsspannung U_0, so daß

$$\frac{\Delta f_F}{f} = \frac{\Delta U}{U_0} \qquad (1.28)$$

und damit

$$\delta_F = \alpha C_F \frac{\Delta U}{U_0} \cong \alpha f \frac{\Delta U}{U} . \qquad (1.29)$$

Für schwach erregte Linsen ist die Farbfehlerkonstante $C_F \cong f$, in stark erregten magnetischen Linsen ist $C_F \leq f$ mit einem Mindestwert $C_{F,\,\mathrm{min}} = 0,6\,f$ (DOSSE, 1941, Abb. 16). In elektrostatischen Linsen ist die Farbfehlerkonstante 4–10mal größer als in vergleichbaren magnetischen Linsen. Dies wird z. B. in dem Möllenstedtschen Geschwindigkeitsanalysator (§ 6.4.2) ausgenutzt.

Fordern wir wieder ein Auflösungsvermögen $\delta = 10$ Å $> 2\delta_F$, $\alpha = 10^{-2}$ und $f = 2,5$ mm, so muß nach (1.29)

$$\frac{\Delta U}{U_0} < \frac{10^{-7}}{2 \cdot 0,25 \cdot 10^{-2}} = 2.10^{-5} \qquad \text{sein.}$$

Bei $U_0 = 100$ kV sollte also $\Delta U < 2\,V$ sein. Die Halbwertsbreite der Elektronen aus der Glühemission (§ 1.1.6) erfüllt diese Bedingung. Andererseits muß die Hochspannung mit einer Konstanz von 10^{-5} geregelt werden. Diese Konstanz soll über einen Zeitraum von mindestens 1 min aufrechterhalten werden, der von der Scharfstellung bis zur Belichtung erforderlich ist. Desgleichen muß der Linsenstrom mit einer Genauigkeit $\Delta I/I_0 < 10^{-5}/$min geregelt werden. Dabei wird nicht die an den Spulen liegende Spannung, sondern der durch diese fließende Strom geregelt, weil sich die Linsenspule im Betrieb erwärmt und damit ihren elektrischen Widerstand verändert. Außerdem dürfen die Energieverluste im Objekt durch unelastische Stöße, die im Mittel 20 eV betragen (§ 6.4) nicht zu häufig auftreten, d. h. für hohe Auflösungen können nur dünne Objekte benutzt werden, bei denen der Bruchteil der unelastisch gestreuten Elektronen zur Gesamtzahl gering ist.

Der bisher diskutierte Farbfehler ist der sog. axiale Farbfehler, bei dem vorausgesetzt wird, daß der Elektronenstrahl durch die Linsenmitte geht. Passiert der Strahl die Linse in einem Abstand r von der Linsenachse, so führt dies zu einem Farbfehlerstrich ($\delta_{Fr\varphi}$), der einmal durch die Änderung der Vergrößerung bei Änderung der Elektronenenergie hervorgerufen wird (radiale Komponente δ_{Fr}) und ferner durch die Veränderung des Drehwinkels φ der magnetischen Linsen (Rotationskomponente $\delta_{F\varphi}$) (s. Abb. 27a). Es gilt

$$\delta_{Fr\varphi} = C_{Fr\varphi} \cdot r \cdot \frac{\Delta U}{U_0} \; ; \; C_{Fr\varphi} = \sqrt{C_{Fr}^2 + C_{F\varphi}^2} . \qquad (1.30)$$

3 Reimer, Elektronenmikroskop. Methoden, 2. Aufl.

Es ergeben sich daher Verzerrungen, die der durch den axialen Farbfehler hervorgerufenen Unschärfe überlagert werden. In Abhängigkeit von der Linsenerregung ist C_{Fr} stets positiv, $C_{F\varphi}$ kann dagegen das Vorzeichen wechseln (KATAGIRI, 1955). Der Winkel β zwischen Farbfehlerstrich und Radius ergibt sich zu

$$\operatorname{ctg} \beta = \frac{C_{Fr}}{C_{F\varphi}} \qquad (0 \leqq \beta \leqq \pi) \,. \tag{1.31}$$

Soll daher die obige Abschätzung für das Auflösungsvermögen gelten, so muß der Farbfehlerstrich herabgedrückt werden, indem der

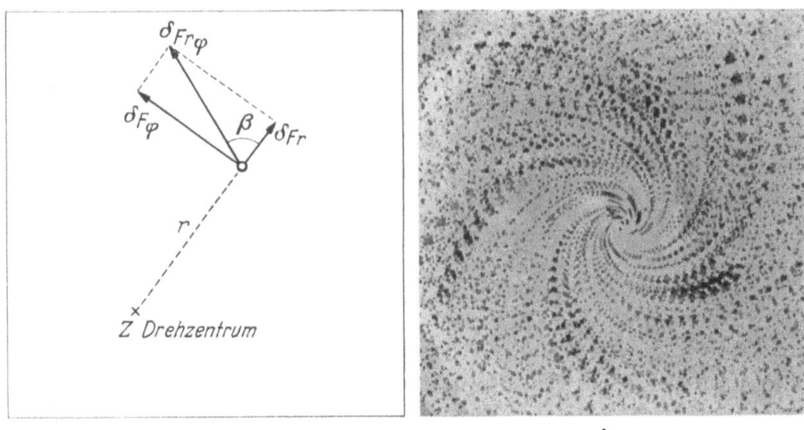

Abb. 27 a u. b. a) Zur Definition des Farbfehlerstriches und b) Demonstration der Zentrierung des Kondensors zum Objektiv und der Richtungen des Farbfehlerstriches mit verschiedenen Objektivstrom-Einstellungen übereinander belichtet (Objekt: Polystyrolkugeln auf Formvarfolie)

Kondensor zum Objektiv zentriert wird. Diese für hohe Auflösungen notwendige Justierung wird dadurch erleichtert, daß man die Variation der Elektronenenergie $\Delta U/U_0$, welche zur Erkennung des Farbfehlerstriches notwendig ist, auch durch eine Änderung des Linsenstromes $\Delta I/I_0$ ersetzen kann. Es gilt folgende Äquivalenz

$$\frac{\Delta U}{U_0} = -2\frac{\Delta I}{I_0} \,. \tag{1.32}$$

Praktisch benutzt man Lochfolien oder mit Polystyrolkugeln belegte Formvarfolien (Abb. 27b), mit denen man am besten erkennt, wie sich bei einer Änderung des Linsenstromes durch einen überlagerten Wechselstrom oder durch rasche Betätigung der Bedienungsknöpfe das Bild spiralförmig um ein Zentrum öffnet. Durch Verschieben des Kondensorsystems läßt sich das Drehzentrum leicht in die Leuchtschirmmitte bringen.

Die obige Justierung reicht jedoch nur dann aus, wenn der Elektronenstrahl parallel zur optischen Achse des Objektivs einfällt. In diesem

Fall fallen Bilddrehzentrum und der Feldachsenschnittpunkt mit der Bildschirmebene exakt zusammen. Wenn der Elektronenstrahl geneigt zur Feldachse des Objektivs einfällt, fallen Bilddrehzentrum und Feldachsenschnittpunkt nicht zusammen (HAINE, 1947; RIECKE, 1963; KUNATH u. RIECKE, 1966). Man kann die Lage des Feldachsenschnittpunktes auf dem Leuchtschirm dadurch festlegen, daß man den Objektivstrom rasch umpolt. Es bleibt dann nur der auf der Linsenachse liegende Bildpunkt in seiner Lage unverändert. Die optimale Justierung erfordert, daß man Bilddrehzentrum (durch obige Variation des Linsenstromes um kleine Beträge) und Feldachsenschnittpunkt durch Variation der Neigung des Beleuchtungssystems zusammenbringt. Dieser Punkt braucht nicht unbedingt exakt mit der Bildschirmmitte übereinzustimmen.

1.3.5. Beugungsfehler

Wenn die Apertur α durch den Linsenrand einer lichtoptischen Glaslinse oder durch die Aperturblende in der Elektronenmikroskopie begrenzt wird, so werden bei öffnungsfehlerfreien Linsen die Wellen sich nicht nur im Gaußschen Bildpunkt, sondern auch in Punkten neben diesem noch mit nichtverschwindender Intensität überlagern. Erst im Abstand

$$\delta_B = \frac{0,6\,\lambda}{\sin\alpha} \tag{1.33}$$

(wieder bezogen auf Objektdimensionen) sind die Teilwellen in ihren Phasen so gegeneinander verschoben, daß eine Interferenzauslöschung stattfindet. Es ergibt sich daher kein scharfer Bildpunkt, sondern eine „Airysche Intensitätsverteilung" (Abb. 28). Man betrachtet zwei

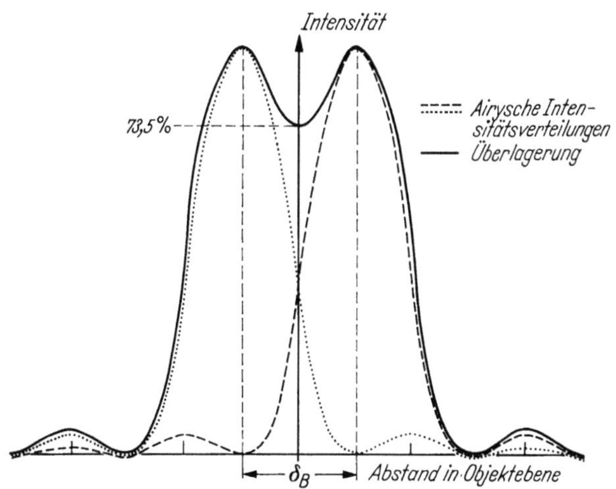

Abb. 28. Intensitätsverteilung im Beugungsfehlerscheibchen (Airysche Verteilung) und Definition des Auflösungsvermögens δ_B

3*

Punkte noch als getrennt erkennbar, wenn sich die Beugungsfehlerscheibchen auf den Abstand δ_B nähern. In der Einsattelung zwischen den Gipfelmaxima sinkt die Intensität dann nur noch auf etwa **75%** ab. Diese zunächst etwas willkürlich anmutende Definition der Auflösung ist jedoch nach der physiologischen Erfahrung berechtigt.

In der Lichtoptik kann man durch Beseitigen der Öffnungsfehler mit Aperturen der Größenordnung 1 arbeiten. Das Auflösungsvermögen liegt daher in der Größenordnung der Wellenlänge. Mit einem $\alpha = 10^{-2}$ bis 10^{-3} in der Elektronenmikroskopie liegt die Auflösungsgrenze nach (1.33) aber nur in der Größenordnung der $100-1000$fachen Wellenlänge. Zur Vermeidung des Beugungsfehlers muß man also α möglichst groß machen. Andererseits verlangen der Öffnungsfehler und die Kontrastentstehung (§ 6) ein möglichst kleines α.

1.3.6. Theoretisches Auflösungsvermögen

Da oben diskutiert wurde, daß man alle anderen ins Gewicht fallenden Fehler, den axialen Astigmatismus und den Farbfehler hinreichend klein machen kann, bestimmen die Öffnungs- und Beugungsfehler das theoretische Auflösungsvermögen. Es gibt eine optimale Apertur α_{opt}, bei der die Summe

$$\delta_{\text{ges}} = \delta_{\ddot{O}} + \delta_B = C_{\ddot{O}}\alpha^3 + 0{,}6\,\frac{\lambda}{\alpha} \tag{1.34}$$

ein Minimum besitzt (Abb. 29), bei der also der Differentialquotient

$$\frac{d\,\delta_{\text{ges}}}{d\,\alpha} = 3\,C_{\ddot{O}}\,\alpha^2 - \frac{0{,}6\,\lambda}{\alpha^2} = 0$$

verschwindet. Die Auflösung dieser Gleichung ergibt

$$\alpha_{\text{opt}} = \sqrt[4]{\frac{0{,}6\,\lambda}{3\,C_{\ddot{O}}}} = A_1 \sqrt[4]{\frac{\lambda}{C_{\ddot{O}}}}\ (A_1 = 0{,}67)\ . \tag{1.35}$$

Mit diesem Wert folgt aus (1.34)

$$\delta_{\text{min}} = A_2 \sqrt[4]{C_{\ddot{O}}\lambda^3}\ \ (A_2 = 1{,}2)\ . \tag{1.36}$$

Mit $\lambda = 0{,}037$ Å ($U_0 = 100$ kV) und $C_{\ddot{O}} = 1$ mm ergibt sich $\alpha_{\text{opt}} = 5 \cdot 10^{-3}$ und $\delta_{\text{min}} = 6$ Å.

Die hier durchgeführte Rechnung ist nur eine grobe Abschätzung mit dem einzigen Vorteil der Anschaulichkeit, da der additive Ansatz (1.34) für die Überlagerung der beiden Fehlerscheibchen auf jeden Fall zu hohe Werte von δ_{min} liefert. Genauere Berechnungen des Auflösungsvermögens müssen wellenmechanisch erfolgen (GLASER, 1943; SCHERZER, 1949b). Durch den Öffnungsfehler wird das Airysche Fehlerscheibchen modifiziert. Bei der Summation über die Teilwellen für einen benachbarten Bildpunkt ist auch noch die durch den Öffnungsfehler hervorgerufene Phasenverschiebung (1.24) zu berücksichtigen. GLASER (s. gestrichelte Kurve in Abb. 29) erhielt $A_1 = 1{,}13$, $A_2 = 0{,}56$. SCHERZER berücksichtigte auch die Defokussierung und erhielt ein optimales Auflösungsvermögen bei leichter Unterfokussierung ($A_1 = 1{,}41$, $A_2 = 0{,}43$). Dies ist in Übereinstimmung mit der geometrischen Konstruktion von Abb. 21, nach der bei Unterfokussierung der Kreis kleinster Verwirrung näher an die Bildebene rückt. Da eine leichte Unterfokussierung auch gleichzeitig mit einer Erhöhung des Kontrastes durch Phasenkontrast verbunden ist (§ 7), stellt man in der Regel unbewußt auf diese optimale Einstellung scharf.

Die praktische Erreichung eines Auflösungsvermögens von 3—4 Å ist durch die Kompensation des axialen Astigmatismus in vielen Fällen ermöglicht worden. Die Schwierigkeiten liegen in der Wahl geeigneter Testobjekte. Bei der viel benutzten Abbildung von Netzebenen in Kristallen liegen gegenüber punktförmigen Objekten günstigere Verhältnisse vor (Diskussion s. § 4.3). Eine wesentliche Verbesserung des Auflösungsvermögens wird schwierig sein, da sich eine Verringerung der Öffnungsfehlerkonstanten in (1.36) nur mit der 4. Wurzel auswirkt. Außerdem gibt es im Augenblick kein Verfahren, um den axialen Astigmatismus besser zu kompensieren.

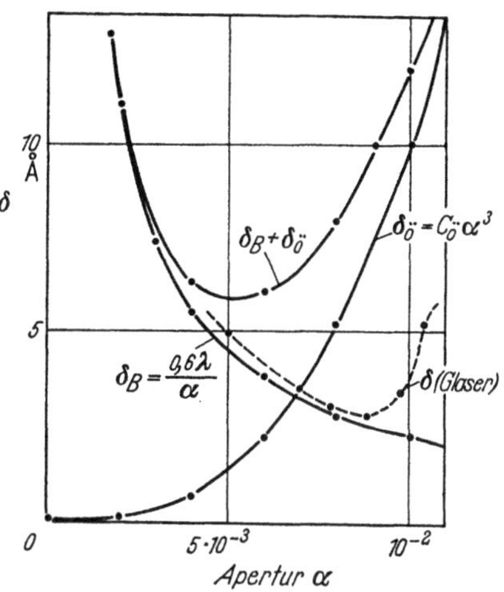

Abb. 29. Überlagerung des theoretischen Auflösungsvermögens aus den Beiträgen des Beugungs- und Öffnungsfehlers und nach wellenmechanischen Rechnungen von GLASER (gestrichelte Kurve)

Es lassen sich folgende Punkte aufstellen, welche für eine Höchstauflösung zu erfüllen, zu verbessern und bei zukünftigen Entwicklungen zu berücksichtigen sind (s. a. RUSKA, 1965):

1. Verkleinerung des Öffnungsfehlers (z. B. mit Hilfe von Kondensor-Objektiv-Einfeldlinsen (§ 1.2.2), RIECKE, 1962; RUSKA, 1964, 1965).

2. Rotationssymmetrie von Kondensor- und Objektivlinsen (kein axialer Astigmatismus).

3. Zentrierung des Beleuchtungssystemes und der Linsen (s. § 1.3.4).

4. Abschirmung des Strahles von veränderlichen Magnetfeldern.

5. Stabilität der Linsenströme und der Hochspannung.

6. Ausreichende Beleuchtung ohne Objektüberhitzung (Verwendung einer Spitzenkathode (§ 1.1.5) mit hohem Richtstrahlwert).

3a

7. Objektraumkühlung zur Vermeidung der Kontamination (§ 9.3).

Für die Kondensor-Objektiv-Einfeldlinse ergeben sich nach RUSKA (1964) die in Tab. 1.1 aufgeführten Werte der Brennweite f, des Öffnungsfehlers C_δ, sowie der nach GLASER berechneten α_{opt} und δ_{min} in Abhängigkeit von der Strahlspannung.

Tabelle 1.1. *Daten eines Einfeld-Kondensor-Objektivs für verschiedene Strahlspannungen* (nach RUSKA, 1964)

Strahlspannung U_0	kV	10	20	50	100	200	500	1000
Wellenlänge λ	Å	0,122	0,086	0,054	0,037	0,025	0,014	0,009
Brennweite f	mm	1,135	1,234	1,426	1,675	2,054	2,918	4,174
$C_\delta = C_F/2$	mm	0,341	0,370	0,428	0,503	0,616	0,875	1,252
$\alpha_{\mathrm{opt}} = 1{,}13 \sqrt[4]{\lambda/C_\delta}$	10^{-2}	1,55	1,40	1,20	1,05	0,90	0,72	0,58
$\delta_{\mathrm{min}} = 0{,}56 \sqrt[4]{C_\delta \lambda^3}$	Å	4,98	3,91	2,84	2,24	1,75	1,25	0,95

Dieses Objektiv zeigt demnach auch für kleine Strahlspannungen schon ein gutes Auflösungsvermögen. Die Schwierigkeiten liegen hier aber in der Objekterwärmung, Aufladungserscheinungen und stärkerer Anfälligkeit gegen elektrische und magnetische Störfelder. Für 100 kV hat dieses Objektiv Auflösungen, wie man sie mit der normalen Ausführung erst bei 400 kV erreichen würde.

Bei der Diskussion des Auflösungsvermögens ist aber zu berücksichtigen, daß man auch einen ausreichenden Kontrast im Endbild erwarten muß. δ_{min} nimmt zwar nach (1.36) und Tab. 1.1 mit abnehmendem λ (d. h. zunehmender Strahlspannung) ab, aber bei $U_0 > 100\,\mathrm{kV}$ sind die zu erwartenden Kontraste — etwa bei der Abbildung einzelner Atome — sehr gering. Wegen der relativistischen Massenzunahme fällt dieser Abfall des Kontrastes bei sehr hohen Spannungen jedoch geringer aus. Die Möglichkeit, einzelne Atome abzubilden, wird sich daher zunächst auf solche mit hoher Ordnungszahl beschränken. Dabei spielt für die Abbildung der Phasenkontrast eine entscheidende Rolle. Nach diesen neueren Gesichtspunkten sind theoretische Berechnungen von NIEHRS (1962) und RIECKE (1964) durchgeführt. Danach sollten beispielsweise C-Atome mit 3 Å Abstand bei 300 kV mit einem Einfeld-Kondensor-Objektiv noch einen Phasenkontrast von 5% zeigen, der gerade noch visuell erkennbar wäre. Bis zur Erreichung dieses Auflösungsvermögens bedarf es jedoch noch einer langwierigen Verbesserung vor allem der oben in 1—7 aufgeführten Punkte.

Literatur zu § 1

ANDO, K., O. KAMIGAITO, Y. KAMIYA, S. TAKAHASHI, and R. UYEDA: Oxide-cored cathode. J. Phys. Soc. Japan 14, 180 (1959).

ARCHARD, G. D.: Two new simplified systems for the correction of spherical aberration in electron lenses. Proc. Phys. Soc. B 68, 156 (1955).

ARCHARD, G. D.: Focal properties and chromatic and spherical aberrations of the three-electrode electr. lens. Brit. J. appl. Phys. **7**, 330 (1956).

—, T. MULVEY, and D. P. R. PETRIE: Experiments with the correction of spherical aberration. Proc. Europ. Reg. Conf. EM Delft, Vol. **I**, 51 (1960).

BOERSCH, H.: Exp. Bestimmung der Energieverteilung in thermisch ausgelösten Elektronenstrahlen. Z. Physik **139**, 115 (1954).

—, u. G. BORN: Messungen an Elektronenstrahlerzeugern. IV. Internat. Kongr. EM Berlin, Bd. **I**, 35 (1958).

BORRIES, B. VON: Die energetischen Daten und Grenzen der Übermikr. Optik **3**, 389 (1948).

— Ein magnetostatisches Gebrauchs-Elektr.mikr. für 60 kV Strahlspannung. Z. wiss. Mikr. **60**, 329 (1952).

—, u. G. LANGNER: Ein zweistufiges permanentmagn. Projektivsystem für Elektr. mikr. Z. wiss. Mikr. **64**, 30 (1959).

—, u. F. LENZ: Vorausberechn. magnetostat. elektr. opt. Abbildungssysteme. Optik **13**, 264 (1956).

BRAUCKS, F. W.: Unters. an der Fernfokuskathode nach STEIGERWALD. Optik **15**, 242 (1958).

COSSLETT, V. E., and M. E. HAINE: The tungsten point cathode as an electr. source. Proc. III. Internat. Conf. EM London, 639 (1954).

DORSTEN, A. C. VAN, and H. F. PREMSELA: Low voltage electr. micr., Proc. Europ. Reg. Conf. EM Delft, Vol. **I**, 101 (1960).

DOSSE, J.: Theor. u. exp. Unters. über Elektronenstrahler. Z. Physik **115**, 530 (1940).

— Strenge Berechnung magn. Linsen mit unsymmetrischer Feldform. Z. Phys. **117**, 316 (1941).

— Über optische Kenngrößen starker Elektronenlinsen. Z. Physik **117**, 722 (1941).

DRECHSLER, M., V. E. COSSLETT, and W. C. NIXON: The point cathode as an electron source. IV. Internat. Kongr. EM Berlin, Bd. **I**, 13 (1958).

DUPOUY, G., et F. PERRIER: Étude de la structure des métaux et des alliages an moyen d'un micr. électr. fonctionnant sous 1 million de volts. Compt. rend. **253**, 2435 (1961). V. Internat. Conf. EM Philadelphia, Vol. **I**, A-2 (1962).

— — u. R. FABRE: Micr. electr. fonctionnant sous très haute tension. Compt. rend. **252**, 627 (1961).

EVERITT, C. W. F., u. K. J. HANSZEN: Zur exp. Best. der Brennweiten und Hauptebenen von asymmetr. Elektr.-Einzellinsen. Optik **13**, 385 (1956).

GLASER, W.: Strenge Berechnung magnetischer Linsen. Z. Physik **117**, 285 (1941).

— Bildentstehung und Auflösungsvermögen des Elektr. mikr. vom Standpunkt der Wellenmechanik. Z. Physik **121**, 647 (1943).

— Grundlagen der Elektronenoptik. Wien: Springer-Verlag 1952.

—, u. H. GRÜMM: Die Kaustikfläche der Elektronenlinsen. Optik **7**, 96 (1950).

GÜTTER, E., u. H. MAHL: Einfluß einer periodischen Objektbeleuchtung auf die elektr. opt. Abb. Optik **17**, 233 (1960).

HAHN, E.: Ein neuer elektrostat. Strahlkondensor und ein neues fünfstufiges Linsensystem. Exp. Techn. Phys. **3**, 58 (1955).

HAHN, M.: Vers. an einer Gasentladungskathode. IV. Internat. Kongr. EM Berlin, Bd. **I**, 42 (1958).

HAINE, M. E.: The electron optical system of the electr. micr. J. sci. Instr. **24**, 61 (1947).

HALL, C. E.: Method of measuring spherical aberration of an electr. micr. objective. J. appl. Phys. **20**, 631 (1949).

HANSZEN, K. J.: Vergl. Betrachtungen über den Öffnungsfehler symm. und asymm. Elektronen-Einzellinsen auf Grund von Vermessungen der Austrittsstrahltangenten. Z. Naturforsch. 13a, 409 (1958).

— Beziehungen zwischen den geom.-opt. u. elektr. Eigenschaften von Haarnadel- und Spitzenkathoden. V. Internat. Congr. EM Philadelphia, Vol. I, KK-11 (1962).

HEISE, F.: Best. von Verzeichnung und Öffnungsfehler elektrostat. Linsen aus Hauptflächen und Brennpunkt-Hilfsflächen. Optik 5, 479 (1949).

—, u. O. RANG: Exp. Unters. an elektrostat. Elektronenlinsen. Optik 5, 201 (1949).

HIBI, T.: Pointed filaments and its application. Proc. III. Internat. Conf. London 636 (1954).

— Pointed filaments, its production and its application. J. Electronmicr. (Japan) 4, 10 (1956).

HOPPE, W.: Fresnelsche Zonenkorrekturplatten für das Elektr. mikr. Optik 20, 599 (1963).

INDUNI, G.: Sur un source d'électrons pour micr. électr. Helv. Phys. Acta 20, 463 (1947).

KATAGIRI, S.: Exp. investigation of chromatic aberration in the electr. micr. Rev. sci. Instr. 26, 870 (1955).

KIMURA, H., and S. KATAGIRI: An electr. lens system excited by permanent magnets with a new astigmatism compensator. Optik 16, 50 (1959).

—, and Y. KIKUCHI: Permanent magnet lens systems and their characteristics. IV. Internat. Congr. EM Berlin, Bd. I, 53 (1958).

KUNATH, W., u. W. D. RIECKE: Zur Bestimmung der Öffnungsfehlerkoeffizienten magnetischer Objektivlinsen. Optik 23, 322 (1966).

KYNASTON, D., and T. MULVEY: Distortion-free operation of the electr. micr. V. Internat. Congr. EM Philadelphia, Vol. I, D-2 (1962).

LANGNER, G.: Die Erprobung einiger regelbarer permanentmagn. Elektr.-Linsen. Optik 12, 554 (1955).

LEISEGANG, S.: Zum Astigmatismus von Elektronenlinsen. Optik 10, 5 (1953).

LENZ, F.: Berechnung optischer Kenngrößen magn. Elektronenlinsen aus Polschuhabmessungen u. Betriebsdaten. Z. angew. Physik 2, 448 (1950).

— Ein einf. Verf. zur Bestimmung der Feldform magn. Elektronenlinsen. Optik 9, 3 (1952).

— Der Boersch-Effekt und ein Ansatz zu seiner theor. Deutung. IV. Internat. Kongr. EM Berlin, Bd. I, 39 (1958).

LIEBMANN, G.: Measured properties of strong "unipotential" electron lenses. Proc. Phys. Soc. B 62, 213 (1949).

— An unified representation of magn. electron lens properties. Proc. Phys. Soc. B 68, 737 (1955).

—, and E. M. GRAD: Imaging properties of a series of magn. electr. lenses. Proc. Phys. Soc. B 64, 956 (1951).

LIPPERT, W., u. W. POHLIT: Zur Kenntnis der elektr.-opt. Eigenschaften elektrostatischer Linsen. Optik 9, 456 (1952); Optik 10, 447 (1953).

MARUSE, S.: Vergl. Unters. der Eigenschaften von Spitzenkath. u. Haarnadelkath. in Strahlerzeugungssystemen mit neg. Wehneltblende. Proc. Europ. Reg. Conf. EM Delft, Vol. I, 73 (1960).

MEYER, W. E.: Das Auflösungsvermögen sphärisch korr. elektrostat. Elektr. mikr. Optik 18, 69 (1961).

MÖLLENSTEDT, G.: 100 keVolt-Elektronen im elektrostat. Elektr. mikr. Optik 12, 441 (1955).

MÜLLER, K.: Regelbare magnetostatische Linsensysteme für Elektr. mikr. Z. wiss. Mikr. **63**, 303 (1957).

NIEHRS, H.: Das Problem des Kontrastes und der Auflösung bei einer Elektr. mikr. von Atomen bzw. Atomgruppen. V. Internat. Congr. EM Philadelphia, Vol. I, AA-2 (1962).

NIEMECK, F. W., u. D. RUPPIN: Elektrolytische Ätzung von Kathodenspitzen für das Feldelektr. mikr. Z. angew. Phys. **6**, 1 (1954).

REISNER, J. H.: Permanent magnetic lenses. J. appl. Phys. **22**, 561 (1951).

—, u. E. G. DORNFELD: A small electr. micr. J. appl. Phys. **21**, 1131 (1950).

RIECKE, W. D.: Ein Kondensorsystem für eine starke Objektivlinse. V. Internat. Congr. EM Philadelphia, Vol. I, KK-5 (1962).

— Zur Justierung des magn. Elektr.mikr., Vortragstagung der Dtsch. Ges. für Elektr. mikr.in Zürich, 22.—26. 9. 1963.

— Kann man die „atomare Auflösung" im Elektr. mikr. nur mit dem Dunkelfeld erreichen? Z. f. Naturforsch. **19**a, 1228 (1964).

RUSKA, E.: Unters. über regelbare magnetostat. Linsen. Z. wiss. Mikr. **61**, 152 (1952).

— Das Auflösungsproblem in der Elektr. mikr. Naturwiss. Rundschau **17**, 125 (1964).

— Über die Auflösungsgrenze des Durchstrahlungs-Elektr. mikr. Optik **22**, 319 (1965).

RUSTERHOLZ, A. A.: Elektronenoptik Bd. I: Grundzüge der theoretischen Elektronenoptik, Basel 1950.

SAKAKI, Y., u. S. MARUSE: Über die Arbeitsweise und die elektronenopt. Eigensch. der Spitzenkathode. IV. Internat. Kongr. EM Berlin, Bd. I, 9 (1958).

—, u. G. MÖLLENSTEDT: Beitrag zur Verwendung von Spitzenkathoden in der Elektronenoptik. Optik **13**, 193 (1956).

SCHERZER, O.: Sphärische Korrektur mit Hilfe eines astigmatischen Zwischenbildes. Optik **5**, 497 (1949a).

— The theoretical resolution limit of the electr. micr. J. appl. Phys. **20**, 20 (1949b).

SCHISKE, P.: Statistik der Energieverbreiterung (Boersch-Effekt) in Elektronenstrahlen. V. Internat. Congr. EM Philadelphia, Vol. I, KK-9 (1962).

SEELIGER, R.: Ein neues Verf. zur Bestimmung des Öffnungsfehlers von Elektronenlinsen. Optik **4**, 258 (1948).

— Versuche zur sphärischen Korrektur von Elektr.-Linsen mittels nicht rotationssymm. Abb. Elemente. Optik **5**, 490 (1949); Optik **8**, 311 (1951).

STEIGERWALD, K. H.: Ein neuartiges Strahlerzeugungssystem für Elektr. mikr. Optik **5**, 469 (1949).

TANAOKA, I., A. ONOGUCHI, and H. TOCHIGI: An influence of the a.c. cathode heating on the image quality in the electr. micr. J. Electronmicr. (Japan) **12**, 264 (1963).

TOCHIGI, H., K. SONEHARA, and I. TANAOKA: An application of oxide-cored cathode to telefocal electr. gun for electr. micr. V. Internat. Congr. EM Philadelphia, Vol. I, KK-13 (1962).

THON, F.: Vortrag Tagung EM Zürich 1963, s. a. Siemens Eg-Bericht 1/7 (1965).

ULMER, K., u. B. ZIMMERMANN: Relaxationserscheinungen in Elektronenstrahlen. Z. Physik **182**, 194 (1964).

WILSKA, A. P.: Low voltage electr. micr. Proc. Europ. Reg. Conf. EM Delft, Vol. I, 105 (1960).

— Expectations and limitations of low voltage electr. micr., Symp. Quantitative Electr. micr. Washington 1964, in Lab. Invest. **14**, 825 (1965).

§ 2. Prinzipieller Aufbau des Durchstrahlungsmikroskopes

2.1. Das Beleuchtungssystem

Auf die Grundlagen der Strahlerzeugung ist schon im § 1.1 näher eingegangen. Hier sollen der Aufbau und die Möglichkeiten eines Kondensorsystems diskutiert werden.

Der Kondensor hat folgende Aufgaben: a) Fokussierung des Elektronenstrahles auf das Objekt, um auch bei hohen Vergrößerungen eine ausreichende Bildschirmhelligkeit zu erreichen, b) Bestrahlung eines möglichst kleinen Objektbereiches zur Verminderung von Objektveränderungen und einer Objektwanderung durch Erwärmung. Außerdem wird hierdurch die Strahlenschädigung und Kontamination benachbarter noch nicht bestrahlter Bereiche vermieden.

Die Beleuchtung des Objektes kann man durch folgende Größen beschreiben:

1. Strahlstromdichte j_B am Ort des Objektes,

2. Halbwertsbreite r_B des bestrahlten Bereiches. Auch am Ort des Objektes läßt sich die Strahlstromdichteverteilung bei fokussiertem Kondensor durch eine Gauß-Kurve (1.9) darstellen,

3. die Bestrahlungsapertur α_B.

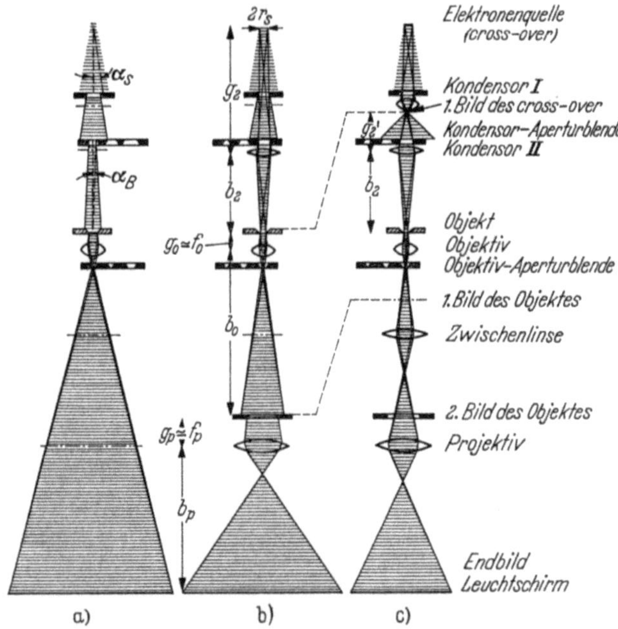

Abb. 30 a—c. Strahlengänge im Elmiskop I bei verschiedener Erregung der Kondensor- und Abbildungslinsen. a) einstufige Abbildung ohne Kondensor (200fach), b) zweistufige Abbildung mit Objektiv und Projektiv und Beleuchtung durch Kondensor II (1000fach), c) dreistufige Abbildung mit Objektiv, Zwischenlinse und Projektiv und Feinstrahlbeleuchtung mit Kondensor I und II (8000, 20000, 40000, 80000, 160000fach je nach Projektivpolschuh)

Letztere ist ein Maß für die „Kohärenz" des Elektronenstrahls. Die Zahl der sichtbaren Fresnelsäume (§ 4.2) steigt mit abnehmendem α_B. Außerdem werden alle Phasenkontrasterscheinungen (§ 7) durch die Bestrahlungsapertur beeinflußt. Dagegen ist der Flächenkontrast (§ 6) von der Bestrahlungsapertur weitgehend unabhängig, wenn diese kleiner als die Objektivapertur bleibt.

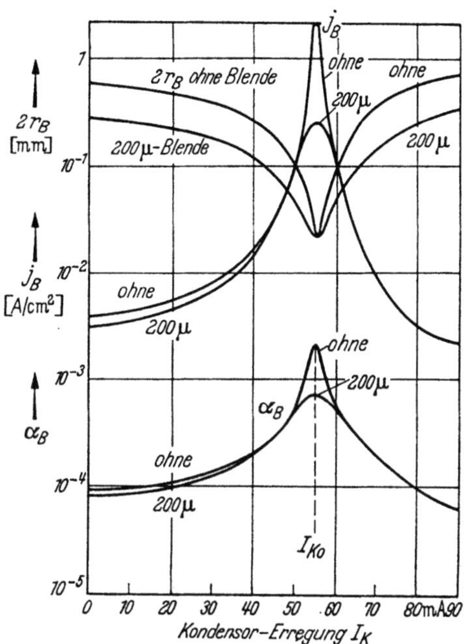

Abb. 31. Verlauf des Durchmessers $2r_B$ des bestrahlten Bereiches, der Strahlstromdichte j_B im Zentrum und der Bestrahlungsapertur α_B ohne und mit 200 μ-Kondensorblende in Abhängigkeit von der Kondensor II-Erregung (Siemens-Elmiskop I, 80 kV, Strahlstrom 20 μA)

Um die oben gestellten Aufgaben zu erfüllen, sind Hochleistungsmikroskope zur Zeit mit 2 Kondensorlinsen ausgestattet. Die Wirkungsweise soll am Beispiel des Elmiskop I-Kondensors erläutert werden. Mit abgeschalteten Kondensorlinsen (Abb. 30a) ist der Durchmesser des betrahlten Bereiches in der Objektebene durch die Apertur α_s des engsten Strahlquerschnittes (cross-over) bestimmt. Die maximale Strahlstromdichte j_B im Objekt berechnet sich aus der Relation $R = j_s/\pi\alpha_s^2 = j_B/\pi\alpha_B^2$ (Erhaltung des Richtstrahlwertes). Die Bestrahlungsapertur $\alpha_B = r/b_2$ ist durch die Kondensorblende (Radius r) bestimmt (Abb. 30a).

Wird der Kondensor II fokussiert (Abb. 30b), so daß die bekannte Linsenrelation $1/f_2 = 1/g_2 + 1/b_2$ erfüllt ist, so wird der engste Strahlquerschnitt auf das Objekt um den Faktor $r_B/r_s = b_2/g_2 = 0{,}65 : 1$ verkleinert abgebildet. j_B besitzt dann ein Maximum und r_B ein Minimum.

Bei Über- und Unterfokussierung des Kondensors verlaufen diese Größen wie in Abb. 31. Ist der Kondensorstrom $I_K = 0$, so ist dies gleichbedeutend mit ausgeschaltetem Kondensor (s. o.). Aus der Intensitätsverteilung ohne Kondensor wird durch eine Kondensoraperturblende (200 μ) nur die Mitte hindurchgelassen. Man erhält eine homogenere Verteilung der Intensität über den bestrahlten Bereich. Bei der Fokussierung ($I_K = I_{K0}$) hat zwar r_B den gleichen Wert wie im Fall ohne Blende, weil dann wieder der Cross-over abgebildet wird, aber die maximale Strahlstromdichte hat sich verändert. Auch die Bestrahlungsapertur ist kleiner geworden.

Da bei 100000facher Endbild-Vergrößerung der Leuchtschirmgröße etwa ein Objektbereich von 1 μ Durchmesser entspricht, genügt es, entsprechend kleine Objektbereiche zu bestrahlen. Hierzu wird mit dem Kondensor I (Abb. 30c) ein stark verkleinertes Zwischenbild des Crossover entworfen, welches durch den Kondensor II etwa im Verhältnis $g'_2/b_2 = 1:2$ auf das Objekt fokussiert wird. Der Durchmesser des bestrahlten Bereiches läßt sich dann leicht mit dem Kondensor II regeln.

Die hier diskutierten Unterlagen gelten für Haarnadelkathoden. Mit Spitzenkathoden lassen sich sowohl mit einem als auch mit zwei Kondensorlinsen noch kleinere bestrahlte Bereiche und höhere Strahlstromdichten bei geringerer Apertur erreichen. Für Spezialzwecke (Feinstrahlbeugung) gelang es RIECKE (1962) mit einem dreistufigen Kondensor Bereiche von nur 100 Å Durchmesser zu bestrahlen. Kondensor-Objektiv-Einfeldlinsen (§ 1.2.2) erreichen entsprechende Werte der Größenordnung 1000 Å.

Da der Kondensor II mit einem großen Öffnungswinkel durchstrahlt wird, ist er in vielen Mikroskopen mit einem Stigmator ausgerüstet, um das verkleinerte Bild des engsten Strahlquerschnittes unterhalb des 1. Kondensors mit möglichst kleinem Durchmesser fehlerfrei abbilden zu können. Es ist dabei zu beachten, daß der engste Strahlquerschnitt bei Verwendung von Haarnadelkathoden stets etwas in Richtung der Drahtlage verlängert ist.

Das Kondensorsystem muß gegenüber der Strahlquelle und dem Objektiv auszurichten sein. Eine vollständige Justiermöglichkeit sollte enthalten: Kippung und Verschiebung des Strahlerzeugungssystemes gegenüber dem Kondensor, sowie die gleichen Bewegungsmöglichkeiten des Kondensorsystemes gegenüber dem Objektiv. Ein Teil dieser Bewegungen kann durch die feste Justierung der einzelnen Teile in der Mikroskopröhre wegfallen. Eine weitere mit Bedienungskomfort verbundene Möglichkeit besteht in der elektrischen Justierung durch geeignete eingebaute Ablenksysteme auf magnetischer oder elektrostatischer Basis.

Wenn bei mittleren Vergrößerungen nicht so hohe Strahlstromdichten benötigt werden, kann auch eine Fernfokuskathode nach STEIGERWALD (§ 1.1.4) die Funktion des Kondensors übernehmen, aber keinesfalls vollständig ersetzen.

2.2. Das Abbildungssystem

Die Abbildung erfolgt durch zwei bis drei Linsen (Abb. 30). Für ein hohes Auflösungsvermögen reicht in der Regel eine zweilinsige Anordnung mit Objektiv und Projektiv nicht aus. Für eine Auflösung von 10 Å und besser benötigt man zur Erkennung der Bildeinzelheiten eine etwa 10^6fache Gesamtvergrößerung. Da die gebräuchlichen Photoemulsionen mit tragbaren Empfindlichkeiten sich noch etwa 10fach optisch nachvergrößern lassen, ohne daß sich das Plattenkorn sehr störend bemerkbar macht, ist also eine 100000fache elektronenoptische Vergrößerung anzustreben. Die Gesamtvergrößerung eines Gerätes stellt sich als Produkt aus Objektiv- und Projektivvergrößerung dar und ergibt sich nach Abb. 30b zu

$$V_{ges} = V_0 \cdot V_P = \frac{b_0 \cdot b_P}{f_0 \cdot f_P} \,. \tag{2.1}$$

Da die Gesamtlänge des Mikroskopes vom Objektiv zum Endbildschirm begrenzt ist ($l \cong 50$ cm), ergibt sich ein Maximum für V_{ges}, wenn $b_0 = b_P = l/2$. Da sich magnetische Linsen mit Brennweiten bis 2 mm herstellen lassen, resultiert mit diesen Daten eine maximale Vergrößerung von 15000fach. Für höhere Vergrößerungen muß man daher ein zweites Projektiv (Zwischenlinse) benutzen (Abb. 30c).

Zur Kompensation des axialen Astigmatismus sind die Objektive auch bei Geräten mit geringerem Auflösungsvermögen mit einem Stigmator (§ 4.2) ausgerüstet. Zwischenlinse und Projektiv brauchen dagegen nicht astigmatisch korrigiert werden, da nach (1.25) der Durchmesser des Fehlerscheibchens proportional zur Apertur α ist und diese bei einer Vergrößerung V auf α/V verkleinert wird.

Die Beobachtungsapertur α_0 — oder Objektiv-Apertur — ist durch eine Aperturblende zwischen 10 und 100 μ Durchmesser in der hinteren Brennebene des Objektivs wählbar. Wie der Strahlengang in Abb. 32 zeigt, läßt die Blende an dieser Stelle alle Strahlen durch, welche im Objekt unter einem Winkel $\vartheta \leq \alpha_0$ gestreut werden. Je kleiner der Blendendurchmesser, um so mehr gestreute Elektronen werden zurückgehalten. Dies führt zu einem Kontrastanstieg des Endbildes. Man bezeichnet diese Blende daher zuweilen auch als Kontrastblende. Auf den Zusammenhang zwischen Kontrast und Aperturblende wird in einem besonderen Abschnitt (§ 6) ausführlich eingegangen.

An die Qualität der Objektiv-Aperturblenden werden hohe Anforderungen gestellt. Sie müssen verschiebbar sein, um sie auf Strahlmitte

justieren zu können, und aus widerstandsfähigem Material bestehen
(Pt, Pt-Ir, Ta oder Mo), da sie nach dem Objekt die höchste Stromdichte (bis zu $10\ \mathrm{A/cm^2}$) aufnehmen müssen. Ferner sollen sie leicht
herauszunehmen und zu reinigen sein (s. § 13.3), denn Verschmutzungen
dieser Blende durch Staub, herabfallende Objektteilchen und vor allem
durch Kontaminationsschichten rufen leicht örtliche Aufladungen unter
Elektronenbeschuß hervor, die zu einem
zusätzlichen axialen Astigmatismus führen können. Gegen derartige Störungen
sind besonders Blenden mit kleinem
Durchmesser anfällig.

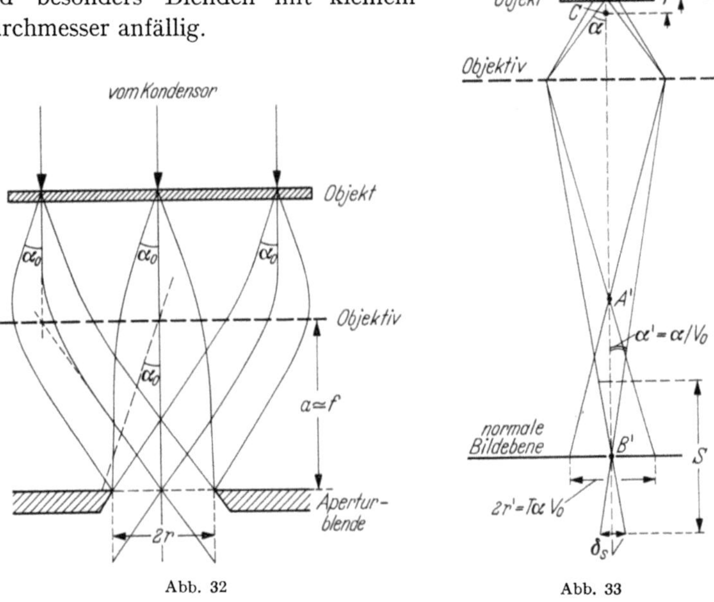

Abb. 32   Abb. 33

Abb. 32. Wirkung der Objektiv-Aperturblende als Kontrastblende. Alle in Winkel größer als die Objektivapertur α_0 gestreuten Elektronen werden von der Blende zurückgehalten

Abb. 33. Zur Berechnung des Bildschärfebereiches S und der Tiefenschärfe T einer elektronenmikroskopischen
Abbildung

Die Bildbeobachtung erfolgt auf einem Leuchtschirm, der noch durch
eine Lupe (bis zu 10fache Vergrößerung) betrachtet werden kann.
Das Aufnahmematerial (Platten oder Film) liegt in der Regel $1-2$ cm
unterhalb des Leuchtschirmes und dessen Belichtung erfolgt durch Hochklappen des Leuchtschirmes. Da auf dem Schirm scharf gestellt wird,
könnte man annehmen, daß dann auf der Platte das Bild nicht scharf
ist. Dies ist aber eine unzulässige Verallgemeinerung aus lichtoptischen
Erfahrungen. Dies sieht man am besten aus einer Abschätzung des Bildschärfebereiches. Nach Abb. 33 beobachtet man bei einer Entfernung
um $\pm S/2$ aus dem theoretischen Fokus eine Unschärfe $\delta_s V$ (V Gesamt-

vergrößerung und δ_s die Unschärfe bezogen auf das Objekt). Man liest aus der Figur ab

$$S = \frac{\delta_s V}{\alpha'} = \frac{\delta_s V^2}{\alpha_0}, \tag{2.2}$$

wobei α_0 die Objektivapertur zwischen Objekt und Objektiv und $\alpha' = \alpha_0/V$ die im Endbild auftretende Apertur ist. Die Gleichung gilt auch bei nachfolgender Vergrößerung durch weitere Linsen. So beträgt z. B. bei 10000 facher Vergrößerung, einer Apertur $\alpha_0 = 10^{-2}$ und einer noch zulässigen Unschärfe $\delta_s = 5\,\text{Å} : S = 5\,\text{m}$! Hiermit ist natürlich über den Gültigkeitsbereich von (2.2) hinausgegangen, da diese Gleichung voraussetzt, daß S kleiner als der Abstand zwischen Linse und Bildebene bleibt. Es ist damit aber deutlich demonstriert, daß das elektronenmikroskopische Endbild über größere Tiefen gerade bei Aufnahmen mit höchster Auflösung scharf ist.

Ein anderes Problem stellt die Tiefenschärfe des Objektes dar, d. h. um welche Strecke $\pm T/2$ sich das Objekt ober- und unterhalb der Gegenstandsebene erstrecken darf, um noch scharf abgebildet zu werden. Aus der Abb. 33 liest man die Beziehung

$$T < \frac{\delta}{\alpha} \tag{2.3}$$

ab, in der δ das Auflösungsvermögen bedeutet, welches größer bleiben soll als der durch die unscharfe Abbildung verursachte Unschärfekreis vom Durchmesser $2r$. Es finden sich in der Literatur widersprechende Angaben, ob unter α die Bestrahlungsapertur α_B oder die Objektivapertur α_0 zu verstehen ist. Dies ist insofern entscheidend, als diese Aperturen sich um Größenordnungen unterscheiden:

$$5 \cdot 10^{-3} < \alpha_0 < 5 \cdot 10^{-2} \quad \text{und} \quad 10^{-5} < \alpha_B < 10^{-3}.$$

Man kann sich aber überlegen, daß bei schwach streuenden Objekten die meisten Elektronen ungestreut bleiben, das Objekt also unter der Bestrahlungsapertur α_B verlassen. Bei starker Streuung verlassen die Elektronen das Objekt jedoch in einem breiten Streukegel, von dem Aperturen der Größe α_0 durch die Aperturblende hindurchgelassen werden.

Setzt man auf einer Photoplatte für $\delta V = 1/20$ mm, so erhält man mit (2.3) die in Tab. 2.1 angegebenen Tiefenschärfen. Wegen der geringen Apertur ist das Elektronenmikroskop dem Lichtmikroskop selbst bei hohen Vergrößerungen überlegen. Deshalb wies LEONHARD (1954) auch darauf hin, daß es bei rauhen Oberflächen zweckmäßiger ist, einen Oberflächenabdruck elektronenoptisch bei kleinen Vergrößerungen abzubilden, um die Oberflächenstruktur besser zu erfassen.

Wegen der großen Tiefenschärfe ist zuweilen die Fokussierung des Bildes bei geringen Vergrößerungen sehr schwierig. Bei stark streuenden

Tabelle 2.1. *Tiefenschärfen bei der elektronenmikroskopischen Abbildung*

Vergrößerung	Auflösung Å	Tiefenschärfe T bei den Aperturen		
		$\alpha = 2.10^{-2}$	5.10^{-3}	10^{-3}
200 mal	2500	12,5 μ	50 μ	250 μ
2 000 mal	250	1,25 μ	5 μ	25 μ
10 000 mal	50	0,25 μ	1 μ	5 μ
40 000 mal	10	500 A	0,2 μ	1 μ
160 000 mal	5—10	250—500 A	0,1—0,2 μ	0,5—1 μ
Lichtmikroskop 1 000 mal	0,2 μ	$\alpha = 1$	$T = 0,2$ μ	

Objekten kann man die Apertur mit einer größeren Blende erhöhen, aber damit ist auch eine Kontrastabnahme verbunden. An schwach streuenden Objekten wird die Scharfstellung erleichtert, wenn man künstlich die Bestrahlungsapertur vergrößert. Dies kann mittels einer Wobbelspule oberhalb des Objektes erfolgen (LE POOLE u. STAM, 1954) oder mit einer Mehrfachblende als Kondensorapertur (WEICHAN, 1961). Mit diesen beiden Verfahren wird die Apertur während der Scharfstellung vergrößert, während der Aufnahme jedoch klein gehalten. Bei höheren Vergrößerungen erfolgt die Scharfstellung jedoch am optimalsten durch das Verschwinden der Fresnelschen Beugungssäume. Alle diese Scharfstellungsverfahren liefern den Gaußschen Fokus (Abb. 21). Bei der Scharfeinstellung ohne Fresnelsäume stellt man in der Regel auf maximalen Kontrast ein. Es wirkt dann der Phasenkontrast bei der Abbildung mit und die Aufnahmen sind leicht unterfokussiert. Für eine optimale Ausnutzung der höchsten Auflösung (< 10 Å) nimmt man zweckmäßig eine ganze Fokusserie auf.

2.3. Objekthalterungen für spezielle Untersuchungen

Neben den normalen Objekthalterungen für den Routinebetrieb gibt es eine Reihe von Halterungen oder Objektpatronen für spezielle Aufgaben. Ohne vollständig auf die große Zahl der veröffentlichten Vorschläge einzugehen, soll im folgenden an Hand einiger Beispiele eine Übersicht über die realisierten Möglichkeiten und Konstruktionsprinzipien gegeben werden. Teilweise sind diese im Lieferprogramm der Herstellerfirmen enthalten.

1. Stereo-Kippeinrichtung. Zur Herstellung eines Stereo-Bildpaares (§ 11.2) reicht in den meisten Fällen eine Kippung um $\pm 5°$ aus. Bei einer seitlichen Einführung des Objektes in den Polschuhspalt dient die stabförmige Präparatachse direkt als Kippachse. Bei Patronen, die von oben in den Objektivpolschuh tauchen, erfolgt die Kippung über einen Hebelmechanismus. Komplizierter liegen die Verhältnisse bei

2. Goniometerhalterungen. Diese werden in erster Linie bei der Untersuchung von dünnpolierten Metallfolien benutzt, um an einer bestimmten Stelle die Netzebenen so zum Strahl zu neigen, daß Kristallbaufehler mit optimalem Kontrast abgebildet werden. Auch bei biologischen Dünnschnitten können derartige Goniometer Verwendung finden

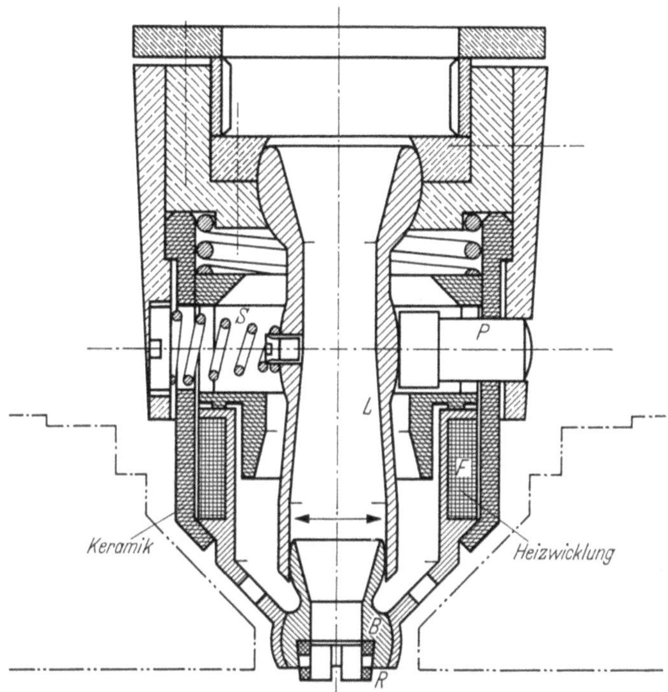

Abb. 34. Beispiel einer heizbaren Goniometerhalterung nach Valdrè (1962)

(Valdrè u. a., 1964), da die Auflösung eng benachbarter Lamellensysteme empfindlich von der Neigung zum Elektronenstrahl abhängt. Es sind Halterungen gebaut, welche bis zu $\pm$ 20—50° kippen können. Es gibt zwei Möglichkeiten, Goniometer-Halterungen zu konstruieren. Einmal kann das Präparat um zwei zueinander senkrechte Achsen in Objekttischebene gekippt werden (Barnes u. Warner, 1962; Gale u. Hale, 1962; Valdrè, 1962, 1964a, 1965; Phillips u. Hugo, 1962a u. b; Hale u. Warner, 1963; Ward, 1965). Abb. 34 zeigt eine viel benutzte Ausführung nach Valdrè, bei der das Präparat in einem abgeplatteten Kugelgelenk B mit einem Sprengring R eingelegt werden kann. Die Kugel wird durch verschieden tiefes Eindrücken der Stifte P über den Hebelarm L gedreht. Einen zweiten Stift mit Rückstellfeder S hat man sich senkrecht zur Zeichenebene zu denken. Ein Nachteil dieser Methode besteht darin, daß bei Kippung in einer bestimmten Richtung die Triebe zum Eindrücken der Stifte P mit unterschiedlicher Stärke gedreht werden müssen. Als 2. Möglichkeit kann wie bei der Stereokippung nur um eine Achse gedreht werden. Zusätzlich ist das Präparat aber von außen um eine Achse parallel zum Strahl drehbar (HONJO u. a., 1962; SHAFFER u. SILCOX, 1962; LUCAS u. a., 1963; HARRIS u. THOMPSON, 1963; FOURIE u. VAN DEN BOOM, 1965). Der Vorteil dieser Methode liegt in der Betätigung nur eines Kipptriebes, nachdem das Präparat in der gewünschten Orientierung um die vertikale Achse gedreht wurde. Diese Methode bewährt sich besonders bei der Vorzeichenbestimmung von Burgersvektoren (§ 8.3.2), bei der in Richtung eines bestimmten Beugungsreflexes geschwenkt werden muß.

3. Dehnungspatronen. Für das Studium der plastischen Verformung und der damit verbundenen Versetzungsbewegung ist eine Deformation während der elektronenmikroskopischen Beobachtung erwünscht. Die Konstruktionen hierfür arbeiten mit 2 Backen, über welche das Präparat gespannt wird und die durch äußere Triebe gespreitet werden (WEICHAN, 1955; FISHER, 1959; PASHLEY, 1960; JACKSON u. MATTHEWS, 1960; ANDREWS, 1963). Auch Bimetallstreifen sind für eine Dehnung ausgenutzt (FORSYTH u. WILSON, 1960). In Mikroskopen mit seitlicher Präparateinschiebung lassen sich die Backen direkt durch Zug bewegen (WILSDORF u. a., 1958), was eine optimale Kontrolle des Deformationsvorganges erlaubt.

4. Heizpatronen. Diese für die Untersuchung thermischer Umwandlungen oder Erholungsvorgänge gedachte Möglichkeit , das Präparat während der elektronenmikroskopischen Beobachtung aufzuheizen, kann dadurch realisiert werden, daß ein Netz mit dem Präparat direkt durch Stromdurchgang aufgeheizt wird (WHELAN, 1958; FISHER u. a., 1960; AGAR u. LUCAS, 1962; McPARTLAND, 1962; KORITKE u. PITSCH, 1964). Oder die Heizung des Präparates erfolgt indirekt mit einer Heizwicklung in der Patrone (OKAZAKI u. a., 1958; LOEBE u. a., 1960; PHILLIPS u. HUGO, 1962a; VALDRÈ, 1962, 1965; s. a. Abb. 34; HEDLEY u. McGEAGH, 1963). Bei Ausführungen aus Platin lassen sich ohne Schwierigkeiten Temperaturen bis 1000° C erreichen. Bei höheren Temperaturen empfiehlt sich die Heizung eines Netzes, um das Gebiet hoher Temperatur auf möglichst engen Raum zu konzentrieren. Während direkt geheizte Netze den Vorteil geringer Trägheit besitzen, ist jedoch als Nachteil die inhomogene Temperaturverteilung anzuführen. Bei der indirekten Heizung kann man zwar homogene Temperatur erreichen, aber die Aufheiz- und Abkühlzeiten sind hoch (z. T. mehrere Minuten). Über Methoden zur Ermittlung der Objekttemperatur wird in § 9.1.1 berichtet.

5. Objektkühlung. Temperaturempfindliche Objekte verlangen eine Vorkühlung, um den Temperaturanstieg durch Elektronenbeschuß zu vermeiden. Mit Kühlfingern, die auf der einen Seite in flüssige Luft tauchen und auf der anderen Seite gegen eine wärmeisolierte Objektpatrone drücken, lassen sich leicht Temperaturen von $-150°$ C erreichen (SCHOTT u. LEISEGANG, 1956; HEIDE, 1963). Zur Vermeidung der Kontamination bzw. eines strahlenchemischen Abbaues kohlehaltiger Objekte muß jedoch eine zusätzliche Objektraumkühlung angebracht werden (§ 9.3). Für die Untersuchung von Strahlenschäden in Metallfolien, supraleitenden Schichten oder kondensierten Edelgasen sind auch Objektkühlungen bis zu $4°$ K mit flüssigem Helium konstruiert (PIERCY u. a., 1963; VENABLES, 1963; VALDRÈ, 1964 b; COTTERILL, 1964).

Aus diesen Ausführungen ist zu ersehen, daß eine ideale Objekthalterung für Metallproben aus einer Goniometerhalterung bestehen sollte, in der man das Objekt dehnen, erhitzen und kühlen könnte. Wegen des hierfür erforderlichen Platzbedarfes sind nur einige Teilkombinationen realisiert worden.

6. Gasreaktionen am Objekt. Für die elektronenmikroskopische Untersuchung von Oxydationen u. a. Oberflächenreaktionen ist die Einwirkung von einigen Torr des Reaktionsgases während der Beobachtung erwünscht. Dies kann durch die Ausbildung einer Druckkammer erfolgen, welche durch dünne Folien (z. B. Kohle oder Kollodium) oben und unten vom Mikroskopvakuum abgeschlossen ist (STOJANOWA, 1958; HEIDE, 1958, 1962), oder durch enge Blenden wird ein Druckgefälle zwischen Präparatraum und Mikroskop aufrechterhalten (HIZIYA u. a., 1958). Bei einer anderen Möglichkeit trifft durch eine Düse der Gasstrahl direkt auf das Objekt, wodurch das Mikroskopvakuum nur geringfügig zusammenbricht (GALLEGOS, 1964). Kammer der ersten Art sind auch in dem Zusammenhang diskutiert worden, lebende Substanz im Elektronenmikroskop zu untersuchen. Dies wird jedoch durch die hohe Strahlenschädigung der Objekte (§ 9.2) vereitelt.

7. Großraum-Objektschleusen. Bei Objektschleusen, welche das Objekt von oben in das Objektivfeld einführen, ergibt sich die Möglichkeit bei geeigneter Konstruktion mehr Platz für Zusatzeinrichtungen zu schaffen. Zum Beispiel können Versuche durchgeführt werden, das Wachstum von Aufdampfschichten während der elektronenmikroskopischen Beobachtung zu verfolgen (BASSETT, 1960; POPPA, 1962, 1964; PASHLEY u. STOWELL, 1962; DOVE, 1964) oder die Präparate werden zur Untersuchung von Strahlenschäden aus einer Ionenquelle beschossen.

Ferner existieren Objekteinsätze für Reflexionsbeugung, Simultanbeugung (§ 5.3.3) und Abbildung ferromagnetischer Domänen (§ 12.1).

Literatur zu § 2

AGAR, A. W., and J. H. LUCAS: Use of a new heating stage for the electr. micr.
  V. Internat. Congr. EM Philadelphia, Vol. I, E-2 (1962).

ANDREWS, E. H.: A high-strain specimen stretching device for the Elmiskop I electr. micr. J. sci. Instr. **40**, 358 (1963).

BARNES, D. C., and E. WARNER: A kinematic specimen goniometer stage for the Siemens electr. micr. Brit. J. appl. Phys. **13**, 264 (1962).

BASSETT, G. A.: Continuous observation of the growth of vacuum evaporated metal films. Proc. Europ. Reg. Conf. EM Delft, Vol. I, 270 (1960).

COTTERILL, R. M. J.: A liquid helium stage for the Siemens Elmiskop I. Proc. 3. Europ. Reg. Conf. EM Prag, Vol. A, 63 (1964).

DOVE, D. B.: Possible influence of electric charge effects on the initial growth processes occuring during the vapor deposition of metal films onto substrates inside the electr. micr. J. appl. Phys. **35**, 2785 (1964).

FISHER, R. M.: Specimen holder for controlled deformation in the Elmiskop. Rev. sci. Instr. **30**, 925 (1959).

—, P. R. SWANN, and J. NUTTING: A new objective polepiece and specimen heating stage for the Elmiskop. Proc. Europ. Reg. Conf. EM Delft, Vol. I, 131 (1960).

FORSYTH, P. J. E., and R. N. WILSON: Device for straining and fracturing thin foil specimens inside an electr. micr. J. sci. Instr. **37**, 37 (1960).

FOURIE, J. T., and F. J. VAN DEN BOOM: A preset goniometer-type specimen holder for Philips EM 200 electr. micr. J. sci. Instr. **42**, 129 (1965).

GALE, B., and K. F. HALE: The theory and operation of an electr. micr. goniometer stage. Brit. J. appl. Phys. **13**, 260 (1962).

GALLEGOS, E. J.: Gas reactor for hot stage transm. electr. micr. Rev. sci. Instr. **35**, 1123 (1964).

HALE, K. F., and E. WARNER: A modification to the Valdrè-type electr. micr. goniometer stage, J. sci. Instr. **40**, 39 (1963).

HARRIS, P. H., and E. L. THOMPSON: A rotating specimen holder for the Philips EM 100 electr. micr. J. sci. Instr. **40**, 111 (1963).

HEDLEY, J. A., and J. MCGEAGH: Specimen heating with temperature measurement from −150° C to 2200° C inside the EM 6 electr. micr. J. sci. Instr. **40**, 484 (1963).

HEIDE, H. G.: Die Objektverschmutzung und ihre Verhütung, IV. Internat. Kongr. EM Berlin, Bd. I, 87 (1958).

— Electr. micr. observation of specimens under controlled gas pressure. J. Cell Biol. **13**, 147 (1962).

— Die Objektverschmutzung im Elektr.mikr. u. das Problem der Strahlenschädigung durch Kohlenstoffabbau. Z. angew. Phys. **15**, 116 (1963).

HIZIYA, K., H. HASHIMOTO, M. WATANABE, and K. MIHAMA: Gas reaction on the specimen, IV. Internat. Kongr. EM Berlin, Bd. I, 80 (1958).

HONJO, G., N. KITAMURA, K. ASHINUMA, Y. NAGAHAMA, and M. WATANABE: Tilting devices for crystalline specimens, V. Internat. Congr. EM Philadelphia, Vol. I, E-7 (1962).

JACKSON, P. J., and J. W. MATTHEWS: A simple straining device for use in the Siemens electr. micr., Proc. Europ. Reg. Conf. EM Delft, Vol. I, 137 (1960).

KORITKE, H., u. W. PITSCH: Der kristallogr. Mechanismus von Phasenumwandlungen in dünnen Metallfolien. Acta met. **12**, 417 (1964).

LEONHARD, F.: Ausnutzung der elektr.mikr. Tiefenschärfe für die Aufnahmen geringer Vergrößerung. Optik **11**, 407 (1954).

LOEBE, W., O. SCHOTT u. F. WILKE: Objektheizungseinrichtung zum Elmiskop I. Proc. Europ. Reg. Conf. EM Delft, Vol. I, 134 (1960).

LUCAS, G., R. PHILLIPS, and P. W. TEARE: A precision goniometer stage for the electr. micr. J. sci. Instr. **40**, 23 (1963).

McPartland, J. O.: A high temp. stage for transm. electr. micr. V. Internat. Congr. EM Philadelphia, Vol. I, E-3 (1962).

Okazaki, I., M. Watanabe, and K. Mihama: Improvement of the specimen heating device for the electr. micr. IV. Internat. Kongr. EM Berlin, Bd. I, 93 (1958).

Pashley, D. W.: A study of the deformation and fracture of single-crystal gold films of high strength inside an electr. micr. Proc. Roy. Soc. A **255**, 218 (1960).

—, and M. J. Stowell: The growth of evaporated silver layers inside an electr. micr., V. Internat. Congr. EM Philadelphia, Vol. I, GG-1 (1962).

Phillips, V. A., and J. A. Hugo: A tilting specimen heating stage for the Elmiskop electr. micr., V. Internat. Congr. EM Philadelphia, Vol. I, E-4 (1962a).

— — Tilting stretching stage for the Elmiskop. Rev. sci. Instr. **33**, 854 (1962b).

Piercy, G. R., R. W. Gilbert, and L. M. Howe: A liquid helium cooled finger for the Siemens electr. micr. J. sci. Instr. **40**, 487 (1963).

Poppa, H.: In situ epitaxy studies. V. Internat. Congr. EM Philadelphia, Vol. I, GG-14 (1962); Z. Naturforsch. **19a**, 835 (1964).

Le Poole, J. B., and P. Stam: An objective method of focusing, Proc. III. Int. Conf. EM London, 666 (1954).

Riecke, W. D.: Feinstrahl-Elektronenbeugung mit dreistufigem Kondensor und langbrennweitiger letzter Kondensorstufe. Optik **19**, 81 (1962).

Shaffer, E. C., and J. Silcox: A tilting stage for the Hitachi HU-11. electr. micr. V. Internat. Congr. EM Philadelphia, Vol. I, E-8 (1962).

Schott, O., and S. Leisegang: Objektkühlung im Elektr.mikr. Proc. Europ. Reg. Conf. EM Stockholm, 27 (1956).

Stojanowa, I. G.: Eine Kammer für die Unters. von Objekten mit Gasumgebung. IV. Internat. Kongr. EM Berlin, Bd. I, 82 (1958).

Valdrè, U.: A heating goniometer stage for the Elmiskop. V. Internat. Congr. EM Philadelphia, Vol. I, E-5 (1962).

— A modified goniometer specimen holder for the Siemens electr. micr. operating under long focal length conditions. J. sci. Instr. **41**, 327 (1964a).

— A double-tilting liquid-helium-cooled object stage for the Siemens electr. micr. Proc. 3. Europ. Reg. Conf. EM Prag, Vol. A, 61 (1964b).

— A double-tilting heating stage for an electr.micr. J. sci. Instr. **42**, 853 (1965).

—, J. A. Coiley, and D. E. Parsons: The use of goniometer stages for the examination of non-metallic and biological specimens. Proc. 3. Europ. Reg. Conf. EM Prag, Vol. B, 21 (1964).

Venables, J. A.: Liquid helium cooled tilting stage for an electr. micr. Rev. sci. Instr. **34**, 582 (1963).

Ward, P. R.: A goniometer specimen holder and anticontamination stage for the Siemens Elmiskop I. J. sci. Instr. **42**, 767 (1965).

Weichan, C.: Zur elektr.mikr. Unters. von Dehnungsvorgängen mit Hilfe einer Spreizpatrone. Z. wiss. Mikr. **62**, 147 (1955).

— Anleitung zur Verwendung der Fokussierungs-Vierlochblende. Siemens & Halske Eg-Berichte Eg 1-2-34/61 (1961).

Whelan, M. J.: A high temperature stage for the Elmiskop I. IV. Internat. Kongr. EM Berlin, Bd. I, 96 (1958).

Wilsdorf, H. G. F., L. Cinquina, and C. J. Varker: Exp. techn. for the plastic deformation of metal foils in the electr. micr. IV. Internat. Kongr. EM Berlin, Bd. I, 559 (1958).

§ 3. Andere Abbildungsverfahren

3.1. Reflexionsmikroskopie

Das Durchstrahlungsmikroskop hat wegen seiner hohen erreichbaren Auflösung die größte Verbreitung gefunden. Es hat aber den Nachteil, daß nur geringe Präparatdicken bis zu einigen 1000 Å durchstrahlt werden können. Deshalb ist es nicht möglich, mit diesem Gerät Oberflächen von kompaktem Material direkt elektronenoptisch abzubilden. Dies gelingt nur auf dem Umweg über einen Oberflächenabdruck. Für viele Zwecke besteht das Interesse, diesen Abdruck zu umgehen und die Oberfläche direkt durch Reflexion der Elektronen abzubilden. Versuche in dieser Richtung wurden von RUSKA u. MÜLLER (1940) und von BORRIES (1940) begonnen und neuerdings von KUSCHNIER u. DER-SCHWARZ (1958); FERT u. a. (1952, 1956, 1958); HAINE u. HIRST (1953); ITO u. WATANABE (1954) und COSSLETT u. JONES (1955) fortgesetzt.

Wenn ein Elektronenstrahl unter einem Winkel ϑ_1 nahezu streifend auf eine Objektoberfläche fällt, so werden Elektronen nach allen Richtungen gestreut, vorwiegend aber wieder in kleine Winkel. Dabei findet in keiner Weise eine genaue geometrische Reflexion statt. Man kann daher die „reflektierten" – genauer gesagt, gestreuten – Elektronen unter jedem beliebigen Winkel ϑ_2 zur Oberfläche für die Abbildung verwenden, so daß nicht notwendig $\vartheta_1 = \vartheta_2$ zu sein braucht. Messungen der Winkelverteilung der gestreuten Elektronen wurden von KUSCHNIER u. DER-SCHWARZ (1958) mitgeteilt. Die Winkel ϑ_1 und ϑ_2 liegen in der Regel zwischen 0 und 10°. Die schräge Bestrahlung des Objektes wird durch eine Kippung der Strahlquelle und des Kondensors um einen Winkel $(\vartheta_1 + \vartheta_2)$ realisiert. MENTER (1952) und PAGE (1958) erreichten dies in einem kommerziellen Durchstrahlungsmikroskop durch Einschieben einer keilförmigen Platte zwischen Kondensor und Präparatschleuse. Es läßt sich auch der Strahl durch elektrische oder magnetische Ablenkfelder schräg auf das Objekt lenken (FERT u. SAPORTE, 1952; HAINE u. a., 1958).

Die Abbildung erfolgt völlig analog wie bei der Durchstrahlungsmikroskopie. Das erreichte Auflösungsvermögen beträgt aber nur 200–500 Å. Dies liegt vor allem an der breiten Energieverteilung der gestreuten Elektronen. Nach Messungen von KLEINN (1954); KUSCHNIER u. DER-SCHWARZ (1958); FERT u. a. (1958) beträgt der mittlere Energieverlust bei der Reflexion an festen Stoffen 100–200 eV. Dadurch begrenzt der Farbfehler des Objektivs die Auflösung. Aus Gleichung (1.29) kann man ein Auflösungsvermögen von höchstens 200 Å mit diesen Werten abschätzen. Aus Intensitätsgründen läßt sich die Beobachtungsapertur α_0 nicht weiter herabsetzen, da ohnehin schon längere Belichtungszeiten erforderlich sind. Abb. 35 zeigt als Beispiel eine Reflexionsaufnahme einer perlitischen Stahloberfläche. Der Kontrast kommt durch eine Schattenbildung bei der Bestrahlung zustande.

Eine Verbesserung des Auflösungsvermögens wäre noch durch die Verwendung elektrostatischer Filterlinsen (BOERSCH, 1949; MÖLLENSTEDT u. RANG, 1951) zu erwarten, da nach den obigen Messungen der Energieverteilung bei 20 eV Energieverlust eine Intensitätslücke auftritt und bei 50 kV die Filterlinsen alle Elektronen mit größeren Energieverlusten als 10 eV reflektieren könnten. Über Erfahrungen mit einer

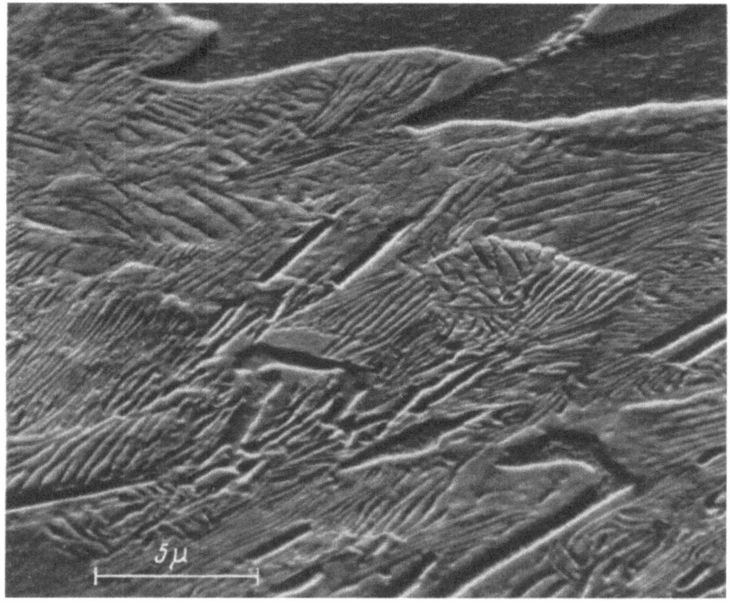

Abb. 35. Aufnahme einer perlitischen Stahloberfläche mit einem Reflexionsmikroskop. Neigung des Strahlsystems zur Objektivachse 25°, Beobachtungswinkel 23°, Brennweite des Objektivs 3,5 mm, Objektivaperturblende 30 μ ⌀ (Aufn. CH. FERT)

elektrostatischen Filterlinse in der Rückstrahlmikroskopie berichtet MÜLLER (1962). HALLIDAY u. NEWMAN (1958, 1960) erzielten ein Auflösungsvermögen von 80 Å, indem sie Braggreflexe von Germanium-Oberflächen zur Abbildung ausblendeten. Die Breite der Energieverteilung ist bei der Bragg-Reflexion an Oberflächen nämlich etwas geringer. Auch HAINE u. HIRST (1953) berichteten über Abbildungen mit Bragg-Reflexen einer Kupferoxyd-Schicht. Bei dieser Art der Beobachtung reagiert die Qualität der Abbildung natürlich sehr empfindlich gegen Kontaminationsschichten, welche die Intensität der Bragg-Reflexe schon bei geringer Schichtdicke herabsetzen. Man kann die Kontamination vermeiden, indem man das Objekt auf über 150° C erhitzt oder zusätzlich mit Ionen beschießt (FERT, 1954).

Zu beachten ist noch, daß die Vergrößerung in der zum Strahl parallelen Richtung nur $V_0 \sin \vartheta_2$ beträgt. Mit einer Zylinderlinse hinter dem Objektiv kann das Bild jedoch entzerrt werden. Derartige Versuche wurden von FERT u. MARTY (1955) mit einer elektrostatischen und von FERT u. SAPORTE (1956) mit einer magnetischen Zylinderlinse durchgeführt.

Durch die Möglichkeit, von der gleichen bestrahlten Fläche durch Ausschalten der Linsen Beugungsaufnahmen in Reflexion durchführen zu können und die Präparate leicht selber aufzuheizen, bieten sich interessante Anwendungen in der Metallographie. Isolierende Objekte lassen sich wegen der Aufladung schwer beobachten. Man bedampft daher mit einer dünnen leitenden Metallschicht (z. B. 500 Å Ag, CHAPMAN u. MENTER, 1954) oder stellt metallische Oberflächenabdrücke her. Durch die letzte Präparationsmethode lassen sich auch Oberflächen organischer Objekte durch Reflexionsmikroskopie abbilden. Dabei wird nach BRADLEY (1955) von dem Objekt zunächst ein Plastikabdruck gemacht, der mit Silber dick bedampft und anschließend noch elektrolytisch mit Kupfer verstärkt wird. Das Relief der Silberoberfläche wird nach dem Ablösen des Plastikmaterials in Reflexion untersucht.

3.2. Emissionsmikroskopie

Der Nachteil der schrägen Beobachtung der Objektfläche ist bei der Emissionsmikroskopie nicht vorhanden. Die Elektronen werden durch Glühemission, durch den lichtelektrischen Effekt oder durch Ionenbeschuß ausgelöst und mit Hilfe einer elektrostatischen Immersionslinse beschleunigt und abgebildet. Den prinzipiellen Aufbau einer solchen Linse zeigt Abb. 36. Zwischen Anode A und emittierender Kathode K befindet sich eine Zwischenblende G auf niedrigerem Potential. Das Auflösungsvermögen δ eines Immersionsobjektives wird durch die wahrscheinlichste Energie ΔE der austretenden Elektronen und die Größe der Feldstärke $\mathfrak{E}$ am Objekt (Kathode) bestimmt:

$$\delta \cong \frac{2 \Delta E}{\mathfrak{E}} . \tag{3.1}$$

Eine Aperturblende in der bildseitigen Brennebene des Immersionsobjektivs kann nach BOERSCH (1942) das Auflösungsvermögen verbessern. Hierbei werden Elektronen, welche die Kathode unter großem Winkel verlassen, von der Blende zurückgehalten. Bei der Glühemission ist $\Delta E \cong 0{,}25$ eV und die Feldstärke kann höchstens bis $\mathfrak{E} = 1{,}5 \cdot 10^5$ V/cm gesteigert werden. Mit diesen Werten ergibt sich ein Auflösungsvermögen von 300 Å. Praktisch erreicht wurden von MAHL (1942) 1000 Å, BOERSCH (1942) 700 Å und MECKLENBURG (1943) 500 Å. Bei dem 3 poligen System der Anordnung von BRÜCHE u. JOHANSSON (1932) (Abb. 36) überlagern

sich Beschleunigungs- und Ablenkungsfelder, und man erhält nur Feldstärken von 30—50 kV/cm an der Kathodenoberfläche. Höhere Feldstärken sind dadurch zu erhalten, daß das Beschleunigungsfeld getrennt
mit einer nachfolgenden Einzellinse betrieben wird. FERT u. SIMON (1956)
erhielten mit einer magnetischen Linse ein Auflösungsvermögen von
250 Å, SOA (1965) 150 Å, Strichauflösung 100 Å. DÜKER u. ILLENBERGER
(1962) beschreiben ein entsprechendes 4 poliges elektrostatisches System.

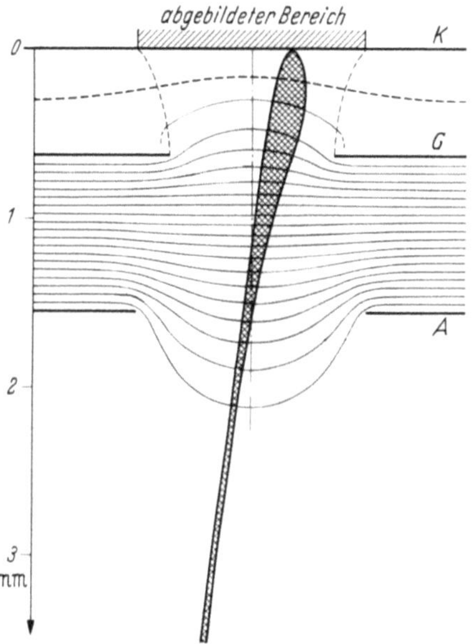

Abb. 36. Äquipotentialflächen und Strahlengang in einer elektrostatischen Immersionslinse
(nach RECKNAGEL, 1941)

Die direkte Glühemission setzt in nennenswerter Intensität bei
Metallen mit hohem Schmelzpunkt (z. B. W, Mo, Ta) erst bei Temperaturen der Größenordnung 2500° C ein. Um diese sehr hohen Emissions-
temperaturen zu vermeiden, versuchte SCHENK (1935) durch Aufdampfen von Barium die Austrittsarbeit herabzusetzen, wodurch
Emission schon bei 500—1000° C einsetzt. Auf diesem Prinzip konnten
RATHENAU u. BAAS (1951) ein Emissionsmikroskop bauen, mit dem z. B.
die Rekristallisation des Kathodenmaterials in Abhängigkeit von der
Temperatur untersucht werden konnte.

Mit ausgelösten Photo-Elektronen (UV-Bestrahlung) konnten Ab-
bildungen von MAHL u. POHL (1935) und KOCH (1958) erzeugt werden
(Auflösungsgrenze 700—1000 Å). Durch schrägen Einfall der UV-
Strahlung wirken die Bilder besonders plastisch. MÖLLENSTEDT u. a.
(1957) konnten mit einem Emissionsmikroskop stehende Lichtwellen in
Kathodenschichten nachweisen.

Die weitere Möglichkeit zur Auslösung von Elektronen unter Vermeidung der Objekterhitzung erfolgte in Versuchen von MÖLLENSTEDT u. Mitarb. (1953, 1954, 1956, 1958) und FERT u. Mitarb. (1956, 1958) mit 20—40 kV-Ionen aus einer Gasentladungsquelle, welche wahlweise mit Luft, H_2, Argon usw. beschickt werden kann. Die Energiebreite der so ausgelösten Elektronen ist zwar größer (etwa 2 eV) als bei der Glühemission. Trotzdem konnte ein Auflösungsvermögen von 500 Å erreicht

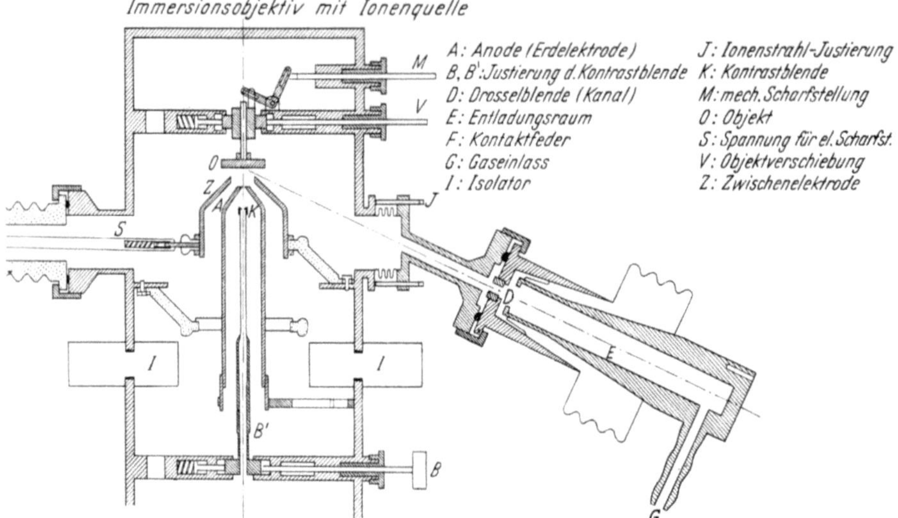

Abb. 37. Querschnitt durch die Objektkammer eines Emissionsmikroskopes mit ionenausgelösten Elektronen (nach MÖLLENSTEDT u. DÜKER, 1953)

werden (SOA, 1965, bis herunter zu 150 Å). Abb. 37 zeigt einen Querschnitt durch den oberen Teil eines solchen Mikroskopes, aus der die Anordnung des Immersionsobjektives und der schräg angesetzten Ionenquelle zu ersehen ist. Durch den schrägen Ionenbeschuß treten an den herausragenden Objektstrukturen wieder Schatteneffekte auf (Abb. 38).

Die Elektronenausbeute bei Ionenbeschuß hängt von dem Kathodenmaterial und der Ionenart ab (COUSINIÉ u. a., 1959; GAUKLER, 1960). Dadurch ist eine gute Substanzdifferenzierung durch unterschiedliche Kontraste möglich. Während des Betriebes macht sich allerdings eine Belegung des Objektes mit Kontaminationsschichten im Bildkontrast sehr störend bemerkbar, die durch eine Erhitzung des Objektes auf über 150° C aber weitgehend vermieden werden kann (MÖLLENSTEDT u. HUBIG, 1954). Bei dünnen Kontaminationsschichten kann der Elektronen-Emissionsfaktor sich auf verschiedenen Metallen unterschiedlich ändern, so daß sogar Kontrastumkehrungen beobachtet werden (DECKER,

1963). BAYH (1958) vergleicht Abbildungen mit durch Ionenbeschuß ausgelösten Elektronen mit solchen, bei denen die Elektronen durch 15 keV-Primärelektronen freigesetzt werden. Der Ionenbeschuß führt außerdem zu Abätzerscheinungen des Objektes (Kathodenzerstäubung) und eventuell zu chemischen Oberflächenveränderungen (z. B. Oxydbildung bei Beschuß mit Sauerstoff-Ionen) (DÜKER, 1960a, b).

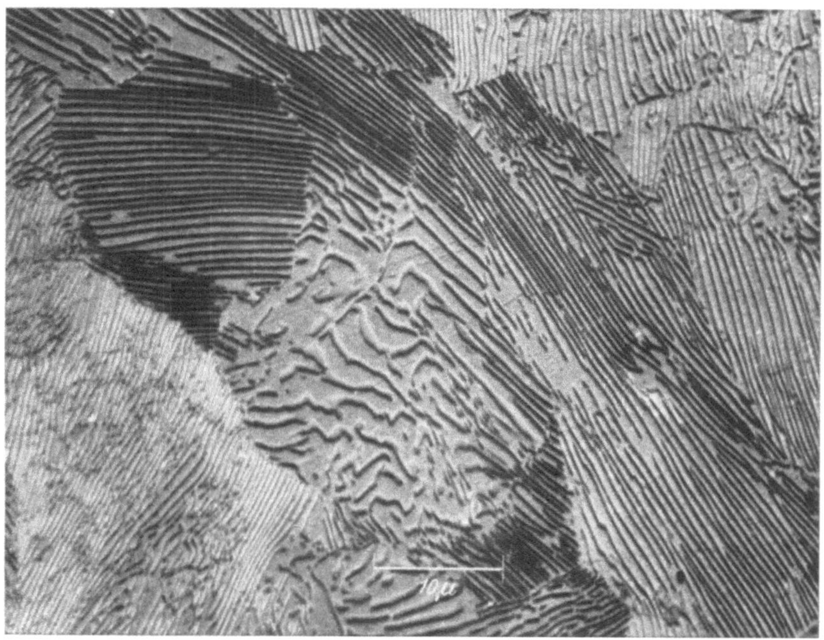

Abb. 38. Emissionsmikroskopisches Bild einer polierten Stahloberfläche. Elektronenauslösung durch Ionenbeschuß, $V = 1500$fach (Aufn. M. KELLER)

BARTZ (1958) konnte durch Bedampfung isolierender Flächen (Glas und organische Substanzen) mit einer 50–100 Å-Platinschicht in einem Mikroskop mit Sekundärelektronenauslösung ein Auflösungsvermögen von 700 Å erreichen.

Eine andere Möglichkeit der Elektronenemission nutzten DÜKER u. ILLENBERGER (1963) aus. Legt man zwischen einer Goldaufdampfschicht (100 Å) und einer Aluminiumprobe mit einer 150 Å dicken Oxydschicht als Dielektrikum eine Spannung von einigen Volt an, so durchdringen Elektronen die Oxydschicht durch Tunneleffekt und treten durch die Goldschicht in das Vakuum aus. Während diese Form der Elektronenauslösung durch Tunnel-Effekt auf ebene Oberflächen anwendbar ist, wird im Feldelektronen- oder Feld-Ionenmikroskop die Feldemission von Spitzen mit sehr geringem Krümmungsradius ausgenutzt (§ 1.1.1).

Diese Methode erreicht ein Auflösungsvermögen von atomaren Abständen und benötigt keine elektronenoptischen Hilfsmittel. Die Vergrößerung ist gleich dem Verhältnis Leuchtschirm-Spitzenabstand: Spitzenradius (Zusammenf. s. GOOD u. MÜLLER, 1956).

Eine ausführliche Zusammenfassung über Emissions-Elektronenmikroskope wurde von DÜKER (1964) veröffentlicht.

3.3. Auflichtmikroskopie

In einem von BARTZ, WEISSENBERG u. WISKOTT (1954) entwickelten Auflichtmikroskop dient das Objekt als „Elektronenspiegel". Abb. 39

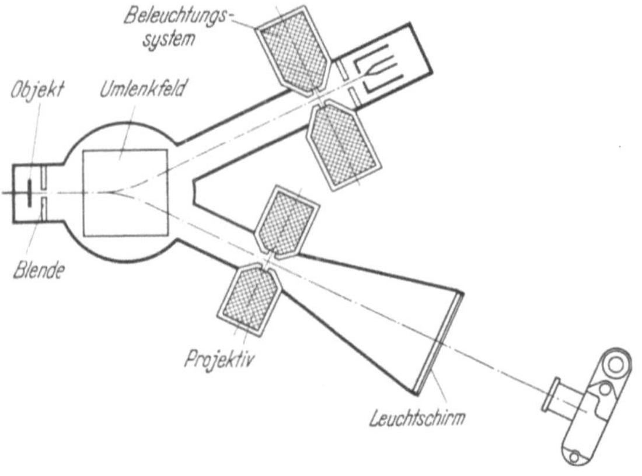

Abb. 39. Strahlengang im Auflichtmikroskop nach BARTZ, WEISSENBERG und WISSKOTT (1954)

zeigt den schematischen Aufbau. Der im Beleuchtungssystem erzeugte Elektronenstrahl wird durch ein Magnetfeld senkrecht zur Zeichenebene umgelenkt. Er trifft dann durch eine Blende, die sich auf Anodenpotential befindet, auf das Objekt, dessen Potential nur einige Volt vom Kathodenpotential abweicht. Dadurch werden die Elektronen bei der Annäherung an das Objekt abgebremst, bis sie kurz vor dem Objekt zur Ruhe kommen. Dann werden sie wieder unter dem Einfluß der positiven Blendenspannung beschleunigt. Wenn die Elektronen bei langsamen Geschwindigkeiten durch Oberflächenrauhigkeiten verzerrte Potentialfelder durchlaufen, reagieren sie sehr empfindlich durch Ablenkung von der idealen Bahn. Nach der Beschleunigung und dem Passieren der Blende durchsetzen sie ein zweites Mal das magnetische Umlenkfeld, werden in die entgegengesetzte Richtung abgelenkt und mit einem Projektiv auf den Leuchtschirm abgebildet. Es sind mit diesem Gerät Auflösungsvermögen von 1000 Å erreicht worden. Isolierende Flächen wie z. B. Glas können durch Aufdampfen einer etwa 100 Å dünnen leitenden Metallschicht untersucht werden. Ein besonderer Vorteil dieser Methode besteht darin, daß bei geeignetem Probenpotential praktisch überhaupt keine Elektronen das Objekt treffen, wodurch Erwärmungen durch Elektronenbeschuß ausgeschlossen sind.

Mit einem Auflichtmikroskop geringer Auflösung konnte MAYER (1957) magnetische Domänen sowie elektrische Potentialverteilungen in heterogenen Proben (z. B. Halbleiter p-n-Schichten) abbilden. Über ähnliche Versuche berichten auch BETHGE u. a. (1960a u. b).

Das Problem der Bildentstehung im Auflichtmikroskop (Spiegel-mikroskop) untersuchten BRAND u. SCHWARTZE (1963) sowie FORST u. WENDE (1964) in Modellversuchen.

3.4. Rastermikroskopie und Röntgen-Mikroanalyse

Mit einem dreistufigen Kondensor gelingt es im Brennpunkt der letzten Linse — die man auch als Objektiv bezeichnen kann — den Durchmesser des kleinsten Strahlquerschnittes auf 50—100 Å zu reduzieren. Mit einer Ablenkeinheit vor dem Objekt kann dieser Brennpunkt mit 300—800 Zeilen über das Objekt bewegt werden. Die an der Probe gestreuten Primär- und ausgelösten Sekundärelektronen werden nach einer Nachbeschleunigung mit einem Szintillationskristall und Photo-multiplier verstärkt. Das Signal wird zur Helligkeitssteuerung des Strahles einer Kathodenstrahlröhre ausgenutzt. Die Ablenkung erfolgt wie bei einer Fernsehröhre synchron mit der Ablenkung des auf die Probe fallenden Primär-Elektronenstrahles. Die Auflösung wird durch den Elektronenstrahl-Durchmesser und die Elektronendiffusion in der Probe auf 200 Å beschränkt, auch falls der Elektronenstrahl einen geringeren Durchmesser hat. Dies Verfahren weist eine sehr große Tiefenschärfe auf, so daß beliebig rauhe Flächen untersucht werden können. Durch Kippung des Präparates lassen sich einfach Stereo-Aufnahmen herstellen. Der Kontrast wird durch unterschiedliche Sekundärelektronen-Emission hervorgerufen und hängt auch von der Neigung der Flächen zum Elektro-nenstrahl ab. Dadurch ergibt sich eine Materialdifferenzierung und es lassen sich wie beim Auflichtmikroskop auch Potentialdifferenzen (z. B. an p-n-Übergängen) abbilden. Die Erwärmung der Probe ist auch gering, weil der Elektronenstrahl nur kurze Zeit über einen Objektpunkt streicht. Es gelang daher auch ohne weiteres die Abbildung tief gekühlter organischer Objekte. Die Strahlspannung des Primär-Elektronenstrahles liegt bei 5—25 kV. Bei der Beobachtung isolierender Objekte wählt man geringere Spannungen, damit nicht zu große Aufladungen auftreten. Über Probleme und Ergebnisse der Rastermikroskopie wird u. a. in den Arbeiten von EVERHART u. a. (1958); THORNLEY, (1960); SMITH (1960); STEWART u. SNELLING (1964) und PEASE u. NIXON (1965) berichtet.

Neben den Sekundärelektronen sendet auch jedes Objekt bei Elektro-nenbestrahlung Röntgenstrahlen aus. Mit einem Röntgenspektrometer kann man aus der Wellenlänge der charakteristischen $K\alpha$-Strahlung die chemische Zusammensetzung des bestrahlten Objektbereiches ermitteln. Diese Möglichkeit geht zurück auf Untersuchungen von Castaing (1951). Heute stellen mehrere Firmen Röntgen-Mikroanalysatoren her, und dieses Gebiet hat sich zu einem speziellen Zweig der Elektronengeräte entwickelt. Es soll daher hier nur auf die Grundprinzipien der Wirkungsweise eingegangen werden.

Diese Geräte können zunächst die Probe lichtoptisch genau justieren, um den gewünschten Objektbereich zu analysieren. Entweder erfolgt die lichtoptische Justierung durch das Objektiv hindurch oder das Objekt wird seitlich um 180° herausgeschwenkt, lichtoptisch justiert und zurückgeschwenkt. Wegen der kurzen Brennweite des Objektivs steht nur ein geringer Raum über dem Objekt zur Verfügung. Daher werden die Sekundärelektronen und die Röntgenstrahlung auch unter kleinem Winkel gegen die Probenoberfläche herausgeführt. Wie beim Rastermikroskop läßt sich damit ein Sekundärelektronenbild entwerfen, welches den abgetasteten Bereich direkt abbildet. Ferner kann das Kristallspektrometer auf eine bestimmte Wellenlänge ($K\alpha$-Strahlung des zu analysierenden Elementes) eingestellt werden und ein Bild der entsprechenden Objektstelle entwerfen, bei der die Helligkeitsmodulation des Elektronenstrahles im Oszillographen proportional zur Röntgenintensität und damit der Konzentration des betreffenden Elementes ist. Größere Geräte mit 2 Spektrometern erlauben die gleichzeitige Beobachtung der Verteilung von 2 verschiedenen Elementen auf getrennten Leuchtschirmen. Das verstärkte Signal vom Ausgang des Kristallspektrometers kann außerdem auf die Vertikal-Ablenkplatten des Oszillographen gegeben werden, während der Elektronenstrahl nur in horizontaler Richtung abgelenkt wird. Hiermit läßt sich die Konzentration eines Elementes längs einer Objektlinie direkt registrieren. Diese Möglichkeiten zeigen die Bedeutung dieses Verfahrens für die Metallkunde. Das Auflösungsvermögen beträgt allerdings wegen der Elektronendiffusion in der Probe nur etwa 1 μ, weil die Röntgenstrahlung aus wesentlich größerer Tiefe nach außen dringen kann als die Sekundärelektronen. Die Analyse läßt sich ohne Schwierigkeiten für Elemente von $Z = 12$ (Mg) bis $Z = 92$ (U) durchführen. Bei leichteren Elementen besteht die Schwierigkeit darin, daß die charakteristische Strahlung sehr langwellig wird, so daß spezielle Spektrometer benutzt werden müssen. Es ist aber bereits möglich, bis herunter zu $Z = 3$ (Li) Analysen durchzuführen. An Darstellungen zusammenfassender Art über Röntgen-Mikroanalysatoren seien aufgeführt: Cosslett u. a. (1956, 1959); Mueller (1957—1962); Philibert (1962); Duncumb (1962); Dolby (1963); Ranzetta u. Scott (1964). Auch in Durchstrahlungsmikroskopen läßt sich mit einem Feinstrahl (2 μ Durchmesser) eine Röntgen-Emissionsanalyse durchführen (Neff,

1964; NEFF u. HERRMANN, 1965; FUCHS, 1966). Dazu wird das Präparat um 15° gekippt eingelegt, so daß ein Teil der Röntgenstrahlung den für den Stereotrieb vorgesehenen Kanal passieren kann, um mit Hilfe eines Proportionalzählrohres oder Röntgen-Spektrometers nachgewiesen zu werden. Die Eichung und Empfindlichkeit kann mit Aufdampfschichten bekannter Dicke ermittelt werden. Die Empfindlichkeit beträgt z. B. für Cr bzw. Fe 160 bzw. 420 Impulse pro Minute pro 1 Å Schichtdicke. Zum Beispiel lassen sich Legierungsausscheidungen in Extraktionsabdrücken (s. § 16.1.5) mit dieser Methode untersuchen. Gleichzeitig ist eine elektronenmikroskopische Untersuchung der bestrahlten Fläche möglich.

Literatur zu § 3

BARTZ, G.: Über ein Elektr.mikr. und ein Verf. zur direkten Sichtbarmachung von isolierenden Oberflächen. IV. Internat. Kongr. EM Berlin, Bd. I, 201 (1958).

—, G. WEISSENBERG, u. D. WISKOTT: Ein Auflicht-Elektr.mikr. Proc. Internat. Congr. EM London, 395 (1954).

BAYH, W.: Emissionsmikr. mit Sekundärelektronen (15 keV-Primärelektronen). Z. Physik **150**, 10 (1958).

BETHGE, H., J. HELLGARDT u. J. HEYDENREICH: Zum Aufbau einf. Anordnungen für Unters. mit dem Elektronenspiegel. Exp. Techn. Phys. **8**, 49 (1960a).

BETHGE, H., u. J. HEYDENREICH: Unters. zur Empfindlichkeit des Elektronenspiegels bei der Abb. von Potentialverteilungen. Exp. Techn. Phys. **8**, 61 (1960 b).

BOERSCH, H.: Die Verbesserung des Auflösungsverm. im Emissions-Elektr.mikr. Z. techn. Physik **23**, 129 (1942).

— Ein Elektronenfilter für Elektr.mikr. u. Elektr. Beugung. Optik **5**, 436 (1949).

BORRIES, B. VON: Sublichtmikr. Auflösung bei der Abb. von Oberflächen im Übermikr. Z. Physik **116**, 370 (1940).

BRADLEY, D. E.: A replica techn. for reflexion electr.micr. Brit. J. appl. Phys. **6**, 191 (1955).

BRAND, U., u. W. SCHWARTZE: Modellvers. zur Bildentstehung im Elektr. Spiegel-Oberflächenmikr. Exp. Techn. Phys. **11**, 18 (1963).

BRÜCHE, E., u. H. JOHANNSON: Elektronenoptik u. Elektr.mikr. Naturwissenschaften **20**, 353 (1932).

CASTAING, R.: Application des sondes electronique a une méthode d'analyse ponctuelle chimique et crystallographique. Thesis Univ. Paris (1951).

CHAPMAN, J. A., and J. W. MENTER: A study of the shape, surface structure and frictional wear of fibres by reflexion electr.micr. Proc. Roy. Soc. A **226**, 400 (1954).

COSSLETT, V. E., A. ENGSTRÖM, and H. F. PATTEE (Herausg.): X-ray micr. and microradiography, Proc. Symp. Cambridge 1956, New York 1957.

— — — X-ray micr. and x-ray microanalysis. Proc. II. Internat. Symp. Stockholm (1959), Amsterdam 1960.

—, and D. JONES: A reflexion electr.micr. J. sci. Instr. **32**, 86 (1955).

COUSINIÉ, P., N. COLOMBIÉ, C. FERT et R. SIMON: Variation du coeff. d'émission électr. secondaire de quelques métaux avec l'énergie des ions incidents. Compt. rend. **249**, 387 (1959).

DECKER, U.: Kontrastumkehr im Elektr.-Emissionsmikr. Z. Physik **174**, 460 (1963).

DOLBY, R. M.: X-ray microanalysis of the light elements. J. sci. Instr. **40**, 345 (1963).

DÜKER, H.: Das Elektr.-Emissionsmikr. als Hilfsmittel in der Metallkunde. Z. Metallkd. **51**, 314 (1960).
— Kinematogr. Registrierung von Umwandlungen u. Oxydbildungen bei Eisen im Elektr.-Emissionsmikr. Z. Metallkunde **51**, 377 (1960).
— Emissions-Elektr.mikr. Acta Phys. Austr. **18**, 232 (1964).
—, u. A. ILLENBERGER: Elektrostatisches Immersionsobjektiv hoher Feldstärke, Naturwissenschaften **49**, 445 (1962).
— — Emissionsmikr. Bilder ebener Metalloberfl. unter Verwendung von Feldelektronen. Z. Naturforsch. **18a**, 1008 (1963).
DUNCUMB, P.: The design of electron-probe microanalysers. J. Inst. Met. **90**, 154 (1962).
EVERHART, T. E., K. C. A. SMITH, O. C. WELLS, and C. W. OATLEY: Recent developments in scanning electr.micr., IV. Internat. Kongr. EM Berlin, Bd. I, 269 (1958).
FERT, C.: Diffraction des électrons: bombardement ionique d'un object pendant son observ. en diffr. et la micr. électr. par reflexion. Compt. rend. **238**, 333 (1954).
— Observation directe des surfaces en micr. electr. par reflexion. Optik **13**, 378 (1956); — Proc. Stockholm Conf. EM, 8 (1956).
—, et B. MARTY: Emploi d'une lentille cylindrique pour réduire la distorsion de l'image en micr.électr. par réflexion. Compt. rend. **241**, 1454 (1955).
—, F. PRADAL, R. SAPORTE et R. SIMON: Micr.électr. à émission secondaire et micr.électr. par réflexion: développements récents, IV. Internat. Kongr. EM Berlin, Bd. I, 197 (1958).
—, u. R. SAPORTE: Micr.électr. par réflexion. Compt. rend. **235**, 1490 (1952).
— — Emploi d'une lentille quadrupolaire magn. pour réduire la distorsion de l'image en micr.électr. par réflexion. Compt. rend. **243**, 1107 (1956).
—, et R. SIMON: Amélioration du pouvoir de résolution du micr.électr. à émission. Compt. rend. **243**, 1300 (1956).
FORST, G., u. B. WENDE: Zur Bildentstehung im Elektr. Spiegelmikr., Z. angew. Phys. **17**, 479 (1964).
FUCHS, E.: X-ray spectrometer attachment for Elmiskop Ielectr. micr. Rev. sci. Instr. **37**, 623 (1966).
GAUKLER, K. H.: Mess. d. Elektr.Emission im Metalloberflächenmikr. Z. Metallkd. **51**, 463 (1960).
GOOD, R. H., and E. W. MÜLLER: Field emission, in Hdb. d. Physik (Hrsg. S. FLÜGGE) XXI, 176. Berlin 1956.
HAINE, M. E., A. W. AGAR, and T. MULVEY: An electrostatic-magnetic alinement section for the electr.micr. J. sci. Instr. **35**, 357 (1958).
— , and W. HIRST: The adaptation of an electr.micr. for reflexion and some obs. on image formation. Brit. J. appl. Phys. **4**, 239 (1953).
HALLIDAY, J. S., and R. C. NEWMAN: The examination of single crystals by reflection electr.micr., IV. Internat. Kongr. EM Berlin, Bd. I, 195 (1958).
— — Refl. electr. micr. using diffracted electrons. Brit. J. appl. Phys. **11**, 158 (1960).
ITO, K., T. ITO, and M. WATANABE: An improved reflexion type electr.micr. J. Electronmicr. (Japan) **2**, 10 (1954).
KLEINN, W.: Energiespektren von 35 kV-Elektronen, die an Festkörperoberflächen reflektiert wurden. Optik **11**, 226 (1954).
KOCH, W.: Ein hochauflösendes Emissions-Mikr. zur Sichtbarmachung von Oberfl. mit UV-ausgelösten Elektr. Z. Physik **152**, 1 (1958).
KUSCHNIER, J. M., u. G. W. DER-SCHWARZ: Über einige Probleme der Reflexionsmikr. IV. Internat. Kongr. EM Berlin, Bd. I, 222 (1958).

MAHL, H.: Ein Vers. zur Emissionsmikr. mit elektrostat. Linse. Z. techn. Phys. 23, 117 (1942).

—, u. J. POHL: Elektronenopt. Abb. mit lichtelektr. ausgelösten Elektronen. Z. techn. Phys. 16, 219 (1935).

MAYER, L.: Electron mirror micr. of magnetic domains. J. appl. Phys. 28, 975 (1957).

— Stereomicrographs of conductivity. J. appl. Phys. 28, 259 (1957).

MECKLENBURG, W.: Über das elektrostat. Emissions-Übermikr. Z. Physik 120, 21 (1943).

MENTER, J. W.: Direct examination of solid surfaces using a commercial electr. micr. in reflection. J. Inst. Met. 81, 163 (1952).

MÖLLENSTEDT, G.: Neuere emissionsmikr. Erfahrungen mit Ionen, Elektronen-und UV-ausgelösten Elektronen. IV. Internat. Kongr. EM Berlin, Bd. I, 208 (1958).

—, u. H. DÜKER: Emissionsmikr. Oberflächenabb. mit Elektronen, die durch schrägen Ionenbeschuß ausgelöst wurden. Optik 10, 192 (1953).

— — M. KELLER u. W. BAYH: Direkte Sichtbarmachung von Metalloberfl. mit ionenausgelösten Elektronen. Optik 13, 380 (1956).

—, u. W. HUBIG: Substanzdifferenzierung im Elektr. Emissionsmikr. Optik 11, 528 (1954).

—, u. O. RANG: Die elektrostat. Linse als hochauflösendes Geschwindigkeitsfilter. Z. angew. Phys. 3, 187 (1951).

—, R. SPEIDEL u. W. KOCH: Stehende Lichtwellen nach O. WIENER, elektr.mikr. sichtbar gemacht. Z. Physik 149, 377 (1957).

MUELLER, W. M. (Hrsg.): Advances in x-ray analysis, Vol. 1-5, Proc. Conf. on Application of x-ray analysis, Univ. Denver. New York 1957—1962.

MÜLLER, K.: Maßstabgetreue u. farbfehlerarme Rückstrahl-Mikr. V. Internat. Congr. EM Philadelphia, Vol. I, AA-15 (1962).

NEFF, H.: Über die Röntgen-Emissionsanalyse von elektr.mikr. Präparaten. Z. Instrumentenkd. 72, 125 (1964).

—, u. K. H. HERRMANN: Röntgenmikroanalyse elektr.mikr. Präparate. Chemie-Ing.-Technik 37, 151 (1965).

PAGE, D. H.: Reflection electr.micr. at high angles. Brit. J. appl. Phys. 9, 60 (1958).

PEASE, R. F. W., and W. C. NIXON: High resolution scanning electr.micr. J. sci. Instr. 42, 81 (1965).

PHILIBERT, J.: The Castaing "microsonde" in metallurgical and mineralogical research. J. Inst. Met. 90, 241 (1962).

RANZETTA, G. V. T., and V. D. SCOTT: Electron-probe microanalysis of low atomic number elements. Brit. J. appl. Phys. 15, 263 (1964).

RATHENAU, G. W., and G. BAAS: Grain growth in a texture, studied by means of electr. emission micr. Physica 17, 117 (1951).

RECKNAGEL, A.: Theorie des elektrischen Elektr.mikr. für Selbststrahler. Z. Physik 117, 689 (1941).

RUSKA, E., u. H. O. MÜLLER: Über Fortschr. bei der Abb. elektronenbestrahlter Oberflächen. Z. Physik 116, 366 (1940).

SCHENK, D.: Über d. Emissionsvert. auf einer krist. Glühkathode. Ann. Physik 23, 240 (1935).

SMITH, K. C. A.: A versatile scanning electr.micr. Proc. Europ. Reg. Conf. EM Delft, Vol. I, 177 (1960).

SOA, E. A.: Ein neues Emissionselektr.mikr. Optik 22, 66 (1965).

STEWART, A. D. G., u. M. A. SNELLING: A new scanning electr.micr. Proc. 3. Europ. Reg. Conf. EM Prag, Vol. A, 55 (1964).

THORNLEY, R. F. M.: Recent developments in scanning electr.micr. Proc. Europ. Reg. Conf. EM Delft, Vol. I, 173 (1960).

§ 4. Messung wichtiger optischer Konstanten

4.1. Vergrößerungsbestimmung

Für die quantitative Auswertung von elektronenmikroskopischen Aufnahmen ist eine Eichung der Vergrößerung unerläßlich. Für den Routinebetrieb genügen die von der Lieferfirma angegebenen Vergrößerungen. Die Schwierigkeiten bestehen darin, daß man gewöhnlich an lichtoptisch oder interferometrisch vermessene Objekte anschließt. Bei den höchsten Vergrößerungen bis zu 100000fach werden diese im Endbild größer als der Bildausschnitt abgebildet, so daß bei geringen Vergrößerungen an kleinere Objekteinzelheiten anzuschließen ist. Hierdurch werden die elektronenmikroskopischen Vergrößerungsangaben nie genauer als $\pm$ 2–5%. Eine Genauigkeit von $\pm$ 1,5% ist nur unter sorgfältig einzuhaltenden Bedingungen möglich (s. u.).

Für schwache Vergrößerungen haben schon von BORRIES u. RUSKA (1939) Lochblenden im Lichtmikroskop genau vermessen. Blenden von 20 μ Durchmesser kann man mit einer Genauigkeit von 5% ausmessen. Bei 6 $\times$ 9-Platten füllt man dann bei einer Vergrößerung von nur 4000fach bereits das ganze Gesichtsfeld aus. Wenn man das Loch mit einer Abdruckfolie überspannt, kann man innerhalb der Blende bei schwachen elektronenoptischen Vergrößerungen Abstände zwischen markanten Bilddetails vermessen und so bis zu höheren Vergrößerungen anschließen (s. a. RUSKA, 1954). Der Nachteil besteht darin, daß sich einmal systematische Fehler fortpflanzen und außerdem bei schwachen Vergrößerungen auch starke Verzeichnungen beobachtet werden (mit magnetischen Linsen sogar noch Bildzerdrehungen, s. § 1.3.2). Am zweckmäßigsten wird daher dieser kritische Bereich zwischen 1000- und 5000-facher Vergrößerung durch die Wahl geeigneter Testobjekte (größenordnungsmäßig 0,2–1 μ) überprungen. Es sei jedoch auch darauf hingewiesen, daß man bei einer geeigneten Erregung von Zwischenlinse und Projektiv verzeichnungsfreie Abbildungen erhalten kann (§ 1.3.2).

Die Verwendung von Quarzfäden (5 μ) durch FARRANT u. HODGE (1948) sowie die Messung der Bildverschiebung mit einem Fabry-Perot-Interferometer nach PEASE (1950) seien nur der Vollständigkeit wegen angeführt.

Eine der besten und genauesten Testobjekte stellen Abdrücke von optischen Metall-Beugungsgittern dar. Als Strichgitter nach ROWLAND werden diese bis zu 2000 Strichen/mm hergestellt. Es sind auch fertig präparierte Oberflächenabdrücke im Handel (Abb. 40a) mit 1140 Linien pro mm. Abdruckverfahren von derartigen Metallgittern wurden von PEASE (1950); ROUZE u. WATSON (1953) und OSTER u. SKILLMAN (1962) beschrieben. WILLIAMS (1954) gibt die Herstellung einer Gelatinekopie an, von der beliebig oft Abdrücke gemacht werden können.

Die Strichgitter haben jedoch den Nachteil, daß sie relativ breite Furchen haben, welche auch nicht immer störungsfrei sind. Dadurch ist es schwierig, bei der Vermessung genau das Intervall zwischen Strichen festzulegen, insbesondere wenn man bei hohen Vergrößerungen nur wenige Striche in dem Bildausschnitt sieht. Die Genauigkeit bei dieser Art von Gittern beträgt nur 2–3%.

OSTER u. SKILLMAN (1962) und BAHR u. ZEITLER (1965) berichten über die Verwendung eines Kreuz-Strichgitters mit 2160 Strichen/mm in

a   b

Abb. 40a u. b. Abbildung von Strichgitterabdrücken: a) 1140 Linien/mm der Fa. E.C. Fullam, New York (Aufn. G. MOLL) und b) 2160 Linien/mm (Aufn. BAHR und ZEITLER)

beiden Richtungen und mit scharf begrenzten Strichen (Abb. 40b). Außerdem erkennt man mit diesem Kreuzgitter leicht jede Verzerrung und kann die Variation der Vergrößerung innerhalb eines Bildausschnittes messen. Mit diesem Gitter läßt sich eine Meßgenauigkeit von ± 1% erreichen. Es zeigt sich, daß eine Reproduzierbarkeit der Vergrößerung von ± 1,5% nur erreicht werden kann, wenn folgende Bedingungen eingehalten werden:

1. Reproduzierbare Objektlage. Verschiedene Objektpatronen können in der Höhe variieren. Eine Abweichung von 50 µ ergibt eine 5%ige Abweichung von der Normvergrößerung (PHILIPS EM 100, OSTER u. SKILLMAN, 1962) und 2% Abweichung im Siemens-Elmiskop (BAHR u. ZEITLER, 1965).

2. Konstanz der Linsenströme. Diese Bedingung ist eng mit 1. gekoppelt, da eine Verschiebung des Objektes aus der normalen Lage einer Veränderung des Linsenstromes zum Scharfeinstellen bedarf. Man

kann den aus 1. resultierenden Fehler daher eliminieren, wenn man die Vergrößerung als Funktion des Linsenstromes ermittelt. Die Änderungen im Linsenstrom sind jedoch so gering, daß es nicht ausreicht, den Linsenstrom mit einem Amperemeter direkt zu messen. Man muß eine Kompensationsschaltung verwenden (ELBERS u. PIETERS, 1964). Im Siemens-Elmiskop I entspricht z. B. einer Änderung des Objektivstromes um 0,5% eine Vergrößerungsänderung von 1%. Diese Angabe gilt für den gekoppelten Betrieb von Objektiv und Zwischenlinse. Der Projektivstrom muß dabei konstant gehalten werden. Er wird z. B. so einreguliert, daß das Leuchtschirmbild einen bestimmten Durchmesser besitzt. Es ist noch besser, das Projektiv im Maximum der Vergrößerung zu betreiben, weil dann die Verzeichnung ein Minimum besitzt und auch kleine Änderungen des Projektivstromes kaum eine Änderung der Vergrößerung bewirken.

3. Langzeitkonstanz der Hochspannung.

4. Vermeidung der Hysterese-Effekte (s. BAHR u. ZEITLER, 1965) in den Eisenteilen der Linsen. Diese kann man unterdrücken, wenn man vor der Scharfstellung mit dem Objektiv dieses zunächst maximal erregt und mit dem Strom bis zur Scharfstellung herunterregelt, ohne den für die Scharfstellung erforderlichen Strom wesentlich zu unterschreiten. Dieser Vorgang muß 2—3mal wiederholt werden.

Durch die Abbildung von Netzebenen (§ 4.3) bietet sich eine weitere Möglichkeit, gerade die hohen Vergrößerungsstufen unmittelbar an atomare Abstände anzuschließen. Diese Methode erscheint sehr erfolgversprechend, weil die Gitterkonstanten sehr genau röntgenographisch zu ermitteln sind. Es stellte sich aber heraus, daß mit Elektronenbeugung systematische Abweichungen gegenüber der Röntgenbeugung erhalten werden. Die Phthalocyanine mit etwa 12 Å Netzebenenabstand und auch Tremolit (8,9 Å) ändern die Gitterkonstanten während der Bestrahlung durch Strahlenschädigung (§ 9.2). Es ist aber möglich, unmittelbar von demselben Kristall den Netzebenenabstand aus einem Feinbereichsbeugungsdiagramm zu entnehmen. Auf Grund der unbekannten Beugungslänge und den bei Feinbereichsbeugung auftretenden Fehlern (§ 5.3.2) muß eine Eichaufnahme an einem Objekt bekannter und konstanter Gitterabmessungen zusätzlich angefertigt werden. Es eignet sich hierfür am besten TlCl (§ 5.4.1). Für die Vergrößerungseichung mit Netzebenen sind also 3 Aufnahmen erforderlich: 1. Bild des Kristalles mit Netzebenen, 2. Feinbereichsbeugungsdiagramm des Kristalles, 3. Feinbereichsbeugung eines TlCl-Präparates bei unveränderter Linseneinstellung. Die bei dieser Methode auftretenden Fehler sind ausführlich von DOWELL (1964) diskutiert. Auch hier können die Fehler bis zu 3% betragen. Besonders große Netzebenenabstände benutzten UYEDA u. a. (1958) (Yu Yen Stone 90 Å), und DELAVIGNETTE (1963) (Picrolite 33,5 Å) zur Vergrößerungsbestimmung. Sie weisen jedoch auf unterschiedliche Größen der Gitterkonstanten hin, so daß die oben diskutierte Eichung mittels Elektronenbeugung unerläßlich ist.

Als weiteres Objekt sind Latexteilchen vorgeschlagen worden (Dow-Latex), die einen erstaunlich konstanten Durchmesser von 2590 $\pm$ 25 Å besitzen sollen (Backus u. Williams, 1949; Gerould, 1950). Man kann zwar Latex-, Polystyrol- oder andere Kunststoff-Emulsionen mit Teilchen konstanten Durchmessers erreichen, aber keine Standardisierung auf einen bestimmten Durchmesser. Die häufige Benutzung des oben genannten Latex hat den falschen Eindruck erweckt, daß eine solche Emulsion mit kalibrierter Teilchengröße jederzeit zur Verfügung steht. Der Durchmesser der Teilchen kann ferner durch Aufladungseffekte (?) beeinflußt werden (2590 $\pm$ 50 Å vor und 2840 $\pm$ 50 Å nach einer Chrombeschattung, Kern u. Kern, 1950). Watson u. Grube (1952) fanden eine Abhängigkeit des Durchmessers von der Bestrahlungsintensität. Auch durch Kontamination kann der Durchmesser vergrößert werden.

Die Bedeutung der Latexkugeln liegt daher nicht so sehr in einer Absolutbestimmung der Vergrößerung unabhängig von anderen Methoden, sondern darin, daß man nach einmaliger Eichung die Teilchen leicht anderen Präparaten zusetzen kann und damit direkt auf den elektronenmikroskopischen Aufnahmen das Testobjekt mitphotographiert. Latexkugeln bieten auch bei Schrägbeschattungen einer Oberfläche die Möglichkeit, aus der Schattenlänge auf den Bedampfungswinkel zu schließen (§ 11.1).

4.2. Messung und Korrektur des Astigmatismus

Bei der Besprechung der Bildfehler in § 1.3 wurde auf die Bedeutung des axialen Astigmatismus hingewiesen, der durch nicht zu vermeidende Unsymmetrien bei der Herstellung der Linsenbohrungen und der magnetischen Polschuh-Legierung sowie durch verschmutzte Aperturblenden verursacht wird. Für Aufnahmen höchster Auflösung ist daher der Astigmatismus des öfteren zu kontrollieren. Es wurde auch eine Abschätzung des zulässigen Restastigmatismus durchgeführt. Die Differenz der Brennweiten darf danach nur 0,1 μ betragen.

Um eine Kompensation des Astigmatismus vornehmen zu können, muß es möglich sein, derartig kleine astigmatische Brennweitendifferenzen zu messen. Hierfür stehen verschiedene Methoden zur Verfügung:

a) Messung der Unsymmetrie der Fresnelschen Beugungssäume bei schwacher Defokussierung (Hillier u. Ramberg, 1947),

b) Projektion eines in die Kaustik hineingebrachten Testobjektes (Dosse, 1941; Castaing, 1950),

c) Ausmessen der Kaustikfläche (LEISEGANG, 1953; LENZ u. HAHN, 1953), die vor allem auch mehr als zweizählige Rotationsunsymmetrien erkennen läßt.

Die erste Methode der Fresnelschen Beugungssäume läßt sich am leichtesten in einem kommerziellen Elektronenmikroskop realisieren und arbeitet am empfindlichsten. Es soll daher etwas näher auf die Grundlage dieser Beugungserscheinung eingegangen werden. Die Theorie ist die gleiche wie in der Lichtoptik nach Beugungstheorien von KIRCHHOFF und SOMMERFELD, in denen von dem Huygensschen Prinzip ausgegangen wird, daß von jedem Flächenelement der beugenden Öffnung kohärente Kugelwellen ausgehen, die sich im Aufpunkt überlagern. Der einzige Unterschied bei Elektronenstrahlen besteht in der kürzeren Wellenlänge (§ 5.2.1), wodurch die Sichtbarkeit der Beugungsphänomene auf kleinere Dimensionen beschränkt ist. Der Abstand der Beugungsmaxima x_n von der geometrischen Schattengrenze einer Halbebene ergibt sich zu (Abb. 41)

$$x_n = \sqrt{\lambda \left(\frac{l^2}{a} + l\right)\left(n - \frac{1}{4}\right)} \; ; \; n = 1, 3, 5, \ldots \tag{4.1}$$

Die Beobachtungsebene liegt in der Elektronenmikroskopie so kurz unterhalb der Halbebene (Defokussierung um die Strecke l), daß die Länge l gegenüber a zu vernachlässigen ist. (4.1) geht dann in erster Näherung über in

$$x_n = \sqrt{l\lambda\left(n - \frac{1}{4}\right)}. \tag{4.2}$$

Der Abstand Δx_n zweier aufeinanderfolgender Maxima an den Stellen x_n und x_{n+2} berechnet sich daraus für große n

$$\Delta x_n \cong \sqrt{\frac{l\lambda}{n}}. \tag{4.3}$$

Eine völlige Trennung der Maxima bis zu hohen Beugungsordnungen kann man nur bei annähernd punktförmigen Strahlenquellen erreichen. Bei ausgedehnten Strahlenquellen muß noch die Kohärenzbedingung erfüllt sein, um zwei Maxima voneinander trennen zu können. Wenn durch eine inkohärente Quelle mit der Ausdehnung d (Abb. 41) eine Verwaschung des Interferenzstreifensystems um die Strecke Δx_{inkoh} auftritt und gilt, daß

$$\Delta x_{inkoh} = \frac{l}{a}\,d < \Delta x_n \cong \sqrt{\frac{l\lambda}{n}}, \tag{4.4}$$

so kann man die Maxima bis zur Ordnung

$$n < \frac{a^2\,\lambda}{d^2\,l} = \frac{\lambda}{4\,l\,\alpha_B^2} \tag{4.5}$$

noch auflösen. Es wurde dabei die Kondensor- (oder Bestrahlungs-) Apertur

$$\alpha_B = \frac{d}{2\,a} \tag{4.6}$$

zur Charakterisierung der Strahlquelle eingeführt.

Einsetzen von Zahlenwerten in (4.5), die bei einem normalen mikroskopischen Betrieb auftreten (80 kV Strahlspannung, $\lambda = 0{,}042$ Å, $\alpha_B = 10^{-3}$ und einer Defokussierung $l = 1\,\mu$), ergibt $n \cong 1$. Das heißt unter den angegebenen Bedingungen ist gerade das Maximum 1. Ordnung noch zu erkennen. Dies ist mit den Erfahrungen in Einklang (Abb. 42). Höhere Maxima sind nach (4.5) nur dann zu beobachten, wenn man die Bestrahlungsapertur verkleinert (BOERSCH, 1943). Bei extrem kleinen

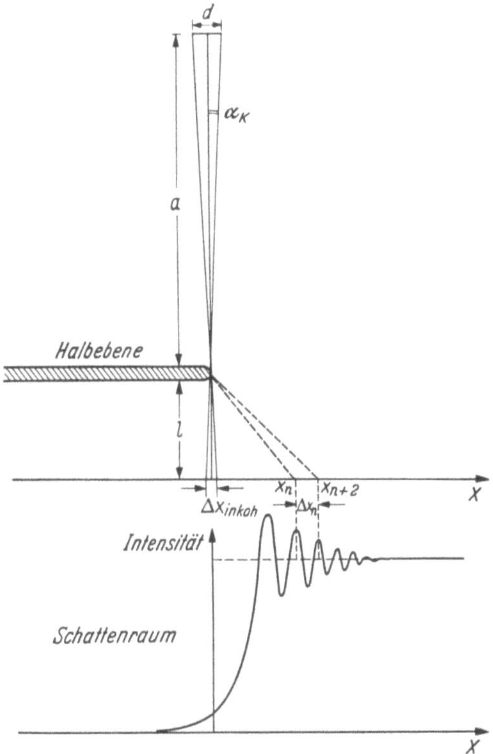

Abb. 41. Geometrische Beziehungen und Intensitätsverteilung bei der Fresnelschen Beugung an einer Kante

Bestrahlungsaperturen, die mit einer Spitzenkathode erhalten wurden, konnte HIBI (1956) bis zu 20 Fresnelsäume beobachten.

Die in Abb. 41 unten gezeichnete Intensitätsverteilung gilt nur bei einem völlig undurchsichtigen Schirm. Wenn dieser teilweise durchlässig

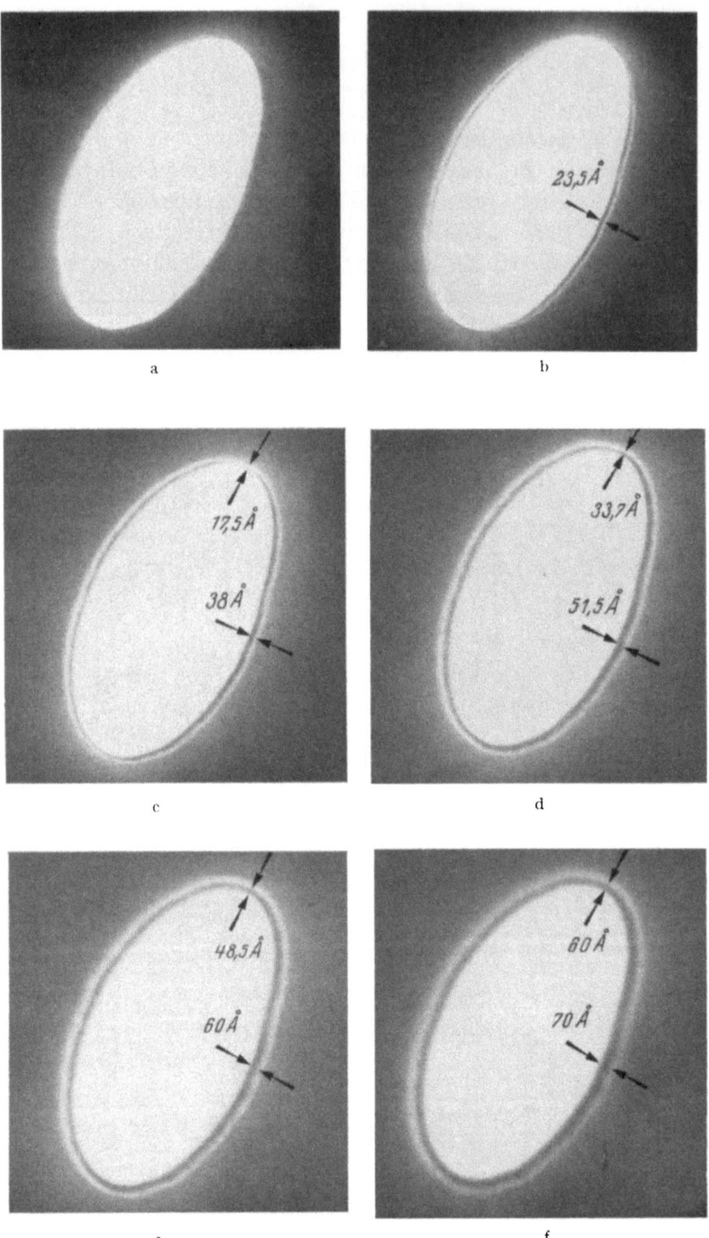

Abb. 42 a—f. Defokussierungsserie eines Folienloches zur Messung des Astigmatismus. Der Astigmatismus ist besonders deutlich in Aufnahme b) an der unsymmetrischen Ausbildung des Fresnelschen Beugungssaumes zu erkennen. Die Abstände der Beugungssäume (als Zahlen in der Abbildung vermerkt) sind in Abb. 43 graphisch gegen die Defokussierung Δf aufgetragen. Es ergibt sich aus dieser Auftragung eine relativ große astigmatische Brennweitendifferenz von $\Delta f_A = 3,5\,\mu$

ist (z. B. Löcher in einem Kollodium- oder Kohlefilm), ergibt sich eine kompliziertere Fresnelsche Beugungserscheinung, zu der noch die Phasenverschiebung hinzukommt, die der Teil des Elektronenstrahls erfährt, der den Film durchsetzt. Fälle dieser Art wurden von HILLIER und RAMBERG (1947) gemessen und berechnet. Zur kontrastreichen Beobachtung der Fresnelschen Beugungssäume verstärkt man daher Lochfolien (§ 15.6) noch zusätzlich mit Kohle oder einem Schwermetall, um die Erkennbarkeit der Beugungssäume am Folienrand zu steigern.

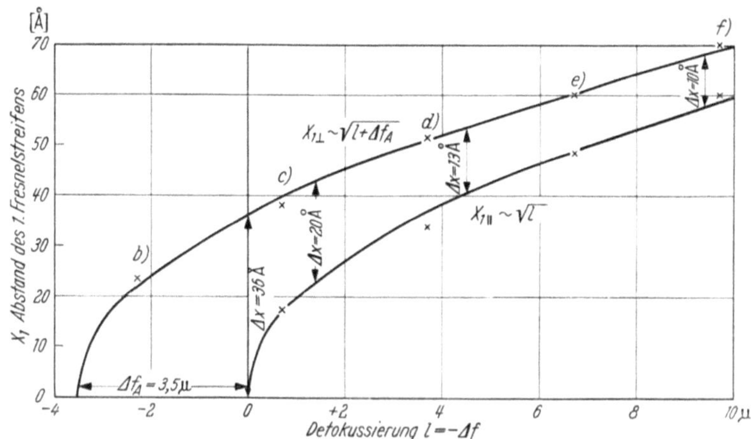

Abb. 43. Zusammenhang zwischen dem Abstand x_1 des 1. Fresnelschen Streifens von der Defokussierung lf bei Vorliegen von Astigmatismus (x_1 in zwei Richtungen $\parallel$ und $\perp$ verschieden) mit den eingezeichneten Meßpunkten aus Abb. 42

Da das Verschwinden der Fresnelschen Beugungssäume gleichbedeutend mit Scharfstellung ist, wird bei Vorliegen von Astigmatismus in einer Richtung (2 gegenüberliegenden Punkten des Lochrandes) scharf gestellt werden können, während in der dazu senkrechten Richtung die Fresnelsäume einen größten Abstand Δx aufweisen. Dieser Abstand ist schon ein Maß für den Astigmatismus. Man kann auch die Änderung des Linsenstromes messen, die erforderlich ist, bis in der anderen Richtung Scharfstellung erreicht ist. In Abb. 42 ist eine Serie mit verschiedenen Defokussierungen bei relativ starkem Astigmatismus (unkompensiert) gezeigt. Die angegebenen Abstände x_1 des 1. Fresnelschen Beugungssaumes sind in Abb. 43 in Abhängigkeit von der Defokussierung aufgetragen. Man sieht, daß bei starken Defokussierungen der Astigmatismus immer schlechter zu erkennen ist. Dies liegt an dem Zusammenhang in (4.3) zwischen dem Abstand des Fresnelsaumes vom Lochrand und der Defokussierung $(x_1 \sim \sqrt{l})$. Wenn in der einen Richtung für $l = 0$ fokussiert ist $(x_{1,\parallel} = 0)$ und in der anderen ein durch die astigmatische Brennweitendifferenz Δf_A erzeugter Abstand $x_{1,\perp}$ beobachtet wird, so verringert sich die Differenz $\Delta x = x_{1,\parallel} - x_{1,\perp}$ nach Abb. 43 mit wachsender Defokussierung. Der Astigmatismus läßt sich daher am besten bei kleinen Defokussierungen erkennen, was ein Beobachten bei möglichst hohen Vergrößerungen verlangt. Die astigmatische Brennweitendifferenz erhält man aus (4.2) zu

$$\Delta f_A = (x^2_{1,\perp} - x^2_{1,\parallel})/\lambda \, . \tag{4.7}$$

Mit Hilfe dieser visuellen Methode durch Beobachten des Leuchtschirmbildes mit einer Lupe kann man noch einen Astigmatismus mit $\Delta f_A = 0,1$ μ erkennen. HAINE u. MULVEY (1954) geben an, mit einer

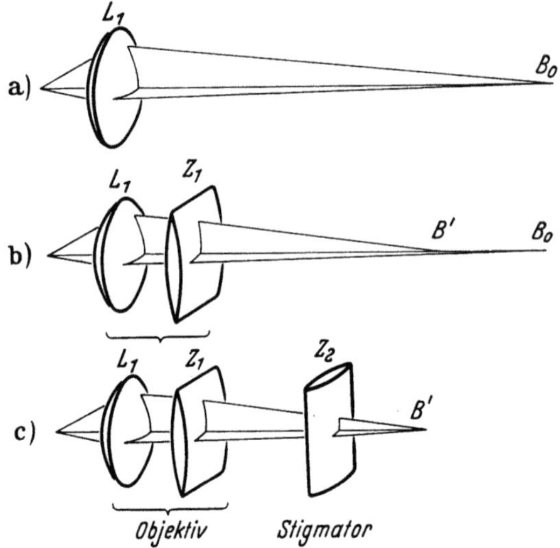

Abb. 44 a—c. Lichtoptisches Analogon zur Wirkung des Stigmators (nach RANG, 1949)

photographischen Kontrolle, die natürlich zeitraubender ist, den Astigmatismus noch um einen Faktor 2 genauer zu messen, da eine Aufnahme größeren Kontrast und besseres Auflösungsvermögen als ein Leuchtschirm zeigt.

Bei der Korrektur des Astigmatismus wird davon ausgegangen, daß er in erster Näherung durch eine elliptische Verzerrung hervorgerufen wird. Man überlagert daher dem Linsenfeld ein einachsiges Korrekturfeld in senkrechter Richtung zur Unsymmetrie und hat dabei 2 Parameter zu verändern: 1. Stärke des Korrekturfeldes und 2. dessen Richtung. Es ist zum Verständnis recht nützlich, wenn man sich die Verhältnisse nach RANG (1949) an einem lichtoptischen Analogon veranschaulicht. Eine Sammellinse L_1 (Abb. 44) soll a) ohne Astigmatismus abbilden. Die Abweichung von der Rotationssymmetrie, welche den Astigmatismus hervorruft, kann man sich b) durch eine hinzugesetzte Zylinderlinse Z_1 ersetzt denken. Diese wirkt nur auf das Strahlenbündel in Zeichenebene, so daß sich dieses bereits in einem kürzeren Bildpunkt B' vereinigt. Die Abbildung hat einen stigmatischen Fehler, den man jetzt c) durch eine zweite Zylinderlinse Z_2 kompensieren kann, welche die gleiche Stärke wie Z_1 besitzt, aber um 90° gedreht ist. Dadurch wirkt sie nur auf das andere Strahlenbündel, wodurch beide Strahlenbündel wieder in einem Punkt B' vereinigt werden.

Nach der Konstruktion kann man folgende Typen von „Stigmatoren" zur Kompensation des Astigmatismus unterscheiden:

1. Elektrostatische Stigmatoren aus einer elektrostatischen Oktupollinse,

2. Elektromagnetische Stigmatoren mit einer Oktupollinse aus 8 Magnetspulen und

3. Mechanische Stigmatoren.

Ein von RANG (1949) gebauter Stigmator für elektrostatische Instrumente, welcher aber auch in magnetische eingebaut werden kann, besteht aus 8 segmentförmigen Elektroden, die aus 2 Gruppen bestehen, in denen jeweils gegenüberliegende Elektroden auf gleichem Potential liegen (Abb. 45). Jede Gruppe erzeugt einen zur angelegten Spannung proportionalen Astigmatismus. Die Spannungen der beiden Gruppen U_1 und U_2 kann man verändern, womit sich die Stärke des Astigmatismus zu

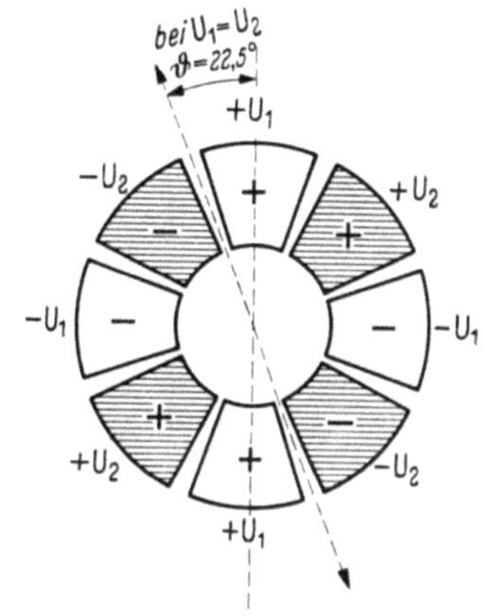

Abb. 45. Schematischer Aufbau eines elektrostatischen Stigmators

$$A \sim \sqrt{U_1^2 + U_2^2} \qquad (4.8)$$

und die Richtung ϑ zu

$$\operatorname{tg} 2\vartheta = U_1/U_2 \qquad (4.9)$$

ergibt, da sich die Beiträge zum Astigmatismus vektoriell addieren (z. B. $\vartheta = 22,5°$ bei $U_1 = U_2$). Man benötigt also nur 4 elektrische Zuführungen, um die Elektroden mit den verschiedenen Spannungen zu beaufschlagen, die in der Größenordnung 100 V liegen. Eine Schaltung im Bedienungskasten sorgt dafür, daß man Stärke und Richtung getrennt verändern kann, daß also bei Veränderung der Stärke das Verhältnis U_1/U_2 und damit nach (4.9) die Richtung ϑ konstant bleibt.

Setzt man an Stelle der 8 Elektroden kleine Spulen, so hat man den 2. Typ vorliegen, der auf dem gleichen Prinzip beruht. Es gelten die gleichen Formeln (4.8) und (4.9), nur daß an Stelle der Spannungen die Ströme treten, welche durch die Spulen fließen.

Ein von Leisegang (1954) beschriebener mechanischer Stigmator arbeitet nach folgendem Prinzip: Eine Messinghülse mit 2 diametral gegenüberliegenden Eisenstückchen ist mit einem Gewinde im Polschuhspalt in der Höhe zu verschieben. Durch Hoch- und Herunterschrauben kann man die Stärke des Korrekturfeldes verändern, wobei sich während einer Umdrehung die Stärke nicht wesentlich ändert, was auch die Einstellung der richtigen Richtung durch Drehen erlaubt. Ein derartiger Stigmator ist z. B. im Kondensator II des Elmiskop I eingebaut. Für das Objektiv desselben Gerätes wird ein mechanischer Stigmator verwendet, mit dem sich Stärke und Richtung getrennt regeln lassen. Im Polschuhspalt befinden sich zwei Messingringe, die wieder kleine diametral liegende Eisenstückchen enthalten (Abb. 46). Die Messingringe sind von außen durch ein Getriebe drehbar. Durch Verdrehen der Ringe gegeneinander kann man die Stärke des Korrekturfeldes regeln. Es besitzt die größte Stärke, wenn die Eisenstücke alle in einer Richtung liegen. Durch gemeinsame Drehung beider Ringe läßt sich die Richtung ϑ einstellen.

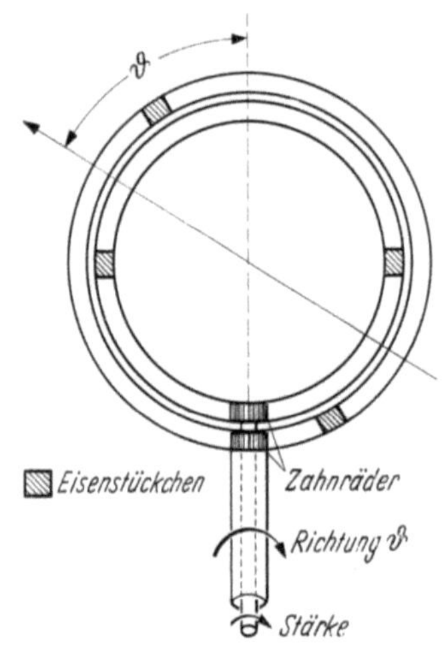

Abb. 46. Schematische Skizze zur Wirkungsweise eines Stigmators für magnetische Linsen

Mit einiger Übung gelingt schnell eine Kompensation des Astigmatismus, wenn dieser bereits durch eine Vorkompensation herabgesetzt ist. Bei sehr stark dejustiertem Stigmator führt am schnellsten folgendes Verfahren zum Ziel: Man nimmt mit einer bestimmten Stärke A_0 des Stigmators, die relativ in % angegeben wird, bei verschiedenen Winkelstellungen ϑ von $0-180°$ die Stärke und Richtung des Astigmatismus auf, in dem man die Stromdifferenz mißt, die erforderlich ist, um in den beiden zueinander senkrecht stehenden Richtungen des Lochrandes zu fokussieren, oder man zählt die hierfür erforderlichen Feinrasten der Objektivstrom-Einstellung. Man erhält dann den in Abb. 47 dargestellten Verlauf, bei dem die Meßpunkte durch eine Sinuskurve verbunden sind. Aus den Extremwerten des Astigmatismus $A_{\max}$ und $A_{\min}$ und der Richtung des Astigmatismus $R_{\max}$ und $R_{\min}$ erhält man die Korrektur ΔA, um welche A_0 verändert werden muß

$$\frac{\Delta A}{A_0} = \frac{2\,A_{\min}}{A_{\max}}. \tag{4.10}$$

Der Stigmator ist um diesen Betrag zu stark eingestellt, wenn R_{max} senkrecht zu R_{min} (wie in Abb. 47) und zu schwach, wenn diese beiden Richtungen parallel liegen. Der richtige Stigmatorwinkel ϑ_{opt} liegt bei A_{min}. Eine Einstellung der so berechneten Werte ergibt bereits eine so gute Vorjustierung, daß man die letzte Feinjustierung durch direkte

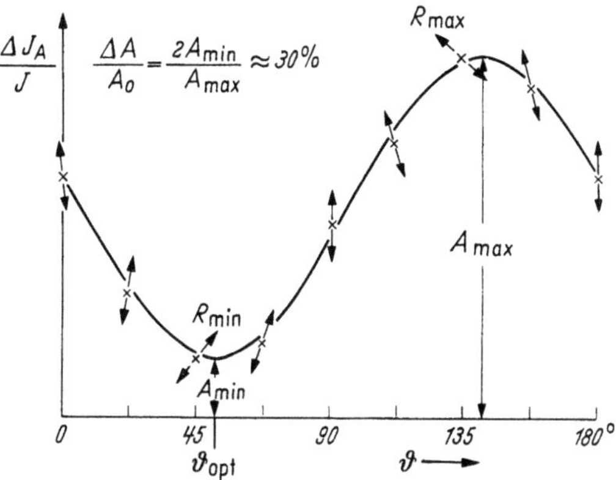

Abb. 47. Verfahren zur Grobeinstellung eines Stigmators

Beobachtung der Fresnelschen Beugungssäume vornehmen kann. Richtige Korrektur des Astigmatismus liegt definitionsgemäß vor, wenn $A_{min} = 0$.

SILVA (1961) schlägt folgendes Verfahren vor (Abb. 48). Bei der Nullstellung des Stigmators wird die Richtung AA des Eigenastigmatismus festgestellt. Dann wird der Stigmator auf maximale Stärke

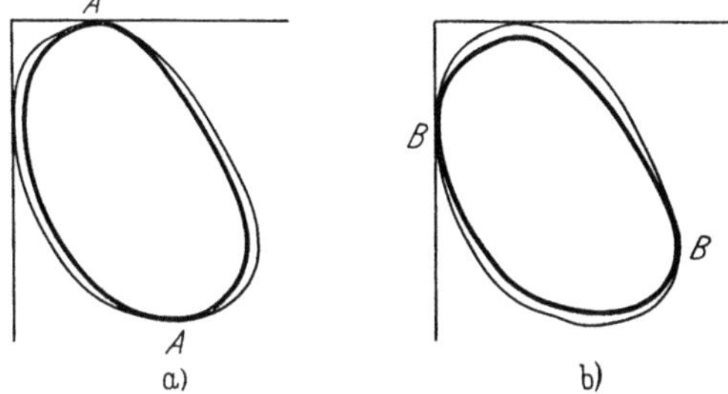

Abb. 48a u. b. Zur Einstellung des Astigmatismus nach SILVA (1961)

gebracht und die Richtung variiert bis BB senkrecht zu AA liegt. Bei ellipsenförmigen Löchern heißt dies, daß die Tangenten an A und B einen rechten Winkel bilden müssen. Bei angekipptem Leuchtschirm ändert sich jedoch dieser Winkel und bleibt nur dann 90°, wenn A auf dem höchsten Punkt der Ellipse liegt. Dies kann durch Variation des

Projektivstromes (Bilddrehung) erreicht werden. Die Tangentenbildung wird durch ein Okularfadenkreuz der Betrachtungslupe erleichtert. Nach dieser Festlegung der richtigen Stigmatorrichtung BB braucht nur noch die Stärke des Stigmators herabgesetzt zu werden bis der Eigenastigmatismus der Linse kompensiert ist.

4.3. Testen des Auflösungsvermögens

Unter Auflösungsvermögen wird der Abstand zweier Punkte verstanden, die gerade noch getrennt wahrgenommen werden können. Dies ist der Fall, wenn die Intensität zwischen den Fehlerscheibchen der Bildpunkte kleiner als 75% der Spitzenintensität ist (s. Abb. 28). Wenn man also ein Auflösungsvermögen von 10 Å und kleiner testen will, so erfordert dies ein Objekt mit ebenso kleinen und nach Möglichkeit noch kleineren Objektpunkten, die auch einen genügenden Bildkontrast liefern. Als Testobjekt haben sich Pt- oder Pt-Ir (80:20)-Aufdampfschichten bewährt (RUSKA, 1954) , die in sehr dünnen Schichten aus isolierten Inseln bestehen, deren Größe man mit der aufgedampften Menge verändern kann. Es empfiehlt sich daher, bei der Herstellung von Testobjekten Präparate in verschiedenen Entfernungen von der Verdampfungsquelle anzubringen, von denen man das geeignetste aussucht. Der Kontrast der Platin-Teilchen ist allerdings so gering, daß man nach ihnen nur schwer auf dem Leuchtschirm scharfstellen kann. Man stellt daher zunächst eine dünne Lochfolie (§ 15.6) her, deren Kontrast man mit Kohle oder einem Schwermetall verstärkt, und spannt hierüber eine zweite Folie (z. B. Kollodium), deren Dicke man auch wesentlich geringer wählen darf (50 Å), da sie nur die Löcher der ersten Folie zu überspannen hat. Die Scharfstellung erfolgt dann am Rand der Löcher, und man hat außerdem die Möglichkeit mit demselben Präparat den Astigmatismus zu überprüfen.

Man macht stets mehrere Aufnahmen der gleichen Objektstelle und sieht nur solche Punkte als getrennt an, die auf allen Platten getrennt erscheinen (Abb. 49). Damit hat man die sicherste Kontrolle, einen Einfluß des Plattenkornes auszuschalten. Außerdem sollten als Zeichen dafür, daß der Astigmatismus gut korrigiert ist, die Verbindungslinien getrennter Punktpaare in allen möglichen Richtungen liegen. Da die Trennung zweier benachbarter Teilchen subjektiven Einflüssen unterworfen ist, schlagen HEYDENREICH u. a. (1964) eine objektive Auswertung von Auflösungstests mit der Äquidensitenmethode vor.

Bei sehr dünnen Platinschichten zum Testen hoher Auflösungen findet man bei einer Fokussierungsserie auch in den Kohleschichten schon eine granulierte Struktur (s. Abb. 100 und § 7.3), so daß eine zusätzliche Platinbedampfung nur geringe Strukturänderungen erkennen läßt (THON, 1964).

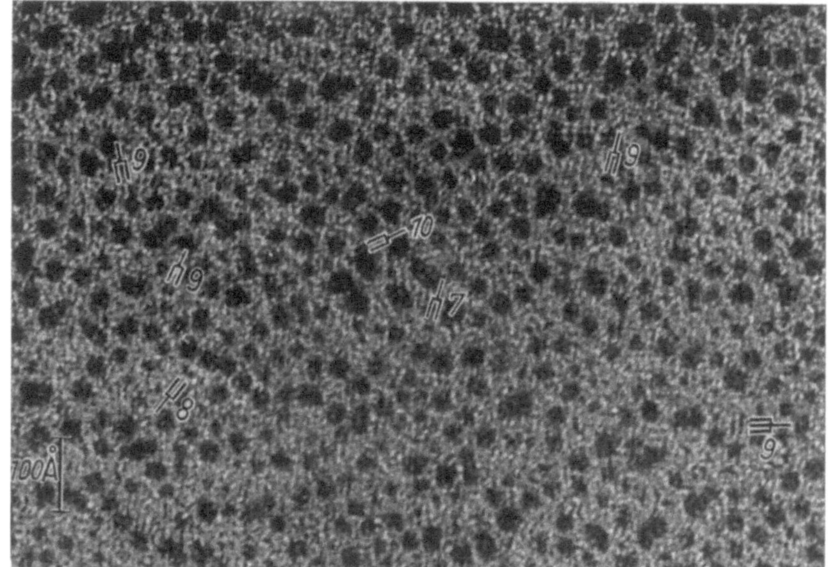

a

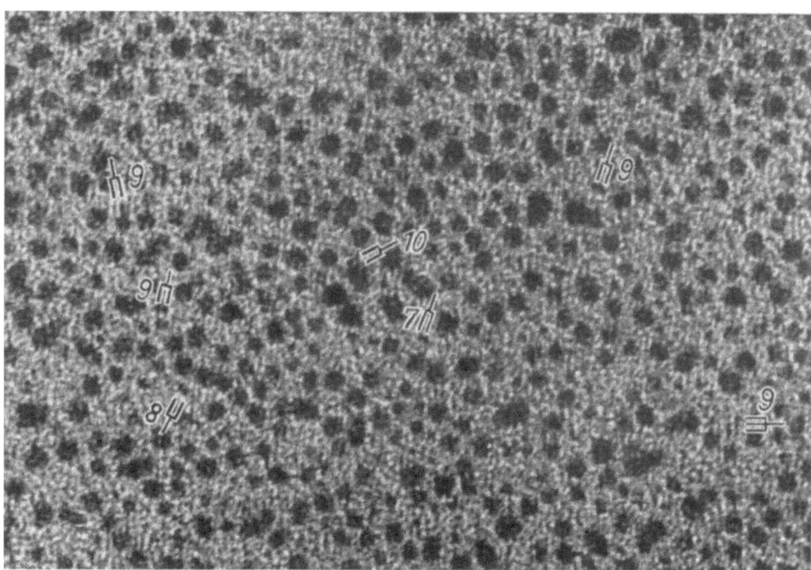

b

Abb. 49 a u. b. Auflösungstest mit aufgedampftem Platin auf einer Kohle verstärkten Kollodiumfolie. Die zwei Aufnahmen a) und b) wurden bei 100 000 facher elektronenoptischer Vergrößerung 2 sec belichtet. Es sind Beispiele von aufgelösten Punktpaaren von 7—10 Å in beiden Aufnahmen vermerkt (zur Verfügung gestellt von der Fa. Philips)

BOERSCH (1943) wies darauf hin, daß die Fresnelschen Beugungssäume (§ 4.2) „virtuelle Testobjekte zur Bestimmung des Auflösungsvermögens" sein können. Der mit abnehmender Defokussierung sich verringernde Streifenabstand kann so klein gemacht werden, daß er unterhalb des Auflösungsvermögens liegt. Es braucht nur die Bestrahlungsapertur entsprechend verkleinert werden. HILLIER (1946) erzielte so einen Streifenabstand von 10 Å, womit diese Methode stärkere Beachtung fand. WEGMANN (1950) führte gegen diese Methode Bedenken an. Wie bei der Besprechung des theoretischen Auflösungsvermögens diskutiert wurde (§ 1.3.6), beruht die Auflösungsgrenze auf zwei Erscheinungen 1. der Beugung am Objekt und 2. den Bildfehlern (in erster Linie dem Öffnungsfehler und axialen Astigmatismus). Bei den Fresnelsäumen fällt jetzt der 1. Anteil weg, weil es sich um die Abbildung einer Intensitätsverteilung hinter dem Objekt handelt und nicht um ein „beugendes Objekt". Damit ist das Auflösungsvermögen nur durch die Linsenfehler bestimmt und kann dadurch besser ausfallen, insbesondere weil das Objektiv auch mit geringerer Apertur durchsetzt wird als bei normaler Beobachtung von streuenden Objekten. WEGMANN konnte in einem lichtoptischen Modellversuch Fresnelstreifen mit einem Abstand von 1500 Å finden, also wesentlich enger als bei der Abbildung reeller Strichgitter zu erwarten ist. KÜHNE (1964) behandelt dieses Problem ausführlich wellenmechanisch und untersucht die Grenzen, innerhalb der diese Methode doch als Auflösungstest herangezogen werden kann. LENZ (1965) zeigt, daß auch Biprisma-Interferenzen (§ 7.2) nicht als Test geeignet sind.

Nachdem es MENTER (1956) und NEIDER (1956) zum erstenmal gelungen ist, Netzebenen in dünnen Kristallamellen des Cu- und Pt-Phthalocyanins (Netzebenenabstand 12 Å) abzubilden (Abb. 50), ist diese Methode oft zur Demonstration des Auflösungsvermögens herangezogen. In Indanthren-Kristallen als weitere organische Substanz konnten LABAW u. WYCKOFF (1957) Netzebenen von 14–28 Å Abstand abbilden (noch größere Netzebenenabstände s. § 4.1). Die organischen Substanzen haben den Nachteil, daß die kristalline Struktur nach kurzer Bestrahlungszeit durch Strahlenschädigung abnimmt (REIMER, 1960, und § 9.2). Noch geringere Abstände konnten in den letzten Jahren daher nur an anorganischen Objekten gefunden werden. NEIDER (1959) erhielt Bilder der (020)-Netzebenen von Tremolit mit 8,9 Å, BASSETT und MENTER (1957): (200) Molybdänoxyd 6,9 Å; KOMODA u. SAKATA (1959): (100) K_2PtCl_4 7 Å; DOWELL (1963): Tremolit 3,2 Å; KOMODA (1964): (110) MoO_3 3,81 Å, (100) K_2PtCl_4 3,37 Å, (111) einkristalline Goldschicht 2,35 Å und KOMODA u. OTSUKI (1964): (200) Gold 2,04 Å, inzwischen mit (220) 1,43 Å.

Die Netzebenenabstände können nur dann abgebildet werden, wenn neben dem Primärstrahl der an diesen Netzebenen nach der Braggschen

Reflexionsbedingung abgebeugte Strahl die Objektiv-Aperturblende durchsetzt. Die Aperturblende läßt daher gewissermaßen die Information durch, daß eine Netzebenenschar mit einem bestimmten Abstand vorhanden ist. Die beiden Teilwellen werden im Bild nur dann zu einer Abbildung der Netzebenenschar zusammengesetzt, wenn sie die richtigen Phasenbeziehungen zueinander besitzen und kohärent sind. Der Öffnungsfehler kann die Phasenbeziehungen zwischen direktem und abgebeugtem

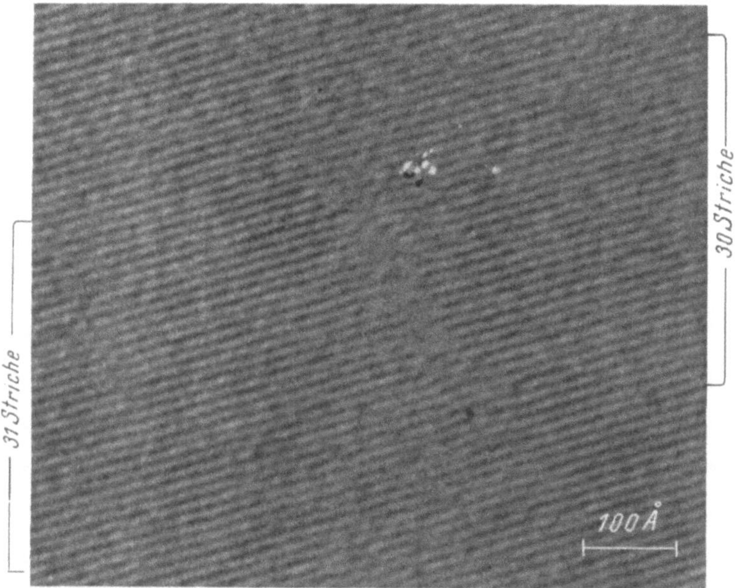

Abb. 50. Netzebenen (Abstand 12 Å) in einem Pt-Phthalocyanin-Kristall mit Versetzung (eingeschobene Netzebene) (Aufn. J. MENTER)

Strahl verschieben (s. (1.24)). Diese Phasenverschiebung ist aber durch eine Defokussierung ausgleichbar. Deshalb wird die Abbildung von Netzebenen letzten Endes nur durch den Farbfehler bestimmt und vor allem durch die Konstanz der Linsenströme und der Hochspannung. Die hierdurch bedingte Grenze liegt bei etwa 3 Å. Aber bei einem symmetrischen Strahlengang, in dem das Kondensorsystem so gekippt wird, daß direkter und abgebeugter Strahl je unter dem halben Ablenkungswinkel zur optischen Achse liegen, erfahren beide Teilwellen den gleichen Farbfehler, so daß dieser wiederum kompensiert werden kann. Es gelingt mit dieser Anordnung daher Netzebenen bis herunter zu 2 Å aufzulösen. Die Grenze nach unten wird weiter verschoben werden, wenn die in § 1.3.6 aufgestellten Forderungen an die Steigerung des Auflösungsvermögens weiter realisiert werden. Die Theorie des Kontrastes bei der

6   Reimer, Elektronenmikroskop. Methoden, 2. Aufl.

Abbildung von Netzebenen und die Grenzen sind ausführlich von DOWELL (1963) und KOMODA (1964) diskutiert worden.

Nach diesen Betrachtungen sieht man, daß die Auflösung der Netzebenenscharen kein eindeutiges Kriterium für das Auflösungsvermögen ist, sondern in erster Linie nur eine qualitative Demonstration der mechanischen und elektronischen Stabilität eines Instrumentes.

4.4. Messung von Aperturwinkeln

Für den Kontrast im Endbild spielen die Kondensor-(Bestrahlungs-)- und Objektiv-(Beobachtungs-)Aperturen eine wesentliche Rolle. Bei

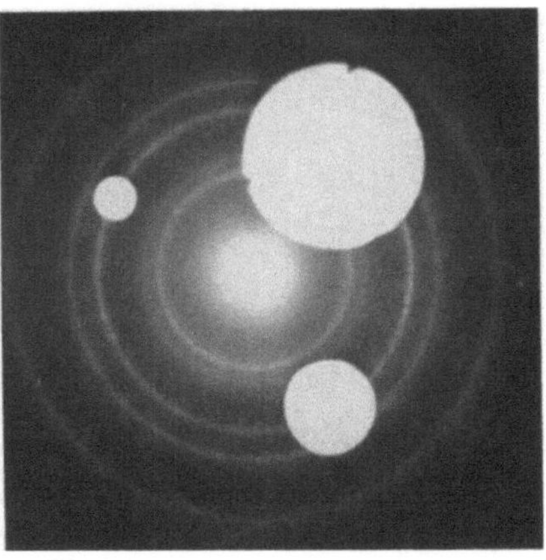

Abb. 51. Bestimmung der Objektivapertur für 20, 50 und 100 μ-Blenden durch Mehrfachbelichtung eines Feinbereichs-Beugungsdiagrammes mit den eingeschobenen Aperturblenden. Dem Radius des innersten Ringes (111-Reflex) der Au-Aufdampfschicht $(d = 2{,}35\,\text{Å})$ entspricht bei 80 kV $(\lambda = 0{,}042\,\text{Å})$ ein Aperturwinkel $\alpha_{Obj} = 2\,\Theta \cong \lambda/d = 1{,}8 \cdot 10^{-2}$

der Durchführung quantitativer Kontrastmessungen oder bei Abschätzungen des Kontrastes aus Literaturwerten ist daher die Kenntnis dieser Größen — insbesondere der Objektivapertur — unerläßlich.

Nach Abb. 32 ist die Objektivapertur durch den Abstand $a \cong f$ der Aperturblende mit dem Durchmesser $2r$ von der Linsenebene bestimmt. Sie läßt sich näherungsweise zu

$$\alpha_{Obj} \cong \frac{r}{f} \tag{4.11}$$

berechnen. Dieser Wert stellt aber nur eine Näherung dar, da die Elektronenbahnen in der Linse gekrümmt sind. Außerdem liegt die Aperturblende auch nicht exakt in der Brennebene. Man kann aber die Lage der Aperturblende in der Nähe der Ebene des 1. Beugungsbildes ausnutzen. Bei Elektronenbeugung mit Zwischenabbildung (Feinbereichsbeugung) wird diese Ebene auf den Endbildschirm abgebildet. Mit einer Doppelbelichtung ohne Aperturblende und mit eingeschobener Aperturblende (Abb. 51) läßt sich aus dem Schattendurchmesser der Blende der Aperturwinkel berechnen, wobei das Beugungsdiagramm eines bekannten Stoffes als Bezugsnormal für die Winkelmessung dient. Der Öffnungswinkel $2\,\Theta$ der Debye-Scherrer-Ringe ist mit der Braggschen Reflexionsbedingung (§ 5.4.2) zu berechnen.

Die Objektivapertur bei scharf eingestelltem Bild hängt also vom Blendendurchmesser ab. Die Bestrahlungsapertur wird dagegen nicht nur vom Durchmesser der Kondensor-Aperturblende, sondern auch noch von der Erregung des Kondensors abhängen (Abb. 31). Eine Messung der Bestrahlungsapertur kann ebenfalls mit Hilfe eines Feinbereichs-Beugungsdiagrammes erfolgen. Der Durchmesser des Primärstrahles in Winkeleinheiten ist direkt das Doppelte dieser Apertur. Bei einer Photometrierung erhält man ähnliche Intensitätsverteilungen (etwa gleich einer Gauß-Kurve) wie bei der Messung der Intensitätsverteilung in der Objektebene. Es ist sinnvoll, die Bestrahlungsapertur als halbe Halbwertsbreite dieser Verteilung zu definieren. Man benötigt allerdings für dieses Verfahren der Aperturbestimmung eine sehr feine Einstellungsmöglichkeit des Zwischenlinsenstromes, um den Durchmesser des Primärfleckes auf ein Minimum zu reduzieren, was mit einer genauen Scharfstellung der Zwischenlinse auf das 1. Beugungsbild identisch ist. Die untere Grenze dieses Verfahrens wird durch die Öffnungsfehler und den Astigmatismus des Objektivs begrenzt. Extrem kleine Aperturen ($< 10^{-4}$) muß man aus Stromdichtemessungen berechnen, indem man an Erregungen mit meßbarer Apertur anschließt und die Erhaltung des Richtstrahlwertes für Punkte auf der optischen Achse ausnutzt, oder man kann sie qualitativ aus der Zahl der beobachtbaren Fresnelsäume abschätzen (§ 4.2). Zur Messung größerer Bestrahlungsaperturen sei auch auf ein von KEMPF u. LENZ (1956) beschriebenes Verfahren hingewiesen.

Literatur zu § 4

BACKUS, R. C., u. R. C. WILLIAMS: Small spherical particles of exceptionally uniform size. J. appl. Phys. **20**, 224 (1949).

BAHR, G. F., and E. ZEITLER: The determination of magnification in the electr.micr. Symp. Quantitative Electr.micr. Washington 1964, in Lab. Invest. **14**, 880 (1965).

BASSETT, G. A., and J. W. MENTER: Electr.micr. observation of periodic structures below 10 Å. Phil. Mag. **2**, 1482 (1957).

BOERSCH, H.: Fresnelsche Beugung im Elektr.mikr. Physikal. Z. **44**, 202 (1943).

BORRIES, B. VON, u. E. RUSKA: Ein Übermikr. für Forschungsinstitute. Naturwissenschaften **27**, 577 (1939).

CASTAING, R.: Une méthode de détection et de mesure de l'astigmatisme de ellipticité. Compt. rend. **231**, 835 (1950).

DELAVIGNETTE, P.: Determination of some instrumental constants of the electr. micr. Philips EM 200. J. sci. Instr. **40**, 461 (1963).

DOSSE, J.: Über optische Kenngrößen starker Elektronenlinsen. Z. Physik **117**, 722 (1941).

DOWELL, W. C. T.: Das elektr.mikr. Bild von Netzebenenscharen und sein Kontrast. Optik **20**, 535 (1963).

— Die Bestimmung der Vergrößerung des Elektr.mikr. mittels Elektroneninterferenz. Optik **21**, 26 (1964).

ELBERS, P. F., and J. PIETERS: Accurate magnification determination in the Siemens Elmiskop I, Proc. 3. Europ. Reg. Conf. EM Prag, Vol. A, 123 (1964).

FARRANT, J. L., and A. J. HODGE: An interferometric method for the calibration of electr.micr. magnification. J. appl. Phys. **19**, 840 (1948).

GEROULD, C. H.: Comments on the use of latex spheres as size standards in electr. micr. J. appl. Phys. **21**, 183 (1950).

HAINE, M. E., and T. MULVEY: The application and limitation of the edge diffraction test for astigmatism in the electr.micr. J. sci. Instr. **31**, 326 (1954).

HEYDENREICH, J., H. BETHGE u. U. RUESZ: Eine objektive Auswertung von Auflösungstest-Aufnahmen. Proc. 3. Europ. Reg. Conf. EM Prag, Vol. A, 125 (1964).

HIBI, T.: Pointed filaments, its production and application. J. Electronmicr. (Japan) **4**, 10 (1956).

HILLIER, J.: Further improvement in the resolving power of the electr. micr. J. appl. Phys. **17**, 307 (1946).

—, and E. G. RAMBERG: The magnetic electr.micr. objective: contour phenomena and the attainment of high resolving power. J. appl. Phys. **18**, 48 (1947).

KEMPF, G., u. F. LENZ: Exp. Unters. der Streuung von 70 kV-Elektronen an Kohlenstoff in kleinste Winkel. Proc. Stockholm Conf. EM , 67 (1956).

KERN, S. F., and R. A. KERN: The apparent size of objects in the electr.micr. J. appl. Phys. **21**, 705 (1950).

KOMODA, T.: On the resolution of the lattice imaging in the electr.micr. Optik **21**, 93 (1964).

—, u. M. OTSUKI: Resolution of 2,0 Å in lattice images with an electr.micr. Jap. J. Appl. Phys. **3**, 666 (1964).

—, u. S. SAKATA: Direct observation of K_2PtCl_4 and K_2PtCl_6 crystal lattices and the specimen technique. J. Electronmicr. (Japan) **7**, 27 (1959).

KÜHNE, W.: Über den Zusammenhang zwischen der Abb. Fresnelscher Beugungsfiguren und der Auflösungsgrenze des Elektronenmikr. Proc. 3. Europ. Reg. Conf. EM Prag, Vol. A, 3 (1964).

LABAW, L. W., and R. W. G. WYCKOFF: Molecular striae from an indanthrene dye. Proc. Nat. Acad. Sci. U.S. **43**, 1032 (1957).

LEISEGANG, S.: Zum Astigmatismus von Elektronenlinsen. Optik **10**, 5 (1953).

— Ein einfacher Stigmator für magn. Elektr. Linsen. Optik **11**, 49 (1954).

LENZ, F.: Kann man Biprisma-Interferenzstreifen zur Mess. des elektr. mikr. Auflösungsvermögens verwenden? Optik **22**, 270 (1965).

—, u. M. HAHN: Die Unters. der Unsymmetrie magn. Polschuhlinsen im schwach unterteleskopischen Strahlengang. Optik **10**, 15 (1953).

MENTER, J. W.: The direct study by electr.micr. of crystal lattices and their imperfections. Proc. Roy. Soc. **236**, 119 (1956) ; — Proc. Stockholm Conf. EM, 88 (1956).

NEIDER, R.: Elektr.mikr. Abb. von Kristallgitterstrukturen. Proc. Stockholm Conf. EM, 93 (1956).

— Elektronenmikr. Bilder von Kristallgittern. Diss. FU Berlin (1959).

OSTER, C. F., u. D. C. SKILLMAN: Determination and control of electr.micr. magnification, V. Internat. Congr. EM Philadelphia, Vol. I, EE-3 (1962).

PEASE, R. S.: The determination of electr.micr. magnification. J. sci. Instr. 27, 182 (1950).

RANG, O.: Der elektrostatische Stigmator, ein Korrektiv für astigmatische Elektronenlinsen. Optik 5, 518 (1949).

REIMER, L.: Veränderungen org. Kristalle unter Beschuß mit 60 kV-Elektronen im Elektr.mikr. Z. Naturforsch. 15a, 405 (1960).

ROUZE, S. R., and J. H. L. WATSON: Metallic grating replicas as internal standards for calibrating electr.micr. J. appl. Phys. 24, 1106 (1953).

RUSKA, E.: Ein hochauflösendes 100 kV-Elektr.mikr. mit Kleinfelddurchstrahlung. Proc. Internat. Conf. EM London, 673 (1954).

SILVA, M. A.: Objective astigmatism correction of the Elmiskop I electr.micr. J. sci. Instr. 38, 377 (1961).

THON, F.: Zur Deutung von Auflösungs-Testaufnahmen. Proc. 3. Europ. Reg. Conf. EM Prag, Vol. A, 127 (1964).

UYEDA, R., T. MASUDA, H. TOCHIGI, K. ITO, and H. YOTSUMOTO: Magnification calibration of electr.micr. by crystal lattice spacings. J. Phys. Soc. Japan 13, 461 (1958).

WATSON, J. H. L., and W. L. GRUBE: The reliability of internal standards for calibrating electr.micr. J. appl. Phys. 23, 793 (1952).

WEGMANN, L.: Zur Best. des Auflösungsvermögens mit Hilfe der Fresnelschen Beugung. Optik 7, 254 (1950); — Helv. Phys. Acta 23, 437 (1950).

WILLIAMS, B. E.: Diffraction grating copies for electr.micr. calibration. J. sci. Instr. 31, 190 (1954).

§ 5. Elektronenbeugung

5.1. Kristallographische Grundlagen

5.1.1. Bravaissches Translationsgitter und Netzebenen

Zur Diskussion der Grundlagen der Elektronenbeugung und des Kontrastes in kristallinen Objekten soll in diesem Abschnitt kurz auf einige kristallographische Grundlagen eingegangen werden.

Der Kristallaufbau läßt sich mittels der „Elementarzelle" beschreiben, welche durch 3 Basisvektoren a_1, a_2, a_3 aufgespannt wird. Der gesamte Kristall läßt sich durch Verschiebung der Elementarzelle längs der drei Achsen um jeweils ganzzahlige Vielfache der Vektoren a_1, a_2, a_3 aufbauen

$$\mathfrak{x} = m\,a_1 + n\,a_2 + o\,a_3 \quad (m, n, o \text{ ganze Zahlen}) . \tag{5.1}$$

Die Elementarzelle selber enthält in der Regel mehr als 1 Atom. In Tab. 5.1. sind die Elementarzellen für die wichtigsten Kristallstrukturen dargestellt. Die Lage eines Atoms in einer Elementarzelle läßt sich ebenfalls durch einen Vektor

$$\mathfrak{r} = u\,a_1 + v\,a_2 + w\,a_3 \quad (u, v, w \text{ kleiner als 1}) \tag{5.2}$$

beschreiben. Die entsprechenden Zahlentripel (u, v, w) sind in Tab. 5.1 aufgeführt. Jedes Atom im Kristall kann man jetzt von einem gewählten Nullpunkt aus einmal durch seine Lage $\mathfrak{r}$ in der Elementarzelle und ferner durch die Verschiebung der Elementarzelle um $\mathfrak{x}$, also durch den Vektor $\mathfrak{r} + \mathfrak{x}$ festlegen.

Es sei bemerkt, daß man die beiden kubischen Gitter auch mit einer „primitiven" Elementarzelle beschreiben kann, in der nur ein einziges Atom liegt. Diese Darstellung ist für die Konstruktion des reziproken Gitters vorteilhaft (§ 5.1.2).

Für die Einführung der Netzebenen wollen wir uns der Übersichtlichkeit wegen auf ein primitiv kubisches Gitter mit einem Atom in der

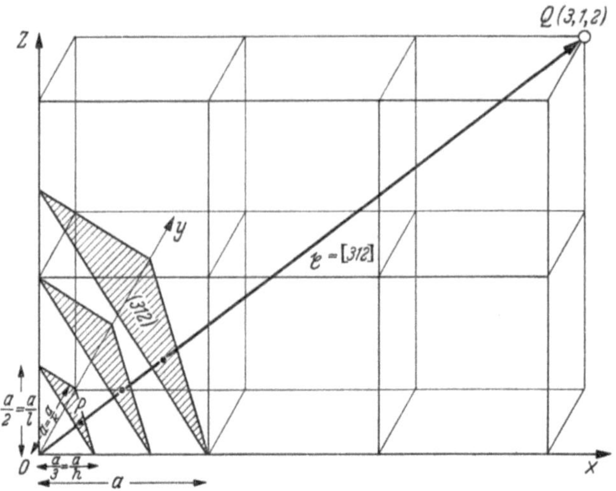

Abb. 52. Zur Definition der Richtungen und Netzebenen im Kristall. Beispiel: Die [312]-Richtung ist die Netzebenennormale auf der Ebenenschar (312)

Elementarzelle ($u = v = w = o$) beschränken. Durch das Zahlentripel (m, n, o) ist nach (5.1) die Lage eines jeden Atoms Q gekennzeichnet (Abb. 52). Andererseits ist durch das gleiche Zahlentripel ein Vektor $\mathfrak{r}$ vom Ursprung O zum Punkt Q bestimmt, der eindeutig eine feste Richtung im Kristall angibt. Umgekehrt ist einer Raumrichtung nicht eindeutig ein Zahlentripel zugeordnet, da bei Multiplikation mit einer ganzen Zahl (im Beispiel durch die Vektoren (3, 1, 2), (6, 2, 4), (9, 3, 6) usw.) stets dieselbe Richtung gekennzeichnet wird. Um auch hier Eindeutigkeit zu erhalten, beschränkt man sich auf die Angabe eines primitiven Zahlentripels, in dem die drei ganzen Zahlen keinen gemeinsamen Teiler mehr enthalten, und bezeichnet die Richtung OQ mit [312].

Unter Netzebenen versteht man parallele äquidistante Ebenen, die durch die Gitterpunkte gehen und so dicht liegen, daß jedes Atom auf einer Netzebene liegt. Netzebenen mit der eingezeichneten [312]-Richtung als Netzebenennormalen sind in Abb. 52 in der ersten Elementarzelle skizziert. Durch den Ursprung O geht eine weitere dieser parallelen

Ebenen usw. Die Achsenabschnitte der zu O benachbarten Netzebene betragen a/h, a/k, a/l auf der x-, y- und z-Achse (in unserem Beispiel $h = 3$, $k = 1$, $l = 2$). Man kennzeichnet die Ebene jetzt durch das Tripel der reziproken Achsenabschnitte, den sogenannten Millerschen Indizes: (hkl). Für Ebenen verwendet man runde Klammern, um sie von Richtungsangaben (s. o.) in eckigen Klammern zu unterscheiden. In nicht-kubischen Kristallen braucht nicht unbedingt die Richtung $[hkl]$ auf der Netzebenenschar (hkl) senkrecht stehen!

Wenn ein oder zwei Millersche Indizes Null sind, heißt dieses, daß die Fläche zu den betreffenden Achsen parallel liegt. Wenn ein oder zwei

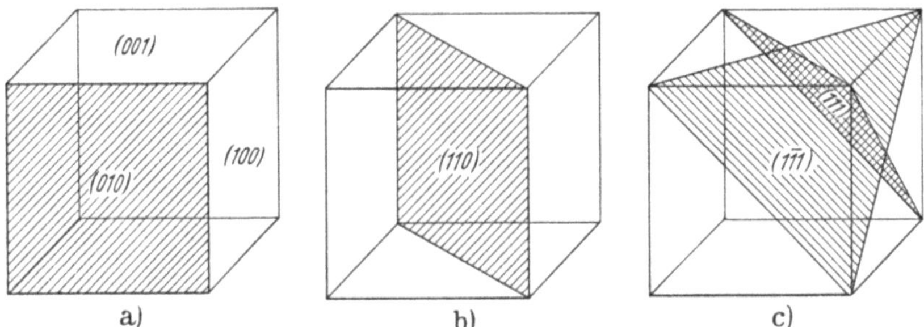

Abb. 53 a—c. Lage der a) Würfelebenen {100}, b) Dodekaederebenen {110} und c) Oktaederebenen {111} in kubischen Kristallen

Indizes negativ gewählt werden müssen, deutet man dies durch einen Strich über der Zahl an [z. B. $(1\bar{1}1)$ in Abb. 53c]. Die Lage der wichtigsten Ebenen (100), (110) und (111) sind in Abb. 53 für das kubische Gitter skizziert.

Für hexagonale Gitter wird zuweilen eine Darstellung mit 4 Indizes benutzt: $(hkil)$. Darin bedeutet l wieder den reziproken Abschnitt auf der c-Achse und h, k, i die reziproken Abschnitte auf den 3 binären Achsen. Es besteht daher der Zusammenhang $i = -(h + k)$.

Oft will man nicht eine einzige Netzebenenschar kennzeichnen, sondern z. B. alle möglichen Oktaederebenen: (111), $(\bar{1}11)$, $(1\bar{1}1)$ und $(11\bar{1})$, die kristallographisch gleichberechtigt sind. In diesem Falle schreibt man {111}. Zum Beispiel „Die {111}-Ebenen im kubisch flächenzentrierten Gitter sind dichtest gepackte Ebenen". Für Richtungen benutzt man analog das Symbol $\langle hkl \rangle$.

Wir interessieren uns jetzt für den Netzebenenabstand d als kürzeste Entfernung zwischen zwei Netzebenen (gleich der Strecke OP in Abb. 52). Man führt die Winkel α, β, γ zwischen der Richtung OP und der x-, y- und z-Achse ein, für welche stets die Relation

$$\cos^2\alpha + \cos^2\beta + \cos^2\gamma = 1 \qquad (5.3)$$

erfüllt ist. Aus Abb. 52 liest man ab:

$$\cos\alpha = \frac{OP}{a/h}\ ; \quad \cos\beta = \frac{OP}{a/k}\ ; \quad \cos\gamma = \frac{OP}{a/l}\ , \tag{5.4}$$

(5.4) in (5.3) eingesetzt ergibt

$$\frac{(OP)^2}{a^2}\,(h^2 + k^2 + l^2) = 1\ , \tag{5.5}$$

und damit

$$OP = d_{hkl} = \frac{a}{\sqrt{h^2 + k^2 + l^2}}\ , \tag{5.6}$$

als Netzebenenabstand. Für nichtkubische Gitter ist der Zusammenhang zwischen Netzebenenabstand und Millerschen Indizes wesentlich komplizierter, da die Gitterkonstanten in den 3 Raumrichtungen nicht übereinzustimmen brauchen und außerdem die Koordinatenachsen nicht immer senkrecht aufeinander stehen (s. Tab. 5.1).

Tabelle 5.1. *Übersicht über die häufigsten Kristalltypen (Aufbau der Elementarzelle, Netzebenenabstand und Strukturfaktor)*

1. *Kubische Gitter* $a = b = c;\ \alpha = \beta = \gamma = 90°;\ d = \dfrac{a}{\sqrt{h^2 + k^2 + l^2}}$.

a) *Kubisch raumzentriertes Gitter* (z. B. Cr, Fe, Mo, W)
Elementarzelle besteht aus:

$(0, 0, 0)$ und $(\tfrac{1}{2}, \tfrac{1}{2}, \tfrac{1}{2})$

$|F|^2 = 0$ für $(h + k + l)$ ungerade
$|F^2| = 4\,f_{Cr}^2$ für $(h + k + l)$ gerade

b) *Kubisch flächenzentriertes Gitter* (z. B. Al, Ni, Cu, Ag, Au, Pt)
Elementarzelle besteht aus:

$(0, 0, 0)$, $(\tfrac{1}{2}, \tfrac{1}{2}, 0)$, $(\tfrac{1}{2}, 0, \tfrac{1}{2})$, $(0, \tfrac{1}{2}, \tfrac{1}{2})$

$|F^2| = 0$ für gemischte Indizes (d. h. h, k, l gerade und ungerade)
$|F^2| = 16\,f_{Al}^2$ für ungemischte Indizes (d. h. h, k, l alle gerade oder alle ungerade)

c) *Diamant-Struktur* (z. B. C, Si, Ge)
Elementarzelle besteht aus 2 kubisch-flächenzentrierten Gittern, die um $^1/_4$ Raumdiagonale $(\tfrac{1}{4}, \tfrac{1}{4}, \tfrac{1}{4})$ gegeneinander verschoben sind.

$|F^2| = 0$ für gemischte Indizes
$|F^2| = 64\,f_{Ge}^2$ für gerade Indizes, $(h + k + l)$ durch 4 teilbar
$|F^2| = 32\,f_{Ge}^2$ für ungerade Indizes
$|F^2| = 0$ für gerade Indizes, $(h + k + l)$ nur durch 2 teilbar

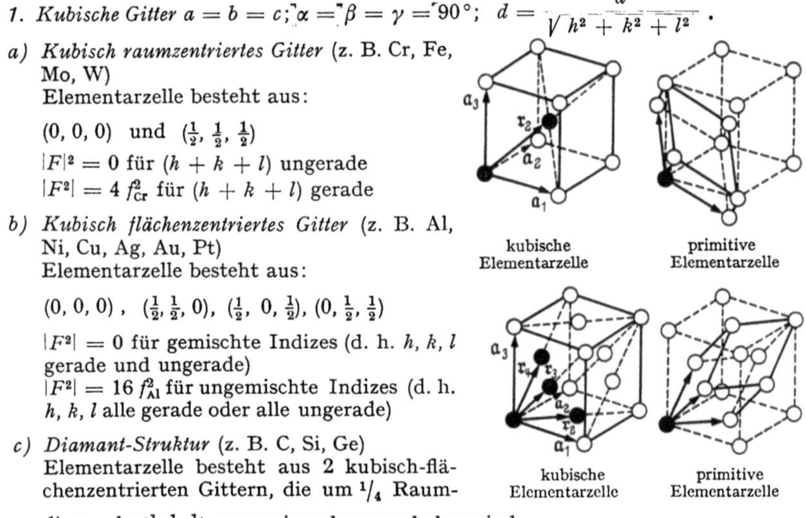

d) *Cäsiumchlorid-Struktur* (z. B. CsCl, TlCl)
Elementarzelle besteht aus 2 kubisch primitiven Cs- bzw. Cl-Untergittern, welche um $^1/_2$ Raumdiagonale gegeneinander verschoben sind:

Cs: $(0, 0, 0)$,   Cl: $(\frac{1}{2}, \frac{1}{2}, \frac{1}{2})$

$|F^2| = (f_{Cs} + f_{Cl})^2$ für $(h + k + l)$ gerade
$|F^2| = (f_{Cs} - f_{Cl})^2$ für $(h + k + l)$ ungerade

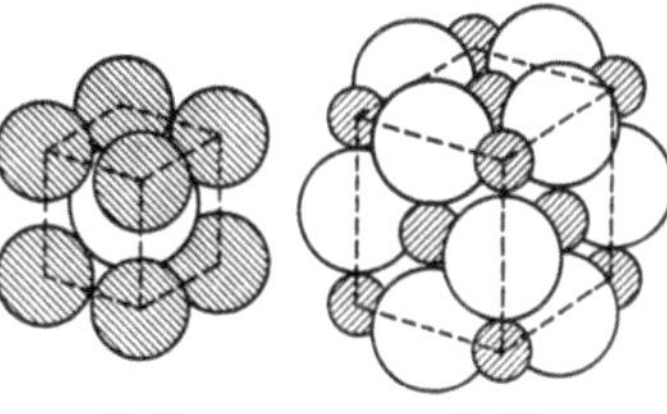

e) *Natriumchlorid-Struktur* (z. B. NaCl, LiF, MgO)
Elementarzelle besteht aus 2 kubisch-flächenzentrierten Na- bzw. Cl-Untergittern, welche um $\frac{1}{2}$ Raumdiagonale gegeneinander verschoben sind.

$|F^2| = 0$ für gemischte Indizes
$|F^2| = 16 \, (f_{Na} - f_{Cl})^2$ für ungerade Indizes
$|F^2| = 16 \, (f_{Na} + f_{Cl})^2$ für gerade Indizes

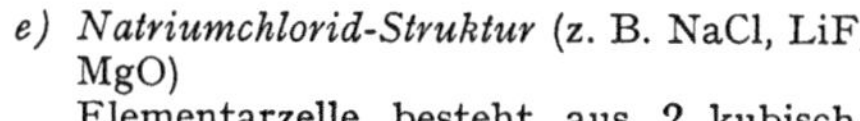
Cs Cl   Na Cl

f) *Zinkblende-Struktur* (z. B. ZnS, CdS, InSb)
Elementarzelle besteht aus 2 kubisch-flächenzentrierten Zn- bzw. S-Untergittern, die um $\frac{1}{4}$ Raumdiagonale gegeneinander verschoben sind (diamantähnliche Struktur)

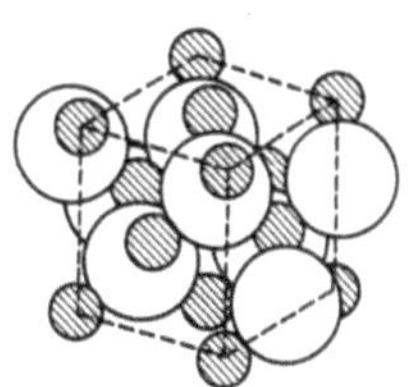
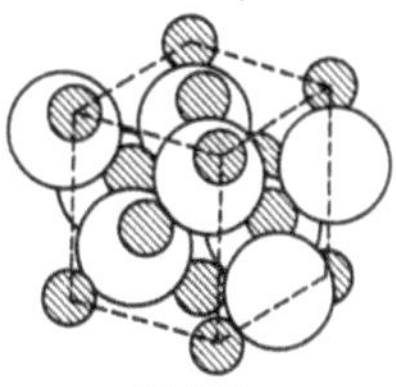

$|F^2| = 0$ für gemischte Indizes
$|F^2| = 16 \, (f_{Zn}^2 + f_S^2)$ für ungerade Indizes
$|F^2| = 16 \, (f_{Zn} + f_S)^2$ für gerade Indizes, $(h + k + l)$ durch 4 teilbar
$|F^2| = 16 \, (f_{Zn} - f_S)^2$ für gerade Indizes, $(h + k + l)$ nur durch 2 teilbar

Zinkblende

2. *Hexagonale Gitter*, $a = b \neq c$; $\alpha = \beta = 90°$, $\gamma = 120°$

$$d = \frac{a}{\sqrt{\dfrac{4}{3}(h^2 + k^2 + hk) + \left(\dfrac{a}{c}\right)^2 l^2}}$$

a) *Hexagonal dichteste Kugelpackung* (z. B. Mg, Cd, Co, Zn)
Elementarzelle besteht aus:

$(0, 0, 0)$ und $(\frac{1}{3}, \frac{2}{3}, \frac{1}{2})$

$|F|^2 = 0$ für l ungerade, $(h + 2k) = 3n$
$|F|^2 = 4 f^2$, l gerade, $(h + 2k) = 3n$
$|F|^2 = 3 f^2$, l ungerade, $(h + 2k) = 3n + 1$ oder $3n + 2$
$|F|^2 = f^2$, l gerade, $(h + 2k) = 3n + 1$ oder $3n + 2$

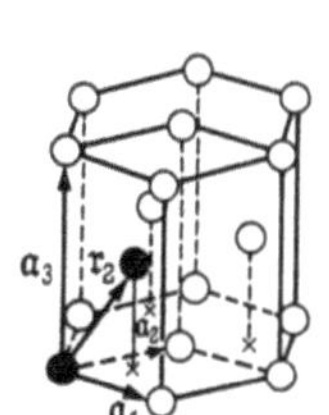

b) *Wurtzit-Gitter* (z. B. ZnS, ZnO)
Elementarzelle besteht aus 2 hexagonal dichtest gepackten Zn- bzw. S-Untergittern,

die um $(\frac{1}{3}, \frac{1}{3}, \frac{1}{8})$ gegeneinander verschoben sind.

3. *Tetragonale Gitter*, $a = b \neq c$; $\alpha = \beta = \gamma = 90°$

$$d = \frac{a}{\sqrt{h^2 + k^2 + \left(\dfrac{a}{c}\right)^2 l^2}}$$

4. *Rhombische Gitter*, $a \neq b \neq c$; $\alpha = \beta = \gamma = 90°$

$$d = \frac{1}{\sqrt{h^2/a^2 + k^2/b^2 + l^2/c^2}}$$

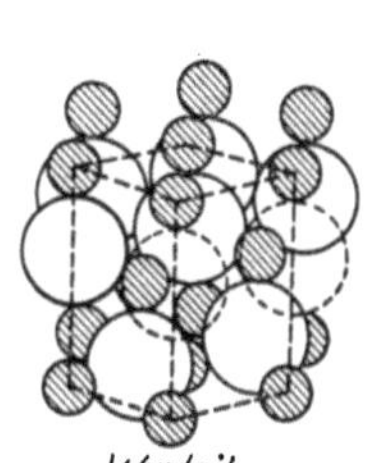
Wurtzit

5. *Rhomboedrische Gitter*, $a = b = c$; $\alpha = \beta = \gamma = 120°$

$$d = a\sqrt{\frac{1 - 3\cos^2\alpha + 2\cos^3\alpha}{B\sin^2\alpha + 2C(\cos^2\alpha - \cos\alpha)}}$$

$B = h^2 + k^2 + l^2$
$C = hk + kl + hl$

6. Monokline Gitter, $a \neq b \neq c$; $\alpha = \gamma = 90°$, $\beta \neq 90°$

$$d = \frac{1}{\sqrt{A/\sin^2 \beta + k^2/b^2}} \qquad A = \frac{h^2}{a^2} + \frac{l^2}{c^2} - \frac{2\,hl}{ac} \cos \beta$$

7. Trikline Gitter, $a \neq b \neq c$; $\alpha \neq \beta \neq \gamma \neq 90°$

$$d = abc \sqrt{\frac{1 - \cos^2 \alpha - \cos^2 \beta - \cos^2 \gamma + 2 \cos \alpha \cos \beta \cos \gamma}{q_{11} h^2 + q_{22} h^2 + q_{33} l^2 + q_{12} hk + q_{13} hl + q_{23} kl}}$$

$$q_{11} = b^2 c^2 \sin^2 \alpha; \quad q_{22} = a^2 c^2 \sin^2 \beta; \quad q_{33} = a^2 b^2 \sin^2 \gamma$$
$$q_{12} = 2\,abc^2 \,(\cos \alpha \cos \beta - \cos \gamma)$$
$$q_{13} = 2\,ab^2 c \,(\cos \alpha \cos \gamma - \cos \beta)$$
$$q_{23} = 2\,a^2 bc \,(\cos \beta \cos \gamma - \cos \alpha)$$

5.1.2. Das reziproke Gitter

Die Konstruktion des reziproken Gitters ist von Vorteil für das Verständnis der Beugungserscheinungen. Wenn die Vektoren $\mathfrak{a}_i$ eine primitive Elementarzelle aufspannen, so sind diese mit den entsprechenden Vektoren $\mathfrak{a}_j^*$ des reziproken Gitters durch die Relationen

$$\mathfrak{a}_i \mathfrak{a}_j^* = \begin{cases} 0 & \text{für} \quad i \neq j \\ 1 & \text{für} \quad i = j \end{cases} \quad (i, j = 1, 2, 3) \qquad (5.7)$$

verknüpft. Die Auflösung dieser Gleichungen liefert

$$\mathfrak{a}_1^* = \frac{[\mathfrak{a}_2 \times \mathfrak{a}_3]}{V}, \; \mathfrak{a}_2^* \text{ und } \mathfrak{a}_3^* \text{ durch zyklische Vertauschung}. \qquad (5.8)$$

(V = Volumen der Elementarzelle). Der Vektor $\mathfrak{a}_1^*$ steht also auf den Vektoren $\mathfrak{a}_2$ und $\mathfrak{a}_3$ des Kristallgitters senkrecht. In einem primitiven kubischen Gitter mit der Kantenlänge a ist das reziproke Gitter wieder kubisch primitiv mit der Gitterkonstanten $1/a$. Im kubisch flächenzentrierten Gitter bedient man sich der primitiven Elementarzelle (Tab. 5.1) und ersieht bei einem Vergleich der entsprechenden Zelle des kubisch raumzentrierten Gitters, daß jeweils ein Basisvektor der kubisch raumzentrierten Elementarzelle auf zwei anderen des kubisch flächenzentrierten Gitters senkrecht steht. Die Bedingung (5.8) für das flächenzentrierte Gitter wird also durch das raumzentrierte Gitter erfüllt. Umgekehrt ersieht man, daß das reziproke Gitter zum raumzentrierten Gitter ein kubisch flächenzentriertes Gitter ist, jeweils mit der Gitterkonstanten $1/a$.

Die Bedeutung des reziproken Gitters liegt in folgenden wichtigen Eigenschaften:

1. Die Auflösung des Gleichungssystemes

$$\mathfrak{a}_i \mathfrak{h} = h_i \quad (i = 1, 2, 3) \qquad (5.9)$$

mit einem beliebigem Vektor $\mathfrak{h}$ lautet

$$\mathfrak{h} = h_1 \mathfrak{a}_1^* + h_2 \mathfrak{a}_2^* + h_3 \mathfrak{a}_3^*. \qquad (5.10)$$

Der Beweis ergibt sich mit Hilfe der Relationen (5.7).

2. Der Vektor $\mathfrak{r}^* = h_1\mathfrak{a}_1^* + h_2\mathfrak{a}_2^* + h_3\mathfrak{a}_3^*$ (h_i ganzzahlig) vom Ursprung zu einem Gitterpunkt des reziproken Gitters steht auf der $(h_1h_2h_3)$-Ebene senkrecht. Zum Beweis beachte man, daß nach der Definition der Millerschen Indizes der Vektor $(\mathfrak{a}_1/h_1 - \mathfrak{a}_2/h_2)$ in der $(h_1h_2h_3)$-Ebene liegt. Mit (5.7) ist

$$\mathfrak{r}^*(\mathfrak{a}_1/h_1 - \mathfrak{a}_2/h_2) = 0 \, .$$

Das gleiche gilt für einen 2. Vektor $\mathfrak{a}_1/h_1 - \mathfrak{a}_3/h_3$. Diese beiden Vektoren spannen die Netzebene auf, womit bewiesen ist, daß der Vektor $\mathfrak{r}^*$ senkrecht auf den Netzebenen $(h_1h_2h_3)$ steht.

3. Die Länge des Vektors $\mathfrak{r}^*$ ist gleich dem reziproken Netzebenenabstand der Ebenenschar $(h_1h_2h_3)$. Zum Beweis sei $\mathfrak{n}$ ein Einheitsvektor als Netzebenennormale auf dieser Ebene und damit nach Satz 2 parallel zu $\mathfrak{r}^*$. Es gilt daher $\mathfrak{n} = \mathfrak{r}^*/|\mathfrak{r}^*|$ und man erhält den Netzebenenabstand

$$d_{h_1h_2h_3} = \frac{\mathfrak{n}\,\mathfrak{a}_1}{h_1} = \frac{\mathfrak{r}^*\,\mathfrak{a}_1}{h_1|\mathfrak{r}^*|} = \frac{1}{|\mathfrak{r}^*|} \, .$$

Man sieht also, daß einem Gitterpunkt des reziproken Gitters eine ganze Netzebenenschar des Kristallgitters zugeordnet werden kann, und daß seine Koordinaten im reziproken Gitter gleich den Millerschen Indizes der betreffenden Netzebenenschar sind.

5.2. Theorie der Elektronenbeugung in Kristallen

5.2.1. Materiewellenlänge der Elektronen

Nach der de Brioglieschen Beziehung

$$\lambda = \frac{h}{m\,v} \tag{5.11}$$

ist einem Teilchen der Masse m und der Geschwindigkeit v eine Wellenlänge λ zuzuordnen (h Plancksches Wirkungsquantum). Die Geschwindigkeit der Elektronen war bereits in (1.8) angegeben. Einsetzen in (5.11) ergibt

$$\lambda = \sqrt{\frac{h^2}{2\varepsilon m\,U_0}} \simeq \sqrt{\frac{150}{U_0}} \,[\text{Å}] \quad (U_0 \text{ in Volt}) \, . \tag{5.12}$$

Als Faustformel reicht diese Abschätzung aus. Für genauere Messungen der Gitterkonstanten muß man jedoch die relativistische Massenzunahme berücksichtigen:

$$\lambda = \frac{h}{\sqrt{2\varepsilon m_0 U_0\left(1 + \dfrac{\varepsilon U_0}{2m_0c^2}\right)}} = \frac{12{,}26}{\sqrt{U_0(1 + 97{,}88 \cdot 10^{-8}\,U_0)}} \,[\text{Å}] \, . \tag{5.13}$$

In Abb. 54 ist die Abhängigkeit der Wellenlänge von der Beschleunigungsspannung U_0 mit und ohne relativistische Korrektur dargestellt. (Zur Veränderung der Wellenlänge im Innern eines Objektes durch das innere Potential s. § 7.1.)

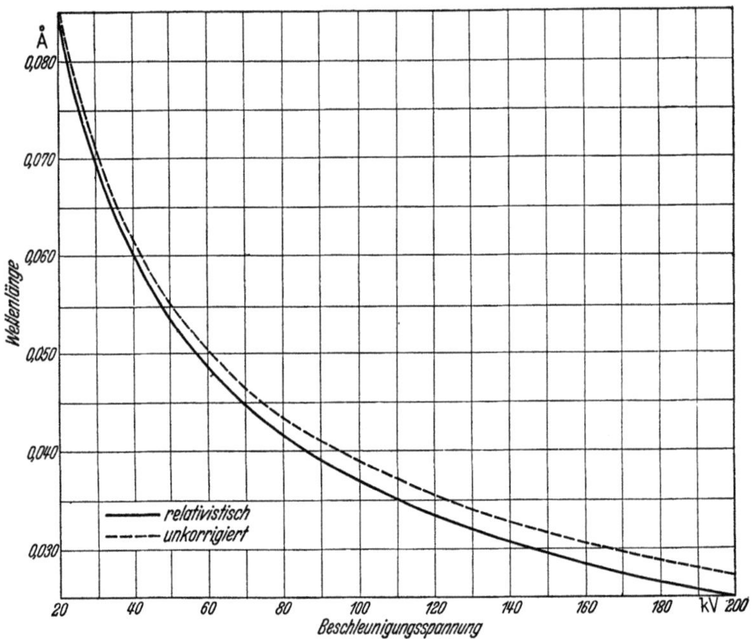

Abb. 54. Abhängigkeit der Elektronenwellenlänge λ von der Beschleunigungsspannung U_0 mit und ohne relativistischer Korrektur (nach Stahl, 1951)

5.2.2. Laue-Gleichungen und Braggsche Reflexionsbedingung

Nimmt man zur Vereinfachung wieder ein kubisch primitives Gitter an, so kann man die Beugungserscheinungen an dem räumlichen Kristallgitter zusammensetzen aus der Beugung an den drei Scharen von Atomzeilen in den Richtungen der Basisvektoren. Am Beispiel der $\mathfrak{a}_1$-Richtung kann man aus der Abb. 55 den Gangunterschied zwischen den Strahlen $A A'$ und $B B'$ ablesen, welcher ein ganzzahliges Vielfaches der Wellenlänge λ sein muß, damit ein Beugungsmaximum zu erwarten ist.

$$\left.\begin{array}{l} O'C - OD = |\mathfrak{a}_1|\,(\cos\alpha_1 - \cos\alpha_2) = h^*\lambda \\ \text{analog} \quad |\mathfrak{a}_2|\,(\cos\beta_1 - \cos\beta_2) = k^*\lambda \\ |\mathfrak{a}_3|\,(\cos\gamma_1 - \cos\gamma_2) = l^*\lambda \end{array}\right\} \begin{array}{l} \text{Laue-} \\ \text{Bedingungen} \end{array} \quad (5.14)$$

h^*, k^*, l^* sind ganze Zahlen, eventuell mit einem gemeinsamen Teiler n, so daß

$$h^* = nh; \quad k^* = nk; \quad l^* = nl. \tag{5.15}$$

Das System von 3 Gleichungen (5.14) muß simultan erfüllt sein. Mit den Einheitsvektoren e_0 in Richtung der einfallenden und e in Richtung der gestreuten Welle:

$$e_0 = (\cos\alpha_1, \cos\beta_1, \cos\gamma_1) \quad \text{und} \quad e = (\cos\alpha_2, \cos\beta_2, \cos\gamma_2) \, ,$$

kann man (5.14) in der Form

$$a_i(e_0 - e) = h_i\lambda; \quad i = 1, 2, 3; \quad h_{1,2,3} = h^*, k^*, l^* \tag{5.16}$$

schreiben. Führt man sogenannte Wellenzahlvektoren

$$\mathfrak{k}_0 = e_0/\lambda; \quad \mathfrak{k} = e/\lambda \tag{5.17}$$

ein, so kann man (5.16) nach $(\mathfrak{k}_0 - \mathfrak{k})$ mit Hilfe von Satz 1 des reziproken Gitters (S. 90) auflösen:

$$\mathfrak{k}_0 - \mathfrak{k} = n(h\mathfrak{a}_1^* + k\mathfrak{a}_2^* + l\mathfrak{a}_3^*) = \mathfrak{g}. \tag{5.18}$$

$\mathfrak{k}_0 - \mathfrak{k}$ liegt in Richtung der Winkelhalbierenden zwischen $\mathfrak{k}_0$ und $\mathfrak{k}$. Auf der rechten Seite steht ein Vektor $\mathfrak{g}$ des reziproken Gitters, welcher nach

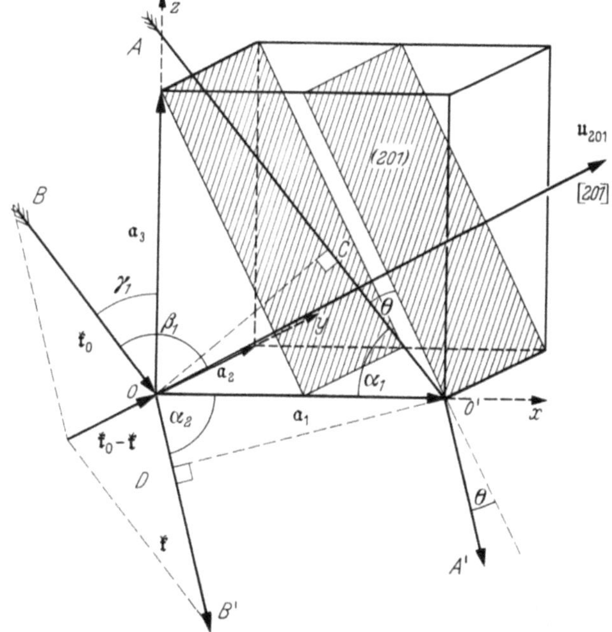

Abb. 55. Zur Ableitung der Laue-Bedingungen. Beispiel: Braggsche Reflexion an der (201)-Ebene

dem Satz 2 über reziproke Gitter auf der Netzebenenschar (hkl) des Kristallgitters senkrecht steht. Das heißt, $(\mathfrak{k}_0 - \mathfrak{k})$ zeigt in Richtung der Netzebenennormalen $\mathfrak{n}$ (Abb. 55). Der Glanzwinkel Θ dieser Netzebenenschar mit dem einfallenden Elektronenstrahl und mit der abgebeugten

Welle sind also einander gleich. Die simultane Erfüllung der Laue-Bedingungen ist demnach äquivalent mit einer Reflexion an den Netzebenen. Allerdings ist nicht jeder beliebige Winkel Θ möglich. Um Θ zu berechnen, werden die Gleichungen (5.14) quadriert und addiert. Nutzt man die Beziehungen (5.3) und die Relation:

$$(\cos\alpha_1, \ \cos\beta_1, \ \cos\gamma_1)\,(\cos\alpha_2, \ \cos\beta_2, \ \cos\gamma_2) \ = \ \cos 2\Theta$$

aus, so erhält man für ein kubisches Gitter ($|\mathfrak{a}_1| = |\mathfrak{a}_2| = |\mathfrak{a}_3| = a$)

$$2a^2(1 - \cos 2\Theta) = \lambda^2(h^{*\,2} + k^{*\,2} + l^{*\,2})\,. \qquad (5.19)$$

Da $(1 - \cos 2\Theta) = 2\sin^2\Theta$ ist, folgt mit (5.6) und (5.15)

$$2d_{hkl}\sin\Theta = \mathrm{n}\,\lambda \qquad (5.20)$$

als bekannte Braggsche Reflexionsbedingung. Sie besagt, daß nur dann ein Beugungsmaximum zu erwarten ist, wenn der Netzebenenabstand d_{hkl}, die Wellenlänge λ und der Glanzwinkel Θ, unter dem der Elektronenstrahl auf die Netzebenenschar (hkl) trifft, die Relation (5.20) erfüllen. Je nach der Größe von n spricht man von Reflexionen 1., 2., 3. Ordnung. Jedem Reflex werden zur Kennzeichnung die Indizes h^*, k^*, l^* aus (5.14) gegeben. Die Reflexion 2. Ordnung an den Netzebenen (210) wird also mit 420 bezeichnet.

Durch die Braggsche Reflexionsbedingung ist die Richtung, in der ein Beugungsmaximum zu erwarten ist, eindeutig vorgegeben, und umgekehrt läßt sich der Netzebenenabstand aus Messungen des Beugungswinkels 2Θ ermitteln. Über die Intensität der Beugungsreflexe macht die bisherige rein geometrische Theorie jedoch keine Aussagen. Insbesondere können Auslöschungsregeln die Reflexion an bestimmten Netzebenen zum Verschwinden bringen. Es soll das Ziel der folgenden Paragraphen sein, die Intensitätsgesetze der Elektronenbeugung zu entwickeln.

Da (5.20) sowohl für Röntgen- als auch für Elektronenbeugung gilt, soll der Abbeugungswinkel 2Θ nach dieser Gleichung für beide Strahlenarten in einem Beispiel berechnet werden. Für einen 420-Reflex an Kupfer mit der Gitterkonstanten $a = 3.51$ Å erzeugt durch Cu-Kα-Strahlung ($\lambda = 1{,}54$ Å) ergibt sich $2\Theta = 158°$, während der gleiche Reflex mit 80kV-Elektronen ($\lambda = 0{,}042$ Å) unter einem Winkel $2\Theta = 1{,}5°$ zum Primärstrahl liegt. Während sich bei Verwendung von Röntgenstrahlen also ein typischer „Rückstrahlreflex" ausbildet ($2\Theta = 180°$ hieße, der Strahl würde in die ursprüngliche Richtung zurückreflektiert), zeigen Elektronen nur Vorwärtsbeugung in einen Winkelbereich von einigen Grad.

Die Beziehung (5.18) kann man zu einer sehr nützlichen Konstruktion nach EWALD ausnutzen. Man zeichnet im reziproken Gitter einen Vektor $\mathfrak{k}_0 = \overrightarrow{MO}$ in Richtung des einfallenden Elektronenstrahles (Länge $1/\lambda$), der auf den Nullpunkt O des reziproken Gitters zeigt (Abb. 56). Um M schlägt man eine Kugel mit dem Radius $1/\lambda$. Es tritt nur dann Beugung auf bzw. die Braggsche Reflexionsbedingung ist nur dann erfüllt, wenn die „Ausbreitungskugel" oder „Ewald-Kugel" einen Punkt des reziproken Gitters schneidet (z. B. H in Abb. 56). Die Beugung erfolgt dann in Richtung von $\mathfrak{k} = \overrightarrow{MH}$. In Abb. 56 ist die Ausbreitungskugel zur Veranschaulichung der Geometrie mit kleinem Radius — wie bei der Röntgenbeugung — gezeichnet. In Wirklichkeit ist bei der Elektronenbeugung der Radius der Ausbreitungskugel ($1/\lambda = 24\ \text{Å}^{-1}$ bei 80 kV) bedeutend größer als der Abstand ($1/a = 0{,}28\ \text{Å}^{-1}$ für Kupfer) der Punkte im reziproken Gitter. Daher kann man im Falle der Elektronenbeugung die Ausbreitungskugel fast als Ebene ansehen.

Wenn man eine dünne einkristalline Schicht mit Elektronen durchstrahlt, sollte man nach der Braggschen Reflexionsbedingung (5.20) nur einige wenige Reflexe erwarten, die von Netzebenen herrühren, welche zufällig den richtigen Glanzwinkel Θ mit dem Primärstrahl

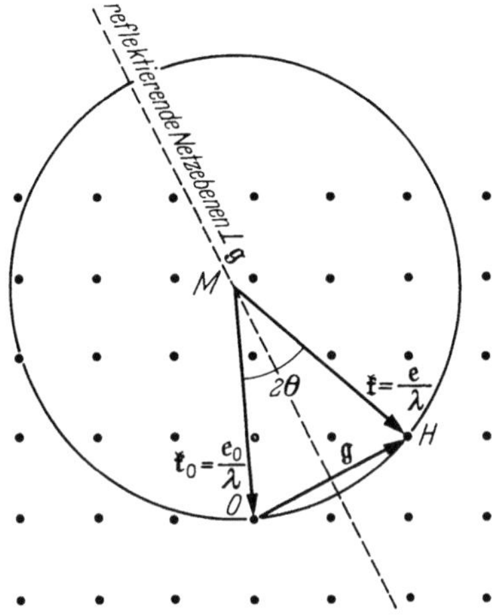

Abb. 56. „Ewald-Kugel" im reziproken Gitter

bilden. Hat jedoch die Kristallamelle eine größere Ausdehnung, und durchstrahlt man bei der Beugung einen größeren Objektbereich, so beobachtet man ein sehr punktreiches Beugungsdiagramm (Abb. 57a). Dies hat zwei Gründe: 1. sind die Schichten häufig durch die Präparation leicht durchgebogen, so daß immer Stellen zu finden sind, an denen die Reflexionsbedingung erfüllt ist und 2. wird durch die endliche Ausdehnung der Kristallamelle in Richtung der Schichtnormalen eine Vergrößerung des Winkelbereiches verursacht, in dem noch Braggsche Reflexion mit genügender Intensität auftreten kann (Stachel im reziproken Gitter, s. § 5.2.3). Man erhält daher schnell einen Überblick über die zu erwartenden Reflexe, wenn man in einem Modell eines reziproken Gitters normal zur Einstrahlungsrichtung eine Ebene durch einen Gitterpunkt legt. Es sind dann alle Punkte in der Nähe dieser Ebene als Reflexe zu erwarten. Das Beugungsdiagramm läßt sich daher als Projektion des reziproken Gitters in der betreffenden Richtung auffassen, genauer als Zentralprojektion mit M als Zentrum.

Wenn man polykristalline Präparate mit zahlreichen regellos orientierten Kristalliten (niedergeschlagene Suspensionen, feinkristalline Aufdampf-

schichten) durchstrahlt, so ergibt sich ein aus der Röntgenbeugung be-
kanntes Debey-Scherrer-Diagramm aus konzentrischen Kreisen um den
Primärfleck (Abb. 57b). Die Kreise ergeben sich als Schnitt der Beobachtungsebene mit dem Strahlenkegel. Jedem Kegel ist ein bestimmter
Reflex zugeordnet und Mantellinien auf dem Kegel erfüllen gerade die
Bedingung, daß sie mit der Kegelachse (Primärstrahl) einen festen Winkel
2Θ bilden. Durch Reduktion des Strahlquerschnittes oder Verkleinerung

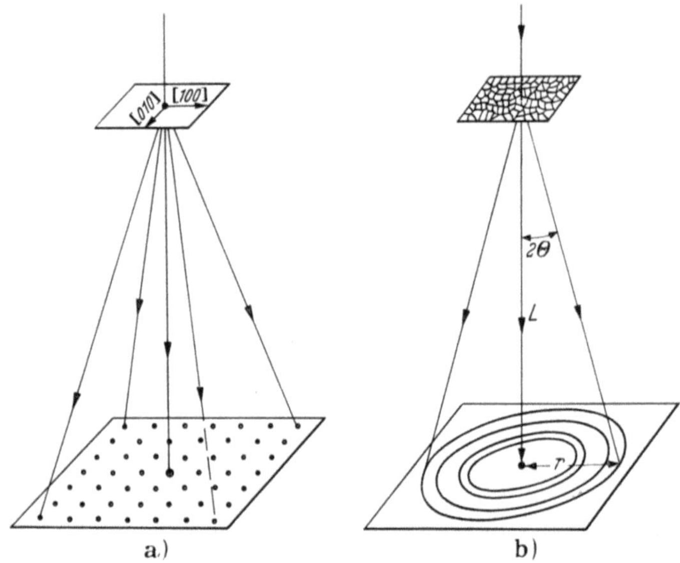

Abb. 57 a u. b. Entstehung der Beugungsdiagramme von a) einkristallinen und b) polykristallinen Präparaten

des angestrahlten Bereiches können weniger Kristalle erfaßt werden,
so daß die Ringe dann nicht mehr gleichmäßig geschwärzt werden,
sondern aus Einzelreflexen aufgebaut sind.

5.2.3. Kinematische Theorie der Elektronenbeugung

Die Intensität I_{hkl} der Beugungsreflexe kann man nach der wellenkinematischen Theorie berechnen. Sie setzt sich multiplikativ aus einem
Streubeitrag $|F|^2$ der Elementarzelle, einem Gitterfaktor $|G|^2$ und einem
Debye-Waller-Faktor $e^{-M_{hkl}}$ zusammen:

$$I_{hkl} = \frac{1}{R^2} |F|^2 \cdot |G|^2 \cdot e^{-2M_{hkl}} \tag{5.21}$$

($R =$ Abstand Streuzentrum-Beobachtungspunkt). Für die Streuampli-
tude A_s der an einem Einzelatom gestreuten Welle (Kugelwelle) (A_0
= Amplitude der einfallenden ebenen Welle) ergibt sich (1. Bornsche
Näherung)

$$\frac{A_s}{A_0} = \frac{1}{R}\, f(\vartheta) \quad \text{mit} \quad f(\vartheta) = \frac{m\,\varepsilon^2\,\lambda^2}{2\,h^2 \sin^2\Theta}\,(Z - f_{R\ddot{o}}), \tag{5.22}$$

$\vartheta = 2\Theta$ als Streuwinkel der Elektronen, Z Kernladungszahl des streuenden Atoms und $f_{R\ddot{o}}$ als Atomformfaktor für Röntgenstrahlen. Aus der Amplitude A_s erhält man die Intensität durch Quadrieren. $f(\vartheta)^2$ hat damit die Bedeutung eines Wirkungsquerschnittes für die Streuung. In der Röntgenstrahlstreuung ist f_R definiert als Verhältnis der Streuamplitude der gesamten Elektronenwolke zu der eines Einzelatoms

$$f_{R\ddot{o}} = \int\limits_0^\infty 4\,\pi r^2 \varrho\,(r)\,\frac{\sin q r}{q r}\,(\text{dimensionslos}) \tag{5.23}$$

mit $q = 4\pi \sin\Theta/\lambda = 2\pi|\mathfrak{k}_0 - \mathfrak{k}|$ und hängt von der Elektronendichteverteilung $\varrho\,(r)$ innerhalb des Atoms und damit von der Zahl der Atomelektronen ab, weil die Röntgenstreuung nur an den Elektronen erfolgt. Die elastische Elektronenstreuung erfolgt jedoch nur in dem Coulombfeld des Kernes mit der Kernladungszahl Z. Die Elektronen der Hülle verursachen eine Abschirmung der Kernladung, so daß näherungsweise $(Z - f_{R\ddot{o}})$ für die effektive Kernladungszahl gesetzt werden kann. Mit wachsendem Z nimmt die Genauigkeit dieser Näherung ab. Genauere Werte von $f(\vartheta)$ für Ordnungszahlen von 1—80 sind von IBERS (1958) und DAWSON (1961) berechnet.

Zur Berechnung des Strukturfaktors $|F|^2$ betrachten wir zunächst 2 Atome mit dem Abstand $\mathfrak{r}$ als Streuzentren. Die Einheitsvektoren $\mathfrak{e}_0$ und $\mathfrak{e}$ charakterisieren die Richtungen der einfallenden und auslaufenden Elektronenwelle. Der Gangunterschied $\varDelta$ ergibt sich aus (5.16), wenn man $\mathfrak{a}_1 = \mathfrak{r}$ setzt:

$$\varDelta = \mathfrak{r}(\mathfrak{e}_0 - \mathfrak{e}) \tag{5.24}$$

als Skalarprodukt der beiden Vektoren $\mathfrak{r}$ und $(\mathfrak{e}_0 - \mathfrak{e})$. Der Phasenfaktor

$$\Phi = \frac{2\pi\varDelta}{\lambda} \tag{5.25}$$

der an den beiden Atomen gestreuten Welle wird in der komplexen Schreibweise berücksichtigt:

$$\text{Streuamplitude } A_{1,2} = (f_1 + f_2 \exp[i\Phi])\,.$$

Liegen n Atome mit den Atomformfaktoren f_k an den Stellen $\mathfrak{r}_k$ (5.2) in einer Elementarzelle, so ist die „Strukturamplitude" F entsprechend

$$F = \sum_{k=1}^{n} f_k \exp[i\Phi_k] = \sum_{k=1}^{n} f_k \exp[2\pi i\,\mathfrak{r}_k(\mathfrak{k}_0 - \mathfrak{k})]\,. \tag{5.26}$$

Es sind dabei die Wellenzahlvektoren $\mathfrak{k}_0$ und $\mathfrak{k}$ (5.17) eingeführt. Mit (5.18) und der Rechenregel (5.7) sowie $\mathfrak{r}_k = u_k \mathfrak{a}_1 + v_k \mathfrak{a}_2 + w_k \mathfrak{a}_3$ (5.2) ergibt sich

$$F = \sum_{k=1}^{n} f_k \exp\left[2\pi i \left(u_k h + v_k k + w_k l\right)\right].\tag{5.27}$$

Am konkreten Beispiel des NaCl-Gitters soll die Berechnung des Strukturfaktors $|F|^2$ demonstriert werden.

Setzt man die Koordinaten (u, v, w) der 4 Atome in der Elementarzelle des kubisch flächenzentrierten Na-Untergitters ein (Tabelle 5.1) und berücksichtigt, daß das Cl-Untergitter um eine halbe Raumdiagonale $(\frac{1}{2}, \frac{1}{2}, \frac{1}{2})$ verschoben ist, so erhält man für die Summation über $k = 8$ Atome der Elementarzelle des NaCl-Gitters aus (5.27)

$$F = (f_{\mathrm{Na}} + f_{\mathrm{Cl}} \exp\left[\pi i (h + k + l)\right])$$
$$(1 + \exp\left[\pi i (h + k)\right] + \exp\left[\pi i (h + l)\right] + \exp\left[\pi i (l + k)\right]).$$

Hieraus entnimmt man die Regeln (vgl. Tab. 5.1):

$$|F|^2 = 16\, (f_{\mathrm{Na}} + f_{\mathrm{Cl}})^2, \quad \text{wenn die } h\,k\,l \text{ alle gerade (inkl. Null)}$$
$$|F|^2 = 16\, (f_{\mathrm{Na}} - f_{\mathrm{Cl}})^2, \quad \text{wenn die } h\,k\,l \text{ alle ungerade}$$
$$|F|^2 = \quad 0, \qquad\qquad \text{wenn die } h\,k\,l \text{ gemischt,}$$

denn aus der Eulerschen Beziehung $e^{i\varphi} = \cos\varphi + i \sin\varphi$ folgt

$$e^{i\pi n} = \begin{cases} + 1, & \text{wenn } n \text{ gerade} \\ - 1, & \text{wenn } n \text{ ungerade} . \end{cases}$$

Ähnliche Berechnungen lassen sich auch für andere Gittertypen durchführen. Die Ergebnisse sind in Tab. 5.1 aufgeführt. Von besonderer Wichtigkeit sind die Auslöschungsregeln $|F|^2 = 0$. Sie ermöglichen die Unterscheidung zwischen den verschiedenen Gittertypen.

Nachdem hiermit die Streuamplitude einer Elementarzelle berechnet ist, braucht nur noch über alle Elementarzellen des Kristalles phasenrichtig summiert zu werden. Wir nehmen an, daß der Kristall die Form eines Parallelepipeds mit den Abmessungen $M_1\mathfrak{a}_1$, $M_2\mathfrak{a}_2$, $M_3\mathfrak{a}_3$ hat. Die „Gitteramplitude" berechnet sich dann zu

$$G = \sum_{m=1}^{M_1} \sum_{n=1}^{M_2} \sum_{o=1}^{M_3} \exp\left[2\pi i\, \mathfrak{r}(\mathfrak{k}_0 - \mathfrak{k})\right]$$
$$= \sum_{m=1}^{M_1} \sum_{n=1}^{M_2} \sum_{o=1}^{M_3} \exp\left[2\pi i (mh + nk + ol)\right]\tag{5.28}$$

mit $\mathfrak{r} = m\mathfrak{a}_1 + n\mathfrak{a}_2 + o\mathfrak{a}_3$ (s. (5.1)).

Die Ausführung der Summation ergibt für den Gitterfaktor $|G|^2$, wenn man zur Bildung des Betrages mit dem konjugiert komplexen Ausdruck multipliziert

$$|G|^2 = \frac{\sin^2 M_1 \pi h}{\sin^2 \pi h} \cdot \frac{\sin^2 M_2 \pi k}{\sin^2 \pi k} \cdot \frac{\sin^2 M_3 \pi l}{\sin^2 \pi l} = (M_1 M_2 M_3)^2 = N^2 \qquad (5.29)$$

(N = Gesamtzahl der zur Beugung beitragenden Elementarzellen). Da die M_i große Zahlen sind, hat $|G|^2$ nur dann einen von Null verschiedenen Wert, wenn die hkl ganze Zahlen sind.

Der Debey-Waller-Faktor $e^{-M_{hkl}}$ in (5.21) berücksichtigt die durch die Wärmeschwingungen verursachte Abnahme des Streuvermögens

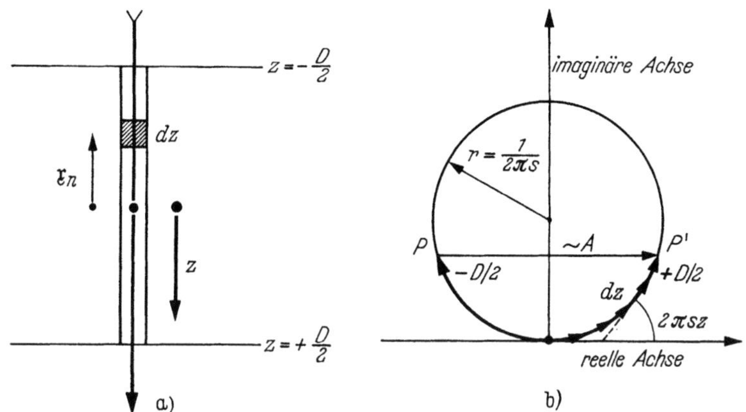

Abb. 58 a u. b. Säulenapproximation a) und Amplituden-Phasen-Diagramm b)

$$f(\vartheta) = f(\vartheta)_{T=0}\, e^{-M_{hkl}} \quad \text{mit} \quad M_{hkl} = \left(\frac{\vartheta}{\lambda}\right)^2 \frac{3h^2}{2Mk\Theta_D}\left[\frac{1}{4} + \frac{T^2}{\Theta_D^2}\int_0^{\Theta_D/T}\frac{x\,dx}{e^x - 1}\right] \qquad (5.30)$$

(T = abs. Temperatur, Θ_D = Debye-Temperatur, M = Atommasse).

Um auch die Beugungsintensität außerhalb der exakten Bragg-Lage zu erfassen, wird eine dünne Schicht betrachtet, bei der die Summation der Streuwellen nur über eine Säule von n Elementarzellen senkrecht zur Schicht durchgeführt wird (Abb. 58a).

$$A \sim \sum_n F \exp\left[2\pi i (\mathfrak{g} + \mathfrak{s})\, \mathfrak{r}_n\right]. \qquad (5.31)$$

Hier ist $\mathfrak{k} - \mathfrak{k}_0$ durch den Gittervektor $\mathfrak{g}$ des reziproken Gitters und den Abstand $\mathfrak{s}$ („Anregungsfehler") der Ausbreitungskugel von diesem Gitterpunkt ausgedrückt (Abb. 59).

Bei dieser „Säulenapproximation" wird angenommen, daß sich die Beugungsbeiträge der benachbarten Säulen summieren. Dieses Verfahren bewährt sich besonders gut bei der Diskussion des Kontrastes von Gitterfehlstellen (§ 8.3).

Da F in allen Zellen der Säule gleich ist, kann es aus der Summe herausgezogen werden. Da $\mathfrak{g}$ ein reziproker Gittervektor und $\mathfrak{r}_n$ ein Vektor des

Kristallgitters ist, wird das Skalarprodukt $\mathfrak{g} \cdot \mathfrak{r}_n$ ganzzahlig, so daß $\exp[2\pi i\, \mathfrak{g} \cdot \mathfrak{r}_n] = 1$. Wir behalten aus (5.31) daher nur den Term

$$A \sim \sum_n \exp[2\pi i\, \mathfrak{s}\mathfrak{r}_n] \,. \tag{5.32}$$

Die Summation ersetzen wir durch eine Integration in z-Richtung über die Schichtdicke D und können dann, da $\mathfrak{s}$ parallel $\mathfrak{r}_n$ ist, schreiben

$$A \sim \int_{-D/2}^{+D/2} \exp[2\pi i s z]\, dz = \frac{\sin(\pi D s)}{\pi s} \,. \tag{5.33}$$

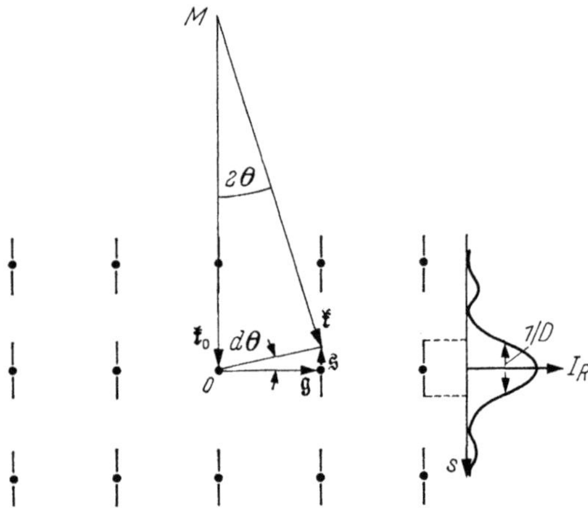

Abb. 59. Ausbildung der „Stacheln" im reziproken Gitter und Definition des Anregungsfehlers

Da in der komplexen Zahlenebene $e^{i\varphi} = \cos\varphi + i\sin\varphi$ einen Einheitsvektor mit dem Winkel φ zur reellen Achse darstellt, kann man die Integration von (5.33) auch graphisch durchführen, indem man Längen dz mit der Neigung $2\pi s z$ aneinandersetzt (Abb. 58b). Es ergibt sich dann ein Kreis als Kurvenzug, wenn dz infinitesimal klein wird. Nach der Strecke $sz = n$ (ganzzahlig) ist die Phase wieder gleich $e^{2\pi in} = 1$, der Kreis mit dem Umfang $z = 1/s$ ist dann also wieder geschlossen. Demnach beträgt der Kreisradius $r = 1/2\pi s$. Die Amplitude A ergibt sich graphisch als proportional zur Länge der Verbindungslinie PP'. Für $D = 1/s$ fallen P und P' im Scheitelpunkt des Kreises zusammen. Die abgebeugte Intensität ist dann Null, um bei weiterer Vergrößerung der Präparatdicke D wieder zuzunehmen. Für die Diskussion des Kontrastes von Versetzungen, Stapelfehlern und anderen Kristallbaufehlern ist diese Methode des Amplituden-Phasen-Diagrammes ein nützliches Hilfsmittel (§ 8.3).

Für die weitere Diskussion gehen wir durch Quadrieren von der Amplitude A in (5.33) zur Intensität über

$$I_R \sim \frac{\sin^2(\pi D\, s)}{(\pi s)^2}.$$ (5.34)

Nach Abb. 59 hängt

$$s = \frac{2\sin\Theta}{\lambda}\, d\Theta = \frac{d\Theta}{d_{hkl}}$$ (5.35)

direkt mit der Verkippung $d\Theta$ aus der exakten Bragg-Lage zusammen. I_R als Funktion von $d\Theta$ zeigt ein breites Hauptmaximum (Abb. 59 u. 60a) mit einer Halbwertsbreite von annähernd d_{hkl}/D (genauer $0{,}88\, d_{hkl}/D$). Mit abnehmender Schichtdicke D wird das Hauptmaximum daher breiter. Diesen Sachverhalt kann man auch so ausdrücken, daß der Reflexionsbereich sich nicht auf den Punkt im reziproken Gitter beschränkt, sondern bei einer dünnen Schicht der Dicke D um den Betrag $1/D$ in Richtung von $\mathfrak{s}$ (Abb. 59) verlängert ist. Man spricht von „Stacheln" im reziproken Gitter, die in Richtung der Schichtnormalen liegen.

Diese Betrachtung für eine Säule senkrecht zur Schicht kann man auch für ein Teilchen aufstellen, welches in allen 3 Dimensionen eine geringe Ausdehnung hat. Die Intensität ist dann

$$I_R \sim \frac{\sin^2(\pi D_1 s_1)}{(\pi s_1)^2} \cdot \frac{\sin^2(\pi D_2 s_2)}{(\pi s_2)^2} \cdot \frac{\sin^2(\pi D_3 s_3)}{(\pi s_3)^2}$$ (5.36)

wobei D_i die Abmessungen und s_i die Abweichungen vom reziproken Gitterpunkt in den Richtungen $\mathfrak{a}_i^*$ des reziproken Gitters sind ($i = 1, 2, 3$). Dieser Ausdruck ist gleich $(D_1 D_2 D_3)^2 = V^2 \sim N^2$ für die exakte Bragg-Lage ($s_1 = s_2 = s_3 = 0$) und liefert dann das gleiche Resultat wie der Gitterfaktor (5.29). Für einen würfelförmigen Kristall ist der Reflexionsbereich im reziproken Gitter nach allen Seiten um den Betrag $1/D$ ($D = $ Kantenlänge) verbreitert. Da das Beugungsdiagramm eine Projektion des reziproken Gitters darstellt (s. o.), führt dies in einem Debye-Scherrer-Diagramm von regellos orientierten kleinen Kristallen zu einer Linienverbreiterung

$$\Delta\Theta \cong \frac{\lambda}{2D},$$ (5.37)

aus der sich umgekehrt die Teilchengröße sehr kleiner Kristalle abschätzen läßt. Diese Methode ist für Kristallitgrößen kleiner als $50\,\text{Å}$ geeignet, da die Linienverbreiterung größer sein muß als die natürliche Linienbreite sehr ausgedehnter Kristalle, welche durch das Auflösungsvermögen des Beugungsexperimentes bestimmt ist (s. § 5.3.1). Die untere Grenze liegt bei etwa 3 bis 5 Å, weil die Verbreiterung dann so stark ist, daß man das Beugungsdiagramm von dem eines amorphen Stoffes nicht mehr gut unterscheiden kann.

5.2.4. Dynamische Theorie der Elektronenbeugung

In der kinematischen Theorie wird vorausgesetzt, daß die Intensität der abgebeugten Strahlen bedeutend kleiner bleibt als die Primärstrahlintensität. In dickeren Schichten und in der Nähe der exakten Bragg-Lage ist diese Bedingung nicht mehr erfüllt. Es kann dazu kommen, daß nach Durchlaufen einer bestimmten Schichtdicke die gesamte Intensität abgebeugt ist. Dieser abgebeugte Strahl kann durch Braggsche Reflexion an den gleichen Netzebenen aber wieder zurückreflektiert werden und so fort. Die Energie pendelt zwischen direktem und abgebeugtem Strahl hin und her. Theoretisch lassen sich diese Verhältnisse durch die Ausbildung eines Wellenfeldes im Kristall beschreiben. Es wird dabei von der Schrödingergleichung

$$\Delta \psi(\mathfrak{r}) + \frac{8\pi^2 \varepsilon m}{h^2} \left[U_0 + V(\mathfrak{r}) \right] \psi(\mathfrak{r}) = 0 \tag{5.38}$$

ausgegangen, in der das periodische Potential $V(\mathfrak{r})$ des Gitters durch eine Fourierreihe

$$V(\mathfrak{r}) = \sum_{-\infty}^{+\infty} V_{\mathfrak{h}} \exp\left[2\pi i\, \mathfrak{h}\mathfrak{r}\right] \tag{5.39}$$

dargestellt werden kann. $\mathfrak{h} = h\mathfrak{a}_1^* + k\mathfrak{a}_2^* + l\mathfrak{a}_3^*$ ist ein Gittervektor im reziproken Gitter. Zu jedem Punkt des reziproken Gitters und damit zu jedem Beugungsreflex gehört also ein Koeffizient $V_{\mathfrak{h}}$ der Entwicklung. Die Koeffizienten $V_{\mathfrak{h}}$ hängen mit dem in der kinematischen Theorie eingeführten Strukturfaktor in folgender Weise zusammen

$$V_{\mathfrak{h}} = \frac{\lambda^2 U_0}{\pi V} F(\vartheta) = \frac{h^2 F(\vartheta)}{2\pi \varepsilon m V} \tag{5.40}$$

(V = Volumen der Elementarzelle, U_0 = Beschleunigungsspannung).
Der Koeffizient V_0 ist das sogenannte „innere Potential" (s. § 7.1).

Die Lösung der Gleichung (5.38) ist in geschlossener Form nur für den „Zweistrahlfall" möglich, bei dem nur der Primärstrahl und ein abgebeugter Strahl berücksichtigt werden. Unten wird dargelegt, daß diese Beschränkung in vielen Fällen nicht zulässig ist. Zusammenfassende Darstellungen über die Lösung von (5.38) sind für die Röntgenbeugung von VON LAUE (1960); ZACHARIASEN (1945); für Elektronenbeugung von VON LAUE (1944); PINSKER (1953) erschienen. Es sei vor allem auf eine Darstellung von HOWIE u. WHELAN (1961) hingewiesen, welche die Lösung mit der Säulenapproximation (s. § 5.2.3) ohne allzu großen mathematischen Aufwand erhalten. Es soll sich hier nur auf die Wiedergabe der Ergebnisse beschränkt werden. Man erhält in der dynamischen Theorie für das Reflexionsvermögen $R = I_R/I_0$ den Ausdruck (5.42) in Tab. 5.2. $T = I/I_0$ ist die „Transmission" als Intensität des Primärstrahles („000-Reflexes").

Auch die aus der kinematischen Theorie folgende Formel (5.34) ist in (5.41) durch den Parameter p (5.44) ausgedrückt, welcher der Verkippung $\Delta\Theta$ aus der Bragg-Lage proportional ist. Die Extinktionsdicke t_0 (5.45) kann man aus tabellierten $f(\vartheta)$-Werten erhalten (IBERS, 1958),

Tabelle **5.2.** *Zusammenstellung der Formeln für die reflektierte Intensität nach der kinematischen und dynamischen Theorie*

Kinematische Theorie:

$$R = \frac{\sin^2\left(\pi \dfrac{D}{t_0} p\right)}{p^2} \tag{5.41}$$

$$T = 1 - R.$$

Maximales R stets bei $\Delta\Theta = 0$. Periodische Änderungen der reflektierten Intensität (Pendellösungen) nur für $\Delta\Theta \neq 0$.

Dynamische Theorie (Zweistrahlfall)

$$R = \frac{\sin^2\left(\pi \dfrac{D}{\Delta}\right)}{1 + p^2} \tag{5.42}$$

$$T = 1 - R.$$

Pendellösungen auch in der exakten Bragg-Lage ($\Delta\Theta = 0$). Lage der Neben-Maxima und -Minima bei kleinem $\Delta\Theta$ gegenüber der kinematischen Theorie verschoben. Übereinstimmung mit der kinematischen Theorie bei großem $\Delta\Theta$.

Dynamische Theorie mit Absorption (Zweistrahlfall)

$$R = \frac{e^{-\sigma D}}{1 + p^2}\left[\cosh^2\left(\frac{1}{2}kD\right) - \cos^2\left(\pi\frac{D}{\Delta}\right)\right]$$
$$T = \frac{e^{-\sigma D}}{1 + p^2}\left[\cosh^2\left(\operatorname{ar\,sinh} p + \frac{1}{2}kD\right) - \sin^2\left(\pi\frac{D}{\Delta}\right)\right] \tag{5.43}$$

mit cosh als hyperbolische Cosinusfunktion. $\operatorname{ar\,sinh} p = \ln(p + \sqrt{1 + p^2})$ als Umkehrfunktion zur hyperbolischen Sinusfunktion.

Es ist nicht mehr $T + R = 1$. Die Transmission verläuft asymmetrisch zu $\Delta\Theta = 0$ (anomale Transmission). Mit wachsender Schichtdicke nehmen die Nebenmaxima in der Amplitude ab.

Es bedeuten:

$$p = t_0 s = t_0 \frac{2\sin\Theta}{\lambda} d\Theta \tag{5.44}$$

$$\Delta = \frac{t_0}{\sqrt{1 + p^2}}; \qquad k = \frac{2\pi}{\tau_0 \sqrt{1 + p^2}}; \qquad \sigma = \frac{2\lambda F'(0)}{V}$$

$$t_0 = \frac{\pi V}{\lambda F(\vartheta)} = \frac{\lambda U_0}{V_\flat} \quad \text{,,Extinktionsdicke``} \tag{5.45}$$

$$\tau_0 = \frac{\pi V}{\lambda F'(\vartheta)} \quad \text{,,Absorptionsdicke``} \tag{5.46}$$

aus denen sich der Strukturfaktor $F(\vartheta)$ mittels der Struktur der Elementarzelle berechnet (s. o.). In der Tab. 5.3 sind für einige Elemente die Extinktionsdicken aufgeführt. Sie spielen eine Rolle bei der Bewertung der Grenzschichtdicke, bis zu der die kinematische Theorie Gültigkeit besitzt und für die Deutung des Kontrastes kristalliner Objekte mit und ohne Kristallbaufehler (§ 8).

Die charakteristischen Unterschiede zwischen der kinematischen und dynamischen Theorie – weiter unten wird auch noch der Einfluß der Absorption diskutiert – sollen an Hand von Tab. 5.2 und den berechneten Kurven für den (111)-Reflex an Kupferschichten (Abb. 60) dargelegt werden. Für diesen Reflex ist $t_0 = 240$ Å angesetzt (s. a. Tab. 5.3).

Für eine Schichtdicke von 50 Å (Abb. 60a) stellt die kinematische Theorie noch eine gute Näherung dar. Das mit der dynamischen Theorie berechnete Maximum liegt nur 15% tiefer. Es sind auf der Abszisse die Bragg-Lagen der höheren Beugungsordnungen (222), (333) usw. und des gegenüber dem Primärstrahl liegenden $(\overline{1}\overline{1}\overline{1})$-Reflexes eingetragen. Das Reflexionsmaximum hat demnach eine so große Winkelbreite, daß auch andere Reflexe in bestimmten Winkellagen simultan angeregt werden können. Hierauf beruht der bei dünnen Schichten zu beobachtende Reflexreichtum des Beugungsdiagrammes. Mit wachsender Schichtdicke (100 Å in Abbildung 60b) nimmt zwar die Halbwertsbreite des Hauptmaximums ab, aber die Nebenmaxima liegen weiterhin in den Bragg-Stellungen der höheren Reflexe. Die kinematische Theorie liefert jedoch schon für eine Schichtdicke $D = t_0/\pi \simeq 80$ Å Reflexionswerte größer als 1. Diese Diskrepanz beseitigt die dynamische

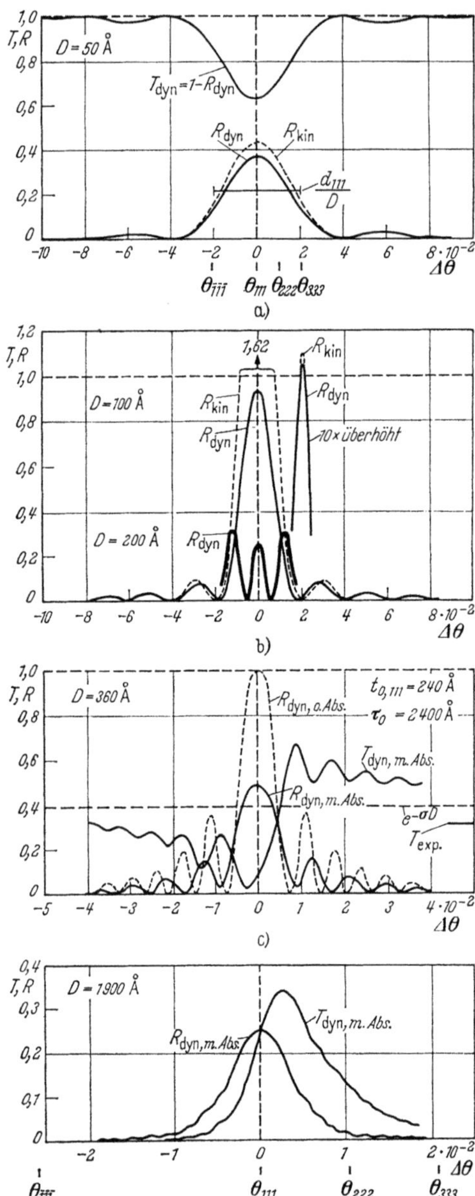

Abb. 60 a—d. Transmission T und Reflexion R bei Anregung eines (111)-Reflexes von Kupfer in Abhängigkeit von der Verkippung $\Delta\Theta$ aus der Bragg-Lage für verschiedene Schichtdicken nach der kinematischen und dynamischen Zweistrahltheorie

Theorie. Man sieht aus (5.42), daß für $p = 0$ (exakte Bragg-Lage) stets $R \leq 1$ bleibt. Die Nebenmaxima werden durch die kinematische Theorie jedoch mit guter Näherung beschrieben, weil für $p \gg 1$ (5.42) in (5.41) übergeht. Nur das 1. Nebenmaximum der dynamischen Theorie liegt bei etwas kleineren Winkeln. Intensitätsschwache Reflexe höherer Ordnung (z. B. der 333-Reflex in Abb. 60b) erfahren jedoch nur eine geringfügige Korrektur durch die dynamische Theorie. Es sei auch auf die geringe Winkelbreite des 333-Reflexes hingewiesen. Dies läßt sich auch aus der Ewaldschen Konstruktion erkennen (Abb. 59). Die „Stacheln" im reziproken Gitter haben für alle reziproken Gitterpunkte die gleiche Länge. Bei einer Schwenkung der Ewaldkugel wird diese die zu höheren Reflexen gehörenden Stacheln schon bei kleinen Verkippungen nicht mehr schneiden.

Tabelle 5.3. *Extinktionsdicken einiger Metalle für* 100 *kV-Elektronen* ($\lambda = 0{,}037$ Å)
a) Nach THOMAS (1962) *bei Zimmertemperatur*

Kubische flächenzentr. Metalle	Ordnungszahl	Extinktionsdicke t_0 [Å] für den Reflex		
		(111)	(200)	(220)
Al	13	646	774	1240
Ni	28	258	302	468
Cu	29	268	308	472
Ag	47	250	285	403
Pt	78	165	188	262
Au	79	181	204	281
Kubisch raumzentr. Metalle		(110)	(200)	(211)
Fe	26	296	444	582
Mo	42	267	373	467
Hexagonal dichteste Packung		(00.2)	(01.1)	(01.0)
Mg	12	938	1155	1774

b) Nach HALL *und* HIRSCH (1965a) (111)-*Reflex*

Metall	T [°K]	t_0 [Å]	τ_0 [Å]	$\dfrac{t_0}{\tau_0} = \dfrac{V'_{111}}{V_{111}}$	$\dfrac{V'_0}{V'_{111}}$
Al	10	563	$4{,}6 \cdot 10^4$	0,012	1,07
	300	578	2,5	0,023	1,14
	500	592	2,0	0,030	1,18
Cu	10	245	$12 \cdot 10^3$	0,021	1,09
	300	252	5,6	0,045	1,12
	500	274	3,8	0,072	1,27
Ag	10	221	$7{,}5 \cdot 10^3$	0,030	1,06
	300	227	2,9	0,078	1,02
	500	242	1,9	0,120	1,19
Au	10	160	$3{,}7 \cdot 10^3$	0,043	1,03
	300	164	1,3	0,124	1,08
	500	172	0,89	0,193	1,11
Pb	10	241	$4{,}0 \cdot 10^3$	0,060	1,02
	300	256	1,3	0,192	1,08
	500	268	1,2	0,230	1,20

Steigert man weiter die Schichtdicke, so wird für $\Delta\Theta = 0$ bei einer Schichtdicke $D = t_0/2 = 120$ Å $R = 1$. Mit weiter wachsender Schichtdicke fällt R wieder ab. Für 200 Å ist bereits das Maximum in der Bragg-Lage kleiner als die Nebenmaxima (Abb. 60b). Wird $D = t_0 = 240$ Å, so ist für $\Delta\Theta = 0: R = 0$ und R steigt wieder auf 1, wenn $D = \dfrac{3}{2} t_0 = 360$ Å (Abb. 60c). Es kann also der Fall eintreten, daß in der exakten Bragg-Lage keine Reflexion stattfindet.

Bisher wurde jedoch eine schwerwiegende Vernachlässigung gemacht, indem die Absorption unberücksichtigt blieb. Formal kann man diese bei der Lösung der Schrödingergleichung (5.38) durch Einführung eines komplexen Gitterpotentials $(V_h \to V_h + iV_h')$ ansetzen. Da V_h und $F(\vartheta)$ nach (5.40) zusammenhängen, gilt auch $F(\vartheta) \to F(\vartheta) + iF'(\vartheta)$. Auf Möglichkeiten zur theoretischen Berechnung und experimentellen Bestimmung von $F'(\vartheta)$ wird weiter unten eingegangen. Für Abschätzungen kann man bei einer großen Zahl von Metallen die Relation $F'(\vartheta) \cong \dfrac{1}{10} F(\vartheta)$ benutzen (HASHIMOTO u. a., 1960; HOWIE u. WHELAN, 1962; s. a. Tab. 5.3b (Spalte V_{111}'/V_{111})).

Die Lösung der Wellengleichung mit einem derartigen komplexen Gitterpotential ist in (5.43) angegeben. Da Absorption vorliegt, ist jetzt nicht mehr $T = 1 - R$. Analog zur Extinktionsdicke läßt sich eine Absorptionsdicke τ_0 (5.46) einführen.

Für eine 360 Å-Schicht $(D = 1,5\, t_0 = 0,15\, \tau_0)$ ist in Abb. 60c mit diesen Zahlenwerten T und R berechnet. Die zu $\Delta\Theta = 0$ symmetrische Reflexionskurve ist im wesentlichen um den Faktor $e^{-\sigma D}$ verkleinert. σ berechnet sich aus dem komplexen Anteil $F'(0)$ für $\Theta = 0$ (es ist annähernd $F'(0) \cong F'(\vartheta)$, s. a. Tab. 5.3b). Etwas wesentlich Neues geschieht mit der Transmission T. Einmal wird die Verteilung unsymmetrisch zu $\Delta\Theta = 0$. Ferner tritt auf der einen Seite erhöhte Transmission auf $(T > e^{-\sigma D})$, welche man als „anomale Transmission" bezeichnet und auch als Borrmann-Effekt in der Röntgenbeugung beobachtet wird. Wird $\Delta\Theta$ größer (p sehr groß), so geht T gegen den Grenzwert $e^{-\sigma D}$. In Abb. 60c ist auch die mit einer Apertur $\alpha = 5.10^{-3}$ gemessene Durchlässigkeit in einer einkristallinen Kupferschicht eingetragen (T_{exp}), die an Präparatstellen ohne Extinktionskonturen ermittelt wurde. Die berechneten Kurven geben daher ein einigermaßen quantitatives Bild.

Die entscheidende Bedeutung der anomalen Transmission ersieht man jedoch erst, wenn man zu sehr dicken Schichten $(D \geq \tau_0)$ übergeht (Abb. 60d). Die Nebenmaxima, welche durch die Extinktionslänge t_0 bestimmt werden, werden in der Amplitude durch den Faktor $e^{-\sigma D}$ sehr stark unterdrückt und verschwinden bei noch größeren Schichtdicken völlig. In Abb. 60d hat $e^{-\sigma D}$ bereits einen sehr kleinen Wert.

In der Nähe der Bragg-Lage ergibt sich jedoch ein starker Anstieg der anomalen Transmission um den Faktor 60 gegenüber den Stellungen weit außerhalb der Bragg-Lage. Derartige Schichten sind nur noch in anomaler Transmission zu durchstrahlen. Im Beugungsdiagramm erscheinen außerdem durch die starke unelastische Streuung Kikuchi-Linien (§ 5.2.6).

Die physikalische Bedeutung des Imaginärteiles des Gitterpotentials ist zur Zeit noch nicht vollständig geklärt. Während GLICK (1962) und HOWIE (1962) diesen mit der unelastischen Streuung in Zusammenhang bringen, zeigten BOERSCH u. a. (1964) daß auch rein elastische Elektronenstreuung einen komplexen Atomstreufaktor $f(\vartheta)$ ergibt (s. jedoch Diskussion bei HALL u. HIRSCH, 1965b; FUKUHARA, 1965). HALL und HIRSCH (1965a) führten Berechnungen für t_0 und τ_0 durch (Tab. 5.3), indem sie den Einfluß der Gitterschwingungen berücksichtigten. Während bei t_0 nur eine schwache Temperaturabhängigkeit resultiert, nimmt die Absorptionsdicke τ_0 mit abnehmender Temperatur stark zu. Aus Experimenten ergab sich z. B. für t_0 ein 30%iger Anstieg bei Temperaturen größer als 600° C in Silizium-Einkristallfolien (THOMAS u. LEVINE, 1965). Die Zunahme von τ_0 mit abnehmender Temperatur führt dazu, daß auf Grund anomaler Transmission kristalline Schichten bei tiefen Temperaturen durchlässiger werden. Entsprechende experimentelle Beobachtungen liegen von BOERSCH u. a. (1964a) und BOSTANJOGLO und NIEDRIG (1964) in Elektronenbeugungsexperimenten an polykristallinen Aufdampfschichten zwischen 400 und 500° K und im elektronenmikroskopischen Bild von Einkristallfolien (HOWIE u. VALDRÈ, 1964) vor. Es sei jedoch bemerkt, daß bei dünnen Schichten, die noch im Gültigkeitsbereich der kinematischen Theorie liegen (s. § 5.2.5), die Temperaturabhängigkeit der Elektroneninterferenzen sich gut durch den Debye-Waller-Faktor (5.30) beschreiben läßt (HORSTMANN u. MEYER, 1963, 1965). Bei Reflexen, die der dynamischen Theorie gehorchen, ist die Temperaturabhängigkeit stärker. Sie läßt sich aber auch durch einen effektiven Debye-Waller-Faktor beschreiben (HORSTMANN, 1965; BOERSCH u. a., 1964a; BOSTANJOGLO u. NIEDRIG, 1964). Die Intensitätsabnahme der Reflexe durch thermische Schwingungen führt teilweise zu einer geringeren Schwächung des Primärstrahles. Aber ein großer Teil der Intensität wird elastisch durch „thermisch diffuse Streuung" in den Untergrund des Beugungsdiagrammes gestreut.

Anschaulich läßt sich die anomale Transmission folgendermaßen verstehen. Bei der Lösung der Schrödingergleichung (5.38) für ein periodisches Kristallgitter spaltet sowohl der Primär- als auch der abgebeugte Strahl in 2 Typen von stehenden Blochwellen auf. Type I besitzt Schwingungsknoten am Ort der Atomkerne und Type II Schwingungsbäuche. Bei thermischen Schwingungen der Atomkerne wird Absorption daher vorwiegend für die Type II-Blochwellen auftreten, während die Type I-Wellen mit den Schwingungsknoten am Ort der Atomkerne ein größeres Durchdringungsvermögen zeigen. Für die Absorptionskoeffizienten gilt mit den in Tab. 5.2 definierten Größen

$$\mu^{(i)} = \sigma + \frac{(-1)^i}{\tau_0\sqrt{1+p^2}} \; ; \; i = 1, 2 \; .$$

Die experimentellen Bestimmungen von t_0 und τ_0 stecken noch in den Anfängen. Es liegen Messungen an Aluminium (HASHIMOTO u. a., 1962; HASHIMOTO, 1964) und MgO (LEHMPFUHL u. MOLIERE, 1962; UYEDA u. NONOYAMA, 1965) vor. Die Bestimmung erfolgt entweder aus Vermessungen der Pendellösungen im elektronenmikroskopischen Bild keilförmiger Objekte oder mittels Beugung im konvergenten Bündel.

In Abb. 60 ist der Zweistrahlfall betrachtet, bei dem nur der Primärstrahl und ein abgebeugter Strahl vorliegen. In Abb. 60a und d ist im Abszissenmaßstab angedeutet, wo die Reflexionslagen der höheren 111-Ordnungen und des $\overline{1}\overline{1}\overline{1}$-Reflexes liegen. Es werden daher bei einer

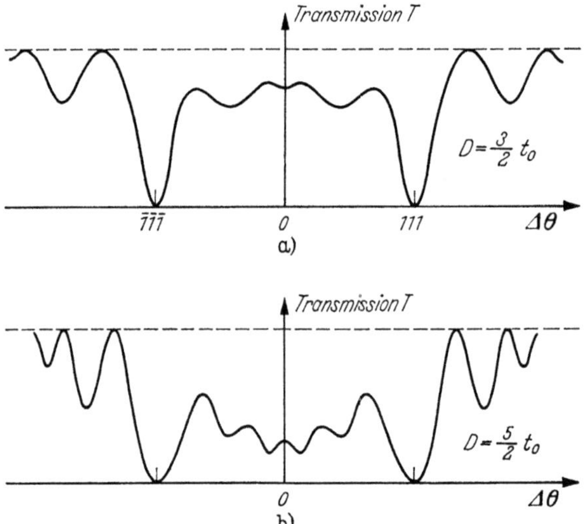

Abb. 61 a u. b. Transmission T bei simultaner Anregung eines 111- und $\overline{1}\overline{1}\overline{1}$-Reflexes (Dreistrahlfall ohne Absorption) in Abhängigkeit von der Verkippung $\Delta\Theta$ für Schichtdicken $D = \dfrac{3}{2} t_0$ und $\dfrac{5}{2} t_0$ (t_0 = Extinktionsdicke)

Verschwenkung aus der Bragg-Lage auch andere Reflexe simultan angeregt (Mehrstrahlfall). Von besonderer Bedeutung ist der Dreistrahlfall mit dem Primärstrahl und den am niedrigsten indizierten hkl- und $\overline{h}\overline{k}\overline{l}$-Reflexen (111 in kubisch flächenzentr. Metallen). Abb. 61 zeigt die

Berechnungen ohne Berücksichtigung der Absorption für $D = \dfrac{3}{2}\,t_0$ und $\dfrac{5}{2}\,t_0$. Während für die Reflexionslagen die Extinktionsdicke $t_0 = \lambda U_0/V_h$ unverändert bleibt, wird sie für den „O-Strahl" auf $t_0/\sqrt{2}$ reduziert. Berechnungen für den Mehrstrahlfall lassen sich nur mit elektronischen Rechenmaschinen durchführen (s. z. B. HOWIE u. WHELAN, 1960). Diese Ergebnisse der dynamischen Theorie sind für die Interpretation der elektronenmikroskopischen Aufnahmen von kristallinen Folien von großer Bedeutung und werden in § 8.2 und 8.3 in diesem Zusammenhang diskutiert.

5.2.5. Intensität der Debye-Scherrer-Ringe

Die Darlegungen der kinematischen und dynamischen Theorie in § 5.2.3 und 5.2.4 haben gezeigt, daß die Intensität der Beugungsreflexe stark von der Kristallitdicke und der Abweichung von der exakten Bragg-Lage abhängt. Es ist daher sehr schwierig, von einkristallinen Präparaten Beugungsdiagramme zu erhalten, die hinsichtlich der Intensität der Beugungsreflexe ausgewertet werden können, um wie in der Röntgenbeugung eine vollständige Kristallstrukturanalyse durchzuführen. Etwas günstiger liegen die Verhältnisse bei vielkristallinen Präparaten (speziell Aufdampfschichten), die keine Textur zeigen. Die Intensität der Debye-Scherrer-Ringe ergibt sich aus einer Mittelung über alle Orientierungen — etwa indem in (5.34) und (5.41) über s integriert wird. Die kinematische Theorie führt zu der integralen Intensität I_{kin} eines Beugungsringes mit den Indizes hkl (LAUE, 1944; HORSTMANN u. MEYER, 1962):

$$I_{\text{kin}} = j_0 \frac{2\,\pi^2 m^2 \varepsilon^2}{h^4}\, \text{K.N.V}\, p_{hkl}\, |V_{\mathfrak{h}}|^2\, \lambda^2\, d_{hkl} \qquad (5.47)$$

j_0 = Primärstrahlstromdichte am Ort des Objektes, K = Anzahl der Kristallite mit im Mittel je N Elementarzellen, V = Volumen der Elementarzelle, p_{hkl} = Flächenhäufigkeit der (hkl)-Ebenen (z. B. bei kubischen Gittern $p_{100} = 6$, da es 6 Würfelflächen gibt, $p_{110} = 12$, $p_{111} = 8$ usw.). $|V_{\mathfrak{h}}| = |V_{\mathfrak{h}}|_{T\,=\,0}\, e^{-M}$ als temperaturabhängiges Gitterpotential (s. (5.30)).

Die Ringintensität ist demnach nur von der Gesamtzahl der vom Elektronenstrahl getroffenen Elementarzellen abhängig, dagegen nicht von der Form und Größe der Kristallite. Die Intensitätsverhältnisse verschiedener Ringe untereinander sind unabhängig von der Wellenlänge und der Kristallitgröße und hängen nur von den Größen p_{hkl}, $|V_{\mathfrak{h}}|$ und d_{hkl} des betreffenden Reflexes ab.

Die Formel (5.47) gilt jedoch nur, solange die kinematische Theorie gültig ist. Berechnungen der Ringintensitäten auf der Grundlage der dynamischen Theorie sind von BLACKMAN (1939) durchgeführt. Mit (5.47) erhält man

$$\frac{I_{\mathrm{dyn}}}{I_{\mathrm{kin}}} = \frac{1}{A_{hkl}} \int\limits_0^{A_{hkl}} J_0(2x)\,dx \;. \tag{5.48}$$

$J_0 =$ Bessel-Funktion 0. Ordnung, $A_{hkl} = c \cdot |V_b|\, D$;
$$c = 2{,}09 \cdot 10^{-2}\,[V^{-1}\text{Å}^{-2}]\;.$$

Ist A_{hkl} sehr klein, weil entweder der Kristalldurchmesser D oder die Wellenlänge λ klein ist, so geht die dynamische Theorie in die kinematische Theorie über ($I_{\mathrm{dyn}}/I_{\mathrm{kin}} \cong 1$). Es gilt im Bereich der dynamischen Theorie nicht mehr, daß das Verhältnis der Ringintensitäten verschiedener Reflexe unverändert bleibt, weil diese auch noch von A_{hkl} abhängen. Die ausgezogenen Kurven in Abb. 62 zeigen den Abfall von $I_{\mathrm{dyn}}/I_{\mathrm{kin}}$ mit wachsendem Parameter A_{hkl} und Meßpunkte von HORSTMANN und MEYER (1961a, 1962) an Aluminium-Aufdampfschichten mit kleinen und großen Kristalliten. Man erkennt, daß bei Kristallen (Abb. 62a) kleiner als 100 Å das Verhältnis $I_{\mathrm{dyn}}/I_{\mathrm{kin}} \cong 1$ ist, die kinematische Theorie also noch recht gut die Verhältnisse beschreibt. Bei größeren Kristalliten (Abb. 62b) fällt zunächst die Intensität der Reflexe mit niedrigen Indizes ab, während für die höher indizierten Reflexe die kinematische Theorie noch relativ gut erfüllt ist. Dies wird auch durch die Bildkontraste in kristallinen Objekten (§ 8.2) bestätigt.

Reflexe höherer Ordnung (z. B. 400 oder 222) fallen aus dem Rahmen der anderen Meßpunkte heraus. Der Grund ist darin zu suchen, daß bei der Anregung von Reflexen höherer Ordnung auch die niedrigen Ordnungen mit angeregt sind. Man verläßt dann die Gültigkeit der dynamischen Zweistrahltheorie und muß die Wellenausbreitung in Kristallen für mehr als 2 Teilwellen lösen (NIEHRS, 1959; FUJIMOTO, 1959, 1960; FUJIWARA, 1959).

Es muß noch darauf hingewiesen werden, daß die gute Übereinstimmung zwischen Theorie und Experiment in Abb. 62 darauf zurückzuführen ist, daß HORSTMANN und MEYER mit einer Gegenfeldanordnung nur die elastisch gestreuten Elektronen erfaßten, und auch nur für diese die kinematische und dynamische Theorie aufgestellt ist. Alle Elektronen, welche Energieverluste größer als 2 eV erlitten hatten, wurden herausgefiltert. Versuche über die Verteilung der Streuintensitäten in den Interferenzlinien und im Streuuntergrund auf elastische und unelastische Anteile wurden von HORSTMANN und MEYER (1961b) sowie LEONHARD (1954) durchgeführt.

An ungefilterten Diagrammen liegt die größte Zahl von quantitativen Intensitätsmessungen vor, für die aber von vornherein Abweichungen durch unelastische Streuanteile zu erwarten sind (HALLIDAY, 1960; KUWA-BARA, 1962 [mit weiteren älteren Literaturangaben]; FUJIMOTO, 1963).

Die Temperaturabhängigkeit der Reflexe wurde bereits am Ende von § 5.2.4 diskutiert.

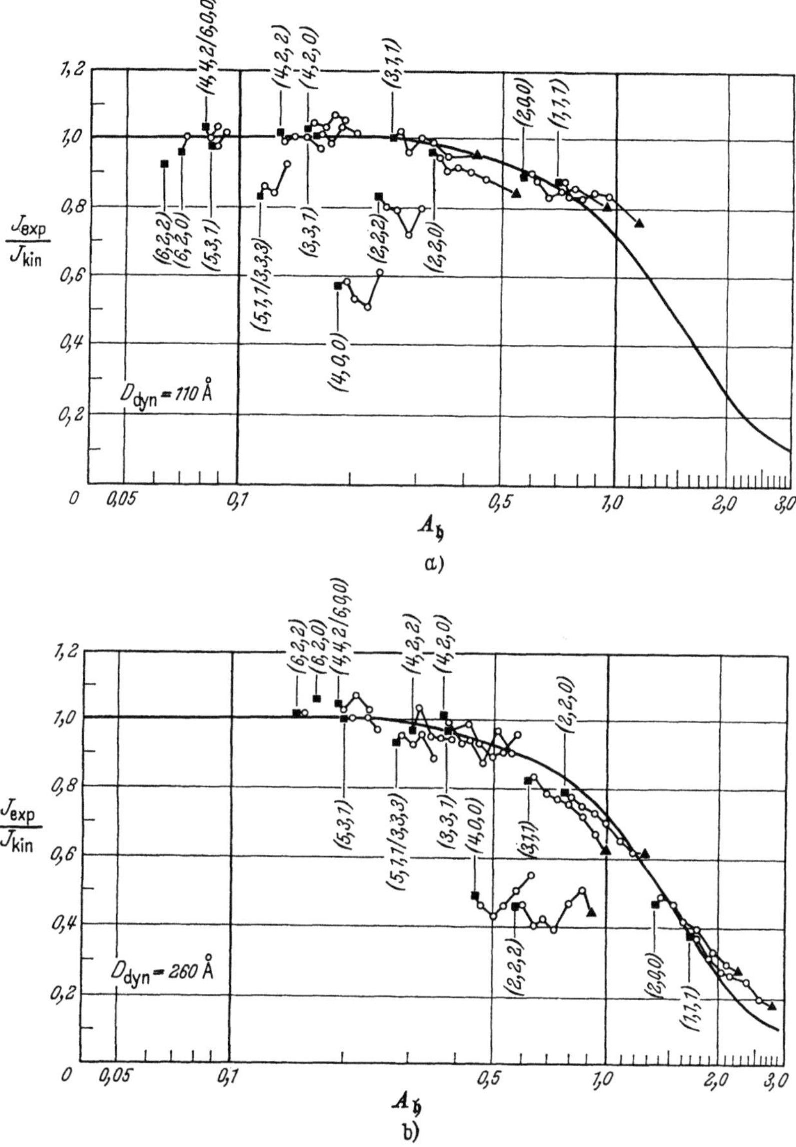

Abb. 62a u. b. Vergleich der Intensitäten verschiedener Beugungsreflexe mit der dynamischen Theorie der Elektronenbeugung an Aluminiumschichten mit a) 110 Å und b) 260 Å dicken Kristalliten (nach HORSTMANN und MEYER, 1962)

5.2.6. Kikuchi-Diagramme

Bei wachsender Schichtdicke nimmt der Streuuntergrund in Elektronenbeugungsdiagrammen zu, bis die Beugungsreflexe schließlich im Streuuntergrund verschwinden. Bei einer perfekten einkristallinen Probe

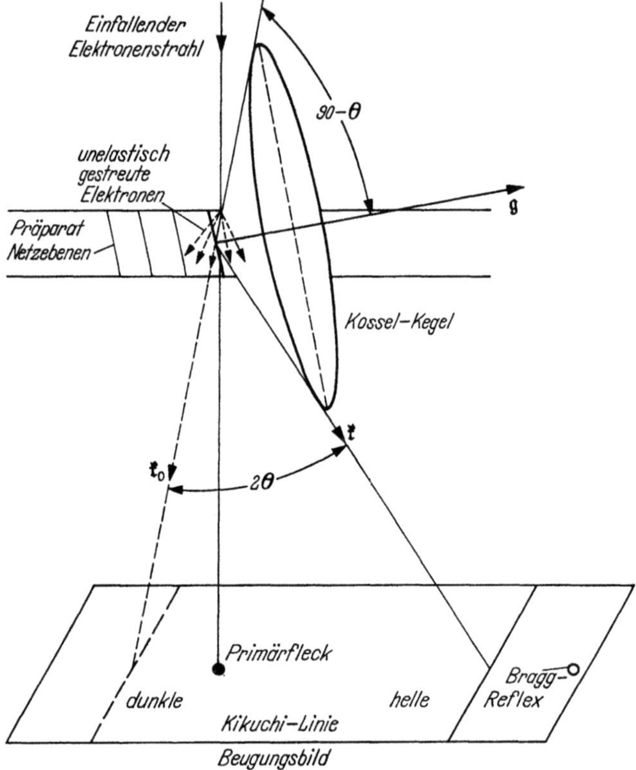

Abb. 63. Zur Entstehung heller und dunkler Kikuchi-Linien

beobachtet man dann im Untergrund eine Struktur aus hellen und dunklen Linien, den sog. Kikuchi-Linien (Abb. 64), wobei im allgemeinen eine helle und eine dunkle Linie parallel laufen (Winkelabstand 2θ, s. Abb. 63). Schon geringe Orientierungsschwankungen bringen die Kikuchi-Linien zum Verschwinden.

Sie entstehen durch unelastisch gestreute Elektronen. Dies konnte von BOERSCH (1953) durch Filterung direkt nachgewiesen werden. Die unelastisch gestreuten Elektronen weisen innerhalb des Objektes eine große Winkeldivergenz auf, insbesondere wenn die Schicht so dick ist, daß Mehrfachstreuung auftritt. Auf eine Netzebene fallen dann aus allen

Richtungen unelastisch gestreute Elektronen und es werden solche Elektronen Bragg-Reflexion erfahren, welche in Richtung einer Mantellinie des Kossel-Kegels mit dem Öffnungswinkel (90-Θ) und der Netzebenennormalen $\mathfrak{g}$ als Achse auf die Netzebenen auftreffen (Abb. 63). Die Reflexion erfolgt in Richtung der gegenüberliegenden Mantellinie. Wegen des kleinen Beugungswinkels Θ entstehen auf dem Endbildschirm zu Geraden entartete Hyperbeln als Schnitt des Kegels mit der Schirmebene.

Abb. 64. Reflexionsbeugungsdiagramm einer CaF$_2$-Spaltfläche mit Kikuchi-Linien (helle und dunkle), -Bändern und -Enveloppen (nach RAETHER)

Bei einer Drehung des Objektes können gestreute Elektronen aus anderen Einfallsrichtungen an den Netzebenen reflektiert werden. Da das System der Kossel-Kegel starr mit dem Objekt verbunden ist, dreht sich das System der Kikuchi-Linien starr mit dem Objekt mit, während der diffuse Primärstrahl oder noch schwach vorhandene Beugungsreflexe an der gleichen Stelle liegen bleiben. Ist der Anregungsfehler $\Delta\Theta = 0$, so

8 Reimer, Elektronenmikroskop. Methoden, 2. Aufl.

geht die helle Kikuchi-Linie durch den Bragg-Reflex. Fällt der Primärstrahl nicht unter dem Bragg-Winkel auf die Netzebenen, ist die helle
und dunkle Linie wie in Abb. 63 verschoben um den Winkel $\Delta\Theta$. Diese
Verschiebung der Kikuchi-Linien kann man ausnutzen (§ 11.2), um den
Kippwinkel des Objektes bei Stereoaufnahmen genau zu bestimmen,
Objektgoniometer zu eichen, oder bei der Burgersvektoranalyse von Versetzungen den Anregungsfehler zu entnehmen (§ 8.3.2).

Außer den hellen und dunklen geraden Linien treten auch noch
parabelförmig gekrümmte Linien auf (Abb. 64), die als Enveloppen einer
ganzen Schar von Kikuchi-Linien entstehen. Es kann auch das Gebiet
zwischen zwei Kikuchi-Linien aufgehellt sein (Kikuchi-Bänder). Die
Erklärung dieser Erscheinungen kann nur mit der dynamischen Theorie
erfolgen (s. zusammenfassende Literatur über Elektronenbeugung).

Auch bei Reflexionsbeugung an ebenen Oberflächen werden Kikuchi-
Diagramme beobachtet (Abb. 64).

5.3. Die optischen Grundlagen der Elektronenbeugung im Elektronenmikroskop

5.3.1. Beugung mit Kondensor

Falls ein Elektronenmikroskop so konstruiert ist, daß der Strahlenkegel der abgebeugten Strahlen alle Linsenöffnungen bis zum Endbildschirm passieren kann, so sind die Strahlengänge in Abb. 65 zur Erzeugung eines Beugungsbildes geeignet. Sie unterscheiden sich im erreichbaren Auflösungsvermögen $d/\Delta d$ als Maß dafür, welche Netzebenenabstände d und $d + \Delta d$ noch getrennt wahrgenommen werden können.
Aus (5.58) und Abb. 57 ergibt sich

$$\frac{d}{\Delta d} = \frac{r}{\Delta r} = \frac{\lambda L}{\delta d} , \tag{5.49}$$

wobei die Ringbreite Δr gleich dem Durchmesser δ des Primärfleckes
(Abb. 65) in der Beobachtungsebene gesetzt werden kann.

In Abb. 65a wird die Beugung ohne Kondensorlinsen erreicht. Mit
dem engsten Strahlquerschnitt s_1 und dem Objektblendendurchmesser s_2
liest man aus der Abbildung ab:

$$\delta = \frac{L}{A}(s_1 + s_2) + s_2 \qquad \text{ohne Linsen } \frac{d}{\Delta d} = 57 . \tag{5.50}$$

Das aufgeführte Auflösungsvermögen ergibt sich aus (5.49) mit $\lambda = 0{,}05$ Å
und $d = 1$ Å .

Eine Kondensorlinse (Abb. 65b) kann den engsten Strahlquerschnitt
s_1 auf das Endbild abbilden:

$$\delta = \frac{L + K}{A - K} s_1 \qquad \text{mit Kondensor} \quad \frac{d}{\Delta d} = 83 . \tag{5.51}$$

Das Auflösungsvermögen ist in diesem Fall zwar von der gleichen Größenordnung wie oben ohne Kondensor. Man benötigt aber keine Objektblende s_2 und kann größere Präparatflächen zur Beugung beitragen lassen, wodurch Stromdichte und Objektbelastung klein gehalten werden können.

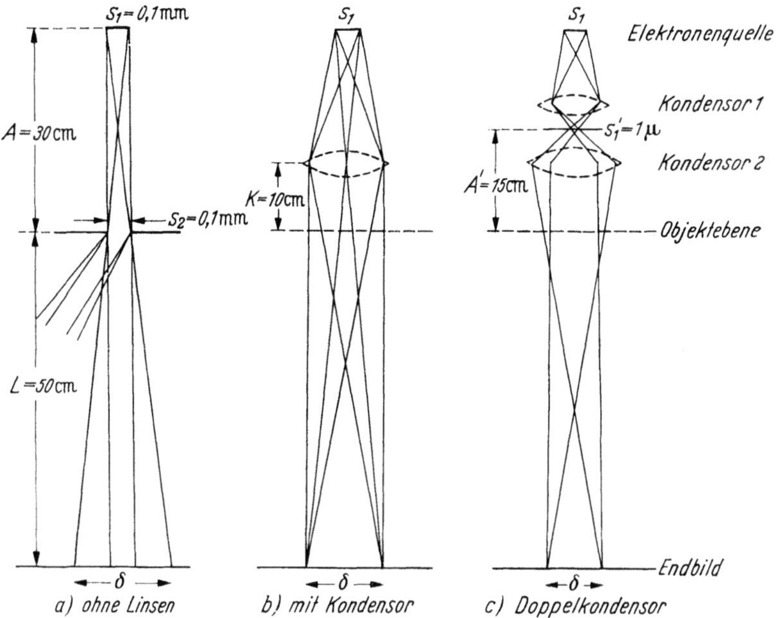

Abb. 65a-c. Strahlengänge bei Elekronenbeugung mit und ohne Kondensor zur Ableitung des Auflösungsvermögens (senkrecht zur Strahlachse stark vergrößert gezeichnet)

In Geräten mit zweistufigem Kondensor kann man mit sehr kurzen Brennweiten (etwa 1 mm) den engsten Strahlquerschnitt auf einen Durchmesser von $s_1' = 1\,\mu$ zusammenziehen und diesen dann mit Hilfe des zweiten Kondensors auf das Endbild abbilden (Abb. 65c).

$$\delta = \frac{L + K}{A' - K}\, s_1' \quad \text{mit zweistufigem Kondensor} \quad \frac{d}{\Delta d} \cong 2000 \,. \tag{5.52}$$

Diese Anordnung mit höherem Auflösungsvermögen erfordert aber längere Belichtungszeiten, da durch die Aperturblende des 2. Kondensors viel an Intensität verloren geht. Die Blende kann nicht vergrößert werden, da der Öffnungsfehler dieses Kondensors das Auflösungsvermögen wieder herabsetzen würde.

5.3.2. Beugung mit Zwischenabbildung und Feinbereichsbeugung

Wenn der Strahlenkegel der abgebeugten Strahlen nicht bei ausgeschaltetem Objektiv und Projektiv die Linsenöffnungen passieren kann,

8*

so muß das Beugungsbild über eine Zwischenabbildung erhalten werden. Dies kann entweder durch eine eigens hierfür eingebaute Beugungslinse oder mit der Zwischenlinse erfolgen. Andererseits bietet die Abbildung mit der Zwischenlinse die Möglichkeit der Feinbereichsbeugung.

Es wird davon ausgegangen, daß bei eingeschaltetem Objektiv stets in unmittelbarer Nähe der Brennebene ein 1. Beugungsbild liegt, weil alle

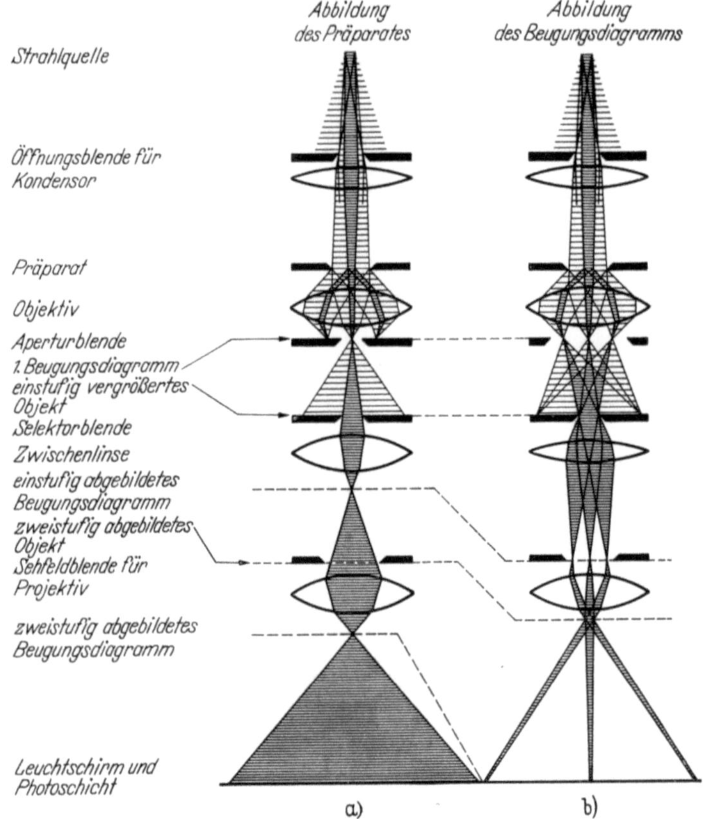

Abb. 66a u. b. Strahlengänge zur Feinbereichsbeugung: a) starke Erregung der Zwischenlinse zur Abbildung des einstufig vergrößerten Objektivbildes in der Selektorblendenebene, b) schwächere Erregung zur Abbildung des 1. Beugungsbildes in der Brennebene des Objektivs (nach Riecke, 1961)

Strahlen, welche das Objekt unter dem gleichen Winkel verlassen, in einem Punkt vereinigt werden (Abb. 32). In dieser Ebene wird durch das Objektiv der relativ zur Brennweite weit entfernte engste Strahlquerschnitt abgebildet, während im 1. Zwischenbild bei der gleichen Erregung das Objekt scharf abgebildet wird (Abb. 66a). Eine starke Erregung der Zwischenlinse erzeugt ein 2. Zwischenbild, welches in einigen Instrumenten auf dem Zwischenbildleuchtschirm beobachtet werden kann. Eine weitere Vergrößerung erfolgt dann durch das Projektiv. Wird jedoch die Zwischenlinse schwach erregt, so bildet diese das 1. Beugungsbild in die Zwischenbildebene ab (Abb. 66b). Das unverändert erregte Projektiv dient zur weiteren Vergrößerung dieses Beugungsbildes.

Mit einer „Selektorblende" in der Ebene des 1. Zwischenbildes gelingt es, Beugungsdiagramme von einem kleinen Bereich (bis herunter zu $1 \mu \oslash$) des bestrahlten Präparates zu erhalten (Feinbereichsbeugung)

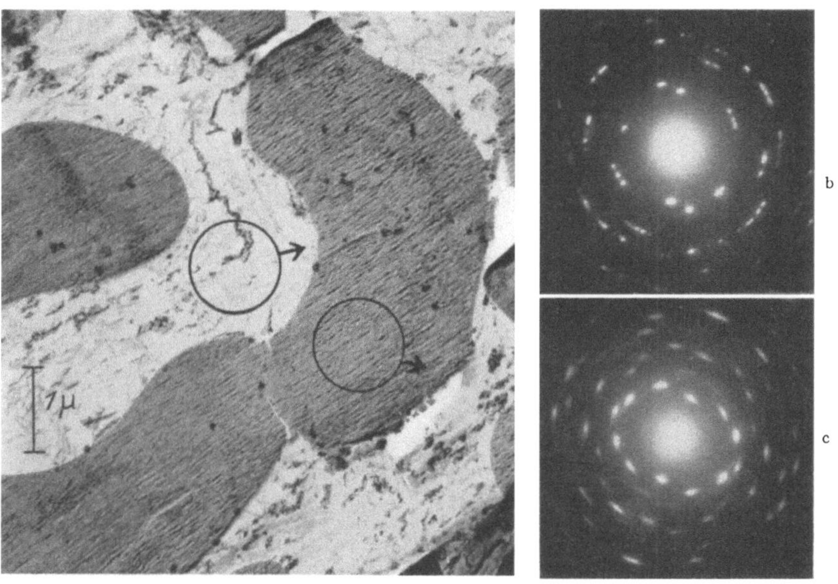

Abb. 67 a—c. Dünnschnitt durch ein Al–Cu-Eutektikum mit Diamantmesser. Von den kreisförmig markierten Stellen (1 μ ∅) sind Feinbereichsbeugungen von reinem Al in b) und den im Bild dunkel erscheinenden Al_2Cu-Kristallen in c) gezeigt

(LE POOLE, 1947; HAINE u. a., 1950; RIECKE u. RUSKA, 1957). Diese Methode findet vielseitige Anwendung bei der Identifizierung kleinerer Objektstellen oder bei der lokalen Orientierungsbestimmung mittels Elektronenbeugung. Abb. 67 zeigt als Beispiel die Unterscheidung zweier Phasen (Al und Al_2Cu) in einem Dünnschnitt eines Al-Cu-Eutektikums.

Bei einer schwachen Defokussierung des Beugungsdiagrammes werden die Reflexe zu Dunkelfeldbildern des Objektes auseinandergezogen und der Primärstrahl zu einem Hellfeldbild des Objektes. Diese Methode erlaubt eine schnelle Übersicht, welche Stellen des Präparates zu dem betreffenden Beugungsreflex beitragen und bei Vorliegen von Extinktionskonturen (§ 8.2) deren Indizierung. Abb. 68 zeigt als Beispiel das normale Hellfeldbild, das defokussierte Beugungsbild und das fokus-

sierte Feinbereichsbeugungsdiagramm des mit der Selektorblende ausgeblendeten Bereiches einer Sb-Aufdampfschicht.

Das Auflösungsvermögen bei der Beugung mit Zwischenlinse (oder
Beugungslinse) wird dabei bereits durch das 1. Beugungsbild hinter dem
Objektiv bestimmt. Zwischenlinse und Projektiv bilden nur dieses Beugungsbild ohne wesentlichen Verlust an Auflösungsvermögen vergrößert
ab. Der Durchmesser des Primärfleckes wird durch die Bestrahlungsapertur α_B bestimmt:

$$\delta = \varLambda r \cong 2\,\alpha_B f_{Obj}. \tag{5.53}$$

Abb. 68 a u. b) Feinbereichsbeugung einer Sb-Aufdampfschicht (s. Abb. 142), b) die gleiche Stelle im leicht
defokussierten Beugungsbild. Anstelle des Primärfleckes ist der ausgeblendete Objektbereich vergrößert
einkopiert

Da in dem gleichen Beugungsbild $r = 2\,\varTheta\,f_{Obj} \cong \dfrac{\lambda}{d}\,f_{Obj}$ ist, erhält man

aus (5.49) für das Auflösungsvermögen

$$\frac{d}{\varLambda d} \cong \frac{\lambda}{2\,\alpha_B d}. \tag{5.54}$$

Um ein Auflösungsvermögen von $d/\varLambda d = 2000$ zu erreichen, muß — falls
wieder wie oben $\lambda = 0,05\,\text{Å}$, $d = 1\,\text{Å}$ gesetzt wird — $\alpha_B \cong 10^{-5}$ betragen.
Eine derartig kleine Bestrahlungsapertur ist nur mit Doppelkondensor zu
erreichen, bei dem der 2. Kondensor schwach erregt wird. Die Bildhelligkeit bei hohem Auflösungsvermögen ist entsprechend gering. Nach
RIECKE (1961b) ist der Einfluß der Objektiv-Bildfehler auf das Auflösungsvermögen des Beugungsdiagrammes zu vernachlässigen. Man muß

auch berücksichtigen, daß normale Photoplatten wegen der Körnigkeit nur ein $d/\Delta d \cong 1000$ auszunutzen gestatten.

Die Linsenfehler des Objektivs und auch der folgenden Linsen können aber einen Einfluß auf die Lage der Beugungsreflexe haben und damit zu einer Verzeichnung des Beugungsdiagrammes führen, was quantitative Auswertungen eventuell erschweren kann. RIECKE (1961a) und DOWELL (1963) schätzen den Einfluß dieser Fehler ab. Man hat zu berücksichtigen:

a) Radiale Verzeichnung durch den Öffnungsfehler des Objektivs. Es handelt sich hierbei um eine tonnenförmige Verzeichnung. Bei magnetischen Linsen wird dieser Fehler jedoch kleiner als 1%. Bei elektrostatischen Linsen ist dieser Fehler wegen des größeren Öffnungsfehlers bedeutender. GÜTTER (1956) korrigierte diese tonnenförmige Verzeichnung mit einem kissenförmig verzeichnenden Projektiv.

b) Zerdrehung. Bei normaler elektronenmikroskopischer Beobachtung liefert das Objektiv keinen Beitrag zur Bildzerdrehung. Bei der Beugung werden jedoch auch Strahlen erfaßt, welche sich weit von der optischen Achse entfernen. Auf die Zerdrehung eines Projektives ist schon in § 1.3.2 eingegangen. Man kann den Zerdrehungsfehler verringern, wenn Objektiv- und Projektivlinse so von den Strömen durchflossen werden, daß sie gegensinnig drehen.

c) Elliptische Verzeichnung durch einen axialen Astigmatismus der Zwischenlinse.

Bei der Feinbereichsbeugung sind *Zuordnungsfehler* zu berücksichtigen; denn nicht alle Beugungsreflexe brauchen aus dem durch die Selektorblende ausgewählten Bereich zu kommen (AGAR, 1960; PHILLIPS, 1960; RIECKE, 1961a).

1. Ausblendfehler werden wieder durch den Öffnungsfehler des Objektivs verursacht. Es kommt bei der Abbildung im 1. Zwischenbild (am Ort der Selektorblende) zu Nebenbildern (s. § 1.3.1), weil die abgebeugten Strahlen unter einem relativ großen Winkel $\vartheta = 2\Theta$ zur optischen Achse aus dem Objekt austreten und dadurch in der äußeren Linsenzone mit einer kürzeren Brennweite abgebildet werden (Abb. 69). Die auf die Gegenstandsebene bezogene Verschiebung

$$\zeta_{\ddot{o}} = \frac{s}{V} = -C_{\ddot{o}}\,\vartheta^3 = -C_{\ddot{o}}\,(2\,\Theta)^3 \tag{5.55}$$

des im Lichte eines Beugungsreflexes abgebildeten Bereiches gegenüber dem vom Paraxialstrahl abgebildeten Bereich sei an einem praktischen Beispiel abgeschätzt. Bei 80 kV-Elektronen ($\lambda = 0,042$ Å) und einem mittleren Netzebenenabstand $d = 1$ Å ergibt sich mit $C_{\ddot{o}} = 4,5$ mm (Siemens-Elmiskop-Objektiv) $\zeta_{\ddot{o}} \cong 0,33\,\mu$. Bei Reflexen höherer Ordnung ($d < 1$ Å) steigt diese Verschiebung mit der 3. Potenz des Beugungswinkels ϑ. Bei kleinen ausgeblendeten Bereichen werden durch die Selektorblende also nur solche Reflexe höherer Ordnung hindurchgelassen, welche aus benachbarten Bereichen kommen. Es ist daher nicht sinnvoll, die Größe des ausgeblendeten Bereiches $2\,r = 2\,R/V_{obj}$ durch Verkleinerung des Selektorblendendurchmessers $2\,R$ kleiner als $1\,\mu$ zu wählen.

2. *Einstellfehler* werden durch eine falsche Lage des Blendenrandes der Selektorblende zur Zwischenbildebene hervorgerufen. Wenn die Brennweite des Objektivs um Δf_O falsch eingestellt ist, so führt dies zu einer Abweichung $\Delta b_E = V^2 \Delta f_O$ der Zwischenbildebene von der Ebene des Selektorblendenrandes. Analog zu Abb. 69 resultiert hieraus eine Verschiebung

$$s = V\zeta_E = \beta \Delta b_E = \frac{2\Theta}{V}\, \Delta b_E$$

und damit

$$\zeta_E = \frac{\Delta b_E}{V^2}\, 2\Theta \,. \tag{5.56}$$

Eine Fehleinstellung $\Delta b_E = 1$ mm ergibt mit $V_{Obj} = 27$ für Reflexe an Netzebenen mit $d = 1\,\text{Å}: \zeta_E = 0{,}06\,\mu$.

Man muß beachten, daß es schwierig ist, mit der Zwischenlinse den Blendenrand der Selektorblende scharf zu stellen, weil die Apertur der einfallenden Strahlung gering ist und damit die Zwischenlinse eine größere Tiefenschärfe besitzt (§ 2.2). Man sollte zur Scharfstellung daher ein stark streuendes Objekt verwenden. RIECKE (1961 a) schlägt zur Erhöhung der Bestrahlungsapertur am

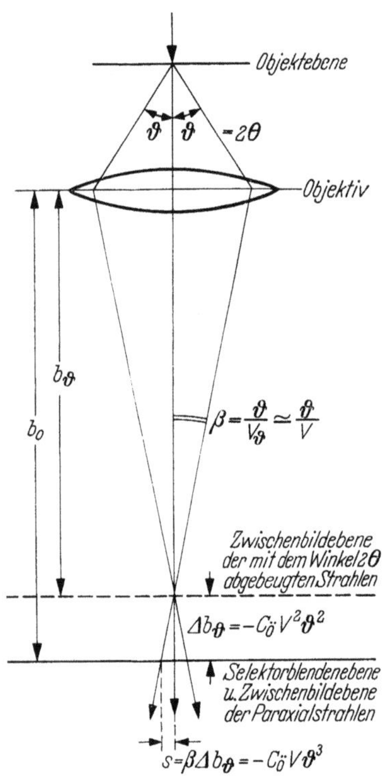

Abb. 69. Zur Berechnung des Ausblendfehlers

Ort der Selektorblende auch die Verwendung einer Wobbelspule vor (s. Verwendung als Scharfstellhilfe in § 2.2).

Ausblend- und Einstellfehler überlagern sich zu dem gesamten *Zuordnungsfehler*

$$\zeta = \zeta_E + \zeta_{\ddot{o}} = \frac{\Delta b_E}{V^2}\, 2\Theta - C_{\ddot{o}}(2\Theta)^3 \,. \tag{5.57}$$

Hieraus kann man ersehen, daß durch geeignete Defokussierung des Objektives um Δb_E erreicht werden kann, daß für einen bestimmten Reflex unter dem Beugungswinkel 2Θ der Zuordnungsfehler verschwindet. Hierzu ist aber zunächst $\Delta b_E = 0$ zu stellen und eine Eichung von Δb_E als Funktion des Objektiv-Linsenstromes vorzunehmen.

Eine weitere Fehlermöglichkeit im zugeordneten Bereich entsteht durch den Durchgriff magnetischer Streufelder der Zwischenlinse in den Raum zwischen Objektiv und Zwischenlinse, da man die Erregung der Zwischenlinse verändern muß, um von der Abbildung der Selektorblende auf die Abbildung des Beugungsdiagrammes überzugehen. Diese Querablenkfelder sollen nach RIECKE (1961a) bei verschiedenen Instrumenten Verschiebungen in der Größenordnung 0,1 bis 0,3 μ hervorrufen.

Wenn man demnach Beugung aus noch kleineren Bereichen als 1 μ ⌀ erhalten will, ist die Feinbereichsbeugung nicht eindeutig und man muß zu einer Feinstrahlbeugung übergehen, bei der das Objekt nur im interessierenden Bereich beleuchtet wird. Nach RIECKE (1962a, b) läßt sich der bestrahlte Bereich mit einem dreistufigen Kondensor auf 0,1 μ bis 100 Å reduzieren. Dabei muß die letzte Kondensorstufe hinreichend langbrennweitig sein, damit das Auflösungsvermögen des Beugungsdiagramms nicht durch die Bestrahlungsapertur verschlechtert wird. Als dritter Konsensor kann auch das Objektiv in kommerziellen Mikroskopen dienen, wenn die Probe im Brennpunkt angeordnet wird (s. u. Beugung im konvergenten Bündel).

5.3.3. Spezielle Elektronenbeugungsverfahren

a) Kleinwinkelbeugung. Die Röntgenkleinwinkelstreuung hat sich bei der Untersuchung von Perioden und Teilchen der Größenordnung 100 bis 1000 Å bewährt. Von MAHL und WEITSCH (1960) wurde diese Methode auf die Elektronenbeugung übertragen. Um bis zu Perioden von 1000 Å vordringen zu können, muß die Winkeldivergenz des Primärstrahles (gleich der Bestrahlungsapertur) bedeutend kleiner als der Beugungswinkel 2Θ sein, welcher sich bei 40 kV-Elektronen aus der Braggschen Reflexionsbedingung (5.19) zu $6 \cdot 10^{-5}$ ergibt. Da mit einer Doppelkondensoreinrichtung leicht Bestrahlungsaperturen von 10^{-5} erreicht werden können, bestehen von der experimentellen Seite keine Schwierigkeiten, da mit der Projektivlinse die Umgebung des Primärstrahles stark nachvergrößert werden kann. Es konnten z. B. diffuse Beugungsringe von Aufdampfschichten erhalten werden, aus deren Durchmesser sich Abstände ergeben, welche zum Teil gut mit den Kristallitdurchmessern der aus isolierten Inseln bestehenden Schichten übereinstimmten. Organische Objekte zeigen Aufladungserscheinungen (§ 12.2), die zu einem diffusen und instabilen Primärfleck führen. Erst nach einer Schrägbeschattung sind Perioden (z. B. in Kollagenfasern) aufgelöst (Abb. 70). BASSETT und KELLER (1964) untersuchten mit dieser Technik Hochpolymere. Die praktische Bedeutung ist jedoch nicht so groß wie die Röntgenkleinwinkelbeugung, denn Objekte, welche Elektronen-Kleinwinkelbeugung zeigen, lassen sich auch ebenso gut direkt elektronenoptisch abbilden.

Für die elektronenmikroskopische Untersuchung der magnetischen Struktur (§ 11.1) ist dieselbe Technik jedoch sehr aufschlußreich, da sie eine pauschale Verteilung der Magnetisierung innerhalb der ganzen Schicht liefert (s. Abb. 148).

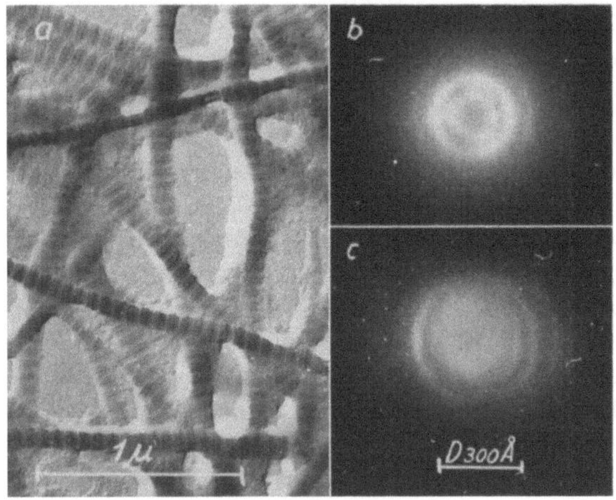

Abb. 70a—c. Kleinwinkelbeugung an einem schräg beschatteten Kollagenpräparat (nach MAHL und WEITSCH, 1960)

b) Elektronenbeugung im konvergenten Bündel. In § 5.2.3 und 5.2.4 wurde gezeigt, daß die kinematische und dynamische Theorie Beugungsreflexe über einen größeren Winkelbereich in der Nähe der Bragg-Lage

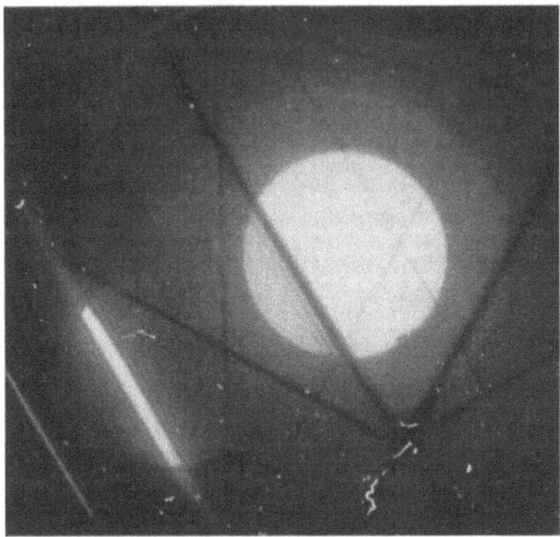

Abb. 71. Beugung im konvergenten Bündel (Öffnungswinkel 6°) von einer Al-Aufdampfschicht auf NaCl (220-Reflex). Man erkennt die dunklen Nebenmaxima im Primärfleck und die komplementären hellen Nebenmaxima im 220-Reflex (unten links) (Aufn. LEHMPFUHL)

ergeben. Dies kann man bei schichtförmigen Präparaten durch eine stachelförmige Ausdehnung der Punkte im reziproken Gitter beschreiben.

Diese Stacheln besitzen Intensitätsverteilungen wie sie in Abb. 59 bzw. 60 dargestellt sind. Normalerweise schneidet die Ewaldsche Ausbreitungskugel nur einen Punkt des Stachels. Andere Punkte kann man durch Schwenken des Präparates um eine zum Elektronenstrahl senkrechte Achse erhalten (UYEDA u. a., 1954; EHLERS, 1956) oder indem man den Elektronenstrahl neigt. Benutzt man ein konvergentes Elektronenbündel (KOSSEL u. MÖLLENSTEDT, 1938, 1942), so kann man gleichzeitig verschiedene Richtungen des Elektronenstrahles auf das Objekt fallen lassen. Da das Beugungsdiagramm eine Projektion des reziproken Gitters darstellt, fallen die Reflexe aus verschiedenen Bereichen der Stachel nicht zusammen, sondern werden in einem ausgedehnten Beugungsreflex auseinandergezogen (Abb. 71). Eine streifenförmige Struktur in den Beugungsreflexen entspricht den Nebenmaxima bzw. -Minima in Abb. 60. Die Abstände der Nebenmaxima hoher Ordnung entsprechen dabei weitgehend der kinematischen Theorie. Bei niedrigen Ordnungen können die Abweichungen besser mit der dynamischen Theorie gedeutet werden, jedoch ergeben sich auch hier Abweichungen von der Zweistrahltheorie (ACKERMANN, 1948). Da der Abstand der Maxima im reziproken Gitter von der Schichtdicke D abhängt [(5.41) und (5.42)], ergibt sich die Möglichkeit einer Schichtdickenbestimmung aus dem Streifenabstand der Nebenmaxima. In einem kommerziellen Elektronenmikroskop erhielten GOODMAN u. LEHMPFUHL (1965) Beugungen im konvergenten Bündel, indem sie das Präparat in den Brennpunkt der Objektivlinse (Ebene der Aperturblende) legten. Der bestrahlte Bereich beträgt nur etwa 500 Å. Voraussetzung für die Beobachtbarkeit dieser Beugungserscheinungen im konvergenten Bündel ist allerdings ein perfekter Einkristall. Es genügen schon Verwackelungen der einzelnen Objektbereiche um wenige Winkelminuten, um die Maxima zu verwischen. Es ist daher besonders günstig, möglichst kleine Objektbereiche zu bestrahlen. Die starke Kontamination durch die hohe Strahlstromdichte im Brennpunkt des Objektivs wurde durch Aufheizung des Objektes auf 200° C vermieden. RAITH (1965) benutzte eine Objektraumkühlung zur Unterdrückung der Kontamination (s. § 9.3).

c) Reflexionsbeugung. In vielen Fällen ist es nicht möglich, Oberflächenschichten von der kompakten Unterlage abzutrennen. In diesen Fällen ist eine Untersuchung mit der Reflexionsbeugung unter streifendem Einfall des Elektronenstrahles möglich. Viele Mikroskope besitzen für diesen Zweck spezielle Objektpatronen oder Zusatzeinrichtungen. Nähere Einzelheiten sind den Werken über Elektronenbeugung zu entnehmen. Es sei hier nur auf die wichtigsten Gesichtspunkte hingewiesen.

Durch den streifenden Einfall dringen die Elektronen nur wenige Atomlagen bis zu etwa 10 Å tief in die Oberfläche ein. Dadurch entstehen Stacheln im reziproken Gitter, welche sich im Beugungsdiagramm direkt als streifenförmige Verzerrungen der Beugungsreflexe bemerkbar machen (Abb. 72). Ebene Flächen von Einkristallen zeigen Kikuchi-Diagramme in Reflexion (Abb. 64). Wenn die Oberfläche rauh ist, so liefern insbesondere hervorragende Zacken analoge Beugungsdiagramme wie bei der Durchstrahlung. Unter dem streifenden Einfall sind Einflüsse der Brechung in der Probe zu berücksichtigen, die zu Verschiebungen der Reflexe in Richtung Primärstrahl führen können.

Auf Grund der geringen Eindringtiefe sind Reflexionsbeugungsdiagramme besonders empfindlich gegen Kontaminationsschichten. Um die Oberfläche sauber zu halten, ist es erforderlich, diese aufzuheizen oder mittels Ionen- oder Elektronenbombardement kontaminationsfrei zu halten. Von HEISE (1952), RIECKE (1959), RIECKE u. STÖCKLEIN (1959), EISFELDT u. a. (1960) werden z. B. Zusatzeinrichtungen beschrieben, die diese Gesichtspunkte berücksichtigen.

Bei isolierenden Objekten (z. B. Spaltflächen von Alkalihalogeniden) stören Aufladungseffekte. Sie können vermieden werden durch Elektronenbestrahlung aus einer besonderen Quelle mit 200—1000 Volt Beschleunigungsspannung. Die langsamen Elektronen kompensieren die durch Sekundärelektronenemission hervorgerufene in der Regel positive Aufladung der Probe. Auch eine Erwärmung des Objektes (Erhöhung der Leitfähigkeit) kann die Aufladung herabsetzen.

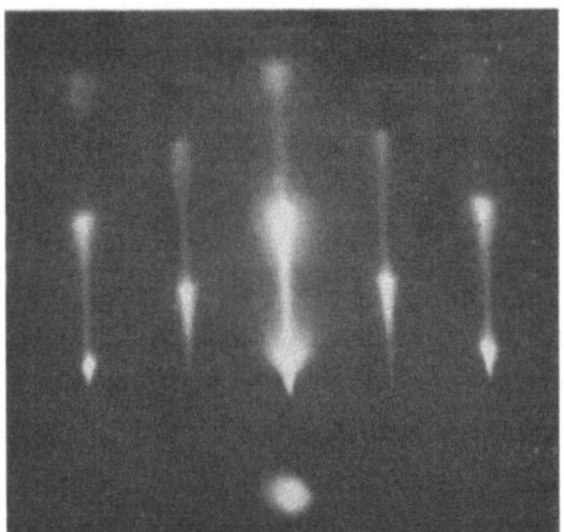

Abb. 72. Reflexionsbeugungsdiagramm einer NaF-Aufdampfschicht auf NaF-Spaltfläche (100) 270° C (nach RAETHER)

5.4. Auswertung und Informationsmöglichkeiten der Elektronen-Beugungsdiagramme

5.4.1. Ermittlung der Netzebenenabstände

Zur Berechnung der Netzebenenabstände d braucht man nach der Braggschen Reflexionsbedingung (5.19) die Wellenlänge λ [aus (5.12) und Abb. 56] und den Glanzwinkel Θ, den man durch die Messung des Ablenkwinkels 2Θ (Abb. 57) erhält. Da die Elektronenbeugung nur in extrem kleine Winkel erfolgt, kann man den Sinus in erster Näherung durch den Tangens ersetzen

$$2 \sin \Theta \cong \mathrm{tg}\, 2\Theta = \frac{r}{L}; \quad d \cong \lambda \frac{L}{r}, \tag{5.58}$$

oder aus einer Reihenentwicklung noch ein zweites Glied hinzunehmen (STAHL, 1951)

$$d = \lambda \frac{L}{r} \left(1 + \frac{3}{8}\left(\frac{r}{L}\right)^2 + \ldots\right).$$

(5.59)

In dieser Reihenentwicklung nach den meßbaren Größen Rindradius r und Beugungslänge L reicht für viele Zwecke das 1. Glied aus.

In den Elektronenmikroskopen ist es oft schwierig, die Beugungslänge L mit einer Genauigkeit von 1 mm zu messen und außerdem ist sie bei Beugung mit Zwischenabbildung (Feinbereichsbeugung) überhaupt nicht der direkten Messung zugänglich. Deshalb entnimmt man für genaue Messungen das gesamte Produkt λL einer Eichaufnahme mit einem Stoff bekannter Gitterkonstanten.

Die Auswahl eines Eichstoffes ist sehr kritisch. Es werden daher nur wenige Stoffe bevorzugt (Tab. 5.4), für die folgende Forderungen erfüllt sind:

1. viele scharfe Ringe, so daß sich ein guter Mittelwert bilden läßt,
2. chemisch stabil und keine Veränderungen bei Elektronenbeschuß,
3. Übereinstimmung mit der röntgenographischen Gitterkonstanten,
4. bequeme Präparation.

Tabelle 5.4. *Eichstoffe für die Elektronenbeugung*

Eichstoff	Gitterkonstante	Beobachtet von
LiF	NaCl-Typ 4,020 Å	KÖNIG, 1946b
TlCl	CsCl-Typ 3,841 Å	BOSWELL, 1950 WITT, 1964
MgO	NaCl-Typ 4,202 Å	BOSWELL, 1950
ZnO	Wurtzit-Typ $a = 3{,}243$ Å $c = 5{,}194$ Å	LU und MALMBERG, 1943

LiF und TlCl lassen sich gut aus einem Wolframschiffchen verdampfen und die Oxyde durch Auffangen des Rauches auf Objektträger niederschlagen. Man entzündet z. B. Magnesiumband und fährt mit einem befilmten Objektträger durch den aufsteigenden Rauch. Mit einer Präzisionsbestimmung der Gitterkonstanten von TlCl-Aufdampfschichten ($\Delta a/a = \pm 3 \cdot 10^{-5}$) konnte WITT (1964) Übereinstimmung mit Röntgenwerten finden. Allerdings können in einigen Reflexen Abweichungen bis zu $2{,}5 \cdot 10^{-4}$ durch Gitterfehler auftreten. Es ist daher berechtigt, sich auf TlCl als Gitterkonstantenstandard für die Elektronenbeugung festzulegen s. a. (DOWELL, 1964a).

Es ist auf keinen Fall ratsam, Metallaufdampfschichten als Eichstoffe zu verwenden. Als Beispiel seien Untersuchungen von KÖNIG (1946a) an Aluminium-Aufdampfschichten angeführt. Beim ersten Verdampfen kleiner Al-Mengen vom Wolframdraht ergab sich die richtige Gitterkonstante 4,041 Å. Nach mehrmaligem Verdampfen vom selben Draht fiel die Gitterkonstante durch den Einbau von mitverdampftem Wolfram auf 4,025 Å ab. Andererseits lieferte eine Oxydation der Schichten 1 Std bei 600° C an Luft eine Erhöhung der Gitterkonstanten des Al durch Sauerstoffeinbau auf 4,078 Å.

Neben diesem Einbau von Fremdstoffen soll sich die Gitterkonstante auch mit abnehmender Teilchengröße ändern, worüber aber widersprechende Ergebnisse vorliegen (Zusammenfassung bei KÖNIG, 1947).

Bei der Anwendung eines Eichstoffes gibt es drei Möglichkeiten:

1. Die Eichaufnahmen und die Aufnahme des zu vermessenden Diagramms erfolgen nacheinander. Bei der Feinbereichsbeugung besteht die Möglichkeit, ohne Abschalten der Linsenströme und der Hochspannung, Beugungsaufnahmen von verschiedenen Substanzen aufzunehmen, wenn man entweder kleinere Blenden nebeneinander in eine Spezialpatrone einlegt oder sogar auf einer einzigen Trägerfolie großer Öffnung mehrere Objekte nebeneinander präpariert (DOWELL, 1964b).

2. Wenn beide Diagramme wenige Linien zeigen, die sich nicht überdecken, kann man die Diagramme gleichzeitig aufnehmen, indem man etwa das zu untersuchende Objekt mit Oxydrauch belegt. Diese beiden Verfahren sind dann besonders geeignet, wenn die Debye-Scherrer-Ringe unrund ausfallen, was durch magnetische Störfelder leicht auftreten kann (s. a. Abbildungsfehler bei der Beugung mit Zwischenlinse). Es empfiehlt sich die Diagramme, wenn möglich nur in einer radialen Richtung zu vermessen.

3. Bei einem Verfahren nach RIEDMILLER (1936)(„Simultanbeugung") wird das Eich- und Untersuchungsobjekt auf getrennten Trägern präpariert aber gleichzeitig aufgenommen. Durch einen Steg unterhalb des Objektes wird je eine Hälfte des Beugungsdiagrammes ausgeblendet, so daß 2 Hälften nebeneinander liegen, die sich etwas überlappen.

5.4.2. Indizierung der Netzebenen und Strukturbestimmung

Die geschilderte Ermittlung der Netzebenenabstände läßt sich in jedem Fall durchführen und bietet schon die Möglichkeit, Stoffe miteinander zu vergleichen. Um aber die einzelnen Reflexe oder Ringe zu indizieren (Angabe der hkl der reflektierenden Netzebene), muß man zunächst das Kristallsystem des Stoffes herausfinden. Im § 5.2 wurde dargelegt, daß die Netzebenenabstände und die Intensitätsverhältnisse im Rahmen der wellenkinematischen Theorie mit denjenigen der Röntgen-

interferenzen übereinstimmen, so daß man die Erfahrungen der Röntgen-
feinstrukturuntersuchungen ausnutzen kann. Wenn man schon eine Vorstellung von der möglichen chemischen Zusammensetzung des Präparates
hat, ist es angebracht, zunächst einmal die Kristallstruktur dieser Stoffe
in den röntgenographischen Tabellenwerken nachzusehen (Struktur-
berichte, A.S.T.M.-Kartei, WYCKOFF, 1931, 1948—1953, 1964, 1965;
DONNAY, 1963; SCHUBERT, 1964).

Es ist aber durchaus möglich, daß Stoffe in Form dünner Schichten
oder kleiner Teilchen eine andere Kristallmodifikation als das kompakte
Material aufweisen können. Völlig neue oder unbekannte Kristallstrukturen sind mit normalem Zeitaufwand nur bei kubischen, tetragonalen
und hexagonalen Kristallen zu indizieren (Graphische Auswertehilfsmittel
bei HULL und DAVEY, 1921; BUNN, 1945 und MIRKIN, 1964).

Um für die oben angeführten einfacheren Kristallsysteme die praktische Arbeit zu erleichtern, wurden in Tab. 5.1 die Auslöschungsregeln
zusammengestellt, die bei einigen Gittertypen ein wertvolles Hilfsmittel
zur Indizierung bilden, aber auch quantitative Kenntnisse der Ring-
intensität verlangen. Bei letzteren liegt aber ein Hauptproblem, da es
mannigfaltige Ursachen gibt, welche die Intensitätsverhältnisse bei der
Elektronenbeugung verändern können, was bei Röntgenaufnahmen nicht
in dem Maße der Fall ist. Als Ursachen für eine Beeinflussung der Reflex-
intensitäten seien genannt:

a) Übergang von der kinematischen zur dynamischen Theorie schon
bei kleinen Kristallitgrößen, b) Anregung verbotener oder schwacher
Reflexe durch Mehrfachbeugung und Umweganregung, c) Ausfall von
Linien bei Vorliegen einer Fasertextur (§ 5.4.3) und d) speziell bei kleinen
Einkristallen, Anregung von nur wenigen Reflexen, deren Netzebenen
gerade günstig zum Strahl liegen.

Die vollständige Kristallstrukturbestimmung durch eine Fouriersynthese hat gegenüber der Röntgenbeugung folgende Vorteile. Einige
Verbindungen existieren nur in dünnen Oberflächenschichten (z. B. Gold-
Sauerstoff-Verbindungen) und sind daher nur mit Elektronenbeugung zu
untersuchen (evtl. Reflexionsbeugung mit streifendem Einfall). Andererseits lassen sich sogar Einkristalldiagramme von sehr kleinen Kristallen
gewinnen, die röntgenographisch wegen der Teilchenkleinheit nur diffuse
Ringdiagramme ergeben. Röntgenographisch tritt eine Linienverbreiterung durch Teilchenkleinheit schon bei Kristallen kleiner als 1000 Å auf,
während sich diese Verbreiterung in der Elektronenbeugung erst unterhalb Kristallitgrößen von 50 Å bemerkbar macht (5.37). Während in der
Röntgenbeugung der Atomformfaktor mit wachsender Ordnungszahl
ansteigt und bei Wasserstoff sehr gering ist, so daß die Lage von Wasser-
stoffatomen im Kristallgitter nur sehr ungenau zu ermitteln ist, liegt das
Verhältnis der Atomformfaktoren bei der Elektronenbeugung günstiger.

In Material, welches in genügender Menge vorliegt, ist man jedoch nicht auf die Elektronenbeugung angewiesen, sondern kann die Lage von H-Atomen besser aus Neutronen-Beugungsexperimenten gewinnen.

Obwohl es also viele Anwendungsmöglichkeiten der Strukturbestimmung mit Elektronenbeugung gibt, ist die Fouriersynthese nur selten angewandt worden (PINSKER u. Mitarb., 1953; GARD u. a., 1958; COWLEY, 1962). Eine klare Darstellung der Probleme und Schwierigkeiten gibt COWLEY (1953, 1962). In dieser Arbeit wird auch die Intensitätsmessung von Einkristall-Beugungsdiagrammen beschrieben. Durch ein Ablenkspulenpaar wird jeder Beugungsreflex zu einer quadratischen Fläche ausgezogen, womit eine bessere Photometrierung gewährleistet ist. Um auch den Reflexionsbereich im reziproken Gitter abzutasten, lassen FUJIME u. a. (1964) das Präparat noch um eine Achse in Schichtebene oszillieren. Außerdem ist eine statistische Drehung des Präparates um eine dazu senkrechte Achse in Schichtebene möglich.

5.4.3. Auswertung von Texturdiagrammen

Bei vielen mit Elektronenbeugung untersuchten Präparaten ist die Voraussetzung einer regellosen Kristallitorientierung nicht erfüllt,sondern es kann z. B. eine Netzebene bevorzugt parallel zur Schichtebene liegen. Innerhalb der Ebene können die Kristallite aber regellos verdreht sein mit einer Rotationsachse (der sog. Faserachse) senkrecht zur Schicht. Die Rotation der Kristallitorientierungen um die Faserachse kann man auch im reziproken Gitter durchführen. Gitterpunkte werden dann zu konzentrischen Kreisen um die Faserachse. Die Bezeichnung Fasertextur für diese Art von Vorzugsorientierung stammt von weiteren Beispielen einer solchen Orientierung in organischen und anorganischen Fasern.

Es sollen die Beugungsdiagramme von Fasertexturen im folgenden am Beispiel der oben beschriebenen Textur diskutiert werden. In Gold-Aufdampfschichten (kubisch flächenzentr. Gitter) kann man z. B. eine 111-Fasertextur beobachten. Das heißt die [111]-Richtung steht bevorzugt als Faserachse senkrecht zur Schichtebene. Bei Senkrechtdurchstrahlung der Schicht tritt z. B. der 220-Ring intensiver hervor (Abb. 73a), denn bei Einstrahlung in Richtung der Faserachse unterscheiden sich die Beugungsdiagramme gegenüber solchen von texturfreien Proben nur in Veränderungen der Ringintensitäten, die allerdings bei einer gut ausgeprägten Fasertextur auch zum Verschwinden einzelner Ringe führen kann. Im § 5.2.3 ist die Bedeutung von Auswahlregeln für die Ermittlung der Kristallstruktur diskutiert. Daher können derartige Beugungsdiagramme zu Fehldeutungen führen, wenn es nicht ein einfaches Kriterium gäbe, die Fasertextur sicher zu erkennen.

Wenn man nämlich nicht in Richtung der Faserachse, sondern unter einem größeren Winkel zu dieser geneigt einstrahlt, so ergeben sich keine gleichmäßig hellen Debye-Scherrer-Ringe mehr. Es treten symmetrische Verstärkungen der Ringintensitäten unter bestimmten Azimuten δ (Abb. 73b) auf. Ringe, die bei Senkrechtaufnahmen aus den oben genann-

ten Gründen verschwunden sind, tauchen dann wieder auf. Die sichelförmigen Aufhellungen ziehen sich um so stärker zusammen, je ausgeprägter die Textur ist (Abb. 73c). Aus dem Azimut δ, dem Winkel β der Faserachse mit dem einfallenden Elektronenstrahl und dem Braggwinkel Θ kann man aus Abb. 74 aus dem sphärischen Dreieck EFN eine Beziehung für den Winkel ϱ der reflektierenden Netzebene mit der Faserachse ablesen:

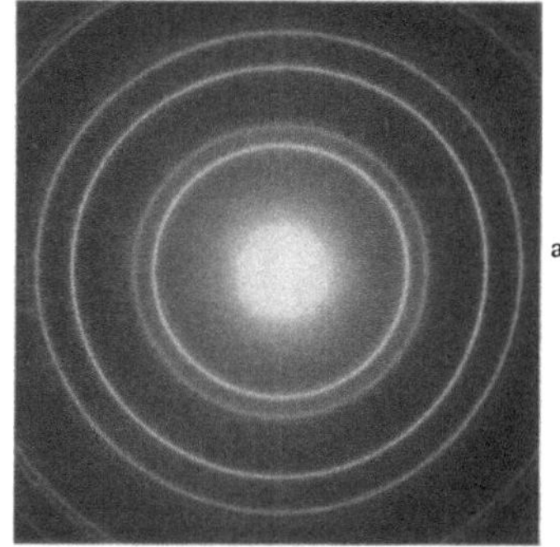

$$\cos\varrho = \cos\beta\sin\Theta + \sin\beta\cos\Theta\cos\delta. \quad (5.60)$$

Da bei Elektronenbeugung Θ sehr klein ist, kann man diese Beziehung vereinfachen zu

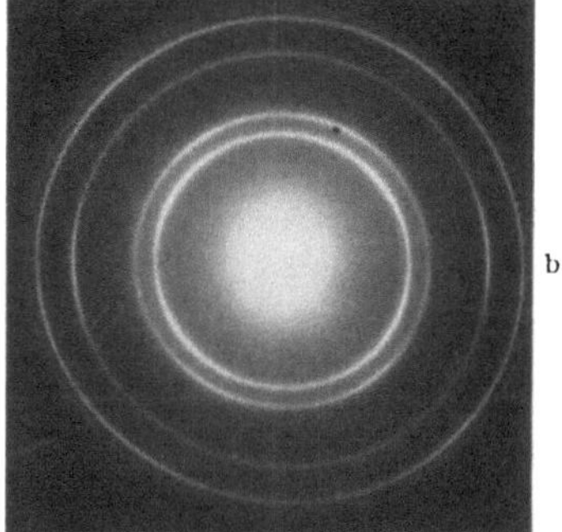

$$\cos\varrho = \sin\beta\cos\delta. \quad (5.60\,\text{a})$$

Daraus kann man mit dem gemessenen Azimut δ auf der Platte den Winkel ϱ der reflektierenden Netzebene mit der Faserachse berechnen. Wenn man dies für verschiedene Reflexe durchführt, läßt sich auf die parallel zur Schicht liegende Vorzugsebene schließen. Die Werte für ϱ bei verschiedenen Texturen sind in Tab. 5.5 für kubische Gitter zusammengefaßt. Weitere Gesetzmäßigkeiten von Texturaufnahmen findet man bei RÜHLE (1950).

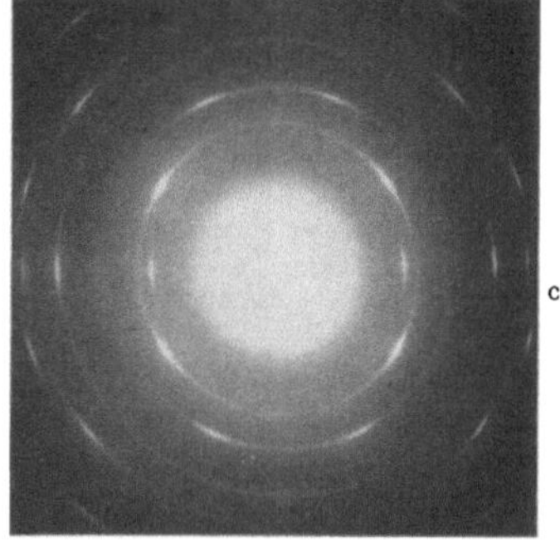

Damit zur Messung des Ringazimuts die Sicheln möglichst schmal sind, müssen die Kreise im reziproken Gitter (s. o.) unter einem möglichst großen Winkel geschnitten werden. Neigungswinkel von 45—60° lassen sich selbst bei Präparaten auf Trägernetzen noch gut realisieren.

Abb. 73 a—c. a) Beugungsdiagramm einer Au-Aufdampfschicht mit schwacher (111)-Fasertextur senkrecht durchstrahlt und b) unter 45° zum Elektronenstrahl geneigt. c) Fasertextur (45°) einer Zn-Aufdampfschicht

Entsprechende Einsätze in den Objektpatronen lassen sich leicht anfertigen (s. a. MACKAY, 1965). Die Textur kommt am schärfsten zum

Ausdruck, wenn $\beta = 90°$. Bei Schichten läßt sich dieses natürlich nicht in Durchstrahlung realisieren, wohl aber mit der Reflexionsbeugung.

Mißt man durch schrittweise radiale Photometrierung die azimutale Verteilung der Ringintensitäten, so ist es auch möglich, die Textur quantitativ zu erfassen (REIMER u. FREKING, 1965). Vor allem erkennt man dabei noch schwache Nebenmaxima, die im Beispiel der Au-Schichten von einer Zwillingsbildung herrühren und mit dem bloßen Auge nicht zu erkennen sind.

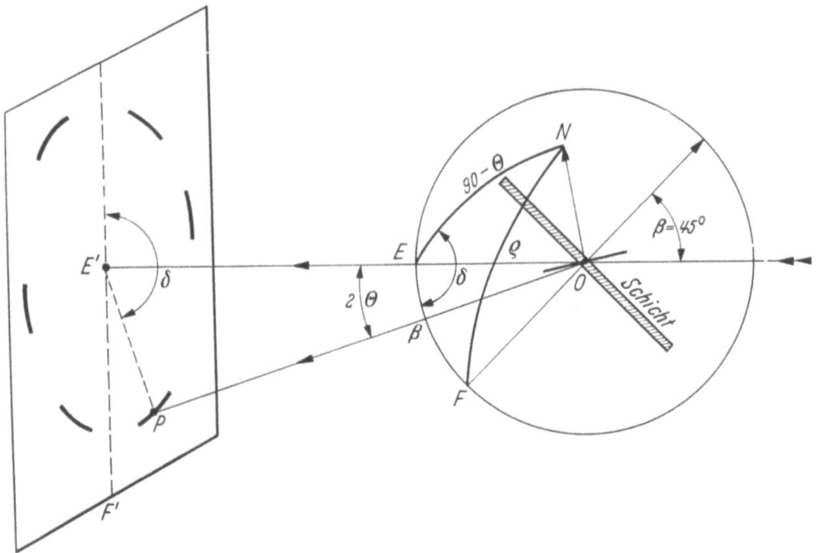

Abb. 74. Zur Ableitung der Gesetzmäßigkeiten von Beugungsdiagrammen mit Fasertextur

Tabelle 5.5. *Neigungswinkel ϱ der wichtigsten Netzebenen zur Faserachse in reflexionsfähiger Stellung bei Faserdiagrammen kubischer Kristalle (FA Faserachse)* (nach GLOCKER, 1958)

Netzebene	FA [100]	FA [110]	FA [111]	FA [211]
(100)	90°	45°; 90°	55°	35°, 66°
(110)	45°, 90°	60°, 90°	35°, 90°	30°, 55°, 73°, 90°
(111)	55°	35°, 90°	71°	19°, 62°, 90°
(211)	35°, 66°	30°, 55°, 73°, 90°	19°, 62°, 90°	34°, 48°, 60°, 71°, 80°
(310)	18°, 72°	27°, 48°, 63°, 77°	43°, 69°	25°, 50°, 59°, 75°, 83°
(311)	25°, 72°	31°, 65°, 90°	30°, 59°, 80°	10°, 42°, 61°, 76°, 90°
(210)	27°, 64°	18°, 51°, 72°	39°, 75°	—

5.4.4. Zusatzreflexe in Beugungsdiagrammen

In Elektronenbeugungsdiagrammen werden durch verschiedene Ursachen Zusatzreflexe beobachtet, welche man nach der elementaren Beugungstheorie nicht erwartet. Da nicht alle Erscheinungen diskutiert

werden können, weil von Objekt zu Objekt neue Verhältnisse auftreten,
sollen einige Beispiele näher behandelt werden.

a) Verbotene Reflexe und Doppelreflexion. Da nach der dynamischen
Theorie ein an den Netzebenen hkl abgebeugter Strahl fast die Intensität
des Primärstrahles erreichen kann, ist eine zweite Reflexion an den Netzebenen $h'k'l'$ möglich und dem resultierenden Reflex im Beugungsdiagramm sind die Indizes $h - h'$, $k - k'$, $l - l'$ zuzuschreiben. Durch
diese „Umweganregung" können Reflexe auftreten, die nach den Auswahlregeln (Tab. 5.1) verboten sind, z. B. der (00 l) Reflex (l ungerade) in
FeS$_2$ (RAETHER, 1932), der 222-Reflex in Germanium durch Doppelreflexion an den Netzebenen ($\bar{1}$11) und (311) (HEIDENREICH, 1950;
TAKAGI u. MORIMOTO, 1963), der 00.1-Reflex in hexagonalem Kobalt
durch (h 0.1) und ($\bar{h}$ 0.0) (FUJIME u. a., 1964). Diese Erklärungsmöglich-
keit der verbotenen Reflexe ist an spezielle Kristallorientierungen gebunden, welche derartige Reflexionen mit relativ kleinem Anregungsfehler
zulassen. Man spricht von „zufälliger Wechselwirkung" (accidental interaction). Berücksichtigt man jedoch, daß bei der Elektronenbeugung
wegen der kleinen Krümmung der Ewald-Kugel stets eine große Zahl von
Reflexen simultan angeregt wird (Mehrstrahlfall der dynamischen Theorie)
so führt die Theorie von HOERNI (1956) und FUJIMOTO (1960) zu einem
Anstieg der integralen Intensität des 222-Ringes von Germanium proportional zu D^2/λ für kleine Werte von $D \cdot \lambda$ („systematische Wechselwirkung", systematic interaction). TAKAGI u. MORIMOTO (1963) konnten
durch Intensitätsmessungen zeigen, daß die letzte Theorie für Germani-
umaufdampfschichten erfüllt ist.

Es besteht jedoch auch die Möglichkeit, daß Reflexe, die in der Röntgenbeugung nicht beobachtet werden, bei der Elektronenbeugung auftreten, weil die Strukturfaktoren verschieden sind. Als Beispiel sei KCl
aufgeführt (GARD u. a., 1958). Die Ordnungszahlen von K und Cl sind 19
bzw. 17, aber die K$^+$- und Cl$^-$-Ionen haben je 18 Elektronen. Bei der auf
die Elektronendichteverteilung ansprechenden Röntgenbeugung verschwindet daher der Strukturfaktor $(f_{K^+} - f_{Cl^-})^2$ in Tab. 5.1 (NaCl-
Struktur), während in der Elektronenbeugung wegen der unterschiedlichen Kernladungszahl diese Differenz von Null verschieden ist und zu
schwachen Beugungsreflexen führt, welche röntgenographisch nicht beobachtet werden.

Liegen zwei Kristallamellen mit unterschiedlicher Gitterkonstanten
übereinander oder sind solche mit gleicher Gitterkonstanten um kleine
Winkel gegeneinander verdreht, so kann ein in der ersten Lamelle abgebeugter Strahl als Primärstrahl in der 2. Schicht wirken. Es kommt zu
Doppelreflexionen, die zu Reflexaufspaltungen führen und auch Reflexionen in der Nähe des Primärstrahles ergeben (s. Moiré-Effekt § 8.4).

9*

b) Zwillingsbildung. Kristallzwillinge entstehen durch Spiegelung des Kristallgitters an einer Ebene. Zum Beispiel tritt in kubischen flächenz. Metallen häufig eine Verzwilligung mit den Oktaeder-$\{111\}$-Ebenen als Spiegelebenen auf. In orientiert aufgewachsenen Schichten beobachtet man derartige Störungen als dünne Zwillingslamellen, denn eine zweite Spiegelung nach wenigen Netzebenen führt wieder zur Kristallorientierung des Mutterkristalls. Häufig untersuchte Objekte sind z. B. Ag-Aufdampfschichten auf NaCl oder elektrolytisch niedergeschlagene Ni-Schichten auf Cu-Unterlage. Im zweiten Beispiel wächst die Ni-Schicht mit der (100)-Ebene auf der (100)-Fläche des Kupfers orientiert auf. Das Beugungsdiagramm Abb. 105 zeigt die zu erwartenden Hauptreflexe dieser Orientierung, aber auch noch Nebenreflexe, welche durch Beugung an den Zwillingslamellen in den 4 möglichen Oktaederebenen entstehen (GÖTTSCHE, 1953). Bildet man die Schicht im Dunkelfeld im Lichte der Haupt- und Nebenreflexe ab, so kann man zeigen, daß zu den Zusatzreflexen nur die im elektronenmikroskopischen Bild erkennbaren Zwillingslamellen beitragen (REIMER, 1959a).

Eine Doppelreflexion am Mutterkristall und anschließend an den dünnen Zwillingslamellen führt in polykristallinen Aufdampfschichten zu Zusatzringen, die wegen der geringen Dicke der Lamellen stark verbreitert sind (SCHLÖTTERER, 1965).

c) Stapelfehler und Ausscheidungen. Nach § 5.2.3 führt die endliche Ausdehnung eines Kristallplättchens in der Normalenrichtung zur Ausbildung von Stacheln im reziproken Gitter. Fällt der Elektronenstrahl in Richtung dieser Normalen ein, ergeben sich keine Änderungen des Beugungsdiagrammes. Es kann lediglich bei einer Schwenkung um eine Achse in Schichtebene über einen größeren Winkelbereich Reflexion auftreten. Aus der Abb. 59 ist zu ersehen, daß dies zu einer kleinen Verlagerung des Reflexes führen kann. Liegt dagegen das Kristallplättchen schräg zur Objektebene, so können die Stacheln in dem Beugungsdiagramm als Projektion des reziproken Gitters sternförmige Reflexverbreiterungen verursachen, welche bei sehr dünnen Lamellen zu einer diffusen streifenförmigen Verbindung zwischen einzelnen Reflexen führen. Umgekehrt läßt sich aus Beugungsaufnahmen mit derartigen Streifen der Schluß ziehen, daß in den Präparaten plättchenförmige Strukturen vorliegen mit einer Normalenrichtung, welche einen größeren Winkel mit der Elektronenstrahlrichtung bildet. Aus der Richtung der Streifen und der Verbindung der Beugungsreflexe lassen sich Informationen über die Lage der Lamellen und deren kristallographische Orientierung ziehen. Beispiele für derartige Plättchen und Lamellen sind Stapelfehler, sehr dünne Zwillingslamellen, Guinier-Preston-Zonen (z. B. in Al-Cu-Legierungen), Zementit-Lamellen in Stählen usw.

Abb. 75 zeigt als Beispiel Feinbereichsbeugungsdiagramme eines extrahierten Fe_4N-Teilchens (kub. flz. $a = 3,78$ Å), daß in Fe + 0,1% N bei 370° C ausgeschieden wurde. Diese enthalten Stapelfehler in den {111}-Ebenen mit einer sehr dichten Stapelfolge von rund 1 : 5 (PITSCH, 1961). Hierdurch entstehen Intensitätsbrücken in Richtung von {000} nach {111}. In a) liegen die {111}-Stapelfehler schräg zum Strahl und diese Intensitätsbrücken werden im reziproken Gitter nur teilweise angeschnitten. In b) liegen die Stapelfehlerebenen {111} senkrecht zur

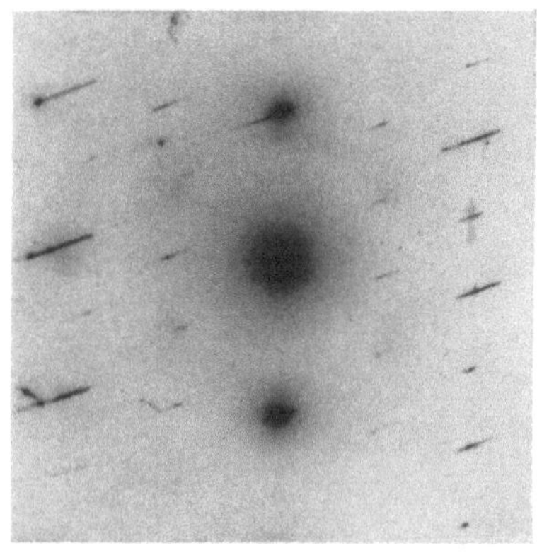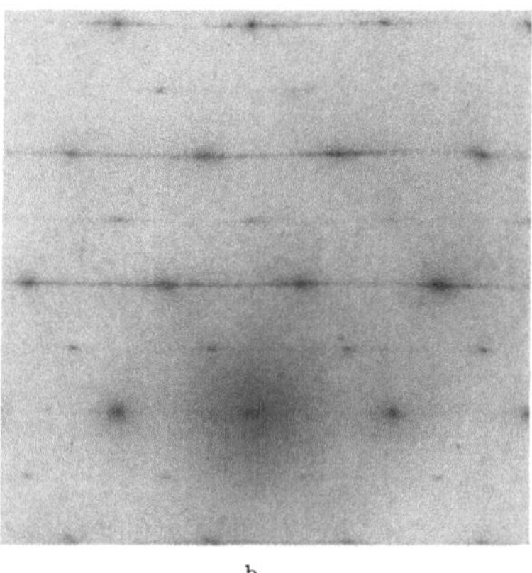

a   b

Abb. 75a u. b. Feinbereichsbeugungsdiagramme eines plättchenförmigen Fe_4N-Teilchens mit Stapelfehlern in den {111}-Ebenen in 2 verschiedenen Orientierungen zum Elektronenstrahl, a) {111}-Ebenen schräg zum Elektronenstrahl und b) {111}-Ebenen senkrecht zur Beobachtungsebene (nach PITSCH, 1961) (phot. Negativ)

Beobachtungsebene und die Intensitätsbrücken sind auf ihrer ganzen Länge im oberen Teil des Beugungsbildes sichtbar.

d) Reflexe von geordneten Legierungen mit Überstruktur. Die Verhältnisse sollen am Beispiel der Cu-Au-Legierungen erörtert werden. Die Legierung $AuCu_3$ ist oberhalb von 388°C ungeordnet (feste Lösung), d. h. Au- und Cu-Atome sind statistisch auf den Plätzen des kub. flächenz. Gitters verteilt. Es erscheinen die Beugungsreflexe dieses Gittertyps mit den Auslöschungsregeln der Tab. 5.1. Unterhalb dieser Temperatur tritt ein Ordnungszustand ein (Überstruktur) bei dem die Au-Atome auf den Würfelecken und die Cu-Atome auf den Flächenmitten liegen (RAETHER, 1952). Für den Strukturfaktor gilt dann $|F|^2 = (f_{Au} + 3f_{Cu})^2$ für ungemischte Indizes und $|F|^2 = (f_{Au} - f_{Cu})^2$ für gemischte Indizes, für die bei der geordneten Struktur also nicht mehr $|F|^2 = 0$ ist.

In einer AuCu-Legierung (50 : 50) (PASHLEY u. PRESLAND, 1959) geht der ungeordnete Zustand unterhalb 410°C in die geordnete Phase CuAu II über, in der alternierend (002)-Ebenen liegen, welche ganz aus Cu- bzw. Au-Atomen bestehen. In periodischen Abständen von 20 Å wechseln jedoch Cu- und Au-Lagen ihre Ebenen und es kommt zur Ausbildung von „Antidomänengrenzen" (Abb. 76). Dadurch entsteht eine verlängerte Elementarzelle mit $a_1 = 40$ Å. Innerhalb eines Einkristalls können

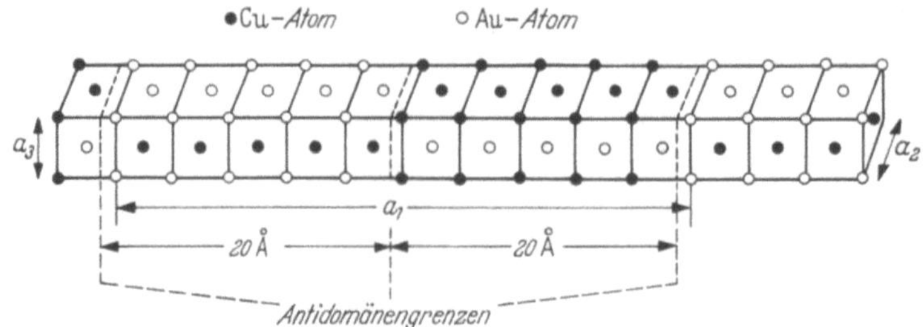

Abb. 76. Antidomänengrenzen im einer geordneten CuAu-Legierung

größere Blöcke auftreten, in denen die Antidomänengrenzen parallel zu einer der drei möglichen {100}-Ebenen liegen. Die Reflexe in einem Beugungsdiagramm (Abb. 77) lassen sich alle mit dem reziproken Gitter

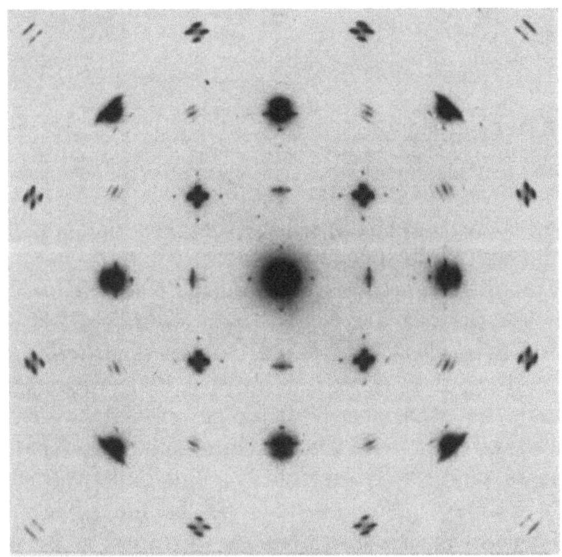

Abb. 77. Elektronen-Beugungsdiagramm einer CuAu II-Schicht (nach OGAWA u. a., 1958)

erklären. FUJIME u. a. (1964) konnten durch quantitative Intensitätsmessungen nachweisen, daß die Reflexaufspaltungen nicht durch Doppelreflexion (verbotene Reflexe) entstehen.

Unterhalb 380°C liegt die Phase CuAu I vor. Sie besteht aus einer flächenz. tetragonalen Struktur ($c/a = 0{,}92$) mit ebenfalls wechselnden

(002)-Ebenen aus Au- oder Cu-Atomen, aber ohne die kurzperiodischen Domänengrenzen.

Auch in anderen Legierungen wurden ähnliche Strukturen mit Elektronenbeugung beobachtet (OGAWA, 1962, mit weiteren Zitaten). Die Antidomänenstruktur von CuAu II und ähnlichen Legierungen ist auch im elektronenmikroskopischen Bild aufzulösen (§ 8.3.4) (Abb. 78).

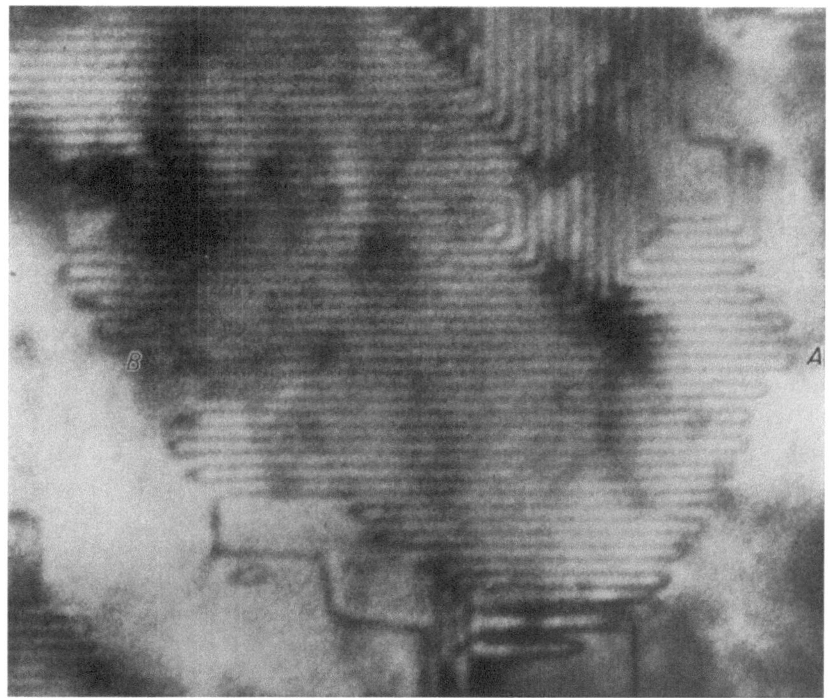

Abb. 78. Dunkelfeldabbildung der Antidomänengrenzen (20 Å Abstand) in einer CuAu II-Schicht nach GLOSSOP und PASHLEY (1958)

5.4.5. Beugungsdiagramme amorpher Stoffe

Die Beugungsdiagramme amorpher Schichten mit 2 bis 3 diffusen Ringen spielen in der Elektronenmikroskopie eine wichtige Rolle, da sie als Kontrolle für die Strukturlosigkeit von Trägerfolien und Platin-Kohle-Mischschichten dienen können (Abb. 159). SiO- oder Al_2O_3-Schichten werden bei höheren Temperaturen oder intensivem Elektronenbeschuß kristallin.

Über die Bezeichnung „amorph" ist viel diskutiert worden. Im eigentlichen Sinne des Wortes liegt dieser Zustand nur bei Flüssigkeiten vor, wo man bei einem herausgegriffenen Atom nicht angeben kann, in welcher

Richtung und Entfernung sich ein weiteres Atom mit Sicherheit befindet. Aber selbst Flüssigkeiten zeigen eine gewisse Nahordnung.

Als Beispiel „amorpher" Aufdampfschichten sei Germanium diskutiert (KÖNIG, 1948). Nach röntgenographischen Auswertungen der Beugungsdiagramme bestehen diese Schichten nach RICHTER und FÜRST (1951) aber bereits aus kleinen Elementartetraedern, die nur nicht regelmäßig wie im Diamantgitter des kristallinen Germaniums angeordnet sind, sondern regellos gegeneinander verdreht. LEONHARDT u. a. (1961) erweiterten die Methode der Fourieranalyse zur Berechnung der Atomverteilungskurven auf Elektronenbeugungsaufnahmen und untersuchten neben festen amorphen Schichten auch aufgeschmolzene Schichten in der flüssigen Phase.

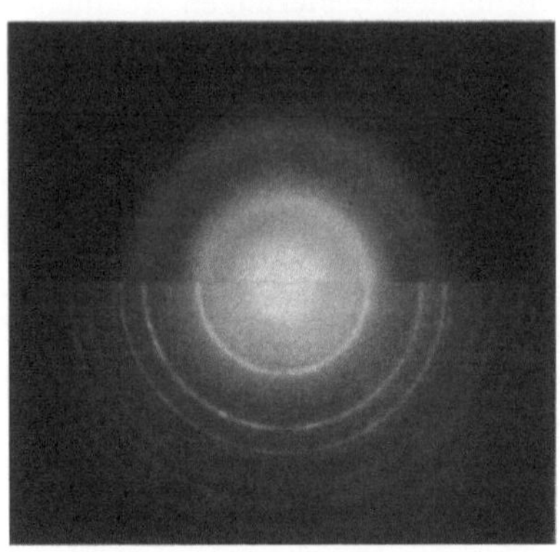

Abb 79. Germanium-Aufdampfschicht auf Formvar, oben amorph, unten dieselbe Schicht nach Umwandlung durch Elektronenbeschuß in den kristallinen Zustand

Abb. 79 zeigt das Beugungsdiagramm einer amorphen Germaniumschicht und dieselbe Schicht nach der Umwandlung in die kristalline Struktur unter starkem Elektronenbeschuß.

5.4.6. Orientierungsbestimmung aus Elektronen-Beugungsdiagrammen

Für die Untersuchung der Kristallbaufehler in dünnpolierten Folien oder bei der Aufstellung von Gesetzmäßigkeiten, wie einzelne Phasen miteinander verwachsen sind, interessiert die genaue Orientierung der Folie. Es sollen im folgenden die Methoden und Genauigkeiten diskutiert werden, diese Informationen aus dem Beugungsdiagramm zu erhalten.

Ein reflexreiches Beugungsdiagramm pflegt dann vorzuliegen, wenn entweder die Schicht sehr dünn ist, und damit die Stacheln im reziproken Gitter sehr ausgedehnt sind oder die Schicht durchgebogen ist. Diese zwei Einflüsse begrenzen die Genauigkeit der Orientierungsbestimmung, so daß ein reflexreiches Beugungsdiagramm für eine Orientierungsbestimmung sogar unerwünscht ist, im Gegensatz zu einer Strukturbestimmung (s. o.). Die Durchbiegung der Schicht wird weitgehend eliminiert, wenn man Feinbereichsbeugungs-Diagramme zur Orientierungsbestimmung heranzieht.

Zur Ermittlung der Orientierung indiziert man die verschiedenen Reflexe $P, Q, \ldots$ mittels ihres Abstandes vom Primärstrahl O. Eine Eichaufnahme mit einem Stoff bekannter Gitterkonstanten erleichtert die

Berechnung des Netzebenenabstandes d, aus dem die hkl der reflektierenden Netzebenen zu entnehmen sind. Eine Kontrolle der richtigen Indizierung ergibt sich aus dem Vergleich des Winkels α zwischen OP und OQ mit dem theoretisch zu erwartenden Wert α_0

$$\cos \alpha_0 = \frac{(h_1, k_1, l_1)\,(h_2, k_2, l_2)}{\sqrt{h_1^2 + k_1^2 + l_1^2}\,\sqrt{h_2^2 + k_2^2 + l_2^2}} = \frac{h_1 h_2 + k_1 k_2 + l_1 l_2}{\sqrt{h_1^2 + k_1^2 + l_1^2}\,\sqrt{h_2^2 + k_2^2 + l_2^2}} \quad (5.61)$$

(bezüglich kleiner Differenzen zwischen α_0 und dem gemessenen Wert α s. u.). Nutzt man jetzt aus, daß OP bzw. OQ in Richtung der Vektoren (h_1, k_1, l_1) bzw. (h_2, k_2, l_2) des reziproken Gitters, d. h. in Richtung der betreffenden Netzebenennormalen (hkl) zeigen, so ergibt sich die Schichtnormale $\mathfrak{n} = (u, v, w)$ als Vektorprodukt dieser beiden Vektoren

$$\begin{aligned}\mathfrak{n} = (u, v, w) &= [(h_1, k_1, l_1) \times (h_2, k_2, l_2)] \\ &= (k_1 l_2 - k_2 l_1,\; l_1 h_2 - l_2 h_1,\; h_1 k_2 - h_2 k_1) \end{aligned} \quad (5.62)$$

Kennt man die Verdrehung des Beugungsbildes gegenüber dem Objekt (s. u.) so ist damit eine vollständige Orientierungsbestimmung durchgeführt. Wie schon oben erwähnt wurde, führt die Stachelbildung im reziproken Gitter jedoch zu einem großen Reflexionsbereich. Um die Orientierungsbestimmung genauer zu gestalten, kann man mehr als 2 Beugungsreflexe vermessen und durch Mittelwertbildung eine genauere Orientierung erhalten (LÜCKE u. a., 1964). Die Methode wird auch um so genauer, je höher die Reflexe indiziert sind, d. h. je weiter sie am Rande des Beugungsdiagrammes liegen (HAESSNER u. a., 1964). Da die Länge der Stacheln nur von der Schichtdicke aber nicht vom Reflex abhängt (Abb. 59), wird die zugehörige Netzebene schon bei kleinen Kippwinkeln aus dem Reflexionsbereich herausgedreht. Die Genauigkeit der Orientierungsbestimmung liegt bei etwa $\pm 3°$ bis $\pm 10°$. OTTE u. a. (1964) leiten Formeln ab, wie man aus den gemessenen Winkeln α zwischen OP und OQ und den theoretisch zu erwartenden Winkeln α_0 (5.61) die Verkippung um eine Achse in Folienebene berechnen kann, die zu $\alpha = \alpha_0$ führt. Sie schlagen auch die Aufnahme von 2 Beugungsdiagrammen vor, zwischen denen das Objekt um einen bekannten Winkel gedreht ist. Mit einem Goniometertrieb besteht die Möglichkeit, die Folie zunächst zu kippen, bis mehrere Reflexe höherer Ordnung im Beugungsdiagramm erscheinen. Begrenzt wird die Genauigkeit der Orientierungsbestimmung letzten Endes durch die Fehler des Beugungsdiagrammes und durch die Verkippung der Schichtebene in der Präparathalterung.

Wenn das Beugungsdiagramm Kikuchi-Linien zeigt, können auch diese zur Orientierungsbestimmung herangezogen werden (OTTE u. a., 1964; HEIMENDAHL u. a., 1964). Jedoch erfordert hier die Indizierung größere Erfahrung. Nach Abb. 63 hat man im Beugungsdiagramm zu einer hellen Linie die entsprechende dunkle Linie aufzusuchen. Eine parallele Linie auf halbem Abstand gibt dann direkt die Spur der reflektierenden Netzebene auf der Bildschirmebene wieder. Mit dem Schnittpunkt zweier solcher Linien ist die Richtung der gemeinsamen Schnittgeraden festgelegt. Sind gleichzeitig Kikuchi-Linien und Reflexpunkte vorhanden, so läßt sich aus der gegenseitigen Lage von Kikuchi-Linien und Reflex auch der Anregungsfehler direkt ermitteln.

Obwohl es mit Elektronenbeugung nicht zusammenhängt, soll erwähnt werden, daß die Orientierungsbestimmung auch an Einzelheiten des elektronenmikroskopischen Bildes kontrolliert werden kann, wenn dieses Ausscheidungen, Stapelfehler oder Versetzungsspuren in verschiedenen Ebenen enthält, deren Anschnitt im Bild unter meßbaren Winkeln erfolgt. Am Beispiel von angeschnittenen Strukturen, welche in Oktaederebene liegen, wird das Problem der Orientierungsbestimmung von CROCKER und BEVIS (1964) in seiner Eindeutigkeit und Genauigkeit theoretisch untersucht. Aus der Breite der Anschnitte ergibt sich auch die Möglichkeit einer Schichtdickenbestimmung (REIMER, 1959b).

Wegen der Bilddrehung in magnetischen Linsen ist das Beugungsbild gegenüber dem Objekt verdreht. Es sei denn, das Beugungsbild konnte ohne eingeschaltete Linsen unterhalb des Objektes erhalten werden. Bei einer Beugung mit Zwischenabbildung (Feinbereichsbeugung) interessiert mehr die Verdrehung des Beugungsbildes gegenüber dem Bild des beugenden Bereiches. Da hierbei die Erregung des Objektivs und des Projektivs konstant bleiben, ist die Verdrehung des Beugungsbildes gegenüber der Abbildung nur durch die unterschiedliche Erregung der Zwischen- oder Beugungslinse verursacht. THOMAS (1962) verwendet zur Eichung dieses Drehwinkels flache MoO_3-Kristalle, welche als Rauch beim Glühen von Molybdändraht an Luft entweichen oder beim Verdampfen von MoO_3 im Platintiegel am Deckel kondensieren. Sie werden auf Wasser geflottet und auf kohlebefilmte Netze gebracht. Hierdurch wird erreicht, daß die Kristalle flach auf den Trägernetzen liegen. Man belichtet dann eine Platte doppelt mit dem Bild eines MoO_3-Kristalles und mit seinem Feinbereichsbeugungsbild. Da die lange Kante dieser Kristalle parallel zur (100)-Richtung ist, kann man aus der Lage der Kante und der 100-Richtung im Beugungsdiagramm den Drehwinkel ablesen. Will man außerdem die Orientierung des Beugungsbildes zum Objekt wissen, so braucht nur zusätzlich die Bilddrehung ermittelt werden (§ 11.2) (s. a. BALTZ, 1962). DELAVIGNETTE (1963) weist auf die Möglichkeit der Drehwinkelbestimmung mit Kikuchi-Linien hin. Da diese sich bei einer Drehung des Präparates mitbewegen, braucht nur das Präparat in einem Goniometertrieb in bekannter Richtung gedreht und mit der Bewegung des Kikuchi-Diagramms verglichen zu werden.

Eine andere Möglichkeit ergibt sich aus einem defokussierten Beugungsdiagramm (Abb. 68). Die defokussierten Bilder im Lichte der Reflexe und das defokussierte zentrale Hellfeldbild sind zu dem defokussierten Beugungsdiagramm ebenso orientiert wie beim Beugungsversuch ohne Linsen, bzw. um 180° gedreht bei Defokussierung in entgegengesetzter Richtung.

Literatur zu § 5

ACKERMANN, I.: Beob. an dynamischen Interferenzerscheinungen im konvergenten Elektronenbündel I + II. Ann. Physik 2, 19 + 41 (1948).

AGAR, A. W.: Accuracy of selected-area microdiffr. in the electr. micr. Brit. J. appl. Phys. 11, 185 (1960).

BALTZ, A.: Rotation of image and selected area diffr. pattern in the RCA-EMU 3 electr. micr. Rev. sci. Instr. 33, 246 (1962).

BASSETT, G. A., and A. KELLER: Low-angle scattering in an electr. micr. Application to Polymers. Phil. Mag. 9, 817 (1964).

BLACKMAN, M.: On the intensities of electr. diffr. rings. Proc. Roy. Soc. A 173, 68 (1939).

BOERSCH, H.: Gegenfeldfilter für Elektronenbeugung und Elektr.mikr. Z. Physik 134, 156 (1953).

— O. BOSTANJOGLO u. H. NIEDRIG: Temperaturabh. der Transparenz dünner Schichten für schnelle Elektronen. Z. Physik 180, 407 (1964); Proc. 3. Europ. Reg. Conf. EM Prag. Vol. A, 373 (1964a).

— G. JESCHKE u. H. RAITH: Dynamische Theorie der elast. Elektronenbeugung unter Verwendung komplexer Atomformfaktoren. Z. Physik 181, 436 (1964b).

BOSTANJOGLO, O., u. H. NIEDRIG: Zur Temperaturabh. der Transparenz polykrist. Schichten für Elektronen. Phys. Letters 13, 23 (1964).

BOSWELL, F. W. C.: A standard substance for precise electr. diffr. measurements. Phys. Rev. 80, 91 (1950).

BUNN, C. W.: Chemical Crystallography. Oxford 1945.

COWLEY, J. M.: Structure analysis of single crystals by electr. diffr. Acta cryst. 6, 516, 522, 846 (1953).

— The theoretical basis for electr. diffr. structure analysis. V. Internat. Congr. EM Philadelphia. Vol. I, JJ-1 (1962).

CROCKER, A. G., and M. BEVIS: The determination of the orientation and thickness of thin foils from transm. electr. micrographs. Phys. stat. sol. 6, 151 (1964).

DAWSON, B.: Atomic scattering amplitudes for electrons for some lighter elements. Acta Cryst. 14, 1120 (1961).

DELAVIGNETTE, P.: Determination of some instrumental constants of the electr. micr. Philips EM 200. J. sci. Instr. 40, 461 (1963).

DONNAY, J. D. H., and G. DONNAY: Crystal data, 2. edition 1963, A.C.A. Monograph no. 5.

DOWELL, W. C. T.: Fehler von Beugungsdiagrammen, die mittels Elektronenlinsen erzeugt und abgebildet sind. Optik 20, 581 (1963).

— Die Bestimmung der Vergr. des Elektr.mikr. mittels Elektroneninterferenz. Optik 21, 26 (1964a).

— Die Entwicklung geeigneter Folien für elektr.mikr. Präparatträger großen Durchlaßbereichs und ihre Verwendung zur Unters. von Kristallen. Optik 21, 47 (1964b).

EHLERS, H.: Zur Feinstruktur von Elektroneninterferenzen. Z. Naturforsch. 11a, 368 (1956).

EISFELDT, M., K. H. HERRMANN u. F. THON: Ein Elektronenbeugungsgerät als Zusatzeinrichtung zum Elmiskop I. Proc. Europ. Reg. Conf. EM Delft, Vol. I, 139 (1960).

Fujime, S., D. Watanabe, and S. Ogawa: On forbidden reflection spots and unexpected streaks appearing in electr. diffr. patterns from hexagonal cobalt. J. Phys. Soc. Japan **19**, 711 (1964).

— — — The intensity of satellite reflections in electr. diffr. patterns from evaporated alloy films with CuAu II type superstructure. J. Phys. Soc. Japan **19**, 1881 (1964).

Fujimoto, F.: Dynamical theory of electr. diffr. in Laue-case. J. Phys. Soc. Japan **14**, 1558 (1959); **15**, 859 (1960); **15**, 1022 (1960).

— Intensities of BiOCl in electr. diffr. Z. Naturforsch. **18a**, 668 (1963).

Fujiwara, K.: Application of higher order Born approximation to multiple elastic scattering of electrons by crystals. J. Phys. Soc. Japan **14**, 1513 (1959).

Fukuhara, A.: Electr. diffr. and complex atomic factors. Proc. Phys. Soc. Japan **86**, 1031 (1965).

Gard, J. A., H. F. W. Taylor, and L. W. Staples: Studies in crystal structure using electr. diffr. of single crystals. IV. Internat. Kongr. EM Berlin, Bd. I, 449 (1958).

Glick, A. J.: Inelastic electron scattering by thin films. V. Internat. Congr. EM Philadelphia, Bd. I, AA-8 (1962).

Glocker, R.: Materialprüfung mit Röntgenstrahlen. Berlin 1958.

Glossop, A. B., and D. W. Pashley: Observation on order-disorder and domain structures in thin films of copper-gold-alloys. IV. Internat. Kongr. EM Berlin, Bd. I, 336 (1958).

Goodman, P., u. G. Lehmpfuhl: Elektronenbeugungsunters. im konvergenten Bündel mit dem Siemens Elmiskop I. Z. Naturforsch. **20a**, 110 (1965).

Göttsche, H.: Zur Struktur dünner Silberschichten. Z. Physik **134**, 517 (1953).

Gütter, E.: Zur Auswertung u. Korrekturmögl. von Beugungsbildern im Boerschschen Strahlengang. Optik **13**, 289 (1956).

Haessner, F., U. Jakubowski u. M. Wilkens: Anwendung elektr. mikr. Feinbereichsbeugung zur Ermittlung der Walztextur von Kupfer. Phys. stat. sol. **7**, 701 (1964).

Haine, M. E., R. S. Page, and R. G. Garfitt: A three-stage electr. micr. with stereographic dark field and electr. diffr. capabilities. J. appl. Phys. **21**, 173 (1950).

Hall, C. R., and P. B. Hirsch: Effect of thermal diffuse scattering on propagation of high energy electrons through crystals. Proc. Roy. Soc. A **286**, 158 (1965a).

— — The effect of weak Bragg reflected beams on the absorption of electrons. Phil. Mag. **12**, 539 (1965b).

Halliday, J. S.: The contrast, breadths and rel. intensities of electr. diffr. rings. Proc. Roy. Soc. A **254**, 30 (1960).

Hashimoto, H.: Energy dependence of extinction distance and transm. power for electr. waves in crystals. J. appl. Phys. **35**, 277 (1964).

— A. Howie, and M. J. Whelan: Anomalous electron absorption effects in metal foils. Phil. Mag. **5**, 967 (1960).

— K. Tanaka, K. Kobayashi, E. Suito, S. Shimadzu, and M. Iwanaga: Absorption and diffr. effects of electron waves observed in 300 kV electr. micr. images. J. Phys. Soc. Japan **17**, B-II, 170 (1962).

Heidenreich, R. D.: Theory of the "forbidden" (222) electr. reflection in the diamond structure. Phys. Rev. **77**, 271 (1950).

Heimendahl, M. von, W. Bell, and G. Thomas: Applications of Kikuchi line analyses in electr. micr. J. appl. Phys. **35**, 3614 (1964).

Heise, F.: Ein Zusatzgerät für Elektronenbeugung mit streifendem Einfall. Optik **9**, 139 (1952).

HOERNI, J. A.: Multiple elastic scattering in electr. diffr. by crystals. Phys. Rev. 102, 1534 (1956).

HORSTMANN, M.: Einfluß der Kristalltemp. auf die Intensitäten dynamischer Elektroneninterferenzen. Z. Physik 183, 375 (1965).

—, u. G. MEYER: Mess. der Beug.-Intensitäten polykrist. Al-Schichten und Vergl. mit der kinematischen und dynamischen Streuformel. Naturwissenschaften 48, 41 (1961a).

— — Wirkungsquerschnitt und Winkelvert. der elast. und unelast. Elektronenstreuung in Al-Schichten. Z. Physik 164, 21 (1961b).

— — Mess. der Elektr. Beug.-Intensitäten polykrist. Al-Schichten. Acta Cryst. 15, 271 (1962).

— — Prüfung des Debye-Waller-Faktors für Elektroneninterferenzen im Laue-Fall. Phys. kond. Materie 1, 208 (1963).

— — Mess. der Elektronenbeug.-Intensitäten polykrist. Al-Schichten bei tiefer Temperatur und Vergl. mit der dynamischen Theorie. Z. Physik 182, 380 (1965).

HOWIE, A.: Inelastic scattering of electron and anomalous absorption effects. V. Internat. Congr. EM Philadelphia, Vol. I, AA-9 (1962).

—, and U. VALDRÈ: Temperature dependence of anomalous transmission effects. Proc. 3. Europ. Reg. Conf. EM Prag, Vol. A, 377 (1964).

—, and M. J. WHELAN: Numerical solution of the dynamical equations of electr. diffr. for several simultaneous reflections. Proc. Europ. Reg. Conf. EM Delft, Vol. I, 181 (1960).

— — Diffr. contrast of electr. micr. images of crystal lattice defects. Proc. Roy. Soc. A 263, 217 (1961); A 267, 206 (1962).

HULL, A. W., and W. P. DAVEY: Graphical determination of hexagonal and tetragonal crystal structures from x-ray data. Phys. Rev. 17, 549 (1921).

IBERS, J. A.: Atomic scattering amplitudes for electrons. Acta cryst. 11, 178 (1958).

KÖNIG, H.: Zur Gitterkonst. von Al-Aufdampfschichten. Naturwissenschaften 33, 367 (1946a).

— Gitterkonstantenbest. im Elektr. mikr. Naturwissenschaften 33, 343 (1946b).

— Die Gitterkonstante kleiner Kristalle. Naturwissenschaften 34, 375 (1947).

— Exp. mit Gitterbausteinen des festen Körpers. Optik 3, 201 (1948).

KOSSEL, W., u. G. MÖLLENSTEDT: Elektroneninterferenzen in konvergentem Bündel. Naturwissenschaften 26, 660 (1938).

— — Dynamische Anomalie von Elektroneninterferenzen. Ann. Physik 42, 287 (1942).

KUWABARA, S.: Variation of electr. diffr. intensities of BiOCl films with tilting angle and λH. J. Phys. Soc. Japan 17, 1414 (1962).

LAUE, M. VON: Röntgenstrahlinterferenzen. 3. Auflage. Leipzig 1960.

— Materiewellen u. ihre Interferenzen. Leipzig 1944.

LEHMPFUHL, G., and K. MOLIERE: Study on the absorption of electr. wave fields in ideal crystals by interference double refraction experiments. J. Phys. Soc. Japan 17, B-II, 130 (1962).

LEONHARD, F.: Spektrometrie von Elektronen-Interferenzen. Z. Naturforsch. 9a, 727, 1019 (1954).

LEONHARDT, R., H. RICHTER u. W. ROSSTEUTSCHER: Elektronenbeugungsunters. zur Struktur dünner nichtkrist. Schichten. Z. Phys. 165, 121 (1961).

LU, C., and E. W. MALMBERG: ZnO smoke as a reference standard in electr. wavelength calibration. Rev. sci. Instr. 14, 271 (1943).

LÜCKE, K., H. PERLWITZ u. W. PITSCH: Elektr. mikr. Bestimmung der Orientierungsverteilung der Kristallite in gewalztem Kupfer. Phys. stat. sol. 7, 733 (1964).

MACKAY, A. L.: A tilted specimen holder for electr. micr. and diffr. J. sci. Instr. **42**, 716 (1965).

MAHL, H., u. W. WEITSCH: Kleinwinkelbeugung mit Elektronenstrahlen. Naturwissenschaften **47**, 301 (1960); Z. Naturforsch. **15a**, 1051 (1960); Proc. Europ. Reg. Conf. EM Delft, Vol. **I**, 143 (1960).

MIRKIN, L. I.: Handbook of x-ray analysis of polycrist. materials. New York 1964.

NIEHRS, H.: Die Formulierung der Elektronenbeugung mittels einer Streumatrix u. ihre prakt. Verwendbarkeit. Z. Naturforsch. **14a**, 504 (1959).

OGAWA, S.: On the antiphase domain structures in ordered alloys. J. Phys. Soc. Japan **17**, Suppl. B-II, 253 (1962).

— D. WATANABE, H. WATANABE, and T. KOMODA: The direct observation of the long period of the ordered alloy CuAu (II) by means of electr. micr., IV. Internat. Kongr. EM Berlin, Bd. **I**, 334 (1958).

OTTE, H. M., J. DASH, and H. F. SCHAAKE: Electr. micr. and diffr. of thin films. Interpretation and correlation of images and diffr. patterns. Phys. stat. sol. **5**, 527 (1964).

PASHLEY, D. W., and A. E. B. PRESLAND: The observation of anti-phase boundaries during the transition from CuAu I to CuAu II. J. Inst. Met. **87**, 419 (1959).

PHILLIPS, R.: Selected-area diffr. in the electr. micr. Brit. J. appl. Phys. **11**, 504 (1960).

PINSKER, Z. G.: Electron diffraction. London 1953.

PITSCH, W.: Kristallogr. Eigensch. von Eisennitrid-Ausscheidungen im Ferrit. Arch. Eisenhüttenw. **32**, 493 (1961).

— Krist. Verlauf von Eisennitrid-Ausscheidungen im Ferrit. Arch. Eisenhüttenw. **32**, 573 (1961).

LE POOLE, J. B.: Ein neues Elektr. mikr. mit stetig regelbarer Vergrößerung. Philips Techn. Rundschau **9**, 33 (1947).

RAETHER, H.: Reflexion von schnellen Elektronen an Einkristallen. Z. Phys. **78**, 527 (1932).

— Unters. des Ordnungszustandes der Gold-Kupfer-Legierung $AuCu_3$ mittels Elektroneninterferenzen. Z. angew. Physik **4**, 53 (1952).

RAITH, H.: Elektronenbeugung im konvergenten Bündel an gekühlten Präparaten mit dem Siemens-Elmiskop I. Z. Naturforsch. **20a**, 855 (1965).

REIMER, L.: Elektr. opt. Unters. zur Zwillingsbildung in Silber-Aufdampfschichten. Optik **16**, 30 (1959a).

— Elektr. mikr. an Dünnschnitten einer Al-Ag-Legierung. Naturwissenschaften **46**, 443 (1959b).

—, u. K. FREKING: Versuch einer quant. Erfassung der Textur von Au-Aufdampfschichten. Z. Physik **184**, 119 (1965).

RICHTER, H., u. O. FÜRST: Das amorphe Germanium. Z. Naturforsch. **6a**, 38 (1951).

RIECKE, W. D.: Über ein Elektr.-Beugungsgerät mit Hilfselektr.-Strahl zum Erhitzen massiver Präp. Z. wiss. Mikr. **63**, 427 (1958).

— Über die Genauigkeit der Übereinst. von ausgew. u. beugendem Bereich bei der Feinbereichs-Elektr. Beug. im LePooleschen Strahlengang. Optik **18**, 278 (1961a).

— Verzeichnung und Auflösung der im LePooleschen Strahlengang aufgenommenen Beugungsdiagr. Optik **18**, 373 (1961b).

— Feinstrahl-Elektr.-Beug. mit dreistufigem Kondensor und langbrennweitiger letzter Kondensorstufe. Optik **19**, 81 (1962a).

— Über eine neue Meth. zur Herst. von Elektr. Beugungsdiagr. extrem kleiner, ausgew. Bereiche aus elektr. mikr. Durchstrahlungspräp. Optik **19**, 273 (1962b).

—, u. E. RUSKA: Über ein Elektr. mikr. mit Einrichtungen für Feinbereichsbeug. u. Dunkelfeldabb. durch Einzelreflexe. Z. wiss. Mikr. **63**, 288 (1957).

RIECKE, W. D., u. F. STÖCKLEIN: Eine Objektkammer mit universell beweglichem Präparattisch für Elektronenbeugungsunters. Z. Physik **156**, 163 (1959).

RIEDMILLER, R.: Über die Struktur dünner Metallschichten. Z. Physik **102**, 408 (1936).

RÜHLE, R.: Über Gesetzmäßigkeiten in Texturaufn. von Elektr.-Beugungsbildern Optik **7**, 279 (1950).

SCHLÖTTERER, H.: Struktur und therm. Verhalten von Wachstumszwillingen in dünnen kub. flächenz. Metallschichten. Z. Naturforsch. **20a**, 1201 (1965).

SCHUBERT, K.: Kristallstruktur zweikomponentiger Phasen. Berlin 1964.

STAHL, A.: Methodik u. Anwendung der Elektronenbeugung. Z. angew. Phys. **3**, 349 u. 382 (1951).

TAKAGI, M., and S. MORIMOTO: The forbidden 222 electr. reflection from Ge. J. Phys. Soc. Japan **18**, 819 (1963).

THOMAS, G.: Transmission electr.micr. of metals. New York 1962.

—, and E. LEVINE: Increase in extinction distance with temperature in Si. Phys. stat. sol. **11**, 81 (1965).

UYEDA, R., T. ICHINOKAWA and Y. FUKANO: Subsidiary maxima in electr. diffr. net patterns from molybdenite. Acta cryst. **7**, 216 (1954).

—, and M. NONOYAMA: Electr. micr. study on the extinction and absorption of 100 kV electrons in MgO single crystals. Jap. J. appl. Phys. **4**, 498 (1965).

WITT, W.: Zur abs. Präzisionsbestimmung von Gitterkonstanten mit Elektroneninterferenzen am Beispiel von Thallium-(I)-Chlorid. Z. Naturforsch. **19a**, 1363 (1964).

WYCKOFF, R. W. G.: The structures of crystals, New York 1931, Suppl. 1934 und Crystal structures, Vol. 1—5. London 1948—1953; Crystal structures, 2. edition, bisher erschienen Vol. 1 und 2. London 1964, 1965.

ZACHARIASEN, W. H.: Theory of x-ray-diffraction in crystals. London 1945.

§ 6. Bildkontrast in amorphen Objekten

6.1. Übersicht der Wechselwirkung Elektron-Objekt

Eine Abbildung ist nur dann zu erhalten, wenn die Intensitätsverteilung im Endbild durch das Objekt modifiziert wird. Die Wechselwirkung Elektron—Objekt kann durch elastische Streuprozesse an den Atomkernen und durch unelastische Streuung an der Elektronenhülle erfolgen. Beide Prozesse rufen Richtungsänderungen der Elektronen hervor. Durch die Objektiv-Aperturblende werden alle Elektronen zurückgehalten, welche in Streuwinkel ϑ größer als die Objektiv-Apertur α gestreut werden (Abb. 32). Die Kenntnis der Winkelverteilung der gestreuten Elektronen sowohl für die elastische als auch für die unelastische Streuung ist daher der Ausgangspunkt der Kontrasttheorie.

Bei dickeren Schichten besteht die Möglichkeit der Mehrfachstreuung. Es kann ein Elektron, welches in Winkel größer als α gestreut wurde, bei einer oder mehreren weiteren Streuungen wieder in Winkel kleiner als α zurückgestreut werden. Es trägt damit zu einer Bildaufhellung bei.

Die unelastischen Energieverluste bei der Wechselwirkung mit den Elektronen des Objektes liegen in der Größenordnung 10—20 eV. Nur ein sehr kleiner Bruchteil der Strahlelektronen ruft eine Ionisation in den tieferen Schalen mit anschließender Emission eines charakteristischen Röntgenquants hervor. Eine Abbremsung der Elektronen erfolgt also in kleinen Stufen und es bedarf einer großen Zahl von unelastischen Streuungen, bis ein Elektron so stark abgebremst wird, daß es im Objekt stecken bleibt. Bei den dünnen durchstrahlbaren Objekten tritt daher keine wahre Absorption von Elektronen auf, sondern nur Streuabsorption. Die Verhältnisse in sehr dicken Schichten — die auf das Problem der mittleren Reichweite der Elektronen führen — interessieren z. B. bei der Diskussion der Empfindlichkeit photographischer Emulsionen. Man nutzt die Energie der Elektronen für die Schwärzung voll aus, wenn diese in der Schicht völlig abgebremst werden.

Die unelastischen Energieverluste führen außer der Ablenkung der Strahlelektronen noch zu einer Veränderung des Objekts selbst. Der in dem Objekt verbliebene Energiebetrag der Größenordnung 10—20 eV pro unelastischen Stoß kann auf verschiedene Weise umgesetzt werden. Es können Ionisationsprozesse in den Objektatomen erfolgen, die in organischen und anorganischen Objekten zu Strahlenschädigungen führen (§ 9). In vielen Stoffen werden diskrete Energieverluste beobachtet, welche teilweise auf Plasmaschwingungen zurückgeführt werden, die quantisiert auftreten und Plasmonen genannt werden. Die Plasmonen können als UV-Quanten ausgestrahlt werden. Der größte Teil wird jedoch strahlungslos in Gitterschwingungen umgewandelt, welche nach der Debyeschen Theorie auch quantisiert sind (Phononen). Da der größte Teil der Energieverluste damit in Wärmeenergie umgewandelt wird, ist die dadurch hervorgerufene Objekterwärmung (§ 9.1) ein ernstes Problem für die praktische Elektronenmikroskopie.

Auf Grund der Wellennatur der Elektronen können aber auch Interferenzeffekte auftreten. Diese sind in kristallinen Objekten besonders ausgeprägt (s. § 5 und 8). Bei der Betrachtung des Kontrastes durch Streuabsorption in diesem § werden jedoch Interferenzeffekte zwischen den Streuwellen der einzelnen Atome nicht berücksichtigt. „Amorphe" Objekte erfüllen diese Voraussetzung hinreichend, obwohl auch hier diffuse Interferenzmaxima zu beobachten sind (§ 5.4.5).

Durch das innere Potential des Objektes erleiden die gestreuten Wellen außerdem Phasenverschiebungen, die zu speziellen Bildkontrasten führen können, welche sich vor allem bei kleinen Objektausdehnungen in der Größenordnung kleiner als 100 Å bemerkbar machen. Dieser Phasenkontrast (§ 7) hängt von der Fokussierung und der Bestrahlungsapertur ab. Dagegen wird der Kontrast einer ausgedehnten und homogenen Objektfläche durch diese Parameter nur wenig beeinflußt, soweit er auf Streuabsorption zurückzuführen ist.

6.2. Klassische Theorie der Streuung (Rutherfordsche Näherung)

Im nächsten § wird gezeigt, daß eine exakte Theorie nur auf der Basis der Quantenmechanik erfolgen kann. Es ist trotzdem sinnvoll, auch die klassische Theorie auf der Basis der Rutherfordschen Näherung zu betrachten (VON BORRIES u. RUSKA, 1938; VON BORRIES, 1949), weil sich bereits mit ihr wichtige Gesetzmäßigkeiten ableiten lassen.

Die Ablenkung der Elektronen mit der Ladung $-\varepsilon$ erfolgt durch den Kern mit der Ladung $+Z\varepsilon$ (Z = Kernladungszahl = Ordnungszahl). Unter dem Einfluß der Coulombkraft

$$K = \frac{q_1\,q_2}{r^2} = -\frac{\varepsilon^2 Z}{r^2}\ (r = \text{Abstand Elektron-Kern}) , \qquad (6.1)$$

bewegt sich das Elektron auf einer hyperbelförmigen Bahn. Die Ablenkung ist dabei um so größer, je näher das Elektron am Kern vorbeifliegt und dabei stärker in den Bereich der Anziehungskräfte kommt, die nach (6.1) mit $1/r^2$ abnehmen. In Abb. 80 sind einige Bahnen gezeichnet. Der Abstand, mit welchem das Elektron am Kern vorbeifliegen würde, falls keine Ablenkung auftritt, bezeichnet man als Stoßparameter p. Nach Rechnungen von RUTHERFORD über die Streuung von α-Strahlen, die zur Aufstellung des noch heute akzeptierten Rutherfordschen Atommodells

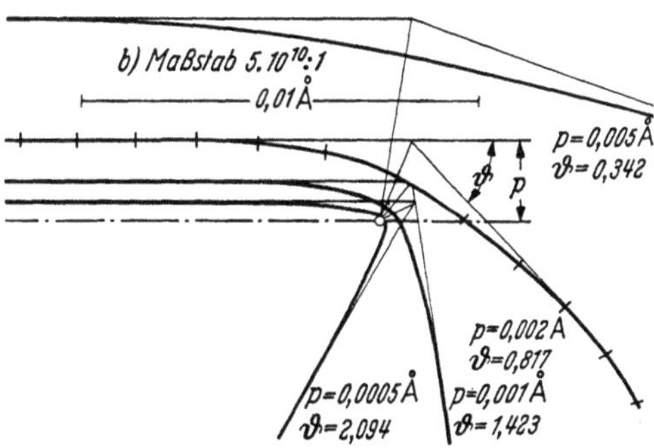

Abb. 80. Elektronenbahnen im Coulombfeld des Kernes (Kohlenstoff) bei verschiedenen Stoßparametern p (nach VON BORRIES, 1949)

führten und die man auf die Streuung von Elektronen am Kern übertragen kann, ergibt sich für den Ablenkungswinkel

$$\text{tg}\,\frac{\vartheta}{2} = \frac{\varepsilon}{m\,v^2}\,\frac{Z\,\varepsilon}{p} = 7{,}2 \cdot 10^{-8}\,[\text{V} \cdot \text{cm}]\,\frac{Z}{U_0 \cdot p} . \qquad (6.2)$$

Bei der letzten Umformung ist die Beziehung (1.8) ausgenutzt. Man ersieht aus dieser Gleichung, daß der Streuwinkel mit der Ordnungszahl des streuenden Atoms zunimmt, aber zur Strahlspannung U_0 und zum Stoßparameter umgekehrt proportional. Insbesondere würde sich bei einem

10 Reimer, Elektronenmikroskop. Methoden, 2. Aufl.

$p = 0,1$ Å ein $\vartheta = 0,017$ rad ergeben — ein Wert, der in die Größenordnung der Objektivapertur des Elektronenmikroskopes fällt. Größere Stoßparameter führen zu noch kleineren Ablenkwinkeln. Da die Atomabstände in festen Körpern mehrere Å betragen, bleiben Stoßparameter kleiner als 0,1 Å sehr selten. Die Hauptintensität wird also in kleine Winkel gestreut. Außerdem berechnet man für größere Stoßparameter zu hohe ϑ-Werte, da dann die Kernladung bereits durch die negativen Ladungen der innen liegenden Elektronenbahnen teilweise abgeschirmt wird. Gerade für die Berechnung der Elektronenstreuung in kleine Winkel ist deshalb eine genaue Kenntnis der Elektronendichteverteilung nötig.

Auf Grund der großen Masse des Kernes im Vergleich zur Elektronenmasse bleibt der Kern bei dem Streuprozeß praktisch in Ruhe und nimmt keine kinetische Energie auf. Die Streuung erfolgt rein elastisch. In der Nähe des Kernes wird das Elektron zwar im Coulombfeld des Kernes beschleunigt. Dies kommt in den Zeitmarken der mittleren Kurve von Abb. 80 zum Ausdruck. Bei der Entfernung wird es dagegen wieder abgebremst, so daß wieder die ursprüngliche Geschwindigkeit in hinreichend großer Entfernung vom Kern erreicht wird.

Die Stöße werden dagegen unelastisch, wenn man die Elektron-Elektron-Streuung nach dem gleichen Schema betrachtet. Zunächst einmal wird eine gegenseitige Abstoßung der Elektronen wegen der gleichnamigen Ladungen auftreten, wobei aber auch das gestoßene Atomelektron (gleiche Masse) einen beträchtlichen Bruchteil der Energie des stoßenden Strahlelektrons aufnimmt. Im Grenzfall eines zentralen Stoßes würde wie bei zwei Billardkugeln das stoßende Teilchen zur Ruhe kommen und das gestoßene sich mit der gleichen Geschwindigkeit weiterbewegen, welche das stoßende Teilchen vor dem Stoß besaß. Die Elektron-Elektron-Streuung ist also unelastisch. Der Ablenkungswinkel ϑ berechnet sich für diese Streuung zu

$$\operatorname{tg} \vartheta = 2 \, \frac{\varepsilon^2}{m \, v^2 p} = 14{,}4 \cdot 10^{-8} \, [\mathrm{V \cdot cm}] \, \frac{1}{U_0 \cdot p} \tag{6.3}$$

und ist also um den Faktor Z kleiner als bei der Streuung am Kern. Dies bedeutet, daß bei der unelastischen Streuung die Hauptstreuintensität in noch kleinere Winkel als bei der elastischen Kernstreuung konzentriert ist.

In Wirklichkeit sind die Atomelektronen aber keine freien Elektronen, wie bisher vorausgesetzt wurde. Sie können bekanntlich nach der Quantenmechanik im Atom nur diskrete Energiewerte annehmen und sich dabei lediglich auf einer erlaubten Bohrschen Bahn bewegen. Daher sind sie gar nicht in der Lage, bei einem Vorbeifliegen eines Strahlelektrons beliebige Energiewerte aufzunehmen. Deshalb läßt sich die unelastische Streuung nicht so einfach auf klassischer Basis beschreiben (s. § 6.4.1).

In den Formeln (6.2) und (6.3) sind nur die Ablenkwinkel als Funktion des Stoßparameters p beschrieben. Wenn man die Streuintensität ableiten will, die in einen Winkelbereich zwischen ϑ und $\vartheta + d\vartheta$ gestreut wird, so braucht man mit (6.2) nur das zugehörige Stoßintervall von p bis $p + dp$ zu ermitteln und nach der Wahrscheinlichkeit fragen, mit der ein einfallendes Elektron in diesem Stoßparameterintervall am Kern vorbeifliegt. Wenn v_0 Elektronen pro cm² auf die Präparatschicht mit N Atomen pro cm³ und der Dicke ΔD fallen, so ist als Ergebnis dieser Rechnung der Bruchteil dv_K, der innerhalb des obigen Winkelintervalls in den Raumwinkel $d\Omega$ gestreut wird, gleich

$$\frac{dv_K}{v_0} = \frac{1}{4}\,\mathrm{N}\,\Delta D \left(\frac{\varepsilon^2\,Z}{m\,v^2}\right)^2 \frac{d\Omega}{\sin^4\frac{\vartheta}{2}}\,. \tag{6.4}$$

Die Gleichung gilt nur für den Fall einer sehr dünnen Schicht ΔD, in der sich die einzelnen Atome nicht gegenseitig überdecken und außerdem die Elektronen auch nur einmal gestreut werden. Für die Elektron-Elektron-Streuung ergibt sich aus (6.3) eine ähnliche Formel

$$\frac{dv_e}{v_0} = 4\,NZ\Delta D \left(\frac{\varepsilon^2}{m\,v^2}\right)^2 \frac{\cos\vartheta}{\sin^4\vartheta}\,d\Omega\,, \tag{6.5}$$

worin N $Z\Delta D$ die Anzahl der Elektronen pro cm² Schicht angibt. Das Verhältnis der Streuintensität an den Elektronen zu derjenigen am Kern ist demnach

$$\frac{dv_e}{dv_K} = \frac{\cos\vartheta}{Z\cos^4\frac{\vartheta}{2}} \cong \frac{1}{Z}\ \text{(für kleine } \vartheta)\,. \tag{6.6}$$

Die Streuintensität an den Atomelektronen ist also um den Faktor $1/Z$ kleiner als an den Kernen, obwohl Z mal mehr Elektronen vorhanden sind. Man darf also schon bei relativ niedrigen Ordnungszahlen so tun, als ob nur die Kernstreuung einen Beitrag leistet. Die Relation (6.6) gilt aber nicht mehr für kleinste Streuwinkel (s. u.). Für Streuwinkel größer als 10^{-1} stellt die Rutherfordsche Theorie dagegen eine gute Näherung dar (s. Abb. 81 u. 83).

Für $\vartheta \to 0^0$ besitzen (6.4) und (6.5) eine Singularität. Die unendlich hohen Streuintensitäten für diesen Winkel sind auf die der Rechnung zugrunde liegende Annahme zurückzuführen, daß nur ein Einzelatom vorhanden ist und beliebig große Stoßparameter auftreten können. Dies ist in einem Festkörper nicht der Fall, da mit wachsendem p das Strahlelektron schließlich wieder in den Kernbereich des Nachbaratomes kommt. Da für die Elektronenmikroskopie gerade die Streuintensität in kleine Winkel interessiert, muß dieses und die schon erwähnte Abschirmung der Kernkräfte durch die inneren Elektronenschalen in einer genaueren Rechnung berücksichtigt werden.

10*

6.3. Intensitätsverteilung der elastischen Streuung (Bornsche Näherung)

Der Ausgangspunkt für die Berechnung der elastischen Streuung unter Berücksichtigung der Abschirmung ist die Streuformel von MOTT auf der Basis der Bornschen Näherung des quantenmechanischen Streuproblems. Man erhält für den differentiellen Streuquerschnitt eines Einzelatoms

$$d\sigma_{el} = \frac{4}{a_H^2 \, q^4} \, (Z - f)^2 \, d\Omega = f^2(\vartheta) \, d\Omega \tag{6.7}$$

mit $a_H = \dfrac{\hbar^2}{e^2 m} = 0{,}529$ Å als Bohrschen Wasserstoff-Radius,

$$q = \frac{4\pi}{\lambda} \sin \frac{\vartheta}{2} \quad \text{als Parameter, der den Streuwinkel } \vartheta \text{ enthält,} \tag{6.8}$$

$$f = 4\pi \int_0^\infty r^2 \varrho(r) \, \frac{\sin qr}{qr} \, dr \quad \text{als Streufaktor für Röntgenstrahlen.} \tag{6.9}$$

Die Gleichung (6.7) ist nur eine andere Schreibweise, für die auch schon bei der Elektronenbeugung benutzte Gleichung (5.21) und (5.22).

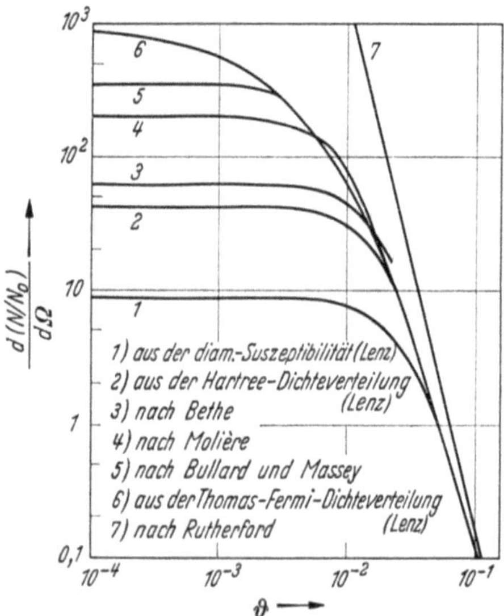

Abb. 81. Winkelverteilung der Streuintensität für die elastische Einfachstreuung von 50 kV-Elektronen an Kohlenstoff mit einer Massendicke von 10^{-6} g/cm² berechnet nach verschiedenen Streuformeln (nach LENZ, 1954)

Der graphische Verlauf von (6.7) ist in Abb. 81 dargestellt. Charakteristisch ist die Abbiegung aus der Rutherfordschen Näherung, welche für große Streuwinkel gilt, zu einem bei kleinen q konstanten Wert. Um über letzteren Aussagen zu gewinnen, entwickelt man für kleine q ($\sin qr/qr = 1 - q^2 r^2/6 + \ldots$) in eine Potenzreihe. Berücksichtigt man, daß

$$4\pi \int_0^\infty r^2 \varrho(r)\, dr = Z$$

gleich der gesamten Zahl Z der Elektronen ist, so ergibt sich aus (6.7) und (6.9)

$$\frac{d\sigma_{el}}{d\Omega} = \frac{1}{9 a_H^2}\, \Theta^2 + \ldots \quad \text{mit der Abkürzung} \tag{6.10}$$

$$\Theta = 4\pi \int_0^\infty r^4 \varrho(r)\, dr . \tag{6.11}$$

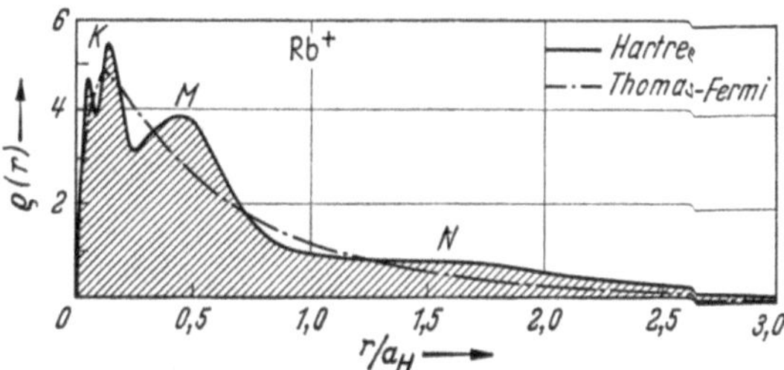

Abb. 82. Elektronendichteverteilung in einem Rubidium-Atom nach Theorien von HARTREE und THOMAS-FERMI

Dieses Integral zeigt, daß die Kenntnis der Elektronendichteverteilung $\varrho(r)$ gerade für große r am Rande des Atoms mit großem Gewicht eingeht. Hier liegt das Hauptproblem einer quantitativen Theorie der elastischen Streuung. Man kann $\varrho(r)$ durch die Thomas-Fermi-Verteilung (Abb. 82)

$$\varrho(r) = \frac{Z}{4 a^3}\left(\frac{\Phi\left(\frac{r}{a}\right)^2}{r/a}\right)^{3/2} \quad \text{mit } a = 0{,}468\, Z^{-1/3}\ [\text{Å}] \tag{6.12}$$

annähern, wobei $\Phi(x)$ eine von Fermi tabellierte Funktion ist. Am Rande fällt $\varrho(r)$ etwa wie r^{-6} zu langsam auf Null ab. Daher konvergiert die numerische Integration in (6.11) schlecht, so daß verschiedene Autoren (BETHE, 1930; BULLARD u. MASSEY, 1930; LENZ, 1954) unterschiedliche Werte für Θ erhalten (s. Kurven 3, 5, 6 in Abb. 81).

MOLIERE (1947) benutzt eine Entwicklung von $\varrho(r)$, welche exponentiell am Rande abfällt (Kurve 4). Die mit der Hartreeschen Methode des self consistent field berechnete Elektronendichteverteilung (s. Abb. 82) benutzten LENZ (1954) (Kurve 2) und WYRWICH und LENZ (1958). LENZ versucht auch Θ aus der diamagnetischen Suszeptibilität zu erhalten (Kurve 1). In die Theorie dieser Größe geht das gleiche Integral (6.11) ein.

Weitere Versuche zur Berechnung von Θ wurden von Burge und Smith (1962) durchgeführt. Das Problem wird jedoch noch komplizierter, wenn man die Atome zu einem Festkörper vereinigt. Die Elektronendichteverteilung wird dann am Atomrand verändert und kann von der Packungsdichte abhängen. Man darf dann nur bis zu einem bestimmten Maximalradius, der gleich dem halben mittleren Atomabstand ist, integrieren. Lippert (1964) diskutiert die dabei auftretenden Unsicherheiten für Kohleschichten.

Die Näherungsformel (6.10) liefert uns nur den Grenzwert für $\vartheta \to 0^0$. Um die Einmündung in die Rutherfordkurve zu erhalten, könnte man höhere Glieder der Entwicklung in (6.10) hinzufügen. Dabei würden sich die Unsicherheiten in $\varrho(r)$ für große r aber noch stärker auswirken. Lenz (1954) benutzt deshalb eine Streuformel nach Wentzel

$$d\sigma_{el} = \frac{4Z^2}{a_H^2} \frac{d\Omega}{\left(q^2 + \frac{1}{R^2}\right)^2} \cong \frac{4Z^2 R^4}{a_H^2} \frac{d\Omega}{\left(1 + \left(\frac{\vartheta}{\vartheta_0}\right)^2\right)^2} \; ; \; \vartheta_0 = \frac{\lambda}{2\pi R}, \quad (6.13)$$

in welcher der zunächst unbestimmte „Atomradius" R mit einem Näherungsansatz für das abgeschirmte Coulombfeld

$$V(r) = -\frac{Ze}{r} e^{-r/R} \quad \text{eingeht.} \quad (6.14)$$

Mit obigen Streuwerten für $q \to 0$ kann R durch das Integral Θ ausgedrückt

$$R = \sqrt{\frac{\Theta}{6Z}}, \quad (6.15)$$

und damit die Kurve angepaßt werden. Man sieht andererseits, daß (6.13) bei großem q in die Rutherford-Näherung einmündet $\left(\sim 1/q^4 \sim 1/\sin^4 \frac{\vartheta}{2} \right)$.

6.4. Unelastische Streuung

6.4.1. Intensitätsverteilung der unelastischen Streuung

Die Formeln (6.5) und (6.6) für die Elektron-Elektron-Streuung entsprechen nicht den wahren Verhältnissen, weil — wie schon oben bemerkt — die Elektronen nicht frei sind, sondern durch Quantenbedingungen auf Bohrschen Bahnen mit diskreten Energiewerten gebunden sind. Man muß daher auch bei der unelastischen Streuung die Streuformeln durch quantenmechanische Rechnungen verbessern (Koppe, 1948; Lenz, 1954; Wyrwich und Lenz, 1958; Burge und Smith, 1962). Lenz erhält für den Streuquerschnitt eines Atomes bei unelastischer Streuung

$$d\sigma_{unel} = \frac{4Z}{a_H^2 q'^4} \left(1 - \frac{1}{(1 + q'^2 R^2)^2}\right) d\Omega \quad (6.16)$$

mit $q'^2 = \frac{4\pi^2}{\lambda^2} \left(\vartheta^2 + \left(\frac{J}{4\varepsilon U_0}\right)^2\right)$ und $J = $ Ionisationsenergie des Atoms.

In Abb. 83 ist das von LENZ erhaltene Ergebnis zusammen mit der elastischen Streuung aufgetragen. Bei kleinem ϑ ist also die unelastische Streuung bedeutend stärker als die elastische, während bei größerem ϑ die Beziehung (6.6) annähernd richtig ist, daß der unelastische Anteil um einen Faktor $1/Z$ kleiner als der elastische ist (Parallelverschiebung der Kurven in der doppeltlogarithmischen Darstellung).

Es sind zahlreiche Versuche unternommen worden, um die gemessene Gesamtstreuung (elastische + unelastische) mit der Theorie von LENZ (1954) zu vergleichen. Untersuchungen an Kohlenstoffschichten erfolgten von KEMPF und LENZ (1956), HAEFER (1960), KAMIYA (1958), BACHMANN und SIEGEL (1960). HALLIDAY (1958, 1960) sowie HAINE und AGAR (1959) führten auch Messungen der Streuintensität an einigen Metallschichten durch. Im qualitativen Verlauf der Winkelverteilung der Streuintensität ergibt sich stets zwischen Theorie und Experiment gute Übereinstimmung. Die bei der elastischen Streuung eingehend diskutierten Unsicherheiten in der Größe des Streuquerschnittes bei kleinen Streuwinkeln bestehen jedoch auch für die unelastische Streuung, so daß quantitative Diskrepanzen bis zu einem Faktor 2 auftreten können.

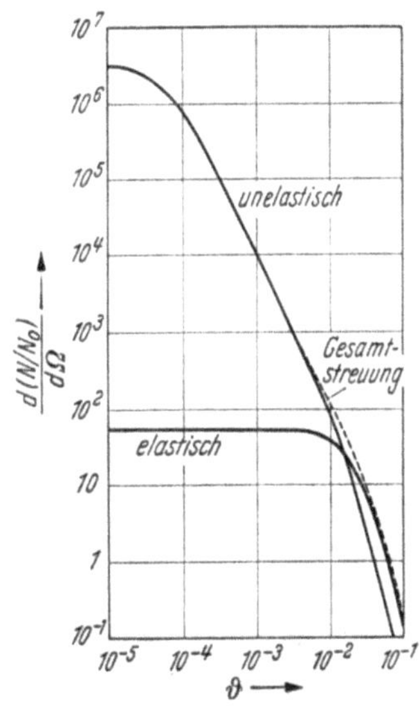

Abb. 83. Winkelverteilung der Streuintensität für die elastische und unelastische Streuung von 50 kV- Elektronen an 10^{-6} g/cm² Kohlenstoff nach der Hartree-Verteilung berechnet (LENZ, 1954)

Eine genauere Bestätigung der Streutheorie kann man nur aus Experimenten erwarten, welche mit einem Energiefilter die elastische und unelastische Streuung trennen. Derartige Versuche wurden von LEONHARD (1954) durchgeführt (Be, Al, Au). Es ist allerdings zu bedenken, daß in kristallinen Objekten durch Interferenzeffekte zumindestens die elastische Streuung gegenüber der Streuung an amorphen Objekten kleiner ausfallen sollte (s. § 6.6). Für eine genauere Diskussion der Intensitätsverteilung stehen daher noch Experimente aus, welche bei sehr kleinen Streuwinkeln die Zerlegung in den elastischen und unelastischen Streuanteil an Objekten vornehmen, welche sowohl in einer amorphen als auch in einer kristallinen Modifikation auftreten. Für die praktische Elektronenmikroskopie interessiert die Intensitätsverteilung der Streuung nur indirekt. Es geht in den Kontrast vielmehr die Gesamtzahl der Elektronen ein, welche innerhalb eines Winkelintervalles $0 < \vartheta < \alpha$ durch die Aperturblende des Objektivs hindurchgelassen werden. Hierüber wird in § 6.5. berichtet.

6.4.2. Methoden zur Messung von Energieverlusten

Zur Messung der relativ kleinen Energieverluste zwischen 5—50 eV bei der Durchstrahlung dünner Objektschichten werden Elektronenspektrometer hoher Auflösung benötigt. Diese kann man in 5 verschiedene Gruppen einteilen:

1. *Magnetische Halbkreismethode* nach RUTHEMANN (1948), s. a. MARTON u. a. (1955). Elektronen mit einer Energie von nur 2—8 keV werden in einem transversalen Magnetfeld auf einem Halbkreis mit einem Radius von 17,5 cm geführt. Es tritt dann eine Aufspaltung des Strahles ein, weil Elektronen mit verschiedenen Geschwindigkeiten unterschiedliche Bahnradien im Magnetfeld durchlaufen. Bei höheren Strahlenergien liefert dieses Verfahren weniger gute Auflösung, abgesehen davon, daß die Dimensionen des Halbkreises vergrößert werden müßten, was erheblichen Aufwand erfordert.

2. Einfacher zu realisieren ist die *Gegenfeldmethode* (BOERSCH, 1954; BOERSCH u. MIESSNER, 1962; BOERSCH u. SCHWEDA, 1962). Nach der Beschleunigung des Elektronenstrahles durchsetzt dieser das Objekt und läuft dann gegen eine Blende, die sich auf Kathodenpotential befindet. Mit einer Batterie kann die Blende regelbar auf ein Zusatzpotential ΔU von $\pm$ 0—50 V aufgeladen werden. Es werden nur diejenigen Elektronen in den Auffänger gelangen, welche das Blendenpotential überwinden können. Für Elektronen mit geringerer Energie wirkt das Gegenfeld als Elektronenspiegel. Das in Abb. 84 gezeigte Gegenfeldfilter (BRACK, 1962) zeichnet sich dadurch aus, daß in der Linsenmitte das Potential nur 1 V tiefer liegt als die anliegende Hochspannung. Um die innerhalb der Linse langsamen Elektronen nicht divergent austreten zu lassen, wird mit einem Helmholtzspulenpaar ein homogenes magnetisches Längsfeld von einigen 100 Oe parallel zur Linsenachse überlagert. Gegenfeldanordnungen liefern Gegenspannungskurven, wie z. B. in Abb. 8 dargestellt. Um das Spektrum einer Elektronenquelle oder das Energieverlustspektrum zu erhalten, muß man diese Kurve graphisch differenzieren. Dies ist mit großer Ungenauigkeit behaftet. Man kann direkt ein Energiespektrum registrieren, wenn man der Gegenspannungsblende eine höherfrequente kleine Wechselspannung $\Delta U_{\sim}$ überlagert (LEDER u. SIMPSON, 1958). Verstärkt man mit einem Selektivverstärker die Wechselstromkomponente des Faraday-Käfigs, so erfaßt man nur diejenigen Elektronen, deren Energie im Durchlaßbereich $\Delta U \pm \Delta U_{\sim}$ liegt $(\Delta U_{\sim} \ll \Delta U)$.

3. Bremst man die Elektronen mit einem Gegenfeldfilter auf Energien von etwa 100 eV ab, so kann man diese anschließend mit einem elektrostatischen Analysator in Form eines Kugelkondensators untersuchen. Zwischen den Elektroden laufen die Elektronen einer bestimmten Energie genau auf einer Kreisbahn (LOHFF, 1963; BLACKSTOCK u. a., 1955).

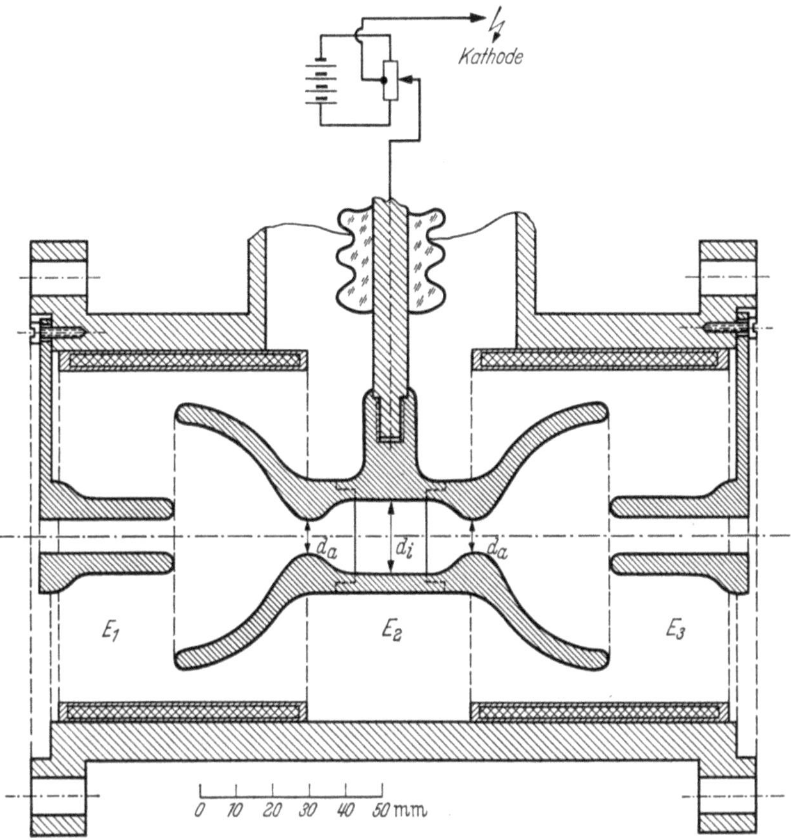

Abb. 84. Gegenfeld-Filterlinse nach BRACK (1962)

4. Die zur Zeit genaueste Methode besteht aus einer Gegenfeldanordnung zur Abbremsung der Elektronen auf Energien von 20—300 eV und einem Energieanalysator in Form eines Wienfilters (BOERSCH u. a., 1964) aus einem gekreuzten magnetischen und elektrischen Feld (Abb. 85). Diese Feldkombination läßt durch die Blenden nur Elektronen mit einer bestimmten Energie hindurch, für welche die Ablenkung im Magnetfeld gerade durch diejenige im elektrischen Feld kompensiert wird. Die Ablenkung im Magnetfeld ist nämlich proportional $1/v$, im elektrischen

Transversalfeld dagegen proportional $1/v^2$. Das erreichte Auflösungsvermögen dieser Anordnung liegt in der Größenordnung 0,01 bis 0,02 eV. Um dieses Auflösungsvermögen z. B. bei der Analyse sehr scharfer Energieverluste bei der Streuung an Gasen ausnutzen zu können, ist es erforderlich, mit einem analogen Filter bereits den auf das Objekt fallenden Elektronenstrahl zu monochromatisieren, da dieser eine Verbreiterung durch thermische Energie und anomale Verbreiterung zeigt (§ 1.1.6).

5. Mit dem *Geschwindigkeitsanalysator nach* MÖLLENSTEDT (1949), MÖLLENSTEDT und DIETRICH (1955), LIPPERT (1955), KECK u. DEICHSEL (1960) wurde eine Methode entwickelt, bei welcher der große Farbfehler der elektrostatischen Linsen ausgenutzt wird. Prinzipiell gelingt eine derartige Geschwindigkeitsanalyse auch mit magnetischen Linsen (LENZ, 1953). Es wird jedoch wegen des kleineren Farbfehlers magnetischer Linsen eine geringere Auflösung erreicht. Der Grund ist darin zu suchen, daß in den elektrostatischen Linsen die Elektronen beim Anlaufen gegen das Potential der Mittelelektrode (Abb. 10 u. 11) abgebremst werden und dadurch in der Linsenmitte der relative Geschwindigkeitsunterschied wesentlich größer ist. Die magnetischen Linsen werden dagegen mit konstanter Elektronengeschwindigkeit durchlaufen.

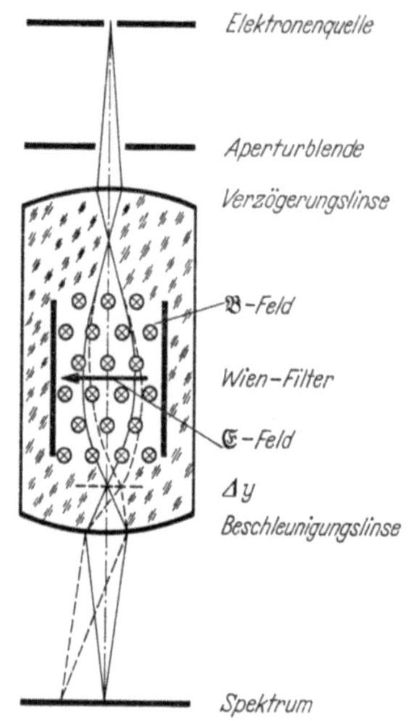

Abb. 85. Elektrostatisch-magnetischer Energieanalysator mit gekreuzten magnetischen und elektrischen Ablenkfeldern (Wien-Filter) nach BOERSCH u. a. (1964)

Abb. 86 soll das Prinzip des elektrostatischen Geschwindigkeitsanalysators erläutern. Wenn Elektronen achsenparallel die Randzonen einer elektrostatischen Linse durchdringen, so werden sie auf verschiedenen Bahnen abgelenkt und treffen in verschiedenen Punkten auf der Bildebene ein, wobei die Auslenkung eine komplizierte Funktion des Achsenabstandes r ist (rechts in Abb. 86 dargestellt). Der annähernd lineare Teil zwischen den Punkten 2 und 3 ist der für die Geschwindigkeitsanalyse interessante Bereich. Wenn man den auf Geschwindigkeitsverluste zu untersuchenden Strahl durch eine feine Blende unter einem solchen Achsenabstand die Linse passieren läßt, so hängt die Auslenkung sehr empfindlich nicht nur vom festgewählten Achsenabstand r, sondern auch noch von der Geschwindigkeit der Elektronen ab, so daß der Fleck auf dem Schirm zu einem Geschwindigkeitsspektrum auseinandergezogen wird. Um ein Linienspektrum für eine bessere Photometrierung zu bekommen, wählt man an Stelle der rotationssymmetrischen Linse eine elektrostatische Zylinderlinse und an Stelle der Blende einen 5 μ schmalen Spalt (Abb. 87). Mit dem Vorschalten einer Objektivlinse läßt sich außerdem von einzelnen Objektstellen ein Geschwindigkeitsspektrogramm aufnehmen.

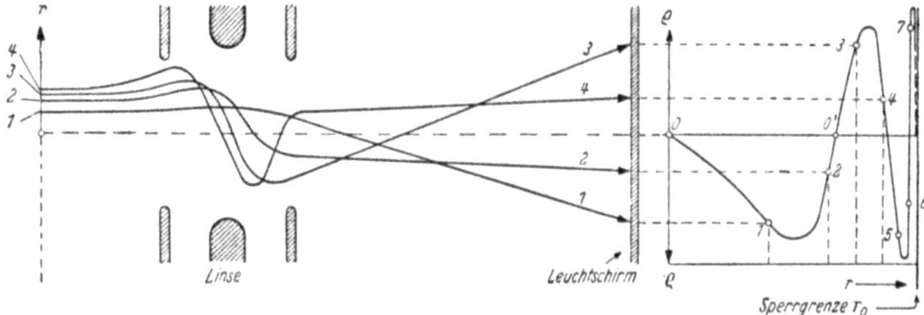

Abb. 86. Bahn und Ablenkung ϱ von Elektronenstrahlen als Funktion des Abstandes r von der Linsenachse einer elektrostatischen Linse (nach MÖLLENSTEDT, 1949)

Bisher wurden Methoden beschrieben, um die Energieverluste eines ausgeblendeten Strahles zu messen, der das Objekt gerade oder unter einem bestimmten Streuwinkel durchlaufen hat. Daher ist in der Regel eine anschließende Abbildung des Objektes nicht möglich. Hier sollen Verfahren kurz referiert werden, die es gestatten, die unelastisch gestreuten Elektronen herauszufiltern und Abbildung und Elektronenbeugung nur mit den elastisch gestreuten Elektronen durchzuführen. Erste Versuche in dieser Richtung wurden von BOERSCH (1949, 1953) durchgeführt, indem an ein feinmaschiges Drahtnetz zwischen Probe und Endbild ein negatives Hochspannungspotential gelegt wurde, um alle Elektronen mit einem Energieverlust größer als 4 eV zurückzuhalten. Eine derartige Filterung wird dadurch begünstigt, daß zwischen 2 und 5 eV eine Lücke im Energieverlustspektrum ist. MÖLLENSTEDT und RANG (1951) benutzten eine elektrostatische Filterlinse als Projektiv. Ein Objektiv hätte unter den gleichen Bedingungen einen zu großen Öffnungsfehler. WILSKA (1965) benutzt elektrostatische Filterlinsen in Niederspannungsmikroskopen (6—10 kV). Präparate, die wegen ihrer Dicke nur diffuse und kontrastarme Bilder ergeben, zeigen mit Filterung ein klares und kontrastreiches Bild.

Bei diesen Methoden dient das Filter gewissermaßen als „Hochpaß" für die Elektronen ohne Energieverlust. Um die Abbildung mit Elektronen wählbaren Energieverlustes zu erreichen („Bandpaß") verwendeten WATANABE u. UYEDA (1962), WATANABE (1964), CASTAING u. HENRY

(1962) einen Möllenstedtschen Geschwindigkeitsanalysator als Zwischenlinse, durch den nur Elektronen mit einer Bandbreite von 1 eV zur Abbildung beitragen können. Derartige Mikroskope interessieren speziell für die Untersuchung des Einflusses der unelastisch gestreuten Elektronen auf die Kontrasteffekte in kristallinen Objekten (z. B. anomale Transmission).

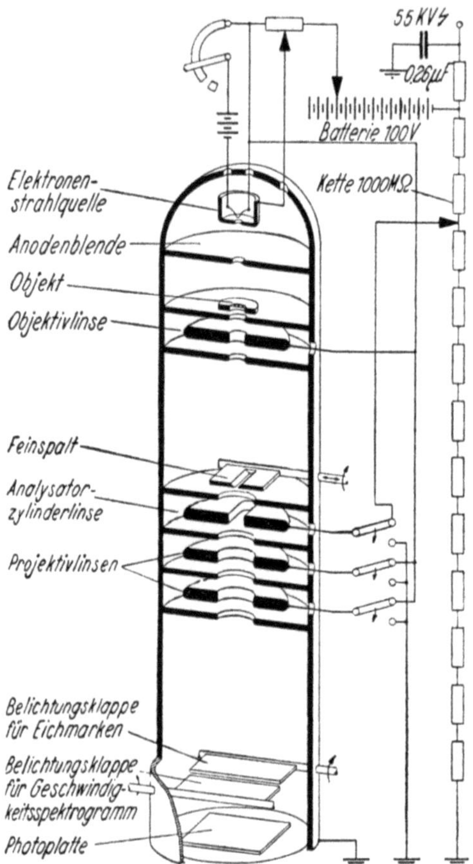

Abb. 87. Geschwindigkeitsanalysator nach Möllenstedt (1949)

6.4.3. Größe und Gesetzmäßigkeiten der Energieverluste

Es liegen zahlreiche Untersuchungen über unelastische Energieverluste vor. Bei den älteren Arbeiten interessierten mehr die Materialabhängigkeit und der Einfluß einer chemischen Bindung. In neuerer Zeit treten die Untersuchungen der für die Festkörperphysik interessanten Plasmaverluste in den Vordergrund. Zusammenfassende Referate mit zahlreichen Literaturangaben sind von Pines (1956) sowie Klemperer u.

Shepherd (1963) erschienen. Es lassen sich folgende Gesetzmäßigkeiten aus diesen Versuchen aufstellen.

Die Energieverluste sind in ihrem Betrage (zwischen 5 und 50 eV) unabhängig von der Strahlspannung. Sie sind materialabhängig, aber die Messungen in verschiedenen Laboratorien ergeben zum Teil große Unterschiede in der Lage und Zahl der Verlustmaxima. Teilweise sind die Diskrepanzen auf die Verunreinigungen der Schichten im Innern und an der

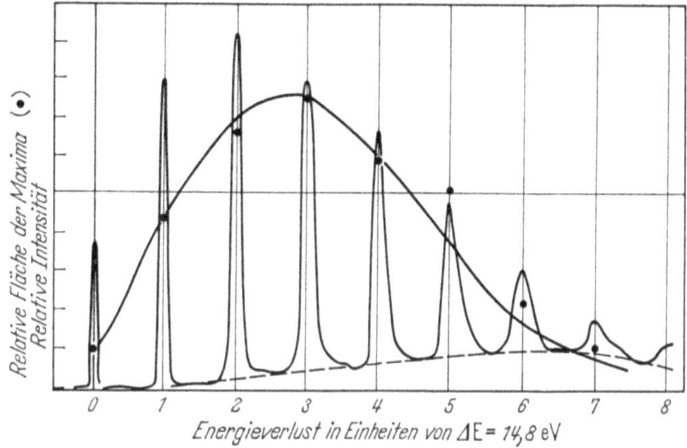

Abb. 88. Mehrfache charakteristische Energieverluste von 20 keV-Elektronen beim Durchgang durch eine 2080-Å-Schicht aus Al und Vergleich der Flächen unter den Verlustmaxima (●) mit einer theoretischen Poisson-Verteilung (ausgezogene Kurve) (nach Marton u. a., 1962)

Oberfläche zurückzuführen (s. u. Diskussion der Oberflächen-Plasmaverluste). Man beobachtet bei hinreichend dicken Schichten Mehrfachverluste — besonders deutlich in Substanzen mit einem einzigen Energieverlust (Abb. 88). Die Einführung einer mittleren freien Weglänge Λ zwischen den unelastischen Streuprozessen führt zu einer Poisson-Verteilung mit der Wahrscheinlichkeit

$$P_n(x) = \frac{\left(\frac{x}{\Lambda}\right)^n e^{-x/\Lambda}}{n!} \tag{6.17}$$

für das Auftreten eines n-fachen Energieverlustes in einer Schicht der Dicke x. Zum Beispiel beträgt in Al $\Lambda = 1000$ Å für 100 kV-Elektronen.

Zur Deutung dieser für jedes Material charakteristischen Energieverluste werden folgende Wechselwirkungen herangezogen. Durch den Stoß kann ein Atomelektron in einen höheren Energiezustand versetzt werden. In der Tat findet man in Streuversuchen an Gasen Energiewerte, welche sich als Differenzen spektroskopischer Terme deuten lassen (z. B.

entspricht der Energieverlust von 7,6 eV in Hg-Dampf (Abb. 89) der
optischen Resonanzlinie). Die Erhaltung der Lage der Maxima beim Übergang zum flüssigen und festen Hg läßt jedoch nicht den Schluß zu, daß
die Maxima unbedingt gleiche Ursache haben. Eine so geringe Änderung

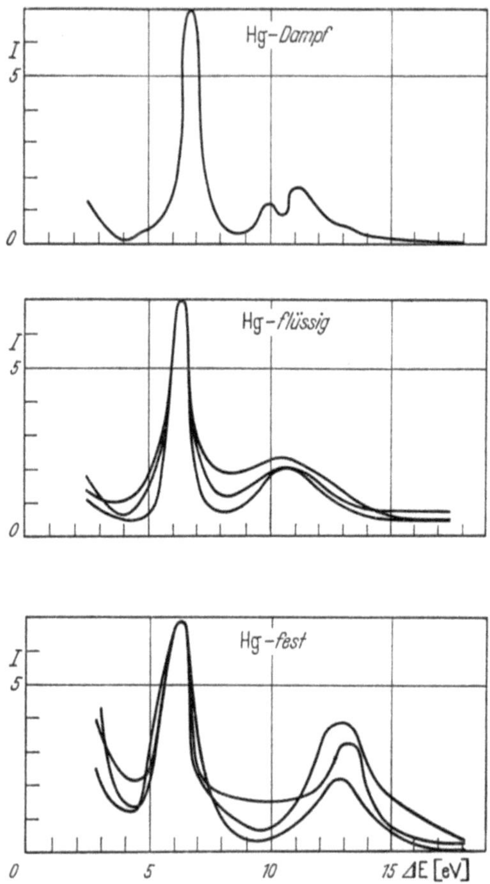

Abb. 89. Energieverluste an Hg im dampfförmigen, flüssigen und festen Zustand (nach BOERSCH u. a., 1962)

der Lage der Maxima wird auch nicht für alle Substanzen gefunden
(LEDER, 1957). In Festkörpern sind die Energiezustände der äußeren
Elektronen stark verändert und zu Energiebändern auseinandergezogen.
Man muß daher Band-Band-Übergänge (oder auch Interband-Übergänge
genannt) in Betracht ziehen. Über die Bandstruktur liegen jedoch zu
wenig zuverlässige Daten vor, um eine befriedigende Übereinstimmung
mit dem Experiment in allen Fällen zu erhalten.

Die Deutung der Verlustspektren wird durch einen weiteren Anregungsmechanismus erschwert, bei dem das Strahlelektron das Elektronenplasma kollektiv zu longitudinalen Dichteschwankungen erregt (BOHM und PINES, 1953). Die Energie dieser Plasmawellen ist gequantelt (Plasmonen) und kann nur ein ganzzahliges Vielfaches von $E = \hbar\,\omega_P$ betragen, wobei die Plasmafrequenz

$$\omega_P = \sqrt{\frac{n\,\varepsilon^2}{\epsilon_0\,m}} \tag{6.18}$$

von der Elektronendichte n der Substanz abhängt ($\epsilon_0 =$ Dielektrizitätskonst. des Vakuums). Nach FERRELL (1958) hängt der Energieverlust jedoch auch vom Streuwinkel ϑ ab (Dispersion).

$$E(\vartheta) = \hbar\omega_P + A\,\vartheta^2 + \ldots\;;\quad A = \frac{6}{5}\,\frac{E_F\,E_0}{\hbar\,\omega_P} \tag{6.19}$$

($E_F =$ Fermi-Energie, E_0 Energie der eingeschossenen Elektronen). Diese Dispersionsrelation konnte experimentell bestätigt werden (WATANABE, 1956; KUNZ, 1962; BOERSCH u. a., 1962), desgleichen die Intensitätsabhängigkeit der Plasmaverluste vom Streuwinkel. Nach FERRELL (1956) gilt nämlich für den differentiellen Streuquerschnitt eines Plasmaverlustes

$$\sigma(\vartheta) = \frac{\vartheta_E}{2\pi\,a_H\,n}\,\frac{1}{\vartheta_E^2 + \vartheta^2}\,F(\vartheta) \quad \text{für } \vartheta < \vartheta_c\,;\;\; \vartheta_E = \frac{\hbar\,\omega_P}{2E_0} \tag{6.20}$$
$$= 0 \qquad\qquad\qquad\qquad\;\; \text{für } \vartheta \geqq \vartheta_c\,,$$

($a_H =$ Bohrscher Wasserstoffradius). Oberhalb eines Abschneidewinkels ϑ_c wird kein Plasmaverlust mehr zu erwarten sein. Die Ferrell-Funktion $F(\vartheta)$ bewirkt einen steilen Abfall auf Null an der Abschneidegrenze. Für den 14,7 eV-Verlust in Aluminium ergibt sich z. B. $A = 0{,}74\,E_0$, $\vartheta_E = 1{,}6\cdot 10^{-4}$, $\vartheta_c = 1{,}3\cdot 10^{-2}$.

Neben diesen Plasmawellen im Innern des Elektronengases haben POWELL und SWAN (1959) auch in ihrer Energie reduzierte Plasmaverluste gefunden, welche nach Theorien von RITCHIE (1957) und STERN u. FERRELL (1960) auf Oberflächenplasmawellen zurückzuführen sind, deren Frequenz

$$\omega_O = \frac{\omega_P}{\sqrt{1 + \epsilon}} \tag{6.21}$$

mit der Dielektrizitätskonstanten ϵ des angrenzenden Mediums (Trägerfolie, Oxydschicht, Kontamination) zusammenhängt. Bei reinen Oberflächen ist $\omega_O = \omega_P/\sqrt{2}$. In kugelförmigen Teilchen soll die Frequenz auf $\omega_P/\sqrt{3}$ abfallen. Aus dieser Abhängigkeit ergibt sich die Forderung nach reinen Oberflächen und freitragenden Schichten, um saubere Versuche durchführen zu können. Für den reduzierten Plasmaverlust ergibt sich ein stärkerer Abfall in der Intensität ($\sim \vartheta^{-3}$) als für den Volumenverlust ($\sim \vartheta^{-2}$, s. (6.20)) (CREUZBURG u. RAETHER, 1963).

Die Plasmaverluste äußern sich auch als Absorption in den optischen Konstanten der betreffenden Substanz im Ultravioletten. Daher ist ein Vergleich mit den optischen Daten ein wichtiges Kriterium für die Identifizierung als Plasmaverlust. Andererseits können die Plasmonen in UV-Quanten der gleichen Energie umgewandelt werden (STEINMANN, 1960, 1961; BROWN u. a., 1960). BOERSCH u. a. (1961, 1965) diskutieren die spektrale Verteilung der UV-Strahlung auf der Basis der Übergangsstrahlung und Bremsstrahlung (Lilienfeldleuchten). UV-Emission ($\lambda = 3500$ Å bei Ag), die einem Oberflächenplasmaverlust zuzuschreiben ist, wurde an kompaktem Material im Ultrahochvakuum unter streifenden Einfall der Elektronen gefunden. Der größte Teil der Plasmonen wird aber in Wechselwirkung mit dem Kristallgitter in Gitterschwingungen (Phononen) umgewandelt und trägt damit zur Objekterwärmung bei.

6.5. Bildkontrast durch Streuabsorption

Nachdem in den letzten Abschnitten die theoretischen Gesetzmäßigkeiten der elastischen und unelastischen Streuprozesse diskutiert wurden, wird in diesem Abschnitt ihre Auswirkung auf den Bildkontrast behandelt. Der Bildkontrast wird definiert als

$$K = \log_{10} \frac{I_0}{I} \qquad (6.22)$$

I_0 ist die Strahlstromdichte [A/cm²] in der Bildschirmebene ohne Objekt und I mit streuendem Objekt. In Arbeiten, die sich an die Theorie anlehnen, wird oft der natürliche Logarithmus benutzt. Bei der praktischen Ausnutzung des Kontrastes für Messungen der Massendicke des Präparates (§ 11.3) ist es jedoch bequemer, mit dem dekadischen Logarithmus zu rechnen. Auch bei der Definition der photographischen Schwärzung hat man den dekadischen Logarithmus gewählt.

Der Kontrast wird dadurch hervorgerufen, daß die Objektiv-Aperturblende in der Brennebene des Objektivs alle Elektronen zurückhält, welche in Winkel größer als der Aperturwinkel gestreut werden. Die oben diskutierten Intensitätsverteilungen der Streuung sind daher für die Berechnung des Kontrastes eine entscheidende Ausgangsbasis. Der Kontrast kann außer von dem Aperturwinkel α noch von der Beschleunigungsspannung U_0, der Massendicke $x = \varrho D$ (ϱ = Dichte, D = Schichtdicke) und von der chemischen Zusammensetzung (Ordnungszahl Z und Atomgewicht A) des Objektes abhängen.

Zwischen den Kegelmänteln mit dem Öffnungswinkel ϑ und $\vartheta + d\vartheta$ liegt der Raumwinkel $d\Omega = 2\pi \sin \vartheta \, d\vartheta$. Der Bruchteil, der von einem Atom in Winkel größer als $\vartheta = \alpha$ elastisch gestreuten Elektronen berechnet sich also mit (6.13) zu

$$\sigma_{el}(\alpha) = 2\pi \int\limits_{\alpha}^{\pi} \left(\frac{d\sigma_{el}}{d\Omega}\right) \sin\vartheta\, d\vartheta \cong 2\pi \int\limits_{\alpha}^{\infty} \frac{4Z^2 R^4}{a_H^2} \frac{\vartheta\, d\vartheta}{\left(1 + \left(\frac{\vartheta}{\vartheta_0}\right)^2\right)^2} =$$

$$= \frac{Z^2 R^2 \lambda^2}{\pi\, a_H^2} \frac{1}{1 + \left(\frac{\alpha}{\vartheta_0}\right)^2} \tag{6.23}$$

Da sich in jedem Stoff N_L/A Atome pro Gramm befinden ($N_L =$ Loschmidtsche Zahl), so erfährt der pro Flächeneinheit einfallende Elektronenstrom I in einer Schicht der Massendicke dx eine Schwächung

$$\frac{dI}{I} = -\sigma_{el}(\alpha)\, \frac{N_L}{A}\, dx \;. \tag{6.24}$$

Durch Integration über die gesamte Massendicke von 0 bis $x = \varrho D$ erhält man für die Durchlässigkeit (Transmission) bei elastischer Streuung

$$T_{el} = \frac{I}{I_0} = e^{-\frac{x}{x_a}\frac{1}{1 + (\alpha/\vartheta_0)^2}} \tag{6.25}$$

mit

$$x_a = \frac{\pi\, a_H^2\, A}{N_L\, Z^2\, R^2\, \lambda^2 (1 + \varepsilon\, U_0/m\, c^2)^2} \tag{6.26}$$

als „Aufhellungsdicke" nach VON BORRIES (1949), wobei eine relativistische Korrektur ergänzt wurde (LENZ, 1954).

Um analog zu (6.23) die Größe $\sigma_{unel}(\alpha)$ zu berechnen, kann man in q' (6.16) das die Ionisationsenergie I enthaltende Glied vernachlässigen, da es sich erst bei sehr kleinen Aperturen bemerkbar macht (s. Abb. 83). Die Durchführung der Integration mit α als unterer Integrationsgrenze ergibt dann

$$\sigma_{unel}(\alpha) = 2\pi \int\limits_{\alpha}^{\infty} \left(\frac{d\sigma_{unel}}{d\Omega}\right) \vartheta\, d\vartheta$$

$$= \frac{4Z\, R^2\, \lambda^2}{\pi\, a_H^2} \left\{ \frac{-1}{4\left(1 + \left(\frac{\alpha}{\vartheta_0}\right)^2\right)} + \ln\sqrt{1 + \left(\frac{\vartheta_0}{\alpha}\right)^2} \right\} \tag{6.27}$$

mit dem Ansatz

$$\frac{dI}{I} = -\left[\sigma_{el}(\alpha) + \sigma_{unel}(\alpha)\right] \frac{N_L}{A}\, dx \tag{6.28}$$

an Stelle von (6.24) erhält man für die gesamte Durchlässigkeit (elastische + unelastische Streuung)

$$T = \frac{I}{I_0} = \exp\left[-\frac{4x}{Z\, x_a} \left\{ \frac{Z - 1}{4\,(1 + (\alpha/\vartheta_0)^2)} + \ln\sqrt{1 + \left(\frac{\vartheta_0}{\alpha}\right)^2} \right\} \right] = e^{-x/x_k}. \tag{6.29}$$

Die „Kontrastdicke" x_k ist diejenige Massendicke, welche nur den e-ten Teil der Intensität (37%) durch die Aperturblende hindurchläßt. Die

Aufspaltung des Kontrastes in einen elastischen und unelastischen Anteil wurde experimentell von Lippert (1958, 1963) untersucht.

Für die Praxis ergeben sich aus diesen Formeln folgende Gesetzmäßigkeiten. Der Kontrast (6.22) wird bei konstanter Apertur α und Strahlspannung U_0 proportional zur Massendicke $x = \varrho D$:

$$K = c(\alpha, U_0, Z)\, \varrho D \; ; \quad c(\alpha, U_0, Z) = \frac{\log e}{x_k} \; . \tag{6.30}$$

Die Proportionalität zwischen Kontrast und Massendicke wurde von mehreren Autoren experimentell bestätigt (Hillier und Ellis, 1950; Hall, 1951; Hall u. Inoue, 1957; Ito, 1954; Lippert, 1954, 1956; Halliday, 1960; Reimer, 1957, 1961). Eine strenge Gültigkeit dieses Gesetzes findet man bei amorphen Schichten mit einheitlicher Dicke. Abweichungen von der Proportionalität können durch Mehrfachstreuung (s. u.) oder in kristallinen Schichten bestimmter Struktur (§ 6.6) auftreten. Den Proportionalitätsfaktor c in (6.30) wird man bei einer quantitativen Ausnutzung der Kontrastmessung zur Bestimmung der Massendicke experimentell bestimmen müssen, da schon oben in § 6.2 dargelegt wurde, daß die Theorie über den Absolutbetrag keine verbindlichen Aussagen machen kann. Die Unsicherheit liegt vor allem in der Größe des „Atomradius" R, der mit Θ nach (6.15) zusammenhängt. Nach Lippert (1962 b) und Lippert und Friese (1962) kann man den Kontrast für verschiedene Aperturen und Strahlspannungen mit Hilfe von (6.29) jedoch durch ein Ähnlichkeitsgesetz beschreiben; wenn man die Aufhellungsdicke x_a und den charakteristischen Winkel ϑ_0 (6.13) als frei verfügbare Konstanten ansieht, die experimentell zu ermitteln sind (Tab. 6.1).

Tabelle 6.1. *Die Konstanten x_a und ϑ_0 für einige Elemente nach* Lippert *und* Friese *(1962) bei einer Strahlspannung $U_0 = 60\,kV$*

	C	Al	Cr	Pd	W	
x_a	27,8	23,0	17,5	14,0	12,5	µg · cm^{-2}
ϑ_0	0,032	0,041	0,040	0,050	0,042	rad

In (6.26) geht die Strahlspannung über die Wellenlänge ein, und mit (5.12) erhält man für zwei verschiedene Strahlspannungen „1" und „2" unter Berücksichtigung der relativistischen Korrektur die Ähnlichkeitsrelationen

$$\frac{x_{a2}}{x_{a1}} = \left(\frac{\lambda_1 \left(1 + \dfrac{\varepsilon\, U_1}{m\, c^2} \right)}{\lambda_2 \left(1 + \dfrac{\varepsilon\, U_2}{m\, c^2} \right)} \right)^2 \; ; \quad \frac{\vartheta_{02}}{\vartheta_{01}} = \frac{\lambda_2}{\lambda_1} \; . \tag{6.31}$$

Als Beispiel zeigt Abb. 90 Meßkurven von Lippert und Friese mit Skalen für 60 und 40 kV. Die Skalen für andere Spannungen sind mit den

Ähnlichkeitsrelationen (6.31) umzurechnen. Eingezeichnet sind außerdem
Meßpunkte von REIMER (1961) an C, Pt, Al und Cr (s. a. Abb. 91) und an
C von HAEFER (1960), ZEITLER und BAHR (1962), HALL u. INOUE (1957).
Messungen bei der gleichen Apertur α, aber bei verschiedenen Strahl-
spannungen sind durch gestrichelte Kurven verbunden. Die Überein-
stimmung der Messung verschiedener Autoren ist zufriedenstellend (s. a.

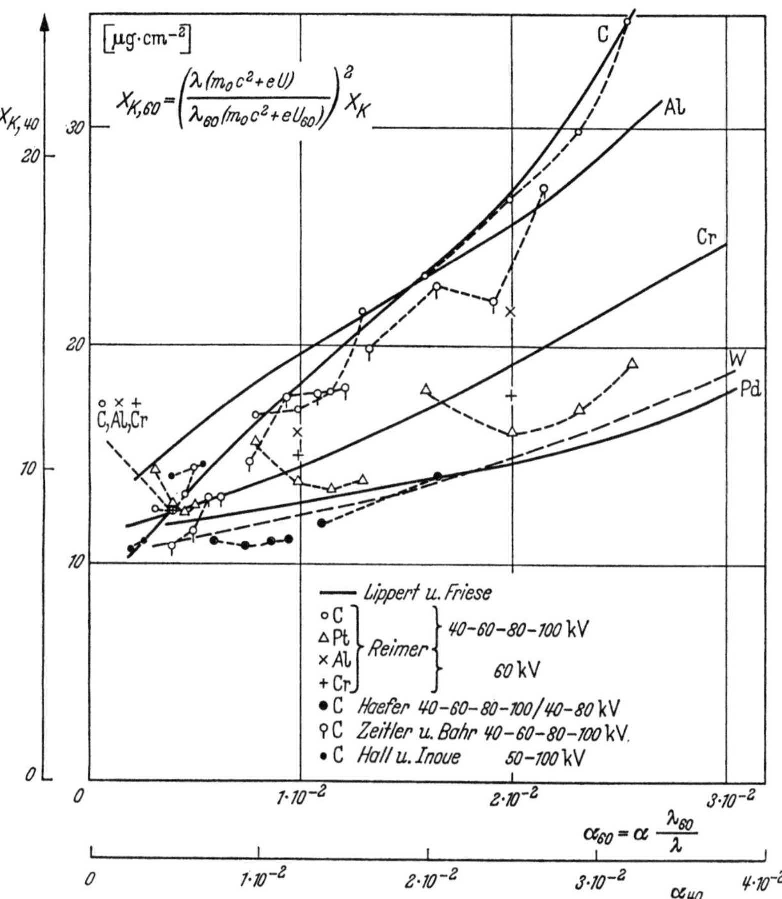

Abb. 90. Auftragung der Kontrastdicke x_k gegen die Objektivapertur α nach Messungen verschiedener
Autoren unter Verwendung der Ähnlichkeitsrelationen (6.31) von LIPPERT und FRIESE (1962)

einen derartigen Vergleich für Kohleschichten bei LIPPERT, 1962). Starke
Abweichungen zeigen nur die Messungen von HAEFER, und die Kurve für
Al bei LIPPERT und FRIESE liegt bei kleinen Aperturen relativ hoch.

Mit (6.13) und (6.26) sollte außerdem der Ausdruck x_a/ϑ_0^2 nur durch
universelle Konstanten und die Strahlspannung berechenbar sein, weil

11*

sich der unsichere Atomradius R heraushebt. Für leichte Elemente bis zum Al stimmt der berechnete mit dem gemessenen Wert von x_a/ϑ_0^2 überein. Mit steigendem Atomgewicht wird im Sinne des Ähnlichkeitsgesetzes x_a zu groß, ϑ_0 zu klein und bei Wolfram x_a/ϑ_0^2 um den Faktor 2,5 größer (LIPPERT u. FRIESE, 1962). Der Grund für die Abweichungen wird in der Benutzung des sehr schematischen Wentzelschen Atommodells (6.14) zu suchen sein.

Die Abhängigkeit des Kontrastes von der Apertur und Beschleunigungsspannung wird demnach in ihrem qualitativen Verlauf durch die Lenzsche Theorie recht befriedigend wiedergegeben. Für verschiedene Elemente (Variation von Z) sind die Aussagen der Theorie jedoch unsicher, weil in dem Integral Θ (6.11) die genaue Elektronendichteverteilung der Atome eingeht. Benutzt man das Wentzelsche Atommodell mit der Beziehung $R = a_H Z^{-1/3}$, so ersieht man aus (6.25) und (6.26), daß für die rein elastische Streuung $K \sim Z^{4/3}/A$. Zu dem gleichen Ergebnis kommt auch MOLIÈRE (1948). Nach der Rutherfordschen Streutheorie würde sich $K \sim Z^2/A$ ergeben. Die Funktion $Z^{4/3}/A$ steigt mit wachsendem Z an. Während Z/A mit wachsendem Z von etwa 0,5 bei leichten Elementen auf etwa 0,4 bei schweren Elementen abfällt. Es ist jedoch problematisch, ob der Kontrast mit einer einheitlichen Potenzfunktion

$$K = b \frac{Z^a}{A} \varrho D \tag{6.32}$$

(b und a Funktionen von α und U_0) beschrieben werden kann. Falls man die Darstellung mit einem Potenzgesetz beibehält, ergeben sich aus den Meßpunkten von Abb. 91 verschiedene Exponenten a, wenn Strahlspannung und Apertur verändert werden (REIMER, 1961):

U_0	α	Blende im Elmiskop I	Exponent a exp.	theor. [aus (6.29)]
40 kV	$4 \cdot 10^{-3}$	20 µ	1,08	1,06
60 kV	$4 \cdot 10^{-3}$	20 µ	1,11	1,09
100 kV	$2 \cdot 10^{-2}$	100 µ	1,38	1,43

Auch die theoretisch nach (6.29) berechneten Kontraste bei konstantem U_0 und α aber variierendem Z lassen sich bei doppeltlogarithmischer Auftragung gut als Gerade durch ein Potenzgesetz darstellen. Der so theoretisch ermittelte Exponent a zeigt den gleichen Gang wie der experimentell bestimmte. Die Gl. (6.32) stellt daher eine empirische Relation dar, welche insbesondere die Z-Abhängigkeit mit 2 Konstanten a und b zu beschreiben gestattet, während in den Lippertschen Ähnlichkeitsrelationen ebenfalls 2 Konstanten x_a und ϑ_0 bei konstantem Z die Abhängigkeit von Strahlspannung und Apertur auszurechnen gestatten.

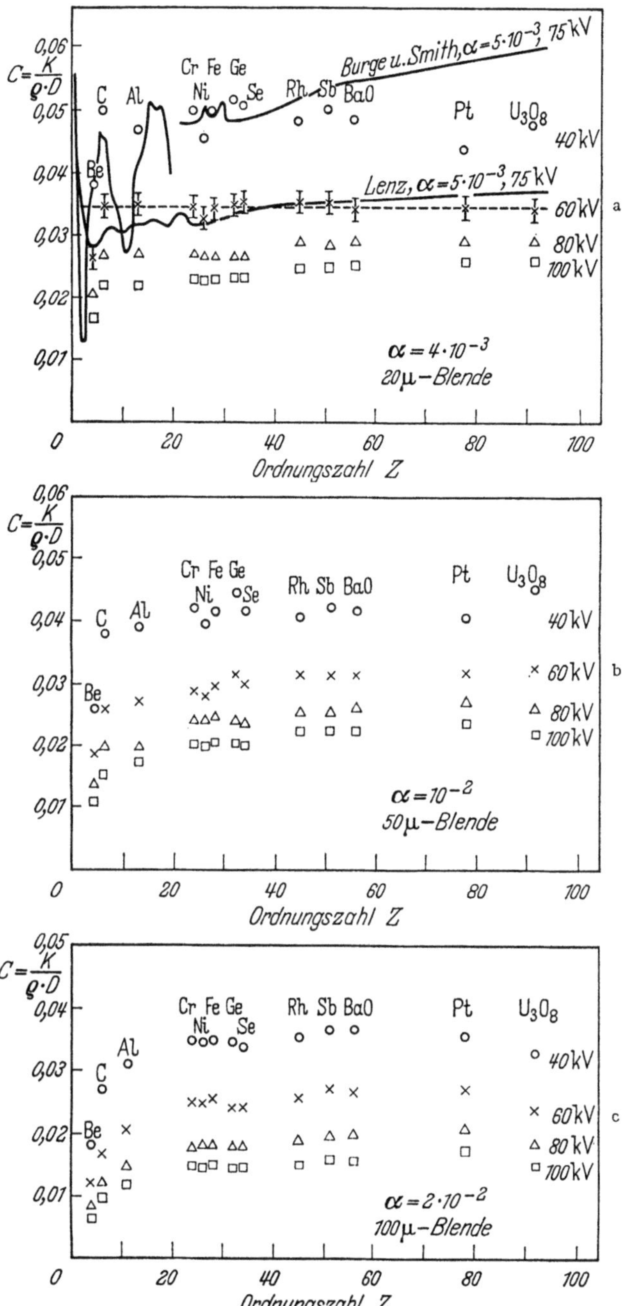

Abb. 91a-c. Abhängigkeit des Proportionalitätsfaktors c [$\mu g^{-1} \cdot cm^2$] (6.30) zwischen Kontrast K und Massendicke $x = \varrho D$ für verschiedene Strahlspannungen und Aperturen, gemessen mit 20, 50 und 100 μ-Objektiv-Aperturblenden im Siemens-Elmiskop I. In a) sind theoretische Berechnungen der Z-Abhängigkeit nach LENZ sowie SMITH und BURGE eingezeichnet (75 kV, $\alpha = 5.10^{-3}$)

Die Zunahme des Exponenten a mit wachsender Strahlspannung und Aperturblende ist einfach einzusehen, weil unter diesen Bedingungen die von der Aperturblende zurückgehaltenen Elektronen mehr und mehr in Kernnähe gestreut werden, d. h. besser der Rutherford-Näherung gehorchen. Bemerkenswerterweise ist der Exponent a etwas größer als 1 für

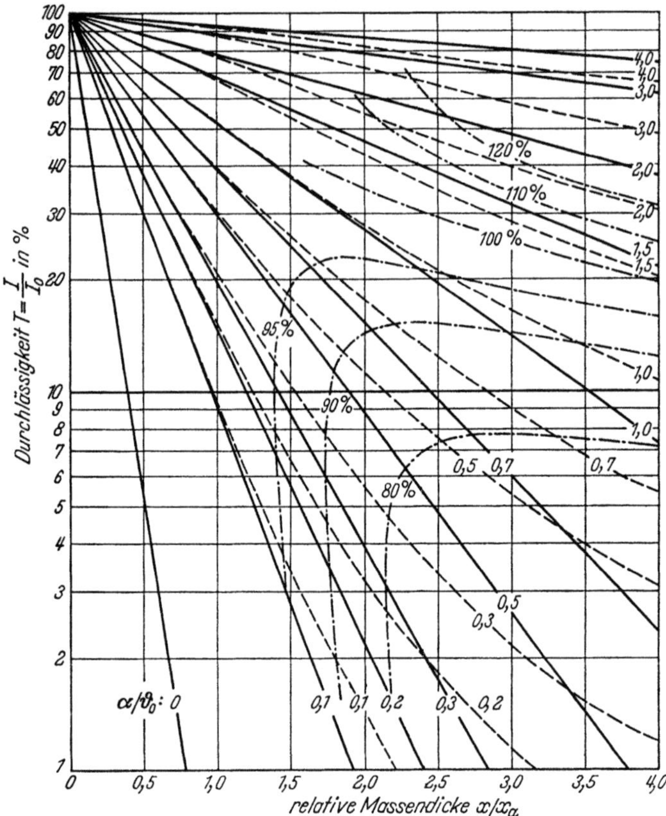

Abb. 92. Abhängigkeit der Transmission T von der relativen Massendicke x/x_a für verschiedene relative Aperturen α/ϑ_0 (Werte für x_a und ϑ_0 in Tab. 6.1). Ausgezogene Geraden nach (6.29) als Näherung der Einfachstreuung, gestrichelte Kurven berechnet unter Berücksichtigung der Mehrfachstreuung, strichpunktierte Kurven: Differenzen zwischen Näherung und den exakten Rechnungen, bezogen auf die Näherung (nach LIPPERT, 1962)

$60\ \mathrm{kV}$ und $\alpha = 4 \cdot 10^{-3}$. Dieser Exponent kompensiert den leichten Abfall von Z/A und ergibt eine weitgehende Unabhängigkeit des Kontrastes von der Ordnungszahl unter diesen Betriebsbedingungen (s. die Meßreihe für $60\ \mathrm{kV}$ und $20\ \mu$-Aperturblende in Abb. 91a). Die nach der Lenzschen Theorie berechnete Kurve in Abb. 91a für $75\ \mathrm{kV}$ und $\alpha = 5 \cdot 10^{-3}$ zeigt bereits einen geringen Anstieg mit der Ordnungszahl. Man erkennt bei einem Vergleich mit den Meßpunkten bei $80\ \mathrm{kV}$, daß die Lenzsche Theorie auch etwa die Größenordnung richtig wiedergibt. Berechnungen von BURGE und SMITH (1962) zeigen dagegen, obwohl sie neuere Atommodelle benutzen, wesentlich größere Werte von c und außerdem einen Gang mit der Ordnungszahl, der durch das Experiment nicht bestätigt wird.

Bei den bisher aufgeführten Formeln und Gesetzmäßigkeiten wurde Einfachstreuung vorausgesetzt. Streng gelten die Formeln demnach nur für Schichtdicken kleiner als die Aufhellungsdicke x_a (6.26 und Tab. 6.2). Bei Mehrfachstreuung in dickeren Schichten werden Elektronen auch wieder in kleinere Winkel zurückgestreut, so daß sie die Aperturblende passieren können. Entsprechende Berechnungen wurden von LEISEGANG (1952), LENZ (1954), ZEITLER und BAHR (1957) und SMITH und BURGE (1963) durchgeführt. Bei größeren Dicken ergibt die Theorie der Mehrfachstreuung keinen proportionalen Anstieg des Kontrastes mehr. Bis zur doppelten Aufhellungsdicke ergeben sich jedoch keine großen Unterschiede gegenüber der Theorie der Einfachstreuung. In Abb. 92 ist die Durchlässigkeit logarithmisch aufgetragen. Das exponentielle Absorptionsgesetz führt also auch hier zu einer Geraden, allerdings mit negativer Steigung ($\log T = -K$). Insbesondere bei kleinen Aperturen kann man bis zu Kontrasten von 1,5 und Massendicken bis etwa $40-60\ \mu\mathrm{g} \cdot \mathrm{cm}^{-2}$ noch im Experiment Proportionalität finden. Nur dieser Bereich kann elektronenmikroskopisch sinnvoll ausgenutzt werden, da Schichten mit Kontrasten größer als 1,5 sehr unscharfe Bilder ergeben. Experimentelle Prüfungen der Gesetze der Mehrfachstreuung liegen von HAEFER (1960) und LIPPERT (1962) vor. Da die Meßpunkte von HAEFER jedoch aus dem Rahmen der anderen Kontrastmessungen fallen (s. o.), sind die erhaltenen Ergebnisse über Mehrfachstreuung auch kritisch aufzunehmen. Bei geringeren Strahlspannungen (20 kV) führten zu diesem Problem auch COSSLETT u. THOMAS (1964) Untersuchungen durch. Es sei auch auf experimentelle Arbeiten von JOST u. KESSLER (1963) und HILGNER u. KESSLER (1965) hingewiesen.

6.6. Unterschied des Kontrastes in amorphen und kristallinen Schichten

Bei der Ableitung des Kontrastes wurden die Streuformeln (6.13) und (6.16) zugrunde gelegt, die für die Streuung an einem Einzelatom gelten. Streng genommen gelten diese Streuformeln daher nur für gasförmige Objekte. Experimentell wurden quantitative Streuversuche an Gasen von KESSLER (1964) durchgeführt.

Wenn die Atome dicht gepackt sind, treten Interferenzerscheinungen auf. Auch in den sog. „amorphen" Schichten mit nichtperiodischer Atomanordnung treten Nahordnungseffekte auf, die zu den diffusen Beugungsmaxima führen (Abb. 79). Es erscheint daher überraschend, daß die Untersuchungen an Kohle- und anderen Schichten mit der Lenzschen

Theorie relativ gut beschrieben werden können. Die Theorie der Streuung an amorphen Objekten (s. VON LAUE, 1948) lehrt, daß die Intensitätsverteilung $I(\vartheta)$ bei einer derartigen Streuung an amorphen Objekten um die Streukurve „freier" (unabhängig streuender) Einzelatome oszilliert (Abb. 93). Da bei der Kontrastentstehung alle Elektronen zu erfassen sind, welche in Streuwinkel größer als die Objektivapertur gestreut werden, werden bei der Integration von α bis ∞ wie in (6.23) die Oszillationen in der Intensitätsverteilung weiter abgeflacht, und es ergeben sich keine

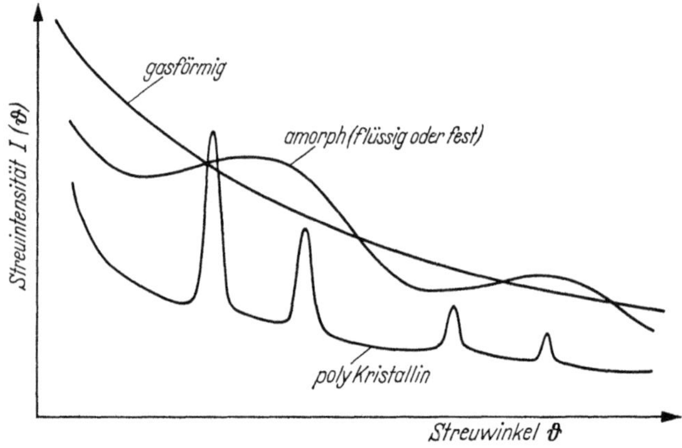

Abb. 93. Schematische Abhängigkeit der Streuintensität vom Streuwinkel für Streuobjekte mit gleicher Atomzahl im gasförmigen, amorphen und polykristallinen Zustand

wesentlichen Unterschiede der Kontrastmessungen gegenüber unabhängig streuenden Atomen. Dies gilt außer für Kohleschichten — die wegen der biologischen Anwendung am häufigsten untersucht sind — noch für Ge-, SiO-, Al_2O_3-, Sb- und Sb_2S_3-Schichten, welche ebenfalls in amorpher Modifikation hergestellt werden können. Geht man zu feinkristallinen Schichten über, so führt dies ebenfalls zu keinen wesentlichen Änderungen des Kontrastes, wie Abb. 90 und 91 deutlich zeigen. Der Grund hierfür soll im folgenden kurz dargelegt werden.

Die periodische Anordnung der Atome im Kristallgitter führt zu den charakteristischen Beugungserscheinungen, die sich darin äußern, daß außerhalb der Bragg-Reflexe keine elastische Streuung auftritt, bis auf die thermisch diffuse Streuung durch die Gitterschwingungen als Untergrund. Denn alle in diese Richtungen gestreuten Elektronen werden durch destruktive Interferenz ausgelöscht. Daher liegt die Streuintensität außerhalb der Beugungsmaxima niedriger als in amorphen Schichten (s. a. BRÜNGER u. MENZ, 1965). Die unelastische Streuung ist zum größten Teil inkohärent und verursacht in amorphen und kristallinen Objekten den größten Teil des Streuuntergrundes bei kleinen Streuwinkeln. Dies zeigen besonders deutlich gefilterte Elektronen-Beugungsdiagramme.

Die elastische Streuintensität einer polykristallinen Schicht aus kleinen Kristallen (Kristallitgröße < 50 Å) kann man mit der kinematischen Theorie beschreiben. Bei der elektronenmikroskopischen Abbildung einer derartigen Schicht erscheinen diejenigen Kristallite dunkler, welche in der Nähe einer Bragg-Lage liegen und zu einem Beugungsreflex beitragen, denn die Beugungswinkel sind in der Regel größer als die üblichen Objektivaperturen. Kristallite, welche so orientiert sind, daß sie keine Bragg-

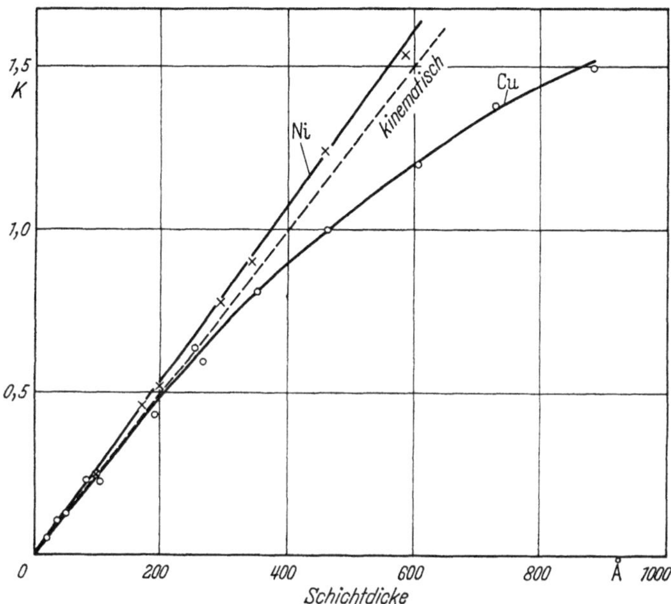

Abb. 94. Abhängigkeit des Kontrastes von der Schichtdicke für feinkristalline Nickelschichten (Proportionalität) und Abweichungen von der Proportionalität für Kupfer-Aufdampfschichten durch grobkristalline Struktur (nach REIMER, 1957)

Reflexion verursachen bzw. nur höhere Beugungsordnungen mit geringer Intensität, erscheinen dagegen heller. Mißt man jetzt mit einer Blende in Bildebene, die eine große Zahl von Kristalliten erfaßt, so erhält man einen Mittelwert der Durchlässigkeit und daraus des Kontrastes. Die in den Abb. 90 u. 91 dargestellten Meßwerte sind auf diese Weise erhalten. Da die Aperturwinkel in der Praxis kleiner als die Beugungswinkel sind, erfaßt man theoretisch die Schwächung des Primärstrahles durch die elastische Streuung und damit die Aufhellungsdicke, wenn man mit (5.47) über alle Reflexe hkl summiert. Das Ergebnis einer derartigen numerischen Auswertung liefert nur 10—20% niedrigere Werte für den Kontrastbeitrag der elastischen Streuung gegenüber dem Beitrag amorpher Objekte. Unter der Annahme, daß die unelastische Streuung in beiden Schichttypen den gleichen Beitrag leistet, wird der absolute Unterschied im Kontrast als Summe aus elastischer und unelastischer Streuung noch geringer. Es folgt also aus der kinematischen Theorie, daß für feinkristalline Schichten etwa die gleichen Kontrastwerte zu erwarten sind als für amorphe Schichten. Außerdem gilt für diese Schichten auch das exponentielle Absorptionsgesetz, solange nicht Mehrfachstreuung (s. o.) auftritt. Anders liegen die Verhältnisse jedoch bei Schichten mit größeren Kristalliten, die etwa von der Schichtober- zur -unterseite durchgehen. Dann ist oberhalb 50 Å mit einer Abnahme der Beugungsintensität durch die dynamische Theorie zu rechnen. Die in alle Beugungsrichtungen abgebeugte Intensität und der elastische Beitrag zum Kontrast wird damit geringer. Dies äußerst sich in einer Abweichung der Kontrastkurve von einer Geraden (exponentielles Absorptionsgesetz) schon bei kleineren Schichtdicken, als für Mehrfachstreuung zu erwarten ist (REIMER, 1957, 1965). Die Form dieser Abweichung ist die gleiche wie bei Mehrfachstreuung. Es ist daher Vorsicht geboten, wenn man aus Meßdaten an grobkristallinen Schichten Rückschlüsse auf die Mehrfachstreuung ziehen will. Abb. 94 zeigt die Erfüllung des exponentiellen Absorptionsgesetzes für eine Nickelschicht mit Kristalliten kleiner als 50 Å, während bei einer Kupferschicht mit großen Kristalliten der Kontrast von der Proportionalität abweicht. Es sind noch weitere Versuche erforderlich, um diesen Einfluß von Interferenzeffekten auf den Kontrast vollständig zu klären.

Literatur zu § 6

BACHMANN, L., and B. M. SIEGEL: Determination of the thickness of thin films by inelastic scattering of electrons. Europ. Reg. Conf. EM Delft, Vol. I, 157 (1960).

BETHE, H.: Zur Theorie des Durchgangs schneller Korpuskularstrahlen durch Materie. Ann. Physik 5, 325 (1930).

BLACKSTOCK, A. W., R. D. BIRKHOFF, and M. SLATER: Electron accelerator and high resolution analyzer. Rev. sci. Instr. 26, 274 (1955).

BOERSCH, H.: Ein Elektronenfilter für Elektr.mikr. u. Elektr.-Beugung. Optik 5, 436 (1949).

— Gegenfeldfilter f. Elektronenbeugung u. Elektr.mikr. Z. Physik 134, 156 (1953).

— Exp. Bestimmung der Energieverteilung in therm. ausgelösten Elektronenstrahlen. Z. Physik 139, 115 (1954).

— P. DOBBERSTEIN, D. FRITZSCHE u. G. SAUERBREY: Transition radiation, Bremsstrahlung u. Plasmastrahlung. Z. Physik 187, 97 (1965).

— J. GEIGER, H. HELLWIG u. H. MICHEL: Energieverl. von Elektr. in Metallen in den versch. Aggregatzuständen. Messungen an Silber und Quecksilber. Z. Physik 169, 252 (1962).

— — u. W. STICKEL: Das Auflösungsvermögen des elektrostatisch-magn. Energieanalysators für schnelle Elektronen. Z. Physik 180, 415 (1964).

—, u. H. MIESSNER: Ein hochempf. Gegenfeld-Energieanalysator für Elektronen. Z. Physik 168, 298 (1962).

— — u. W. RAITH: Unters. zur Winkelabh. des 14,7 eV-Energieverl. von Elektronen in Al. Z. Physik 168, 404 (1962).

BOERSCH, H., C. RADELOFF u. G. SAUERBREY: Über die an Metallen durch Elektr. ausgelöste sichtbare u. ultraviol. Strahlung. An massiven Metallen ausgelöste Strahlung. Z. Physik **165**, 464 (1961).

—, u. S. SCHWEDA: Eine inverse Gegenfeldmethode zur Energieanalyse von Elektronen- und Ionenstrahlen. Z. Physik **167**, 1 (1962).

BOHM, D., u. D. PINES: A collective description of electron interactions. Phys. Rev. **92**, 609 (1953).

BORRIES, B. VON: Elektronenstreuung und Bildentstehung im Übermikr. Z. Naturforsch. **4a**, 51 (1949).

—, u. E. RUSKA: Über die Bildentst. im Übermikr. Z. techn. Phys. **19**, 402 (1938).

BRACK, K.: Über eine Anordnung zur Filterung von Elektroneninterferenzen. Z. Naturforsch. **17a**, 1066 (1962).

BROWN, R. W., P. WESSEL, and E. P. TROUNSON: Plasmon reradiation from silver films. Phys. Rev. Letters **5**, 472 (1960).

BRÜNGER, W., u. W. MENZ: Wirkungsquerschnitte für elast. u. unelast. Elektronenstreuung an amorphen C- und Ge-Schichten. Z. Physik **184**, 271 (1965).

BULLARD, E. C., and H. S. W. MASSEY: Scattering of electrons by atomic fields. Proc. Cambr. Phil. Soc. **26**, 556 (1930).

BURGE, R. E., and G. H. SMITH: A new calculation of electr. scattering cross sections and a theor. discussion of image contrast in the electr. micr. Proc. Phys. Soc. **79**, 673 (1962).

CASTAING, R., et L. HENRY: Filtrage magnétique des vitesses en micr. electr. Compt. rend. **255**, 76 (1962).

COSSLETT, V. E., and R. N. THOMAS: Multiple scattering of 5—30 keV-electrons in evaporated metal films I u. II. Brit. J. appl. Phys. **15**, 883, 1283 (1964).

— — The plural scattering of 20 keV electrons. Brit. J. appl. Phys. **15**, 235 (1964).

CREUZBURG, M., u. H. RAETHER: Über die charakteristischen Energieverl. bei Elektronenstreuung an Si-Spaltflächen. Z. Physik **171**, 436 (1963).

FERRELL, R. A.: Angular dependence of the charact. energy loss of electr. passing through metal foils. Phys. Rev. **101**, 554 (1956).

— Predicted radiation of plasma oscillations in metal films. Phys. Rev. **111**, 1214 (1958).

HAEFER, R. A.: Die Richtungsverteilung bei der Mehrfachstreuung mittelschneller Elektr. in dünnen Kohlenstoffschichten. Optik **17**, 213 (1960).

HAINE, M. E., and A. W. AGAR: Diff. scattering cross-section of atoms to medium energy electrons at small angles. Brit. J. appl. Phys. **10**, 341 (1959).

HALL, C. E.: Scattering phenomena in electr.micr. image formation. J. appl. Phys. **22**, 655 (1951).

—, and T. INOUE: Exp. study of electr. scattering in electr. micr. specimens. J. appl. Phys. **28**, 1346 (1957).

HALLIDAY, J. S.: The contrast of transm. electr. diffr. patterns, IV. Internat. Kongr. EM Berlin, Bd. I, 300 (1958).

— Measurement of atomic differential cross-sections. Brit. J. appl. Phys. **11**, 259 (1960).

HILGNER, W., u. J. KESSLER: Mehrfachstreuung mittelschneller Elektronen in Folien. Z. Physik **187**, 119 (1965).

HILLIER, J., and S. G. ELLIS: Preliminary results from a quant. appreisal of the effect of accelerating potential on image quality. C. R. I. Internat. Congr. M.E. Paris 1950.

ITO, K.: Über den Farbfehler von Elektronenlinsen. Electronmicroscopy (Japan) **3**, 224 (1954).

Jost, K., u. J. Kessler: Die Ortsverteilung mittelschneller Elektronen bei Mehrfachstreuung. Z. Physik **176**, 126 (1963).

Kamiya, Y.: Scattering of electrons by carbon films. J. Phys. Soc. Japan **13**, 1144 (1958).

Keck, K., u. H. Deichsel: Die Verw. der Elektronen-Einzellinse als „lichtstarkes" Energiefilter für Elektronenstrahlen. Optik **17**, 401 (1960).

Kempf, G., u. F. Lenz: Exp. Unters. der Streuung von 70 kV-Elektronen an Kohlenstoff in kleinste Winkel. Proc. Stockholm Conf. EM 67 (1956).

Kessler, J.: Streuung mittelschn. Elektr. um kleinste Winkel — Vergl. von Absolutmess. an Gasen mit theor. Ergebn. nach Lenz. Z. Physik **182**, 137 (1964).

— Best. d. Wirkungsquersch. für die Kleinstwinkelstreuung von Elektronen. Z. Physik **182**, 153 (1964).

Klemperer, O., and J. P. G. Shepherd: Characteristic energy losses of electr. in solids. Adv. in Physics **12**, 355 (1963).

Koppe, H.: Der Streuquerschn. von Atomen für unelast. Streuung schneller Elektronen. Z. Physik **124**, 658 (1948).

Kunz, C.: Über die Winkelabh. der charakt. Energieverluste an Al, Si, Ag. Z. Physik **167**, 53 (1962).

Laue, M. von: Röntgenstrahlinterferenzen. 2. Auflage. Leipzig 1948.

Leder, L. B.: Inelastic scattering of 20-keV electr. in metal vapors. Phys. Rev. **107**, 1569 (1957).

—, and J. A. Simpson: Improved electrical differentiation of retarding potential measurements. Rev. Schi. Instr. **29**, 571 (1958).

Leisegang, S.: Zur Mehrfachstreuung von Elektronen in dünnen Schichten. Z. Physik **132**, 183 (1952).

Lenz, F.: Über das chromatische Auflösungsverm. von Elektronenlinsen bei der Geschwindigkeitsanalyse. Optik **10**, 439 (1953).

— Zur Streuung mittelschneller Elektr. in kleinste Winkel. Z. Naturforsch. **9a**, 185 (1954).

Leonhard, F.: Spektrometrie von Elektronen-Interf. Z. Naturforsch. **9a**, 1019(1954).

Lippert, W.: Exp. Studien über den Kontrast im Elektr.mikr. Optik **11**, 412 (1954).

— Zur Wirkungsweise des Möllenstedtschen Geschwindigkeitsanalysators. Optik **12**, 467 (1955).

— Über die „elektr.mikr. Durchlässigkeit" dünner Schichten. Optik **13**, 506 (1956).

— Über den Einfl. der unelast. gestreuten Elektr. auf den Kontrast flächenförm. Objekte im Elektr.mikr. IV. Internat. Kongr. EM Berlin, Bd. **I**, 288 (1958). Z. Naturforsch. **13a**, 274 (1958).

— Exp. Unters. über den Einfluß der unelast. Streuung auf den Kontrast leichtatomiger Subst. im Elektr.mikr. und über die Kontrastdicke. Z. Naturforsch. **13a**, 1089 (1958).

— Bemerkungen zur elektr.mikr. Dickenmessung von Kohleschichten. Z. Naturforsch. **17b**, 335 (1962a).

— Zur Brauchbarkeit d. Bornschen Näherung bei der Berechnung d. Elektr. Streuung für den Bereich der Elektr.mikr. Naturwissenschaften **49**, 534 (1962b).

— Über das Verh. des unelastischen zum elast. Gesamtstreuquerschnitt für Elektr. bei den Arbeitsbed. der Elektr.mikr. Naturwissenschaften **50**, 219 (1963).

— Zur Deutung des elektr.mikr. Kontrastes von Kohle, Proc. 3. Europ. Reg. Conf. EM Prag. Vol. A, 19 (1964).

—, u. W. Friese: Zur Darstellbarkeit des Kontrastes mit Hilfe der Lenzschen Theorie. V. Internat. Conf. EM Philadelphia. Vol. I, AA-1 (1962).

Lohff, J.: Charakt. Energieverluste bei der Streuung mittelschn. Elektr. an Al-Oberflächen. Z. Physik **171**, 442 (1963).

MARTON, L., J. A. SIMPSON and T. F. McCRAW: Automatic instrument for electr. scattering measurements. Rev. sci. Instr. 26, 855 (1955).
— — H. A. FOWLER, and N. SWANSON: Plural scattering of 20-keV electr. in Al. Phys. Rev. 126, 182 (1962).
MOLIÈRE, G.: Theorie der Streuung schneller geladener Teilchen. Z. Naturforsch. 2a, 133 (1947); 3a, 78 (1948).
MÖLLENSTEDT, G.: Die elektrostat. Linse als hochauflösender Geschwindigkeits-analysator. Optik 5, 499 (1949).
—, u. W. DIETRICH: Verbess. der Optik des hochaufl. elektrost. Geschwindigkeits-Analysators. Optik 12, 246 (1955).
—, u. O. RANG: Die elektrostat. Linse als hochauflösendes Geschwindigkeitsfilter. Z. angew. Phys. 3, 187 (1951).
PINES, D.: Collective energy losses in solids. Rev. mod. Phys. 28, 184 (1956).
POWELL, C. J., and J. B. SWAN: Origin of the characteristic electron energy losses in Al. Phys. Rev. 115, 869 (1959).
REIMER, L.: Zur Elektronenabs. dünner Metallaufdampfschichten im Elektr.mikr. Z. angew. Phys. 9, 34 (1957).
— Mess. der Abh. des elektr.mikr. Bildkontrastes von Ordnungszahl, Strahlspannung und Aperturblende. Z. angew. Physik 13, 432 (1961).
— Contrast in amorphous and crystalline objects. Proc. Symp. Quant. Electr.micr. Washington 1964, in Lab. Invest. 14, 939 (1965).
RITCHIE, R. H.: Plasma losses by fast electrons in thin films. Phys. Rev. 106, 874 (1957).
RUTHEMANN, G.: Diskrete Energieverl. mittelschn. Elektr. beim Durchgang durch dünne Folien. Ann. Physik 2, 113 (1948).
SMITH, G. H., and R. E. BURGE: A theor. investigation of plural and multiple scattering of electrons by amorphous films. Proc. Phys. Soc. 81, 612 (1963).
STEINMANN, W.: Exp. verification of radiation of plasma oscillations in thin silver films. Phys. Rev. Letters 5, 470 (1960).
— Exp. Nachweis der Strahlung von Plasmaschw. in dünnen Silberschichten. Z. Physik 163, 92 (1961).
STERN, E. A., and R. A. FERRELL: Surface plasma oscillations of a degenerate electron gas. Phys. Rev. 120, 130 (1960).
WATANABE, H.: Exp. evidence for the collective nature of the charact. energy loss of electr. in solids. J. Phys. Soc. Japan 11, 112 (1956).
— Energy selecting micr. Jap. J. appl. Phys. 3, 480 (1964).
—, and R. UYEDA: Energy-selecting electron-micr. J. Phys. Soc. Japan 17, 569 (1962).
WILSKA, A. P.: Expectations and limitations of low voltage electr. micr. Symp. Quant. Electr.micr. Washington 1964, in Lab. Invest. 14, 825 (1965).
WYRWICH, H., u. F. LENZ: Berechn. der diff. Wirkungsquerschn. für die Streuung mittelschn. Elektr. an Atomen aus Hartree-Funktionen. Z. Naturforsch. 13a, 515 (1958).
ZEITLER, E., u. G. F. BAHR: Contributions to the quant. interpretation of electr.micr. pictures. Exp. Cell. Res. 12, 44 (1957).
— — A photometric procedure for weight determination of submicr. particles. J. appl. Phys. 33, 847 (1962).

§ 7. Phasenkontrast und verwandte Probleme

7.1. Elektronenoptischer Brechungsindex und inneres Potential

Stellt man für die Elektronenbewegung in einem elektrischen und magnetischen Feld die Bewegungsgleichungen auf, so kann man diese auch in Form des aus der Lichtoptik bekannten Fermatschen Prinzips formulieren ($\int n\, ds =$ Minimum), nach welchem der Lichtstrahl den kürzestmöglichen optischen Weg zwischen zwei Punkten zurücklegt. GLASER (1933) fand für den „Brechungsindex" n' die Formel

$$n' = \sqrt{\underbrace{2\,\varepsilon\, m_0 U\left(1 + \frac{\varepsilon\, U}{2\, m_0 c^2}\right)}_{\text{elektrischer}}\; \underbrace{-\; \varepsilon\,(\mathfrak{A}, \mathfrak{s})}_{\text{magnetischer Beitrag}}} \qquad (7.1)$$

mit dem Beitrag des elektrischen und magnetischen Feldes. $\varepsilon\, U$ ist die Energie der Elektronen in eV, $\mathfrak{A} = \operatorname{rot} \mathfrak{B}$ das magnetische Vektorpotential, $\mathfrak{s}$ ein Einheitsvektor in Richtung der Bahntangente. Der Beitrag des elektrischen Feldes ist eine zwar inhomogene, aber isotrope Ortsfunktion. Der magnetische Beitrag hängt dagegen von der Richtung der Vektoren $\mathfrak{A}$ und $\mathfrak{s}$ zueinander ab und ist daher anisotrop, analog wie in der Optik doppelbrechender Medien.

Von dem magnetischen Beitrag sehen wir zunächst ab. Er wird in seinen Auswirkungen im nächsten § diskutiert. Nach der Beschleunigung der Elektronen können wir $U = U_0$ setzen (in elektrostatischen Geräten gilt dies nur für die Linsenaußenräume). Da Elektronen beim Austritt aus einem Festkörper eine Potentialschwelle — die Austrittsarbeit — zu überwinden haben (s. Abb. 1), gewinnen umgekehrt Strahlelektronen, die von außen in ein Objekt eindringen, zusätzlich eine Energie $\varepsilon\, U_i$ ($U_i =$ „inneres Potential"). Beim Verlassen des Objektes verlieren sie diese Energie wieder. Man kann daher einen relativen Brechungsindex n zwischen dem Vakuum und dem Objektmaterial definieren, der nach einem Vergleich von (7.1) und (5.13) auch das Verhältnis der Wellenlängen angibt

$$n = \frac{\lambda_0}{\lambda_i} = \left[\frac{(U_0 + U_i)\left(1 + \dfrac{\varepsilon\,(U_0 + U_i)}{2\, m_0 c^2}\right)}{U_0\left(1 + \dfrac{\varepsilon\, U_0}{2\, m_0 c^2}\right)}\right]^{1/2} \cong \qquad (7.2)$$

$$\cong \sqrt{1 + \frac{U_i}{U_0}} \cong 1 + \frac{1}{2}\frac{U_i}{U_0} + \cdots$$

Wie in der Lichtoptik ist also die Wellenlänge λ_i im Material kleiner als die Wellenlänge λ_0 im Vakuum.

Der in einer Schichtdicke D erzeugte Gangunterschied gegenüber einer Elektronenwelle, welche die gleiche Strecke im Vakuum zurücklegt, beträgt in Phasenwinkeln gemessen

$$\delta = \frac{2\pi}{\lambda} (n - 1) D .\tag{7.3}$$

Das innere Potential liegt in der Größenordnung 10–20 Volt (s. Tab. 7.1). Bei $U_i = 10$ Volt, $\lambda = 0{,}037$ Å (100 kV-Elektronen) beträgt $(n - 1)$ $= 5 \cdot 10^{-5}$ und eine Phasenverschiebung von $\pi/2 (= 90°)$ wird bereits durch eine Schicht von 185 Å erzeugt.

Oben wurde auf den Zusammenhang mit der Austrittsarbeit hingewiesen. Mit dieser stimmt das innere Potential aber nur für ein freies Elektronengas überein (s. zusammenf. Diskussion bei PINSKER, 1953). In Wirklichkeit ist das Potential durch die periodische Atomgitterstruktur beeinflußt und man kann es nach (5.39) in eine Fourierreihe entwickeln. Der Koeffizient V_0 dieser Entwicklung stellt das innere Potential dar. Mit der Relation (5.40) erhält man daher aus (6.7) und (6.10) für U_i die Beziehung

$$U_i = \frac{N\varepsilon}{6\,\varepsilon_0}\,\Theta ,\tag{7.4}$$

$[\varepsilon_0 = 1/4\pi$ Dielektrizitätskonstante des Vakuums, N Zahl der Atome pro cm³, Θ Integral aus (6.11)]. Es wurde schon in § 6.3 diskutiert, daß es schwierig ist, theoretisch zuverlässige Werte für dieses Integral zu erhalten. Die Formel (7.4) ist anwendbar, wenn man die Schwankungen des

Tabelle 7.1. *Werte des inneren Potentials U_i für einige Elemente in Volt*

Be:	$7{,}8 \pm 0{,}4$	JÖNSSON u. a. (1965)
	$7{,}4$	(Theorie, SIOTA)
C:	$7{,}8 \pm 0{,}6$	KELLER (1961)
	7	(Theorie, KELLER)
Al:	$13{,}0 \pm 0{,}4$	KELLER (1961)
	$12{,}4 \pm 10\%$	BUHL (1959)
	$11{,}9 \pm 0{,}7$	HOFFMANN u. JÖNSSON (1965)
	$9{,}9$	(Theorie, SIOTA)
	$18{,}2$	(Theorie, KELLER)
Cu:	$23{,}5 \pm 0{,}6$	KELLER (1961)
	$20{,}1 \pm 1{,}0$	HOFFMANN u. JÖNSSON (1965)
	$20{,}2$	(Theorie, SIOTA)
	$20{,}4$	(Theorie, KELLER)
Ag:	$20{,}7 \pm 10\%$	BUHL (1959)
	$17{,}0{-}21{,}8$	KELLER (1961)
	$18{,}1$	(Theorie, KELLER)
Au:	$21{,}1 \pm 10\%$	BUHL (1959)
	$22{,}1 - 27{,}0$	KELLER (1961)
	$18{,}1$	(Theorie, KELLER)
Ge:	$15{,}6 \pm 0{,}8$	HOFFMANN u. JÖNSSON (1965)
	$15{,}6$	(Theorie, SIOTA)
ZnS:	$10{,}2 \pm 10\%$	BUHL (1959)

inneren Potentials auf Schwankungen ΔN der Atomzahldichte zurück-
führen will (HAHN, 1965).

Experimentell läßt sich der Brechungsindex und damit das innere
Potential aus Verschiebungen von Einkristall-Reflexen und Kikuchi-
Linien in Reflexions-Beugungsdiagrammen erhalten (Zusammenf. bei
PINSKER, 1953). In kleinen polyedrisch begrenzten Kristallen (z. B. im
MgO-Rauch) tritt „Interferenzdoppelbrechung" auf, welche aber nur auf
der Basis der dynamischen Theorie zu erklären ist und auch die Ermittlung der höheren Fourierkoeffizienten des Gitterpotentials gestattet
(MOLIÈRE und NIEHRS, 1954; ALTENHEIM und MOLIERE, 1954). Eine
direkte Messung aus der Phasenverschiebung (s. o.), wie sie für die Diskussion des Phasenkontrastes von Interesse ist, erfolgt jedoch am genauesten mit den im nächsten § beschriebenen Interferometern. Tabelle 7.1 gibt
einige experimentell ermittelte Werte des inneren Potentials an.

7.2. Elektronen-Interferometer

In Interferometern wird eine Welle in 2 kohärente Teilwellen aufgespalten, die nach Durchlaufen getrennter Wege mit einer Phasenverschiebung wieder zusammengeführt werden und so zu einem Interferenz-
streifensystem führen. Zum erstenmal wurden Zweistrahlinterferenzen
mit Elektronenwellen als „Ferninterferenzen" an Hohlstellen in Einkristall-Lamellen erhalten (RANG, 1953; MÖLLENSTEDT, 1953). MARTON
(1952, u. a. 1954) versuchten durch Beugung an 3 übereinanderliegenden
Einkristall-Schichten kohärente Teilbündel zu erhalten und so ein Mach-
Zehnder-Interferometer zu realisieren. Die erfolgreichste Methode wurde
jedoch durch MÖLLENSTEDT u. DÜKER (1955, 1956), DÜKER (1955) und
MÖLLENSTEDT u. KELLER (1957) in Form von „Biprisma"-Interferenzen
eingeführt. Das Biprisma besteht aus dem inhomogenen elektrischen
Feld eines etwa 1 µ dünnen Wolframdrahtes oder metallisierten Quarz-
fadens, der gegenüber geerdeten Backen in einigen mm Entfernung um
einige Volt positiv aufgeladen ist (Abb. 95a). Aus der Zahl der beobachtbaren Interferenzmaxima lassen sich Informationen über die Kohärenz-
länge gewinnen. MÖLLENSTEDT u. DÜKER (1956) erzielten bis zu 300 Interferenzstreifen. Dies ist nur möglich, wenn die Ausdehnung der punktförmigen Quelle sehr klein ist. [FELTYNOWSKI (1963) konnte Biprisma-
Interferenzen in einem kommerziellen Elektronenmikroskop unter Verwendung von Spitzenkathoden erhalten.] Der Abstand der Interferenzstreifen ergibt sich zu

$$\Delta x = \frac{\lambda}{2\beta} = \frac{\lambda L}{a} \, . \tag{7.5}$$

Bedampft man die Biprismafäden längs des Drahtes mit verschiedenen Metallen, so erhält man an den Berührungspunkten sprunghafte

Änderungen im Streifenabstand, aus denen das Kontaktpotential zwischen den Metallen zu ermitteln ist (KRIMMEL u. a., 1964).

Mittels eines derartigen Interferometers läßt sich auch die aus (7.1) zu erwartende Phasenschiebung durch das magnetische Vektorpotential nachweisen, welche theoretisch in Arbeiten von EHRENBERG und SIDAY (1949) sowie AHARONOV und BOHM (1959) gefordert wurde (s. a. LENZ,

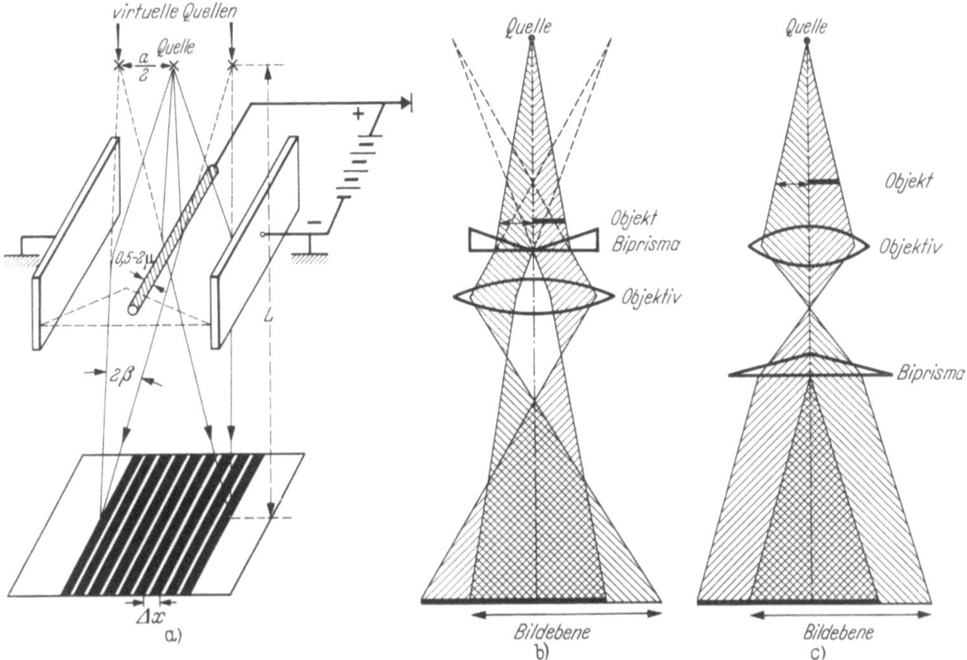

Abb. 95 a—c. a) Strahlengang in einem Biprismafeld zur Erzeugung sich überlappender kohärenter Teilbündel und Ausbildung eines Interferenzstreifensystems, b) und c) verschiedene Möglichkeiten zur Anordnung des Biprismas in einem Interferenzmikroskop

1962; FRANZ, 1965). Ein Vergleich von (7.1) mit (5.13) zeigt, daß für den Beitrag des elektrischen Feldes $n'/h = 1/\lambda$ ist, eine Relation, die sich auf den Gesamtausdruck in (7.1) erweitern läßt. Bildet man jetzt $\int n'\,ds$ längs eines geschlossenen Umlaufes, so ergibt sich eine Phasendifferenz

$$\delta = 2\pi \int \frac{n'\,ds}{h} = -\frac{2\pi\varepsilon}{h} \oint \mathfrak{A}\,d\mathfrak{s} = -\frac{2\pi\varepsilon}{h} \int_F \mathrm{rot}\,\mathfrak{A}\,dF$$

$$= -\frac{2\pi\varepsilon}{h} \int_F \mathfrak{B}_n\,dF = -2\pi\frac{\varepsilon}{h}\,\Phi\,. \tag{7.6}$$

Nach dem Stokesschen Satz ist dabei das Umlaufintegral in ein Integral über die umlaufene Fläche umgeformt, welches direkt den magnetischen Kraftfluß Φ durch die Fläche liefert. Das Integral über die geschlossene

Kurve kann man auch in 2 Teilstücke aufspalten, etwa die Teilstrahlen in einem Biprisma-Versuch, die den Faden und einen evtl. vorhandenen magnetischen Fluß einschließen. Die Strahlen treffen dann mit eingeschlossenem magnetischen Fluß nicht mit der gleichen Phase zusammen wie bei Abwesenheit eines Magnetfeldes. Diese Ableitung zeigt, daß auch dann eine Phasenverschiebung auftritt, wenn am Ort der Elektronenbahnen selbst kein Magnetfeld herrscht, d. h. auf die Elektronen keine Lorentzkraft wirkt. Maßgebend für die Phasenverschiebung ist nur der magnetische Fluß im Innern. Bereits ein magnetischer Fluß von $h/\varepsilon = 4{,}135 \cdot 10^{-7}$ Gauß $\cdot$ cm^2 ruft einen Gangunterschied um eine ganze Wellenlänge hervor. Mit $B = 21\,000$ Gauß (Sättigungsmagnetisierung des Eisens) reicht also bereits ein Querschnitt von etwa 500 Å Durchmesser aus. Deswegen wurden Versuche zum Nachweis dieser Phasenschiebung auch mit einem Eisenwhisker durchgeführt (CHAMBERS, 1960; FOWLER u. a., 1961). BOERSCH u. a. (1961) realisierten einen derartig kleinen magnetischen Fluß, indem sie auf den 0,5 μ dicken Faden des Biprismas eine dünne Permalloyschicht (etwa 250 Å) aufdampften. Aus 2 Aufnahmen mit vertauschten Magnetisierungsrichtungen der Schicht konnte die Theorie

Abb. 96. Ausschnitt aus einem Elektronen-Interferogramm eines Beryllium-Stufenpräparates (lichtopt. Nachvergr. 15fach) (nach JÖNSSON u. a., 1965)

bestätigt werden. BAYH (1962) konnte mit 3 Biprismafäden eine größere räumliche Trennung der Teilstrahlen erreichen und so den magnetischen Fluß einer Wolframwendel (20 μ ⌀) einschließen.

Eine der wichtigsten Anwendungen der Elektroneninterferometrie für die praktische Elektronenmikroskopie ist jedoch die Messung der Phasenschiebung (7.3) in Aufdampfschichten. Man braucht zu diesem Zweck nur das Objekt in den einen Strahl des Biprismas zu bringen um aus der Verschiebung des Streifensystemes die gewünschte Information zu erhalten. Eine Steigerung der Genauigkeit erhält man jedoch, wenn man ein Interferenzmikroskop konstruiert, bei dem man anolog zu einem lichtoptischen Interferenzmikroskop sowohl die Interferenzmaxima als auch das Objekt scharf abbildet. Das Biprisma kann dabei oberhalb oder unterhalb des Objektivs angebracht werden (Abb. 95b und c). Im Prinzip benutzten Möllenstedt u. Buhl (1957), Buhl (1959) die Anordnung b) und Faget u. Fert (1957), Hibi u. Takahashi (1963) die Anordnung c). Mit b) können die Interferenzstreifen stärker vergrößert werden, während man mit c) stärkere Vergrößerungen des Objekts erreicht. Liegt an dem Faden keine Spannung, so erhält man einen Schattenwurf des Fadens. Bei Anlegen einer Spannung an den Biprisma-Faden ziehen sich die Bildhälften links und rechts dieses Schattens zusammen. Wenn sie sich schließlich überlappen, treten Interferenzstreifen auf (Abb. 96). Je stärker die Überlappung ist, um so enger liegen die Streifen [s. (7.5)].

Um Aussagen über das innere Potential zu erhalten, wählt man zweckmäßigerweise eine solche Objektgeometrie, die bei der Verschiebung nicht zu einer komplizierten Bildüberlagerung führt. Die einfachsten Anordnungen sind aufgedampfte Streifen (Jönsson u. a., 1965; s. Abb. 96) oder kreisförmige Scheiben (Buhl, 1959).

7.3. Phasenkontrast

Nach den obigen Abschätzungen der Phasenverschiebung in elektronenmikroskopischen Präparaten kann diese durchaus in der Größenordnung $\lambda/4$ und größer liegen. Wenn man bedenkt, daß noch geringere Phasenverschiebungen einen beträchtlichen Phasenkontrast hervorrufen können (s. u.), so sollte die Anwendung eines Phasenkontrastverfahrens in der Elektronenmikroskopie möglich sein. Im folgenden soll zunächst kurz das Prinzip des Phasenkontrastes erläutert werden.

Es werde ein Objekt mit einem kohärenten parallelen Bündel bestrahlt (Abb. 97). Die Durchmesserbegrenzung dieses Bündels auf d erfolgt durch eine reelle Objektblende. Durch Beugung an dieser Eintrittsöffnung erhält man in der Brennebene des Objektivs, welches zunächst als öffnungsfehlerfrei vorausgesetzt wird, als Brennfleck ein Airysches Fehlerscheibchen, dessen Amplitudenverteilung in Abb. 97 dargestellt ist. Die erste Nullstelle liegt bei $1{,}2\,\lambda\,f/d$. Das gleiche gilt unverändert, wenn die Öffnung mit einer Folie des Brechungsindex n_0 überspannt ist. Die Pfeile sollen die Phase nach Passieren dieser Folie andeuten. Liegt jetzt innerhalb dieser Folie ein kleines kreisförmiges Phasenobjekt mit dem Durchmesser a und dem Brechungsindex n, so ist die Phase nach Passieren des Objektes um den Betrag

$$\delta = \frac{2\pi}{\lambda}\,(n - n_0)\,D \quad (D = \text{Schichtdicke}) \tag{7.7}$$

12*

gegenüber der Umgebung gedreht, dargestellt durch den um δ verdrehten Pfeil. Man kann diese Welle hinter dem Phasenobjekt in eine zur Umgebung phasengleiche Komponente und eine solche mit 90° Phasenverschiebung zerlegen. Letztere ruft in der Brennebene ein Beugungsbild des Phasenobjektes hervor, dessen Amplitude bei $1,2\lambda\,f/a$ eine 1. Nullstelle hat. In der Bildebene setzen sich die beiden phasenverschobenen Komponenten wieder zusammen. Da das Auge und die photographische Platte

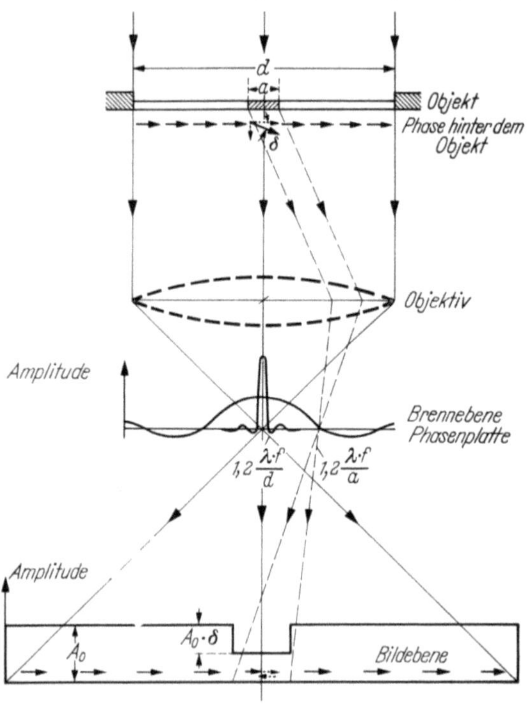

Abb. 97. Entstehung eines Phasenkontrastes im Endbild durch Einfügen einer Phasenplatte in die Ebene des 1. Beugungsbildes, welche die zentrale Beugungsfigur durchläßt und die durch das Phasenobjekt der Ausdehnung a um $\pi/2$ phasenverschobene Beugungsfigur nochmals um $\pi/2$ verschiebt (Antiparallele Zusammensetzung der Amplitudenvektoren im Endbild)

jedoch keine Phasenunterschiede erkennen können, ist das Phasenobjekt bei schwachen Phasenobjekten unsichtbar. Führt man jedoch in die Brennebene des Objektivs ein durchbohrtes Phasenplättchen ein, welches die zentrale Beugungsfigur durch die Öffnung hindurchläßt, die abgebeugte Strahlung dagegen in der Phase um $\lambda/4 = \pi/2$ verschiebt, so setzen sich die Anteile im Bild antiparallel zusammen und das Phasenobjekt erscheint dunkler als die Umgebung falls $n < n_0$. Man sieht, daß dies nur ein Spezialfall ist. Bei einer Phasenverschiebung um $3\pi/2$ oder bei einer Phasenschiebung des Primärfleckes um $\pi/2$ stehen die Phasenvektoren im Bild parallel und das Objekt ($n < n_0$) erscheint heller als die Umgebung.

Im oben diskutierten Fall beträgt die Amplitude im Bild $A = A_0(1-\delta)$ unter der Voraussetzung kleiner Phasenverschiebungen ($\sin \delta \cong \delta$). Die Bildintensität als Amplitudenquadrat ist

$$I = A^2 = I_0(1 - 2\delta)\,, \tag{7.8}$$

wobei δ^2 gegenüber δ vernachlässigt wird. Da das Auge einen relativen Intensitätsunterschied von $(I_0 - I)/I_0 = 2\delta = 0{,}05 = 5\%$ noch erkennen kann, können also Phasenunterschiede von $\cong 1/250\ \lambda$ im Phasenkontrast noch erkannt werden.

Es wurden einige Versuche unternommen, das Zernike-Verfahren mit $\lambda/4$-Plättchen direkt auf die Elektronenmikroskopie zu übertragen. LOCQUIN (1955) erzeugte die Phasenverschiebung durch aufgeladene Blenden. KANAYA u. a. (1958) brachten einen Kohlefilm mit zahlreichen Löchern (5–50 μ) in die Ebene der Objektivaperturblende und ließen den Zentralfleck durch eines der Löcher fallen. Die optimalsten Ergebnisse erhielten FAGET u. a. (1960). Sie dampften eine Bor- oder Kohleschicht auf eine Kollodiumunterlage auf, wobei durch Schattenwurf eines Drahtes ein 0,3 μ breiter Streifen frei blieb. Die Dicke der Schicht wurde so gewählt, daß die Phasenschiebung $\lambda/4$ betrug (Kontrolle mit Biprisma-Interferenzen). Diese Schicht wurde nicht im 1. Beugungsbild, sondern im 2. Beugungsbild zwischen Zwischenlinse und Projektiv angebracht, da hier mehr Platz zur Verfügung steht. Durch Erhitzen der Schicht auf 200°C wurde außerdem die Kontamination vermieden, da diese eine Veränderung der Phasenschiebung hervorrufen kann. Ein Nachteil dieses Verfahrens ist die zusätzliche Streuung in der phasenschiebenden Schicht.

Für die praktische Elektronenmikroskopie ist jedoch von größerer Bedeutung der durch Defokussierung auftretende Phasenkontrast. In (1.26) wurde die durch den Öffnungsfehler und die Defokussierung Δf hervorgerufene Phasenverschiebung Δ angegeben. [Zur Bedeutung von Δf s. Erläuterung zu (1.24). Mit Δ soll die Phasenschiebung durch das Objektiv und andere Eingriffe gekennzeichnet werden, mit δ die Phasenschiebung innerhalb des Objektes]. Diese Gleichung ist in Abb. 98 graphisch für verschiedene Defokussierungen aufgetragen. Von besonderem Interesse ist eine Unterfokussierung, da sich hierbei ein Minimum ausbildet, so daß in einem relativ großen Winkelbereich die Phasenschiebung annähernd konstant ist. Phasenstrukturen, welche in diesem Winkelbereich eine große Beugungsamplitude aufweisen, werden mit optimalem Phasenkontrast abgebildet, wenn im Minimum die Phasenschiebung in der Größenordnung $\pi/2$ liegt. ALBERT u. a. (1964) diskutierten mit diesem Diagramm den Phasenkontrast von organischen Fremdstoffeinschlüssen ($\leqq 10$ Å) in elektrolytisch niedergeschlagenen Nickelschichten, die im Gaußschen Fokus nicht zu erkennen waren, bei Unterfokussierung dagegen heller und bei Überfokussierung dunkler als die Umgebung abgebildet wurden (Abb. 99). Es wurden auch Modellversuche mit einem Lichtmiskroskop durchgeführt (Kollodiumfilme mit Löchern). Ein größerer Öffnungsfehler wurde durch Verwendung eines Ölimmersions-Objektiv als Trockenobjektiv erreicht. Bei Unterfokussierung konnte ein periodischer Wechsel

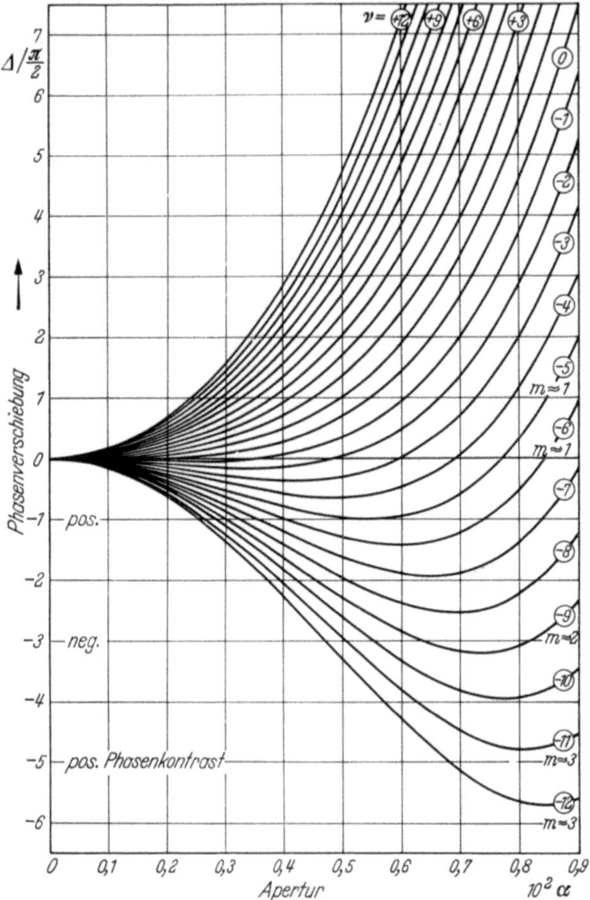

Abb. 98. Beim Durchgang einer Welle durch die einzelnen Linsenzonen (α) entstehende Phasenverschiebung Δ bei verschiedenen Defokussierungen. Letztere ist durch die Zahl ν der Feinstrasten (Elmiskop I-Zusatzeinrichtung) gegeben. 3 Feinstrasten = 1 Feinraste entsprechen einer Defokussierung $\Delta z \simeq 800$ Å ($C_0 = 4{,}5$ mm, $f = 2{,}7$ mm) (nach ALBERT)

von Hell- und Dunkelkontrasten beobachtet werden. Dies kann mit Abb. 98 leicht erklärt werden. Defokussiert man so, daß in dem Bereich des Kurvenminimums $-\Delta = (2m - 1)\,\pi/2$, so bewirken die Linsenzonen, die diese Phasenschiebung erzeugen, zusammen mit der Linsenmitte ($\Delta = 0$) einen negativen bzw. positiven Phasenkontrast, je nachdem ob

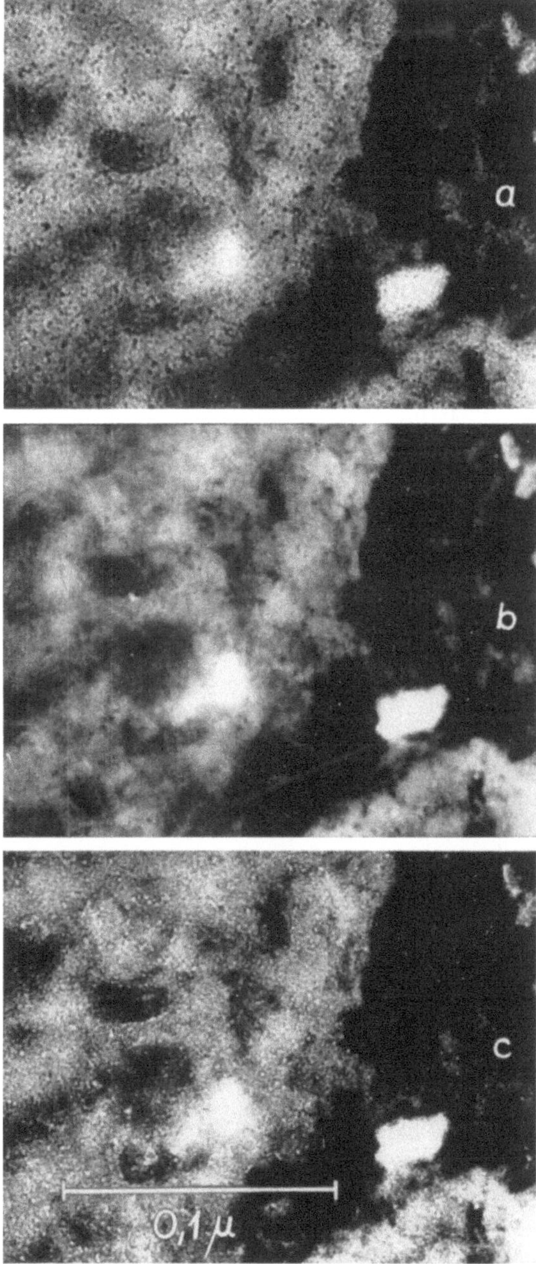

Abb. 99 a—c. Elektrolytisch unter Zusatz von o-Phenanthrolin abgeschiedene Nickelschicht. Fokusreihe: a) überfokussiert um 5 Feinrasten, b) im Fokus, c) unterfokussiert um 4 Feinrasten des Elmiskop I-Objektiv-strom-Einstellers (nach ALBERT u. a., 1964)

m gerade oder ungerade. Bei der elektronenmikroskopischen Beobachtung wurde jedoch bei Unterfokussierung nur Aufhellung beobachtet, und zwar bei über doppelt so großen Defokussierungen als man eigentlich nach der Abb. 98 und einer benutzten Objektivapertur von $9 \cdot 10^{-3}$ (50 μ-Blende im Elmiskop) erwarten sollte. Man muß jedoch bedenken, daß die Amplitude der an etwa 10 Å großen Fremdstoffeinschlüsse abgebeugten Elektronenwelle in dem Winkelbereich, in dem die Minima in Abb. 98 liegen, schon sehr stark abgefallen ist. Quantitative Angaben über den Phasenkontrast in elektronenmikroskopischen Präparaten stehen zur Zeit noch in den Anfängen (REIMER, 1966). Die Scherzersche Beziehung (1.16) und die nach ihr gezeichneten Kurven in Abb. 98 werden nach ALBERT (1966) auch noch beträchtlich durch die Lageveränderung der Hauptebenen des Objektivs beim Defokussieren modifiziert.

Durch den Phasenkontrast werden auch Strukturen in Kohle- und anderen Trägerfolien sichtbar gemacht, welche durch örtliche Schwankungen des inneren Potentials entstehen (SJÖSTRAND, 1955; VON BORRIES und LENZ, 1956; LENZ u. SCHEFFELS, 1958; THON, 1965, 1966) (Abb. 100). Betrachtet man die Kohleschichten als schwache Phasenobjekte, welche auf Grund der statistischen Schwankungsverteilung eine zweidimensionale, quasistatistische Periodizität mit der „Wellenlänge" Λ aufweisen können, so liefert diese periodische Struktur ein Beugungsmaximum unter dem Winkel

$$\alpha_B \cong \frac{\lambda}{\Lambda} \cdot \tag{7.9}$$

Bei einer Defokussierung sollte gerade diejenige Periodenlänge Λ mit maximalem Phasenkontrast abgebildet werden, deren erste Beugungsordnung eine Phasenverschiebung

$$\Delta = (2m - 1)\frac{\pi}{2}, \quad m \text{ ganzzahlig} \tag{7.10}$$

gegen die ungebeugte Welle erleidet. Setzt man (7.10) in (1.26) ein, so erhält man mit (7.9)

$$\Lambda = \frac{\lambda}{\sqrt{\dfrac{\Delta f}{C_\ddot{o}} \pm \sqrt{\dfrac{\Delta f^2}{C_\ddot{o}^2} + \dfrac{(2m - 1)\lambda}{C_\ddot{o}}}}} \cdot \tag{7.11}$$

Diese von THON (1965) angegebene Formel (ausgezogene Kurven in Abb. 101) stellt eine Erweiterung der von LENZ u. SCHEFFELS (1958) angegebenen Formel dar (gestrichelte Kurve in Abb. 101), in welcher der Öffnungsfehler nicht berücksichtigt wurde. Messungen von THON (s. a. 1966) an defokussierten Abbildungen zeigen, daß im Rahmen der Meßgenauigkeit die Relation (7.11) gut erfüllt ist. Durch die Objektivapertur α wird die Abbildbarkeiten der Periodizität auf $\Lambda_{min} \cong \lambda/\alpha$ beschränkt (horizontale gestrichelte Gerade in Abb. 101). Dies ist bis auf einen Faktor der Größenordnung 1 das zu erwartende Auflösungsvermögen des Mikroskopes.

Diese Betrachtungen zeigen, daß man andererseits Phasenkontrast nur bei Objektdetails erwarten kann, deren Ausdehnung kleiner als etwa 50–100 Å ist. Bei noch größeren Ausdehnungen fällt der Hauptanteil der Beugungsfigur zu dicht in die Nähe des Primärfleckes ($\alpha = 0$). Man

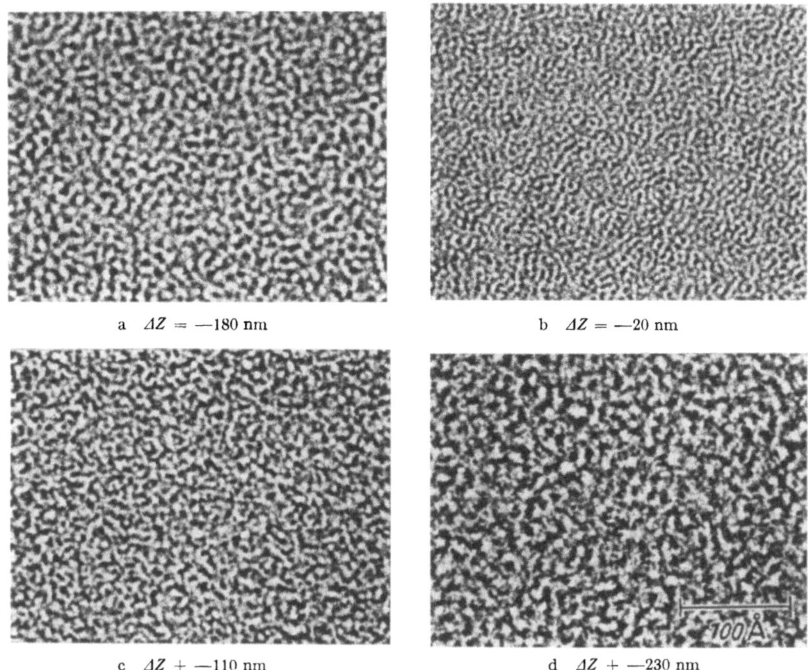

a $\Delta Z = -180$ nm   b $\Delta Z = -20$ nm

c $\Delta Z + -110$ nm   d $\Delta Z + -230$ nm

Abb. 100 a—d. Beispiele aus einer Defokussierungsserie der gleichen Objektstelle von einer etwa 100 Å dünnen Kohlefolie ($U_0 = 100$ kV, Bestrahlungsapertur $\cong 1 \cdot 10^{-3}$, Objektivapertur $= 9,6 \cdot 10^{-3}$, Elmiskop IA, Lanzettkathode) (Aufn. F. Thon)

braucht nach Abb. 98 daher zu starke Defokussierungen, um Phasenschiebungen der Größenordnung $\pi/2$ zu erreichen, so daß das Bild bereits zu unscharf erscheint.

Für die praktische Anwendung hat dies folgende Bedeutung. Wenn man z. B. schwache Struktureinzelheiten mit einer mittleren Periode von 20 Å abbilden will, ist es von Vorteil, um $\Delta f \cong 0,5\ \mu$ zu defokussieren, da diese dann mit maximalem Kontrast abgebildet werden. (Der Beitrag des Öffnungsfehlers in (1.24) ist hier bereits zu vernachlässigen.) In dem betrachteten Fall „strukturloser" Schichten mit Schwankungen des inneren Potentials hat man es sozusagen mit reinen Phasenobjekten zu tun.

Wenn die Objekte auch zusätzlich noch Unterschiede in der Streuabsorption zeigen, treten komplizierte Verhältnisse auf und es läßt sich keine klare Grenze zwischen Phasen- und Amplitudenkontrast mehr ziehen.

Interessant ist aber der Fall von periodischen Strichstrukturen, z. B. Ultradünnschnitten durch biologische Lamellenpakete, die durch Osmiumkontrastierung zusätzlich Streuabsorption zeigen und daher schon im fokussierten Bild zu erkennen sind. Nach einer Arbeit von GANSLER und NEMETSCHEK (1958) führt auch hier eine leichte Defokussierung zu einer

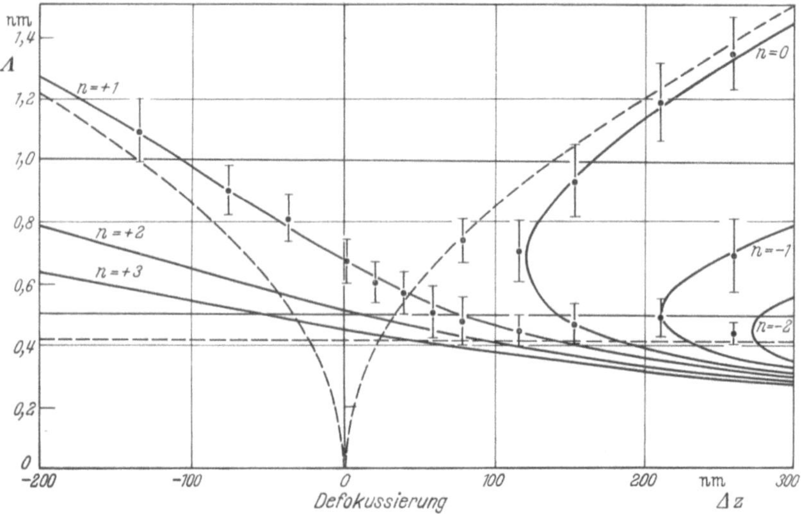

Abb. 101. Theoretische Defokussierungsabhängigkeit der Abstände Λ nach (7.11) [ausgezogene Kurven zusammen mit experimentellen Werten aus Fokusserien (Abb. 100)] (nach THON, 1965)

Kontraststeigerung (Abb. 102b gegenüber a). Bei noch weiterer Defokussierung zeigt sich auch deutlicher zwischen den Lamellen ein weiterer Strich, der zu falschen Interpretationen des Bildes führen kann, wenn nur diese defokussierte Aufnahme des Objektes vorliegt. In der letzten Defokussierung ist dieser Mittelstrich wieder verschwunden und der Kontrast hat außerdem abgenommen. Von LENZ u. SCHEFFELS (1958) wurden diese experimentellen Ergebnisse im Einklang mit theoretischen Berechnungen gefunden. Lichtoptische Analogieexperimente bei der Abbildung eines Strichgitters mit extrem kleiner Apertur zeigten dieselben Resultate, insbesondere auch das Auftreten eines Mittelstriches bei bestimmter Defokussierung. FAGOT und FERT (1960) demonstrierten ebenfalls an Dünnschnitten, daß flächengitterförmig angeordnete Grana von etwa 50 Å Durchmesser bei Defokussierung eine Kontrastumkehr zeigen. Es handelt sich auch hier — wie bei der Abbildung von Lamellenstrukturen — um Strukturen, die auch bereits im Gaußschen Fokus Amplituden- bzw.

Streuabsorptionskontrast zeigen. Auch hier konnte die gleiche Erscheinung an lichtoptischen Modellversuchen demonstriert werden. Desgleichen ergeben sich bei der Abbildung großer Netzebenenabstände von 90 Å in „Yu Yen Stone" komplizierte Kontraständerungen bei einer Defokussierung, weil mehrere Ordnungen der Beugungsreflexe durch die Aperturblende gehen und unterschiedliche Phasenverschiebungen bei Defokussierung erleiden (Kamiya u. a., 1958).

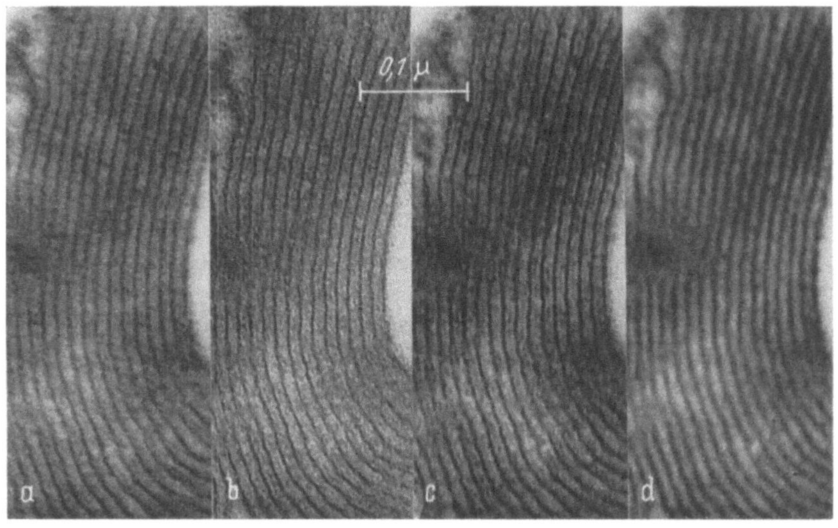

Fokus	$\Delta f = 3,4\ \mu \pm 0,55\ \mu$	$\Delta f = 5,5\ \mu$	$\Delta f = 11\ \mu$

Abb. 102a—d. Ausschnitt aus dem Querschnitt einer markhaltigen Nervenfaser. Defokussierungsreihe, welche das Auftreten scheinbarer durch Phasenkontrast bedingter Zwischenmembranen im Teilbild b) und c) zeigt (nach Gansler und Nemetschek, 1958)

7.4. Zonenplatten nach Hoppe und Lenz

Unter Phasenkontrast im engeren Sinne versteht man das Zernike-Verfahren des $\lambda/4$-Plättchens. Im erweiterten Sinne kann man aber alle Verfahren als Phasenkontrastverfahren bezeichnen, bei denen die Phase der abgebeugten Strahlung im Objektiv oder im 1. Beugungsbild beeinflußt wird (s. u. a. Wolter, 1956).

Von Hoppe (1961, 1963) wurde der Vorschlag gemacht, die Begrenzung des Auflösungsvermögens durch den Öffnungsfehler des Objektivs dadurch zu umgehen, daß alle Linsenzonen ausgeblendet werden, die eine Phasenverschiebung von $\Delta = (2m - 1)\,\pi$ $(m = 1,2, \ldots)$ verursachen. Diese Zonen sind nämlich in Gegenphase zum paraxialen Teil der Welle und rufen im Bildpunkt destruktive Interferenz hervor, was zu einer Verbreiterung des Airyschen Fehlerscheibchens führt. Eine solche Blende läßt also aus der Wellenfläche nur solche Zonen hindurch, welche um ein ganzzahliges Vielfaches von 2π in der Phase verschoben sind. Für den Fall, daß die Bildebene in der Gaußschen Ebene (Abb. 21) liegt, braucht in (1.24) nur der 1. Term berücksichtigt werden. Soll also $\Delta = 2\pi\,m$ sein, so ergibt die Auflösung

$$\vartheta = \sqrt[4]{\frac{4\lambda}{C_{ö}}\,m}\,.\tag{7.12}$$

Die entsprechenden Ringradien r in der Brennebene betragen $r = \vartheta f$ und bei einer Zonenplatte nach HOPPE muß also

$$f\sqrt[4]{\frac{4\lambda}{C_{ö}}\,m} < r < f\sqrt[4]{\frac{4\lambda}{C_{ö}}\left(m+\frac{1}{2}\right)} \qquad \text{durchlässig}$$

$$f\sqrt[4]{\frac{4\lambda}{C_{ö}}\left(m+\frac{1}{2}\right)} < r < f\sqrt[4]{\frac{4\lambda}{C_{ö}}\left(m+1\right)} \qquad \text{undurchlässig sein.}\tag{7.13}$$

Da das Problem der Erhöhung des Auflösungsvermögens auch gleichzeitig ein Kontrastproblem ist, schlug LENZ (1963) eine Abwandlung der Idee von HOPPE vor (Kontrastplatte). Es werden nicht diejenigen Zonen durchlässig gemacht, welche mit dem paraxialen Teil der Welle in Phase sind, sondern umgekehrt diejenigen, die in Gegenphase sind, die ungestreuten Elektronen durchlaufen dann unbeeinflußt den Mittelteil der Blende. Die gestreuten gelangen dagegen im Bildpunkt in Gegenphase an und verringern die Bildintensität (Erhöhung des Kontrastes). Da bei starken Objektiven die Brennebene des Objektivs noch im magnetischen Feld liegt, müssen die unter (7.13) angeführten Bedingungen für die Zonenradien noch etwas modifiziert werden (LENZ, 1964). Abb. 103 zeigt die Form einer solchen Kontrastplatte, wie sie von GROTE u. a. (1965) hergestellt wurde. Die Stege sind aus mechanischen Gründen angebracht. Derartig kleine Blenden lassen sich durch elektronenoptische Verkleinerung eines Originals von etwa 1 mm Durchmesser herstellen (MÖLLENSTEDT u. JÖNSSON, 1959; JÖNSSON, 1961). Hierzu wird ein Glasobjektträger mit einer 300 Å Silberschicht bedampft, auf welche die Blende verkleinert abgebildet wird. An den von Elektronen getroffenen Stellen bildet sich eine Kontaminationsschicht. Wird auf die Silberschicht galvanisch eine Kupferschicht abgeschieden, so schlägt sich diese nicht an den kontaminierten Stellen nieder, und man erhält nach Abstreifen der Kupferschicht die verkleinerte Blende. Dieses Verfahren ist auch zur Herstellung von Mikronetzen (z. B. 3,5 μ Maschenweite) geeignet. Vom Standpunkt der Kontrastübertragungstheorie werden die Zonen-Platten von HANSZEN u. a. (1964, 1965) diskutiert.

RIECKE (1964) geht noch einen Schritt weiter und weist daraufhin, daß zur Kontraststeigerung zweckmäßig im Dunkelfeld gearbeitet wird. Bei der normalen Dunkelfeldtechnik durch Verschieben der Objektiv-Aperturblende werden aber zu wenig gestreute Elektronen durch die Blende hindurchgelassen. Deshalb wird eine kondensorseitige Eintrittsblende vorgeschlagen, die zu der Austrittsblende gerade komplementär ist, so daß wesentlich mehr Elektronen im Dunkelfeld zur Abbildung beitragen.

Zur Zeit sind diese Zonenplatten nur potentielle Möglichkeiten den Kontrast und das Auflösungsvermögen zu erhöhen. Bis zur Verwendung im Routinebetrieb bedarf es noch weiterer Entwicklungsarbeiten (s. a. § 1.3.6).

Abb. 103. Form einer Kontrastplatte nach Lenz (1964), hergestellt nach einem Verfahren von Grote u. a. (1965)

Literatur zu § 7

Aharonov, Y., and D. Bohm: Significance of electromagnetic potentials in the quantum theory. Phys. Rev. **115**, 485 (1959).

Albert, L.: Phasenschiebung starker Elektronenlinsen bei endlicher Vergrößerung. Optik **24**, 18 (1966).

— R. Schneider u. H. Fischer: Elektr.mikr. Sichtbarmachung von $\leq$ 10 Å großen Fremdstoffeinschlüssen in elektrolyt. abgeschiedenen Nickelschichten mittels Phasenkontrast durch Defokussieren. Z. Naturforsch. **19**a, 1120 (1964).

Altenhein, H. J., u. K. Molière: Interferenzbrechung von Elektronenstrahlen II. Z. Physik **139**, 103 (1954).

Bayh, W.: Mess. d. kontinuierl. Phasenschiebung von Elektr.wellen im kraftfeldfreien Raum durch das magn. Vektorpotential einer Wolfram-Wendel. Z. Physik **169**, 492 (1962).

Boersch, H., H. Hamisch, K. Grohmann u. D. Wohlleben: Exp. Nachweis der Phasenschiebung von Elektronenwellen durch das magn. Vektorpotential. Z. Physik **165**, 79 (1961).

Borries, B. von, u. F. Lenz: Über die Entstehung des Kontrastes im elektr.mikr. Bild. Proc. Stockholm Conf. EM, 60 (1956).

Buhl, R.: Interferenzmikr. mit Elektronenwellen. Z. Physik **155**, 395 (1959).

Chambers, R. G.: Shift of an electr. interference pattern by enclosed magnetic flux. Phys. Rev. Letters **5**, 3 (1960).

Düker, H.: Lichtstarke Interferenzen mit einem Biprisma für Elektronenwellen. Z. Naturforsch. **10a**, 256 (1955).

Ehrenberg, W., and R. E. Siday: The refractive index in electr. optics and the principles of dynamics. Proc. Phys. Soc. B **62**, 8 (1949).

Faget, J., u. C. Fert: Micr. interférentielle et mesure de la différence de phase introduite par une lame en opt. électr. Compt. rend. **244**, 2368 (1957).

— J. Ferre et C. Fert: Contraste de phase en micr. électr. Compt. rend. **251**, 526 (1960).

Fagot, M., et C. Fert: Contraste de défocalisation en éclairage cohérent. Cas d'un objet périodique en micr.électr. Compt. rend. **250**, 94 (1960).

Feltynowski, A.: Beob. von Elektr.-Biprisma-Interferenzen im Elmiskop. Z.angew. Physik **15**, 312 (1963).

Fowler, H. A. L. Marton, J. A. Simpson, and J. A. Suddeth: Electr. interferometer studies of iron whiskers. J. appl. Phys. **32**, 1153 (1961).

Franz, W.: Über zwei unorthodoxe Interferenzversuche. Z. Physik **184**, 85 (1965).

Gansler, H., u. T. Nemetschek: Phasenkontr. bei der Abb. biol. Objekte. Z. Naturforsch. **13b**, 190 (1958).

Glaser, W.: Über geom. opt. Abb. durch Elektronenstrahlen. Z. Physik **80**, 451 (1933).

Grote, K. H. von, G. Möllenstedt u. R. Speidel: Herst. von kurzbrennweitigen Zonenlinsen für Röntgen- und UV-Strahlen und Korrekturplatten für Elektronenmikr. Optik **22**, 252 (1965).

Hahn, M. H.: Zur Deutung der „Granulation" elektr.mikr. Bilder hoher Vergrößerung. Z. Naturforsch. **20a**, 487 (1965).

Hanszen, K. J., B. Morgenstern u. K. J. Rosenbruch: Aussagen der opt. Übertragungstheorie über Auflösung und Kontr. im elektr. mikr. Bild. Z. angew. Phys. **16**, 477 (1964).

— H. J. Rosenbruch u. F. A. Sunder-Plassmann: Die Kontrastübertragung des elektr.mikr. Objektivs bei inkohärenter Beleuchtung und Verwendung einer ringförmigen Apertur. Z. angew. Phys. **18**, 345 (1965).

Hibi, T., u. S. Takahashi: Electr. interference micr. J. Electronmicr. Japan **12**, 129 (1963).

Hoffmann, H., u. C. Jönsson: Elektr. interferometr. Best. der mittleren inneren Potentiale von Al, Cu und Ge unter Verwendung eines neuen Präp.verf. Z. Physik **182**, 360 (1965).

Hoppe, W.: Ein neuer Weg zur Erhöhung des Auflösungsvermögens des Elektr.mikr. Naturwissenschaften **48**, 736 (1961).

— Fresnelsche Zonenkorrekturplatten für das Elektr.mikr. Optik **20**, 599 (1963).

Jönsson, C.: Elektroneninterferenzen an mehreren künstlich hergestellten Feinspalten. Z. Physik **161**, 454 (1961).

— H. Hoffmann u. G. Möllenstedt: Mess. des mittleren inneren Potentials von Be im Elektr.-Interferometer. Phys. kond. Mat. **3**, 193 (1965).

Kamiya, Y., M. Nonoyama, H. Tochigi u. R. Uyeda: Electr.micr. observation of periodic structure. IV. Internat. Kongr. EM Berlin, Bd. **I**, 339 (1958).

Kanaya, K., H. Kawakatsu, and H. Yotsumoto: On the electr. phase-micr. J. Electronmicr. (Japan) **6**, 1 (1958).

— — K. Ito, and H. Yotsumoto: Exp. on the electr. phase micr. J. appl. Phys. **29**, 1046 (1958).

Keller, M.: Ein Biprisma-Interferometer für Elektr.wellen u. seine Anwendung. Z. Physik **164**, 274 (1961).

KRIMMEL, E., G. MÖLLENSTEDT, and W. ROTHEMUND: Measurement of contact potential differences by electr. interferometry. Appl. Phys. Letters **5**, 209 (1964).

LENZ, F.: Zur Phasenschiebung von Elektr.wellen im feldfreien Raum durch Potentiale. Phys. Blätter **18**, 306 (1962).

— Zonenplatten zur Öffnungsfehlerkorr. und zur Kontrasterhöhung. Z. Physik **172**, 498 (1963).

— Dimensionierung u. Anordnung von Hoppe-Platten und Kontrastplatten in starken Magnetlinsen. Optik **21**, 489 (1964).

—, u. W. SCHEFFELS: Das Zusammenwirk. von Phasen- u. Amplitudenkontr. in der elektr.mikr. Abb. Z. Naturforsch. **13**a, 226 (1958).

LOCQUIN, M.: Premiers essais de contr. de phase en micr. electr. Z. wiss. Mikr. **62**, 220 (1955).

MARTON, L.: Electr. interferometer. Phys. Rev. **85**, 1057 (1952).

— J. A. SIMPSON, and J. A. SUDDETH: An electr. interferometer. Rev. sci. Instr. **25**, 1099 (1954).

MOLIÈRE, K., u. H. NIEHRS: Interferenzbrechung von Elektr.Strahlen. Z. Physik **137**, 445 (1954).

MÖLLENSTEDT, G.: Elektr.mikr. Sichtbarmachung von Hohlstellen in Einkristall-Lamellen. Optik **10**, 72 (1953).

—, u. R. BUHL: Ein Elektr.-Interferenz-Mikroskop. Phys. Blätter **13**, 357 (1957).

—, u. C. JÖNSSON: Elektr.-Mehrfachinterf. an regelmäßig hergest. Feinspalten. Z. Physik **155**, 472 (1959).

—, u. H. DÜKER: Fresnelscher Interferenzversuch mit einem Biprisma für Elektr.-wellen. Naturwissenschaften **42**, 41 (1955).

— — Beob. u. Mess. an Biprisma-Interf. mit Elektr.wellen. Z. Physik **145**, 377 (1956).

—, u. M. KELLER: Elektroneninterferometer. Mess. des inneren Potentials. Z. Physik **148**, 34 (1957).

PINSKER, Z. G.: Electr. diffraction. London 1953.

RANG, O.: Fern-Interferenzen von Elektr.wellen. Z. Physik **136**, 465 (1953).

REIMER, L.: Elektronenmikr. Phasenkontrast I. Z. Naturforsch. (im Druck).

RIECKE, W. D.: Kann man die „atomare Auflösung" im Elektr.mikr. nur mit dem Dunkelfeld erreichen? Z. Naturforsch. **19**a, 1228 (1964).

SJÖSTRAND, F. S.: The importance of high resolution electr. micr. in tissue cell ultrastructure research. Science Tools **2**, 25 (1955).

THON, F.: Elektr.mikr. Unters. an dünnen Kohlefolien. Z. Naturforsch. **20**a, 154 (1965).

— Zur Defokussierungsabhängigkeit des Phasenkontr. bei der elektr. mikr. Abb. Z. Naturforsch. **21**a, 476 (1966).

WOLTER, H.: Phasenkontrast- und Lichtschnittverf., in Hbd. der Physik Bd.XXIV (Hrsg. S. FLÜGGE). Berlin 1956.

§ 8. Bildkontrast in kristallinen Objekten

8.1. Hell- und Dunkelfeldabbildungen kristalliner Objekte

In elektronenmikroskopischen Abbildungen kristalliner Objekte treten neben den Bildkontrasten, die durch diffuse elastische oder unelastische Streuung durch Dicken- oder Dichteunterschiede entstehen, noch weitere Kontraste durch Braggsche Reflexion an den Netzebenen auf. Die hierdurch hervorgerufenen Scheinstrukturen wirken sich sehr oft störend aus, sind aber andererseits bei genauer Kenntnis ihrer Ursachen und Gesetzmäßigkeiten ein wertvolles Hilfsmittel, um Kristallitgrößen und Kristallstörungen zu erkennen.

Der Zusatzkontrast durch Braggsche Reflexion entsteht dadurch, daß die Beugung unter einem Winkel 2Θ erfolgt, der in der Regel groß gegen die Objektivapertur ist. Für 80 kV-Elektronen ($\lambda = 0,042$ Å) ergibt sich z. B. für Reflexion an den (111)-Ebenen des Kupfers ($d = 2,08$ Å) nach der Braggschen Beziehung (5.20) $2\Theta \cong \lambda/d = 2,0 \cdot 10^{-2}$. Wie bei den Linsenfehlern diskutiert wurde, darf auf Grund der Öffnungsfehler nach Möglichkeit die Objektivapertur nicht einen Wert von $1 \cdot 10^{-2}$ überschreiten, so daß bei der normalen Hellfeldabbildung (Abb. 104a) die abgebeugte Strahlung durch die Aperturblende zurückgehalten wird. Kristallite in Bragg-Lage erscheinen dann dunkler als solche, bei denen keine oder nur schwache Beugung auftritt und die Intensität daher im Primärstrahl verbleibt. Falls jedoch Beugungsreflexe mit sehr großem zugehörigen Netzebenenabstand, oder bei Verwendung großer Aperturblenden auch mit Abständen von wenigen Å, die Aperturblende passieren können, so besteht die Möglichkeit, die betreffenden Netzebenen abzubilden (s. § 4.3).

Man kann die Kristallite in reflexionsfähiger Lage andererseits in einer Dunkelfeldabbildung aufleuchten lassen. Hierzu braucht nur die Objektiv-Aperturblende seitlich verschoben werden, um den abgebeugten Strahl hindurchzulassen und den Primärstrahl abzudecken (Abb. 104c) (RANG u. SCHLUGE, 1952). Diese Methode stellt ein wertvolles Hilfsmittel dar, um zu entscheiden, ob ein Kontrast durch Braggsche Reflexion verursacht wird. Allerdings können durch die enge Aperturblende nur ein oder wenige Reflexe hindurch. Man wird oft die Aperturblende in mehreren Richtungen verschieben müssen, um bestimmte Kristalle im Dunkelfeld aufleuchten zu lassen. Mit der Methode der Feinbereichsbeugung (§ 5.3.2) liegen die Verhältnisse übersichtlicher. Hier erhält man nur das Beugungsdiagramm einer ausgewählten Objektstelle. Da mit Hilfe der Zwischenlinse das 1. Beugungsdiagramm in der Brennebene des Objektivs auf den Leuchtschirm abgebildet wird und die Objektiv-Aperturblende in der gleichen Ebene liegt, kann man den Schatten der Blende verschieben (s. a. Abb. 51), so daß ein bestimmter Reflex hindurchgeht. Bei stärkerer Erregung der Zwischenlinse wird derjenige Objektbereich hell abgebildet, welcher zu dem betreffenden Bragg-Reflex beiträgt. Damit läßt sich eine eindeutige Zuordnung zwischen den Indizes der reflektierenden Netzebenen und dem Objektort durchführen. Diese Möglichkeit ist besonders für die Untersuchung der Kristallbaufehler (z. B. Bestimmung des Burgersvektors von Versetzungen) von Nutzen. Es sei hier auch auf die Methode der defokussierten Abbildung hingewiesen (§ 5.3.2, Abb. 68), welche mit einer Aufnahme eine Übersicht über die Zuordnung zwischen Beugungsreflex und Objektort gestattet. Es wirken sich allerdings die bei der Feinbereichsbeugung diskutierten Zuordnungsfehler aus.

Die Dunkelfeldmethode gestattet noch weitere Anwendungen. Falls z. B. zwei Phasen unterschiedlicher Gitterstruktur im Objekt vorliegen, welche im Beugungsbild zu verschiedenen Punkt- oder Ring-Diagrammen führen, so kann man die Phasen auch in der Abbildung identifizieren,

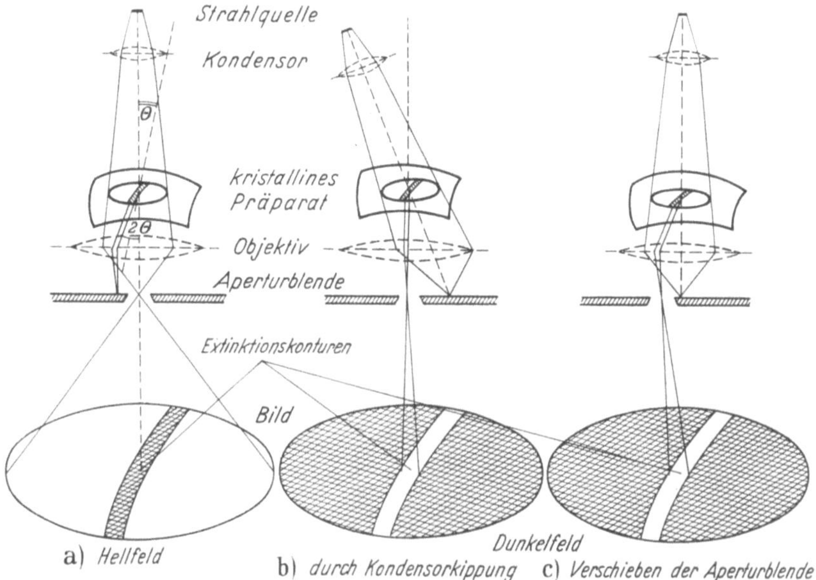

Abb. 104a—c. Strahlengang bei der elektronenmikroskopischen Abbildung im Hell- und Dunkelfeld

indem man mehrere Dunkelfeldaufnahmen herstellt, bei denen die Aperturblende nur Beugungsreflexe der einzelnen Phasen hindurchläßt. Ein Vergleich mit Hellfeldaufnahmen der gleichen Objektstelle vervollständigt die Substanzanalyse. Falls nötig, kann man für eine bessere Trennung benachbarter Reflexe den Durchmesser der Aperturblende verkleinern (etwa auf 5 μ). Damit vergrößert man zwar den Beugungsfehler und erhöht die Gefahr eines zusätzlichen Astigmatismus durch Verschmutzung des Blendenrandes. Es kommt jedoch in der Anwendung nicht immer auf ein besonders hohes Auflösungsvermögen an. Als Beispiel ist in Abb. 105 die Analyse von Zusatzreflexen durch Zwillingsbildung in (100)-orientierten Nickelschichten durchgeführt. Im Lichte der Hauptreflexe leuchtet nur die (100)-orientierte Matrix an den Stellen auf, welche die Braggsche Reflexionsbedingung infolge der Präparatdurchbiegung erfüllen, während

13   Reimer, Elektronenmikroskop. Methoden, 2. Aufl.

im Lichte der „Zusatzreflexe" die Zwillingslamellen im Dunkelfeld erscheinen.

Da die Strahlen in Abb. 104c die Objektivlinse in einem großen Abstand von der Linsenachse passieren, tritt auch ein hoher Farbfehler auf,

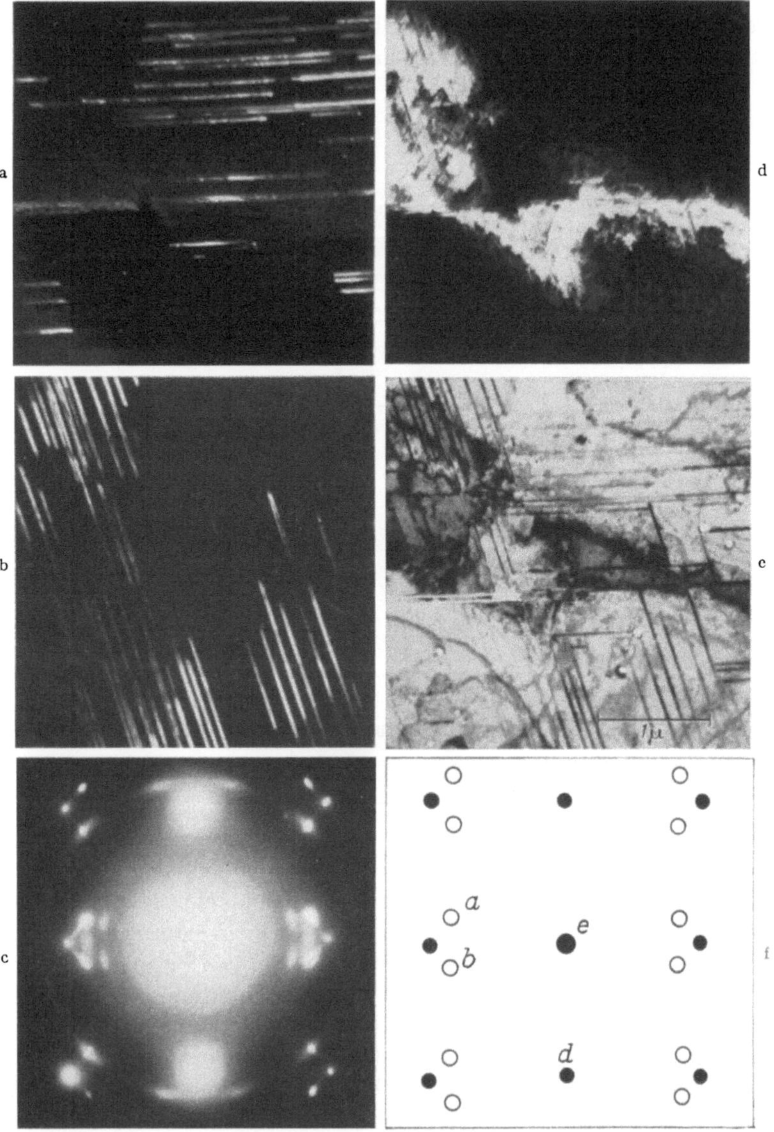

Abb. 105 a—f. Abbildung von Zwillingslamellen in einer elektrolytisch niedergeschlagenen Nickelschicht im Lichte von Einzelreflexen a) und b) eines Feinbereichsbeugungsdiagrammes c), d) Abbildung mit Reflex 200 der Nickelschicht, e) Hellfeldabbildung durch den Primärstrahl, f) schematische Skizze des Beugungsdiagrammes, ● Reflexe der Nickelschicht, ○ Zwillingsreflexe

der sich z. B. darin äußert, daß die Dunkelfeldbilder kleiner Kristallite durch die unelastisch gestreuten Elektronen einseitig verwischt erscheinen (Abb. 106). Falls Dunkelfeldabbildungen mit hoher Auflösung durchgeführt werden sollen, empfiehlt es sich, den Strahlengang Abb. 104b zu verwenden, bei feststehender Apertur also den Kondensor zu kippen oder den Strahl durch ein elektrisches oder magnetisches Ablenksystem schräg auf das Objekt fallen zu lassen (s. z. B. MEAKIN u. CINQUINA, 1965), so daß

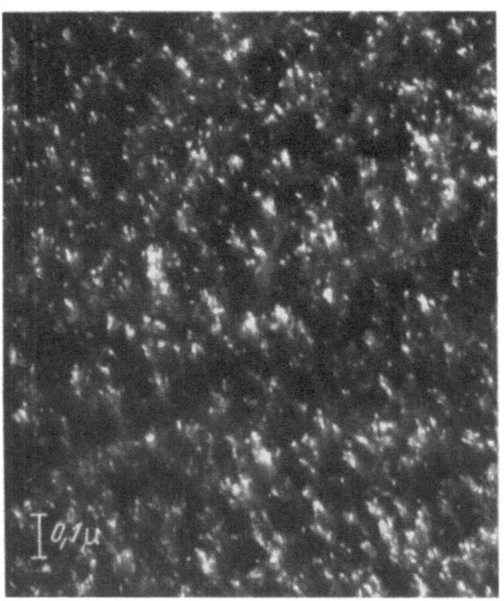

Abb. 106. Dunkelfeldbilder kleiner Kristallite einer Fe-Aufdampfschicht mit Farbfehlerstrichen durch unelastisch gestreute Elektronen

der abgebeugte Strahl in Linsenachse verläuft. Auf diese Weise konnten z. B. Antidomänengrenzen in AuCu-Legierungen von GLOSSOP u. PASHLEY (1959) mit hoher Auflösung auch im Dunkelfeld abgebildet werden (Abb. 78).

8.2. Kontrast in kristallinen Objekten

Nach den obigen Darlegungen wird der Kontrast der Hellfeldabbildung in erster Linie durch die Intensität des Primärstrahles, der Dunkelfeldabbildung durch diejenige des abgebeugten Strahles bestimmt. Diese Intensitäten werden durch die dynamische Theorie der Elektroneninterferenzen (§ 5.2.4) beschrieben. Außerdem können noch Elektronen zur Aufhellung des Bildes beitragen, welche durch unelastische oder thermisch diffuse Streuung in kleine Winkel gestreut und noch durch die Aperturblende hindurchgelassen werden. Dieser Kontrastbeitrag hängt wie bei den amorphen Objekten stark von der Objektivapertur ab.

Zur Diskussion des Kontrastbeitrages durch Braggsche Reflexion sollen die Ergebnisse der dynamischen Theorie (s. Abb. 60 und Tab. 5.2) in

13*

der Form von Pendellösungen betrachtet werden. Nach dieser Theorie bildet sich im Kristall ein Wellenfeld aus, in dem die Elektronenstrahlenergie zwischen primärem und abgebeugtem Strahl hin und her pendelt, wenn man sich auf die Zweistrahlnäherung beschränkt und auch die Absorption zunächst vernachlässigt. In Abb. 107 ist schematisch die Intensitätsmodulation des primären und abgebeugten Strahles quer zur Strahlrichtung aufgetragen, wenn der Strahl bei $z = 0$ in den Kristall eindringt. Es ergibt sich eine Modulation der reflektierten und primären Welle, wobei die Extinktionslänge t_0 (5.45) die Periode der Intensitätsänderung in der Bragg-Lage ($p = 0$) bestimmt. Ist $p \neq 0$ (Abb. 107 b), so wird die Amplitude der Intensitätsmodulation kleiner und außerdem verringert sich die Periodenlänge nach (5.42) auf

$$t_0' = \frac{t_0}{\sqrt{1 + p^2}} \, . \tag{8.1}$$

Nach (5.44) besteht der Zusammenhang $p = t_0 s = t_0 \dfrac{\sin 2\Theta}{\lambda}\, d\Theta \cong \dfrac{t_0}{d_{hkl}}\, d\Theta$ mit der Verkippung $d\Theta$ aus der exakten Bragg-Lage. Für große Verkip-

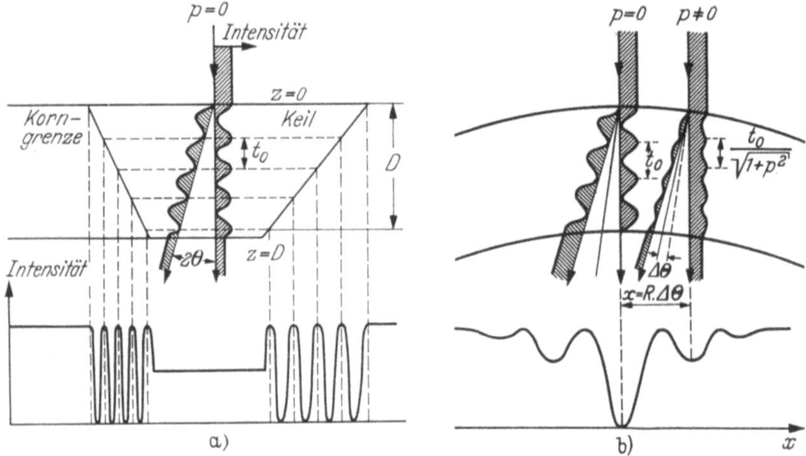

Abb. 107 a u. b. Ausbildung von Keilinterferenzen a) und Extinktionskonturen b) in kristallinen Objekten auf Grund der „Pendellösung" der dynamischen Theorie

pungen p aus der Bragg-Lage ergeben dynamische und kinematische Theorie die gleichen Resultate. Dies spielt eine Rolle bei der Diskussion des Kontrastes von Versetzungen und anderen Kristallbaufehlern, welcher sich unter der Annahme großer Verkippungen aus der Bragg-Lage mit der kinematischen Theorie wesentlich einfacher berechnen läßt.

Den auf diese Weise von der Präparatdicke D und der Verkippung abhängigen Kontrast (über p und t_0 ergibt sich auch eine Abhängigkeit vom Material und der Beschleunigungsspannung) erhält man, wenn man bei $z = D$ einen Schnitt durch die Diagramme in Abb. 107 legt. Man beobachtet also die Intensitätsverteilung beim Austritt aus der kristallinen Schicht. Durch nicht homogene Schichtdicken und infolge der Durchbiegung der Präparate ergeben sich charakteristische Kontrasterscheinungen, die im folgenden näher diskutiert werden sollen.

Ändert sich die Schichtdicke keilförmig, wie z. B. am Rande von dünnpolierten Metallfolien oder an kleinen würfelförmigen Kristallen (MgO), so sind die Pendellösungen direkt als „Keilinterferenzen" sichtbar (Abbildung 107a). Der Abstand der „Interferenzlinien gleicher Dicke" ist ein Maximum in der exakten Bragg-Lage und nimmt bei positiven und negativen Verkippungen ab [Änderung von t_0 nach (8.1)]. In Goniometer-Halterungen läßt sich der maximale Abstand leicht einstellen und erlaubt die direkte Messung der Extinktionsdicke t_0, wenn man z. B. in kubischen Kristallen aus MgO die örtliche Dicke genau kennt, oder es läßt sich die Schichtdicke — zumindestens das Keilprofil — ermitteln, wenn t_0 nur theore-

a

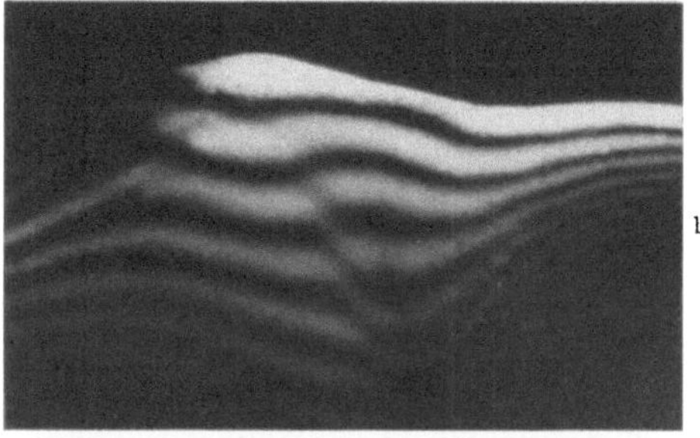

b

c

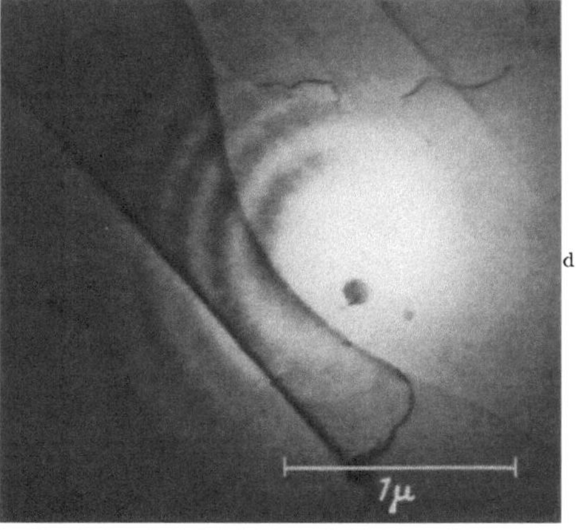

d

Abb. 108 a—d. Keilinterferenzen an der Kante einer dünn polierten Al-Folie in a) Hellfeld- und Dunkelfeldabbildung im Lichte des b) 111-Reflexes und c) $\overline{2}\overline{2}\overline{2}$-Reflexes. d) Keilinterferenzen und „Spur" einer Versetzungslinie an einer kreisförmigen Verdünnung in einer Al-Folie (Aufn. J. FICKER)

tisch bekannt ist. Aus quantitativen Photometrierungen läßt sich außerdem die Absorptionsdicke τ_0 erhalten. Besonders in Mikroskopen mit sehr hohen Beschleunigungsspannungen können sehr viele Maxima beobachtet werden (DUPOUY u. a., 1964).

Abb. 108a zeigt Keilinterferenzen am Rande einer dünnpolierten Aluminiumfolie. Im Lichte des 111-Reflexes (b) erscheint die Pendellösung im Dunkelfeld. Der simultan angeregte $\overline{2}\overline{2}\overline{2}$-Reflex (c) ergibt wegen der stärkeren Kippung aus der Bragg-Lage kleinere Extinktionslängen und damit kürzeren Streifenabstand. Abb. 108d zeigt die Keilinterferenzen um eine kreisförmige Verdünnung in einer elektrolytisch polierten Al-Folie. Außerdem gibt die Spur einer schräg hindurchgelaufenen Versetzungslinie ein direktes Schichtdickenprofil wieder.

Keilinterferenzen können ebenfalls an Kristallkorngrenzen auftreten, welche schräg durch die Schicht laufen. Wenn einer der Kristalle auf Grund seiner Orientierung nicht in Bragg-Stellung liegt, so werden die Beugungsintensitäten z. B. beim Verlassen des 1. Kristalles im 2. Kristall nicht weiter verändert (Abb. 107a links).

In großen gekrümmten Einkristall-Lamellen beobachtet man ausgedehnte, oft verschlungene Extinktionskonturen (Interferenzschlieren) (Abb. 109), welche durch die örtlich variierende Neigung der Netzebenen zum Strahl entstehen. Linien gleicher Schwärzung im Hellfeld oder gleicher Helligkeit im Dunkelfeld stellen damit Linien gleicher Neigung der Netzebenen zum Strahl dar. In langgestreckten Extinktionskonturen ist die Intensität quer zur Längsausdehnung eine direkte Abbildung der in Abb. 60 und 61 gezeigten Diagramme. Bei einer Krümmung der Folie mit dem Krümmungsradius R liegt an verschiedenen Stellen x des Präparates eine Verkippung $\Delta\Theta = x/R$ vor (Abb. 107b). Bei starker Krümmung sind die Extinktionskonturen daher schmal, bei schwacher Krümmung dagegen sehr breit. Diese Erklärung wird dadurch gestützt, daß die Konturen sich verschieben, wenn das Präparat in einer Stereo- oder Goniometerhalterung gekippt wird (Abb. 142). Auch wenn bei starker Objektbelastung Verbiegungen durch Erwärmung des Objektes oder durch die Kondensation von Kontaminationsschichten auftreten, wandern die Extinktionskonturen. Man erkennt außerdem in mittleren Schichtdicken die Ausbildung der Nebenmaxima (Abb. 109a). Die weiter entfernt liegenden schmalen Linien stammen von den Reflexen höherer Ordnung. Die Struktur des dunklen breiten Bandes ist meistens eine Überlagerung eines niedrig indizierten $\overline{h}\overline{k}\overline{l}$-Reflexes mit dem hkl-Reflex, da sich die Reflexionsbereiche überlappen (s. Abb. 60 und 61). Die klare Ausbildung der Nebenmaxima erkennt man daher oft besser im Dunkelfeld eines einzigen Reflexes. Die Zweistrahltheorie für niedrig indizierte Reflexe ist in der Nähe der Bragg-Lage eine schlechte Näherung. Es ist auch ohne weiteres einzusehen, daß für die Erkennbarkeit von Nebenmaxima mit kleinerem

Winkelabstand die Bestrahlungsapertur eine entscheidende Rolle spielt. Mit abnehmender Bestrahlungsapertur nimmt die Schärfe und der Kontrast der Extinktionskonturen zu.

Mit steigender Schichtdicke nehmen die Nebenmaxima in ihrer Amplitude ab und sind schließlich nicht mehr zu erkennen. Man beobachtet vom 111 und $\overline{1}\overline{1}\overline{1}$-Reflex nur ein breites Extinktionsband (Abbildung 109b). In sehr dicken Präparaten $(D \geqq \tau_0)$ äußert sich die anomale Transmission darin, daß nur beiderseits eines Extinktionsbandes das Präparat in schmalen Zonen durchstrahlbar ist (Abb. 109c).

Da die Extinktionskonturen Linien gleicher Neigung der Netzebenen darstellen, ist eine räumliche Rekonstruktion des Objektes in einigen Fällen möglich. Es sei z. B. auf die Untersuchung von Hohlstellen in Bleijodid von MÖLLENSTEDT (1953) und RANG (1953), sowie an Molybdänoxydkristallen durch ITO und ITO (1953) hingewiesen.

8.3. Abbildung von Kristallbaufehlern

Die Abbildung von Kristallbaufehlern hat sich zu dem ausgedehntesten Anwendungs-

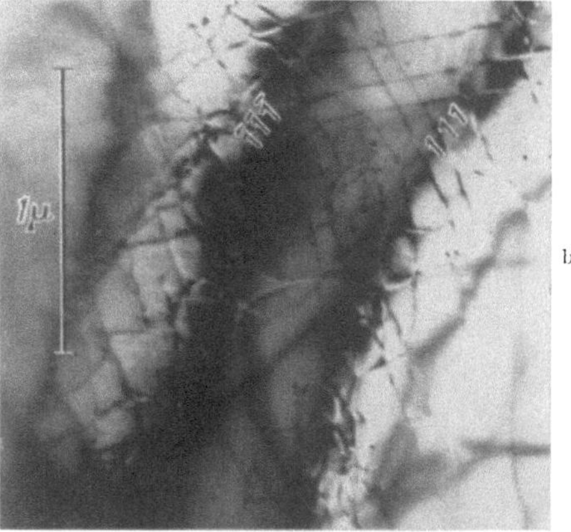
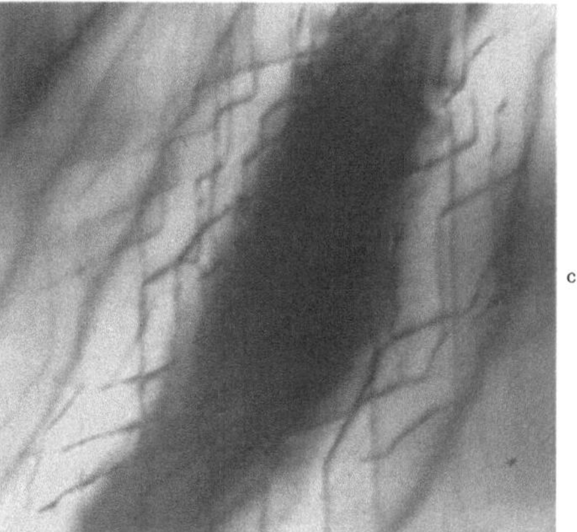

Abb. 109 a—c. Veränderungen von Extinktionskonturen in dünn polierten Al-Folien mit von a) nach c) ansteigender Schichtdicke. In a) sind die Nebenmaxima der dynamischen Theorie noch deutlich zu erkennen, in b) hat ihre Amplitude stark abgenommen und in c) ist die Schicht nur noch infolge anomaler Transmission durchstrahlbar. In b) und c) sind außerdem Versetzungsnetzwerke zu erkennen

bereich der Elektronenmikroskopie in der Metallphysik entwickelt. Eine ausführliche Darstellung allein der Kontrastprobleme ist im Rahmen des vorliegenden Buches nicht möglich. Es sei für ein eingehendes Studium auf die Monographien von Thomas (1962), Amelinckx (1964), Heidenreich (1964) und Hirsch u. a. (1965) hingewiesen. Die folgenden Ausführungen sollen sich auf die wesentlichen Grundgedanken der Theorie des Kontrastes von Kristallbaufehlern beschränken und eine Übersicht über die Anwendungsmöglichkeiten vermitteln.

8.3.1. Kontrast von Versetzungen

Da die Versetzungen für die Theorie der plastischen Verformung und in der gesamten Festkörperphysik eine entscheidende Rolle spielen, liegen auch zahlreiche Ansätze zur Berechnung des Kontrastes vor. Die einfachste Theorie (Whelan, 1959; Hirsch u. a., 1960) geht von der kinematischen Säulenapproximation und dem Amplituden-Phasen-Diagramm

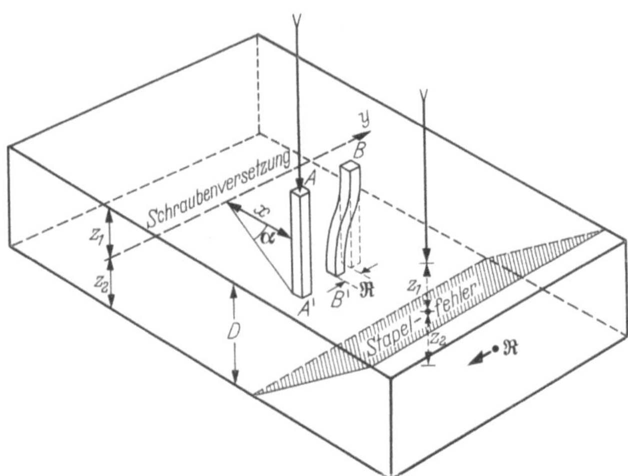

Abb. 110. Eine Kristallfolie der Dicke D enthält eine Schraubenversetzung parallel zur Oberfläche in Abständen z_1 und z_2 von der Ober- bzw. Unterseite. Die Säule $A\,A'$ des idealen Kristalls wird durch die Versetzung zu $B\,B'$ deformiert. Stapelfehler (schräg durch die Schicht laufend) als weitere Kristallstörung, durch die die untere Hälfte um den Vektor $\mathfrak{R}$ gegen die obere verschoben ist

aus (§ 5.2.3). Durch das Verzerrungsfeld in der Umgebung einer Versetzung sei die n-te Elementarzelle an der Stelle $\mathfrak{x}_n$ um den Vektor $\mathfrak{R}$ verrückt (Abb. 110 u. 58a). Die Erweiterung von (5.31) lautet dann

$$A \sim \sum F \exp\left[2\pi\,i\,(\mathfrak{g} + \mathfrak{s})\,(\mathfrak{x}_n + \mathfrak{R})\right] \cong F \sum \exp\left[2\pi\,i\,(\mathfrak{s}\,\mathfrak{x}_n + \mathfrak{g} \cdot \mathfrak{R})\right] . \tag{8.2}$$

Dabei wurde wieder ausgenutzt, daß $\exp\left[2\pi\,i\,\mathfrak{g}\,\mathfrak{x}_n\right] = 1$, außerdem wurde $\mathfrak{s} \cdot \mathfrak{R}$ als Produkt kleiner Größen vernachlässigt. In einfacher Weise läßt sich der Verrückungsvektor $\mathfrak{R}$ für eine Schraubenversetzung in y-Richtung (Abb. 110) angeben. Die Säule $A\,A'$ in einem Idealkristall wird nach

Einführung der Schraubenversetzung in der Form BB' gekrümmt. Die Verrückung liegt in y-Richtung und zwar allgemein bei jeder Versetzungslinie in Richtung des Burgervektors $\mathfrak{b}$. Es gilt

$$\mathfrak{R} = \mathfrak{b}\,\frac{\alpha}{2\pi} = \frac{\mathfrak{b}}{2\pi}\,\text{arc tg}\left(\frac{z}{x}\right). \tag{8.3}$$

Setzt man $\mathfrak{R}$ in (8.2) ein, so taucht das Skalarprodukt $\mathfrak{g}\cdot\mathfrak{b}$ auf, welches als Produkt eines reziproken Gittervektors und eines Vektors des Kristallgitters stets gleich einer ganzen Zahl n sein muß. Für einen 111-Reflex $[\mathfrak{g} = (1,1,1)]$ und einen Burgersvektor $\mathfrak{b} = \frac{1}{2}\,[110]$ in einem kubisch

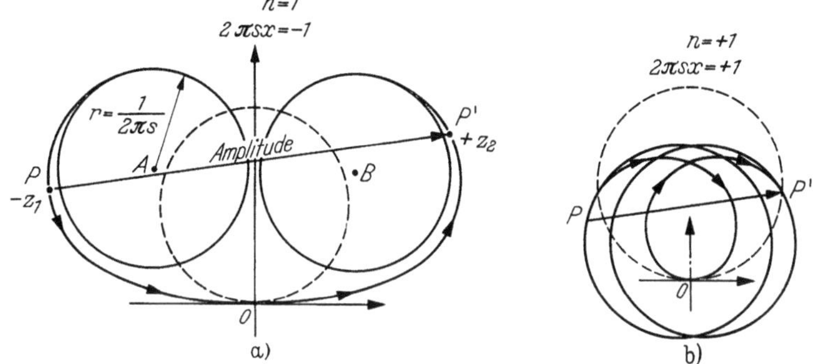

Abb. 111a u. b. Amplituden-Phasendiagramm für eine Säule in der Nähe einer Schraubenversetzung (Abb. 110)

flächenzentrierten Gitter ist z. B. $n = 1$. Geht man wie in (5.33) von der Summation zu einer Integration in z-Richtung über, so ergibt sich aus (8.2) und (8.3)

$$A \sim \int_{-z_1}^{+z_2} e^{\,i\left(2\pi s z + n\,\text{arc tg}\,\frac{z}{x}\right)}\,dz = \int_{-z_1}^{+z_2} e^{i\varphi}\,dz. \tag{8.4}$$

Der Nullpunkt $z = 0$ wird zweckmäßig in Höhe der Versetzungslinie gelegt. Je nach dem Vorzeichen von s (der Verkippung aus der Bragg-Lage) und x wird die Phase φ als Neigung des Wegelementes dz im Amplituden-Phasen-Diagramm kleiner oder größer als die Phase $2\pi\,sz$ des ungestörten Kristalls (s. Abb. 58b). Ist das Produkt $sx > 0$, so ist die Krümmung in $z = 0$ kleiner (Abb. 111a) als die Krümmung $1/r = 2\pi\,s$ des ungestörten Kristalles. Ist $sx > 0$, wird die Krümmung größer (Abb. 111b). Für große z wird arc tg $\frac{z}{x} = \pi/2 = $ const und es ergeben sich wieder Kreise mit dem Radius $r = 1/2\pi\,s$. Die gestreute Amplitude ergibt sich als proportional zur Verbindungsstrecke PP'. Zeichnet man derartige Diagramme für alle Werte von $2\pi\,sx$, so erhält man die in Abb. 112 dargestellten Verteilungen der reflektierten Intensität für verschiedene Werte von n. Bei festem s geben diese Kurven die Intensitätsverteilung im Dunkelfeld wieder. In

der Höhe der Reflexionsmaxima ist allerdings nicht berücksichtigt, daß
die Streuamplitude mit wachsendem Beugungswinkel abfällt. Die
Maxima müssen daher mit wachsendem n in der Höhe reduziert werden.
Praktisch ergeben sie sich für alle n etwa gleich hoch. Da dieser Theorie
die kinematische Näherung zugrunde liegt, gilt sie nur für große s. Analoge
Rechnungen lassen sich für Stufenversetzungen durchführen (Abb. 112).
GEVERS (1962b) berechnete auch den Kontrast für gemischte Versetzun-
gen mit der Gleitebene parallel zur Folienebene. Außer in der Breite der
Intensitätsmaxima ergeben sich keine wesentlichen Unterschiede. In der

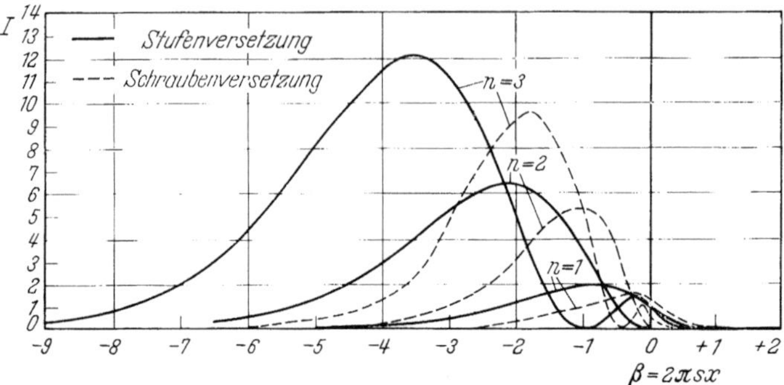

Abb. 112. Intensitätsprofil einer Stufen- und Schraubenversetzung im elektronenmikroskopischen Dunkelfeld nach der kinematischen Theorie. Die Versetzungslinien laufen senkrecht bei $x = 0$ durch die
Zeichenebene ($n = \mathfrak{g} \cdot \mathfrak{b}$)

unmittelbaren Umgebung der Bragg-Lage sind die Kontraste mit der
dynamischen Theorie zu berechnen (HOWIE u. WHELAN, 1960, 1961,
1962). Die Lösung des Systems von linearen Differentialgleichungen ist
nur mit elektronischen Rechenmaschinen möglich. GEVERS (1963b) und
WILKENS (1964) geben einfachere Auswerteverfahren an.

Aus der kinematischen und dynamischen Theorie lassen sich folgende
Gesetzmäßigkeiten ableiten:

1. Eine Versetzung streut auf der einen Seite mehr als die relativ weit
aus der Bragg-Lage gedrehte Umgebung. Die Versetzungslinien erscheinen daher als helle Linien im Dunkelfeld und als dunkle Linien im Hellfeld. Die Breite des Versetzungsbildes hängt vom Typ der Versetzungslinie ab (Abb. 112). Eine Stufenversetzung erscheint bei gleichem s etwa
doppelt so breit wie eine Schraubenversetzung. Die Breite vergrößert sich
mit abnehmendem s, allerdings nur bis zu einem durch die dynamische
Theorie bestimmten Grenzwert für kleine s in der Größenordnung
$t_0/\pi \simeq 100-200$ Å. Mit abnehmendem s nimmt auch die Streuintensität
zu. Versetzungen werden daher erst sichtbar, wenn die Verkippung aus
irgendeiner Bragg-Lage nicht zu groß ist.

2. Bei gewissen Reflexen braucht eine Versetzung überhaupt nicht
sichtbar zu werden und zwar wenn in (8.4) $\mathfrak{g} \cdot \mathfrak{b} = n = 0$ ist. Dies ist

immer dann der Fall, wenn der Burgersvektor der Versetzung in der reflektierenden Netzebene liegt ($\mathfrak{g} \perp \mathfrak{b}$). Anschaulich ergibt sich dies aus Abb. 113 für das Beispiel einer Stufenversetzung. Nur für Reflexionen mit dem Gittervektor $\mathfrak{g}_1$ ist die Neigung der Netzebenen in der Nähe der Versetzungslinie verändert. Die zu den Vektoren $\mathfrak{g}_2$ und $\mathfrak{g}_3$ gehörenden Netzebenen bleiben in Lage und Abstand unverändert. So sind z. B. in Abb. 109c nur die Teilstücke eines Versetzungsnetzwerkes abgebildet, für welche $\mathfrak{g} \cdot \mathfrak{b} \neq 0$ ist (s. a. Abb. 121 u. Diskussion).

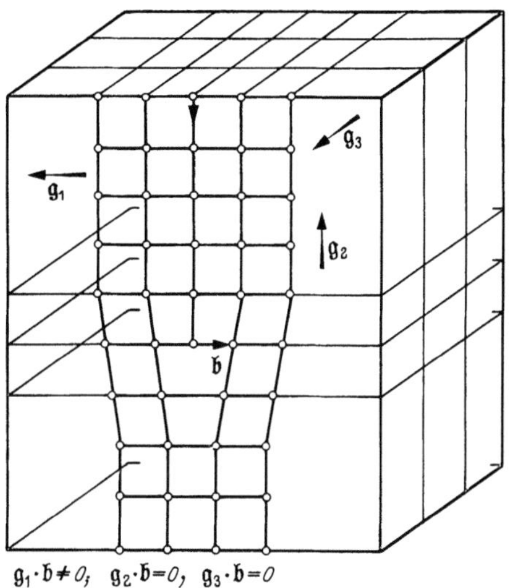

Abb. 113. Versetzungskontraste einer Stufenversetzung sind bei Reflexen mit dem Gittervektor $\mathfrak{g}_1$ zu erwarten, aber nicht für $\mathfrak{g}_2$ und $\mathfrak{g}_3$

Spaltet eine Versetzung in 2 Halbversetzungen mit dazwischenliegendem Stapelfehler auf, so gelten nicht die an Vollversetzungen abgeleiteten Beziehungen, da n nicht ganzzahlig ist. Die Versetzungen sind dann für $\mathfrak{g} \cdot \mathfrak{b} = \pm 1/3$ unsichtbar (GEVERS, 1963a; HOWIE u. WHELAN, 1962) (s. Abb. 114). Man erkennt dann nur den Stapelfehler an einem Kontrastsprung. Ist dagegen $n = \pm 2/3$ oder $\pm 4/3$ so sind auch die den Stapelfehler begrenzenden Halbversetzungen als dunkle Linien im Hellfeld zu erkennen.

3. Das „Bild" der Versetzung liegt seitlich von dem wahren Ort ($x = 0$) der Versetzungslinie etwa um die Breite der Intensitätsmaxima verschoben (Abb. 112). Ob es links oder rechts der Versetzungslinie liegt, hängt von dem Vorzeichen von s ab. Beim Überqueren der zu dem betreffenden Reflex gehörenden Extinktionskontur ändert sich daher die Lage des Versetzungsbildes (s. Abb. 116). Anschaulich liegt der Kontrast auf

derjenigen Seite z. B. einer Stufenversetzung, auf der die Netzebenen näher zur exakten Bragg-Lage hin verdreht sind (Abb. 115).

4. Für $n > 2$ können zwei Maxima beobachtet werden (Abb. 112). Die Versetzungslinie erscheint dann doppelt. Eine Verdoppelung des Bildes kann außerdem auftreten, wenn 2 Reflexionen gleichzeitig zum Kontrast beitragen. Eine weitere Möglichkeit doppelter Versetzungsbilder ergibt

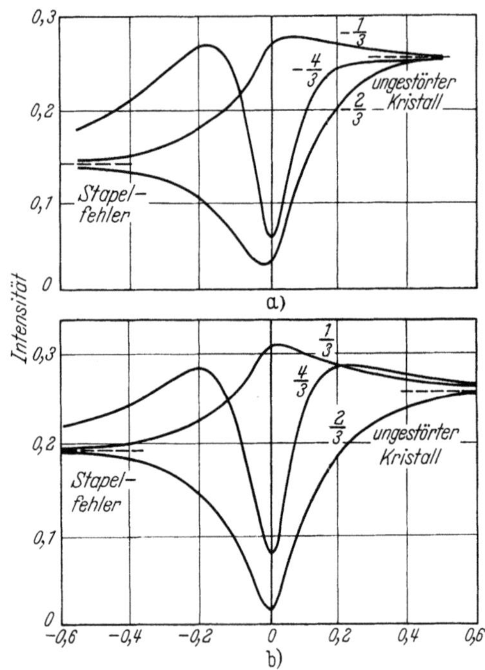

Abb. 114a u. b. Intensitätsprofile einer Halbversetzung an der Grenze zwischen Stapelfehler und dem ungestörten Kristall für verschiedene Werte von $\mathfrak{g} \cdot \mathfrak{b} = \pm \frac{1}{3}, \pm \frac{2}{3}, \pm \frac{4}{3}$ nach der kinematischen Theorie

sich aus der dynamischen Theorie beim Kreuzen einer Extinktionskontur (Abb. 116). Ob zwei Versetzungslinien wirklich eng benachbart parallel verlaufen, läßt sich daher nur durch Beobachtung der Kontraständerungen bei Kippung des Präparates in mehreren Richtungen entscheiden.

5. Läuft eine Versetzung schräg zur Folienebene, so kann sich der Kontrast periodisch längs der Linie ändern, weil die Längen z_1 und z_2 in Abb. 110 und 111 verschoben werden. Noch stärkere Intensitätsänderungen liefert die dynamische Theorie, speziell in der Bragg-Lage. So erscheinen z. B. schräg durch das Objekt laufende Versetzungsschleifen in Abb. 117 längs ihres Umfanges mit unterschiedlichem Kontrast.

6. Für die exakte Bragg-Lage ($s = 0$) ist nach der dynamischen Theorie (HOWIE u. WHELAN, 1960) für $n = 1$ das Versetzungsbild an der

richtigen Stelle ($x = 0$) und der Kontrast ändert sich kaum, wenn die Versetzung in der Mitte der Folie liegt. Unter den sonst gleichen Bedingungen, aber $n = 2$, ergibt sich ein doppeltes Bild der Versetzungslinie

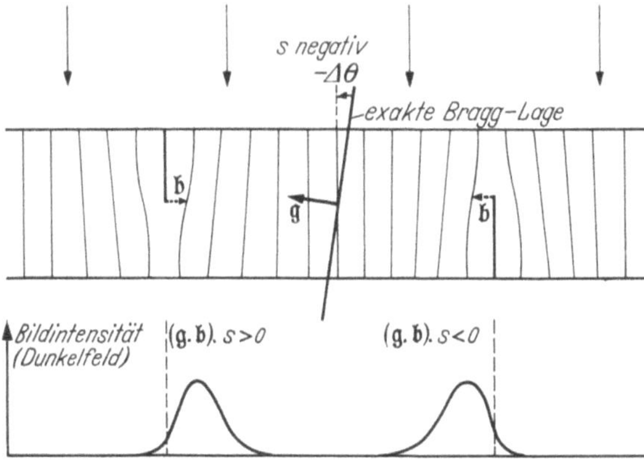

Abb. 115. Skizze zur Veranschaulichung des Zusammenhanges zwischen dem Burgersvektor b, der Normalen auf der reflektierenden Netzebene g, dem Vorzeichen der Verkippung s und der Lage des Versetzungsbildes zum wahren Ort der Versetzung

(Abb. 116). Dieses Verhalten ermöglicht die Bestimmung von $n = 1$ oder 2. Die Kontrastverhältnisse in der Bragg-Lage ändern sich jedoch, wenn die Versetzung in der Nähe der Folienoberfläche liegt, oder z. B. schräg durch die Schicht läuft. Es treten dann periodische Änderungen des Kontrastes auf, welche die Versetzung mit unterbrochenem, zickzackförmigem oder alternierend hell-dunklem Kontrast erscheinen lassen. Dieses Verhalten ist weniger durch die Veränderung des Verzerrungsfeldes an der Oberfläche hervorgerufen, sondern vielmehr durch die kleine Länge der Säule zwischen Versetzungslinie und Oberfläche. In der dynamischen Theorie sind auch die Versetzungsbilder im Hell- und Dunkelfeld nicht mehr komplementär.

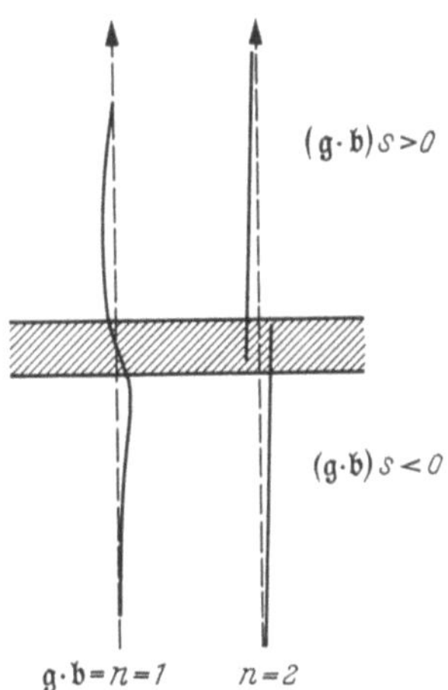

Abb. 116. Schematische Skizze des Bildverlaufes einer Versetzungslinie (gestrichelte Linie) beim Kreuzen einer Extinktionskontur

7. In der Bragg-Lage gibt auch eine Stufenversetzung mit dem Burgersvektor senkrecht zur Folienebene Kontrast, obwohl $g \cdot b = 0$ ist. Das gleiche gilt für eine Schraubenversetzung, welche die Oberfläche senk-

recht durchstößt. Auch Stufenversetzungen, welche die Folie senkrecht durchstoßen, sind nur in unmittelbarer Nähe der Bragg-Lage sichtbar. Theoretische Berechnungen der Kontraste wurden von HASHIMOTO u. MANNAMI (1960) und MANNAMI (1962) durchgeführt.

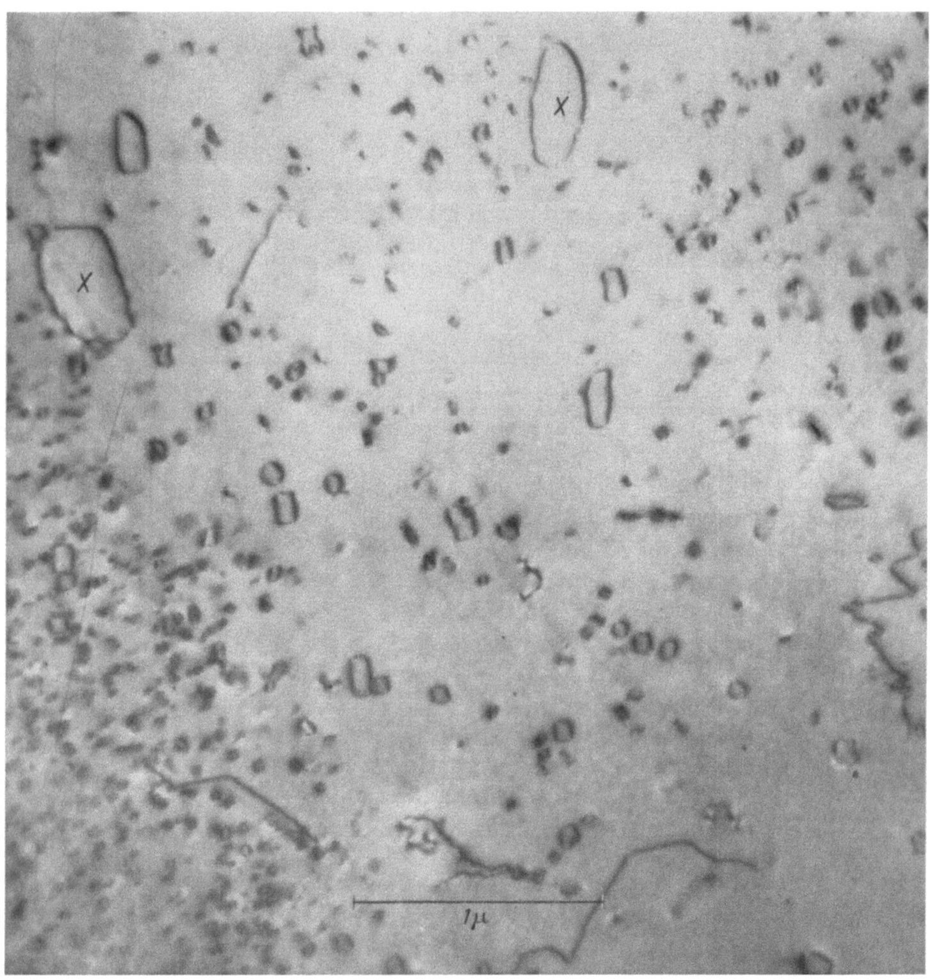

Abb. 117. Vcrsctzungsschlcifcn in einer Al-Probe, welche von 600° C in einem Eisbad abgeschreckt wurdc. Dic großen Vcrsetzungsschlcifen X entstchen durch Koagulation mchrerer kleincr Versetzungsringc (nach SILCOX, 1958)

8. Es sollen noch einige Besonderheiten bei der Abbildung von Versetzungschleifen erwähnt werden. Diese können durch Kondensation von Lehrstellen längs einer Gitterebene entstehen. Ihre Ausdehnung kann bis zu mehreren 1000 Å betragen. Sie haben kreisförmige oder hexagonale

Form. Wenn die Ebene der Schleife zur Folienebene geneigt ist, werden die steil liegenden Teile nicht oder nur mit geringem Kontrast abgebildet (Abb. 117). Dies folgt bereits aus der kinematischen Theorie (s. o. Punkt 5) Die oben diskutierten Ursachen für doppelte Versetzungsbilder (z. B. Reflexion an zwei Netzebenen) können u. a. Mittelstreifen hervorrufen, welche einen stapelfehlerähnlichen Kontrast (s. u.) vortäuschen. Da die Bilder der Versetzung seitlich von dem wahren Ort der Versetzung liegen, führt dies je nach dem Vorzeichen von s zu einem schmäleren oder breiteren Bild der Schleife. Um Aussagen über die wahre Form der Schleife zu erhalten, muß man auch hier sorgfältige Kippexperimente durchführen. Nach der dynamischen Theorie lassen sich auch Versetzungsschleifen abbilden, deren Ebene parallel zur Folienebene liegt und deren Burgersvektor also in Richtung der Schichtnormalen zeigt ($\mathfrak{g} \cdot \mathfrak{b} = 0$) (HOWIE u. WHELAN, 1960).

Bei der Strahlenschädigung durch α-Strahlen (BARNES u. MAZEY, 1960), Neutronen (SILCOX u. HIRSCH, 1959b; BOLLMANN, 1960, 1961) oder z. B. Argon-Ionen von nur 75 eV (BRANDON u. BOWDEN, 1961) können durch Kondensation der erzeugten Leerstellen bzw. Zwischengitteratome vorwiegend so kleine Versetzungschleifen entstehen, daß diese nur noch als schwarze Punkte (etwa 20—50 Å Durchmesser) abgebildet werden, aus deren Kontrast keine eindeutigen Rückschlüsse auf die Zahl der kondensierten Punktfehler mehr gezogen werden kann. Das Auftreten von Schwarz-Weiß-Kontrasten beim Kippen des Objekts deutet jedoch eindeutig darauf hin, daß es sich um kleine Schleifen handelt (ESSMANN u. WILKENS, 1964; RÜHLE u. a., 1965).

In diesem Zusammenhang sei auch auf eine Untersuchung von PASHLEY u. PRESLAND (1961) hingewiesen, die derartige Fehler nach längerer Bestrahlung bei 100 kV in Goldschichten fanden. Ihre Experimente zeigen, daß diese durch negative Ionen erzeugt werden, welche von der Kathode emittiert werden.

Die Bewegung von Versetzungen läßt sich direkt beobachten, wenn durch eine lokale Erhitzung oder Anwachsen von Kontaminations-Schichten bei Elektronenbeschuß Spannungen entstehen. Kontrollierbarer ist jedoch eine Dehnung der Folie in speziellen Objekthalterungen (§ 2.3). Hinter bewegten Versetzungen wird zuweilen eine Spur sichtbar (Abb. 108d), welche erst nach einigen Sekunden bis Minuten wieder verschwindet. Es wird vermutet, daß dies auf Oxydhäute zurückzuführen ist, welche den mit der Versetzungsbewegung verbundenen Gleitschritt nicht voll mitmachen und das Kristallgitter dadurch verspannen.

8.3.2. Ermittlung des Burgersvektors von Versetzungen

Die Kenntnis des Burgersvektors einer Versetzung ist für die Interpretation einer Aufnahme oft von entscheidender Bedeutung. Liegen z. B.

Burgersvektor und Versetzungslinie parallel, so weiß man, daß es sich um eine Schraubenversetzung handeln muß. Stehen beide senkrecht aufeinander, so handelt es sich um eine Stufenversetzung. Das Vorzeichen des Burgersvektors gibt Auskunft darüber, ob es sich um eine Links- oder Rechtsschraubenversetzung handelt, bzw. aus welcher Richtung die zusätzliche Netzebene bei der Stufenversetzung eingeschoben ist. Da der Kontrast einer Versetzung von s, $\mathfrak{g}$ und $\mathfrak{b}$ abhängt, ist deren Vorzeichen, bzw. Lage relativ zum Bild des Objektes zu ermitteln.

Zunächst empfiehlt es sich, das Feinbereichsbeugungsdiagramm der zu untersuchenden Objektstelle dem Bild orientiert zuzuordnen, denn infolge der Verdrehung des Bildes durch magnetische Linsen ist das Beugungsdiagramm wegen der unterschiedlichen Erregung der Zwischenlinse gegenüber dem Bild verdreht. In § 5.4.6 sind Methoden dargelegt, um den Verdrehungswinkel zu bestimmen und die kristallographische Orientierung des Präparates festzulegen.

Für die Bestimmung des Burgersvektors muß man das Präparat um zwei zueinander unabhängige Achsen (Goniometertrieb, § 2.3) kippen können, bis ein intensiver Beugungsreflex auftritt, zu dem der Versetzungskontrast verschwindet. Eine noch bessere Kontrolle ergibt sich bei der Dunkelfeldabbildung im Lichte des betreffenden Reflexes. Dann darf die Versetzung nicht aufleuchten, wenn man das Präparat kippt. Ist dies der Fall, so gilt $\mathfrak{g} \cdot \mathfrak{b} = 0$. $\mathfrak{g}$ liegt, da das Beugungsdiagramm eine Projektion des reziproken Gitters darstellt, in Richtung des Vektors vom Durchstoßpunkt des Primärstrahles zu dem betreffenden Reflex des Beugungsdiagrammes (s. Beispiel in Abb. 121). Der Burgersvektor $\mathfrak{b}$ — oder genauer die Projektion des Burgersvektors in die Präparatebene liegt dann senkrecht zu $\mathfrak{g}$. Da die Burgersvektoren nur wenige durch die Kristallstruktur bestimmte Werte annehmen können, so kann man damit auch die genaue Richtung des evtl. zur Folienebene geneigt liegenden Burgersvektors ermitteln, falls man die kristallographische Orientierung der Folie vorher aus dem Beugungsdiagramm bestimmt hat. Oder man muß einen zweiten Reflex finden, für den das Versetzungsbild verschwindet. Der Burgersvektor liegt dann in Richtung der Schnittgeraden der beiden Netzebenen. In den kubisch flächenzentrierten Metallen haben die Burgersvektoren z. B. die Werte $\left\langle \frac{1}{2} \frac{1}{2} 0 \right\rangle$. Man benötigt daher einen $(h\bar{h}l)$-Reflex mit $h \neq l$ und $h \neq 0$, um beim Verschwinden des Versetzungskontrastes eine $\left[\frac{1}{2} \frac{1}{2} 0 \right]$-Versetzung von den anderen $\left\langle \frac{1}{2} \frac{1}{2} 0 \right\rangle$-Versetzungen zu unterscheiden. Den Betrag des Burgersvektors erhält man aus dem Verhalten des Versetzungsbildes in der Bragg-Lage, falls die Versetzungslinie eine Extinktionskontur kreuzt (Abb. 116).

Um auch das Vorzeichen des Burgersvektors zu ermitteln, muß man wissen, auf welcher Seite der Versetzungslinie das „Bild" der Versetzung liegt und welches Vorzeichen s besitzt. Dann kann man sich die Richtung leicht geometrisch etwa an Hand einer Skizze wie in Abb. 115 überlegen. Auf welcher Seite das Bild liegt, läßt sich entscheiden, wenn man das Präparat so kippt, daß ein entgegengesetztes s vorliegt, und damit der Kontrast auf die andere Seite der Versetzungslinie wandert (GROVES u. WHELAN, 1962). Da beim Kippen aber auch das Bild etwas mitwandert, weil die Kippachse in der Regel nicht genau durch den Bildausschnitt geht, so kann man unveränderte Bilddetails (z. B. Schmutzteilchen oder Folienlöcher) heranziehen.

Zur Bestimmung des Vorzeichens von s vergegenwärtigen wir uns zunächst die Definition. s ist positiv, wenn der Einfallswinkel Θ auf die reflektierenden Netzebenen um $d\Theta$ vergrößert wird, oder in der Sprache des reziproken Gitters, wenn der Gitterpunkt innerhalb der Ewald-Kugel liegt. Ist das Präparat gekrümmt, so daß eine Extinktionskontur des betreffenden Reflexes durch Kippen über das Bildfeld wandert, ist die Vorzeichenbestimmung von s sehr einfach. Man überlegt sich an Hand der Richtung von $\mathfrak{g}$ wie die reflektierende Netzebene liegt und dreht so, daß der Einfallswinkel (Glanzwinkel) des Elektronenstrahls auf diese Netzebenenschar vergrößert wird. Entfernt sich dann die Extinktionskontur von dem Bild der Versetzung, so ist s positiv. Ist das Präparat so dick, daß es deutlich erkennbare Kikuchi-Linien im Beugungsdiagramm zeigt, so geht in der exakten Bragg-Lage die Kikuchi-Linie durch den entsprechenden Beugungsreflex. Da das System der Kikuchi-Linien starr mit dem Kristallgitter verbunden ist, dreht es sich mit dem Kristallgitter mit. Liegt die Kikuchi-Linie also außerhalb des Reflexes – vom Primärstrahl weg –, so ist s positiv. Die Verschiebung $\Delta x = L\,\Delta\Theta$ (L = Beugungslänge) hängt direkt mit der Verkippung $\Delta\Theta$ aus der Bragg-Lage zusammen (SIEMS u. a., 1962; GROVES u. KELLY, 1961). SIEMS u. a. (1962) weisen darauf hin, daß zuweilen der Kontrast links und rechts einer Versetzungslinie verschieden ist. Sie führen dies auf eine Durchbiegung der Folie am Ort der Versetzung zurück. Auch hieraus läßt sich eine Burgersvektorbestimmung ableiten, wenn man das Vorzeichen von s mit Kikuchi-Diagrammen bestimmt.

Für Halbversetzungen gelten andere Gesetzmäßigkeiten $\left(\text{s. o., Ver-}\right.$ schwinden des Kontrastes, wenn $\mathfrak{g} \cdot \mathfrak{b} = \pm \dfrac{1}{3}$ $\left.\right)$. Die Analyse der Halbversetzungen in aufgespaltenen Versetzungsknoten ist u. a. ausführlich von AMELINCKX (1964) diskutiert.

8.3.3. Stapelfehler

In dichtest gepackten Atomanordnungen (kubisch flächenzentrierte oder hexagonale Gitter) können die Atome der nächsten dichtest gepackten Lage entweder über den Lücken B oder C in Abb. 118 liegen. Das

kubisch flächenzentrierte Gitter mit {111}-Ebenen als dichtest gepackten
Ebenen läßt sich damit in der Reihenfolge ABCABC . . . aufbauen, das
hexagonale dagegen in der Reihenfolge ABAB. . . . Ein Stapelfehler liegt
vor, wenn eine Hälfte des Kristallgitters gegenüber der anderen um einen
Vektor $\Re_i (i = 1,2,3)$ von Abb. 118 verschoben wird. $\Re_1$ führt z. B. eine A-
in eine B-Lage über, und die Ebenenfolge lautet dann ABCABC ¦ BCABC..
Die gestrichelte Linie ist die Verschiebungsebene. Man kann auch diesen

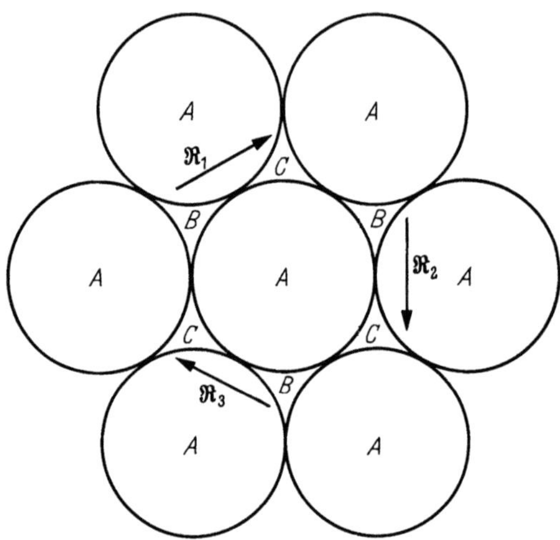

Abb. 118. Orientierung der Atome in übereinanderliegenden A-, B- und C-Lagen und Richtung der
Verschiebungsvektoren $\Re_i$, die eine Lage in die andere überführen

Stapelfehler so auffassen, als ob an dieser Stelle eine A-Ebene entfernt
sei und bezeichnet ihn als Stapelfehler vom Typ I (SEEGER, 1955) oder
"intrinsic stacking fault". Ein Stapelfehler vom Typ II ("extrinsic
stacking fault") kann durch Einfügen einer Extralage B entstehen:
ABCABCBABC . . . oder durch zwei Stapelfehler vom Typ I in benachbarten Ebenen. Da im wesentlichen nur der Typ I beobachtet wird —
auch bei der häufig zu beobachtenden Aufspaltung einer Versetzung in
2 Halbversetzungen mit dazwischen liegendem Stapelfehler — bleibt die
Diskussion auf diesen Typ beschränkt. Geringe Unterschiede ergeben sich
außerdem nur in der dynamischen Theorie mit Absorption und ermöglichen die Unterscheidung dieser beiden Typen (HASHIMOTO u. a., 1962;
ART u. a., 1963).

In der kinematischen Theorie läßt sich mit Hilfe des Amplituden-
Phasen-Diagrammes der zu erwartende Kontrast leicht übersehen (HIRSCH
u. a., 1960). Zum Beispiel ergibt sich mit $\Re_1 = \frac{1}{6}\,[1\bar{2}1]$ eine konstante

Phasenverschiebung der unteren Kristallhälfte gegenüber der oberen (Abb. 110).

$$\varphi = 2\pi\, \mathfrak{g}\mathfrak{R}_1 = \frac{\pi}{3}\,(h - 2k + l) = \begin{matrix} 0 & (0^\circ) \\[4pt] \pm\dfrac{\pi}{3} & (120^\circ) \end{matrix} \; . \tag{8.5}$$

Dieser Betrag ist zu allen Phasen unterhalb des Stapelfehlers hinzuzu-zählen. Im Amplituden-Phasen-Diagramm bedeutet dies, daß am Ort des Stapelfehlers Q ein Knick von $\pm\,120^\circ$ auftritt (Abb. 119). Die abgebeugte

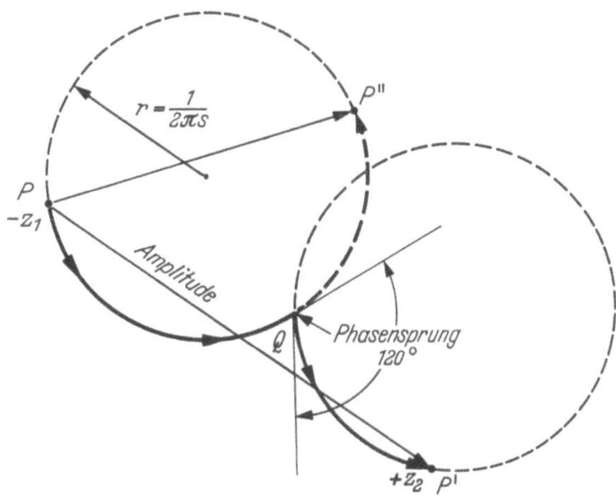

Abb. 119. Einfluß eines Stapelfehlers auf das Amplituden-Phasen-Diagramm

Intensität $\sim \overline{PP'}^2$ ist also größer als die Intensität $\overline{PP''}^2$ eines ungestörten Kristalles. Der Stapelfehler erscheint an der betreffenden Stelle dunkler. Durchläuft ein Stapelfehler das Objekt schräg, so ist der Punkt Q bei unveränderter Länge des Bogens $z_1 + z_2$ entsprechend zu verschieben. Falls die Schichtdicke D größer als einige Extinktionslängen t_0' (8.1) ist, so ergeben sich dunkle äquidistante Streifen parallel zu den Stapelfehlerkanten (Abb. 120). Es wird immer dort ein gegenüber der Umgebung unverändert heller Streifen beobachtet, wo in der entsprechenden Tiefe die abgebeugte Intensität Null ist, d. h. die Punkte P und P' zusammenfallen. Ist nach (8.5) $h - 2k + l = 0$ [für $\mathfrak{R}_1 = \frac{1}{6}\,[1\bar{2}1]$ z. B. für $\mathfrak{g} = (31\bar{1})$ oder $(1\bar{1}3)$], so verschwindet der Kontrast. Wie bei Versetzungen läßt sich aus dieser Gesetzmäßigkeit die Verschiebung $\mathfrak{R}$ ermitteln.

Kippt man das Objekt weiter aus der Bragg-Lage heraus, so verkürzt sich t_0'. Dadurch nimmt der Streifenabstand ab und die Zahl der Streifen $n = D/t_0'$ zu. Außerdem wird der Kontrastunterschied geringer. Liegen

14*

2 Stapelfehler dicht übereinander, was bei aufgespaltenen Versetzungen in benachbarten Gleitebenen oft beobachtet wird, so verdoppelt sich an der Überlappungsstelle die Phase von z. B. 120° auf 240° bzw. −120°, und

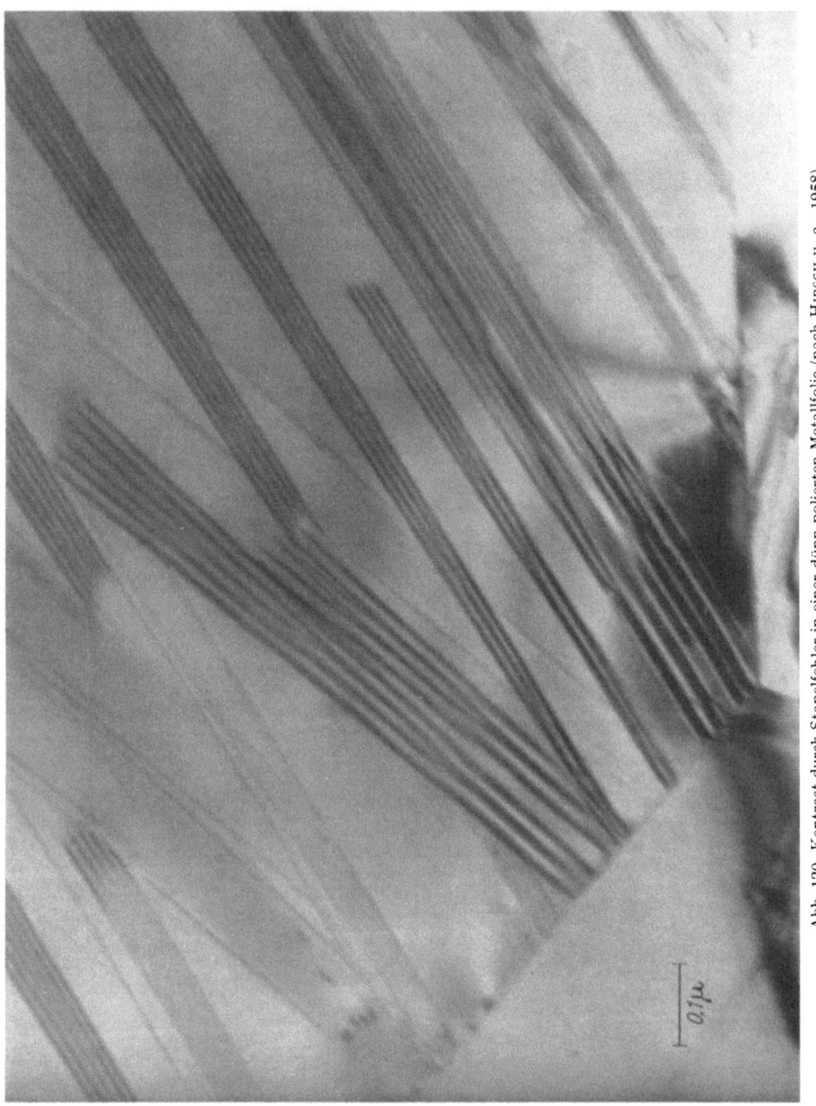

Abb. 120. Kontrast durch Stapelfehler in einer dünn polierten Metallfolie (nach Hirsch u. a., 1958)

es ergeben sich entsprechende Kontraständerungen, die sich in einer Umkehr der Lage der Maxima und Minima äußern können (s. Abb. 120). Bei 3 überlappenden Stapelfehlern kann $\Phi = 0$ werden und der Stapelfehlerkontrast verschwindet für alle Reflexe.

In der Nähe der Bragg-Lage muß wieder mit der dynamischen Theorie gerechnet werden (WHELAN u. HIRSCH, 1957; GEVERS, 1963b). Als wichtigstes Resultat ergibt sich, daß in der exakten Bragg-Lage ($p = t_0 s = 0$) auch dort die gleiche Intensität wie außerhalb des Stapelfehlers vorliegt, wo die hindurchgehende Welle verschwindet, weil beide Wellen gleichberechtigt sind. Die Zahl der Streifen beträgt also nicht $n = D/t_0$, sondern ist doppelt so groß ($n = 2D/t_0$), und die Streifen liegen damit auch doppelt so dicht. Beim Übergang von der rein kinematischen Theorie ($p \gg 1$) zur dynamischen Theorie ergeben sich zunächst Nebenmaxima, deren Amplitude zunimmt. In der Bragg-Lage sind Neben- und Hauptmaxima gleich hoch und ergeben die doppelte Anzahl.

Der zusätzliche Einfluß der Absorption wurde von HASHIMOTO u. a. (1960) berechnet und auch in entsprechend dicken Präparaten bestätigt. Es wird u. a.

1. das Dunkelfeldprofil unsymmetrisch, aber das Hellfeld bleibt symmetrisch.

2. Im Hellfeld nimmt der Kontrast in der Folienmitte ab. Während in der Bragg-Lage in der Folienmitte noch die doppelte Anzahl von Streifen beobachtet wird, sind am Rande nur die normale Anzahl zu beobachten.

3. An der Präparatoberseite sind sich Dunkel- und Hellfeldbild ähnlich, an der Unterseite dagegen komplementär. Dies läßt sich ausnutzen, um zu entscheiden wie der Stapelfehler durch das Objekt läuft.

In Stoffen mit niedriger Stapelfehlerenergie spalten Versetzungen auf. Die Aufspaltung d geht nicht beliebig weit, weil die Stapelfehlerenergie proportional zur Fläche zunimmt ($\gamma =$ Stapelfehlerenergie/cm^2). Aus der Beziehung

$$d = d_0\left(1 - \frac{2\nu}{2-\nu}\cos 2\beta\right) \qquad \text{mit } d_0 = \frac{\mu\, b^2}{8\pi\gamma}\frac{2-\nu}{1-\nu} \qquad (8.6)$$

($\beta =$ Winkel zwischen gesamtem Burgersvektor und aufgespaltener Versetzungslinie, $\nu =$ Poisson-Zahl, $\mu =$ Schubmodul) kann man aus der beobachteten Aufspaltung die Stapelfehlerenergie ermitteln. Dazu ist eine Bestimmung des Burgersvektors erforderlich, um den Winkel β zu kennen. In aufgespaltenen Versetzungsknoten läßt sich die Stapelfehlerenergie in erster Näherung aus dem Krümmungsradius R ermitteln

$$R = \mu b^2/2\gamma \, . \qquad (8.7)$$

Nähere Einzelheiten und Korrekturen dieser Formel durch benachbarte Versetzungen sowie durch die Grenzflächen (endliche Schichtdicke) sind u. a. den Arbeiten von WHELAN (1959), AMELINCKX u. DELAVIGNETE (1960), WILLIAMSON (1960), SIEMS u. a. (1961) und JÖSSANG u. a. (1965) zu entnehmen. Derartige Aufspaltungen bzw. aufgespaltene Versetzungsknoten zeigt Abb. 121 mit der Analyse der Teilversetzungen.

Die Ausbildung von Versetzungsschleifen durch Kondensation von Leerstellen ist in Metallen mit niedriger Stapelfehlerenergie nicht stabil. Es bilden sich dann Stapelfehlertetraeder aus, deren einzelne Flächen den

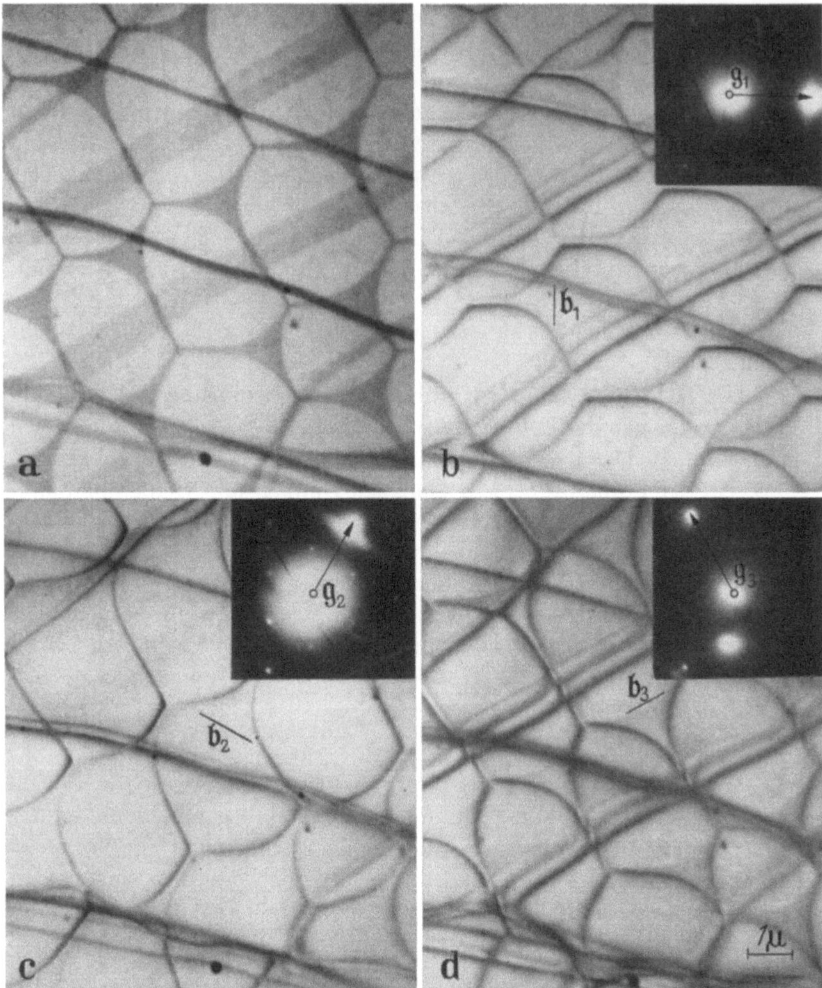

Abb. 121 a—d. Hexagonales Netzwerk von Stapelfehlern und aufgespaltenen Versetzungen unter verschiedenen Kontrastbedingungen: a) Stapelfehlerkontrast, b), c) und d) dasselbe Gebiet in solchen Probenorientierungen, daß der Kontrast jeweils für eine Teilversetzungsart verschwindet (die eingesetzten Beugungsdiagramme zeigen die Lage des Hauptreflexes und damit die Beugungsvektoren g_1, g_2 und g_3 an) (nach SIEMS u. a., 1961)

streifenförmigen Stapelfehlerkontrast zeigen können (SILCOX u. HIRSCH, 1959a).

Bei der galvanischen Abscheidung orientierter Nickelschichten auf Kupfereinkristallen oder auch bei der Epitaxie von Silber- und Goldschichten auf NaCl-Spaltflächen treten dünne Zwillingslamellen in den {111}-Ebenen auf (REIMER, 1959; OGAWA u. a., 1955), die bei Neigung zur Probenoberfläche ebenfalls den charakteristischen Stapelfehlerkontrast zeigen. Ein Kriterium für das Vorhandensein von Zwillingslamellen an Stelle von Stapelfehlern sind allerdings Nebenreflexe im Beugungsdiagramm (§ 5.4.4 und Abb. 105).

8.3.4. Andere Kristallbaufehler

Außer Stapelfehlern und Versetzungen sind noch eine Reihe von weiteren Kristallbaufehlern im Elektronenmikroskop sichtbar. In ausscheidungsfähigen Legierungen haben die plättchen-, nadel- oder kugelförmigen Ausscheidungen in der Regel eine von der Matrix abweichende Dichte, so daß sie auf Grund des unterschiedlichen Kontrastes erkennbar sind. Von besonderer Bedeutung sind die Guinier-Preston-Zonen als Vorstufen der Ausscheidung. In Al-Cu-Legierungen bestehen diese z. B. aus einer eingelagerten Schicht von Cu-Atomen mit $20-50$ Å Durchmesser. Es wäre schwierig, diese Anreicherung von Cu-Atomen an ihrem Streukontrast zu erkennen. Diese Art der Ausscheidung ist jedoch von einem ausgedehnten Verzerrungsfeld umgeben. Es ergeben sich daher analog zu Versetzungen charakteristische Kontrasterscheinungen (NICHOLSON u. NUTTING, 1958; NICHOLSON u. a., 1959; ASHBY u. BROWN, 1963).

Als weiteres Beispiel seien Legierungen mit Überstruktur erwähnt, z. B. CuAu (II), in denen die Antidomänengrenzen erkennbar sind (s. § 5.4.4 und Abb. 78). Abbildbar sind ferner Domänengrenzen in Antiferromagnetika (DELAVIGNETTE u. AMELINCKX, 1963) und Ferroelektrika (s. § 12.2), da sie Grenzen zwischen Gebieten mit unterschiedlicher Kristallverzerrung darstellen.

Kleine gasgefüllte Hohlräume können in Metallen oder anderen Stoffen nach Ionenbombardement auftreten (BARNES u. MAZEY, 1963, 1964; KELLY und RUEDL, 1964). Auch beim Elektronenbeschuß von Bleijodid sind derartige Hohlräume beobachtbar (FORTY, 1961; s. a. § 9.3). Diese führen zu helleren oder dunkleren Bildern als die Umgebung, je nach der Dicke und Lage des Hohlraumes in der Schicht (VAN LANDUYT u. a., 1965).

8.4. Moiré-Effekt

Wenn zwei Kristall-Lamellen dicht aufeinanderliegen und um einen kleinen Winkel (einige Grad) gegeneinander verdreht sind oder verschiedene Gitterkonstante besitzen, treten Interferenzerscheinungen in Form von dichtliegenden Streifen oder Punktgittern auf (Abb. 124), die man „Moiré-Bilder" genannt hat. Zum erstenmal beschrieben wurde ein derartiger Effekt von MITSUISHI u. a. (1951) an übereinanderliegenden Graphitlamellen.

Die Ursache dieser Struktur soll an zwei Lamellen aus Stoffen mit verschiedener Gitterkonstanten näher diskutiert werden, die in ihrer Orientierung streng parallel übereinanderliegen. Derartige Präparate erhält man nach BASSETT u. a. (1958), wenn man z. B. auf eine einkristalline Goldaufdampfschicht [(111)-Ebene parallel zur Schichtebene] durch Aufdampfen bei erhöhter Temperatur einen Palladiumfilm orientiert aufwachsen läßt. Dies läßt sich auch mit zahlreichen Kombinationen anderer Metalle mit annähernd gleicher Gitterkonstanten erreichen (s. Tab. 8.1).

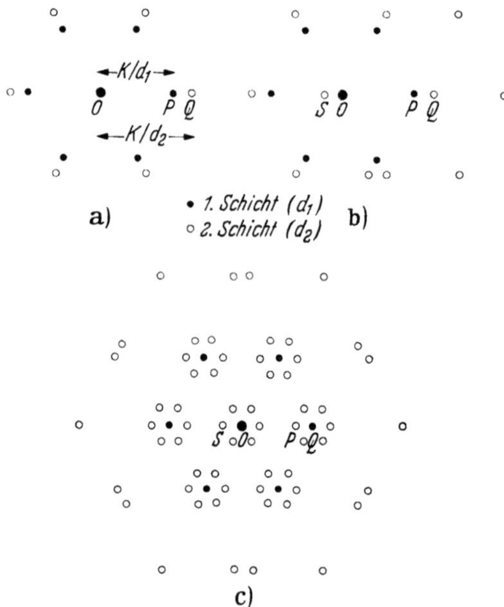

Abb. 122 a—c. Beugungsdiagramm (schematisch) beim Durchgang eines Elektronenstrahles durch zwei gleich orientierte Folien [(111)-Ebene parallel zur Schicht] mit etwas verschiedenen Gitterkonstanten (Erläuterung im Text)

Es ist jedoch zur Entstehung des Moiré-Effektes nicht erforderlich, daß die Schichten in engem Kontakt stehen. Man kann ihn auch erhalten, wenn getrennte Schichten orientiert übereinanderliegen.

Die Elektronenbeugung einer solchen Doppelschicht wird (Abb. 122a) ein doppeltes Punktdiagramm liefern, in dem wegen der etwas verschiedenen Gitterkonstanten die Reflexe in verschiedenem Abstand OP und OQ vom Primärfleck liegen. Wenn der Elektronenstrahl zuerst die Schicht 1 durchsetzt, wird aber der Strahl P in der 2. Schicht ein zweites Mal gebeugt und liefert ein verschobenes Diagramm (Abb. 122b) mit P als Primärstrahl. Da dies an allen intensiven Reflexen erfolgt, beobachtet man insgesamt das Beugungsdiagramm in Abb. 122c. Die Punkte um den Primärstrahl liegen so dicht, daß sie von einer normalen Aperturblende durchgelassen werden und damit zur Bildentstehung beitragen. Formal kann man diese Punkte einem Stoff zuordnen, der einen größeren Netzebenenabstand besitzt. Mit einer Beugungs-Gerätekonstanten K ist nämlich

$$OS = PS - OP = OQ - OP = \frac{K}{d_2} - \frac{K}{d_1} = K\,\frac{d_1 - d_2}{d_1\,d_2} = K\,\frac{\Delta d}{d_1\,d_2}. \qquad (8.8)$$

Bei der Besprechung der Abbildung von Netzebenen in Kristallen (§ 4.3) war dargelegt, daß es nur zur Beobachtung der Streifen als „Bilder der Netzebenen" kommen kann, wenn auch die ersten dem Primärstrahl eng benachbarten Beugungsreflexe mit zur Bildentstehung beitragen können. Analog führen die dem Primärstrahl benachbarten Sekundärreflexe von Abb. 122c zu Streifen mit einem Abstand der formalen Gitterkonstanten

$$d = \frac{d_1\,d_2}{d_1 - d_2}\,. \qquad (8.9)$$

Auch bei den Moiré-Streifen konnte gezeigt werden, daß diese verschwinden, wenn durch eine kleinere Aperturblende nur der Primärstrahl durchgelassen wird und die Sekundärreflexe nicht mehr zur Bildentstehung beitragen. Für die Entstehung der Moiré-Bilder ist daher Doppelreflexion an Netzebenen erforderlich. Wenn mehrere Netzebenen gleichzeitig Doppelreflexion zeigen, kommt es zur Ausbildung zweidimensionaler Moiré-Bilder. Für eine genauere Diskussion des Bildkontrastes muß auch die dynamische Theorie herangezogen werden (HASHIMOTO u. a., 1961; GEVERS, 1962a).

Man kommt auch zu anschaulicheren Interpretationen der Moiré-Bilder, wenn man einfach die Abbildung einer Netzebene als Schattenwurf betrachtet. In Abb. 123 sind zwei Bilder mit parallelen Streifen gezeichnet, von denen b) eine Stufenversetzung (eingeschobene Netzebene) enthält, während a) aus einem idealen Gitter mit etwas größerer Gitterkonstanten d_1 besteht. Wenn man diese Bilder in einem optischen Modellversuch überlagert und etwa als Dia projiziert, ergibt sich das in c) gezeichnete Bild. Wenn man zunächst einmal von der Gitterstörung in Form der Versetzung absieht, und die Verhältnisse etwa am Rande von Abb. 123 betrachtet, so wechseln helle und dunkle Schattierungen mit dem Abstand d ab. Die feinen Striche mit dem Abstand der Netzebenen in Metallen (2—3 Å) wird man normalerweise elektronenoptisch nicht auflösen können (s. jedoch § 4.3), wohl aber die Schattierungen mit dem größeren Abstand d. Lichtoptisch hätte man den gleichen Eindruck, wenn man die Abbildung aus einigen Metern Entfernung betrachtet, so daß das Auge die feinen Striche nicht mehr auflösen kann. Den Abstand d kann man durch folgende Überlegungen erhalten. Im hellen Teil von Abb. 123c fallen die Netzebenen bei A zusammen, im dunklen sind sie bei B gerade um einen halben Streifenabstand verschoben, so daß kein Licht mehr

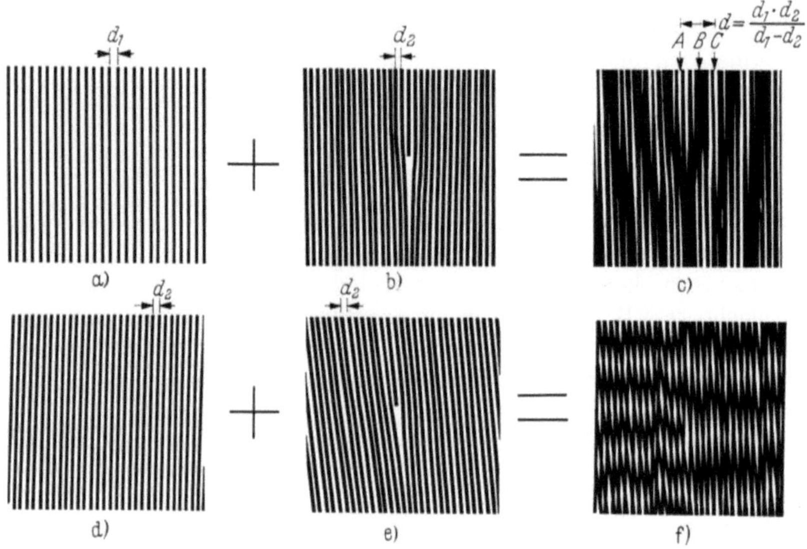

Abb. 123a—f. Optisches Analogon zur Demonstration der Sichtbarmachung von Versetzungen mit dem Moiré-Effekt: Gitter mit der Gitterkonstanten d_1 (a) und ein paralleles Gitter mit d_2 (b) überlagern sich zu (c). Zwei Gitter (d) und (e) mit gleicher Gitterkonstanten ergeben ein Verdrehungs-Moiré (f)

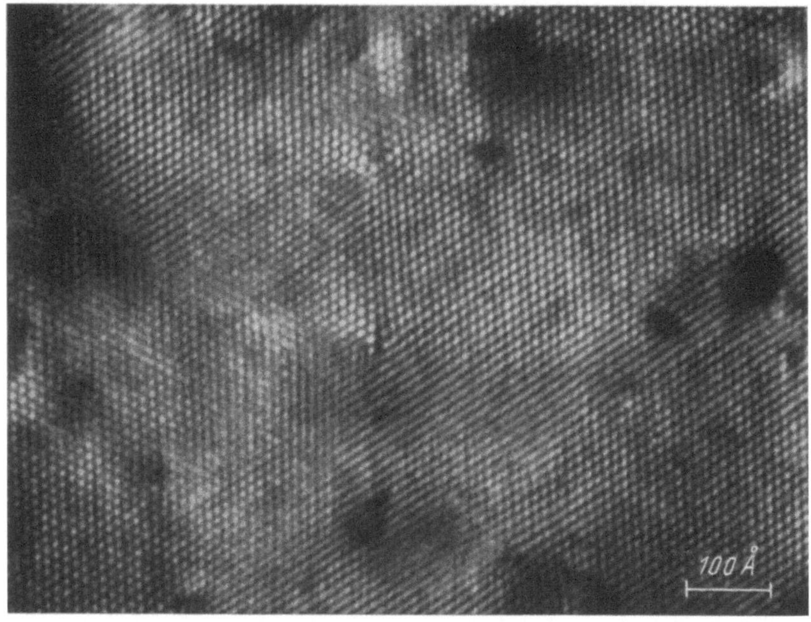

Abb. 124. Moiré-Effekt in getrennt präparierten und übereinandergelegten einkristallinen Pd- und Au-Filmen (Auftreten von Verdrehungs- und Parallel-Moirés) (Aufn. BASSETT, MENTER und PASHLEY)

durchgelassen wird, während sie um die Strecke $d/2$ weiter bei C wieder zusammenfallen. Damit diese Koinzidenzen periodisch auftreten können, muß

$$d = n\, d_2 = (n-1)\, d_1 \text{ sein } (n \text{ ganze Zahl}). \tag{8.10}$$

Die Auflösung nach n ergibt

$$n = \frac{d_1}{d_1 - d_2} = \frac{d_1}{\Delta d} \cong \frac{d_2}{\Delta d}, \text{ da } d_1 \cong d_2, \tag{8.11}$$

und damit

$$d = n\, d_2 = \frac{d_1\, d_2}{d_1 - d_2} = \frac{d_1\, d_2}{\Delta d}, \tag{8.12}$$

d. h. also den gleichen Abstand wie aus den obigen Berechnungen (8.9), die aus dem Beugungsdiagramm abgeleitet wurden. Man kann dies Ergebnis auch so interpretieren, daß durch die Überlagerung mit einer Schicht etwas verschiedener Gitterkonstanten das elektronenmikroskopisch nicht auflösbare Atomgitter mit dem Netzebenenabstand $d_1 \cong d_2$ durch den Moiré-Effekt um den Vergrößerungsfaktor n (8.11) indirekt abgebildet wird. Daß sogar einzelne Gitterstörungen auf diese Weise „vergrößert" werden, zeigt deutlich das optische Analogon in Abb. 123. Die Tabelle 8.1 gibt für einige Metallkombinationen mit einer [111]-Richtung senkrecht zum Film die Abstände der Moiré-Striche bei Überlagerung mit einer parallelen Goldschicht sowie die Moiré-Vergrößerung n an.

Tabelle 8.1. *Moiré-Abstand und Moiré-Vergrößerung für verschiedene auf einer Goldschicht orientiert aufgewachsene Metallschichten*

Metall	Netzebenenabstand		Moiré-Abstand d		Moiré-Vergrößerung n
	(220) Å	(422) Å	(220) Å	(422) Å	
Au	1,44	0,831	—	—	—
Ni	1,24	0,719	9,2	5,3	7,4
Co	1,26	0,725	9,8	5,7	7,8
Cu	1,28	0,737	11,3	6,5	8,8
Rh	1,34	0,773	19,7	11,4	14,7
Pd	1,37	0,792	29	17	21
Pt	1,38	0,798	35	20	25

Neben dieser Möglichkeit der parallelen Anordnung von Gittern mit verschiedener Gitterkonstanten gibt es die anfangs erwähnte 2. Möglichkeit: 2 Gitter mit gleicher Gitterkonstanten gegeneinander um einen kleinen Winkel α verdreht mit der Schichtnormalen als Drehachse oder sogar auch eine Verdrehung von Gittern mit verschiedener Gitterkonstanten. Für dieses Verdrehungsmoiré kann man für die Abstände (bei verschiedenen Gitterkonstanten ergeben sich dabei schon mehr Punktgitter als Moiré-Streifen) die Formel

$$d = \frac{d_1\, d_2}{\sqrt{d_1^2 + d_2^2 - 2\, d_1\, d_2 \cos\alpha}} \tag{8.13}$$

in analoger Weise wie oben erhalten. Man sieht, daß für $\alpha = 0°$ diese
Formel in den Parallelfall (8.12) übergeht. Auch den Grenzfall $d_1 = d_2$,
$\alpha \neq 0$ kann man in (8.13) leicht vollziehen. Für das Beispiel Au und Pd
ergibt sich bei $\alpha = 5°$ eine Reduktion des Abstandes d auf den halben
Wert, den man bei $\alpha = 0°$ finden würde. Mit größerer Verdrehung werden
die Abstände so klein, daß sie nicht mehr auflösbar sind. In Abb. 123d bis
f ist das optische Analogon eines Verdrehungsmoirés mit gleichen Gitterkonstanten demonstriert. Man sieht auch hier die Versetzung „abgebildet“, aber gewissermaßen in einer falschen Richtung. Bei der Interpretation der Moiré-Bilder von Versetzungen ist daher Vorsicht geboten,
wenn man Rückschlüsse über die Lage und Art der Versetzung ziehen
will. Man kann leicht einen Eindruck von der Mannigfaltigkeit der Bilder
gewinnen, wenn man Diagramme wie in Abb. 123 auf Transparentpapier
übereinanderlegt und verschiebt oder verdreht (s. a. DEMNY, 1960; BOLL-
MANN, 1960, 1961). POPPA u. RANG (1960) konnten Stapelfehler in übereinanderliegenden Goldfolien nachweisen.

RANG (1958, 1960) diskutiert auch noch andere Möglichkeiten von
Verdrehungsmoirés, bei denen die Drehachse nicht in Schichtnormale,
sondern z. B. in der Schichtebene liegt. Derartige Fälle können bei Hohl-
blasen in Kristallamellen auftreten („Ferninterferenzen“ nach RANG).
RANG weist auch darauf hin, daß die Bilder der optischen Analogiever-
suche insofern falsch sind, als bei Hellfeldaufnahmen an den hellen Stellen
gerade dunkle Streifen liegen, weil sich hier die Netzebenen der oberen
Schicht in der unteren fortpflanzen und damit gemeinsam reflektieren.

Ein interessantes Beispiel eines „Moiré-Effektes“ bei organischen Objekten wurde von SJÖSTRAND u. POLSON (1958) berichtet. Bei einem Dünnschnitt durch eine dichteste Packung von kugelförmigen Polioviren (Abstand 180 Å) ist offenbar eine Schichtlage gegenüber der anderen verdreht,
so daß es zur Ausbildung streifenförmiger Hell-Dunkel-Schattierungen
kommt, mit einem Streifenabstand von 800 Å, bei dem die Einzel-
elemente (Polio-Viren) aber noch einzeln zu erkennen sind. Hier spielen
bei der Abbildung zwar keine Interferenzeffekte mit, sondern es handelt
sich nur um eine Überlagerung zweier Gitter ähnlich wie in Abb. 123.

Literatur zu § 8

AMELINCKX, S.: The direct observation of dislocations, in Solid State Physics,
Suppl. 6 (ed. F. SEITZ u. D. TURNBULL) New York 1964.
—, and P. DELAVIGNETTE: Electr. opt. study of basal dislocations in graphite. J.
appl. Phys. 31, 2126 (1960).
ART, A., R. GEVERS, and S. AMELINCKX: The determination of the type of stacking
faults in face centered cubic alloys by means of contrast effects in the electr.micr.
Phys. stat. sol. 3, 697 (1963).
ASHBY, M. F., and L. M. BROWN: On diffr. contrast from inclusions. Phil. Mag. 8,
1649 (1963).

BARNES, R. S., and D. J. MAZEY: The nature of radiation induced point defect clusters. Phil. Mag. **5**, 1247 (1960).

— — The migration and coalescence of inert gas bubbles in metals. Proc. Roy. Soc. A **275**, 47 (1963).

— — The movement of He bubbles in uranium dioxide. Proc. 3. Europ. Reg. Conf. EM Prag, Vol. A, 197 (1964).

BASSETT, G. A., J. W. MENTER, and D. W. PASHLEY: Moiré patterns on electr. micrographs, and their appl. to the study of dislocations in metals. Proc. Roy Soc. A **246**, 345 (1958).

BOLLMANN, W.: Radiation damage in graphite. Proc. Europ. Reg. Conf. EM Delft, Vol. **I**, 330 (1960); J. appl. Phys. **32**, 869 (1961).

BRANDON, D. G., and P. BOWDEN: The low energy ion bombardement of gold. Phil. Mag. **6**, 707 (1961).

DELAVIGNETTE, P., and S. AMELINCKX: Electr. micr. obs. of antiferromagnetic domain walls in NiO. Appl. Phys. Letters **2**, 236 (1963).

DEMNY, J.: Aussagen des Verdrehungsmoirés über Gitterfehler. Z. Naturforsch. **15a**, 194 (1960).

DUPOUY, G., F. PERRIER, R. UYEDA, R. AYROLES, et A. MAZEL: Mesure du coeff. d'absorption des electr. acceleres sous des tensions comprises entre 300 et 1200 kV. Proc. Europ. Reg. Conf. EM Prag, Vol. A, 105 (1964).   et

ESSMANN, U., u. M. WILKENS: Elektr.mikr. Kontrastexp. an Fehlstellenagglomeraten in neutronenbestrahltem Kupfer. Phys. stat. sol. **4**, K 53 (1964).

FORTY, A. J.: The precipitation of lead during decomposition of lead jodide by electr. irradiation. Phil. Mag. **6**, 895 (1961).

GEVERS, R.: Dynamical theory of moiré fringe patterns. Phil. Mag. **7**, 1681 (1962a).

— On the kinematical theory of diffr. contr. of electr. transm. micr. images of perfect dislocations of mixed type. Phil, Mag. **7**, 651 (1962b).

— On the kin. theory of diffr. contr. of electr. transm. micr. images of perfect and partial srew dislocations. Phil. Mag. **8**, 769 (1963a).

— On the dynamical theory of electr. transm. micr. images of dislocations and stacking faults. Phys. stat. sol. **3**, 415 (1963b).

GLOSSOP, A. B., and D. W. PASHLEY: The direct obs. of anti-phase domain boundaries in ordered copper-gold alloy. Proc. Roy. Soc. A **250**, 132 (1959).

GROVES, G. W., and A. KELLY: Interstitial dislocation loops in MgO, Phil. Mag. **6**, 1527 (1961); **7**, 892 (erratum).

—, and M. J. WHELAN: The determination of the sense of the Burgers vector of a dislocation from its electr. micr. image. Phil. Mag. **7**, 1603 (1962).

HASHIMOTO, H., A. HOWIE, and M. J. WHELAN: Anomalous electr. absorption effects in metal foils. Phil. Mag. **5**, 967 (1960); Proc. Roy. Soc. A **269**, 80 (1962).

—, and M. MANNAMI: On the contr. of the electr.micr. image due to an edge dislocation. Acta cryst. **13**, 363 (1960).

— — , and T. NAIKI: Dynamical theory of electr. diffr. for the electr. micr. image of crystal lattices. Phil. Trans. Roy. Soc. London **253**, 459 (1961).

HEIDENREICH, R. D.: Fundamentals of transm. electr. micr. New York 1964.

HIRSCH, P. B., A. HOWIE, and M. J. WHELAN: A kinematical theory of diffr. contr. of electr. transm. micr. images of dislocations and other defects. Phil. Trans. Roy. Soc. London A **252**, 499 (1960).

— — R. B. NICHOLSON, D. W. PASHLEY, and M. J. WHELAN: Electr. micr. of thin crystals. London 1965.

HOWIE, A., and M. J. WHELAN: The dynamical theory of diffr. from dislocations. Proc. Europ. Reg. Conf. EM Delft, Vol. **I**, 194 (1960).

Howie, A., and M. J. Whelan: Diffr. contr. of electr.micr. images of cristal lattice defects II + III. Proc. Roy. Soc. A **263**, 217 (1961); **267**, 206 (1962).

Ito, K., and T. Ito: Crystal interference phenomena in three-stage elect. micr. J. Electronmicr. Japan **1**, 18 (1953).

Jössang, T., M. J. Stowell, J. P. Hirth, and J. Lothe: On the determination of stacking fault energies from extended dislocation node measurements. Acta met. **13**, 279 (1965).

Kelly, R., and E. Ruedl: An attempt to correlate diffusion and electr. micr. in krypton-bombarded Pt foils. Proc. 3. Europ. Reg. Conf. EM Prag, Vol. A, 185 (1964).

Landuyt, J. van, R. Gevers, and S. Amelinckx: Diffr. contr. from small voids as observed by electr. micr. Phys. stat. sol. **10**, 319 (1965).

Mannami, M.: Electr.micr. image of an edge dislocation perpendicular to the crystal surface. J. Phys. Soc. Japan **17**, 1160 (1962).

Meakin, J. D., and L. Cinquina: High resolution dark field micr. using a Philips 100 B electr.micr. Rev. sci. Instr. **36**, 654 (1965).

Mitsuishi, T., H. Nagasaki, and R. Uyeda: A new type of interference fringes observed in electr.micr. of cryst. substances. Proc. Imp. Acad. Japan **27**, 86 (1951).

Möllenstedt, G.: Elektr.mikr. Sichtbarmachung von Hohlstellen in Einkristall-Lamellen. Optik **10**, 72 (1953).

Nicholson, R. B., and J. Nutting: Direct obs. of the strain field produced by coherent precipitated particles in an age-hardened alloy. Phil. Mag. **3**, 531 (1958).

— G. Thomas, and J. Nutting: Electr.micr. studies of precipitation in Al alloys. J. Inst. Met. **87**, 429 (1959).

Ogawa, S., D. Watanabe, and F. E. Fujita: On the structure of evaporated thin films of metals. J. Phys. Soc. Japan **10**, 429 (1955).

Pashley, D. W., and A. E. B. Presland: Ion damage to metal films inside an electr.micr. Phil. Mag. **6**, 1003 (1961).

Poppa, H., u. O. Rang: Phasensprünge im elektr.mikr. Verdrehungsmoiré. Z. Metallkd. **51**, 198 (1960).

Rang, O.: Formbestimmung dünner Einkristall-Lamellen mit Hilfe der durch Kristallgitter-Reflexe hervorgerufenen Scheinstrukturen. Optik **10**, 90 (1953).

— Zur Theorie der Moiré-Muster. IV. Intern. Kongr. EM Berlin, Bd. **I**, 371 (1958).

— Zur geom. Theorie der Moiré-Muster auf Elektronenbildern übereinander liegender Einkrist. Z. Krist. **114**, 98 (1960).

—, u. H. Schluge: Dunkelfeld-Mikr. mit definierten Gitterreflexen. Optik **9**, 463 (1952).

Reimer, L.: Elektr.opt. Unters. zur Zwillingsbildung in Ag-Aufdampfschichten. Optik **16**, 30 (1959).

Rühle, M., M. Wilkens u. U. Essmann: Zur Deutung der elektr.mikr. Kontrasterscheinungen an Fehlstellenagglom. in neutronenbestr. Kupfer. Phys. stat. sol. **11**, 819 (1965).

Seeger, A.: Theorie der Gitterfehlstellen, in Hdb. d. Physik VII/1, 383 (1955).

Siems, R., P. Delavignette u. S. Amelinckx: Die direkte Mess. von Stapelfehlerenergien. Z. Physik **165**, 502 (1961).

— — — The buckling of a thin plate due to the presence of an edge dislocation. Phys. stat. sol. **2**, 421 (1962).

Silcox, J., and P. B. Hirsch: Direct obs. of defects in quenched gold. Phil. Mag. **4**, 72 (1959 a).

— — Dislocation loops in neutron-irradiated copper. Phil. Mag. **4**, 1356 (1959 b).

Sjöstrand, F. S., and A. Polson: Macrocrystalline patterns of closely packed poliovirus particles in ultrathin sections. J. Ultrastruct. Res. 1, 365 (1958).

Thomas, G.: Transmission electr.micr. of metals. New York 1962.

Whelan, M. J.: An outline of the theory of diffr. contr. observed at dislocations and other defects in thin crystals examined by transm. electr.micr. J. Inst. Met. 87, 392 (1959).

— Dislocation interactions in face-centred cubic metals, with particular reference to stainless steel. Proc. Roy. Soc. A 249, 114 (1959).

—, and P. B. Hirsch: Electr.diffr. from crystals containing stacking faults I + II. Phil. Mag. 2, 1121, 1303 (1957).

Wilkens, M.: Zur Theorie des Kontrastes von elektr.mikr. abgebildeten Gitterfehlern. Phys. stat. sol. 5, 175 (1964).

Williamson, G. K.: Electr.micr. studies of dislocation structures in graphite. Proc. Roy. Soc. A 257, 457 (1960).

§ 9. Präparatveränderungen unter Elektronenbestrahlung

9.1. Objekterwärmung

9.1.1. Methoden zur Ermittlung der Objekttemperatur

Die quantitative theoretische Erfassung der Objekterwärmung wird in den nächsten Abschnitten diskutiert. Eine Berechnung der Objekttemperatur kann nur für einfache geometrische Anordnungen (z. B. Folie über einer kreisförmigen Blende) erfolgen. Für die Praxis ist es daher wünschenswert, Verfahren zur Ermittlung der Objekttemperatur zur Verfügung zu haben. Diese können auch für die Eichung heizbarer Objektpatronen (§ 2.3) Verwendung finden.

Tabelle 9.1 gibt eine Übersicht über die in der Literatur beschriebenen Methoden. Man kann zwischen solchen unterscheiden, welche in einem bestimmten Temperaturintervall jede Zwischentemperatur zu messen gestatten, und anderen, die nur die Umwandlungstemperatur eines Indikators ausnutzen. Zu der ersten Gruppe gehört die Verwendung aufgedampfter Thermoelemente. Leider ist wegen der erforderlichen Kontaktierung diese Methode nur auf spezielle Anordnungen anwendbar. Die Thermokraft dünner Schichten ist außerdem schichtdickenabhängig (Reimer, 1957). Eine weitere Möglichkeit zur Messung beliebiger Temperaturen ergibt sich aus der Wärmeausdehnung des Kristallgitters, welche sich in einer Abnahme des Durchmessers von Debye-Scherrer-Ringen oder des Reflexabstandes einkristalliner Schichten äußert (Zahlenbeispiel: Pb-Aufdampfschicht, Erwärmung um 100° C, $\Delta d/d = 1,8 \cdot 10^{-3}$). Um eine hohe Genauigkeit zu erreichen, müssen die Reflexe oder Ringe möglichst scharf sein. Durch Ausnutzung der Feinbereichsbeugung kann man auch die Temperatur einer ausgewählten Objektstelle erfassen (Reimer u. a., 1960).

Tabelle 9.1. *Methoden zur Messung der Objekttemperatur*

Objekt	Temperatur °C	Beobachtbare Änderung	Beobachtungsart	Beschrieben von
I. Kontinuierliche Methoden				
1. Cu-Konstantan	<600	Dünnschicht-Thermoelemente	Thermospannung	STOJANOWA u. BELAWZEWA (1958)
2. Ag-Pd		Dünnschicht-Thermoelemente	Thermospannung	WATANABE u. a. (1962)
3. Pb	<300	Thermische Ausdehnung	Elektronenbeugung	REIMER u. a. (1960)
4. Ni	<700	Thermische Ausdehnung	Elektronenbeugung	
II. Bestimmung mit Umwand-				
lungspunkten				
a) Reversible Indikatoren				
5. AuCu$_3$-Schicht	388	Verschwinden der Überstrukt.	Elektronenbeugung	WINKELMANN (1956)
6. Ag$_2$S	179	rhombisch ↔ kubisch	Elektronenbeugung	GÜTTER u. MAHL (1960)
7. Eis	—70	Übergang in kubisches Eis	Elektronenbeugung	HONJO u. a. (1956)
8. dünne In-Schicht	156	Schmelzen und Erstarren	Bragg-Reflexe im Dunkelfeld	REIMER u. CHRISTENHUSZ (1961, 1962)
9. dünne Pb-Schicht	327	Schmelzen und Erstarren	Bragg-Reflexe im Dunkelfeld	
10. dünne Ge-Schicht	958	Schmelzen und Erstarren	Bragg-Reflexe im Dunkelfeld	
11. Paraffin	70	Schmelzen vor der Strahlenschä-digung	Elektronenbeugung	YAMAGUCHI (1956)
b) Irreversible Indikatoren				
12. Pb-Schicht	327	Herausfließen des Pb aus der Schmelzzone	Abbildung	LEISEGANG (1954a)
13. Al$_2$O$_3$-Schicht	600 ?	Übergang amorph → krist.	Abbildung	
14. Sn-Schicht	232	Schmelzen (evtl. reversibel)	Abbildung	GALE u. HALE (1961)
15. Fe-Schicht	920	Transf. kub. r. z. ↔ kub. fl. z.	Abbildung	
16. Fe$_3$C	720	Auflösung in Fe-Matrix	Abbildung	
17. PbO-Nadeln	890	Schmelzen	Abbildung	KANAYA (1956)
18. NaCl-Kristalle	700	Sublimation kleiner Kristalle	Abbildung	BALK u. ROSS COLVIN (1961)
u. a. Alkalihalogenide	800	Schmelzen großer Kristalle	Abbildung	REIMER (1959)

Die Indikatorschichten kann man in reversible und irreversible unterteilen. Erstere haben den Vorteil, daß man sie wiederholt über die Umwandlungstemperatur erhitzen kann. Dadurch läßt sich leichter der für
die Umwandlung nötige Strahlstrom einstellen. Wenn man die Einstellung der Kondensorlinsen unverändert läßt, ist die Temperaturerhöhung
weitgehend proportional dem Strahlstrom, der durch die Wehneltelektrode reguliert werden kann. Damit lassen sich auch die Objekttemperaturen für andere Werte des Strahlstromes abschätzen. Wenn man jedoch
die Kondensoreinstellung verändert und damit den Durchmesser des
bestrahlten Bereiches, so ergeben sich starke Änderungen der Temperatur
(§ 9.1.3).

Der Schmelzpunkt von Indium-Aufdampfschichten läßt sich besonders leicht bei elektronenmikroskopischer Dunkelfeld-Beobachtung am
Verschwinden der Dunkelfeldreflexe erkennen. Dampft man durch eine

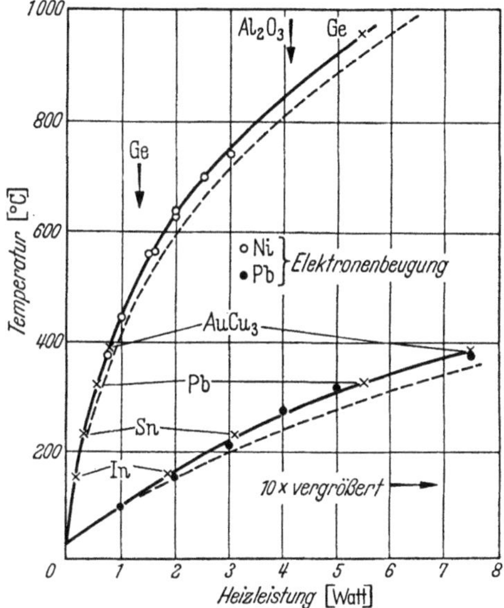

Abb. 125. Eichkurve einer heizbaren Objektpatrone (Siemens-Elmiskop I) mit verschiedenen
Temperaturindikatoren nach Tab. 9.1 (gestrichelte Kurve mit Thermoelement gemessen)

optisch justierte Blende (z. B. 10 μ ∅) eine Indiumschicht auf eine gewünschte Objektstelle auf, so kann man deren Temperaturerhöhung
ermitteln, ohne daß die zusätzliche Indiumschicht die Temperaturverteilung stark beeinflußt. Bei einer völligen Überdampfung des Präparates
mit Indium wird die Wärmeleitung des Objektes erhöht. Es kann
unter Umständen die Indiumschicht auch eine größere Wärmemenge vom
Elektronenstrahl aufnehmen.

15 Reimer, Elektronenmikroskop. Methoden, 2. Aufl.

Abb. 125 zeigt die Eichung einer heizbaren Objektpatrone (Siemens-Elmiskop I) mit mehreren der in Tab. 9.1 aufgeführten Methoden. Die Tatsache, daß alle Meßpunkte gut auf einer Kurve liegen, bestätigt die in der Tabelle verzeichneten Temperaturen. Nur die Umwandlung von Ge- und Al_2O_3-Schichten von dem amorphen in den kristallinen Zustand weichen von den an anderer Stelle angegebenen Werten ab. Die mit einem Thermoelement an der Heizkappe gemessene Temperatur liegt systematisch tiefer, was auf eine nicht zu vermeidende Wärmeleitung durch das Thermoelement zurückzuführen ist.

Objekttemperaturen in einer mit flüssigem Helium gekühlten Patrone (§ 2.3) lassen sich durch Kondensation von Gasen (Xe, Kr, O_2, Ar, N_2) im Temperaturbereich von 70° bis 30°K abschätzen (PIERCY u. a., 1963).

9.1.2. Betrag der in Wärme umgesetzten Energieverluste

Für die theoretische Diskussion der Objekterwärmung benötigt man den mittleren in Wärme umgesetzten Energieverlust Q eines Elektrons pro Einheit der Massendicke x (μg cm^{-2})

$$Q = \frac{\varepsilon \Delta U}{x} \; [\text{eV } \mu\text{g}^{-1} \text{ cm}^2] . \tag{9.1}$$

Nimmt man an, daß nur charakteristische Energieverluste ΔE zur Objekterwärmung beitragen, kann man Q mit (6.17) berechnen

$$Q = \frac{\sum\limits_{n=1}^{\infty} n \, \Delta E \, P_n(x)}{x} = \frac{e^{-x/\Lambda} \, \Delta E}{\Lambda} \sum\limits_{n=1}^{\infty} \frac{\left(\frac{x}{\Lambda}\right)^{n-1}}{(n-1)!} = \frac{\Delta E}{\Lambda} . \tag{9.2}$$

Für Al ergibt sich mit $\Delta E = 15{,}3$ eV und einer mittleren freien Weglänge $\Lambda = 700$ Å (60 kV-Elektronen) $Q = 0{,}83$ eV μg^{-1} cm^2. Dieser Wert liegt niedriger als der experimentell ermittelte Wert (s. Abb. 126). Es ist daher anzunehmen, daß die Bethe-Verluste, welche sich als kontinuierlicher Untergrund in Abb. 88 bemerkbar machen, auch einen größeren Beitrag leisten. Nach COSSLETT u. THOMAS (1964) muß man Energieverluste bis zu 500 eV erfassen, um eine genaue Abschätzung der dem Primärstrahl entzogenen Energie durchführen zu können (s. u.).

Theoretisch lassen sich die kontinuierlichen Verluste nach der Streutheorie von BETHE berechnen. Diese Theorie wurde von KANAYA (1955) auf das Problem der Objekterwärmung angewandt und er benutzte die Formel:

$$Q = 7{,}8 \cdot 10^4 \, \frac{Z}{A} \, \frac{1}{U_0} \ln \frac{U_0}{I \cdot Z} . \tag{9.3}$$

Hierin bedeutet $I \cdot Z$ das mittlere Ionisationspotential des betreffenden Elementes mit der Ordnungszahl Z, über welches die Theorie keine sicheren Aussagen machen kann ($I \simeq 13{,}5$ eV). Die mit dieser Formel berechneten Werte sind in Abb. 126 für verschiedene Elemente eingetragen

($U_0 = 60$ kV). Der Gang mit der Ordnungszahl wird durch die Experimente gut bestätigt (REIMER u. CHRISTENHUSZ, 1965, 1966). Bei diesen Versuchen wurde der in Wärme umgewandelte Energiebetrag direkt kalorimetrisch gemessen. Demgegenüber ermittelten COSSLETT u. THOMAS

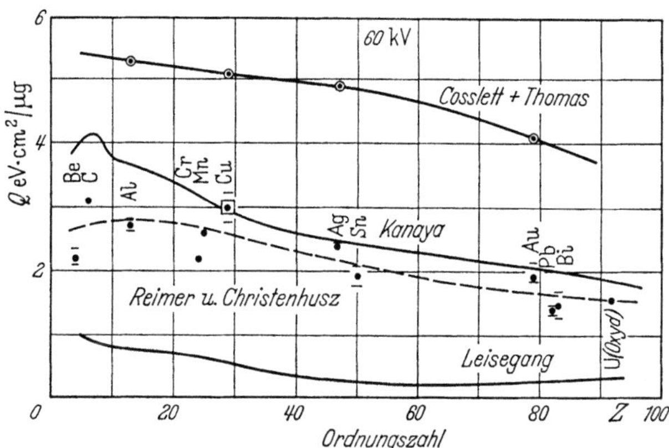

Abb. 126. Abhängigkeit des mittleren Energieverlustes Q eines Elektrons (60 keV), welcher in einer Schicht von 1 µg/cm³ in Wärme umgesetzt wird, von der Ordnungszahl nach Theorien von KANAYA und LEISEGANG und experimentellen Werten von REIMER u. CHRISTENHUSZ und COSSLETT u. THOMAS (s. Diskussion im Text)

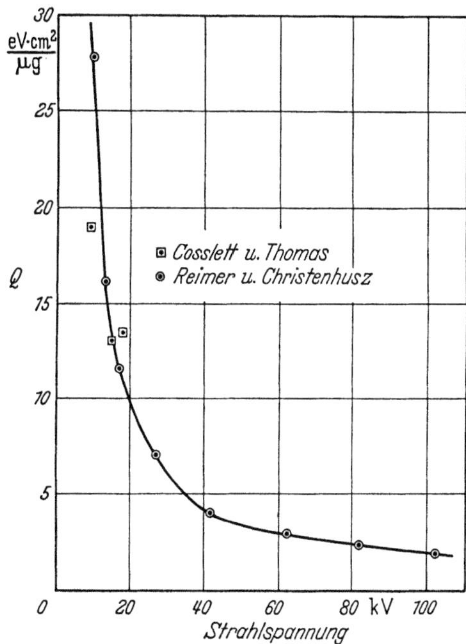

Abb. 127. Abhängigkeit des mittleren Energieverlustes Q eines Elektrons, welcher in einer Kupfer-Schicht von 1 µg/cm³ in Wärme umgesetzt wird, von der Strahlspannung (experimentelle Werte von REIMER und CHRISTENHUSZ sowie COSSLETT und THOMAS)

15*

(1964) für $U_0 = 9 - 18$ keV Werte für die Objekterwärmung aus Energieverlustmessungen bis zu hohen Energiewerten und Streuwinkeln. Sie erhalten also die dem Strahl entzogene Energie. Für Kupfer stimmen diese Werte mit den kalorimetrisch bestimmten befriedigend überein (Abb. 127). Rechnet man die von COSSLETT u. THOMAS bei $U_0 = 18$ kV erhaltenen Werte mit der Bethe-Formel auf 60 kV um, so zeigen auch diese Messungen den gleichen Gang mit der Ordnungszahl (Abb. 126). Der Absolutbetrag liegt jedoch wegen der beschränkten Gültigkeit der Bethe-Formel höher.

In der von LEISEGANG (1954a) benutzten Abschätzung der Größe Q (Abb. 126) wurde vorausgesetzt, daß ein großer Teil der Energie das Objekt wieder mit den Sekundärelektronen verläßt. Diese Annahme läßt sich jedoch nach neueren Versuchen über die Sekundär-Elektronenemission bei höheren Primärstrahlenergien nicht aufrecht erhalten.

Im elektronenmikroskopisch durchstrahlbaren Schichtdickenbereich besteht weitgehend Proportionalität zwischen der absorbierten Wärme und der Massendicke (über Messungen an dicken Schichten s. REIMER u. CHRISTENHUSZ, 1966).

9.1.3. Theorie der Objekterwärmung

Die stationäre Endtemperatur eines elektronenmikroskopischen Präparates stellt sich ein, wenn die durch die Elektronen zugeführte Wärmeleistung gleich der durch Wärmeleitung und Strahlung abgeführten Leistung ist. Dieses Wärmeleitungsproblem läßt sich nur für einfache geometrische Anordnungen lösen, z. B. homogene Folien über einer kreisförmigen Lochblende (VON BORRIES u. GLASER, 1944; LEISEGANG, 1954; KANAYA, 1955) oder stabförmige Präparate in Form von Nadeln (KANAYA, 1956).

Nach dem Stefan-Boltzmannschen Strahlungsgesetz beträgt die durch Wärmeabstrahlung abgeführte Leistung

$$N_{St} = O A \sigma (T^4 - T_0^4) . \tag{9.4}$$

(O = abstrahlende Oberfläche, A = Absorptionsvermögen für schwarze Strahlung = Emissionsvermögen nach dem Kirchhoffschen Gesetz, σ = Stefan-Boltzmannsche Strahlungskonstante, T = abs. Temperatur des Objektes, T_0 = Umgebungstemperatur). In den älteren Arbeiten wurden für A zu große Werte angenommen ($A = 1$ für den schwarzen Strahler). Für Metalle ist jedoch $A = 0,01 - 0,05$ für kompaktes Material. In optisch durchlässigen Schichten wird der Wert weiter verkleinert. Nach BROCKES (1958) ist für Kollodium-Schichten (100 Å) $A = 9 \cdot 10^{-4}$. Für schichtförmige Objekte ist daher der Einfluß der Wärmeabstrahlung zu vernachlässigen und wird erst dann einen Beitrag leisten, wenn durch große Blendenradien die Wärmeableitung gering ist und bei hohen Temperaturen die Strahlung proportional zu T^4 stark ansteigt. Nach REIMER u. CHRISTENHUSZ (1962) verhalten sich die Strahlstromdichten, um Temperaturen von 958°C und 156°C (Schmelzpunkt des Ge und In) in der Mitte einer SiO-Folie über einer 400 µ-Lochblende zu erreichen wie 9,3 : 1. Das bei reiner Wärmeleitung zu erwartende Verhältnis beträgt nur 6,9 : 1, bei reiner Abstrahlung dagegen 82 : 1. Der Einfluß einer erhöhten Energiezufuhr, um die Strahlungsverluste zu decken, ist also gerade experimentell unter diesen extremen Bedingungen feststellbar. Bei einer 200 µ-Blende ist bereits kein Einfluß der Wärmeabstrahlung mehr zu erkennen. Im anderen Extremfall kleiner Teilchen mit Durchmessern in der Größenordnung 1 µ auf einer schlecht wärmeleitenden Trägerfolie ist die Wärmeaufnahme stärker als die Wärmeableitung. Die Temperatur steigt so hoch, daß die Wärmeabstrahlung überwiegt. Experimentell äußert sich dieses darin, daß die zum Schmelzen von Alkalihalogenidkristallen erforderliche Strahlstromdichte proportional zur 4. Potenz der Schmelztemperatur ansteigt (REIMER, 1959a).

Im Falle einer homogenen Folie mit der Wärmeleitfähigkeit λ über einer Lochblende mit dem Radius R sollen folgende 2 Grenzfälle betrachtet werden.

1. Die gesamte Folie wird mit konstanter Strahlstromdichte j (in $A \cdot \mathrm{cm}^{-2}$) bestrahlt (stark defokussierter Kondensor). Die Wärmeleitungsgleichung führt mit der Randbedingung $T = T_0$ für den Blendenrand zu der Lösung ($r = $ Abstand von der Blendenmitte)

$$T(r) = T_0 + \frac{jQ\varrho}{4\lambda}(R^2 - r^2)(1 - e^{-t/\tau}), \qquad (9.5)$$

mit der Zeitkonstanten

$$\tau = \frac{\varrho\, c\, (R^2 - r^2)}{4\lambda}, \qquad (9.6)$$

($\varrho = $ Dichte der Folie, $c = $ spez. Wärme). Tab. 9.2 gibt berechnete Zeitkonstanten für die Folienmitte ($r = 0$) an. Da nach einer Zeit $t = 5\tau$ die Endtemperatur zu 99,3% erreicht ist, erfolgt der Temperaturanstieg in elektronenmikroskopischen Präparaten also so rasch, daß man stets mit stationären Werten rechnen kann. Allerdings ändert sich in organischen Substanzen durch die Strahlenschädigung (§ 9.3.1) die Wärmeleitfähigkeit. Sie wird durch die Verkohlung in der Regel besser, was einen Abfall der Temperatur mit wachsender Bestrahlungszeit zur Folge hat. Diese Änderung erstreckt sich über wesentlich längere Bestrahlungszeiten als der Substanzverlust durch den Abbau der Nichtkohlenstoff-Komponenten. Reine Kohlenstoff- oder SiO-Folien zeigen dagegen keine Änderung des Wärmeleitvermögens (REIMER u. CHRISTENHUSZ, 1962). Die stationäre Endtemperatur in der Folienmitte ($r = 0$) beträgt nach (9.5) bei homogener Bestrahlung der gesamten Blendenöffnung

$$T_m = T_0 + \frac{jQ\,\varrho}{4\lambda}\,R^2 . \tag{9.7}$$

Tabelle 9.2. *Zeitkonstanten der Objekterwärmung*

Substanz	λ [cal · grad^{-1}cm^{-1}sec^{-1}]	ϱ [g · cm^{-3}]	c [cal g^{-1} grad^{-1}]	τ
Kunststoff (Methacrylat)	$0{,}5 \cdot 10^{-3}$	1,2	0,5	7,5 msec
Glas (SiO)	$2{,}5 \cdot 10^{-3}$	2,2	0,2	1,1 msec
Metallschicht (Cu)	1	8,9	0,09	5 μsec

Zeitkonstante eines bestrahlten Netzsteges aus Cu (2 mm lang) : 4 msec.

2. Geht man zur Feinstrahlbeleuchtung über, bei der nur eine kleine Fläche mit dem Radius r_0 und der Strahlstromdichte j bestrahlt wird ($r_0 \ll R$), so gilt nach LEISEGANG (1954a, 1956):

$$T_m = T_0 + \frac{jQ\,\varrho}{2\lambda}\,r_0^2 \ln \frac{R}{r_0} . \tag{9.8}$$

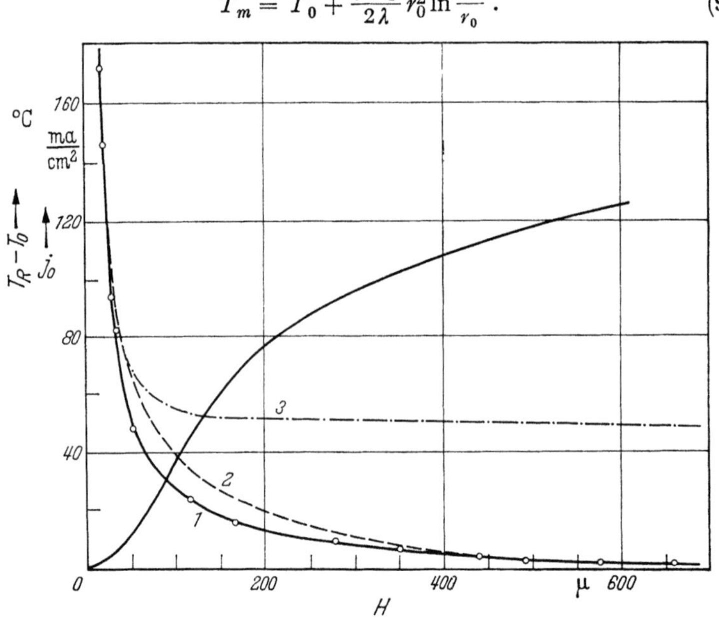

Abb. 128. Die zum Schmelzen einer Indiumschicht (156° C) erforderliche Strahlstromdichte j_0 als Funktion der Halbwertsbreite H der Intensitätsverteilung in Objektebene bei Bestrahlung einer 70 μ-Lochblende, Kurve 1: Meßergebnisse, Kurve 2: berechnet ohne Randerwärmung und Kurve 3 mit Randerwärmung. ($T_R - T_0$) Erwärmung des Blendenrandes (aus dem Nullpunkt ansteigende Kurve)

Der Vergleich mit (9.7) zeigt die wesentlich kleinere Temperaturerhöhung bei der Feinstrahlbeleuchtung, so daß beim Arbeiten mit hohen Strahlstromdichten die Temperatur in der Blendenmitte auch bei großen Blendenradien klein gehalten werden kann. Für mittlere Fokussierungen des Kondensors hat man zu berücksichtigen, daß über dem bestrahlten Bereich die Strahlstromdichte j nicht konstant ist, sondern die Intensitätsverteilung durch eine Gaußsche Fehlerkurve beschrieben werden kann (s. (1.9) und Abb. 2). Dies führt zu sehr komplizierten Ausdrücken (GALE und HALE, 1961; REIMER u. CHRISTENHUSZ, 1962). Wenn die einfallende Strahlung bei stark defokussiertem Kondensor oder bei der Beobachtung eines Objektdetails in der Nähe des Blendenrandes den Rand der Blende oder den Netzsteg trifft, so ist mit einem starken Anstieg der Randtemperatur T_0 in obigen Formeln zu rechnen.

Abb. 128 zeigt Messungen der Strahlstromdichte j_0, die zum Schmelzen einer Indium-Aufdampfschicht (156°C) im Zentrum einer 70 μ-Blende erforderlich ist, wenn man die Halbwertsbreite H der Intensitätsverteilung verändert (Kurve 1). Approximiert man die Meßpunkte bei kleinem H mit der Theorie, so ergibt sich Kurve 3. In der Kurve 2 ist die Randerwärmung berücksichtigt, wobei vorausgesetzt wurde, daß diese proportional zum auf die Blende fallenden Strom ist. $T_R - T_0$ ist andererseits aus der Differenz zwischen Kurve 1 und 3 berechnet. Die Meßpunkte bei kleinem H fallen noch nicht unter den Begriff der Feinstrahlbeleuchtung (Fokussierung nur mit Kondensor 2 des Elmiskop). Bei Feinstrahlbeleuchtung wird die zum Schmelzen der In-Schicht erforderliche Strahlstromdichte j_0 so hoch, daß sie nicht erreichbar ist. Die Objekterwärmung in der Folienmitte bleibt dann also weit unterhalb 150°C.

9.2. Strahlenschädigung der Objekte

9.2.1. Strahlenschäden in organischen Substanzen

Es ist bekannt, daß jede ionisierende Strahlung in organischen Substanzen Strahlenschäden verursacht. Für die mittelschnellen Elektronen im Bereich von 40—100 kV liegt die Ionisationsdichte relativ hoch. Da die Strahlenschädigung von der Zahl der Elektronen abhängt, welche das Objekt durchdringen, ist die pro cm² eingefallene Ladungsdichte hierfür ein geeignetes Maß. Wenn man die Strahlstromdichte j (A/cm²) mit der Bestrahlungszeit t (sec) multipliziert, bekommt man die Ladungsdichte als Produkt $j \cdot t$ (Asec/cm² = Coulomb/cm²). Zwischen dieser Größe und der durch Ionisation absorbierten Energie (Dosis) gemessen in rad (1 rad = 1,14 röntgen = 100 erg/cm³) besteht nach LIPPERT (1958) folgender Zusammenhang

$$1 \text{ Coulomb/cm}^2 \text{ entspricht } 4{,}6 \cdot 10^{11} \text{ röntgen bei } 110 \text{ keV}$$
$$8{,}0 \cdot 10^{11} \text{ röntgen bei } 50 \text{ keV}$$
$$9{,}4 \cdot 10^{11} \text{ röntgen bei } 40 \text{ keV}.$$

Mit steigender Strahlspannung wird die Ionisationswahrscheinlichkeit geringer. In der Praxis arbeitet man bei 10 000 facher Vergrößerung auf dem Endbildschirm mit Strahlstromdichten im Objekt von etwa 10^{-2} A/cm². Bei 60 kV absorbiert das Objekt demnach eine Dosis von $6 \cdot 10^9$ rad in einer Sekunde. Eine derartig hohe Dosis können selbst Bakterien und Viren nicht überleben. Letztere sind nach einer Bestrahlung von etwa

$3 \cdot 10^6$ rad abgetötet (VON ARDENNE, 1956). Da die Ionisationswahrscheinlichkeit in erster Näherung umgekehrt proportional zur Beschleunigungsspannung ist, verursachen extrem hohe Beschleunigungsspannungen von 1 Million Volt zwar eine geringere Strahlenschädigung, aber auch unter diesen Bedingungen wird man nicht damit rechnen können „lebende Substanz" beobachten zu können. KÖNIG u. WINKLER (1948) konnten zeigen, daß eine intensive Bestrahlung von Bakterien keine Formänderung der Einschlüsse hervorruft, wohl aber Aufhellungen in zu Beginn dunklen Einschlüssen (s. a. BROCKES u. a., 1955).

Nach strahlenchemischen Untersuchungen (zusammenfass. Darstellungen bei LITTLE, 1954; REIMER, 1965; s. a. ORTH u. FISCHER, 1965) führt die Ionisation zur Abspaltung von H-Atomen und ganzen Molekülgruppen. In Hochpolymeren, welche in der Elektronenmikroskopie als Trägerfolien (Kollodium, Formvar) oder Einbettungsmittel (Polymethacrylat, Vestopal, Araldit u. a.) benutzt werden, gibt es in den Anfangsstadien der Strahlenschädigung im wesentlichen folgende zwei Reaktionen. Bei der „Vernetzung" (cross-linking) können benachbarte Ketten verbunden werden

$$\begin{matrix} RCH_2CH_2^*R \\ \\ RCH_2CH_2^*R \end{matrix} \longrightarrow \begin{matrix} RCH_2CHR \\ | \\ RCH_2CHR \end{matrix} + H_2$$

Der Stern* kennzeichnet ein angeregtes oder ionisiertes Atom (R = Alkylrest). Außerdem kann „Spaltung" (scission) auftreten

$$RCH_2CH_2CH_2^*R \longrightarrow RCH_3 + CH_2 = CHR$$

Welcher dieser Prozesse dominiert, hängt von der speziellen Molekülstruktur ab. Vernetzung überwiegt z. B. in Polyäthylen. 85–99% des entweichenden Gases ist H_2. Der Rest besteht aus niedermolekularen Kohlenwasserstoffen. Eine häufige Spaltung wird z. B. in Methacrylat beobachtet. Während bei einer thermischen Zersetzung ein Zerfall in die Monomere beobachtet wird, entstehen bei der Spaltung Molekülfragmente, aus deren Zusammensetzung man die folgende Reaktion ableiten kann

Methyl-Methacrylat:

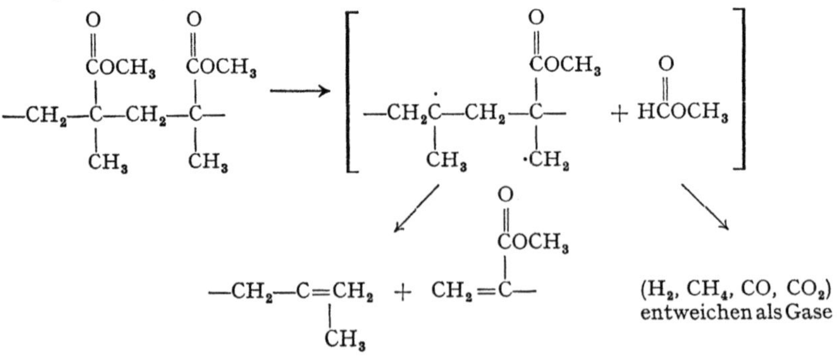

Diese strahlenchemisch ermittelten Reaktionen wurden in der Regel bei Bestrahlungen mit γ-Strahlung aus einer ^{60}Co-Quelle ermittelt. Es werden damit nicht die hohen Strahlendosen erreicht, wie sie oben für die Bestrahlung im Elektronenmikroskop berechnet wurden. Deshalb sind für die elektronenmikroskopische Anwendung eine große Reihe von Untersuchungen nötig gewesen, um die speziell auch in dünnen Schichten ablaufenden Prozesse bei hohen Bestrahlungsdosen zu klären. Man kann heute sagen, daß der größte Teil der Nichtkohlenstoff-Atome aus der Schicht schon nach kurzer Bestrahlungszeit entweicht. Da aber zahlreiche Doppelbindungen in den Kohlenstoffketten bei der Abspaltung entstehen, können in geringem Umfang auch Nichtkohlenstoffkomponenten gebunden bleiben. Andererseits werden in Fragmenten aus Seitengruppen oder Endgruppen auch Kohlenstoffatome die Schicht verlassen.

Tabelle 9.3. *Massenverlust und C-Gehalt von organischen Hochpolymeren*

Verbindung	Restmasse %	% C	Stromdichte A/cm²	Methode	Autoren
Methacrylat . .	50	67	niedrig	optisch	COSSLETT (1960)
Araldit	70—80	70	niedrig	optisch	
	50	70	hoch	optisch	
Vestopal . . .	70—80	69	hoch	optisch	
Methacrylat . .	40	67	10^{-4}	Kontrast	LIPPERT (1960, 1962)
Vestopal . . .	70	69	10^{-4}	Kontrast	
Araldit	70	70	10^{-4}	Kontrast	
Formvar . . .	70	60	10^{-4}	Kontrast	
Kollodium . .	35	29	10^{-4}	Kontrast	
Methacrylat . .	50—60	67	10^{-5}—10^{-4}	Kontrast	REIMER (1959 b)
Vestopal . . .	87	69	10^{-5}—10^{-4}	Kontrast	
Araldit	80	70	10^{-5}—10^{-4}	Kontrast	
Formvar . . .	85	60	10^{-5}—10^{-4}	Kontrast	REIMER u. BITTNER
Polyvinylazetat	60—65	56	10^{-5}—10^{-4}	Kontrast	(1962, unveröff.)
Polyvinylchlorid	60	39	10^{-5}—10^{-4}	Kontrast	
Polyacrylnitril .	95	68 (6% H)	10^{-5}—10^{-4}	Kontrast	
Kollodium . .	15	29	$1,5 \cdot 10^{-6}$	Wägung	REIMER u. BITTNER
	30	29	$0,3 \cdot 10^{-6}$	Wägung	(1962, unveröff.)
Zelluloseazetat .	30	50	$1,5 \cdot 10^{-6}$	Wägung	
	50	50	$0,3 \cdot 10^{-6}$	Wägung	
Formvar . . .	60	60	$0,3 \cdot 10^{-6}$	Wägung	
Polyvinylazetat	20	56	$0,3 \cdot 10^{-6}$	Wägung	
Polyvinylalkohol	50	55	$0,3 \cdot 10^{-6}$	Wägung	
Stärke	50	45	$0,3 \cdot 10^{-6}$	Wägung	
Zellulose . . .	35	45	$0,3 \cdot 10^{-6}$	Wägung	
Polyäthylen . .	80	86	$1,5 \cdot 10^{-6}$	Wägung	
Polyacrylnitril .	83	68	$1,5 \cdot 10^{-6}$	Wägung	
Polyvinylchlorid	45	39	$1,5 \cdot 10^{-6}$	Wägung	
	50	39	$0,3 \cdot 10^{-6}$		
Kollodium . .	25—35	29	10^{-5}	Wägung	BROCKES (1957)
Polystyrol . .	95	82	10^{-5}	Wägung	

Dieser Massenverlust ist Gegenstand ausführlicher Untersuchungen gewesen, die in Tab. 9.3 zusammengefaßt sind. Die Messung kann über die optische Dichte mittels interferometrischer Messungen erfolgen, aus der Abnahme des elektronenoptischen Kontrastes oder aus direkten Wägungen bestrahlter Präparate. Die Massenverluste mit der letzten Methode liegen jedoch systematisch höher, da bei dieser Methode das notwendig dickere Objekt (1—5 μ) stärker aufgeheizt wird. In den meisten

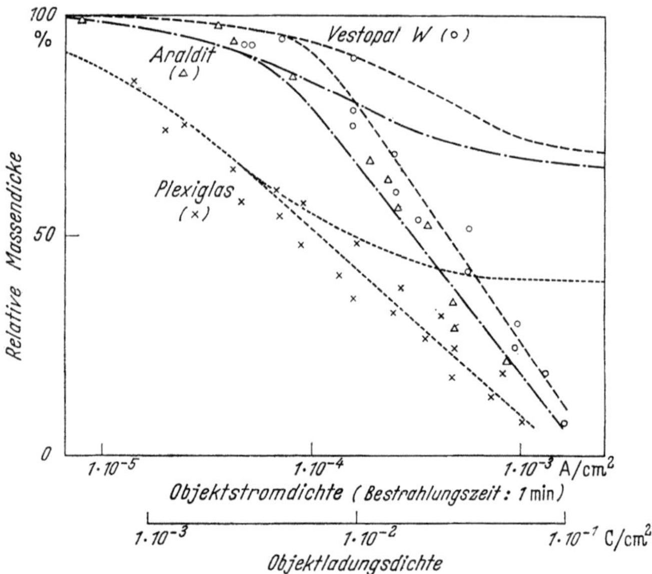

Abb. 129. Abhängigkeit des Massenverlustes von Vestopal-, Araldit- und Plexiglas-Schichten von der Bestrahlungsintensität (Objektstromdichte) bei einer Bestrahlungszeit von 1 min. Die oberen Kurvenäste wurden bei verschiedenen Bestrahlungsdosen (Objektladungsdichten) mit geringen Objektstromdichten, aber entsprechend längeren Bestrahlungszeiten erhalten (nach LIPPERT, 1960)

Stoffen stimmt die verbleibende Restmasse mit dem Kohlenstoffgehalt überein. Charakteristische Ausnahmen bilden Kollodium, Cellulose- und Polyvinyl-Azetat. In diesen Substanzen verlassen offenbar größere Molekülgruppen (z. B. die Nitro- bzw. Azetatgruppen) die Schicht. Andererseits zeigt Polyacrylnitril einen sehr geringen Massenverlust, der darauf schließen läßt, daß N-Atome in der Nitrilbindung in der Schicht bleiben.

Bei Strahlstromdichten kleiner als 10^{-4} A/cm² hängt die Strahlenschädigung nur von der Ladungsdichte $j \cdot t$ ab. Es wird also die gleiche Schädigung mit hohem j und kleiner Bestrahlungszeit wie mit kleinem j und großem t gefunden, wenn nur das Produkt $j \cdot t$ konstant ist. Bei größeren Strahlstromdichten tritt eine Erhöhung der Objekttemperatur auf, welche zu größeren Massenverlusten führen kann (LIPPERT, 1960) (Abb. 129). Nach den Untersuchungen der Strahlenchemie ist vor allem der Prozeß der Spaltung temperaturabhängig. Die Temperaturerhöhung des Objektes kann auch zu Fließerscheinungen von Hochpolymeren führen, solange diese noch nicht genügend durch die Strahlenschädigung gehärtet sind.

Neben dem Massenverlust interessiert die für eine nahezu vollständige Schädigung erforderliche Dosis. Man kann diese aus Kontrastmessungen erhalten (s. Abb. 129). An kristallinen Substanzen sind jedoch die Kontrastmessungen wegen der Bragg-Reflexe nicht eindeutig mit der verbleibenden Massendicke verknüpft. Man kann besser den Verlust der kristallinen Struktur aus dem Verschwinden der Elektronenbeugungsringe quantitativ verfolgen (REIMER, 1960a, b (Abb. 130); KOBAYASHI u. SAKAOKU, 1965; ORTH u. FISCHER, 1965) oder auch bei farbigen Substanzen den Abbau des Absorptionsmaximums im Sichtbaren (REIMER, 1960b, 1961). Weitere Aufschlüsse lassen sich aus ultrarotspektroskopischen Untersuchungen (BROCKES, 1957; REIMER, 1959b; BAHR u. a., 1965) gewinnen. BAHR u. a. untersuchten auch die Zusammensetzung bestrahlter Präparate auf chemischem Wege.

Aus der Strahlenchemie ist bekannt, daß aromatische Verbindungen beständiger sind als aliphatische. Dies wird so gedeutet, daß die spezielle Elektronenkonfiguration des Benzolringes in der Lage ist, eine durch Ionisation hervorgerufene Anregungsenergie schnell über den gesamten Ring zu verteilen, bevor eine Abspaltung eines Wasserstoffatomes eintreten kann. Die in Tab. 9.4 zusammengefaßten Ergebnisse zeigen, daß dieses auch für die Bestrahlung mit Elektronen im Elektronenmikroskop zutrifft. Auffallend ist der Sprung um eine Zehnerpotenz beim Übergang von den aliphatischen zu den aromatischen Verbindungen. Enthält eine aromatische Verbindung außerdem Stickstoff (speziell in einer Nitril-Bindung) so ist sie noch weniger anfällig gegen Strahlenschädigung. Phthalocyanin und seine Metallsalze erwiesen sich am beständigsten. Deshalb konnte MENTER (1956) auch zum erstenmal die Netzebenen dieser Substanzen elektronenmikroskopisch abbilden (Abb. 50). Man beobachtet sie aber wegen der Strahlenschädigung nur kurze Zeit. Eine weitere Kontrastschwächung wird durch die Kontamination hervorgerufen. Die äußeren Beugungsringe mit kleinen Netzebenenabständen verschwinden meistens zuerst. Durch eine Vernetzung in den ersten Anfängen der Strahlenschädigung werden gerade die Abstände eng benachbarter Moleküle am stärksten verändert. Weitere Informationen erhielten insbesondere ORTH u. FISCHER (1965), die auch noch Lage und Linienbreite der Elektronenbeugungsreflexe heranzogen, um den Abbau der kristallinen Struktur zu verfolgen.

Abb. 130 zeigt die Abnahme der Intensität von Debye-Scherrer-Ringen bei der Bestrahlung von Tetracen für verschiedene Strahlspannungen. Der Abbau der kristallinen Struktur läßt sich im elektronenmikroskopischen

Tabelle 9.4. *Erforderliche Ladungsdichte (Dosis) in Coul/cm² für eine vollständige Schädigung organischer Verbindungen* (REIMER, 1965).

Substanz	Struktur	Dosis [Coul/cm²]	Methode
Glykokoll	NH_2CH_2COOH	$1—1,5 \cdot 10^{-3}$	Elektr. Beugung
Leucin	H_3C H_3C $CHCH_2CHNH_2COOH$	$1,5—2 \cdot 10^{-3}$	Elektr. Beugung
Stearinsäure	$C_{17}H_{35}COOH$	$2—3 \cdot 10^{-3}$	Elektr. Beugung
Paraffin	$CH_3(CH_2)_{23}CH_3$	$3—5 \cdot 10^{-3}$	Elektr. Beugung u. Kontrast
Polymethacrylat s. S. 232 u. Vestopal		$8—10 \cdot 10^{-3}$	Kontrast
Anthrazen		$6—8 \cdot 10^{-2}$	Elektr. Beugung
Tetrazen		$1,3—1,4 \cdot 10^{-1}$ $3—5 \cdot 10^{-2}$	Elektr. Beugung, Lichtabsorption
Pentacen		$3—5 \cdot 10^{-2}$	Lichtabsorption
Fuchsin	$[H_2N- \ldots C=\ldots=NH_2^{\oplus}]\, Cl^{\ominus}$; H_2N- ; CH_3	$2 \cdot 10^{-1}$	Lichtabsorption
Neutralrot	CH_3 ; $(CH_3)_2N$; NH_2	$5 \cdot 10^{-1}$	Lichtabsorption
Indigo	CO OC ; $C=C$; N H ; N H	$1,3—1,5 \cdot 10^{-1}$ $5 \cdot 10^{-1}—1$	Elektr. Beugung, Lichtabsorption
Phthalocyanin		$d = 5,7$ Å: $1 \cdot 10^{-1}$ $d = 12,5$ Å: 1 $2—3$	Elektr. Beugung Elektr. Beugung Lichtabsorption
Cu-Phthalocyanin	Kern: $-N$ $N-$ Cu $=N$ $N-$ Rest wie oben	$d = 12,5$ Å: $1—2$ $2—3$	Elektr. Beugung Lichtabsorption

Bild besonders deutlich an einkristallinen Lamellen verfolgen. Mit zunehmender Bestrahlung verschwinden schließlich die durch Bragg-Reflexe hervorgerufenen Extinktionskonturen vollständig. Nach ORTH u. FISCHER (1965) ist für die Bestrahlung bei höheren Temperaturen (bis 80°C) eine geringere Dosis zum Abbau der kristallinen Struktur erforderlich. Untersuchungen dieser Art bei tiefen Temperaturen stehen noch aus.

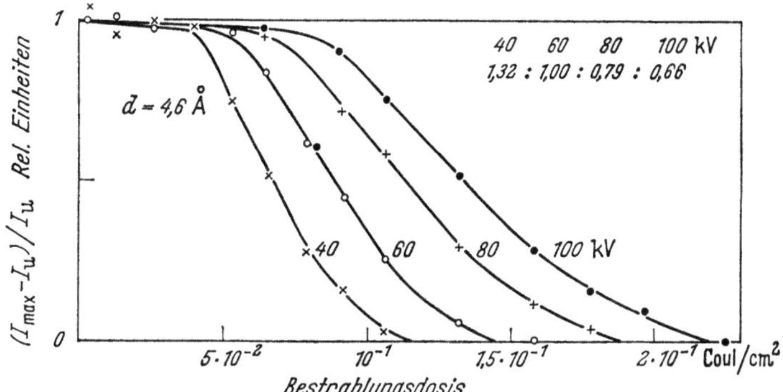

Abb. 130. Abnahme der relativen Ringintensitäten des Beugungsringes mit $d = 4,6$ Å in Tetracen in Abhängigkeit von der Bestrahlungsdosis für verschiedene Strahlspannungen (I_{max} = Intensität im Maximum der Debye-Scherrer-Linie, I_u = Intensität des extrapolierten Untergrundes unter dem Maximum)

Daher ist die Frage nicht eindeutig zu beantworten, ob eine Tiefkühlung des Präparates die Schädigung noch stärker unterdrückt.

9.2.2. Strahlenschäden in anorganischen Kristallen

Während man bei organischen Substanzen — wenigstens bei geringen Strahlstromdichten — die Aussage gewinnen kann, daß die Schädigung nur von der Dosis abhängt, liegen bei anorganischen Objekten hierzu keine eindeutigen Versuche vor. Es steht fest, daß bei niedrigen Bestrahlungsintensitäten anorganische Objekte in der Regel beliebig lange beständig sind. Erst bei Überschreiten einer bestimmten Strahlstromdichte läuft die Schädigung relativ schnell ab. Da bei Bestrahlung einer Trägernetzmasche die Schädigung in der Mitte der Masche einsetzt, liegt der Schluß nahe, daß eine Temperaturerhöhung eine entscheidende Rolle spielt. Es ist daher sehr schwierig, zwischen reinen Temperatureffekten und Strahlenschäden zu unterscheiden. Die meisten Stoffe erfahren Veränderungen, welche auch bei einer Temperung im Vakuumofen eintreten würden (z. B. Rekristallisation, Sublimation, Schmelzen, Verdampfen, Phasenänderungen oder rein thermische Zersetzung). Allerdings kann sich bei Bestrahlung im Elektronenmikroskop durchaus ein anderes Erscheinungsbild der thermischen Schädigung ergeben. Einmal können die Kontaminationsschichten einen Einfluß haben, und ferner bildet sich in elektronenmikroskopischen Präparaten stets eine sehr inhomogene Temperaturverteilung mit starkem Temperaturgradienten aus. Gerade Rekristallisationserscheinungen können in ihrem Ablauf hierdurch stark beeinflußt werden.

Im folgenden sollen einige in der Literatur beschriebene Veränderungen aufgeführt werden: KINDER (1947) berichtete über Veränderung von NaCl, Gips, MoO_3 und MgO; BURTON u. a. (1947) über NaCl, Na-Chlorat, KBr, KJ, AgCl, $PbCl_2$; WATSON (1948b) über Kupfercalciumoxychlorid, Eisenchlorid und Wolframoxyd. Bei den aufgeführten Alkalihalogeniden handelt es sich meistens um die Beobachtung von Verdampfungs- und Sublimationsvorgängen. Weiter unten wird die Möglichkeit von Strahlenschäden in Alkalihalogeniden diskutiert. Bei den Silberhalogeniden handelt es sich sicher um eine Strahlenschädigung (HAARDICK, 1953; HORNE u. OTTEWILL, 1958), desgleichen bei Silberazid (SAWKILL, 1955; CAMP, 1958). Bei der Zersetzung von Silberazid wird ein Orientierungszusammenhang zwischen dem ausgeschiedenen Silber und dem unzersetzten Azid gefunden. Bei der Zersetzung von CaF_2 und SrF_2 führt die orientiert aufgewachsene Schicht von Ca- bzw. Sr-Atomen zu Moiré-Effekten mit dem darunterliegenden unzersetzten Fluorid (EVANS, 1963).

Genauere Informationen über den Ablauf der Zersetzung konnten aus Beugungsdiagrammen erhalten werden: $MoO_3 \rightarrow MoO_2$ (KÖNIG, 1951; BERNARD u. PERNOUX, 1953), $LiCl \rightarrow Li + Li_2O + Li_2CO_3$ (McLENNAN, 1951), $KMnO_4 \rightarrow MnO_2 \rightarrow MnO$ (GLEMSER u. BUTENUTH, 1953), $AgCl \rightarrow Ag$, $AgNO_3 \rightarrow Ag$, $Cu_2O \rightarrow Cu$, $PbCO_3 \rightarrow Pb$, aber keine Reduktion von Ag_2SO_4, $AuCl_2$, PbO und PbCl (FISCHER, 1954), $Ag_2CN_2 \rightarrow Ag$ (MONTAGU-POLLOCK, 1962), $CaSO_4 \cdot 2H_2O \rightarrow CaSO_4$ (offenbar schon im Vakuum) $\rightarrow CaO + CaS$ (TALBOT, 1965), $Mn(OH)_2$ bestrahlt mit 10 μA Strahlstrom $\rightarrow \delta$-MnOOH $\rightarrow$ (40 μA) $Mn_3O_4 \rightarrow$ (60 μA) MnO (OSWALD u. FEITKNECHT, 1962).

Aus elektronenmikroskopischen Aufnahmen hoher Vergrößerung von Bleijodid (FORTY, 1960, 1961) und Alkalihalogeniden (BASSETT u. a., 1962; HIBI u. YADA, 1961, 1962; MÖLLENSTEDT u. a., 1962; TUBBS u. FORTY, 1962) ergibt sich folgender Zersetzungsmechanismus: Chloratome bewegen sich nach der Ionisation auf Zwischengitterplätze. Elektronen, welche in den negativen Gitterleerstellen eingefangen werden, bilden die bekannten F-Zentren. Nach der Bestrahlung sind nämlich größere Kristalle in der F-Absorptionsbande intensiv gefärbt. Die Konzentration der F-Zentren ist offenbar eine Funktion der Strahlstromdichte (Ionisationswahrscheinlichkeit), der Temperatur (Beweglichkeit der Gitterdefekte) und der Bestrahlungszeit. Die hohe Beweglichkeit führt zu einer Kondensation von Leerstellen zu Versetzungschleifen. Bei weiterer Bestrahlung entstehen größere Hohlräume und kleine dunkle Partikel, die als Metallkolloide anzusehen sind.

9.3. Kontamination

Wenn man kleinere Teilchen im Elektronenmikroskop längere Zeit beobachtet, findet man ein kontinuierliches Dickenwachstum, wie es z. B. von WATSON (1947, 1948a), COSSLETT (1947) und HILLIER (1948) berichtet wurde. Bei der Verdampfung von Steinsalzkristallen beobachtet man außerdem als Rückstand eine Haut mit den ursprünglichen Abmessungen des Kristalls und bei längerer Untersuchung von Gewebedünnschnitten eine laufende Verschlechterung des Kontrastes. Nach KÖNIG (1948) bestehen diese aufgewachsenen Schichten aus Kohle. Zur Entstehung ist es erforderlich, daß höhere Kohlenwasserstoffe, die aus dem Pumpöl, dem Vakuumdichtungsfett, Gummidichtungen oder von den größeren nicht ausheizbaren Metallflächen herrühren, auf dem Objekt vom Elektronenstrahl getroffen werden. Nach ENNOS (1953, 1954) ist die Kohlebedeckung proportional dem Dampfdruck der Kohlenwasserstoffe, der Strahlstromdichte und der Bestrahlungszeit. Es werden die auf dem Objekt absorbierten Kohlenwasserstoffmoleküle durch den Elektronenstrahl so geschädigt, wie es in § 9.2.1 für organische Substanzen beschrieben wurde. Durch Vernetzungen mehrerer Moleküle entstehen die nicht flüchtigen Kohlenstoffpolymerisate. Daher hängt die Aufwachsgeschwindigkeit dieser „Kontaminations"-Schichten auch von der Verweilzeit der absorbierten Moleküle auf der Objektoberfläche ab. Dadurch nimmt die Kontamination mit wachsender Temperatur ab (ENNOS, 1954) und erreicht bei etwa 200°C verschwindend kleine Werte. Eine Aufheizung des Präparates zur Vermeidung der Kontamination wird z. B. in Oberflächenmikroskopen oder bei der Reflexionsbeugung ausgenutzt (s. § 3 u. 5.3.3).

Insbesondere tritt eine starke Kontamination nach LEISEGANG (1954b) dann ein, wenn man mit einem Feinstrahlkondensor arbeitet. Man erhält dann hohe Strahlstromdichten und geringe Temperaturerhöhungen des Objektes. Zur Vermeidung der Kontamination führte LEISEGANG eine gekühlte Objektpatrone ein. Die Versuche ergaben, daß auch bei abnehmender Temperatur die Wachstumsgeschwindigkeit abnimmt und bei Temperaturen kleiner als −80°C sogar ein Abbau kohlenstoffhaltiger Objekte eintritt. Durch die Kühlung wird der Partialdruck der Kohlenwasserstoffe herabgesetzt und damit die Kontamination. Bei dem Abbau handelt es sich um eine strahlenchemische Reaktion mit Restgasmolekülen (H_2O, N_2, O_2, CO, H_2), die zu flüchtigen Verbindungen mit Kohlenstoff führen. Bei −80°C sollten sich Wachstums- und Abbau-Rate gerade kompensieren. HEIDE (1963) konnte zeigen, daß diese Temperatur jedoch von der Zusammensetzung des Restgases sehr stark abhängig ist und zwischen −35° und −80°C liegen kann. Abb. 131a zeigt die Streuungsbreite mehrerer Versuchsserien. Die eingezeichneten Kurven sind nur als Beispiele aufzufassen. In diesem Falle befinden sich Objekthalter und umgebende Kühlkammer — wie in den Versuchen von LEISEGANG — auf gleicher Temperatur. Wesentlich günstigere Verhältnisse ergeben sich, wenn man das Objekt auf Zimmertemperatur beläßt und nur die umgebende Kühlkammer kühlt. Nach Abb. 131b ist dann unterhalb $-130°C$ die Abbau- und Verschmutzungsgeschwindigkeit so gering, daß sie keine Störungen verursacht. Das Vorzeichen und die Größe dieses Resteffektes hängt wieder stark von der Restgaszusammensetzung ab. Untersuchungen der Restgaszusammensetzung im Elektronenmikroskop wurden von

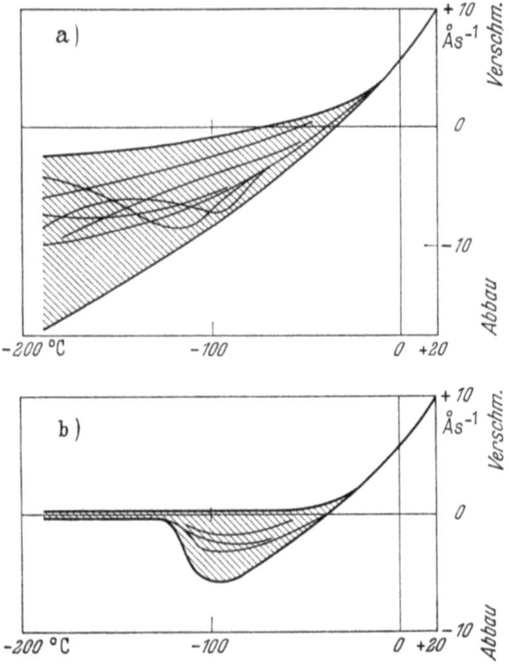

Abb. 131 a u. b. Verschmutzungs- bzw. Abbaugeschwindigkeit in Abhängigkeit von der Temperatur der Kühlkammer (Stromdichte 0,3—0,4 A/cm², bestrahlter Bereich 1,6—1,9 μ), a) Objekttemperatur ≅ Kammertemperatur, b) Objekttemperatur ≅ Zimmertemperatur (nach HEIDE, 1963)

HEIDE (1964b) durchgeführt. Tab. 9.5 gibt eine Übersicht der gemessenen Partialdrucke. Den höchsten Partialdruck weist H_2O auf. Der größte Teil des Wasserdampfes entweicht aus den Photoplatten, was die Notwendigkeit einer Vortrocknung der Platten unterstreicht, denn H_2O-Moleküle erwiesen sich als Hauptursache für die Abbauerscheinungen. Nach Untersuchungen von HEIDE (1965) enthalten Lackschichten und Filzdichtungen von Photo-Kassetten sehr viel Wasser. Eine Entfernung führt zu wesentlich schnelleren Auspumpzeiten und einer Herabsetzung des H_2O-Partialdruckes. Platten oder Filme, welche in einem Vakuum-Exsiccator (Vorvakuum) über einem Trockenmittel (Phosphorpentoxyd) getrocknet sind, nehmen bereits nach 1 min an Luft wieder Wasser auf. Bei längerem

Tabelle 9.5. *Partialdrucke in Torr der Restgase im Elmiskop I nach massenspektro-skopischen Messungen* (nach HEIDE, 1964a)

M	Gas	Mittelwerte	Extremwerte		
18	H_2O	$2,5 \cdot 10^{-5}$	$0,7$	$\ldots$	$\cdot 10^{-5}$
28	$N_2 + CO$	$7 \cdot 10^{-6}$	5	$\ldots 20 \cdot 10^{-6}$	
2	H_2	$8 \cdot 10^{-7}$	4	$\ldots 30 \cdot 10^{-7}$	
32	O_2	$7 \cdot 10^{-7}$	4	$\ldots 20 \cdot 10^{-7}$	
44	CO_2	$3 \cdot 10^{-7}$	1	$\ldots 15 \cdot 10^{-7}$	
40	Ar	$7 \cdot 10^{-8}$	2	$\ldots 20 \cdot 10^{-8}$	
16	CH_4	$9 \cdot 10^{-7}$	5	$\ldots 30 \cdot 10^{-7}$	
30	C_2H_6	$3 \cdot 10^{-7}$	1	$\ldots 7 \cdot 10^{-7}$	
44	C_3H_{80}	$2 \cdot 10^{-7}$	1	$\ldots 8 \cdot 10^{-7}$	
58	C_4H_{10}	$8 \cdot 10^{-8}$	2	$\ldots 30 \cdot 10^{-8}$	
72	C_5H_{12}	$5 \cdot 10^{-8}$	3	$\ldots 20 \cdot 10^{-8}$	
86	C_6H_{14}	$6 \cdot 10^{-8}$	$2,2$	$\ldots 18 \cdot 10^{-8}$	
100	C_7H_{16}	$6 \cdot 10^{-8}$	$2,4$	$\ldots 16 \cdot 10^{-8}$	
114	C_8H_{18}	$5 \cdot 10^{-8}$	$2,8$	$\ldots 14 \cdot 10^{-8}$	
128	C_9H_{20}	$3 \cdot 10^{-8}$	2	$\ldots 9 \cdot 10^{-8}$	
142	$C_{10}H_{22}$	$4 \cdot 10^{-8}$	$1,6$	$\ldots 11 \cdot 10^{-8}$	
156	$C_{11}H_{24}$	$5 \cdot 10^{-8}$	$1,8$	$\ldots 13 \cdot 10^{-8}$	
170	$C_{12}H_{26}$	$3 \cdot 10^{-8}$	$1,8$	$\ldots 7 \cdot 10^{-8}$	
184	$C_{13}H_{28}$	$2 \cdot 10^{-8}$	$1,7$	$\ldots 6 \cdot 10^{-8}$	
Gesamtdruck:		$2,6 \cdot 10^{-5}$ Torr			

Abschalten des Mikroskopes empfiehlt es sich, eine Schale mit P_2O_5 in das Mikroskop zu stellen, da sonst die Platten aus dem ungetrockneten Restgas Wasser aufnehmen.

Nach den Ergebnissen von Abb. 131b braucht man den Objektraum nur auf Temperaturen niedriger als $-130°C$ zu halten. Dies ist mit einer Kühlung durch flüssige Luft ohne weiteres zu erreichen. HEIDE (1963, 1964b) gibt eine geeignete Konstruktion einer solchen Objektraumkühlung an. Durch die Öffnungen, welche für den Elektronenstrahl frei gehalten werden müssen, können stets Kohlenwasserstoff- oder Restgasmoleküle das Präparat noch direkt treffen, ohne an der Objektraumkühlung zu kondensieren. Deren Zahl wird um so kleiner, je geringer der Durchmesser $2r$ der gekühlten Blende ist und je weiter diese Blende im Abstand l vom Objekt entfernt ist (Verringerung des Raumwinkels, aus dem die Moleküle eindringen können, um das Objekt zu treffen). HEIDE zeigte, daß für die Wirksamkeit einer Objektraumkühlung der „Ausblendungsfaktor" $(r/l)^2$ maßgebend ist. Der Durchmesser $2r$ der Blende unterhalb des Objektes darf jedoch nicht zu klein sein, da durch die Kondensation von Eis Astigmatismus hervorgerufen werden kann. Über Erfahrungen mit einfacheren Objektraumkühlungen berichten VAN DORSTEN u. VAN DEN BROEK (1958), HERRMANN u. LOEBE (1964), WARD (1965). HAHN u. HOCH (1964) beschreiben eine Objektkammer, in welcher der Partialdruck der Kohlenwasserstoffe mit Hilfe eines Ionenstromes herabgesetzt wird.

Damit soll eine Kühlung vermieden werden. Über ähnliche Versuche berichtete auch schon BUHL (1962).

Die Abbauerscheinungen in Abb. 131a kann man ausnutzen, wenn anorganische Objekte vorliegen, da dann sicher jegliche Kontamination vermieden wird. HEIDE (1958) erreicht einen solchen Abbau bei Zimmertemperatur in einer speziellen Patrone mit Gaszuführung. Bei einigen Torr Luftdruck werden bereits gebildete Kontaminationschichten wieder abgebaut.

Literatur zu § 9

ARDENNE, M. VON: Tabellen zur angewandten Physik, Bd. I. Berlin 1956.

BAHR, G. F., F. B. JOHNSON, and E. ZEITLER: The elementary composition of organic objects after electr. irradiation. Symp. Quant. EM Washington 1964, in Lab. Invest. **14**, 1115 (1965).

BALK, P., and J. Ross COLVIN: Note on an indirect measurem. of object temp. in electr.micr. Kolloid Z. **176**, 141 (1961).

BASSETT, G. A., A. J. FORTY, and M. R. TUBBS: The decomposition of crystals of alkali halides in the beam of an electr.micr. V. Internat. Congr. EM Philadelphia, Vol. **I**, G-2 (1962).

BERNARD, R., u. E. PERNOUX: Ursprung des Schlierenbildes bei sehr dünnen Kristallen. Optik **10**, 64 (1953).

BORRIES, B. VON, u. W. GLASER: Über die Temperaturerhöhung der Objekte im Elektr.mikr. Kolloid Z. **106**, 123 (1944).

BROCKES, A.: Über Veränderungen des Aufbaus org. Folien durch Elektr.-Bestrahlung. Z. Physik **149**, 353 (1957).

— Zur Objekterw. im Elektr.mikr. Kolloid Z. **158**, 1 (1958).

— M. KNOCH u. H. KÖNIG: Veränderungen org. Präp. im Elektr.mikr. als Kriterium für die Objektbelastung. Z. wiss. Mikr. **62**, 450 (1955).

BUHL, R.: Verringerung der Kontamination durch Ionen-Bombardement der das Präp. umgebenden Wände. Optik **19**, 122 (1962).

BURTON, E. F., R. S. SENNETT, and S. G. ELLIS: Specimen changes due to electr. bombardement in the electr.micr. Nature **160**, 565 (1947).

CAMP, M.: The decomposition of silver azide by electrons. IV. Internat. Kongr. EM Berlin, Bd. **I**, 134 (1958).

COSSLETT, A.: The effect of the electr. beam on thin sections. Europ. Reg. Conf. EM Delft, Vol. **II**, 678 (1960).

COSSLETT, V. E.: Particle "growth" in the electr.micr. J. appl. Phys. **18**, 844 (1947).

—, and R. N. THOMAS: Multiple scattering of 5—30 keV electr. in evaporated metal films. Brit. J. appl. Phys. **15**, 1283 (1964).

DORSTEN, A. C. VAN, and S. L. VAN DEN BROEK: Some design features of a new Philips electr.micr. IV. Internat. Kongr. EM Berlin, Bd. **I**, 171 (1958).

ENNOS, A. E.: The origin of specimen contamination in the electr.micr. Brit. J. appl. Phys. **4**, 101 (1953).

— The sources of electron-induced contamination in kinetic vacuum systems. Brit. J. appl. Phys. **5**, 27 (1954).

EVANS, T.: Decomposition of calcium fluoride and strontium fluoride in the electr.-micr. Phil. Mag. **8**, 1235 (1963).

FISCHER, R. B.: Decompositions of inorganic specimens during observation in the electr.micr. J. appl. Phys. **25**, 894 (1954).

FORTY, A. J.: Observ. of the decomposition of crystals of lead jodide in the electr.-micr. Phil. Mag. **5**, 787 (1960).
— Helical dislocations in crystals of lead jodide. Phil. Mag. **6**, 587 (1961).
— The precipitation of lead during decomposition of lead jodide by electr. irradiation Phil. Mag. **6**, 895 (1961).
GALE, B., and K. F. HALE: Heating of metallic foils in an electr.micr. Brit. J. appl. Phys. **12**, 115 (1961).
GLEMSER, O., u. G. BUTENUTH: Veränderungen von $KMnO_4$ im Elektronenstrahl, im Vergl. zur therm. Zersetzung. Optik **10**, 42 (1953).
GÜTTER, E., u. H. MAHL: Einfluß einer periodischen Objektbeleuchtung auf die elektronenoptische Abb. Optik **17**, 233 (1960).
HAARDICK, H.: Das Verh. lichtempf. Aufdampfschichten im Elektr.mikr. Naturwissenschaften **40**, 386 (1953).
HAHN, E., u. W. HOCH: Verhütung der Objektverschmutzung im Elektr.mikr. unter Ausnutzung des Verschmutzungseffektes. Proc. 3. Europ. Reg. Conf. EM Prag, Vol. A, 129 (1964).
HEIDE, H. G.: Die Objektverschmutzung und ihre Verhütung. IV. Internat. Kongr. EM Berlin, Bd. **I**, 87 (1958).
— Die Objektverschm. im Elektr.mikr. und das Problem der Strahlenschädigung durch Kohlenstoffabbau. Z. angew. Phys. **15**, 116 (1963).
— Die Restgaszusammensetzung im Elektr.mikr. Z. angew. Phys. **17**, 70 (1964a).
— Die Objektraumkühlung im Elektr.mikr. Z. angew. Phys. **17**, 73 (1964b).
— Zur Vorevakuierung von Photomaterial für Elektr.mikr. Z. angew. Phys. **19**, 348 (1965).
HERRMANN, K. H., u. W. LOEBE: Eine Objektraumkühleinrichtung zum Elmiskop I. Proc. Europ. Reg. Conf. EM Prag, Vol. A, 59 (1964).
HIBI, T., and K. YADA: Successive electr.micr. observation of KCl single crystal. J. Electronmicr. Japan **10**, 164 (1961).
— — Direct observation of crystal imperfections in KCl single crystal by electr.-micr. V. Internat. Congr. EM Philadelphia, Vol. **I**, GG-3 (1962).
HILLIER, J.: On the investigation of specimen contamination in the electr.micr. J. appl. Phys. **19**, 226 (1948).
HONJO, G., N. KITAMURA, K. SHIMAOKA, and K. MIHAMA: Low temp. specimen method for electr.diffr. and electr.micr. J. Phys. Soc. Japan **11**, 527 (1956).
HORNE, R. W., and R. H. OTTEWILL: Cinematogr. studies on the interaction of electr. with microcrystals of silver jodide. IV. Internat. Kongr. EM Berlin, Bd. **I**, 140 (1958).
KANAYA, K.: The temp. distribution of specimens on thin substrates supported on a circular opening in the electr.micr. J. Electronmicr. (Japan) **3**, 1 (1955).
— The distribution of temp. along a rod-specimen in the electr.micr. J. Electronmicr. (Japan) **4**, 1 (1956).
KINDER, E.: Elektronenstrahlschäden an Kristallen. Naturwissenschaften **34**, 23 (1947).
KOBAYASHI, K., and K. SAKAOKU: Irradiation changes in organic polymers at various accelerating voltages. Proc. Symp. Quant. EM Washington 1964, in Lab. Invest. **14**, 1097 (1965).
KÖNIG, H.: Die Rolle der Kohle bei elektr.mikr. Abb. Naturwissenschaften **35**, 261 (1948).
— Zur Veränderung von MoO_3-Krist. im Elektr.mikr. Z. Physik **130**, 483 (1951).
—, u. A. WINKLER: Über Einschlüsse in Bakterien und ihre Veränderung im Elektr.-mikr. Naturwissenschaften **35**, 136 (1948).

16*

LEISEGANG, S.: Zur Erwärmung elektr.mikr. Objekte bei kleinem Strahlquerschnitt. Proc. 3. Internat. Congr. London, 176 (1954a).
— Über Vers. in einer stark gekühlten Objektpatrone. Proc. 3. Internat. Congr. London, 184 (1954b).
— Elektronenmikroskope, in Hdb. der Physik, Bd. 33. 1956.
LIPPERT, W.: Über Objektveränderungen im Elektr.mikr. Optik 15, 293 (1958).
— Über therm. bedingte Veränder. an dünnen Folien im Elektr.mikr. Z. Naturforsch. 15a, 612 (1960).
— Über Massendickenveränderungen im Elektr.mikr. an Kunststoffolien. Europ. Reg. Conf. EM Delft, Vol. II, 682 (1960).
— Über Massendickenänderungen bei Kunststoffen im Elektr.mikr. Optik 19, 145 (1962).
LITTLE, K.: The action of electr. on high polymers. Proc. 3. Internat. Conf. EM London, 165 (1954).
McLENNAN, D. E.: Study of ionic crystals under electr.bombardement. Canad. J. Phys. 29, 122 (1951).
MENTER, J. W.: The direct study by electr.micr. of crystal lattices and their imperfections. Proc. Roy. Soc. A 236, 119 (1956) u. Proc. Stockholm Conf. EM, 88 (1956).
MÖLLENSTEDT, G., K. GRAFF u. R. SPEIDEL: Wachstum von Einkristall-Lamellen in dem engen Raum zwischen parallelen Glasflächen. Z. Physik 167, 367 (1962).
MONTAGU-POLLOCK, H. M.: Surface decomposition of an explosive crystal. Proc. Roy. Soc. A 269, 219 (1962).
ORTH, H., u. E. W. FISCHER: Änderungen der Gitterstruktur hochpolymerer Einkrist. durch Bestrahlung im Elektr.mikr. Makromol. Chemie 88, 188 (1965).
OSWALD, H. R., and W. FEITKNECHT: The oxydation of manganous hydroxide with molecular oxygen and the transf. of the products in the electr.beam. V. Internat. Congr. EM Philadelphia, Vol. I, H-9 (1962).
PIERCY, G. R., R. W. GILBERT, and L. M. HOWE: A liquid helium cooled finger for the Siemens electr.micr. J. sci. Inst. 40, 487 (1963).
REIMER, L.: Ein exp. Beitrag zur Thermokraft dünner Aufdampfschichten. Z. Naturforsch. 12a, 525 (1957).
— Zur Zersetzung anorg. Krist. im Elektr.mikr. Z. Naturforsch. 14a, 759 (1959a).
— Quantitative Unters. zur Massenabnahme von Einbettungsmitteln unter Elektr.-Beschuß. Z. Naturforsch. 14b, 566 (1959b).
— Veränderungen org. Krist. unter Beschuß mit 60 kV-Elektr. im Elektr.mikr. Z. Naturforsch. 15a, 405 (1960a).
— Veränderungen org. Substanzen im Elektr.mikr. Proc-Europ. Reg. Conf. EM Delft, Vol. II, 668 (1960b).
— Veränderungen org. Farbstoffe im Elektr.mikr. Z. Naturforsch. 16b, 166 (1961).
— Irradiation changes in organic and inorganic objects. Proc. Symp. Quant. EM Washington 1964, in Lab. Invest. 14, 1082 (1965).
—, u. R. CHRISTENHUSZ: Reversible Temp.-Indikatoren in Form von Aufdampfschichten zur Ermittlung der Objekttemp. im Elektr.mikr. Naturwissenschaften 48, 619 (1961).
— — Exp. Beitrag zur Objekterwärmung im Elektr.mikr. Z. angew. Phys. 14, 601 (1962).
— — Determination of specimen temperature. Proc. Symp. Quant. EM Washington 1964, in Lab. Invest. 14, 1158 (1965).
— — Z. angew. Phys., in Vorbereitung (1966).
— — u. J. FICKER: Mess. der Objekttemp. im Elektr.mikr. mittels Elektronenbeugung. Naturwissenschaften 47, 464 (1960).

SAWKILL, J.: Nucleation in silver azide, an investigation by electr.micr. Proc. Roy. Soc. A **229**, 135 (1955).

STOJANOWA, I. G., u. E. M. BELAWZEWA: Exp. Unters. der therm. Einwirkung des Elektr.-Strahls auf das Objekt im Elektr.mikr. IV. Internat. Kongr. EM Berlin, Bd. **I**, 100 (1958).

TALBOT, J. H.: Decomposition of $CaSO_4 \cdot 2 H_2O$ in the electr.micr. Brit. J. appl. Phys. **7**, 110 (1956).

TUBBS, M. R., and A. J. FORTY: The effects of electr. irradiation on cryst. of KCl. Phil. Mag. **7**, 709 (1962).

WARD, P. R.: A goniometer specimen holder and anticontamination stage for the Siemens Elmiskop I. J. sci. Instr. **42**, 767 (1965).

WATANABE, M., T. SOMEYA, and Y. NAGAHAMA: Temp. rise of specimen due to electr. irradiation. V. Internat. Congr. EM Philadelphia, Vol. I, A-8 (1962).

WATSON, J. H. L.: An effect of electr. bombardment upon carbon black. J. appl. Phys. **18**, 153 (1947).

— Specimen contamination in electr.micr. J. appl. Phys. **19**, 110 (1948a).

— Pseudostructures in electr.micr. specimens. J. appl. Phys. **19**, 713 (1948b).

WINKELMANN, A.: Mess. der Temperaturerhöhung der Objekte bei Elektr. Interferenzen. Z. angew. Phys. **8**, 218 (1956).

YAMAGUCHI, S.: Über die Temp.-Erhöhung der Objekte im Elektronenstrahl. Z. angew. Phys. **8**, 221 (1956).

§ 10. Bildaufzeichnung und Intensitätsmessungen

10.1. Leuchtschirme

Zur visuellen Beobachtung des Endbildes und vor allem zur Scharfstellung werden Leuchtschirme benutzt, die vorwiegend aus Zinksulfid (ZnS) oder ZnS/CdS bestehen. Durch Zusätze von Aktivatoren (z. B. Cu, Mn), die im Leuchtstoff in Konzentrationen von 10^{-3} bis 10^{-5} gelöst werden, kann man die Farbe der Lumineszenz verändern und wählt sie am zweckmäßigsten so, daß das Emissionsmaximum der spektralen Verteilung mit dem Maximum der Augenempfindlichkeit im Grünen bei 550 mμ zusammenfällt. Für Zwischenbildschirme, die einer wesentlich größeren Bestrahlungsintensität ausgesetzt sind, verwendet man oft weniger gegen Strahlenschäden empfindliche ZnO-Leuchtschirme, die etwa eine um den Faktor 10 geringere Lichtausbeute besitzen. Letzteres ist aber für die Verwendung als Zwischenbildschirm zu begrüßen, damit dieser nicht überstrahlt wird.

Für den Endbildschirm muß man eine möglichst hohe Lichtausbeute verlangen, um die Strahlintensität und damit die Objektbelastung möglichst klein halten zu können. Mit den ZnS/CdS-Leuchtschirmen, die als feines Pulver aufgestäubt oder mit einem Bindemittel aufsedimentiert werden, erreicht man Ausbeuten der Größenordnung 10% (VON BORRIES, 1948). Unter „Ausbeute" wird das Verhältnis der ausgesandten Lichtenergie/cm^2 $\cdot$ sec zur auffallenden Strahlleistungsdichte $j \cdot U_0$ verstanden. Abb. 132 zeigt den Verlauf der relativen Lichtintensität bei konstanter Strahlstromdichte j und konstantem $j \cdot U_0$ für einen Leuchtschirm im

Elmiskop I in Abhängigkeit von der Beschleunigungsspannung U_0. Die Spannungsabhängigkeit der Ausbeute hängt auch von der Massenbelegung mit Leuchtstoff ab.

Als weitere wichtige Eigenschaft eines Leuchtschirmes ist das Auflösungsvermögen δ zu nennen. Bei den üblichen ZnS/CdS-Pulver-Leuchtschirmen beträgt dieses $50-100$ μ (s. u. a. HINDERER, 1942; AREND u. a., 1954), also schlechter als dasjenige der Photoplatten, was die optische Scharfstellung sehr erschwert. Es fehlt daher nicht an Versuchen, das Auflösungsvermögen zu verbessern, was bislang aber noch mit einer Herabsetzung der Ausbeute verbunden ist. Es bestehen grundsätzlich zwei

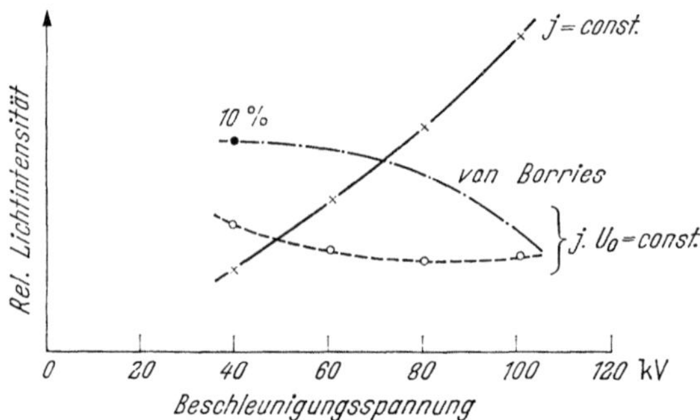

Abb. 132. Relative Lichtintensität eines Leuchtschirmes (Siemens-Elmiskop) in Abhängigkeit von der Beschleunigungsspannung bei konstanter Strahlstromdichte j und bei konstanter Strahlleistungsdichte $j \cdot U_0$ nach Messungen des Verfassers (strichpunktierte Kurve nach von BORRIES, 1948)

Möglichkeiten: Herstellung von feinkörnigeren Leuchtschirmen oder Verwendung von kornlosen Leuchtschirmen aus ZnS- oder CdS-Einkristallen. Den letzten Weg beschreibt zuerst VON ARDENNE (1939). Er wurde von AREND u. a. (1954), BROSER-WARMINSKY und RUSKA (1958) wieder aufgegriffen. Die Tab. 10.1 zeigt einige Ergebnisse aus diesen Arbeiten.

Zunächst ist in dieser Tabelle neben dem gebräuchlichen ZnS/CdS-Schirm der schon oben erwähnte ZnO-Schirm aufgeführt, der zwar einen geringen Gewinn an Auflösung aber einen starken Verlust an Ausbeute zeigt. Demgegenüber liefern die Einkristalle ein um den Faktor 10 besseres Auflösungsvermögen von 5 μ. Die Ausbeute ist aber erheblich geringer. Dies liegt vor allem daran, daß beim Austritt aus der ebenen Einkristallfläche das Licht auf einen um den Faktor n^2 ($n =$ Brechungsindex) größeren Raumwinkel verteilt wird. Man kann also bei CdS ($n = 2{,}6$) nur 15% und bei ZnS ($n = 2{,}3$) nur 20% der Helligkeit des entsprechenden polykristallinen Leuchtschirmes erwarten.

Die als Güte L/δ^2 definierte Größe besitzt jedoch bei den Einkristallen erheblich bessere Werte. Es sei bemerkt, daß bei schärferen Bildern auch weniger Lichtintensität zum Scharfstellen erforderlich ist als bei Bildern mit schlechter Auflösung. Die CdS-Einkristalle haben den Nachteil einer roten Lumineszenz, für welche das Auge weniger empfindlich ist. Kühlt man jedoch CdS-Einkristalle auf tiefe Temperaturen, so tritt ebenfalls eine grüne Lumineszenz auf (BROSER-WARMINSKY u. RUSKA, 1958). Es stört zwar, daß diese Einkristalle nur in Größen von einigen mm hergestellt werden können. Bei der Scharfeinstellung mit einer stark vergrößernden Lupe sieht man aber nur einen kleinen Bildausschnitt, so daß es genügen würde, einen derartigen Kristall auf der Leuchtschirmmitte aufzukleben. Das Auflösungsvermögen der Einkristall-Leuchtschirme ist schon so groß, daß sie erst dann voll zur Geltung kommen können, wenn es gleichzeitig gelingt, das Auflösungsvermögen der Photoplatten um eine Zehnerpotenz zu verbessern, ohne wesentlich längere Belichtungszeiten in Kauf zu nehmen. Dies würde Aufnahmen bei schwächeren Primärvergrößerungen erlauben, die andererseits eine Schonung des Objektes bedingen.

Tabelle 10.1. *Kenngrößen von Leuchtschirmen bei* 60 *kV-Elektronenbestrahlung* (nach BROSER-WARMINSKY u. RUSKA)

Leuchtschirm	Lichtausbeute L (relativ)	Auflösungsverm. δ absolut	relativ	Schirmgüte L/δ^2 (relativ)
ZnS/CdS-Pulver	1	50 μ	1	1
ZnO-Pulver	0,15	25 μ	0,5	0,6
Uranglas, kornlos.	0,003	5 μ	0,1	0,3
ZnS-Einkristall	0,01—0,1	5 μ	0,1	1—10
CdS-Einkr. (rote Lumineszenz) .	0,15	5 μ	0,1	15
gekühlt (grüne Lumineszenz).	0,2	7 μ		
ZnS-Mn-Aufdampfschicht (gelb-orange).	0,04	5 μ	0,1	4
ZnS/CdS-Durchsicht-L.S. (80 kV)	$20 \cdot 10^4$ asbW^{-1} cm^2	70 μ	VON ARDENNE	
Zns/CdS-Aufdampfschicht	$2 \cdot 10^4$ asbW^{-1} cm^2	3 μ	(1956)	

Die andere Möglichkeit zur Erhöhung des Auflösungsvermögens durch feinkristalline Aufdampfschichten (VON ARDENNE, 1962; BROSER-WARMINSKY u. RUSKA, 1958) liefert nur einen geringen Gütegewinn, aber einen großen Verlust an Lichtausbeute.

Abschließend soll noch bemerkt werden, daß bei Leuchtschirmen stets Proportionalität zwischen einfallender Elektronenintensität und Lichtausbeute bei konstanter Strahlspannung gefunden wird (VON BORRIES, 1948; AREND u. a., 1954). Dies ist für die Messung von Elektronenstrahl-Intensitäten mit Leuchtschirmen sehr wichtig. Außerdem vermittelt der Leuchtschirm damit die wahren Intensitätsunterschiede des Elektronenbildes, was bei Photoplatten mit höherer Gradation nicht der Fall ist. Der zeitliche Abfall der Intensität und entsprechend der zeitliche Anstieg setzen sich in der Regel aus zwei Anteilen zusammen: einem schnellen Abfall mit Zeitkonstanten zwischen 10^{-5} bis 10^{-3} sec und einem

Nachleuchten von etwa 1 sec. Ausführliche Tabellen von Leuchtstoffen und ihren Eigenschaften s. VON ARDENNE (1962).

10.2. Bildverstärker

Für manche elektronenmikroskopischen Anwendungen ist es erwünscht, hellere Bilder zu erhalten, auch wenn dieses mit einer Einbuße an Auflösungsvermögen verbunden ist. Zum Beispiel sind die Bilder von Reflexionsmikroskopen für eine Scharfstellung sehr lichtschwach. Andererseits kann es für empfindliche Objekte von Interesse sein, die Strahlenbelastung so gering wie möglich zu halten. Auf dem Gebiete der Röntgenbildwandler sind in dieser Richtung schon beachtliche Erfolge erzielt worden. In der Elektronenmikroskopie liegen jedoch nur wenig Versuche in dieser Richtung vor.

1. Verwendung von Bildwandlerröhren. NIRIKOFF u. a. (1958) konnten durch lichtoptische Abbildung des Leuchtschirmbildes auf die Photokathode eines Bildwandlers Bilder mit gutem Kontrast auf dem Schirm des Bildwandlers erhalten, wenn die mittlere Stromdichte auf dem Mikroskop-Leuchtschirm nur 10^{-13} bis 10^{-12} A/cm² ($\sim 10^6$ bis 10^7 Elektronen/cm² sec) betrug. Auf letzterem war dabei nur ein äußerst lichtschwaches Bild zu erkennen. Zum Vergleich sei bemerkt, daß normal ausgeleuchtete Bilder Stromdichten der Größenordnung 10^{-9} bis 10^{-8} A/cm² benötigen. DRECHSLER (1961) erzielte gute Erfolge mit einem Superorthikon-Bildverstärker bei der Beobachtung lichtschwacher Bilder in der Feldelektronenmikroskopie. Die Fa. Philips liefert kommerziell zum EM 200 eine „Fernseh-Kette", welche mit einer Plumbicon-Röhre das Bild vom Leuchtschirm aufnimmt und auch zu speichern gestattet. Neben einer elektronischen Kontraststeigerung können auch einzelne Bilder aus Bewegungsphasen festgehalten und gespeichert werden.

2. Ausnutzen des „Vidicon"-Prinzips (HAINE u. a., 1958; HAINE u. EINSTEIN, 1960). Eine etwa 15 µ dicke Selenschicht wird durch die Elektronenbestrahlung leitend, wobei pro Strahlelektron 1000–5000 sekundäre Ladungsträger freigesetzt werden. Diese strahleninduzierte Leitfähigkeit führt auf der Rückseite zu einem Abbau einer elektrischen Aufladung, welche mit einem Hilfselektronenstrahl niedriger Energie (etwa 1000 V) nach dem Fernseh-Prinzip abgetastet wird. Nach einer Verstärkung erfolgt die Beobachtung des Bildes auf einem Fernsehschirm. Mit 10^{-11} A/cm² konnten Bilder mit einem Auflösungsvermögen von 100 µ erzielt werden, also nicht viel schlechter als ein normaler Leuchtschirm.

10.3. Photographische Schichten

10.3.1. Theoretische Grundlagen

Um die Besonderheiten bei der Belichtung photographischer Emulsionen durch Elektronen zu verstehen — und auch die charakteristischen

Unterschiede gegenüber einer Belichtung durch Lichtquanten aufzu-
zeigen —, soll etwas näher auf die Vorgänge bei dem Belichtungsprozeß
eingegangen werden. Die ausführlichsten theoretischen Arbeiten hierüber
erschienen von FRIESER u. Mitarb. (1958, 1959).

Die Energieübertragung eines Elektrons beim Durchlaufen eines
Silberhalogenidkornes ist so groß, daß jedes von einem Elektron getroff-
ene Korn auch entwickelbar ist. Demgegenüber sind bei Lichtbestrahlung in der Regel mehrere Quanten erforderlich, um ein Korn entwickelbar zu machen. Deshalb gibt es bei der Belichtung mit Elektronen auch
keinen Schwellwert.

Hieraus lassen sich Aussagen über die Schwärzungskurve ableiten.
Unter Schwärzung versteht man den dekadischen Logarithmus des Ver-
hältnisses aus der durchgelassenen Lichtintensität J_0 an einer unbelichteten Stelle der photographischen Schicht und entsprechend J an einer
belichteten Stelle

$$S = \log_{10} \frac{J_0}{J} \, . \tag{10.1}$$

Ist die höchste erreichbare Schwärzung S_{max} (alle Körner entwickelt), so
ergibt sich entsprechend einer Poisson-Verteilung

$$S = S_{\mathrm{max}}(1 - e^{-cq}) \tag{10.2}$$

als Zusammenhang der Schwärzung mit der pro Flächeneinheit einfallenden Ladungsmenge

$$q = j \cdot t = \varepsilon n \; [\mathrm{Coul/cm^2}] \, , \tag{10.3}$$

($j =$ Strahlstromdichte A/cm², $t =$ Belichtungszeit, $n =$ Zahl der pro cm²
auf die Schicht fallenden Elektronen mit der Ladung ε).

Für kleine und mittlere Schwärzungen fanden FRIESER u. KLEIN
(1958) die Gesetzmäßigkeit (10.2) gut bestätigt. Die Gültigkeit von (10.2)
besagt außerdem, daß man die gleiche Schwärzung S erreichen kann,
wenn man mit niedrigen Intensitäten j lange Zeit belichtet, oder mit
größeren Intensitäten entsprechend kürzere Zeit, wenn nur das Produkt
$j \cdot t$ dasselbe bleibt. Dieses sog. Reziprozitätsgesetz ist bei der Schwärzung
mit Licht nicht vollständig erfüllt. Man berücksichtigt dies mit dem
Schwarzschildexponenten $\varkappa$ (nur wenig von 1 verschieden). Es ergeben
sich nur dann gleiche Schwärzungen, wenn $j \cdot t^\varkappa =$ const. Für Schwärzungen mit Elektronen ist dagegen im ganzen praktisch in Frage kommenden
Bereich das Reziprozitätsgesetz erfüllt, d. h. $\varkappa = 1$ (s. u. a. BECKER u.
KIPPHAN, 1931; BAKER u. a., 1942, 1943). Nur bei einer Variation der
Belichtungszeit über 8 Zehnerpotenzen konnte bei sehr kurzen Belichtungszeiten (Aufzeichnung schnell verlaufender Vorgänge in einem Katho-
denstrahloszillographen) eine Abweichung gefunden werden, der Art, daß
bei kurzen Zeiten etwa die doppelte Elektronenmenge aufgewandt werden

mußte als bei langen Zeiten (VON BORRIES u. KNOLL, 1934). Diese Abweichungen kommen für den elektronenmikroskopischen Belichtungsumfang aber nicht in Betracht und sind nur der Vollständigkeit halber erwähnt, um zu zeigen, über welche Größenordnungen das Reziprozitätsgesetz geprüft wurde.

Nach (10.2) ist in einem relativ großen Schwärzungsbereich unterhalb $0,2\,S_{\mathrm{max}}$ (praktisch $S \leqq 0,6$ bis 1) S proportional zu q (s. a. Abb. 134a)

$$S = c\,S_{\mathrm{max}}\,q = E\,q\,. \tag{10.4}$$

Die Steigung bezeichnet man als Empfindlichkeit E

$$E = \left(\frac{dS}{dq}\right)_{q\to 0} = c\,S_{\mathrm{max}}\,[\mathrm{cm^2\ Coul^{-1}}]\,. \tag{10.5}$$

Sind N Körner pro cm² entwickelt und sei $\bar{f}$ die mittlere Projektionsfläche der entwickelten Körner, so kann man die Schwärzung für kleine q auch in der Form

$$S = \frac{1}{2,3}\,N\,\bar{f} = \frac{1}{2,3}\,\frac{\varphi q \bar{f}}{\varepsilon} \quad (\ln 10 = 2,3) \tag{10.6}$$

ansetzen, wenn ein Elektron im Mittel φ Körner entwickelbar macht. Die Empfindlichkeit ergibt sich daraus zu

$$E = \frac{1}{2,3}\,\frac{\varphi \bar{f}}{\varepsilon}\,. \tag{10.7}$$

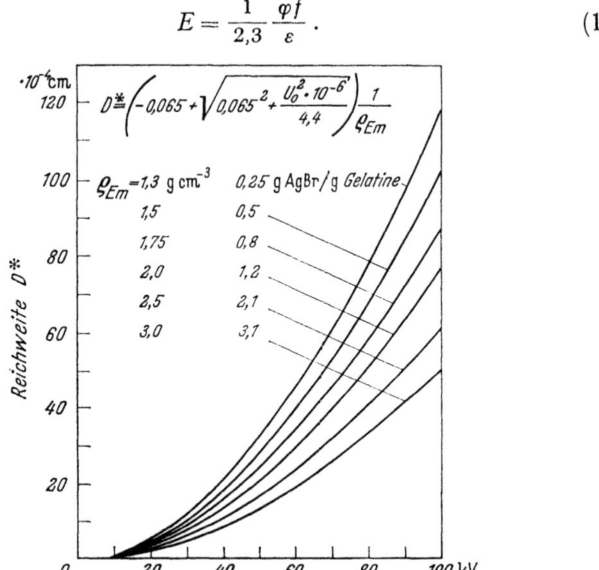

Abb. 133. Reichweite der Elektronen in Photoemulsionen in Abhängigkeit von der Emulsionsdichte und der Strahlspannung (nach GLOCKER, 1948)

Sie ist um so größer, je größer die Kornfläche $\bar{f}$ ist und je mehr Körner φ pro Elektron entwickelbar sind. Die „Kornausbeute" φ hängt einerseits von der Strahlspannung U_0 und andererseits von den Emulsionsparametern ab: Silbermenge pro Flächeneinheit $(0,4-6 \text{ mg/cm}^2)$, Dichte $(\varrho_{Em} = 1,3-2 \text{ g} \cdot \text{cm}^{-3})$ und Dicke $(D = 1-50 \text{ μ})$ der Emulsion, Korngröße $(0,5-2 \text{ μ})$ und Reifezustand. Strahlspannung und mittlere Dichte bestimmen die Reichweite D^* der Elektronen, für welche GLOCKER (1948) eine empirische Beziehung aufstellte, welche in Abb. 133 graphisch dargestellt ist. Ist D^* kleiner als die Emulsionsdicke D, so steigt die Empfindlichkeit mit wachsendem U_0, wird jedoch $D^* > D$, so fällt die Empfindlichkeit ab, weil in einer dünnen Schicht die Ionisationswahrscheinlichkeit mit wachsendem U_0 abnimmt. Die Dicke der kommerziellen Emulsionen liegt gerade in der Größenordnung der praktischen Reichweite, so daß sich keine starken Abhängigkeiten von der Strahlspannung ergeben (s. VON BORRIES, 1942; BAKER u. a., 1942; MARTON, 1939).

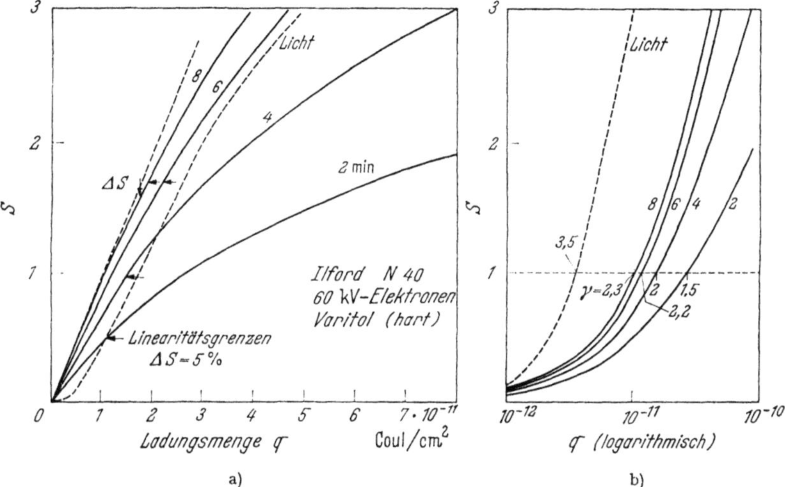

Abb. 134 a u. b. Schwärzungskurven von Ilford N 40-Platten bei a) linearer und b) logarithmischer Auftragung für verschiedene Entwicklungszeiten. Zum Vergleich eine Belichtung der gleichen Platte mit sichtbarem Licht

Da das Auge eine logarithmische Empfindlichkeitskurve aufweist, pflegt man auch S gegen $\log q$ aufzutragen (Abb. 134 b). Es ergibt sich dann ein linearer Teil bei mittleren Schwärzungen mit der Steigung γ. Diese Zahl wird oft zur Charakterisierung einer photographischen Emulsion herangezogen, da hohe γ-Werte eine für das Auge kontrastreiche Wiedergabe bedeuten.

Bei Elektronenbelichtung ergibt sich jedoch gegenüber der Photobelichtung eine Begrenzung der maximalen γ-Werte. Dies folgt direkt aus dem zunächst proportionalen Anstieg der Schwärzung und der anschließenden Abbiegung in die Sättigung [Abb. 134a und (10.2)] bei linearer

Auftragung gegen q. Die Proportionalität (10.4) kann man umformen zu

$$S = E q = E\, 10^{\log q} \tag{10.8}$$

und erhält daraus für die maximale Steilheit

$$\gamma_{\max} = \frac{dS}{d(\log q)} = E \ln 10 \cdot 10^{\log q} = 2{,}3\,S\,, \tag{10.9}$$

die bei einer Schwärzung S erreicht werden kann, falls bis zu dieser Schwärzung die Schwärzungskurve $S = f(q)$ linear ist. Es ist daher bei Elektronenbelichtung unmöglich, für $S = 1$ (übliche Schwärzung) eine Steilheit γ größer als 2,3 zu erhalten. Bei Abbiegen der Schwärzungskurve

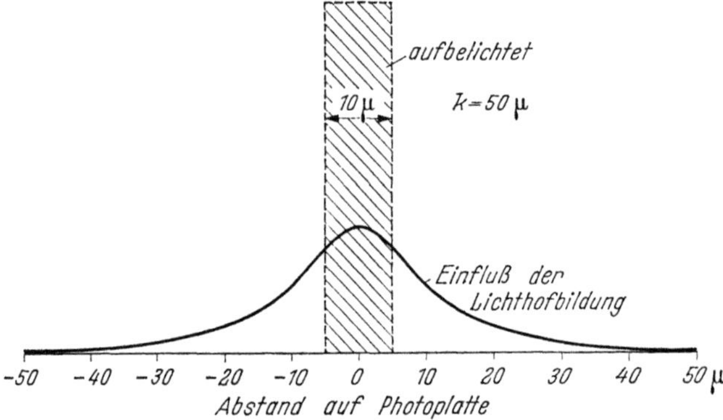

Abb. 135. Vorgetäuschte Intensitätsverteilung durch den Diffusionshof, wenn eine Platte mit einem Spalt der Breite 10 μ belichtet wird

von der Linearität verbleibt die Steilheit eine längere Strecke bei dem letzten Höchstwert, der sich bis zur Linearitätsgrenze ausgebildet hat (Abb. 134). Ganz anders liegen die Verhältnisse bei der Photo-Belichtung. Hier können wegen der Ausbildung eines Schwellwertes wesentlich höhere γ-Werte auch bei geringen Schwärzungen erhalten werden. Abb. 134 veranschaulicht deutlich, wie hierdurch eine größere Steilheit möglich ist. Es ist daher nicht erforderlich, als Photomaterial für die Elektronenmikroskopie unbedingt eine harte Dia-Platte auszuwählen. Ein höherer Kontrast des elektronenmikroskopischen Bildes läßt sich daher nur bei der Nachbearbeitung als Dia oder Papierabzug erreichen.

Das Auflösungsvermögen einer photographischen Schicht wird durch zwei Faktoren bestimmt: a) Diffusionshofbildung und b) Körnigkeit. Bei Bestrahlung mit Licht bildet sich bekanntlich ein Lichthof aus, der durch Streuung an den Silberhalogenidkörnern entsteht und damit von der Korngröße abhängig ist. Der durch Elektronenstreuung verursachte „Diffusionshof" ist jedoch nur von der mittleren Massendicke der Schicht abhängig. Belichtet man z. B. einen Spalt der Breite dx mit der Intensität 1, so erhält man wegen der Elektronendiffusion eine Schwärzungsverteilung, wie man sie ohne Streuung durch Aufbelichten einer Intensitätsverteilung (Verwaschungsfunktion)

$$\Phi(x)\, dx = \frac{2{,}3}{k}\, 10^{-2|x|/k}\, dx \tag{10.10}$$

erhalten würde (FRIESER u. a., 1958). $k \cong 30-50\ \mu$ hat die Bedeutung einer 1/10-Wertsbreite. Berechnungen von LENZ (1958) ergaben allerdings Abweichungen von diesem Ansatz. Abb. 135 zeigt, welche Intensitätsverteilung auf der Photoplatte vorgetäuscht wird, wenn mit einem Spalt der Breite 10 μ belichtet wird ($k = 50\ \mu$).

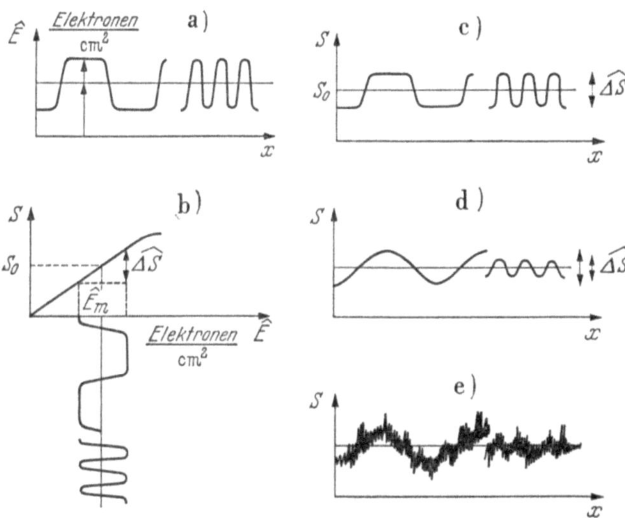

Abb. 136 a—e. Die Wiedergabe einer Elektronenintensitätsverteilung durch die photographische Schicht. a) Auf die Platte auffallende Intensitätsverteilung, b) und c) die Schwärzungsverteilung ohne Berücksichtigung des Diffusionshofes und der Körnigkeit, d) Einfluß des Diffusionshofes und e) Überlagerung der Körnigkeit (nach FRIESER u. a., 1959)

Die Körnigkeit läßt sich folgendermaßen erfassen. Wenn ein Elektron die Schicht durchdringt, so macht es eine große Zahl φ von unmittelbar benachbarten Körnern entwicklungsfähig. Je nach der Korngröße und Emulsionsdicke kann φ Werte zwischen 10-60 annehmen. Dadurch erscheint bei sonst gleicher Gesamtschwärzung eine mit Elektronen belichtete Platte grobkörniger als bei Lichtbestrahlung, weil bei letzterer die belichteten Körner statistisch verteilt sind. Bei Lichteinstrahlung findet man für das mittlere Schwankungsquadrat der Schwärzung bei verschiedenen Messungen mit der Meßfläche A:

$$(\overline{\Delta S^2})_L = \frac{1}{2{,}3}\, \frac{\bar{f}}{A}\, S\,. \tag{10.11}$$

Weil bei der Elektronenbestrahlung φ Körner zu einem Element zusammengefaßt werden, liegt $(\overline{\Delta S^2})_E$ zwischen den Extremwerten

$$(\overline{\Delta S^2})_L < (\overline{\Delta S^2})_E \leqq (\varphi + 1)(\overline{\Delta S^2})_L \,. \tag{10.12}$$

Abb. 136 zeigt schematisch den Einfluß der Diffusionshofbildung und der Körnigkeit auf die Schwärzungsverteilung einer lang- und kurzperiodischen Bildstruktur. Erstere ist noch deutlich zu erkennen, während letztere in der Körnigkeit untergeht. Für die deutliche Erkennbarkeit eines Linienrasters ist es aus physiologischen Gründen erforderlich, daß die bereits durch die Streuung hervorgerufene Schwächung der Schwärzungsamplitude

$$\widehat{\Delta S} > 5 \, \sqrt{(\overline{\Delta S^2})_E} \tag{10.13}$$

sein sollte.

10.3.2. Eigenschaften einiger kommerzieller Photo-Emulsionen

In Tab. 10.2 sind einige Daten der zur Zeit in der Elektronenmikroskopie am häufigsten verwandten Photo-Emulsionen aufgeführt.

$1/E$ als reziproke Empfindlichkeit gibt die relative Belichtungszeit an, um gleiche Schwärzungen zu erhalten, bzw. mit welchem Faktor man die Belichtungszeit gegenüber der Ilford N 40 multiplizieren muß. Für diese Platte ist in absoluten Einheiten $E = 7{,}10^{10}$ Coul$^{-1} \cdot$ cm^2. $S_{5\%}$ ist diejenige Schwärzung, bei welcher in linearer Auftragung (Abb. 134a) die gemessene Schwärzung um $\Delta S/S = 5\%$ von der Linearität abweicht. Für die Ausnutzung zur quantitativen Intensitätsmessung ist die Kenntnis

Tabelle 10.2. *Daten von einigen Photoemulsionen bei Belichtung mit 60 kV-Elektronen und 4 min Entwicklung in Varitol hart*

Emulsion	Platte P Film F	$1/E$ relativ	$S_{5\%}$	Auflösungs- vermögen
Agfa Agepe	F	2,5	1,9	25 μ
Agepe FF	F	8	1,4	20 μ
Agfa Wolfen				
Elektronenpl. rapid	P	0,5	0,9	45 μ
EU 2	P	1,8	2,5	45 μ
Gevaert				
Scientia 23 D 56	P	6	1,0	35 μ
23 D 56	F	1	0,8	30 μ
23 D 50	P	0,7	0,7	30 μ
19 D 50 p	F	10	0,8	25—30 μ
Guillemont				
Electroquil	P	0,8	1,1	35 μ
Ilford N 40	P	1	0,85	30 μ
N 60	P	7	1,7	20 μ
Perutz				
Dia Repro hart	P	0,8	1,1	35 μ
Spezialfilm für				
Elektronenmikr. F 11	F	2,5	0,7	20 μ

dieser Größe von Wichtigkeit, da man bei Schwärzungen unterhalb dieses Wertes keine Schwärzungskurve aufzunehmen braucht. In dieser Größe steckt auch eine Information über die Steilheit γ, welche sich in Abhängigkeit von der Schwärzung S nach folgender Formel aus $S_{5\%}$ berechnet:

$$\gamma = 2{,}3\,S\left(1 - 0{,}15\,\frac{S}{S_{5\%}}\right) \quad \text{für}\quad S \ll 10 \cdot S_{5\%}\,. \tag{10.14}$$

Es wurde schon oben dargelegt, daß $\gamma_{max} = 2{,}3\,S$ die maximal mögliche Schwärzung darstellt. Je größer $S_{5\%}$, um so „härter" kann man mit einer Platte arbeiten.

Das Auflösungsvermögen in Tab. 10.2 wurde gemessen als minimaler Abstand zweier sich berührender Bilder von Kugeln, bei dem diese noch getrennt wahrgenommen werden konnten. Diese Information wurde mit einer eingetrockneten Suspension aus Polystyrolkugeln verschiedener Größe auf formvarbefilmten Netzen erhalten. Dieses Präparat wurde bei einigen schwachen elektronenoptischen Vergrößerungen (um 200 fach) aufgenommen, so daß die Kugeldurchmesser in Größen von $10-50\ \mu$ auf der Photoplatte abgebildet wurden. In einer Abbildung bei 2000 facher Vergrößerung kann man alle Kugeln erkennen und mit einer 10 fachen optischen Nachvergrößerung der schwach vergrößerten Aufnahme vergleichen. Ein ähnliches Verfahren zur Auflösungsbestimmung benutzten D'Ans u. a. (1958). Akashi u. a. (1958) legten ein Präparat mit Polystyrolkugeln direkt auf die Photoplatte. Gegenüber dem obigen Verfahren hat dies den Nachteil, daß kleine Kugeln von den Elektronen durchstrahlt werden und dadurch konstrastärmer abgebildet werden, während bei einer elektronenoptischen Abbildung durch die Wirkung der Aperturblende stets genügend Kontrast auch bei den kleinsten Kugeln vorhanden ist. Ein anderes Verfahren zur Bestimmung des Strich-Auflösungsvermögens beschreibt Lehmpfuhl (1961). Über ein Ablenkkondensatorsystem wird in der einen Richtung eine Kippspannung und in der dazu senkrechten die Entladespannung eines Kondensators gelegt. Dadurch nimmt der Strichabstand nach einer bekannten Funktion ab. Der Durchmesser des schreibenden Elektronenstrahles muß natürlich bedeutend kleiner als das zu testende Auflösungsvermögen sein.

Bei der Auswahl des Photomaterials sind auch noch einige andere Gesichtspunkte zu berücksichtigen. Bei einigen Platten treten durch den scharfen Trocknungsprozeß nach der Entwicklung Ablösungen der Emulsion speziell vom Plattenrand auf und es entstehen kleine Bläschen. Ferner erhebt sich die grundsätzliche Frage: Platte oder Film? Film hat den Vorteil, weniger Platz für die Archivierung zu beanspruchen. Filmmaterial ist im Durchschnitt auch billiger als Platten. Ein Nachteil ist die starke Neigung des Filmes zur Aufladung während der Belichtung, die unter Umständen zu unerwünschten Belichtungen durch elektrische

Entladungen führen kann. Insbesondere bei Rollfilmen ist dieses Problem und die Evakuierung noch nicht zufriedenstellend gelöst, denn längere Trocknung fördert die Neigung zur Aufladung. Platten haben den Nachteil eines größeren Platzbedarfes. Sie lassen sich aber beim Einlegen in Kassetten und beim Betrachten auf Leuchtpulten besser handhaben. Auch ist die Verarbeitung bei lichtoptischen Kontaktabzügen und Vergrößerungen bequemer. Filme laden sich durch Überstreichen leichter elektrostatisch auf und ziehen damit Staubteilchen an.

Da das Auflösungsvermögen in erster Linie durch die Breite des Diffusionshofes und erst in zweiter Linie durch die Korngröße bestimmt wird (es sei denn, letztere sei von vornherein zu grob), hat eine Feinkornentwicklung wenig Erfolg. Wenn auch die Größe des Einzelkorns verringert werden kann, so läßt sich die Ausdehnung des Aggregates aus 10 bis 60 entwickelbaren Körnern pro Elektron nicht reduzieren. Es werden daher zur Entwicklung in der Elektronenmikroskopie vorwiegend hart arbeitende Entwickler benutzt:

z. B. Tepa	Rodinal
Agfa-Metol-Hydrochinon	Metinol U
Varitol hart	

oder selbst angesetzte Entwickler auf Metol-Hydrochinon-Basis. Entwicklungszeit: 4−5 min, 18−20°C. Abspülen in Leitungswasser, 5 sec Unterbrecherbad aus verdünntem Eisessig, erneutes Abspülen in Wasser, 10−15 min saures Fixierbad, 30−60 min Wässern, staubfreie Trocknung.

10.3.3. Versuche einer hochauflösenden Bildaufzeichnung

Die im letzten Abschnitt beschriebenen Emulsionen haben für die praktische Elektronenmikroskopie eine ausreichende Empfindlichkeit. Bei Intensitäten, welche auf dem Leuchtschirm eine Scharfstellung erlauben, liegt die Belichtungszeit in der Größe von Sekunden. Auch die Körnigkeit erlaubt 5−10fache optische Nachvergrößerung.

Emulsionen mit höherer Auflösung sind von Nutzen, wenn man durch Aufnahmen bei kleinerer Endbildvergrößerung mit einer Aufnahme größere Bildausschnitte erfassen könnte. Dies setzt jedoch auch eine bessere Scharfeinstellung bei kleinen Vergrößerungen voraus (s. hochauflösende Leuchtschirme § 10.1).

Um die hochauflösenden Emulsionen mit den gebräuchlichen zu vergleichen, kann man die Bildpunktarbeit betrachten. Diese durch VON BORRIES eingeführte Größe ist folgendermaßen definiert:

$$A = q_{S=0,5}\ U_0 \delta^2\,, \tag{10.15}$$

$b_{S=0,5}$ ist die zur Erzeugung der Schwärzung $S = 0,5$ notwendige Ladungsdichte [Coul/cm²], $U_0 =$ Strahlspannung, $\delta =$ Auflösungsvermögen.

Es wird eine kleine Bildpunktarbeit angestrebt, da dann mit kleinen Elektronenstrahldichten in der Objektebene gearbeitet werden kann. Die Verwendung hochauflösender Emulsionen würde deshalb auch interessant, wenn es gelänge, durch Verkleinerung von δ die Bildpunktarbeit herabzusetzen. Wie in der Licht-Photographie sind jedoch Emulsionen mit hoher Auflösung sehr unempfindlich. Es ist daher bisher nicht gelungen, kleinere Bildpunktarbeiten als bei den gebräuchlichen Photoplatten zu erhalten.

Hochauflösende Emulsionen wurden von KOPP u. MÖLLENSTEDT (1946) und D'ANS u. a. (1958) untersucht. Es ist immerhin interessant, daß die Empfindlichkeit bei Lichtbestrahlung 3−5 Zehnerpotenzen geringer ist, bei Elektronenbestrahlung jedoch nur 2−3 Zehnerpotenzen. Das erreichte Auflösungsvermögen liegt in der Größenordnung 5 μ, gegenüber 20−40 μ bei den normalen Platten. Bei der Verwendung von hochauflösenden Emulsionen tritt das Problem der elektrostatischen Aufladung bei Elektronenbeschuß und deren Beseitigung in verstärktem Maße auf (KOPP u. MÖLLENSTEDT, 1946; KINDER, 1958).

Auch die folgenden kornlosen Verfahren der Bildaufzeichnung lieferten keine besseren Ergebnisse.

1. *Einbettung in Interferenzfilter.* In Versuchen von SPEIDEL (1958) wurden auf teildurchlässigen Silberschichten auf Glas an den von Elektronen getroffenen Stellen Kontaminationsschichten niedergeschlagen. Zur „Entwicklung" wird eine Dielektrikumschicht aufgedampft und anschließend eine zweite teildurchlässige Silberschicht. Das so entstandene Interferenzfilter gestattet die deutliche Erkennung einer Farbverschiebung, wenn die Kohlenwasserstoffschicht nur 3 Å beträgt. Es wird eine Auflösung von 0,2 μ erreicht. Etwas höhere Empfindlichkeiten erhält man, wenn man eine Kollodiumschicht mit roter Interferenzfarbe bestrahlt. An den bestrahlten Stellen tritt ein Massenverlust auf (MÖLLENSTEDT u. RAO, 1961). Die Bildpunktarbeit ist jedoch noch 50mal größer als bei normalen Photoplatten (RAO, 1965).

2. *Vernetzungsschichten* (HAMISCH u. BINKELE, 1963). Eine geeignete Lackschicht wird an den von Elektronen getroffenen Stellen durch Strahlenschädigung (Vernetzung) mehr oder weniger unlöslich. Nach der Lösung des unvernetzten Anteiles wird die Platte in Reflexion beobachtet. Eine 40 Å Cr-Schicht zwischen Glasunterlage und Lackschicht sorgt dafür, daß das Reflexionsvermögen an der Ober- und Unterseite der Lackschicht gleich ist. Durch eine Vorbelichtung läßt sich die Empfindlichkeit steigern. Die besten Ergebnisse wurden mit Eläostearin erhalten. Das Auflösungsvermögen beträgt 0,5 μ. Die Bildpunktarbeit ist von der gleichen Größenordnung wie bei Perutz-Kontrast-Platten.

3. *Ladungsbilder.* Bei der Aufnahme von Röntgenbildern und in einem speziellen Photokopierverfahren (Xerographie) wird eine dünne amorphe

17 Reimer, Elektronenmikroskop. Methoden, 2. Aufl.

Selenschicht benutzt, deren Oberfläche in einer elektrischen Entladung homogen aufgeladen wurde. Die Ladung hält sich sehr lange. An den belichteten Stellen tritt Photoleitung auf und die Ladung fließt durch die Schicht zur Unterlage ab. Bei der Elektronenbestrahlung werden in der Schicht zahlreiche Ladungsträgerpaare erzeugt, so daß dieses Verfahren sehr günstig erscheint. Die verbleibende Ladungsverteilung auf der Oberfläche kann durch ein Pigment sichtbar gemacht werden, welches beim Aufstäuben aufgeladen wird und nur an den Stellen haften bleibt, die nicht entladen sind. In der Regel bekommt man auf diese Weise direkt Positive. VON ARDENNE (1958) verbesserte die Empfindlichkeit mit abgelagerten lichtdurchlässigen Partikeln, deren Verteilung im Phasenkontrast beobachtet wurde. Das Auflösungsvermögen liegt bei 3 μ. ALBERT u. JAENICKE (1961) verwenden keine Photo-Halbleiter, sondern nutzen die Aufladung von Lackfolien durch die Strahlelektronen aus. Die Empfindlichkeit ist mit der von gebräuchlichen Photoschichten vergleichbar.

10.3.4. Belichtungskontrolle

Die Abschätzung der Belichtungszeit erfolgt in den meisten Fällen visuell und beruht auf der individuellen Erfahrung des Mikroskopikers. Es soll hier über einige Methoden berichtet werden, welche die Wahl der Belichtungszeit erleichtern können und sogar zu einer automatischen Belichtung führen.

Bei der einen Gruppe von Belichtungsmessern wird die Helligkeit des Leuchtschirmes herangezogen. Man kann mittels einer Sammellinse den Leuchtschirm auf einen empfindlichen Photo-Belichtungsmesser oder eine Photozelle abbilden. Eine andere Möglichkeit mehr qualitativer Art besteht im visuellen Vergleich mit einer Fläche gleicher Farbe wie die Leuchtschirmemission (Bestrahlung einer gefärbten Mattscheibe oder Anregung eines Hilfsleuchtschirmes durch eine geregelte UV-Quelle, KAESBERG, 1955). Eine Intensitätsmessung des Leuchtschirmes hat den Nachteil, daß im Laufe des Betriebes die Empfindlichkeit durch Fremdstoffschichten (Kontamination) und Schädigung des Leuchtstoffes abnimmt. Daher kann man beim Einsetzen eines neuen Leuchtschirmes einen Sprung in der Helligkeit bis zum zweifachen des alten Schirmes beobachten.

Diese Schwierigkeit wird vermieden, wenn man direkt die Elektronenstrahlintensität mißt. VON ARDENNE (1944) schlug vor, neben dem Leuchtschirm ein lichtempfindliches Selen-Photoelement anzuordnen, welches direkt vom Elektronenstrahl getroffen wird. FREI u. HIRSHFELD (1951) messen die Zeit, in der sich der isolierte Leuchtschirm auf eine bestimmte Spannung aufgeladen hat und HAMM (1951) verwendet einen Kollektor (Scheibe von wenigen mm Durchmesser), der außerdem zur genauen

Intensitätsmessung innerhalb der Bildebene verschoben werden kann und für Aufnahmen ausschwenkbar ist.

Das Optimum stellt eine automatische Belichtungskontrolle dar, bei der auch die Verschlußzeit automatisch betätigt wird. BAHR u. a. (1963) beschreiben einen einfachen elektromagnetischen Verschluß für das Elmiskop I. GÜTTER (1960) gibt ein vollautomatisches Verfahren an, bei dem ein zentraler Teil des Leuchtschirmes isoliert ist. Der Strom wird nach der Verstärkung auf einen Speicherkondensator mit Ableitwiderstand gegeben. Beim Hochklappen des Leuchtschirmes bis zum Anschlag öffnet sich der Verschluß und wird erst geschlossen, wenn der Speicherkondensator einen Vergleichskondensator auf eine bestimmte Spannung aufgeladen hat, durch welche ein Thyratron zünden kann und den Verschluß schließt. Man erreicht mit dieser Anordnung stets, daß $j \cdot t =$ const. Mit dem Entladewiderstand des Speicherkondensators kann die Belichtungszeit auf die Empfindlichkeit des Photomaterials abgestimmt werden.

10.4. Intensitätsmeßmethoden

Die Messung der Intensität (Strahlstromdichte) im Endbild interessiert aus verschiedenen Gründen:

1. Ermittlung der Strahlstromdichte in der Endbildebene, aus der sich durch Multiplikation mit dem Quadrat der Vergrößerung die Strahlstromdichte im Objekt berechnen läßt. Diese Größe ist für die Beurteilung der Objekterwärmung und Objektschädigung (§ 9) von Bedeutung.

2. Messung der Massendickeverteilung in ausgedehnten Objekten (§ 11.3).

3. Bestimmung von Schicht- und Foliendicken aus der Elektronendurchlässigkeit (§ 11.3).

4. Messungen zur Kontraststeigerung von Geweben bei Variation der Fixations- und Kontrastierungsbedingungen.

5. Quantitative Vermessung der Intensitäten in Elektronenbeugungs-Diagrammen.

6. Aufnahme von absoluten Schwärzungskurven photographischer Emulsionen.

Zu 1., (5. und 6.) benötigt man eine Absolutbestimmung der Strahlstromdichte in A/cm², während bei den anderen Punkten Relativmessungen genügen.

Eine absolute Messung ist nur mit dem Faraday-Becher (oder -Käfig) möglich (Abb. 137). Ein Teil des Elektronenstrahles fällt durch eine geerdete Blende und eine zweite etwas größere Öffnung in den Käfig, damit der Rand des Faraday-Bechers nicht getroffen wird. Der Käfig hat die Aufgabe, herausgeschlagene Sekundärelektronen und zurückdiffundierende Primärelektronen zurückzuhalten. Daher muß der

17*

Becher tief genug sein, damit aus der Käfigöffnung nur Sekundärelektronen eines sehr kleinen Winkelbereiches entweichen können. Kohle zeigt eine niedrige Sekundärelektronenausbeute und einen niedrigen Bruchteil an zurückdiffundierenden Primärelektronen. Es empfiehlt sich daher, Faraday-Becher innen mit einer Rußschicht zu überziehen oder mit einer Kohlepulver-Emulsion zu bestreichen. Über einem Ableitwiderstand von 1 Megaohm bis zu 10^{12} Ohm baut sich je nach Größe des Elektronenstromes eine Spannung auf, die elektrometrisch gemessen werden kann. Am besten eignen sich Schwingkondensator-Elektrometer, die kommerziell

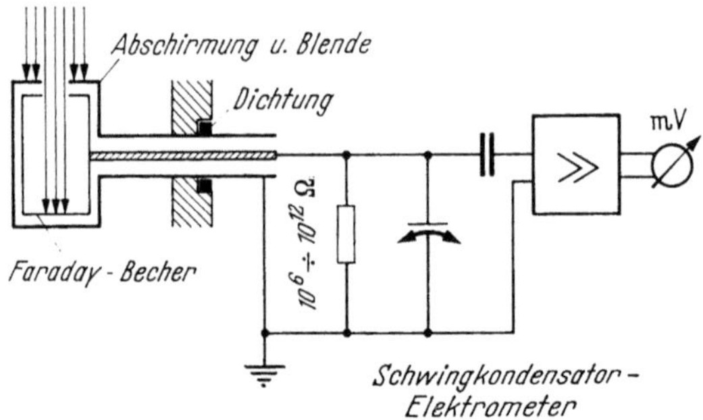

Abb. 137. Messung von Elektronenströmen mit einem Faraday-Becher und Schwingkondensator-Elektrometer

u. a. für den Betrieb von Ionisationskammern hergestellt werden. Ströme von 10^{-12} A lassen sich bei einem Ableitwiderstand von 10^{10} Ohm (10 mV Spannungsabfall) noch mit einer Genauigkeit von 1% messen. Die Zeitkonstante der Aufladung des Schwingkondensators beträgt dabei etwa 1 sec. Noch kleinere Ströme erfordern entsprechend längere Meßzeiten.

Für Relativmessungen der Intensität eignet sich die photographische Schicht. Die Intensität ist aus der Schwärzungskurve zu erhalten. Es ist besonders günstig, mit Schwärzungen unterhalb 0,6—1 (je nach Platte) zu arbeiten, da dann die Schwärzung der Intensität proportional ist. Die Genauigkeit der Intensitätsmessung mit der photographischen Platte wird durch den Schleier und durch die Inhomogenität der Emulsionsempfindlichkeit auf ± 5% begrenzt.

Relative Intensitätsmessungen können auch über die Leuchtschirmhelligkeit erfolgen (s. a. Belichtungskontrolle § 10.3.4). Diese ist streng proportional zur einfallenden Elektronenintensität. Um kleine Objekteinzelheiten zu erfassen, kann man einen Leuchtschirm oder Szintillations-Kristall unterhalb eines Loches oder Schlitzes anbringen und die Lichtintensität mit einem Sekundärelektronenvervielfacher (Photomultiplier) quantitativ erfassen.

Verstärkungen des Elektronenstromes lassen sich ferner direkt durch Bestrahlung von Halbleitern erreichen. TAKAKI u. SUZUKI (1955) führten

Registrierungen von Elektronenbeugungsdiagrammen mit CdS-Kristallen durch, die aber den Nachteil einer großen Zeitkonstante besitzen und Ermüdungserscheinungen zeigen. Eine 12000fache Stromverstärkung bei 80 kV-Elektronen erreichte PFISTER (1957) bei Bestrahlung von $p-n$-Sperrschichten in GaAs.

Literatur zu § 10

ALBERT, L., u. W. JAENICKE: Elektr.mikr. Ladungsbilder. Naturwissenschaften 48, 497 (1961); Z. wiss. Photogr. 55, 154 (1961).

AKASHI, K., T. MASUDA, H. TOCHIGI, K. YAMANOUCHI, and E. IGUCHI: The effect of grain of photogr. emulsion on the resolution of an electr.micr. IV. Internat. Kongr. EM Berlin, Bd. I, 131 (1958).

ARDENNE, M. VON: Einkristall-Leuchtschirme und Übermikr. Z. techn. Phys. 20, 235 (1939).

— Über ein neues Universal-Elektr.mikr. Kolloid-Z. 108, 195 (1944).

— Die informationstheoretische Grenze bei der Abb. lebender Substanz im Elektr.-mikr. und über Möglichkeiten zur Annäherung an die Grenze. IV. Internat. Kongr. EM Berlin, Bd. I, 112 (1958).

— Tabellen zur angewandten Physik, Bd. I, 2. Aufl., Berlin 1962.

AREND, H., R. BROSER-WARMINSKY u. E. RUSKA: Zur Verw. von ZnS-Einkristallen als Leuchtschirme im Elektr.mikr. Z. wiss. Mikr. 62, 46 (1954).

BAHR, G. F., O. SACKERLOTZKY, and E. ZEITLER: Electromagnetic exposure system for Siemens electr.micr. Rev. sci. Instr. 34, 1443 (1963).

BAKER, R. F., E. G. RAMBERG, and J. HILLIER: The photogr. action of electr. in the range between 40 and 212 kV. J. appl. Phys. 13, 450 (1942); 14, 39 (1943).

BECKER, A., u. E. KIPPHAN: Die photogr. Wirkung mittelschneller Kathoden-strahlen. Ann. Phys. 10, 15 (1931).

BORRIES, B. VON: Über die Intensitätsverhältnisse am Übermikr. Phys. Z. 43, 190 (1942); Z. Physik 119, 498 (1942).

— Die energetischen Daten und Grenzen der Übermikr. Optik 3, 321 und 389 (1948).

—, u. M. KNOLL: Die Schwärzung photogr. Schichten durch Elektr. und elektronen-erregte Fluoreszenz. Phys. Z. 35, 279 (1934).

BROSER-WARMINSKY, R., u. E. RUSKA: Hochaufl. Leuchtschirme für die Elektr.mikr. IV. Internat. Kongr. EM Berlin, Bd. I, 104 (1958).

D'ANS, A. M., E. G. BERGANSKY u. G. TOCHTERMANN: Punktauflösung von extrem feinkörnigen und extrem empfindlichen Photoemulsionen. IV. Internat. Kongr. EM Berlin, Bd. I, 127 (1958).

DRECHSLER, M.: Feldemissionsmikr. bei geringen Stromdichten mit Superorthikon-Bildverstärkern. Z. angew. Phys. 13, 445 (1961).

FREI, E. H., and F. L. HIRSHFELD: An exposure meter for the electr.micr. Rev. sci. Instr. 22, 231 (1951).

FRIESER, H., u. E. KLEIN: Die Eigenschaften photogr. Schichten bei Elektronen-bestrahlung. Z. angew. Phys. 10, 337 (1958).

— — u. E. ZEITLER: Das Verh. photogr. Schichten bei Elektronenbestr. II. Z. angew. Phys. 11, 190 (1959).

GLOCKER, R.: Die Abhängigkeit der Reichweite der Elektronen von ihrer Energie. Z. Naturforsch. 3a, 147 (1948).

GÜTTER, E.: Eine Belichtungsautomatik für Elektr.mikr. Proc. Europ. Reg. Conf. EM Delft, Vol. I, 147 (1960).

HAINE, M. E., A. E. ENNOS, and P. A. EINSTEIN: Image intensifier for the electr. micr. J. sci. Instr. 35, 466 (1958).

—, and P. A. EINSTEIN: Image-intensifier. Proc. Europ. Reg. Conf. EM Delft, Vol.I, 97 (1960).

HAMISCH, H., u. L. BINKELE: Hochaufl. Fixierung elektr.- und ionenoptischer Bilder durch Vernetzung organischer Substanzen. Z. angew. Phys. 16, 145 (1963).

HAMM, F. A.: An electr.micr. photometer. Rev. sci. Instr. 22, 895 (1951).

HINDERER, H.: Exp. Unters. über das Auflösungsverm. von Leuchtschirmen. Z. Physik 119, 397 (1942).

KAESBERG, P.: A simple apparature for obtaining uniform exposure in electr.micr. Rev. sci. Instr. 26, 1078 (1955).

KINDER, E.: Die elektrostatische Aufladung des Photomaterials im Elektr.mikr. Z. angew. Phys. 10, 95 (1958).

KOPP, CH., u. G. MÖLLENSTEDT: Eigensch. äußerst feinzeichnender photographischer Emulsionen bei Elektr.-Bestrahlung. Optik 1, 327 (1946).

LEHMPFUHL, G.: Best. des Strichauflösungsvermögen von Photoplatten für Elektronen. Z. Naturforsch. 16a, 716 (1961).

LENZ, F.: Elektronenvielfachstreuung in photogr. Emulsionen. IV. Intern. Kongr. EM Berlin, Bd. I, 125 (1958).

MARTON, L.: On the sensitivity of photogr. emulsions for electrons between 50 and 100 keV. Phys. Rev. 56, 290 (1939).

MÖLLENSTEDT, G., u. V. RAO: Eine kornlose Interferenzfilterplatte zur Registrierung von Röntgen-, Elektr.- und Ionenbildern. Naturwissenschaften 48, 399 (1961).

NIRIKOFF, V. G., J. M. KUSCHNIER, M. M. BUTSLOFF u. G. A. BORDOWSKY: Verw. eines Bildverst. zur Leuchtdichtesteigerung des Bildes im Elektr.mikr. IV. Internat. Kongr. EM Berlin, Bd. I, 103 (1958).

PFISTER, H.: Elektronenbestr. von p-n-Sperrschichten in GaAs. Z. Naturforsch. 12a, 217 (1957).

RAO, N. V.: Organische Folien als Registrierschichten für Korpuskular- und Röntgenstrahlen. Z. angew. Phys. 19, 352 (1965).

SPEIDEL, R.: Kornlose u. höchstaufl. Fixierung von Ionen- u. Elektr.-Bildern. IV. Internat. Kongr. EM Berlin, Bd. I, 110 (1958).

TAKAKI, S., and T. SUZUKI: Intensity measurement in electr.diffr. by means of a CdS single crystal. Acta cryst. 8, 441 (1955).

§ 11. Ermittlung der dritten Dimension von elektronenmikroskopischen Präparaten

11.1 Schrägbeschattung

Oberflächenabdrücke werden in der Regel schräg beschattet, um einen räumlichen Eindruck von der Objektoberfläche zu erhalten. Aus der Erfahrung vermag das Auge durch die Schattenbildung einen plastischen Eindruck des Objektes zu vermitteln. Eine quantitative Auswertung von schräg beschatteten Präparaten wird selten durchgeführt. Es sollen im folgenden an Hand einiger Beispiele die Möglichkeiten und Schwierigkeiten diskutiert werden, aus Schrägbeschattungen auf die Ausdehnung des Objektes in der dritten Dimension zu schließen.

Die Ermittlung der Objekthöhe h aus der Schattenlänge l und dem Bedampfungswinkel β oder den bei der Montage in der Bedampfungsapparatur einstellbaren Längen H und L wurde von MÜLLER (1942) vorgeschlagen (Abb. 138)

$$h = \frac{H}{L} l = l \, \mathrm{tg} \, (90 - \beta) \, . \tag{11.1}$$

Die Schwierigkeit liegt zunächst in der Bestimmung des Punktes von dem aus die Schattenlänge l zu messen ist. Bei Oberflächen- oder Hüllabdrücken kleiner Teilchen läßt sich dieser Punkt als Schattengrenze festlegen. Bei undurchstrahlbaren Objekten bestehen jedoch Schwierigkeiten.

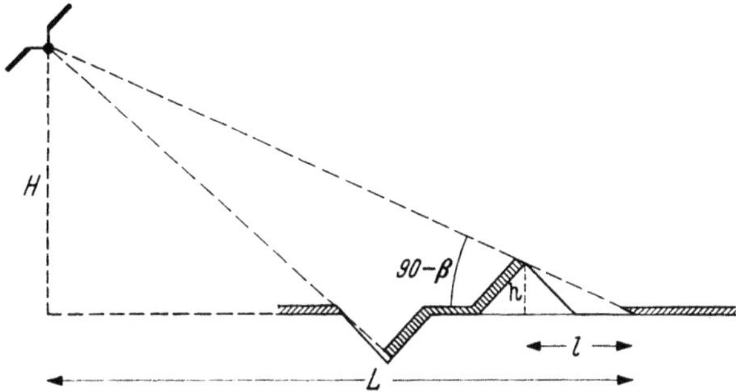

Abb. 138. Ermittlung der Objekthöhe aus dem Schattenwurf bei einer Schrägbeschattung

Der evtl. Fehler wird um so kleiner, je größer der Bedampfungswinkel β ist. Man darf diesen aber nicht zu groß wählen (etwa mit streifendem Einfall nahe $\beta = 90°$), da dann die Beschattungsfilme eine besondere Eigenstruktur zeigen können (KÖNIG u. HELWIG, 1950; REIMER, 1957). Bei Objekthöhen unter 100 Å wird die Höhenmessung sehr ungenau (Viren, Makromoleküle, Gleitlinien auf Metalloberflächen) (s. Abb. 173 und 240). Es können dann durch die endliche Dicke des Beschattungsfilmes auch in der Präparatebene zu große Dimensionen gefunden werden. Die Dimension eines kugelförmigen Teilchens verlängert sich in der Aufdampfrichtung, aber auch in der dazu senkrechten Richtung (s. MISRA u. a., 1962). BAYLEY (1962) weist darauf hin, daß in konventionellen Aufdampfanlagen leicht Kontaminationsfilme von etwa 25 Å entstehen können (spez. durch die organischen Dämpfe von Dichtungen und Pumpölen). Das einseitige Anwachsen der Objektdimensionen kann auch durch Kegelbedampfung herabgesetzt werden, wie die Untersuchungen von KLEINSCHMIDT u. a. (s. § 23.3.2) an DNS-Fäden zeigten. Nach Untersuchungen von BETHGE (1963) können an Stufen atomarer Höhe Verfälschungen des gewohnten Schattenbildes auftreten. Durch Dekorationseffekte kann sich an einer Stufe eine Kristallitkette bevorzugt kondensieren, so daß aus Schattenlängen dann keine Informationen mehr zu gewinnen sind.

Ferner ist in (11.1) der wahre Winkel β, unter dem ein Objekt beschattet wird, nicht unbedingt gleich dem durch die Beschattungsgeometrie vorgegebenen Winkel. Vom Objekt her kann örtlich die Oberfläche verschiedene Neigung zum Dampfstrahl haben. Oberflächenabdrücke — insbesondere Matrizenabdrücke aus organischen Substanzen — neigen zu einer Kräuselung und lassen sich bei der Beschattung nicht exakt eben auf einer glatten Unterlage aufkleben. Wird ein Abdruck beschattet,

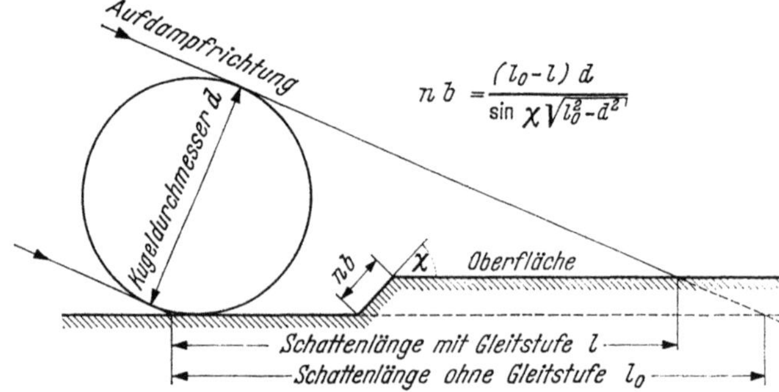

$$n\,b = \frac{(l_0 - l)\,d}{\sin \chi \sqrt{l_0^2 - d^2}}$$

Abb. 139. Ermittlung einer Stufenhöhe (Gleitschritt) aus der Verkürzung des Schattens von Polystyrolkugeln von l_0 auf l (nach BERNER, 1960)

welcher bereits auf einem Trägernetz präpariert ist, so ist zu berücksichtigen, daß dieser in den Netzmaschen stark durchhängt. Wegen der endlichen Ausdehnung des Abdruckes und bei gleichzeitiger Beschattung mehrerer Abdrücke ist der Bedampfungswinkel ebenfalls örtlich verschieden.

Die so verursachten Unsicherheiten lassen sich durch das Aufbringen von Latexkugeln umgehen. Da die Höhe der Kugeln gleich dem meßbaren Durchmesser ist, ist die Länge des Schattens ein eindeutiges Maß für die Neigung der betreffenden Fläche zum Dampfstrahl. Die Beschattungsrichtung läßt sich hiermit auch erkennen. Latex-Kügelchen stehen in dem Größenbereich von $0,1-1$ μ zur Verfügung. Hinreichend verdünnte Emulsionen lassen sich entweder eintrocknen oder durch einen Ultraschallnebler aufsprühen.

Latexteilchen erlauben außerdem bei geschickter Anwendung eine vielseitige Möglichkeit zur quantitativen Vermessung von Oberflächenabdrücken. Diese läßt sich noch durch quantitative Kontrastmessungen erweitern, da die Schichtdicke des Beschattungsfilmes ebenfalls von der Neigung der Flächennormalen zum Dampfstrahl abhängt. Als Beispiel der Latexmethode sei auf die Vermessung von Gleitstufenhöhen hingewiesen (WILSDORF u. FOURIE, 1956; BERNER, 1960; MADER, 1963). Abb. 139 demonstriert, wie man aus der Verkürzung $l_0 - l$ des Schattens auf die Gleitstufenhöhe schließen kann, wenn der Schatten über eine derartige Stufe läuft und man in der Nachbarschaft einen ungestörten Schatten der Länge l_0 vorfindet.

11.2. Stereoabbildungen

Die Möglichkeit von elektronenmikroskopischen Präparaten, insbesondere Oberflächenabdrücken, Stereoabbildungen anfertigen zu können, beruht auf der relativ großen Tiefenschärfe bei der elektronenmikroskopischen Abbildung (§ 2.2). Zur Herstellung eines Stereobildpaares muß das Objekt in zwei Richtungen durchstrahlt werden. Dies kann a) durch Neigen des Strahlsystemes oder b) durch Kippen des Objektes um eine zum Strahl senkrechte Achse erfolgen. Die erste Möglichkeit wurde von MÖLLENSTEDT u. HEISE (1949) zur Konstruktion eines Stereomikroskopes ausgenutzt, bei dem durch zwei gegeneinander geneigte Strahlsysteme auf dem Leuchtschirm zwei Bilder nebeneinander erzeugt werden, die dann direkt mit einer Stereolupe betrachtet werden können. Für die praktische Anwendung in Routinemikroskopen hat sich die letzte Möglichkeit als zweckmäßig erwiesen, bei der die Kippung (etwa $\pm 5°$ und mehr) in speziellen Objektpatronen (§ 2.3) erfolgt. Die Kippachse soll dabei möglichst genau durch die Objektebene und durch die optische Achse des Instrumentes gehen (s. u.). Diese Bedingung erfüllt nur ein von RÜHLE (1949) konstruierter Bewegungsmechanismus. In den kommerziellen Mikroskopen liegt die Kippachse in der Objektebene fest und wird bei der Präparatverschiebung relativ zur optischen Achse des Gerätes verschoben.

Das theoretische Problem zur Ermittlung der räumlichen Ausdehnung aus dem Aufnahmepaar läßt sich folgendermaßen umreißen: Von dem räumlichen Objekt in einer x, z-Ebene und Erhebungen in der y-Richtung liegen zwei ebene Bilder mit den Koordinaten X^+, Z^+ bzw. X^-, Z^- aus den Aufnahmen unter Kippwinkeln $\pm \Theta$ vor. Aus diesen soll die räumliche Erstreckung des Objektes in y-Richtung rekonstruiert werden. Als Ausgangspunkt sei die Beziehung

$$X = V_0 l_0 \frac{h}{l} \tag{11.2}$$

aufgestellt, welche aus dem Strahlensatz leicht zu ersehen ist (Abb. 140). Darin bedeuten h der Abstand von der optischen Achse im Objekt und X derselbe im Bild, l ist der Abstand von der Objektivlinse. Im normalen Arbeitsabstand l_0 betrage die Vergrößerung V_0, bei einem Abstand l also $V_0 l_0 / l$. Bei der Aufnahme des Bildpaares wird so verfahren, daß ein markanter Punkt P_0 des Objektes in der Bildmitte liegt. Um die Stufenhöhe Δy zu vermessen, sucht man ebenfalls nach gut erkennbaren

Punkten P_1 unterhalb und P_2 oberhalb der Stufe. Es sei angenommen, daß die Kippachse A um x_a von der optischen Achse entfernt liegt. Die l, h-Koordinaten in den beiden Objektstellungen ($\pm$) lauten dann:

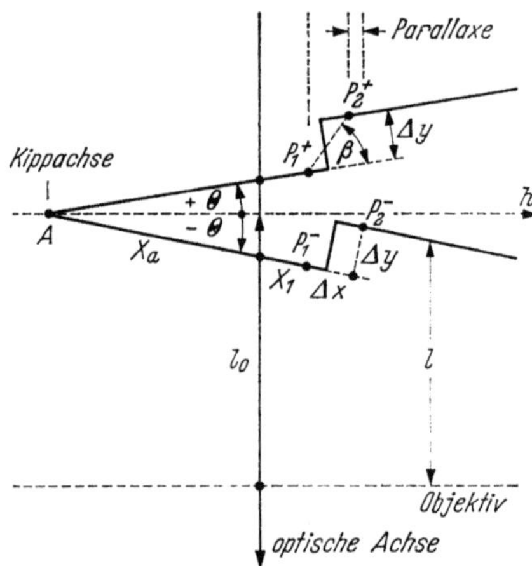

Abb. 140. Geometrische Beziehungen für die Ableitung der Formeln zur Auswertung von Stereoaufnahmen

$$P_1^+ : ([l_0 + (x_a + x_1)\sin\Theta],\ x_1\cos\Theta)$$

$$P_1^- : ([l_0 - (x_a + x_1)\sin\Theta],\ x_1\cos\Theta)$$

$$P_2^+ : ([l_0 + (x_a + x_1 + \Delta x)\sin\Theta + \Delta y\cos\Theta],$$

$$[(x_1 + \Delta x)\cos\Theta - \Delta y\sin\Theta]) \tag{11.3}$$

$$P_2^- : ([l_0 - (x_a + x_1 + \Delta x)\sin\Theta + \Delta y\cos\Theta],$$

$$[(x_1 + \Delta x)\cos\Theta + \Delta y\sin\Theta]).$$

Auf den Platten fallen die zu vermessenden Strecken $\Delta X^+ = X_2^+ - X_1^+$ und $\Delta X^- = X_2^- - X_1^-$ verschieden aus. Unter der Parallaxe p versteht man die Differenz dieser Strecken

$$p = \Delta X^- - \Delta X^+. \tag{11.4}$$

Setzt man in diese Beziehung unter Benutzung von (11.2) die l, h-Koordinaten (11.3) ein, so erhält man nach Garrod und Nankivell (1958, 1959) und Nankivell (1963):

$$p = 2V_0\Delta y\sin\Theta + \frac{2V_0}{l_0}\Delta x(x_a + x_1 + x_2)\sin\Theta\cos\Theta +$$

$$+ \frac{2V_0}{l_0}\Delta y^2\sin\Theta\cos\Theta + \ldots \tag{11.5}$$

Da der erste Term rechts die anderen überwiegt, kann man nach der gesuchten Größe Δy in folgender Weise auflösen:

$$\Delta y = \frac{p}{2V_0 \sin \Theta} + \left[\underbrace{\frac{\Delta x (x_a + x_1 + x_2)}{l_0} \cos \Theta}_{\text{(Kippfehler)}} + \underbrace{\frac{\Delta y^2}{l_0} \cos \Theta + \ldots}_{\text{(Perspektivischer Fehler)}}\right]$$

$$= \frac{p}{2V_0 \sin \Theta} + (\Delta y)_K + (\Delta y)_P. \tag{11.6}$$

Zu der Formel ohne die angeführten Fehler kommt man auch, wenn man annimmt, daß die Abbildung eine vergrößerte „Parallelprojektion" darstellt (GOTTHARDT, 1942; HEIDENREICH u. MATHESON, 1944; HELMCKE u. Mitarb., 1951, 1954, 1955). Die beiden Korrekturen entstehen nach obiger Ableitung durch die verschieden große Abbildung der beiden Stereobilder (Kippfehler) bzw. dadurch, daß in jedem Teilbild die vorderen Objektteile größer abgebildet werden als die hinteren (Perspektivischer Fehler).

Betrachtet man diese beiden Fehler als prozentuale Fehler, so ergibt sich

$$f_P = \frac{100 \Delta y}{l_0} \cos \Theta \; [\%]. \tag{11.7}$$

Ist z. B. $\Delta y = 2$ μ, $2\Theta = 10°$, $l_0 = 2{,}5$ mm, so folgt $f_p = 0{,}08\%$. In der Praxis ist also der perspektivische Fehler zu vernachlässigen. Die Beziehung

$$f_K = 100 \frac{\Delta x}{\Delta y} \frac{(x_a + x_1 + x_2) \cos \Theta}{l_0} \; [\%] \tag{11.8}$$

zeigt jedoch, daß der Kippfehler nicht zu vernachlässigen ist, insbesondere wenn x_a groß ist, d. h. die Kippachse nicht die optische Achse schneidet. Aus Abb. 140 ersieht man, daß dann das Objekt in den beiden Stellungen in weit getrennten Ebenen liegt. Unter Umständen ist dann bei der 2. Aufnahme eine erneute Fokussierung erforderlich, die auf jeden Fall 2 Teilbilder mit verschiedener Vergrößerung liefert. $\Delta x/\Delta y$ ist der ctg des „scheinbaren Profilwinkels" β. Die Stufe kann z. B. einen derartigen Böschungswinkel wirklich besitzen oder es liegen oberhalb und unterhalb der Stufe nur bei P_1 und P_2 scharfe Objektdetails, welche eine hinreichend genaue Parallaxenmessung gestatten. Man sieht, daß für den Fall $\Delta x = 0$, wenn $\beta = 90°$ oder P_2 genau über P_1 liegt, der Kippfehler verschwindet. Sei $\Delta x/\Delta y = 1 \, (\beta = 45°)$ und $x_a = 0$, so ist bei einer Bildbreite von 5 cm und 5000facher Vergrößerung der Maximalwert von x_1 bzw. x_2 10 μ und damit $f_K = 0{,}8\%$. Geht jedoch die Kippachse durch die Mitte eines Objektträgers und beobachtet man am Objektrand in $x_a = 1$ mm Abstand, so wird $f_K = 40\%$! Das Verhältnis der Vergrößerungen der Teilbilder beträgt in diesem Fall $V^-/V^+ = 1{,}07$. Im übrigen führt der Kippfehler dazu, daß sich das Bild nach der Rekonstruktion schräg in den Raum erstreckt. Falls man viele Punkte oberhalb und unterhalb der

Kante vermißt, so steigen die zugehörigen Δy-Werte an. Man erhält mit den Punkten oberhalb und unterhalb parallele Geraden, deren Abstand auch gleich der Stufenhöhe ist. Um auf diese Weise den Kippfehler zu eliminieren, ist also ein wesentlich größerer Meßaufwand nötig.

Bei der räumlichen Rekonstruktion eines Objektes ist also ein Vergrößerungsausgleich erforderlich (HELMCKE, 1955). Das Vergrößerungsverhältnis kann durch Ausmessung in der parallaxenfreien z-Richtung erhalten werden. WELLS (1960) gibt eine Korrekturformel an, mit der aus 2 Bildpunktkoordinaten $(X_1^{\pm}, Z_1^{\pm})$ und $(X_2^{\pm}, Z_2^{\pm})$ das Verhältnis V^-/V^+ mit 1% Genauigkeit bestimmt werden kann.

Weitere Fehlerquellen sind ausführlich von HELMCKE u. ORTHMANN (1954) und NANKIVELL (1963) diskutiert. Nach (11.6) ist besonders der Konvergenzwinkel Θ genau zu ermitteln. Hierfür stehen folgende Möglichkeiten zur Verfügung:

a) Wenn das Objekt seitlich in das Elektronenmikroskop eingeschoben wird, kann von außen der Drehwinkel der Achse genau vermessen werden. Wird das Objekt von oben in das Objektiv eingeschleust, so erfolgt die Kippung durch einen Hebelmechanismus. Spannt man in die Objektpatrone eine spiegelnde Scheibe, so kann man den genauen Konvergenzwinkel durch Lichtreflexion ermitteln und die Reproduzierbarkeit kontrollieren.

b) Mit Testobjekten bekannter Abmessung läßt sich aus (11.6) der Konvergenzwinkel berechnen. BURKHARDT (1955) schlägt die Benutzung würfelförmiger Kristalle vor und GROTHE u. a. (1958) verwenden hierfür Kohlehüllabdrücke von Polystyrolkugeln.

c) KLEINN (1961) präpariert auf die gleiche Objektträgerblende Kristallblättchen, welche ein Kikuchi-Beugungsdiagramm zeigen. In den beiden Objektstellungen wird der Konvergenzwinkel aus der Verschiebung der Kikuchi-Linien gegenüber dem Primärfleck oder einem scharfen Beugungsreflex ermittelt (s. a. HEIMENDAHL u. a., 1964). Die Genauigkeit beträgt $\pm 0,03°$.

In magnetischen Elektronenmikroskopen ergibt die Bilddrehung eine Unsicherheit in der Lage der Basisrichtung (X-Achse). Um die beiden Stereoaufnahmen richtig orientieren zu können (Verbindungslinie der Bildmittelpunkte in X-Richtung), muß dieser Drehwinkel für verschiedene Vergrößerungen experimentell ermittelt werden. Hierzu sind verschiedene Verfahren vorgeschlagen. HEIDENREICH u. MATHESON (1944) spannen einen Faden über die Objektblende parallel zur Basislinie, von dem die Richtung im Endbild vermessen werden kann. Objektnetze mit koordinatenartigen Verstärkungen, Schlitzblenden usw. erfüllen den gleichen Zweck. MILLER u. SHARPE (1956) benutzen hierfür den Oberflächenabdruck eines Beugungsgitters (Abb. 40a). Einen anderen Weg geht RÜHLE (1949), bei dem außer den beiden Stereoaufnahmen auch eine dritte Aufnahme mit Doppelbelichtung gemacht wird, wobei zwischen den Einzelbelichtungen das Objekt mit einem einzigen der beiden Objekttriebe um eine kleine Strecke verschoben wird. Man muß dabei berücksichtigen, daß in der Regel Antriebsrichtung und Basislinie nicht parallel sind (z. B. 45° im Siemens-Elmiskop I). Am zweckmäßigsten macht man in magnetischen Mikroskopen die Aufnahmen bei einer Standardvergrößerung, für welche die Bilddrehung gerade 90° beträgt, damit wieder die Basisrichtung zu einer Plattenkante parallel liegt. Die Genauigkeit der Basislinienorientierung ist nicht sehr kritisch, da z. B. ein Fehler von 5° nur einen Fehler von 0,4% in der Parallaxe hervorruft (bei 20° dagegen schon 5%). Man kann die Bilddrehung auch auf rechnerischem Wege erhalten, wenn man in (1.18) das Linienintegral der Kraftflußdichte B nach der 1. Maxwellschen Gleichung durch die Amperewindungszahl I der Linsenspule ersetzt

$$\int_{-\infty}^{+\infty} B(z)\,dz = \mu_0 I = \mu_0 n\, I_{Obj}\,, \tag{11.9}$$

($\mu_0 = $ Permeabilität des Vakuums, $n = $ Windungszahl (vom Hersteller zu erfahren), $I_{Obj} = $ Linsenstrom).

Die Auswertung von stereoskopischen Bildpaaren kann qualitativ mit einer Stereobetrachtungslupe erfolgen. Dabei ist zu beachten, daß die Parallaxe nicht zu groß wird (HELMCKE, 1954). Nach der Lücherschen Beziehung ist das Auge nämlich nur bis zu einem Parallaxenwinkel von 70′ in der Lage, den Stereoeindruck zu erzeugen. Bei größeren Parallaxen tritt Bildzerfall ein. Bei 250 mm (deutliche Sehweite) bedeutet dies eine maximal zulässige Parallaxe von 5 mm, oder bei $\Theta = \pm\, 5°$, $V_0 = 10000$ einen zulässigen Höhenunterschied von 3 μ.

Eine quantitative Bildauswertung kann mit steigenden Ansprüchen an die Genauigkeit mit einem einfachen Meßlineal, einem Komparator, einem Stereo-Auswertegerät (POHLMANN und AHREND, 1959) oder einem eigens für die Kartierung elektronenmikroskopischer Stereobilder entwickelten Gerätes — Elmigraph — erfolgen (BURKHARDT, 1955).

Für viele Anwendungen der Stereomikroskopie interessiert die kleinste noch nachweisbare Höhendifferenz. Es gilt

$$\Delta y_{\min} = \frac{\Delta x_{\min}}{2\sin\Theta}\,, \tag{11.10}$$

$\Delta x_{\min}$ bedeutet den kleinsten nachweisbaren Unterschied im Abstand zwischen zwei Objektpunkten. Nach NANKIVELL (1962) kann unter günstigen Kontrastbedingungen diese Größe kleiner als das Auflösungsvermögen sein. Für $\Delta x_{\min} = 10$ Å und $\Theta = 5°$ ist z. B. $\Delta y_{\min} = 58$ Å. Eine Verbesserung im Nachweis kleiner Höhenunterschiede kann man durch Vergrößerung von Θ erhalten. HEIDENREICH und MATHESON (1944) und MARTON (1944) beschreiben Anordnungen mit denen $\pm\, 10°$ zu erreichen ist. WILLIAMS u. KALLMAN (1955) versuchen sogar mit $\Theta = \pm 30°$ die Dicke von Ultradünnschnitten zu ermitteln, indem Objektpunkte an der Schnittober- und Unterseite vermessen werden.

Abb. 141 zeigt ein Anwendungsbeispiel der Stereomikroskopie auf Oberflächenabdrücke von Ätzgruben auf LiF-Spaltflächen. Die pyramidenförmigen Ätzgruben sollen bevorzugt an Versetzungen auftreten. Die Grundkanten der Pyramiden liegen parallel zu den Würfelkanten (100-Richtungen). Es lag daher die Vermutung nahe, daß die Pyramidenflächen {110}-Flächen sind. Dann müßte der Scheitelwinkel an der Spitze

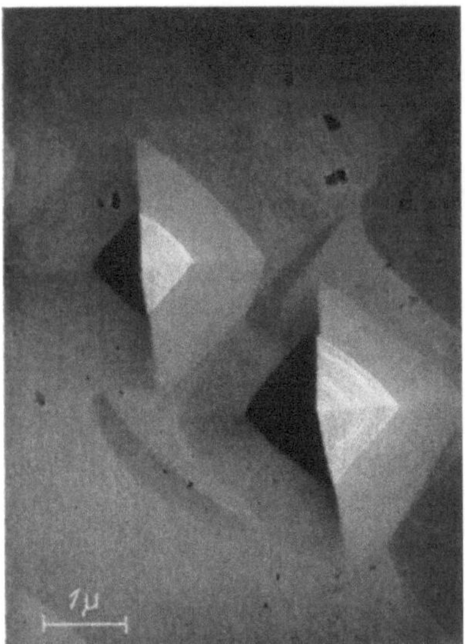
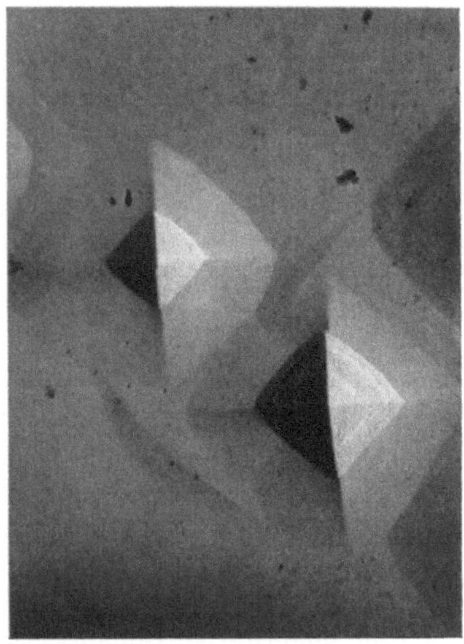

Abb. 141. Ätzgruben auf einem LiF-Kristall (Pt-C-Abdruck), Stereopaar mit einem Kippwinkel $\pm 6°$

zwischen zwei gegenüberliegenden Flächen 90° betragen. Die stereoskopische Auswertung ergab aber, daß die Gruben wesentlich flacher sind (Scheitelwinkel 135°). Da die Oberfläche unter einem Winkel $\beta = 60°$ zur Oberflächennormalen mit Platin vorbeschattet wurde, stimmen die Kontrastverhältnisse auch befriedigend mit diesem Ergebnis überein.

Es sei noch darauf hingewiesen, daß bei kristallinen Objekten Strukturen durch Braggsche Reflexion entstehen, die nicht auf Dickenunterschieden des Präparates beruhen (§ 8.2). Sie verändern bei Kippung um kleinste Winkel ihre Lage bzw. verschwinden sogar, während an anderen Stellen neue Strukturen auftauchen. Ein solches Beispiel ist in Abb. 142 gezeigt. Bei einer Betrachtung im Stereomikroskop können diese Bildstrukturen daher nicht zu einem räumlichen Eindruck zusammengesetzt werden. Sie bleiben in der Bildebene liegen. Das Wandern dieser Strukturen bei einer Kippung des Präparates spielt eine Rolle bei der Abbildung von Kristallbaufehlern (§ 8.3). Allerdings benötigt man hierfür Goniometer mit Kippmöglichkeiten in zwei zueinander senkrechten Richtungen (§ 2.3).

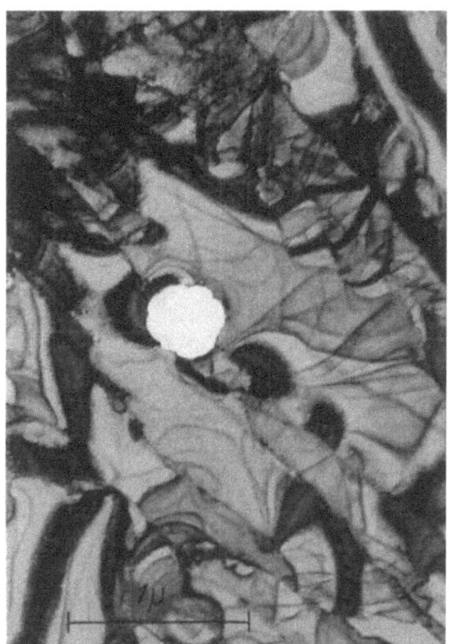

Abb. 142. Interferenzschlieren (Extinktionskonturen) in einer Antimon-Aufdampfschicht auf Formvar. Stereopaar mit einer Kippwinkeldifferenz von 1° zwischen den Aufnahmen zur Demonstration der Schlierenwanderung

11.3 Quantitative Kontrastmessungen

In § 6.5. wurde dargelegt, daß man unter bestimmten Bedingungen aus dem Kontrast auf die Massendicke ϱD des Objektes schließen kann. Dadurch ist die Erfassung der 3. Dimension eines elektronenmikroskopischen Präparates im erweiterten Sinne möglich. Es ergeben sich z. B. folgende Anwendungsmöglichkeiten:

1. Bestimmung der Dicke von Trägerfolien, Ultradünnschnitten, Beschattungsfilmen, Aufdampfschichten oder bei bekannter Dicke eine Ermittlung der mittleren Dichte.

2. Messung der Massenverteilung in ausgedehnten biologischen Objekten, z. B. Viren, Bakterien oder isolierten Zellbestandteilen.

3. Quantitative Erfassung einer Kontrastierung biologischer Objekte, speziell in Form von Dünnschnitten.

Bei der Dickenbestimmung von Schichten und bei der Massendickenbestimmung organischer Präparate, welche auf Trägerfolien aufgebracht sind, ist es von Vorteil, daß der Kontrast additiv ist, solange jedenfalls keine Mehrfachstreuung auftritt (§ 6.5). Mit I_0 als Bildintensität ohne

Objekt (Abb. 143a), I_F mit Formvar-Trägerfolie und I_{Obj} mit Objekt und Trägerfolie ergeben sich die Beziehungen (§ 6.5):

$$\text{a)} \quad I_F = I_0 e^{-c'\,(\varrho\, D)_F}; \quad K_F = c\,(\varrho D)_F$$

$$\text{b)} \quad I_{Obj} = I_0 e^{-c'\,[(\varrho\, D)_F + (\int \varrho\, dD)_{obj}]} = I_F e^{-c'\,(\overline{\varrho d})_{obj}}$$

$$\text{c)} \quad K_{Obj+F} = c\,[(\varrho D)_F + \overline{(\varrho D)}_{Obj}] = K_F + K_{Obj}$$

$$\text{d)} \quad K_{Obj} = \log \frac{I_F}{I_{Obj}} = c\,\overline{(\varrho D)}_{Obj}.$$

$$(11.11)$$

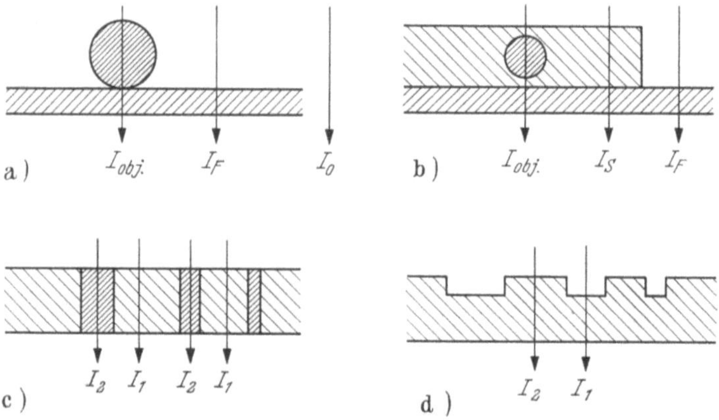

Abb. 143a—d. Zur Berechnung der Massendicke aus der Elektronendurchlässigkeit

Wird ein zusammengesetztes Objekt vom Elektronenstrahl durchsetzt, so ist der Kontrast also additiv (11.11c). Man benötigt bei einer homogenen Trägerfolie zur Massendickenbestimmung des Objektes nicht die Intensität I_0 ohne Folie, sondern nach (11.11d) nur I_F und I_{Obj}. Dies gilt auch, falls z. B. in einem Dünnschnitt ein Objekt größerer Dichte (etwa durch Kontrastierung) eingebettet ist (Abb. 143b). Aus $K_s = \log(I_F/I_S)$ $= c\,(\varrho D)_S$ erhält man die Massendicke des Schnittes und aus $K_{Obj} = \log(I_F/I_{Obj}) = c\,(\varrho D)_{Obj}$ kann wegen der konstanten Dicke D das Verhältnis ϱ_{Obj}/ϱ_S erhalten werden.

Falls jedoch das Objekt aus Teilen mit verschiedener Massendicke $(\varrho D)_1$ und $(\varrho D)_2$ besteht, die nebeneinander liegen, sei es, daß die Dichte verschieden ist (Abb. 143c) oder die Dicke (Abb. 143d) bzw. beides, und kann man bei den Durchlässigkeitsmessungen nur über größere Flächen mitteln, weil der Photometerspalt sich aus Intensitätsgründen nicht weiter schließen läßt oder weil die Trennung nicht aufgelöst ist, so addieren sich nicht wie oben die Kontraste sondern die Intensitäten

$$I_{ges} = \frac{I_1 F_1 + I_2 F_2}{F_1 + F_2} = \frac{I_0}{F_1 + F_2}\{F_1 e^{-c'\,(\varrho\, D)_1} + F_2\, e^{-c'\,(\varrho\, D)_2}\}. \quad (11.12)$$

Die aus $K = \log(I_0/I_{ges})$ bestimmte Massendicke ist dann stets kleiner als

die wahre mittlere Massendicke. Die im nächsten § beschriebene Wägungsmethode nach BAHR und ZEITLER vermag jedoch auch an diesen Objekten
eindeutige Aussagen zu liefern.

Die Kontrastmessungen können mittels der Schwärzung photographischer Platten oder durch punktweises Abtasten der Intensität im

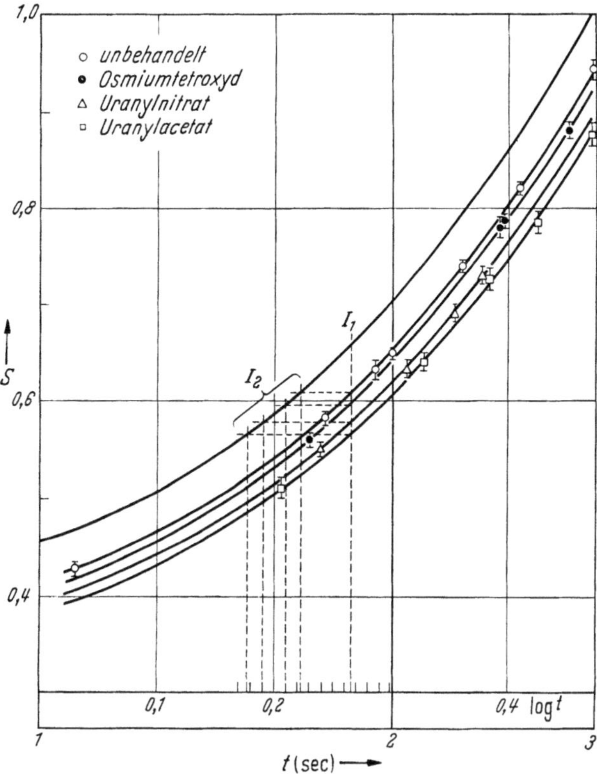

Abb. 144. Quantitative Messung der Kontrasterhöhung von eingetrockneten Tabakmosaikviren mit
verschiedenen Kontrastierungsmitteln gegenüber dem unbehandelten Zustand (nach AMELUNXEN, 1959).
S = Schwärzung, t = Belichtungszeit der Photoplatte bei der Aufnahme der Schwärzungskurve

Endbild erfolgen. Es ist ein Vorteil der photographischen Methode, daß
man die Bilder auf Platten oder Filmen fixieren kann, um sie zu einer
beliebigen Zeit ausphotometrieren zu können. Eine direkte Intensitätsmessung kleiner Bilddetails im Endbild ist zeitraubender und kann wegen
der längeren Bestrahlungszeit zu starken Kontaminationen führen. Sie
bewährt sich dagegen für die schnelle Ermittlung von Schichtdicken.

Bei der photographischen Methode erhält man eine optimale Elimination der Fehler und eine gute Mittelwertbildung mit einem von AME
LUNXEN (1959) angewandten Verfahren zur Messung der Kontrasterhöhung von Tabakmosaikviren nach Behandlung mit verschiedenen

Kontrastierungsmitteln (Abb. 144). Es wurde auf einer Platte durch sukzessives Vorziehen und Belichten mit gleichen Zeiten ein Schwärzungskeil belichtet und die Schwärzungskurve gezeichnet (obere Kurve in Abb. 144). In mehreren Aufnahmen der Viren mit verschiedenen Grundschwärzungen der Photoplatte wurde die Schwärzung der reinen Formvarfolie S_1 und die Schwärzung S_2 der Viren gemessen. Vom Wert S_1 auf der Schwärzungskurve wurde dann in Abb. 144 vertikal nach unten S_2 aufgetragen. Durch die so für verschiedene Grundschwärzungen S_1 erhaltenen S_2-Werte kann man eine Kurve parallel zur Schwärzungskurve ziehen. Die Verschiebung der Kurven parallel zur Zeitachse ist ein direktes Maß für den Kontrast der Viren.

Weitere Versuche zur Verteilung der Massendicke in organischen Präparaten wurden von KRÜGER-THIEMER (1953, 1955) an Bakterien, DE und SADHUKHAN (1958) an Zellmembranen, HALL (1955) ebenfalls an TMV und von SILVESTER u. BURGE (1959) an Dünnschnitten von Spermien durchgeführt. Es sei darauf hingewiesen, daß alle organischen Substanzen einen mehr oder weniger starken Massenverlust unter Elektronenbeschuß erleiden (§ 9.2). Bei der Interpretation der Ergebnisse muß dies berücksichtigt werden, indem man den Ergebnissen der Massendicke keine absolute Bedeutung beimißt. Die Methode ist weniger bedenklich bei Vergleichsmessungen an verschiedenen Objekten oder nach verschiedener Kontrastierungsbehandlung, weil dann unter Umständen die gleichen Massenverluste auftreten.

Am Beispiel einer Kontrastmessung von Mitochondrienmembranen sei die Informationsmöglichkeit der Kontrastmessung für Dünnschnitte erläutert (Tab. 11.1). Der Massenverlust von Vestopal beträgt höchstens 10% und ist vernachlässigt worden. Dagegen zeigt die 2. Messung mit Methacrylat als Einbettungsmittel deutlich den Einfluß eines flüchtigen Einbettungsmittels auf den Kontrast im Endbild. Außerdem ist vorausgesetzt, daß der Eigenkontrast der Membran (ohne OsO_4-Fixation) zu

Tabelle 11.1. *Quantitative Kontrastmessungen an Mitochondrienmembranen* (REIMER, *1961; unveröff.*) *(60 kV, 20 μ-Aperturblende, Siemens-Elmiskop I, c = 0,035 μg^{-1}cm^2) K_S = Kontrast des Schnittes, K_M = Kontrast der Membran)*

1. Vestopal-Einbettung, OsO_4-Fixation
   $K_S = 0,11 — 0,12$
   $K_M = 0,16 — 0,19$ $K_M/K_S = 1,5$
   Die Dichteerhöhung um den Faktor 1,5 läßt auf etwa 1 Os-Atom auf 30 C-Atome schließen.
2. Methacrylat-Einbettung, OsO_4-Fixation
   $K_S = 0,05 — 0,07$ (etwa 50% Massenverlust)
   $K_M = 0,13 — 0,15$ $K_M/K_S = 2,4$
3. Vestopal-Einbettung, OsO_4-Fixation + Pb-Azetat-Nachkontrastierung
   $K_S = 0,085 — 0,095$
   $K_M = 0,26 — 0,27$ $K_M/K_S = 3,0$
   Die Dichterhöhung um den Faktor 2 gegenüber reiner OsO_4-Fixation (1) läßt auf den zusätzlichen Einbau von etwa 1 Pb-Atom auf 10 C-Atome schließen.

vernachlässigen ist, weil die Dichteunterschiede gering sind. Man könnte diesen Kontrastwert erhalten, wenn man etwa mit Formalin oder Glutaraldehyd fixiert. Da unter Umständen gegenüber einer Os-Fixation unterschiedliche Schrumpfungs- bzw. Quellungserscheinungen auftreten können, erhielte man damit aber auch keine zuverlässigen Werte über den Eigenkontrast der Membran. Das Beispiel zeigt aber deutlich, daß man den Os-Gehalt und auch den Gehalt an Pb-Atomen bei einer zusätzlichen Pb-Azetatkontrastierung (3. Messung) gut abschätzen kann. Es wurden Bestrahlungs- und Beobachtungsbedingungen gewählt (60 kV, $\alpha_0 = 4 \cdot 10^{-3}$), bei denen der Kontrast nach § 6.5 von der Ordnungszahl weitgehend unabhängig ist und so eine Massendickenbestimmung erlaubt.

11.4. Wägungsmethode nach BAHR und ZEITLER

Nach § 11.3 ist es möglich, durch quantitative Kontrastmessungen die Massendicke punktweise zu vermessen. Damit wäre eine Massenbestimmung (Wägung) eines ausgedehnteren Objektes möglich, wenn man längs paralleler Linien photographische Aufnahmen registriert und graphisch integriert. Eine Bestimmung der Gesamtmasse ist aber nach einem von ZEITLER und BAHR (1962), BAHR u. ZEITLER (1965) vorgeschlagenen Verfahren wesentlich einfacher. Der Grundgedanke besteht darin, daß bei schwach belichteten Platten (Schwärzung proportional zur Intensität) der logarithmische Zusammenhang zwischen Schwärzung und Lichtdurchlässigkeit und andererseits der exponentielle Zusammenhang zwischen Intensität und Massendicke sich so überlagern, daß die Lichtdurchlässigkeit linear mit der Massendicke zusammenhängt. Dies soll im folgenden näher ausgeführt werden:

I_{Obj} sei die Bildintensität an einer Objektstelle, I_F die der Formvar-Trägerfolie. Dann ergibt sich aus der Beziehung (6.22), (6.30) und (11.11d)

$$K = \log_{10} \frac{I_F}{I_{Obj}} = c\, \varrho\, D\, , \qquad I_{Obj} = I_F\, 10^{-c\,\varrho\,D}\, . \qquad (11.13)$$

I_{Obj} und I_F rufen auf der Platte proportionale Schwärzungen hervor, wenn $S < 0{,}6$ bis 1 noch im proportionalen Teil der linearen Schwärzungskurve (s. Abb. 134a) liegt:

$$
\begin{aligned}
S_{Obj} &= \log \frac{1000}{J_{Obj}} = k\, I_{Obj}, \\
S_F &= \log \frac{1000}{J_F} = k\, I_F\, .
\end{aligned}
\qquad (11.14)
$$

Dabei wird vorausgesetzt, daß eine unbelichtete Plattenstelle im Photometer den Ausschlag 1000 Skalenteile ergibt (I steht hier für Elektronenintensitäten und J für Lichtintensitäten).
(11.14) nach J_{Obj} aufgelöst ergibt

$$J_{Obj}/1000 = 10^{-k\,I_{Obj}}\, , \qquad (11.15)$$

18*

und Subtraktion von J_F auf beiden Seiten

$$\frac{J_{Obj} - J_F}{1000} = \frac{J_F}{1000} \left\{ \left(\frac{1000}{J_F} \right) \cdot 10^{-k\,I_{Obj}} - 1 \right\}. \tag{11.16}$$

Mit (11.13) und (11.14) sowie der Relation $10^{\log x} = x$ gilt

$$10^{-k\,I_{Obj}} = 10^{-k\,I_F} \cdot 10^{-c\varrho D} = 10^{-\log \frac{1000}{J_F}} \cdot 10^{-c\varrho D} = \left(\frac{J_F}{1000} \right)^{10^{-c\varrho D}}.$$

Setzt man diese Relation in (11.16) ein, so erhält man mit $c' = (\ln 10)^2 . c$

$$\frac{J_{Obj} - J_F}{J_F} = \left[\left(\frac{J_F}{1000} \right)^{(10^{-c\varrho D} - 1)} - 1 \right] = \log \frac{1000}{J_F} \left(c\varrho D + \dots \right). \tag{11.17}$$

Der Ausdruck in der eckigen Klammer ist als Funktion von ϱD weitgehend proportional zu ϱD bis herauf zu Massendicken, die etwa einem Äquivalent von 0,2 μ Kohle entsprechen. Aus (11.17) folgt

$$\varrho D = \frac{J_{Obj} - J_F}{c'\,J_F \log \dfrac{1000}{J_F}}. \tag{11.18}$$

Es ist $J_{Obj} > J_F$, da es sich um ein photographisches Negativ handelt. Unter den oben diskutierten Voraussetzungen (schwach belichtete Platte) ist es also möglich, die Massendicke direkt aus der Lichtdurchlässigkeit des photographischen Negativs zu bestimmen, ohne erst die Schwärzungen und den Kontrast berechnen zu müssen. Mißt man jetzt nicht J_{Obj} lokal an einer Stelle des Objektes, sondern verwendet man eine so große Blende mit der Fläche A, daß das gesamte Objekt von der Blende erfaßt wird, so kann man zunächst den Photometerausschlag an einer unbelichteten Stelle wieder auf 1000 einstellen. Die reine Formvarfolie gibt den Ausschlag J_F und mit dem gesamten zu vermessenden Objekt in der Mitte der Fläche A den Ausschlag $\overline{J_{Obj}}$. Das Gewicht G des Teilchens erhält man dann mit (11.18) aus der Beziehung

$$G = \int_A \varrho D\, dA = \frac{A}{c' . \log \dfrac{1000}{J_F}} \cdot \frac{\overline{J_{Obj}} - J_F}{J_F}. \tag{11.19}$$

Man wählt A zweckmäßig so, daß die Blende etwas größer als das Objekt ist. Eichaufnahmen lassen sich mit Polystyrol-Latexteilchen oder Kohlefilmen bekannter Dicke leicht herstellen. Bei Filmen ist dann das Gewicht der Schicht mit der Fläche A einzusetzen.

Diese Methode ist z. B. anwendbar zur schnellen Auswertung der Massenverteilungskurven von Erythrozyten (BAHR u. ZEITLER, 1962), Spermien (BAHR u. ZEITLER, 1964), Phagen oder Viren (BAHR u. a., 1965). Da die Blende A eine beliebige Form haben darf, ist es möglich, z. B. von Spermien die Masse des Kopfes und Schwanzes getrennt zu bestimmen. Die Meßgenauigkeit soll bis zu 1% betragen. Bei Absolutmessungen der

Masse ist hierfür natürlich eine sehr genaue Vergrößerungseichung des Mikroskopes erforderlich, da diese mit der 3. Potenz in die Massenbestimmung eingeht.

Literatur zu § 11

AMELUNXEN, F.: Quantitative Kontrastierungsvers. für die Elektr.mikr. I u. II. Z. Naturforsch. 14b, 28 + 759 (1959).

BAHR, G. F., and E. ZEITLER: Determination of the total dry mass in human erythrocytes by quant. electr. micr. Lab. Invest. 11, 912 (1962).

— — Study of bull spermatozoa: Quant. electr. micr. J. Cell Biol. 21,175(1964).

— — The determination of the dry mass in populations of isolated particles. Symp.Quant.Electr.Micr. Washington 1964. in Lab. Invest. 14, 955 (1965).

BAHR, G. F., D. PETERS, and E. ZEITLER: Dry weight determination of populations of vaccine virus. Virology 1965 (im Druck).

BAYLEY, S. T.: A study of shadowing for high resolution electr.micr., V. Internat. Congr. EM Philadelphia, Vol. I, FF-2 (1962).

BERNER, R.: Die Temp.- und Geschwindigk.-Abhängigkeit der Verfestigung kub.-flz. Metalleinkristalle. Z. Naturforsch. 15a, 689 (1960).

BETHGE, H.: Vortrag Tag d. Deutschen Ges. f. Elektr.mikr., Zürich 1963.

BURKHARDT, R.: Der Elmigraph I, ein neues Gerät zur räumlichen Ausmessung und Kartierung von elektr.mikr. Bildpaaren. Optik 12, 417 (1955).

DE, M. L., and P. SADHUKHAN: Determination of the mass thickness of cell membranes from their electr.micrographs. Nature (London) 182, 1008 (1958).

GARROD, R. I., and J. F. NANKIVELL: Sources of error in electr. stereomicr. Brit. J. appl. Phys. 9, 214 (1958).

— — Some remarks on the accuracy obtainable in electr. stereomicr. Optik 16, 27 (1959).

GOTTHARDT, E.: Zur räuml. Ausmessung von Objekten mit dem Elektr.mikr. Z. Physik 118, 714 (1942).

GROTHE, H., E. KNOBLING u. G. SCHIMMEL: Präparative Hilfsmittel zur quant. Auswertung elektr.mikr. Stereoaufnahmen. IV. Internat. Kongr. EM Berlin, Bd. I, 146 (1958).

HALL, C. E.: Electr. densitometry of stained virus particles. J. biophys. biochem. Cytol. 1, 1 (1955).

HEIDENREICH, R. D., and L. A. MATHESON: Electr.micr. determination of surface elevations and orientations. J. appl. Phys. 15, 423 (1944).

HEIMENDAHL, M. VON, W. BELL, and G. THOMAS: Applications of Kikuchi line analyses in electr.micr. J. appl. Phys. 35, 3614 (1964).

HELMCKE, J.-G.: Theorie u. Praxis der elektr.mikr. Stereoaufnahmen. Optik 11, 201 (1954); 12, 253 (1955).

—, u. H. J. ORTHMANN: Fehler bei der Tiefenbest. elektr.mikr. Stereoaufnahmen. Optik 11, 562 (1954).

—, u. H. RICHTER: Photogrammetr. Auswertung elektr.mikr. Stereobilder. Z. wiss. Mikr. 60, 189 (1951).

KLEINN, W.: Ermittlung des Konvergenzwinkels elektr.mikr. Stereobildpaare mit Hilfe von Elektronenbeugungsdiagrammen. Optik 18, 209 (1961).

KÖNIG, H., u. G. HELWIG: Über die Struktur schräg aufged. Schichten und ihr Einfluß auf die Entwicklung submikr. Oberflächenrauhigkeiten. Optik 6, 111 (1950).

KRÜGER-THIEMER, E.: Elektr.mikr. Dichtemess. an Bakterien. Atti. Cong. Internazz. Microbiol. Vol. 1, 809 (1953).

— Ein Verf. für elektr.mikr. Massendickemessungen an nichtkrist. Objekten. Z. wiss. Mikr. 62, 444 (1955).

MADER, S.: Surface and thin foil observations of the substructure in deformed fcc and hcp metal single crystals, in Electr.Micr. and Strength of Crystals (ed. G. THOMAS u. J. WASHBURN), S. 183. New York 1963.

MARTON, L.: Stereoscopy with the electr.micr. J. appl. Phys. 15, 726 (1944).

MILLER, R., and J. W. SHARPE: Measurement of the image rotations produced by the lenses of a magn.elect.micr. J. appl. Phys. 27, 860 (1956).

MISRA, D. N., N. N. DAS GUPTA, and P. SADHUKHAN: On the distortion in dimensions produced by shadowing. V. Internat. Congr. EM Philadelphia. Vol. II, P-14 (1962).

MÖLLENSTEDT, G., u. F. HEISE: Ein neues Verf. zur Erzeugung von Raumbildern im Elektr.mikr. Optik 5, 531 (1949).

MÜLLER, H. O.: Die Ausmessung der Tiefe übermikr. Objekte. Kolloid-Z. 99, 6 (1942).

NANKIVELL, J. F.: Minimum differences in height detectable in electr. stereomicr. Brit. J. appl. Phys. 13, 126 (1962).

— The theory of electr. stereo micr. Optik 20, 171 (1963).

POHLMANN, G., u. M. AHREND: Ein einf. Verf. zur Auswertung elektr.mikr. Stereoaufn. Optik 16, 461 (1959).

REIMER, L.: Opt. u. elektr.mikr. Unters. über eine Polarisationserscheinung in schräg aufged. Metallschichten. Optik 14, 83 (1957).

RÜHLE, R.: Raumbilder am Elektr.mikr. Optik 5, 534 (1949).

SILVESTER, N. R., and R. E. BURGE: A quant. estimation of the uptake of two new electr. stains by the cytoplasmatic membrane of ram sperm. J. biophys. biochem. Cytol. 6, 179 (1959).

WELLS, O. C.: Correction of errors in electr. stereomicr. Brit. J. appl. Phys. 11, 199 (1960).

WILLIAMS, R. C., and F. KALLMAN: Interpretations of electr.micrographs of single and serial sections. J. biophys. biochem. Cytol. 1, 301 (1955).

WILSDORF, H., and J. T. FOURIE: An exp. investigation on the mode of slip in α-brass. Acta met. 4, 271 (1956).

ZEITLER, E., and G. F. BAHR: A photometric procedure for weight determination of submicr. particles. J. appl. Phys. 33, 847 (1962).

§ 12. Abbildung magnetischer und elektrischer Objektfelder

12.1. Abbildung magnetischer Bereichsstrukturen

Die Untersuchung der Magnetisierungsverteilung und der Struktur von Bereichsgrenzen in ferromagnetischen Aufdampfschichten oder dünnpolierten Folien hat sich zu einem wichtigen Anwendungsgebiet der Elektronenoptik entwickelt. Es soll daher kurz auf die Grundlagen dieser Methode eingegangen werden.

Fällt ein Elektronenstrahl auf eine in der Schichtebene magnetisierte Schicht mit einer Bereichsgrenze (180°-Wand in Abb. 145), so werden die Elektronen in der Schicht durch die Lorentzkraft K_L (1.15) auf einer Kreisbahn abgelenkt. Sie verlassen die Schicht um einen Winkel

$$\varphi = \sqrt{\frac{\varepsilon}{2\,m_0}} \; \frac{B \cdot D}{\sqrt{U_0 \left(1 + \dfrac{\varepsilon\,U_0}{2\,m_0\,c^2} \right)}}$$

$$= 2{,}96 \cdot 10^{-9} \; \frac{B\,[Gau\beta] \cdot D\,[\text{Å}]}{\sqrt{U_0\,[Volt]\,(1 + 97{,}88 \cdot 10^{-8}\,U_0)}} \tag{12.1}$$

aus der ursprünglichen Richtung abgelenkt. In einer 1000 Å-Eisenschicht mit $B = 21\,600$ Gauß beträgt z. B. bei einer Strahlspannung $U_0 = 100\,\mathrm{kV}$ $\varphi = 1{,}93 \cdot 10^{-4}$ rad. Um diese sehr geringen Ablenkungen nachzuweisen und quantitativ auszunutzen, gibt es verschiedene Verfahren:

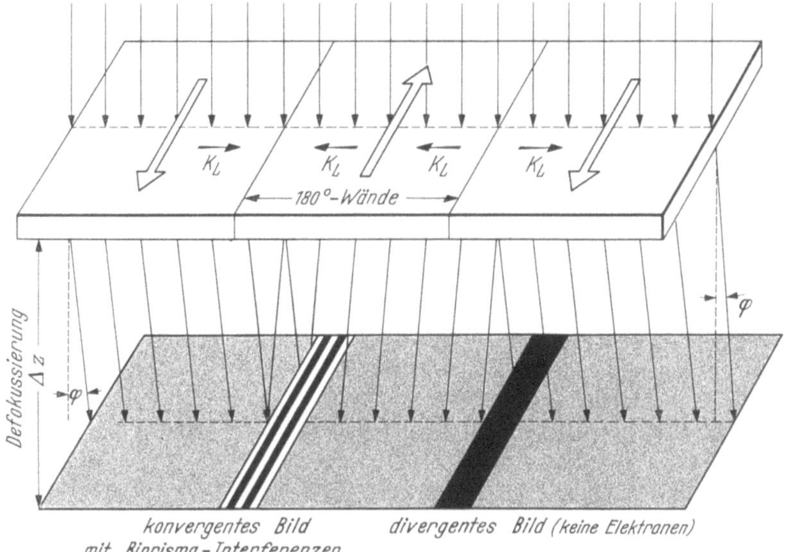

Abb. 145. Ausbildung eines dunklen divergenten und hellen konvergenten Bildes (mit Biprisma-Interferenzen) von 180°-Wänden in einer ferromagnetischen Schicht

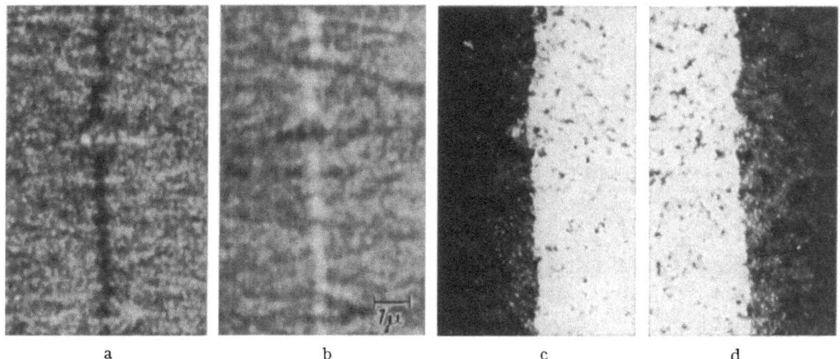

Abb. 146a—d. Abbildung einer 180°-Wand in einer magnetischen Eisenaufdampfschicht mit der Methode der defokussierten Abbildung a) unterfokussiert und b) überfokussiert und der Schlierenmethode c) linker und d) rechter Strahl abgedeckt

Methode der defokussierten Abbildung (HALE u. a., 1959; FULLER u. HALE, 1960a). Man sieht aus Abb. 145, daß in einer Ebene unterhalb des Objektes die abgelenkten Strahlen sich entweder überschneiden (links)

oder divergieren (rechts). Bildet man diese Ebene durch eine unscharfe Abbildung ab (Defokussierung Δz), so erscheint die linke Bereichsgrenze als helle, die rechte als dunkle Linie. Falls man unterfokussiert und damit eine Ebene oberhalb des Objektes abbildet, so hat man die rückwärtigen Verlängerungen der abgelenkten Strahlen zu betrachten und sieht, daß

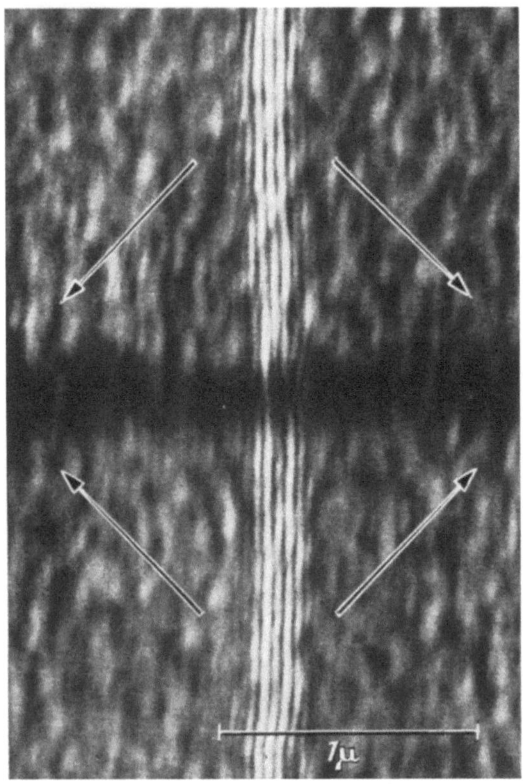

Abb. 147. Abbildung eines Kreuzungspunktes von 90°-Wänden mit hoher elektronenoptischer Auflösung Auftreten von Biprisma-Interferenzen im konvergenten Bild (Objekt: einkristalline Fe-Schicht auf NaCl (350° C) aufgedampft). Die Pfeile geben die Richtungen der Magnetisierung an

sich die Kontraste dann gerade umkehren (Abb. 146a und b). Damit die Breite $b = 2\Delta z \cdot \varphi \pm W$ (W = Wanddicke) der so abgebildeten Grenze gut erkennbar ist, sollte sie etwa 1000 Å betragen. Dazu ist mit dem obigen Zahlenbeispiel eine Defokussierung um etwa 0,25 mm erforderlich. Bei kleiner Bestrahlungsapertur beobachtet man bei einer Überlappung der Bilder Biprisma-Interferenzen (BOERSCH u. a., 1960, 1962; s. a. § 7.2) (Abb. 147). Aus Unterschieden in der Breite und Intensitätsverteilung von konvergenten und divergenten Bildern von Bereichsgrenzen lassen sich auch Rückschlüsse auf die Wanddicke und -Struktur ziehen (FULLER

u. HALE, 1960a; FUCHS, 1962; WADE, 1962, 1966; WEIK u. HEMEN-
GER, 1965).

Die Empfindlichkeit der Methode steigt mit wachsender Defokussierung. Wenn man 1 oder mehrere cm unterhalb des Objektes liegende
Ebenen abbildet (z. B. mit einer Zwischenlinse) kann man diese Methode
auch als Schattenwurf des Objektes auffassen. Zur Anwendung der
Methode ist daher folgendes zu beachten. Damit die Defokussierung kein
völlig unscharfes Bild der Probe liefert, muß die Bestrahlungsapertur
sehr klein sein. Man kann aus Abb. 145 ersehen, daß für eine kontrastreiche Abbildung eine Bestrahlungsapertur erforderlich ist, welche kleiner
als der durch die Lorentzkraft verursachte Ablenkungswinkel φ ist. Es
ist daher nicht möglich, den Kondensor wie bei normalem Betrieb voll
zu fokussieren. Zur Erzeugung einer sehr kleinen Apertur kann man z. B.
den Kondensor I eines Doppelkondensors maximal erregen. Der so verkleinert abgebildete Cross-over dient dann als „Projektionszentrum" der
Schattenabbildung. Die Methode ist daher wegen geringer Bildintensität
auf kleine Vergrößerungen (200—2000fach) beschränkt. Ferner darf das
Magnetfeld des Objektivs nicht die magnetische Struktur des Objektes
beeinflussen. Da das Präparat normalerweise tief in das Magnetfeld des
Objektivs hineinragt, gibt es folgende Möglichkeiten: a) Ausschaltung
des Objektives und Verwendung der Zwischenlinse (FUCHS, 1960), evtl.
auch weitere Vergrößerung mit dem Projektiv. b) Lage des Objektes
einige mm außerhalb des Objektivfeldes und Reduktion des Objektiv-
Linsenstromes (PITSCH, 1965; REIMER, 1965). c) Verwendung eines speziellen magnetischen Objektives mit langer Brennweite (LIESK, 1962).
d) Benutzung eines elektrostatischen Gerätes.

Um die Bewegung der Bereichsgrenzen bei der Ummagnetisierung
zu verfolgen, läßt sich mit einem Spulenpaar ein Magnetfeld in Schichtebene anlegen, also senkrecht zum Elektronenstrahl (s. z. B. FUCHS,
1962; REIMER, 1961). Da hierdurch auch eine Ablenkung des Elektronenstrahles hervorgerufen wird, muß diese mit einem zweiten umgekehrt gepolten Spulenpaar wieder rückgängig gemacht werden. Soll
der Strahl auch nach Passieren dieser Ablenkeinheit auf der optischen
Achse verlaufen, sind 3 Spulenpaare erforderlich.

Elektronenoptische Schlierenmethode (BOERSCH u. RAITH, 1959; FUL-
LER u. HALE, 1960b). In der Brennebene des Objektivs werden die bei
einer 180°-Wand in entgegengesetzte Richtung abgelenkten Strahlen in
zwei getrennten Brennpunkten vereinigt. Bewegt man die Objektiv-
aperturblende, welche normalerweise in der Nähe der Brennebene liegt,
seitwärts, so gelingt es bei nicht zu kleinem Abstand der beiden Brennpunkte, den einen abzuschatten. Derjenige Teil der Schicht, welcher
Elektronen in diese Richtung abgelenkt hat, erscheint dann dunkel.
Während bei obigem Defokussierungsverfahren die Bereichsgrenze sich

als helle oder dunkle Grenze hervorhebt, erscheint bei dieser Methode die Bereichsgrenze als Grenze zwischen hellen und dunklen Teilen des Bildes (Abb. 146c und d). Dabei ist das Objektiv so erregt, daß das Objekt scharf auf den Endbildschirm abgebildet wird. Hierin liegt der Vorteil dieser Methode. Man muß aber auch hier mit kleinen Bestrahlungsaperturen arbeiten, da der Durchmesser des Primärfleckes im 1. Beugungsbild hinter der Objektivlinse von der Bestrahlungsapertur abhängt. Bei zu großen Aperturen werden die um den Winkel 2φ gegeneinander abgelenkten Teilstrahlen nicht mehr getrennt.

Es gibt noch weitere Varianten der Schlierenmethode, welche z. B. bei schwächerer elektronenoptischer Vergrößerung die Magnetisierungsverteilung dünner Drähte oder kleiner kompakter Proben abzubilden und zu vermessen gestatten (MARTON, 1948; MARTON u. a., 1949, 1954; VON ARDENNE, 1945; ROLLWAGEN u. SCHWINCK, 1953; SCHWINCK, 1955).

Ermittlung der Magnetisierungsverteilung aus der Kleinwinkelbeugung. Die oben erwähnte Aufspaltung des Primärstrahles ist sehr klein. Wenn man sie direkt sichtbar machen will, muß man sich der Methodik der Elektronen-Kleinwinkelbeugung bedienen § 5.3.3). (BOERSCH u. a., 1961; SCHAFFERNICHT, 1963; FERRIER, 1964). Dazu wird das Beugungsbild mit einer starken Projektivlinse vergrößert abgebildet. Abb. 148 zeigt die Aufspaltung des Primärreflexes durch die um 90° in ihrer Magnetisierungsrichtung verschiedenen Bereiche in 4 Reflexe. Der Zentralfleck stammt aus Präparatgebieten ohne Schicht. Diese Aufnahme wurde in einem Elmiskop I erhalten. Der Kondensor II fokussierte den Brennfleck von Kondensor I auf die Zwischenbildebene. Die Umgebung des Zentralfleckes wurde mit der Projektivlinse (Polschuh III) weiter vergrößert. Diese Methode erlaubt also einen Überblick über die pauschale Magnetisierungsverteilung in einer Schicht.

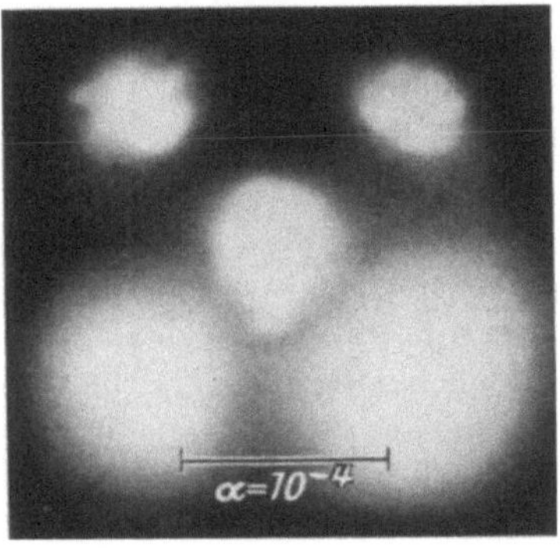

Abb. 148. Kleinwinkelbeugung der in Abb. 147 gezeigten Schicht mit den 4 durch Lorentzkraft abgelenkten Teilstrahlen aus den durch 90°-Wände aufgeteilten Bereichen. Der Zentralstrahl (unabgelenkt) stammt aus Objektbereichen ohne Schicht (zwei Richtungen (unten) treten besonders häufig auf und sind daher überstrahlt)

12.2. Abbildung elektrostatischer Objektfelder

Die Störungen durch ausgedehnte elektrostatische Felder in Objektebene, auf der Aperturblende oder in der Nähe des Elektronenstrahles sind jedem Elektronenmikroskopiker hinreichend bekannt. Sie beruhen auf der Aufladung von Schmutzpartikeln oder verschmutzten Metall-flächen. Die vom Elektronenstrahl getroffenen Partikel senden Sekundär-elektronen aus. Je nachdem ob die Zahl der aus dem Teilchen austreten-den Sekundärelektronen oder die in dem Teilchen steckengebliebenen Strahlelektronen überwiegen (Sekundärelektronenausbeute $>$ oder $<$ 1), ergibt sich eine positive bzw. negative Aufladung. Eine positive Auf-ladung kann auch durch Restgasionen erfolgen. Eine ungleichmäßige Aufladung des Objektiv-Aperturblendenrandes kann einen zusätzlichen Astigmatismus hervorrufen.

Hier soll von elektrostatischen Mikrofeldern die Rede sein, welche sich in jedem nicht leitenden Objekt ausbilden, aber bei der Abbildung keine Störungen hervorrufen. Das gleiche galt für die magnetischen Felder eines dünnen ferromagnetischen Objektes. Mit der Methode der defokussierten Abb. (s. § 12.1) konnten MAHL und WEITSCH (1959, 1960) in isolierenden Trägerfolien (Kollodium, Formvar, SiO) eine Granulation des Schattenbildes erkennen, welche zeitlich sehr schnell fluktuiert. Eine Bedampfung mit einer leitenden Kohle- oder Metallschicht bringt diese Erscheinung zum Verschwinden. Auch durch Beschuß mit langsamen Elektronen (einige 100 eV) läßt sich die Aufladung vermeiden (MAHL u. WEITSCH, 1962). Andererseits ändert sich die Erscheinung nicht, wenn bei längerer Bestrahlung Kontaminations-Schichten aufwachsen. Dies ist ein Hinweis, daß die Kontaminations-Schichten sehr schlecht elektrisch leiten, im Gegensatz zu den Kohle-Aufdampfschichten nach der Bradley-schen Technik. MAHL u. WEITSCH schätzten aus den Strahlablenkungen ab, daß zwischen den Objektbereichen unterschiedlicher Aufladung Feld-stärken von 10^6 V/cm quer zum Elektronenstrahl bestehen.

Liegen isolierende Teilchen (z. B. MgO- oder NaCl-Würfel) auf einer leitenden Kohle- oder Metallschicht, so laden diese sich stationär auf (REIMER, 1965). Die positive Aufladung gegenüber der Trägerfolie führt zu einer Überschneidung der Randstrahlen in 3—6 cm Entfernung hinter dem Objekt. An NaCl-Würfeln konnte z. B. eine Aufladung in der Größenordnung 2 V gemessen werden. Trotzdem herrscht an der Ober-fläche der Kristalle eine elektrische Feldstärke in der Größenordnung 10^4—10^5 V/cm. JÖNSSON u. HOFFMANN (1964) beobachten ebenfalls eine positive Aufladung von isolierenden Schichten auf leitender Unterlage.

Analog zur Abbildung der Magnetisierungsverteilung in ferromagne-tischen Schichten sollte auch eine Ablenkung durch die elektrischen Felder in ferroelektrischen Schichten erfolgen. Da die ferroelektrische Polarisation mit stärkeren Gitterdeformationen verbunden ist, erkennt man unterschiedliche Polarisationsrichtungen bereits deutlich durch ver-schiedenen Kontrast und Interferenzen gleicher Dicke an schräg die Schicht durchsetzenden Domänengrenzen (PFISTERER u. a., 1962; BLANK u. AMELINCKX, 1963; FUCHS u. LIESK, 1964). TANAKA u. HONJO (1964) gelang auch mittels der defokussierten Abbildung der Nachweis eines elektrischen Ablenkfeldes. Wegen der gegenüber den magnetischen Schichten unterschiedlichen Ablenkungsrichtung gelingt dies aber nur bei Domänengrenzen, in denen die Polarisationsrichtungen Kopf an Kopf zusammenstoßen. Außerdem liegt die zu erwartende Größenordnung des Ablenkwinkels unter 10^{-5} und ist daher nur schwer zu erkennen.

Literatur zu § 12

ARDENNE, M. VON: Zur Sichtbarm. von Störungen oder Inhomog. magn. und elektr. Felder mit der elektronenopt. Schlierenmethode. Physikal. Z. **45**, 312 (1945).

BLANK, H., and S. AMELINCKX: Direct obs. of ferroelectric domains in $BaTiO_3$ by means of the electr.micr. Appl. Phys. Letters **2**, 140 (1963).

BOERSCH, H., H. HAMISCH, D. WOHLLEBEN u. K. GROHMANN: Antiparallele Weißsche Bezirke als Biprisma für Elektroneninterferenzen. Z. Physik **159**, 397 (1960); **167**, 72 (1962).

—, u. H. RAITH: Elektr.mikr. Abb. Weißscher Bezirke in dünnen ferromagn. Schichten. Naturwissenschaften **46**, 574 (1959).

— W. Raith u. H. WEBER: Die magn. Ablenkung von Elektr.-Strahlen in dünnen Fe-Schichten. Z. Physik **161**, 1 (1961).

FERRIER, R. P.: Obs. of small angle magnetic scattering in an AEI EM 6 electr.micr. Proc. 3. Europ. Reg. Conf. EM Prag. Vol. A, 115 (1964).

FUCHS, E.: Abb. Weißscher Bezirke in dünnen ferromagn. Schichten mit dem elektromagn. Elektr.mikr. Naturwissenschaften **47**, 392 (1960).

— Magn. Strukturen in dünnen ferromagn. Schichten, untersucht mit dem Elektr.-mikr. Z. angew. Physik **14**, 203 (1962).

—, u. W. LIESK: Elektr.mikr. Beob. von Domänenkonfigurationen und von Umpolarisationsvorgängen in dünnen $BaTiO_3$-Einkrist. J. Phys. Chem. Sol. **25**, 845 (1964).

FULLER, H. W., and M. E. HALE: Determination of magnetization distribution in thin films using electr.micr. J. appl. Phys. **31**, 238 (1960a).

— — Domains in thin magn. films observed by electr.micr. J. appl. Phys. 31, 1699 (1960b).

HALE, M. E., H. W. FULLER, and H. RUBINSTEIN: Magn. domain obs. by electr.micr. J. appl. Phys. **30**, 789 (1959).

JÖNSSON, C., u. H. HOFFMANN: Der Einfl. von Aufladungen auf die Stromdichteverteilung im Elektronenschattenbild dünner Folien. Optik **21**, 432 (1964).

LIESK, W.: Magn. Strukturen in dünnen Schichten, beob. im Elektr.mikr. Z. angew. Physik **14**, 200 (1962).

MAHL, H., u. W. WEITSCH: Nachw. von fluktuierenden Ladungen in dünnen Lackfilmen bei Elektronendurchstr. Naturwissenschaften **46**, 487 (1959).

— — Nachw. von fluktuierenden Ladungen in isolierenden Filmen bei Elektronenbestr. Optik **17**, 107 (1960).

— — Versuche zur Beseitigung von Aufladungen auf Durchstrahlungsobjekten durch zusätzliche Bestrahl. mit Elektr. Z. Naturforsch. **17a**, 146 (1962).

MARTON, L.: Electr.opt. observation of magn. fields. J. appl. Phys. **19**, 863 (1948).

—, and S. H. LACHENBRUCH: Electr. opt. mapping of electromagn. fields. J. appl. Phys. **20**, 1171 (1949).

— J. A. SIMPSON, and S. H. LACHENBRUCH: Electr.-opt. shadow method of magn.-field mapping. J. Res. N. B. S. **52**, 97 (1954).

PFISTERER, H., E. FUCHS u. W. LIESK: Elektr.mikr. Abb. ferroelektr. Domänen in dünnen $BaTiO_3$-Einkristallschichten. Naturwissenschaften **49**, 178 (1962).

Pitsch, W.: Elektr.mikr. Beob. magn. Elementarbereiche in gealterten Eisen-Stickstoff-Legierungen. Arch. f. Eisenhüttenwesen **36**, 737 (1965).

Reimer, L.: Elektronenopt. Unters. von Domänengrenzen in dünnen ferromagn. Schichten. Z. angew. Physik **13**, 143 (1961).

— Die Struktur der magn. Bereichsgrenzen in grobkrist. Eisenschichten. Z. angew. Physik **18**, 373 (1965).

— Aufladung kleiner Teilchen im Elektr.mikr. Z. Naturforsch. **20**a, 151 (1965).

Rollwagen, W., u. Ch. Schwink: Die Empfindlichkeit einfacher elektr.opt. Schlierenanordnungen. Optik **10**, 525 (1953).

Schaffernicht, K.: Mess. d. Magnetisierungsvert. in dünnen Fe-Schichten durch die Ablenkung von Elektronen. Z. angew. Physik **15**, 275 (1963).

Schwink, Ch.: Über neue quant. Verf. der elektr.opt. Schattenmeth. Optik **12**, 481 (1955).

Tanaka, M., and G. Honjo: Electr.opt. studies of $BaTiO_3$ single crystal films. J. Phys. Soc. Japan **19**, 954 (1964).

Wade, R. H.: The determination of domain wall thickness in ferromagnetic films by electr.micr. Proc. Phys. Soc. **79**, 1237 (1962).

Weik, H., and P. Hemenger: The appl. electr. shadow micr. for determining the exchange energy constant in thin ferromagn. films. Z. angew. Physik **19**, 314 (1965).

— Investigation of the geometrical-optical theory of magnetic structure imaging in the electr.micr. J. appl. Phys. **37**, 366 (1966).

B. Präparationsmethoden

§ 13. Objektblenden und Trägernetze

Die Objektträger sollen es ermöglichen, die Präparate oder Trägerfilme freitragend aufzunehmen. Dabei kann man die freiüberspannte
Fläche in der Regel nicht größer als $(0,1 \text{ mm})^2$ wählen, da sonst die
Schichten bereits während der Präparation oder bei der Bestrahlung mit
Elektronen zerreißen. Für die Untersuchung großflächiger Mikrotomschnitte ist es dagegen erwünscht, nach Möglichkeit größere Flächen freitragend zu überspannen. Dies gelingt mit kohleverstärkten Formvar-
oder Kollodiumfilmen (§ 15.4.2).

Als Objektträger werden Objektblenden aus chemisch und thermisch
sehr beständigen Pt-Au-, Pt-Ir-Legierungen, Mo oder Ta sowie Trägernetze aus Platin, Kupfer und Nickel verwendet.

13.1. Objektblenden

Objektblenden bestehen in der Regel aus Scheiben von etwa 0,5 bis
1 mm Dicke und einem Durchmesser von 2–5 mm je nach Mikroskoptyp.
Die Blenden besitzen an einer Seite eine zentrale größere Vertiefung, um

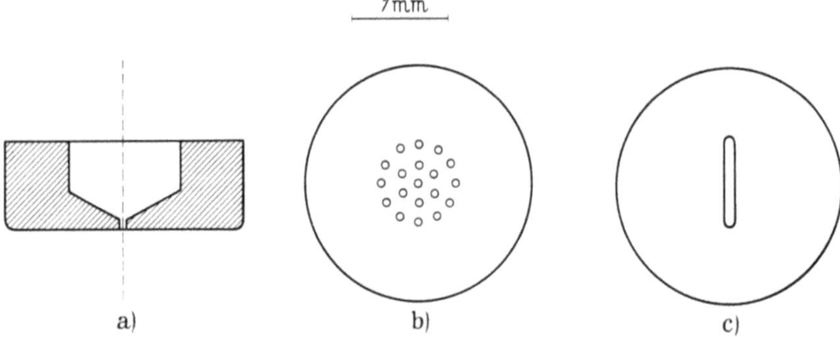

Abb. 149a—c. Beispiele für Abmessungen und Ausführungsformen von Objektblenden, a) Querschnitt
durch eine Einlochblende, b) Aufsicht auf eine 19-Lochblende und c) Schlitzblende

den Bohrkanal des eigentlichen Blendenloches kurz zu halten (Abb. 149a).
In der Regel werden nicht Einloch- sondern Mehrlochblenden benutzt,
die bis zu 19 Löcher und mehr enthalten können (Abb. 149b). Für spezielle
Zwecke sind auch Schlitzblenden hergestellt, z. B. mit einer Breite von
0,1 mm und einer Schlitzlänge von 1 mm (Abb. 149c). Diese letzte Ausführung zeigt schon das Ziel, die enge Begrenzung des Gesichtsfeldes durch

Lochblenden wenigstens in einer Richtung auszudehnen. Objektblenden finden daher nur Anwendung, wenn auf den Präparaten mit ziemlicher Sicherheit in jedem beliebigen Flächenbereich die interessierenden Strukturen zu finden sind, z. B. bei Oberflächenabdrücken, Viren, Bakterien oder bei der Untersuchung von Aufdampfschichten. Gegenüber den Trägernetzen haben die Blenden den Vorteil einer wesentlich besseren Wärmeableitung. Außerdem wird bei mäßiger Fokussierung des Kondensors ein großer Teil des Elektronenstrahles von der Blende zurückgehalten, wodurch die Kontamination der Objektiv-Aperturblende unmittelbar unterhalb des Objektes geringer wird. Hierdurch wird vor allem das Arbeiten bei hohen Vergrößerungen an der Grenze des Auflösungsvermögens erleichtert. Der Nachteil der relativ hohen Kosten dieser Blenden wird durch die wiederholte Reinigungsmöglichkeit aufgehoben. Allerdings bedarf es eines besonderen Verfahrens, um sämtliche Verschmutzungen zu entfernen, denn organische Trägerfolien und Präparate sind durch den Elektronenbeschuß so verändert (§ 9.2), daß sie durch normale Lösungsmittel nicht vollständig entfernt werden können (s. § 13.3).

13.2. Trägernetze

Netze werden am häufigsten als Präparatträger benutzt, da sie den Vorteil einer großen ausnutzbaren Fläche besitzen. Die billigste Methode besteht im Ausstanzen aus größeren Netzen mit den für den vorliegenden Mikroskoptyp notwendigen Durchmesser. Es empfiehlt sich Drahtnetze vorher zu walzen oder zwischen planen Stahlflächen zu pressen, damit bei einer Befilmung möglichst glatte und große Auflageflächen vorhanden sind. Es ist auch Netzmaterial im Handel (Lektromesh), welches auf der einen Seite plan und auf der anderen konvex gekrümmt ist. Eine Reinigung der Netze vor der Befilmung kann in verdünntem NH_4OH oder CCl_4 (evtl. unter Ultraschallbestrahlung) erfolgen.

Außerdem sind fertige Trägernetze mit verstärktem Rand im Handel, die sich großer Beliebtheit erfreuen, da sie vor allem in zahlreichen Varianten angeboten werden, z. B. mit Zentralmarke zur besseren Orientierung bei schwachen elektronenoptischen Vergrößerungen (Abb. 150a), mit koordinatenartigen Verstärkungen einzelner Netzstege oder mit länglichen Netzmaschen (Abb. 150b), um möglichst kleine Stegflächen zu haben. Welche der angebotenen Typen man benutzt, hängt von dem speziellen Verwendungszweck ab. In der Regel werden Netze mit quadratischen Maschen von etwa 0,1 mm verwendet. Diese Netze sind auf der einen Seite glatt, auf der anderen durch das elektrolytische Herstellungsverfahren rauh. Formvar- oder Kollodiumfilme haften auf beiden Seiten gleich gut. Sprödere Filme (Kohle oder SiO) dagegen besser auf der rauhen Seite.

Für Objekte, welche leicht von Netzen herunterfallen (z. B. dünn-polierte Metallfolien), sind auch Doppelnetze erhältlich, welche man nach der Präparation so zusammenklappen kann, daß Steg auf Steg fällt. Das Präparat ist dann zwischen zwei Netzen eingeklemmt.

Für spezielle Präparationsprobleme ist eine Nachbehandlung der Objekte auf der Trägerfolie mit Säure unter Umständen von Nutzen. Wenn man nicht gerade ausgestanzte Platinnetze nehmen will, bewähren sich sehr gut elektrolytisch vernickelte Kupfernetze, die nur in konz. Salpetersäure angegriffen werden.

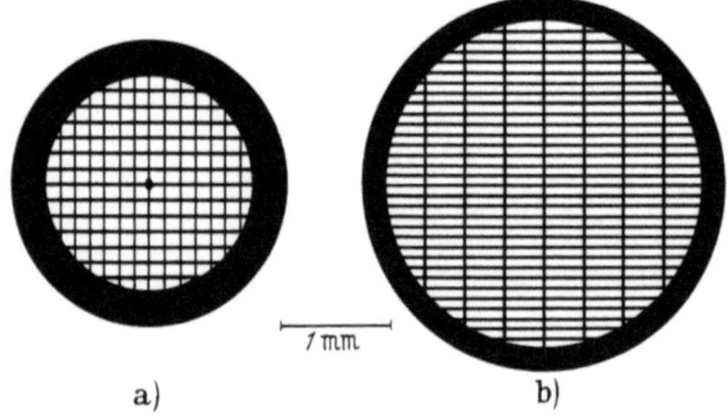

Abb. 150a u. b. Beispiele von kommerziell erhältlichen Trägernetzen

Kupfernetze sollen nach Möglichkeit nur einmal benutzt werden, da die durch Elektronenbeschuß entstandenen Zersetzungsprodukte schwer zu entfernen sind.

Falls das aufgebrachte Objekt sehr empfindlich gegen Durchbiegungen des Netzes beim Manipulieren und Einlegen in die Objektpatrone ist, kann man Netze auf Messing- oder Kupferringe mit Punktschweißung befestigen.

13.3. Reinigung von Objekt- und Aperturblenden aus Edelmetallen

Es sollen im folgenden einige Reinigungsverfahren für Objektblenden aus Edelmetallen sowie für Apertur- und Zentrierblenden angegeben werden.

Objektblenden aus Pt-Ir

1. *Starke Verunreinigung:* Kaliumsulfat (2—3 Spatelspitzen) werden in einem Platintiegel geschmolzen, wobei unter Aufschäumen Wasser ab-gegeben wird und eine Umwandlung zu Pyrosulfat erfolgt. In die beruhigte Schmelze werden die Blenden gegeben und diese bis zum Auftreten von SO_2-Dämpfen 3—5 min erhitzt. Nach dem Erkalten wird die Schmelze in einem weithalsigen Erlenmeyerkolben oder Becherglas mit heißer ver-dünnter Schwefelsäure aufgelöst bis die Blenden frei liegen. Nach mehr-maligem Waschen mit dest. Wasser werden sie in Salpetersäure (1 : 2)

gekocht, mehrmals durch Aufkochen in dest. Wasser gewaschen und zweckmäßigerweise am Schluß durch eine Alkoholspülung vom Wasser befreit. Danach werden die Blenden in einen sauberen bedeckten Platintiegel 1—2 min bei dunkler Rotglut geglüht. Die Aufbewahrung erfolgt in Gläschen mit Schliffkappen.

2. Als Schmelze eignet sich auch 2 Teile Soda, 1 Teil Pottasche, 1 Teil Salpeter (in einer Reibschale verrieben), von denen einige Spatelspitzen wieder im Platintiegel aufgeschmolzen werden. Die Blenden werden nach dem Einbringen in die Schmelze 3—5 min in der schäumenden Schmelze gehalten. Der Schmelzkuchen wird durch Kochen in dest. Wasser aufgelöst. Nach dem Aufkochen in Salpetersäure (1:2) erfolgt die Weiterbehandlung wie oben.

3. *Schwächere Verunreinigung*: Erhitzung mit frisch angesetzter Chrom-Schwefelsäure (35 ml gesättigte Kaliumbichromat-Lösung auf 1 l konz. H_2SO_4) bis zum Auftreten von Schwefelsäuredämpfen im Glaskolben. Auswaschung durch mehrmaliges Kochen in dest. Wasser, Aufkochen in Salpetersäure (1:2) und erneute Spülung mit Wasser. Nach der Überführung in einen Platintiegel und Trocknung Zugabe von einer Spatelspitze Ammoniumfluorid und etwa 2—3 cm³ konz. Schwefelsäure

und vorsichtige Erhitzung bis zum Auftreten von Schwefelsäuredämpfen. Der erhitze Tiegel wird dann langsam in einen 100 cm³ Erlenmeyerkolben getaucht, der zur Hälfte mit Wasser gefüllt ist. Nach dem Auslaugen und Waschen mit Wasser schließt sich eine Glühung in einem sauberen Platintiegel an (s. o.). Dieses Verfahren beseitigt auch speziell Reste von SiO-Filmen.

Aperturblenden aus Pt-Ir

4. Erhitzung in frisch bereiteter Chromsäurelösung (s. 3.) und nach gründlichem Auswaschen (s. o.) Erhitzung auf einem Tantal- oder Wolframschiffchen im

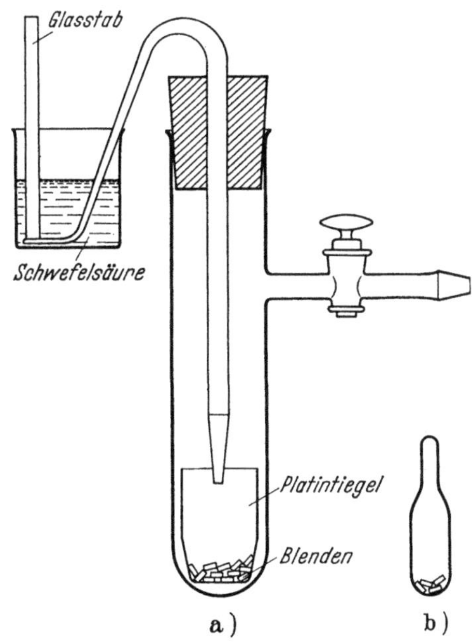

Abb. 151 a u. b. Anordnung zum Reinigen von Aperturblenden im Vakuum

Vakuum einer Bedampfungsapparatur auf dunkle Rotglut (etwa 10 min). Bei stärkerer Verschmutzung kann eines der unter 1. oder

2. beschriebenen Schmelzverfahren angewandt werden. Danach wird den getrockneten Blenden im Vakuum konz. Schwefelsäure zugefügt, damit diese in feinere Blendenbohrungen vollständig eindringt (s. hierzu Abb. 151a, Zertrümmerung einer ausgezogenen Glaskapillare nach dem Auspumpen mit einer Vorpumpe). Wie unter 3. wird nach Bedarf eine Spatelspitze Ammoniumchlorid zugesetzt usw.

Aperturblenden aus Molybdän oder Tantal

5. Beseitigung von Kohlenwasserstoff-Kontaminationen durch Ausglühen im Hochvakuum bei heller Rotglut (30 min). Zur vollständigen Reinigung muß hinreichend hoch erhitzt werden aber nicht so hoch, daß die Blenden mit dem Schiffchen verschmelzen.

6. Gröbere Verunreinigungen lassen sich durch 5 min Kochen in 20% Natronlauge entfernen. Anschließend sorgfältige Waschung in dest. Wasser und ausglühen wie unter 5.

Ultraschallreinigung

Objekt- und Aperturblenden lassen sich auch erfolgreich mit Ultraschall reinigen. Dieses Verfahren erfordert einen wesentlich geringeren Zeitaufwand und liefert in den meisten Fällen positive Reinigungsresultate. Die Ultraschallbehandlung (einige Sekunden bis Minuten, je nach Verunreinigungsgrad) kann in Säuren, organischen Lösungsmitteln oder speziell von den Lieferfirmen der Ultraschallreinigungsgeräte empfohlenen Reinigungsflüssigkeiten erfolgen.

Die Ultraschallbehandlung kann auch zur Reinigung von Wehneltzylindern, Anoden, Polschuhsystemen und Teilen aus Kupfer, Bronze oder Messing ausgenutzt werden.

Aufbewahrung der Blenden

Nach der Reinigung sind die Blendenkanäle sorgfältig mit einem Lichtmikroskop zu kontrollieren und staubdicht aufzubewahren. Die Aufbewahrung von Aperturblenden erfolgt am zweckmäßigsten in zugeschmolzenen evakuierten Glasröhrchen (Abb. 151b), da dieses den besten Schutz gegen Verunreinigungen bei längerer Aufbewahrungszeit garantiert. Dabei wird jeweils ein kompletter Blendensatz gemeinsam eingeschmolzen.

13.4. Aufbewahrung, Transport und Handhabung von Präparatträgern

Nach der Präparation ist häufig eine bequeme und staubfreie Aufbewahrung der Präparate erwünscht. Bei baldiger Untersuchung legt man diese in eine Petrischale, deren Boden mit Filtrierpapier bedeckt ist.

Das Filtrierpapier kann gleichzeitig dazu dienen, überschüssige Flüssigkeit von der Präparation aufzusaugen. Es läßt sich beschriften, und die Netze sind auch mit einer Uhrmacherpinzette leicht von dem Filtrierpapier aufzunehmen. Von glatten Flächen bereitet dies große Schwierigkeiten, wenn nicht der Netzrand seitlich hochgebogen ist. Bei der Auffischung von Objekten durch Eintauchen der Blenden oder Netze in

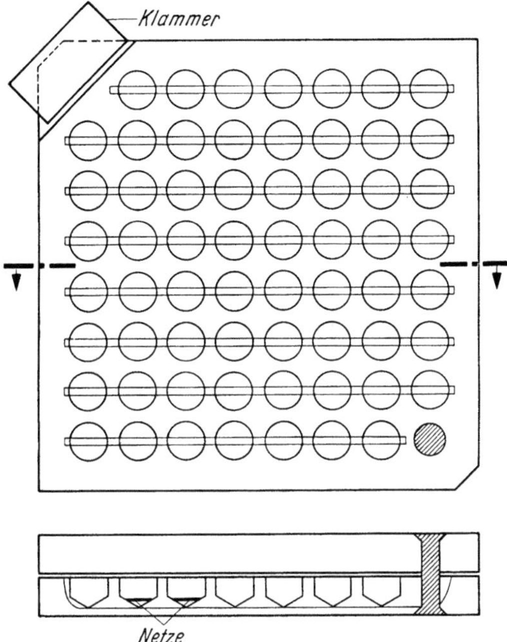

Abb. 152. Transportkasten aus Plexiglas für präparierte Netze

Flüssigkeiten ist darauf zu achten, daß zwischen den Spitzen der Pinzette ein Wassertropfen hängen bleibt, der vor dem Ablegen des Netzes mit einem kleinen Stück Filtrierpapier entfernt wird, welches man vorsichtig zwischen die Spitzen schiebt. Anderenfalls besteht die Gefahr, daß beim Ablegen das Präparat vom Objektträger gespült wird.

Abb. 152 zeigt einen bewährten Transportkasten aus Plexiglas, in dem die Netze in passenden Bohrungen nur am Rand aufliegen und durch die ausgefrästen Schlitze mit feinen Uhrmacherpinzetten herauszunehmen sind. Auf der Deckelscheibe lassen sich auch Nummern eingravieren, die das Wiederauffinden eines bestimmten Präparates erleichtern.

Die einfachste und sauberste Möglichkeit zur längeren Aufbewahrung von Präparatnetzen erfolgt in Gelatine-Kapseln, wie sie auch zur Einbettung der Objekte bei der Dünnschnitt-Technik benutzt werden.

19*

Auf den gekrümmten Innenflächen kommen die Mitten der Trägernetze nicht mit der Wandung in Berührung. Auf diese Weise lassen sich auch Präparate mit der Post verschicken. Nach Möglichkeit sollte man von einem Objekt aber bereits bei der ersten Einschleusung genügend Aufnahmen anfertigen und die photographische Aufnahme als bleibendes Dokument ansehen. Durch längeres Bestrahlen wachsen die Kontaminationsschichten und zeigen ferner nach mehrmaligem Ausschleusen eine pustelförmige Eigenstruktur. Bei längerem Lagern bilden sich auch leicht Verunreinigungen durch Bakterien aus.

§ 14. Grundlagen der Hochvakuum- und Aufdampftechnik

14.1. Aufbau von Bedampfungsanlagen

Für die elektronenmikroskopische Präparationstechnik — bei der Herstellung von Trägerfolien und Schrägbeschattungen — spielt die Aufdampfmethode eine große Rolle. Es soll daher in diesem Abschnitt der prinzipielle Aufbau von Verdampfungsapparaturen beschrieben und auf die Wahl geeigneter Verdampfungsquellen eingegangen werden.

Für die Routine-Untersuchungen empfiehlt sich die Anschaffung einer kommerziellen Bedampfungsanlage. Bei der Auswahl eines Fabrikates sollte man auf folgende Punkte achten: 1. möglichst hohe Saugleistung der Vorpumpe und Diffusionspumpe verringern wesentlich die Auspumpzeit und den Enddruck. 2. Der Heiztransformator sollte nicht zu niedrig dimensioniert sein (etwa 1,5 kW), daß auch Kohlebedampfung und Aufheizen größerer Schiffchen möglich ist. 3. Das Glockenvolumen sollte nicht zu klein sein, sonst bricht das Vakuum während der Bedampfung (spez. Kohle) zu stark zusammen. 4. Der Innenraum des Rezipienten mit Verdampfungsquelle und Präparathalterung sollte allseitig zugänglich sein (abhebbare Glocke). 5. Außer der Möglichkeit, mehrere Verdampfungsquellen für simultane oder sukzessive Verdampfung anzuschließen, sollte der Präparatteller unter einstellbarem Winkel schwenkbar und für die Kegelbedampfung um seine Normalenrichtung mit hoher Frequenz drehbar sein. Weitere Möglichkeiten zur Objektkühlung bzw. zur Montage von Kühlfallen für flüssige Luft sind sehr zweckmäßig. 6. Eine eingebaute Schichtdickenkontrolle (optische Durchlässigkeit oder Schwingquarz) ist eine wichtige Hilfe für die Verfolgung der Schichtdicke während des Aufdampfprozesses.

Das prinzipielle Schaltschema einer Hochvakuum-Bedampfungsanlage ist in Abb. 153 skizziert. Man sollte in der Lage sein, folgende Schaltvorgänge durchzuführen: I. Vorevakuierung des Rezipienten bei abgesperrter Diffusionspumpe. II. Auspumpen der Diffusionspumpe bei abgesperrtem Rezipienten. III. Hintereinanderschaltung von angeheizter

Diffusionspumpe und Rezipient zur Hochvakuumerzeugung und IV. Fluten des Rezipienten. Wenn die Diffusionspumpe längere Zeit in abgesperrter Stellung laufen muß, empfiehlt sich die Einfügung eines Vorvakuumkessels, der einen schnelleren Druckanstieg durch das größere Volumen verhindert.

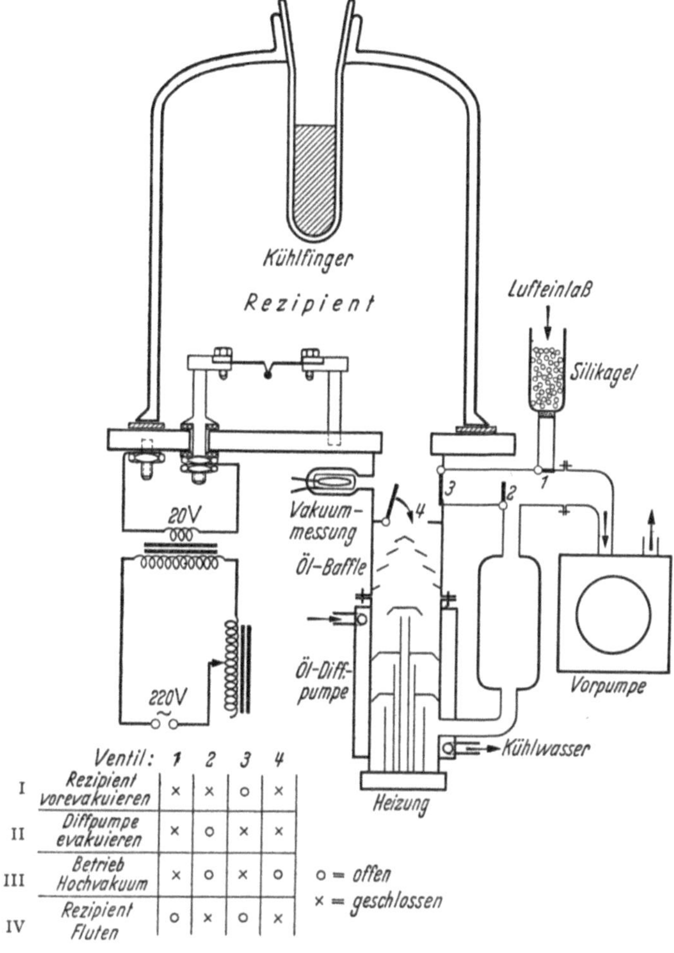

Abb. 153. Prinzipieller Aufbau einer Hochvakuum-Bedampfungsanlage mit Schaltschema der Ventile 1—4 in verschiedenen Arbeitsstellungen I—IV (s. Text)

Es sollen noch einige Hinweise für den Selbstbau von Bedampfungsanlagen gegeben werden. Speziell für die Herstellung von Kohlefilmen aus Glimmentladungen empfiehlt sich der Bau einer kleineren Vakuumanlage. Es sind im Handel zu den Pumpen zahlreiche passende Einzelteile wie Ventile, Verbindungsflansche und Vakuummeßzellen lieferbar, die

nach Wunsch nach dem Baukastenprinzip zusammengesetzt werden. Bei
Diffusionspumpen hat man die Wahl zwischen Quecksilber- und Öl-
Diffusionspumpen. Hg-Pumpen haben den Vorteil, daß sie ein öldampf-
freies Vakuum liefern, sofern nicht Dämpfe von den gefetteten Dichtungen den Dampfpartialdruck bestimmen. Dafür haben sie beim praktischen Arbeiten den wesentlichen Nachteil, zur Kondensation der Hg-
Dämpfe eine Kühlfalle mit Kohlensäureschnee- oder flüssiger Luft-Fül-
lung zwischen Pumpe und Rezipient zu benötigen. Demgegenüber können

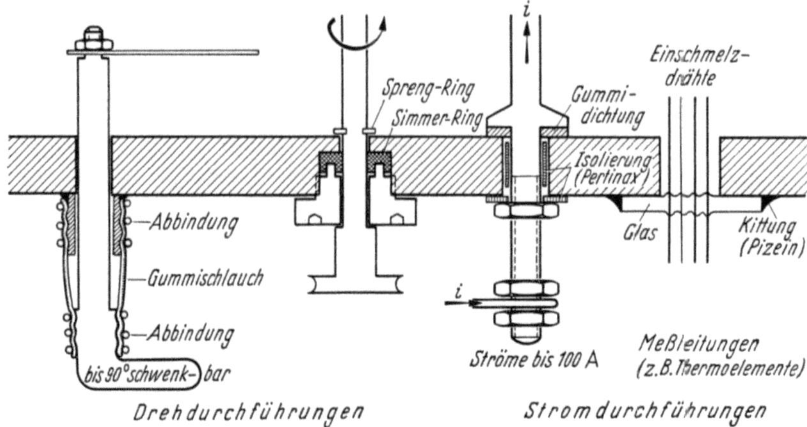

Abb. 154. Einfache Beispiele für Dreh- und Stromdurchführungen bei Vakuumanlagen

Öldiffusionspumpen ohne Kühlfalle betrieben werden, da die modernen
Treibmittel einen sehr geringen Dampfdruck besitzen. Über den Öldiffusionspumpen befindet sich stets ein wassergekühltes Baffle, an dem
eine Kondensation der aus der Pumpe herausdiffundierenden Öldämpfe
erfolgt. Die neuen Treibmittel sind auch robuster gegen Lufteinbruch und regenerieren sich z. T. in kürzerer Zeit selbst. Man soll
trotzdem einen Lufteinbruch in heiße Diffusionspumpen vermeiden und
diese auch nicht bei schlechtem Vorvakuum ($>$ 0,2 Torr) laufen lassen,
um die Lebensdauer der Ölfüllung zu verlängern.

Für viele Zwecke genügt zur qualitativen Vakuumanzeige eine Glimm-
entladung in einem seitlich angesetztem Rohr. Wenn diese bei einem
Druck von 10^{-4} Torr aussetzt, kann mit der Verdampfung begonnen
werden. Besser ist auf jeden Fall eine quantitative Vakuumanzeige mit
Thermoelementröhren für den Vorvakuumbereich bis 10^{-3} Torr und mit
Ionisationsmanometern oder Penning-Röhren bis herunter zu 10^{-5} bis
10^{-6} Torr. Für Verdampfungen reicht zwar in vielen Fällen ein Vakuum
von 10^{-4} Torr aus. Für bessere Schichtqualitäten sollte man aber 1 bis
$2 \cdot 10^{-5}$ Torr anstreben, da hierdurch die mittlere freie Weglänge zwischen

Zusammenstößen mit den Restgasmolekülen wesentlich erhöht wird. Die mittlere freie Weglänge ist umgekehrt proportional dem Gasdruck und beträgt z. B. bei Luft als Restgas unter einem Druck von 10^{-4} Torr etwa 45 cm. Besonders bewährt haben sich Kühlfinger, die von oben in den Rezipienten hineinragen und kurz vor der Bedampfung mit flüssigem Stickstoff gefüllt werden. Den Erfolg kann man an einem Vakuummeßgerät deutlich demonstriert bekommen. Der größte Teil des Restgases besteht in unausgeheizten Rezipienten nämlich aus H_2O-Molekülen von den Gefäßwandungen. Bisher liegen keine eindeutigen Versuche vor, daß die Verwendung eines Vakuums von 10^{-8} bis 10^{-9} Torr (Ultrahochvakuum) die Eigenschaften von Beschattungs- oder Trägerfilmen verbessert.

Wenn es sich ermöglichen läßt, soll man zu Beginn der Bedampfung stets eine Blende zwischen Verdampfungsquelle und zu bedampfendem Objekt anbringen, um leichter verdampfende Verunreinigungen fernzuhalten, und dann durch Ausschwenken der Blende den Atomstrahl freigeben.

Abb. 154 zeigt Beispiele für einfach herzustellende Drehdurchführungen und elektrische Stromdurchführungen. Bei letzteren bewährt sich auch die Einkittung mit selbstabbindenden Kunststoffklebern (z. B. Plexigum, Araldit oder UHU-Plus).

Weitere Einzelheiten zum Aufbau von Vakuumanlagen findet man u. a. bei ANGERER (1952), JAECKEL (1950), MÖNCH (1959) und YARWOOD (1955).

14.2. Hochvakuumverdampfung

14.2.1. Verdampfungsquellen

Bei der Verdampfung von Metallen oder Salzen liegt dasHauptproblem in der Wahl des richtigen Heizmaterials und der geometrischen Form der Verdampfungsquelle. Man verdampft bei allen elektronenmikroskopischen Anwendungen im allgemeinen den zu verdampfenden Stoff im direkten Kontakt mit dem Heizmaterial (Wolfram, Molybdän oder Tantal).

Für die praktische Arbeit sind die Erfahrungen in Tab. 14.1 niedergelegt. Sie stützen sich auf eigene Erfahrungen des Autors und Arbeiten von CALDWELL (1941) und OLSEN u. a. (1945). In der ersten Spalte ist die Dichte angegeben, die zur Berechnung der Schichtdicke aus Wägungen oder zur Abschätzung der zu verdampfenden Menge benötigt wird, und in der zweiten Spalte die Schmelztemperatur. Die meisten Substanzen haben bereits kurz oberhalb ihres Schmelzpunktes bei einem Vakuum kleiner als 10^{-4} Torr einen für die Bedampfung ausreichenden Partialdruck, so daß eine Erhitzung bis zum Siedepunkt nicht erforderlich ist. In den beiden folgenden Spalten sind Vermerke über die Benetzbarkeit von Wolfram mit dem betreffenden Stoff und die Reaktion des Stoffes mit Wolfram als Heizmaterial angegeben. Bei schlechter Benetzbarkeit kann man die betreffenden Metalle nicht in größeren Mengen von Drähten aus hängenden Tropfen verdampfen, sondern muß ein konisches Wolframdraht-Körbchen oder eine Wanne aus Bandmaterial nehmen. Deshalb ist

Tabelle 14.1. *Verdampfung verschiedener Stoffe von Wolframdrähten oder -bändern*

Stoff	Dichte g/cm³	Schmelz pkt. °C	Benetzung	Verd. ohne Reaktion	Form der Verdampfungsquelle	Verwendungszweck
Al	2,7	658°	+	–	Al-Blech; W: 0,7–2 mm ⌀	Dünne Schicht für Verspiegelung; Dicke Schicht: Matrizenabdrücke und Al-Oxydhaut
Ag	10,5	960°	o	+	W-Blech 0,1mm; Drahtspirale aus W 0,5 mm ⌀	Dünne Schicht: Verspiegelung; Dicke Schicht: Matrizenabdruck
Au	19,3	1064°	o	+	W: 0,7 mm ⌀; W: 0,2 mm ⌀; –0,8 mm; Au-, Ag- oder Cu-Draht	Matrizenabdruck
Cu	8,9	1084°	o	+		Matrizenabdruck
Cr	6,9	1920°	+	+	Cr-Stück	Beschattung
Ni	8,9	1453°	+	–	W: 0,7–1 mm ⌀; Ni-Draht; elektrolyt. abgeschieden	Beschattung
Ge	5,4	958°	+	–		Beschattung
Pt, Pt–Pd	21,5	1774°	+	–	W: 0,7–1 mm ⌀; Pt-Draht 0,2 mm ⌀	Beschattung
Pd	12,0	1555°	+		Pd-Blech	Beschattung

in der vorletzten Spalte die zweckmäßigste Form des Heizkörpers skizziert. Die letzte Spalte enthält Angaben über die präparativen Anwendungsmöglichkeiten, die zum großen Teil in den Paragraphen über Oberflächenabdrücke noch näher beschrieben werden.

Die Form der Verdampfungsquelle richtet sich außer nach der schon erwähnten Benetzbarkeit des Heizmaterials noch nach dessen Beschaffenheit. Nur draht- und blechförmige Substanzen kann man von einfachen

Tabelle 14.1 (Fortsetzung)

Stoff	Dichte g/cm³	Schmelz pkt. °C	Benetzung	Verd. ohne Reaktion	Form der Verdampfungsquelle	Verwendungszweck
U	19,0	1689°	o	—	W:0,7–1mm∅; W:0,2mm∅; U-Draht; U-Pulver oder -Stück	Beschattung
Ti	4,4	1727°	+	—		Beschattung, Trägerfilm
Be	1,9	1280°	+	o		Trägerfilm
SiO	2,1	subl.	—	+	SiO-Stück	Trägerfilm, Abdruckverstärkung, Beschattung
ThF_4	6,3	~900°	—	+	W- oder Mo-Blech 0,1mm; 8–10 mm; Pulver	Beschattung
WO_3	7,2	1473°	—	+		Beschattung (s.a. § 14.5.3)
U_3O_8	7,3	subl. 1300°	—	+		Beschattung
B_2O_3	1,84	580°	—	+		Wasserlösliche Zwischenschicht zwischen Objekt und Abdruck
$NaPO_3$	2,48	679°	—	+		
Kohle	1,35–2,4	subl. 3540°			Kohlestäbe (s. Abb. 156)	Trägerfilm, Abdruckverstärkung. Beschattung

Zeichenerklärung für Spalte 4 u. 5: + gute Benetzung des Wolframs, keine Reaktion mit Wolfram, o schwache Benetzung, schwache Reaktion, | keine Benetzung, Reaktion mit Wolfram.

Drähten verdampfen (z. B. Al und Pt). Beide Metalle reagieren aber stark mit Wolframdraht und neigen zum Durchbrennen, bevor genügend Material verdampft ist. Dies kann man aber stets vermeiden, wenn man einen hinreichend dicken Wolframdraht (0,7 bis 2 mm ∅) verwendet. Für sehr dicke Aluminiumschichten bewährt sich z. B. eine wellenförmige Biegung des Wolframdrahtes, den man mit mehreren Blechstücken behängt.

Körnige Substanzen (z. B. Cr und SiO) verdampfen sich am besten aus konischen Wolframdraht-Körbchen. Zum Wickeln eines solchen Körbchens erfüllt eine Anordnung nach Abb. 155 die besten Dienste. Ein drehbarer Metallkonus, auf den der Wolframdraht dicht aufgewickelt wird, ist

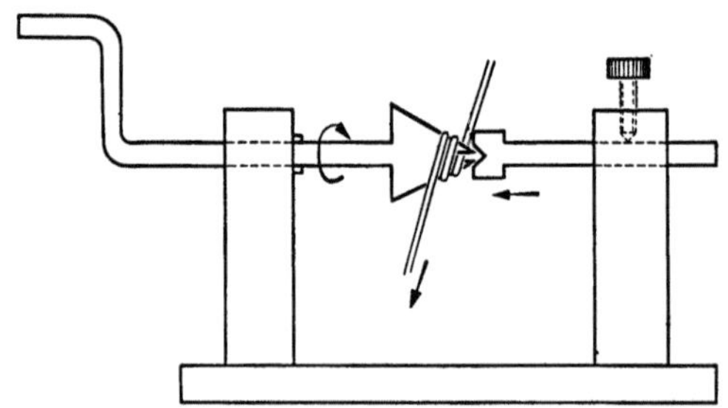

Abb. 155. Vorrichtung zum Drehen von Wolframdraht-Körbchen

an seinem spitzen Ende geschlitzt. In diesen Schlitz wird der Anfang des Wolframdrahtes mit genügender Länge zum späteren Einspannen eingesteckt und von der anderen Seite mit einem Gegenstück festgedrückt. Wenn man nach 5—7 Windungen den Draht abzieht, besitzt dieser soviel elastische Spannung, daß sich die Spirale aufweitet und genügend Abstand zwischen den Windungen läßt. Durch Auseinanderziehen kann man noch die gewünschte Steigung der konischen Spirale korrigieren. Man kann auch noch einfacher den Konus mit Schlitz in das Futter einer Drehbank spannen und das Gegenstück in die Halterung für einen Spiralbohrer.

Pulverförmige Substanzen (z. B. WO_3 oder ThF_2) sind aus Schiffchen zu verdampfen und neigen trotz hoher Seitenwände zum Herausspringen beim Erhitzen. In diesen Fällen schließt man nach oben mit einem durchbohrten Deckel ab und hat damit für Schrägbeschattungen auch den Vorteil einer punktförmigen Verdampfungsquelle. Wolframblech kann zum Biegen derartiger Schiffchen sehr spröde sein. Wesentlich besser läßt sich Tantal- oder Molybdänblech biegen. (Zur Verdampfung von WO_3 von einem Wolframdraht s. § 14.5.3.)

14.2.2. Verdampfung von Siliziummonoxyd

Auf die Verdampfung von SiO und Kohle soll etwas ausführlicher eingegangen werden, da sie sowohl für Trägerfilme als auch für Oberflächenabdrücke große Bedeutung besitzt.

Bei der ersten Herstellung von SiO-Schichten für präparative Zwecke von HASS u. KEHLER (1949) wurden noch Silizium und Quarz (SiO_2)

fein verteilt als stöchiometrisches Gemenge aus Schiffchen verdampft. Nach Untersuchungen von BILTZ u. EHRLICH und ZINTL u. Mitarb. soll schon bei Temperaturen unterhalb der Verdampfungspunkte der Einzelkomponenten ein Stoff entweichen, dem die Zusammensetzung SiO zuzuschreiben ist. Neuerdings kann man SiO in Stücken kaufen, welches durch Hochvakuumdestillation obiger Komponenten gewonnen wurde. Dies hat den Vorteil, daß man kleine Stücke SiO aus Wolframdraht-Körbchen sublimieren kann.

Um bei Trägerfolien und Oberflächenabdrücken richtige Schichtdicken zu erhalten, kann man kleine abgewogene Stücke quantitativ verdampfen. Die SiO-Stücke bleiben, wenn sie abdampfen, am Wolframdraht „kleben" und fallen nicht durch das Körbchen, wenn die Stücke sehr klein werden. Man kann auch größere Stücke einlegen und eine bestimmte Verdampfungszeit und -temperatur wählen. Vorsicht ist beim Aufheizen der Körbchen geboten, da SiO-Stücke leicht aus diesen herausspringen, solange die Verdampfung noch nicht eingesetzt hat. SiO übt eine Getterwirkung aus, so daß man beim Hochheizen des Wolframdrahtes den Beginn der Verdampfung sofort an einem Druckabfall am Hochvakuuminstrument erkennt. Bei einer weiteren Kontrollmöglichkeit wird seitlich zwischen Verdampfungsquelle und Präparat eine blanke Metallfläche angebracht (z. B. Aluminiumfolie), auf der man beim Verdampfen eine konzentrische Ausbreitung von Interferenzfarben beobachtet. Dies ermöglicht eine Unterbrechung der Verdampfung im richtigen Augenblick, den man leicht empirisch nach einigen Versuchen ermitteln kann.

14.2.3. Kohleverdampfung

Bei der Kohleverdampfung nach BRADLEY (1954) heizt sich die Kohle an berührenden Spitzen durch den Stromdurchgang bis zur Sublimation auf. In einer Halterung ist stets eine Kohle fest eingespannt und die andere drückt federnd dagegen. Man kann einen solchen Mechanismus mehr oder weniger kompliziert bauen. Eine sehr einfache Anordnung, die auch wenig Platz einnimmt, zeigt Abb. 156a. Das Zusammendrücken der Kohlen erfolgt mit Blattfedern, die gleichzeitig den Strom zuführen. Vielfach wird die 2. Kohle durch Federkraft gegen die andere Kohle gedrückt (Abb. 156b). Die Bohrung in der zweiten Halterung muß sehr lang sein, damit der Kohlestab eine gute Führung hat. Daher sind oft die Federn zu schwach und müssen nach häufigerem Gebrauch erneuert werden. Die Stromzuführung muß über eine Extraklemme erfolgen. Eine in Abb. 156c gezeigte Halterung zeigt bei einer geeigneten Dimensionierung des Gewichtes keine Schwierigkeiten im Kohlevorschub. Man kann prinzipiell auch die Kohleachsen vertikal stellen und die obere Kohle ebenfalls durch ein Zusatzgewicht auf die untere drücken (HUNGER, 1960; NOBES, 1965).

In der Regel bedampft man aber gerne von oben nach unten in 10—15 cm Abstand, da dann die Präparate ohne Halterung auf den Boden des Rezipienten gelegt werden können.

Als Kohlen können 3—6 mm starke Bogenlampenkohlen (ohne Docht), am besten sog. Spektralkohlen, benutzt werden. Zum Anspitzen eignen

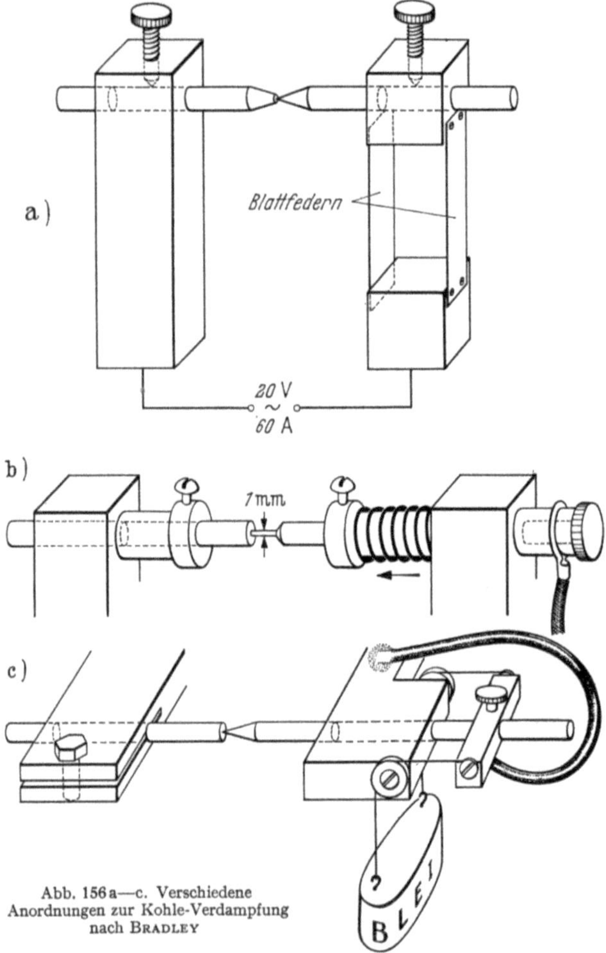

Abb. 156a—c. Verschiedene Anordnungen zur Kohle-Verdampfung nach BRADLEY

sich Bleistiftanspitzer. Die feststehende Kohle wird auf einen Durchmesser von 1—2 mm mit einer Feile abgeflacht (Abb. 156a). Drückt die Kohlespitze auf eine flache Gegenkohle (Abb. 156b u. c), so ergeben sich ungünstigere Richtcharakteristiken bei der Verdampfung.

Man benötigt für die Verdampfung etwa 20 V und 50 A. Diese Werte sind mit jedem Niederspannungstrafo für Verdampfungszwecke zu erreichen. Man fährt den Regeltrafo im Primärkreis (Schaltung in Abb. 153) schnell hoch, bis von der Berührungstelle glühende Kohleteilchen versprühen, und regelt noch etwas höher für die eigentliche Verdampfung, die 1—5 sec dauert. Die von der Kohle versprühten Teilchen beschädigen das Objekt nur selten.

Bei sorgfältiger Ausglühung der Kohlen und schneller Verdampfung im guten Vakuum erhält man „graue" Kohleschichten, die sich stabiler als „braune" erweisen, welche man bei schlechtem Vakuum und unausgeglühten Kohlen erhält.

Bei der Kohleverdampfung tritt eine starke Streuung der Kohlenstoffatome auf. Obwohl die Verdampfungsquelle nahezu punktförmig ist, ergeben sich keine scharfen Schatten. Da C-Atome (A = 12) eine kleinere Masse als die N_2-(M = 28) und O_2-Moleküle (M = 32) besitzen, führen elastische Zusammenstöße im Gasraum zu starken Richtungsänderungen. Bei dem normalen Vakuum von 10^{-5} Torr sollte die mittlere freie Weglänge aber so groß sein, daß sie nicht die starke Streuung erklären kann. Man muß vielmehr annehmen, daß mit der Kohle eine Gaswolke frei wird, welche sich im Mittel langsamer bewegt, da sie schon aus kälteren Teilen der Spitze ausgetrieben wird. Die schnellen C-Atome schießen also durch die langsamere Gaswolke hindurch und werden dabei stark aus ihrer Richtung abgelenkt. Diese Auffassung wird dadurch bestätigt, daß unausgeglühte Kohlen unschärfere Schatten ergeben.

Die Streuung der Kohlenstoffatome wird praktisch ausgenutzt bei der Verstärkung von Abdruckfilmen und bei der Herstellung von Hüllabdrücken, weil die Kohle auch an solchen Stellen des Präparates kondensiert, die geometrisch im Schatten liegen oder so stark geneigt sind, daß nur eine sehr dünne Schicht kondensieren würde. Ferner kondensiert Kohle nicht auf fett- oder ölbestrichenen Flächen, sondern wird von diesen diffus reflektiert. Hierauf beruht ein einfaches Kontrollverfahren nach BRADLEY, um die richtige Kohle-Schichtdicke abzuschätzen. In Höhe des Präparates legt man ein weiß glasiertes Porzellanstück, welches teilweise mit Öl bestrichen ist (Hochvakuumpumpenöl). Die Schicht hat eine Dicke von der Größenordnung 100 Å, wenn gerade ein Helligkeitsunterschied zwischen der reinen und ölbedeckten Fläche zu erkennen ist. Bei Oberflächenabdrücken mit sehr rauher Struktur benötigt man dickere Schichten und kann bis zum ersten braunen bzw. grauen Anflug des Präparates bedampfen. REITER (1961) dampft Kohleschichten zur Schichtdickenkontrolle auf einen goldbedampften Glasobjektträger auf. Die Interferenzfarbe „blau" soll einer Schichtdicke von 240 ± 35 Å entsprechen.

Die Kohle-Schichtdicke läßt sich auch gut mit einer eingebauten optischen Schichtdickenkontrolle verfolgen. Es ergeben sich je nach Herstellungsbedingungen jedoch unterschiedliche Werte der Durchlässigkeit

(s. AGAR, 1957; COSSLETT u. COSSLETT, 1957; GRAFF, 1961; DE u. SARKAR, 1962), so daß eine Eichung erforderlich ist. Auch die Dichte der Kohleschichten hängt sicher von den Aufdampfbedingungen ab. Die Angaben schwanken zwischen $\varrho = 1{,}35\,\mathrm{g} \cdot \mathrm{cm}^{-3}$ nach LANGBEIN (1958) und $2{,}4\,\mathrm{g} \cdot \mathrm{cm}^{-3}$ nach REIMER u. HERMANN (1962) (Graphit: $\varrho = 2{,}0\,\mathrm{g} \cdot \mathrm{cm}^{-3}$).

14.2.4. Verdampfung durch Elektronenstoßheizung

Die Methode der Verdampfung von einem geheizten Draht oder Blech aus Wolfram, Molybdän oder Tantal ist nur für niedrig schmelzende

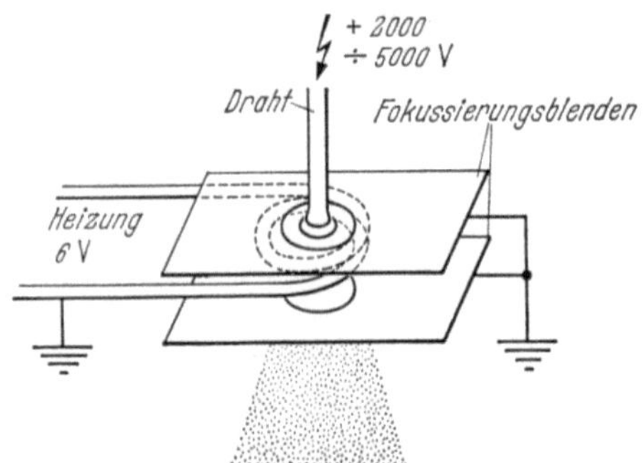

Abb. 157. Prinzip der Elektronenstoßheizung

Metalle möglich. Wie oben erwähnt wurde, legieren viele Metalle mit dem Heizmaterial und erschweren die Verdampfung durch vorzeitiges Durchbrennen des Heizdrahtes. Hochschmelzende Metalle wie W, Mo, Ir oder Ta lassen sich mit dieser Methode nicht verdampfen. Es ist nur möglich, diese Metalle bis kurz unterhalb ihres Schmelzpunktes zu erhitzen. Der Dampfdruck ist dann aber so klein, daß selbst die Herstellung einer dünnen Schicht für Schrägbeschattungen sehr lange Zeit benötigt (HIBI, 1952). Teilweise ist die Verdampfung dieser Metalle durch Elektronenstoßheizung gelungen (WESTMEYER u. LORENZ, 1960; BACHMANN, 1962). Diese Art der Heizung ist auch auf niedrig schmelzende Metalle anwendbar, wenn man diese tiegelfrei verdampfen will (Abb. 157). Als Elektronenquelle dienen ein oder zwei Windungen aus Wolframdraht, welche bis zur Elektronenemission aufgeheizt werden und sich auf Erdpotential befinden. Die Heizung läßt sich daher mit dem für die Verdampfung vorgesehenen Niederspannungstransformator durchführen. Das zu verdampfende Material liegt auf einem Potential von $+2000$ bis $5000\,\mathrm{V}$ und wird meistens in Form eines dünnen Drahtes in die Nähe der Heizspirale gebracht. Die vom Wolframdraht emittierten Elektronen $(10-100\,\mathrm{mA})$ werden auf die Spitze des zu verdampfenden Drahtes beschleunigt und führen zum Schmelzen. Eine evtl. Kühlung sorgt dafür, daß nur an der Drahtspitze eine kleine Kugel aufgeschmolzen ist. Dies kann auch in einem hängenden Tropfen erfolgen. Reflexionszylinder bzw. Fokussierungsblenden sorgen dafür, daß der Elektronenstrahl auf die Spitze des Drahtes konzentriert wird. Blenden schützen das zu bedampfende Objekt vor der Wärmestrahlung des Heizdrahtes.

14.2.5. Herstellung von Platin-Kohle-Mischschichten

Für die Schrägbeschattung ist man an Schichten mit hoher Dichte und möglichst geringer Eigenstruktur interessiert. Eine in letzter Zeit viel benutzte Methode erreicht dies durch einen zusätzlichen Einbau von

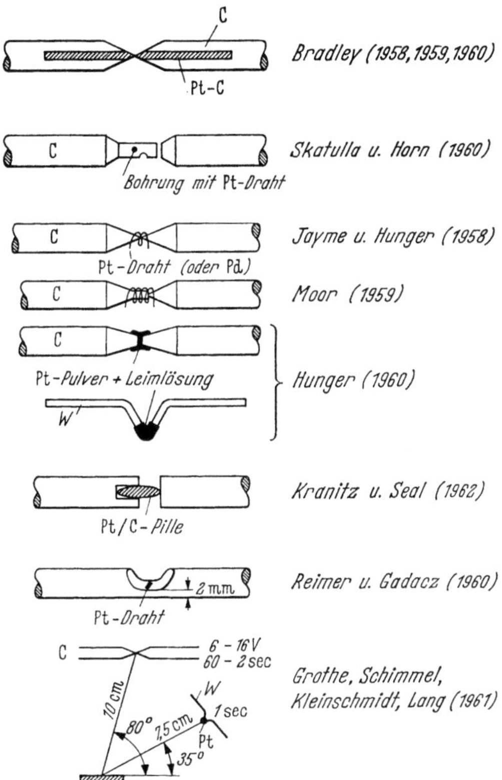

Abb. 158. Verfahren zur Verdampfung von Platin-Kohle-Mischschichten

Kohlenstoff in Platinschichten. Abb. 158 gibt eine Übersicht der benutzten Verfahren. Die zuerst von BRADLEY benutzte Technik mit zusammengesinterten Elektroden aus Platin- und Kohlepulver ist sehr kostspielig. Deshalb wurde dazu übergegangen, nur einen Docht mit einer derartigen

Mischung zu füllen. Allerdings schmilzt das Platin beim Verdampfen an der Spitze leicht zu einer Kugel zusammen, die beim erneuten Anspitzen der Kohle herausbricht. Dadurch wird der Verbrauch relativ groß. Ein von SKATULLA u. HORN (1960) angegebenes Verfahren geht von dem Gedanken aus, Platin und Kohle an verschiedenen Stellen des Kohlestabes zu verdampfen (Platin aus einem Bohrkanal und Kohle an der Berührungsstelle der Elektroden). Auch ein um die Spitze gewickelter Platindraht erfüllt den gleichen Zweck (JAYME u. HUNGER, 1958; MOOR, 1959). HUNGER (1960) bestreicht die Kohlespitze mit einem Brei aus Platinpulver und einer Leimlösung (1%ige Tylose- oder 4%ige Gelatinelösung). KRANITZ und SEAL (1962) klemmen in die Bohrung einer Elektrode gesinterte Pillen aus einer Platin-Kohle-Mischung (50:50), die kommerziell erhältlich sind und als Katalysator in der chemischen Industrie Verwendung finden. REIMER und GADACZ (1960) verdampfen Platin direkt aus einem Kohleschiffchen. Dabei löst das geschmolzene Platin Kohle, welche mitverdampft. Dies erkennt man an einem zurückgebliebenen Krater im Kohleschiffchen. Die ausgefeilten Kohlestäbe benötigen eine spezielle Halterung (REIMER u. GADACZ, 1960b), um bei der thermischen Ausdehnung nicht zu zerbrechen. Diese Methode hat außerdem den Vorteil, daß man das Kohleschiffchen bis zur Schmelztemperatur des Platins vorher ausheizen kann, den Gasausbruch abpumpt und dann bei 10^{-5} Torr die eigentliche Bedampfung durchführt.

Dichtemessungen an Platin-Kohle-Mischschichten nach verschiedenen Verfahren ergaben für die Schichten nach der letzten Methode 8 bis 15 g · cm^{-3} (REIMER u. HERMANN, 1962). Es wird also genug Kohle gelöst und mitverdampft, so daß der Gewinn an Auflösungsvermögen durch die geringe Eigenstruktur größer ist als der Verlust durch die geringe Dichte der Mischschichten. Wenn man zusätzlich Kohle mitverdampft, so liegen die Dichten der Mischschichten erheblich niedriger (4—11 g · cm^{-3} bei dem Verfahren nach BRADLEY und SKATULLA). Auch wenn man wie bei BRADLEY das Platin-Kohle-Verhältnis vorgibt, enthält die Schicht in der Regel mehr Kohle. Es ist demnach nicht immer gesagt, daß Platin-Kohle-Mischschichten einen Gewinn an Auflösungsvermögen bringen (s. hierzu § 16.4).

Die Wirksamkeit einer Platin-Kohle-Bedampfung erkennt man im Beugungsbild. Während reine Platinschichten noch scharfe Beugungsringe zeigen, die durch Teilchenkleinheit etwas verbreitert sind (Kristallitgrößen 10—20 Å), ergeben Platin-Kohle-Mischschichten diffuse Beugungsmaxima (Abb. 159).

GROTHE u. a. (1961) wenden ein anderes Verfahren an, indem sie Kohle und Platin aus verschiedenen Quellen simultan verdampfen. Die Kohleverdampfung wird bei einem so geringen Strom betrieben, daß die Aufdampfung einer 150—200 Å-Schicht mehr als 10 sec dauert. Bei

Beginn der Kohlebedampfung wird sofort ein Wolframdraht mit Platin erhitzt und das Platin in 1—2 sec verdampft (evtl. schnelles Erhitzen bis zum Durchbrennen des Wolframdrahtes). Das Platin ist dann in einer schmalen Zone der Kohleschicht unmittelbar über der Objektoberfläche eingebaut. Die weiter aufgedampfte Kohleschicht dient zum Verstärken des Abdruckes. Der Vorteil dieses Verfahrens liegt darin, Beschattungsfilm und Kohleverstärkung in einem Bedampfungsgang aufzubringen.

Außer Platin kann man auch Iridium oder Platin-Iridium-Legierungen verwenden. Iridium löst jedoch mehr Kohle als Platin und die Schichten können eine noch geringere Dichte aufweisen.

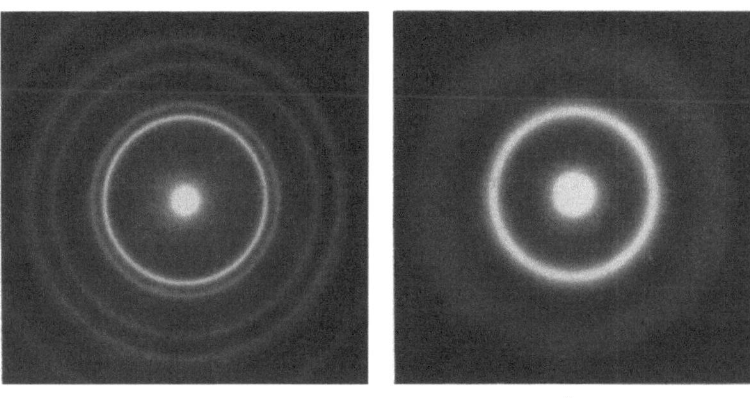

a   b

Abb. 159a u. b. Beugungsdiagramm einer Platin-Aufdampfschicht a) und einer Platin-Kohle-Mischschicht b)

14.3. Schichten aus der Kathodenzerstäubung und Glimmentladung

Kathodenzerstäubung eines Metalles erfolgt durch eine Gleichstrom-Glimmentladung (1—3 kV) in einem inerten Gas (Edelgas, Stickstoff oder Wasserstoff) bei einem Druck von etwa $5 \cdot 10^{-3}$ Torr, wobei das zu zerstäubende Metall als Kathode geschaltet wird. Die bei der Gasentladung durch Elektronenstoß entstehenden positiven Gasionen werden durch das elektrische Feld, welches weitgehend auf die enge Umgebung der Kathode beschränkt ist (Kathodenfall), auf die Kathode beschleunigt. Dort schlagen sie beim Auftreffen Metallatome los, die im wesentlichen elektrisch neutral sind und daher von der Kathode mit der erhaltenen kinetischen Energie wegfliegen. Die Kathodenzerstäubung ist gegenüber der Hochvakuumverdampfung sehr langwierig. In der elektronenmikroskopischen Präparationstechnik ist sie für Platinbeschattungen, PtO_2-Schichten durch Zerstäubung in einer O_2-Atmosphäre (HELWIG u. KÖNIG, 1950) oder Platin-Kohle-Mischschichten (KNOCH u. KÖNIG, 1956) ausgenutzt

worden. Diese Verfahren zur Erzeugung strukturarmer Beschattungsfilme werden zur Zeit jedoch kaum noch benutzt.

Größere Bedeutung kommt der Herstellung von Kohleschichten aus
einer Glimmentladung zu, welche speziell für Hüllabdrücke Verwendung
findet. Die Kondensation von Kohleschichten beruht auf der Zersetzung
von Kohlenwasserstoffen in einer Glimmentladung unter Einwirkung des

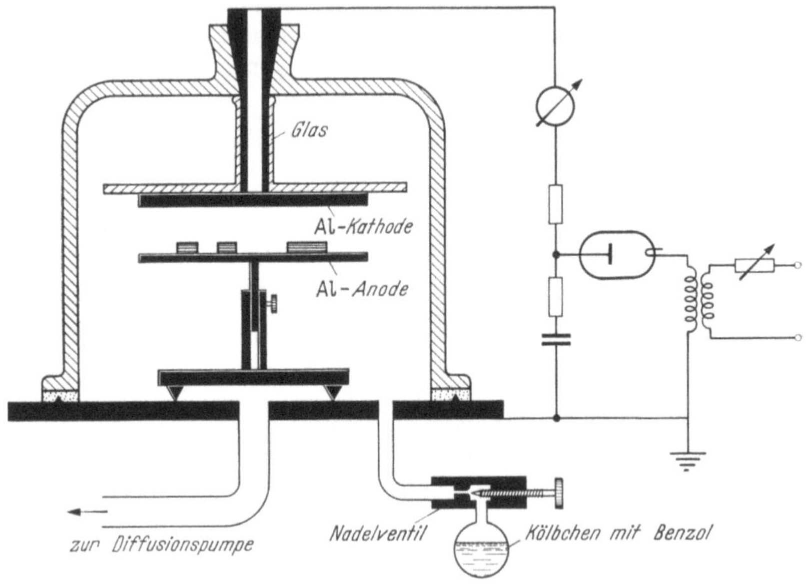

Abb. 160. Apparatur zur Herstellung von Polymerisatschichten aus der Glimmentladung nach KÖNIG und HELWIG (1956)

Elektronenbeschusses. Alle Versuche sprechen dafür, daß die Zersetzung
nach der Adsorption erfolgt. Diese Erscheinung wird als Kontamination
(§ 9.3) auch bei der Bestrahlung der Objekte im Elektronenmikroskop
beobachtet. Es kann zur Herstellung von Kohlehüllen eine Apparatur
nach KÖNIG u. HELWIG (1951) benutzt werden (Abb. 160), die zwei polierte
Aluminiumplatten (5—10 cm ⌀) in einem Abstand von 2,5 cm enthält.
Aluminium wird deshalb bevorzugt, weil es die geringste Kathodenzerstäubung zeigt, die bei dieser Anordnung unerwünscht ist. Der Gaszulaß
(Benzoldampf) erfolgt in einem „dynamischen Vakuum" durch ein
Nadelventil oder eine dünne Kapillare bei laufender Diffusionspumpe.

Eine andere Apparatur benutzten HAEFER (1954), HAEFER u. MOHA-
MED (1957), GRASENICK u. HAEFER (1952). Den Aufbau des Elektroden-
systems zeigt Abb. 161a. Der Außenzylinder aus Messing dient als Kathode
und ist längs geschlitzt, um Wirbelströme bei der Anwendung eines

äußeren Magnetfeldes zu vermeiden. Innen sind der Außenzylinder und die Deckplatten mit 0,1 mm Molybdänblech ausgekleidet. Der stabförmige Innenzylinder ist mit Keramikstücken gehalten und enthält oben einen Schlitz, in den Präparatblenden eingelegt werden können (s. Nebenskizze b). Ein Gewicht sorgt dafür, daß diese Rille stets nach oben zeigt. Diese Elektrodenanordnung wird in ein evakuiertes Glasrohr gesteckt, über das eine lange Magnetspule zur Erzeugung eines longitudi-

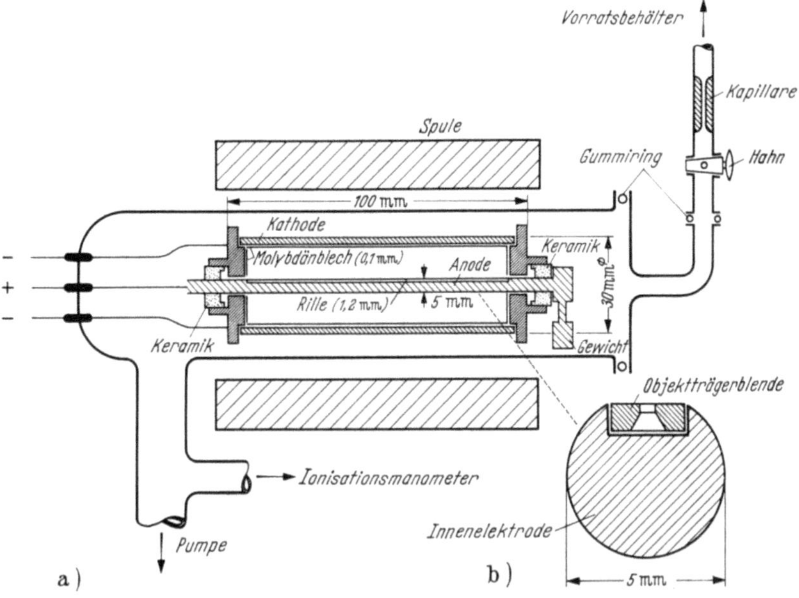

Abb. 161 a u. b. Aufbau einer Gasentladungsapparatur zur Herstellung von Polymerisatschichten (nach HAEFER und MOHAMED 1956)

nalen Magnetfeldes parallel zur Stabachse geschoben wird. Zur Herstellung der Schichten wird zunächst auf 10^{-5} Torr evakuiert und dann das Füllgas ($p \leq 10^{-3}$ Torr) eingelassen. Bei einem Magnetfeld von 200 bis 300 Oe und einer Spannung an den Elektroden von etwa 500 V fließt z. B. ein Strom von etwa 2 mA. Die sich ausbildende selbständige elektrische Gasentladung arbeitet nach dem gleichen Prinzip wie in den zur Vakuummessung benutzten Penning-Röhren. Das angelegte Magnetfeld erlaubt mit niedrigeren Gasdrucken zu arbeiten. Die Schichten enthalten mehr oder weniger Wasserstoff. Besonders feste Schichten erhält man bei der Verwendung von Methan-Gas (CH_4). Allerdings sind hierfür längere Herstellungszeiten erforderlich (Tab. 14.2). Unter Einhaltung konstanter Betriebsbedingungen ist die Schichtdicke proportional zur Glimmzeit. Die Schichten aus Azetylen- oder Benzoldampf bedürfen unter Umständen noch einer Nachbestrahlung im Elektronenmikroskop, um die Schicht

20*

zu festigen, bevor etwa bei Hüllabdrücken die Substanz herausgelöst wird. Auch SiO_2- oder Borschichten lassen sich aus den entsprechenden Hydriden abscheiden.

Verwendet man an Stelle des Gleichmagnetfeldes eine Wechselstromerregung der Magnetspule (50 Hz), so erhält man für Hüllabdrücke günstigere Bedingungen. Die Glimmentladung bei niedrigeren Drucken bis zu 10^{-4} Torr kann auch aufrechterhalten werden, wenn der Gleichspannung eine Hochfrequenzspannung überlagert wird.

Tabelle 14.2. *Zeiten für die Herstellung einer Kohleschicht aus einer Glimmentladung mit den im Text angegebenen Betriebsbedingungen*

Füllgas ($p = 1 \cdot 10^{-3}$ Torr)	CH_4	C_2H_2	C_6H_6	SiH_4	B_2H_6
Zeit für die Herstellung einer 100 Å-Schicht	20	5	4	3	100 min

Umgekehrt läßt sich bei einer Glimmentladung in O_2-Atmosphäre organische Substanz abbauen (JAKOPIĆ, 1960; SPIT, 1960). Dieses läßt sich ausnutzen, um von Oberflächen- oder Hüllabdrücken anhaftende organische Substanz zu entfernen. Der Abdruck darf allerdings nicht aus Kohle bestehen, sondern aus anderen anorganischen Substanzen (z. B. SiO). Ferner lassen sich mit diesem Verfahren u. a. Fasern anätzen, oder bei Kautschuk können die Füllstoffe freigelegt werden.

14.4. Möglichkeiten zur Schichtdickenbestimmung von Aufdampfschichten

a) Relativmessungen

Auf grobe Abschätzungsmöglichkeiten der Schichtdicke bei SiO- und Kohle-Aufdampfschichten ist oben schon näher eingegangen. Für Trägerfolien und Oberflächenabdrücke kommt es im allgemeinen nicht auf eine genaue Einhaltung einer bestimmten Schichtdicke an.

Eine weitere Kontrollmöglichkeit ergibt sich aus der quantitativen Verdampfung einer eingewogenen Menge m. Bei Verdampfung aus einem hängenden Tropfen kann man in erster Näherung annehmen, daß die Verdampfung kugelsymmetrisch nach allen Seiten in gleicher Stärke erfolgt. Es gilt dann für die auf den Träger mit der Fläche F niedergeschlagenen Schichtdicke D mit der Masse M

$$M = F\,\varrho D = m\,\frac{F}{4\,\pi\,R^2}\cos\beta, \tag{14.1}$$

oder die zu verdampfende Menge berechnet sich aus der Dichte ϱ des zu verdampfenden Stoffes, dem Abstand Quelle-Präparat R und dem Winkel

β zwischen Schichtnormalen und Bedampfungsrichtung zu

$$m = \frac{4 \pi R^2 \varrho D}{\cos \beta} \, . \tag{14.2}$$

Bei Verdampfung aus einem Schiffchen wäre die Hälfte anzusetzen. Derartige Formeln können aber nur Aufschlüsse über die Größenordnung der Schichtdicke oder der zu verdampfenden Menge geben. Die Richtcharakteristik einer Verdampfungsquelle ist nämlich sehr unterschiedlich. Bei der Verdampfung von Gold aus einem Wolframschiffchen konnte

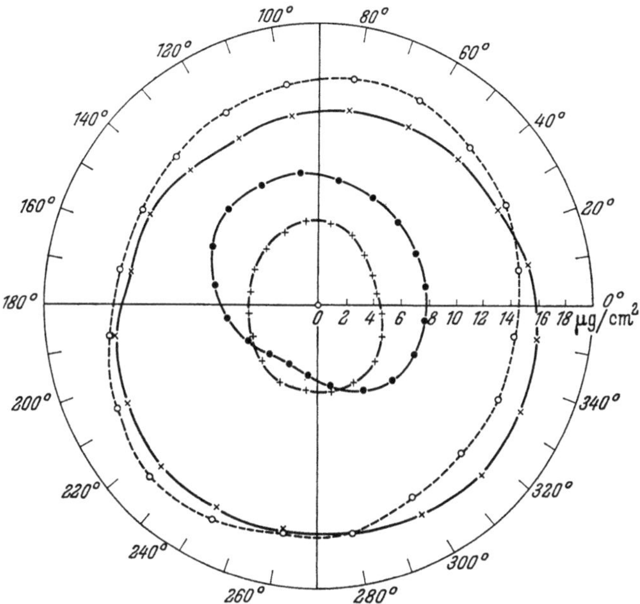

Abb. 162. Schwankungen in der Richtungsverteilung (Polardiagramm) der Platinbedampfung von einem Wolframdraht (Draht senkrecht zur Zeichenebene) (nach Reimer und Gadacz 1961)

vom Verfasser z. B. nach mehrmaliger Verdampfung, was zu einer Aufrauhung der Wolfram-Oberfläche führte, mit der gleichen Goldmenge nur noch die halbe Schichtdicke erhalten werden, wie bei der glatten Ausgangsoberfläche des Wolframs. Völlig unzuverlässig wird diese Methode, wenn die Substanz mit dem Heizmaterial legiert (z. B. Platinverdampfung von einem Wolframdraht). Die Richtcharakteristik ist dann keineswegs mehr rotationssymmetrisch um die Drahtachse (Abb. 162), sondern weist in willkürlichen Richtungen ausgeprägte Maxima auf (Reimer u. Gadacz, 1961). Bei einer bestimmten Länge aufgewickelten Platindrahtes zur Schrägbeschattung kann die Schicht zwischen 10—30 Å variieren. Nomogramme für die Ermittlung der zu verdampfenden Menge (z. B. Ogorelec, 1958) sind daher weitgehend nutzlos.

20a Reimer, Elektronenmikroskop. Methoden

Eine relativ gute Kontrolle erhält man bei absorbierenden Schichten aus der Lichtdurchlässigkeit. Die Verdampfungsquelle zur Schrägbeschattung ist so angeordnet, daß von dem glühenden Wolframdraht kein Licht in die Photozelle fällt. Das Streulicht wird optimal ausgeblendet, wenn man in der Brennebene einer Linse vor der Photozelle eine Lochblende setzt, durch die nur das Licht aus der Richtung der Lichtquelle hindurchgeht. Seitliches Streulicht wird zwar auch in der Brennebene gebündelt, aber seitlich versetzt. Wenn man die Lichtintensität so regelt, daß ohne Schicht 100 Skalenteile Ausschlag auf dem Meßinstrument entstehen, kann man die Bedampfung unterbrechen, wenn die Durchlässigkeit auf einen bestimmten Prozentsatz abgefallen ist.

Die Lichtdurchlässigkeit dünner Schichten gehorcht weitgehend einem exponentiellen Absorptionsgesetz (Beersches Gesetz)

$$J = J_0 e^{-kD}. \tag{14.3}$$

Bei Schichten unterhalb 100 Å sind jedoch Abweichungen durch strukturbedingte Änderungen der optischen Konstanten möglich. Da die Absorptionskonstante k in (14.3) noch von der Wellenlänge abhängt, empfiehlt es sich, monochromatisches Licht zu benutzen, welches man z. B. mit einem Interferenzfilter erhalten kann. Trotzdem kann man an anderer Stelle gemessene Eichkurven der Transmission als Funktion der Schichtdicke nicht bedenkenlos übernehmen, da die optischen Eigenschaften nicht strukturunabhängig sind und u. a. vom Betriebsvakuum, von der Unterlage oder von der Aufdampfgeschwindigkeit abhängen können. Grundsätzlich gestatten optische Meßmethoden, die auch noch den Polarisationszustand des reflektierten und hindurchgelassenen Lichtes berücksichtigen, optische Konstanten und Schichtdicke von Aufdampfschichten zu erfassen (s. MAYER, 1950; METHFESSEL, 1953). Die Verfahren sind aber experimentell und in der Auswertung so kompliziert, daß sich ihre Anwendung für elektronenmikroskopische Präparationszwecke nicht lohnt.

Nach den in § 6 dargelegten Gesetzen über den Kontrast elektronenmikroskopischer Präparate kann man auch bis zu dünnsten Schichten die Elektronendurchlässigkeit zur Schichtdickenbestimmung heranziehen, wenn eine Eichkurve vorliegt, die ebenfalls an andere Absolutmethoden (s. u.) anschließt. Diese Methode hat den Vorteil, unter bestimmten Bedingungen (s. § 6.5) nur von der Massendicke des Präparates abzuhängen, so daß nicht für jeden Stoff eine neue Eichung erforderlich ist. Sie ist allerdings nur auf amorphe und feinkristalline Schichten anwendbar. Ihr Vorteil liegt aber auch darin, daß sie die für die Elektronenmikroskopie unmittelbar interessierende Information liefert, ob z. B. eine zur Schrägbeschattung aufgedampfte Metallschicht zu dick oder zu dünn ist. Die Messung des Kontrastes kann über die Leuchtschirmhelligkeit oder mittels Faraday-Becher und Elektrometer (s. § 10.4) erfolgen.

b) Absolutmessungen

Bis herunter zu 100 Å-Kohle- oder 10 Å-Platinschichten kann man eine relativ genaue Schichtdickenbestimmung durch Wägung eines Glasobjektträgers vor und nach der Bedampfung mit einer empfindlichen Mikrowaage ($\pm$ 1 μg) erhalten. Diese Methode hat den Vorteil, direkt die Massendicke zu liefern (in μg/cm^2), welche für die Beurteilung des elektronenmikroskopischen Kontrastes unmittelbar interessiert. Neuerdings

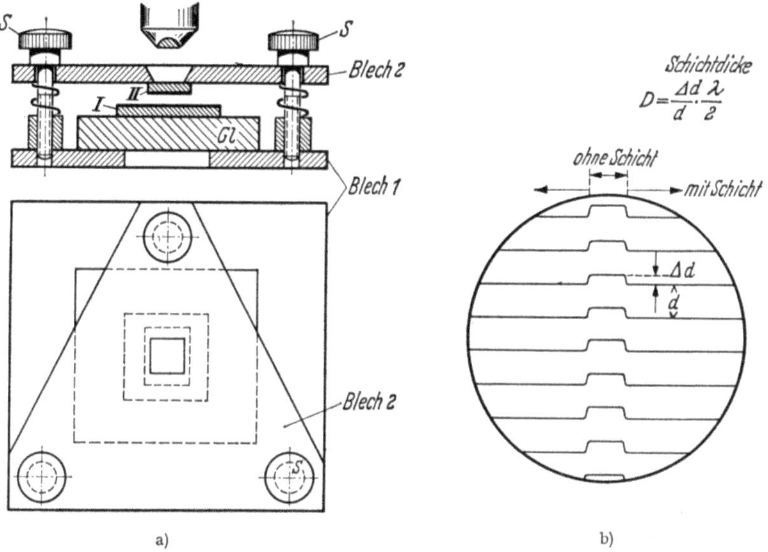

Abb. 163 a u. b. a) Einfacher Mikroskopansatz zur Schichtdickenbestimmung nach der Tolansky-Methode der Vielstrahlinterferenzen (nach WEBER und VON FRAGSTEIN 1954), b) Interferenzstreifenverschiebung im Gesichtsfeld

ist auch eine Schichtdickenkontrolle entwickelt worden und wird teilweise schon zu kommerziellen Bedampfungsanlagen geliefert, die auf der Änderung der Frequenz eines Schwingquarzes beruht (SAUERBREY, 1959; HILLECKE u. NIEDERMAYER, 1965; PULKER, 1966) und erstaunlich hohe Empfindlichkeit bis herunter zu Monoschichten besitzt. Auch hierbei muß jedoch durch Wägung einer dickeren Schicht der Quarz zu Beginn geeicht werden.

Mit diesen Methoden zur Ermittlung der Massendicke kann man die Schichtdicke durch Division mit der Dichte erhalten, die jedoch gerade bei Aufdampfschichten stark von der Struktur abhängt (s. z. B. Kohleschichten § 14.2.3).

Eine der zuverlässigsten Methoden für die Schichtdickenbestimmung ist die Methode der Vielstrahlinterferenzen nach TOLANSKY. Man bringt

in der Schicht einen Kratzer an, oder deckt einen Streifen bei der Bedampfung mit einem dünnen enganliegenden Draht ab, und überdampft
bei durchsichtigen Schichten den ganzen Träger mit einer schwach lichtdurchlässigen Schicht (Transmission: 5—10%). Abb. 163a zeigt eine bewährte Anordnung (WEBER und VON FRAGSTEIN, 1954), die man unter
jedes Lichtmikroskop auf den Objekttisch setzen kann (s. a. BACHMANN,
1958). Von oben wird durch Justierschrauben S ein ebenfalls mit Silber
(Transmission: 5—10%) bedampftes Mikroskopdeckgläschen II auf das
Testobjekt I gesenkt, bis die Vielstrahlinterferenzen erscheinen. Bei durchsichtigen Objekten erfolgt die Beleuchtung von unten mit einer Hg-
Dampflampe, die eine sehr intensive grüne monochromatische Strahlung
liefert ($\lambda = 546\ \mathrm{m}\mu$). Eine schwache gelbe Linie läßt sich mit einem
grünen Interferenzfilter ausfiltern. Bei der Untersuchung von lichtundurchlässigen Schichten ist der gleiche Einsatz auch für Auflichtbeleuchtung durch ein Auflichtobjektiv verwendbar. Den Schichtträger I
bedampft man dann mit Silber lichtundurchlässig. Für eine hohe Schärfe
der Interferenzlinien muß man darauf achten, daß das Licht möglichst
parallel auf das Interferometer fällt. Bei sorgfältiger Justierung der
Parallelität sind Halbwertsbreiten der Interferenzlinien zu erreichen, die
nur $^1/_{50}$ des Abstandes benachbarter Linien betragen. Der Abstand der
Interferenzlinien entspricht Höhenunterschieden von einer halben Wellenlänge und aus der Streifenversetzung am Kratzer in der Schicht kann man
die Schichtdicke berechnen (Abb. 163b). Bei einer rauhen Schichtoberfläche mißt die Tolansky-Methode eine etwas größere Schichtdicke
als die wahre mittlere Schichtdicke, wie man sie etwa aus einer Wägung erhält.

Wenn man mit diesen Methoden die Schichtdicke von noch dünneren
Schichten als 100 Å messen will, kann man entweder das Quadrat-
Abstandsgesetz ausnutzen oder eine zweite Platte in derselben Entfernung von der Verdampfungsquelle durch eine schnell rotierende Sektorblende bedampfen. Diese zweite Schicht hat dann nur eine um den Bruchteil der Blendenöffnung kleinere Schichtdicke.

PULKER und RITTER (1965) geben eine Übersicht über die wichtigsten
Methoden der Schichtdickenbestimmung. Als weitere Möglichkeiten seien
noch aufgeführt: Messung des elektrischen Widerstandes, die Röntgenfluoreszenzmethode, chemische Methoden (spez. kolorimetrisch), β- und
α-Strahlabsorption.

14.5. Schrägbeschattung

14.5.1. Schräg-, Portrait- und Kegelbedampfung

Bei der Schrägbedampfungstechnik bringt man die Objekte oder die
von diesen abgezogenen Matrizen (§ 16) in einen Abstand von 5—10 cm
von der Bedampfungsquelle. Der Winkel der Dampfstrahlrichtung mit

der Normalen auf die zu bedampfende Fläche kann je nach dem Objekt zwischen 45°—70° variiert werden. Man wird den Beschattungswinkel um so größer wählen, je geringer die Höhe der herausragenden Objektdetails ist (s. a. § 11.1). Winkel größer als 70—80° sind nicht zu empfehlen, da sich dann eine charakteristische Eigenstruktur der Beschattungsfilme ausbildet. Hinter Kristallen der Schicht tritt eine Selbstabschattung auf, und die Schicht besteht aus länglichen Kristallaggregaten, die in Richtung der Dampfquelle wachsen (KÖNIG u. HELWIG, 1950, REIMER, 1957).

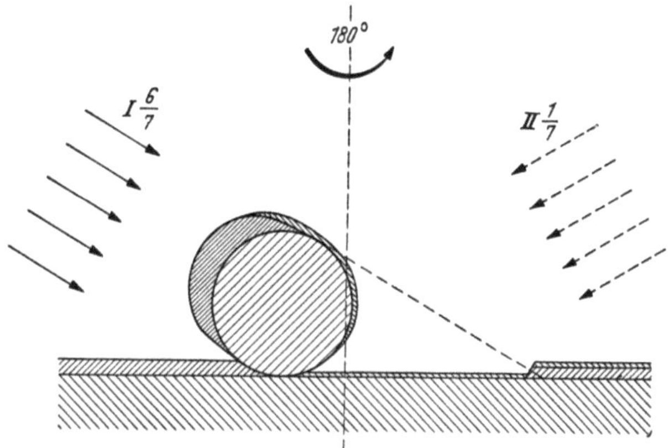

Abb. 164. „Portraitbeschattung" nach PHILPOTT (1951)

Um die starken Kontrastunterschiede zwischen bedampften Objektflächen und den Schattenräumen auszugleichen, schlägt PHILPOTT (1951) eine zweite Bedampfung mit etwa $^1/_5$—$^1/_7$ Schichtdicke der ersten Bedampfung vor, nachdem das Objekt um 180° gedreht wurde (Abb. 164). Wie bei Porträtaufnahmen werden die Schattenräume dann ebenfalls „beleuchtet" und es lassen sich auch in ihnen Oberflächendetails erkennen. Für manche Zwecke ist es auch für die Abbildung der interessierenden Strukturen günstig, zwischen zwei gleichstarken Bedampfungen das Präparat um 90° zu drehen; z. B. werden dann auch Stufen kontrastreich abgebildet, welche parallel zu einer Bedampfungsrichtung liegen.

Bei der Kegelbedampfung (HEINMETS, 1949) rotiert das Objekt während der Bedampfung schnell um eine Achse parallel zur Objektnormalen. Diese Methode ist von besonderem Erfolg bei der Abbildung von DNS-Fäden (KLEINSCHMIDT u. a., 1960), Viren oder Ribosomen. Hierbei werden die Präparate unter 85—80° zur Präparatnormalen kegelbedampft. Die oben aufgeführten Bedenken gegen die Verwendung eines so flachen Dampfstrahleinfalles fallen bei der Kegelbedampfung fort. Der Vorteil liegt darin, daß man die gewundenen Fäden in allen Richtungen gleich gut erkennen kann, während bei einer einfachen Schrägbeschattung nur Fadenelemente senkrecht zur Bedampfungsrichtung mit maximalem Kontrast, Elemente parallel zu dieser dagegen überhaupt nicht erkennbar sind. Außerdem läßt sich die Fadendicke aus der Kegelbedampfung genauer ablesen als bei einer Schrägbeschattung.

Die Kegelbedampfung wird ferner bei der Herstellung von Kohle-Hüllabdrücken (§ 16.4), Abdruckverstärkungen und bei der Aufdampfung von Metallmatrizen angewandt. Kommerzielle Aufdampfanlagen enthalten Präparatteller, die unter verschiedenen Winkeln zur Quelle geneigt werden und auch um die Normale rotieren können. Oft ist jedoch die Rotationsgeschwindigkeit bei kurzen Aufdampfzeiten zu gering. Man verwendet dann zweckmäßig einen Motor, auf dessen Welle von etwa 5 mm Durchmesser die Präparate auf der Stirnfläche aufgeklebt werden. Der Motor darf jedoch im Hochvakuum kein Gas abgeben.

14.5.2. Optimale Dicke von Beschattungsfilmen

Die optimale Dicke von Beschattungsfilmen wird durch zwei Forderungen bestimmt. Einmal sollte der Film möglichst dünn sein, um die Oberflächenstruktur unverfälscht wiederzugeben. Abb. 165 zeigt stark

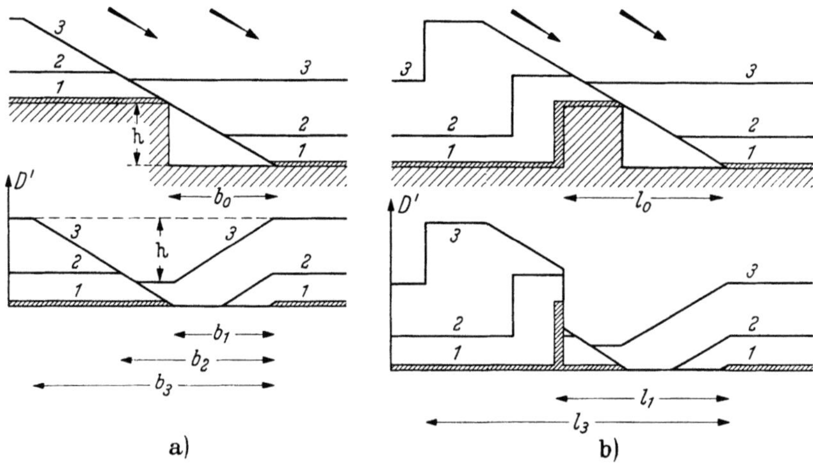

Abb. 165 a u. b. Schematische Skizze zur Diskussion der Auflösung von Oberflächenabdrücken a) einer Stufe und b) einer Erhebung bei verschiedenen Bedampfungsdicken

schematisiert, wie sich das Bild bei einer dicken Aufdampfschicht verändert. D' im unteren Teil bedeutet die vom Elektronenstrahl durchlaufene Schichtdicke. Bei einer Stufe wird die Länge des geometrischen Schattens b_0 stark verbreitert ($b_1 \rightarrow b_3$) und der Schattenrand diffus. Eine Erhebung erscheint ebenfalls breiter. Zweitens soll die dünne Aufdampfschicht aber auch genügend Kontrast liefern. Daher ist eine möglichst hohe Dichte ϱ anzustreben, weil der Kontrast proportional zur Massendicke $x = \varrho D$ ist. Nur bei hohen Strahlspannungen und großen Aperturen steigt der Kontrast auch mit der Ordnungszahl Z, so daß unter diesen Bedingungen auch ein Material mit hohem Z günstig ist.

Eine 10 Å-Platinschicht ($\varrho = 21\,\mathrm{g \cdot cm^{-3}}$) mit einer Massendicke $x = 2\mu\mathrm{g \cdot cm^{-2}}$ ruft bei 60 kV und 20 μ-Objektiv-Aperturblende (Siemens-Elmiskop I) einen Kontrast $K = 0{,}035 \cdot x = 0{,}07$ hervor (s. Abb. 91), und damit ein Intensitätsverhältnis $I/I_0 = 0{,}85$. Die Bildintensität einer bedampften Stelle ist also um 15% kleiner als I_0 in einem Schattenraum. Ein derartiger Helligkeitsunterschied ist deutlich zu erkennen, da das Auge noch Helligkeitsunterschiede von 5% gut wahrnehmen kann. Auf einer photographischen Platte wird bei einer Schwärzung $S_0 = 1$ und einem maximalen $\gamma = 2{,}3$ (s. § 10.3.1) das Verhältnis der Lichtdurchlässigkeiten $J/J_0 = 1{,}4$. Die Lichtdurchlässigkeit J der bedampften Stelle ist also jetzt um 40% größer als J_0 im Schattenraum. Da sich auf einem Papierabzug der Intensitätsunterschied durch Wahl einer geeigneten Gradation noch weiter vergrößern läßt, erkennt man, daß eine Schichtdicke von 10 Å Platin für die Schrägbeschattung ausreichend ist und evtl. für hochauflösende Oberflächenabdrücke noch auf 5 Å reduziert werden kann. Dies ist jedoch nur dann sinnvoll, wenn gleichzeitig auch die Eigenstruktur der Beschattungsfilme herabgesetzt wird.

Das Auflösungsvermögen eines feinkörnigen Beschattungsfilmes liegt demnach in der Größenordnung der Schichtdicke. Bei gleichem Kontrast verhalten sich daher die erforderlichen Schichtdicken umgekehrt proportional zur Dichte. Als Beschattungsfilme kommen nur Materialien mit $\varrho > 5\,\mathrm{g \cdot cm^{-3}}$ in Betracht. Schichten mit $\varrho < 5\,\mathrm{g \cdot cm^{-3}}$ sind dagegen als Trägerfolien oder Verstärkungsschichten geeignet.

14.5.3. Herstellung und Eigenstruktur der Beschattungsfilme

Die Eigenstruktur der Beschattungsfilme wird durch die Kristallitgröße verursacht. Amorphe Schichten zeigen keine Eigenstruktur durch Braggsche Reflexion, aber auch in ihnen findet man bei hohen Vergrößerungen Strukturen, welche durch Phasenkontrast (§ 7.3) hervorgerufen werden (Abb. 100). In amorpher Form läßt sich jedoch nur C, SiO, Ge und Sb aufdampfen. Antimonschichten kristallisieren sehr leicht unter Elektronenbeschuß, bei dickeren Schichten sogar schon bei Luftzulaß in der Bedampfungsapparatur. Ge kristallisiert erst oberhalb 400°C und ist daher als Beschattungsfilm geringer Struktur geeignet, wenn man die geringe Dichte ($5{,}5\,\mathrm{g \cdot cm^{-3}}$) in Kauf nimmt.

Bei kristallinen Schichten gilt weitgehend die Regel, daß die Kristallitgröße um so kleiner ausfällt, je höher der Schmelzpunkt T_s liegt. Außerdem steigt die Beständigkeit der Schichten gegen Erwärmung durch

Elektronenbombardement mit dem Schmelzpunkt. Man kann die Metalle in drei Gruppen einteilen (s. a. HIBI, 1952; LEVINSTEIN, 1949). Zu der ersten gehören die niedrig schmelzenden Metalle mit $T_s < 1300°C$. Sie zeigen in Aufdampfschichten eine grobkristalline Struktur. Durch Rekristallisationsprozesse wächst die Kristallitgröße mit wachsender Schichtdicke. Sie sind daher als Beschattungsfilme nicht geeignet. Die Metalle der 2. Gruppe $(1300° < T_s < 2000°C)$ kristallisieren feinkristallin. Die Kristallitgröße variiert zwischen $10-50$ Å. Sie sind als Beschattungsfilme geeignet und lassen sich vor allem bequem verdampfen. Die 3. Gruppe der schwer schmelzenden Metalle (spez. W, Mo, Ta, Ir) zeigt Kristallitgrößen kleiner als 10 Å. Die Verdampfung bereitet jedoch große Schwierigkeiten. Von dieser Regel weichen Oxyde (WO_3, U_3O_8) u. a. Verbindungen ab. Sie können auch bei niedrigeren Schmelz- und Sublimationstemperaturen feinkristalline Schichten ergeben.

Im folgenden soll eine Zusammenstellung der wichtigsten Stoffe gegeben werden, die für eine Schrägbeschattung geeignet sind:

SiO: Für manche Matrizenabdrücke kann man einen SiO-Filmabdruck verwenden (etwa $300-400$ Å), der zur Hälfte schräg aufgedampft wird $(45-60°)$ und anschließend senkrecht zur Verstärkung der im Schatten liegenden Bereiche. Für Oberflächenuntersuchungen bei kleinen Vergrößerungen ergeben sich kontrastreiche Bilder (s. Abb. 171 b).

Ge: $(\varrho = 5{,}5\ g \cdot cm^{-3})$. Auch amorphe Aufdampfschichten haben etwa die gleiche Dichte wie das kompakte Material. Die Verdampfung erfolgt aus Wolframschiffchen mit starker Legierungsbildung. Eine punktförmige Verdampfungsquelle kann man durch ausgebohrte Kohlestäbe mit einer Querbohrung realisieren. Ein Nachteil ist die geringe Dichte. Bei Platin-Kohle-Mischschichten kann die Dichte aber ebenfalls gering ausfallen (s. § 14.2.5).

Au $(\varrho = 19{,}3\ g \cdot cm^{-3})$ wurde früher als Beschattungsmaterial viel benutzt, weil es von den Metallen mit hoher Dichte sich am leichtesten verdampfen läßt. Es ist aber als Beschattungsfilm schlecht geeignet, weil es relativ große Kristallite ergibt und in dünnen Schichten auch zur Koagulation neigt (Tröpfchen- und Inselstruktur).

Cr $(\varrho = 6{,}9\ g \cdot cm^{-3})$ läßt sich aus Wolframdraht-Körbchen in Form von kleinen abgebröckelten Stücken gut verdampfen. Es wird daher viel als Beschattungsfilm benutzt.

Pt $(\varrho = 21{,}5\ g \cdot cm^{-3})$ wird am zweckmäßigsten als 0,2 mm starker Draht von geradem oder angewinkeltem Wolframdraht $(0{,}7-1\ mm\ \varnothing)$ verdampft. Für $7-10$ cm Präparatabstand werden etwa 2 Windungen Platindraht aufgewickelt. Die Legierungsbildung mit dem Heizdraht führt zu keiner punktförmigen Verdampfungsquelle. Das geschmolzene Platin breitet sich über etwa 1 cm Länge auf dem Wolframdraht aus (Nachweis durch Lochkamera-Abbildungen). Die Ausbreitung ist geringer, und es verdampft auch eine größere Menge, wenn man den Wolframdraht schnell bis zum Durchbrennen hochheizt. Die Dicke der aufgedampften Platinschicht ist wegen der Legierungsbildung und der auch hierdurch verursachten inhomogenen Richtcharakteristik (Abb. 162) sehr unterschiedlich. Die Dichte von Platin-Aufdampfschichten liegt teilweise unter der des kompakten Materials ($\varrho = 11-19$ g $\cdot$ cm^{-3}). Vermutlich liegt die Ursache in einem mehr oder weniger starken Gaseinbau (REIMER und HERMANN, 1962). HARTMAN und HARTMAN (1962) verdampfen Platin und Platin-Legierungen aus einem Kohlerohr, welches durch direkten Stromdurchgang aufgeheizt wird, und erhalten damit eine punktförmigere Dampfquelle. Dies trifft auch für die Verdampfung von Platin aus einem Kohleschiffchen zu (REIMER und GADACZ, 1960, s. a. § 14.2.5).

Pt-Pd (20−25% Pd) läßt sich etwas leichter verdampfen. Durch die Pd-Beimengung wird die Legierungsbildung ein wenig herabgesetzt.

Pt-Ir (20% Ir) wird ebenfalls für Beschattungen benutzt. Beide Legierungen ergeben zuweilen eine etwas kleinere Kristallitgröße und damit geringere Eigenstruktur. Das Ergebnis hängt aber von den Aufdampfbedingungen und der zu beschattenden Oberfläche ab. Da sich Pd leicht in konz. Säuren löst, benutzte MOOR (1959) Pt-Cr-Beschattungen (3 : 2 bis 1 : 1).

U läßt sich am besten in Form von Drehspänen verdampfen, die um einen Wolframdraht gewickelt werden können. Die Schicht besteht nach der Kondensation aus metallischem Uran, oxydiert jedoch schnell zu Uranoxyd ($\varrho = 7{,}3$ g $\cdot$ cm^{-3}). Die Schichten sind jedoch sehr feinkristallin (LITTLE u. LEES, 1953).

W, Mo, Ir und Ta lassen sich schwer verdampfen. Die Verdampfung durch Erhitzung kurz unterhalb des Schmelzpunktes benötigt lange Zeiten und führt zu sehr starker Wärmeabstrahlung, durch welche Matrizen leicht beschädigt werden können. Wenn sich zwei Wolframdrähte unter spitzem Winkel unter leichtem Federdruck berühren, erfolgt eine Verdampfung an der Berührungstelle (NICHOLSON, 1963). Eine weitere Möglichkeit zur Verdampfung dieser hochschmelzenden Metalle ist die Elektronenstoßheizung (§ 14.2.4) (BACHMANN, 1962; BACHMANN u. HAYEK, 1962).

WO₃ ($\varrho = 7{,}2$ g $\cdot$ cm^{-3}) läßt sich nach MAHL (1962) von einem oxydierten Wolframdraht verdampfen. Ein 1 mm starker Draht wird an Luft hochgeheizt bis WO$_3$ als weißgelber Rauch abzusublimieren beginnt. Dann wird der Rezipient geschlossen und im Hochvakuum das Oxyd bei etwa 1000°C abgedampft. Scharfe Schatten erreicht man durch eine quer zum Draht liegende Schlitzblende (5 mm breit). Nach LIPPERT (1964) kann WO$_3$ auch als gepreßte Pille aus einem konischen Drahtkörpchen verdampft werden. Dazu wird ein angefeuchtetes Pulver in einer 2−3 mm-Bohrung mit einem Stempel durch leichte Hammerschläge gepreßt. Das herausgeschlagene Zylinderchen wird anschließend getrocknet.

Literatur zu § 14

AGAR, A. W.: The measurement of the thickness of thin carbon films. Brit. J. appl. Phys. **8**, 35 (1957).

ANGERER, E. VON: Techn. Kunstgr. bei physikal. Untersuchungen. Braunschweig (1952).

BACHMANN, L.: Über die Unters. von Oberflächen mit Hilfe eines modifizierten Tolansky-Interferenzverf. Mikroskopie **13**, 250 (1958).

— Verd. durch Elektronenbeschuß zur hochaufl. Beschattung elektr.mikr. Präparate. Naturwissenschaften **49**, 34 (1962).

—, u. K. HAYEK: Beschattung elektr.mikr. Präp. mit höchstschmelzenden Metallen. Naturwissenschaften **49**, 153 (1962).

BRADLEY, D. E.: Evaporated carbon films for use in electr.micr. Brit. J. appl. Phys. **5**, 65 (1954).

— Simultaneous evaporation of Pt and carbon for possible use in high-resolution shadow-casting for the electr.micr. Nature (London) **181**, 875 (1958).

— A new approach to the problem of high resolution shadow-casting: the simultaneous evaporation of Pt and carbon. IV. Internat. Kongr. EM Berlin, Bd **I**, 428 (1958).

— High-resolution shadow-casting techn. for the electr.micr. using the simultaneous evaporation of Pt and carbon. Brit. J. appl. Phys. **10**, 198 (1959).

— Study of background structure in platinum/carbon shadowing deposits. Brit. J. appl. Phys. **11**, 506 (1960).

CALDWELL, W. C.: The evaporation of molten metals from hot filaments. J. appl. Phys. **12**, 779 (1941).

COSSLETT, A., and V. E. COSSLETT: The optical density and thickness of evaporated carbon films. Brit. J. appl. Phys. **8**, 374 (1957).

DE, M. L., and N. H. SARKAR: Optical density of thin carbon films. Naturwissenschaften **49**, 55 (1962).

GRAFF, K.: Optische Dichte u. Dicke von aufgedampften Kohlenstoffschichten. Optik **18**, 120 (1961).

GRASENICK, F., u. R. HAEFER: Zur elektr.mikr. Unters. von Oberflächen mit Hilfe von Kohlehüllen. Monatsh. Chemie **83**, 1069 (1952).

GROTHE, H., G. SCHIMMEL, A. KLEINSCHMIDT u. D. LANG: Zur Herstellung von Kohle-Platin-Mischschichten für die Elektr.mikr. Naturwissenschaften **48**, 426 (1961).

HAEFER, R.: Über dünne aus Methan in der selbst. elektr. Hochvakuumentladung gebildete Schichten. Acta Phys. Austr. **9**, 1 (1954).

—, u. A. A. MOHAMED: Über die Bildung dünner Schichten in der selbst. elektr. Gasentladung im transversalen Magnetfeld. Acta Phys. Austr. **11**, 193 (1957).

— — Die selbst. elektr. Gasentladung im Magnetfeld als Hilfsmittel der übermikr. Präp. Technik. Acta Phys. Austr. **11**, 221 (1957).

HARTMAN, R. E., and R. S. HARTMAN: A small-diameter evaporation source for shadowing with Pt and Pt alloys. V. Internat. Congr. Electr. micr. Philadelphia, Vol. 1, FF-4 (1962).

HASS, G., u. H. KEHLER: Über ein Verf. zur Unters. unzusammenhängender dünner Schichten im Übermikr. und zur Herst. von Abdruckfilmen u. Trägerfolien mittels Aufd. von SiO. Optik **5**, 48 (1949).

HEINMETS, F.: Modification of silica repl. techn. for study of biol. membranes and appl. of rotary condensation in elektr.micr. J. appl. Phys. **20**, 384 (1949).

HELWIG, G., u. H. KÖNIG: Die Kathodenzerst., ein Hilfsmittel zur Unters. über-mikr. Objekte. Optik **7**, 294 (1950).

HIBI, T.: On the metallic shadow-casting using a nozzle system. J. appl. Phys. **23**, 957 (1952).

HILLECKE, D., u. R. NIEDERMAYER: Vgl. zwischen Quarzoszillator u. Mikrowaage als Instr. zur genauen Best. kleiner Schichtdicken. Vakuum-Techn. **14**, 69 (1965).

HUNGER, G.: Über Variationen des Metall-Kohle-Aufdampfabdruckes in der elektr.-mikr. Präp. Optik **17**, 593 (1960).

JAECKEL, R.: Kleinste Drucke, ihre Messung u. Erzeugung. Berlin 1950.

JAKOPIĆ, E.: Eine Meth. zum Anätzen, schichtweisen Abbau u. Verbrennen org. Substanzen mittels aktiviertem Sauerstoff. Proc.-Europ. Reg. Conf. EM Delft. Vol. **I**, 559 (1960).

JAYME, G., u. G. HUNGER: Eine elektr.opt. Studie über das Verhalten der Zellulosemikrofibrillen bei der Trocknung. Mikroskopie **13**, 24 (1958).

KLEINSCHMIDT, A., D. LANG u. R. K. ZAHN: Darstellung molekularer Fäden von DNS. Naturwissenschaften **47**, 16 (1960).

KNOCH, M., u. H. KÖNIG: Strukturlose Platinabdr. biol. Objekte. Z. wiss. Mikr. **63**, 121 (1956).

KÖNIG, H., u. G. HELWIG: Über die Struktur schräg aufged. Schichten u. ihr Einfl. auf die Entwicklung submikr. Oberflächenrauhigkeiten. Optik **6**, 111 (1950).

— — Über dünne aus Kohlenwasserstoffen durch Elektr.- oder Ionenbeschuß gebildete Schichten. Z. Physik **129**, 491 (1951).

KRANITZ, M., and M. SEAL: A modified Pt-carbon replica techn. V. Internat. Congr. EM Philadelphia, Vol. **I**, FF-7 (1962).

LANGBEIN, W.: Elektroneninterferometr. Messung des inneren Potentials von Kohlenstoff-Folien. Naturwissenschaften **45**, 510 (1958).

LEVINSTEIN, H.: The growth and structure of thin metallic films. J. appl. Phys. **20**, 306 (1949).

LIPPERT, W.: Zur Schrägbeschattung mit Metalloxyden und ähnlichen Verbindungen. Mikroskopie **19**, 191 (1964).

LITTLE, K., and C. S. LEES: Uranium shadowing for electr.micr. J. sci. Instr. **30**, 141 (1953).

MAHL, H.: Zur Wolfram-Oxyd-Beschattung elektr.mikr. Präp. Mikroskopie **17**, 334 (1962).

MAYER, H.: Physik dünner Schichten I. Wiesbaden 1950.

METHFESSEL, S.: Dünne Schichten, ihre Herst. u. Messung. Halle 1953.

MÖNCH, J.: Neues u. Bewährtes aus der Hochvakuumtechnik. Halle 1959.

MOOR, H.: Platin-Kohle-Abdruck-Technik angewandt auf den Feinbau der Milchröhren. J. Ultrastruct. Res. **2**, 393 (1959).

NICHOLSON, J. L.: Method for vacuum deposition of refractory metal films. Rev. sci. Instr. **34**, 118 (1963).

NOBES, M.: Improved method for the preparation of thin self supporting carbon films. J. sci. Instr. **42**, 753 (1965).

OGORELEC, Z.: Einf. graphische Ermittlung der für die Bedampfung elektr.mikr. Präp. notwendigen Größenangaben. Mikroskopie **13**, 204 (1958).

OLSEN, L. O., C. S. SMITH, and E. C. CRITTENDEN: Techn. for evaporation of metals. J. appl. Phys. **16**, 425 (1945).

PHILPOTT, D. E.: Portrait shadow casting. J. appl. Phys. **22**, 982 (1951).

PULKER, H. K.: Unters. der kontinuierl. Dickenmessung dünner Aufdampfschichten mit einer Schwingquarzmeßeinrichtung. Z. angew. Phys. **20**, 537 (1966).

PULKER, H., u. E. RITTER: Kurze Übersicht über Meth. zur Dickenbest. dünner Schichten. Vakuum-Techn. **14**, 91 (1965).

REIMER, L.: Opt. u. elektr.mikr. Unters. über eine Polarisationserscheinung in schräg aufgedampften Metallschichten. Optik **14**, 83 (1957).

—, u. H. GADACZ: Verd. von Platin aus Kohleschiffchen für die elektr.mikr. Schrägbeschattung. Naturwissenschaften **47**, 104 (1960a).

REIMER, L., u. H. GADACZ: Erfahrungen zur Verbesserung der elektr.mikr. Schräg-beschattungstechnik. Proc. Europ. Reg. Conf. EM Delft, Vol. I, 579 (1960b).
— — Zur Schichtdickenkontrolle bei der elektr.mikr. Schrägbeschattungsmethode. Z. wiss. Mikr. 65, 106 (1961).
—, u. W. HERMANN: Dichte u. Teilchengrößenbest. an Platin-Kohle-Mischschichten. Naturwissenschaften 49, 296 (1962).
REITER, O.: Ein einfaches Verf. zur Dickenbest. von Kohlenstoff-Aufdampfschich-ten. Naturwissenschaften 48, 519 (1961).
SAUERBREY, G.: Verw. von Schwingquarzen zur Wägung dünner Schichten und zur Mikrowägung. Z. Physik 155, 206 (1959).
SKATULLA, W., u. L. HORN: Ein einf. hochauflösendes Abdruckverf. für die Elektr.-mikr. Exp. Techn. Phys. 8, 1 (1906).
SPIT, B. J.: Ätzung von Zellulose in einer Gasentladung. Proc. Europ. Reg. Conf. EM Delft, Vol. I, 564 (1960).
WEBER, K., u. C. VON FRAGSTEIN: Über die Durchlässigkeit von Trägerfolien für den Elektronenstrahl im Übermikr. Optik 11, 511 (1954).
WESTMEYER, H., u. E. LORENZ: Die Herst. von Aufdampfschichten vermittels kleiner elektronenstoßgeheizter Dampfquellen. Optik 17, 244 (1960).
YARWOOD, J.: Hochvakuumtechnik. Berlin 1955.

§ 15. Herstellung und Eigenschaften von Trägerfolien

Für alle Objekte, die nicht freitragend präpariert werden können, oder die kleiner sind als die Blendenöffnungen oder Netzmaschen, muß man die Objektträger vorher mit einem dünnen (50—500 Å) Trägerfilm über-ziehen. Selbst wenn man z. B. großflächige Mikrotomschnitte untersucht, sind diese ohne Trägerfolie sehr empfindlich gegen Elektronenbeschuß. Andererseits lassen sich bei der Untersuchung von Aufdampfschichten jeglicher Art diese Filme direkt als Schichtunterlage verwenden.

An die Trägerfilme werden folgende Anforderungen gestellt: 1. geringe Massendicke (Flächenbelegung in $\mu g \cdot cm^{-2}$) zur Verminderung der Elektronenstreuung. 2. Hohe mechanische Stabilität und chemische Resistenz gegen Lösungsmittel (evtl. für spezielle Zwecke auch thermische Beständigkeit). 3. Möglichst geringe Veränderungen (insbesondere Schrumpfung) durch Strahlenschäden und Erwärmung unter Elektronen-beschuß. 4. Geringe Eigenstruktur.

Diese Forderungen werden befriedigend von Formvar-, SiO- und Kohle-Filmen erfüllt. Kollodiumfilme sind in ihrer Qualität (Punkt 3) nicht mit Formvarfilmen zu vergleichen, gewinnen aber wieder an Bedeu-tung bei einer zusätzlichen Bedampfung mit Kohle (Doppelfolien).

15.1. Kollodiumfilme

Kollodium wird auch unter den Bezeichnungen Nitrozellulose, Zapon-lack, Parlodion geführt. Es ist kein einheitliches Fabrikat, da die Stärke der Nitrierung und die Kettenlänge der Zellulose unterschiedlich ist. Desgleichen ist die Konzentration angebotener Lösungen nicht einheit-lich. Zur Herstellung einer Lösung bestimmter Konzentration benutzt man daher entweder feste Kollodiumwolle oder man läßt den Lack in einer flachen Schale eintrocknen, zerschneidet die abgezogene Lackhaut in kleine Stücke und löst diese in Amyl- oder Butylazetat.

Kollodiumfilme werden bevorzugt nach folgendem Verfahren hergestellt (RUSKA, 1939): In einer flachen Petrischale läßt man auf die Wasseroberfläche einen Tropfen einer 1,5—3%igen Lösung von Kollodium in Amyl- oder Butylazetat fallen, wozu man eine Pipette oder einen massiven ausgezogenen Glasstab verwendet, der am unteren Ende mit einer kleinen Kugel verbreitert ist. Das Wasser ist vorher mit Amyl- oder Butylazetat zu sättigen. Die Lösung breitet sich sofort über die Oberfläche aus, wobei die Wasseroberfläche auf jeden Fall so groß sein muß, daß nicht die ganze Fläche bedeckt wird. Im ersten Stadium kann man die Ausbreitung der Schicht bei geeigneter Beleuchtung an den wechselnden Interferenzfarben erkennen. Das Lösungsmittel ist verdunstet, wenn keine Farben mehr zu sehen sind und die Schicht nur an einem unterschiedlichen Reflexionsvermögen von der freien Wasseroberfläche zu unterscheiden ist. Den ersten Film zieht man zweckmäßig zur Reinigung der Wasseroberfläche mit einer Pinzette ab. Um den auf der Wasseroberfläche schwimmenden Kollodiumfilm auf die Blenden zu bringen, kann man die Benden oder Netze bereits vorher auf eine geeignete Unterlage (Glasobjektträger, Filtrierpapier oder Metallplatte) unterhalb der Wasseroberfläche legen. Beim vorsichtigen Anheben breitet sich der Film über Objektträger und Unterlage aus. Dickere Blenden werden dabei, wie auch bei den folgenden Verfahren, in Vertiefungen einer Metallplatte gelegt, so daß sie nur etwa 0,1 mm über die Oberfläche ragen. Nach unten sollen die Vertiefungen Bohrungen besitzen, damit das Wasser besser ablaufen und die Blenden auch von unten trocknen können. Man kann aber auch durch Senken des Wasserspiegels langsam den Film über die Objektträger absinken lassen. Dies hat den Vorteil, daß sich der Kollodiumfilm ohne Erschütterungen des Wasserspiegels auf die Objektträger legt. Mit einer Pinzettenspitze oder Präpariernadel kann man den Film auf der Wasseroberfläche orientieren. Das Absenken des Wasserspiegels kann entweder mit einem gebogenen Glasrohr als Heber erfolgen (Abb. 166a) oder mittels eines Glastrichters mit Fritte (Abb. 166b). Hat dieser keinen angeschmolzenen Hahn zur Regulierung der Abflußgeschwindigkeit, so läßt sich für die Drosselung auch ein Schlauch mit Klemme verwenden.

Kollodiumfilme lassen sich auch durch Eintauchen eines Glasobjektträgers in die Lösung und anschließendes Abflotten (s. Formvarfilme) präparieren. Mit dieser Methode ergeben sich wesentlich homogenere Schichtdicken (s. Tab. 15.1).

Nach der Antrocknung, die man durch eine Glühlampe in 15 cm Entfernung oder in einem Trockenschrank beschleunigen kann, lassen sich die

Netze oder Blenden mit dem Film von der Unterlage abheben, ohne daß der Kollodiumfilm an den Netzbegrenzungen eingeschnitten zu werden braucht.

Kollodiumfilme sind bei Elektronenbeschuß nicht sehr beständig, besonders wenn sie als Träger für suspendierte Teilchen benutzt werden, die lokal zu einer starken Erhitzung führen. Sie müssen zu Beginn sehr vorsichtig bestrahlt werden, wenn sie haltbar bleiben sollen. Kollodiumfilme erleiden bei der Bestrahlung einen Massenverlust von 65—85%

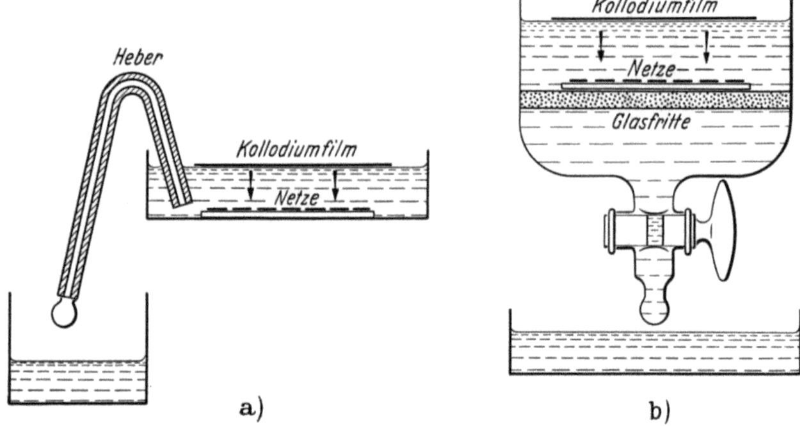

Abb. 166a u. b. Möglichkeiten zur Präparation von Kollodiumfilmen auf Trägernetzen

(§ 9.2). Bei sofortiger Bestrahlung mit hoher Strahlintensität treten außerdem Fließerscheinungen auf (Erweichung). Sie sind daher in der Präparation fast vollständig durch Formvarfilme (Massenverlust nur 15—30%) verdrängt. Bei der Verwendung in Doppelschichten zusammen mit Kohle ist der hohe Massenverlust jedoch sogar von Vorteil. HALL (1957) weist daraufhin, daß Kollodiumfilme nach längerer direkter Sonnenbestrahlung leichter reißen. Befilmte Netze und auch die zugehörigen Lösungen sollten allgemein im Dunkeln aufbewahrt werden (Abdeckung mit schwarzem Papier bzw. dunkle Flaschen).

15.2. Formvarfilme

Formvar besteht aus Polyvinylformaldehyd. Mowital ist die Handelsbezeichnung einer deutschen Firma. Formvarfilme werden aus einer 0,3%igen Lösung in Chloroform nach einer Eintauchmethode (SCHAEFER und HARKER, 1942) bereitet. Als Lösungsmittel läßt sich auch Dioxan verwenden. Man taucht einen sorgfältig gereinigten Glasobjektträger (z. B. Reinigung mit HCl, Wässerung und Aufbewahrung unter Butylazetat) kurz in die Formvarlösung und zieht ihn wieder senkrecht mit etwa

3–5 cm/sec heraus [Abb. 167 (1)]. Durch ein senkrechtes Auftupfen
auf Filtrierpapier (2) wird die überschüssige Lösung abgesaugt, wonach

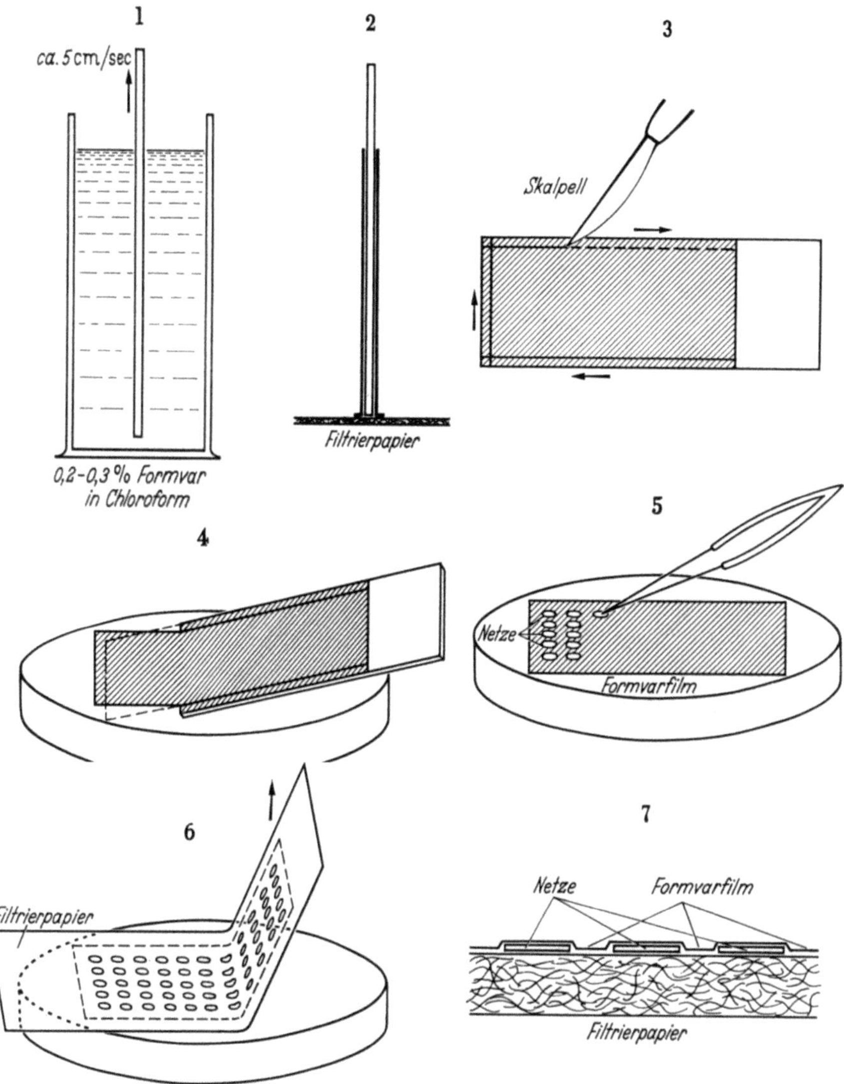

Abb. 167. Herstellung von Formvarfilmen nach der Eintauchmethode

eine Trocknung von etwa 10 min in senkrechter Stellung erfolgt. Dann wird
mit einer Rasierklinge oder einem Skalpell die Formvarschicht angeritzt
(3) und so schräg wie möglich langsam in eine flache Petrischale mit Aqua

21*

dest. geschoben (4). Die Schale ist bis zum Rand voll, um vorher die Wasseroberfläche durch Überstreichen mit einem Glasstab zu reinigen. Dies kann auch durch Abtupfen mit einem Blatt Filtrierpapier erfolgen. Bei dem Eintauchen löst sich der Formvarfilm vom Glas und schwimmt auf der Wasseroberfläche. Dieser Vorgang soll im folgenden mit „abflottieren" bezeichnet werden. Um die Ablösung zu erleichtern, hat es sich bewährt, kurz vorher auf den Glasobjektträger mit der Formvarschicht zu hauchen. Sollte das Abflotten nicht gelingen, so kann dies evtl. an einer zu reinen

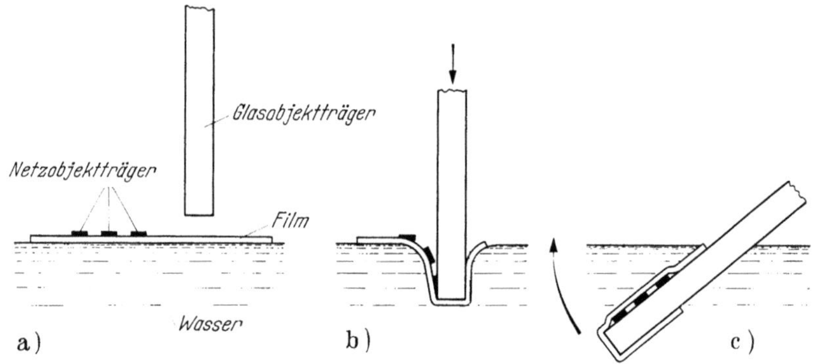

Abb. 168a—c. Aufbringen des abgeflotteten Formvarfilmes mit Netzen auf Glasobjektträger nach HALL

Glasoberfläche liegen. Es gelingt z. B. durch Abwischen mit einem Lederlappen oder Abwischen der mit Butylazetat befeuchteten Glasträger mit Filtrierpapier zwischen den Fingerspitzen eine Fremdschicht aufzubringen, die das Abflotten erleichtert. Es hilft unter Umständen auch ein Abwaschen des Glasobjektträgers mit Seife oder einem oberflächenaktiven Spülmittel.

Für die Befilmung der Netze legt man diese mit der rauhen Seite nach unten auf den schwimmenden Formvarfilm (5), wobei die Netze sehr dicht liegen dürfen, so daß bis zu 100 Netze gleichzeitig befilmt werden können. Den unmittelbaren Rand des Formvarfilmes und den unteren Teil läßt man dabei frei, da an diesen Stellen die Filmdicke größer ist. Zum Abheben des Filmes mit den Netzen von der Wasseroberfläche wird über diesen ein Streifen Filtrierpapier geeigneter Größe gelegt (6) und unmittelbar nach der vollständigen Anfeuchtung samt haftenbleibenden Netzen und Film angehoben und gewendet (7). Diese Methode erfordert einige Übung, was auch für eine andere in Abb. 168 skizzierte Methode gilt.

Bei der Eintauchmethode ist der Formvarfilm zur unteren Glasträgerkante hin dicker. Homogenere Dickenverteilungen erhält man, wenn man nach REVELL u. AGAR (1955) den Träger in eine Küvette mit Formvarlösung taucht (Abb. 169) und die Lösung langsam abfließen läßt. Durch die Chloroformdämpfe in der Küvette wird die Lösung länger dünnflüssig gehalten und kann sich daher mit homogener Dicke ausbreiten. Die Konzentration der Lösung ist für dieses Verfahren stärker anzusetzen.

Auch bei der obigen Eintauchmethode hängt die Dicke des Formvarfilmes von der Geschwindigkeit ab, mit der man den Glasobjektträger aus der Lösung herauszieht. Bei einer Geschwindigkeit von etwa 5 cm/sec ist die Schichtdicke D von Formvar- und Kollodiumfilmen der Konzentration c in % proportional: $D = a.c.$ ($1\% = 1g$ Formvar/Kollodium pro 100 cm³ Lösungsmittel) Tabelle 15.1 gibt die Konstanten a an.

Zur Befilmung von Blenden kann man auch die Formvarschicht vor dem Abflotten in zahlreiche kleine Quadrate anritzen und diese mit den Blenden auffischen. Ein Absenken des Formvarfilmes auf darunterliegende Blenden oder Netze wie bei Kollodiumfilmen (s. Abb. 166) ist auch möglich.

Wenn Formvarfilme im elektronenmikroskopischen Bild zahlreiche Löcher zeigen oder bereits nach der Trocknung ein milchiges Aussehen haben, so liegt dies meistens an einer zu großen Luftfeuchtigkeit. Das schnell verdunstende Chloroform läßt durch die Verdunstungskälte Wasserdampf kondensieren und es resultiert unerwünscht die in § 15.6 beschriebene Methode zur Herstellung von Lochfolien.

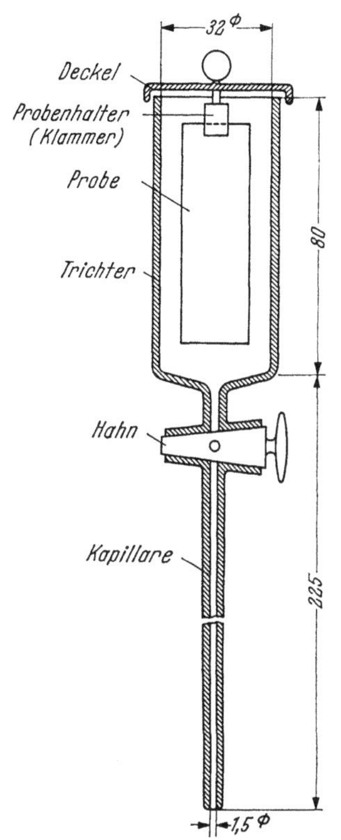

Abb. 169. Trichter zur Herstellung gleichmäßigerer Formvarfilme nach Revell und Agar (1955)

Tabelle 15.1. *Abhängigkeit der Trägerfoliendicke von der Konzentration bei der Eintauchmethode* (5 cm/sec Ziehgeschwindigkeit)

Substanz	Lösungsmittel	a in Å.%⁻¹
Formvar	Chloroform	2000
Formvar	Dioxan	1500
Kollodium	Amylazetat	1260
Kollodium	Butylazetat	1370

Es sei bemerkt, daß sich die Chloroformlösungen bei intensiver Sonnenbestrahlung zersetzen. Ebenfalls sollten die fertigen Filme nicht — wie auch bei Kollodiumfilmen bemerkt — einer längeren Sonnenbestrahlung ausgesetzt werden.

15.3. SiO-Filme

SiO-Filme (HASS u. KEHLER, 1949; KÖNIG, 1948) und die anschließend zu besprechenden Kohlefilme besitzen außer einer besseren mechanischen Festigkeit auch eine gute chemische und thermische Stabilität. SiO-Schichten zeigen bei stärkeren elektronen-optischen Vergrößerungen eine Eigenstruktur und kristallisieren bei sehr starkem Elektronenbeschuß. Die Verdampfung von SiO ist in § 14.2.2 näher beschrieben.

Zur Befilmung wird ein mit Kollodium überzogener Glasobjektträger (s. o. Eintauchmethode) mit einer etwa 100 Å dicken SiO-Schicht bedampft und nach dem Anritzen der Schicht in kleine Quadrate, diese in Amylacetat abgeschwemmt. Bei dieser Ablösung zeigen die SiO-Häute eine starke Neigung zum Aufrollen, die durch schnelles Arbeiten vermieden werden kann. Bei einem geschickten Auffischen auf Träger entrollen sich die Schichten auch zum Teil. Die Filme haften nur gut auf Blenden mit großer Auflagefläche und weniger gut auf Netzen. Zur Befilmung von Netzen kann man diese aber zuerst in der üblichen Weise mit Kollodium oder Formvar befilmen und anschließend senkrecht mit SiO bedampfen. Die Netze können dann direkt benutzt werden, oder man löst den organischen Film durch kurzes Eintauchen in ein Lösungsmittel weg (s. ähnliche Präparation bei Kohlefilmen). Ein großer Nachteil der SiO-Schichten gegenüber Kohleschichten ist auch die schlechte Erkennbarkeit der Filme, wenn diese in der Lösung schwimmen. Man muß die Beleuchtungsrichtung und die Farbe der Unterlage (schwarz oder weiß) wechseln, bis man eine optimale Erkennbarkeit erreicht hat.

15.4. Kohle-Filme

15.4.1. Kohle-Schichten als Verstärkung für organische Folien und Schnitte

Die einfachste Präparation zur Ausnutzung der Stabilität von Kohle-Schichten ist die Überdampfung von mit Formvar oder Kollodium befilmten Netzen bzw. Blenden mit etwa 50 Å Kohle. Um die Gesamtdicke klein zu halten, kann man auch die Kollodium- oder Formvarfilme bereits aus etwas verdünnteren Lösungen herstellen. Die Verstärkung mit einer Kohleschicht kann unmittelbar nach der Eintrocknung der organischen Folien auf den mit Blenden belegten Trägern (Abb. 166) oder dem zum Abziehen von der Wasseroberfläche benutzten Filtrierpapier (Abb. 167) erfolgen. Da für die dünnen Kohleschichten nur kurze Bedampfungszeiten benötigt werden, tritt eine Beschädigung einzelner Netzmaschen durch abfliegende Kohlepartikel selten auf.

DE HARVEN (1958) schägt vor, großflächige Mikrotomschnitte direkt über mehrere Maschen eines Trägernetzes ohne Trägerfilm (gewöhnlich Fomvar) aufzufischen und dann mit 50 Å Kohle zu verstärken. Gerade bei Methacrylatschnitten werden dadurch Fließvorgänge beim ersten Elektronenbombardement stark herabgesetzt. Das Zerreißen der Schnitte kann durch einen dünnen Kohlefilm jedoch nicht in Netzmaschen vermieden werden, die nur teilweise mit dem Schnitt bedeckt sind, bzw. bei Schnitten mit vielen Scharten. Anwendbar ist die Methode daher speziell für besonders homogene großflächige Schnitte. Bedampft man Methacrylat-Schnitte beidseitig mit einer dünnen Kohleschicht, so resultiert eine bessere Erhaltung der Membranstrukturen (§ 22.6). Auch auf formvarbefilmten Netzen aufgebrachte Schnitte können auf der Gegenseite mit Kohle zu diesem Zweck verstärkt werden. Eine derartige Doppelbedeckung ist jedoch stets mit einer Erhöhung des Elektronenstreuvermögens und damit auch einem Kontrastverlust verbunden.

15.4.2. Doppelfolien

Es lassen sich auch zunächst Doppelfolien aus einem Kunststoff-Film (Formvar oder Kollodium) und Kohle herstellen, mit denen dann die Netze befilmt werden. Kollodium- und Formvarfilme lassen sich zwar über sehr große Öffnungen freitragend spannen, aber beim Elektronenbeschuß zerreißen sie in Öffnungen größer als einige Zehntel Millimeter. Kohleschichten sind sehr fest, aber brüchig. Die Kombination der Eigenschaften beider Filme ergibt wiederstandsfähige Befilmungen für Blendenbohrungen bis zu 1 mm Durchmesser (DOWELL, 1958, 1964). Kohle-Aufdampfschichten haben außerdem eine gute elektrische Leitfähigkeit, so daß Aufladungseffekte der Folie vermieden werden.

Derartig große befilmte Öffnungen sind besonders geeignet für die Montage von Serienschnitten (§ 22.5) sowie zum Aufdampfen mehrerer Präparate für genaue Feinbereichsbeugungen (DOWELL, 1964). Mit diesen Doppelfolien lassen sich natürlich auch bequem normale Trägernetze befilmen.

DOWELL gibt an, daß Doppelfolien aus 50 Å Kohle und 50 Å Kollodium Öffnungen von 1 mm überspannen können. Nach unseren Messungen liefert die von ihm benutzte 0,2%ige Lösung von Kollodium in Amylazetat nach der Eintauchmethode jedoch eine Schichtdicke von 250 Å (Tab. 15.1). Derartige Schichten halten. Doppelschichten mit 50 Å C und 50 Å Kollodium zerreißen jedoch selbst über Öffnungen von 0,2 mm Durchmesser. Unter Elektronenbeschuß werden die Kollodiumfilme abgebaut (Tab. 9.3). Die Restmasse beträgt nur noch etwa 30% der Ausgangsmasse. Deshalb sind Kohle-Kollodium-Doppelfolien den Kohle-Formvar-Folien vorzuziehen.

Die Herstellung von Doppelfolien erfolgt durch Bedampfung von gesäuberten Glasobjektträgern mit dem Kohlefilm und anschließender Eintauchung in 0,1%iger Lösung von Formvar in Chloroform, 0,2% Kollodium in Amylazetat oder 0,15% Kollodium in Äthylazetat und Abtropfen auf Filtrierpapier in senkrechter Stellung. Dampft man die Kohleschicht auf kollodiumbefilmte Glasobjektträger auf, so läßt sich diese Doppelschicht schwerer von der Glasoberfläche abflotten. Zur leichten Abflottung der Doppelschicht wird diese mindestens einen halben Tag in einer Feuchtigkeitskammer aufbewahrt (NOBES, 1961). Diese kann in einfacher Weise durch ein größeres Glasgefäß mit dicht schließendem Deckel realisiert werden, auf dessen Boden etwas Wasser steht. Danach kann die Schicht meistens leicht abgeflottet werden, indem man z. B. die Glasplatte mit der Schicht erhöht in eine flache Schale legt und den Wasserspiegel langsam steigen läßt, so daß sich die Schicht am Rand abzuheben beginnt. Die Formvar- oder Kollodiumschicht muß am Rand vorher angeritzt werden (s. Abb. 167). Gelingt die Ablösung nicht, so gelten die schon bei Formvarfilmen aufgeführten Tips für eine bessere Abtrennung. Man kann an Stelle von Glasunterlagen auch frische Glimmer-Spaltflächen benutzen, die sehr hydrophil sind und daher sehr leicht Schichten abflotten lassen (SPENCER, 1959). Es gehen zwar stellenweise Spaltstufen über die Schicht, in elektronenmikroskopischen Dimensionen ist die Glimmerspaltfläche aber über größere Flächen glatt.

Je nachdem ob man den Doppelfilm nach unten auf Objektblenden absenkt (Abb. 166) oder mit Filtrierpapier die Schicht wendet (Abb. 167), hat man den Kohlefilm oben oder unten zu liegen. Ersteres hat den Vorteil, daß der Plastikfilm besseren Kontakt mit dem Objektträger gibt, aber den Nachteil, daß die hydrophobe Kohleschicht nach oben zeigt. Bei umgekehrter Montage ist die Haftung etwas geringer.

15.4.3. Reine Kohlefolien

Man kann auch reine Kohlefolien verwenden. Es ist jedoch im einzelnen Fall zu entscheiden, ob eine Doppelschicht nicht zweckmäßiger ist. Um $100\,\mu$-Maschen mit einer Kohlefolie haltbar zu überspannen, sind etwa 100 Å-Schichten erforderlich, für größere Öffnungen entsprechend dickere. Man wird bezüglich der Eigenstreuung der Folie mit einer Kohle-Kollodium-Doppelschicht am günstigsten liegen, da unter Elektronenbeschuß nach kurzer Zeit noch etwa 70% der Kollodiummasse verloren gehen. Gerade der dabei entstehende Polymerisatfilm ergibt die gute Stabilität. Reine Kohlefilme werden auch bei vielen Oberflächenabdruckmethoden verwendet.

Um Kohleschichten als Trägerfolien zu präparieren, kann man versuchen, diese direkt von Glasobjektträgern abzuflotten (evtl. unter Zuhilfenahme einer Feuchtigkeitskammer, s. o.). Mit ziemlicher Sicherheit gelingt das Abflotten von vor der Bedampfung frisch gespaltenem Glimmer (SPENCER, 1959). Außerdem kann man den Glasobjektträger mit einer wasserlöslichen Schicht vor der Kohlebedampfung versehen. Vorgeschlagen ist hierfür das Bestreichen mit einer dünnen Schicht Glycerin, das Bedampfen mit einer dünnen Schicht Boroxyd, Natriumfluorid oder Natriummetaphosphat (s. S. 337). Es ist auch möglich, die Kohlefilme mittels Flußsäure von der Glasoberfläche abzulösen (z. B. 0,5−1%HF und 10% Aceton in Wasser, MÜNCH, 1964). SIDDAL (1960) stellt in die Bedampfungsanlage ein Schälchen mit Apiezonöl, welches auf der Glasunterlage einen Adsorptionsfilm bildet. Aufgedampfte Kohleschichten sollen dann leicht abzuflotten sein. Es sei aber darauf hingewiesen, daß keines der angegebenen Verfahren die Ablösung garantiert.

Ein anderer Ausgangspunkt für reine Kohleschichten sind nach § 15.4.1 mit Kollodium befilmte und Kohle bedampfte Blenden oder Netze. Bei einer Erhitzung auf 180°C im Trockenschrank verpufft das Kollodium. Außerdem ist es möglich, mit den bei den Oberflächenabdrükken geschilderten Waschverfahren, Kollodium- oder Formvarfilme vorsichtig unter der Kohlehaut wegzulösen. Bei geeigneter Dosierung des Löseprozesses bleibt noch Kollodium unter den Netzstegen liegen und erhöht die Haftfestigkeit. Die schlechte Haftung reiner Kohleschichten kann man auch vermeiden, indem man die Trägernetze in sehr verdünnte Lösungen von Kollodium oder Formvar taucht, wobei sich keine Haut in den Maschen bilden darf. Nach dem Aufbringen der Kohlehaut wird durch Lösungsmitteldämpfe oder kurzes direktes Einwirken des Lösungsmittels der Lackfilm auf den Netzstegen angeweicht, um den Kohlefilm zu binden. Eine Gefahr dieser Methode liegt jedoch darin, daß die Stege mit Lackfilm umzogen sind, was evtl. zu Aufladungserscheinungen bei der Elektronenbestrahlung führen kann.

15.5. Aluminiumoxyd- und andere Trägerfilme

Aluminiumoxydfilme (HASS u. KEHLER, 1941; WALKENHORST, 1947; STROHMAIER, 1951), welche durch anodische Oxydation von elektrolytisch polierten Aluminiumoberflächen oder Aluminium-Aufdampfschichten erhalten werden (näheres in § 16.1.4), können ebenfalls als temperaturbeständige und sehr stabile Trägerfilme Verwendung finden. Sie werden bei einer Temperatur von 850°C kristallin (s. Abb. 125).

Für spezielle Zwecke ist es erwünscht, Trägerfilme aus Glas zu präparieren (MÖLLENSTEDT, 1947; ACKERMANN, 1947; VAN ITTERBEEK u. a., 1952), vor allem wenn man die Strukturen von Aufdampfschichten untersuchen will, an denen auf einer kompakten Glasunterlage andere physikalische Eigenschaften (z. B. elektrische oder optische) gemessen werden sollen. Es ist hinreichend bekannt, daß die Struktur dünner Aufdampfschichten sehr stark von der Art der Unterlage abhängt. Mit dem Ausblasen von Glasfilmen kommt man einen Schritt weiter. Man muß aber trotzdem einwenden, daß die Kondensationsverhältnisse der Aufdampfschicht infolge geringer Wärmekapazität und Wärmeableitung bei den Filmen nicht dieselben sind wie bei massiven Glasplatten.

Nach HAST (1947, 1948) kann man auch strukturlose und sehr wenig streuende Trägerfilme durch Aufdampfen von Beryllium auf Glycerin-Oberflächen erhalten. KAYE (1949) schlug die Verwendung einer Al-Be-Legierung vor. Derartige Folien haben den Vorteil einer um 2 Zehnerpotenzen besseren thermischen Leitfähigkeit. Es sei aber auf die hohe Giftigkeit von Beryllium-Dämpfen hingewiesen. Über Vorsichtsmaßnahmen bei der Verdampfung von Be siehe JÖNSSON u. a. (1965).

Bor sollte wegen seiner geringen Dichte ($2-2,3$ g $\cdot$ cm^{-3}) und Ordnungszahl ($Z = 5$) auch als Trägerfilm geeignet sein, vor allem weil es sich nach COOK und KERECMAN (1962) mit Elektronenbombardement verdampfen läßt und seine amorphe Form bis zu Temperaturen über 1000°C beibehält.

15.6. Herstellung von Netz- und Lochfolien

Netzfolien werden speziell zur Untersuchung von Dünnschnitten oder anderen Objekten benutzt, wenn man für hohe Auflösungen diese stellenweise ohne Trägerfolie untersuchen will (SJÖSTRAND, 1955). Sie sollen möglichst viele große Löcher zeigen, so daß aber die Folie noch die genügende Stabilität besitzt. Dabei kann die Folie mit Kohle verstärkt sein, so daß der Schnitt praktisch nur an den Löchern gut durchstrahlbar ist. Bei Lochfolien für die Korrektur des Astigmatismus benötigt man jedoch nicht zu zahlreiche kleine Löcher mit $0,1-0,2$ μ Durchmesser, die möglichst kreisförmig sein sollen. Präparate mit sehr vielen Löchern bewähren sich bei der Zentrierung des Mikroskopes (§ 1.3.4). Für Auflösungsteste wird über die Löcher eine sehr dünne Folie von nur 50 Å Dicke gespannt, welche mit einer dünnen Schwermetallschicht bedampft wird (§ 4.3).

Netzfolien erhält man nach SJÖSTRAND (1956), indem man Objektträger in 2% Formvarlösung in Äthylenchlorid taucht und sofort in einen abgedeckten Becher mit gesättigtem Dampf dieses Lösungsmittel überträgt (angefeuchtetes Filtrierpapier im Becher). Nach 20 min wird die Abdeckung entfernt und ein Strom warmer, mit Wasserdampf gesättigter Luft in den Becher geblasen. Diesen erhält man, indem man Luft durch eine Flasche mit $50-80°$ warmen Wassers leitet. Danach kann die Netzfolie abgeflottet werden.

Für Lochfolien gibt es eine Reihe von Verfahren, die unterschiedliche Zahl und Größen der Löcher ergeben. Das für den betreffenden Zweck geeignetste Verfahren kann man durch einige Versuche ermitteln. JAFFE (1948) bringt sofort nach dem Herausziehen des Objektträgers aus der Formvarlösung Wassertröpfchen durch Aufhauchen in die Schicht, oder besprüht die feste Schicht mit einem Hochfrequenz-Vakuumprüfer (Tesla-Transformator). WEICHAN (1961) beschreibt ein Verfahren, bei dem die Löcher durch Bromzusatz zu Kollodiumlösungen erzeugt werden. Eine Stammlösung von 1 g Kollodiumwolle in 100 cm³ Butylacetat wird mehrmals gefiltert. Eine Zusatzlösung aus 20 cm³ Butylacetat mit 1 cm³ Eisessig wird zusammen mit einer anderen Schale, die flüssiges Brom enthält, in eine gut abschließende Kammer gestellt, bis nach etwa 30 min die Lösung eine rotbraune Farbe angenommen hat. Zur Herstellung der Lochfolien dient ein Gemisch Zusatz- : Stammlösung = 1 : 5. Dieses Gemisch ist nicht haltbar und wird daher nur in kleinen Mengen angesetzt. Die Herstellung der Kollodiumfilme erfolgt nach dem Auftropfverfahren auf eine Wasseroberfläche (s. o.). Nach dem Auffischen werden die Filme mit Elektronen bestrahlt, wobei durch die Intensität des Elektronenstrahles die gewünschte Lochgröße erreicht werden kann. MÖLDNER (1965) benutzt als Ausgang lochfreie Formvarfilme, die ein oder mehrere Tage alt sein sollen. Die befilmten Objektträgernetze werden auf schräg gestelltes Filtrierpapier gelegt und durch einen Zerstäuber (Standard Nebulizer, Vaponefrin) mit Alkohol besprüht. Durch den Alkohol bilden sich mehr oder weniger große Löcher, deren Zahl und Größe durch mehr oder weniger langes Besprühen variiert werden kann.

Nach BRADLEY (1961) wird einer 0,5−2%igen Formvarlösung in Äthylchlorid 1−10% Wasser zugesetzt und durch Schütteln emulgiert. Einer 0,3%igen Kollodiumlösung in Amylacetat kann 1% Äthylalkohol zugesetzt werden. Löcher entstehen dann ebenfalls nach Elektronenbeschuß. Es ergeben sich auch zahlreiche kreisförmige Löcher, wenn man einen Tropfen einer 0,5%igen Formvarlösung in Dioxan mit einem Zusatz von 10% Wasser auf einen Glasobjektträger fallen läßt. Die Herstellung optimaler Lochfolien mit annähernd kreisförmigen Löchern für die Korrektur des Astigmatismus erfordert jedoch sehr viel Übung.

Literatur zu § 15

ACKERMANN, I.: Silikatglas als Trägerfolie für elektr.opt. Anordnungen. Optik 2, 280 (1947).
BRADLEY, D. E.: In techn. for electr.micr. (ed. D. KAY), S. 60. Oxford 1961.
COOK, C. F., and A. J. KERECMAN: Preparation and investigation of boron as a substrate material. V. Internat. Congr. EM Philadelphia, Vol. I, EE-8 (1962).
DE HARVEN, É.: A new techn. for carbon films. J. biophys. biochem. Cytol. 4, 133 (1958).

DOWELL, W. C. T.: Stable substrates on annular discs. IV. Intern. Kongr. EM Berlin, Bd. **I**, 375 (1958).

— Die Entwicklung geeigneter Folien für elektr.mikr. Präparatträger großen Durchlaßbereiches und ihre Verw. zur Unters. von Kristallen. Optik **21**, 47 (1964).

HALL, D. M.: The deterioration of nitro-cellulose films used for electr.micr. Brit. J. appl. Phys. **8**, 830 (1957).

HASS, G., u. H. KEHLER: Unters. an elektr. erzeugten u. getemperten Al_2O_3-Schichten mittels Elektroneninterf. u. im Übermikr. Kolloid Z. **97**, 27 (1941).

— — Über ein Verf. zur Untersuchung unzusammenhängender dünner Schichten im Übermikr. u. zur Herstellung von Abdruckfilmen u. Trägerfolien mittels Aufdampfen von Silicium-Monoxyd. Optik **5**, 48 (1949).

HAST, N.: Preparation of thin specimen films. Nature (Lond.) **159**, 370 (1947).

— Production of extremly thin metal films by evaporation on to liquid surfaces. Nature (Lond.) **162**, 892 (1948).

ITTERBEEK, A. VAN, L. DE GREVE, G. F. VAN VEELEN, and C. A. F. TUYNMAN: Thin glass layers as supports for electr.micr. Nature (Lond.) **170**, 795 (1952).

JAFFE, M. S.: Auxiliary supporting nets for fragile electr.micr. specimens. J. appl. Phys. **19**, 1191 (1948).

JÖNSSON, C., H. HOFFMANN u. G. MÖLLENSTEDT: Mess. des inneren Potentials von Be im Elektr.-Interferometer. Phys. kond. Mat. **3**, 193 (1965).

KAYE, W.: An Al-Be-alloy for substrate and replica preparations in electr. micr. J. appl. Phys. **20**, 1209 (1949).

KÖNIG, H.: Elektr. Beugungsvers. an Si und seinen Oxyden. Optik **3**, 419 (1948).

MÖLDNER, K.: Ein einf. Verf. zur Herstellung von Lochfolien. Naturwissenschaften **52**, 449 (1965).

MÖLLENSTEDT, G.: Silikatglas als haltbare, temperaturbest. u. säurefeste Trägerfolie für Elektr.-Interf. u. Elektr.mikr. Optik **2**, 276 (1947).

MÜNCH, G.: Simplified prep. method for carbon replicas and carbon films for specimen support in electr.micr. Rev. sci. Instr. **35**, 524 (1964).

NOBES, M.: Simple storage method for thin self-supporting carbon films. J. sci. Instr. **38**, 410 (1961).

REVELL, R. S. M., and A. W. AGAR: The preparation of uniform plastic films. Brit. J. appl. Phys. **6**, 23 (1955).

RUSKA, H.: Übermikr. Untersuchungstechnik. Naturwissenschaften **27**, 287 (1939).

SCHAEFER, V. J., and D. HARKER: Surface replicas for use in the electr.micr. J. appl. Phys. **13**, 427 (1942).

SIDDAL, G.: A method of stripping carbon films from glass. Proc. Europ. Reg. Conf. EM Delft, Vol. **I**, 584 (1960).

SJÖSTRAND, F. S.: A method to improve contrast in high resolution electr.micr. of ultrathin tissue sections. Exp. Cell. Res. **10**, 657 (1955).

— An improved method to prepare formvar nets for mounting thin sections for electr.micr. Proc. Stockholm Conf. EM, 120 (1956).

SPENCER, M.: The preparation of carbon films for electr.micr. J. biophys. biochem. Cytol. **6**, 125 (1959).

STROHMAIER, K.: Ein einf. Verf. zur Herstellung großflächiger, durchsichtiger Häute aus Aluminiumoxyd mit einer Dicke zwischen 50 und 300 mμ. Z. Naturforsch. **6a**, 508 (1951).

WALKENHORST, W.: Ein einf. Verf. zur Herst. strukturloser Trägerschichten aus Aluminiumoxyd. Naturwissenschaften **34**, 373 (1947).

WEICHAN, C.: Hinweise zur Präparation elektr.mikr. Objekte. Siemens EG-Bericht 28/61 (1961).

§ 16. Oberflächenabdrücke

In den folgenden Abschnitten über Oberflächenabdrücke sollen nur die wichtigsten Verfahren ausführlicher beschrieben werden. Es sei darauf hingewiesen, daß man für die Oberflächenabdrücke keine allgemein gültigen Rezepte aufstellen kann, da man stets die Präparation auf das entsprechende Objekt abstimmen muß. So kann man bei speziellen Objekten durchaus bequemer und einfacher präparieren, wenn man Teile aus verschiedenen Methoden miteinander kombiniert. In einem großen Teil der Arbeiten über Präparationstechnik ist dies Prinzip verfolgt.

Man kann zwei wesentliche Gruppen von Abdruckmethoden unterscheiden: einstufige und zweistufige Verfahren. Um auf die Unterschiede auch in der Bezeichnungsweise näher einzugehen, werden sie hier als Film- und Matrizenabdrücke gekennzeichnet. Bei den einstufigen Filmabdrücken wird eine dünne Schicht aus einem Kunststoff oder eine Aufdampfschicht auf die Oberfläche gebracht. Sie schmiegt sich den Unebenheiten an. Nach der Abtrennung wird diese Schicht selbst im Elektronenmikroskop untersucht. Bei den zweistufigen Matrizenabdrücken wird erst eine in der Regel sehr dicke Schicht aufgebracht, die nach dem Abtrennen auf der der Probe zugewandten Seite ein negatives Oberflächenrelief der Probe besitzt (Täler sind jetzt Hügel und umgekehrt). Hiervon werden Filmabdrücke angefertigt. Die etwas umständliche Präparation der Matrizenabdrücke ist nötig, wenn man Filmabdrücke nicht ohne weiteres abziehen kann (z. B. zu rauhe Oberflächen) und man andererseits auch nicht das Präparat unter dem Film weglösen will. In beiden Fällen kann nach Bedarf eine Schrägbeschattung angewandt werden, über die in § 14 berichtet wurde.

Bei den zweistufigen Abdrücken sind natürlich auch doppelte Möglichkeiten für Artefakte und Verzerrungen vorhanden, und außerdem wird das Auflösungsvermögen für kleinste Oberflächenrauhigkeiten unter Umständen schlechter. Wenn es das Problem irgendwie zuläßt, sollte man daher einstufige Filmabdrücke verwenden. Viele Verfahren, die im folgenden angeführt sind (z. B. Kollodiumabdrücke), sind durch die Einführung der Kohle-Bedampfungstechnik weitgehend verdrängt und werden nur der Vollständigkeit halber aufgeführt, da sie zuweilen auch brauchbare Ergebnisse liefern können.

16.1. Filmabdrücke

Es gibt folgende Stoffgruppen, die sich für Filmabdrücke eignen: 1. organische Substanzen, die sich aus verdünnten Lösungen in Form von Filmen eindunsten lassen, Kollodium, Movital oder Formvar, 2. amorphe Aufdampfschichten aus SiO oder Kohle, 3. elektrolytisch niedergeschlagene Metallschichten und 4. Oxydfilme.

16.1.1. Organische Filmabdrücke

Der Abdruck mit Kollodiumfilmen wurde von MAHL (1941) eingeführt. Man verwendet 0,1–0,5%ige Kollodium- oder Formvarlösungen (bzw. Movital als anderes formvarähnliches Produkt), die man über die Probe gießt, wobei der überschüssige Lack durch Neigen des Präparates abfließen kann. Die Konzentration richtet sich nach der Oberflächenrauhigkeit und Haltbarkeit beim Abziehen des dünnen Filmes. Für glattere Flächen sind Lösungen geringerer Konzentration möglich. Formvar ist gegenüber Kollodium zu bevorzugen, weil es eine größere Beständigkeit im Elektronenstrahl zeigt. Die Angaben über die Unterschiede im Auflösungsvermögen von Kollodium und Formvar sind widersprechend. Unterschiede können auf verschiedener Haftfestigkeit beruhen. Je nach dem Objekt löst sich der eine oder andere Abdruck besser ab. Festhaftende Abdrücke führen unter Umständen zu starken Verzerrungen.

Das eigentliche Problem dieser Filmabdrücke liegt in der verzerrungsfreien Ablösung von der Unterlage zur Übertragung auf die Objektträger. Hierzu eignen sich folgende Methoden:

1. *Abflotten.* Bei einer hydrophilen glatten Oberfläche besteht die Möglichkeit, daß der Film schon beim schrägen Eintauchen in eine Wasseroberfläche abflottet. Diese einfachste Ablösemethode sollte man als erste versuchen. Bei einer Anritzung des Lackfilmes in kleine Quadrate sind diese dann sofort mit Objektträgern aufzufischen.

2. *Ablösen durch eine kathodische H_2-Entwicklung* in einem Elektrolyten (KCl-Lösung oder 10%ige Natriumsuccinat-Lösung), wobei die Probe als Kathode geschaltet wird. Diese Methode ist natürlich nur auf elektrisch leitende Objekte anwendbar. Die H_2-Blasen kriechen unter den angeritzten Film und lösen diesen nach kurzer Zeit.

3. *Abziehen mit einem Verstärkungsfilm.* Hierfür kann man einen Gelatineüberzug benutzen, der anschließend in Wasser wieder gelöst wird oder bei Formvarfilmen eine Kollodiumverstärkung (AGAR u. REVELL, 1956). Schwierigkeiten können auftreten, wenn bei der Lösung des Verstärkungsfilmes dieser quillt und dadurch den eigentlichen Abdruckfilm zerreißt.

4. *Abziehen mit Klebstreifen.* Diese Methode ist bei der Besprechung der Zielpräparation (§ 16.6) eingehend beschrieben. Man kann den Film trocken abziehen oder mit einem Tropfen Wasser, der unter den Film kriecht und das Ablösen erleichtert.

5. Auflösung des Objektes in Säuren oder Lösungen, welche den Lackfilm nicht angreifen. Es empfiehlt sich, eine Säure ohne Gasentwicklung zu verwenden, da sonst der Lackfilm zerrissen werden kann. Andererseits kann eine schwache Gasentwicklung auch die Ablösung fördern.

Einfache Filmabdrücke aus diesen Substanzen zeigen bereits einen erheblichen Bildkontrast, der durch Einebnung der Oberflächen beim

Eintrocknen entsteht. In den Tälern trocknet mehr Substanz ein als auf
Erhebungen (Abb. 170a). Bei der Untersuchung von Stahloberflächen
(insbesondere perlitische Gefüge) werden Filmabdrücke aus Kollodium

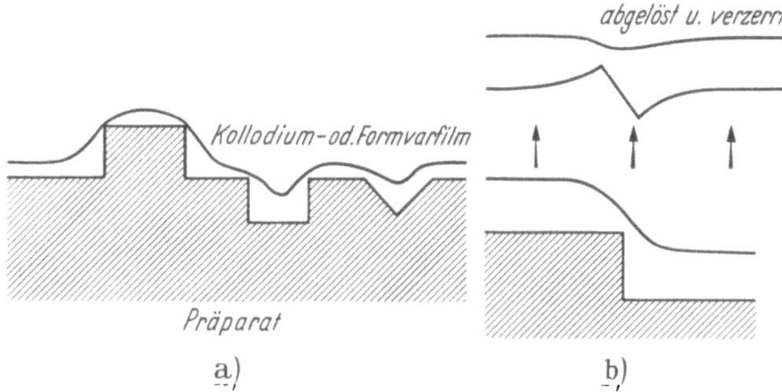

Abb. 170a u. b.   a) Ausbreitung eines Kollodiumfilmes auf einer rauhen Oberfläche und b) mögliche
Verzerrung an einer Stufe beim Ablösen

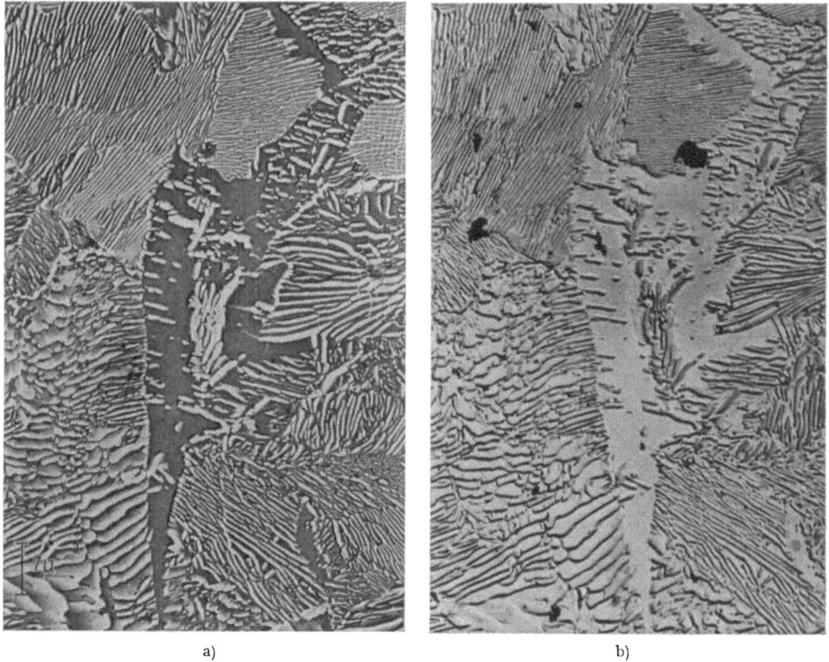

Abb. 171a u. b.   Perlitischer Stahl: a) unbeschatteter einstufiger Movitalabdruck, b) Triafol-SiO-Abdruck
derselben Stelle mit SiO unter 30° und 90° bedampft (Aufn. S. Mader)

oder Formvar zuweilen angewandt. Die Perlitlamellen in Abb. 171 werden
mit der Filmabdruckmethode gut getrennt wiedergegeben, während ein
schräg beschatteter Matrizenabdruck keine so klare Trennung ergibt.

Das Auflösungsvermögen von Formvarabdrücken wurde eingehend von AGAR u. REVELL (1956) untersucht.

Man kann daher in vielen Fällen auf eine Kontraststeigerung durch Schrägbeschattung verzichten. Sollte diese auf Grund der Objektstruktur eine Verbesserung des Bildkontrastes bringen, so kann man bei der Vorbeschattungsmethode (Abb. 172a) erst das Präparat bedampfen und dann den Film aufbringen. In allen Fällen läßt sich aber nicht der vorbeschattende Metallfilm mit dem Abdruckfilm von der Oberfläche abheben, da dieser an der Oberfläche fester haften kann als am Film. Bei der

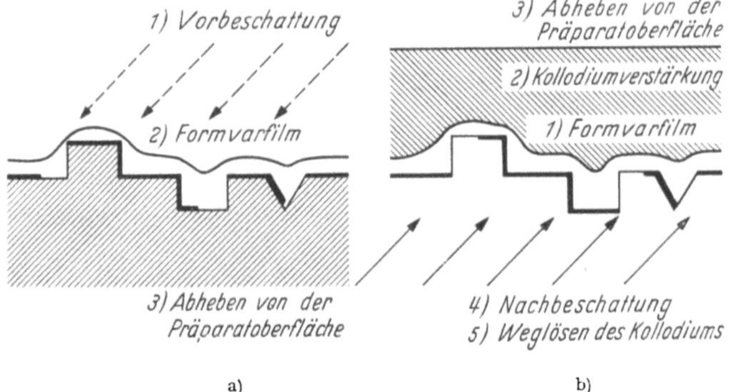

Abb. 172a u. b. Möglichkeiten zur Schrägbeschattung: a) Vorbeschattung und b) Nachbeschattung mit verstärktem Abdruckfilm. Die Zahlen geben die Reihenfolge der Präparation an

Nachbeschattung (Abb. 172b) wird der abgezogene Film bedampft. Wenn möglich, ist die erste Methode vorzuziehen, da die Filme beim Ablösen sehr leicht verzerren und dann durch die Schrägbeschattung Objektstrukturen vorgetäuscht werden, die nicht vorhanden sind. So werden z. B. nach Untersuchungen von DEUBNER u. a. (1953) und KIMMEL (1956) Lackabdrücke einer Stufe beim Ablösen gemäß Abb. 170b verzerrt. Bei der Nachbeschattung empfiehlt sich daher eine Verstärkung des Abdruckfilmes (s. o. unter 3.), die erst nach der Beschattung entfernt wird.

16.1.2. Filmabdrücke mit SiO oder Kohle

Alle Abdruckmethoden mit Filmen aus organischen Substanzen (Hochpolymeren) haben den Nachteil, bei Ansprüchen an hohe Auflösung zu versagen, da die Ketten der Hochpolymeren nicht in der Lage sind, kleinen Krümmungsradien von Objekteinzelheiten zu folgen. WYCKOFF unterscheidet daher sehr treffend zwischen "molecular" und "atomic replicas". Als letztere haben bei den Filmabdrücken vor allem SiO- und Kohle-Aufdampfschichten Verwendung gefunden. Sie besitzen außerdem den Vorteil einer geringeren Verzerrung beim Ablöseprozeß und zeigen analog wie bei den Trägerfilmen eine größere Beständigkeit gegen Elektronenbeschuß.

Wenn man SiO zuerst schräg und dann senkrecht aufdampft, kann man sich für viele Zwecke die Schrägbeschattung mit einem Schwermetall sparen. Dies ist in vielen Bedampfungsanlagen mit drehbarem Objektteller in einer einzigen Evakuierung des Rezipienten möglich. Die Senkrechtbedampfung muß noch hinzugefügt werden, um die Schatten mit SiO etwas aufzufüllen, da sonst an den Schatträndern die SiO-Haut sehr leicht beim Präparieren aufreißt (Abb. 171b).

Nach der Einführung der Kohlebedampfung (s. § 14.2.3) wird dieser der Vorzug gegeben, da die Kohleschichten eine geringere Eigenstruktur als SiO-Schichten zeigen, die Verdampfung einfacher durchzuführen ist und die Kohleschichten sich in geringerer Dicke präparieren lassen. Der letzte Punkt ist insofern wichtig, als Kohlefilme fast ausschließlich mit Schrägbeschattungsfilmen kombiniert werden und gewissermaßen nur als Trägerfilme für diese dienen. Die Schrägbeschattung kann je nach dem Objekt als Vor- oder Nachbeschattung erfolgen (Abb. 172).

Für die Ablösung der Kohlefilme von der abzubildenden Oberfläche gelten die gleichen Gesichtspunkte wie unter 1. bis 5. in § 16.1.1. Auch für Kohleschichten gibt es jedoch wegen der unterschiedlichen Haftfestigkeit und Objektrauhigkeit keine allgemein anwendbaren Rezepte. Es sollen jedoch im folgenden einige spezielle Ablösemethoden referiert werden, die in dem einen oder anderen Fall als Hinweise für eine günstige Präparation dienen können.

Zu 1.: Das direkte Abflotten von Kohlefilmen gelingt nur bei glatten Flächen, wenn der Film nicht zu fest haftet und bei wasserlöslichen Objekten. Das Abflotten kann jedoch gelingen, wenn man vor der Kohlebedampfung einen wasserlöslichen Zwischenfilm auf das Objekt bringt. WILLIAMS u. WYCKOFF (1946) benutzten eine etwa 20 Å dicke Cu- oder NaCl-Aufdampfschicht. Wenn man zwischendurch den Rezipienten flutet, benutzt man jedoch besser LiF, weil NaCl hygroskopisch ist und beim Wiederevakuieren kristallisiert. BAILLIE (1954) verwendet Polyoxyäthylenstearin, welches in einer 50%igen Äthanol-Wasser-Lösung von 50° C gelöst wird. STERK u. a. (1962) benetzen das Präparat mit einer 0,2%igen Benzollösung eines Silikonöles (DC 702). BOSWELL (1957) sowie FUKAMI u. TANI (1954) dampfen eine dünne Zwischenschicht (20—50 Å) Boroxyd (B_2O_5) auf. Hierzu erhitzt man Borsäure in einem Reagenzglas (starke Schaumentwicklung!). Der glasige Rückstand von Boroxyd läßt sich leicht aus einem Wolframschiffchen verdampfen. Man kann auch aufdampfbare Netzmittel (z. B. Victawet) benutzen. STIEGLER u. NOGGLE (1961) weisen darauf hin, daß die in Victawet enthaltene Komponente Natriummmetaphosphat rein aufgedampft bessere Resultate liefert. Man erhitzt $NaH_2PO_4 \cdot H_2O$ in Luft (800° C). Der glasige Rückstand wird in

22 Reimer, Elektronenmikroskop. Methoden, 2. Aufl.

Wasser gelöst und an Luft getrocknet, bis eine Paste mit etwa 25% H_2O entsteht. Von dieser wird etwa 1 mg auf Tantal- oder Molybdänblech auf einer Länge von 2—3 cm ausgestrichen und anschließend verdampft. 7 Å sollen für eine vollständige Abstreifung von einer Kupferoberfläche genügen. Nach eigenen Erfahrungen liefert diese Methode die besten Ergebnisse.

Bei der Anwendung dieser Zwischenschichtmethoden sollte man sich jedoch über die Einbuße des Auflösungsvermögens und evtl. Artefakte Rechenschaft geben.

Abb. 173. Einstufiger Kohle-Palladium-Abdruck von einem verformten Cu-Einkristall (8% gedehnt). Durchschnittliche Stufenhöhe der Gleitschritte 18 Å. Der Kohlefilm wurde mit Kollodium-Verstärkung abgezogen und nachbeschattet (Aufn. S. MADER)

In einigen Fällen kann man auch die natürliche Oxydhaut als lösliche Zwischenschicht verwenden. Die Oxydhaut auf Kupfer löst sich z. B. in einer wässerigen Lösung (0,1%) von Diäthylamin (STIEGLER u. NOGGLE, 1960). Die großflächige Ablösung der Kohlefilme kann durch Einwirkung von konz. Salpetersäuredämpfen vor dem Eintauchen beschleunigt werden. Dünne Kohlefilme lösen sich nach diesem Verfahren wesentlich besser ab als dicke. STICKLER (1964) löst die Oxydhaut von Silizium mittels HF-H_2O (1 : 10).

Zu 2.: Neben der elektrolytischen H_2-Entwicklung als Ablösehilfe kann auch der Kohlefilm in einem elektrolytischen Polierbad (Objekt als Anode) abgelöst werden. SMITH u. NUTTING (1956) verwenden für Metalle 10% Salpetersäure in Äthylalkohol und arbeiten bei $1-1,5$ A/cm² Stromdichte. Die abgelösten Filme werden noch 10 min in $30-40\%$ iger HNO_3 gewaschen.

Zu 3.: FUKAMI (1958) verstärkt einen vorbeschatteten Kohlefilm mit einer $10-20$ μ dicken Schicht aus Bedacryl 122 X (BRADLEY, 1954) und löst diesen mit einer Pinzette oder Nadel von der Unterlage zusammen mit dem beschatteten Kohlefilm ab, nachdem die Probe für 10 min in $50°$ C heißes Wasser getaucht war. Die kohlebeschichtete Seite wurde dann mit Wasser befeuchtet und auf einer NaCl- oder Glimmerspaltfläche antrocknen lassen. Die Ablösung des Bedacryls erfolgte dann in Methylazetat. Auf diese Weise wird der Abdruck während des Ablöseprozesses gehalten und zerreißt weniger leicht. Von der NaCl- oder Glimmerfläche läßt sich der Film nach Anritzen in kleine Quadrate leicht abflotten.

MADER (1957) zieht einen Kohlefilm von einem verformten elektrolytisch polierten Kupfer-Einkristall mit Gleitlinien durch einen dicken Kollodiumfilm ab (Abb. 173) und beschattet den Kohlefilm mit dieser Lackverstärkung. Der Erfolg des Abstreifens (speziell die bessere Haftung des Kohlefilmes an der Kollodiumverstärkung) hängt von der benutzten Kollodiumsorte ab.

16.1.3. Elektrolytisch niedergeschlagene Filmabdrücke (Epitaxie-Abdrücke)

Dünne durchstrahlbare elektrolytische Niederschläge, welche in geeigneten Lösungsmitteln von der Unterlage getrennt werden können, sind einerseits für die Untersuchung der Elektrokristallisation in den ersten Stadien des Schichtwachstums von Interesse. Darüber hinaus können sie a) in möglichst feinkristalliner Form als Abdruckfilm verwandt werden und b) bei orientierter Aufwachsung (Epitaxie) zusätzlich Aussagen über die kristallographische Orientierung der Unterlage vermitteln (WEIL u. READ, 1950: Ni-Schichten auf Cu-Unterlage, Ni/Zn, REIMER, 1956, 1957: Ni, Fe, Cr/Cu; Ni, Cu/Zn, SCHLÖTTERER, 1960: Pt/Ni).

Mit elektrolytisch abgeschiedenen Cr-Schichten aus Glanzbädern wurden von MAHL (1942b) von Nickelunterlagen Abdrücke angefertigt. Diese Schichten zeigen relativ kleine Kristallite von 50 Å. Bei stärkeren Vergrößerungen stört daher die Eigenstruktur des Chromfilmes. Gerade bei der Untersuchung der Oberflächenstruktur elektrolytisch niedergeschlagener Metallschichten stellt diese Abdruckmethode einen bequemen Weg dar, Abdrücke zu gewinnen, da die Probe nur kurze Zeit in ein weiteres Bad getaucht zu werden braucht, um den Abdruckfilm abscheiden zu lassen. Abb. 174 zeigt als Beispiel eine 50 Å-Nickelschicht, welche auf einer dicken galvanisch abgeschiedenen Kupferschicht niedergeschlagen wurde.

Von größerer Bedeutung ist die in vielen Fällen zu beobachtende Epitaxie der Schichten auf der Unterlage. Man erhält dann neben der Wiedergabe der Oberflächenrauhigkeit auch Informationen über die Kristallitgröße. Die niedergeschlagenen Schichten enthalten jedoch zahlreiche Kristallstörungen. Am optimalsten wachsen Nickelschichten auf

Abb. 174. Oberflächenabdruck von einer dicken elektrolytisch niedergeschlagenen Kupferschicht mit Hilfe einer 50 Å dünnen elektrolytisch abgeschiedenen Nickelschicht, die nach Ablösung direkt durchstrahlt ist

Kupfer-Unterlage auf. Nach Untersuchungen an Kupfer-Einkristallen verschiedener Orientierung (REIMER u. a., 1961) werden in der elektrolytisch niedergeschlagenen Nickelschicht hohe Versetzungskonzentrationen und zahlreiche Wachstumszwillinge beobachtet (s. a. Abb. 105). Bei Anwesenheit organischer Moleküle im Elektrolyten läßt sich auch deren Einbau in die Schicht nachweisen (s. Abb. 99). Mit diesen Epitaxie-Abdrücken lassen sich in einigen Fällen Informationen über die Kristallitgröße gewinnen [z. B. bei der Untersuchung von Querschliffen durch elektrolytische Niederschläge (POLITYCKI u. a., 1958) oder bei der Kornzerkleinerung durch plastische Deformation (GREWE u. KAPPLER, 1964)].

Als Elektrolyt für die Abscheidung von Nickelschichten eignen sich technische Bäder oder 50 g $NiSO_4$, 25 g Borsäure pro Liter Wasser (Abscheidungsbedingungen: 20° C, 0,4 A/dm²). Die Herstellung der Schichten benötigt unter diesen Bedingungen nur einige Sekunden. Die Schichtdicke kann mittels des Faradayschen Gesetzes der Elektrolyse abgeschätzt werden. Die Ablösung der Nickelschichten von der Kupfer-Unterlage erfolgt mit einer Lösung von 500 g/l $CrO_3 +$ 50 g/l H_2SO_4.

16.1.4. Oxydabdrücke

Von einigen Metallen gelingt es, strukturlose Oxydhäute abzulösen und direkt elektronenmikroskopisch zu durchstrahlen. Zum erstenmal wurde dieses Verfahren von MAHL (1941) für Aluminium und Nickel beschrieben. Es ist nicht immer möglich, die Oxydhaut durch thermische Oxydation wachsen zu lassen, weil derartige Schichten sich nicht als homogene Filme ausbilden und außerdem eine Eigenstruktur zeigen (MAHL., 1942a). Demgegenüber sind durch anodische Oxydation erzeugte Aluminiumoxydfilme amorph und von einheitlicher Dicke.

Als Vorbehandlung zur anodischen Oxydation ist es erforderlich, eine dickere Oxydhaut, die sich durch längeres Lagern an Luft auf Al oder Al-Legierungen bildet, z. B. mit Flußsäure zu entfernen. Wenn man glatte Flächen untersuchen will, muß man die Oberfläche vorher elektrolytisch polieren. Dies kann z. B. mit 1 Teil 60%iger Perchlorsäure + 4 Teile Alkohol als Elektrolyt erfolgen. Die Politur erfolgt bei etwa 0,5 A und $20-30$ V in einem Eisbad (Temperatur darf 30° C nicht überschreiten). Neben der Untersuchung von Aluminiumoberflächen nach plastischer Verformung können Oxydfilme bei Prägeabdrücken (§ 16.2.4) oder als Trägerfolien Verwendung finden. Als Ausgangsmaterial für Träger-folien benutzt man am besten glatte Aluminiumfolien.

Als Elektrolyten für die anodische Oxydation verwendet man entweder eine 3%ige Lösung von Ammoniumzitrat, 3%ige Lösung von Ammonium-tartrat, 3%ige Lösung von Kaliumzitrat oder 60 g $Na_2HPO_4 +$ 2 cm³ konz. H_2SO_4 auf 1 l Wasser. Die zu befilmende Aluminiumprobe schaltet man als Anode und verwendet Platinblech oder einen Kohlestab als Kathode (Abb. 175). Die Formierung erfolgt im Laufe einiger Minuten, indem man die am Bad liegende Spannung über eine Spannungsteilerschaltung langsam hoch-regelt. Bei einer schrittweisen Erhöhung der Spannung schlägt das Kontroll-Milliamperemeter im Badkreis zunächst aus. Mit fortschreiten-dem Aufbau der Oxydschicht sperrt diese den Stromdurchgang, und der Strom sinkt bis auf einen geringen Leckstrom ab. Ein Vorteil dieser Methode besteht darin, daß die Dicke D der Oxydhaut proportional zur angelegten Badspannung U ist: $D = (1,22$ bis $1,36) \cdot U$ (D in Å, U in Volt) (HASS u. McFARLAND, 1950; WALKENHORST, 1947.) Nach dem Reinigen der Probe in Aqua dest. ritzt man Felder gewünschter Größe an und löst die Oxydhäute in gesättigter Sublimatlösung ab. Der sich bildende Quecksilberfilm kriecht von den angeritzten Stellen aus unter die Oxyd-haut, bis sich diese ablöst und aufschwimmt. Nach einer kurzen Zwischen-reinigung in verdünnter Salzsäure und zwei- bis dreimaliger Wässerung

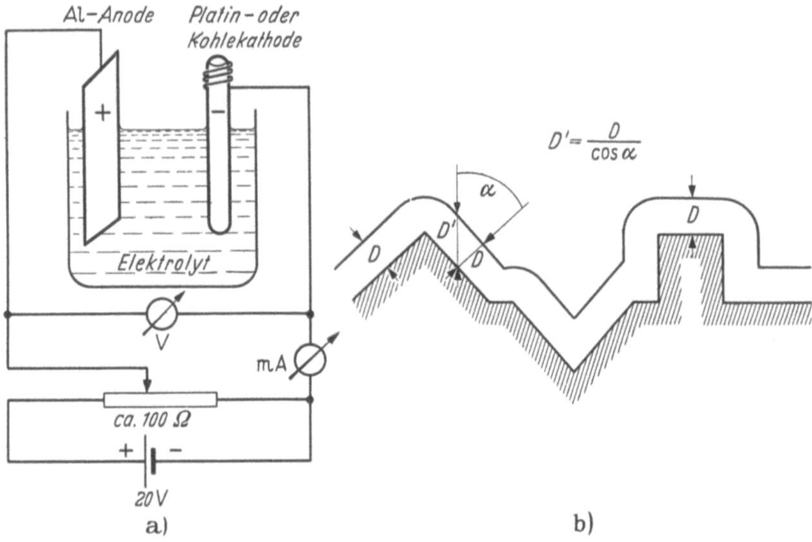

Abb. 175 a u. b. a) Anordnung zur Erzeugung von Oxydhäuten auf Al durch anodische Oxydation, b) Entstehung des Kontrastes bei geneigten Flächen

Abb. 176. Oxydabdruck einer Aluminiumoberfläche, geätzt mit HF + HCl

können die Oxydhäute direkt auf Objektblenden oder Netze gefischt werden. Es ist auch die Ablösung in einem elektrolytischen Polierbad für Aluminium möglich.

Da die Oxydhäute überall gleiche Dicke besitzen, unabhängig von der Neigung der Flächen zur Oberflächennormalen (Abb. 175b), wird der Kontrast nur durch die Neigung der Flächen zum Elektronenstrahl und der damit verbundenen effektiven Schichtdicke D' verursacht. Abb. 176 zeigt ein Beispiel eines Oxydabdruckes von einer geätzten Aluminiumoberfläche. Um einen stärkeren Kontrast hervorzurufen, können die Häute auch nachträglich schrägbeschattet werden. Oxydabdrücke auf Al-Legierungen lassen Ausscheidungen erkennen, weil sich auf diesen keine oder dünnere Oxydhäute bilden (THOMAS u. NUTTING, 1956).

Von Stahl, Nickel und Nickel-Eisen-Legierungen wurden Oxydabdrücke geringer Eigenstruktur von MAHLA u. NIELSEN (1948) erhalten. Eine Oxydation an Luft erzeugte nur grobkristalline Filme, so daß die Oxydation in einer $NaNO_3$-KNO_3-Schmelze (gleiche Gewichtsteile) erfolgt. Es wird soweit oxydiert, daß die Oberfläche eine braune Anlauffarbe zeigt. Damit ist eine genügende Kontrolle der Oxydationsbedingungen möglich und die visuelle Beobachtung reicht aus, um den richtigen Zeitpunkt zu bestimmen, an dem die Probe aus der Schmelze genommen werden muß. Als Anhaltspunkt sei erwähnt, daß für eine tief geätzte austenitische Stahlprobe bei einer Temperatur von 435° C 5 min benötigt werden. YAMAGUCHI (1952) erzeugte Oxydfilme auf Permalloy durch 5 min Eintauchen in eine 300° C heiße Schmelze. Nach der Oxydation wird die Probe an Luft gekühlt, mit Aqua dest. gewaschen und getrocknet. Die Ablösung angeritzter Quadrate erfolgt mit einer Lösung von Brom in Methylalkohol. Für Nickelproben wird eine Konzentration von $2-3\ cm^3$ Brom und für Stähle $7-10\ cm^3$ Br auf $100\ cm^3$ Methanol benötigt. Die Oxydhäute lösen sich je nach der Oberflächenbeschaffenheit in einigen Minuten bis Stunden. Man kann den Lösungsvorgang beschleunigen, wenn man tropfenweise weiteres Brom zusetzt. Die Oxydhäute werden auch wieder mehrmals mit Methanol gewaschen. Diese Oxydfilme sind jedoch nicht völlig amorph wie bei Aluminium. Während letztere diffuse Beugungsringe zeigen, lassen sich in ersteren die Oxyde des Nickels bzw. Eisens an Hand ihrer relativ scharfen Beugungsringe identifizieren. Bei mittleren Vergrößerungen (10000fach) erkennt man daher schon Eigenstrukturen, die durch Braggsche Reflexion an den einzelnen Kristalliten verursacht werden.

HEIDENREICH u. NESBITT (1952) bilden mit Oxydabdrücken die sublichtmikroskopischen Ausscheidungen der Dauermagnet-Legierung Alnico ab. Durch Oberflächenabdrücke nach Anätzen lassen sich die Komponenten nur schwer voneinander differenzieren. Der Kontrast in den Oxydschichten dieser Legierung kommt dadurch zustande, daß zunächst bei der thermischen Oxydation die Oxydschichten auf den Komponenten verschieden dick ausfallen. Auf jeden Fall weisen sie aber einen Dichteunterschied auf, der den nötigen elektronenoptischen Kontrast liefert. Es handelt sich hierbei also nicht um naturgetreue Bilder der Kristalloberfläche, aber man ist in der Lage, die gewünschten Informationen betreffend Größe und Form der Ausscheidungen zu erhalten. Weitere Untersuchungen an Legierungen mit Oxydabdrücken sind von PFEIFFER (1955) mitgeteilt.

Diese letztgenannten Oxydschichten leiten zu einem anderen Problemkreis über, bei dem die Oxydschichten selbst Untersuchungsobjekt sind. So ist es z. B. möglich, von Blei und Cadmium Oxydschichten mit Quecksilber abzulösen, die entweder durch langes Lagern oder durch

thermisches Anlassen entstanden sind. In der Regel lassen sich Oxydhäute aber nicht so einfach ablösen wie bei Al, Ni und Fe, und es ist
manchmal schwer ein Lösungsmittel zu finden, welches das Oxyd unverändert läßt und das Grundmetall weglöst. Eine Zusammenstellung geeigneter Lösungsmittel für zahlreiche Metalle findet man bei PHELPS u. a.
(1946). Es ist auch ein elektrolytisches Abtragen des Grundmetalles zu
versuchen.

16.1.5. Extraktionsabdrücke

Bei der Abbildung von Legierungen bleiben an Abdruckfilmen zuweilen Gefügebestandteile hängen, die während einer vorangehenden Ober-
flächenätzung frei gelegt worden sind. Man kann dies auch bewußt zur

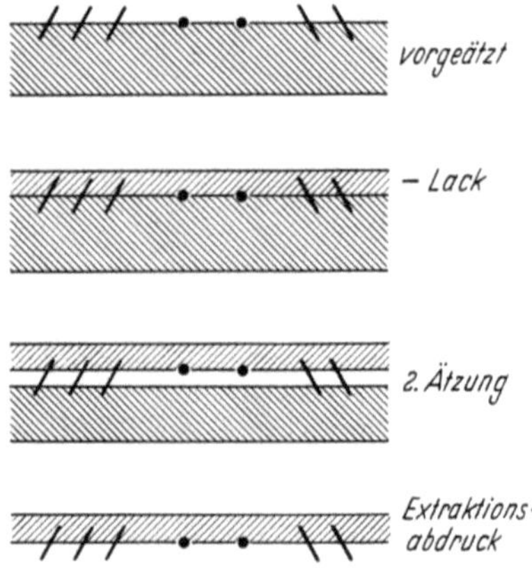

Abb. 177. Prinzip des Extraktionsverfahrens zur Isolierung von Gefügebestandteilen

Untersuchung von unlöslichen Ausscheidungen ausnutzen und spricht
dann von Extraktionsabdrücken (s. u. a. GOOSSENS u. GÖRLICH, 1957;
FISHER, 1953; FUKAMI, 1956; UCHIYAMA u. a., 1957). Hierzu
wird zunächst das Objekt angeätzt, so daß die Ausscheidungen (z. B.
Zementitlamellen in Stählen) teilweise herausragen (Abb. 177). Dann
wird ein Kollodium- oder Formvarfilm aufgebracht (es kann auch mit
Kohle bedampft werden), der die herausragenden Einschlüsse umhüllt.
Sodann wird der Stahl weiter geätzt, bis sich der Film mit den daran
haftenden Einschlüssen abhebt. DUMAIS u. BONIS (1962) verstärken
Mowitalfilme aus einer 0,25%igen Lösung in Chloroform mit einem
Kollodiumfilm (1%ige Lösung in Amylazetat). Mit einer Rasierklinge
wird an einer Ecke der Doppelfilm gelöst und durch thermischen Schock
(abwechselndes Eintauchen in 70° heißes Wasser und Eiswasser) die herausragenden Einschlüsse von der Unterlage abgebrochen. Die Kollodium-
verstärkung wird in Amylazetat aufgelöst. Auch BOOKER u. NORBURY
(1957) benutzen eine Kollodium-Verstärkung von Formvarfilmen, um

Teilchen bis zu 10 µ Durchmesser zu präparieren. Da Kollodium- und Formvarfilme elastischer sind, bewähren sie sich z. T. besser für Extraktionsabdrücke als Kohlefilme, die bei tief in die Probe eindringenden Einschlüssen leicht brechen. Andererseits reißen die Plastikfilme leichter, wenn die Einschlüsse vom Elektronenstrahl getroffen werden und lokal zu einer starken Erhitzung führen. Es bewährt sich auch hier (s. Doppelfolien § 15.4.2) die Verwendung kombinierter Kohle-Plastikfilme. Mit Kollodium- und Formvarabdrücken sind bei geeigneter Ätzung auch die Korngrenzen deutlich zu erkennen, so daß es möglich ist, zu entscheiden, ob die Ausscheidungen innerhalb der Kristallite liegen oder an den Korngrenzen konzentriert sind.

Gegenüber dem reinen Isolationsverfahren nach ROHDE (1954), bei dem man das Grundmetall völlig auflöst und die zu Boden sinkenden Ausscheidungen auf Objektträger schwemmt und eintrocknet, bleibt bei den Extraktionsabdrücken die Anordnung der Ausscheidungen in situ erhalten, und sie bilden eine wertvolle Ergänzung von reinen Oberflächenabdrücken und Isolationsverfahren. In beiden Fällen kann man einzelne Ausscheidungen unter Umständen mit Feinbereichsbeugung identifizieren. Eine vorhergehende röntgenographische Untersuchung des Isolates erleichtert die Aufgabe. Nimmt man die Röntgen-Fluoreszenzmethode als weiteres Hilfsmittel hinzu (§ 3.4), so ermöglichen die Extraktionsabdrücke alle gewünschten Informationen: Lage innerhalb der Probe, Morphologie, Kristallstruktur (aus Elektronenbeugung) und chemische Zusammensetzung (aus der Fluoreszenz).

16.1.6. Dekorationsabdrücke

Das normale Abdruckverfahren versagt für Stufenhöhen unterhalb 10 Å. In einigen Fällen gelingt es jedoch auch atomare Stufen durch Dekorationseffekte nachzuweisen. Dies Verfahren geht auf BASSETT(1958) zurück und wurde vor allem durch BETHGE (1960), BETHGE u. KELLER (1960), BETHGE u. a. (1962) zu einem leistungsfähigen Präparationsverfahren zur Sichtbarmachung von Versetzungen und Gleitstufen auf Alkalihalogenid-Spaltflächen ausgebaut (s. a. SELLA u. a., 1958). Auf den zu untersuchenden Kristall (frische Spaltfläche) wird bei Temperaturen von 200—300° C eine dünne Goldschicht aufgedampft (10—5 Å mittlere Schichtdicke). Es bildet sich keine zusammenhängende Schicht, sondern die Oberflächenbeweglichkeit ist so groß, daß sich nur stellenweise Kristallisationskeime bilden. Dies geschieht bevorzugt an Stufen, so daß diese durch eine Kette von dicht liegenden Goldkriställchen „dekoriert" werden (Abb. 178). Der Kristall kann dabei unterschiedlichen Vorbehandlungen unterworfen werden. Bei einer Spaltung an Luft bildet sich durch den Feuchtigkeitseinfluß eine andere Struktur der atomaren

Stufen aus als nach direkter Spaltung im Vakuum kurz vor der Bedampfung. Eine Abbildung von Versetzungen mit dieser Technik bekommt man erst nach einer Abdampfung der Oberfläche bei Temperaturen von 350—400° C. Eine derartige Verdampfungsätzung kann auch für die Untersuchung mit normalen Oberflächenabdrücken von Nutzen sein (BETHGE, 1958; MAAS, 1961). Damit die Goldkristalle in ihrer Lage fixiert werden, werden sie vor dem Befluten mit einer dünnen SiO- oder

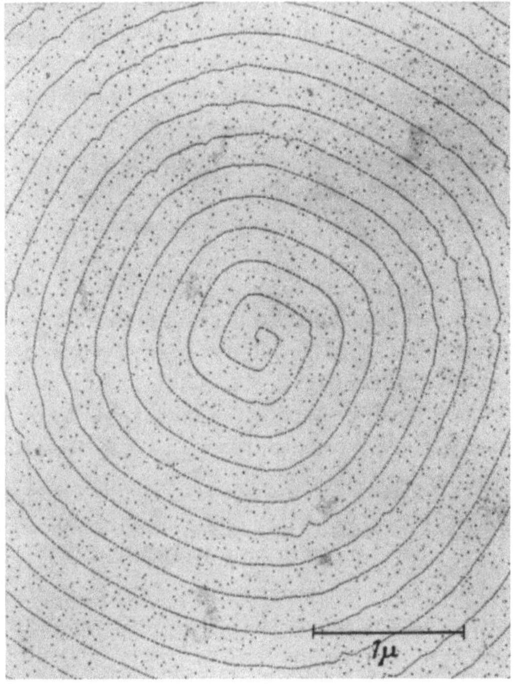

Abb. 178. Auf einer NaCl-Spaltfläche im Hochvakuum erhaltene Abdampfspirale um den Durchstoßpunkt einer Schraubenversetzung mit dem Burgersvektor $a/2 \langle 110 \rangle$, $(a/2 = 2{,}81$ Å$)$. Golddekoration nach einer Oberflächenabdampfung 6 Std bei 350° C. (Aufn. Arbeitsstelle für Elektr.Mikr. der DAW, Halle/Saale)

Kohleschicht überdampft. BACHMANN u. HAYEK (1962) erhalten mit feinkörnigen Platinschichten ebenfalls Dekorationseffekte hoher Auflösung, da die laterale Auflösung des Dekorationsverfahrens in der Präparatebene durch die Größe der Dekorationskristalle gegeben ist. Sie erhalten auch Dekorationseffekte bei normalen Beschattungen mit Ir, Pt oder Ta. Überhaupt spielen Dekorationseffekte bei der Abbildung kleiner Stufenhöhen auch bei der normalen Schrägbeschattung eine mehr oder weniger große Rolle bei der Kontrastentstehung.

16.2. Matrizenabdrücke

In vielen Fällen sind Filmabdrücke nicht vom Objekt abhebbar, und das Objekt ist auch nicht in Säuren löslich. Andere Objekte sollen nicht durch Auflösung zerstört werden. In diesen Fällen muß man zum Matrizenverfahren übergehen. Hierfür eignen sich wiederum folgende Stoffgruppen: 1. Kollodium, Formvar und ähnliche Substanzen, die sich aus Lösungsmitteln eindunsten lassen; 2. Folien, die mit einem Tropfen eines geeigneten Lösungsmittel so weich werden, daß sie auf das Präparat gedrückt werden können (z. B. Triafol, Bioden) oder thermoplastische Folien, die bei leichter Erhitzung weich werden (z. B. Polystyrol oder Isobutylmethacrylat); 3. Polymerisationsfähige Stoffe, die im noch weichen vorpolymerisierten Zustand auf die Probe gestrichen werden und dort auspolymerisieren (z. B. Plexiglas, Technovit) und 4. Dicke Metallaufdampfschichten aus Kupfer, Silber oder Aluminium, die z. T. noch elektrolytisch verstärkt werden können.

Nach dem Ablösen der Matrizen werden von diesen Filmabdrücke abgenommen. Um keinen weiteren Verlust an Auflösungsvermögen zu erhalten, empfiehlt sich die Verwendung von Kohlefilmen mit Vorbeschattung (Platin oder einem anderen Beschattungsfilm, § 14.5.3). Besondere Vorsichtsmaßnahmen müssen bei der Auflösung vieler Matrizen angewandt werden. Hierüber wird in § 16.2.5 berichtet. Die Abdrücke haben unterschiedliches Auflösungsvermögen. Es sei bemerkt, daß man die Abdruckmethoden nicht streng nach ihrem Auflösungsvermögen einordnen kann, da dieses auch von der Art des jeweiligen Objektes abhängt. Es ist daher stets zweckmäßig, bei einem neuartigen Objekt verschiedene Abdruckmethoden auszuprobieren, allein schon um die Artefakte zu übersehen. Nähere Angaben über das Auflösungsvermögen finden sich in § 16.4.

Die Matrizen sollten allgemein so dick sein, daß sie mit einer Pinzette oder einem Papierklebestreifen abziehbar sind. Sie sollten auch für die nachfolgende Präparation eines Filmabdruckes von der dem Objekt zugewandten Seite auf Glasobjektträgern oder anderen Halterungen so eben aufliegen, daß bei der Schrägbeschattung ein definierter Beschattungswinkel eingehalten werden kann. Andererseits sollte man bestrebt sein, die Matrizen so dünn wie möglich zu halten, da beim Ablösen des Filmabdruckes das Auflösen der Matrize schneller geht und außerdem mit geringerer Quellung verbunden ist. In vielen Fällen verstärkt man dünne Matrizen vor dem Abziehen mit einem weiteren dicken Film.

16.2.1. Matrizen durch Eintrocknen von Lösungen

Für *Kollodium-Matrizen* hat sich die Type HP 5000, 5%ige Lösung in Amylazetat bewährt, die unverdünnt benutzt werden kann, indem man

das Objekt mit dieser Lösung dünn übergießt. Das Abziehen von Kollodium-Matrizen bereitet im allgemeinen keine Schwierigkeiten (s. a. Formvar-Matrizen). HALL (1957) schlägt für die Untersuchung rauher Oberflächen die Verwendung einer 1%igen Lösung in Amylazetat vor, welche
nach der Trocknung mit einer wässerigen Gelatinelösung verstärkt wird.
Nach dem Abziehen und Aufbringen eines Filmabdruckes wird die
Matrize in Stücke geschnitten und mit der Gelatineseite nach unten auf
Wasser gelegt. Wenn sich die Gelatine aufgelöst hat (Einzelheiten unter
Gelatine-Matrizen), wird das Wasser mit Amylazetat überschichtet und
der Kollodiumfilm gelöst. Nach dem Auffischen auf Netze ist noch eine
gründliche Spülung in Amylazetat erforderlich, um alle Kollodiumreste
zu entfernen.

Zur Herstellung von *Formvar-Matrizen* bringt man eine 2–3%ige
Lösung in Chloroform auf die zu untersuchende Probe, so daß bei waage-
rechter Lage der Oberfläche die Formvarlösung gerade noch durch die
Oberflächenspannung gehalten wird und nicht abfließt. Das Verdunsten
des Lösungsmittels dauert etwa 1 Std unter einer 100-Watt-Lampe in
10 cm Entfernung oder 15–20 min bei 60° C im Trockenschrank. Höhere
Trocknungstemperaturen führen zu Blasenbildungen in der Matrize.

Zur Abhebung der Matrize ritzt man zunächst mit einem Skalpell die
Oberfläche ringsum an und versucht mit der Skalpellspitze die Matrize an
einem Ende anzuheben. Sodann zieht man die Matrize mit einer Pinzette
ab. Dabei sollte diese nicht zu stark angewinkelt werden und die Zug-
kraft so gering wie möglich sein, damit keine Deformationen des Abdruckes auftreten. Gerade Formvar „dehnt" sich besonders leicht. Ein
Abziehen mit einem Klebestreifen (z. B. Tesafilm) ist sehr schonend, aber
man hat unter Umständen Schwierigkeiten, Rückstände des Klebestoffes,
die bei der nachträglichen Präparation auf die Filmabdrücke gelangen,
vollständig zu entfernen.

BRADLEY (1954) läßt zur Herstellung einer besonders dünnen Form-
var-Matrize eine 2%ige Lösung auf der Oberfläche in senkrechter Stellung
eintrocknen und verstärkt vor dem Abziehen mit einer 7%igen Lösung
von Bedacryl in Benzol. Nach BRADLEY (1955) sollen sich Formvar-
Matrizen aus einer Lösung in Chloroform mit 20% trockenem Dioxan
leichter von der Oberfläche ablösen. Formvarmatrizen können bei hart-
näckiger Haftung durch längeres Eintauchen in Wasser oder durch Abkühlung des Objektes mit flüssiger Luft gelockert werden.

Nach der Eintrocknungsmethode lassen sich auch *Polystyrol-Matrizen*
bequem herstellen. SCHABALINA (1961) übergießt die Probe 10mal nacheinander mit 0,5; 1; 2 und 5%iger Lösung von Polystyrol in Benzol. Nach
jedem Aufgießen wird der Abdruck, damit sich keine Blasen bilden, in
einem Warmluftstrom von 55–60° C 15 min lang und danach 10–15 Std
im Exsiccator getrocknet. Dieses zeitraubende Eintrocknungsverfahren

kann man jedoch verkürzen, wenn man eine 5%ige Lösung in Chloroform auf die Probe bringt, diese etwa 10 min unter einer Lampe legt oder die Polystyrolschicht zunächst im offenen Trockenschrank antrocknen läßt und dann die Temperatur von etwa 50 auf 70–80° C langsam erhöht, so daß sich keine Blasen bilden können. Nach etwa 20 min kann man die Matrizen abziehen. Das zur Herstellung der Lösung benutzte Polystyrol sollte keinen Weichmacher enthalten, da hierdurch das Auflösungsvermögen herabgesetzt wird. Von sehr rauhen Oberflächen lassen sich Polystyrolschichten sehr schwer abziehen.

Für Substanzen, die unter der Einwirkung organischer Lösungsmittel auflösen oder quellen (z. B. Gummi oder Kunststoffe), oder auch für die Untersuchung der Oberfläche biologischer Objekte können obige Matrizen oft nicht verwandt werden. In solchen Fällen kann ein wasserlösliches Abdruckmaterial bessere Dienste leisten.

Polyvinylalkohol (PVA) kann in wässerigen Lösungen von 5–15% benutzt werden. Den Überschuß läßt man ebenfalls in vertikaler Stellung ablaufen. PVA ist unter der Handelsbezeichnung MOWIOL im Handel. Es eignet sich besonders das Fabrikat Mowiol N 50-88. Die Matrize sollte besonders dünn sein, da Mowiol beim Wiederauflösen in Wasser stark quillt. Die Matrizen sollten auf der Unterlage nicht zu stark trocknen (nur 8–16 Std), da sie sonst zu brüchig und spröde werden. POWELL u. a. (1954) verwenden deshalb eine konzentriertere Lösung von 15%. Die Trocknung läßt sich auch im Trockenschrank beschleunigen. BULETTE (1954) taucht die Probe in eine 25%ige Mowiollösung und befestigt sie horizontal auf einer vertikal gelagerten Motorachse, die er 15 min bei 600 Umdr./min laufen läßt, bis die Lösung eingetrocknet ist. AUSTIN und SCHWARTZ (1951) weisen daraufhin, daß PVA auf verschiedenen Proben (z. B. Stahl) bei der langen Eintrocknungszeit Korrosion hervorruft.

ZWORYKIN u. RAMBERG (1941) und ANDREWS u. WALSH (1957) arbeiten mit *Gelatine-Matrizen*. Eine 20%ige wässerige Lösung wird bei 80° C auf die zu untersuchende Probe gebracht und eintrocknen lassen. Eine Lösung der Gelatine-Matrize nach Aufbringen des Abdruckfilmes in Wasser zeigt starke Quellungserscheinungen und Rückstände. Die Gelatine löst sich leichter und gründlicher durch enzymatischen Abbau in einer gesättigten Lösung von Trypsin in 0,1 molarer NaCl-Lösung (37–39° C, pH = 8).

POHLMANN u. VOLK (1959, 1963) benutzten *Tylose* KZO (jetzt Tylose C 10), bestehend aus Natrium-Carboxymethyl-Zellulose, als wasserlösliches Matrizenmaterial. Zur Herstellung der Lösung gibt man zu 100 cm^3 Aqua dest. unter Rühren 5–10 g Tylose und kocht beides kurz auf. Der Lösung kann man nach dem Kochen ein Netzmittel (z. B. einige Tropfen verd. ,,Wettinol"-Lösung) zusetzen. Nach JAYME u. BALSER (1965) verbleiben jedoch bei der Auflösung handelsüblicher Produkte Lösungs-inhomogenitäten in Form von ungelösten Gelpartikeln. Sie entfernen diese durch hochtouriges Zentrifugieren und dicken die überstehende Lösung durch Vakuumverdampfung ein. Dadurch wird eine Reihe von möglichen Artefakten vermieden.

16.2.2. Matrizen aus Kunststoff-Folien

Kunststoff-Folien sind als Matrizen verwendbar, wenn diese an der Oberfläche durch ein Lösungsmittel (solvoplastische Abdrücke) oder durch Erwärmung (thermoplastische Abdrücke) aufgeweicht werden.

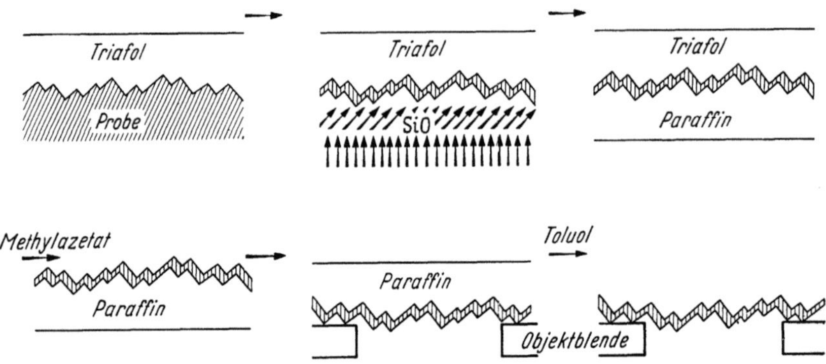

Abb. 179. Präparationsgang beim Triafol-SiO-Abdruckverfahren

Am häufigsten wird von der ersten Gruppe *Triafol* (Azetobutyrat) benutzt (PFISTERER, 1953). Im Handel sind Folien mit 0,1 mm Dicke erhältlich. Das Objekt wird mit einem Tropfen Azeton benetzt und ein Stück Triafolfolie darüber gelegt. Ein Andrücken ist nicht unbedingt erforderlich, da hierdurch sogar überschüssiges Azeton entfernt wird. Es wird vielmehr das Triafol an der Oberfläche angelöst und dann im auf-geweichten Zustand durch Kapillarkräfte selbst gegen die Probe gedrückt. Nach 3–5 min kann man den getrockneten Triafolabdruck abziehen. Der 1. Abdruck wird zur Reinigung der Oberfläche verworfen. Der nächste Abdruck kann durch einen SiO-Filmabdruck (Bedampfung unter 45°) weiter behandelt werden. Es ist jedoch schwer, das SiO-Häutchen unbe-schädigt vom Triafol abzulösen, da Triafol beim Lösen quillt und SiO-Filme außerdem leicht beim Präparieren aufrollen. Deshalb bestreicht man die mit SiO bedampfte Fläche mit Paraffin (schematischer Gang des Präparationsverfahrens in Abb. 179), welches einen Erstarrungspunkt um 50° C besitzt und im Wasserbad leicht verflüssigt werden kann. Man legt die Matrize dann vorsichtig in ein mit Paraffin gesättigtes Methyl-azetat-Bad, bis die violette Farbe des Triafols verschwunden ist. Dann wird noch einmal in einem 2. Methylazetat-Bad 5–10 min nachgewaschen. Mit einer Rasierklinge werden die Paraffinscheiben in kleine Stücke geschnitten und mit der SiO-Seite nach unten auf die Objektblenden oder Trägernetze gelegt und von oben durch ein kleines Stück Messingnetz beschwert. Zur Ablösung des Paraffins bringt man diesen „Turmbau" mit einer Pinzette in ein Toluolbad. Ein 2. Toluolbad ist zur Nachreinigung erforderlich. Die Objektträger werden dann vorsichtig herausgehoben und auf Filtrierpapier abgetupft. Nach dem Antrocknen wird das Messingnetz abgeschlagen.

Die Verstärkung der Schichten mit Paraffin bewährt sich auch bei anderen Präparationsverfahren und sorgt dafür, daß die Filmabdrücke bei quellbaren Substanzen nicht zerreißen und aufrollen. Ein anderes Verfahren, um das leichte Aufrollen der SiO-Filme zu vermeiden, schlagen KINDER u. PUFF (1954) vor. Hierbei wird die SiO-Haut statt mit Paraffin mit dickflüssiger Gelatine verstärkt. Nach dem Erstarren wird die Triafolfolie wieder weggelöst, die Gelatine-Folie mit der SiO-Haut in Stücke der gewünschten Größe geschnitten und so auf eine kalte Wasseroberfläche gelegt (SiO-Film nach oben), daß sie infolge der Oberflächenspannung schwimmen. Dann wird das Wasser erwärmt, wodurch sich die Gelatine löst und der SiO-Film schließlich auf der Wasseroberfläche schwimmt, von wo aus er mit Objektträgern aufgefischt werden kann. (Das Wasser muß vorher durch Aufkochen entgast werden.)

Auf Pt/C bedampften Triafol-Matrizen haftet zuweilen die Paraffin-Verstärkungsschicht nicht so gut, so daß der Film leicht zerreißt. Es bewährt sich dann ein von SCHÜLLER u. BORTELS (1961) angegebenes Verfahren, bei dem ein Tropfen einer wässerigen Lösung von klarem Zuckersirup aufgebracht wird, den man im Trockenschrank bei etwa 50° C eintrocknen läßt. Solange der Film noch klebrig ist, kann man ein Trägernetz auf der Matrize festkleben (s. a. Zielpräparation in § 16.6). Nach dem Ablösen des Triafolfilmes (s. o.) legt man das Netz auf heißes Wasser, das man zum Waschen des Abdruckfilmes 3–4mal erneuert. Der Pt/C-Film haftet bei diesem Verfahren gut am Trägernetz.

Mit *Bioden*, einer japanischen Zelluloseazetat-Folie, erhält man wesentlich bessere Resultate als mit Triafol (s. § 16.4). Die Erweichung erfolgt durch einen Tropfen Methylazetat. Nach dem Aufdrücken auf das Objekt und Abziehen kann die Präparation wie beim Triafol-Verfahren erfolgen. Speziell wird folgendes Verfahren vorgeschlagen: Die beschattete Folie wird mit der Abdruckseite nach unten mittels flüssigem Paraffin auf eine Glasplatte geklebt. In einem Methylazetat-Bad löst zunächst das Bioden und anschließend bei leichter Erwärmung das Paraffin. Danach werden die Abdrücke in einem sauberen Methylazetat-Bad nachgewaschen.

Nach KELLENBERGER u. a. (1958) eignen sich auch Zelluloidfolien (0,15—0,2 mm dick) bei Benetzung mit Azeton für derartige Abdrücke. Ebenso sind Polystyrol oder Methacrylat mit Chloroform als Lösungsmittel in der gleichen Weise verwendbar.

Thermoplastische Abdrücke mit Polystyrol beschreiben zum erstenmal HEIDENREICH u. PECK (1943). Sie benutzten granuliertes Polystyrol, welches im heißen Zustand auf die Probe gepreßt wird. Ein besseres Ausgangsmaterial ist Polystyrolfolie, die man nach BARNES u. a. (1945) mit dem Objekt zwischen 2 Glasplatten legt (am besten Quarzglasscheiben) und mit einem Gewicht von etwa 1 kg belastet (Abb. 180). Die

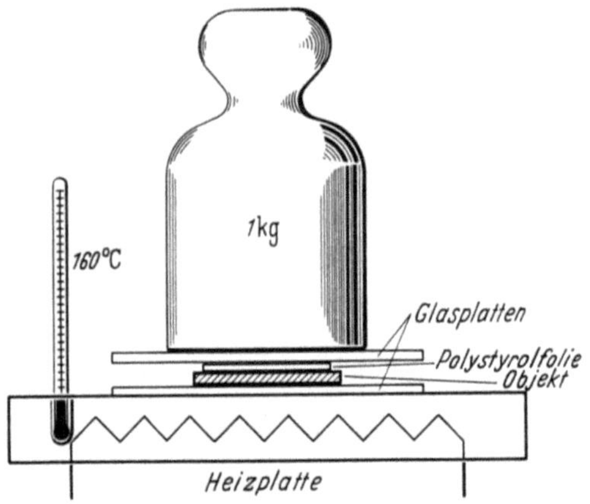

Abb. 180. Thermoplastischer Abdruck mit Polystyrolfolie

Erwärmung erfolgt am zweckmäßigsten mit einer Heizplatte, die eine Bohrung für ein Thermometer oder Thermoelement enthält. Bei Polystyrol liegt der Erweichungspunkt bei etwa 160° C. Nach der deutlich erkennbaren Aufweichung der Folie bringt man den Glasobjektträger mit Folie und Objekt zur Abkühlung in eine Petrischale mit Wasser. Nach etwa 1 min bekommt man die Polystyrolfolie unter Wasser sowohl vom Objekt als auch vom Glas gut abgehoben. Bei der Erwärmung darf die Temperatur nicht zu hoch steigen, da die Polystyrolfolie sonst Blasen wirft. FISCHBEIN (1950) drückt 25 μ dicke Polystyrolfolien (oder Polyäthylen) mit einer Hoffmannschen Klemme zwischen Glasplatten auf das Objekt (Zellulose) und taucht diese einige Minuten in siedendes Wasser (s. a. MAHL, 1952). Für Substanzen, die noch Wasser enthalten, eignet sich Isobutyl-Methacrylat mit einem Erweichungspunkt unterhalb 100°C, wobei zur Erwärmung ebenfalls ein Wasserbad benutzt werden kann. Auch Polyvinylalkohol erweicht unterhalb 100° C.

Ein Nachteil des thermoplastischen Abdruckes besteht darin, daß die herausragenden Spitzen zwar immer sehr gut abgedrückt werden, weil sie zuerst mit dem Plast in Berührung kommen. Dies trifft aber nicht für Vertiefungen zu, in denen sich leicht Luftblasen festsetzen können. Deshalb sind auch Verfahren entwickelt, um den Abdruck unter Vakuum auszuführen (KASSENBECK, 1954; HUNGER u. JAYME, 1955).

Mit dem thermoplastischen Abdruckverfahren läßt sich auch die Oberfläche von Fasern abbilden, indem diese teilweise in die weiche Abdruckfolie gepreßt werden. SEELIGER (1958) benutzt Triafol-Folien (150° C) und I-MING-FENG (1956) Polyäthylen-Folien (115° C).

16.2.3. Polymerisationsmatrizen

Es ist hier vor allem das Plexiglas-Abdruckverfahren zu nennen (BROWN u. JONES, 1947; MENNENÖH u. FAHNENBROCK, 1951) (Abb. 186a). 100 cm³ monomeres mit Hydrochinon stabilisiertes Methyl-Methacrylat wird mit 20 cm³ 20%iger NaOH-Lösung im Scheidetrichter geschüttelt. Man läßt die braune Schicht unten abfließen und wäscht noch zweimal mit destilliertem Wasser nach. Das monomere Plexiglas wird eine Nacht über 5 g Calciumchlorid (siccum) getrocknet und hält sich kühl und dunkel aufbewahrt einige Monate. Diese Entstabilisierungstechnik für das kommerziell erhältliche Methacrylat wird auch bei der Einbettung biologischer Objekte benutzt. Zur Herstellung eines Abdruckes versetzt man 5 cm³ dieses entstabilisierten Plexiglases mit 3 mg Benzoylperoxyd als Polymerisationsinitiator und erwärmt in einem Reagenzglas ungefähr 30 min bei 90° C im Wasserbad bis das Plexiglas durch Vorpolymerisation dickflüssiger wird (Über die chemischen Vorgänge bei der Polymerisation s. § 21.2). Der Einfluß der Vorpolymerisation auf die Abdruckqualität ist aus Tab. 16.2.B zu entnehmen. Nach dieser Vorpolymerisation ist der Ester gebrauchsfertig und hält sich im Reagenzglas noch einige Stunden. Zur Herstellung von Abdrücken bepinselt oder übergießt man die mit Alkohol oder Azeton gesäuberten Oberflächen mit dem Ester und läßt diesen eine Nacht an der Luft völlig auspolymerisieren. Im Trockenschrank bei 60° C kann man die Polymerisation ohne Einbuße an Auflösungsvermögen beschleunigen. Die Plexiglasmatrize läßt sich relativ leicht abziehen. Als Lösungsmittel für Plexiglas eignet sich Trichloräthylen oder Toluol. Eine schnellere Lösung erfolgt in Chloroform.

Vielfach werden auch schnell aushärtende Kunststoffe auf Plexiglasbasis benutzt: „Paladur" (frühere Bezeichnung Palavit) oder „Technovit" (SCHREIL, 1955). Das jetzt hergestellte Paladur ist nicht mehr geeignet, da es sehr stark quillt und sich in Chloroform nur noch geringfügig löst. Technovit 4071d wird aus einem Pulver und einer Flüssigkeit angerührt und ist in etwa 10 min bei Zimmertemperatur ausgehärtet.

16.2.4. Metall-Matrizen

Alle bislang behandelten Matrizenabdrücke haben wieder den Nachteil der "molecular replicas". "Atomic replicas" in Form von dicken Aufdampfschichten aus Aluminium, Silber oder Kupfer (Dicke etwa 0,1 bis 1 µ) liefern sehr gute Matrizen. Solche Abdrücke wurden zuerst in der Kombination Silber-Kollodium von ZWORYKIN u. RAMBERG (1941) und Silber-SiO von BARNES u. a. (1945) benutzt (Auflösung der Silbermatrize in verd. Salpetersäure). Heutzutage wird man zur Ausnutzung des hohen Auflösungsvermögens dieser Abdrücke als Filmabdrücke hochauflösende Schrägbeschattungsfilme mit Kohleverstärkung benutzen (DALITZ u. SCHUCHMANN, 1953). Silber- und Kupfermatrizen kann man nachträglich, um sie besser abziehen zu können, auch noch auf galvanischem Wege verstärken. Bei allen Aufdampfmatrizen empfiehlt sich eine Kegelbedampfung (Schrägbeschattung bei rotierendem Objektteller), um die Ausbildung von Schattenräumen bei der Bedampfung zu vermeiden und auf schrägen Flächen genügend Metall abzuscheiden. Von Aluminium-Matrizen lassen sich auch Oxydabdrücke (§ 16.1.4) abnehmen. In diesem Zusammenhang sei auch erwähnt, daß man von härteren Objekten sog. Prägeabdrücke anfertigen kann (HUNGER u. SEELIGER, 1947; SEELIGER, 1949; SCHRADER, 1950; BENDER u. KALMUS, 1960). Hierzu drückt man in einer Presse mit einem ebenen Prägestahl Aluminiumfolien von 0,1 bis 0,2 mm Stärke auf das Objekt. Der Prägedruck soll mindestens 25 kp/mm² betragen. Der angewandte Druck darf jedoch nicht zu hoch liegen, da sonst auch das Objekt deformiert werden kann. Diese Methode ist daher speziell für besonders harte Substanzen geeignet.

Voraussetzung für die erfolgreiche Anwendung von Metall-Aufdampfmatrizen ist die Ablösbarkeit von der Unterlage. Am leichtesten erfolgt dies mit Silber-Matrizen (Abb. 186b). Bei Kupfer-Matrizen kann leichter der Fall eintreten, daß Teile der Metallmatrize auf dem Objekt haften bleiben. Es brechen sogar einzelne Kristallite aus der Aufdampfschicht heraus. Es ist jedoch auch möglich, das Ablösen der Metall-Matrizen durch Zwischenschichten (§ 16.1.2) zu erleichtern. Metallmatrizen können auch auf elektrolytischem Wege abgeschieden werden (HENRY u. PLATEAU, 1962). Die Badzusammensetzung eines Nickelbades ist z. B. in § 16.1.3 angegeben. Im Gegensatz zu den Epitaxieabdrücken dehnt man die Zeit auf etwa 1 Std. aus und kann dann die dicken Nickelfilme abziehen. Von dieser läßt sich ein Kohleabdruck anfertigen. Die Auflösung der Nickelmatrizen erfolgt durch Brom in Methanol (s. § 16.1.4).

16.2.5. Nachbehandlung von Matrizenabdrücken

In einzelnen Fällen wurde schon beschrieben, wie die Filmabdrücke von den Matrizen abgelöst werden, in anderen wurde nur das Lösungsmittel angegeben, welches die Matrizen aufzulösen gestattet. Die Lösung der Matrizen muß in den meisten Fällen sehr langsam erfolgen (s. u.), um Zerreißen des Abdruckfilmes durch Quellungsvorgänge zu vermeiden. Falls es die Stabilität des Abdruckes zuläßt, können zerschnittene Stücke der Matrize von der Größe der Objektträger direkt in die Lösungsmittel getaucht werden. In diesem Fall enthält das Lösungsmittel so viel Verunreinigungen durch den gelösten Stoff, daß ein direktes Auffischen des Filmes auf Objektträger beim Eintrocknen des haftenden Lösungsmittels Rückstände bilden würde. Aus diesem Grunde müssen die Filme noch einmal in sauberem Lösungsmittel nachgewaschen werden. Man benutzt für diese Bäder am zweckmäßigsten Glasgefäße mit 3–4 cm Durchmesser und Höhe, die etwa zur Hälfte gefüllt werden.

Für das Auffischen von Wasseroberflächen können dem Wasser einige Tropfen Azeton zugefügt werden, um die Oberflächenspannung zu verringern. Dadurch können die Filme besser durch die Oberfläche gebracht werden, ohne zu zerreißen und wieder heruntergespült zu werden. Für die Übertragung der Filme von einem Bad in das andere kann man einen am Ende ausgezogenen Glasstab nehmen, der umgebogen und am Ende etwas verdickt ist (Abb. 181). Um dieses Ende können sich die Filme leicht herumlegen, die Oberflächenspannung des nächsten Bades überwinden und durch leichtes Schwenken in der Flüssigkeit wieder heruntergeschwemmt werden. Es sind auch oft Platinösen oder Platinnetze in Benutzung, die durch Ausglühen schnell wieder gereinigt werden können. Insbesondere beim Auffischen aus Flußsäure oder anderen starken Säuren sind diese gut geeignet. Man kann aber auch hier Glasstäbe verwenden, welche durch Eintauchen in geschmolzenes Paraffin überzogen sind.

Falls die Abdruckfilme beim direkten Eintauchen der Matrizen in das Lösungsmittel zerreißen, ist ein langsamer Lösungsprozeß anzuwenden, bei dem man den Filmabdruck gleich auf das Trägernetz präpariert. Die zerschnittenen Matrizen oder noch besser ausgestanzte Stücke von der Größe der Objektträger werden mit der Abdruckseite nach oben auf die Trägernetze gelegt. Eine geeignete Stanze zeigt Abb. 182. Das Lösungsmittel greift nur von unten an, und der Abdruckfilm senkt sich auf das Netz. Dies kann man erreichen, indem man die Netze auf ein gröberes Netz legt (Abb. 183a), welches man evtl. noch mit Filtrierpapier bedeckt, und die Oberfläche des Lösungsmittels langsam steigen läßt, bis die Matrize benetzt wird. Oder man legt die Netze auf Filtrierpapier in eine Petrischale, welches man mit einer Injektionsspritze vorsichtig von unten benetzt (Abb. 183b). Das Netz muß mehrmals (5–10mal) auf neue Stellen des Filtrierpapiers umgelegt werden.

Für das langsame Ablösen von Matrizen werden auch Kondensationswäscher beschrieben (DINICHERT u. KELLENBERGER, 1948; FISCHBEIN, 1950; BEYERSDORFER, 1952). Hierzu legt man die Matrizen mit dem

23*

Abdruckfilm nach unten auf die Netze und befestigt sie im oberen Teil eines Destillationskolbens. Der Lösungsmitteldampf schlägt sich dann auf dem evtl. gekühlten Präparathalter nieder, löst etwas von dem Matrizen-

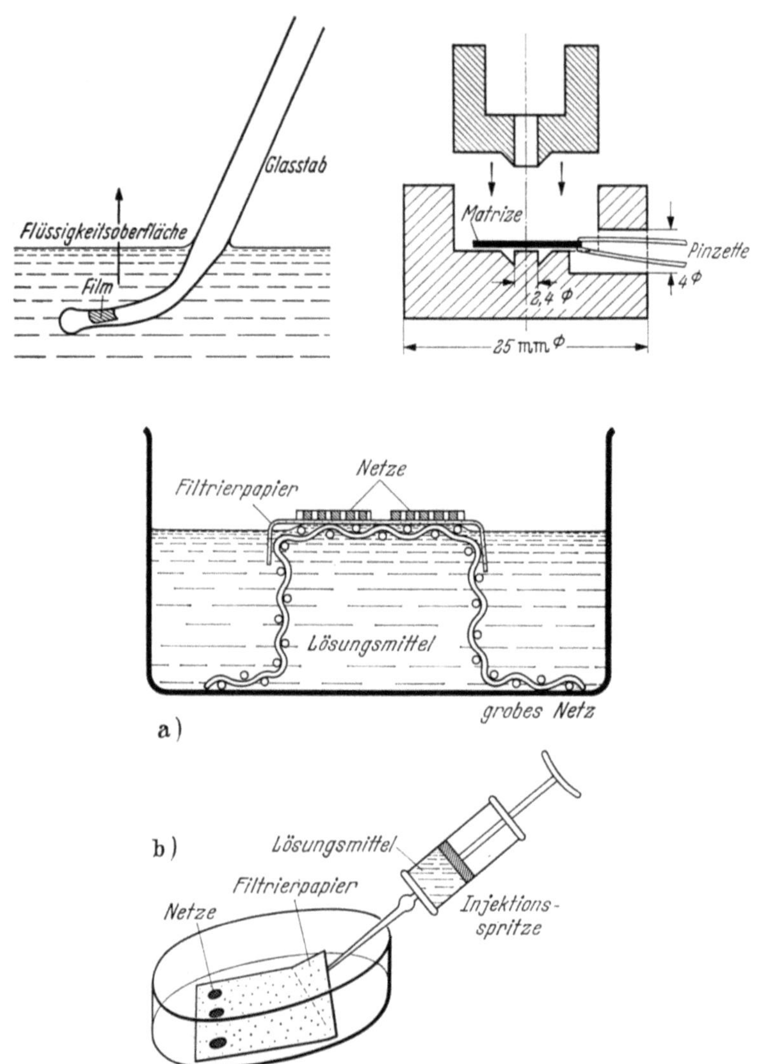

Abb. 183 a u. b. Verfahren zum Weglösen von Matrizenmaterial unter aufgedampften Kohle- oder SiO-Filmen

material und tropft zurück. Der Vorteil besteht darin, daß durch den Destillationsprozeß immer neues reines Lösungsmittel angeboten wird. In der Regel führt dieses Verfahren aber nur bei robusten Abdruckfilmen zum Erfolg. Für empfindliche Abdruckfilme ist das oben angegebene

Filtrierpapierverfahren (Abb. 183b) optimal, da damit die Lösungsmittel-zufuhr besonders in den ersten Stadien der Matrizenauflösung kontrollier-ter erfolgen kann. Bei Matrizen, die stark quellen, wie z. B. Mowiol, kann man auch eine Lösungsreihe anwenden, in dem man die Matrize zunächst mit etwa 5%iger Lösung anlöst und die Konzentration in 4—5 Schritten zum reinen Lösungsmittel verdünnt.

16.3. Hüllabdrücke

Schwer- oder undurchstrahlbare Teilchen lassen sich zwar auf Träger-folien präparieren, und man kann aus den Umrissen Rückschlüsse auf die Gestalt der Teilchen ziehen. Bessere Ergebnisse erzielt man jedoch durch Umgeben der Teilchen mit einer Hülle aus einer leicht durchstrahlbaren Substanz (z. B. Kohle) und anschließendes Herauslösen in einem geeig-neten Lösungsmittel. Die Oberflächenstruktur kann evtl. durch eine Schrägbeschattung noch kontrastreicher abgebildet werden.

Derartige Hüllen können sich schon bei der Bestrahlung im Elektro-nenmikroskop durch Kontamination bilden. Bestrahlt man z. B. kleine Steinsalzkristalle im Elektronenmikroskop, so können diese bei hoher Strahlstromdichte schmelzen und verdampfen, wobei eine Kohlehülle der ursprünglichen Kristallform zurückbleibt. Das künstliche Aufbringen einer solchen Kohlehülle kann in einer Glimmentladung (§ 14.3) oder mit der Bradleyschen Technik der Kohleverdampfung (§ 14.2.3) erfolgen. Die erste Methode benutzten u. a. KÖNIG u. HELWIG (1951), HAEFER (1954), GRASENICK u. HAEFER (1952). Sie ergibt eine optimale Umhüllung der Präparate. In der Regel werden Schichten von etwa 200 Å Dicke nieder-geschlagen. Diese sind permeabel genug, um das Lösungsmittel für das Herauslösen der Teilchen eindringen zu lassen. Hüllen, welche nicht gerade aus Methan niedergeschlagen werden, sollten vor dem Heraus-lösen der Teilchen kurz mit Elektronen bestrahlt werden, um die Kohle-polymerisate zu festigen. Es genügt hierfür ein langsames Durchmustern des Präparates bei mittleren Strahlintensitäten. Abb. 184a zeigt als Bei-spiel Hüllabdrücke von MgO-Kristallen aus einer Glimmentladung mit Benzoldampf. Die MgO-Kristalle wurden mit HCl herausgelöst. Man erkennt deutlich den Vorteil dieser Präparationsmethode.

Mit der Kohle-Aufdampftechnik nach BRADLEY erhält man direkt stabile Kohle-Schichten (s. Abb. 184b). Die Umhüllung ist jedoch nicht immer vollständig. Es erfolgt jedoch eine Streuung der Kohlenstoffatome an den Restgasmolekülen, so daß auch Atome an den Stellen auftreffen, die im „Schatten" liegen. LEONHARD u. a. (1960) nutzten diesen Effekt aus, indem sie durch ein Nadelventil bei laufender Diffusionspumpe ein „dynamisches" Vakuum von 10^{-3} Torr Argon aufrechterhalten. Da die Argonatome schwerer als die Kohlenstoffatome sind (40 : 12), tritt bei

23a

diesem Druck häufige elastische Streuung der Kohlenstoffatome auf. Eine weitere Möglichkeit für eine gute Umhüllung besteht darin, das Präparat während einer Schrägbedampfung (20–45°) zu drehen (Kegelbedampfung). Diese Technik kann auch zur Erzeugung von SiO-Hüllen ausgenutzt werden. Eine genauere Untersuchung der Kohleausbreitung für Hüllabdrücke erfolgte von MÜLLER (1961). Er kommt zu dem Schluß, daß in gewissem Umfang eine Oberflächenwanderung der Kohlenstoffatome bei der Hüllenbildung an unzugänglichen Stellen mitspielen soll.

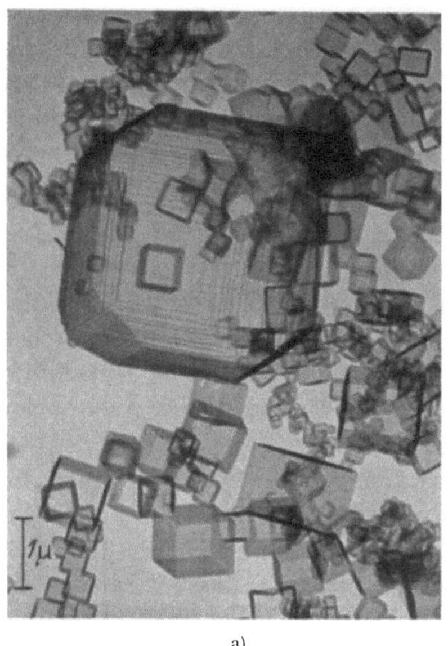
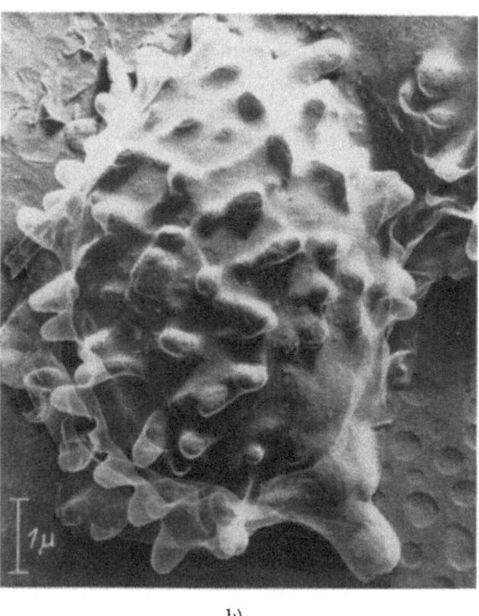

Abb. 184 a u. b. Hüllabdrücke a) von MgO-Kristallen aus einer Glimmentladung (Aufn. R. Hörig) und b) durch Kohlebedampfung von einer Spore der Russula venosa (Aufn. D. E. Bradley)

Wie bei der Auflösung von Matrizenabdrücken können auch bei der Herauslösung der Teilchen aus ihren Hüllen Quellungserscheinungen auftreten, welche die Hüllen zerreißen. LEONHARD u. a. (1960) überdampfen nach der Hüllenbildung das Objekt mit etwa 10 μ Schwefel. Die Teilchen können dann ohne Beschädigung der Kohlehaut herausgelöst werden. Bei 100° C hat Schwefel einen Partialdruck von 10^{-2} Torr und kann daher leicht im Hochvakuum sublimiert werden. Die Temperatur darf jedoch nicht den Schmelzpunkt überschreiten (118–120° C), weil dann die Hüllen durch die Oberflächenspannung zerreißen würden.

BRADLEY (1958) stellt von stark quellenden Pollenkörnern oder anderen organischen Teilchen, welche auf einer Formvarschicht eingetrocknet werden können, einen Hüllabdruck durch teilweise Einbettung her. Beim Eintrocknen (Abb. 185a) sinkt das Objekt durch die Oberflächenspannung des Wassers in die Formvarschicht ein (s. a. § 23.3.1 wegen der dabei auftretenden Kräfte). Es wird eine erste Kohleschicht aufgebracht (b) und anschließend die Formvarschicht gelöst (c). Von der Rückseite erfolgt eine 2. Kohlebedampfung (d). Beim Lösen der Körner in einer starken Lösung von Kaliumbichromat und -Permanganat in konz. Schwefelsäure quellen die Körner und zerreißen die Kohleschicht an der dünnsten Stelle der 1. Bedampfung (e). Zurück bleibt die doppelte

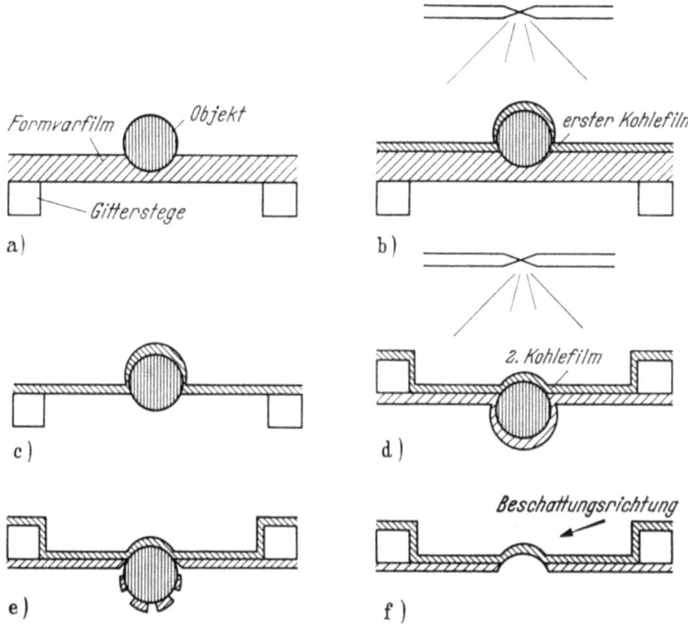

Abb. 185 a—f. Doppelbedampfungs-Kohleabdruckmethode für kleine quellbare Objekte nach BRADLEY (1958)

Kohleschicht an den Stellen ohne Teilchen, dagegen nur die einfache der 2. Bedampfung an den Stellen, wo die Teilchen in die Formvarschicht eingedrückt wurden (f). GÜNTHER (1960) streut luftgetrocknete Sporen auf gequollene Gelatineplatten, in die sie teilweise einsinken. Kohleaufdampfschichten werden in heißem Wasser von der Gelatine abgelöst. Die haftenden Sporen werden in heißer Chromschwefelsäure (5—8 Std) entfernt.

Ein Lackumhüllungsverfahren beschreibt SITTE (1955). Die zu untersuchenden Teilchen werden durch Aufstreuen z. T. in einem noch feuchten Formvarfilm festgehalten und mit diesem auf eine Wasseroberfläche flottiert. Den Film mit den haftenden Teilchen läßt man dann auf Objektträgernetze senken. Auf diese Netze wird ein Tropfen Formvarlösung gegeben, der sofort am Rand mit Filtrierpapier abgesaugt wird. Dies genügt, damit alle Teilchen mit einem dünnen Formvarfilm überzogen werden. Dieser wird auch wieder durch Elektronenbeschuß gehärtet und anschließend werden die Teilchen herausgelöst.

16.4. Auflösungsvermögen von Oberflächenabdrücken

In den letzten § wurde über eine große Zahl von Abdruckmethoden berichtet. Es erhebt sich die Frage, welches das beste Verfahren ist. Diese Frage läßt sich aus 2 Gründen nicht eindeutig beantworten. Erstens muß das Abdruckverfahren auf das zu untersuchende Objekt abgestimmt werden. Auf diesen Punkt ist bei der Besprechung der Abdruckverfahren schon eingegangen. Zweitens ist nicht eindeutig, was als „Auflösungsvermögen" definiert werden soll. Man kann z. B. fragen, welche Stufenhöhe noch aufgelöst wird, bzw. welcher Stufenabstand. Der letzte wird stets größer ausfallen als die erste. Die Nachweisbarkeit einer Stufe besagt wiederum nicht, daß man aus der Schattenbreite auch auf die Höhe schließen kann. An der Grenze des Auflösungsvermögens wird die Stufe häufig nur durch Dekorationseffekte des Beschattungsfilmes abgebildet. Eine andere Definition des Auflösungsvermögens schließt an die Formerkennbarkeit an. Durch den Abdruck erscheint eine Würfelkante eines kleinen Kristalls abgerundet. Das Auflösungsvermögen kann durch den Krümmungsradius definiert werden. VON BORRIES und KAUSCHE (1940) diskutierten auf dieser Basis die Erkennbarkeit von n-Ecken. Je höher die Eckenzahl, um so größer muß das Teilchen sein, um noch als n-Eck erkannt zu werden. Abrundungserscheinungen sind besonders bei Abdrücken mit Kunststoffen zu erwarten, da diese zu Fließerscheinungen neigen bzw. die langen Molekülketten können keine scharfen Kanten abbilden. In Tab. 16.2 A sind die angegebenen Auflösungsvermögen zum größten Teil aus Eckenabrundungen bestimmt. Eine kritische Durchsicht der zitierten Arbeiten zeigt aber den Mangel an definierten und reproduzierbaren Testobjekten. Das Stufenauflösungsvermögen wurde von REIMER und SCHULTE (1966) durch Stufen in Aufdampfschichten an der Schattengrenze hinter Polystyrolkugeln untersucht (Tab. 16.2. B). Reste der Polystyrolkugeln zeigen dann auch an, wo eine Ellipse als Schattenrand zu erwarten ist. Stufen kleiner als 15 Å Höhe können nicht mit genügender Schärfe hergestellt werden. Durch eine Doppelbedampfung mit verschobener Verdampfungsquelle lassen sich mit dieser Methode auch Stufen in definierten Abständen erzeugen. Das so ermittelte „laterale Stufenauflösungsvermögen" ist in Tab. 16.2.B ebenfalls aufgeführt. So ergeben z. B. deutlich Platin-Aufdampfschichten mit Kohle verstärkt (Pt/C) ein besseres Stufenauflösungsvermögen als ein Platin-Kohle-Mischfilm (Pt-C/C). Das bessere Ergebnis bei Pt/C-Schichten ist auf Dekorationseffekte an den Stufen zurückzuführen. Demgegenüber zeigen

Tabelle 16.1. *Übersicht über die wichtigsten Verfahren zur Herstellung von Oberflächenabdrücken*

Abdruckart	Abdrucksubstanz	Herstellung des Abdruckes	Weiterverarbeitung
Einstufige Abdrücke			Bei allen Filmabdrük- ken Vor- oder Nach-
Filmabdrücke mit Fremdschichten	Kollodium Formvar Movital	Eintauchen in verd. Lösung	beschattung. Ab- lösen des Filmes durch Abflotten auf Wasser, Kathodische H_2-Entwicklung, Abziehen mit Klebe- streifen oder Weg- lösen der Unterlage. Bei Formvar Verstär- kung mit Kollodium
	SiO, Kohle	Verdampfung und Glimmentladung	Mit Kollodiumverst. abziehen, Weglösen der Unterlage oder Verwendung von lös- lichen Zwischen- schichten
mit Eigenschichten	Al-Oxyd	Anodische Oxyd.	Sublimatlösung
	Ni- und Fe-Oxyd	Thermische Oxyd. in Salzschmelze	Brom in Methanol
Extraktionsab- drücke für Legierungen	Kollodium, Form- var oder Kohle	Eintauchen in verd. Lösung bzw. Auf- dampfen nach Vorätzung	Ablösen nach 2. Ätzung
Hüllabdrücke	Kohle, SiO, Kollo- dium oder Formvar	Glimmentladung, Kegelbedampfung od. Lackumhüllg.	Härten durch Elektr.- Beschuß, Herauslö- sen der Teilchen
Pseudoabdrücke (s. § 23.3.5)	Durchstrahlbare Substanz auf Trägerfilmen	Schrägbeschattung der Oberfläche	Untersuchung ohne Herauslösen des Objektes
Dekorationsabdr.	Au + Kohle	Aufdampfung bei erhöhter Träger- temperatur ($\rightarrow$ 200°C)	Auflösung der Unterl.
Zweistufige Abdr. *Matrizenabdrücke* Eintrocknung von Lösungen	Kollodium Formvar Mowiol Polystyrol Gelatine, Plexiglas	Aufgießen konz. Lösungen	Von allen Matrizen- abdrücken: Filmab- drücke wie oben. Abziehen evtl. mit Papierklebestreifen
Solvoplastische Abdrücke	Triafol-, Bioden-, Celluloid-, Polystyrol-, Metha- crylat-Folien	Anfeuchten mit Azeton, Chloroform, u. Auf- legen auf Objekt	Abheben nach Trocknung
Thermoplastische Abdrücke	Polystyrol Triafol Polyäthylen Isobutyl-Methacryl. Polyvinylalkohol	Aufpressen bei 160°C 150°C 115°C 100°C	Abheben nach der Abkühlung
Polymerisations- abdrücke	Plexiglas (Methyl- methacrylat), Technovit	Auftragen in vor- polymerisiertem Zustand	Abziehen nach Aus- polymerisation
Metallmatrizen	Ag, Cu, Al	Dicke Aufdampf- schichten, evtl. galvanisch verst.	Abziehen, evtl. mit löslicher Zwischen- schicht
	Ni	Elektrolytisch nie- dergeschlagen	
Prägeabdrücke	Al	Folie oder kompak- tes Stück aufpress.	Oxydabdruck

Tabelle 16.2. *Auflösungsvermögen von Oberflächenabdrücken*
A. Zusammenstellung nach MAHL *(1956)*

Abdruckverfahren	Auflösung in Å	
Formvar- und Kollodium-Filmabdruck . . .	120—200*)	HEIDENREICH (1943)
Kollodium-Pt-Filmabdruck	60	MAHL (1952)
Kollodium-Metall-Filmabdruck		
für Erhebungen	60*	FUKAMI (1954)
für Vertiefungen	160	
Al-Al-Oxyd-Matrizenabdruck	60*	FUKAMI (1954)
Polystyrol-SiO-Thermoplastischer Abdruck .	40—50	HEIDENREICH (1943)
Polystyrol-Al-Thermoplast.-Abdruck		
für Erhebungen	70*	FUKAMI (1954)
für Vertiefungen	220	
Formvar-C-Matrizenabdruck	30	BRADLEY (1954)
Methylmethacrylat-Al-Polymerisationsabdr. .	90*	TSUCHIKURA (1954)

* Bestimmt aus der Eckenabrundung.

B. Stufenauflösungsvermögen nach REIMER *und* SCHULTE *(1966)*

Von allen unten angegebenen Matrizen wurden Pt/C-Filmabdrücke gemacht. Die Stufenhöhe wurde variiert in Abständen von 4—5 Å, angefangen bei 15 bzw. 16 Å bis herauf zu 150 Å. Die Variation des Stufenabstandes zur Ermittlung des lateralen Auflösungsvermögens betrug 30 Å, von 60 Å bis 270 Å. Der Stufenabstand ist definiert durch die Verschiebung der Nebenscheitel der Ellipsen.

Art des Matrizen- bzw. Filmabdruckes	Stufen-material	Auflösbare Stufenhöhe [Å]	Laterales Auflösungsvermögen in [Å]	Stufenhöhen der Doppelstufen in [Å]
Pt/C-Film	Ge	16	120—150	30/30
Pt/C-Film	Cr	15	120—210	40/40
Pt-C/C-Film	Ge	24	90—120	30/30
Formvarfilm (unbeschattet)	Ge	45	>270	50/50
Formvarfilm (m. Pt nachbeschattet)	Ge/Cr	28	240	40/40
Silber-Matrize	Ge	16	150—210	30/30
Plexiglas-Polymerisations-Matrize (hoch viskos)	Ge	16	150—180	30/30
Plexiglas-Polymerisations-Matrize (niedrig viskos)	Ge	—	240—>270	30/30
Technovit (4071 d)-Matrize	Ge	16	150	30/30
Technovit (4030 b)-Matrize	Ge	16	150	30/30
Bioden-Matrize	Ge	15	150—180	30/30
Polystyrol-Matrize (5% in Chloroform)	Ge	16	180—210	30/30
Kollodium-Matrize (5% in Amylacetat)	Ge	16—26	>270	30/30
Gelatine-Matrize (20% in Wasser)	Cr	32—64	150—240	40/40
Mowiol (N50-88)-Matrize (5% in Wasser)	Cr	15—64	180—>270	40/40
Tylose C 10-Matrize (10% in Wasser)	Cr	15—125	>270	40/40
Formvar-Matrize (5% in Chloroform)	Cr	15—64	240	40/40
Triafol-Matrize (solvoplastisch)	Ge	28—64	210—>270	30/30
Plexiglas-Lösungs-Matrize (5% in Chloroform)	Ge	16—21	>270	30/30
Plexiglas-Lös.-Matr. 80:20; 5% in Toluol	Ge	21—34	120—270	50/50

Pt-C/C-Filme ein besseres laterales Auflösungsvermögen auf Grund der geringeren Kristallitgröße.

Neben den Pt/C-Filmabdrücken als „optimale" Oberflächenabdrücke zeigen von den Matrizenabdrücken Silberaufdampfmatrizen, Plexiglas-, Technovit-, Polystyrol- und Bioden-Matrizen ein vergleichbares Stufenauflösungsvermögen. Damit ist noch nicht gesagt, daß diese Abdrücke gleichwertig in der Qualität sind. Zum Beispiel demonstriert Abb. 186 die Wiedergabe derselben Objektstelle mit einer Silbermatrize ("atomic

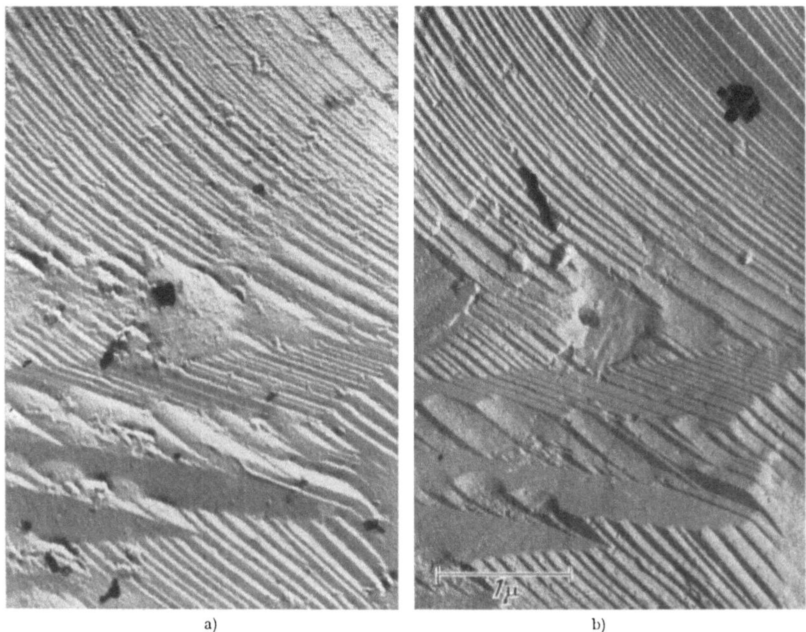

Abb. 186 a u. b. Vergleich derselben Objektstelle einer Bruchfläche eines Al₂O₃-Tiegels mit a) einem Plexiglas-Polymerisationsabdruck und b) einer Silber-Aufdampfmatrize

replica") und die Einbuße an Auflösung mit einer Plexiglasmatrize. Matrizen, für welche in Tab. 16.2 B bei dem Stufenauflösungsvermögen ein größeres Intervall angegeben ist, zeigen stark schwankende Ergebnisse. Dies ist vor allem auf charakteristische Eigenstrukturen der einzelnen Abdruckmethoden zurückzuführen, welche als Artefakte eine sehr unterschiedliche Erkennbarkeit der Stufen hervorrufen. Man sollte sich stets bei Verwendung von Oberflächenabdrücken über die charakteristische Eigenstruktur eines Abdruckmaterials Klarheit verschaffen, indem man etwa eine glatte Glas- oder Glimmeroberfläche abbildet. Auch die Verwendung verschiedener Abdruckmethoden für das gleiche Objekt ist zu empfehlen. Mit der statistischen Zielpräparationsmethode (s. u.) ist es nicht schwierig, zumindestens von zwei verschiedenen Abdrücken identische Objektstellen wiederzufinden.

16.5. Zielpräparation von Oberflächenabdrücken

Bei Untersuchungen der Oberflächenstruktur mit der normalen Abdrucktechnik setzt man voraus, daß die Oberfläche weitgehend gleichartig ist, so daß man mit einigen Präparaten von verschiedenen Stellen einen Eindruck von der Oberflächenbeschaffenheit gewinnt. In vielen Fällen interessieren aber bestimmte Strukturen, die bei der gewöhnlichen Technik nur zufällig in den Öffnungen der Träger sichtbar sind, oder man will von derselben Stelle nach verschiedenen Behandlungen (z. B. Polieren, Ätzen, Verformung, thermische Behandlung, Korrosion) mehrere Abdrücke nehmen. In solchen Fällen muß man sich der Zielpräparation bedienen.

Die verschiedenen Verfahren zur Zielpräparation genügen meist nur speziellen Anforderungen. Sie variieren hinsichtlich Zielgenauigkeit, Auflösungsvermögen, Stabilität der Abdruckfolien, Arbeitsaufwand und erhaltener Ausbeute. Da außerdem einzelne Verfahren mit einer bestimmten Abdruckmethode erprobt sind, bereitet die Übertragung einer solchen Technik auf ein anderes Abdruckverfahren oft erhebliche Schwierigkeiten. Der Erfolg einer Methode hängt oft in erster Linie von der Geschicklichkeit ab.

Man kann die Zielpräparationsmethoden in folgende Gruppen einteilen:

A. Gezieltes Auffischen von Filmabdrücken von Wasseroberflächen

(NANKIVELL, 1953; BOOKER, 1954; WEBER u. VON FRAGSTEIN, 1959). Diese Methode eignet sich für alle Filmabdrücke (z. B. Formvar-, Kollodium- oder unter Umständen auch Platin-Kohle-Abdrücke), bei denen der Abdruckfilm in Flächen größer als der Objektträger auf einer Wasseroberfläche abgeflottet werden kann. Mit einer Drahtöse oder einem Blech mit Bohrung wird der Film relativ zur Petrischale so angehoben und fixiert, daß er schon fest am Rand der Bohrung anliegt, aber noch nicht von der Wasseroberfläche losreißt. Besonders bewährt hat sich ein gebogenes Blech (Abb. 187), bei dem das Wasser durch das Loch abfließt und den Film selbst über das Loch zieht. Durch Verschieben der Petrischale kann die gewünschte Objektstelle in das Gesichtsfeld des Mikroskopes gebracht werden (etwa 200fache Vergrößerung). Es hängt von der Art des Objektes ab, wie eine Zielmarkierung aufgebracht wird (Kratzer, Eindrücke oder Ritzer mit Diamant-Härteprüfer oder charakteristische Objektdetails selbst). Es ist nur darauf zu achten, daß die Markierung nicht so tief ist, daß der Abdruckfilm einreißen kann. Von unten wird dann die Objektblende oder ein Trägernetz in einer von unten

durchstrahlbaren Fassung an den Abdruckfilm herangeführt. Solange
sich noch ein Wasserfilm zwischen Abdruckfilm und Träger befindet, ist
eine Korrektur der Zielung möglich. Bei dem weiteren Anheben reißt
der Abdruckfilm in der Regel am Rand des Objektträgers ab. Es hängt
von der Konstruktion des benutzten Mikroskopes ab, wie man im einzelnen vorhandene Triebe am Mikroskoptubus, am Kreuztisch und am
Kondensor zur seitlichen und senkrechten Bewegung ausnutzt.

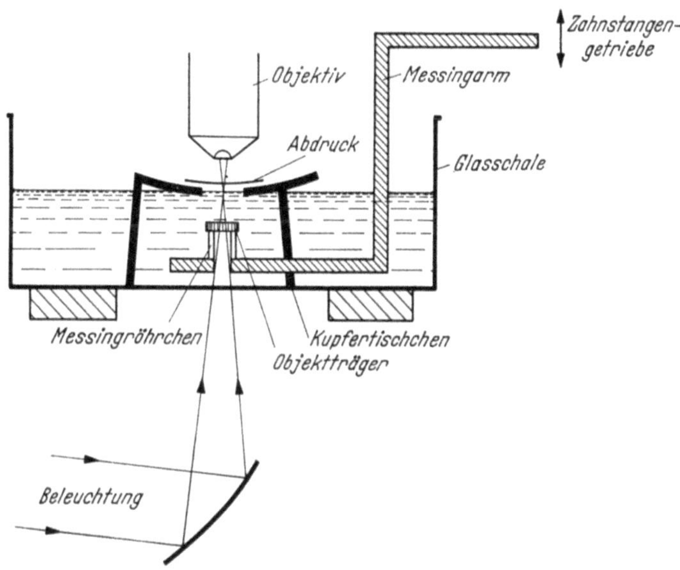

Abb. 187. Zielpräparation (nach Booker, 1954)

B. Gezieltes Aufkleben eines Trägernetzes auf den Abdruck

1. Tesafilmmethode (Hyam u. Nutting, 1952; Evans, 1956; Watt, 1964).

Dieses Verfahren beschränkt sich auf Filmabdrücke, welche trocken
mit Tesafilm abgezogen werden können (z. B. Formvar oder Kollodium).
In den Tesafilm oder einem anderen klebenden Band wird ein Loch ge-
stanzt, so daß an den Rändern noch ein Trägernetz gehalten werden kann,
in der Mitte jedoch frei ist. Das Netz wird gezielt über die zu untersuchende Objektstelle gebracht und der Tesafilm festgedrückt. Hyam u.
Nutting beschreiben eine Halterung, um Präparat und Tesafilm gegeneinander bewegen zu können, bevor die Klebefolie aufgedrückt wird. Nach
dem Abziehen des Abdruckfilmes kann das Netz mit dem darüber-
gespannten Film abgenommen werden. Dieses Verfahren setzt eine gute
Ablösbarkeit des Abdruckfilmes voraus, da dieser unterhalb des Netzes
nicht festgeklebt ist und bei rauhen Oberflächen leicht abreißen kann.

Evans verwendet eine 1%ige Lösung von Formvar in Chloroform, weist aber darauf hin, daß ein Kollodiumfilm sich besser abziehen läßt.

Seifert u. Günther (1955) sowie Schwartze (1959) verwenden die trockne Abziehmethode mit Tesafilm, indem sie an der Zielstelle im Klebestreifen ein 5-mm-Loch lassen. Die nach dem Abziehen freitragende Abdruckschicht wird in einer Halterung mit Scharnier (Abb. 188) auf dem Objekttisch des Mikroskopes eingeklemmt und der Zielbereich in die Mitte des Gesichtsfeldes gebracht. Von unten wird das auf der Kondensorfassung montierte Netz dem Präparat genähert. Das Netz ist am Rand

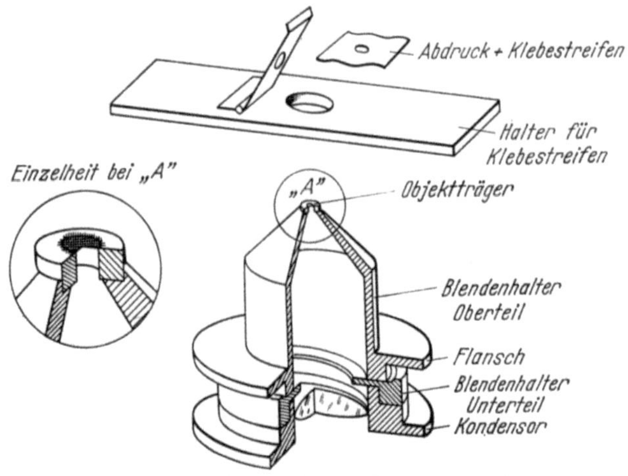

Abb. 188. Zielpräparation (nach Schwartze, 1959)

mit Klebstoff versehen (Büroleim oder Gelatine). Die Konzentration darf nicht zu dick sein, da der Leim sonst zu schnell eintrocknet und auch nicht zu dünn, damit er nicht über das ganze Netz läuft. Eine seitliche Verschiebung des Netzes zur Ausrichtung auf das Objekt ist dadurch ermöglicht, daß die Halterung aus einem Unter- und Oberteil besteht, welche mit einem zähen Fettfilm übereinander gleiten können.

2. Gezieltes Aufkleben auf Oberflächen und Matrizen mit Hilfsvorrichtung. Die im folgenden beschriebenen Methoden zum gezielten Aufkleben von Netzen oder Objektblenden können entweder dazu benutzt werden, auf eine mit einem Filmabdruck überzogene Oberfläche das Netz aufzukleben, um dieses mit dem Film zusammen abzuziehen, oder es wird das Netz auf eine abgezogene Matrize geklebt. Dabei ist darauf zu achten, daß der Objektträger zunächst fest in einer von oben auf das Objekt senkbaren Halterung sitzt, aber nach dem Aufkleben auf das Objekt leicht von dieser gelöst werden kann. Dieses Problem ist auf verschiedene Weise gelöst. Bethge (1954) saugt den Objektträger mit einer Vakuumleitung fest. Dieses Verfahren setzt einen genügend breiten Rand des

Objektträgers voraus. KRAUSE (1958) hält den Objektträger in einer geschlitzten Hülse, die nach dem Aufkleben gespreizt werden kann, um den Objektträger freizugeben, während REHME und SACHS (1963) dasselbe mit einem Dreibackenfutter erreichen. Für die mechanische Halterung von Netzen empfiehlt sich ein Aufschweißen auf kleine Ringe. Eine andere Möglichkeit besteht darin, das Netz an drei Stiften festzukleben (BRADLEY, 1955; HIBI u. YADA, 1959). Hiervon reißt es leicht ab, wenn die Verbindung mit dem Objekt auf einer größeren Fläche erfolgt ist.

Diese letzte Art der Halterung erlaubt auf einfache Weise bereits ein gezieltes Aufkleben der Netze auf die drei Stifte. Bei dem Verfahren nach

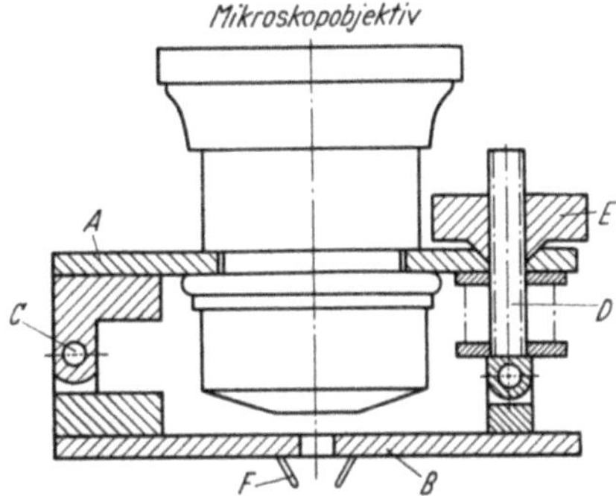

Abb. 189. Ansatz für Zielpräparation an ein Mikroskopobjektiv (nach BRADLEY, 1955)

BRADLEY (Abb. 189) wird das Netz auf einem Glasobjektträger so mit dem Objekttisch des Mikroskopes verschoben, daß eine Netzmasche genau im Fadenkreuz des Okulars liegt. Die Platte B mit den drei Stiften F ist dabei mit der Schraube D und der Kordelmutter E um den Punkt C etwas hochgeschwenkt. Mit der Platte A ist die Halterung an dem Objektiv befestigt. Die Spitzen der Stifte F werden vorher mit Klebstoff versehen, indem ein mit Chloroform bestrichener Klebestreifen darüber gestrichen wird. Durch Senken der Platte B wird das Netz gezielt aufgenommen und die Platte wieder gehoben. Nachdem das Präparat auf den Objekttisch gebracht ist, wird es durch die etwas unscharf erscheinenden Netzmaschen scharf gestellt und der Zielbereich in das Fadenkreuz gebracht.

Wenn unter mikroskopischer Kontrolle der Objektträger auf das Objekt herabgesenkt ist, erfolgt die Verbindung nach 2 verschiedenen Methoden. Entweder wird eine Verbindung gewählt, die gleichzeitig auch stabilisiert. Um Formvarfilme von dem Objekt zu trennen, klebt BRADLEY (1955) z. B. das Netz mit einer Bedacryl-Lösung fest, um den Formvarfilm undeformiert abziehen zu können. SCHÜLLER u. BORTELS (1961) verkleben einen Triafolabdruck mit Zuckersirup, der den Abdruckfilm beim Lösen des Triafols am Zerreißen hindert. Der Zuckersirup wird anschließend in warmem Wasser gelöst. Bei der anderen Art der Verbindung wird nur der Rand des Objektträgers mit einem Klebstoff bestrichen, der in der Regel auch ungelöst bleibt und damit ein Verrutschen des Abdruckfilmes beim Präparieren verhindert. Hierzu muß ein Klebstoff benutzt werden, der erst nach etwa 1 min seine beste Klebfähigkeit erlangt. Bewährt haben sich Silikonlacke, alkoholische Schellacklösung oder Kollodium in Xylol (BETHGE, 1954).

Man kann auch bei vorhandenem Objektivrevolver mit einem Minimum an technischem Aufwand auskommen (SHIBATA u. a., 1962), wenn man auf ein Objektiv *B* eine Glasplatte kittet, die mit einem Plastikfilm überzogen ist. Auf dem Objekttisch liegt das Netz und der Abdruck. Mit dem Objektiv *A* wird das Netz auf die Mitte des Fadenkreuzes geschoben. Der Plastikfilm wird mit einem Lösungsmittel angeweicht und nach Einschwenken des Objektives *B* durch Heben des Objekttisches (oder Senken des Tubus, je nach Mikroskoptyp) das Netz auf der Glasplatte festgeklebt. Die gleiche Prozedur erfolgt anschließend mit dem Abdruck, der bereits grob auf das Format des Trägernetzes zugeschnitten ist. Von der Glasplatte werden Film und Abdruck mit einer Rasierklinge abgehoben. Man kann diese Methode auch so variieren, daß man an Stelle des Objektives *B* einen Metallklotz einschraubt, welcher unten die oben angeführten 3 Stifte zum Ankleben des Netzes besitzt. Das gezielt aufgenommene Netz läßt sich dann auf dem Objekt festkleben.

3. Aufkleben ohne Hilfsvorrichtung. Es gelingt auch mit Geschicklichkeit, Objektträger ohne Hilfsvorrichtung — am besten unter einer Stereolupe — gezielt aufzukleben. FOURIE (1958) fischt den Abdruckfilm auf einer frischen Glimmerspaltfläche auf, und übergießt den Abdruck mit 0,5% Kollodiumlösung in Amylacetat, um die Oberfläche des Abdruckes zu schützen. Bei etwa 80 facher Vergrößerung wird das Netz auf die markierte Stelle gelegt und mit der Hand ausgerichtet (Präpariernadel). In die Nähe des Netzes wird ein kleiner Tropfen Kollodiumlösung gegeben und an das Netz herangezogen, bis die Lösung zwischen Netz und Abdruck fließt. Nach der Trocknung wird das Netz am Rand noch mit 20%iger Kollodiumlösung stärker befestigt. Netz, Abdruck und Glimmer werden dann in Wasser getaucht. Wegen der hydrophilen Eigenschaften von Glimmerspaltflächen kann man nach 10 min das Netz ohne Verzerrung des Abdruckes abnehmen.

SCHÜLLER u. BORTELS (1961) bestreichen Triafolabdrücke mit klarem Zuckersirup, in dem ein aufgeklebtes Trägernetz mit einer Präpariernadel noch verschoben werden kann.

C. Statistische Zielung

Die oben aufgeführten Verfahren erlauben zwar ein gezieltes Aufkleben des Objektträgers auf den Abdruck. Damit ist der Erfolg des Zielpräparationsverfahrens aber noch nicht gewährleistet. 1. Können Verschiebungen des Abdruckfilmes beim Lösen des Matrizenmaterials auftreten, welche die interessierenden Objektstellen gerade auf die Netzstege bringen. 2. Treten bei jedem Abdruckfilm in einigen Netzstegen Risse auf, besonders wenn für hohe Auflösung dünne Filme verwandt werden. 3. Die Wahrscheinlichkeit für das Aufreißen erhöht sich noch, wenn man zusätzlich in einem weiteren Lösungsprozeß das Bindemittel zwischen Objektträger und Abdruck auflösen muß. Es gibt daher kein 100%iges Zielpräparationsverfahren. Die Ausbeute schwankt zwischen 30 und 70%.

Es läuft daher auf etwa den gleichen Arbeitsaufwand hinaus, wenn man gleich mehrere Abdrücke von der entsprechenden Stelle nimmt und nur dafür sorgt, daß die interessierenden Stellen des Abdruckes etwa in der Mitte des Trägernetzes liegen. Bei normalen Objektträgern ist die Wahrscheinlichkeit etwa 30%, daß das Zielgebiet in einer Netzmasche liegt.

Zur Markierung des Zielgebietes gibt es verschiedene Möglichkeiten. POPPA (1960) dampft durch ein Trägernetz eine dicke Metallschicht auf den Abdruck auf. Die interessierende Stelle ist dabei durch einige Netzmaschen abgedeckt, welche vorher mit Kollodiumlösung verklebt waren. Durch die Verteilung der zugeklebten Netzmaschen ist eine leichte Auffindung nach dem Auffischen des Abdruckes möglich. Es wird auch die Möglichkeit ausgenutzt, Kombinationen aus Lack- und Kohlefilmen über Löcher mit 0,5 mm Durchmesser zu spannen. ZORLL (1963) bedampft nur die interessierenden Stellen durch ein Loch von Objektträgergröße in einer Aluminiumfolie.

Man kann auch aus größeren Matrizen eine Scheibe von der Abmessung des Objektträgers herausstanzen (Abb. 182), nachdem man lichtmikroskopisch oder mit einer Lupe die Zielstelle in die Mitte gebracht hat. LEONHARD (1954) benutzt bei einem thermoplastischen Zielverfahren von vornherein eine tablettenförmige Polystyrolmatrize, die unter leichter Erwärmung gezielt auf die betreffende Objektstelle gedrückt wird.

Falls es bei einer Untersuchung nicht auf eine bestimmte Stelle ankommt, sondern man lediglich daran interessiert ist, wie sich die Oberfläche nach verschiedenen Behandlungen verändert, oder falls man das Auflösungsvermögen von Oberflächenabdrucken vergleichen will, so kann man Aufnahmen von solchen Stellen machen, die auf allen Präparaten gerade auf Netzmaschen liegen. Es empfiehlt sich hierfür lichtoptische Aufnahmen des befilmten Netzes in Auf- und Durchlicht zu machen und diese auf transparentem Photopapier zu kopieren (s. a. ALBERT u. HEINEN, 1965). Im Auflichtbild erkennt man die Struktur des Abdruckes auch auf den Netzstegen und kann sich, an Hand der Markierungen orientieren. In der Durchlichtaufnahme kommt besser die Lage der Netzmaschen heraus und durch Übereinanderlegen verschiedener Bilder lassen

24 Reimer, Elektronenmikroskop. Methoden, 2. Aufl.

sich die Bereiche einzeichnen, welche in allen Objekten in Netzmaschen liegen. Das Transparentpapier hat den Vorteil, daß es beim Aufsuchen der Objektstelle im Elektronenmikroskop auch von der anderen Seite betrachtet werden kann, wenn das Präparat umgekehrt eingelegt ist. Trägernetze mit koordinatenartigen Verstärkungen oder mit Mittelmarken erleichtern die Orientierung sowohl bei den statistischen Verfahren als auch bei den oben angeführten Verfahren mit genauer Zielung.

Die hier aufgeführten Wege für eine Zielpräparation sollten genügend Hinweise für eine erfolgreiche Durchführung vermitteln. Es sei nur geraten, möglichst einfach anzufangen und erst dann eine kompliziertere Halterung anzufertigen, wenn diese eine Verbesserung erwarten läßt.

Literatur zu § 16

AGAR, A. W., and R. S. M. REVELL: A study of the formvar replica process. Brit. J. appl. Phys. 7, 17 (1956).

ALBERT, L., u. H. HEINEN: Eine elektr.mikr. Methode zur Erfassung von Oberflächenveränderungen an gleichen Objektstellen. Z. wiss. Mikr. 67, 24 (1965).

ANDREWS, E. H., and A. WALSH: Electr. micr. of vulcanized rubber using gelatine first-stage-replicas. Nature (Lond.) 179, 729 (1957).

AUSTIN, A. E., and C. M. SCHWARTZ: Modification of a positive replica techn. for electr. micr. J. appl. Phys. 22, 847 (1951).

BACHMANN, L., u. K. HAYEK: Beschattung elektr.mikr. Präparate mit höchstschmelzenden Metallen. Naturwissenschaften 49, 153 (1962).

— — Eine Dekorationsmethode hoher Auflösung zur elektr.mikr. Unters. von Kristalloberflächen. Naturwissenschaften 49, 154 (1962).

BAILLIE, Y.: Investigations on the properties of thin metal films used as electr.micr. replicas for metallurgical appl. Proc. Internat. Conf. EM London, 351 (1954).

BARNES, R. B., C. J. BURTON, and R. G. SCOTT: Electr.micr. replica techn. for the study of organic surfaces. J. appl. Phys. 16, 730 (1945).

BASSETT, G. A.: A new techn. for decoration of cleavage and slip steps on ionic crystal surfaces. Phil. Mag. 3, 1042 (1958).

— Nucleation of evaporated metal layers on single crystal substrates. IV. Internat. Kongr. EM Berlin, Bd. I, 512 (1958).

BENDER, J. H., and E. H. KALMUS: A modified Al-pressing techn. for multiple replication. Z. wiss. Mikr. 64, 419 (1960).

BETHGE, H.: Verfahren u. Anordnung zur Herst. von Abdruckaufnahmen lichtmikr. bestimmter Objektbereiche. Z. wiss. Mikr. 62, 122 (1954).

— Über Grenzflächenreaktionen zur Entwicklung von üblicherweise im Abdruck nicht erkennbaren Oberflächenstrukturen. IV. Internat. Kongr. EM Berlin, Bd. I, 409 (1958).

— Abdampfstrukturen und Verunreinigungen untersucht am NaCl. Proc. Europ. Reg. Conf. EM Delft, Vol. I, 257 (1960).

—, u. K. W. KELLER: Elementares Kristallwachstum im elektr.mikr. Bild. Proc. Europ. Reg. Conf. EM Delft, Vol. I, 266 (1960).

— — Über die Abb. von Versetzungen durch Abdampfstrukturen auf NaCl-Kristallen. Z. Naturforsch. 15 a, 271 (1960).

— — u. H. STENZEL: Zur elektr.mikr. Sichtbarmachung unterschiedlicher Bindungsenergien u. Adsorptionseigensch. an Lammellenstufen auf NaCl-Kristallen. Naturwissenschaften 49, 152 (1962).

BEYERSDORFER, K.: Meth. u. Erg. der elektr.mikr. Abb. von Glasoberflächen. Glas-u. Hochvakuumtechn. 1, 8 (1952).

BOOKER, G. R.: A method of examining selected areas of surfaces using replicas and the elctr.micr. Brit. J. appl. Phys. 5, 349 (1954).

—, and J. NORBURY: An extraction replica method for large precipitates and non-metallic inclusions in steels. Brit. J. appl. Phys. 8, 109 (1957).

BORRIES, B. VON, u. G. A. KAUSCHE: Übermikr. Best. der Form u. Größenverteilung von Goldkolloiden. Kolloid Z. 90, 132 (1940).

BOSWELL, F. W. C.: Use of B_2O_3 as a parting layer for "direct" replicas in electr.micr. Rev. sci. Instr. 28, 723 (1957).

BRADLEY, D. E.: A high resolution evaporated-carbon replica techn. for the electr.-micr. J. Inst. Met. 83, 35 (1954).

— Some advances with the evaporated carbon replica techn. Proc. Internat. Conf. EM London, 478 (1954).

— A simple adaption of the carbon replica techn. for the examination of selected areas in the electr.micr. Brit. J. appl. Phys. 6, 430 (1955).

— A "double-evaporation" carbon replica techn. for the electr.micr. Mikroskopie 13, 180 (1958).

BROWN, A. F., and W. M. JONES: A methyl methacrylate-silica replica techn. for electr.micr. Nature (Lond.) 159, 635 (1947).

BULETTE, F. E.: Spin-coated polyvinyl alcohol replicas for electr.micr. use. J. appl. Phys. 25, 810 (1954).

DALITZ, V. CH., u. J. A. SCHUCHMANN: Ein Doppel-Abdruckverf. mit Hilfe von Kohleschichten. Optik 10, 143 (1953).

DEUBNER, B., H. KIMMEL u. W. ROLLWAGEN: Über die Abbildungstreue von Lack-abdr. für elektr.mikr. Beobachtung. Z. angew. Physik 5, 284 (1953).

DINICHERT, P., and E. KELLENBERGER: Nouvel appareil pour les procédés d'empreintes. Experientia 4, 407 (1948).

DUMAIS, M. W., and L. J. BONIS: A rapid improved method of extraction replication. V. Internat. Congr. EM Philadelphia, Vol. I, FF-9 (1962).

EVANS, D. J.: A comparison of dry stripped, unbacked collodion and formvar replicas. Brit. J. appl. Phys. 7, 66 (1956).

FOURIE, J. T.: Method for making successive replicas of the same spot. J. appl. Phys. 29, 608 (1958).

FISCHBEIN, I. W.: Electr.micr. of wet biol. tissues by replica techn. J. appl. Phys. 21, 1199 (1950).

FISHER, R. M.: "Extraction replica" techn. for electr.metallography. J. appl. Phys. 24, 113 (1953).

FUKAMI, A.: Collodion negative replica process, resolution of replicas and appl. for fine particles. J. Electronmicr. Japan 2, 20 (1954).

— Evaporated carbon films for use in extraction replica techn. J. Electronmicr. Japan 4, 31 (1956).

— On a high resolution pre-shadowed carbon replica method and its direct stripping techn. IV. Internat. Kongr. EM Berlin, Bd. I, 438 (1958).

—, and Y. TANI: Recent advances in replica techn. in Japan. Proc. Internat. Congr. EM London, 474 (1954).

GOOSSENS, H., u. H. K. GÖRLICH: Die Lösungsätzung als Isolierverf. von Gefüge-bestandteilen in techn. Eisenwerkst. zur Unters. unter dem Elektr.mikr. Z. wiss. Mikr. 63, 171 (1957).

GRASENICK, F., u. R. HAEFER: Zur elektr.mikr. Unters. von Oberflächen mit Hilfe von Kohlehüllen. Mh. Chemie 83, 1069 (1952).

Grewe, H. G., u. E. Kappler: Strukturveränderungen von vielkrist. Kupfer nach extrem hoher plast. Verformung. Phys. stat. sol. **6**, 699 (1964).

Günther, I.: Elektr.mikr. Unters. an der keimenden Spore von Funaria hygrometrica. J. Ultrastruct. Res. **4**, 304 (1960).

Haefer, R.: Über dünne aus Methan in der selbst. elektr. Hochvakuumentladung gebildete Schichten. Acta Phys. Austr. **9**, 1 (1954).

Hall, D. M.: The prep. of electr.micr. replicas from rough porous surfaces. Brit. J. appl. Phys. **8**, 295 (1957).

Hass, G., and M. E. McFarland: Al-oxyd replicas for electr.micr. produced by a two step process. J. appl. Phys. **21**, 435 (1950).

Heidenreich, R. D.: Interpretation of electr.-micrographs of silica surface replicas. J. appl. Phys. **14**, 312 (1943).

—, and E. A. Nesbitt: Phys. structure and magnetic anisotropy of Alnico 5. J. appl. Phys. **23**, 352 (1952).

—, and V. G. Peck: Fine structure of metallic surfaces with the electr.micr. J. appl. Phys. **14**, 23 (1943).

Henry, G., et. J. Plateau: Nouvelle methode d'empreinte non destructive pour micr.opt. et electr., utilisant un film de nickel obtenu par depot electrolytique. V. Internat. Congr. EM Philadelphia, Vol. **I**, FF-12 (1962).

Hibi, T., and K. Yada: Successive electr.micr. obs. of coloured and bleached KCl crystals. J. Phys. Soc. Japan **14**, 455 (1959).

Hunger, G., u. G. Jayme: Einige Verbesserungen für das Matrizenabdruckverf. von Faserst. bei elektr.mikr. Unters. Naturwissenschaften **42**, 209 (1955).

Hunger, J., u. R. Seeliger: Übermikr. Reliefdarst. durch Präge- u. Doppelschichtabdr. Metallforschung **2**, 65 (1947).

Hyam, E. D., and J. Nutting: A method for the electr. and opt. micr. examination of identical areas. Brit. J. appl. Phys. **3**, 173 (1952).

I-Ming Feng: Techn. for making surface replicas from comparatively small objects. J. appl. Phys. **27**, 472 (1956).

Jayme, G., u. K. Balser: Vortr. Tag. d. D. Ges. EM, Aachen (1965).

Kassenbeck, P.: Unters. der Textilmaterialien mit elektr.mikr. Methoden. Z. wiss. Mikr. **62**, 200 (1954).

Kellenberger, E., L. Huber u. C. Rouiller: Das Folienabdruckverf. für Elektr.- und Lichtmikr. Z. wiss. Mikr. **63**, 110 (1958).

Kimmel, H.: Über die Abbildungstreue von Lackabdr. Z. angew. Physik **8**, 227 (1956).

Kinder, E., u. A. Puff: Kunstgriffe u. Kunstprodukte beim Quarzabdruckverf. Z. wiss. Mikr. **62**, 116 (1954).

König, H., u. G. Helwig: Über dünne aus Kohlenwasserst. durch Elektr.- oder Ionenbeschuß gebildete Schichten. Z. Physik **129**, 491 (1951).

Krause, R.: Eine Meth., die die Auswahl und Präp. eines best. Bezirkes für elektr.-mikr. Unters. im Lichtmikr. ermöglicht. Z. wiss. Mikr. **63**, 495 (1958).

Leonhard, F.: Ein Verf. zur thermoplastischen Zielpräparation. Z. wiss. Mikr. **62**, 129 (1954).

—, C. F. Cook, and F. R. Anderson: Full and partial particle replication techn. for electr.micr. Rev. sci. Instr. **31**, 1181 (1960).

Maas, A.: Zur Methodik der Verdampfungsätzung. Mikroskopie **16**, 8 (1961).

Mader, S.: Elektr.mikr. Unters. der Gleitlinienbildung auf Cu-Einkrist. Z. Physik **149**, 73 (1957).

Mahl, H.: Über das plast. Abdruckverf. zur übermikr. Unters. von Oberflächen. Z. techn. Phys. **22**, 33 (1941).

MAHL, H.: Über therm. erzeugte Oxydfilme bei Al. Kolloid Z. **100**, 219 (1942a).
— Die übermikr. Oberflächendarstellung mit dem Abdruckverf. Naturwissenschaften **30**, 207 (1942b).
— Zur elektr. mikr. Untersuchung an Textilfasern. Z. wiss. Mikroskop. **60**, 372 (1952).
— Das Abdruckverf. u. seine Probleme. Mikroskopie **11**, 93 (1956).
MAHLA, E. M., and N. A. NIELSEN: An oxide replica techn. for the electr.micr. examination of stainless steel and high nickel alloys. J. appl. Phys. **19**, 378 (1948).
MENNENÖH, S., u. M. FAHNENBROCK: Über das Polymerisationsabdruckverf. in der Übermikr. Z. wiss. Mikr. **60**, 203 (1951).
MÜLLER, H.: Ein Beitrag zum Artefaktproblem beim Kohleumhüllungsverf. Jenaer Jahrbuch 1961 II, 401 (1961).
NANKIVELL, J. F.: A method of observing selected areas in electr. and opt. micr. Brit. J. appl. Phys. **4**, 141 (1953).
PFEIFFER, I.: Eigenoxydation zur Gewinnung von Folien für die Elektr.mikr. von Metallen. Z. Metallkd. **46**, 569 (1955).
PFISTERER, H.: Ein Abdruckverf. zur Abb. rauher Oberflächen im Elektr.mikr. Naturwissenschaften **40**, 106 (1953).
PHELPS, R. T., E. A. GULBRANSEN, and D. W. HICKMAN: Electr.diffr. and micr. studies of oxide films found on metals and alloys at moderate temperatures. Ind. Engng. Chem., anal. Edit. **18**, 391 (1946).
POHLMANN, G., u. O. H. VOLK: Tylose, ein wasserlösliches Abdruckmaterial für Oberflächenunters. Z. wiss. Mikr. **64**, 252 (1959); **65**, 118 (1963).
POLITYCKI, A., E. FUCHS u. I. HOLTERMANN: Anw. des Nickelabdruckverf. zur elektr.mikr. Abb. von geätzten Kupferquerschliffen. Naturwissenschaften **45**, 55 (1958).
POPPA, H.: Vereinfachte elektr.mikr. Zielpräp. Phys. Blätter **16**, 203 (1960).
POWELL, A. S., L. R. LeBRAS, E. G. BOBALEK, and W. VON FISCHER: An improved replica techn. for electr.micr. of paint films. J. appl. Phys. **25**, 757 (1954).
REHME, H., u. K. SACHS: Vgl. elektr.mikr. Emissions- u. Abdruckbilder von Stahloberfl. durch Zielpräp. Z. wiss. Mikr. **65**, 92 (1963).
REIMER, L.: Elektr.mikr. Unters. der Struktur von dünnen elektrolytisch niedergeschl. Metallschichten. Z. Metallkd. **47**, 631 (1956).
— Elektronenmikr. Unters. zur Abscheidung von Kupfer aus zyankal. Elektrolyten im Grenzgebiet dünner Schichten. Z. Metallkd. **48**, 390 (1957).
— J. FICKER u. TH. PIEPER: Elektr.opt. Unters. der Kristallbaufehler in galvanischen Nickelschichten auf Cu-Einkristallflächen. Z. Metallkd. **52**, 753 (1961).
—, u. CH. SCHULTE: Elektronenmikr. Oberflächenabdr. und ihr Auflösungsvermögen. Naturwissenschaften **53**, 489 (1966).
ROHDE, H.: Präp. u. übermikr. Unters. isolierter Gefügebestandteile in Stählen. Z. wiss. Mikr. **62**, 155 (1954).
SCHABALINA, O. K.: Anwendungsvers. eines Zielabdruckverf. für die Elektr.mikr. Exp. Techn. Phys. **9**, 138 (1961).
SCHLÖTTERER, H.: Dünne elektrolytisch abgesch. Platinschichten als Abdrücke für das Elektr.mikr. Naturwissenschaften **47**, 103 (1960).
SCHRADER, A.: Elektronenopt. Gefügeunters. von streifigem Perlit und von perlitischem Gefüge in einem Chrom-Magnetstahl. Optik **7**, 219 (1950).
SCHREIL, W.: Über die Dauerhaftigkeit von Palavitabdr. in der Elektr.mikr. Mikroskopie **10**, 128 (1955).
— Zur Techn. der Palavitabdr. in der Elektr.mikr. Mikroskopie **10**, 266 (1955).

SchÜller, E., u. G. Bortels: Einf. Meth. zur elektr.mikr. Beob. identischer Stellen bei Oberflächenunters. Z. Naturforsch. 16b, 117 (1961).

Schwartze, W.: Eine Einr. zur elektr.mikr. Zielpräp. Z. wiss. Mikr. 64, 178 (1959).

Seeliger, R.: Über die Präp.-Techn. des Abdruckverf. zur übermikr. Oberflächen-darstellung u. Rauhigkeitsmessung. Metalloberfläche A 3, 181 (1949).

— Übermikr. Darstellung der Baumwollfaser durch Triafol-Prägeabdr. Z. wiss. Mikr. 63, 119 (1958).

Seifert, L., u. K. Günther: Übermikr. Unters. von Staubflecken. Z. Aerosolf. 4, 426 (1955).

Sella, C., P. Conjeaud et J. J. Trillat: Nouvelle méthode d'étude par micr.électr. de la structure superficielle des faces de clivages d'halogénures alcalins. IV. Internat. Kongr. EM Berlin, Bd. I, 508 (1958).

Shibata, N., I. Kubo, and H. Iwanaga: Simple method of obtaining replicas of selected areas in electr.micr. study. Jap. J. appl. Phys. 1, 240 (1962).

Sitte, H.: Ein Lackumhüllungsverf. für elektr.opt. Unters. an anorganischen Substanzen. Naturwissenschaften 42, 366 (1955).

Smith, E., and J. Nutting: Direct carbon replicas from metal surfaces. Brit. J. appl. Phys. 7, 214 (1956).

Sterk, E., M. Tardos, u. V. Szántó: Abb. meth. zur elektr.mikr. Unters. von keramischen Oberfl. Naturwissenschaften 49, 277 (1962).

Stickler, R.: A non-destructive direct carbon replica method for examination of Si surfaces. J. sci. Instr. 41, 523 (1964).

Stiegler, J. O., and T. S. Noggle: Direct replica techn. for copper. J. appl. Phys. 31, 1827 (1960).

— — Victawet and sodium metaphosphate as parting agents for electr.micr. replicas. Rev. sci. Instr. 32, 406 (1961).

Thomas, G., and J. Nutting: The plastic deformation of Al and Al-alloys. J. Inst. Met. 85, 1 (1956).

Tsuchikura, H.: On resolution of replicas. J. Electronmicr. Japan 2, 15 (1954).

Uchiyama, I., A. Fukami, and S. Katagiri: Obs. of precipitates and inclusions in steel by extraction replica techn. J. Electronmicr. (Japan) 5, 28 (1957).

Walkenhorst, W.: Ein einf. Verf. zur Herst. strukturloser Trägerschichten aus Aluminiumoxyd. Naturwissenschaften 34, 373 (1947).

Watt, I. M.: A simple method for the single or repeated replication of selected areas of surfaces in electr.micr. J. sci. Inst. 41, 107 (1964).

Weber, G., u. C. von Fragstein: Die Anwendung der „gezielten" Präp. bei elektr.-mikr. Oberflächenunters. Z. wiss. Mikr. 64, 111 (1959).

Weil, R., and H. J. Read: Electr.microradiography of electrodeposited metals. J. appl. Phys. 21, 1068 (1950).

Williams, R. C., and R. W. G. Wyckoff: Appl. of metallic shadow-casting to micr. J. appl. Phys. 17, 23 (1946).

Yamaguchi, S.: Structure of oxide replicas for electr.micr. J. appl. Phys. 23, 445 (1952).

Zorll, U.: Ein einf. Verf. für die Zielpräp. in der Elektr.mikr. Optik 20, 156 (1963).

Zworykin, V. K., and E. G. Ramberg: Surface studies with the electr.micr. J. appl. Phys. 12, 692 (1941).

§ 17. Herstellung durchstrahlbarer Folien aus Metallen und anderen Kristallen

17.1. Mechanische Verfahren

17.1.1. Walzen und Hämmern

Viele Metalle lassen sich durch Walzen in Folienform bringen. Es besteht keine Schwierigkeit, 20–100 μ dicke Folien auf diesem Wege zu gewinnen. Bei zu starker Verfestigung wird eine Zwischenglühung eingefügt. Folien von dieser Dicke dienen als Ausgangsmaterial für die Methode des elektrolytischen Polierens, speziell den „Fenster"-Methoden. Die Grenzen des Walzens liegen je nach Material bei 0,5–5 μ, so daß auf diesem Wege direkt keine durchstrahlbaren Folien unter 2000 Å = 0,2 μ zu erhalten sind.

Es läßt sich jedoch Gold durch Hämmern weiter verdünnen (Goldschlägerhaut). Als Ausgangsmaterial dient Blattgold. Es stört jedoch die starke Deformation der Folien. Eine weitere Verdünnung gelingt durch chemische Ätzung (s. u.).

17.1.2. Spalten

Von Substanzen, die auf Grund ihrer kristallinen Struktur eine bevorzugte Spaltebene besitzen (z. B. Graphit, Glimmer, Talk, Wismut- und Antimon-Tellurid, Sb- und In-Selenid, MoS_2) lassen sich direkt durchstrahlbare Lamellen abheben (DELAVIGNETTE u. AMELINCKX, 1960; PASHLEY u. PRESLAND, 1960; WILLIAMSON, 1960; BIERLY, 1962). Mit einem Skalpell oder einer Präpariernadel werden zunächst möglichst dünne Lamellen abgespalten. Diese klebt man mit dem schnell härtenden Kunststoff Technovit auf einen Glasobjektträger und zieht mehrmals mit einem Klebstreifen (z. B. Tesafilm) Lamellen ab, bis auf dem Technovit durchstrahlbare Lamellen zurückbleiben. Nach dem Auflösen des Technovit in Chloroform lassen sich diese auf Objektträger präparieren. Eventuell haften durchstrahlbare Schichten auch an den Klebstreifen.

17.1.3. Ultramikrotomie

Mit einem Diamantmesser gelingt es, direkt durchstrahlbare Schichten zu erhalten (FERNÁNDEZ-MORÁN, 1956; REIMER, 1959, 1962; V. A. PHILLIPS, 1960; R. PHILLIPS, 1962). Die Methode ist jedoch nur auf weiche Metalle (z. B. Pb, Al, Au) mit gutem Erfolg anwendbar. Härtere Metalle (z. B. Cu, Fe, Ni) zeigen zu starke Stauchungen. Spezielle Anwendungsmöglichkeiten sind Ausscheidungen in Aluminiumlegierungen (s. z. B. Abb. 67) oder Oxydeinschlüsse, die bei chemischen und elektrolytischen Verfahren nicht angegriffen werden. HAASE u. a. (1964) stellten mit Erfolg Dünnschnitte von AgCl-Einkristallen her.

Bei kompaktem Material können die Proben direkt für die Einspannung in das Ultramikrotom abgedreht und angespitzt werden. Auch Bleche und Drähte werden vorher angespitzt und mit einem harten Einbettungsmittel (Araldit oder UHU-Plus) in Gelatine-Kapseln einpolymerisiert. Methacrylat ist als Einbettungsmittel weniger geeignet, weil es bei der Polymerisation stark schrumpft und sich in der Nähe der Probe dadurch zahlreiche Blasen bilden.

17.2. Chemische Ätzung

HIRSCH u. a. (1954) behandelten gehämmerte Goldfolien mit einer verdünnten KCN-Lösung. HIRSCH u. a. (1956), PHILLIPS u. WELSH (1958) ätzten 0,5—2,5 µ-Aluminiumfolien mit einer 0,5—1%igen Flußsäure-

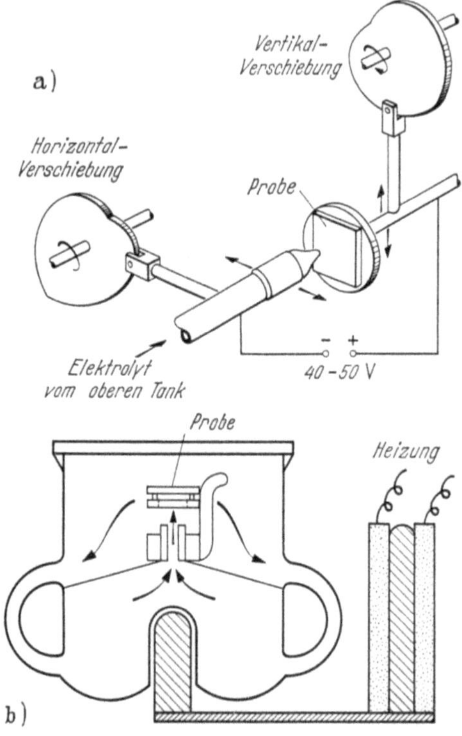

Abb. 190a u. b. Anordnungen zum chemischen Abätzen einer Probe mit strömendem Elektrolyten, a) nach WASHBURN u. a. (1960), b) nach KIRCKPATRICK u. AMELINCKX (1962)

lösung. In beiden Fällen ergeben sich starke Schichtdickenschwankungen. Bei Al bildet sich eine charakteristische Substruktur als Oberflächenrelief aus. Auf Metalle werden chemische Ätzverfahren daher kaum noch angewandt, da man mit dem elektrolytischen Polierverfahren wesentlich homogenere Folien erhält. Bei nichtleitenden Kristallen (z. B. MgO oder Bariumtitanat) stellt die chemische Ätzung jedoch die zur Zeit einzige Methode dar, um dickere Spaltstücke auf die richtige Dicke zu bringen.

WASHBURN u. a. (1960) erhalten mit einer Düsen-Technik etwa 1000 Å dünne Folien aus abgespaltenen MgO-Scheiben von 1×2 cm und $^1/_4$ mm Dicke. 85%ige Orthophosphorsäure von 100° C wird durch eine Düse auf die Probe gespritzt, so daß diese gerade von dem Strahl berührt wird. Die Probe wird so verschoben, daß ein kreisförmiges dünneres Gebiet mit einem etwas dickeren Zentrum entsteht (Abb. 190a). Wenn die ersten Löcher erscheinen, lassen sich an Hand der optischen Interferenzfarben (MgO ist lichtdurchlässig) geeignete Gebiet für die Präparation herausbrechen. KIRKPATRICK und AMELINCKX (1962) benutzen für die chemische Ätzung von MgO und Bariumtitanat eine Anordnung (Abb. 190b), bei der ein Strom des Ätzmittels gegen die Probe durch Wärmekonvektion hervorgerufen wird. Weitere Hinweise für die Präparation von Bariumtitanat findet man in den Arbeiten von PFISTERER u. a. (1962), FUCHS u. LIESK (1964), TANAKA u. HONJO (1964). Die chemische Ätzung hat sich auch bei der Präparation durchstrahlbarer Silizium- (BOOKER u. STICKLER, 1962; QUEISSER u. a., 1962; LAWRENCE u. KOEHLER, 1965) und Germanium-Proben (BOOKER u. STICKLER, 1962) bewährt.

SCHÜLLER u. AMELINCKX (1960) ätzten CaF_2 mit konz. Schwefelsäure (130° C) mit etwa 7 µ/min ab. Wenn hinreichend dünne Stellen erreicht sind, wird mit langsamerer Ätzgeschwindigkeit bei Zimmertemperatur weiter verdünnt. Durch Sublimation unterhalb des Schmelzpunktes mit intensivem Elektronenbombardement lassen sich weitere durchstrahlbare Stellen erzeugen. Diese Methode der Sublimation benutzten auch YAGI u. HONJO (1964) zum Präparieren durchstrahlbarer NaCl-Kristalle.

17.3. Ionenätzung

CASTAING (1954) erhielt durchstrahlbare Folien aus Al und Al-Cu-Legierungen, indem er beide Seiten einer $1-2$ µ dicken Ausgangsfolie mit Ionen beschoß (Kathodenzerstäubung). Die Methode ist nicht anwendbar auf Ausscheidungen, die stark differierende Atomgewichte besitzen. Sie bietet jedoch eine Möglichkeit in solchen Fällen durchstrahlbare Folien zu erhalten, wo Elektropolieren nicht oder nur schwer möglich ist. BOLLMANN (1956) konnte keine Vorteile der Ionenätzung an Chrom-Nickel-Stählen gegenüber der Elektropolierung finden.

HIETEL u. MEYERHOFF (1961) reduzierten Si-Scheiben von 10 µ Dicke auf einige 100 Å. Sie benutzten dazu eine Penning-Entladung bei einem Druck von 10^{-3} Torr Argon und einer anliegenden Spannung von 1,5 kV. Die Abtragungsgeschwindigkeit betrug von jeder Seite 20 Å/sec (s. a. GRAMBOW, 1965). DRUM (1964) berichtet über die Ionenätzung von Saphir und Siliziumcarbid.

Man muß jedoch beachten, daß durch das Ionenbombardement auch Leer- und Zwischengitteratome über Fokussierungsstöße erzeugt werden. Die Methode ist daher nicht anwendbar, wenn man ungestörte Versetzungsanordnungen beobachten will.

17.4. Elektrolytisches Polieren

17.4.1. Allgemeine Grundlagen

Um größere Bereiche einer Probe so abzutragen, daß sie durchstrahlbar sind (500—2000 Å), muß die Stromdichte in einem möglichst großen Bereich der Probe konstant sein. Höhere Stromdichten treten besonders an den Kanten und an den Grenzflächen des Elektrolyten auf. Deshalb muß bei vielen Verfahren die Polierung so schnell wie möglich unterbrochen werden, wenn sich die ersten Löcher in der Probe zeigen. In der Nähe der Löcher befinden sich die durchstrahlbaren Bereiche (oft nur 0,01 bis 0,1 mm Ausdehnung), welche bei weiterem elektrolytischen Polieren durch die schnelle Erweiterung der Lochränder wieder verloren gehen können. Oft ist auch der Elektrolyt selbst so aggressiv, daß er auch ohne Strom weiterätzt. Dann muß so schnell wie möglich die Probe gespült werden.

Für die lokale Stromdichte und damit die Abtragungsgeschwindigkeit spielt ein anodischer Elektrolytfilm eine große Rolle. Man unterscheidet 2 Typen von Elektrolyten. 1., solche die einen viskosen Film bilden, der unter der Wirkung der Schwerkraft nach unten sinkt und daher oben am dünnsten ist. Hier erfolgt daher der Abbau am stärksten. 2. Elektrolyte, welche an der Anode Gasblasen erzeugen, die nach oben steigen und daher unten den stärksten Angriff erlauben. Am häufigsten werden Elektrolyte des ersten Typs benutzt. Diese Betrachtungen gelten für Proben, die vertikal im Elektrolyten hängen. Bei horizontal in das Bad getauchten Proben sind aus den gleichen Gründen die Stromdichten an der Ober- und Unterseite verschieden. Dies kann die Herstellung durchstrahlbarer Folien empfindlich stören, wenn der benutzte Elektrolyt nur einen schmalen Stromdichtebereich besitzt, in dem die Politur möglich ist (s. u.). Strömen des Elektrolyten oder Bewegen der Probe kann den anodischen Film ebenfalls verändern und zu anderen Ergebnissen führen. Wegen dieser Einflüsse ist es erforderlich, einmal erfolgreiche Experimente auch bei weiteren Präparationen in sämtlichen Parametern unverändert zu lassen. Es lassen sich daher auch in der Literatur beschriebene Verfahren nicht immer mit sofortigem Erfolg reproduzieren, sondern erst nach einigen Variationen der Polierbedingungen.

Abb. 191a zeigt die elektrische Schaltung für dieses Verfahren. Eine 100 V-Akkumulatorenbatterie oder eine Gleichrichterschaltung, bei der man die Primärspannung zweckmäßig über einen Spartransformator regelt und die eine Stromentnahme bis zu 10 A zuläßt, ist für alle Anforderungen ausreichend. Die Welligkeit des Gleichstromes sollte 10% nicht überschreiten. Vor dem Polieren in einem neuen Bad, bei Präparationen eines neuen Metalles oder bei Variationen der Probenform in Größe und Abstand von der Kathode ist es eine große Hilfe, zunächst die Stromspannungs-Charakteristik aufzunehmen, um die Bedingungen für den optimalen Polierpunkt schneller zu ermitteln (Abb. 191b). Hierzu

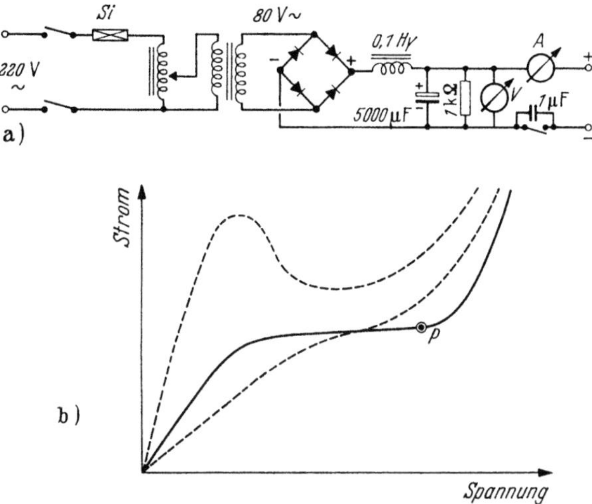

Abb. 191 a u. b. a) Schaltskizze einer Stromversorgung zum elektrolytischen Polieren, b) Strom-Spannungs-Charakteristik (ideal, ausgezogen mit günstigstem Polierpunkt *P*; gestrichelt, praktisch häufig auftretende Charakteristiken)

benutzt man eine Testprobe gleicher Abmessungen und liest zu verschiedenen Badspannungen die Stromstärken ab, indem man die Spannung schrittweise in geeigneten Intervallen erhöht und vor jeder Ablesung einige Minuten wartet, bis sich neue stationäre Verhältnisse ausgebildet haben. Es ergeben sich dann Kurvenformen der Abb. 191b mit einem mehr oder weniger ausgebildeten Plateau. Die günstigsten Polierbedingungen liegen am Ende des Plateaus. Die Form der Strom-Spannungs-Charakteristik wird durch den elektrischen Widerstand des viskosen Polierfilmes an der Anode bestimmt. Da man die am Bad anliegende Spannung mißt — und nicht das Potential der Anode gegenüber dem Elektrolyten — erhält man nur dann ein Plateau, wenn die Kathodenfläche größer als die Anodenfläche ist. Bei der Bollmann-Technik (s. u.) ist daher in der Regel kein ausgeprägtes Plateau zu finden.

In allen Fällen ist auch auf Temperaturkonstanz zu achten. Erhöhte Temperatur verringert die Viskosität und Dicke des Polierfilmes. Es können daher höhere Ströme und größere Abtragungsgeschwindigkeiten erreicht werden. Tiefe Temperaturen ergeben unter Umständen bessere Polierbedingungen, aber eine entsprechend langsamere Abtragung. Bei einigen Verfahren treten starke Wärmeentwicklungen auf, so daß eine Kühlung in einem Eisbad erforderlich ist. Insbesondere bei Bädern mit Perchlorsäure besteht bei zu starker Erhitzung Explosionsgefahr.

Weitere Einzelheiten zum elektrolytischen Polieren sind dem Buch von TEGART (1959) zu entnehmen. Hier sind auch Badzusammensetzungen für zahlreiche Metalle angegeben, die sich bei kompakten Proben bewährt haben und auch oft für das Dünnpolieren benutzt werden können. Einige Beispiele aus der Vielzahl der veröffentlichten Badzusammensetzungen sind auch aus der Tab. 17.1. zu ersehen.

17.4.2. Methoden für Metallfolien

Die im folgenden beschriebenen Verfahren setzen als Ausgangsmaterial 20–250 μ dicke Folien (s. § 17.1.1) von einigen cm² Fläche voraus. Dies stellt eine starke Beschränkung der Probenform dar, speziell wenn Versetzungsanordnungen nach plastischer Deformation untersucht werden sollen, obwohl auch an diesen Folien Zugversuche möglich sind. Wenn man jedoch Untersuchungen an kompaktem Material — insbesondere Einkristallen — durchführen will, bedarf es anderer Methoden, durchstrahlbare Folien direkt möglichst schonend herauszuarbeiten (§ 17.4.3).

Um den bevorzugten Ätzangriff an den Kanten zu unterbinden, werden diese mit einem isolierenden Lack überzogen, der gegen das Polierbad beständig ist. In England wird ein Fabrikat Lacomit viel benutzt. Eine Lösung von Polystyrol in Trichloräthylen oder anderen Lösungsmitteln ist ebenfalls geeignet. Diese dünnen Lackschichten haben jedoch den Nachteil, daß sie bei warmen Elektrolyten oder nach stärkerem Polierangriff sich evtl. ablösen. Diese Schwierigkeiten lassen sich mit Araldit 103 mit Härter 951 oder durch den Zweikomponenten-Kleber Uhu-plus umgehen. Beide Klebstoffe lassen sich bei erhöhter Temperatur (100–150° C) schnell aushärten. Sie sind allerdings nach der Aushärtung unlöslich und können nicht benutzt werden, um eine Seite der Probe an der durchstrahlbaren Stelle abzudecken.

Bei der sog. „Window-Methode" (NICHOLSON u. a., 1958; TOMLINSON, 1958) wird ein rechteckiges Fenster (0,5–2 cm²) in der Folienmitte freigelassen (Abb. 192a). Die Probe wird vertikal in das Polierbad (150 bis 200 cm³) getaucht. Durch die Ausbildung eines viskosen Polierfilmes wird das Fenster oben am stärksten angegriffen. Nachdem die Folie an der Oberkante des Fensters durchbrochen ist, wird die neue Kante überlackt (b) und die Probe umgekehrt wieder in das Bad getaucht (c), so daß ein zweiter Durchbruch an der Seite erfolgt, welche bei der 1. Politur unten lag. Dieser Vorgang wird so lange wiederholt, bis in der Mitte nur ein schmaler Steg übrig bleibt, der die durchstrahlbaren Bereiche enthält (d).

Man kann auch nach Durchbrechen der Kante die Folie soweit aus dem Elektrolyten, ziehen bis der Flüssigkeitsspiegel unter dem Durchbruch liegt. Nachdem die Folie auch hier durchbrochen ist, wird die Folie wieder ganz eingetaucht und solange poliert, bis sich die Kanten in der Mitte treffen.

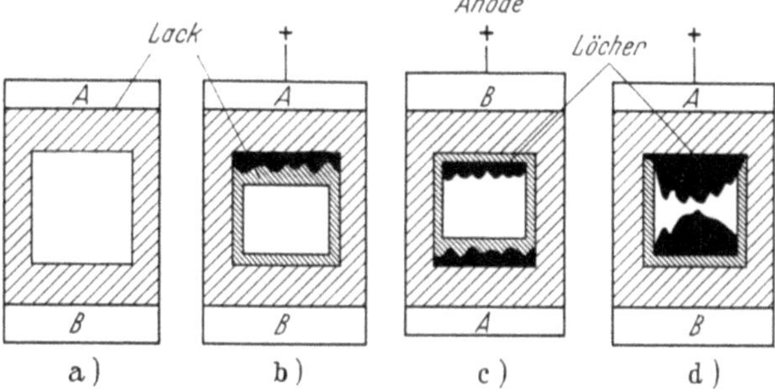

Abb. 192 a—d. Präparationsgang bei der „Window-Methode"

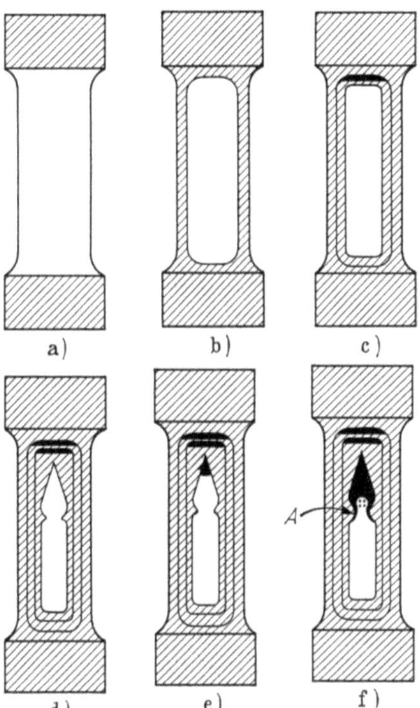

Abb. 193 a—f. Präparationsgang bei der „Figure-of-eight-Methode", durchstrahlbare Stelle bei *A*

Eine Variante, die "Figure-of-eight"-Methode nach BRANDON u. NUTTING (1959) nutzt den bevorzugten Ätzangriff an der Lackkante aus, um eine durchstrahlbare Stelle zwischen den Einschnürungen der letzten Lackierung zu erhalten (Abb. 193).

Um nicht nur schmale durchstrahlbare Bereiche in der Nähe der Kanten, sondern über größere Bereiche zu finden, schlägt TOMLINSON ein Ein- und Ausschalten während des letzten Stadiums der Polierung vor (z. B. $^1/_3$ sec an, $^2/_3$ sec aus), was auch mit einer rotierenden Kontaktwalze realisiert werden kann. Eine weitere Maßnahme besteht darin, möglichst langsam weiterzupolieren, indem die Badtemperatur stark herabgesetzt

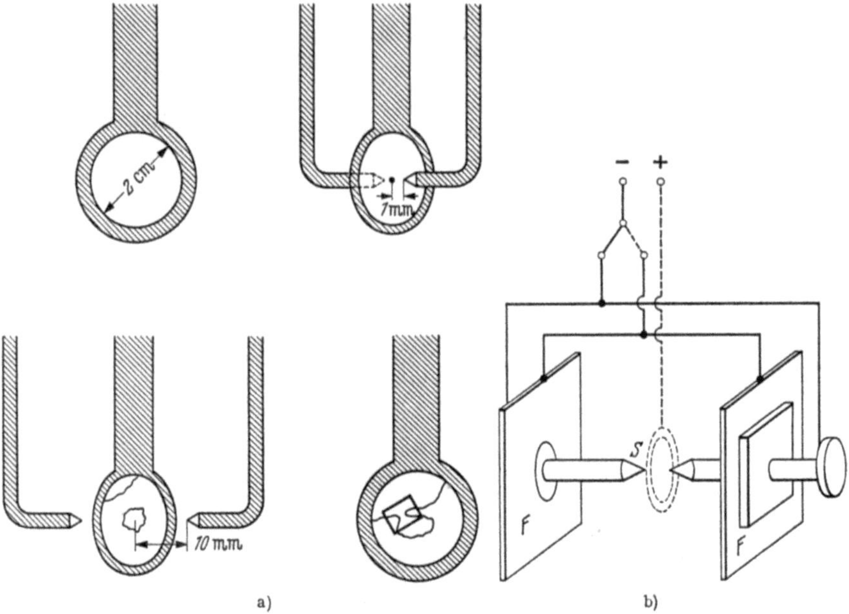

Abb. 194 a u. b. Bollmann-Methode, Präparationsgang mit a) zurückziehbaren Punktelektroden und b) Umschaltung von Spitzen- (S) auf Plattenelektroden (F)

wird. Dies ist besonders bei Objekten zu empfehlen, die auch chemisch von dem Bad stärker angegriffen werden, da die tieferen Temperaturen den chemischen Angriff unterdrücken. Die Proben werden dann bei anliegender Spannung schnell aus dem Bad genommen und in Alkohol etwa gleicher Temperatur gewaschen. Die Erfolge aller Poliermethoden hängen wesentlich von dem richtigen Augenblick ab, in dem die Politur unterbrochen wird.

Viel benutzt wird auch die „Bollmann-Methode" (BOLLMANN, 1956). Durch die spitzenförmigen Elektroden wird die Stromdichte auf den Mittelteil des runden Fensters (etwa 1−2 cm ∅) konzentriert (Abb. 194a). Nachdem sich in der Mitte ein Loch gebildet hat, werden die Spitzen zurückgezogen und der Angriff erfolgt jetzt wieder bevorzugt an der oberen Lackkante. Durchstrahlbare Stellen sind dort zu finden, wo die beiden Löcher zusammenwachsen. WHITTON (1961) erzeugt mit 2 gegen-

Tabelle 17.1. *Beispiele für gebräuchliche Elektrolytzusammensetzungen und Badbedingungen zum Dünnpolieren von Metallfolien*

Aluminium	20 % Perchlorsäure (60%) 80 % abs. Alkohol	10—20 V 0,2 A/cm² T < 30° C	NICHOLSON u. a. (1958) TOMLINSON (1958)
	10 % Perchlorsäure 90 % Methylalkohol	20 V 1 A/cm², 20° C	BRIERS u. a. (1964)
	817 cm³ Orthophosphorsäure 134 cm³ H_2SO_4 156 g CrO_3 40 cm³ H_2O	10—12 V 0,1 A/cm² 70° C	NICHOLSON u. a. (1958)
	25 cm³ Methylalkohol 25 cm³ HNO_3 1 cm³ HCl		HEIDENREICH (1949)
	Disapol-Elektrolyt A-3 für Al, Al-Mn, -Cr, -Si, -Mg-Si C-1 für Al-Zn E-2 für Al-Cu AC-2 für Al-Mg		
Beryllium	90 cm³ H_3PO_4 30 cm³ H_2SO_4 30 cm³ Äthylalkohol 30 cm³ Glycerin		DAMIANO (1962)
	100 cm³ Perchlorsäure 350 cm³ Äthylalkohol 100 cm³ Butyl-Cellusolve	10 V 0,1 A/cm² —60° C	STICKLER u. ENGLE (1963)
	Disapol-Elektrolyt E-2		
Magnesium	20 % Perchlorsäure 80 % Äthylalkohol	10 V 0,2—0,5 A/cm² 0° C	THOMAS u. a. (1960)
	33 % HNO_3 67 % Methylalkohol Disapol-Elektrolyt C-1	9 V 0,5 A/cm² < 30° C	TOMLINSON (1958)
Kupfer	33 % HNO_3 67 % Methylalkohol	4—8 V 0,5 A/cm² < 30° C	TOMLINSON (1958)
	55 % Phosphorsäure 45 % H_2O	0,2 A/cm² 20°C	BARNES u. MAZEY (1963)
	Disapol-Elektrolyt D-2		
Silber	6—9 % KCN in H_2O	8 V 1,8 A/cm² < 20° C	HOWIE u. SWANN (1961)
Silber u. *Gold*	3,75 g K-Ferrocyanid 3,75 g Seignettesalz 17 g KCN 3,5 cm³ Orthophosphorsäure 1 cm³ Ammoniak 250 cm³ H_2O	4—8 V 0,5 A/cm² < 30° C	SILCOX u. HIRSCH (1959)
Nickel u. *Kobalt*	23 % Perchlorsäure 77 % Eisessig	20—30 V 0,7 A/cm² < 30° C	TOMLINSON (1958)
	50 % HCl in Äthylalkohol	60 V	MADER u. a. (1963)

Tabelle 17.1. (Fortsetzung)

Eisen u. *Stahl*	1 T. Perchlorsäure 10 T. Eisessig	12 V 0,1 A/cm² $< 30°$ C	BRANDON u. NUTTING (1959)
	1 T. Perchlorsäure 20 T. Eisessig	35—45 V 0,7 A/cm² $< 30°$ C	TOMLINSON (1958)
	135 cm³ Eisessig 25 g CrO_3 7 cm³ H_2O	25—30 V 0,1—0,2 A/cm² $< 30°$ C	BRANDON u. NUTTING (1959)
	5 cm³ Perchlorsäure 95 cm³ Eisessig 2 g CrO_3 1 g Nickelchlorid	50—80 V 0,2 A/cm² 10° C	BRIERS u. a. (1964)
	60 % Orthophosphorsäure 40 % Schwefelsäure	9—20 V 1,5—3,5 A/cm² 60° C	BOLLMANN (1956) TOMLINSON (1958)
	Disapol-Elektrolyt AC-2 oder D-2		
Germanium	$n/20$ KOH	0,07 bis 0,08 A/cm²	RIESZ u. BJORLING (1961)
Titan	5 % Perchlorsäure 95 % Eisessig Disapol-Elektrolyt A-3	50 V 20°, 10° C	BRIERS u. a. (1964)
Molybdän	12,5 % H_2SO_4 in Äthylalkohol	5 V 0,75—1 A/cm² 5—10° C	KERRIDGE u. a. (1959)
Niob	35 % HF (40%) + HNO_3 65 % H_2O	10—15 V	FOURDEUX u. BERGHE- ZAN (1960)
Wolfram	2 % NaOH in H_2O	5 V 0,3 A/cm² 20° C	STICKLER u. ENGLE (1963)
Molybdän, *Niob, Tan-* *tal* u. *Wolfram*	870 cm³ H_2SO_4 30 cm³ H_2O	10—21 V 0,02—0,06 A/cm² $< 30°$ C	THOMAS u. a. (1960)
Zirkon	10 cm³ Perchlorsäure 90 cm³ Eisessig	20 V $< 20°$ C	BAILEY (1962)
	20 % Perchlorsäure 80 % Äthylalkohol	20—22 V 0,5 A/cm² $< 25°$ C	HOWE u. a. (1962)
Uran	1 T. Orthophosphorsäure 1 T. Äthylalkohol 1 T. Glycerin	10—20 V 0,2—0,5 A/cm²	SILCOX (1958)
	20 sec Reinigung in: 75 % H_2SO_4 18 % Glycerin 7 % H_2O danach Polierung in: 133 cm³ Eisessig 25 g CrO_3 7 cm³ H_2O	6—10 V 0,15 A/cm² 20° C 35—40 V 0,4 A/cm² 10° C	HUDSON (1964)

überliegenden Spitzen in kurzem Probenabstand 2 übereinanderliegende
Perforationen und zieht dann die Spitzen weiter zurück. Es wird ebenfalls poliert, bis sich die Perforationen in der Mitte treffen. Das Verschieben der Spitzen während der Polierung kann man auch umgehen, wenn
man an Spitzen S und Platten F gemäß Abb. 194b getrennte Anschlüsse

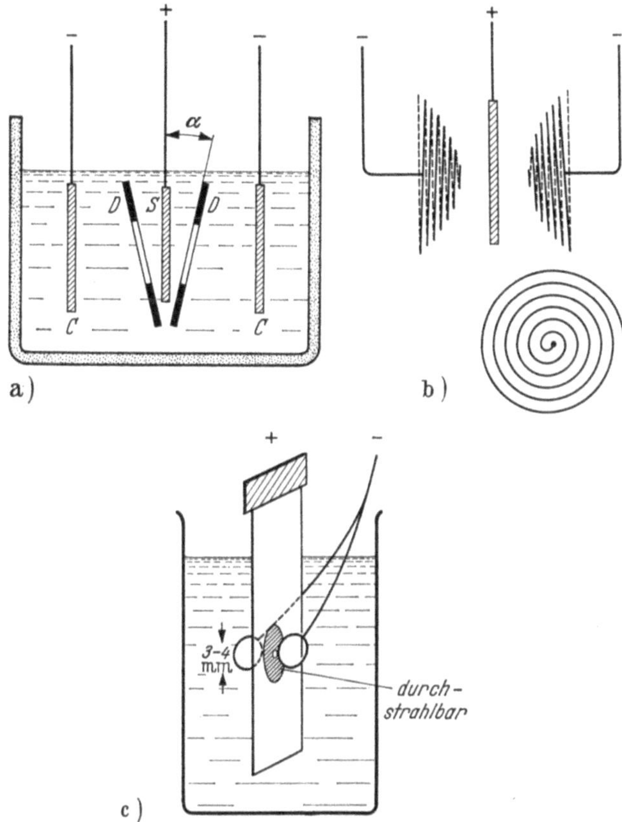

Abb. 195a—c. Elektrodenanordnungen nach Nishiyama (1963) zur Konzentration des Polierangriffes auf die
Präparatmitte ohne Randlackierung. a) Die Wirkung der Elektroden C wird durch isolierende Scheiben D
durch Variation des Winkels α auf die Mitte der Probe S konzentriert, b) Ausbildung der Kathoden als
konische Spirale und c) Verwendung von zwei Drahtschleifen als Kathode

anlegt (Kelly u. Nutting, 1959). Nach Erreichen der zentralen Perforation wird die Spannung von den Spitzen auf die äußeren Platten um-
geschaltet. Abb. 195 zeigt Elektrodenanordnungen nach Shimizu u.
Nishiyama (1963), die alle den Polierangriff auf die Mitte des Objektes
konzentrieren und daher auf Lackierungen des Randes verzichten.

Um einen gleichmäßigeren Angriff über größere Flächen zu erhalten,
wurde von Fisher u. Szirmae (1960) die „Uniformfield-Methode" vorgeschlagen. Der bevorzugte Angriff an der Lackkante wird durch Ein-

klemmen der Probe in Metallscheiben vermieden. Ferner ist der Abstand der Elektroden so regelbar, daß der Angriff in der Mitte von der gleichen Größenordnung wie an der Probenoberseite ist. Diese Bedingungen sind jedoch praktisch schwer einstellbar. Die Lochbildung setzt bei diesem Verfahren gleichzeitig an mehreren Stellen ein, worauf die Politur sofort zu unterbrechen ist.

Bei den obigen Techniken beträgt die Abtragungsgeschwindigkeit etwa $1-5$ μ/min. Durch einen strömenden Elektrolyten kann der viskose Polierfilm an der Anode dünn gehalten werden und es können mit höheren Badspannungen und Stromdichten Abtragungsgeschwindigkeiten in der

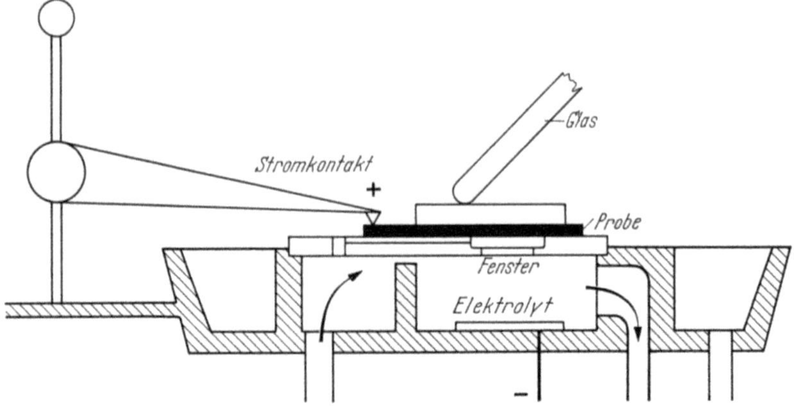

Abb. 196. Verwendung eines kommerziellen Poliergerätes (Disa-Electropol) für das Dünnpolieren von Folien
·(nach PHILIPS u. HUGO, 1960)

Größenordnung 50 μ/min und mehr erreicht werden. MIRAND u. SAULNIER (1958) sowie PHILLIPS u. HUGO (1960) benutzten ein kommerzielles Poliergerät (Disa-Electropol, Typ 53A), in welchem der Elektrolyt umgepumpt wird. Es steht für dieses Gerät ein ganzer Satz von Bädern (Knuth-Winterfeld-Elektrolyte) zur Verfügung, aus dem für eine große Zahl von Metallen und Legierungen das geeignete ausgesucht werden kann (s. Beispiele in Tab. 17.1). Es lassen sich auch Poliergeräte anderer Firmen verwenden. SAULNIER u. MIRAND drücken die Folien mit einem kompakten Stück des gleichen Metalls auf die 5 mm große Polieröffnung. Hierdurch wird vermieden, daß bei einer Perforation der Folie ein verstärkter Angriff an den Kanten auftritt. Beim Zusammenwachsen der Löcher fallen die verdünnten Folien in den Elektrolyten und können aus diesem herausgefischt werden. Dies hat den Nachteil, daß sie evtl. während der Immersion im Elektrolyten noch chemisch angegriffen werden. PHILLIPS u. HUGO drücken die Probe deshalb mit einer Glasplatte auf die Öffnung (Abb. 196) und können eine Perforation von oben mit einer Stereolupe erkennen, sobald Elektrolytflüssigkeit durch die Löcher dringt. Es ist eine Frage der Erfahrung, wie lange nach der ersten Perforation noch weiter poliert werden darf, um optimale Resultate zu erhalten. Damit beide Seiten der Folie glatt sind, wird diese öfter gewendet.

Der strömende Elektrolyt bewirkt eine dünnere anodische Elektrolytschicht und damit einen schnelleren Polierangriff (s. o.). Diese Eigenschaft eines strömenden Elektrolyten kann auch ausgenutzt werden, um

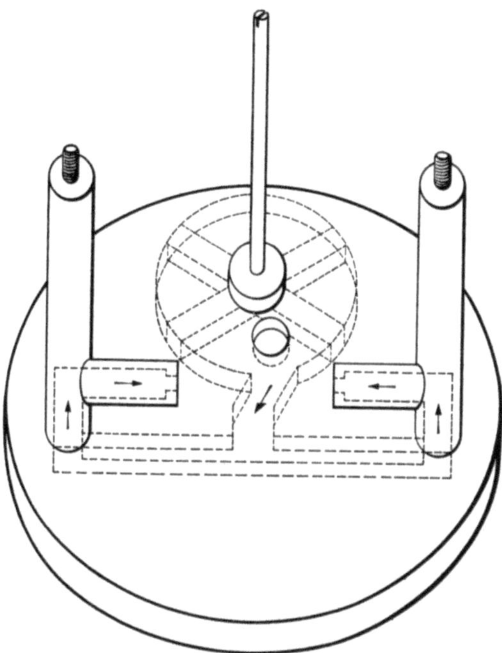

Abb. 197. Umpumpvorrichtung aus Kunststoff für die Ausbildung von 2 Elektrolytstrahlen zum Eintauchen in eine Petrischale (nach GLENN und SCHOONE, 1964)

bei Folien den Polierangriff auf die Folienmitte zu konzentrieren, womit die Stromdichteerhöhung an der Lackkante und bei viskosem Elektrolyten an der Oberseite vermieden wird. Durch die Elektrolytströmung erfolgt auch eine wirksame Objektkühlung. HUGO u. PHILLIPS (1965) benutzen die Elektrolyten und Umpumpeinrichtungen eines kommerziellen Poliergerätes, um zwei Elektrolytstrahlen von entgegengesetzten Seiten auf die Folie zu leiten. Mit Injektionsspritzen, aus denen der Kolben entfernt ist, lassen sich mit abgeschnittenen Injektionsnadeln Elektrolytstrahlen von 0,1—1 mm ⌀ erzeugen. GLENN u. SCHOONE (1964) konstruierten einen einfachen Einsatz für eine Glasschale, um innerhalb des Elektrolyten zwei Strahlen zu erhalten (Abb. 197). Die Folie (0,5 × 1 cm, an den Kanten lackiert) wird in die Mitte zwischen die Aus-

25*

strömdüsen gehalten. Zunächst wird die Probe schnell mit 40—50 V und Strömungsgeschwindigkeiten von 300 cm³/min verdünnt und kurz vor der Perforation wird die Spannung so weit reduziert, wie es ohne Ätzangriff möglich ist und nur mit 75 cm³/min weiterpoliert.

Zur Probenentnahme legt man die Folie auf eine saubere, glatte und harte Unterlage (z. B. geeigneter Kunststoffblock) und trennt den ausgewählten Bereich mit einer Skalpellschneide heraus, wobei man diese ohne Schneidbewegung nur aufdrückt, um Deformationen der dünnen Stellen zu vermeiden. Man kann dabei die Folien auch zwischen dünnes glattes Papier legen. Die herausgeschnittenen Folienstücke befestigt man in den Objektträgern, indem man sie zwischen 2 Netze einlegt, von denen eines eine größere Maschenweite besitzen kann. Es werden auch kommerziell Doppelnetze geliefert, welche man zusammenklappen kann, wobei annähernd Steg auf Steg fällt. Es läßt sich auch ein Netz in einen verdünnten Lack tauchen, so daß nur die Stege überzogen sind. Die Folie wird auf das Netz gelegt, welches kurze Zeit den Lösungsmitteldämpfen ausgesetzt ist, um die Folie festzukleben. Die Verdünnung des Lacks muß geeignet gewählt werden, um keine Aufladungseffekte hervorzurufen.

17.4.3. Herstellung durchstrahlbarer Folien aus kompaktem Material

Um aus kompaktem Material durchstrahlbare Folien ohne Anwendung mechanischer Verfahren zu erhalten, gibt es eine Reihe von Methoden, die auch in der Metallkunde viel angewandt werden. Bei den Säuresägen wird das Ätzmittel durch einen sich hin- und herbewegenden oder durchlaufenden Draht oder Kunststoffaden lokal auf das Objekt transportiert und frißt sich mit einem Vorschubmechanismus in das Präparat ein. Man kann dafür sorgen, daß die Probe nicht mechanisch berührt wird und von dem Draht durch einen Säurefilm getrennt bleibt. Anstelle des Drahtes kann auch eine rotierende Scheibe benutzt werden. Der Ätzangriff erfolgt schneller, glatter und evtl. lokalisierter, wenn man mit der elektrolytischen Poliertechnik arbeitet und zwischen Draht und Probe eine Spannung anlegt. Auch mit Elektrolytstrahlen, die lokal auf das Objekt gerichtet werden, lassen sich Abtragungen erreichen, mit denen das Objekt durchschnitten oder in geeignete Form gebracht werden kann (STRUTT, 1961; TITCHENER u. DAVIES, 1963; SOLOW, 1964). Bei der Funkensäge erfolgt die Abtragung durch Funken, welche zwischen einem Draht und der Probe überspringen. Beide tauchen in eine Flüssigkeit (z. B. Petroleum), um Korrosion zu vermeiden. Benutzt man an Stelle eines Drahtes ein Rohr, so lassen sich mit der Funkensäge auch Scheiben von der Größe der Objektträger herausarbeiten (COLE u. a., 1961). ESSMANN (1963) bestrahlt verformte Kupferproben in einem Reaktor mit Neutronen. Dadurch werden die Versetzungen schwer beweglich und es können aus den verformten Einkristallen mit einer Laubsäge 1,5 mm dicke Scheiben herausgeschnitten werden. Die Tiefe der gestörten Zone beträgt nur 0,15 mm.

Wenn man die Window- oder Bollmann-Methode anwenden will, so kann man größere Scheiben zunächst durch chemisches Ätzen oder vorsichtiges mechanisches Polieren auf etwa 1 mm Dicke bringen und anschließend mit einer Apparatur nach KELLY u. NUTTING (1959) auf 200 μ Dicke elektrolytisch polieren. Hierbei wird ein Elektrolytstrahl raster-

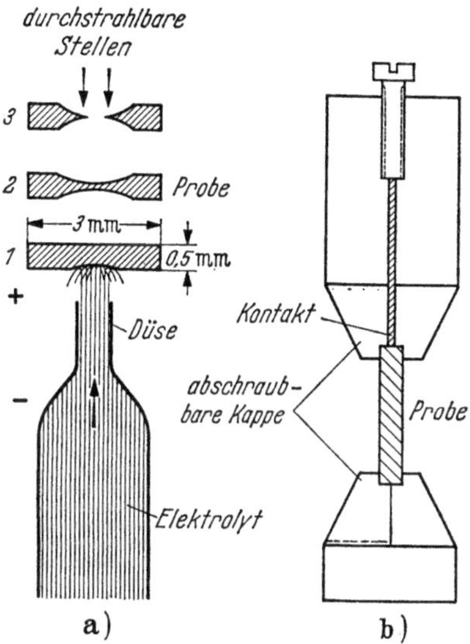

Abb. 198 a u. b. a) Polierschritte 1—3 bei Polierung einer scheibenförmigen Probe, b) Probenhalterung aus Kunststoff

förmig über die Probe bewegt, um diese gleichmäßig auf einer Fläche von 1—3 cm² abzutragen ("Jet-machining-Methode"). Zur Probengewinnung bei drahtförmigem Ausgangsmaterial geben STICKLER u. ENGLE (1963) ein Verfahren an.

Es ist jedoch günstiger, etwa 0,5 mm starke Scheiben von der Größe der Objektträger herauszuarbeiten. In diese wird mit einem Elektrolytstrahl zunächst in der Mitte eine tellerförmige Vertiefung herauspoliert, evtl. von beiden Seiten (Abb. 198a). Abb. 198b zeigt eine Kunststoffhalterung (Teflon) für scheibenförmige Proben. Die abgetragene Dicke kann man durch Einhaltung einer in Vorversuchen ermittelten Zeit kontrollieren. Der letzte Polierprozeß wird mit verminderter Abtragungsgeschwindigkeit und kurzzeitigem Einschalten des Stromes durchgeführt. Der Durchbruch wird mit einem Mikroskop beobachtet, wobei eine Lichtquelle auf der gegenüberliegenden Seite eine Perforation und zuweilen auch bereits lichtdurchlässige Stellen erkennen läßt. Beispiele dieser

Technik kann man den Arbeiten von RIESZ u. BJORLING (1961), DEWEY u. LEWIS (1963), BRIERS u. a. (1964), BLANKENBURGS u. WHEELER (1964), WILHELM (1964), CARSON u. TEGART (1965) oder VAN TORNE u. THOMAS (1965) entnehmen. Abb. 199 zeigt eine Anordnung von RIESZ und BJORLING, bei welcher die Objektbeleuchtung durch das Elektrolytstrahlrohr als Lichtleiter erfolgt. Mit einer Binokularlupe kann der Poliervorgang

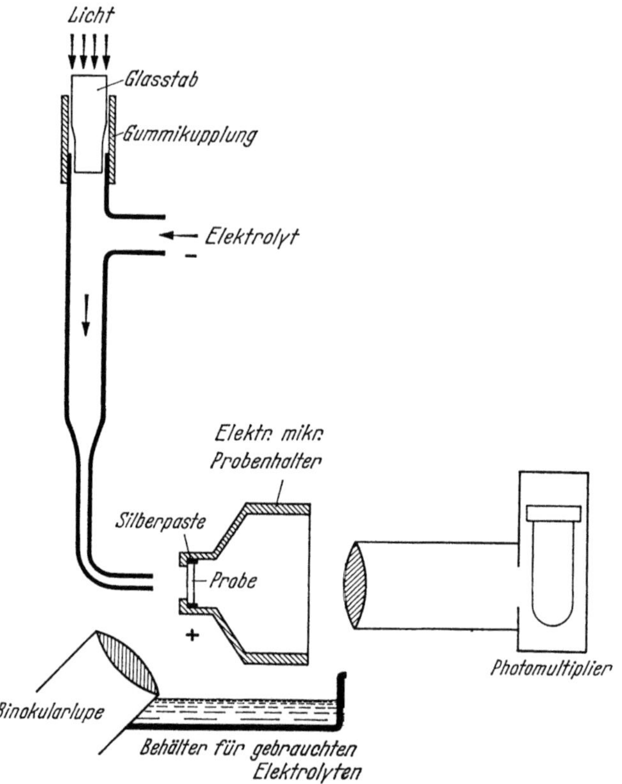

Abb. 199. Anordnung zum Dünnpolieren einer dicken Probe in einem elektronenmikroskopischen Objektträgerhütchen (nach RIESZ u. BJORLING, 1961)

verfolgt werden. Die Probe ist mit Leitsilberpaste bereits direkt in den Präparathalter eingekittet. Der erste Lichtschein, welcher durchstrahlbare Bereiche durchdringt, wird mit einem Photomultiplier erfaßt, welcher sofort über eine Relaisschaltung den Strom unterbricht.

Die Vorteile dieser Verfahren bestehen darin, daß die Probe einen hinreichend festen Rand besitzt, der eine schonende Manipulation ohne Deformationen der dünnen Stellen ermöglicht. Es sind alle durchstrahlbaren Stellen auch erfaßbar, ohne daß Netzstege stören. Die Wärmeableitung ist optimal.

17.5. Durchstrahlbare Schichten durch Kristallwachstum

Es bestehen folgende Möglichkeiten direkt durchstrahlbare Kristalle zu erhalten:

1. Herstellung aus der Lösung: Goldkriställchen (100—200 Å dick, einige μ Ausdehnung) lassen sich durch chemische Reduktion von wässerigen Goldchloridlösungen gewinnen (SUITO u. UYEDA, 1954). MÖLLENSTEDT (1953) stellte durchstrahlbare PbJ_2-Kristalle aus gleichen Teilen von 1/150 *n* KJ- bzw. Bleinitrat-Lösung her, die sich nach einigen Stunden am Boden und an der Wasseroberfläche abscheiden. FORTY (1960) erhält derartige Lamellen durch langsames Abkühlen einer bei 100° C im Wasserbad gesättigten Lösung von Bleijodid. MÖLLENSTEDT u. a. (1962) lassen einen Tropfen einer gesättigten Lösung von KCl oder KNO_3 zwischen zusammengepreßten Glasscheiben erstarren. Die etwa 1000 Å dünnen Kristall-Lamellen lassen sich mit perforiertem Tesafilm abziehen. Die Glasträger wurden vorher mit 300 Å Kohle bedampft. DEMNY (1965) läßt Salzlösungen zwischen zwei Formvarschichten eintrocknen. Dazu wird ein auf der Salzlösung schwimmender Formvarfilm auf ein bereits befilmtes Netz abgesenkt.

2. Elektrolytische Abscheidung (s. Epitaxieabdrücke § 16.1.3).

3. Präparation aus der Schmelze. TAKAHASHI u. a. (1957, 1958) stellen dünne Folien aus Sn-Pb, Al-Ag, Al-Sn und Al-Cu her, indem sie unter Argon als Schutzgas eine Eisendrahtschleife (einige mm ⌀) in die Schmelze tauchen und langsam herausziehen. In der Schleife erstarrt eine stellenweise durchstrahlbare Lamelle der betreffenden Legierung.

4. Durch Sublimation. PRICE (1960) stellte durch Sublimation durchstrahlbare Zink-Whisker her (2—6 mm lang, 5 μ breit), an denen auch Zugversuche im Elektronenmikroskop ausgeführt werden konnten.

5. Aufdampfung. Im folgenden sollen zu dem Aufdampfverfahren einige Gesichtspunkte zusammengestellt werden. Ein Hauptinteresse bei der Herstellung der Schichten nach diesem Verfahren liegt in der Untersuchung der Kristallbaufehler. Die plastische Verformung von Aufdampfschichten liefert allerdings nicht die Informationen, wie sie an dünnpolierten Metallfolien erhalten werden (PASHLEY, 1960). Die Legierungsausscheidungen sind auch nicht stets von der gleichen Größe wie im kompakten Material. Trotzdem gibt es viele Fragestellungen, welche die Untersuchung von Aufdampfschichten bevorzugen, weil man vor allem Schichten homogener Dicke erhält. Von großem Interesse ist auch die Untersuchung der Aufdampfschichten im Zusammenhang mit ihren physikalischen Eigenschaften.

Einkristalline Aufdampfschichten erhält man durch Kondensation auf frischen Spaltflächen von Glimmer, Oxyden oder Alkalihalogeniden. Bei vielen Metallen benötigt man jedoch für eine Epitaxie höhere Trägertemperaturen, die zu einer Inselbildung der Schicht führen. Diese kann herabgesetzt werden, wenn man statt direkt auf Glimmer oder Alkalihalogenid-Spaltflächen aufzudampfen, zunächst eine dickere Zwischenschicht aus einem anderen Metall aufdampft. Nach BASSETT u. a. (1958) dampft man zunächst bei einer Unterlagentemperatur von 270° C eine etwa 2000 Å dicke Silberschicht auf Glimmer oder NaCl auf. Im ersten Fall liegt die (111)-Ebene, im zweiten die (100)-Ebene parallel zur Unterlage. Auf diese Schicht kann in einer zweiten Bedampfung nach Erhöhung der Temperatur auf 350—400° C z. B. Ni, Cu, Rh, Pt, Pd oder Au mit guter Epitaxie niedergeschlagen werden. Dampft man auch noch eine dünne 3. Schicht aus einem dieser Metalle auf, so erhält man nach Weglösen der Silberschicht, Präparate, welche den Moiré-Effekt zeigen (§ 8.4).

Aufdampfschichten aus Legierungen lassen sich durch folgende Verfahren erhalten: 1. Verdampfung der Legierung selbst, wenn die Dampfdrucke der Legierungspartner von der gleichen Größenordnung sind, oder quantitative Verdampfung einer abgewogenen Menge und Regeneration der entmischten Schicht durch Diffusion bei erhöhter Temperatur. 2. Simultane Verdampfung aus 2 Verdampfungsquellen. 3. Übereinanderdampfen der Schichten mit stöchiometrischem Mengenverhältnis und anschließender Thermodiffusion.

Literatur zu § 17

BAILEY, J. E.: The effect of impurity on the dislocation arrangement in deformed polycrist. zirconium. V. Internat. Congr. EM Philadelphia, Vol. I, J-4 (1962).

BARNES, R. S., and D. J. MAZEY: Stress-generated prismatic dislocation loops in quenched copper. Acta met. 11, 281 (1963).

BASSETT, G. A., J. W. MENTER, and D. W. PASHLEY: Moiré patterns on electr. micrographs and their appl. to the study of dislocations in metals. Proc. Roy. Soc. 246A, 345 (1958).

BIERLY, J. N.: Vacancy loops in the pseudo-binary alloy BiTe-SbTe. V. Internat. Congr. EM Philadelphia, Vol. I, J-14 (1962).

BLANKENBURGS, G., and M. J. WHEELER: A rapid techn. for preparing thin foils for electr.micr. from bulk samples of Al alloys. J. Inst. Met. 92, 337 (1964).

BOLLMANN, W.: Interference effects in the electr.micr. of thin crystal foils. Phys. Rev. 103, 1588 (1956).

— Dislocations in stainless steel. Proc. Stockholm Conf. EM, 316 (1956).

BOOKER, G. R., and R. STICKLER: Domain formation in deformed and annealed Ge. V. Internat. Conf. EM Philadelphia, Vol. I, B-8 (1962). Brit. J. appl. Phys. 13, 446 (1962).

BRANDON, D. G., and J. NUTTING: Techn. for preparing thin films of α-iron. Brit. J. appl. Phys. 10, 255 (1959).

— — The metallography of deformed iron. Acta met. 7, 101 (1959).

BRIERS, G. W., D. W. DAWE, M. A. P. DEWEY, and I. S. BRAMMAR: A techn. for the rapid preparation of thin foils for electr.micr. from bulk materials. J. Inst. Met. 93, 77 (1964).

CARSON, K. R., and W. J. McG. TEGART: Preparation of disk foils for transm. electr.-micr. J. sci. Instr. 42, 435 (1965).

CASTAING, R.: Examen de métaux en coupes minces en micr. et diffr.electr. Proc. Internat. Conf. EM London 379 (1954).

COLE, M., I. A. BUCKLOW, and C. W. B. GRIGSON: Techn. for the rapid, accurate and strain-free machining of metallic single crystals. Brit. J. appl. Phys. 12, 296 (1961).

DAMIANO, V. V.: Direct observation of etch pits at dislocations in Be. V. Internat. Congr. EM Philadelphia, Vol. I, B-6 (1962).

DELAVIGNETTE, P., and S. AMELINCKX: Dislocation nets in bismuth and antimony tellurides. Phil. Mag. 5, 729 (1960).

— — Obs. des dislocations dans des cristaux a structure lamellaire. Proc. Europ. Reg. Conf. EM Delft, Vol. I, 404 (1960).

DEMNY, J.: Eine Methode zur Herst. dünner Schichten anorganischer Salze. Z. Naturforsch. 20a, 1047 (1965).

DEWEY, M. A. P., and T. G. LEWIS: A holder for the rapid electrolytic prep. of thin metal foils for transm. electr.micr. J. sci. Inst. 40, 385 (1963).

DRUM, C. M.: Thinning of sapphire and silicon carbide by sputtering. Proc. 3. Europ. Reg. Conf. EM Prag, Vol. A, 329 (1964).

ESSMANN, U.: Die Versetzungsanordnung in plast. verf. Cu-Einkr. Phys. stat. sol. 3, 932 (1963).

FERNÁNDEZ-MORÁN, H.: Appl. of a diamond knive for ultrathin sectioning to the study of the fine structure of biol. tissues and metals. J. biophys. biochem. Cytol. 2 (Suppl.), 29 (1956).

FISHER, R. M., and A. SZIRMAE: Symp. on Electr. Metallography. A. S. T. M. Spec. Techn. Publ. No. 262, 103 (1960).

FORTY, A. J.: Obs. of the decomposition of crystals of lead jodide in the electr.micr. Phil. Mag. 5, 787 (1960).

FOURDEUX, A., and A. BERGHEZAN: Obs. by transm. electr.micr. of stacking faults in a body-centred cubic metal: niobium. J. Inst. Met. 89, 31 (1960).

FUCHS, E., u. W. LIESK: Elektr.mikr. Beob. von Domänenkonfigurationen und von Umpolarisationsvorgängen in dünnen $BaTiO_3$-Schichten. J. Phys. Chem. Sol. 25, 845 (1964).

GLENN, R. C., and R. D. SCHOONE: Electropolishing unit for rapid thinning of metallic specimens for transm. electr. micr. Rev. sci. Instr. 35, 1223 (1964).

GRAMBOW, I.: Dünne Si-Einkrist. u. ihre Elektr. Interferenzen. Z. Physik 187, 197 (1965).

HAASE, G., F. GRANZER u. F. ZÖRGIEBEL: Herst. u. elektr.mikr. Unters. von Ultramikrotomschnitten großer AgCl-Einkrist. Z. angew. Physik 18, 120 (1964).

HEIDENREICH, R. D.: Electr.micr. and diffr. study of metal crystal textures by means of thin sections. J. appl. Phys. 20, 993 (1949).

HIETEL, B., u. K. MEYERHOFF: Die Herst. dünner Si-Einkristallschichten durch Kathodenzerstäubung. Z. Physik 165, 47 (1961).

HIRSCH, P. B., A. KELLY u. J. W. MENTER: An electr.opt. study of beaten gold foil. Proc. Internat. Congr. EM London. 231 (1954).

— R. W. HORNE, and M. J. WHELAN: Direct obs. of the arrangement and motion of dislocations in Al. Phil. Mag. 1, 677 (1956).

HOWE, L. M., J. L. WHITTON, and J. F. McGURN: Obs. of dislocation movement and interaction in zirconium by transm. electr.micr. Acta met. 10, 773 (1962).

HOWIE, A., and P. R. SWANN: Direct measurements of stacking fault energies from obs. of dislocation nodes. Phil. Mag. 6, 1215 (1961).

HUDSON, B.: The crystallography and burgers vectors of dislocation loops in uranium. Phil. Mag. 10, 949 (1964).

HUGO, J. A., and V. A. PHILLIPS: A twin-jet techn. for thinning metals for transm. electr.micr. J. sci. Instr. 42, 354 (1965).

KELLY, P. M., and J. NUTTING: Techn. for the direct examination of metals by transm. in the electr.micr. J. Inst. Met. **87**, 385 (1959).

KERRIDGE, J. F., A. A. JOHNSON, and H. I. MATTHEWS: Dislocation arrangements in molybdenum. Nature (Lond.) **184**, 356 (1959).

KIRKPATRICK, H. B., and S. AMELINCKX: Device for chemically thinning crystals for transm. electr.micr. Rev. sci. Instr. **33**, 488 (1962).

LAWRENCE, J. E., and H. KOEHLER: Method of producing large Si films for preselected imperfection analysis. J. sci. Instr. **42**, 270 (1965).

MADER, S., A. SEEGER, and H. M. THIERINGER: Work hardening and dislocation arrangement of fcc single crystals. J. appl. Phys. **34**, 3376 (1963).

MIRAND, P., et A. SAULNIER: Méthode rapide de préparation de coupes métalliques minces destinées a l'examen direct dans le micr. électr.Compt. rend. **246**, 1688 (1958).

— — Une méthode rapide d'amincissement des échantillons métalliques et quelques unes de ses appl. en métallogr. IV. Internat. Kongr. EM Berlin, Bd. **I**, 390 (1958).

MÖLLENSTEDT, G.: Elektr.mikr. Sichtbarmachung von Hohlstellen in Einkristall-Lamellen. Optik **10**, 72 (1953).

— K. GRAFF u. R. SPEIDEL: Wachstum von Einkrist.-Lamellen in dem engen Raum zwischen parallelen Glasflächen. Z. Physik **167**, 367 (1962).

NICHOLSON, R. B., G. THOMAS, and J. NUTTING: A technique for obtaining thin foils of Al and Al-alloys for transm. electron. metallography. Brit. J. appl. Phys. **9**, 25 (1958).

PASHLEY, D. W.: A study of the deformation and fracture of single-crystal gold films of high strength inside an electr.micr. Proc. Roy. Soc. **255**A, 218 (1960).

—, and A. E. B. PRESLAND: Obs. on dislocations in molybdenite. Proc. Europ. Reg. Conf. EM Delft, Vol. **I**, 417 (1960).

PFISTERER, H., E. FUCHS, u. W. LIESK: Elektr.mikr. Abb. ferroelektr. Domänen in dünnen BaTiO$_3$-Einkristallschichten. Naturwissenschaften **49**, 178 (1962).

PHILLIPS, R.: The structure of microtome sections of metal. V. Internat. Congr. EM Philadelphia, Vol. **I**, FF-15 (1962).

—, and N. C. WELSH: A study of etching structure on Al by transm. electr.micr. Phil. Mag. **3**, 801 (1958).

PHILLIPS, V. A.: Structure of ultramicrotomed multi-phase alloys. Proc. Europ. Reg. Conf. EM Delft, Vol. **I**, 485 (1960).

—, and J. A. HUGO: Automatic polishing techn. for electrothinning metals for transm. electr.micr. J. sci. Inst. **37**, 216 (1960).

PRICE, P. B.: Pyramidal glide and the formation and climb of dislocation loops in nearly perfect zinc crystals. Phil. Mag. **5**, 873 (1960).

QUEISSER, H. J., R. H. FINCH, and J. WASHBURN: Stacking faults in epitaxial Si. J. appl. Phys. **33**, 1536 (1962).

REIMER, L.: Elektr.mikr. an Metalldünnschnitten mit Diamantmesser. Z. Metallkd. **50**, 37 (1959).

— Elektr.mikr. Unters. der Ausscheidungen in einer Al-Ag-Legierung mit der Dünnschnittmeth. Z. Metallkd. **50**, 606 (1959).

— Die Dünnschnittmethode in der elektr.mikr. Metallkunde. Leitz-Mitt. Wiss. u. Technik **2**, 112 (1962).

RIESZ, R. P., and C. G. BJORLING: Sample prep. for transm. electr.micr. of Ge. Rev. sci. Instr. **32**, 889 (1961).

SCHÜLLER, E., and S. AMELINCKX: Electr.micr. obs. of dislocations in fluorite. Naturwissenschaften **47**, 491 (1960).

SHIMIZU, K., and Z. NISHIYAMA: Techn. for prep. thin metal foils for transm. lectr.-micr. J. Electronmicroscopy (Japan) **12**, 10 (1963).

SILCOX, J.: Transm. micr. study of uranium. IV. Internat. Kongr. EM Berlin, Bd. I, 552 (1958).

—, and P. B. HIRSCH: Direct obs. of defects in quenched gold. Phil. Mag. **4**, 72 (1959).

SOLOW, M.: Self-supporting specimens for transm. electr.micr. Rev. sci. Instr. **35**, 512 (1964).

STICKLER, R., and R. J. ENGLE: Microjet method for prep. of wire samples for transm. electr.micr. J. sci. Instr. **40**, 518 (1963).

STRUTT, P. R.: Prep. of thin metal foils from ordinary tensile specimens for use in transm. electr.micr. Rev. sci. Instr. **32**, 411 (1961).

SUITO, E., and N. UYEDA: A study of flaky single micro-crystals of gold, with a three-stage electr.micr. Proc. Internat. Congr. EM London. 223 (1954).

TAKAHASHI, N., K. ASHINUMA, and M. WATANABE: New method of preparing thin metallic films for electr.micr. J. Electronmicr. (Japan) **5**, 22 (1957).

— — — The structure of the eutectic Pb/Sn alloy film prep. by a melting method. J. Electronmicr. (Japan) **6**, 29 (1958).

— — Direct study of eutectic alloys by means of electr.micr. J. Inst. Met. **87**, 19 (1958).

TANAKA, M., and G. HONJO: Electr.opt. study of $BaTiO_3$ single crystal films. J. Phys. Soc. Japan **19**, 954 (1964).

TEGART, McG. W. J.: The electrolytic and chemical polishing of metals in research and industry, 2nd Ed. London: 1959.

THOMAS, G., R. B. BENSON, and J. NADEAU: Some preliminary obs. of dislocations in molybdenum and magnesium. Proc. Europ. Reg. Conf. EM Delft, Vol. I, 447 (1960).

TITCHENER, A. L., and G. J. DAVIES: Strain-free machining and cutting of metal single crystals including the design and performance of an electrolytic lathe. J. Sci. Instr. **40**, 57 (1963).

TOMLINSON, H. M.: An electro-polishing techn. for the prep. of metal specimens for transm. electr.micr. Phil. Mag. **3**, 867 (1958).

TORNE, L. I. VAN, and G. THOMAS: Micro-electropolishing transm. electr.micr. specimens. Rev. sci. Instr. **36**, 1042 (1965).

WASHBURN, J., G. W. GROVES, A. KELLY, and G. K. WILLIAMSON: Electr.micr. obs. of deformed MgO. Phil. Mag. **5**, 991 (1960).

WHITTON, J. L.: Electropolishing techn. for the prep. of Zr and Zircaloy-2 specimens for transm. electr.micr. J. sci. Instr. **38**, 222 (1961).

WILHELM, F. J.: The prep. of Be specimens for transm. electr.micr. by the Knuth system of electropolishing. J. sci. Inst. **41**, 343 (1964).

WILLIAMSON, G. K.: Electr.micr. studies of dislocation structures in graphite. Proc. Roy. Soc. **257**, 457 (1960).

YAGI, K., and G. HONJO: Transm. electr.micr. of NaCl films prepared by electr. beam flashing thinning techn. J. Phys. Soc. Japan **19**, 1892 (1964).

§ 18. Präparation von Pulvern, Suspensionen, Stäuben und Aerosolen

18.1. Pulverförmige Substanzen

Die elektronenmikroskopische Untersuchung von pulverförmigen Substanzen hat große technische Bedeutung erlangt. Dies erkennt man vor allem daran, daß im Lichtmikroskop Teilchengrößen von 1 μ nur mit einer Genauigkeit von 40% vermessen werden können, aber sehr viele pulverförmige Substanzen Korngrößen dieser Größenordnung und kleiner besitzen. Es sind daher viele nichtelektronenmikroskopische Verfahren entwickelt worden, um auf indirektem Wege Aussagen über die Größe von Pulverteilchen zu erhalten. Als Beispiele seien erwähnt: Lichtstreuung (speziell Miesche-Theorie für Kolloide), Röntgenkleinwinkelstreuung, Röntgenlinienverbreiterung für Teilchen kleiner als 500 Å oder das Adsorptionsvermögen für inerte Gase (BET-Methode). Mit dem letzten Verfahren erhält man z. B. direkt die für Katalysatoren und Adsorptionsmittel wichtige Größe der wirksamen Oberfläche. Gerade an diesem Beispiel sieht man, daß die Elektronenmikroskopie diese Verfahren nicht verdrängen kann, sondern nur ein Hilfsmittel unter vielen anderen Untersuchungsverfahren darstellt.

Die Präparation trockner Pulver kann auf verschiedene Weise erfolgen:

18.1.1. Aufstäubung

Am einfachsten werden Pulver auf befilmte Netze mit einem Haarpinsel oder durch einen Luftstrom aufgestäubt. Bei der letzten Art lassen sich unter Umständen auch die Präparationsmethoden für Aerosole und Staube (§ 18.3) anwenden. Es ergeben sich aber Schwierigkeiten, eine richtige Verteilung der Komponenten zu bekommen, wenn die Pulver große Unterschiede der Einzelteilchen in Größe und Gewicht aufweisen. Hierdurch wird besonders eine quantitative statistische Auswertung erschwert.

Bei dem einfachen Aufstäuben auf befilmte Netze ist auch die Haftfestigkeit gering. Um dies zu umgehen, kann man das Pulver auf nicht angetrocknete Formvarfilme auf Glasunterlage stäuben und nach dem vollständigen Trocknen auf eine Wasseroberfläche flottieren (Lösungen in Dioxan trocknen nicht so rasch wie solche mit Chloroform). Die weitere Präparation erfolgt dann analog wie bei der Befilmung von Netzen. Bei einer lichtmikroskopischen Sichtbarkeit des Pulvers kann man auf einem bestäubten Film direkt dort die Netze festkleben, (z. B. mit Schellacklösung, s. a. § 16.6), wo eine optimale Verteilung zu erwarten ist.

Da in der Mehrzahl der untersuchten Pulver die einzelnen Teilchen undurchstrahlbar sind, und man nur die Umrisse im Elektronenmikroskop erkennt (Schattenwurf), ist es für viele Zwecke aufschlußreicher, Hüllabdrücke von den Teilchen anzufertigen (§ 16.4). Eine Schrägbeschattung, die aus der Schattenlänge und dem bekannten Bedampfungswinkel die Höhe der Teilchen ablesen läßt, liefert ebenfalls weitere Aussagen, da man aus der Schattenform außerdem auch noch die Umrisse des Teilchens in einer Ebene senkrecht zur Schicht erkennen kann. Es haben sich außerdem auch Oberflächenabdrücke einzelner Teilchen bewährt (s. z. B. FISCHER u. ELLINGER, 1953).

18.1.2. Eintrocknen einer Suspension

Eine Aufschwemmung des Pulvers in Wasser oder einem anderen Suspensionsmittel hat gegenüber der Aufstäubung den Vorteil, daß nicht so leicht eine Trennung von leichten und schweren Komponenten auftritt. Die Präparation läuft dann analog wie bei Suspensionen oder Kolloiden (§ 18.2). Es hat aber nur Sinn, ein Pulver aufzuschwemmen, wenn es während der Präparationszeit im Suspensionsmittel schweben bleibt. Ein Nachteil bei der Präparation durch Eintrocknen von Suspensionen ist die Neigung zur Flockung (Koagulation). Außer durch Zerstäubungsmethoden (§ 18.2.2) kann dies in vielen Fällen schon durch die Wahl eines geeigneten Suspensionsmittels, welches das Pulver besser benetzt, umgangen werden. Viele Flockungen einer Pulversuspension werden nämlich durch zu schlechte Benetzung der Pulverteilchen hervorgerufen. Man hat einen Anhaltspunkt, wenn bekannt ist, ob die Teilchen hydrophil oder hydrophob sind. Im letzteren Fall empfiehlt es sich von vornherein, nicht in Wasser zu suspendieren. Man kann auch Benetzungsmittel verwenden, die sich aber bevorzugt an Pulverteilchen anlagern und unter Umständen die Konturen verwischen können. Wenn durch derartige Vorsichtsmaßnahmen erreicht ist, daß das Pulver in der Suspension gut verteilt ist, gelingen auch die anderen Verfahren zur Vermeidung der Flockung beim Eintrocknen der Suspension.

18.1.3. Anrühren mit einem Bindemittel

Alle bisher behandelten Methoden verwerten das Pulver im Anlieferungszustand, wobei kleinere Einzelteilchen zu größeren Aggregaten mehr oder weniger fest zusammengeballt sein können. Da oft die Struktur der einzelnen Teilchen interessiert, muß das Pulver durch Aufbrechen dieser Aggregate dispergiert werden, ohne daß nach Möglichkeit die Einzelteilchen ihre Gestalt verlieren. Man kann z. B. eine Terpentin-Suspension auf Glas mit einem Spatel verreiben und verstreichen, bis das Terpentin verdampft. Dann gibt es Stellen auf dem Glasträger, welche eine optimale Verteilung des Pulvers aufweisen. Diese werden mit einer verdünnten Formvarlösung übergossen. Es läßt sich auch das Pulver gleich in einer dickeren Kollodium- oder Formvarlösung zerreiben und mit größeren Mengen von Lösungsmittel aufnehmen. Die Suspension wird dann auf Glasträger gegossen und in üblicher Weise weiterbehandelt (Flottieren auf Wasseroberfläche usw.). Im Gegensatz zur oben genannten Aufstäubung des Pulvers auf noch feuchte Formvarfilme sind die Einzelteilchen dann mit einem dickeren Formvarfilm umgeben. Dadurch wird am Teilchenrand größere Elektronenstreuung auftreten, so daß dieser diffuser erscheint. Dies läßt sich vermeiden, wenn man das Pulver mit Dibutylphthalat anrührt, unter Umständen auch mit einem Spatel zur Zerkleinerung bearbeitet und den Brei so dünn wie möglich auf einer befilmten

Glasplatte ausstreicht. Der Film läßt sich mit Pulver und Phthalatschicht auf Wasser abflottieren und auffangen. Das Phthalat verdunstet an Luft kaum, dagegen relativ schnell im Vakuum. Der Schichtaufbau ist also der gleiche wie bei der zu Anfang erwähnten Aufstäubung. Es besteht bei diesem zwar umständlicheren Verfahren aber der Vorteil, daß man bei gutem Anrühren des dickflüssigen Phthalates eine homogene Verteilung kleiner und großer Teilchen bekommt und außerdem durch Bearbeitung auch noch eine Zerkleinerung von Aggregaten möglich ist.

Eine ausführliche Zusammenfassung über die Präparation von Pulvern geben SCHUSTER und FULLAM (1946).

18.1.4. Ultramikrotomie eingebetteter Pulver

Eine andere interessante Möglichkeit eröffnet sich durch die Anwendung der Dünnschnitt-Technik, wobei mit Diamant-Messer selbst härtere Substanzen (unter Umständen auch Quarz) geschnitten werden können. Bei einer Einbettung des Pulvers in Methacrylat (näheres über Einbettung und Ultramikrotomie in § 21 und 22) ist diese Methode auch für die Pulverpräparation anwendbar. Versuche in dieser Richtung wurden von PFEFFERKORN u. a. (1956) an Mineralien begonnen. Bessere Einbettungsmittel für diese Zwecke sind auch Araldit und Vestopal, die nicht eine so starke Schrumpfung bei der Polymerisation zeigen.

Da sich die Möglichkeit bietet, größere Körner zu durchschneiden, sind diese auch besser im elektronenmikroskopischen Dunkelfeld und mit Elektronenbeugung zu analysieren. Nach einem Vorschlag von PFEFFERKORN (1954) kann dies zur Kristallanalyse von Stauben ausgenutzt werden.

Nach MOLL (1965) (s. a. § 23.2.1) lassen sich auch Membranfilter in Methacrylat einbetten und schneiden.

18.2. Suspensionen und Kolloide

18.2.1. Eintrocknungsmethode

Die einfachste Präparation besteht darin, einen Tropfen der Suspension oder des Kolloids mit einer Mikropipette, einem ausgezogenen Glasstab oder mit einer Platindrahtöse auf ein befilmtes Netz zu bringen (Abb. 200a). Der Tropfen wird entweder ganz eintrocknen lassen, wobei die Wärmestrahlung einer 100 W-Glühlampe in etwa 10 cm Entfernung beschleunigend wirken kann, oder die überschüssige Flüssigkeit (in den meisten Fällen Wasser) wird mit Filtrierpapier abgesaugt (Abb. 200b). Die suspendierten Teilchen sollen nicht zu dicht liegen, da dann die Form und Umrisse durch Berührung und Überdeckung nicht gut zu erkennen sind, und andererseits auch nicht zu dünn, da dann nicht klar zu entscheiden ist, ob es sich nicht um Verunreinigungen der Folie oder

des Wassers handelt. Eine mittlere optimale Verdünnung kann man durch
einige Testversuche mit einer Verdünnungsreihe erhalten.

Wenn man die Teilchen statistisch auf Größe und Form auswerten
will, kann es möglich sein, daß bei obigem Absaugen der überschüssigen
Flüssigkeit bevorzugt feinere Teilchen mitgerissen werden, was zu Verfälschungen der Statistik führt. Jedoch auch bei ungestörter Eintrocknung scheiden sich am Rand bevorzugt die kleineren Teilchen und in der
Tropfenmitte die gröberen Teilchen ab (s. z. B. BERNARD u. DAVOINE,
1953). Dies läßt sich durch die Wahl einer schneller verdunstenden Flüssigkeit vermeiden (z. B. Benzin mit 80% Oktan). Außerdem treten bei

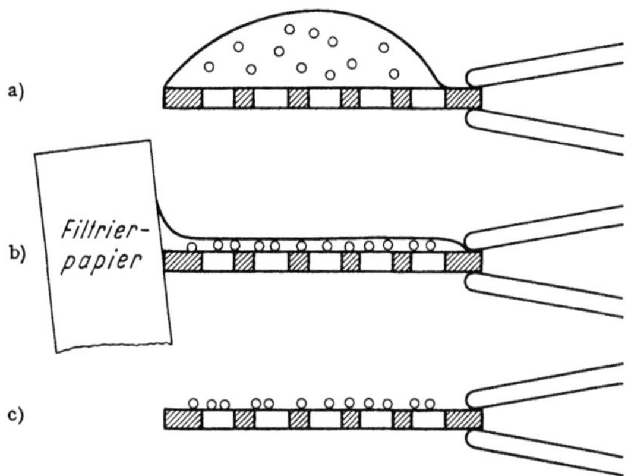

Abb. 200a—c. Zur Eintrocknungsmethode bei der Präparation von Suspensionen

einer langsamen Verdunstung der Flüssigkeit Konvektionen im Tropfen
auf, die ein Zusammenflocken der Teilchen begünstigen, so daß nicht zu
entscheiden ist, ob diese Strukturen primär vorhanden sind. Die Zusam-
menflockung läßt sich auch durch eine Vibration der Flüssigkeit während
des Eintrocknens verhindern. Nach VON ARDENNE (1940) werden die
Tropfen am Ende einer elektromagnetisch erregten Stimmgabel eingetrocknet oder man verwendet einen kleinen Tisch, der an der Membran
eines dynamischen Lautsprechers befestigt ist, und kann dann ohne
weiteres Frequenzen von 10 kHz anwenden (SCHUSTER u. FULLAM, 1946).

Da wegen der Vakuumeinschleusung wässerige Suspensionen und
Kolloide nur im getrockneten Zustand untersucht werden können, treten
Artefakte auf, wenn die Suspension noch lösliche Bestandteile enthält,
etwa von der chemischen Reaktion zur Darstellung der Suspension oder
des Kolloides. Diese gelösten Stoffe werden bei der Eintrocknung aus-
kristallisieren und zu Unsicherheiten bei der Bildbeurteilung führen. Dies
läßt sich vermeiden, wenn man das Präparat vor der Präparation
dialysieren oder nach der Eintrocknung auf dem Film waschen kann. Die

eingetrockneten Teilchen haften dabei in der Regel sehr fest. Dazu wird mehrmals ein Tropfen reinen Wassers wie in Abb. 200 auf den Film gegeben und mit Filtrierpapier abgesaugt, oder der ganze Film in Wasser getaucht. Man kann den Erfolg der einzelnen Schritte im Elektronenmikroskop kontrollieren. Dabei ist am besten zu erkennen, welche Komponenten im Bild durch Auskristallisation entstanden sind. Es ist jedoch darauf zu achten, daß sich beim Elektronenbeschuß sofort ein dünner Kohleniederschlag bildet, der die weitere Lösung unter Umständen hemmen kann. Auch chemische Nachbehandlungen lassen sich auf diese Weise durchführen.

Wenn die Filme auf den Trägernetzen hydrophob sind (z. B. Kohlefilme), rollen die Tröpfchen leicht wieder vom Netz ab oder benetzen nur an wenigen Stellen. In solchen Fällen hilft zuweilen eine Vorbehandlung mit einem Tropfen 0,1% Serumalbumin-Lösung oder einer anderen Proteinlösung mit niedrigem Molekulargewicht. Nach dem Absaugen mit Filtrierpapier bildet sich dann eine dünne einmolekulare Lage auf der Filmoberfläche.

Wenn Substanzen nur in organischen Lösungsmitteln suspendiert werden können, kann man schlecht organische Trägerfilme benutzen. Als Beispiel soll eine Untersuchung von kolloidalen Bestandteilen des Steinkohlenteers von SARKAR (1953) erwähnt werden. Da der Teer selbst zu dickflüssig ist, wird eine 1%ige Lösung in Nitrobenzol verarbeitet und ein unlöslicher SiO-Trägerfilm verwendet. In diesem Beispiel kann nicht jedes beliebige Verdünnungsmittel genommen werden, da in Lösungsmitteln, die eine Oberflächenspannung kleiner als 34 dyn cm^{-1} besitzen, die Kolloidteilchen koagulieren. Dies Beispiel soll zeigen, welche Faktoren in einem Spezialfall berücksichtigt werden müssen und wie man die Präparationsmethoden auf die speziellen Objekte abstimmen muß. Weitere Einzelheiten über die Eintrocknungsmethode finden sich auch in § 23.3.

18.2.2. Zerstäubungsmethoden

Ein Nachteil der Eintrocknungsmethoden aus einem größeren Tropfen ist der nicht immer gleichmäßige Niederschlag aller Komponenten und die Neigung zum Zusammenflocken beim Eintrocknen (s. o.). Mit steigender Vergrößerung wäre daher ein geringerer Tropfendurchmesser angebracht, um einmal im Gesichtsfeld alle Eintrocknungszonen übersehen zu können und andererseits weniger Möglichkeiten zum Zusammenflocken zu schaffen. Dies kann man am einfachsten durch Zerstäuben der Suspension mit einem Tascheninhalator erreichen. Mit Preßluft erhält man jedoch kleinere Tröpfchen. BACKUS u. WILLIAMS (1950) beschreiben den Aufbau geeigneter Zerstäubungsgeräte mit relativ einfachem Aufbau (Abb. 201). Die befilmten Netze werden kurze Zeit in den Nebel der zersprühten Suspension gehalten. Die Tropfen haben etwa 10 µ Durchmesser. Ein weiterer Vorteil ist die schnellere Verdunstung der kleineren Tröpfchen (etwa $^1/_{10}$ sec), was vor allem für Objekte günstig ist, die beim Eintrocknen zu Veränderungen neigen. Nach HARRIS (1964) werden

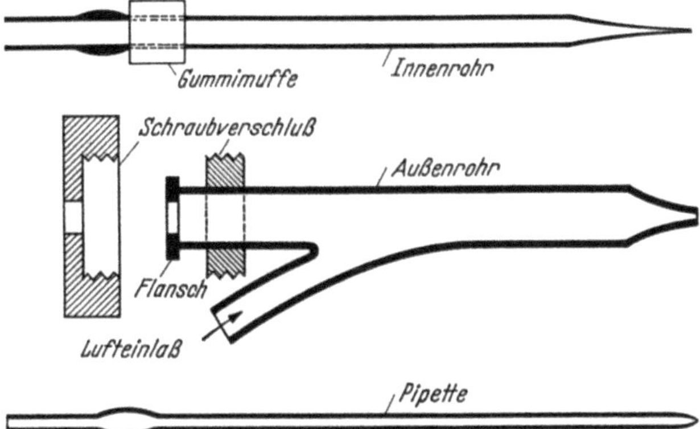

Abb. 201. Zerstäubungseinrichtung aus 3 ineinandergesetzten Glasrohren (nach BACKUS u. WILLIAMS, 1950)

Tropfen einheitlicher Größe erhalten, wenn eine schwingende Spitze in einen Flüssigkeitstropfen taucht. Abb. 202 zeigt schematisch das Prinzip dieses Verfahrens, welches auch die Zerstäubung kleinster Mengen zuläßt

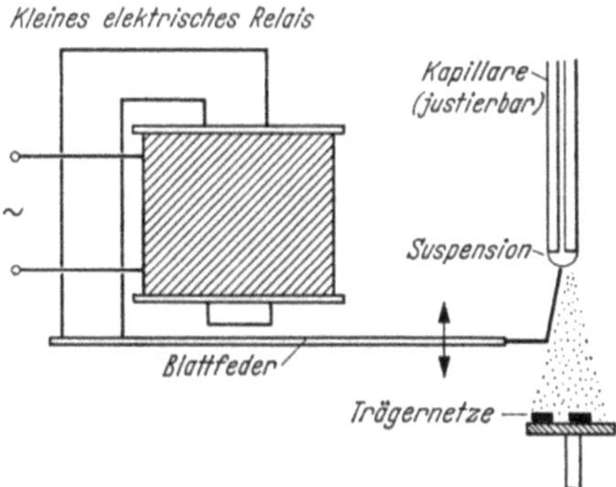

Abb. 202. Tröpfchenerzeugung mit einer schwingenden Spitze nach HARRIS (1964). Die gesamte Einrichtung mit einer Justierung der Kapillare befindet sich in einem abgeschlossenen Kasten zur Vermeidung von Luftströmungen

(Tropfen in einer Drahtschlaufe). Die Durchmesser der Eintrocknungszonen betragen 2—5 µ, so daß diese auch bei höheren elektronenoptischen Vergrößerungen mit einer Aufnahme erfaßt werden können. Die Größe der Tröpfchen hängt von dem Krümmungsradius der Spitze aus Glas oder Metall ab (20—40 µ) sowie von der Eintauchtiefe. Bei sehr kleinen Tröpfchen sorgt eine Spannung von 2 kV zwischen Objektträger und Tropfen für eine ausreichende Kondensation.

Eine noch feinere Vernebelung erhielten KEHLER u. a. (1955) durch die Anwendung von Ultraschall. Ein Tropfen der Suspension oder des Kolloids wird auf der muldenförmigen Abstrahlungsfläche eines 3 MHz-Ultraschallgebers durch kurzzeitiges Anschalten quantitativ vernebelt, wobei Suspensionen mit bis zu 1 μ großen Teilchen verarbeitet werden können. Der Nebel bleibt längere Zeit in einem Glaszylinder über dem Ultraschallgeber stehen. Man taucht befilmte Netze in den Nebel ein und läßt diesen absedimentieren. Weiter oben im Nebel befinden sich die kleineren Tröpfchen. Die Nebeltröpfchen sind so klein, daß nur selten Koagulationen beim Eintrocknen beobachtet werden, und die Teilchen der Suspension sind gleichmäßig über den Film verteilt. Wenn nicht genügend Teilchen niedergeschlagen sind, kann man durch eine zweite Präparation auf derselben Folie weitere Teilchen aufbringen.

Die Anwendung von Ultraschall bewährt sich außerdem auch ausgezeichnet zur Herstellung und Homogenisierung von Suspensionen, vor allem wenn Pulver auf dem nassen Wege präpariert werden. Bei nicht zu fest haftenden Aggregaten werden diese durch Ultraschall auch gut dispergiert, so daß für die Präparation von Suspensionen ein Ultraschallgerät ein unentbehrliches Hilfsmittel geworden ist.

Um Präparationsartefakte beim Eintrocknen zu umgehen, kann man auch bei der Zerstäubung die Tropfen auf gekühlte Flächen auffangen und die Methoden der Gefriertrocknung anwenden, über die in § 23.3.4 berichtet wird.

18.3. Stäube und Aerosole

Stäube können einen sehr großen Bereich der Teilchengrößen überstreichen, der von Stäuben, die sehr schnell sedimentieren, bis zu Schwebstoffen mit sehr kleinen Teilchengrößen reicht, die als echtes Aerosol in der Luft bleiben. Die Grenze liegt bei etwa $1-2\ \mu$ (Sinkgeschwindigkeit von 1 μ-Teilchen etwa 1,3 cm/Std; 0,1 μ etwa 0,25 cm/Std). Hieraus sieht man schon, daß man diese mit einfachen Sedimentationsmethoden nicht erfassen kann. Für das Problem der Silikoseforschung interessieren gerade Bestandteile mit Teilchengrößen kleiner als $0,5-1\ \mu$, da nur diese in die Lungenalveolen eindringen können. Man muß die Teilchen für eine quantitative Erfassung vollständig auf einer Unterlage auffangen, die eine anschließende elektronenmikroskopische Präparation erlaubt. Die Abscheidung muß außerdem sehr schonend erfolgen, um z. B. locker zusammenhängende Aggregate aus mehreren Einzelteilchen nicht zu zerstören. Aerosole können auch aus flüssigen Teilchen bestehen. Es ist also eine weitere Aufgabe, die Tropfengröße zu erfassen. Aus Kochsalzkristallen werden z. B. bei einer relativen Feuchte von 76% Tröpfchen, die mit wachsender Feuchte im Durchmesser zunehmen.

Im folgenden sollen vor allem Verfahren näher beschrieben werden, die eine quantitative elektronenmikroskopische Auswertung hinsichtlich

Kornverteilungskurve und Teilchenzahl/cm³ gestatten. Darüber hinaus gibt es auch noch einfache Verfahren, z. B. Staubzählkammer, Koniometer, Jet Dust Counter, Impinger (s. Zusammenstellung bei GAST, 1950; MELDAU, 1956). Diese Verfahren können ohne weiteres für elektronenmikroskopische Untersuchungen benutzt werden, wenn man den Staub auf befilmte Unterlagen abscheidet, die anschließend abflottiert werden können. Allerdings besteht die Gefahr, auf der kleinen im Elektronenmikroskop erfaßbaren Präparatfläche keine repräsentative Kornverteilung vorliegen zu haben.

18.3.1. Thermische Abscheidung

Bei der thermischen Abscheidung durchlaufen die Teilchen ein Temperaturgefälle zwischen einem erhitzten Draht (senkrecht zur Strömungsrichtung) und einer kalten Platte (Abb. 203). Ein derartiges Gerät wird

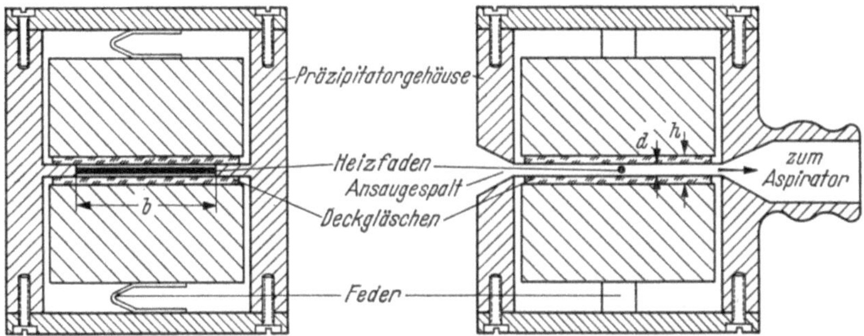

Abb. 203. Thermalpräzipitator (nach THÜRMER, 1960)

als Thermalpräzipitator bezeichnet. Im Temperaturgradienten erfahren die Teilchen eine Geschwindigkeit (Thermalgeschwindigkeit)

$$v_y = - cD \frac{1}{T} \frac{dT}{dy}, \qquad (18.1)$$

(D = Selbstdiffusionskoeff., T = abs. Temp., $\frac{dT}{dy}$ = Temperaturgradient). Die Konstante c hängt noch von der Teilchengröße ab. Für Teilchen bedeutend kleiner als die mittlere freie Weglänge der Luftmoleküle (bei Atmosphärendruck etwa 0,2 μ) ist $c = 1/2$, für Teilchen bedeutend größer als diese dagegen $c^* = 1/5$ ($c/c^* = 2,5$). Praktisch gemessen wurde $c/c^* \cong 3$.

Hinter dem Heizdraht bildet sich daher eine staubfreie Zone aus. Wenn die Geschwindigkeit der durchströmenden Luft $v_x \cong v_y$, scheidet sich der Staub hinter dem Draht als schmaler Streifen ab, wobei der Ort der Abscheidung von der Strömungsgeschwindigkeit v_x abhängt. Zur Theorie des Thermalpräzipitators siehe auch WESTERBOER (1961).

26*

In den praktischen Ausführungen des Thermalpräzipitators beträgt z. B. der Abstand der Deckgläschen, die Kanalhöhe $h = 0,5$ mm. Bei einem Heizdrahtdurchmesser $d = 0,2$ mm verbleibt zwischen Draht und Platte ein Abstand von 0,15 mm. Die Breite b des Kanals beträgt gewöhnlich 10 mm. Bei einem Heizstrom des Drahtes von 2,2 A und einem Luftdurchsatz von 6 cm³/min erhält man einen 10 mm langen und 0,8 mm breiten Staubstreifen. Am Anfang dieses Streifens scheiden sich bevorzugt die kleinen Teilchen mit größeren Thermalgeschwindigkeiten ab. Am hinteren Ende überwiegt die grobe Fraktion (THÜRMER, 1960). Für eine unverfälschte statistische Auswertung der Teilchen bestehen folgende Möglichkeiten. THÜRMER (1960) verengt die Kanalhöhe auf 0,3 mm und den Drahtdurchmesser auf 0,1 mm. Die Breite des Staubstreifens reduziert sich dadurch auf 0,3 mm. Ein Nachteil ist die schwierige Justierung des Heizdrahtes. Nach der Präparation auf Trägernetze (s. u.) kann man die Verteilung erfassen, wenn man quer zu dem Streifen möglichst lückenlos elektronenmikroskopische Aufnahmen aneinander anschließen läßt (Querstreifenauswertung). Es besteht ein Interesse, diese mühsame Auswertung durch eine Einzelfeldauswertung zu ersetzen. Nach Untersuchungen von WESTERBOER (1960) gibt die Verteilung in der Mitte des Staubstreifens die gleichen Werte wie eine sorgfältige Querstreifenauswertung. Durch Ausnutzung des Objekttisch-Triebes am Mikroskop kann man die Mitte des Staubstreifens hinreichend genau einstellen. Es treten jedoch für einzelne Fraktionen bei dieser Auswertung bis zu 15% Fehler auf.

Eine bessere Methode, durch wenige Aufnahmen die Teilchenstatistik zu erfassen, besteht darin, den Staubstreifen zu verbreitern. Man kann z. B. den Objektträger während der Probenentnahme periodisch bewegen und so den Staubstreifen auseinanderziehen. Da dieses Verfahren jedoch sehr kompliziert ist, benutzt man nach einem Vorschlag von WALKENHORST (1952, 1955, 1962) an Stelle des Heizdrahtes ein Heizband von etwa 0,1 mm Stärke und 1,5 mm Breite. Auch bei diesem Verfahren verteilt sich der Staub über eine breite Zone und besitzt damit in größeren Bereichen gleiche Staubdichten mit richtiger Korngrößenverteilung.

Die Aerosolkonzentrationen können stark variieren, z. B. von 100 bis zu vielen Millionen Teilchen/cm³. Eine geeignete Konzentration der Teilchen ist daher durch Variation des Ansaugvolumens zu ermitteln. Es sei auch auf die Möglichkeit einer kontinuierlichen Aufzeichnung mit dem Thermalpräzipitator hingewiesen, wobei die eine Platte durch einen bewegten Papierstreifen ersetzt wird (ORR u. MARTIN, 1958).

Das Auffangen des Staubes kann auf befilmte Blenden oder Netze erfolgen, die in Vertiefungen der kalten Platte angebracht sind. Besonders bei Netzen wird aber beobachtet, daß sich der Staub bevorzugt an den Netzstegen ansammelt. WALKENHORST (1952) umgeht diese Schwierigkeit durch Erhöhung des Wärmeleitvermögens der Objektträgerfolien mit einer aufgedampften Aluminiumschicht. Nach einem Vorschlag von CARTWRIGHT (1954) werden die üblichen Glasscheiben zum Auffangen des Staubes weiter benutzt, aber vorher mit einem Trägerfilm (Formvar) überzogen, der nach der Probenentnahme mit dem abgeschiedenen Staub abflottiert wird. Dies hat auch den Vorteil, daß vorher bereits an den Glasplatten lichtoptische Untersuchungen des Staubes durchgeführt werden können. Die Glasplatten können auch vorher mit Kohlefilmen überzogen werden (s. a. THÜRMER, 1960). Um einen Staubstreifen auf die Mitte des Trägernetzes zu bringen, wird folgende Präparation angewandt. Ein Metallrohr mit einem Innendurchmesser etwas größer als das in den Präzipitator eingelegte Deckgläschen wird parallel zur Rohrachse geschlitzt. Dieses Rohr wird aufrecht in eine mit Wasser gefüllte Schale gestellt, so daß der obere Rand noch 1—2 mm aus dem Wasser ragt. Das mit Kohle befilmte Deckgläschen wird nach der Abscheidung innerhalb des Rohres vorsichtig auf die Wasseroberfläche gelegt. Wenn der Ablösevorgang beendet ist, sinkt das Deckgläschen auf den Boden der Schale. Die Objektblende oder das Trägernetz wird auf eine kleine Pfanne eines einfachen Drahtgestells gelegt, durch den senkrechten Schlitz des Rohres von unten an die gewünschte Stelle des Staubstreifens geführt und aus dem Wasser herausgezogen. Dabei reißt der Kohlefilm am Objektträgerrand sofort ab und es können auch mehrere Proben entnommen werden. Eine weitere Zielpräparation für Staube ist von SEIFERT und GÜNTHER beschrieben (s. § 16.6).

18.3.2. Elektrische Abscheidung

Bei der Abscheidung von Aerosolteilchen in einem elektrischen Feld werden diese zunächst durch einen Sprühdraht negativ aufgeladen (n = Zahl der Elementarladungen ε). Dadurch tritt eine Abscheidungsgeschwindigkeit v in Richtung der Anode auf, wobei sich elektrostatische und Reibungskräfte das Gleichgewicht halten. Unter Verwendung des Stokesschen Gesetzes ergibt sich

$$v = \frac{n\,\varepsilon\,\mathfrak{E}}{6\pi\,\eta\,r}\,, \tag{18.2}$$

($\mathfrak{E}$ = elektr. Feldstärke, η = Reibungskoeff. des Trägergases, r = Teilchenradius).
Es gilt

$$n = 2 \cdot 10^6 \cdot r \qquad \text{für Teilchen mit } r \leqq 1\,\mu$$

$$n = \frac{\varkappa}{\varepsilon}\,r^2\,\mathfrak{E} \qquad \text{für Teilchen mit } r \gg 1\,\mu.$$

Daher ist die Abscheidungsgeschwindigkeit für Teilchen kleiner als $1\,\mu$ unabhängig von der Korngröße, bei größeren Teilchen dagegen dem Kornradius proportional. Zum Beispiel ist für $r = 0{,}2\,\mu$, $\mathfrak{E} = 3720$ V/cm,

$v = 3{,}2$ cm/sec. Wie oben bei der Besprechung des Thermalpräzipitators dargelegt wurde, muß die Strömungsgeschwindigkeit dieser Wanderungsgeschwindigkeit angepaßt werden, um die Teilchen auf den Blenden niederzuschlagen. In der in Abb. 204 gezeigten Anordnung nach ARNOLD

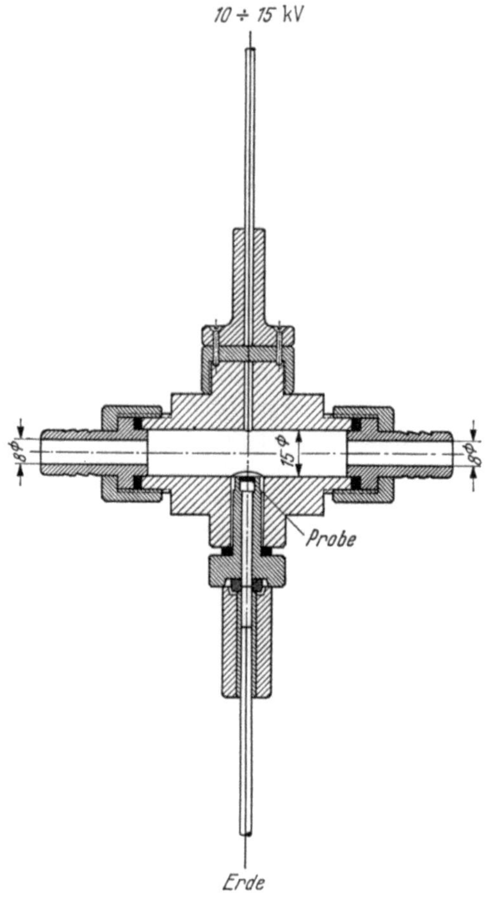

Abb. 204. Elektrostatischer Staubabscheider (nach ARNOLD u. a., 1962)

u. a. (1962) dienten als Objekthalterung formvarbefilmte Platinnetze, die mit Kohle bedampft waren.

Da im Korngrößenbereich $\leqq 1\mu$ überall eine homogene Abscheidung zu erwarten ist, können derartige Aerosole mit einer Einzelfeldauswertung (s. o.) erfaßt werden, wenn man auf eine quantitative Abscheidung wie beim Thermalpräzipitator verzichtet. ARNOLD u. a. (1962) vergleichen die Messungen mit dem in Abb. 204 dargestellten elektrostatischen Abscheider mit den Ergebnissen eines Thermalpräzipitators und erhalten gute Übereinstimmung in den Kornverteilungskurven.

18.3.3. Membranfilter

Als weitere quantitative Methode zur Staubabscheidung werden Membranfilter benutzt. Nach WALKENHORST (1959) werden Teilchen größer als 0,1 μ quantitativ zurückgehalten, Teilchen von 0,01 μ zu 94% und bei 0,005 μ zu 92,5%. Die ermittelten Kornverteilungskurven stimmen mit denen an Thermalpräzipitatoren befriedigend überein. Außerdem wird der Staub weitgehend an der Oberfläche abgeschieden. Nur die kleinsten Teilchen dringen etwas tiefer ein.

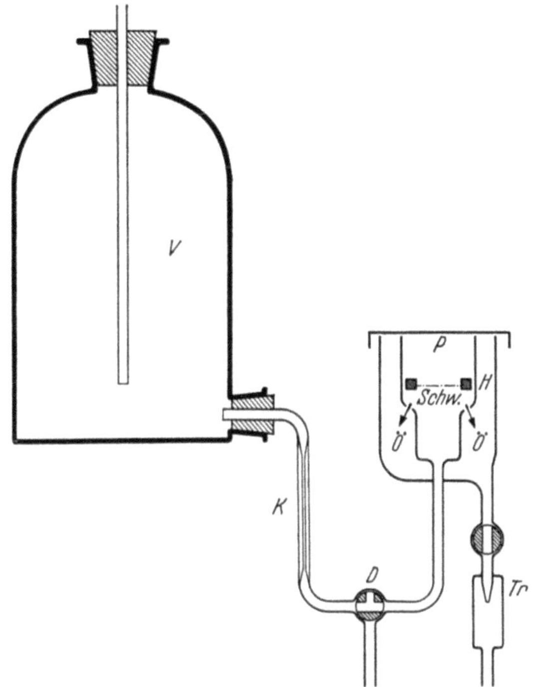

Abb. 205. Apparatur zur Auflösung von Membranfiltern (nach SCHLIPKÖTER u. a., 1958)

Zur Präparation auf Objektträger kann man die Filter auflösen. KALMUS (1954, 1960) verwendet azetonlösliche Filter aus Zelluloseester, welche nach der Staubabscheidung in kleine Stücke von Objektträgergröße zerschnitten werden. Sie werden mit der Staubseite auf Netze oder Blenden gelegt, die mit einer azetonunlöslichen Trägerfolie überzogen sind. Die Auflösung erfolgt vorsichtig in der in Abb. 183a gezeigten Anordnung, bis nach 4—5 maliger Erneuerung des Azetonbades die Filtersubstanz vollständig aufgelöst ist. Dabei sedimentiert der Staub auf das Trägernetz ab. SCHLIPKÖTER u. a. (1958, 1959) benutzen zur Vermeidung von Strömungen während des Ablöseprozesses eine in Abb. 205 skizzierte Apparatur. Auf dem Schwimmer Schw werden die mit Formvar/SiO befilmten Trägernetze und die ausgeschnittenen Stücke des Membranfilters gelegt. Das Netz des Schwimmers liegt so tief, daß Trägernetz und Filter unmittelbar unter der Oberfläche des Azetonspiegels liegen. Das Azeton fließt aus dem Vorratsgefäß V durch eine Kapillare K in das innere Gefäß mit dem Schwimmer. Es wird zunächst nur halb gefüllt, bis nach etwa 15 min durch die Azetondämpfe das Membranfilter angelöst ist und auf dem Netz klebt. Dann wird der Flüssigkeitsspiegel in die Höhe H gehoben. Durch einen Lochkranz Ö im inneren Zylinder kann das Azeton abfließen. Zur Auflösung der Filtermasse wird 1 l Azeton/Std durchfließen lassen.

SCHIMMEL und WALTER (1959) bedampfen das Filter rotierend mit Kohle (Kegelbedampfung) und lösen anschließend das Filter auf. Dabei bleiben die Teilchen an der Filteroberfläche gut in der Kohleschicht haften, da sie teilweise von dieser umhüllt werden. Teilchen, die tiefer eingedrungen sind, können bei dieser Methode jedoch leicht abgeschwemmt werden.

Zum Einbetten und Schneiden von Membranfiltern siehe MOLL (1965) und § 23.2.1.

18.3.4. Ermittlung der Tropfengröße flüssiger Aerosole

Bei der Untersuchung von flüssigen Aerosolen bestehen im wesentlichen zwei Schwierigkeiten. Zunächst taucht das Problem der Abscheidung auf. Thermalpräzipitatoren können in der Regel nicht benutzt werden, weil in der Nähe des Heizdrahtes die Temperatur so hoch ist, daß einzelne Tröpfchen verdampfen. Auch die Abscheidung auf Membranfiltern scheidet aus. Anwendbar ist jedoch die elektrische Abscheidung. SCHÖNAUER (1963) beschreibt die Anwendung eines TieftemperaturThermalpräzipitators, mit dem sich auch leicht verdampfbare Aerosole abscheiden lassen. Das zweite Problem tritt bei der elektronenmikroskopischen Untersuchung auf, da viele Flüssigkeiten im Vakuum oder unter Elektronenbeschuß verdampfen. Es müssen daher Kunstgriffe angewandt werden, um die Tropfengröße indirekt zu ermitteln.

Wasserhaltige Aerosoltröpfchen kann man nach der Abscheidung auf einem Objektträger in eine Atmosphäre von $SiCl_4$ bringen. $SiCl_4$ wird in Wasser hydrolysiert, wobei sich SiO_2 in feinstverteilter Form ausscheidet. Auf diese Weise wird der Tropfen durch eine Kreisfläche aus SiO_2-Kriställchen markiert (DEGENHARD u. KOHLSCHÜTTER, s. WALKENHORST, 1958). HARRIS (1959) bildet Tröpfchen aus nicht mit Wasser löslichen Substanzen (z. B. Öl) dadurch ab, daß sie durch Sedimentation oder elektrostatische Abscheidung auf einem nassen Film aus einer 2%igen GelatineWasser-Lösung einen linsenförmigen Eindruck hinterlassen, der nach der Trocknung des Gelatinefilmes mit Kohleabdrücken abgebildet wird. PFEFFERKORN (1962) und SCHÖNAUER (1963) erhalten ähnliche Abdrücke in noch feuchten Tylose-Schichten. Es besteht jedoch das Problem, aus den flachen linsenförmigen Eindrücken den wahren Tropfendurchmesser zu bestimmen. HARRIS bestimmt das Gesamtvolumen einer Linse durch Messung der Brennweite im Lichtmikroskop an Tropfen mit $10-30\,\mu$ Durchmesser. Sei D der Tropfendurchmesser und $2R$ der Durchmesser des Eindruckes, so ergibt sich ein Abplattungsfaktor $D/2R = 0,45$. Dieser kann jedoch auch vom Trocknungszustand der Schicht abhängen. SCHÖNAUER gelang es, Tropfen mit flüssiger Luft zu unterkühlen und auf gekühlte Objektträger zu sedimentieren. Nach einer anschließenden Evakuierung des Gefäßes können die kugelförmigen erstarrten Tröpfchen schräg beschattet werden. Eine weitere Möglichkeit besteht darin, die Tröpfchen an den Oxydnadeln eines oxydierten Kupfernetzes abzuscheiden. Man erhält solche Nadeln nach 4–24 stündigem Erhitzen bei 450° C in Luft oder Sauerstoff (PFEFFERKORN, 1953, 1962; PFEFFERKORN und WESTERBOER, 1956).

Literatur zu § 18

ARDENNE, M. VON: Der Objekthalter-Vibrator: Ein neues Hilfsmittel für Elektr.-mikr. und Mikr. Kolloid Z. **93**, 158 (1940).

ARNOLD, M., P. E. MORROW u. W. STÖBER: Vgl. Unters. über die Bestimmung der Korngrößenverteilung fester Stäube mit Hilfe eines Hochspannungsabscheiders und des Elektr.mikr. Kolloid Z. **181**, 59 (1962).

BACKUS, R. C., and R. C. WILLIAMS: The use of spraying methods and of volatile suspending media in the prep. of specimens for electr. micr. J. appl. Phys. **21**, 11 (1950).

BERNARD, R., u. F. DAVOINE: Auswertung der Elektr.Bilder pulverförmiger Stoffe. Optik **10**, 150 (1953).

CARTWRIGHT, J.: The electr.micr. of airborne dusts. Brit. J. appl. Phys. Suppl. **3**, 109 (1954).

FISCHER, R. B., and J. P. ELLINGER: A replica techn. in the study of chemical precipitation process. J. appl. Phys. **24**, 1051 (1953).

GAST, TH.: Grundzüge der Staubmessung. Z. angew. Physik **2**, 301 (1950).

HARRIS, W. J.: Method of size-distribution determinations of non-volatile droplets by electr.micr. Brit. J. appl. Phys. **10**, 139 (1959).

— Device for producing droplet samples of suspensions for electr.micr. and especially for quantitative particle assay. J. sci. Instr. **41**, 636 (1964).

KALMUS, E. H.: Preparation of aerosols for electr.micr. J. appl. Phys. **25**, 87 (1954); Z. wiss. Mikr. **64**, 414 (1960).

KEHLER, H., A. KOCH u. K. TESSER: Über die Präp. von Suspensionen für das Übermikr. im Ultraschallnebel. Z. wiss. Mikr. **62**, 521 (1955).

MELDAU, R.: Handbuch der Staubtechnik. Düsseldorf 1956.

MOLL, G.: Elektr.mikr. Demonstration des Filtrationsmechanismus von Membranfiltern. Kolloid Z. **203**, 20 (1965).

ORR, C., and R. A. MARTIN: Thermal precipitator for continuous aerosol sampling. Rev. sci. Instr. **29**, 129 (1958).

PFEFFERKORN, G.: Elektr.mikr. Unters. über den Oxydationsvorgang von Metallen. Naturwissenschaften **40**, 551 (1953).

— Elektronenopt. Kristallanalyse von Gewerbe- und Lungenstauben. Staublungenerkrankungen **2**, 233 (1954).

Pfefferkorn, G.: Beiträge zur elektronenopt. Aerosolanalyse. Staub **22**, 84 (1962).
— H. Themann u. H. Urban: Anw. der Mikrotomschnitt-Technik auf elektr.mikr. Mineralunters. Proc. Stockholm Conf. EM, 333 (1956).
—, u. I. Westerboer: Zur Methodik von elektr.mikr. Aerosolunters. Staub H. **43**. 40 (1956).
Sarkar, A. K.: An electr.micr. study of the colloidal structure of coal tars. Kolloid Z. **130**, 116 (1953).
Schimmel, G., u. G. Walter: Elektr.mikr. Unters. von mit Membranfiltern abgeschiedenem Luftstaub. Naturwissenschaften **46**, 10 (1959).
Schlipköter, H. W., H. Steiger, H. F. Esser u. E. G. Beck: Elektr.opt. Unters. von Grubenstäuben unter Verwendung von Membranfiltern. Staub **19**, 320 (1959).
— — — — Elektronenopt. Unters. von Schwebestaub in Grubengeländen. IV. Internat. Kongr. EM Berlin, Bd. **I**, 754 (1958).
Schönauer, G.: Elektr.mikr. Bestimmung der Größe von Nebeltröpfchen. Staub **23**, 315 (1963).
Schuster, M. C., and E. F. Fullam: Prep. of powdered materials for electr.micr. Ind. Engng. Chem. anal. Ed. **18**, 653 (1946).
Thürmer, H.: Der Fraktionseffekt im Thermalpräzipitator und die Folg. für ein elektr.mikr. Kornanalysenverf. Staub **20**, 6 (1960).
Walkenhorst, W.: Elektr.mikr. Unters. von Stäuben. Methoden u. Erg. Beiträge Silikoseforschg. H. **18**, 29 (1952).
— Staubprobenentnahme mit dem Thermalpräzipitator unter besondererBerücksichtigung elektr.mikr. Auswertung. Staub H. **40**, 241 (1955).
— Über die phys. Grundlagen der Anwendung von Kochsalzaerosol zur Bekämpfung von Staublungenerkrankungen. Z. Aerosolforschg. **2**, 157 (1958).
— Aerosolfiltration mit Membranfiltern im Teilchengrößenbereich unterhalb 0,1 Mikron. Staub **19**, 69 (1959).
— Ein neuer Thermalpräzipitator mit Heizband und seine Leistung. Staub **22**, 103 (1962).
Westerboer, I.: Zur Phys. der Staubabscheidung im Thermalpräzipitator. Staub **21**, 466 (1961).
— Zur Routinemessung der Korngrößenverteilung von Feinstaub-Niederschlägen im Thermalpräzipitator mit Hilfe des Elektr.mikr. Staub **20**, 361 (1960).

§ 19. Gewebefixation

19.1. Allgemeine Grundlagen

19.1.1. Postmortale Veränderungen

Bei der Untersuchung von Geweben mit der Dünnschnittmethode muß der Präparation aus folgenden Gründen eine Fixation vorausgehen. Es können im Elektronenmikroskop unter Vakuum nur entwässerte Gewebe untersucht werden und es treten ferner nach der Entnahme von Gewebeproben postmortale Veränderungen durch Cytolyse auf, die durch Fixation unterbunden werden können. Gewebe mit hoher Durchblutung sind anfälliger als solche mit niedriger Stoffwechselleistung (z. B. Retina bzw. Plattenepithel).

Der Zeitraum, nach dem sich postmortale Veränderungen durch Cytolyse bemerkbar machen, ist ausführlich bisher nur mit Osmiumsäure als

Fixationsmittel untersucht. Osmiumsäure besitzt eine langsame Eindringungsgeschwindigkeit in das Gewebe, so daß die Zellen im Inneren des Gewebeblockes erst nach längerer Zeit von der Osmiumsäure erreicht werden. Eine 1%ige Lösung dringt etwa in 4 Std $^3/_4-1$ mm in das Gewebe ein. Es erscheint daher sinnvoller, die postmortalen Veränderungen mit den schneller eindringenden Aldehyden zu erfassen. Man kann nämlich in labilen Geweben evtl. schon nach 5 min mit einer Veränderung rechnen. In dieser Zeit ist die Osmiumsäure nur etwa 50 μ in das Material eingedrungen.

Nach Untersuchungen von RHODIN (1954) an Nierengewebe werden z. B. in Proben, die 50 sec und 5 min nach Unterbrechung des Blutkreislaufes entnommen wurden, keine Veränderungen nach einer Fixation in OsO_4-Lösung mit Veronal-Azetat-Puffer gefunden. Die ersten deutlichen Veränderungen traten 15 min post mortem auf. Zu wesentlich längeren Zeiten kommt jedoch ITO (1962) bei Untersuchungen der Rattenleber unter Verwendung eines s-Collidin-Puffers. Sogar nach 2 Std waren die meisten Feinstrukturen fast ununterscheidbar gegenüber denjenigen in frisch fixierten Proben. Auch nach 6 und 12 Std waren die Veränderungen überraschend gering, obwohl ursprünglich verlängerte Mitochondrien abgerundeter erschienen und einige Störungen der Cristae zeigten. Der Golgi-Komplex war allerdings weniger stabil und zerfiel innerhalb einiger Stunden. Das endoplasmatische Retikulum blieb wiederum mehrere Tage intakt. Zu einem ähnlichen Ergebnis kommt auch DAVID (1960). 10 min post mortem sind in Vestopaleinbettung keine Veränderungen des Karyoplasmas zu beobachten, während bei Methacrylateinbettung Vakuolisierungen des Nucleolus und Aufhellungen des Karyoplasmas auftraten. In Methacrylat sind die Cristae mitochondrialis nach 30 min zerstört, während sie nach 1 Std bei Vestopaleinbettung noch zu erkennen sind. Diese Versuche zeigen, daß ein Teil der postmortalen Veränderungen sich zunächst in einer Festigkeitsänderung bemerkbar macht, so daß bei der spannungsreicheren Methacrylat-Einbettung zuerst Zerstörungen wahrgenommen werden.

Trotz dieser sich widersprechenden Ergebnisse gilt es als Vorsichtsmaßnahme, zwischen Probenentnahme und Einbringung in das Fixationsgemisch einen möglichst kleinen Zeitraum verstreichen zu lassen. Man muß sich jedoch im klaren sein, daß die Zeitspanne zwischen Entnahme der Probe und Fixation zum geringen Teil durch die nötigen Handgriffe und zum größten Teil durch die geringe Diffusionsgeschwindigkeit der Osmiumsäure bestimmt ist. Man verwendet daher Gewebestücke von höchstens 0,5—1 mm Durchmesser, am besten sogar dünne Schnitte von einigen Zehntel Millimeter Dicke. In Pflanzenzellen erfolgt die Cytolyse im allgemeinen langsamer. Dafür läuft aber auch die Diffusion wegen der festeren Zellwände langsamer ab.

Man kann auch den postmortalen Zerfall wesentlich verlangsamen, wenn man bei tiefen Temperaturen fixiert (0—4° C), indem man die Fixationsflüssigkeit in ein Eisbad stellt (s. a. TRUMP u. a., 1962). Der Erfolg wird dadurch erreicht, daß die enzymatischen Prozesse bei der Cytolyse langsamer ablaufen, während die chemischen Vorgänge bei der Fixation und auch die Diffusiongeschwindigkeit bei der Temperaturerniedrigung nicht in dem Maße gehemmt werden. Durch das Arbeiten bei tiefen Temperaturen wird daher die Breite der optimal fixierten Zone vergrößert, und es treten außerdem nicht so starke Extraktionen von Zellmaterial auf wie bei Zimmertemperatur. Demgegenüber stellt MILLONIG (1962) fest, daß die Temperatur nicht einen so klar erkennbaren Einfluß hat. Da alle derartigen Versuche stark von der Art und dem Zustand des Gewebes abhängen, ist es jedoch wiederum eine einfache Vorsichtsmaßnahme, die Fixationsflüssigkeit zu kühlen.

19.1.2. Entnahme von Gewebeproben

Im folgenden sollen einige Hinweise gegeben werden, wie eine schnelle Entnahme von Geweben durchzuführen ist, damit die Fixationsflüssigkeit so schnell wie möglich mit dem Gewebe in Berührung kommt.

Nach der Anästhesie oder Decapitation des Versuchstieres und Freilegung des Organs wird eine einige mm³ große Probe herausgeschnitten und unter Osmiumsäure mit einer Rasierklinge in möglichst kleine Scheiben geschnitten. Es genügt, dies unter einem kleinen Tropfen Fixationsflüssigkeit z. B. auf einer Preßspanplatte durchzuführen. Anschließend wird das Gewebe sofort in ein kleines Glasgefäß (mit Glasstopfen) voll Fixationsflüssigkeit (1—3 cm³) gebracht. Durch den Kontakt mit dem Stahlmesser wird die Osmiumsäure stark reduziert, so daß man die Einwirkungszeit auf ein Minimum reduzieren sollte. Zur Übertragung des Gewebes in OsO_4-Lösung werden daher auch keine Pinzetten benutzt, sondern z. B. angespitzte Zahnstocher oder Streifen aus steifen Karton. Bei empfindlichen Geweben können insofern Schwierigkeiten auftreten, als die durch den Schneidvorgang geschädigte Zone sehr ausgedehnt sein kann. Es besteht dann die Möglichkeit, größere Gewebestücke 15—20 min in Aldehyd zu fixieren, weil dieses wesentlich schneller eindringt. Danach kann das verfestigte Gewebe besser geschnitten und mit Osmiumsäure nachfixiert werden. Diese Methode eignet sich besonders gut für Gewebe, welches bei Operationen oder Biopsien anfällt.

Es kann auch direkt auf das freigelegte Organ in situ das Fixationsmittel tropfenweise aufgebracht werden, wobei wieder Aldehyd der Osmiumsäure wegen der schnelleren Diffusion vorzuziehen ist. Dabei sind starke Blutungen zu vermeiden, weil hierdurch die OsO_4-Lösung weggespült werden kann und Blut OsO_4 stark reduziert. Nach genügender Härtung der betreffenden Stelle kann diese unterschnitten und weiter verarbeitet werden.

In einigen Fällen kann die Qualität der Fixation verbessert werden, bzw. überhaupt erst eine zufriedenstellende Fixation erreicht werden, wenn das Fixationsmittel direkt in das lebende Gewebe injiziert wird. Derartige Versuche führten u. a. BENNETT u. PORTER (1953) an Muskelgeweben; PALAY u. PALADE (1955), PALAY u. a. (1962) mittels Vaskular-Perfusion und BUNGE u. a. (1960, 1961) mittels Injektion in die Ventrikel des Subarachnoidalraumes (3%ige OsO$_4$-Lösung) an Nervengeweben; KARRER (1956) mittels intratrachealer Injektion in eine Trachea-Ligatur an Lungengewebe durch. OSINCHAK (1964) beschreibt eine Perfusionsmethode mit Glutaraldehyd. KARLSSON und SCHULTZ (1965) führen einen ausführlichen Vergleich zwischen Osmiumsäure- und Aldehyd-Perfusion am Zentralnervensystem der Ratte durch.

19.1.3. Kriterien für die Erhaltung der sublichtmikroskopischen Struktur

Durch die Forderungen nach einer Strukturerhaltung bis in kleinste Dimensionen scheiden viele bewährte lichtmikroskopische Fixationsverfahren von vornherein für die elektronenmikroskopische Präparation aus. Hieraus folgt schon als erstes notwendiges Kriterium für ein gutes Fixationsmittel, daß die Fixation im lichtmikroskopisch zu erschließenden Bereich naturgetreu ist. Die Auflösung des Lichtmikroskopes liegt bei 0,2 μ. Durch die Einführung des Phasenkontrastverfahrens können auch die geringen Dichteunterschiede in ungefärbten und unfixierten Zellen besser beobachtet werden. Durch lichtmikroskopische Vergleichsaufnahmen können gerade Gestaltsveränderungen einzelner Zellorganelle klar erkannt werden (s. z. B. WOOD und LUFT, 1965; TRUMP u. ERICSSON, 1965).

Für die Erkennung und Messung sublichtmikroskopischer Einzelheiten können die folgenden indirekten Kontrollverfahren herangezogen werden: Lichtstreuung im Dunkelfeld, Doppelbrechung, Ultrazentrifugierung von Fraktionen, Röntgenkleinwinkelstreuung.

Eine Korrelation zwischen Doppelbrechung und elektronenmikroskopischer Struktur wurde in erster Linie an Lamellensystemen beobachtet, z. B. Myelin-Figuren (FERNÁNDEZ-MORÁN, 1952; SJÖSTRAND, 1953; HESS u. LANSING, 1953), Axoplasma (SCHMITT u. GEREN, 1950; FERNÁNDEZ-MORÁN, 1952; THORNBURG u. DE ROBERTIS, 1956) oder Chloroplasten (STEINMANN, 1952; FINEAN u. a., 1953; LEYON, 1954; SAGER u. PALADE, 1954).

Während der polarisationsoptische Vergleich nur qualitative Hinweise liefert, ermöglicht die Röntgenbeugung wesentlich genauere quantitative Aussagen. Da die interessierenden Strukturen zwischen 1000 und 10 Å liegen, kommt hierfür vor allem die Röntgenkleinwinkelstreuung in Frage. Die Anwendung setzt allerdings voraus, daß man die Objekte isolieren kann und daß sie in gut orientierter Form vorliegen (z. B. Myelin oder Kollagenfasern). Es lassen sich dann mit der Röntgenkleinwinkelstreuung vor allem die Änderungen der Periodenlänge bei einer Fixation und anschließenden Entwässerung verfolgen (FINEAN, 1954; FINEAN u. a., 1953; FERNÁNDEZ-MORÁN u. FINEAN, 1957). Diese Versuche zeigen deutlich, daß man Längenangaben von Periodizitäten oder Lamellenabständen keine absolute Bedeutung zumessen darf. Die bei der Fixation, Entwässerung und Einbettung auftretenden Schrumpfungen und Quellungen können bereits innerhalb einer Zelle bei den einzelnen Zellorganellen verschieden groß ausfallen. Von besonderem Interesse sind die Abstände in Doppelmembranen, um die Idee einer „Einheitsmembran" zu prüfen und um die Abstände mit biochemischen Vorstellungen vom Membranaufbau in Zusammenhang zu bringen. Die Membranweite wird aber durch viele Parameter insbesondere durch die Art des Fixationsmittels, des Entwässerungsmedium (unterschiedliche Extraktion) und des Einbettungsmittels verändert (s. z. B. SJÖSTRAND und ELFVIN, 1962). Es sind daher auch zahlreiche Modellversuche an künstlichen Membransystemen durchgeführt (zusammenfassende Diskussion s. ELBERS u. VERVERGAERT, 1965).

Als weiteres Kriterium sei erwähnt, daß das mit dem betreffenden Fixationsmittel erhaltene Bild alle die Zellkomponenten zeigen sollte, die nach dem augenblicklichen Erkenntnisstand über den Zellaufbau zu erwarten sind. Kontrollen sind durch die Verwendung verschiedener Fixations- und Einbettungsmittel möglich. Bei einer „guten" Fixation bzw. Präparation — da auch die folgenden Prozesse der Einbettung einzuschließen sind — sollten z. B. die Membranen ohne scharfe Abbrechungen kontinuierlich verlaufen (bis auf funktionell bedingte Unterbrechungen, z. B. Poren in der Kernmembran). Die Gebiete zwischen den Membranen sollten mit granulärem Material gefüllt und nicht „leer" erscheinen (z. B. Ribosomen im endoplasmatischen Retikulum, Protein-Makromoleküle im Plasma). Erscheinen die Räume zwischen den Membranen auffallend leer, auch bei einer Nachkontrastierung z. B. mit Bleihydroxyd, so besteht der Verdacht einer Extraktion während der Fixation, Entwässerung oder Einbettung (s. a. Beispiele in der folgenden Diskussion der Präparationsverfahren).

Ein wichtiges Kriterium für die Erhaltung der sublichtmikroskopischen Struktur und darüber hinaus der Funktionserhaltung des Organismus ist jedoch die Erhaltung der Lebensfähigkeit nach der erfolgten Fixation. Mit chemischen Fixationsmitteln ist dies nicht möglich, da diese stets zu einer Denaturierung führen. Für die Enzymhistochemie ist lediglich von Bedeutung, daß einige Aldehyde die Enzymaktivität weitgehend erhalten. Mit der physikalischen Fixationsmethode der Gefrierfixation ist es jedoch gelungen — insbesondere nach Glycerinaufnahme — Hefezellen wieder lebensfähig zu machen. Besonders in Verbindung mit der Gefrierätzung (§ 19.5.4) ergibt sich die Möglichkeit, die Struktureinzelheiten voll funktionsfähiger Organismen zu untersuchen. Es können zwar nicht die gleichen Organismen, welche bei dem Anschnitt zerstört werden, wieder lebensfähig werden. Durch die hohe Überlebensrate nach diesem Fixationsverfahren ist jedoch nachgewiesen, daß der größte Teil der Zellen die potentielle Fähigkeit zum Überleben besitzt. Es ist daher auch berechtigt, in anderen Objekten als Hefezellen dieser Fixationsmethode eine optimale Strukturerhaltung zuzuschreiben. Auch bei der Negativkontrastierung von Viren wurde nachgewiesen, daß diese nach einer Behandlung mit Phosphorwolframsäure ihre Virulenz beibehalten können (s. § 23.4.1).

19.2. Osmiumfixation

19.2.1. Zusammensetzung der Fixationsgemische

Die einzelnen Fixationsgemische unterscheiden sich hinsichtlich ihres Puffers und den Zusätzen zur Einstellung der Isotonie. Im nächsten § wird der Einfluß der Isotonie, des Puffers und des pH-Wertes ausführlich diskutiert.

OsO_4-Fixation nach PALADE (1952)
Stammlösung A (Veronal-Azetat-Puffer):
    Natriumazetat ($+ 3 H_2O$)   9,714 g
    Na-Veronal   14,714 g
    mit Aqua dest. auf 500 cm³ auffüllen (einige Monate bei 4° C haltbar).
Stammlösung B:
    Natriumchlorid 42,5 g mit Aqua dest. auf 500 cm³ auffüllen.
Stammlösung C:
    2%ige OsO_4-Lösung durch Zerstoßen einer Ampulle mit 1 g OsO_4 in einer dunklen Glasflasche mit Glasschliff und Lösung in 50 cm³ Wasser (einige Wochen bei 4° C haltbar). Es ist darauf zu achten, daß die Flasche sorgfältig gereinigt wird, da Reste organischer Substanz die OsO_4-Lösung verfärben. (Die Lösung erfolgt sehr langsam, einen Tag vor Gebrauch ansetzen.)
Stammlösung D: 0,1 n HCl
Fixationsgemisch: (pH 7,2, molare Konzentration 0,35).
    10 cm³ Stammlösung A + 3,6 cm³ Stammlösung B + 25 cm³ Stammlösung C + ca. 11 cm³ 0,1 n HCl (D) (einige Tage haltbar).

In diesem Gemisch ist bereits durch den NaCl-Zusatz die Hypotonie des ursprünglichen Gemisches von Palade aufgehoben, der an Stelle der Stammlösung B reines Aqua dest. zusetzt. Mit einem pH-Meter kann der gewünschte pH-Wert durch Zugabe der Salzsäure eingestellt werden. In diesem Gemisch beträgt die Endkonzentration der OsO_4 1%. Bei der Fixation von Geweben, die sehr viel reduzierende Substanz enthalten

(z. B. Nervengewebe), werden nach PALAY u. PALADE (1955) bessere Resultate mit höheren OsO_4-Konzentrationen erreicht (2–3%). Die Stammlösung C ist dann 4–6%ig anzusetzen. Die Aufbewahrung der Lösungen erfolgt im Kühlschrank bei 0–4° C.

Modifikation nach RHODIN (1954) und ZETTERQVIST (1956)

Stammlösung B':	Natriumchlorid	42,5 g	
	Kaliumchlorid	2,1 g	auf 500 cm³ mit H_2O
	Calziumchlorid	0,9 g	auffüllen.

Fixationsgemisch: (pH 7,2–7,4; 0,34 molar) wie oben (+ 3,4 cm³ B' an Stelle von B). Die Lösung B' findet auch als Ringerlösung in der lichtmikroskopischen Präparationstechnik Verwendung.

Modifikation nach CAULFIELD (1957) (Ersatz des NaCl-Zusatzes durch Rohrzucker).

	Für pflanzliche Gewebe:	für tierische Gewebe:
Stammlösung A	1 Teil	2 Teile
Stammlösung C	4 Teile	5 Teile
Stammlösung D	1 Teil	2 Teile
Aqua dest.	2 Teile	1 Teil
Rohrzucker:	15 mg/cm³ Fixationslösung	45 mg/cm³

PORTER u. MACHADO (1960) erhielten auch eine gute Fixation der Wurzelspitzen von Allium cepa mit Zusätzen von 45 mg/cm³ Rohrzucker und 0,01% $CaCl_2$.

OsO_4-Fixation mit Phosphat-Puffer nach MILLONIG (1962)

Natriummonophosphat (2,26%)	83 ml	($NaH_2PO_4 \cdot H_2O$)
NaOH-Lösung (2,52%)	17 ml	
Wasser	10 ml	
Glukose	0,54 g	
OsO_4	1 g	

pH = 7,3 mit angegebener NaOH-Menge, −0,56° C Gefrierpunktserniedrigung.

MILLONIG konnte nicht eindeutig entscheiden, ob die Glukose wesentlich zur Verbesserung des Fixationsgemisches beiträgt. Das gleiche gilt für einen Zusatz von 1 ml 1%iger $CaCl_2$-Lösung, falls zweiwertige Ionen in der Lösung gewünscht werden (s. § 19.2.2).

OsO₄-Fixation mit s-Collidin-Puffer nach BENNETT u. LUFT (1959)

2,67 ml gereinigtes s-Collidin (2,4,6-Trimethylpyridin) (Reinigungsverfahren s. a. HOLT u. HICKS, 1961) wird in 50 ml Wasser gelöst. Nach Hinzufügung von 9 ml 1,0 n HCl wird mit Aqua dest. auf 100 cm³ aufgefüllt. Dies ergibt einen 0,2 molaren Puffer mit pH 7,40–7,45, der im beliebigen Verhältnis mit OsO₄-Stammlösung gemischt werden kann (z. B. 1 Teil Puffer + 2 Teile 2%ige OsO₄-Lösung).

Ferner sind *Arsenatpuffer* in Verwendung (s. WOOD u. LUFT, 1965), in denen an Stelle des Na-Phosphates, Na-Arsenat verwendet wird. Ein *Na-Bicarbonat-Puffer* wird durch schnelles Mischen von 2,5 ml HCl mit 100 ml 0,3 m NaHCO₃ erhalten. Der pH-Wert von 7,2–7,25 steigt auf pH 7,4 bei Verdünnung auf 0,1 m. *Na-Cacodylat-Puffer* erhält man durch eine 0,1 m-Lösung (21,4 g/l), die mit HCl tropfenweise auf pH 7,2–7,4 eingestellt wird.

Chrom-Osmiumsäure-Gemisch nach DALTON (1955) (s. a. WOHLFARTH-BOTTERMANN, 1957).

Pufferlösung: 100 cm³ 5%ige wässerige Lösung von Kaliumbichromat (K₂Cr₂O₇) werden mit etwa 12 cm³ 2,5 n KOH auf pH 7,2 eingestellt.
Salzlösung: 3,4% NaCl.
Fixationsgemisch: 1 Teil Pufferlösung + 1 Teil Salzlösung + 2 Teile 2%ige OsO₄-Lösung (einige Monate haltbar).

Der Chromsalzzusatz hat Puffereigenschaften, weil sich ein Gleichgewicht zwischen Bichromat- und Chromationen einstellt. Nach der Vorstellung von DALTON soll der Chromatzusatz aber auch zur Fixation beitragen und Zellkomponenten erhalten, welche von der Osmiumsäure nicht erhalten werden. Aus diesem Grund wird dieses Fixationsgemisch häufig benutzt. Es wird weniger Plasmasubstanz extrahiert und die Einbettung in Methacrylat erfolgt mit geringeren Einbettungsschäden.

Ein Osmiumsäure-Kaliumpermanganat-Gemisch wird in § 19.3 beschrieben. Weitere speziell für Bakterien aufgestellte Fixationsgemische sind in § 23.1.1 aufgeführt.

Weil bei 7% OsO₄ in wäßrigen Lösungen die Sättigungsgrenze erreicht ist, fixiert AFZELIUS (1962) Zellen, in die Osmiumsäure schlecht eindringt (z. B. Hefezellen und die meisten Pflanzenzellen, sowie Eizellen der Invertebraten), in einer 40%igen Lösung von OsO₄ in Tetrachlorkohlenstoff. Die Gewebsflüssigkeit hindert den Tetrachlorkohlenstoff am Eindringen. Die OsO₄-Konzentration im Inneren steigt jedoch schnell durch die hohe

Außenkonzentration auf etwa 0,4% an. Ähnliches gilt auch für die Fixation in geschmolzener OsO_4 (Schmelzpunkt 40° C).

Beim Arbeiten mit OsO_4 ist darauf zu achten, daß die Dämpfe nicht inhaliert werden und auch nicht mit den Augen in Berührung kommen!

19.2.2. Einfluß des pH-Wertes, der Isotonie und der Zusammensetzung der Fixationsflüssigkeit

Die im folgenden diskutierten Einflüsse des pH-Wertes und der Isotonie auf die Strukturerhaltung sind ausschließlich in Verbindung mit einer Osmiumsäurefixation erarbeitet. Es ist jedoch anzunehmen, daß bei Aldehydfixationen ähnliche Verhältnisse vorliegen, obwohl mit diesen Fixationsmitteln noch nicht die langjährigen Erfahrungen vorliegen.

a) pH-Wert

Bei den ersten Versuchen zur Fixation mit Osmiumsäure wurden noch reine OsO_4-Lösungen verwendet. Es zeigten sich dabei Flockungen des Cytoplasmas und des Kernmaterials sowie Schwellungen der Mitochondrien. Da ähnliche Erscheinungen auch an Zellsuspensionen und Gewebekulturen bei Behandlung mit saurem pH auftreten, führte diese Analogie zu dem Schluß, daß der pH-Wert des Gewebes kurz vor der Fixation gefallen ist.

Hierzu muß bemerkt werden, daß die übliche Bezeichnung „Osmiumsäure" unrichtig ist, da der pH-Wert der Lösung weitgehend vom pH des zur Lösung bestimmten Wassers bestimmt ist. So sind z. B. die Veränderungen des pH-Wertes von Wasser durch Lösen der Kohlensäure aus der Luft größer als die Änderungen bei Lösung von OsO_4. PALADE (1954) gibt einen einfachen Versuch an, der die Ausbreitung einer sauren Zone vor der eindringenden OsO_4-Lösung mit injiziertem Neutralrot in einem Leberschnitt zeigt. Diese Säurewelle, die vor der eindringenden OsO_4-Diffusionsfront herläuft, wird also offenbar durch Sekundärprozesse bei der Fixation des Gewebes hervorgerufen. Diese Schädigung tritt mit Ausnahme der äußersten Gewebezonen vor allem in der Mitte des Blockes auf.

Diese Artefakte werden nach einem Vorschlag von PALADE (1952a) vermieden, wenn man eine 1%ige Lösung von OsO_4 mit einer Veronalazetat-Pufferlösung nach MICHAELIS ansetzt. Es ergaben z. B. Leberschnitte, bei denen die OsO_4-Lösung über einen pH-Bereich von 5—9 systematisch variiert wurde, folgende Ergebnisse. Die Fällung des Cyto- und Nukleoplasmas war am gröbsten bei pH 5,0, feiner bei pH 6,0 und bei pH 7,0 nicht erkennbar. Mitochondrien und endoplasmatisches Retikulum zeigen Schwellungen auf der sauren und alkalischen Seite und kleine Abmessungen bei neutralem pH. Lipoideinschlüsse waren bei saurem pH unregelmäßig begrenzt und zeigten Vakuolisierung bei alkalischem pH. Eine Fixation mit pH 5,0—6,0 zeigte ähnliche Veränderungen wie ungepufferte OsO_4-Lösung. Optimale Ergebnisse wurden mit leicht alkalischem pH 7,3—7,5 erzielt. RHODIN (1954) variierte den pH-Wert von 4,5—7,5. Bei pH 4,5 war die cytoplasmatische Grundsubstanz grob granuliert und es traten Trennungen der intrazellulären Membranen und Deformationen der äußeren Mitochondrienmembranen auf. Bei pH 6,2 waren die Veränderungen wesentlich weniger ausgeprägt, obwohl meßbare Veränderungen des Membranzwischenraumes von Mitochondrien im Vergleich zu pH 7,2—7,9 gefunden werden konnten. Es hat sich aber auch gezeigt, daß in einigen Fällen selbst bei pH 7,3 grobe Fällungen des Plasmas auftreten, so daß mit alkalischem pH 8,0—8,5 gearbeitet werden muß (PALADE, 1954). Dies ist bevorzugt in stark hydratisiertem Gewebe der Fall, z. B. Protozoen, Avertebraten und embryonalem Gewebe. HELANDER (1962) benutzt ebenfalls ein pH 8,5-Gemisch mit einem Veronalazetat-Puffer anderer Zusammensetzung.

Diese Ergebnisse lassen sich aber nicht verallgemeinern, so daß bei kritischen Objekten die optimalen Bedingungen am besten in einigen Testversuchen ermittelt werden. CLAUDE (1962) berichtet z. B. im Gegensatz zu den oben aufgeführten Versuchen, daß mit einer ungepufferten leicht sauren (pH 6) wässerigen Lösung von OsO_4 eine bessere Erhaltung der Kernstrukturen und der cytoplasmatischen Fibrillen erreicht wird und eine geringere Extraktion beim anschließenden Wässern und Entwässern. Ebenso fanden ROTH u. a. (1963) eine bessere Erhaltung der empfindlichen Fibrillen in Mitose-Spindeln bei ungepufferter Osmiumsäure mit pH 6,0. Es sei auch bemerkt, daß nach dem heutigen Stand der Veronalazetat-Puffer nicht optimal ist (s. u.).

b) Isotonie

Neben dem richtigen pH-Wert spielt, wenn auch nicht im gleichen Maße, die richtige osmotische Konzentration der Lösung eine Rolle (RHODIN, 1954; ZETTERQVIST, 1956). Stark hypotonische Lösungen rufen eine Schwellung und stark hypertonische eine Schrumpfung hervor. In erster Linie sind Zellen an der Oberfläche und damit auch besonders Gewebekulturen gegen osmotische Abweichungen empfindlich. Die ursprünglich von PALADE (1952a) vorgeschlagene Zusammensetzung des mit Veronalazetat gepufferten Gemisches zeigt eine osmotische Konzentration von 0,11 molar. Sie ist also stark hypotonisch im Vergleich zum Blutplasma mit 0,35 molar. Während PALADE (1952b) keine bemerkenswerten Veränderungen fand, wenn die Hypotonie mit NaCl oder Rohrzucker korrigiert wurde, berichtete RHODIN (1954) über merkbare Schwellungen der Mitochondrien bei einer Gesamtmolarität der Fixationsflüssigkeit unterhalb 0,28 molar und umgekehrt Schrumpfung oberhalb 0,42 molar. Er setzte daher der gepufferten OsO_4-Lösung soviel NaCl hinzu, daß Isotonie zum Blutplasma bestand. Wegen der Ionendissoziation

27*

des NaCl und anderer Salze ist die wahre osmotische Konzentration schwer vorauszuberechnen. Experimentell kann man diese daher nur aus der Gefrierpunktserniedrigung bestimmen (MILLONIG, 1962; TAHMISIAN, 1963, 1964). Die Gefrierpunktserniedrigung des Blutplasmas beträgt z. B. $-0{,}56°$ C.

Jedes Objekt reagiert jedoch verschieden auf Abweichungen von der Isotonie. Eine genaue Korrektur kann sowieso nicht vorgenommen werden, da sich der osmotische Druck einer Zelle schwer messen läßt und von Zelle zu Zelle sogar verschieden sein kann. Im allgemeinen wird er sogar höher als derjenige des Blutplasmas liegen. CAULFIELD (1957) gibt z. B. an, daß Nieren-Cortexzellen mit 0,23 m NaCl und parenchymatische Leberzellen mit 0,34 m NaCl isotonisch sind. Dem entspricht wegen des Ionenzerfalls von NaCl eine osmotische Konzentration des Gewebes von 0,43 bzw. 0,63 molar. Die Korrektion auf Isotonie ist daher recht willkürlich und soll nur grobe Veränderungen verhüten, die bei starker Hypo- oder Hypertonie auftreten können. In pflanzlichen Zellen beträgt die osmotische Konzentration im Mittel 0,2 molar.

c) Zusammensetzung des Puffers

Die chemische Zusammensetzung des Puffers und der osmotischen Zusätze kann jedoch auch einen entscheidenden Einfluß auf die Erhaltung der Struktur haben. Zum Beispiel ruft der Veronalazetat-Puffer unter Umständen Veränderungen in Form von Extraktionen des Cytoplasmas und von Glykogen hervor. In einigen Fällen wurden bessere Resultate mit einem Phosphat-Puffer erhalten (MILLONIG, 1962), der nach Titrationskurven eine bessere Wirksamkeit aufweist. Dieser Puffer beruht auf dem Gleichgewicht zwischen Natriummonophosphat und -Diphosphat, wenn NaOH zu einer isotonischen Lösung des ersteren gegeben wird. Durch Variation der NaOH-Konzentration kann der pH-Wert zwischen 5,4 und 8 verschoben werden, ohne daß sich die osmotische Konzentration ändert. MILLONIG fand, daß bei pH 6,5 die gleichen Extraktionen des Cytoplasmas und von Glykogen auftreten, wie bei einem Veronalazetat-Puffer unter normalem pH. Er zieht daraus den Schluß, daß der Veronalazetat-Puffer nicht stark genug ist, um den pH-Wert des Gewebes während der Fixation über den Neutralpunkt zu halten. Mit pH 7–8 arbeitet man nämlich am Rande des Pufferbereiches, den der Veronalazetat-Puffer zuläßt.

WOOD u. LUFT (1965) untersuchten ausführlich sowohl licht- als auch elektronenmikroskopisch die Wirkung der einzelnen Puffer bei gleichen Osmiumkonzentrationen auf die Fixation der Rattenleber und -Bauchspeicheldrüse, TRUMP u. ERICSSON (1965) den Einfluß auf die Struktur des Epithels des proximalen Tubulus in der Ratten-Niere. Es wurden u. a. Unterschiede in der Abbildung der Mitochondrien (Ausbildung der Membran, glatt oder irregulär, Dichte der Matrix), des ER mit Ribosomen, der Glykogengranula, des Kernes (Membran und Erhaltung des Nucleoplasmas), der Cytosomen und der cytoplasmatischen Matrix beschrieben. Für nähere Einzelheiten sei auf die Originalarbeiten hingewiesen. Ein genauer Vergleich dieser Arbeiten gibt in einigen Punkten keine Übereinstimmung. Es sei aber bemerkt, daß es sich um unterschiedliche Gewebe handelt. Nach WOOD und LUFT wächst die Eindringungsgeschwindigkeit des Fixationsmittels und bemerkenswerter Weise auch die Schneidbarkeit (Eponeinbettung) in der Reihenfolge: Phosphat-, Veronalazetat-, Bichromat-, s-Collidin-Puffer. Die leichte Schneidbarkeit bei Verwendung eines Collidin-Puffers kann einerseits auf die stärkere Extraktion von Proteinkomponenten zurückzuführen sein. Es wird aber auch die Möglichkeit in Erwägung gezogen, daß Reste des Collidin-Puffers lokal als Beschleuniger für die Polymerisation wirken und dadurch den Zustand des fertigen Polymers günstig beeinflussen.

Abb. 206a—d zeigen nach TRUMP u. ERICSSON den unterschiedlichen Einfluß des a) Collidin-, b) Phosphat-, c) Bicarbonat- und d) Bichromat-Puffers (DALTONs Chrom-Osmiumsäuregemisch). Auf den ersten Blick scheinen große Unterschiede vorzuliegen. Eine genauere Betrachtung zeigt jedoch, daß die wesentlichen Unterschiede in der verschieden starken Aufhellung der cytoplasmatischen und mitochondrialen Matrix zu suchen sind, relativ zu denen z. B. der Membrankontrast beurteilt wird. Im einzelnen sei noch auf folgende Differenzen hingewiesen: Nach Fixation mit OsO_4 in dest. Wasser oder Pufferung mit s-Collidin (a), Veronal-Azetat oder Cacodylat erscheinen die Cytosomen kontrastlos und als „leere" vakuolartige Strukturen mit filamentartigen und körnigen Bruchstücken. Bei OsO_4 gepuffert mit Phosphat (b), Bicarbonat (c) oder DALTONs Gemisch (d) zeigt die Matrix der Cytosomen eine wesentlich größere Dichte. Bei den Mitochondrien liegen die Unterschiede in der Konfiguration, relativen Dichte, Textur der Matrix und Erscheinungsform der Matrixgranula. Nach OsO_4 mit dest. Wasser oder Veronalazetat ergibt sich die gleiche äußere Form wie bei Collidin. Die Konturen sind glatt und abgerundet. Im Gegensatz dazu sind bei den anderen Puffern die Hüllen irregulär. Dies äußert sich auch in der Anordnung der Cristae. Im ersten Fall verlaufen diese annähernd senkrecht zur langenAchse (a),während bei den anderen Puffern (b, c, d) die Cristae schräg zur langen Achse verlaufen und auch häufig Abknickungen zeigen. In der ersten Gruppe ist die Dichte der Matrix nur wenig höher als im Raum zwischen den Cristae-Lamellen. Bei den Mischungen der 2. Gruppe ist die Matrix bedeutend dichter und der Zwischenraum der Cristae-Lamellen erscheint gegenüber der dunkleren Matrix aufgehellt. Die Dichte der cytoplasmatischen Grundsubstanz variiert ebenfalls stark. Wie schon oben dargelegt, wird vor allem hierdurch der unterschiedliche optische Eindruck der Bilder

27a

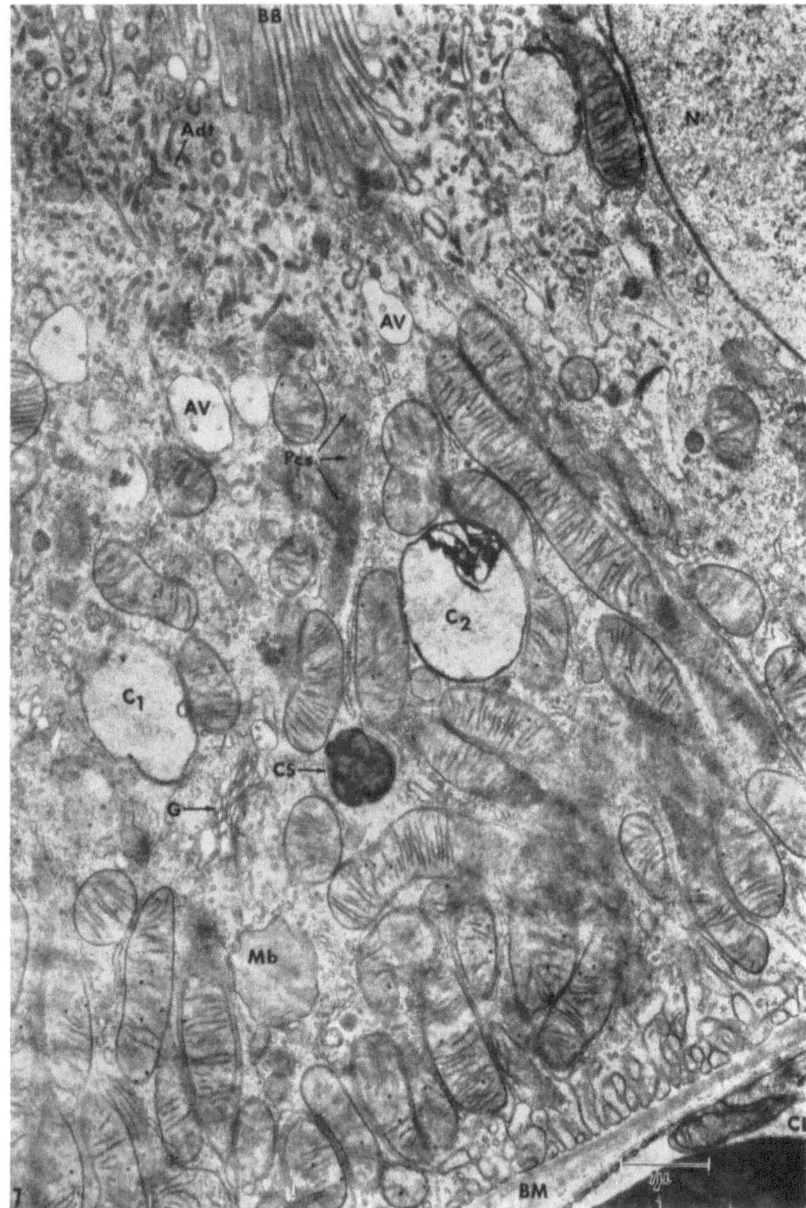

Abb. 206a. s-Collidin-Puffer

Abb. 206a—d. Einfluß der Pufferlösung bei der Osmiumfixation (1%) auf das Erscheinungsbild der Zellstrukturen im Epithel des proximalen Tubulus der Rattenleber. a) unter Verwendung eines s-Collidin-Puffers. b) Phosphat-Puffer, c) Bicarbonat-Puffer, d) Daltons Chrom-Osmiumsäure-Gemisch (Fixation 2 Std bei 0—4° C. Entwässerung je 15 min in 35, 70, 95% und abs. Alkohol, 2 × Propylenoxyd, 1 Std Propylenoxyd-Epon-(50:50)-Mischung, 12 Std Eponeinwirkung). BM = Basalmembran, C = Cytosomen, CS = Cytosegresomen, N = Kern, AV = hintere Vakuolen, Mb = Mikrobody, BB = Bürstensaum, G = Golgi-Apparat, Pcs = Paramembranöses Cisternensystem, CL = Kapillarlumen (Weitere Diskussion im Text) (Aufn. von Trump u. Ericsson, 1965)

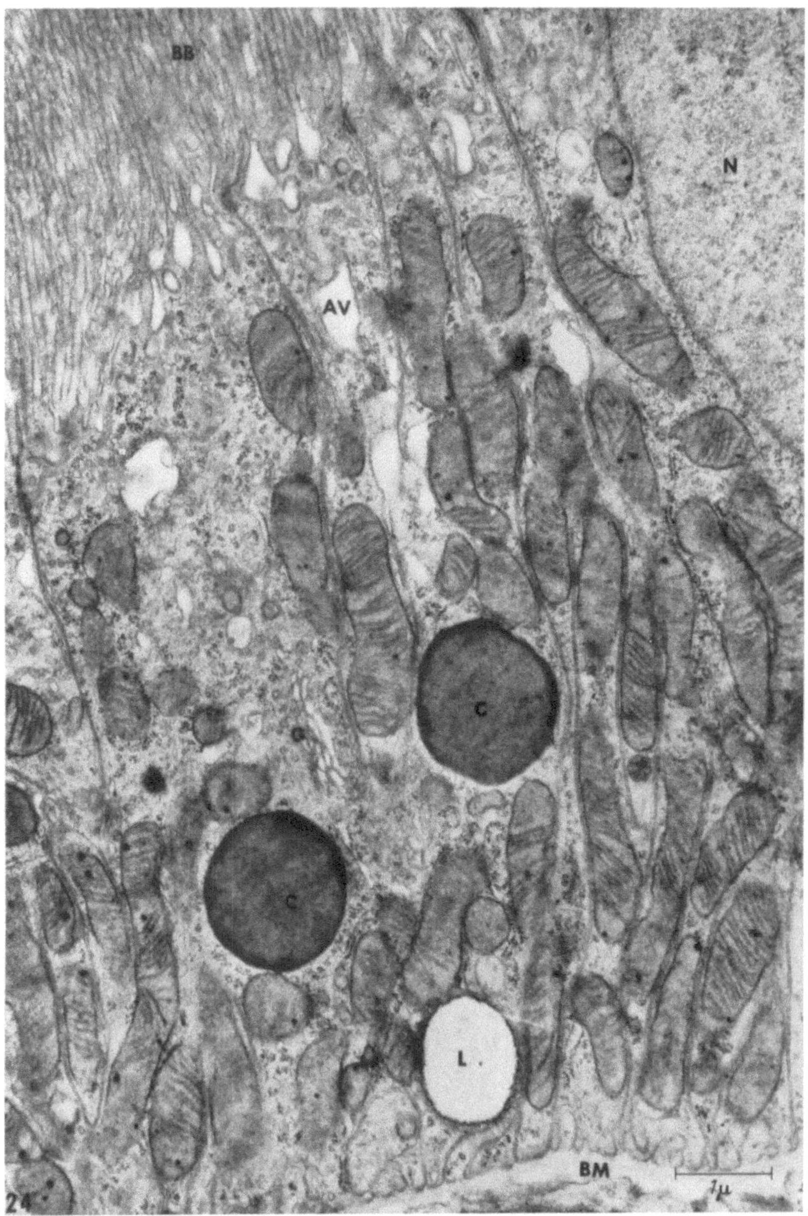

Abb. 206 b. Phosphat-Puffer

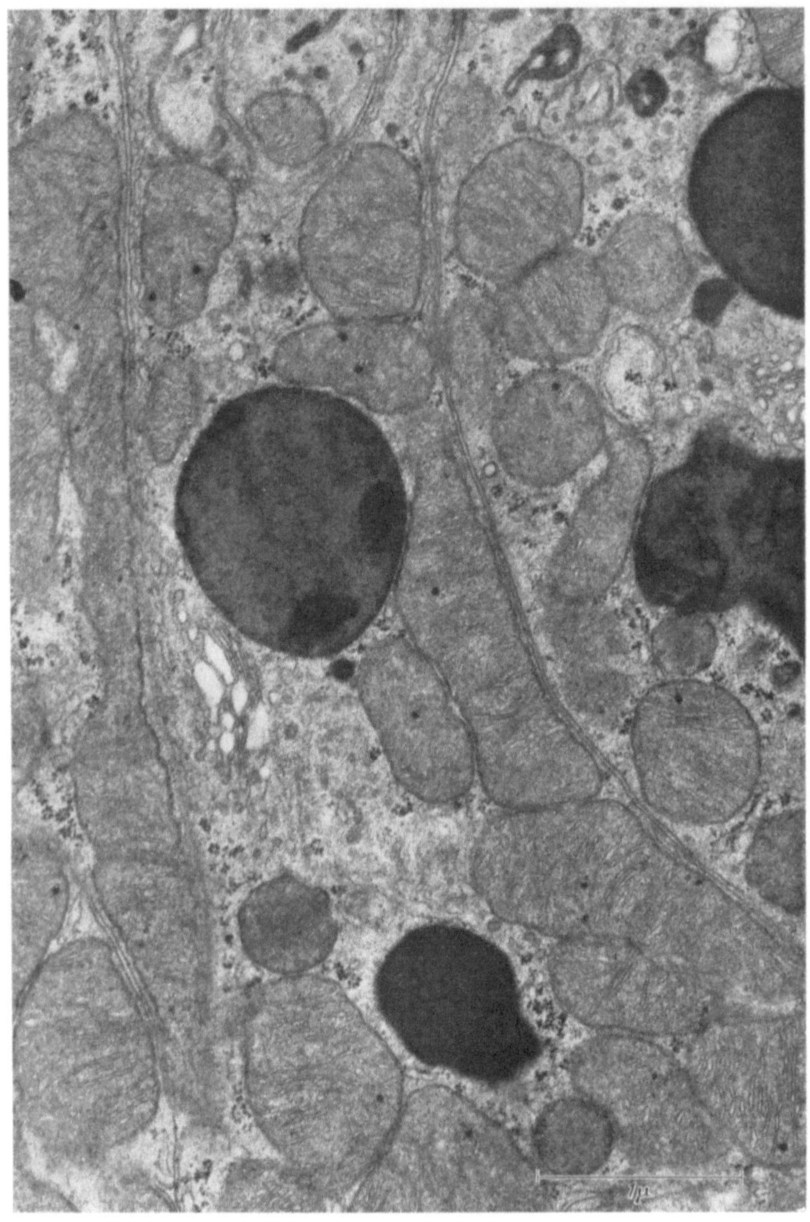

Abb. 206 c. Bicarbonat-Puffer

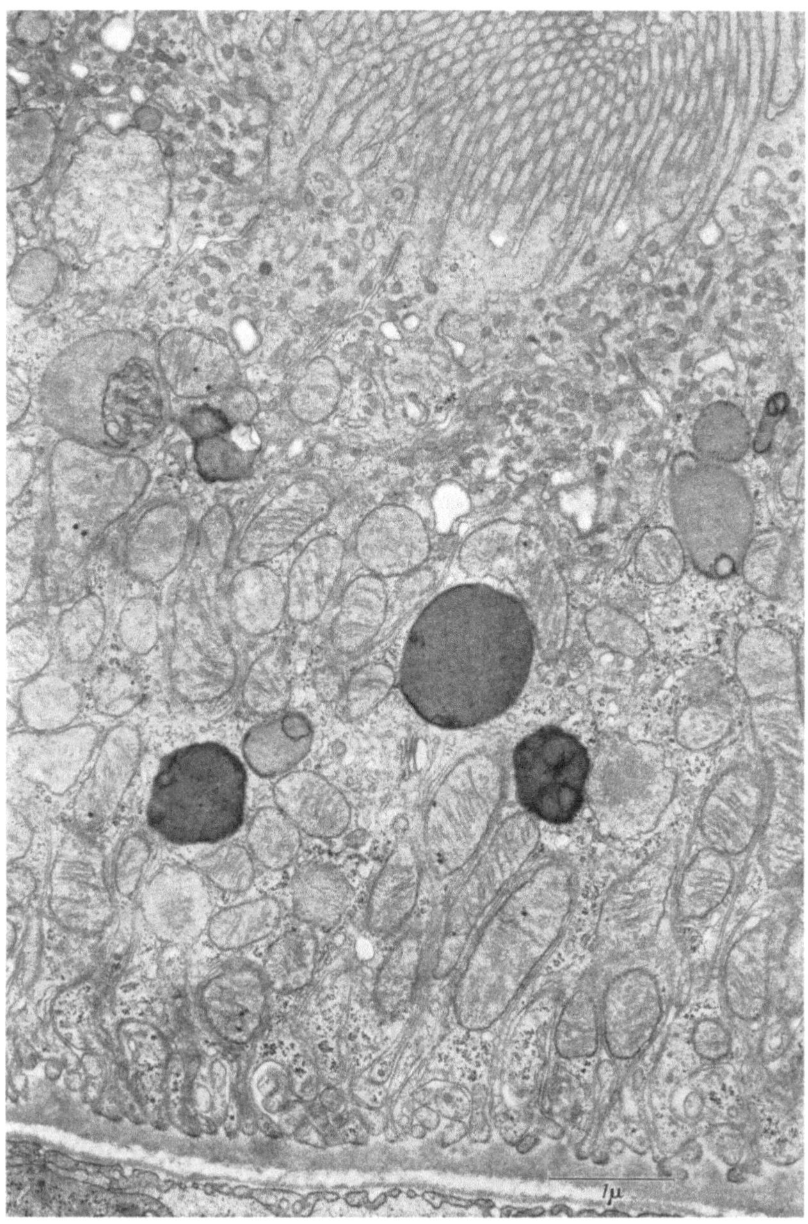

Abb. 206d. Daltons Chrom-Osmiumsäure-Gemisch

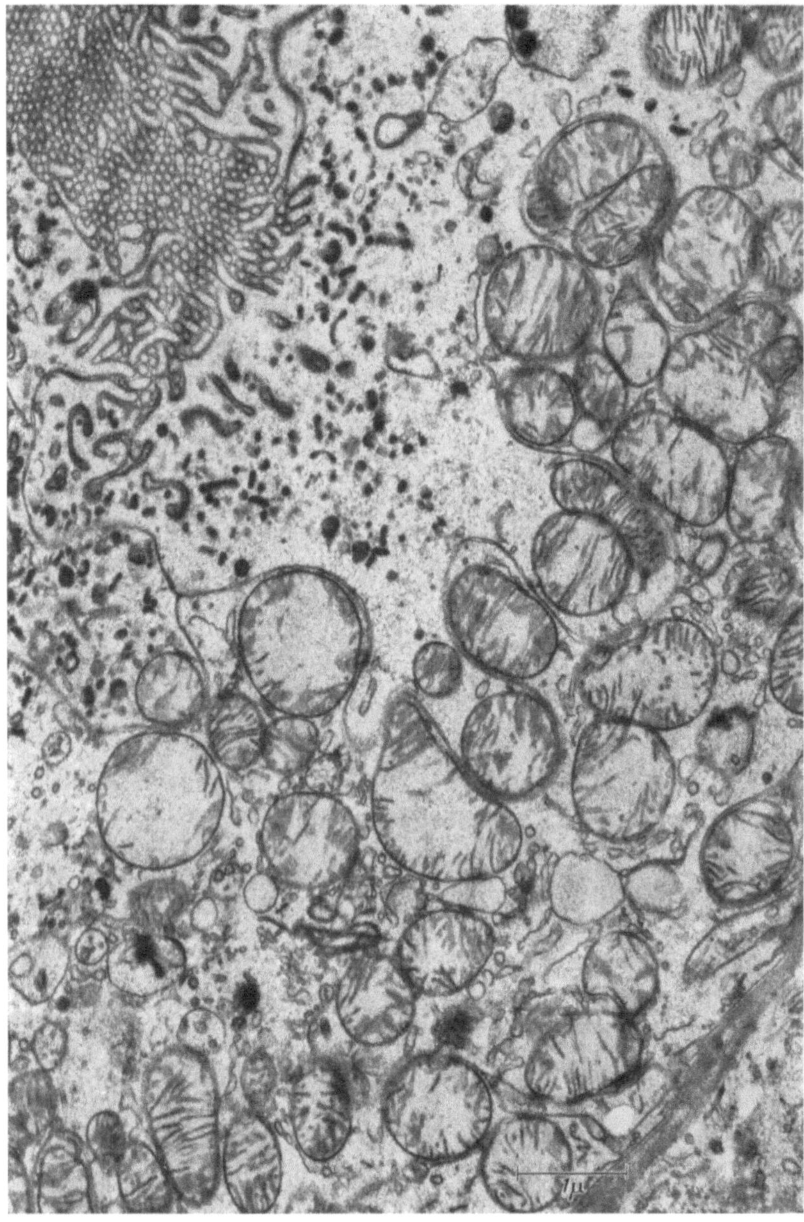

Abb. 207. Wie Abb. 206, Fixation in KMnO₄ (0,6%, 1 Std mit Cacodylat-Puffer)

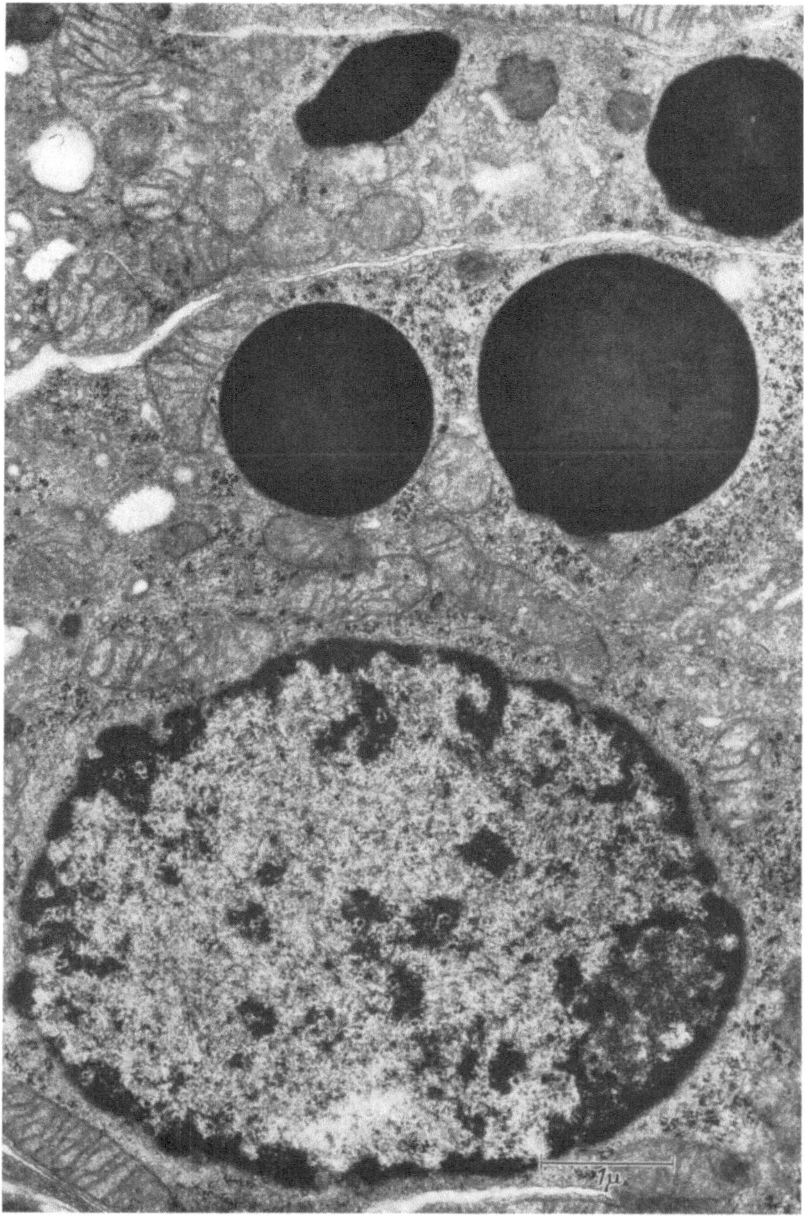

Abb. 208. Wie Abb. 206, Fixation mit 6,25% Glutaraldehyd gepuffert mit Cacodylat, 1 Tag in Puffer gewaschen, nachfixiert mit 1% OsO_4 in s-Collidin-Puffer

verursacht, weil hiergegen alle anderen Strukturen in ihrem Kontrast verglichen werden. In der ersten Gruppe (OsO_4 mit dest. Wasser, Veronalazetat oder Collidin) ist das Cytoplasma stark aufgehellt, während in der zweiten Gruppe (Bicarbonat, Cacodylat, Phosphat und DALTONs Gemisch) das Plasma dunkler erscheint. In der zweiten Gruppe kommt die Zusammenballung und spiralförmige Anordnung der Ribosomen gut zum Ausdruck, während in der ersten Gruppe die Ribosomen-Aggregate dissoziiert erscheinen.

Diese Beispiele zeigen deutlich, daß es keinen optimalen Puffer — gleichfalls kein optimales Fixationsmittel (s. a. $KMnO_4$- und Glutaraldehyd-Fixation des gleichen Gewebes in Abb. 207 und 208) — gibt, sondern, daß nur eine größere Zahl von Kombinationsmöglichkeiten dem Experimentator angeboten wird. Da die oben aufgeführten Unterschiede bei verschiedenen Puffern nicht allein aus einzelnen Aufnahmen — wie in Abb. 206 a−d — gezogen werden können, sondern nur aus einer großen Zahl von Schnitten aus verschiedenen Gewebeblöcken, ist es für die Praxis sehr zeitraubend die für den bestimmten Zweck günstigste Kombination Fixationsmittel-Puffer auszuwählen. Insbesondere sind die Kenntnisse über die chemischen Prozesse und die Extraktion bei der Fixation mit verschiedenen Puffern zur Zeit noch völlig unzureichend.

d) Spezifische Ioneneffekte

WOOD und LUFT weisen in den obigen Versuchen darauf hin, daß die Unterschiede der einzelnen Puffer offensichtlich nicht so sehr auf Unterschiede in der Pufferkapazität, sondern teilweise auf spezifische Ioneneffekte zurückzuführen sind, wobei wahrscheinlich die Ionen des Puffermediums mit bestimmten chemischen Gruppen im Gewebe reagieren und damit die Fixation und anschließende Kontrastierbarkeit beeinflussen. Diese Erscheinungen sind aber so komplex, daß sie z. Z. noch nicht zu übersehen sind.

Für spezifische Ioneneffekte gibt es auch zahlreiche andere Beispiele. PALADE (1954) probierte z. B. Ammonium-Azetat an Stelle des Na-Azetats im Veronal-Puffer. Die Membransysteme, speziell das ER, waren dann wenig erhalten und häufig völlig zerstört. Da alle anderen Bedingungen unverändert waren, ist dieser Effekt auf die Wirkung der Ammonium-Ionen zurückzuführen. Die Tendenz zur Vermeidung derartiger Effekte führt zur Aufstellung von Fixationsgemischen, deren Unschädlichkeit auch aus physiologischen Experimenten bekannt ist (s. o. Gemisch nach RHODIN u. ZETTERQVIST). Auch CAULFIELD vermeidet aus diesem Grund NaCl und benutzt Rohrzucker zur Einstellung der Isotonie. Bei meeresbiologischen Untersuchungen wird das Fixationsgemisch gerne mit Meersalzlösungen angesetzt. Auf der anderen Seite wurde gefunden, daß Ca^{++}-Ionen die Extraktion vermindern. Quantitativ konnte TOOZE (1964) nachweisen, daß mit Ca^{++}-Ionen (0,01 m) die Extraktion des Hämoglobins vollständig unterdrückt wird. Ca^{++}-Ionen begünstigen ferner die Erhaltung von Kernstrukturen (DE ROBERTIS, 1956) (s. a. § 23.1.1), Phospholipoiden (BRADBURY u. MEEK, 1958) und Myelin (GEREN u. SCHMITT, 1954) (s. a. S. 528).

19.2.3. Chemischer Ablauf der Osmiumfixation

Die Chemie der Osmiumfixation ist noch weitgehend ungeklärt. Bei Lipoiden nimmt man an, daß OsO_4 sich an Äthylendoppelbindungen anlagert: z. B.

a) Bildung eines Osmiumkomplexes mit anschließender Hydrolyse und Bildung von Diolgruppen

$$\begin{array}{c}-CH \\ \| \\ -CH\end{array} \begin{array}{c}O \\ \\ O\end{array}\!\!>\!\!OsO_2 \rightarrow \begin{array}{c}-CH-O \\ | \\ -CH-O\end{array}\!\!>\!\!OsO_2 + 2\,H_2O \rightarrow \begin{array}{c}-CH-OH \\ | \\ -CH-OH\end{array} + OsO_4H_2$$

b) Vernetzung benachbarter Doppelbindungen

$$\begin{array}{c}-CH \\ \| \\ -CH\end{array} \begin{array}{c}O \\ \\ O\end{array}\!\!>\!\!Os\!\!<\!\!\begin{array}{c}O \\ \\ O\end{array} + \begin{array}{c}HC- \\ \| \\ HC-\end{array} \rightarrow \begin{array}{c}-HC-O \\ | \\ -HC-O\end{array}\!\!>\!\!Os\!\!<\!\!\begin{array}{c}O-CH- \\ | \\ O-CH-\end{array}$$

Nach STOECKENIUS und MAHR (1965) bestätigt sich in großen Zügen, daß an Lipoiden und verwandten Verbindungen etwa 1 Grammatom Os an 1 Mol C=C-Bindungen anlagert. Nach Untersuchungen von MERRIAM (1958) spielen besonders bei Lipoiden reduzierte und gebundene niederwertige Osmiumoxyde bei der Entstehung des Bildkontrastes eine Rolle. Bei einer Behandlung der Schnitte mit Wasserstoffsuperoxyd (H_2O_2) verlieren nämlich besonders die scharf gezeichneten Membranen ihren Kontrast.

Aus Versuchen von BAHR (1954) an etwa 250 Substanzen großer Reinheit in vitro läßt sich das Schema der Tab. 19.1 ermitteln, mit welchen Molekülgruppen OsO_4 bevorzugt reagiert und Schwärzung hervorruft und mit welchen keine Reaktion stattfindet. HAKE (1965) konnte durch chemische Untersuchungen zeigen, daß durch die oxydierende Wirkung des OsO_4 z. B. α-Aminosäuren über α-Ketonsäuren zu Carbonsäuren abgebaut werden. Die Verhältnisse in vitro lassen sich zwar nicht ohne weiteres auf diejenigen in Geweben in situ übertragen, sie ergeben aber einen Anhaltspunkt, an welchen Molekülgruppen mit einer Osmiumanlagerung zu rechnen ist. Insbesondere zeigen HAYES u. a. (1963), daß Proteine keinen oder nur einen geringfügigen Osmiumgehalt aufweisen. ADAMS (1960) fand in einer histochemischen Untersuchung, daß eine Zerstörung der reduzierenden Gruppen: $-SH$, $-NH_2$, $-CHO$, $-CHOH$ und $-COOH$ keine Abnahme der Osmiophilie — gemessen als Gewebeschwärzung — ergab. Die Sättigung der Lipoide führt dagegen zu einem völligen Verschwinden der Schwärzung. Die geringe Schwärzung besagt jedoch nicht, daß keine Reaktion stattfindet. Man muß im Gegenteil annehmen, daß OsO_4 Proteinsysteme vernetzt und denaturiert und so zu einer guten Zellerhaltung beiträgt, im Gegensatz zu $KMnO_4$, welches die Proteinstrukturen zerstört.

Die Kenntnis des Ortes der Osmiumablagerung ist von besonderer Bedeutung bei der Beurteilung von biologischen Membransystemen (spez. Myelinschichten). Hierzu sind zahlreiche Modellversuche an künstlichen Membransystemen (z. B. Phospholipoid-Wasser-Systeme oder ungesättigte Seifen) durchgeführt (s. u. a. STOECKENIUS, 1960; TRURNIT u. SCHIDLOVSKY, 1960; SCHIDLOVSKY, 1965). Als überraschendes Ergebnis wurde in Uranyl-Linolenat-Schichten nicht eine Schicht von abgelagerten Os-Atomen in der Nähe der Doppelbindungen am Ende der Kette in der Nähe der CH_3-Gruppe gefunden. Im eingebetteten Schnitt erkennt man das Lamellensystem auch unfixiert durch die Uranatome am Carboxylende. Die Os-Atome sollten bei der zu erwartenden Ablagerung das Bild der Lamellensysteme mit einer weiteren Linie unterteilen. Im Gegensatz

Tabelle 19.1. *Molekülgruppen, die bevorzugt mit OsO_4 reagieren* (nach BAHR, 1954)

Reaktion mit OsO_4 zeigen:

—SH	Peptide, Proteine, Enzyme
= ≡	Fette, Wachse, Lecithin, Cerebroside, Vitamine, gewisse Hormone, Gallensäure u. a. biol. Substanzen, die eine Sterinstruktur zur Gundlage haben
≡ N	Tertiäre Amine, Tryptophan
—NH₂	in Endgruppen und nicht an Salze gebunden
—S-	sulfidischer Schwefel, Cystin, Methionin
—OH	in Endgruppen und an bestimmten Karbonketten
—CHO	

Einige heterozyklische Verbindungen
Aromatische Verbindungen mit mindestens 2 Hydroxylgruppen in günstiger Position

Keine Reaktion mit OsO_4 zeigen:

—COOH	Säuregruppen
—CH₂—CH₂-	Paraffinketten
—CO—NH-	Peptidbindungen
—COO⁻ . . . ⁺NH₃	-Salzverbindungen
—SO₃	Sulfonsäuregruppen

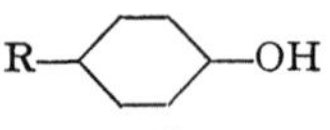

R—⟨◯⟩—OH   Monohydroxy-, (Tyrosin)

R—⟨◯⟩—OH   mit Haliden substituiert (Dijodtyrosin)
(mit J-Substituenten)

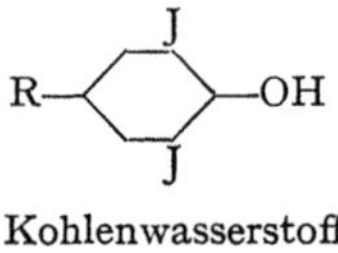

Kohlenwasserstoffe: Zucker und ihre Polymere wie z. B. Stärke, Glykogen, Peptine, Aminozucker, Hepatin, Hyaluronsäure, Lignin.
Nukleinsäuren: Nukleine, Ribosezucker, Zuckerphosphate, verschiedene Proben von höheren und niederen Polymeren von Desoxyribonuklein- und Ribonuklein-Säure.

dazu wird aber ein verstärkter Kontrast an den bereits durch die Uranatome markierten Carboxyl-Enden beobachtet. Andererseits zeigen die OsO_4-fixierten Präparate eine bessere Erhaltung, so daß man Reaktionen an den Doppelbindungen mit anschließender Vernetzung annehmen muß. Warum die Os-Atome sich nicht am Ort des Umsatzes ablagern, sondern offenbar zum Carboxylende wandern, ist nicht geklärt (STOECKENIUS, 1960). Dies Beispiel zeigt aber deutlich, daß bei der Interpretation der Aufnahmen Vorsicht geboten ist und daß in molekularen Dimensionen die Orte des Umsatzes und der Ablagerung nicht identisch zu sein brauchen (s. ähnliche Probleme bei der Enzymhistochemie § 20.5).

19.2.4. Dauer der Osmiumfixation

Für eine gute Osmiumfixation spielt auch die Dauer der Fixation eine große Rolle. Wenn man die Fixationsflüssigkeit zu lange einwirken läßt, tritt eine starke Auswaschung des Gewebes auf (vor allem bei Verwendung des Veronalazetat-Puffers). Untersuchungen von PORTER u. KALLMAN (1953) an Gewebekulturen und LOW (1954) am Alveolargewebe der Lunge zeigten, daß bevorzugt solche Substanzen bei längeren Fixationszeiten extrahiert werden, die Protein enthalten, z. B. Myofibrillen des Cytoplasmas. Demgegenüber werden Membranstrukturen praktisch kaum extrahiert. Diese bestehen vorwiegend aus Lipoiden. Der Unterschied in der Extraktion ist so groß, daß eine längere Fixation zur differenzierten Hervorhebung von Membranstemen, z. B. in Mitochondrien oder dem endoplasmatischen Retikulum, dienen kann. Man ersieht hieraus, daß man umgekehrt bei Erfassung des gesamten Zellinhaltes mit möglichst kurzen Fixationszeiten arbeiten sollte. Es tritt zwar auch eine Extraktion bei der Entwässerung und Einbettung auf, hierbei werden aber bevorzugt solche Stoffe extrahiert, die sich in organischen Lösungsmitteln (z. B. Alkohol oder Azeton) lösen.

Die für eine vollständige Fixation erforderliche Mindestzeit hängt einmal von der Art des untersuchten Gewebes und andererseits natürlich von der Größe des Objektblockes oder -schnittes ab. BAHR (1955) hat die Osmiumausscheidung eines Objektblockes (Würfel mit 2 mm Kantenlänge) in Abhängigkeit von der Zeit für verschiedene Gewebe gemessen und gefunden, daß nach 4 Std ein Sättigungswert erreicht wird (Abb. 209). Hieraus sind auch einige quantitative Angaben zu entnehmen (mg Os/mg Trockensubstanz), die die Größenordnung der eingebauten Osmiummenge erkennen lassen. Da es sich bei diesen Messungen um relativ große Proben handelt, kann man 4 Std als Höchstwert für die Osmiumfixation ansetzen, wenn man die cytoplasmatischen Strukturen nicht zu stark extrahieren will. Im allgemeinen reichen aber 30—60 min bei dünneren Proben aus. Alle Anzeichen sprechen dafür, daß die Fixation weitgehend abgeschlossen ist, unmittelbar nachdem die Osmiumsäure die betreffende

Gewebestelle erreicht hat. Längere Fixationszeiten sind daher nur wegen
der langsamen Eindringungs-Geschwindigkeit der Osmiumsäure erforderlich. Bei zu kurzen Zeiten ist unter Umständen nur die äußerste Zone
optimal fixiert, welche durch die Probenentnahme stark gestört ist.
MILLONIG (1962) gibt für sein Gemisch mit Phosphat-Puffer optimale
Fixationszeiten von 2—4 Std an. Es wurde aber schon oben darauf hingewiesen, daß dieser Puffer nicht so starke Extraktionserscheinungen

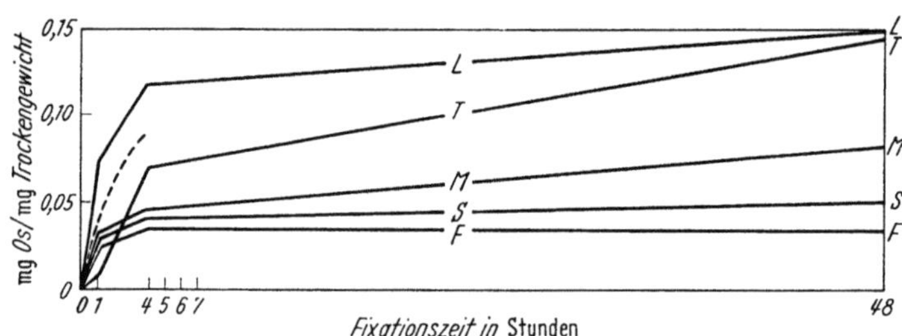

Abb. 209. Quantitative Messungen über den zeitlichen Verlauf der Osmiumabscheidung in verschiedenen
Geweben (nach BAHR, 1955). (*L* Leber, *T* Sehne, *M* Muskel-, *S* Haut- und *F* Fettgewebe)

zeigt. Ebenso ist nach Angaben von DALTON (1955) in seinem Chrom-
Osmiumsäure-Gemisch die Fixationszeit nicht kritisch (2—24 Std), da
auch hier eine geringere Materialextraktion auftritt.

Um die Diffusion der Osmiumsäure in sehr dichten Geweben (z. B.
Arterienwänden) zu beschleunigen, schieben PALLIE u. PEASE (1958) vor
der Osmiumfixation eine kurze Behandlung (2—5 min) mit Hyaluronidase
gelöst in Ringer-Lösung ein (Ampulle mit 150 Einheiten auf 2—10 ml-
Lösung). Die Wirkung beruht auf der Depolymerisation der Mucopolysac-
charide. Dieses Ferment wurde auch bereits von BECHER u. HOEGEN
(s. § 23.2.3) in der elektronenmikroskopischen Präparationstechnik angewandt.

19.3. Kalium-Permanganat-Fixation

Die Fixation mit Kalium-Permanganat wurde von LUFT (1956) eingeführt. Gelegentlich wurde es schon früher in der Lichtmiskrokopie als
Fixationsmittel benutzt.

Zusammensetzung: 1 Teil Permanganat-Lösung (1,2%)
1 Teil Veronal-Azetat-Puffer, Stammlösung A (s. o.)
Einstellung auf pH 7,4—7,6.

Im Bereich von 0,5—1,2% $KMnO_4$ soll die Konzentration nicht kritisch
sein. Die gepufferte $KMnO_4$-Lösung wird auch in Eiswasser gekühlt und
15 min bis 12 Std auf 1—2 mm³ Gewebe einwirken lassen. Es werden erst

die Membranen fixiert (nach etwa 15—30 min). Diese sind daher im Bild stark hervorgehoben (Abb. 207). Im wesentlichen werden nur die Lipoproteinsysteme in intrazellulären Membransystemen gut erhalten. Fast alle anderen Teile der Zelle werden mehr oder weniger geschädigt und extrahiert, besonders cytoplasmatische Teilchen mit hohem RNS-Gehalt. Mit wachsender Fixationszeit erscheint das Cytoplasma leerer. Aber auch die Entwässerung scheint einen Einfluß auf die Zellerhaltung zu haben. Es ist eine schnelle Entwässerung günstiger (PEASE, 1964). Auch das Kerninnere wird als strukturlose graue Masse abgebildet. Nach Untersuchungen von AMELUNXEN u. THEMANN (1960) an TMV-Teilchen werden diese durch Kaliumpermanganat stark angegriffen und in Tumorzellen sowohl die Kern- als auch die Cytoplasmastrukturen retikulär vernetzt. Deshalb wird dieses Fixationsmittel in erster Linie dann benutzt, wenn es darauf ankommt, Membranen und deren Feinstrukturen abzubilden [s. u. a. Myelinschichten (ROBERTSON, 1958), endoplasmatisches Retikulum in botanischem Material (WHALEY u. a., 1959)].

Es wird bezweifelt, ob der Puffer bei diesem Fixationsmittel von Bedeutung ist, da Vergleichsuntersuchungen mit und ohne Puffer besonders bei botanischem Material keinen erkennbaren Unterschied zeigten. MOLLENHAUER (1959) benutzte z. B. 2—5%ige ungepufferte Lösungen (2 Std bei 22° C). Versuche mit anderen Permanganaten lieferten keine abweichenden Ergebnisse, außer daß das Natriumsalz etwas bessere Resultate zu liefern scheint (WETZEL, 1961). TAHMISIAN (1964) gibt gepufferte und ungepufferte Gemische mit OsO_4-Zusatz an, bei denen wesentlich mehr Zellstrukturen erhalten werden als mit Permanganat alleine.

Gepufferte Osmium-Kaliumpermanganat-Mischung nach TAHMISIAN (1964).

8 ml gepufferte Salzlösung (gleiche Teile von 9% NaCl, 0,1 m Na_2HPO_4
    und 0,1 m KH_2PO_4)
1,3 g $KMnO_4$
50 ml 2%ige OsO_4-Lösung
100 ml Aqua dest. (pH 6,8).

Ungepufferte Osmium-Kaliumpermanganat-Mischung wie oben, nur an Stelle der gepufferten Salzlösung 2,7 cm³ 9%ige NaCl-Lösung.

Es können zuweilen Schwierigkeiten bei der Methacrylateinbettung auftreten. Man muß deshalb bei 4° C fixieren und das Methacrylat vorpolymerisieren. Zeit und Temperatur der Fixation sind jedoch weniger kritisch, wenn man Epon oder Araldit verwendet.

19.4. Aldehyd-Fixation

19.4.1. Formaldehyd

Formaldehyd (HCHO; im Handel als Formalin, 40%ige Lösung) ruft gegenüber den anderen Fixationsmitteln keine Anlagerung von Schwermetallen hervor. Die fixierende Wirkung erfolgt durch Methylenierung der Eiweißkörper des Gewebes. Zum Beispiel können Aminogruppen benachbarter Polypeptidketten auf folgende Weise vernetzt werden:

$$
\begin{array}{l}
\ \ |\qquad\qquad\qquad\quad\ \ |\qquad\ |\qquad\qquad\quad\ |\\
H_2C\qquad\ \ O\qquad\quad CH_2\quad H_2C\quad\ H_2\quad\ CH_2\\
\ \ |\qquad\qquad\ \| \qquad\quad\ |\qquad\ \ |\qquad\ |\qquad\ \ |\\
HC{-}NH_2 + \ \diagup C\diagdown\ + H_2N{-}CH \ \rightarrow\ HC{-}N{-}C{-}N{-}CH\ + H_2O\\
\ \ |\qquad\quad H\ \ \ H\qquad\ \ |\qquad\ \ |\ \ H\ \ \ H\ |\\
H_2C\qquad\qquad\qquad\quad CH_2\quad H_2C\qquad\qquad CH_2\\
\ \ |\qquad\qquad\qquad\quad\ \ |\qquad\ |\qquad\qquad\quad\ |
\end{array}
$$

Deshalb wird die für den Bildkontrast maßgebende Dichte nicht wesentlich gegenüber dem natürlichen Zustand geändert, so daß man mit einer Formalinfixation etwa die wahren Dichteverhältnisse im Gewebe aus den elektronenmikroskopischen Aufnahmen entnehmen kann. Als Beispiel sei auf Untersuchungen von FARRANT und HODGE (1954) an Ferritin-Kristallen hingewiesen. Es war zwar sehr schwierig, die formalinfixierten Kristalle in Methacrylat einzubetten (s. u.). Stellenweise ergaben sich aber Schnitte mit hoher Ordnung, deren Kontrast im wesentlichen durch die Fe-Atome des Ferritins bestimmt ist, während man bei ebenfalls durchgeführten Versuchen mit Osmiumfixation ein Bild der zusätzlichen „Osmiumverteilung" bekommt. Dies Beispiel zeigt besonders deutlich, daß es Fälle gibt, in denen gerade ein nichtkontrastierendes Fixationsmittel von Bedeutung ist.

Formalin erhält zwar relativ gut einige proteinhaltige Zellbestandteile, z. B. Kollagen und Myofibrillen sowie die kleinen dichten Paladeschen Körper im Cytoplasma. Lipoide, insbesondere Phospholipoide, werden dagegen schlecht fixiert. Deshalb werden Membranen des Kerns, des ER oder von Mitochondrien nicht gut erhalten und z. T. zerstört. Gewebe, welches nur mit Formalin fixiert ist, wird oft während der Polymerisation des Methacrylates stark geschädigt (MORGAN u. a., 1956).

Da Formalin aber schneller eindringt als Osmiumsäure wurde es z. B. bei einigen pflanzlichen Geweben als Vorfixation mit Erfolg angewandt, welche mit einer reinen Osmiumfixation nicht mit der gleichen Qualität fixiert werden konnten (EHRLICH, 1958; ROWLEY u. a., 1959).

Wesentlichere Verbesserungen der Formalin-Fixation wurden durch die Verwendung des Phosphat-Puffers nach MILLONIG durch HOLT u. HICKS (1961) und PEASE (1962) erreicht. Eine Vorfixation mit Formaldehyd mit einer anschließenden Osmiumfixation zeigten eine nahezu gleichwertige Erhaltung als bei reiner Osmiumfixation. Der Veronalazetat-Puffer reagiert nämlich mit Formalin und ist daher nicht verwendbar.

Formalin-Fixationsgemisch
83 ml Na-Monophosphat-Lösung (2,26%)
17 ml NaOH-Lösung (2,52%)
Wahlweise: 11 ml Formalin (Methanol-frei, 40%ige Formaldehydlösung)
oder 4 g gelöstes Paraformaldehyd (s. u.).

Nach PEASE (1962) hängt der Erfolg der Formalin-Fixation wesentlich davon ab, daß die Formalinlösung methanolfrei ist. Mit Sicherheit reines Formaldehyd erhält man durch Depolymerisation von Paraformaldehyd. Um dies zu erreichen, wird das feste Polymerisat als Pulver in Wasser von 60° C leicht alkalisch gemacht, indem kleine Mengen von NaOH zugeführt werden. Bei etwa pH 7,2 erfolgt die Depolymerisation plötzlich. Eine 40%ige Formalinlösung ist dann noch milchig, wird aber bei der Verdünnung klar.

19.4.2. Höhere Aldehyde

Die Verwendung der Aldehyde als Fixationsmittel ist von besonderem Interesse für die Enzym-Histochemie, da gerade durch die Osmiumfixation die Enzymaktivität fast vollständig zerstört wird. Versuche von SABATINI u. a. (1962, 1963, 1964) zeigten, daß einige höhere Aldehyde die Enzymaktivität wesentlich weniger beeinflussen als es bereits in den erfolgreichen Versuchen mit Formalin durch HOLT u. HICKS (1961) der Fall war (s. Tab. 20.1). Diese Aldehyde ermöglichen es, vor der Einbettung den Nachweis eines bestimmten Enzyms durch spezifische Fällungsreaktionen durchzuführen (§ 20.5), wobei anschließend noch mit OsO_4 fixiert und kontrastiert wird, um das gewohnte Bild zur besseren Orientierung zu erhalten. Es können die Reaktionen auch am Schnitt ausgeführt werden.

Eine ausgezeichnete Zellerhaltung zeigen Glutaraldehyd ($CHO-(CH_2)_3-CHO$, im Handel als 25%ige wässerige Lösung) (Abb. 208 u. 210) und Acrolein ($CH_2=CH-CHO$) (s. a. Tab. 19.2). Mit einer OsO_4-Nachfixation stellt Glutaraldehyd das z. Z. beste Fixationsmittel dar. Glutaraldehyd besteht aus einer Kette von 5 C-Atomen mit je einer Aldehydgruppe an den Enden. Vermutlich basiert die gute Erhaltung der sublichtmikroskopischen Struktur auf einer Vernetzung durch Reaktion der beiden Aldehydgruppen an verschiedenen Stellen. Das Fixationsgemisch enthält ebenfalls den Phosphat-Puffer (s. o.). Es wird eine 4—6,5%ige Lösung von Glutaraldehyd in 0,1 m Phosphat-Puffer benutzt (pH 7,2). Die Fixationsdauer eines Blockes von 1 mm³ beträgt 0,5—2 Std. Anschließend müssen

28*

die Proben gründlich (18 Std) in reinem Puffer ausgewaschen werden, anderenfalls ist eine Osmiumnachkontrastierung sehr kontrastarm (SABATINI u. a., 1963). Es ist bemerkenswert, daß das Gewebe über mehrere Monate in kaltem Puffer aufbewahrt werden kann, bevor es mit Osmiumsäure nachfixiert wird. Dies eröffnet neue Möglichkeiten, um Material, welches bei Operationen oder auf Expeditionen anfällt, über längere Zeit zu lagern, bevor es eingebettet und geschnitten wird.

Die Erhaltung der Enzymaktivität geht allerdings nicht parallel zur Erhaltung der sublichtmikroskopischen Struktur. Acrolein zerstört diese fast vollständig. Glutaraldehyd erhält viele Enzyme mit mittleren Aktivitäten. Hydroxyadipaldehyd ($CHO-(CH_3)_2-CH(OH)-CHO$) ist das beste Fixationsmittel für die Enzymerhaltung, aber die Erhaltung der Struktur ist etwas schlechter als bei Formalin. Sie reicht aber aus, um die einzelnen Zellorganelle und damit den Ort der Enzymaktivität noch gut zu erkennen (s. a. § 20.5). Glyoxal, Crotonaldehyd und Methacrolein zeigen Zellerhaltungen, die etwa dem Formalin äquivalent sind (Tab. 19.2).

Tabelle 19.2. *Daten für die Anwendung von Aldehyden als Fixationsmittel* (nach SABATINI u. a., 1963)

Aldehyd	Konz.	Puffer	Molarität des zugefügten Rohrzuckers	pH	Qualität der Zellerhaltung
Glyoxal	4%	0,2 m Phosphat od. Cacodylat-P.	0,22—0,23 m	6,5	B
Glutaraldehyd . . .	2—6,5	0,1 m Phosphat od. Cacodylat-P.	keinen	7,2	A
Hydroxyadipaldehyd	6—12,5	0,1 m Phosphat od. Cacodylat-P.	0,44	7,5	C—D
Crotonaldehyd . . .	10	0,1 m Phosphat od. Cacodylat-P.	0,44	7,4	B
Pyruvicaldehyd . . .	5	0,2 m Phosphat od. Cacodylat-P.	0,44	5,5	E
Acetaldehyd	10	0,1 m Phosphat od. Cacodylat-P.	0,22—0,33 m	7,5	E
Acrolein	10	0,1 m Phosphat od. Cacodylat-P.	keinen	7,6	A
Methacrolein	5	0,1 m Phosphat od. Cacodylat-P.	0,22—0,33 m	7,6	B
Formaldehyd	4	0,1 m Phosphat od. Cacodylat-P.	0,22—0,44 m	7,4	C

A = optimal
E = schlecht

Fixationsdauer: 0,5—24 Std, 4° C.
Spülung u. Lagerung im Puffer (0,1 m + Rohrzucker 0,22 m) bei 4° C (mehrere Std bzw. über Nacht).
Eventuelle OsO_4-Nachfixation 15 min — 2 Std.
Einbettung in Epon, Araldit oder Polyester (Polymerisationsschäden bei Methacrylat)

Es sind auch Mischungen von 2 Aldehyden zur Vorfixation benutzt worden: Acrolein und Formaldehyd (MARINOZZI, 1963), Acrolein und

Glutaraldehyd (2% A, 6,5% GA) (SANDBORN, 1964) oder Formaldehyd-Glutaraldehyd (KARNOVSKY, 1965). Hierbei werden die Zellstrukturen durch den schneller eindringenden Aldehyd (Reihenfolge: F, A, GA) stabilisiert und durch den 2. langsamer eindringenden Aldehyd, welcher größeres Reaktionsvermögen zeigt, fixiert. Mit F + GA wurde z. B. eine besonders gute Erhaltung der Mikrotubuli erreicht.

19.4.3. Kontrast von aldehydfixierten Geweben

Ohne Nachkontrastierung erscheinen Schnitte von mit Aldehyden fixiertem Gewebe sehr kontrastarm und haben etwa das gleiche Aussehen wie bei einer reinen Gefriertrocknung, bei welcher die Lipoide während

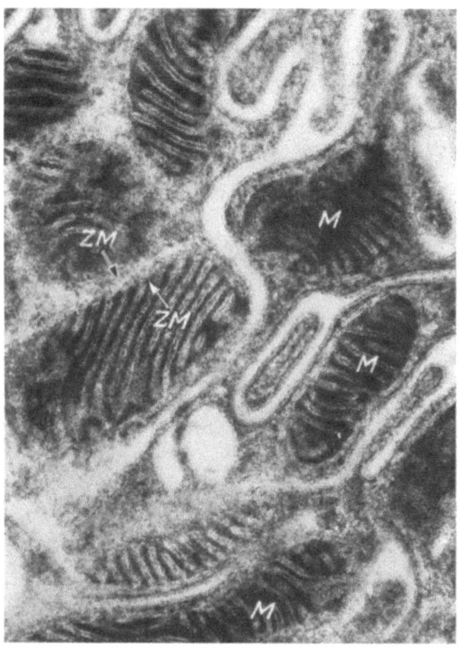

Abb. 210. Negativer Kontrast der Cristae mitochondrialis bei starker Schwärzung der Mitochondrienmatrix nach Fixation 18 Std 6,5% Glutaraldehyd (Phosphat-Puffer), Kontrastierung mit PWS 1—2 Std während der 70% Alkohol-Stufe und am Schnitt mit Uranylazetat 1 Std + Bleizitrat nach REYNOLDS 3—5 min. Objekt: Niere, Maus, Eponeinbettung (nach THEMANN, 1964)

der Entwässerung und Einbettung extrahiert werden. Insbesondere erscheinen die Membranen des endoplasmatischen Retikulums, Golgi-Apparates oder der Mitochondrien (einschließlich der Cristae) deshalb hell auf dunklem Grund. Dies wird durch eine Blei-Nachkontrastierung noch verstärkt (Abb. 210) (THEMANN, 1964).

Folgt der Aldehyd-Fixation eine Nachfixation mit OsO_4, so erhält man speziell bei einer Vorfixation mit Glutaraldehyd und einer Schnitt-

Kontrastierung mit Bleihydroxyd ein Bild, wie man es von der reinen OsO_4-Fixation gewöhnt ist (Abb. 208). Das Hyaloplasma und die spezifischen Granula sowie die Matrix der Mitochondrien erscheinen jedoch wesentlich dichter und weniger extrahiert. Auch die Kernstrukturen sind gut erhalten. Die bisherigen Ergebnisse sprechen dafür, das zumindestens Glutaraldehyd die DNS-haltigen Strukturen (Kernchromatin) noch besser erhält als OsO_4.

Nimmt man die OsO_4-Behandlung jedoch erst nach der Entwässerung vor, so erscheinen die Membranen nach wie vor hell auf dunklem Grund. Wenn die OsO_4-Fixation also nicht zwischen Aldehyd-Fixation und der Entwässerung erfolgt, kann eine Extraktion des lipoiden Membranmaterials auftreten. Daraus ist der Schluß zu ziehen, daß auch bei der längeren Lagerung in wässeriger Pufferlösung nach der Aldehydfixation noch keine Lipoid-Extraktion stattfindet, sondern erst in den organischen Lösungsmitteln bei der Entwässerung. Es wurde schon oben darauf hingewiesen, daß für eine kontrastreiche OsO_4-Nachfixation eine gründliche Zwischenwässerung in dem Puffermedium erforderlich ist.

19.5. Gefrierfixationsmethoden

19.5.1. Allgemeine Grundlagen zum Gefrierprozeß

Die Gefrierfixation gewinnt in neuerer Zeit stärker an Bedeutung. Es ist in den vorhergehenden Abschnitten des öfteren dargelegt worden, wie schwierig die Frage der Fixationsartefakte zu entscheiden ist. Nur in wenigen Fällen kann man durch den Doppelbrechungstest oder durch Röntgenkleinwinkelbeugung auf die Erhaltung der sublichtmikroskopitischen Struktur schließen. Auch durch die Wahl verschiedener Fixationsmittel läßt sich nicht streng entscheiden, ob morphologische Veränderungen bei der Fixation auftreten, da alle chemischen Fixationsmittel ähnliche Veränderungen hervorrufen können. Außerdem können bei der Entwässerung durch Alkohol oder andere Lösungsmittel bis zu 40—60% der Trockensubstanz (besonders proteinhaltige Strukturen) durch Extraktion verlorengehen. Deshalb ist die Gefrierfixation als zusätzliche und andersartige Methode zur Fixation zu begrüßen. Man bezeichnet die Gefriertechnik auch als physikalische Fixationsmethode im Gegensatz zur chemischen Fixation mit OsO_4, $KMnO_4$ oder den Aldehyden. Alle Gefrierfixationsmethoden sind noch nicht zu Routinemethoden entwickelt. Sie haben aber vielversprechende Vorteile, die in der Zukunft eine weitere Vervollständigung erwarten lassen.

Den Gefriermethoden liegt zunächst gemeinsam eine rapide Abkühlung zugrunde, so daß sich keine intrazellulären Eiskristalle bilden, welche zur Zerstörung von Membranen und zur Vakuolenbildung führen können. Die einzuhaltenden Bedingungen, um diesen Zustand zu erreichen, sollen

unten ausführlich diskutiert werden. In der Nachbehandlung hat sich
für die verschiedenen Methoden folgende Bezeichnungsweise eingebürgert.
Unter *Gefriertrocknung* versteht man die Sublimation des Eises im Hochvakuum, ohne daß sich Grenzflächen Flüssigkeit-Gas ausbilden, die auf
Grund der Oberflächenspannung zu Zerstörungen führen. Die Schwierigkeit liegt darin, anschließend unter Vakuum die so entwässerten Proben
mit dem Einbettungsmittel zu durchtränken. Bei der *Gefriersubstitution*
wird das Eis durch ein tiefgekühltes Lösungsmittel gelöst, welches bereits
zur weiteren Stabilisierung noch ein Fixationsgemisch enthalten kann.
Anschließend wird die Probe wie normal entwässertes Gewebe weiter

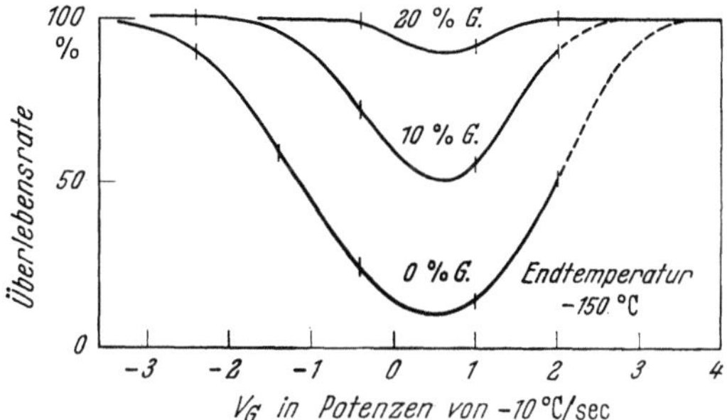

Abb. 211. Der Einfluß der Konzentration der Glycerinlösungen auf die Überlebensrate von Hefezellen
(Saccharomyces cer.) bei verschiedenen Gefriergeschwindigkeiten v_G (nach MOOR, 1964)

behandelt. In der *Gefrierätzung* legt man in tiefgekühlten Proben unter
Vakuum mit einem Mikrotom frische Spaltflächen frei, die nach kurzer
Zeit durch Sublimation des Eises ein Oberflächenrelief aufweisen. Dies
wird im gleichen Vakuum mit einem Platin-Kohle-Oberflächenabdruck
präpariert.

Der erste wichtige Punkt für eine erfolgreiche Gefrierfixation ist die
möglichst schnelle Abkühlung des Gewebes. Bei zu langsamer Abkühlung
beginnt die Kristallisation vorwiegend zwischen den Zellen und entzieht
auf osmotischem Wege den Zellen weiteres Wasser. Durch den Anstieg
der Salzkonzentration sinkt dann der Gefrierpunkt und das Innere der
Zelle erstarrt später. Als Folge treten im GewebeVerlagerungen, Schrumpfungen und Risse auf, vor allem weil sich das Eis beim Erstarren im Vergleich zu Wasser von 0° C ausdehnt. Modellversuche an Hefezellen (MOOR
u. MÜHLETHALER, 1963; MOOR, 1964) zeigten, daß diese Entwässerung
durch extrazelluläre Gefrierung jedoch zu einer hohen Überlebensrate
führt (Abb. 211). Anders ist es dagegen bei mittleren Abkühlungsgeschwindigkeiten. Es erstarrt auch schon die Gewebsflüssigkeit im
Bruchteil einer Sekunde, und die intrazelluläre Eiskristallbildung im
Plasma läßt die Überlebensrate praktisch auf Null absinken. Die Eis-
kristallitgröße ist dabei etwa umgekehrt proportional zur Wurzel aus der

Abkühlungsgeschwindigkeit (in °C/sec). Man kann aber die Eiskristallbildung in zunehmendem Maße vermeiden, wenn man die Probe so schnell
wie möglich unter − 140° C abschreckt, da dann das Eis in feinstkristalli-
ner (glasiger) Form erstarrt (Vitrifikation). Die Überlebensrate steigt
dann wieder an. Nach STEPHENSON (1956) sind hierzu so hohe Abkühlungsgeschwindigkeiten erforderlich, daß der Wärmeentzug in jedem

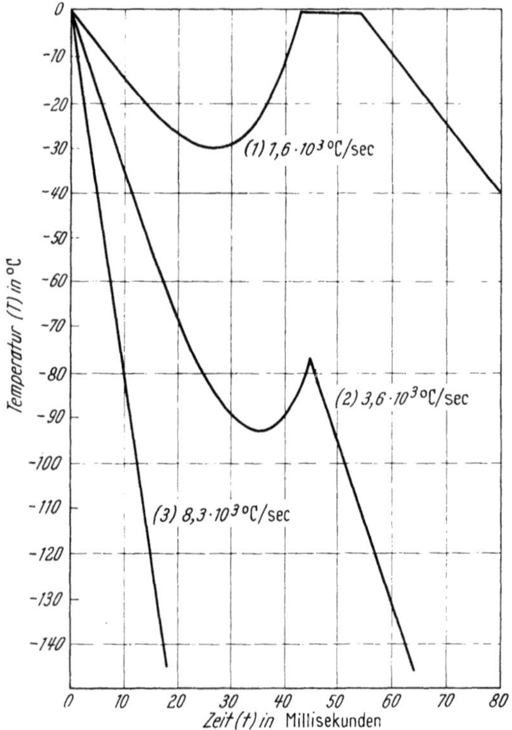

Abb. 212. Abkühlungskurven eines Gewebestückes bei verschiedenen Abkühlungsgeschwindigkeiten (°C/sec)

Augenblick größer ist, als die durch die Eiskristallisation freiwerdende
Umwandlungswärme (Schmelzwärme). Bei zu geringer Abkühlungsgeschwindigkeit (Abb. 212, Kurve 1) steigt die Temperatur nach einer
Unterkühlung bei der einsetzenden Kristallisation auf den Gefrierpunkt
an und fällt erst wieder ab, nachdem alles Wasser zu grobkristallinem Eis
erstarrt ist. Bei Kurve 2 erstarrt ein wesentlich geringerer Bruchteil zu
gröber kristallinem Eis. Bei Kurve 3 mit hoher Abkühlungsgeschwindigkeit kann der größte Teil in den glasigen Zustand abgeschreckt werden.
　　Die Abkühlungsgeschwindigkeit wird durch die Wärmeleitfähigkeit
der Probe und des Kühlmittels bestimmt. Aber auch die Dimensionen der
Probe gehen entscheidend ein, wenn man über dem ganzen Probenquer-

schnitt gleich gute Fixation erreichen will. Bringt man einen Tropfen auf eine mit flüssiger Luft gekühlte Metallfläche auf, so beträgt die Abkühlungsgeschwindigkeit nur etwa $-10°C/sec$. Schnelleres Abkühlen wird durch direktes Eintauchen in eine Kühlflüssigkeit erreicht. Als Gefriermedium benutzt man jedoch nicht einfach flüssige Luft, da die Luftblasen, die sich sofort beim Eintauchen bilden, das Präparat isolieren (Leidenfrost-Phänomen). Deshalb wird vorwiegend flüssiges Isopentan oder Propan verwendet, die außerdem ein besseres Wärmeleitvermögen

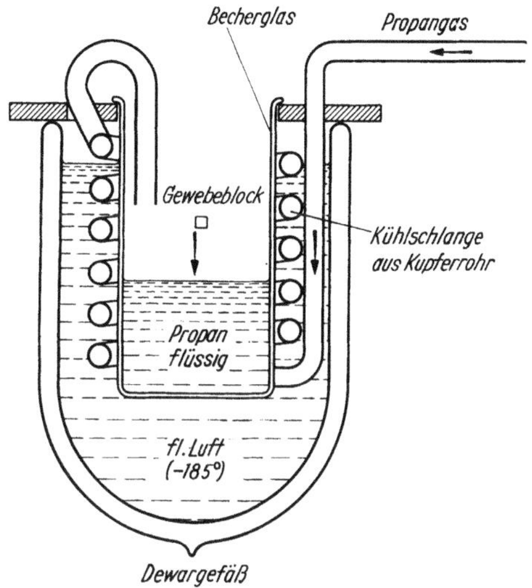

Abb. 213. Anordnung zur Kondensation von flüssigem Propan zur Gefrierung von Gewebestücken

zeigen. Isopentan erstarrt schon bei $-160°C$, während Propan (Siedepunkt $-44,5°C$) erst bei $-190°C$ erstarrt. Man muß Propangas (in Stahlflaschen erhältlich) daher zunächst kondensieren. Dies kann mittels Durchströmen einer in flüssige Luft tauchenden Kühlschlange (Abb. 213) erfolgen. In das mit flüssiger Luft gekühlte Propan werden direkt die Gewebestücke eingetaucht, die zur raschen Abkühlung nur einige Zehntel Millimeter Durchmesser haben sollen oder aus etwa $0,1-0,2$ mm dünnen Schnitten bestehen. Um die gefrorenen Proben nach der Abschreckung weiterverarbeiten zu können, empfiehlt es sich die Proben an einem dünnen Nylon- oder Baumwollfaden zu befestigen (HANZON u. HERMODSSON, 1960; ELFVIN, 1963). Die Abkühlungsgeschwindigkeit ist nur zu schätzen und liegt in der Größenordnung -100 bis $-1000°C/sec$. In derselben Weise kann Freon 12 verflüssigt werden (Siedepunkt: $-22°C$, Gefrierpunkt: $-160°C$).

Noch höhere Abkühlungsgeschwindigkeiten erhielt FERNÁNDEZ-MORÁN (1960, 1961) durch Gefrieren mit Helium II. Bei $4,2°K$ kondensiert das normale Helium I. Durch Abpumpen des Kryostaten auf weniger als 38 Torr kann man durch die Verdunstungskälte die Temperatur weiter erniedrigen, wobei sich unterhalb etwa 1°K eine neue Flüssigkeitsmodifikation — das Helium II — mit zahlreichen neuartigen physikalischen Eigenschaften ausbildet. Für unser Problem der Abkühlung ist besonders die sehr hohe Wärmeleitung interessant (etwa 1000 mal größer als Kupfer), die auch zur Ausbildung von Wärmewellen führt (second sound). An der Oberfläche des Präparates sollen sich so Abkühlungsgeschwindigkeiten von $-10\,000°$C/sec erreichen lassen, die jedoch etwa 0,1 mm unterhalb der Oberfläche schon auf $-1000°$C/sec abklingen. Dies Verfahren setzt allerdings ein gut ausgerüstetes Tieftemperaturlabor voraus. Nach BULLIVANT (1965) ist jedoch vielleicht die Abkühlungsgeschwindigkeit zu hoch geschätzt. In einer 3 mm-Kugel wurde $-130°$C (gemessen mit Thermoelement) mit Propan in 0,3 sec, mit Helium I in 1,3 sec und Helium II in 0,8 sec unterschritten.

Da der Dampfdruck des Eises mit wachsender Temperatur steigt, muß für eine Sublimation in vernünftigen Zeiträumen die Temperatur erhöht werden. Hier ist aber eine Grenze durch die Rekristallisation des Eises gesetzt. Die Rekristallisationstemperatur des reinen Wassers liegt bei $-160°$ bis $-130°$C. Über das Rekristallisationsverhalten des Cytoplasmas fehlen jedoch genaue Angaben. Man rechnet mit $-100°$C bis $-40°$C (MÜLLER, 1957; MOOR, 1964). Als Temperatur für die Sublimation wählt man daher oft $-72°$C, weil hierfür ein Kältebad aus Trockeneis (festes CO_2) und Azeton gewählt werden kann. Natürlich führt auch die Eiskristallbildung bei der Rekristallisation zu Objektschädigungen und Verringerung der Überlebensrate.

Sowohl die Eiskristallbildung beim Abkühlen als auch die Rekristallisation lassen sich jedoch mit einem Frostschutzmittel stark unterdrücken (MOOR u. MÜHLETHALER, 1963; MOOR, 1964). Am besten hat sich Glyzerin bewährt. Hefezellen vermögen sich noch in Nährlösungen mit 30% Glyzerin zu vermehren. Abb. 211 zeigt den Einfluß des Glyzeringehaltes auf die Überlebensrate. Auch in tierischem Gewebe kann durch Injektion und Beträufelung mit einer Glyzerinlösung das Gewebe vor dem Gefrieren durchtränkt werden (MOOR u. a., 1964). Sie berichten jedoch über Schwierigkeiten bei der Durchtränkung der Wurzelspitzen von Allium cepa. Werden jedoch die Zwiebeln direkt auf 20%iges Glyzerin gesetzt, so entwickeln sich trotzdem Wurzeln, wenn auch mit verminderter Wachstumsgeschwindigkeit. Die so gewachsenen Wurzeln enthalten Glyzerin und können ohne Schädigung gefroren werden. Obwohl zunächst die größten Erfahrungen mit Glyzerin vorliegen, gibt es auch eine Reihe von anderen nicht toxischen Gefrierschutzmitteln (z. B. Dimethylsulfoxyd, LOVELOCK u. BISHOP, 1959), die evtl. leichter in das Gewebe eindringen.

19.5.2. Gefriertrocknung

Für die Anwendung der Gefriertrocknung in der Elektronenmikroskopie sind spezielle Anordnungen aufgebaut worden (SJÖSTRAND u. BAKER, 1958; HANZON u. HERMODSSON, 1960; GRUNBAUM u. WELLINGS, 1960; GLICK u. MALMSTROM, 1952).

Nach der Gefrierung (s. o.) wird die Probe schnell in ein Trocknungsgefäß eingebracht, welches auf Temperaturen von $-40°$ bis $-80°C$ vorgekühlt ist (Abb. 214). Eine Trocknung bei tiefen Temperaturen ist nur

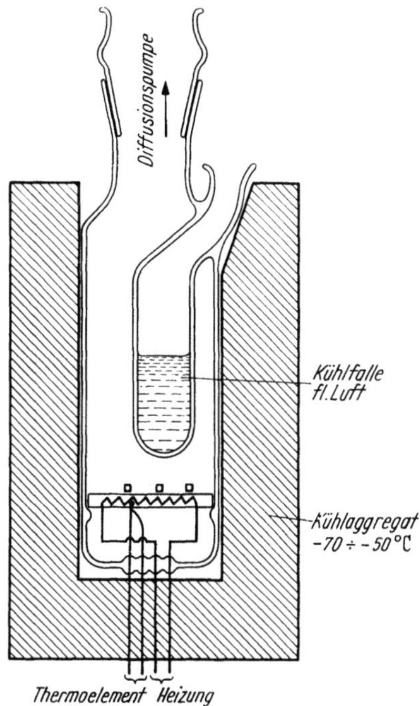

Abb. 214. Aufbau eines Gefäßes zur Gefriertrocknung

möglich, wenn das Vakuum hinreichend gut ist. Während man bei einer Temperatur von $-30°C$ noch mit einem Vakuum von 10^{-3} Torr arbeiten kann, ist für tiefere Trocknungstemperaturen ein Vakuum besser als 10^{-4} Torr erforderlich. Man benötigt also eine Diffusionspumpe hoher Saugleistung bei einem Endvakuum von $5 \cdot 10^{-6}$ Torr. Ein Kühlfinger mit flüssiger Luft unmittelbar in der Nähe des Objektes dient zur Verbesserung des Vakuums und sofortigen Kondensation der sublimierten Wassermoleküle. Die Kühlung auf $-80°$ bis $-40°C$ erfolgt durch ein leistungsfähiges Kühlaggregat. Nach Möglichkeit soll aber $-70°C$ nicht überschritten werden, wenn man sicher gehen will, daß sich keine Eiskristalle durch Rekristallisation bilden. Der Kühltisch mit dem Präparat erhält zweckmäßig Thermoelementanschlüsse und eine Heizwicklung, um Einbettungsmittel unter Vakuum schmelzen zu können (s. u.). Pumpenanlage und Kühlung müssen so abgesichert sein, daß sie ohne Wartung über längere Zeit laufen können, da die Trocknung bei tiefen Temperaturen 24–48 Std dauert. Die Trocknung erfolgt bei tierischen Geweben wegen der durchlässigeren Zellwände schneller als bei pflanzlichen Zellen. Die Trocknung geht vom Rand aus. Das Eis im Innern sublimiert als letztes und hat alle Zellwände und Gewebeteile bis zur Oberfläche zu durchdringen. Auch aus diesem Grund müssen die Gewebestücke möglichst klein gehalten werden.

Die entwässerten Gewebe sind sehr stark hygroskopisch und nehmen bei Luftzutritt sofort Feuchtigkeit auf. Es ist daher am besten, wenn die Gewebe nach der Trocknung überhaupt nicht mit Luft in Berührung kommen und im Vakuum eingebettet werden. Dies läßt sich ohne weiteres mit Carbowax oder Paraffin als Einbettungsmittel durchführen, indem man vor dem Beginn der Gefriertrocknung die Gewebe auf Schälchen mit dem Einbettungsmittel legt und nach der Trocknung unter Vakuum diese soweit erwärmt, bis das Einbettungsmittel schmilzt und die Probe in dieses einsinkt. Mit Methacrylat als Einbettungsmittel geht dieses Verfahren nicht anzuwenden. MÜLLER (1957) schließt daher den Behälter mit den gefriergetrockneten Schnitten durch einen luftdichten Aufsatz ab, in den von oben flüssiges Methacrylat einfüllbar ist und durch einen Hahn in den evakuierten Behälter eingesogen werden kann. Bei Zimmertemperatur ist der Dampfdruck des Methacrylates aber so hoch, daß sich im Gewebe Dampfblasen bilden, die zu Vakuolen ähnlicher Form und Größe führen wie bei zu hohen Trocknungstemperaturen durch rekristallisierte Eiskristalle.

SJÖSTRAND u. BAKER (1958) konnten dies mit einem anderen Verfahren weitgehend vermeiden. Sie entfernen zunächst das Gewebe aus dem Kühlbehälter von Abb. 214 nach Erwärmung auf Zimmertemperatur und Einlassen von trocknem Stickstoff und bewahren es über Phosphorpentoxyd auf. Anschließend wird flüssiges Methacrylat auf den Boden des Gefäßes gebracht und mit flüssiger Luft von außen bis zur Erstarrung abgekühlt (Schmelzpunkt −120°C). Die Erstarrung erfolgt auch unter einer Schutzatmosphäre von trocknem Stickstoff, um die Kondensation von Wasserdampf auf der Methacrylatoberfläche zu verhindern. Das Gewebe wird dann auf die Oberfläche des erstarrten Methacrylates gelegt. Nach einem gründlichen Evakuieren (24 Std) wird die flüssige Luft entfernt, so daß das Methacrylat langsam schmelzen kann. Das Methacrylat dringt dann sofort in das Gewebe ein, bevor der Dampfdruck zu hoch wird. Dadurch werden die Vakuolen bei der Methacrylateinbettung vermieden und die trotzdem auftretenden Hohlräume im Gewebe sind auf Eiskristallbildungen beim Erstarren oder Rekristallisieren zurückzuführen. Die Polymerisation des Methacrylates erfolgt durch UV-Bestrahlung bei einer Temperatur von −10°C.

Der Kontrast der elektronenmikroskopischen Bilder nach der Gefriertrocknung ist natürlich gering, da dieser nur durch die Dichteunterschiede im Gewebe bestimmt ist. Es ist jedoch eine Nachkontrastierung am Schnitt möglich. SJÖSTRAND u. BAKER (1958) kontrastieren z. B. mit Phosphorwolframsäure. Während des Schwimmens der Schnitte auf dem Trog des Ultramikrotoms werden aber schon wasserlösliche Substanzen gelöst, da diese im Gegensatz zur chemischen Fixation nicht denaturiert sind. Das gleiche gilt für Substanzen, die sich bereits im Einbettungsmittel lösen. Deshalb erscheinen lipoidhaltige Membranen (Kernmembranen, Mitochondrienmembranen und Cristae, endoplasmatisches Retikulum) blaß, während das proteinhaltige Material die Behandlung übersteht und stark kontrastiert wird. Dies erschwert auch die Anwendung der Gefriertrocknung für histochemische Untersuchungen.

Eine Behandlung mit OsO_4 vor der Trocknung verhindert natürlich die Möglichkeit mit der Gefriertrocknung zu fixieren und erlaubt nur Vergleichsuntersuchungen, bei denen die Entwässerung nach der gleichen Methode der Gefriertrocknung erfolgt. Man hat durch diese Art der Entwässerung nur den Vorteil, die Substanzextraktion in der Alkoholreihe zu vermeiden. MÜLLER (1957) berichtet auch über eine Nachkontrastierung des gefriergetrockneten Gewebes (90 min) mit OsO_4-Dämpfen. Hierbei treten aber auch Artefakte auf, die offenbar durch eine schwer zu vermeidende Wasseraufnahme bei der Dampfbehandlung bedingt sind. HANZON u. HERMODSSON (1960) und ELFVIN (1963) übertragen das Objekt nach Erwärmung auf Zimmertemperatur in ein mit einer Vorvakuumpumpe evakuierbares Gefäß, in dem sich einige Körner OsO_4 befinden. In der OsO_4-Dampfatmosphäre wird 2−5 Std fixiert. Bei der Gefriersubstitution erfolgt eine Osmiumfixation in der Substitutionsflüssigkeit dagegen bequemer und sicherer (s. u.).

Als Kriterium für die Erhaltung der sublichtmikroskopischen Struktur bei der Gefriertrocknung wurde von FINEAN (1955) die Röntgenkleinwinkelstreuung an Lipo-Proteinstrukturen von Myelinsystemen nach der Gefriertrocknung untersucht. Es zeigte sich, daß die Gesamtschrumpfung des Gewebes durch die Gefriertrocknung verhindert wird. Aber Teile des Lipoids werden anscheinend noch vom Lipo-Protein-System getrennt.

19.5.3. Gefriersubstitution

Die Gefriersubstitution wird in der Lichtmikroskopie schon länger angewandt (zusammenf. Darst. bei FEDER u. SIDMAN, 1958). Nach dem schnellen Gefrieren wird das Eis in einem flüssigen Lösungsmittel gelöst („substituiert"). Das ist dadurch möglich, daß Eis in vielen Lösungsmitteln auch weit unterhalb des Gefrierpunktes löslich ist. Hierbei sind die

Oberflächenspannungen zwischen festem Eis und Lösungsmittel sehr gering. Für die elektronenmikroskopische Präparation wurde diese Methode von FERNÁNDEZ-MORÁN (1960), BULLIVANT (1960), REBHUN (1961), REBHUN u. GAGNÉ (1962), BARTL (1962) und HARREVELD u. CROWELL (1964) modifiziert.

Der Vorteil der Gefriersubstitution gegenüber der Gefriertrocknung besteht darin, daß keine leistungsfähigen Hochvakuumpumpen benötigt werden, sondern nur Kältebäder. Das in Helium II oder Isopentan abgeschreckte Präparat wird zur Substitution in Azeton, abs. Methyl- oder Äthylalkohol von etwa $-70°$C gelegt. Höhere Temperaturen sind wegen der Rekristallisationsgefahr zu vermeiden. HARREVELD u. CROWELL (1964) gefrieren das Objekt, indem sie dieses in Kontakt mit einer polierten Silberoberfläche bringen, welche durch flüssige Luft gekühlt ist. Sie fanden aber, daß nur eine 10 μ dicke Oberflächenschicht eiskristallfrei ist.

Die Dauer der Substitution beträgt etwa 3 Tage bis 2 Wochen je nach Art und Dimension des Gewebes. Während dieser Zeit wird das Lösungsmittel bis zu dreimal erneuert. Es muß dabei Sorge getragen werden, daß kein Wasserdampf aus der Atmosphäre niedergeschlagen wird. Hierzu werden die Behälter mit Gummistopfen versehen, durch welche der Flüssigkeitsaustausch mit Injektionsnadeln erfolgt. Auch die Lösungsmittel werden vorher noch entwässert, indem sie durch eine Säule von Lindes Molekularsieb 4A laufen. Wenn man die Präparate auch fixieren will, so kann man dem Azeton während der Substitution $1-2\%$ OsO_4 zusetzen und spült am Ende noch einen Tag mit reinem Azeton (REBHUN, 1961, 1962). Nach vollzogener Substitution kann man die Präparate auf Zimmertemperatur erwärmen und normal einbetten oder man führt auch die Einbettung bei $(-75°$C) durch, z. B. Butyl-Methylmethacrylat (90 : 10) mit Initiator, was weitere 3 Tage benötigt (BULLIVANT, 1960). Nach einer Lagerung in einer vorpolymerisierten Mischung für 1 Tag bei $-5°$C erfolgt die Härtung bei der gleichen Temperatur durch UV-Polymerisation.

BARTL (1962) berichtet über die ersten Versuche, die Substitution direkt mit einem wassermischbaren Einbettungsmittel vorzunehmen. Er substituiert die gekühlten Gewebsstücke für 2 Wochen in Äthylglykolmonomethacrylat bei $-60°$ bis $-40°$C und polymerisiert bei derselben Temperatur mit UV in Gelatinekapseln innerhalb $5-10$ Std. Diese Methode verspricht prinzipiell ein Minimum an Schädigung und Extraktion. Es besteht aber die Gefahr — wie bei der Gefriertrocknung diskutiert wurde — daß beim Flotten der Schnitte auf Wasser die wasserlöslichen Substanzen stark extrahiert werden.

19.5.4. Gefrierätzung

Diese zum erstenmal von STEERE (1957) angewandte Technik wurde in letzter Zeit von MOOR (1964, 1965), MOOR u. a. (1963, 1964) zu einem für die Zukunft wichtigen Präparationsverfahren entwickelt. Das Prinzip soll an Hand von Abb. 215 erläutert werden. Die Zellsuspension (etwa 2 mm³) oder das angefeuchtete Gewebestück (vorher mit Glyzerin durchtränkt) werden auf ein Trägerplättchen aus Kupfer aufgebracht. Dieses ist zur besseren Haftung an der Oberfläche angeritzt. Nach dem Eintauchen in Freon wird das Plättchen auf den mit flüssiger Luft vorgekühlten

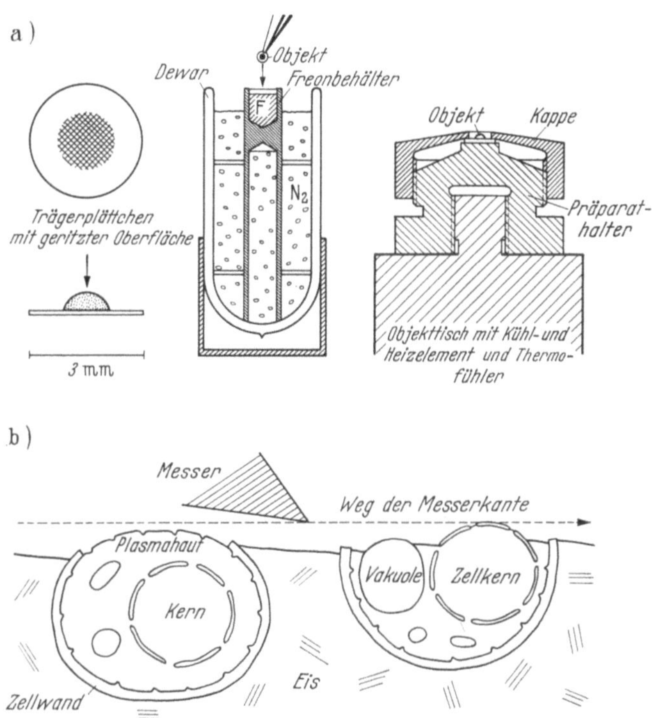

Abb. 215 a u. b. a) Präparationsvorgang bei der Gefrierätzung von dem Gefrieren des Tropfens bis zum Einspannen in den gekühlten Objekttisch des Gefrier-Ultramikrotoms. b) Vorgang des Schneidens am Beispiel zweier gefrorener Hefezellen. Bei der linken mehr tangential getroffenen Zelle ist nur ein Teil der Zellwand weggebrochen und damit die Oberfläche der Plasmahaut enthüllt worden. Bei der rechten mehr zentral gebrochenen Zelle wurde ein Stück der Kern- und Vakuolenoberfläche entblößt (s. hierzu Abb. 216)

Präparathalter eines Gefrierultramikrotoms (MOOR u. a., 1961) gesetzt. Nach der Evakuierung der das Mikrotom umhüllenden Vakuumglocke wird das Objekt unter Vakuum bei −100°C geschnitten. Es bildet sich dabei keine glatte Schnittfläche aus, sondern das Eis splittert ab und legt dabei die verschiedensten intrazellulären Grenzflächen frei. Es ist z. B. möglich, die Zellaußenwand, die Plasmahaut, Grenzflächen von Vakuolen oder Kernmembranen freizulegen. Durch eine kurze Vakuumsublimation des Eises, bei der die Objekttemperatur konstant auf −100°C geregelt wird, werden weitere Objekteinzelheiten freigelegt und ragen aus der

Oberfläche heraus. Um dieses Oberflächenrelief abzubilden, wird im gleichen Hochvakuum die Oberfläche mit einer Platin-Kohle-Schicht schräg beschattet. Nach dem Auftauen des Objektes wird der Oberflächenabdruck von dem Objekt abgelöst.

Die Anwendung des Gefriermikrotoms ist technisch vollkommener als eine von HAGGIS (1961) angewandte Technik, bei der das gefrorene Präparat unter Vakuum abgebrochen wird.

Abb. 216 zeigt als Anwendung der Gefrierätzung die Oberflächenansicht des Zellkernes einer Hefezelle. Die Kernmembran wird von vielen

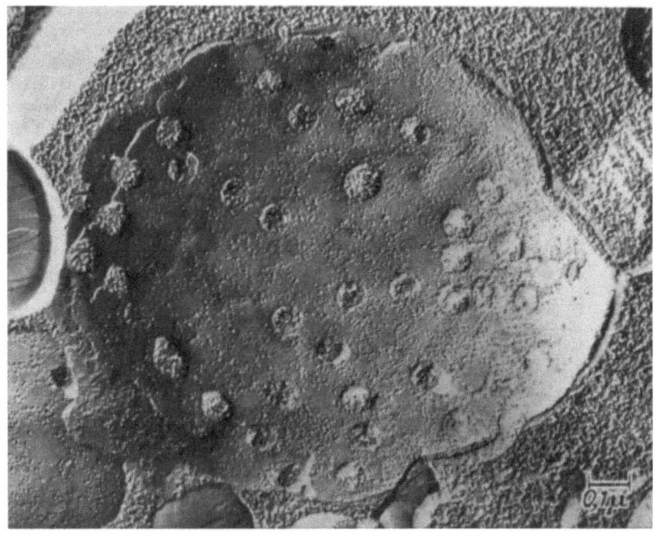

Abb. 216. Beispiel für die Anwendung der Gefrierätzung: Oberflächenansicht des Zellkernes einer Hefezelle. Die Kernmembran wird von vielen runden Poren durchbrochen, durch die der Kern ernährt wird und durch die er seinerseits Stoffe nach außen entsendet (Aufn. MOOR)

runden Poren durchbrochen, durch die der Kern ernährt wird und durch die er seinerseits Stoffe nach außen entsendet. Die kleinen Teilchen stellen an der Membran angelagerte Ribosomen dar. Das Auflösungsvermögen beträgt etwa 20—50 Å, so daß auch Ribosomen und ihre Untereinheiten noch aufgelöst werden können. Gerade bei der Untersuchung der Struktur innerer Grenzflächen ist diese Methode der Dünnschnitt-Technik überlegen, da letztere stets nur Schnitte durch diese Grenzflächen legt, wobei meistens nicht bekannt ist, unter welchem Winkel der Schnitt erfolgt. Bei der Dünnschnittmethode können hierdurch andererseits die Querstrukturen der Membranen besser abgebildet werden. Überhaupt sollte diese Technik der Gefrierätzung nur in Verbindung mit Dünnschnitten des gleichen Materials angewandt werden. Sie hat den Vorteil, daß keinerlei Fixationsartefakte durch chemische Fixation auftreten und es entfallen die Schwierigkeiten, welche bei der Nachbehandlung durch Gefriertrocknung oder Gefriersubstitution auftreten.

Literatur zu § 19

ADAMS, C. W. M.: OsO_4 and the Marchi method: reactions with polar and non-polar lipids, protein and polysaccharide. J. Histochem. Cytochem. 8, 262 (1960).

AFZELIUS, B. A.: Chemical fixatives for electr.micr.: In Interpretation of Ultrastructure. Ed. R. J. C. HARRIS, 1. New York 1962.

AMELUNXEN, F., u. H. THEMANN: Zur Fixation mit Kaliumpermanganat. Mikroskopie 14, 276 (1960).

BAHR, G. F.: OsO_4 and ruthenium tetroxide and their reactions with biologically important substances. Exp. Cell Res. 7, 457 (1954).

— The reactions of OsO_4 in relation to electr.micr. Proc. Internat. Conf. London 144 (1954).

— Continued studies about the fixation with OsO_4. Exp. Cell Res. 9, 277 (1955).

BARTL, P.: Freeze-substitution method using a water-miscible embedding medium. V. Internat. Congr. EM Philadelphia. Vol. II, P-4 (1962).

BENNETT, H. S., and J. H. LUFT: s-collidine as a basis for buffering fixatives. J. biophys. biochem. Cytol 6, 113 (1959).

—, and K. R. PORTER: An electr.micr. study of sectioned breast muscle of the domestic fowl. Amer. J. Anat. 93, 61 (1953).

BRADBURY, S., and G. A. MEEK: The fine structure of the adipose cell of the leech Glossiphonia complanata. J. biophys. biochem. Cytol. 4, 603 (1958).

BULLIVANT S.: The staining of thin sections of mouse pancreas prepared by the Fernández-Morán helium II freeze-substitution method. J. biophys. biochem. Cytol. 8, 639 (1960).

— Freeze substitution and supporting techniques. Symp. Quant. Electr.micr. Washington 1964, in Lab. Invest. 14, 1178 (1965).

BUNGE, R. P., M. B. RUNGE, and H. RIS: Electr.micr. study of demyelination in an exp. induced lesion in adult cat spinal cord. J. biophys. biochem. Cytol. 7, 685 (1960); 10, 67 (1961).

CAULFIELD, J. B.: Effects of varying the vehicle of OsO_4 in tissue fixation. J. biophys. biochem. Cytol. 3, 827 (1957).

CLAUDE, A.: Fixation of nuclear structures by unbuffered solutions of OsO_4 in slightly acid destilled water. V. Internat. Congr. EM Philadelphia, Vol. II, L-14 (1962).

DALTON, A. J.: A chrome-osmium fixative for electr.micr. Anat. Record 121, 281 (1955).

DAVID, H.: Zur Abh. postmortaler Kern- und Mitochondrienveränderungen von der Art des Einbettungsmittels (Methacrylat u. Polyester). Proc. Europ. Reg. Conf. EM Delft, Vol. II, 623 (1960).

DE ROBERTIS, E.: Electr.micr. obs. on the submicr. morphology of the meiotic nucleus and chromosomes. J. biophys. biochem. Cytol. 2, 785 (1956).

ELBERS, P. F., and P. H. J. T. VERVERGAERT: Electr.micr. and x-ray diffr. studies on a homologous series of saturated phosphatidylcholines. J. cell. Biol. 25, 375 (1965).

EHRLICH, H. G.: Electr.micr. studies of Saintpaulia ionantha wendl. pollen walls. Exp. Cell Res. 15, 463 (1958).

ELFVIN, L. G.: The ultrastructure of the plasma membrane and myelin sheath of peripheral nerve fibers after fixation by freeze-drying. J. Ultrastruct. Res. 8, 283 (1963).

FARRANT, J. L., and A. J. HODGE: The ferritin crystal lattice in ultrathin sections. Proc. Internat. Congr. EM London, 118 (1954).

FEDER, N., and R. L. SIDMAN: Methods and principles of fixation by freeze-substitution. J. biophys. biochem. Cytol. **4**, 593 (1958).

FERNÁNDEZ-MORÁN, H.: The submicr. organisation of vertebrate nerve fibres. Exp. Cell Res. **3**, 282 (1952).

— Low temperature prep. techn. for electr.micr. of biol. specimens based on rapid freezing with liquid helium II. Ann. N. Y. Acad. Sci. **85**, 689 (1960).

— The fine structure of vertebrate and invertebrate photoreceptors as revealed by low temp. electr.micr. The structure of the eye. 521 (ed. G. K. SMELSER). New York: 1961.

—, and J. B. FINEAN: Electr.micr. and low-angle x-ray diffr. studies of the nerve myelin sheath. J. biophys. biochem. Cytol. **3**, 725 (1957).

FINEAN, J. B.: The effects of OsO_4-fixation on the structure of myelin in sciatic nerve. Exp. Cell Res. **6**, 283 (1954).

— The effects of freeze-drying on the molecular organisation in nerve myelin. Exp. Cell Res. **9**, 181 (1955).

— F. S. SJÖSTRAND, and E. STEINMANN: Submicr. organisation of some layered lipoprotein structures. Exp. Cell Res. **5**, 557 (1953).

GEREN, B. B., and F. O. SCHMITT: Proc. Natl. Acad. Sci. **40**, 863 (1954).

GLICK, D., and B. G. MALMSTROM: Simple and efficient freezing-drying apparatus for the prep. of embedded tissues. Exp. Cell Res. **3**, 125 (1952).

GRUNBAUM, B. W., and S. R. WELLINGS: Freeze-drying apparatus for preservation of ultrastructure. J. Ultrastructure Res. **4**, 117 (1960).

HAGGIS, G. H.: Electr.micr. replicas from the surface of a fracture through frozen cells. J. biophys. biochem. Cytol. **9**, 841 (1961).

HAKE, T.: Studies on the reactions of OsO_4 and $KMnO_4$ with amino acids, peptides and proteins. Symp. Quant. Electr.micr. Washington 1964. In: Lab. Invest. **14**, 1208 (1965).

HANZON, V., and L. H. HERMODSSON: Freeze-drying of tissues for light and electr.-micr. J. Ultrastructure Res. **4**, 332 (1960).

HARREVELD, A. VAN, and J. CROWELL: Electr.micr. after rapid freezing on a metal surface and substituion fixation. Anat. Record **149**, 381 (1964).

HAYES, T. L., F. T. LINDGREN, and J. W. GOFMAN: A quant. determination of the OsO_4-lipoprotein interaction. J. Cell Biol. **19**, 251 (1963).

HELANDER, H. F.: Ultrastructure of fundus glands of the mouse gastric mucosa. J. Ultrastructure Res. (Suppl.) **4**, 1 (1962).

HESS, A., and A. I. LANSING: The fine structure of peripheral nerve fibers. Anat. Rec. **117**, 175 (1953).

HOLT, S. J., and R. M. HICKS: Studies on formalin fixation for electr.micr. and cytochemical staining purposes. J. biophys. biochem. Cytol. **11**, 31 (1961).

ITO, S.: Post-mortem changes of the plasma membrane. V. Internat. Congr. EM Philadelphia, Vol. **II**, L-5 (1962).

KARLSSON, U., and R. L. SCHULTZ: Fixation of the central nervous system for electr.micr. by aldehyde perfusion. J. Ultrastructure Res. **12**, 160, 187 (1965).

KARNOVSKY, M. J.: A formaldehyde-glutaraldehyde fixation of high osmolality for use in electr.micr. J. Cell. Biol. **27**, 137 A (1965).

KARRER, H. E.: The ultrastructure of mouse lung. J. biophys. biochem. Cytol. **2**, 241 (1956).

LEYON, H.: The structure of chloroplasts. Exp. Cell Res. **6**, 497 (1954); **7**, 265 (1954).

LOVELOCK, J. E., and M. W. H. BISHOP: Prevention of freezing damage to living cells by dimethyl sulphoxide. Nature (Lond.) **183**, 1394 (1959).

Low, F. N.: The electr.micr. of sectioned lung tissue after varied duration of fixation in buffered OsO_4. Anat. Rec. **120**, 827 (1954).

Luft, J. H.: Permanganate — a new fixative for electr.micr. J. biophys. biochem. Cytol. **2**, 799 (1956).

Marinozzi, V.: The role of fixation in electron staining. J. Roy. Micr. Soc. **81**, 141 (1963).

Merriam, R. W.: The contribution of lower oxides of osmium to the density of biol. specimens in electr.micr. J. biophys. biochem. Cytol. **4**, 579 (1958).

Millonig, G.: Further obs. on a phosphate buffer for osmium solutions in fixation. V. Internat. Congr. EM Philadelphia, Vol. **II**, P-8 (1962).

Mollenhauer, H. H.: Permanganate fixation of plant cells. J. biophys. biochem. Cytol. **6**, 431 (1959).

Moor, H.: Die Gefrier-Fixation lebender Zellen und ihre Anwendung in der Elektr.-mikr. Z. Zellforsch. **62**, 546 (1964).

— Die Gefrierätzung, Balzers Hochvakuumfachbericht 2 (1965).

—, and K. Mühlethaler: Fine structure in frozen-etched yeast cells. J. Cell Biol. **17**, 609 (1963).

— — H. Waldner, and A. Frey-Wyssling: A new freezing ultramicrotome. J. biophys. biochem. Cytol. **10**, 1 (1961).

— C. Ruska u. H. Ruska: Elektr.mikr. Darstellung tierischer Zellen mit der Gefrierätztechnik. Z. Zellforsch. **62**, 581 (1964).

Morgan, C., D. H. Moore, and H. M. Rose: Some effects of the microtome knife and electr. beam on methacrylate-embedded thin sections. J. biophys biochem. Cytol. **2** (Suppl.), 21 (1956).

Müller, H. R.: Gefriertrocknung als Fixationsmethode an Pflanzenzellen. J. Ultrastructure Res. **1**, 109 (1957).

Osinchak, J.: Electr.micr. localization of acid phosphatase and thiamine pyrophosphatase activity in hypothalamic neurosecretory cells of the rat. J. Cell Biol. **21**, 35 (1964).

Palade, G. E.: A study of fixation for electr.micr. J. exp. Med. **95**, 285 (1952a).

— The fine structure of mitochondria. Anat. Rec. **114**, 427 (1952b).

— The fixation of tissues for electr.micr. Proc. Internat. Congr. EM London, 129 (1954).

Palay, S. L., S. M. McGee-Russell, S. Gordon, and M. A. Grillo: Fixation of neural tissues for electr.micr. by perfusion with solutions of OsO_4. J. Cell Biol. **12**, 385 (1962).

—, and G. E. Palade: The fine structure of neurons. J. biophys. biochem. Cytol. **1**, 69 (1955).

Pallie, W., and D. C. Pease: Prefixation use of hyaluronidase to improve in situ preservation for electr.micr. J. Ultrastructure Res. **2**, 1 (1958).

Pease, D. C.: Buffered formaldehyde as a killing agent and primary fixative for electr.micr. Anat. Rec. **142**, 342 (1962).

— Histological techn. for electr.micr. New York: 1964.

Porter, K. R., and F. Kallman: The properties and effects of OsO_4 as a tissue fixative with special reference to its use for electr. micr. Exp. Cell. Res. **4**, 127 (1953).

—, and R. D. Machado: Studies on the endoplasmatic reticulum. J. biophys. biochem. Cytol. **7**, 167 (1960).

Rebhun, L. I.: Appl. of freeze-substitution to electr.micr. studies of invertebrate oocytes. J. biophys. biochem. Cytol. **9**, 785 (1961).

—, and H. T. Gagné: Some aspects of freeze-substitution in electr.micr. V. Internat. Congr. EM Philadelphia, Vol. **II**, L-2 (1962).

RHODIN, J.: Correlation of ultrastructural organisation and function in normal and exp. changed proximal convoluted tubule cells of the mouse kidney. Stockholm: 1954.

ROBERTSON, J. D.: Structural alterations in nerve fibers produced by hypotonic and hypertonic solutions. J. biophys. biochem. Cytol. **4**, 349 (1958).

ROTH, L. E., R. A. JENKINS, C. W. JOHNSON, and R. W. ROBINSON: Additional stabilizing conditions for electr.micr. of the mitotic apparatus of giant amebae. J. Cell Biol. **19**, 62 A (1963).

ROWLEY, J. R., K. MÜHLETHALER, and A. FREY-WYSSLING: A route for the transfer of materials through the pollen grain wall. J. biophys. biochem. Cytol. **6**, 537 (1959).

SABATINI, D. D., K. G. BENSCH, and R. J. BARRNETT: New means of fixation for electr.micr. and histochem. Anat. Rec. **142**, 274 (1962).

— — — New fixatives for cytological and cytochemical studies. V. Internat. Congr. EM Philadelphia, Vol. **II**, L-3 (1962).

— — — Cytochemistry and electr.micr. J. Cell Biol. **17**, 19 (1963).

— F. MILLER, and R. J. BARRNETT: Aldehyde fixation for morphological and enzyme histochemical studies with the electr. micr. J. Histochem. Cytochem. **12**, 57 (1964).

SAGER, R., and G. E. PALADE: Chloroplast structure in green and yellow strains of Chlamydomonas. Exp. Cell Res. **7**, 584 (1954).

SANDBORN, E.: Glutaraldehyd-acrolein and osmium-fixation of fine structure. J. appl. Phys. **35**, 3099 (1964).

SCHIDLOVSKY, G.: Contrast in multilayer systems after various fixations. Symp. Quant. EM Washington 1964. In: Lab. Invest. **14**, 1213 (1965).

SCHMITT, F. O., and B.B. GEREN: The fibrous structure of the nerve axon in relation to the localization of "neurotubules". J. exp. Med. **91**, 499 (1950).

SJÖSTRAND, F. S.: The lamellated structure of the nerve myelin sheath as revealed by high resolution electr.micr. Experientia (Basel) **9**, 68 (1953).

—, and R. F. BAKER: Fixation by freeze-drying for electr.micr. of tissue cells. J. Ultrastructure Res. **1**, 239 (1958).

—, and L. G. ELFVIN: The layered, asymmetric structure of the plasma membrane in the exocrine pancreas cells of the cat. J. Ultrastructure Res. **7**, 504 (1962).

STEERE, R. L.: Electr.micr. of structural detail in frozen biol. specimens. J. biophys. biochem. Cytol. **3**, 45 (1957).

STEINMANN, E.: An electr.micr. study of the lamellar structure of chloroplasts. Exp. Cell Res. **3**, 367 (1952).

STEPHENSON, J. L.: Ice crystal growth during the rapid freezing of tissues. J. biophys. biochem. Cytol. **2** (Suppl.), 45 (1956).

STOECKENIUS, W.: OsO_4 fixation of lipids. Proc. Europ. Reg. Conf. EM Delft, Vol. **II**, 716 (1960).

—, and S. C. MAHR: Studies on the reaction of OsO_4 with lipids and related compounds. Symp. Quant. EM Washington 1964. In: Lab. Invest. **14**, 1196 (1965).

TAHMISIAN, T. N.: Use of the freezing point depression method to adjust the tonicity of fixing solutions. J. Cell Biol. **19**, 69 A (1963); J. Ultrastructure Res. **10**, 182 (1964).

THEMANN, H.: Negativdarstellung von zellulären Membransystemen im Elektr.-mikr. Naturwissenschaften **51**, 535 (1964).

THORNBURG, W., and E. DE ROBERTIS: Polarization and electr.micr. study of frog nerve axoplasm. J. biophys. biochem. Cytol. **2**, 475 (1956).

TOOZE, J.: Measurement of some cellular changes during the fixation of amphibian erythrocytes with OsO_4 solutions. J. Cell. Biol. **22**, 551 (1964).

TRUMP, B. F., and J. L. E. ERICSSON: The effect of the fixative solution on the ultrastructure of cells and tissues, Symp. Quant. EM Washington 1964, in Lab. Invest. **14**, 1245 (1965).

— P. J. GOLDBLATT, and R. E. STOWELL: An electr.micr. study of early cytoplasmatic alterations in hepatic parenchymal cells of mouse liver during necrosis in vitro (autolysis). Lab. Invest. **11**, 986 (1962).

TRURNIT, H. J., and G. SCHIDLOVSKY: Thin cross-sections of artificial stacks of monomolecular films. Proc. Europ. Reg. Conf. EM Delft, Vol. **II**, 721 (1960).

WHALEY, W. G., H. H. MOLLENHAUER, and J. E. KEPHART: The endoplasmatic reticulum and the Golgi structure in maize root cells. J. biophys. biochem. Cytol. **5**, 501 (1959).

WETZEL, B. K.: Sodium permanganate fixation for electr.micr. J. biophys. biochem. Cytol. **9**, 711 (1961).

WOHLFARTH-BOTTERMANN, K. E.: Die Kontrastierung tierischer Zellen u. Gewebe im Rahmen ihrer elektr.mikr. Unters. an ultradünnen Schnitten. Naturwissenschaften **44**, 287 (1957).

WOOD, R. L., and J. H. LUFT: The influence of buffer systems on fixation with OsO_4. J. Ultrastructure Res. **12**, 22 (1965).

ZETTERQVIST, H. A.: The ultrastructural organisation of the columnar absorbing cells of the mouse jejunum. Stockholm 1956.

§ 20. Kontrastierung und histochemische Methoden

20.1. Abgrenzung zwischen Fixierung, Kontrastierung und histochemischen Nachweismethoden

Die OsO_4- und Kaliumpermanganat-Fixation bewirken außer einer Fixation auch gleichzeitig eine Kontrastierung durch Ablagerung von Schwermetallen. Dies demonstrieren vor allem die Fixationsmethoden ohne Metalleinbau — Gefriertrocknung oder Aldehydfixation. Aber auch bei der Aldehydfixation wird Aldehyd bei der Vernetzung miteingebaut und die Dichte der Substanz verändert. Bei einer OsO_4-Nachbehandlung von aldehydfixiertem Gewebe wirkt diese vorwiegend als Kontrastierungsmittel, obwohl dabei auch noch einige Fixationsprozesse ablaufen. Eine klare Trennung zwischen Fixation und Kontrastierung läßt sich daher nicht ziehen. Jede Kontrastierung beruht auf chemischen Anlagerungsprozessen, die zu einer weiteren Denaturierung führen.

In § 11.3 wurde aus Kontrastmessungen abgeschätzt, daß bei der OsO_4-Fixation in Mitochondrienmembranen die Dichte um 50% ansteigt, was einen Einbau von etwa 1 Os-Atom auf 30 C-Atome bedeutet. Durch Aldehydfixation sind höchstens Dichteanstiege um 10—20% zu erwarten. Die natürlichen Dichteunterschiede im Gewebe liegen bei 10%. Die Wirkung der Schwermetallatome beruht im wesentlichen darauf, daß durch eine geringe Konzentration die Dichte stark erhöht wird. Das größere Streuvermögen infolge der höheren Ordnungszahl macht sich erst bei hohen Strahlspannungen und größeren Aperturblenden bemerkbar — also unter Bedingungen, welche für die Untersuchung von Dünnschnitten zu geringen Kontrast liefern. Es ist daher auch möglich, mit Atomen geringerer Ordnungszahl eine Kontrasterhöhung zu erhalten, wenn diese in hoher Konzentration eingebaut werden.

Der Kontrast, welcher durch Osmium hervorgerufen wird, ist in vielen Fällen für eine optimale Auswertung der Präparate unzureichend — besonders bei Verwendung von Epoxydharzen und Polyestern als Einbettungsmittel —, so daß eine Nachkontrastierung notwendig wird. Teilweise wird dies schon durch die Chrom-Osmiumsäure-Gemische nach DALTON und WOHLFARTH-BOTTERMANN (s. o.) erreicht.

Im folgenden soll unter Kontrastierung eine Nachkontrastierung verstanden werden, die entweder direkt nach der Fixation, während der Entwässerung oder erst am Schnitt erfolgt. Die Kontrastierung am Schnitt hat folgende Vorteile: 1. geringere Gefahr einer Zerstörung durch Extraktion nach der Einbettung, 2. die Kontrastierung ist gleichmäßiger. Methacrylatschnitte brauchen in der Regel kürzere Zeiten als solche aus Epoxydharzen oder Polyestern. 3. Serienschnitte können zum Vergleich mit und ohne Kontrastierung, bzw. verschiedenen Kontrastierungen, untersucht werden. Das Netz wird direkt eingetaucht, auf die Oberfläche gelegt oder auf einen kleinen Tropfen auf einer nicht benetzbaren Unterlage (Abb. 217a).

Keines der Kontrastierungsmittel ist so spezifisch, daß mit ihm bestimmte Moleküle oder Molekülgruppen selektiv dargestellt werden, obwohl verschiedene Teile des Gewebes unterschiedlich kontrastiert werden. Man beachte allein die Kontrastunterschiede, welche durch die Verwendung verschiedener Puffer resultieren (§ 19.2.2). Bei der Nachkontrastierung ist zu berücksichtigen, daß auch die Art der vorangehenden Fixation eine Rolle spielt. Dies kann die Anlagerung an eine bestimmte Struktur hemmen oder umgekehrt durch die Reaktionsprodukte fördern. Allgemein läßt sich der Schluß ziehen, daß die Bleikontrastierung speziell die RNS- und die Uransalzkontrastierung die DNS-haltigen Substanzen stärker kontrastiert. Die Selektivität der Bleikontrastierung für die RNS-haltigen Ribosomen kann z. B. gesteigert werden, wenn man die Osmiumablagerungen durch Oxydation mit H_2O_2 ausbleicht. Nur Glykogen zeigt unter diesen Bedingungen eine ähnlich starke Kontrastierung. Glykogen kontrastiert wiederum mit Blei nur nach einer OsO_4- oder Kaliumpermanganat-Fixation, aber nicht nach Fixation mit Aldehyden, falls nicht eine OsO_4-Nachfixation erfolgte. Nach der Aldehydfixation wird das Chromatin durch Bleikontrastierung extrahiert. Eine OsO_4-Nachfixation kann dies verhindern und diese Strukturen kontrastieren dann ebenfalls relativ gut mit Blei. Die gleiche Stabilisierung der Desoxyribonucleoproteine bewirkt ein Zusatz von 0,5% Lanthannitrat zum Formalin oder eine Nachbehandlung mit 0,5% Uranylazetat (pH 4,5—5). Die Diskussion soll hier auf diese wenigen Beispiele beschränkt bleiben, um auf die Komplikationen und auf der anderen Seite interessanten Möglichkeiten hinzuweisen. Die chemischen Vorgänge sind noch in keiner Weise geklärt. Einige Zusammenfassungen dieser Erscheinungen findet man u. a. in den Arbeiten von MARINOZZI (1963), MERCER (1963) und DAEMS u. PERSIJN (1963).

Um bestimmte Molekülgruppen oder z. B. Fermente selektiv nachzuweisen, bedarf es histochemischer Kontrastierungsmethoden, über die in § 20.4 näher berichtet wird. Aber auch hier läßt sich keine klare Abgrenzung gegenüber den in § 20.2 und 20.3 dargestellten Kontrastierungsversuchen ziehen. Ein wesentlicher Nachteil der Elektronenmikroskopie gegenüber der Lichtmikroskopie ist hier das Fehlen der Farbe als weitere Informationsquelle. Alle spezifischen Färbemethoden bedürfen daher einer Abwandlung für die Elektronenmikroskopie und müssen in Dichteunterschiede oder Fällungsreaktionen umgesetzt werden.

Die am häufigsten benutzten Kontrastierungsmittel sind: Uranylazetat, Phosphorwolframsäure, Bleihydroxyd, Bleizitrat. Weniger häufig werden benutzt: Vanadium, Chromylchlorid, Lanthannitrat, Thalliumnitrat, Ammoniummolybdat, Wismutnitrat oder Bariumchlorid.

20.2. Bleikontrastierung

Die von WATSON (1958) eingeführte Bleikontrastierung hat sich zu einem der beliebtesten Kontrastierungsverfahren entwickelt. Die dabei auftretenden Schwierigkeiten führten jedoch auch zu zahlreichen Modifikationen dieser Technik. Insbesondere wirkt sich die Neigung des Bleies zur Bildung unlöslicher Salze (z. B. Bleicarbonat) ungünstig aus, die zu starken Ausfällungen führt und unter Umständen das Präparat völlig verschmutzt. Die Bemühungen zur Ausschaltung dieses Niederschlages führten einmal dazu, die Kontrastierung unter Ausschluß von CO_2 durchzuführen, und andererseits zur Entwicklung von ausscheidungsarmen Gemischen. Es muß bemerkt werden, daß der wichtigste Punkt bei der Herstellung von Blei-Kontrastierungsgemischen ein sauberes Arbeiten ist. Die Chemikalien sollen frisch sein und nicht zu lange gelagert haben. Die Natronlauge muß aus unverwitterten Pillen angesetzt werden und es muß nach Möglichkeit ausgekochtes doppelt dest. Wasser auch für die Spülung benutzt werden, so daß dieses kein CO_2 gelöst enthält.

Bei den neueren Kontrastierungsgemischen nach MILLONIG, KARNOVSKY oder REYNOLDS (s. u.) braucht zwar auf die Fernhaltung von CO_2 nicht mehr so stark geachtet werden, es sollen aber trotzdem die speziell für das Watsonsche Originalgemisch diskutierten Methoden zur Fernhaltung von CO_2 aufgeführt werden, da sie als Vorsichtsmaßnahmen auch für diese zu empfehlen sind. Die Bleicarbonatkristalle bilden sich bevorzugt an der Oberfläche bzw. an den Gefäßwänden. Das Problem besteht daher in der Erzeugung frischer Oberflächen. PEACHEY (1959) füllt die Kontrastierungsflüssigkeit in eine 2,5 cm³ Injektionsspritze aus Plastik, die an dem Nadelende so aufgebohrt ist, daß das zu kontrastierende Netz in eine napfförmige Mulde gelegt werden kann (Abb. 217b). Ein Plastikaufsatz ist am oberen Ende durchbohrt und enthält NaOH (fest) und $CaCl_2$ zur Bindung von CO_2. Das Netz wird zum Kontrastieren

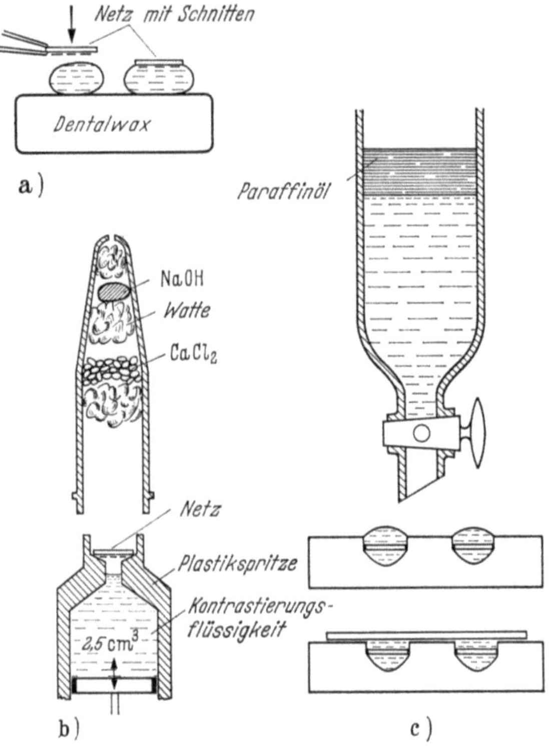

Abb. 217a—c. a) Kontrastierung durch Schwimmen der Netze auf Tropfen, b) Vermeidung der Kontamination von Blei-Kontrastierungsflüssigkeiten nach PEACHEY (1959) und c) nach FELDMAN (1962)

in die Mulde gelegt, der Aufsatz aufgesteckt und durch Betätigung des Kolbens die Mulde mit Kontrastierungsflüssigkeit gefüllt. Der Nachteil besteht darin, daß immer nur ein Netz kontrastiert werden kann. PARSONS und DARDEN (1960) benutzten einen größeren Glasapparat mit durchströmendem N_2, in dem die Netze durch Schwimmen auf Tropfen (Abb. 217a) der Kontrastierungsflüssigkeit ausgesetzt und auch gewaschen und getrocknet werden. HUXLEY u. ZUBAY (1961) überschichten mit Paraffinöl, um die freie Oberfläche zu vermeiden, und führen die Netze in kleinen Schalen mit Wasser in das Kontrastierungsgemisch. FELDMAN (1962) kontrastiert in kleinen Bohrungen eines Kunststoffblockes

(Abb. 217c), in die nach dem Einlegen der Netze die Kontrastierungsflüssigkeit aus einer Pipette oder einer Injektionsspritze gefüllt werden
kann. Dabei werden die ersten Tropfen verworfen, falls Bleicarbonatkristalle aus den Mündungen mitgespült werden. Über die gefüllten
Bohrungen werden sofort sorgfältig gereinigte Mikroskop-Deckgläschen
geschoben, so daß sich keine Luftblasen in der Bohrung befinden. Nach
Ablauf der Kontrastierung wird der Kunststoffblock mit den Glasscheib-
chen in Wasser eingelegt und letztere durch Abschieben entfernt. NOR-
MANN (1964) klemmt die zu kontrastierenden Netze zwischen dünnem
Filtrierpapier ein. Dies hält bereits ausgeschiedene Kristalle fern und auch
CO_2. Das wenige CO_2 in den Filterporen wird ebenfalls bereits im Filter in
Bleicarbonat gebunden. Das gefaltete Filtrierpapier wird erst nach voll-
ständiger Trocknung geöffnet.

Bevor die Herstellung von Kontrastierungsflüssigkeiten beschrieben
wird, sei bemerkt, daß reine Bleiazetatlösungen auch kontrastieren.
Intensivere Kontrastierungen werden dagegen bei stark alkalischem pH
erhalten. Nach REYNOLDS (1963) findet dann wahrscheinlich folgende
Reaktion statt:

$$Pb(OH)_2PbX_2 \rightarrow Pb(OH)_2Pb^{++} + 2\,X^-.$$

Das bivalente komplexe Kation lagert sich offenbar besser an und außerdem führt eine Reaktion gleich zur Anlagerung von 2 Bleiatomen.

Bleikontrastierung nach WATSON (1958). 8,26 g Bleiazetat werden in
15 ml H_2O gelöst (fast gesättigte Lösung). Das Bleiazetat wird mit einem
Glasstab zum schnelleren Lösen unter Wasser zerkleinert oder vorher im
Mörser gerieben.

3,2 ml 40% NaOH werden schnell aus einer Pipette hinzugegeben.
Beim Rühren entsteht ein dichter Niederschlag, welcher durch Zentrifugieren absedimentiert wird (die Auflösung erfolgt zweckmäßig bereits in
einem Zentrifugengläschen). Der Überstand wird dekantiert. Danach
wird das Präzipitat noch 2mal durch Dekantieren und Zentrifugieren mit
der gleichen Menge Wasser gewaschen, das Sediment noch einmal gründlich resuspendiert und erneut zentrifugiert. Der Überstand stellt die
Kontrastierungsflüssigkeit dar.

LEVER (1960). 100 ml H_2O + 1 g Bleihydroxyd werden gekocht, abgekühlt und gefiltert. Zu dem leicht getrübten Filtrat wird tropfenweise
2 n KOH bis zur Klärung hinzugegeben.

KARNOVSKY (1961). *Verfahren A* (Vorteil: leichtere Herstellung).
15—20 ml 1n NaOH werden in einem Erlenmeyer-Kolben mit PbO im Überschuß 15 min gekocht, schnell abgekühlt und filtriert. Diese Stammlösung ist Monate haltbar. Zur Kontrastierung wird sie 50—200mal mit
dest. Wasser verdünnt. *Verfahren B* (Vorteil: stabiler als Verfahren A).
PbO wird im Überschuß zu 10—15 ml Na-Cacodylat-Lösung (10%)

gegeben, 15 min gekocht und nach Abkühlen filtriert. Diese Stammlösung ist sehr lange haltbar. Zur Kontrastierung wird 5fach mit 10% Na-Cacodylat-Lösung verdünnt und unter gründlichem Rühren 1n NaOH tropfenweise hinzugegeben. Es bildet sich eine leichte Trübung, die aber verschwindet, wenn genügend NaOH zugegeben ist. Es ist jedoch wichtig, nicht überzutitrieren.

MILLONIG (1961). Verwendung von Tartrat zur Stabilisierung. *Verfahren I:* Stammlösung: 12,5 g NaOH, 5 g K-Na-Tartrat auf 50 ml H_2O. 0,5 ml Stammlösung werden mit 100 ml H_2O verdünnt, erhitzt und 1 g Bleihydroxyd hinzugegeben. Nach der Abkühlung wird filtriert. Das Filtrat bleibt klar (pH 12,3). *Verfahren II:* (wenn kein genügend reines Bleihydroxyd zu erhalten ist) Stammlösung: 20 g NaOH, 1 g K-Na-Tartrat auf 50 ml H_2O. 5 ml 20% Pb-Azetatlösung + 1 ml Stammlösung werden gerührt, 5—10fach mit H_2O verdünnt und filtriert. Die Lösung ist bei Raumtemperatur und Atmosphäreneinfluß mehrere Wochen haltbar. Es tritt keine Schnittkontamination auf. Methacrylatschnitte werden 5 bis 10 min, Eponschnitte 10—20 min kontrastiert.

REYNOLDS (1963). Verwendung von Zitrat zur Stabilisierung. 1,33 g $Pb(NO_3)_2$ (frisch), 1,76 g $Na_3(C_6H_5O_7) \cdot 2\,H_2O$ + 30 ml H_2O werden 1 min kräftig geschüttelt, bis das Bleinitrat in Bleizitrat umgewandelt ist.

Die Kontrastierung der Netze erfolgt auf einzelnen Tropfen für Methacrylat 5—10 min, für Epon, Maraglas und Araldit 15—30 min. Bei Fixation mit Phosphat gepufferter OsO_4 oder Glutaraldehyd dauert die Kontrastierung nur 5 min und erfolgt in einer Verdünnung 1 : 5—1 : 1000 mit 0,01 n NaOH.

VENABLE und COGGESHALL (1965) vereinfachen die Reynoldsche Bleizitratmethode durch direkte Verwendung des Zitrates: 0,01—0,04 g Bleizitrat + 10 ml H_2O + 0,1 ml 10 n NaOH. Etwa 5 min kräftig schütteln, bis sich das Zitrat vollständig gelöst hat. Die Kontrastierung von Epon- oder Aralditschnitten dauert je nach Gewebetyp und Vorbehandlung nur 10 sec bis 5 min.

Bei einer Doppelkontrastierung mit Uranylazetat und anschließender Bleikontrastierung (Zwischenwässerung unbedingt erforderlich) werden nur ein paar Sekunden für jede Lösung benötigt. Bei größeren Teilchen (100 mμ und mehr) ist die Lösung zu verwerfen. Feinere Punkte (3—15 mμ) können entstehen, wenn die Zitratkonzentration zu hoch ist oder die Kontrastierungszeit zu lang. Sollten sich die Fehler wiederholen, muß man sich nach einer neuen Quelle für NaOH und reinem Wasser umsehen.

BJÖRKMAN u. HELLSTRÖM (1965) stellen eine Bleiammoniumazetat-Lösung her, die keine Kontamination durch Bleicarbonatkristalle zeigen soll. 18,5 g Ammoniumazetat werden in einer gesättigten Bleiazetatlösung gelöst. Die Lösung wirkt 45 min auf die Schnitte ein.

20.3. Andere Kontrastierungsmittel

Die neben Bleihydroxyd am häufigsten benutzten Kontrastierungsmittel sind Uranylazetat und Phosphorwolframsäure (PWS). PWS wurde von HALL u. a. (1945) zur Kontrastierung von Muskelfibrillen nach der Maceration verwendet. HALL (1955) führte an Viren (TMV und BSV) quantitative Bildkontrastmessungen durch, bei denen mit PWS optimale Kontrastierung erreicht wurde. Es ergab sich speziell bei Viren eine maximale Kontrastmittelabsorption bei pH 1,0. Die gute Kontrastwirkung der PWS beruht z. T. auch darauf, daß in einem Molekül 12 Wolframatome enthalten sind ($H_3PW_{12}O_{40} \cdot 24\ H_2O$). Ähnliche Kontrastmessungen führte AMELUNXEN (1959) an TMV durch. Während das Kontrastverhältnis von unbehandelten zu mit Osmiumsäure versetzten Viren etwa 1,3 betrug, stieg das Verhältnis auf den Wert 2, wenn nachträglich mit Uranylazetat kontrastiert wird. Diese Messungen sind z. T. in Abb. 144 dargestellt.

Der negativ geladene Anionenkomplex der PWS reagiert vermutlich mit positiv geladenen NH_3-Gruppen in Proteinen. Daher ist die PWS-Kontrastierung sehr unspezifisch und es ergibt sich eine gute Gesamtkontrastierung von Geweben. Uranylazetat lagert sich nach HUXLEY und ZUBAY (1961) bevorzugt an den Phosphatgruppen der Nukleinsäuren an (s. a. § 20.4).

Die Kontrastierung mit diesen beiden Salzen erfolgt entweder zwischen der Fixation und Entwässerung, während der Entwässerung oder am Schnitt. Auf die Vorteile der letzten Methode wurde schon in § 20.1 hingewiesen. Uranylazetat ($UO_2(CH_3COOH)_2 \cdot 2\ H_2O$) wurde von STRUGGER (1956) als 0,5%ige wässerige Lösung (3 Std) zwischen Fixation und Entwässerung einwirken lassen. ROBERTSON (1955) benutzte eine 1% gepufferte Lösung von PWS (pH 5,4, 12–18 Std). KELLENBERGER u. a. (1958) schoben zur besseren Erhaltung der Bakterien-DNS eine 2 stdg. Nachfixation mit Uranylazetat ein.

WOHLFARTH-BOTTERMANN (1956) benutzte PWS als Kontrastierungsmittel für Gewebe. Die wäßerigen Lösungen von PWS reagieren sehr sauer und können daher Schädigungen des Gewebes hervorrufen. Um dies zu vermeiden, wird eine 1%ige Lösung von PWS in 70% Alkohol oder Azeton verwandt. Dieses Gemisch wirkt eine Stunde ein und dient gleichzeitig als erste Entwässerungsstufe. 1957 wird vom gleichen Autor diesem Gemisch noch 0,5% Uranylazetat zugegeben. Um Extraktionen zu vermeiden (speziell des Cytoplasmas), wendet KARRER (1959) 1% PWS in 70% Azeton nur 15–30 min an und WOOD (1959) 0,05–0,5% PWS in abs. Alkohol 5–10 min. HUXLEY (1957) benutzt eine 1% PWS-Lösung in Alkohol und berichtet, daß das Gewebe durch diese Kontrastierung sehr hart wird und sich schwerer schneiden läßt.

Die gleichen Substanzen wurden von WATSON (1958) zum erstenmal für eine Schnittkontrastierung (s. a. GIBBONS u. BRADFIELD, 1956) angewandt: Gesättigte Uranylazetatlösung 1 Std (bei 15°C werden 7,7% gelöst) oder 10%ige Lösung von PWS oder Phosphormolybdänsäure 1—2 Std. Im allgemeinen reichen 30 min mit einer 0,5—1%igen Uranylazetatlösung aus. Die Lösungen sollten frisch angesetzt werden, da sich leicht Ausscheidungen bilden, welche auf der Oberfläche schwimmen und unter Umständen mit dem Auge nicht wahrgenommen werden. Zur besseren Eindringung in Schnitte von Epoxydharzen benutzten GIBBONS u. GRIMSTONE (1960) gesättigte Lösungen von Uranylazetat in 50% Alkohol (90 min) oder BRODY (1959) ließ eine wässerige Uranylazetatlösung bei Temperaturen von 40—70° C einwirken. Es sei auch auf eine viel benutzte Doppelkontrastierung mit Uranylazetat und anschließend mit Bleisalzen hingewiesen (§ 20.2).

LAWN (1960) benutzte eine 1% $KMnO_4$-Lösung (24 Std vorher angesetzt) zur Nachkontrastierung von Schnitten (15 min bis 2 Std). Es werden fast alle Zellkomponenten vergleichbar mit derBleikontrastierung hervorgehoben. Die Bilder zeigen nicht die Überbetonung der Membranen wie bei der $KMnO_4$-Fixation. Es besteht allerdings die Gefahr, daß sich an der Oberfläche der $KMnO_4$-Lösung Abscheidungen bilden. Die Oberfläche muß daher vorher durch Überstreichen mit einem Glasobjektträger gereinigt werden oder es wird mit einer Pipette frische Lösung unterhalb der Oberfläche entnommen. Nach einer Spülung der Schnitte werden diese noch 30 sec bis 1 min mit 5% Zitronensäure von Präzipitaten geklärt. PARSONS (1961) wendet eine $KMnO_4$-Kontrastierung am Ende einer Azeton-Entwässerung an. Eine 1%ige Lösung in Azeton wird 15 min einwirken lassen. Um das überschüssige Permanganat zu entfernen, damit es nicht mit dem Einbettungsmittel (Araldit) reagiert, wird dem weiteren Azeton eine reduzierende Substanz (2 Tropfen Methylacrylat auf 25 ml Azeton) zugesetzt. Bei zu langer Anwendung besteht die Gefahr einer Extraktion (z. B. Ribosomen) und Fraktion von cytoplasmatischen Membranen.

CALLAHAN und HORNER (1964) geben zwei Kontrastierungslösungen mit Vanadium an:

I: 1% $VOSO_4 \cdot 2 H_2O$, pH 3,6, 2 Wochen haltbar.

II: 20 ml 1% $VOSO_4 \cdot 2 H_2O$ + 80 ml 1% $(NH_4)_6Mo_7O_{24}$. Beim Zusammengießen bildet sich eine dunkelpurpurrote Färbung, die durch Oxydation und weitere Reaktion in eine klar gelbe Farbe übergeht, pH 3,2, mehrere Monate haltbar.

Es werden folgende Vorteile dieses Kontrastierungsgemisches genannt: 1. Die Kontrastierung ist gleichmäßig und mit Bleikontrastierung vergleichbar. 2. Das Ansetzen der Lösung ist einfacher als bei der Bleikontrastierung. 3. Die Anwendungszeit ist kurz (15—30 min) und einfach im Gegensatz zu den Vorsichtsmaßnahmen bei der Bleikontrastierung oder den langen Einwirkungszeiten bei Uranylazetat. 4. Die Lösungen sind frei von Ausscheidungen, so daß man große artefaktfreie Flächen erhält.

BULLIVANT u. HOTCHIN (1960) benutzen Dämpfe von Chromylchlorid, welches durch Reaktion von 1 mol $K_2Cr_2O_7$ und 4 mol KCl mit 3 mol H_2SO_4 leicht gewonnen werden kann. Die Dämpfe sind aber sehr giftig. Es ist neben Osmiumsäure das einzige Kontrastierungsmittel, welches in der Gasphase benutzt wird. Die Einwirkung der Dämpfe dauert etwa 20—80 sec. Gute Ergebnisse werden aber nur erhalten, wenn die Dämpfe vor dem Auftreffen auf die Schnitte Filtrierpapier passieren.

Neben PWS wurde von WOHLFARTH-BOTTERMANN (1956) noch Thalliumnitrat vorgeschlagen. Auch Lanthannitrat ist öfter verwendet (HALL, 1955; FERNÁNDEZ-MORÁN u. SCHRAMM, 1958). Es soll nach CALVET u. a. (1948) und CARO u. a. (1958) eine hohe Affinität zu Nukleinsäuren besitzen. Versuche mit 52 verschiedenen Kontrastierungsmitteln (Metallsalzen) wurden von GERSH u. a. (1957) mitgeteilt, die aber kein neues, besonders gut geeignetes Kontrastierungsmittel ergaben.

20.4. Spezifische Kontrastierungen

Die geschilderten Versuche zur Nachkontrastierung sind ebenso wie Osmiumsäure nicht so spezifisch, daß nur bestimmte Stoffgruppen kontrastiert werden. Um die beobachtbaren Strukturen des elektronenmikroskopischen Bildes mit ihrer biochemischen Funktion in Verbindung zu bringen, sind differenziertere Kontrastierungen erwünscht. Die Versuche hierzu stecken noch in den Anfängen. Die Folgeprodukte der durchgeführten Reaktionen sollen unlöslich in Wasser, Alkohol oder anderen Entwässerungs- und Einbettungsmitteln sein und einen hinreichenden Bildkontrast liefern. Das heißt, es müssen Schwermetalle oder deren Salze eingelagert werden. Es sei jedoch bemerkt, daß auch eingelagerte organische Farbstoffe, wenn sie nur zu einer Erhöhung der örtlichen Dichte führen, einen nennenswerten Kontrast hervorrufen können. Die Einlagerung von Schwermetallen ist aber vorzuziehen, da die Erkennbarkeit eindeutiger wird. Es kommt bei derartigen Versuchen unter Umständen nicht so sehr auf eine Strukturerhaltung an, da Parallelversuche ohne spezifische Kontrastierung laufen können, die ein Bild vom Aufbau der entsprechenden Zelle vermitteln. Die Reaktionsprodukte fallen z. T. sehr grob in kristalliner Form aus. Dadurch wird das Auflösungsvermögen in der topologischen Zuordnung herabgesetzt.

Als erstes Beispiel sei auf einige elektronenmikroskopische Untersuchungen an mit Silber imprägniertem Gewebe eingegangen. Diese sind allein schon wegen der in der Lichtmikroskopie beobachteten dichroitischen Anfärbung von Kollagen und Neurofibrillen interessant. DETTMER

u. a. (1951) untersuchten mazerierte Kollagenfasern und BAUD (1951),
WASSERMANN u. KUBOTA (1956) Dünnschnitte. Es zeigten sich im Elektronenmikroskop kleine Silberkristalle (100—200 Å), die kettenförmig
aufgereiht sind. Hierdurch wird der starke Dichroismus der Silberimprägnation hervorgerufen. Die Silberausscheidungen treten nur in der Nähe
der Fibrillen auf und nicht in Gebieten, die keine Fibrillen enthalten. Dies
zeigt, daß die Silberausscheidung selektiv und vollständig die Fibrillen
markiert. DEMPSEY u. WISLOCKI (1955) und VAN BREEMEN u. CLEMENTE
(1955) führten eine Art Vitalfärbung durch, indem sie Versuchstieren
6—12 Monate lang 1 g $AgNO_3$/l in das Trinkwasser gaben. Diese Versuche
haben aber weniger Bedeutung für die Kontrastierung als vielmehr für
Probleme der Schwermetallvergiftung und Zellphysiologie. ADAM u. a.
(1964) führten eine derartige Vitalfärbung durch Verfütterung von Gold-
Natriumthiosulfat durch.

Nach MARINOZZI (1961) kann man auch Dünnschnitte mit Silber kontrastieren, indem man eine Lösung von 10 ml 0,25% $AgNO_3$, 8 ml 5%
Borax und 0,3 mg Methenamin auf 30 cm³ auffüllt und 20—30 min bei
50°C einwirken läßt. Kontrastiert werden alle Membranen mit etwa
100 Å großen Silberkriställchen. Es konnte gezeigt werden, daß diese
Ablagerung durch die Osmiumatome der Osmiumfixation hervorgerufen
wird. Praktische Bedeutung kommt dieser Kontrastierung jedoch nicht
zu (s. a. Glykogendarstellung nach MARINOZZI).

Mit der Silberfärbung nach GÖMÖRI versuchten DETTMER u. SCHWARTZ
(1953) Stoffe mit der Gruppe CHOH—CHOH (1,2-Glykolbindung) quantitativ nachzuweisen. Diese Gruppen sind z. B. in Polysacchariden enthalten. Die 1,2-Glykolbindung wird zunächst durch Perjodsäure aufgeschlagen, wobei Aldehydgruppen entstehen, die mit Silbernitrat nachgewiesen werden können.

Den Nachweis von Aldehydgruppen mit Silberniederschlägen wendet
auch BRADFIELD (1954) in einer modifizierten Feulgentechnik an. Durch
eine milde Hydrolyse mit HCl entstehen an der DNS Aldehydgruppen.
Während bei der normalen in der Lichtmikroskopie gebräuchlichen
Feulgentechnik eine anschließende Behandlung mit Schiffschem Reagenz
(fuchsinschweflige Säure) einen intensiv rotvioletten Farbstoff liefert,
werden die Aldehydgruppen bei BRADFIELD zur Elektronenkontrastierung mit Silbersalzen nachgewiesen. BRYAN u. BRINKLEY (1964) konnten
mit einer ähnlichen Silber-Aldehyd-Reaktion die Feinstruktur von
Chromosomen auflösen. Längs der Fibrillen erfolgte eine Abscheidung
von Silberteilchen (40 Å und kleiner).

Es wurden noch einige weitere Reaktionen für Nukleinsäuren entwickelt. BAHR (1953) verwendet dafür eine Gallocyanin-Indiumalaun-
Lösung. BERNSTEIN (1956), BENDET u. TRONTL (1962) lassen auf Bakteriophagen T 2 von E. coli nach der Osmiumfixation 15 min lang eine

0,1 m $FeCl_3$-Lösung einwirken. Die Phagen bestehen aus einem Kopf mit DNS-Kern und Proteinhülle. Mit Osmium alleine wird nur die Proteinhülle kontrastiert, während bei zusätzlicher Behandlung mit Eisenchlorid auch die DNS im Innern kontrastiert erscheint. WATSON u. ALDRIDGE (1961, 1964) beschreiben eine spezifische Kontrastierung der DNS mit Indiumchlorid. Nach der Fixation in Acrolein, welche keine Kontrastierung durch Schwermetalle bedingt, wird zunächst eine Reduktion mittels $LiBH_4$ in Pyridin und anschließend eine Azetylierung durch Essigsäureanhydrid in Pyridin durchgeführt. Danach erfolgt die Einwirkung von 0,25%iger $InCl_3$-Lösung (2 Std). ALBERSHEIM u. KILLIAS (1963) kontrastieren DNS spezifisch mit Wismutnitrat. Es ergibt sich eine besonders wirksame Kontrastierung von Chromatin in der Interphase und Chromosomen im Teilungsstadium. HUXLEY u. ZUBAY (1961) weisen auf die hohe Affinität von Uranylazetat zu DNS hin. Diese nimmt etwa die gleiche Menge an Uran auf wie ihr Trockengewicht, oder nach BEER u. ZOBEL (1961) 1 Uranylkomplex pro Basenpaar. Mit dieser Kontrastierung (s. § 20.3) kann man im Kern deutlich das Chromatin vom übrigen Nukleoplasma abgrenzen, aber Uranylatetat besitzt eine — wenn auch geringere — Affinität zu allen anderen kontrastierbaren Strukturen. WOLFE u. a. (1962) finden bei einer Konzentration von $1 \cdot 10^{-5}$ bis $1 \cdot 10^{-4}$ m Uranylazetat nur DNS kontrastiert, während bei höheren Konzentrationen auch Proteinfilme Uranyl aufnehmen. Diese Unterschiede finden ihre Erklärung in den unterschiedlichen Assoziationskonstanten von $8 \cdot 10^6$ für den DNS-Uranyl-Komplex und nur 10^4 für den Protein-Uranyl-Komplex (nach chemischen Untersuchungen von ZOBEL u. BEER, 1961). Die Anwendung der chemischen Reaktionskinetik auf die elektronenmikroskopischen Kontrastierungsmethoden ist von BEER (1965), ZOBEL u. BEER (1965) ausführlich diskutiert.

Mit der Steigerung des Auflösungsvermögens der Elektronenmikroskopie ist es nicht ausgeschlossen, daß in DNS-Fäden oder einzelnen Proteinen die Basensequenz durch direkte Abbildung bestimmt werden kann. Voraussetzung hierfür ist nur die eindeutige Abbildung einzelner Schwermetallatome. Wege zur Methodik und selektiven Kontrastierung einzelner Basen wurden schon von HIGHTON u. BEER (1964), BEER (1965), ZOBEL u. BEER (1965) aufgezeigt.

Für die proteingebundene SH-Gruppe geben BAHR u. MOBERGER (1954) ein spezifisches Reagenz an. Quecksilberverbindungen mit der Konfiguration $R-Hg-X$ (R = organisches Radikal, z. B. $-CH_3$; X = Halogen) reagieren selektiv mit der SH-Gruppe:

$$R_1-Hg-X + HS-R_2 \rightarrow R_1-Hg-S-R_2 + XH .$$

Die Spezifität dieser Verbindung auf SH-Gruppen konnte dadurch bestätigt werden, daß kein Hg angelagert wurde, wenn die SH-Gruppe vorher durch ein Oxydationsmittel entfernt wurde. Es ergeben sich auch keine Reaktionen mit Proteinen ohne SH-Gruppe (z. B. Gelatine).

In einer anderen zusammengesetzten Reaktion werden von LAMB u. a. (1953) SH-, NH_2- und Phenolgruppen des Thyrosins mit 1-Fluor-2,4-Dinitrobenzol behandelt. Die Folgeprodukte lassen sich mit Silber- oder Bleisalzen kontrastieren. Zur Darstellung der SH-Gruppen s. a. BARRNETT u. a. (1958) und NELSON (1960).

Freie unveresterte Sulfatgruppen in spez. Granula von Mastzellen und an Kollagenfibrillen wurden von BLINZINGER u. MATUSSEK (1963) durch 10% $BaCl_2$-Lösung (pH 4–5, mehrere Stunden unter N_2-Atmosphäre) nachgewiesen.

Ein besonderes Interesse besteht an der spezifischen Kontrastierung von Glykogenteilchen, da die Osmiumsäure keine Kontrastierung hervorruft. Mit reiner Osmiumsäure zeigen die Glykogenteilchen (150–400 Å) nur einen schwachen verschwommenen Kontrast und sind von den RNS-haltigen Ribosomen klar zu unterscheiden. Letztere besitzen eine einheitliche Größe von etwa 150 Å und sind vorzugsweise an den Membranen des ER angelagert. Mit Kaliumpermanganat ergibt sich eine bessere Erhaltung und Kontrastierung der Glykogenpartikel (LUFT, 1956). Man kann auch nach einer Os-Fixation mit einer $KMnO_4$-Nachfixation die Glykogenteilchen stärker kontrastieren (DROCHMANS, 1960). Kontrastierungen des Glykogens treten auch mit PWS und Phosphormolybdänsäure, speziell aber mit der Bleikontrastierung auf (SHELDON u. a., 1962; BAKER, 1963). Im Cytoplasma von Leberzellen findet man mit der Bleikontrastierung dicht gepackte Rosetten gleicher Größe (etwa 950 Å), die sich von Ribosomen klar unterscheiden lassen. Rosettenartige Aggregate der Glykogenteilchen konnten von REVEL (1964) auch nach Isolation mit der Negativkontrastierung nachgewiesen werden. THEMANN (1960) behandelt das Gewebe nach der OsO_4-Fixation und Wässerung mit einer ammoniakalischen Lösung von BESTs Carmin (Herst. s. ROMEIS, 1948). Dies führt zu elektronendichten Granula, die auch dem Glykogen zuzuschreiben sind. Der Carminfarbstoff enthält Ca- und Al-Atome, die offenbar den höheren Kontrast hervorrufen. Bei allen Glykogennachweisen gilt als Kriterium für die Selektivität, daß keine Kontrastierung auftreten darf, wenn vorher das Glykogen fermentativ abgebaut wurde, z. B. mit Diastase. MARINOZZI (1961) beschreibt eine Kontrastierung von Glykogen mit $AgNO_3$.

ALBERSHEIM u. a. (1960) kontrastieren Pektine in Pflanzenzellen, indem sie nach einer Behandlung mit basischem Hydroxylamin an die Pektin-Hydroxaminsalze Eisen-Ionen anlagern, die hiermit unlösliche Komplexe bilden.

Es sind hier nur einige der wichtigsten Beispiele für spezifische Kontrastierungen aufgeführt. Für ein genaueres Studium sei auf die zusammenfassende Darstellung von ZOBEL u. BEER (1965) hingewiesen.

Eine andere Möglichkeit zum spezifischen Nachweis bestimmter Stoffe besteht in einer Art „Negativkontrastierung", indem diese durch fermentative Verdauung, z. B. mit Trypsin, Pepsin, RNAse oder DNAse aus dem Schnitt entfernt werden (LEDUC u. BERNHARD, 1962). Voraussetzung ist eine Fixation in Formalin und die Verwendung wasserlöslicher Einbettungsmittel. In Glykol-Methacrylatschnitten können Nukleinsäuren spezifisch mit RNAse oder DNAse entfernt werden, aber an Durcupanschnitten zeigen diese Fermente keine Wirkung. Die Zellstrukturen, welche vom Trypsin oder Pepsin angegriffen werden, variieren mit dem Einbettungsmittel. Die Unterschiede werden in der verschiedenen Reaktionsweise des Einbettungsmittels mit den reaktiven Gruppen der Nukleinsäuren oder Proteine liegen, sowie an der unterschiedlichen Eindringungsfähigkeit der Fermente in die unlöslichen Polymere des Einbettungsmittels.

20.5. Elektronenmikroskopische Darstellung der Enzymumsatzorte

Histochemische Nachweismethoden für Enzyme werden in der Lichtmikroskopie schon seit langem benutzt. Simultan mit dem Substrat wird in der Inkubationslösung in der Regel ein Farbstoff angeboten, der sich mit einem der Spaltprodukte zu einem Reaktionsprodukt vereinigt, welches den Umsatzort der Reaktion zwischen Enzym und Substrat markiert. Das Reaktionsprodukt soll in Wasser und Alkohol (bzw. anderen für die Entwässerung benutzten organischen Lösungsmitteln) unlöslich sein. Einige Verfahren lassen sich direkt auf die Elektronenmikroskopie übertragen. Es besteht vor allem ein Interesse, den Ort von strukturgebundenen Enzymen genauer zu lokalisieren. Bei im Plasma löslichen Enzymen sind mit der Elektronenmikroskopie keine zusätzlichen Informationen zu gewinnen, da das Reaktionsprodukt leichter abwandern kann.

Es sind jedoch bei der elektronenmikroskopischen Anwendung von Enzymnachweismethoden folgende allgemeine Gesichtspunkte zu beachten (s. a. BARRNETT, 1958; BARRNETT u. PALADE, 1958; MÖLBERT u. VON DEIMLING, 1962; PEARSE, 1963; SELIGMAN, 1964). Schäden während der Inkubation verursachen in unfixiertem Gewebe schwerwiegende morphologische Veränderungen im elektronenmikroskopischen Bereich, obwohl sie im lichtmikroskopisch erkennbaren Bereich minimal sein können. Eine Vorfixation ist daher unbedingt erforderlich, die

1. die Enzymaktivität nicht zu stark schwächt (s. Tab. 20.1),

2. das Verbleiben am wahren Enzymort garantiert,

3. die morphologische Struktur der Zelle erhält und

4. rasch in das Gewebe eindringt.

30 Reimer, Elektronenmikroskop. Methoden, 2. Aufl.

Die Forderungen 1 und 3 sind simultan schwer zu erfüllen. OsO_4 gibt eine gute Zellerhaltung, aber fast vollständige Zerstörung der Enzymaktivität. Es darf in diesem Falle nur so kurz wie möglich fixiert werden (4—7 min). Nach LANSING u. LAMY (1961) reichen 4 min noch nicht für eine gute Erhaltung aus, während nach 10 min eine vollständige Inhibition der ATPase-Aktivität auftritt (ebenfalls Phosphatase, MARCHESI u. BARRNETT, 1963). Mit OsO_4-Fixation ist daher bei Gewebeblöcken nur eine dünne Oberflächenschicht ausreichend fixiert, ohne die Aktivität verloren zu haben. Nach ESSNER u. a. (1958) verbleiben nach 7 min OsO_4-Fixation noch 17% der ATPase-Aktivität und 40% der 5-Nukleotidase-Aktivität. Formalin-Calcium (4% Formaldehyd, 1% $CaCl_2$) gibt mittlere Erhaltungen der Struktur und Enzymaktivität. Nach 24 Std bei $0-2°C$ bleibt noch 50% der sauren Phosphatase- und Esterase-Aktivität erhalten (HOLT u. HICKS, 1961). Hydroxyadipaldehyd ist in der Strukturerhaltung etwa dem Formalin gleichwertig (s. Tab. 19.1), zeigt aber in der Regel die z. Z. beste Erhaltung der Aktivität (z. B. 30—60% der Dehydrogenase-Aktivität). Glutaraldehyd (4%) zeigt eine ausgezeichnete Strukturerhaltung, aber eine starke Verminderung der Aktivität (s. a. FASSKE u. a., 1964). Den Fixationslösungen wird Rohrzucker für die Erhaltung der Isotonie zugesetzt.

Eine optimale Struktur- und Enzymerhaltung ist von der Gefrierfixation zu erwarten. BULLIVANT (1960) führt die Substitution des Eises mit Alkohol durch und bettet in Methacrylat ein. Der Nachweis der Phosphatase erfolgt an den Schnitten, die 2—5 min auf der Inkubationslösung schwimmen. CHASE (1963) tränkt gefriergetrocknetes Gewebe (24 Std bei $-37°C$) mit einer 1%igen Lösung polymerisierten Methacrylates in Dichloräthylen. Bei 4°C wird das Lösungsmittel in 2 Tagen langsam eingedampft. Nach der endgültigen Einbettung bei Raumtemperatur erfolgt auch hier der Phosphatase-Nachweis am Dünnschnitt.

Nach der chemischen Fixation wird das Fixationsmittel in der reinen Pufferlösung mit Sucrose-Zusatz ausgewaschen. Danach erfolgt die Einwirkung der Inkubationslösung für 5—30 min bei in der Regel erhöhter Temperatur (23—37°C). Nach der Entwässerung wird oft eine Osmiumsäure-Nachfixation angewandt, um das bekannte morphologische Bild des betreffenden Gewebes zur besseren Identifizierung der Zellbestandteile zu erhalten. Eine zu lange OsO_4-Fixation (> 30 min) kann das Reaktionsprodukt (z. B. $PbPO_4$ beim Phosphatasenachweis) wieder entfernen (REALE u. LUCIANO, 1964).

Die Erniedrigung der Enzymaktivität während der Fixation oder eine Inkubation mit nichtoptimalem pH wirkt sich jedoch nicht ungünstig auf die Genauigkeit der Lokalisation aus. Höhere Enzymaktivitäten führen nämlich zu gröberen Niederschlägen des Reaktionsproduktes. Eine Reduktion der Enzymaktivität auf 25% ist daher ohne weiteres in Kauf zu nehmen. Für quantitative Vergleiche ist jedoch eine unterschiedliche Inaktivierung störend. Dies kann durch eine unterschiedliche Eindringungsgeschwindigkeit des Fixationsmittels in den Gewebeblock erfolgen. An der Peripherie liegt eine stärkere Inaktivierung vor.

Um die Nachteile der Gewebeblöcke bei der Fixation und Inkubation zu umgehen, wird bevorzugt das Gefrierschnittverfahren angewandt. Die vorfixierten Gewebe werden nach Möglichkeit in flüssigem Propan oder Isopentan (s. § 19.5.1) mit hohen Abkühlungsgeschwindigkeiten gefroren, und anschließend nach Erwärmung auf etwa -30 bis $-20°C$ mit einem Gefriermikrotom $10-50$ µ dicke Gewebeschnitte hergestellt, die nach dem Auftauen der Inkubationslösung ausgesetzt werden (s. u. a. HOLT und HICKS, 1961; WALKER u. SELIGMAN, 1963; WACHSTEIN u. BESEN, 1963). Durch die Vorfixation treten die in § 19.5.1 beschriebenen Artefakte bei der Gefrierung und Rekristallisation in stark vermindertem Maße auf, da das Gewebe hierdurch fester geworden ist. Diese Methode bietet auch den Vorteil, 10 µ dicke Schnitte für die lichtmikroskopische Kontrolle des Enzymnachweises abzuzweigen.

Viele aus der Lichtmikroskopie bekannte Verfahren des Enzymnachweises liefern so grobe Ausscheidungen des Reaktionsproduktes, daß die elektronenmikroskopische Genauigkeit des Enzymnachweises nicht ausgenutzt werden kann, auch weil der Ort des Enzymumsatzes und der Fällungsreaktion nicht übereinzustimmen brauchen. Die Ausscheidungen liegen oft in der Größenordnung von $100-1000$ Å. Anzustreben und teilweise erreicht ist eine Ausdehnung von nur $20-100$ Å. Für die Elektronenmikroskopie müssen nicht unbedingt Schwermetallatome zur Markierung verwandt werden. Es wurden auch gute Erfolge mit Farbstoffen hoher Dichte erreicht. Die OsO_4-Nachkontrastierung kann aber auch mit Reaktionsprodukten reagieren, welche keine Schwermetallatome von vornherein enthalten, und unter Umständen den falschen Eindruck erwecken, daß diese auch ohne Schwermetallatome einen genügenden Bildkontrast zeigen (s. u. Formazan).

In der Tab. 20.2 sind einige Enzymnachweise aufgeführt, die auch ein weiteres Literaturstudium ermöglichen. Allgemeingültige Rezepte für den Enzymnachweis lassen sich nicht aufstellen. Der Arbeitsaufwand in der Ausarbeitung geeigneter Methoden wächst mit den Anforderungen an die Schärfe der Lokalisation des Enzym-Umsatzortes. Im folgenden sollen einige Standardverfahren etwas näher diskutiert werden, um einen weiteren Einblick in die Verfahrenstechnik und Problematik dieser Methoden zu vermitteln. Um Artefakte bei der Enzymlokalisation zu vermeiden, sollte jeder, der sich mit dem elektronenmikroskopischen Nachweis von Enzymen beschäftigt, genügend Erfahrung aus der Lichtmikroskopie mitbringen.

30*

Die Gomorische Methode (1952) des Phosphatase-Nachweises — einschließlich der Modifikation nach WACHSTEIN u. MEISEL (1957) — konnte aus der Lichtmikroskopie weitgehend übertragen werden, weil der $PbPO_4$-Niederschlag auch die nötige Dichte für die elektronenmikroskopische Erkennbarkeit besitzt. In der Lichtmikroskopie wird der Bleiphosphat-Niederschlag noch mit Ammoniumsulfid nachbehandelt und in PbS überführt. Dieser Schritt ist für die Elektronenmikroskopie nicht erforderlich. Er würde im Gegenteil im sublichtmikroskopischen Bereich die Möglichkeit neuer Artefakte in sich schließen. Für das Inkubationsgemisch nach GOMORI bzw. WACHSTEIN u. MEISEL können z. B. folgende Zusammensetzungen gewählt werden:

Inkubationsmedium für Phosphatase-Nachweis:

nach MÖLBERT u. a. (1960)

nach WACHSTEIN u. MEISEL (1957)

5 ml 0,04 m Na-Diphenylphosphat als Substrat + 45 ml Tris-Puffer + 2 g Seignette-Salz + je 1 ml 2% Mn- und Mg-Chlorid + tropfenweise unter Umrühren 2,5 ml Pb-Nitrat (0,1 m) (pH 7,6—7,7, alkalische Phosphatase).

10 ml 1,25% Na-Glykerophosphat
5 ml 0,2 m Tris-Puffer pH 7,2,
30 ml 0,2% Pb-Nitrat
5 ml Aqua dest.

Der optimale pH-Wert für saure Phosphatase liegt bei pH 5. Dieser Wert kann jedoch zur Strukturzerstörung in dem schwach anfixierten Gewebe führen, so daß bei guter Erhaltung der Struktur häufig mit pH-Werten näher zum Neutralpunkt (pH 6—7) gearbeitet wird. Das durch die Phosphatase abgespaltene Phosphat-Ion verbindet sich mit einem Pb-Ion zu unlöslichem $PbPO_4$ in mehr oder weniger großen Kristalliten in der Nähe des Enzymortes. Die Lokalisationsgenauigkeit ist von der gleichen Größenordnung wie die Kristallitgröße. Abb. 218 zeigt den Phosphatase-Nachweis mit besonders kleinen Kristalliten. Von besonderer Gefahr sind nichtspezifische Bleiphosphat-Ausscheidungen. Weitere Artefakte und die bisherigen Ergebnisse des Phosphatase-Nachweises sind ausführlich von GOLDFISCHER u. a. (1964) diskutiert.

Zur Vermeidung von unspezifischen Reaktionsprodukten sind allgemein sorgfältige Kontrollversuche nötig, in denen zunächst das Vorfixationsmittel variiert wird. Die Reaktionsprodukte müssen außerdem nach einer Vorbehandlung mit Enzyminhibitoren oder nach einer Entfernung des Substrates aus dem Inkubationsgemisch verschwinden. Gerade bei Nachweisen mit Metall-Ionen besteht die Gefahr nichtspezifischer Ablagerungen, da diese häufig mit gewissen Endgruppen reagieren. Es ist auch darauf zu achten, daß der Metallsalzzusatz nicht von vornherein mit

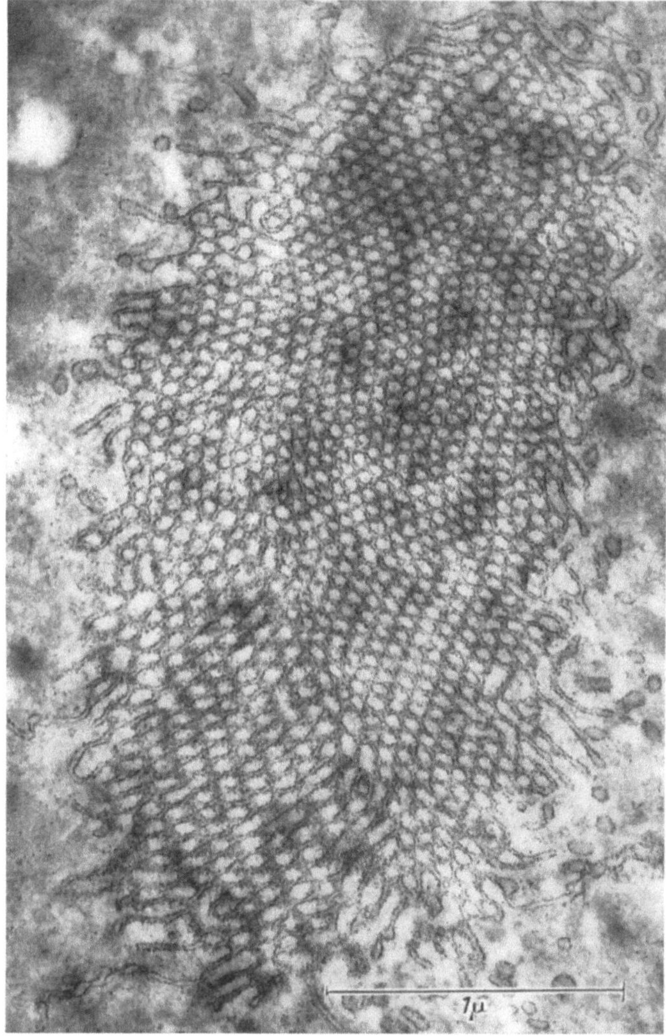

Abb. 218. Bleiphosphatniederschläge in einem transversal geschnittenen Bürstensaum von Tubulusepithel-
zellen der Mäuseniere. Nachweis der Phosphatase bei pH 7,6—7,7 mit Bleinitrat als Reaktionspartner. Die
Phosphatase-Aktivität ist an den Zellmembranen der Mikrovilli in Form der kleinen angelagerten Blei-
phosphat-Kristallite zu erkennen. Im extrazellulären Spalt zwischen den Mikrovilli sind keine Kristallite zu
beobachten (nach Mölbert, Duspiva und von Deimling, 1960)

dem gewählten Substrat reagiert. Viele Phosphatase-Substrate ergeben
z. B. Niederschläge mit Pb bei pH 7,0 (Mölbert u. a., 1960).

Zum Dehydrogenase-Nachweis wird am häufigsten die Tetrazolium-
Methode benutzt. Hierbei wirkt Nitroblau-Tetrazolium (NBT) im Inkubationsgemisch als Elektronenakzeptor und wird in unlösliches Formazan

übergeführt. Diese Formazan-Niederschläge als Reaktionsprodukt verändern gegenüber Vergleichspräparaten die Kontrastverhältnisse so stark, daß eine gute Enzymlokalisation möglich ist. Dabei spielt zur Kontrastentstehung wahrscheinlich eine Reaktion mit OsO_4 während der Nachfixation eine wesentliche Rolle. Mit in Tetrazolium eingebauten

Tabelle 20.1. *Erhaltung der Aktivität einiger Enzyme bei Fixation mit verschiedenen Aldehyden* (nach SABATINI u. a., 1963)

○ Keine Erhaltung
● Optimale Erhaltung des Enzyms

	Succino-Dehydrogenase	Alkalische Phosphatase	Saure Phosphatase	Adenosin-Triphosphatase	Glucose-6-Phosphatase	Cathepsin
Glutaraldehyd	○	●	◕	◕	○	◕
Glyoxal	◕	●	○	●	○	—
Acrolein	○	◗	○	○	○	◕
Methacrolein	○	●	◕	●	○	○
Crotonaldehyd	◣	●	◕	●	○	○
Azetaldehyd	○	●	◑	●	—	○
Hydroxyadipaldehyd	●	●	◑	●	◕	○
Formaldehyd	○	●	◕	●	○	◕
Pyruvicaldehyd	◣	●	◑	●	—	○

Tabelle 20.2. *Zusammenstellung der Enzymnachweismethoden*

Enzym	Methode	Reaktionsprodukt	Autoren
Hydrolasen			
Alkalische Phosphatase	GOMORI (1952)	$PbPO_4$	MÖLBERT u. a. (1960) BARADI u. BRANDES (1963)
	(Gefriersubstitution)		CHASE (1963)
	Simultane Kopplung	Azofarbstoff	DAVID u. ORNSTEIN (1959)
Saure Phosphatase	GOMORI	$PbPO_4$	SHELDON u. a. (1955); DE MAN u. a. (1960); HOLT u. HICKS (1961); ESSNER u. NOVIKOFF (1960, 1961, 1962); OGAWA u. a. (1962); BARKA (1964)
	(Gefriersubstitution)		BULLIVANT (1960)
	Farbstoffkopplung	Diazophthalocyanin	TICE u. BARNETT (1965)
5-Nukleotidase	GOMORI	$PbPO_4$	ESSNER u. a. (1958)
ATPase	GOMORI	$PbPO_4$	LANSING u. LAMY (1961)
	WACHSTEIN u. MEISEL	$PbPO_4$	WACHSTEIN u. BESEN (1963); MARCHESI u. BARRNETT (1963); WACHSTEIN u. FERNANDEZ (1964)
Nukleosidphosphatase	WACHSTEIN u. MEISEL	$PbPO_4$	NOVIKOFF u. a. (1962)

Fortsetzung Tabelle 20.2:

Esterase (M-Band)	Thioessigsäure	PbS	BARRNETT u. PALADE (1959)
Cholinesterase	Simultane Kopplung	Azofarbstoff	LEHRER u. ORNSTEIN (1959)
	Thiocholin	Cu-Thiocholin	CAUNA (1960)
	Thioessigsäure	PbS	BARRNETT (1962)
Oxidoreduktasen			
Succinodehydrogenase	Tellurit (K_2TeO_3)	Te oder TeO	BARRNETT u. PALADE (1957)
	Tetrazolium	Co-Formazan	PEARSE u. SCARPELLI (1959)
	Ditetrazolium	Diformazan	BARRNETT (1958); NELSON (1959); SEDAR u. ROSA (1961); FASSKE u. a. (1964)
	Tetranitroblau-Tetrazolium	Formazan	SCARPELLI u. a. (1962); SEDAR u. a. (1962); WALKER u. SELIGMAN (1963)
Peroxydase	Benzidin	Benzidinblau	MITSUI (1960)
Arylsulfatase	Gomori	$PbSO_4$	GOLDFISCHER (1965)

Metallatomen ließe sich eine stärkere Kontrastierung erreichen. Nach
SCARPELLI u. a. (1962) besteht das Inkubationsmedium aus 0,5 mg/ml
Tetranitroblau-Tetrazolium (TBNT) gelöst in m/15 Phosphat-Puffer
+ 0,44 m Rohrzucker und 10^{-2} m Succinat oder DPNH als Substrat.
TBNT gibt gegenüber NBT einen feineren Niederschlag und daher ge-
nauere Lokalisation (30—40 Å).

20.6. Immunoferritin-Methode

In der Lichtmikroskopie werden schon seit längerem Antikörper mit
Fluoreszein gekoppelt, um so als spezifische und sehr empfindliche Stoffe
für die mikroskopische Lokalisation der Antigenmoleküle zu dienen. Um
für diese Technik das elektronenmikroskopische Auflösungsvermögen auszunutzen, ist das γ-Globulin des Antikörpers mit einer Schwermetall-
komponente an Stelle des Fluoreszein zu verbinden. SINGER (1959),
SINGER u. SCHICK (1961) wählten hierfür Ferritin. Dieses Makromolekül
ist auch einzeln elektronenmikroskopisch klar zu erkennen. Es besteht
nämlich zu 20% aus Eisen und der dichte Kern hat eine Ausdehnung von
55 Å. Die Kopplung zwischen Ferritin und reinem Antikörper erfolgte
mittels m-Xylol-Diisocyanat oder Toluol-2,4-Diisocyanat nach umstehen-
dem Reaktionsschema. (Es sind nur 3 Diisocyanat-Moleküle gezeichnet,
welche mit Ferritin reagiert haben. In Wirklichkeit ist es eine größere
Zahl.) SRI RAM u. a. (1963) benutzten p,p'-Difluor-m,m'-Dinitrodiphenyl-
sulfon zur Kopplung. Bei Verwendung von Diisocyanat besteht nach der
Reaktion die Lösung aus Molekülen des Ferritin-γ-Globulin-Komplexes
(etwa $^1/_3$), unverändertem γ-Globulin und Ferritin. Die Reinigung zur
Entfernung des reinen γ-Globulin kann durch Ultrazentrifugation (etwa

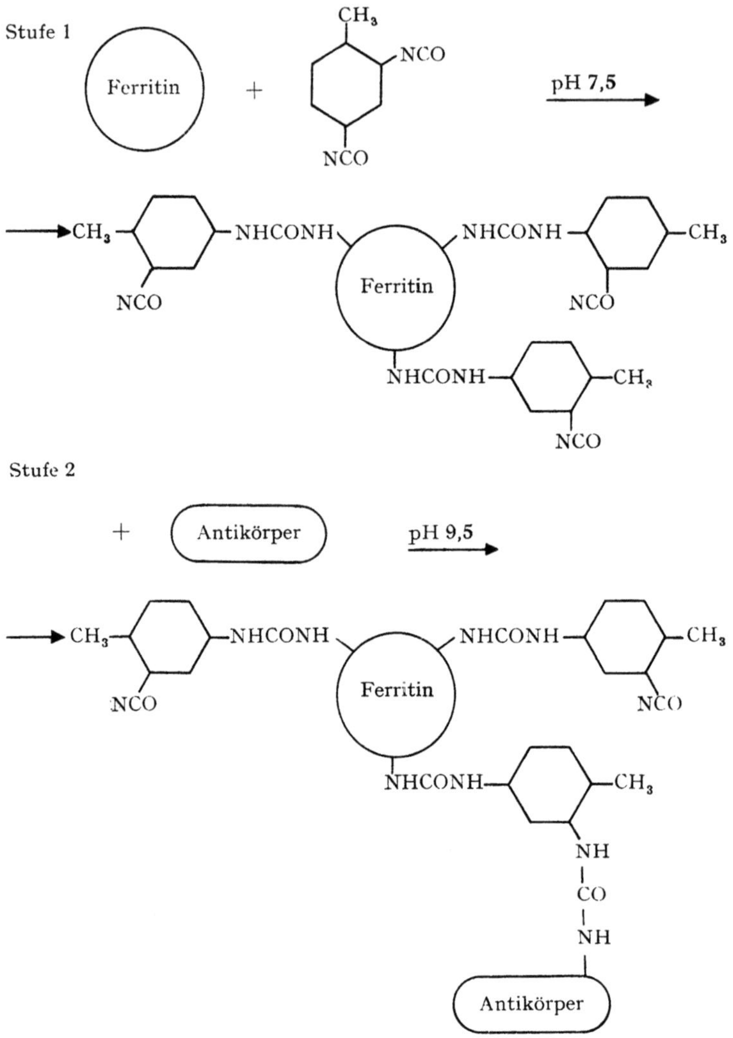

Stufe 1

Stufe 2

100 000 g) (SINGER u. SCHICK, 1961), Papier-Elektrophorese (BOREK u. SILVERSTEIN, 1961) oder Elektrophorese in einem Agarblock (PIERCE u. a., 1963) erfolgen. Sie ist erforderlich, damit freies γ-Globulin nicht die Antigenorte für die Ablagerung des Ferritin-γ-Globulin-Komplexes blockiert. Andererseits stellt die Vorbehandlung mit reinem γ-Globulin und das Fehlen einer anschließenden Ferritin-γ-Globulin-Abscheidung ein Kriterium dafür dar, daß sich der Ferritin-γ-Globulin-Komplex nicht an unspezifischen Stellen ablagert.

BAXENDALL u. a. (1962) benutzen eine Doppellagen-Methode, bei der zunächst die Antigenorte mit ferritinfreiem γ-Globulin des Antikörpers reagieren. Aus dem Serum eines anderen Versuchstieres wird ein Anti-γ-Globulin gewonnen und mit Ferritin gekoppelt. Nachdem aus dem zu untersuchenden Gewebe alles überschüssige γ-Globulin herausgewaschen ist, wird dieser Ferritin-Anti-γ-Globulin-Komplex an die γ-Globuline angelagert, welche bereits die nachzuweisenden Antigenorte blockiert haben. Das γ-Globulin wirkt also als Antikörper für das interessierende Antigen und als Antigen für den Ferritin-Komplex. Diese Methode besitzt eine höhere Empfindlichkeit, da die direkte Anlagerung eines Ferritin-γ-Globulins eine geringere Aktivität aufweist, weil offenbar das Ferritinmolekül doch einige Antikörpervalenzen blockiert. Außerdem braucht man nur eine einzige Ferritin-Anti-γ-Globulin-Präparation ansetzen, um damit eine große Zahl von spezifischen Reaktionen zwischen den γ-Globulinen und verschiedenen Antigenen durchzuführen.

PEPE u. a. (1961) verbinden den Antikörper mit einer Hg-haltigen organischen Verbindung. Bei Elektronenbeschuß werden jedoch die Hg-Atome abgespalten, koagulieren und verdampfen leicht, wenn nicht dieses durch eine Kohlebedeckung verhindert wird. STERNBERGER u. a. (1963) lagern an die Antikörper Uranatome mittels Uranylazetat an, MEKLER u. a. (1964) etwa 10 Gew.-% Jod.

Nach PEPE u. a. (1961) können auch reine Antikörper unter bestimmten Umständen elektronenmikroskopisch erkannt werden, wenn diese die morphologische Erscheinung so verändern, daß sie klar erkennbar sind (z. B. in Muskelfilamenten).

In den ersten Versuchen wurden die Antigen-Antikörper-Reaktionen in Suspensionen an Oberflächen von Viren durchgeführt und die Emulsionen auf Trägernetze gesprüht. In weiteren Arbeiten wurde der Antikörper dem Gewebe oder Gewebekulturen vor der Fixation zugeführt. Die Schwierigkeit besteht darin, die Zellmembranen für die Ferritin-Globulin-Moleküle durchlässig zu machen. SINGER u. McLEAN (1963) wenden hierfür bei Bakterienzellen Lysozym an und brechen die Membranen von Gewebekulturen durch Frieren und Wiederauftauen auf. Die Methode der Vorfixation in Formalin (3–5%, phosphatgepuffert), Gefrierung und Herstellung von Gefriermikrotomschnitten von 10–50 µ Dicke – wie sie in der Histochemie benutzt wird (§ 20.5) – ist auch für die Immunoferritin-Methode anwendbar (RIFKIND u. a., 1962, 1964). ANDRES u. a. (1962) schneiden vor der Inkubation das Gewebe in kleine Stücke, wobei ebenfalls Membranbeschädigungen auftreten, die die Antikörper durchlassen. Die Ultrastruktur bleibt unter Umständen noch besser erhalten als bei der Gefriermethode. Die Anwendung der Immunoferritin-Methode auf Dünnschnitte wird durch die schlechte Eindringung in das Einbettungsmittel erschwert und ferner durch die Blockierung der Antigene durch das Einbettungsmittel. McLean u. Singer haben ein amphoteres Einbettungsmittel entwickelt (Polyampholyte § 21.5.4), welches verspricht, die Antikörper-Bindungskapazitäten zu erhalten.

Literatur zu § 20

Adam, M., P. Bartl, Z. Deyl, and J. Rosmus: Staining of collagen with gold in vivo. Proc. III. Europ. Reg. Conf. EM Prag, Vol. B, 67 (1964).

Albersheim, P., and U. Killias: The use of bismuth as an electron stain for nucleic acids. J. Cell Biol. **17**, 93 (1963).

— K. Mühlethaler, and A. Frey-Wyssling: Stained pectin as seen in the electr. micr. J. biophys. biochem. Cytol **8**, 501 (1960).

Amelunxen, F.: Quant. Kontrastierungsversuche für die Elektr.mikr. Z. Naturforsch. **14**b, 28, 759 (1959).

Andres, G. A., C. Morgan, K. C. Hsu, R. A. Rifkind, and B. C. Seegal: Use of ferritin-conjugated antibody to identify nephrotoxic sera in renal tissue by electr.micr. Nature (Lond.) **194**, 590 (1962).

Bahr, G. F.: Gallocyanin-Indiumalum, Electron stains. Exp. Cell Res. **5**, 551 (1953).

—, and G. Moberger: Methyl-mercury-chloride as a specific reagent for protein-bound sulfhydryl groups. Exp. Cell. Res. **6**, 506 (1954).

Baker, R. F.: On the identification of glycogen in electr.micrographs. J. Histochem. Cytochem. **11**, 285 (1963).

Baradi, A. F., and D. Brandes: Electr.micr. localization of alkaline phosphatase in papilla foliata. J. Histochem. Cytochem. **11**, 815 (1963).

Barka, T.: Electr. histochemical localization of acid phosphatase activity in the small intestine of mouse. J. Histochem. Cytochem. **12**, 229 (1964).

Barrnett, R. J.: The comb. of histochem. and cytochem. with electr. micr. for the demonstration of the sites succinic dehydrogenase activity. IV. Internat. Kongr. EM Berlin, Bd. **II**, 91 (1958).

— The fine structural localization of acetylcholinesterase at the myoneural junction. J. Cell Biol. **12**, 247 (1962).

—, and G. E. Palade: Histochem. demonstr. of the sites of activity of dehydrogenase systems with the electr.micr. J. biophys-biochem. Cytol. **3**, 577 (1957).

— — Appl. of histochem. to electr.micr. J. Histochem. Cytochem. **6**, 1 (1958).

— — Enzymatic activity in the M-band. J. biophys. biochem. Cytol. **6**, 163 (1959).

— — T. P. Goldstein, and A. M. Seligman: Histochem. demonstr. of protein-bound sulhydryl and disulfide groups in epidermis and hair with the electr.micr. J. Histochem. Cytochem. **6**, 101 (1958).

Baud, C. A.: Elektr.mikr. Studie der dichroitischen Silberfärbung tierischer Gewebe. Z. wiss. Mikr. **60**, 369 (1951).

Baxendall, J., P. Perlmann, and B. A. Afzelius: Immun electr.micr. using a two-layer method of ferritin labelling. J. Roy. Micr. Soc. **81**, 155 (1962).

— — — A two-layer techn. for detecting surface antigens in the sea urchin egg with ferritin-conjugated antibody. J. Cell Biol. **14**, 144 (1962).

Beer, M.: Selective staining for electr.micr., Symp. Quant. Electr.Micr. Washington 1964, in Lab. Invest. **14**, 1020 (1965).

—, and C. R. Zobel: Electron stains II. Electr.micr. studies on the visibility of stained DNA molecules. J. mol. Biol. **3**, 717 (1961).

Bendet, I. J., and Z. M. Trontl: Staining of T 2 bacteriophage with FeCl$_3$. V. Internat. Congr. EM Philadelphia, Vol. **II**, S-6 (1962).

Bernstein, M. H.: Iron as a stain for nucleic acids in electr.micr. J. biophys. biochem. Cytol. **2**, 633 (1956).

BJÖRKMAN, N., and B. HELLSTRÖM: Lead-ammonium acetate, a staining medium for electr.micr. free of contamination by carbonate. Stain Techn. **40**, 169 (1965).

BLINZINGER, K., u. N. MATUSSEK: Die Kontrastierung elektr.mikr. Dünnschnittpräp. mittels BaCl u. ihre Beziehung zu strukturgebundenen unveresterten Sulfatgruppen. Naturwissenschaften **50**, 723 (1963).

BOREK, F., and A. M. SILVERSTEIN: Characterization and purification of ferritin-antibody glubolin conjugates. J. Immunol. **87**, 555 (1961).

BRADFIELD, J. R. G.: Electr.micr. obs. on bacterial nuclei. Nature (Lond.) **173**, 184 (1954).

VAN BREEMEN, V. L., and C. D. CLEMENTE: Silver deposition in the central nervous system and the hematoencephalic barrier studied with the electr.micr. J. biophys. biochem. Cytol. **1**, 161 (1955).

BRODY, I.: The keratinization of epidermal cells of normal guinea pig skin as revealed by electr.micr. J. Ultrastructure Res. **2**, 482 (1959).

BRYAN, J. H. D., and B. R. BRINKLEY: A silver-aldehyde reaction for studies of chromosome ultrastructure. Quart. J. Micr. Soc. **105**, 367 (1964).

BULLIVANT, S.: The staining of thin sections of mouse pancreas prepared by the FERNÁNDEZ-MORÁN helium II freeze-substitution method. J. biophys. biochem. Cytol. **8**, 639 (1960).

—, and J. HOTCHIN: Chromyl chloride, a new stain for electr.micr. Exp. Cell. Res. **21**, 211 (1960).

CALLAHAN, W. P., and J. A. HORNER: The use of vanadium as a stain for electr.micr. J. Cell Biol. **20**, 350 (1964).

CALVET, F., B. M. SIEGEL, and K. G. STERN: Electr. opt. obs. on chromosome structure in resting cells. Nature (Lond.) **162**, 305 (1948).

CARO, L. G., R. P. VAN TUBERGEN, and F. FORRO: The localization of DNA in E. Coli. J. biophys. biochem. Cytol. **4**, 491 (1958).

CAUNA, N.: The distribution of cholinesterase in the cutaneous receptor organs. J. Histochem. Cytochem. **8**, 367 (1960).

CHASE, W. H.: The demonstr. of alk. phosphatase activity in frozen-dried mouse gut in the electr.micr. J. Histochem. Cytochem. **11**, 96 (1963).

DAEMS, W. TH., and J. P. PERSIJN: Section staining with heavy metals of osmium-fixed and formol-fixed mouse liver tissue. J. Roy. Micr. Soc. **81**, 199 (1963).

DAVID, B. J., and L. ORNSTEIN: High resolution enzyme localization with a new diazo reagent "hexazonium pararosaniline". J. Histochem. Cytochem. **7**, 297 (1959).

DEMPSEY, E. W., and G. B. WISLOCKI: The use of silver nitrate as a vital stain and its distribution in several mammalian tissues as studies with the electr.micr. J. biophys. biochem. Cytol. **1**, 111 (1955).

DETTMER, N., I. NECKEL u. H. RUSKA: Elektr.mikr. Befunde an versilberten Kollagenenfibrillen. Z. wiss. Mikr. **60**, 290 (1951).

—, u. W. SCHWARTZ: Die quant. elektr.mikr. Darst. von Stoffen mit der Gruppe CHOH—CHOH. Ein Beitrag zur Elektronenfärbung. Z. wiss. Mikr. **61**, 423 (1953).

DROCHMANS, P.: Mise en évidence du glycogène dans la cellule hépatique par micr. electr. J. biophys. biochem. Cytol. **8**, 553 (1960).

ESSNER, E., and A. B. NOVIKOFF: Acid phosphatase activity in hepatic lysosomes. J. Histochem. Cytochem. **8**, 318 (1960).

— — Localization of acid phosphatase activity in hepatic lysosomes by means of electr.micr. J. biophys. biochem. Cytol. **9**, 773 (1961).

— — Cytological studies on two functional hepatomas. J. Cell Biol. **15**, 289 (1962).

— A. B. NOVIKOFF, and B. MASEK: Adenosinetriphosphatase and 5-nucleotidase activities in the plasma membrane of liver cells as revealed by electr.micr. J. biophys. biochem. Cytol. **4**, 711 (1958).

Fasske, E., U. Gerlach, I. Steins u. H. Themann: Dehydrogenasen-Darst. im elektr.mikr. Zellbild. Z. Naturforsch. **19** b, 887 (1964).

Feldman, D. G.: A method of staining thin sections with lead-hydroxide for precipitate-free sections. J. Cell Biol. **15**, 592 (1962).

Fernández-Morán, H., and G. Schramm: The structure of TMV as revealed in ultrathin sections by electr.micr. Z. Naturforsch. **13** b, 68 (1958).

Gersh, I., I. Isenberg, J. L. Stephenson, and W. Bondareff: Submicr. structure of frozen dried liver, spezifically stained for elcctr.micr. Anat. Rec. **128**, 91, 149 (1957).

Gibbons, I. R., and J. R. G. Bradfield: Exp. on staining thin-sections for electr.-micr. Proc. Stockholm Conf. EM, 121 (1956).

—, and A. V. Grimstone: On flagellar structure in certain flagellates. J. biophys. biochem. Cytol. **7**, 697 (1960).

Goldfischer, S.: The cytochem. demonstr. of lysosomal aryl sulfatase activity by light and elcctr.micr. J. Histochem. Cytochem. **13**, 520 (1965).

— E. Essner, and A. B. Novikoff: The localization of phosphatase activities at the level of ultrastructure. J. Histochem. Cytochem. **12**, 72 (1964).

Gomori, G.: Microscopic Histochemistry, Principles and Practice. Chigaco: 1952.

Hall, C. E.: Electron densitometry of stained virus particles. J. biophys. biochem. Cytol. **1**, 1 (1955).

— M. A. Jakus, and F. O. Schmitt: The structure of certain muscle fibrils as revealed by the use of electron stains. J. appl. Phys. **16**, 459 (1945).

Highton, P. J., and M. Beer: Visibility of single heavy atoms as markers in nucleic acid sequence determination. Proc. III. Europ. Reg. Conf. EM Prag, Vol. B, 49 (1964).

Holt, S. J., and R. M. Hicks: Studies on formalin fixation for elcctr.micr. and cytochem. staining purposes. J. biophys. biochem. Cytol. **11**, 31 (1961).

— — The localization of acid phosphatase in rat liver cells as revealed by combined cytochem. staining and elcctr.micr. J. biophys. biochem. Cytol. **11**, 47 (1961).

Huxley, H. E.: The double array of filaments in cross-striated muscle. J. biophys. biochem. Cytol. **3**, 631 (1957).

—, and G. Zubay: Preferential staining of nuclcic acid-containing structures for electr.micr. J. biophys. biochem. Cytol. **11**, 273 (1961).

Karnovsky, M. J.: Simple methods for "staining with lead" at high pH in electr.-micr. J. biophys. biochem. Cytol. **11**, 729 (1961).

Karrer, H. E.: The striated musculature of blood vessels. J. biophys. biochem. Cytol. **6**, 383 (1959).

Kellenberger, E., A. Ryter, and J. Séchaud: Elcctr.micr. study of DNA-containing plasms. J. biophys. biochem. Cytol. **4**, 671 (1958).

Lamb, W. G. P., J. Stuart-Webb, L. G. Bell, R. Bovey, and J. F. Danielli: Specific stains for elcctr.micr. Exp. Cell Res. **4**, 159 (1953).

Lansing, A. I., and F. Lamy: Localization of ATPase in rotifer cilia. J. biophys. biochem. Cytol. **11**, 498 (1961).

Lawn, A. M.: The use of potassium permanganate as an electron-dense stain for sections of tissue embedded in epoxy resin. J. biophys. biochem. Cytol. **7**, 197 (1960).

Leduc, E. H., and W. Bernhard: Water soluble embedding media for ultra-structural cytochemistry. Digestion with nucleases and proteinases. In: The Interpretation of Ultrastructure (ed. R. J. C. Harris) 21, New York: 1962.

Lehrer, G. M., and L. Ornstein: A diazo coupling method for the elcctr.micr. localization of cholinesterase. J. biophys. biochem. Cytol. **6**, 399 (1959).

Lever, J. D.: A method of staining sectioned tissues with lead for elcctr.micr. Nature (Lond.) **186**, 810 (1960).

LUFT, J. H.: Permanganate — a new fixative for electr.micr. J. biophys. biochem. Cytol. 2, 799 (1956).

DE MAN, J. C. H., W. T. DAEMS, R. G. J. WILLIGHAGEN, and T. G. VAN RIJSSEL: Electron-dense bodies in liver tissue of the mouse in relation to the activity of acid phosphatase. J. Ultrastr. Res. 4, 43 (1960).

MARCHESI, V. T., and R. J. BARRNETT: The demonstr. of enzymatic activity in pinocytic vesicles of blood capillaries with the electr.micr. J. Cell Biol. 17, 547 (1963).

MARINOZZI, V.: Silver impregnation of ultrathin sections for electr.micr. J. biophys. biochem. Cytol. 9, 121 (1961).

— Cytochimie ultrastructurale. Fixations et colorations. Experientia 17, 429 (1961).

— The role of fixation in electr. staining. J. Roy. Micr. Soc. 81, 141 (1963).

MEKLER, L. B., S. M. KLIMENKO, G. E. DOBREZOV, V. K. NAUMOVA, Y. P. HOFFMAN, and V. M. ZHDANOV: Cytochem. and immunochem. analysis at the electr. micr. level: obtaining contrasting antibodies by use of iodine. Nature (Lond.) 203, 717 (1964).

MERCER, E. H.: A scheme for section staining in electr.micr. J. Roy. Micr. Soc. 81, 179 (1963).

MILLONIG, G.: A modified procedure for lead staining of thin sections. J. biophys. biochem. Cytol. 11, 736 (1961).

MITSUI, T.: Appl. of the electr.micr. to the cytochem. peroxidase reaction in salamander leukocytes. J. biophys. biochem. Cytol. 7, 251 (1960).

MÖLBERT, E., u. O. H. VON DEIMLING: Meth. Voraussetzungen der intracellulären Enzymlokalisation. V. Internat. Congr. EM Philadelphia. Vol. II, L-8 (1962).

— F. DUSPIVA, and O. VON DEIMLING: The demonstration of alk. phosphatase in the electr.micr. J. biophys. biochem. Cytol. 7, 387 (1960).

NELSON, L.: Cytochem. studies with the electr.micr. II. Succinic dehydrogenase in rat spermatozoa. Exp. Cell Res. 16, 403 (1959).

— Cytochem. studies with the electr.micr., III. Sulfhydryl groups of rat spermatozoa. J. Ultrastruct. Res. 4, 182 (1960).

NORMANN, T. C.: Staining thin sections with lead hydroxide without contamination by precipitated lead carbonate. Stain. Techn. 39, 50 (1964).

NOVIKOFF, A. B., E. ESSNER, S. GOLDFISCHER, and M. HEUS: Nucleoside-phosphatase activities of cytomembranes. In: The Interpretation of Ultrastructure (ed. R. J. C. HARRIS). New York: 1962.

OGAWA, K., K. MASUTANI, and Y. SHINONAGA: Electr. histochem. demonstr. of acid phosphatase in the normal rat jejunum. J. Histochem. Cytochem. 10, 228 (1962).

PARSONS, D. F.: A simple method for obtaining increased contrast in araldite sections by using postfixation staining of tissues with $KMnO_4$. J. biophys. biochem. Cytol. 11, 492 (1961).

—, and E. B. DARDEN: A techn. for the simultaneous dirt-free lead staining of several electr.micr. grids of thin sections. J. biophys. biochem. Cytol. 8, 834 (1960).

PEACHEY, L. D.: A device for staining tissue sections for electr.micr. J. biophys. biochem. Cytol. 5, 511 (1959).

PEARSE, A. G. E.: Some aspects of the localization of enzyme activity with the electr.micr. J. Roy. Micr. Soc. 81, 107 (1963).

—, and D. G. SCARPELLI: Intermitochondrial localization of oxidative enzyme systems. Exp. Cell Res. Suppl. 7, 50 (1959).

PEPE, F. A., H. FINCK, and H. HOLTZER: The use of specific antibody in electr.micr. J. biophys. biochem. Cytol. 11, 515, 521, 533 (1961).

PIERCE, G. B., A. R. MIDGLEY, and J. SRI RAM: The histogenesis of basement membranes. J. exp. Med. 117, 339 (1963).

REALE, E., and L. LUCIANO: A probable source of errors in electr.-histochemistry. J. Histochem. Cytochem. **12**, 713 (1964).

REVEL, J. P.: Electr.micr. of glycogen. J. Histochem. Cytochem. **12**, 104 (1964).

REYNOLDS, E. S.: The use of lead citrate at high pH as anelectron-opaque stain in electr.micr. J. Cell Biol. **17**, 208 (1963).

RIFKIND, R. A., K. C. HSU, and C. MORGAN: Immunochemical staining for electr.-micr. J. Histochem. Cytochem. **12**, 131 (1964).

— C. MORGAN, and H. M. ROSE: The ferritin-conjugated antibody techn. V. Internat. Congr. EM Philadelphia, Vol. **II**, L-1 (1962).

ROBERTSON, J. D.: The ultrastructure of adult vertebrate peripheral myelinated nerve fibers in relation to myelinogenesis. J. biophys. biochem. Cytol. **1**, 271 (1955).

ROMEIS, B.: Mikroskopische Technik. München 1948.

SABATINI, D. D., K. BENSCH, and R. J. BARRNETT: Cytochemistry and electr.micr. J. Cell Biol. **17**, 19 (1963).

SCARPELLI, D. G., E. L. CRAIG, and C. G. ROSA: Submicr. localization of two dehydrogenase systems. V. Internat. Congr. EM Philadelphia, Vol.**II**, L-6 (1962).

SEDAR, A. W., and C. G. ROSA: Cytochem. demonstr. of the succinic dehydrogenase system with the electr.micr. using nitro-blue tetrazolium. J. Ultrastr. Res. **5**, 226 (1961).

— —, and K. C. TSOU: Intramembranous localization of succinic dehydrogenase using tetranitro-blue tetrazolium. V. Internat. Congr. EM Philadelphia, Vol. **II**, L-7 (1962).

SELIGMAN, A. M.: Some recent trends and advances in enzyme histochemistry. 2. Internat. Kongr. Histo- u. Cytochemie. Frankfurt 1964.

SHELDON, H., M. SILVERBERG, and I. KERNER: On the differing appearance of intranuclear and cytoplasmatic glycogen in liver cells in glycogen storage disease. J. Cell Biol. **13**, 468 (1962).

— H. ZETTERQVIST, and D. BRANDES: Histochem. reactions for electr.micr.: acid phosphatase. Exp. Cell Res. **9**, 592 (1955).

SINGER, S. J.: Prep. of an electron-dense antibody conjugate. Nature (Lond.) **183**, 1523 (1959).

—, and J. D. MCLEAN: Ferritin-antibody conjugates as stains for electr.micr. Lab. Invest. **12**, 1002 (1963).

—, and A. F. SCHICK: The prop. of specific stains for electr.micr. prep. by the conjugation of antibody molecules with ferritin. J. biophys. biochem. Cytol. **9**, 519 (1961).

SRI RAM, J., S. S. TAWDE, G. B. PIERCE, and A. R. MIDGLEY: Prep. of antibody-ferritin conjugates for immuno-electr.micr. J. Cell Biol. **17**, 673 (1963).

STERNBERGER, L. A., E. J. DONATI, and C. E. WILSON: Electr.micr. study on specific protection of isolated Bordetella bronchiseptica antibody during exhaustive labelling with uranium. J. Histochem. Cytochem. **11**, 48 (1963).

STRUGGER, S.: Die Uranylazetat-Kontrastierung für die elektr.mikr. Unters. der Pflanzenzellen. Naturwissenschaften **43**, 357 (1956).

THEMANN, H.: Zur elektr.mikr. Darstellung von Glykogen mit Best's Carmin. J. Ultrastruct. Res. **4**, 401 (1960).

TICE, L. W., and R. J. BARRNETT: Diazophthalocyanins as reagents for fine structural cytochemistry. J. Cell Biol. **25**, 23 (1965).

VENABLE, J. H., and R. COGGESHALL: A simplified lead citrate stain for use in electr.micr. J. Cell Biol. **25**, 407 (1965).

WACHSTEIN, M., and M. BESEN: Electr.micr. localization of phosphatase activity in the brush border of the rat kidney. J. Histochem. Cytochem **11**, 447 (1963).

WACHSTEIN, M., and C. FERNANDEZ: Electr.micr. localization of nucleoside triphosphatase in endoplasmatic reticulum of liver and pancreas. J. Histochem. Cytochem. **12**, 40 (1964).

—, and E. MEISEL: Histochemistry of hepatic phosphatases at a physiologic pH. Amer. J. Clin. Pathol. **27**, 13 (1957).

WALKER, D. G., and A. M. SELIGMAN: The use of formalin fixation in the cytochemical demonstr. of succinic and DPN- and TNP-dependent dehydrogenases in mitochondria. J. Cell Biol. **16**, 455 (1963).

WASSERMANN, F., and L. KUBOTA: Obs. of fibrillogenesis in the connective tissue of the chick embryo with the aid of silver impregnation. J. biophys. biochem. Cytol. **2** (Suppl.), 67 (1956).

WATSON, M. L.: Staining of tissue sections for electr.micr. with heavy metals I. and II. J. biophys. biochem. Cytol. **4**, 475, 727 (1958).

—, and W. G. ALDRIDGE: Methods for the use of indium as an electron stain for nucleic acids. J. biophys. biochem. Cytol. **11**, 257 (1961).

— — Selective electr. staining of nucleic acids. J. Histochem. Cytochem. **12**, 96 (1964).

WOHLFARTH-BOTTERMANN, K. E.: Die Eignung u. Anwendung von Phosphorwolframsäure und Thalliumnitrat als Kontrastmittel zur Darstellung cytoplasmatischer Strukturen. Proc. Stockholm Conf. EM, 124 (1956).

— Die Kontrastierung tierischer Zellen u. Gewebe im Rahmen ihrer elektr.mikr. Unters. an ultradünnen Schnitten. Naturwissenschaften **44**, 287 (1957).

WOLFE, S. L., M. BEER, and C. R. ZOBEL: The selective staining of nucleic acids in a model system and in tissue. V. Internat. Congr. EM Philadelphia, Vol. **II**, O-6 (1962).

WOOD, R. L.: Intercellular attachment in the epithelium of Hydra as revealed by electr.micr. J. biophys. biochem. Cytol. **6**, 343 (1959).

ZOBEL, C. R., and M. BEER: Electron stains I. Chemical studies on the interaction of DNA with uranyl salts. J. biophys. biochem. Cytol. **10**, 335 (1961).

— — The use of heavy metal salts as electron stains. In: Internat. Rev. of Cytology, Vol. 18, 363 (ed. G. H. BOURNE and J. F. DANIELLI). New York 1965.

§ 21. Einbettung

21.1. Entwässerung

Nach dem Auswaschen des fixierten Gewebes mit Wasser (evtl. mit Ringer- oder Tyrodelösung oder der Pufferlösung ohne OsO_4) erfolgt die Entwässerung. Wenn man an Stelle von Wasser eine Auswaschung mit einer isotonischen und gepufferten Lösung durchführt, ist dies eine reine Vorsichtsmaßnahme. Durch die Fixation werden die Zellkomponenten gehärtet und das Plasma vom Sol- in den Gelzustand überführt, so daß eigentlich keine Veränderung bei Nichteinhaltung der Isotonie zu erwarten ist. Der Waschprozeß benötigt etwa 10—15 min. Bei einer anschließenden Alkohol-Entwässerung macht sich eine ungenügende Wässerung in einer schwach rötlichen Färbung des Alkohols durch restliche OsO_4 bemerkbar. Dies ist zu vermeiden, da OsO_4 durch Alkohol reduziert wird, und auch im Gewebe Ausfällungen von reduziertem OsO_4 auftreten können. Über die Möglichkeit, durch Gefriertrocknung zu entwässern, wurde bereits in § 19.5 berichtet.

Die Einbettungsmittel teilt man in wasserlösliche und wasserunlösliche ein, wobei sich diese Eigenschaft auf den unpolymerisierten Zustand bezieht. Erstere sind entwickelt worden, um das Wasser direkt durch das Einbettungsmittel zu ersetzen, ohne vorher einen Wasserentzug durch Alkohol oder Azeton vornehmen zu müssen. Hier soll nur zunächst über die Entwässerung in einer Alkohol- oder Azetonreihe gesprochen werden.

Die Entwässerung erfolgt stufenweise mit steigenden Alkoholkonzentrationen, da sonst Zerreißungen des Gewebes durch zu große Oberflächenspannungen auftreten können, welche auch an der Grenzfläche zweier Flüssigkeiten bestehen. Für gewöhnlich ist es ausreichend, die Präparate für je 10–60 min in 30, 50, 70 und 95%igen und absoluten Alkohol nachzuwaschen. Die Dauer einer solchen Alkoholreihe (bzw. analogen Azetonreihe) beträgt also etwa 1–5 Std. Längere Zeiten werden insbesondere bei harten Objekten (Bindegewebe oder pflanzliche Zellen) benötigt. Die Entwässerung sollte so kurz wie möglich erfolgen, um Extraktionen (speziell von Lipoiden) durch Alkohol oder Azeton zu verringern. Es sei allerdings auch bemerkt, daß Bestandteile, welche sich in organischen Lösungsmitteln lösen, zuweilen auch in den Einbettungsmitteln noch gelöst werden. Eine ungenügende Entwässerung macht sich unter Umständen in einer schlechten Polymerisation bemerkbar (bes. bei Methacrylat).

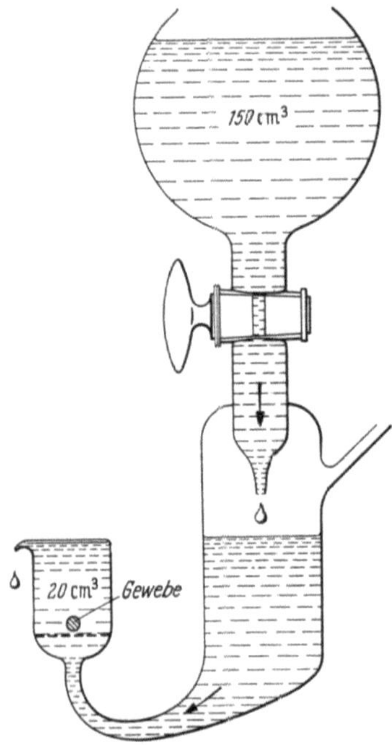

Abb. 219. Apparat zur kontinuierlichen Entwässerung (nach BERNHARD, 1955)

Um den fixierten Gewebeblock nicht von einem Bad in das andere übertragen zu müssen, kann man diesen auch in einem Schälchen belassen und die Flüssigkeiten durch Dekantieren oder Pipettieren zuführen, nachdem die vorhergehende Lösung entfernt ist. Es sind auch des öfteren Apparate für eine kontinuierliche Entwässerung vorgeschlagen. Abb. 219 zeigt eine einfache Anordnung nach BERNHARD (1955) (s. a. ähnliche Ausführungen bei GRIGG u. HOFFMAN, 1958; sowie MENKE, 1957). Aus einem größeren Vorratsgefäß tropft Alkohol, durchspült das kleinere Entwässerungsgefäß, in dem das Gewebe etwa schon in 30%igem Alkohol eingelegt ist und läuft über den Überlauf ab. Eine ausreichende Entwässerung erhält man mit diesem Apparat in etwa einer Stunde. Es ist natürlich ein Nachwaschen in abs. Alkohol erforderlich. In der Präparatschonung bietet dieses Verfahren keine Vorteile. Durch obiges stufenweise Entwässern werden auch schon evtl. Schädigungen vermieden und Schrumpfungen durch den Wasserentzug (BAHR u. a., 1957; BORYSKO, 1956; HORT, 1961) treten bei beiden Verfahren im gleichen Maße auf (Abb. 220).

SITTE (1962) beschreibt ein noch einfacheres Entwässerungsverfahren. Die fixierten und kurz gewässerten Präparate werden mit wenig Wasser

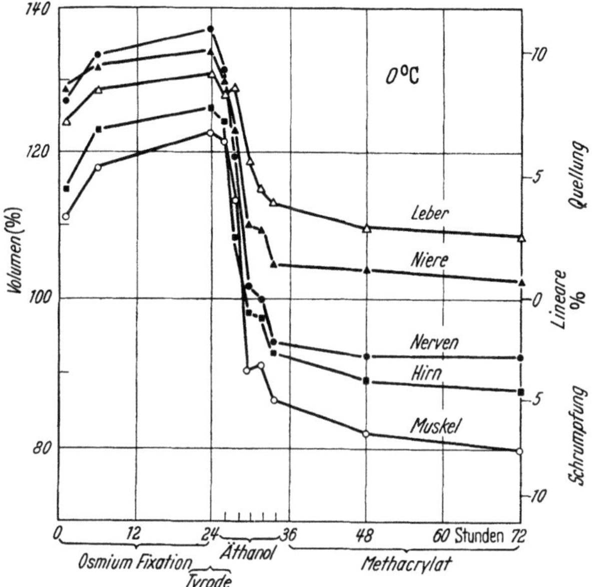

Abb. 220. Volumenänderung der Gewebe bei der Fixation, Entwässerung und Tränkung mit Methacrylat nach Messungen von BAHR, BLOOM u. FRIBERG (1956)

auf einem Uhrglas in einen Vakuum-Exsikkator gebracht, der auf dem Boden Azeton über $CaCl_2$ enthält. Über dem Präparat befindet sich eine weitere Schale mit $CaCl_2$ zur Aufnahme des aus dem Gewebestück aufsteigenden Wasserdampfes. Mit einer Wasserstrahlpumpe wird bis zum kräftigen Sieden des Azetons evakuiert und dann der Exsikkator mit verschlossenem Hahn bei Raumtemperatur stehen lassen. 0,2 ml Wasser werden nach 2 Std völlig durch Azeton ersetzt. Nach beendeter Entwässerung wird der Exsikkator durch ein $CaCl_2$-Rohr belüftet und das Präparat rasch in eine verschließbare Dose mit reinem Azeton überführt. Dieses Verfahren ist auch für Äthylalkohol zu verwenden. Die Prüfung auf Wasserfreiheit des Präparates erfolgt durch Einwerfen des Uhrglases in Xylol. In den Durchmischungsschlieren darf keine auch nur vorübergehende Trübung auftreten.

Es sind auch Entwässerungsversuche mit Methanol, Dioxan, 2-Äthoxy-Äthanol (Cellosolv), Triäthyl-PO_4, Isopropanol, Tetrahydrofuran und Pyridin durchgeführt (BAHR u. a., 1957; KLIMA, 1958). Es ergeben sich jedoch keine grundlegenden Unterschiede, welche eines dieser Entwässerungsmittel gegenüber Alkohol oder Azeton günstiger erscheinen lassen. KLIMA (1958) weist darauf hin, daß mit Alkohol auch noch sekundäre Reduktion von OsO_4 ablaufen kann. Doppelmembranen der Zelle, zeigten nach Entwässerung in Tetrahydrofuran keinen oder nur geringen Kontrast.

21.2. Methacrylateinbettung

Obwohl es nicht an erfolgreichen Versuchen gemangelt hat, die lange Jahre vorherrschende Verwendung von Methacrylat zu ersetzen, stellt dieses immer noch eines der Standard-Einbettungsmittel dar. Seine Nachteile sind: Extraktionseigenschaften des Monomers, starke Schrumpfung bei der Polymerisation, die zur Blasenbildung innerhalb und in der Nähe des Objektes sowie zu intrazellulären Schädigungen führt, und hoher Substanzverlust bei der Elektronenbestrahlung (s. § 9.2 und 22.6). Die Vorteile: Bequeme, sichere und reproduzierbare Einbettung und leichte Variation der Härte, relativ gute Schneidbarkeit, gutes Eindringungsvermögen in das entwässerte Gewebe.

21.2.1. Zur Chemie der Methacrylat-Polymerisation

Zum Verständnis des Polymerisationsvorganges soll etwa näher auf die chemischen Vorgänge eingegangen werden. Das monomere Methacrylat benötigt zum Einleiten der Polymerisation einen Initiator. Dieser wird oft irrtümlich als Katalysator oder Beschleuniger bezeichnet. Im Gegensatz zu einem Katalysator wird dieser Stoff nämlich bei der Reaktion verbraucht. Das monomere Butyl-Methacrylat hat ein Molekulargewicht von 142. Ein ausgestrecktes Molekül des Polymethacrylates hat eine durchschnittliche Länge von 1500–300 Å. Wenn erst einmal eine Kette gebildet ist, vervollständigt sich diese in annähernd 10^{-3} sec. Obgleich die Einzelreaktion so schnell abläuft, dauert die gesamte Umsetzung des monomeren in den polymerisierten Zustand mehrere Stunden. Der Bruchteil der pro Zeit wachsenden Moleküle ist also sehr gering. Die gewöhnlich gebrauchten Benzoylperoxyd-Initiatoren zerfallen nämlich sehr langsam bei Temperaturen zwischen 40 und 100°C durch Zurücklassen freier Radikale (1). Diese Initiator-Radikale verbinden sich mit einem Monomer des Methacrylates nach Schema (2), wobei eine freie Bindung entsteht, an die sich sukzessive weitere monomere Moleküle anlagern (3, 4). Das Abbrechen der Ketten kann durch Anlagerung eines Peroxydradikals, einer ebenfalls gerade wachsenden Kette oder durch einen Inhibitor-Komplex (s. u.) erfolgen. Weil die Polymerisation von einer kleinen Zahl von aktiv wachsenden Molekülen abhängt, ist sie

gegen Verunreinigungen, die als Initiator oder als Inhibitor wirken können, extrem empfindlich. Daher ist es sehr wichtig, kontrollierte Stan-
dardbedingungen für die biologische Einbettung zu fordern, damit im
Endergebnis auch gleich harte Blöcke vorliegen. Dies verlangt insbesondere eine sorgfältige Fernhaltung von Wasser und gelöstem Sauerstoff.
Sauerstoff kann mit niedrig molekularem Polymer ein Polymerperoxyd
bilden, welches nur langsam Monomer anlagert. Bei geringem Sauerstoff-
gehalt bildet sich nur ein Polymeroxyd, welches als freies Radikal die
Polymerisation beschleunigt. So verursacht die Gegenwart von Sauerstoff, weil sie gleichzeitig als Initiator und Inhibitor wirken kann, unkon-
trollierbare und unstabile Polymerisationsbedingungen.

(1)

Benzoylperoxyd · Initiatorradikal

(2)

Initiator-   Methacrylat   monomeres
Radikal   (monomer)   Radikal

(3)

(4) usw. + weitere Methacrylatmoleküle

$$R = -CH_3 \text{ (Methyl) oder } -CH_2-CH_2-CH_2-CH_3 \text{ (Butyl)}$$

21.2.2. Der Einbettungsprozeß

Das im Handel erhältliche Methacrylat (Methyl- bzw. Butyl-Methacrylat) ist mit Hydrochinon als Inhibitor stabilisiert. Dies Material hält

sich bei Zimmertemperatur mehrere Monate und noch länger bei Aufbewahrung im Kühlschrank. Zur Entfernung des Inhibitors und Überführung in den gebrauchsfertigen Zustand wird folgendermaßen vorgegangen:

1. Das Methacrylat wird in einen Scheidetrichter gefüllt (etwa halb voll) und bis zu dreiviertel mit 5–10% NaOH aufgefüllt. Nach kräftigem Schütteln setzt sich die mit dem Hydrochinon braun gefärbte Natronlauge unten ab und kann mit dem Abflußhahn des Scheidetrichters abgelassen werden. Dieser Vorgang ist mehrmals zu wiederholen, bis die Natronlauge vollkommen klar bleibt.

2. Durch dreimaliges Waschen mit Aqua dest. nach dem gleichen Verfahren wird die Natronlauge herausgespült.

3. Die Löslichkeit von H_2O in Methacrylat beträgt etwa 1%. Der Wasserentzug erfolgt durch Filtrieren mit Na_2SO_4-Anhydrid oder Stehenlassen (eine Nacht) über trocknem $CaCl_2$ (grobkörnig, Boden der Flasche bedeckt.

4. Zur Entfernung des gelösten Sauerstoffes wird vorgeschlagen, das getrocknete Methacrylat auf 10 Torr in einem Exsiccator zu evakuieren und mit trockenem Stickstoff hoher Reinheit zu belüften. Unter diesen Bedingungen zeigen sich über mehrere Monate nur geringfügige Änderungen des entstabilisierten Methacrylates, wenn es bei 5°C im Kühlschrank aufbewahrt wird.

Nach dieser Vorbehandlung kann das Methacrylat in kleinen Mengen für den Einbettungsprozeß verbraucht werden. Dazu wird zunächst das in der Härte geeignete Gemisch von Butyl- und Methyl-Methacrylat zusammengestellt. Die optimale Härte des Einbettungsmittels läßt sich am besten dadurch abschätzen, daß es gerade eben mit einem Daumennagel noch einzudrücken geht. Das reine Poly-Butylmethacrylat ist zu weich. Die Härte der Einbettung kann man durch einen geringen Zusatz von Methylmethacrylat (5–30%) in weiten Grenzen verändern und auch der Härte des fixierten Gewebes anpassen. Bei quarzhaltigen Geweben (z. B. Staublungen) ist sogar bis zu 50% Methylmethacrylat zuzusetzen. Reines Poly-Methylmethacrylat (= Plexiglas) ist zum Schneiden zu hart und spröde. Das Butylmethacrylat besitzt nach der Polymerisation einen Sprödigkeitspunkt von 10°C und einen Erweichungspunkt bei 32°C. Durch den Zusatz von Methylmethacrylat wird der Erweichungspunkt zu höheren Temperaturen verschoben.

Methacrylateinbettung (NEWMAN, BORYSKO u. SWERDLOW, 1949).

Entwässerung: 30%, 50%, 70%, 95% Alkohol je 15–60 min; abs. Alkohol 30–60 min.

Methacrylatmischung: Entstabilisiertes Butylmethacrylat + Zusatz von Methylmethacrylat (5–30%) (80:20 ist eine Routinemischung) und 1–2% Benzoylperoxyd als Initiator.

Einbettung: 2 Std 50% Alkohol + 50% Methacrylatmischung, 2 bis 12 Std 100%ige Methacrylatmischung, danach Übertragung in methacrylatgefüllte Gelatinekapseln. Polymerisation: 12—24 Std bei 40—50°C.

Früher benutzte man als Initiator Luperco CDB (2,4-Dichlorbenzoylperoxyd mit Dibutylphthalat als Paste angerührt). Heute wird mehr reines Benzoylperoxyd in trockner granulierter Form bevorzugt, da es sich besser abwiegen läßt.

Die im Trockenschrank gut vorgetrockneten Gelatinekapseln sind bis zum Rand zu füllen. Bei größeren Lufträumen in der Kapsel (etwa nur $^3/_4$ gefüllt) ist durch die Inhibitorwirkung des Sauerstoffes (s. o.) das polymerisierte Methacrylat oben weicher und die Härte nimmt erst nach unten hin zu. Dies Verfahren stellt die am meisten benutzte Routinemethode dar. Es sollen aber nicht Versuche unerwähnt bleiben, die zwecks konstanter Einbettungsbedingungen auch während der Polymerisation den Sauerstoff fernhalten (MOORE u. GRIMLEY, 1957). In den Deckel der Gelatine-Kapseln wird ein kleines Loch gestoßen und die Kapseln in einem Probegläschen aufrecht im Exsiccator evakuiert. Nach dem Belüften mit reinem Stickstoff wird der Stopfen der Probegläschen schnell verschlossen. Dadurch bleiben die Gelatinekapseln bei der nachfolgenden Polymerisation dauernd in einer N_2-Atmosphäre. BACHMEYER u. SCHREIL (1957) polymerisieren in einer CO_2-Atmosphäre, um den Sauerstoff fernzuhalten.

Um die Nachteile der chemischen Polymerisation zu vermeiden, schlägt WEINREB (1955) und MÜLLER (1957) eine Polymerisation des Monomers ohne Initiator mit UV-Bestrahlung vor. Durch die energiereichen Quanten entstehen vorübergehend Methacrylatradikale, welche die Polymerisation einleiten. Besonders wirksam sind nicht UV-Lampen mit kurzwelliger Strahlung, sondern die Polymerisation wird in erster Linie durch langwellige UV-Strahlung ausgelöst. Im Gegensatz zu der chemischen Polymerisation treten bei der UV-Polymerisation auch häufiger Bildungen von Seitenketten (Aufpropfungen) auf. Die Polymerisation kann auch bei tiefen Temperaturen erfolgen. Dies ist besonders für gefriergetrocknetes Gewebe wichtig (MÜLLER, 1957), das bei der thermischen Polymerisation bei 40—50°C geschädigt wird. Zur Aufrechterhaltung der tiefen Temperatur darf der Ultrarotanteil der Hg-Lampe nicht zu hoch sein, obwohl man nach ZAPF und GAERTNER (1960) auch die Wärmestrahlung gleichzeitig zur Aufheizung benutzen kann. Nach einer Anordnung von VOGEL (s. MÜLLER, 1957) kommen die Kapseln überhaupt nicht mit der direkten Strahlung der Lampe in Berührung (Abb. 221). Die Wände des Gefäßes einschließlich des Wannenbodens reflektieren die Strahlung. Dadurch kann diese erst nach Reflexion am Wannenboden und Durchdringung von etwa 10 cm Wasser die unter der Abschirmung hängenden Gelatinekapseln erreichen. Dabei wird der Ultrarotanteil absorbiert. Außerdem werden die Objekte durch Preßluft gekühlt. Durch diese Bestrahlung von unten beginnt die Polymerisation zuerst am Kapselboden, wo auch das eingebettete Gewebestück liegt. Die Härtung erfolgt in etwa 6—12 Std. Nach MÜLLER (1957) kann man sogar die Polymerisation in 2,5—3 Std abschließen, wenn man zusätzlich Benzoylperoxyd-Initiator zusetzt. Es wird berichtet, daß nur so in den nach Gefriertrocknung noch grünen Blattschnitten eine Extraktion der Pigmente vermieden werden konnte. CHARLES u. SIKORSKI (1956) fügen bei

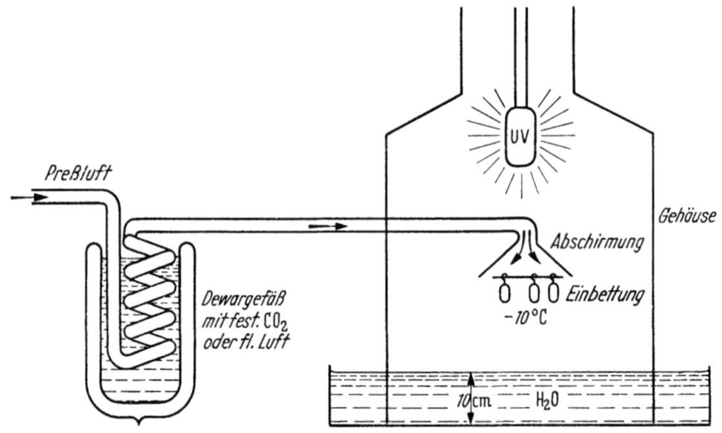

Abb. 221. Anordnung zur UV-Polymerisation von Methacrylateinbettungen bei tiefen Temperaturen (MÜLLER, 1957)

der UV-Polymerisation 0,5—1% Benzoin als Initiator hinzu. PRICE u. EIDE (1959) beschreiben eine einfache Anordnung um auch die UV-Polymerisation unter Stickstoff durchzuführen.

21.2.3. Vermeidung von Einbettungsartefakten

Ein großer Nachteil der Methacrylat-Einbettung ist die Schrumpfung des Methacrylates um 16—17% (FENGEL u. BALSER, 1964). Diese kann unter Umständen zu schweren Schädigungen des Gewebes führen (Explosionsschäden). Sie sind besonders stark an der Oberfläche. Daher sind auch Gewebekulturen und freie Zellen schwer mit Methacrylat einzubetten. Nach Untersuchungen von BORYSKO (1956) mit Phasenkontrast liefert die Imprägnation mit dem Monomer keine Veränderungen (s. a. Abb. 220). Bei der Polymerisation (45°C) werden dagegen in Zellen aus Gewebekulturen Schwellungen um 0—30% gegenüber der lebenden Zelle beobachtet. Von Zelle zu Zelle ist die Veränderung so verschieden, daß kein allgemeiner Korrektionsfaktor angegeben werden kann. Die Quellung ist außerdem mit einem Verlust der scharfen Umrisse (Zerreißen der Membranen) verbunden. Besondere Schwierigkeiten bestehen deshalb bei der Methacrylateinbettung von Bakterien mit sehr harten Zellwänden, die bei dieser Einbettung leicht zerreißen.

Ein Anschwellen der Zelle und der Zellbestandteile bei allgemein schrumpfender Umgebung ist nur möglich, wenn durch das Mißverhältnis von zähflüssigem Methacrylat in der Umgebung und dünnflüssigem Methacrylat innerhalb des eingebetteten Gewebes die Kontraktion außerhalb des Gewebes größer ist als die Kontraktion des Methacrylates innerhalb der Zelle. Während der ersten Phase der Polymerisation können die Spannungen noch durch Fließen beseitigt werden. Dies ist dagegen nicht mehr im fortgeschrittenen Stadium möglich. Außer der Schwellung des Gewebes werden oft Blasen im Methacrylat in der Nähe des Gewebeblockes beobachtet. Sie treten offenbar dann auf, wenn durch das Hinterherhinken der Polymerisation im Innern des Gewebes so starke Unterdruckverhältnisse geschaffen werden, daß es zur Ausbildung von Blasen kommt.

Deshalb ist es auch zu verstehen, daß nach BORYSKO (1956) bei höheren Einbettungstemperaturen (60—80°C) diese Quellungen nicht in dem Maße auftreten. Auf Grund der thermoplastischen Eigenschaften bleibt nämlich das Methacrylat bei diesen Temperaturen länger flüssig. Diese Temperaturen sind jedoch im allgemeinen für die Objekte zu hoch. Nach Untersuchungen von BACHMEYER u. SCHREIL (1957) wird hierdurch auch nicht die oben erwähnte Blasenbildung vermieden. Zur Vermeidung der Blasenbildung betten die Autoren das mit Methacrylat in der üblichen Weise imprägnierte Gewebe mit nur 5 Tropfen vorpolymerisiertem, aber noch relativ dünnflüssigem Methacrylat ein (Honig-Konsistenz). Die Bodenvertiefung der Gelatinekapsel ist dann nur knapp gefüllt. Bei dieser Einbettungsart steht dem langsamer polymerisierenden ,,Gewebe-Methacrylat" eine wesentlich geringere Menge von vorpolymerisiertem und schneller weiter polymerisierendem Methacrylat gegenüber als bei einer völligen Auffüllung der Kapsel. Außerdem schrumpft das leicht vorpolymerisierte Methacrylat nicht mehr in dem Maße wie das reine Monomer. Die vollständige Füllung der Gelatinekapsel mit stark vorpolymerisiertem Methacrylat kann beliebige Zeit danach erfolgen. DEVIDÉ u. WRISCHER (1959) führen als Maßnahmen zur Unterdrückung der Blasenbildung auf: 1. Möglichst kleine Abmessungen des Gewebestückes. 2. Miteinbetten von Holundermarkplättchen im oberen Teil der Gelatinekapsel, an denen sich die Blasen konzentrieren und 3. Einseitige Wärmezuleitung von unten während der Polymerisation. SITTE (1960) stellt fest, daß die Gelatine-Kapseln sehr dicht abschließen und daß das Einstechen eines Loches in die Kappe ebenfalls die Blasenbildung unterdrücken kann.

BAYER u. PETERS (1959) berichten, daß sie mit ,,Plexigum", einem im wesentlichen aus Methacrylaten bestehenden Produkt der Fa. Röhm

& Hass, die „Explosionsschäden" regelmäßig vermeiden können (s. a. BAKER u. LUKE, 1963). Auch die Einbettung in mit Kaliumpermanganat fixiertem Gewebe erfolgt einwandfrei. Es gibt dieses Produkt in einer weichen Charge (Plexigum P 7469 fl.), die vorwiegend aus Butyl-Methacrylat und einer harten Charge (Plexigum M 7466 fl.), die vorwiegend aus Methyl-Methacrylat besteht. Eine Variation der Härte der Einbettung erfolgte durch Mischung hart: weich = 1 : 1,5—1 : 4. Dieses Produkt besitzt nicht ganz das Eindringungsvermögen von reinem Methacrylat und verhält sich im Kontrast und unter Elektronenbeschuß wie die Methacrylatschnitte.

Zur Vermeidung der Polymerisationsschäden liegen auch noch zwei weitere Hinweise vor. Für die Einbettung von Gewebekulturen, Blutzellen oder anderen Zellen an freien Oberflächen benutzten SHIPKEY u. DALTON (1959) 0,5—1,5% Azodiisobutyronitril als Initiator (Polymerisationstemp. 47°C). WARD (1959) setzt dem Methacrylatmonomer 0,75 bis 0,37% Uranylazetat zu, um Polymerisationsschäden zu vermeiden. Es wird allerdings die Schneidbarkeit des Polymerisates verändert. Die Blöcke sind härter als gewöhnlich und es ist unter Umständen nötig, einen Weichmacher zuzusetzen (z. B. bis zu 10% Dibutylphthalat).

Die Vorteile der im folgenden aufgeführten Einbettungsmittel in Form von Epoxydharzen oder Polyestern beruhen wesentlich darauf, daß sich bei der Polymerisation nicht nur Ketten wie beim Methacrylat bilden, sondern auch eine gegenseitige Vernetzung (cross-linking) auftritt. Nach KUSHIDA (1961) gelingt eine solche dreidimensionale Vernetzung auch mit einem Butyl-Methyl-Methacrylatgemisch mit 5% Divinylbenzol als Vernetzungszusatz und 1% Benzoylperoxyd als Initiator. Dies Material ist z. B. im Gegensatz zum normalen Polymerisat nicht mehr in organischen Lösungsmitteln löslich. Der Massenverlust unter Elektronenbeschuß soll ebenfalls geringer sein.

Die Erfahrungen mit den letztgenannten Methoden sind aber gering, da im Araldit und Epon bewährte Einbettungsmittel zur Verfügung stehen, welche die Nachteile des Methacrylates vermeiden.

21.3. Epoxydharze

21.3.1. Araldit

Die Araldite sind Epoxydharze mit der folgenden Zusammensetzung

$$\underset{CH_2-CH-CH_2-}{\overset{O}{\triangle}}\Big[-O-R-O-CH_2-\overset{OH}{\underset{|}{CH}}-CH_2-\Big]_n-O-R-O-CH_2-\overset{O}{\underset{\triangle}{CH-CH_2}}$$

Charakteristisch ist die Äthoxylgruppe $-\overset{O}{\underset{\triangle}{C-C}}-$, R besteht häufig aus

Diphenylpropan- $-\text{C}_6\text{H}_4-\overset{CH_3}{\underset{\underset{CH_3}{|}}{\overset{|}{C}}}-\text{C}_6\text{H}_4-$.

Das Molekulargewicht variiert zwischen 340 und 3000 je nach der Größe von n (0–10). Bei 25°C sind dieses Flüssigkeiten, deren Zähigkeit mit wachsendem n steigt. Zur Härtung benötigt man einen Beschleuniger als Katalysator (tertiäres Amin) und Härter (aliphatische Polyamine für die Vernetzung bei tieferen und aromatische Anhydride bei höheren Temperaturen), welche die Rolle der Ketten zwischen den Molekülen des Harzes übernehmen. Die genaue Zusammensetzung des Beschleunigers und des Härters ist Firmengeheimnis. Man kann zwar alle Teile des polymerisationsfähigen Gemisches unter Handelsbezeichnungen kaufen. Es besteht damit aber nie die Garantie, daß im Zuge der Kunststoffentwicklung die einzelnen Bestandteile auch in Zukunft zu erhalten sind. Eine evtl. Verbesserung im Sinne der Kunststoffindustrie braucht dann keine Verbesserung in der Einbettungs- und Schnittqualität für die Elektronenmikroskopie bedeuten. Die verwirrende Zahl von Einbettungsmitteln, welche in der Literatur angegeben wird, ist zum großen Teil darauf zurückzuführen, daß die in den verschiedenen Ländern angeblich gleichen Fabrikate doch kleine Abweichungen zeigen, welche zu neuen Versuchen anregten.

Nach GLAUERT (1958), SEIFERT (1962) wird folgende Mischung als Einbettungsmittel benutzt:

Aralditeinbettung nach GLAUERT (1958)   *nach* SEIFERT (1962)

Araldit M	10 ml	Gießharz M	10 ml
Härter 964 B	10 ml	Härter 964	10 ml
Beschleuniger 964 C	0,5 ml	Beschleuniger 960	0,5 ml
Dibutylphthalat	1,0 ml	Dibutylphthalat, nur 0,25–0,3 ml,	
(als Weichmacher)		wodurch die Mischung härter wird.	

(FINCK (1960) gibt ein Aralditgemisch an, welches auf in USA erhältlichen Substanzen basiert.)

Diese Mischungen härten in 2–3 Tagen bei 50–60°C, sind von goldgelber Farbe und haben eine ähnliche Härte wie Butyl-Methylmethacrylat (85 : 15). Der Beschleuniger muß genau abgemessen sein, da bei einem Überschuß der Block dunkel und spröde wird. Die Härte kann auch durch den Dibutylphthalat-Zusatz beeinflußt werden.

Da Araldit in Alkohol und Azeton löslich ist, erfolgt die gleiche Fixation und Entwässerung in einer Alkoholreihe wie bei Methacrylat, von reinem Alkohol wird in eine 50/50-Mischung von Äthanol und Araldit übergegangen. Die Anfangstränkung und Schlußeinbettung erfolgen bei 50°C, da dadurch die Viskosität herabgesetzt wird. Bei noch höherer Temperatur erfolgt eine zu schnelle Härtung. Bei tieferen Temperaturen benötigt man längere Zeiten zum Eindringen der Aralditmischung mit und ohne Beschleuniger in das Gewebe. Für die verschiedenen Arten von

Geweben haben sich folgende Richtwerte ergeben:

	Weiches Gewebe (z. B. Lunge, Leber, Gehirn)	Hartes Gewebe (z. B. Muskel, Bakt.)
Nach dem abs. Alkoholbad:		
50/50 Äthanol/Araldit	1–3 Std bei 48°C	4–6 Std bei 48°C
Araldit ohne Beschleuniger	2–3 Std bei 48°C	24 Std bei 48°C
Araldit mit Beschleuniger	2–3 Std bei 48°C	24 Std bei Z. T.

Zur Mischung und Verarbeitung der zähflüssigen Komponenten empfiehlt es sich einen extra Satz von Glaswaren zu benutzen. Die Komponenten (Härter und Araldit) werden in angewärmten Meßzylindern abgemessen und in einer konischen Flasche zusammengegossen. Die Mischung erfolgt durch gründliches Rühren mit einem Glasstab bei 60°C. Ungehärtet ist es in Alkohol löslich, aber gehärtet unlöslich. Das Araldit und die anderen Komponenten sollen nicht mit der Haut in Berührung kommen, da sich eine Allergie ausbilden kann. Die Mischung ist ohne Beschleuniger einige Wochen bei 0°C haltbar. Der Beschleuniger ist gegen Oxydation sehr empfindlich und sollte immer gut verschlossen gehalten werden.

Der Hauptnachteil des Gemisches nach GLAUERT ist die langsame Eindringungsgeschwindigkeit in das Gewebe, die evtl. zu einem weichen Polymerisat im Gewebe führt. LUFT (1961) verwendet deshalb Propylenoxyd an Stelle des Äthanols. Zunächst wird mit Äthanol entwässert, und dieses mit Propylenoxyd in 2 Bädern ausgetauscht. Dann folgt eine 50/50-Mischung aus Propylen und Araldit usw. Dadurch soll auch Alkohol besser herausgelöst werden, welcher in Spuren die Qualität der Polymerisation ungünstig beeinflußt. Auch eine Verkleinerung der Gewebeblöcke ($< 1/2$ mm) erleichtert das Eindringen des Araldits (BIRBECK u. MERCER, 1956).

MOLLENHAUER (1959) verwendet zur besseren Durchdringung Mischungen mit wachsender Aralditkonzentration, in dem er je 1 Std in 80/20, 50/50 und 30/70 Äthanol-Araldit tränkt, bevor reines Araldit einwirkt.

Araldit ist auch sehr gut zu gebrauchen, wenn bei sehr harten Objekten (z. B. Haaren) mit einer Eindringung nicht zu rechnen ist (s. a. ROGERS, 1959) oder wenn anorganische Objekte (Mineralien oder Metalle) für die Ultramikrotomie eingebettet werden sollen. Die Schrumpfung bei der Härtung beträgt nämlich nur 3,6% (FENGEL u. BALSER, 1964).

21.3.2. Epon

Epon ist ein aliphatisches Epoxydharz im Gegensatz zum aromatischen Araldit. Es ist wesentlich dünnflüssiger, so daß eine schnellere Durchdringung des Gewebes erfolgt.

Eponeinbettung nach LUFT (1961)

Stammlösung I: 62 ml Epon 812 + 100 ml DDSA.

Stammlösung II: 100 ml Epon 812 + 89 ml NMA.

Die Stammlösungen sind im Kühlschrank monatelang haltbar

Einbettungslösung: 5 ml Stammlösung I
              5 ml Stammlösung II im Rührer gut mischen
         0,15 ml Härter DMP-30

Einbettung: Nach Fixation Entwässerung in der Alkoholreihe. Nach 100% Alkohol 2mal 15 min Propylenoxyd, 1 Std 50/50 Propylenoxyd/ Epon (Einbettungslösung), zweimal je 1 Std reine Einbettungslösung. 3. Einbettungslösung über Nacht stehen lassen und am anderen Morgen neues Epongemisch ansetzen und mit diesem einbetten. Polymerisation: 48 Std bei 60°C. Es ist auch eine UV-Polymerisation von Epon möglich (SHINAGAWA u. a., 1962): 4 Tage bei 4°C.

Weitere Versuche mit verschiedenen Zusammensetzungen erfolgten von FINCK (1960). Die Erfolge mit diesem Einbettungsmittel sind sehr unterschiedlich. Die Ursachen hierfür — unterschiedliche Fabrikate, Einfluß von Feuchtigkeit oder eine Abhängigkeit von der Art des einzubettenden Gewebes — sind noch nicht geklärt.

21.3.3. Maraglas

Dieses Einbettungsmittel wurde von FREEMAN u. SPURLOCK (1962) eingeführt:

Maraglas-Einbettung

nach SPURLOCK u. a. (1963)		nach ERLANDSON (1964)	
Maraglas 655	68 ml		36 ml
Cardolite NC-513	20 ml	D.E.R. 732	8 ml
Dibutylphthalat	10 ml		5 ml
Benzyldimethylamin	2 ml		1 ml

Nach 2 × abs. Alkohol 2 × Propylenoxyd je	15 min	
Propylenoxyd-Maraglas (1:1) 30 min	45 min	
Maraglas-Mischung (10°C) 12 Std	2 × 1 Std und 2—3 Std	
Einbettung in trocknen		
Gelatinekapseln 24—48 Std 60°C	17 Std 52°C	

D.E.R. 732 ist ein Polyglycoldiepoxyd und setzt die Viskosität des reinen Maraglases herab.

Maraglas dringt leichter in das Gewebe ein als Epon 812, soll sich in größeren Schnitten als Epon schneiden lassen und zeigt auch nicht eine körnige Eigenstruktur, die man bei Epon und im schwächeren Maße bei Araldit finden kann.

21.4. Polyester (speziell Vestopal W)

Die Polyester haben die allgemeine Zusammensetzung

$$COOH- [-R_1-COO-R_2-COO-]_n-R_1-COO-R_2-OH \, .$$

Vestopaleinbettung nach RYTER u. KELLENBERGER (1958)
Entwässerung in aufsteigender Azetonreihe bis zum 100%igen Azeton.
In Alkohol löst sich Vestopal nicht.

3–4 Std 1 Teil Vestopal W + 3 Teile Azeton
3–4 Std 2 Teile Vestopal W + 2 Teile Azeton
3–4 Std 3 Teile Vestopal W + 1 Teil Azeton
4–12 Std reines Vestopal + 1% Initiator + 1% Aktivator.

Einbettung in dieses Gemisch und Polymerisation 48 Std bei 60°C. Initiator und Aktivator dürfen nicht allein gemischt werden, da die Mischung explosiv ist. Die Endmischung hält sich nur wenige Stunden und muß vor jeder Einbettung erneut angesetzt werden.

Vestopalblöcke sind im allgemeinen härter als Araldit. Sie werden daher mit kleinen Schnittflächen geschnitten. Wenn Risse im Block auftreten, ist entweder der Initiator oder der Aktivator nicht gut gemischt oder die Polymerisation war zu schnell. Schrumpft das Gewebe, so war der Übergang vom Azeton zum Vestopal zu rasch. Bei einem schwammigen Aussehen der Schnitte war der Durchgang durch die Vestopal-Azeton-Reihe zu kurz und es ist etwas Azeton im Gewebe verblieben.

KURTZ (1961) entwässert mit Alkohol und schiebt vor der Tränkung mit Vestopal eine Infiltration mit Styrol ein (2 Wechsel je 30 min und 30 min 1 : 1 Styrol/Vestopal). Offenbar wird das Styrol bei der Polymerisation im Gegensatz zu Resten von Azeton mit an der Polymerisation aktiv beteiligt.

Weitere Polyester: Selectron nach Low u. CLEVENGER (1962), Rigolac nach KUSHIDA (1960) und Viapale nach FISCHLSCHWEIGER (1962) seien nur der Vollständigkeit halber aufgeführt. Bei den ersten beiden handelt es sich um ein Vestopal-ähnliches Produkt für die USA bzw. Japan.

21.5. Wasserlösliche Einbettungsmittel

Der Wunsch zur Verhinderung der Extraktion einzelner Zellbestandteile und aus histochemischen Gründen der Denaturierung während der Entwässerung haben das Interesse an wasserlöslichen Einbettungsmitteln geweckt, welche die Dehydrierung in einer Alkohol- oder Azetonreihe vermeiden.

Wünschenswert sind Einbettungsmittel, welche im monomeren Zustand mit Wasser beliebig mischbar sind, dagegen im polymeren Zustand unlöslich. Die wichtigsten Einbettungsmittel, mit denen dieses erreicht wurde, sind Aquon (GIBBONS, 1958, 1959), Durcupan (STÄUBLI, 1960) und Glykolmethacrylat (GMA) (ROSENBERG u. a., 1960; WICHTERLE u. a., 1960).

21.5.1. Gelatine-Einbettung

GILËV (1956, 1958) und FERNÁNDEZ-MORÁN u. FINEAN (1957) versuchten Einbettungen in Gelatine auch auf die Elektronenmikroskopie zu übertragen. Letztere benutzen z. B. folgende Konzentrationen:

10% Gelatine 40°C 15—30 min

20% Gelatine 40°C 15—30 min

30% Gelatine in 2%iger wässeriger Glyzerin-Lösung 15—30 min.

Nach Antrocknung bei 4°C werden kleine Blöcke von 4—5 mm^3 herausgeschnitten und im Vakuum (10^{-3} Torr) 5—6 Std getrocknet und gehärtet. Die Blöcke wurden so hart, daß sie mit einem Diamantmesser geschnitten werden mußten. Nach röntgenographischen und elektronenmikroskopischen Beobachtungen ergibt sich eine gute Erhaltung der Myelin-Strukturen. Die Schnitte werden beim Schneiden auf Wasseroberflächen geschoben, wobei aber ein Teil der Gelatine herauslöst. Dies ist mit ein Grund, daß sich die Gelatineeinbettung für die Elektronenmikroskopie nicht bewährt hat.

21.5.2. Aquoneinbettung

Aquon ist ein wasserlöslicher Extrakt aus Epon 812. Ein Teil Epon 812 wird mit 2 Teilen Wasser kräftig geschüttelt. Die Emulsion wird dann zentrifugiert, bis sich zwei Flüssigkeitslagen gebildet haben, von denen die obere völlig klar ist. Diese obere Lage wird sorgfältig abpipettiert und Natriumsulfat (sicc.) hinzugefügt bis ein Überschuß unlöslich bleibt. Nach einigen Minuten bei Raumtemperatur haben sich wieder 2 Lagen gebildet. Die obere wird wieder abgehoben und bei 0°C zentrifugiert. Die klare überstehende Flüssigkeit ist eine 80%ige Lösung von Aquon und wird von dem festen Natriumsulfat abgehoben. Das Wasser wird in einer flachen Schale (5—8 cm tief) mit Magnesiumperchlorat in einem Vakuum-Exsiccator durch 2—3tägiges Trocknen entzogen. Die Ausbeute beträgt 30 Vol.-% des ursprünglichen Epon 812. Die Lagerung kann bei Zimmertemperatur mit etwas Lindes Molekularsieb 4 A erfolgen.

Aquon-Einbettung: Stammlösung 10 ml Aquon + 25 ml DDSA (sehr viskos, Abmessung in angewärmten Meßzylinder, 60°C).

Einbettungsgemisch: 10 ml Stammlösung

0,1 ml Benzyldimethylamin.

Nach Fixation und Spülung

je 5 min 5% und 10% wässerige Aquonlösung bei 4°C

je 10 min 20% und 30% wässerige Aquonlösung bei 4°C

je 20 min 40%, 50% und 60% wässerige Aquonlösung bei 4°C

je 30 min 70% und 80% wässerige Aquonlösung bei 4°C

60 min 90% wässerige Aquonlösung bei 4°C

60 min reines Aquon bei 4°C

60 min reines Aquon bei Zimmertemperatur

2 Std 50/50 Aquon/Einbettungsgemisch bei Zimmertemperatur

4 Std Einbettungsgemisch mit gelegentlichem Rühren. Danach Einbettung in Gelatinekapseln mit frischem Einbettungsgemisch. Die Härtung erfolgt bei 60°C in 4 Tagen.

21.5.3. X 133/2097 (Durcupan)

STÄUBLI (1960) schlägt ein wasserlösliches Epoxydharz vor, welches im Gegensatz zum Aquon kommerziell unter der Handelsbezeichnung Durcupan (Fluka AG, Chem. Fabrik Buchs, Schweiz) erhältlich ist. (Nicht zu verwechseln mit Durcupan ACM, einem amerikanischen Aralditfabrikat). Die Entwässerung erfolgt in Mischungen von X 133/2097 mit Wasser in steigender Konzentration:

Je 30 min 30% und 60%, je 45 min 70% und 90%, zweimal 90 min 100%. Sowohl bei der Entwässerung als auch bei der Einbettung muß das Gewebe häufig geschüttelt werden. Die Einbettung in dem Einbettungsgemisch

5 ml X 133/2097

\+ 11,7 ml Härter 964

\+ 1 ml Beschleuniger 960

\+ 0,3 ml Dibutylphthalat erfolgt in 24 Std bei 50°C.

Nach STÄUBLI (1963) kann man das Durcupan wiederum in Mischungsreihen von 30, 50, 70 und 100% durch Araldit ersetzen.

21.5.4. Glykolmethacrylate (GMA)

An Stelle des Methyl-Methacrylates $CH_3=\overset{\overset{\textstyle CH_3}{|}}{C}-COOCH_3$ entsteht das Äthyl-Glykol-Methacrylat $CH_3=\overset{}{\underset{\underset{\textstyle CH_3}{|}}{C}}-COOCH_2CH_2OH$ wenn man die Methacrylsäure anstatt mit Methylalkohol mit Äthylglykol verestert. Diese Substanz ist vollständig mit Wasser, Alkohol oder Äther mischbar. Für eine dreidimensionale Vernetzung dient ein Zusatz (0,5%) von Triglykoldimethacrylat. Für die Polymerisation in der Wärme dient 1% Ammoniumpersulfat als Beschleuniger. Bei der UV-Polymerisation ist kein Zusatz erforderlich. Die Polymerisation wird auch durch Schwermetallsalze (OsO_4 oder Uranylazetat) als Kokatalysatoren beschleunigt. Die Volumenkontraktion bei der Polymerisation beträgt nur 6% (FENGEL und BALSER (1964) geben jedoch 16,7% an). Wie sich Glykol-Methacrylat hinsichtlich des Massenverlustes unter Elektronenbeschuß verhält, ist nicht quantitativ bekannt.

Nach ROSENBERG u. a. (1960) kann man zur Einbettung 10, 20, 40, 60, 80, 97%ige Lösungen je eine Stunde einwirken lassen, die letzte Konzentration etwas länger über Nacht. Eine 97%ige Lösung ergibt einen sehr harten Block, der nur in kleinen Flächen geschnitten werden kann. Die Härte kann jedoch durch den Wasserzusatz verändert werden (z. B. 10% Wasser). Es empfiehlt sich eine UV-Polymerisation um den Wassergehalt nicht durch Erhitzung zu verändern. Es polymerisieren auch bereits 3%ige wässerige Lösungen des GMA. Wenn man den Gewebeblock aus dieser polymerisierten Lösung herausschneidet und anschließend in je 40%, 60%, 80% und 95—97,5%ige für 1—12 Std einlegt, polymerisiert und wieder herausschneidet, so ist dieses zwar sehr mühsam, soll aber zu einer besseren Erhaltung der Feinstruktur führen.

LEDUC u. a. (1963) umgehen die ungünstigen Schnitteigenschaften des GMA durch Mischung mit normalem Methacrylat:

1. 80% GMA in dest. Wasser
2. 97% GMA in dest. Wasser
3. 50/50 Mischung von 97% GMA mit dem Einbettungsgemisch
4. Einbettungsgemisch:
   70% (GMA + 0,5% (gesättigte) Ammoniumpersulfatlösung)
   30% (85/15 Butyl/Methyl-Methacrylat + 1% Benzoylperchlorid)
   Jede Mischung 5—15 min einwirken lassen
5. Einbettung in Gelatinekapseln mit hochviskosem, vorpolymerisiertem Einbettungsgemisch
6. Polymerisation mit UV bei 3°C und einer Endtemperatur von 37°C (einige Stunden oder über Nacht)

Noch günstigere Eigenschaften werden über Hydroxypropyl-Methacrylat berichtet (LEDUC u. HOLT, 1965), welches mit 3—20% H_2O polymerisiert wird.

21.5.5. Polyampholyte

MCLEAN u. SINGER (1964) beschreiben ein Einbettungsmittel, welches eine Kopolymerisation von Monomeren mit verschiedener Ionenladung erlaubt. Anionische Methacrylsäure (MS) wird mit kathodischem Methylaminoäthylmethacrylat (MAM) und einem kleinen Zusatz (0,25 m) eines vernetzenden Monomers (Tetramethylendimethacrylat) sowie 0,025% Azodiisobutyronitril als Aktivator gemischt. Beim Mischen entsteht eine hohe Wärmeentwicklung, so daß MS nur tropfenweise hinzugegeben wird. Bei MS : MAM = 1 : 1 erhält man ein neutrales Einbettungsmittel. Bei einer vorzugsweise negativen Ladung kann z. B. ein Verhältnis 2 : 1 gewählt werden. Der polare Charakter dieses Einbettungsmittels hemmt die Extraktion nichtpolarer Substanzen und liefert bessere Erhaltung der

Proteinstrukturen. In Zusammenhang mit der Aldehydfixation und histochemischen Enzymnachweismethoden verspricht dieses Einbettungsmittel daher besseren Erfolg.

21.6 Orientiertes und gezieltes Einbetten

Das Einbetten der Gewebe in Gelatinekapseln hat den Nachteil, daß diese nur schlecht orientiert werden können. Es besteht zwar die Möglichkeit, das Objekt mit einer feinen Nadel im zähflüssigen Einbettungsmittel auszurichten. Dabei können aber leicht Luftblasen hineingebracht werden.

SEIFERT (1962) bettet das Gewebe in einen flachen Block ein (einige mm hoch), indem auf einen Glasobjektträger mit Zuckerlösung ein Glasrohr befestigt wird, welches ebenfalls innen mit Zuckerlösung bestrichen

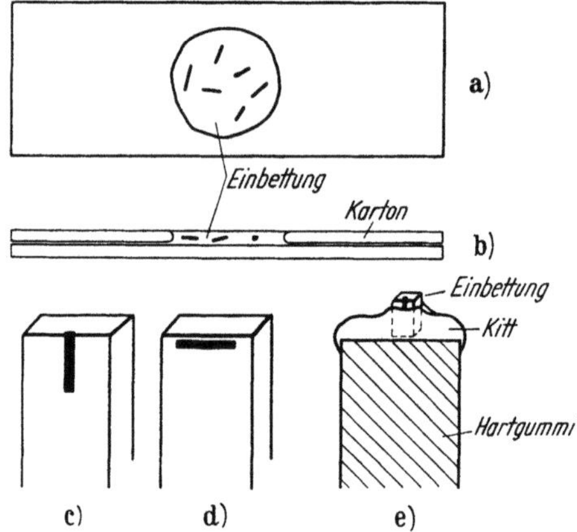

Abb. 222a—e. Flache Einbettungsmethode auf Objektgläsern (nach BORYSKO, 1956)

ist und als Einbettungsgefäß dient. In warmen Wasser läßt sich der polymerisierte Block so leicht herauslösen. Nach dem Herausschneiden bzw. Spalten der interessierenden Gewebestelle wird durch die Kappe einer Gelatinekapsel eine Nadel gesteckt, an deren Spitze das eingebettete Gewebestück in der gewünschten Orientierung aufgespießt wird und so orientiert in der Gelatinekapsel verbleibt, in der nach Auffüllung mit dem Einbettungsmittel Nadel und Gewebe einpolymerisiert werden.

Ebenfalls größere Freiheiten in der Objektorientierung hat man bei einem flachen Einbettungsverfahren nach BORYSKO (1956, 1958). Durch Aluminiumfolie oder Karton wird auf einem Glasobjektträger eine Mulde für das vorpolymerisierte Einbettungsmittel (Methacrylat) von einigen mm Höhe abgegrenzt (Abb. 222a u. b). Man kann 10 und mehr Gewebestücke in einer Mulde gleichzeitig einbetten. Aus dem Methacrylat lassen sich nach der Härtung die Gewebe nach (c) und (d) in gewünschter Orientierung ausschneiden und mit Carnaubawachs oder Technovit auf Zylinder aus Hartgummi oder einem anderen nichtverformbaren Kunststoff aufkitten (e). Diese Zylinder können direkt in die Objekthalterung des Mikrotoms eingepannt werden. Die flache Einbettungsmethode ist besonders für Faserstoffe geeignet, die bei einer Blockeinbettung in Kapseln nicht senkrecht stehen bleiben. Über eine Variante dieser Methode für Epoxydharze und Vestopal berichten Yusa u. Apicella (1964).

Latta (1959) bettet auf ähnlichem Wege Gewebekulturen direkt auf der Glasunterlage ein, nachdem diese auf dieser fixiert, entwässert und mit Einbettungsmittel durchtränkt sind. Er legt einen Ring aus festem Methacrylat um die Kultur und füllt diesen mit flüssigem Methacrylat. Nach der Polymerisation wird die Glasscheibe auf Trockeneis gelegt. Durch die unterschiedlichen Ausdehnungskoeffizienten springt das Plexiglas von dem Glas ab. Gibbons (1963) stellt flache Einbettungen von Spermatozoen-Emulsionen auf Glasplatten her und sucht im Phasenkontrast Spermatozoen mit geeigneter Orientierung aus. Die betreffende Stelle wird durch Anritzen markiert und herausgeschnitten. Auf diese Weise lassen sich Schnitte quer und längs des Fadens durchführen. Bloom (1960) durchtränkt nach der Entwässerung in einer Alkoholreihe mit 50/50 Alkohol-Dichloräthylen und reinem Dichloräthylen. Anschließend wird ein viskoser Tropfen einer Lösung von polymerisiertem Butyl-Methylmethacrylatgemisch in diesem Lösungsmittel auf die interessierende Stelle gebracht und eintrocknen lassen. Nach der Erstarrung läßt sich dieser Tropfen abziehen, ausschneiden und mit derselben viskosen Lösung auf einem harten Block aufkleben.

Bei einer anderen Methode, die speziell für Gewebekulturen entwickelt wurde, aber auch auf andere Objekte anwendbar ist, wird eine Gelatinekapsel mit vorpolymerisiertem Methacrylat über die Kultur gestülpt (Howatson u. Almeida, 1958). Mittels einer Haltevorrichtung, welche die Kapseln auf die Unterlage drückt, läßt sich auch dünnflüssiges Methacrylat verwenden (Nishiura u. Rangan, 1960). Micou u. a. (1962) stecken die Gelatinekapseln in Stahlringe, welche mit einem Permanentmagneten unterhalb der Glasplatte auf diese fest aufgedrückt werden. Diese Methode hat den Vorteil, daß man nach dem Umstülpen der Kapseln, diese bei markierten Objekten noch etwas auf der Oberfläche verschieben kann. Derartige Markierungen lassen sich z. B. durch Einritzen eines kleinen Kreises um die interessierende Stelle mit einem Diamant-Markieraufsatz durchführen. Diese Stelle ist beim Anspitzen des Blockes dann leicht wiederzufinden. Robbins u. Gonatas (1964) gelang es auf diese Weise Zellen aus Gewebekulturen im Mitosestadium auszuwählen und zu schneiden. Damit sich die eingebettete Gewebekultur besser von der Glasunterlage mit der überstülpten Gelatinekapsel ablöst, wurde vor

Aufbringen der Gewebekultur der Glasobjektträger mit einer Kohleaufdampfschicht (100—200 Å) versehen (s. a. SPAAROLI u. a., 1965). Die Kohleschicht wird im Trockenschrank bei 180°C 24 Std behandelt. Einmal wird hierdurch eine Sterilisation erreicht und ferner blättert die Kohleschicht nach dieser Behandlung nicht beim Auftragen flüssiger Medien ab. Nach dem Aufbringen und Wachsen der Kultur wird diese mit 5,5% Glutaraldehyd fixiert und entsprechend weiterbehandelt. Beim Abbrechen des in der umgestülpten Gelatinekapsel polymerisierten Einbettungsmittels bleibt der Kohlefilm an diesem haften. Diese Methode läßt sich auch auf beliebige andere kleine Objekte übertragen, die gezielt eingebettet werden sollen. Man hat den Vorteil, beim Anspitzen des Blockes nicht auch in der Tiefe die richtige Stelle finden zu müssen. HEYNER (1963) läßt zum besseren Ablösen von übergestülpten Kapseln mit Araldit vor dem Aufbringen und Wachsen der Gewebekultur eine Suspension von Kollagen auf dem Glasobjektträger eintrocknen. PERSIJN u. SCHERFF (1965) lassen die Kultur auf Glimmerspaltflächen wachsen, die sich auch gut von Epon abtrennen lassen.

Bei der Untersuchung von Gewebeschnitten ist es oft schwierig, den im Elektronenmikroskop sichtbaren Gewebeausschnitt dem zugehörigen histologischen Bild zuzuordnen, da es nicht möglich ist, größere Organbezirke auf dem Ultramikrotom zu schneiden. So bereitet z. B. die Lokalisation der Leberparenchymzelle im Leberläppchen oder bestimmter Nephronanteile, besonders der einzelnen Abschnitte der Tubuli große Schwierigkeiten. MORGENROTH u. THEMANN (1965) entwickelten eine Einbettungsmethode, bei der zunächst nach einer Osmium- oder Glutaraldehydfixation das Gewebe auf einem Gefriermikrotom in 20—30 μ dicke Schnitte zerlegt wird. Dünnere Schnitte können zur lichtmikroskopischen Kontrolle nach einer Anfärbung untersucht werden. Die dickeren Schnitte für die Elektronenmikroskopie werden direkt auf 30%igem Alkohol aufgefangen, entwässert und mit Methacrylat getränkt. Inzwischen wird ein Methacrylatblock, der durch Polymerisation einer Butyl-Methylmethacrylatmischung (80 : 20) in einer Gelatinekapsel (ohne Objekt) erhalten wurde, längs aufgespalten. Der mit Methacrylat durchtränkte Schnitt wird auf die Trennfläche in der Nähe der Spitze aufgezogen und die beiden Hälften des Blockes wieder zusammengefügt in eine Gelatinekapsel geschoben, mit Methacrylat übergossen und erneut polymerisiert. Das Anspitzen des Objektes erfolgt mit einer Präparierlupe. Die Zellerhaltung ist bei Gefrierung nach der Osmium-Fixation zufriedenstellend.

Literatur zu § 21

BACHMEYER, H., u. W. SCHREIL: Eine Methode zur Vermeidung der „Blasenbildung" bei der Einb. elektr.mikr. Präp. in Methacrylsäureester. Naturwissenschaften **44**, 555 (1957).

BAHR, G. F., G. BLOOM, and U. FRIBERG: Volume changes of tissues in physiological fluids during fixation in OsO$_4$ or formaldehyde and during subsequent treatment. Exp. Cell Res. **12**, 342 (1957).

BAKER, J. R., and B. M. LUKE: The fine structure produced in cells by primary fixatives. Quart. J. micr. Soc. **104**, 101 (1963).

BAYER, M., u. D. PETERS: „Plexigum", ein neues Einbettungsmittel für die Elektr.-mikr. J. Ultrastr. Res. **2**, 444 (1959).

BERNHARD, W.: Appareil de deshydratation continue. Exp. Cell Res. **8**, 248 (1955).

BIRBECK, M. S. C., and E. H. MERCER: Appl. of an epoxide embedding medium to electr.micr. J. Roy. Micr. Soc. **76**, 159 (1956).

BLOOM, W.: Prep. of a selected cell for electr.micr. J. biophys. biochem. Cytol. **7**, 191 (1960).

BORYSKO, E.: Recent developments in methacrylate embedding. J. biophys. biochem. Cytol. **2** (Suppl.) 3, **15** (1956).

— Open face flat embedding techn. IV. Internat. Kongr. EM Berlin, Bd. **II**, 40 (1958).

CHARLES, A., and J. SIKORSKI: UV-polymerisation of embedding monomers for thin sectioning. Brit. J. appl. Phys. **7**, 152 (1956).

DEVIDÉ, Z., u. M. WRISCHER: Vers. über gasblasenfreie Plexiglas-Einbettung von pflanzl. Obj. für Ultramikrotomie. Mikroskopie **14**, 337 (1959).

ERLANDSON, R. A.: A new maraglas, D.E.R. 732, embedment for electr.micr. J. Cell Biol. **22**, 704 (1964).

FENGEL, D., u. K. BALSER: Über die Schrumpfung von Einbettungsmitteln für die Ultramikrotomie. Naturwissenschaften **51**, 538 (1964).

FERNÁNDEZ-MORÁN, H., and J. B. FINEAN: Electr.micr. and low-angle x-ray diffr. studies of the nerve myelin sheath. J. biophys. biochem. Cytol. **3**, 725 (1957).

FINCK, H.: Epoxy resins in electr.micr. J. biophys. biochem. Cytol. **7**, 27 (1960).

FISCHLSCHWEIGER, W.: Über die Verw. von Viapal-Kunstharzen in der Elektr.-mikr. Mikroskopie **17**, 341 (1962).

FREEMAN, J. A., and B. O. SPURLOCK: A new epoxy embedment for electr.micr. J. Cell Biol. **13**, 437 (1962).

GIBBONS, I. R.: A water-miscible embedding resin for electr.micr. IV. Internat. Kongr. EM Berlin, Bd. **II**, 55 (1958).

— An embedding resin miscible with water for electr.micr. Nature (Lond.) **184**, 375 (1959).

— A method for obtaining serial sections of known orientation from single spermatozoa. J. Cell Biol. **16**, 626 (1963).

GILËV, V. P.: The use of gelatin for embedding biol. spec. in preparation of ultrathin sections for electr.micr. Proc. Stockholm Conf. EM, 113 (1956), J. Ultrastr. Res. **1**, 349 (1958).

GLAUERT, A. M., and R. H. GLAUERT: Araldite as an embedding medium for electr.micr. J. biophys. biochem. Cytol. **4**, 191 (1958).

GRIGG, G. W., and H. HOFFMAN: A double imbedding method giving water permeable ultrathin sections for electr.micr. J. biophys. biochem. Cytol. **4**, 331 (1958).

HEYNER, S.: In situ embedding of cultured cells or tissue, grown on glass, in epoxy resins for electr.micr. Stain Techn. **38**, 335 (1963).

HORT, W.: Quant. Unters. über den Einfluß der Fixierung, Entwässerung u. Einbettung auf die Herzmuskulatur. Z. wiss. Mikr. **65**, 16 (1961).

HOWATSON, A. F., and J. D. ALMEIDA: A method for the study of cultured cells by thin sectioning and electr.micr. J. biophys. biochem. Cytol. **4**, 115 (1958).

KLIMA, J.: Fixierungs- und Einbettungsstudien für die Ultrahistologie. IV. Internat. Kongr. EM Berlin, Bd. **II**, 58 (1958).

32*

Kurtz, S. M.: A new method for embedding tissues in Vestopal W. J. Ultrastruct. Res. **5**, 468 (1961).

Kushida, H.: A new polyester embedding method for ultrathin sectioning. J. Electronmicr. (Japan) **9**, 113 (1960).

— A new embedding method for ultrathin sectioning using a methacrylate resin with threedimensional polymer structure. J. Electronmicr. (Japan) **10**, 194 (1961).

Latta, H.: A cellular reaction to antibody in tissue culture studied with electr.micr. J. biophys. biochem. Cytol. **5**, 405 (1959).

Leduc, E. H., and S. J. Holt: Hydroxypropyl methacrylate, a new watermiscible embedding medium for electr.micr. J. Cell Biol. **26**, 137 (1965).

— V. Marinozzi, and W. Bernhard: The use of water-soluble glycol methacrylate in ultrastructural cytochemistry. J. Roy. Micr. Soc. **81**, 119 (1963).

Luft, J. H.: Improvements in epoxy resin embedding methods. J. biophys. biochem. Cytol. **9**, 409 (1961).

Low, F. N., and M. R. Clevenger: Polyester-methacrylate embedments for electr.-micr. J. Cell Biol. **12**, 615 (1962).

McLean, J. D., and S. J. Singer: Cross-linked polyampholytes, new watersoluble embedding media for electr.micr. J. Cell Biol. **20**, 518 (1964).

Menke, W.: Artefakte in elektr.mikr. Präp. I. Z. Naturforsch. **12**b, 654 (1957).

Micou, J., C. C. Collins, and T. T. Crocker: Nuclear-cytoplasmic relationships in human cells in tissue culture. J. Cell Biol. **12**, 195 (1962).

Mollenhauer, H. H.: Permanganate fixation of plant cells. J. biophys. biochem. Cytol. **6**, 431 (1959).

Moore, D. H., and P. M. Grimley: Problems in methacrylate embedding for electr.micr. J. biophys. biochem. Cytol. **3**, 255 (1957).

Morgenroth, K., u. H. Themann: Elektr.mikr. Unters. zum feinstrukturellen Aufbau des Leberläppchens unter Zuhilfenahme gerichteter Einbettung. Mikroskopie **20**, 98 (1965).

Müller, H. R.: Gefriertrocknung als Fixationsmeth. an Pflanzenzellen. J. Ultrastruct. Res. **1**, 109 (1957).

Newman, B., E. Borysko, and M. Swerdlow: Ultramicrotomy by a new method. J. Res. Nat. Bur. Stand. **43**, 183 (1949).

Nishiura, M., and S. R. S. Rangan: A device for embedding tissue culture prep. grown on cover slips. J. biophys. biochem. Cytol. **7**, 411 (1960).

Persijn, J. P., and J. P. Scherff: Sheet-mica — a nonadherent carrier for surface culture of cells to be embedded in epon. Stain Techn. **40**, 89 (1965).

Price, Z., and B. Eide: A device for the ultra-violet polymerization of methacrylates under nitrogen tension. Mikroskopie **14**, 99 (1959).

Robbins, E., and N. K. Gonatas: In vitro selection of the mitotic cell for subsequent electr.micr. J. Cell Biol. **20**, 356 (1964).

Rogers, G. E.: Electr.micr. of wool. J. Ultrastruct. Res. **2**, 309 (1959).

Rosenberg, M., P. Bartl, and J. Lĕsko: Water-soluble methacrylate as an embedding medium for the prep. of ultrathin sections. J. Ultrastruct. Res. **4**, 298 (1960).

Ryter, A., et E. Kellenberger: L'inclusion au polyester pour l'ultramicrotomie. J. Ultrastr. Res. **2**, 200 (1958).

Seifert, K.: Zur Orientierung inhomogener Gewebeeinbettungen für die Ultramikrotomie. Mikroskopie **17**, 231 (1962).

Shinawaga, Y., S. Yahara, and Y. Uchida: J. Electr.micr. (Japan) **11**, 133 (1962).

Shipkey, F. H., and A. J. Dalton: Azodi-iso-butyronitrile as a catalyst for embedding tissues in methacrylate for electr.micr. J. appl. Phys. **30**, 2039 (1959).

Sitte, P.: Zur blasenfreien Plexiglas-Einb. von Pflanzenmat. Mikroskopie 15, 227 (1960).

— Einf. Verf. zur stufenlosen Gewebe-Entwässerung für die elektr.-mikr. Präparation. Naturwissenschaften 49, 402 (1962).

Sparooli, E., H. Gay, and B. P. Kaufmann: Open-face, epoxy embedding of single cells for ultrathin sections. Stain Techn. 40, 81 (1965).

Spurlock, B. O., V. C. Kattine, and J. A. Freeman: Techn. modifications in maraglas embedding. J. Cell Biol. 17, 203 (1963).

Stäubli, W.: Nouvelle matiere d'inclusion hydrosoluble pour la cytologie electr. Compt. rend. 250, 1137 (1960).

— A new embedding techn. for electr.micr., combining a watersoluble epoxy resin (Durcupan) with water-insoluble araldite. J. Cell Biol. 16, 197 (1963).

Ward, R. T.: Prevention of the "explosion" artifact in methacrylate embedding. J. appl. Phys. 30, 2039 (1959).

Weinreb, S.: UV polymerization of monomeric methacrylates for electr. micr. Science 121, 774 (1955).

Wichterle, O., P. Bartl, and M. Rosenberg: Water-soluble methacrylates as embedding media for prep. of ultrathin sections. Nature (Lond.) 186, 494 (1960).

Yusa, A., and J. V. Apicella: Simpl. embedding and orientation of small biol. spec. in polyester and epoxy resins. Stain Techn. 39, 60 (1964).

Zapf, K., u. H. Gaertner: Eine Polymerisationseinrichtung mit UV- und Wärmestrahlung für die Ultradünnschnittechnik. Z. med. Labortechn. 1, 67 (1960).

§ 22. Ultramikrotomie

22.1. Prinzipielle Wirkungsweise des Ultramikrotomes

Ein Mikrotom zum Schneiden von Dünnschnitten für elektronenmikroskopische Untersuchungen sollte in der Lage sein, Schnittdicken jeder gewünschten Dicke zwischen 100 und 2000 Å herzustellen. Für die lichtmikroskopische Kontrolluntersuchung ist es wünschenswert, wenn das gleiche Mikrotom auch die Möglichkeit bietet, Schnittdicken der Größenordnung $1-2\,\mu$ zu liefern, bzw. $2-5\,\mu$ für Phasenkontrast. Von den z. Z. zur Verfügung stehenden Instrumenten arbeiten die erfolgreichsten mit thermischem oder mechanischem Vorschub. Das Prinzip des klassischen Mikrotoms für lichtmikroskopische Zwecke (Schnittdicken der Größenordnung μ) ist in der Regel nicht zur Herstellung von Ultradünnschnitten geeignet. Dies gilt besonders dann, wenn in Lagern oder Schlittenführungen Ölfilme zur Gleitung verwendet werden, die unkontrollierbar ihre Dicke ändern. Außerdem ist ein Vorschub mit Mikrometerschrauben für den interessierenden Schichtdickenbereich zu grob. Deshalb kommen für die erfolgreiche Anwendung eines mechanischen Vorschubes nur Hebelkonstruktionen in Frage, deren bewegliche Teile nach Möglichkeit durch Schneidenlager verbunden sind. Es sollen an dieser Stelle nicht alle erfolgreichen Konstruktionen aufgeführt werden, sondern nur der mechanische Vorschub einer weit verbreiteten Ausführung von

PORTER und BLUM (1953) erläutert werden. Einen guten Überblick der älteren Mikrotomentwicklung findet man bei GETTNER u. ORNSTEIN (1956).

In Abb. 223 ist der Hebelmechanismus des Porter-Blum-Mikrotomes gezeigt. Durch eine Mikrometerschraube (6) wird der Hebelarm (5) mit dem Bügel (3) in den Schneidenlagern (4) geschwenkt. Der Arm (8), welcher an seinem vorderen Ende die zu schneidende Probe trägt, ist über die Schneiden (1) und (2) mit dem Bügel (3) verbunden. Da die

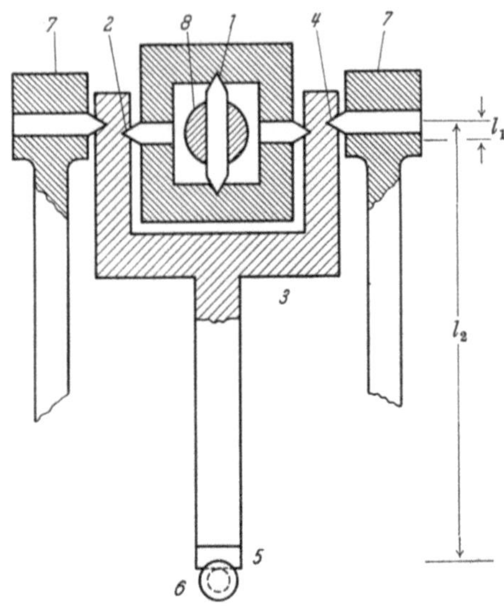

Abb. 223. Prinzip eines Mikrotoms mit mechanischem Vorschub (nach PORTER und BLUM, 1953)

Achsen der Schneiden (2) nicht mit denjenigen der Schneiden (4) zusammenfallen, erhält man eine Untersetzung im Verhältnis l_1/l_2. Die Schneide (2) des Kardangelenkes dient zur Auf- und Abbewegung der Probe, insbesondere zur Abwärtsbewegung beim Schneiden. Durch die Schneiden (1) kann der Arm (8) bei der Aufwärtsbewegung der Probe in einer Führung seitlich am Messer vorbeigeführt werden. Die Bewegung des Vorschubes durch die Mikrometerschraube (6) kann mit der Bewegung der Probe durch ein Handrad oder einen Motor gekoppelt werden. Es läßt sich auch die Stärke des Vorschubes regeln, so daß Schnitte einstellbarer Dicke erzeugt werden können. Diese Geräte liefern Schnittdicken bis herunter zu 250 Å.

Ein Nachteil des mechanischen Vorschubes liegt in der erforderlichen Präzision der Schneidenlager, die ohne Spiel arbeiten müssen. Außerdem ist der mechanische Vorschub empfindlich gegen Temperaturschwankungen. Der thermische Ausdehnungskoeffizient von Stahl beträgt z. B.

$10^{-5}\,{}^\circ C^{-1}$. Das heißt, ein 10 cm langer Stab wird sich bei Erwärmung um $1\,{}^\circ C$ um 10^{-4} cm $= 1\,\mu$ ausdehnen. Hieraus ersieht man, wie empfindlich der Vorschub auf Temperaturschwankungen reagiert und wie wichtig eine gute Abschirmung der beweglichen Teile gegen Zugluft ist. Andererseits liefert diese Ausdehnung die Möglichkeit durch Erwärmung eine Längenänderung des Stabes und damit einen thermischen Vorschub zu erreichen.

Der erste thermische Vorschub wurde von HILLIER (1951) in einem mechanischen Mikrotom angewandt. Der Block, welcher die Probe faßt, wurde mit fester Kohlensäure abgekühlt und erwärmte sich während des Schneidens wieder auf Zimmertemperatur. Dabei wurde natürlich der mechanische Vorschub des Gerätes abgestellt. Eine bessere Kontrolle der Wärmeausdehnung erhält man durch eine elektrische Aufheizung, bei welcher der Stab von einer Heizwicklung umgeben wird. Durch Regulieren des Heizstromes läßt sich der Vorschub regeln. Die modernen Geräte arbeiten alle mit Motorantrieb, der einfache Bedienung und konstante Schnittgeschwindigkeit gewährleistet.

Bei rotierenden Mikrotomen mit thermischem Vorschub sind an die Güte der Lager (z. B. Walzenlager bei SJÖSTRAND, 1953; Spitzenlager bei FERNÁNDEZ-MORÁN, 1953, 1956) hohe Anforderungen zu stellen. Kugellager und Lager aus gekreuzten Zylindern arbeiten nach SITTE (1964) einwandfrei, wenn sie unter genügend starkem Kontaktdruck stehen (Abb. 225). Das Prinzip des thermischen Vorschubs erlaubt aber auch in einfacher Weise, völlig ohne Lager auszukommen. Dabei wird der Ausdehnungsstab an seinem einen Ende elastisch mit dem Chassis verbunden, so daß noch kleine Auslenkungen des Stabes am vorderen Ende möglich sind. Die seitliche Vorbeiführung am Messer erfolgt z. B. bei HUXLEY (1954) und von BORRIES u. HUPPERTZ (1958) durch eine rotierende Scheibe oder bei SITTE (1955) durch eine Parallelogrammführung. Bei thermischem Vorschub, der kontinuierlich arbeitet, ist eine Vorbeiführung der Probe neben dem Messer während des Rücklaufes unerläßlich, wenn nicht das Messer beim Rücklauf etwas zurückgezogen wird (LKB-Ultrotome III, Abb. 224).

Das Konstruktionsprinzip eines Mikrotomes mit thermischem Vorschub soll am „Ultrotome III" (LKB-Produkter AB, Stockholm) und dem neuen Mikrotom der Fa. Reichert, Wien erläutert werden. Der Stab A in Abb. 224 ist bei S über ein federndes Metallband starr mit dem Chassis verbunden ($H =$ Heizwicklung und V ein Ventilator zum schnellen Abkühlen des Heizstabes). Durch einen Makro-Vorschub kann die Messerhalterung grob verschoben werden. Ein elastischer Mikrovorschub sorgt für die Feinjustierung. Der Stab mit der Präparatfassung M fällt durch sein eigenes Gewicht herab und wird dabei durch die Seiltrommel L gebremst und wieder hochgezogen. Beim Hochziehen wird der Messer-

Support durch einen Elektromagneten Ma um die Strecke s zurückgezogen (federnde Bewegung von Chassisarm F_1 gegen F_2).

Das Reichert-Mikrotom nach SITTE (Abb. 225) wird durch eine Kurbelwelle K angetrieben. Das Präparat wird beim Rücklauf seitlich am Messer vorbeigeführt. Die Bewegung des Mikrotomarmes ist durch Kugellager möglich, welche durch Federn aufeinandergedrückt werden. Der thermische Vorschub wird durch Ausdehnung des Blockes B erreicht, der durch eine Glühlampe G durch thermische Strahlung erwärmt wird. Dieser Vorschub arbeitet trägheitslos und besitzt keine Anlaufzeit. Durch den Kontakt S wird die Glühlampe nach jedem Schnitt eingeschaltet und liefert einen zusätzlichen Vorschubimpuls.

Ein Nachteil des thermischen Vorschubes ist die zeitlich begrenzte Erwärmungsphase, wenn das System große Wärmeträgheit besitzt und nur in einem mittleren Bereich konstanter Vorschub auftritt. Bei längeren Heizzeiten wird der Vorschub in Å/sec geringer und schließlich Null, wenn der Sättigungswert der Temperatur erreicht wird. SITTE (1964) konnte durch den oben beschriebenen Mechanismus die Wärmeträgheit des Vorschubsystems soweit herabsetzen, daß zwischen Wärmezufuhr und Ausdehnung nur eine sehr geringe Zeitdifferenz liegt. Dadurch ist der Vorschub im ganzen Bereich linear und kann voll ausgenutzt werden. Auch bei einer Unterbrechung der Schneidbewegung wird die Heizung sofort gestoppt. Praktisch arbeitet man mit Temperaturerhöhungen des Heizstabes in der Größenordnung 10—30°C und läßt dann den Heizstab wieder abkühlen. Mit dem thermischen Vorschub ist es möglich, routinemäßig Schnittdicken zwischen 200 und 500 Å zu erreichen. Es sei aber bemerkt, daß 200 Å-Schnitte bereits eine ausgezeichnete Einbettung voraussetzen.

Bei einem Ultramikrotom bestehen folgende Bewegungsmöglichkeiten (Abb. 230). Das Messer ist in der Halterung um die Messerschneide als Achse schwenkbar, um den Freiwinkel ε richtig einzustellen. Der Messersupport läßt sich in Richtung auf das Objekt mit einer Mikrometerschraube verschieben, um die Schneide vorsichtig mit dem Objekt in Kontakt zu bringen, bevor der thermische Vorschub einsetzt. Die Verschiebung in der dazu senkrechten Richtung dient zur Auswahl einer anderen Stelle der Schneide. Zuweilen besteht auch noch die Möglichkeit, den Support um eine vertikale Achse zu drehen, damit die Richtung der Schneiden etwas justiert werden kann. Eine Schwenkung des Einspannkopfes am Mikrotomarm um das Objekt als Drehzentrum ist für das Anspitzen des Blockes vor dem Schneiden (§ 22.3) sehr praktisch und erlaubt auch in gewissen Grenzen den Winkel zu variieren unter dem das Objekt geschnitten wird. Ein wichtiger Punkt ist auch die gute optische Ausrüstung mit einer Binokularlupe ($\sim$ 50fach), um den Ablauf und die Qualität des Schnittvorganges sowie die Ausbildung der Schnittbänder zu verfolgen. Es sollte dabei eine „kalte" Lichtquelle benutzt werden

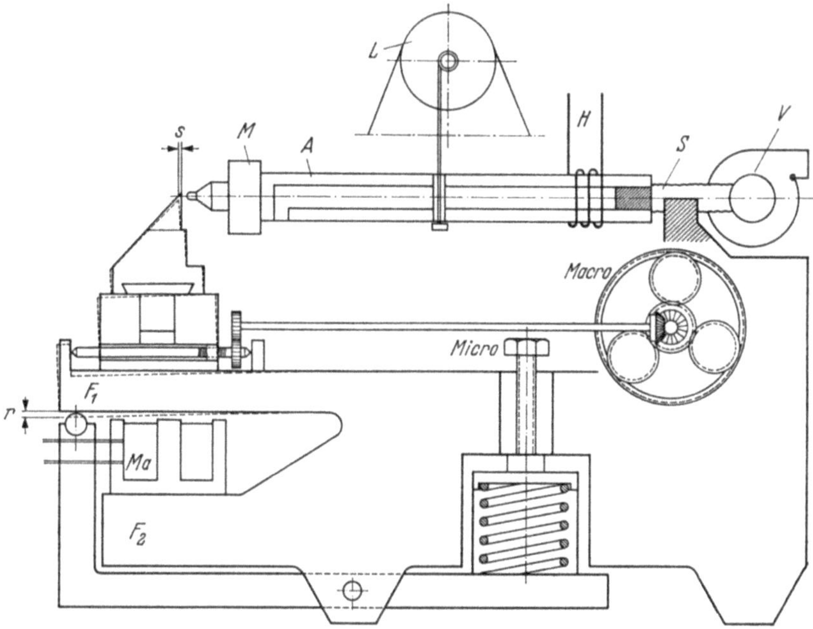

Abb. 224. Prinzip des Ultrotomes III der Fa. LKB-Producters AB, Stockholm

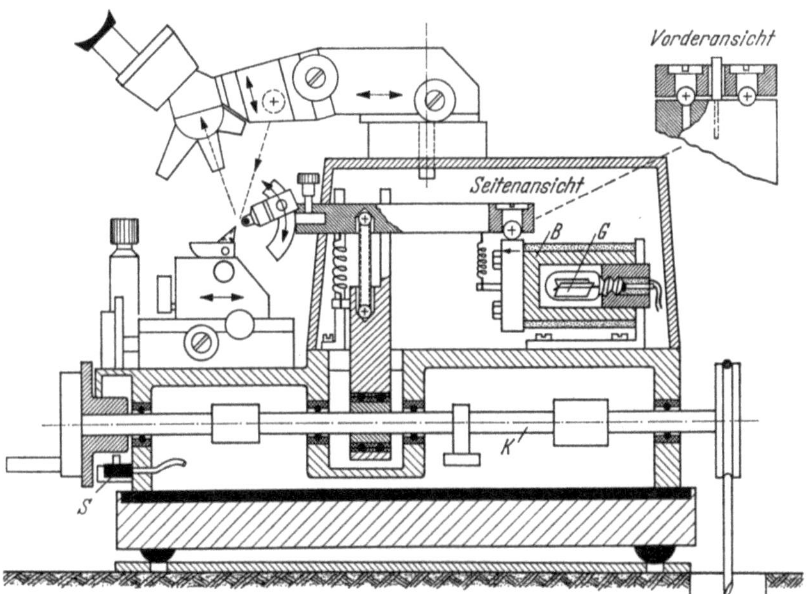

Abb. 225. Prinzip des Mikrotomes der Fa. Reichert, Wien (nach H. Sitte)

(ohne Wärmestrahlung), da sonst die Konvektion auf der Wasseroberfläche die Schnitte nach dem Schneiden wegtreibt.

Weitere Einzelheiten sind den Prospekten der Lieferfirmen für Ultramikrotome zu entnehmen.

22.2. Herstellung der Schneiden

Die Erfolge der Ultramikrotomie liegen nicht nur in der Entwicklung geeigneter Mikrotome, sondern auch in der Herstellung geeigneter Schneiden. In der ersten Zeit der Ultramikrotomie wurden noch Stahlschneiden benutzt, welche nach einem mühsamen Schleifverfahren aus Rasierklingen hergestellt wurden (HILLIER, 1951; EKHOLM u. a., 1954).

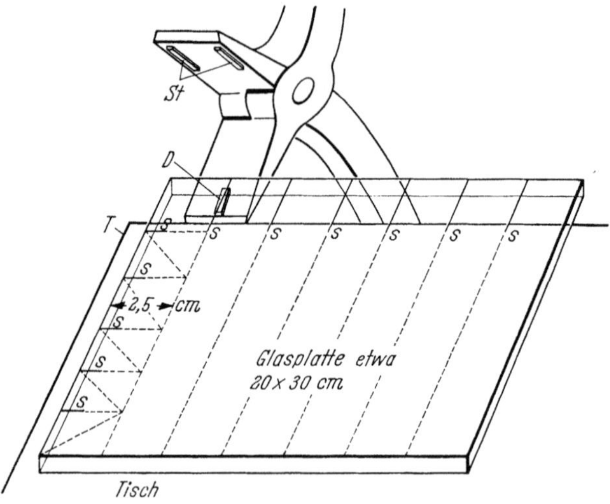

Abb. 226. Brechen von Streifen, Quadraten und dreieckigen Messern aus einer größeren Glasplatte mit einer besonders präparierten Zange

Heute werden ausschließlich Glasschneiden verwendet (LATTA u. HARTMANN, 1950) und gelegentlich Diamantmesser (FERNÁNDEZ-MORÁN, 1953, 1956).

Die Glasmesser werden in der Regel selbst hergestellt. Als Ausgangsmaterial dient relativ weiches Schaufenster- oder Spiegelglas (Dicke etwa 5 mm). Als Werkzeug benötigt man eine breite Zange, wie sie zum Brechen von Glas benutzt wird, die aber nach Abb. 226 durch 3 Streifen Karton und überklebtem Plastikfilm präpariert wird (WEINER, 1959; s. a. SIAKOTOS u. MAIOLATESI, 1964). Der einzelne Streifen (Drehpunkt D) soll genau in der Mitte der beiden gegenüberliegenden Stützpunkte St liegen. Wenn sich im Laufe der Benutzung Glassplitter eindrücken, ist die Beklebung zu erneuern. Ferner benötigt man einen Glasschneider (Stahlrädchen ist einem Diamanten vorzuziehen) und ein durchsichtiges

Plastiklineal, an welchem man den Glasschneider bequem entlangziehen kann (ausreichende Höhe, um guten Anschlag zu garantieren).

Die endgültige Messerform muß dem Halter des Mikrotoms angepaßt werden. Im Servall-MT-1- und Leitz-Moran-Mikrotom werden noch Messer mit Parallelogramm-Form benutzt (Abb. 227b). Die anderen Mikrotome benutzen die neue Standardform mit 25 mm Schenkellänge (a).

Als Ausgangsgröße benutzt man Glasplatten von etwa 20×30 cm. Für die Herstellung der Schneiden müssen neue störungsfreie Bruchflächen geschaffen werden. Durch ein Anritzen mit dem Glasschneider auf der ganzen Länge des Bruches entstehen Unregelmäßigkeiten auf der Bruchfläche. Es werden daher nur kurze Anritzungen von 3—5 cm mit dem Stahlrad durchgeführt (S in Abb. 226). Die Platte wird an eine Tischkante T gelegt und die Zange so angesetzt, daß der Drehpunkt an der Unterseite des Kratzers zu liegen kommt. Nach leichtem Andruck wird die Platte an den Tisch gedrückt, damit möglichst wenig von der Platte übersteht, und durch stärkeren Druck die Platte längs der gestrichelten Linie gebrochen. Mit einiger Übung ergeben sich weitgehend gerade Bruchlinien mit nur geringer Krümmung. Man kann auch die Platten auf diese Weise jeweils halbieren. Endstadium zur Messerherstellung sind jedenfalls für die Standardform Quadrate $2,5 \times 2,5$ cm, bzw. Rechtecke oder Streifen für die Parallelogrammform. Von den 4 möglichen Ecken für die endgültige Schneidenherstellung werden nur solche ausgewählt, an welchen vorher nicht das Stahlrad angesetzt war, die also durch freien Bruch entstanden sind und die außerdem die glatteste Bruchfläche besitzen. Die Anritzung erfolgt diagonal, wobei das Glasmesser erst etwa 5 mm hinter der endgültigen Schneide beginnen darf (Abb. 227a) und von dieser weggezogen wird. Nur wenn die Anritzung genau in der Diagonalen liegt, ergeben sich gerade Kanten (Abb. 228a). Anderenfalls erhalten diese Zacken (b) und (c) und sind nicht verwendbar. (TOKUYASU u. OKAMURA, 1959). Auf einer guten geraden Schneide lassen sich die zum Schneiden geeigneten Stellen durch den Verlauf der Bruchspur B erkennen. Es ist nur etwa $^1/_3-^1/_2$ der Schneidenkante für ein sauberes Schneiden brauchbar, wo die Bruchspur in der Nähe der Schneide verläuft. Das mittlere Drittel kann zum Anschneiden des Blockes verwandt werden, bzw. zur Herstellung dicker Schnitte, wenn man durch Phasenkontrastbeobachtung im Lichtmikroskop zunächst kontrollieren will, ob die richtige Schnittebene erreicht ist. ANDRÈ (1962) beschreibt eine Vorrichtung, um das Anritzen unter genauen Winkeln vornehmen zu können. Den letzten Bruch zur Halbierung des Quadrates kann man auch — außer mit Zangen — über eine untergelegte Schneide (Abb. 227a) oder mit einem „Nußknacker" nach FAHRENBACH (1963) durchführen. Letzterer besteht aus 2 Messingplatten, die nußknackerförmig zusammengedrückt werden können und an Stelle der 3 Auflagen in Abb. 226 drei

Schrauben besitzen, welche den Druck für das Brechen ausüben. Es sind auch kommerzielle Geräte ("Knife-maker", LKB) entwickelt, die vor allem das Anritzen und Brechen unter genau standardisierten Bedingun-

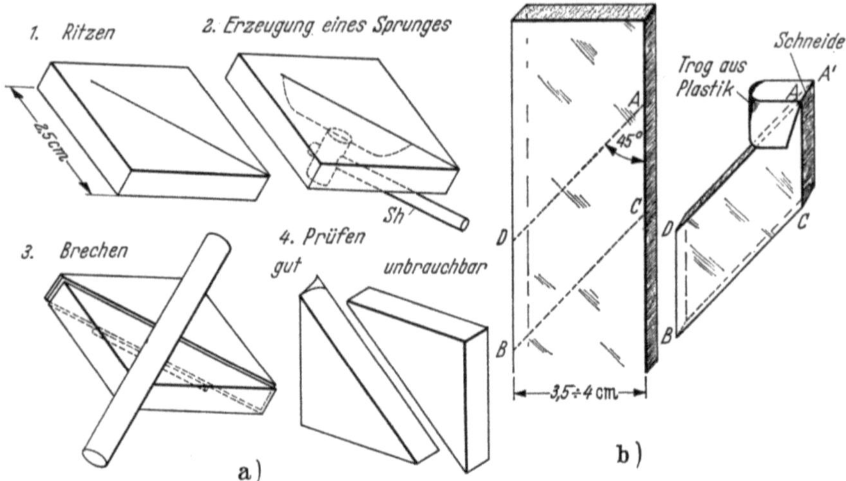

Abb. 227a u. b. Anritzen von a) dreieckförmigen Messern und Brechen nach TOKUYSA und OKAMURA (1959) und b) parallelogrammförmigen Messern

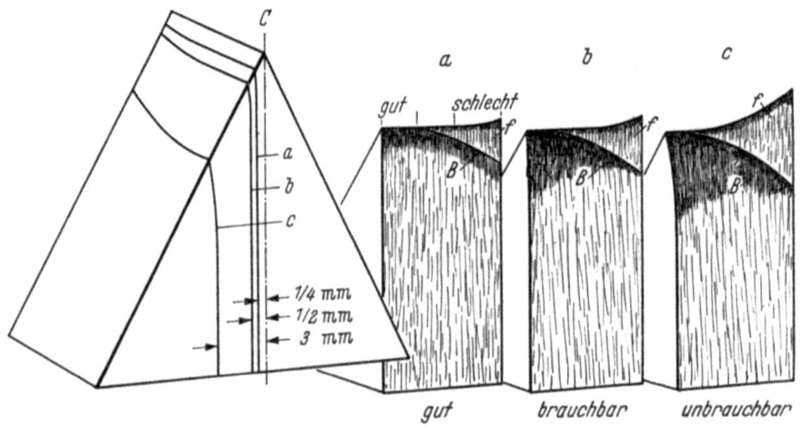

Abb. 228. Die Ausbildung der Bruchspur B bei verschiedenen Abständen a, b und c von der Diagonalen

gen gestatten. Die Endkontrolle der Schneiden erfolgt bei etwa 50facher Vergrößerung mit einer Binokularlupe im reflektierten Licht. Hiermit sind grobe Scharten zu erkennen und schlechte Messer können sofort aussortiert werden.

Es ist des öfteren erwähnt worden, daß die Güte einer frisch gebrochenen Glasschneide beim längeren Lagern abnimmt, in dem sich die Schneide durch langsame Fließvorgänge abbaut. Es ist jedoch andererseits von vielen Stellen die Beobachtung gemacht worden, daß ein längeres Lagern keine Änderungen verursacht. Trotzdem ist es üblich, nur einen kleinen Vorrat an Glasmessern anzulegen, da bei längerer Lagerung die Gefahr einer Verschmutzung auftritt.

Schwierigkeiten können zuweilen durch die Art des benutzten Glases auftreten. Man nehme von einer Glashandlung verschiedene Proben, welche man auf ihre Qualität prüft und lege dann von der besseren Sorte einen größeren Vorrat an. Mit guten Glasmessern sollte man von derselben Stelle 20—50 Schnitte herstellen können. Danach wird zu einer neuen Stelle übergegangen, so daß mit einem Messer mehrere hundert Schnitte gemacht werden können.

Diamantmesser haben folgende Vorteile: Da sie aus einem Einkristall bestehen, können nicht kleine Kristallitblöcke herausbrechen. Die große Härte des Diamanten läßt die Schneide kaum abnutzen, so daß diese bei sachgemäßer Behandlung jahrelang benutzt werden kann. Die Schneide ist auf ihrer ganzen Länge benutzbar und so homogen geschliffen, daß auch großflächige Schnitte möglich sind. Es tritt keine Oxydation und chemische Zersetzung auf. Ein Nachteil ist der relativ hohe Anschaffungspreis. Von besonderer Bedeutung sind die Diamantmesser beim Schneiden harter Substanzen (Knochen, Keratin, Holz und Metall). Die Reinigung von Fett und Staub kann durch Überstreichen mit einem in Alkohol oder Azeton getauchten frisch angeschnittenem Zahnstocher oder Holundermark erfolgen, so daß auch stets eine gute Benetzbarkeit der Schneide erreicht wird. Die Diamanten werden in der Regel bereits in einem Trog eingekittet geliefert.

22.3. Vorbereitung der Präparate zum Schneiden

Der Weg des Präparates bis zur Einbettung ist bereits oben beschrieben. Als nächster Schritt soll kurz auf das Anspitzen und Einspannen des Objektblockes eingegangen werden.

Die Gelatinekapsel wird zunächst mit einem Skalpell von dem Einbettungsmaterial abgepellt. Dies kann durch Einweichen in etwa 60°C heißem Wasser erleichtert werden. Es besteht aber die Gefahr, daß der Kunststoff dadurch weicher wird und nicht so leicht wieder bis zum Schneiden seine alte Härte zurückerlangt. BURKEL u. TAYLOR (1964) beschreiben einen Apparat, mit dem bis zu 30 Kapseln in 3—5 min von der Gelatine befreit werden.

In der Regel erfolgt das pyramidenförmige Anspitzen von Hand mit einer Rasierklinge unter einer Binokularlupe. Amerikanische Rasierklingen eignen sich hierzu am besten. Bei harten Kunststoffen (Epoxydharze und Polyester) kann auch die grobe Bearbeitung durch Schleifen,

z. B. mit einer Dental-Schleifscheibe erfolgen und die Nachbearbeitung mit einer Rasierklinge. REIMANN (1964) beschreibt einen Metallklotz, in den die Blöcke eingespannt werden und der von drei Seiten die gleiche Höhe zwischen Unterlage und Mitte des Blockes besitzt. Durch Kanten des Blockes kann dieser schnell in seiner Lage verändert werden, ohne die Lupe nachstellen zu müssen. Auch bei manchen Mikrotomen ist die Halterung herausnehmbar, so daß diese auch zum Anspitzen dienen kann.

Wegen der großen Härte und Zähigkeit der Einbettungsmittel ist es schwierig, bei kleinen Objekten den Anschnitt richtig zu legen, oder spezielle Stellen des Präparates richtig zu treffen. Deshalb sind auch Anordnungen entwickelt worden, um unter mikroskopischer Kontrolle ($\sim$ 40facher Vergrößerung) anspitzen zu können. Der Scheitelwinkel an der 4seitigen Pyramide soll nicht zu klein gewählt werden ($90-120°$), um so wenig Material wie möglich zu entfernen. MAAS (1956) beschreibt eine Apparatur, in der ein eingepanntes Messer um die Spitze des Blockes als Drehzentrum geschwenkt werden kann und beim Heranführen diesen unter einstellbaren Winkel zuschneidet. BOYDE (1960) benutzt einen Aufsatz, welcher über das Objektiv der Lupe geschoben werden kann und ein Messer enthält, dessen Schneide in der Objektebene liegt (Abb. 229a). Beim Senken des Objektives oder Heben des Objekttisches erscheint kurz vor dem Schneiden auch das Objekt scharf und kann ausgerichtet werden. Sehr einfach ist auch die Apparatur von DANON (1961) (Abb. 229b), bei der das Objekt mit einer Schraube in der Höhe verstellbar ist. Eine horizontale und schräge Fläche dient als Auflage eines Stechbeitels. Der würfelförmige Einsatz, in den der Block gepannt ist, kann bei beiden Methoden sukzessive um 90° gedreht werden, um die 4 Seiten der Pyramide anzuspitzen. Harte Blöcke (speziell Araldit) lassen sich auch gut mit einer hochtourigen Schleifscheibe anspitzen, wie sie in der Zahnmedizin Verwendung findet (ZACKS, 1962). GALEY (1963) spitzt die Blöcke direkt im Mikrotom an, indem eine um größere Winkel schwenkbare Fassung benutzt wird, die in moderneren Mikrotomen schon enthalten ist.

Auf der Stirnfläche bleibt eine Fläche mit $0,1-0,3$ mm Kantenlänge zum Schneiden stehen. Rechteckförmige oder quadratische Querschnitte garantieren die saubere Ausbildung gerader Schnittbänder. Wenn man möglichst viele Schnitte mit einem Netz auffischen will, kann man einen trapezförmigen Zuschnitt der Stirnfläche benutzen, da sich dann das Schnittband spiralförmig windet.

Die angespitzten Blöcke werden in den Mikrotomfassungen entweder mit Dreibacken- oder Klemmfassungen eingespannt. Beim Einklemmen von Kunststoffblöcken — speziell Methacrylat — können diese noch einige Zeit nachfließen und damit einen unkontrollierbaren Vorschub liefern (WALTER, 1959). Deshalb ist es günstiger, den Block spannungsfrei in ein Loch passender Bohrung oder in einen stabilen Metallring einzukitten (z. B. mit Technovit). Die Verkittung von plan eingebetteten Proben wurde bereits oben beschrieben (§ 21.6). Man wählt hierfür von vornherein einen Träger aus einem harten Stoff (z. B. Hartgummi), den man ohne Fließerscheinungen einspannen kann.

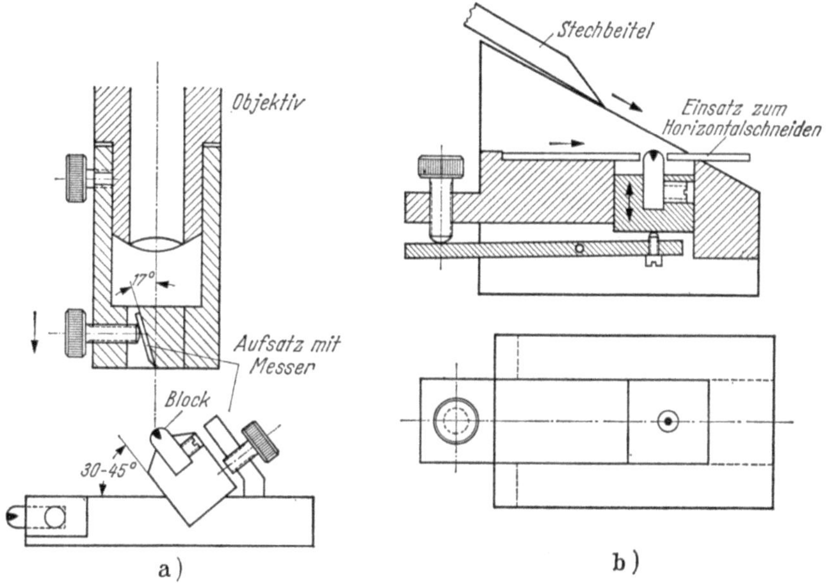

Abb. 229a u. b. Einspannvorrichtungen zum gezielten Anspitzen von Blöcken mit eingebettetem Gewebe, a) nach BOYDE (1960) und b) nach DANON (1961)

22.4 Bemerkungen zum Schneidprozeß

Nach dem Einspannen des Objektes wird die Beobachtungslupe auf die Messerschneide scharf gestellt, der Trog mit Wasser bis zur Benetzung der Schneide gefüllt, das Objekt in die gleiche Höhe gebracht, die richtige Stelle des Messers ausgewählt und das Messer so dicht an das Objekt herangeschoben, wie es mit der Lupe möglich ist ($\sim 5\,\mu$). Danach wird der Mikrotommotor laufen lassen, und der thermische Vorschub eingeschaltet. Mit dem Mikrometer wird das Messer sehr vorsichtig, nach Möglichkeit in Schritten von weniger als $1\,\mu$, zwischen zwei Durchgängen vorgeschoben, bis der erste Schnitt entsteht. Ein erster zu dicker Schnitt schädigt die Messerqualität mehr als eine ganze Folge dünner Schnitte. Wenn Schneide, Einbettung und Mikrotom einwandfrei sind, sollten die Schnitte, welche sich von der Schneide ablösen, einheitliche Interferenzfarbe zeigen und der Schneidprozeß braucht erst dann unterbrochen zu werden, wenn genügend Schnitte zum Auffischen auf Trägernetze vorliegen. Beim Auf-

fischen sollte das Messer wieder ein wenig zurückgezogen werden, da sonst
evtl. beim erneuten Schneiden als erstes ein zu dicker Schnitt auftritt.

Die in Abb. 230 aufgeführten Größen: Die Präparatgeschwindigkeit v,
der Freiwinkel ε, der Facettenwinkel α, der Flüssigkeitswinkel φ und die
Anschnittfläche F haben auf den Schneidvorgang einen entscheidenden
Einfluß. Die gebräuchlichsten Werte sind in Abb. 230 vermerkt. Die ein-
geklammerten Zahlen stellen Werte dar, zu denen man übergehen sollte,

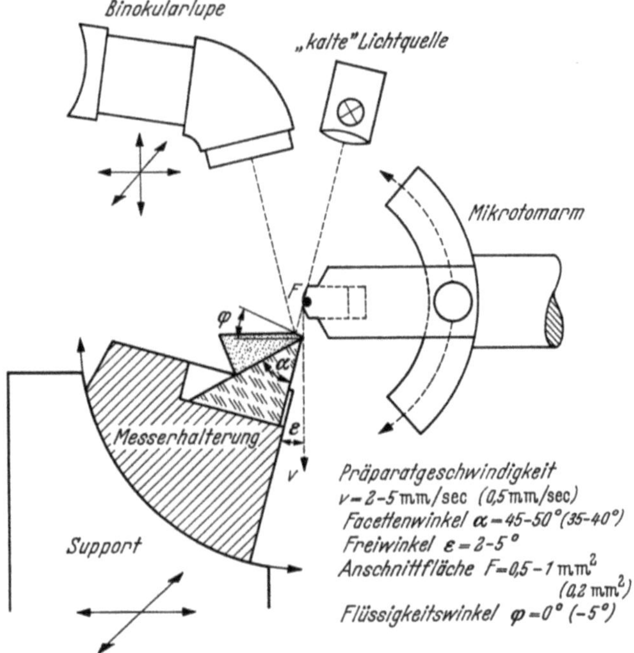

Abb. 230. Die für die Ultramikrotomie wichtigsten Parameter und Justiermöglichkeiten
(Zahlenwerte nach H. Sitte)

falls „Chatter" auftreten. Hierbei handelt es sich um periodische Dicken-
änderungen durch Messerschwingungen, die unter der Lupe nicht zu
erkennen sind, sondern erst bei der Betrachtung im Elektronenmikroskop.
Der Freiwinkel ε sollte nicht zu groß sein, da dann der Scherungswinkel
$90 - (\alpha + \varepsilon)$ zu klein wird. Wird ε jedoch zu klein gewählt, so wird der
Block leicht naß, wodurch die Schnitte mitgerissen werden. Der Facetten-
winkel beträgt in der Regel 45°. Beim Schneiden erleidet das Material
durch die Abwinkelung um den Winkel $(\alpha + \varepsilon)$ starke Deformationen,
die wieder ohne Schaden rückgängig gemacht werden müssen. Es ist deshalb theoretisch günstiger, Facettenwinkel kleiner als 45° zu wählen.
Praktisch hat der Glas-Sprung beim Spalten aber die Tendenz nicht in
Richtung der Verlängerung des Anritzens zu laufen, sondern kurz vor der

Kante auf kürzestem Wege zu dieser umzubiegen, so daß der effektive Winkel wahrscheinlich nicht kleiner als 50° gemacht werden kann, auch wenn man unter kleinerem Winkel anritzt. Der Flüssigkeitswinkel φ sollte etwa 0° betragen. Wird er größer, so besteht die Gefahr, daß der Block benetzt wird. Außerdem werden auf die Schnitte dann durch die Oberflächenspannung Kräfte ausgeübt, welche den Schnitt von der Kante wegtreiben und es kommt unter Umständen nicht zur Ausbildung eines sauberen Schnittbandes. Bei zu stark negativem φ besteht die Möglichkeit, daß die Schneide stellenweise nicht mehr benetzt wird.

22.5. Auffangen der Schnitte

In den Anfängen der Ultramikrotomie wurden noch stellenweise die Schnitte einzeln mit einem Haar von dem trocknen Messer abgehoben und auf Wasseroberflächen übertragen. Mit diesem Verfahren ist es unmöglich, eine schnelle Schnittfolge und gute Serienschnitte zu erreichen. (Diese umständliche Methode wird aber unter Umständen wieder interessant, wenn man nur gefriergetrocknete und wasserfrei eingebettete Schnitte untersuchen will, ohne das Extraktionen durch Wasser auftreten.)

Es war darum ein großer Fortschritt, die Schnitte schon während des Schneidens auf eine Flüssigkeitsoberfläche zu schieben. Das Flüssigkeitsniveau soll dabei so hoch liegen, daß die Schneidenkante gut benetzt wird ($\varphi = 0$ bis $-5°$ in Abb. 230). Der Trog muß an das Glasmesser vor dem Einspannen angeklebt werden. Man benutzt am einfachsten entweder einen Streifen Leukoplast oder einen Klebstreifen (Abb. 227b), dessen Klebmasse nicht in Wasser löslich sein soll, bzw. auch nicht in Alkohol oder Azeton, wenn man diese dem Wasser zusetzt (s. u.). Gelöste Substanzen können die Benetzung der Messerschneide erschweren und bei hohen Konzentrationen zu Eintrocknungsrückständen auf den Schnitten führen. Sauberer zu handhaben und stets wiederzuverwenden sind Tröge aus vorgebogenem Metallblech (Aluminium oder rostfreier Stahl) (Abb. 232). Diese werden mit Paraffin (Erweichungspunkt 55°C) oder Bienenwachs an den Kanten überzogen, nachdem die Tröge auf die Messer gesteckt sind. Das Metallblech sollte so elastisch sein, daß es auf dem Messer von selbst hält und nur noch von außen mit einem Pinsel etwas Bienenwachs oder Paraffin aufgestrichen zu werden braucht. Diese Substanzen werden in einem Wasserbad aufgeschmolzen. Bei Verwendung von Alkohol oder Azeton als Zusatz zur Trogflüssigkeit sollte besonders darauf geachtet werden, daß das Metallblech fettfrei ist. Man bewahrt es am besten in Alkohol auf und spült es kurz vor der Benutzung in Aqua dest. Beim Festkleben darf kein Paraffin auf die Schneide laufen, da diese dann unbrauchbar ist. Das Volumen des Troges soll nicht zu groß sein.

Einmal können dann Schnittbänder, welche sich von der Schneide ablösen, nicht zu weit fortschwimmen, und andererseits sollte man mit wenigen Tropfen den Flüssigkeitsspiegel heben oder senken können, um auch
während des Schneidens den Flüssigkeitsspiegel schnell zu korrigieren.
Hierfür ist eine fest angebaute Pipette oder eine kleine Kolbenpumpe —
in der Art einer Injektionsspritze — sehr praktisch.

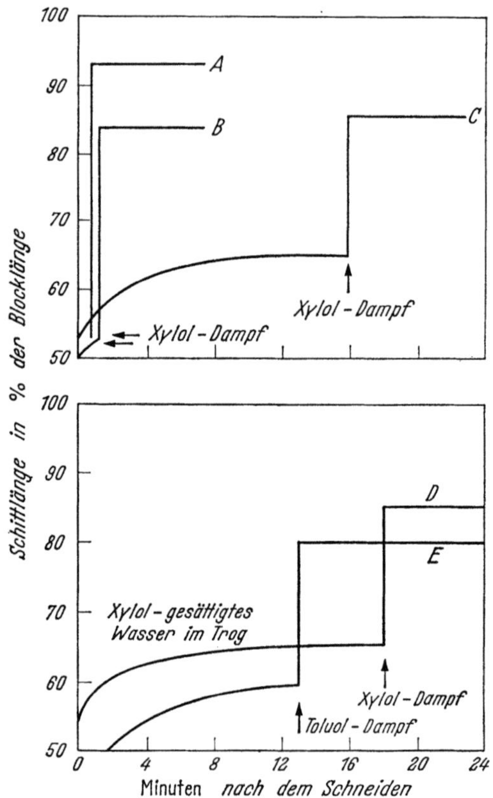

Abb. 231. Der Einfluß von Toluol- und Xylol-Dampf unmittelbar nach dem Schneiden und nach
einigen Minuten Schwimmen auf der Trogflüssigkeit auf den Streckvorgang von Methacrylatschnitten (nach PEACHEY, 1958)

Dem Wasser im Trog werden z. T. verschiedene Zusätze gegeben, die
dazu dienen, die Oberflächenspannung herabzusetzen, damit die Schneiden besser benetzt werden (z. B. 20% Alkohol). Die frisch gebrochenen
Glasschneiden sind aber so fettfrei, daß man ohne weiteres reines Aqua
dest. verwenden kann. Zusätze von Azeton oder Xylol (etwa 10%) werden
z. T. benutzt, um die Methacrylatschnitte etwas zu erweichen und das
Strecken der Schnitte zu erleichtern. Epoxydharze oder Polyester werden
nicht von Azeton aufgeweicht. Ein Zusatz läßt dann keinen Streckungs-

effekt erwarten. Die Angaben und Erfahrungen schwanken aber sehr. Man sollte auf keinen Fall den Zusatz (Alkohol, Azeton oder Xylol) über 20% steigern, da dadurch auch Extraktionseffekte auftreten. Diese sollte man auch bei niedrigen Konzentrationen dadurch herabsetzen, daß man die Schnitte nicht unnötig lange nach dem Schneiden schwimmen läßt.

Der Zusatz von Streckflüssigkeiten zum Bad ist offenbar nicht so wirksam wie das Strecken unter der Einwirkung von Dämpfen (Abb. 231).

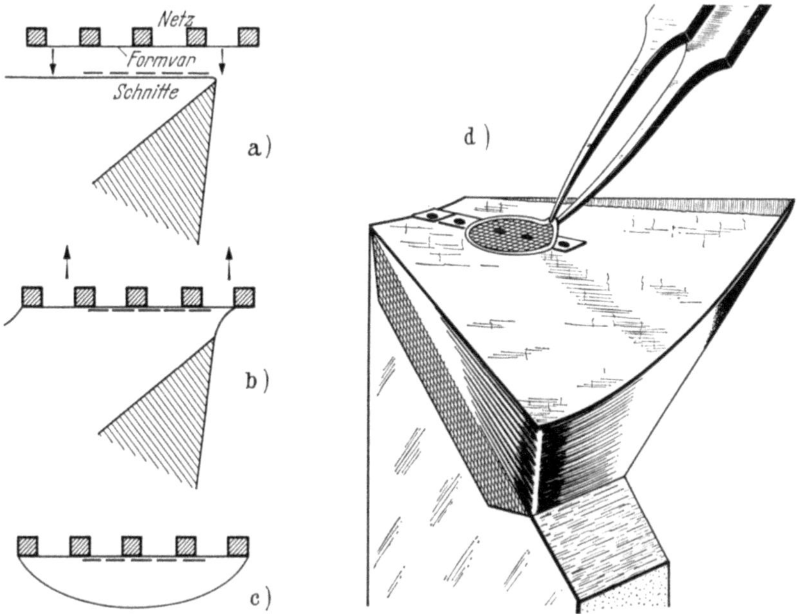

Abb. 232a—d. Aufnehmen der Schnitte von der Wasseroberfläche durch Auftupfen eines befilmten Netzes

Nach einem Vorschlag von SOTELO (1957), SATIR u. PEACHEY (1958), PEACHEY (1958) erreicht man nämlich eine wesentlich bessere Glättung von Methacrylatschnitten mit Chloroform- oder Xylol-Dämpfen. Hierzu hält man nach dem Schneiden einer Serie ein mit Chloroform oder Xylol getränktes Filtrierpapier kurz einige cm über die Schnitte und kontrolliert die Streckung mit der Beobachtungslupe. Gute Schnitte, die vorher eine Interferenzfarbe zeigten, werden bei der Glättung silbergrau. Die Chloroformbehandlung ist so kurz wie möglich anzuwenden und sofort nach dem Strecken zu unterbrechen, da sonst die Schnitte zu stark angegriffen werden. Eine Mischung Chloroform-Xylol 1 : 1 oder reines Xylol verdampft langsamer, und die Streckung erfolgt nicht so heftig. Araldit-, Epon- und Vestopalschnitte zeigen von vornherein nicht eine so große Stauchung wie Methacrylat. Diese ist dafür aber auch schwieriger rückgängig zu machen. Auch hier helfen — wenn auch in geringerem

33*

Maße — Chloroform- oder Trichloräthylen-Dämpfe (BIRBECK und MER-
CER, 1956).

Das Auffischen der Schnitte auf befilmte Netze zeigt Abb. 232. Die
Befilmung der Netze erfolgt nach § 15 mit Formvar oder mit kohleverstärkten Plastikfilmen. Eponschnitte lassen sich auch freitragend auffischen. Man senkt a) ein befilmtes Netz mit einer Pinzette senkrecht von
oben (Kontrolle unter der Lupe) auf das Schnittband (s. a. d) und zieht es
b) sofort nach der Benetzung mit Wasser wieder hoch. Dann haften c) die

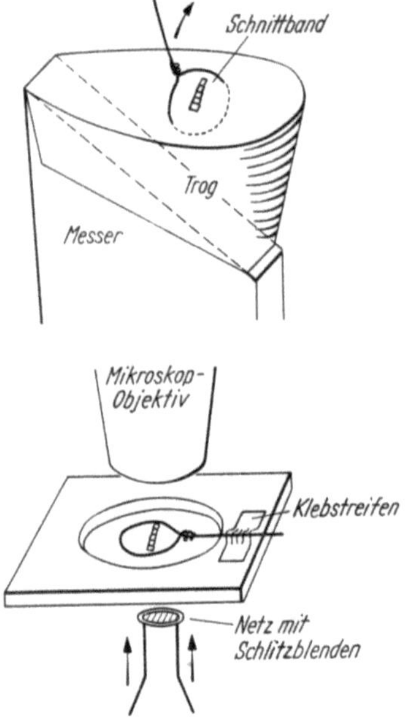

Abb. 233. Verfahren zur Präparation von Serienschnitten (nach GAY und ANDERSON, 1954)

Schnitte am Formvarfilm und der
Wassertropfen wird mit Filtrierpapier
abgetupft (s. a. Abb. 200). Bei der
Verwendung von Netzen ist es bei
diesem Verfahren dem Zufall überlassen, wie die Schnitte auf den Netzmaschen und undurchsichtigen Netzstegen
zu liegen kommen. Man kann durch
Kontrolle mit der Lupe lediglich erreichen, daß die Schnitte weitgehend in
der Netzmitte liegen. Bei der Auswertung von Serienschnitten stören die
Netzstege sehr, da man nicht weiß,
wieviele Schnitte auf den Stegen liegen.

GAY u. ANDERSON (1954) (s. a.
BARNES u. CHAMBERS, 1961) haben
eine Art Zielpräparation entwickelt,
um diese Schwierigkeiten zu umgehen.
Eine Drahtschlaufe (5 mm ⌀), die mit
einem Formvarfilm überzogen ist, wird
halb in die Trogflüssigkeit getaucht
(Abb. 233) und an das Schnittband
herangeführt. Beim Hochziehen der Schleife bleiben die Schnitte an
der Folie hängen. Die Schleife wird auf einem Mikroskoptisch befestigt.
Von unten wird dann ein Objektträger mit Schlitzblende oder länglichen Netzmaschen angehoben, welcher richtig zum Schnittband
orientiert ist. Das Netz läßt sich z. B. auf einen vertikal verschiebbaren
Kondensor montieren (s. a. Zielpräparationsverfahren für Oberflächenabdrücke, § 16.5). BEHNKE u. ROSTGAARD (1964) klemmen eine Pinzette
mit einem Netz in ein Stativ ein, tauchen das Netz unter 45° in die Trogflüssigkeit, schieben das Schnittband mit einem Haar unter Beobachtung
mit der Lupe an das Netz und ziehen mit einem Zahntrieb das Netz unter
45° heraus, so daß sich das Band über Schlitze des Netzes legt. Dieser
Vorgang kann mit einer Lupe laufend kontrolliert werden. BARNES
u. CHAMBERS (1961) beschreiben einen einfachen Mikromanipulator

zum Auffischen von Serienschnitten, der mit Objektträgern arbeitet, welche mit einer zähen Fettschicht übereinander gleiten.

SJÖSTRAND (1958) beschreibt eine Methode bei der die Objektblende aus einer 0,2 mm starken Kupferplatte mit 3 mm ⌀ (bzw. Blendenmaße des betr. Mikroskopes) besteht, in die ein Loch von 0,7 – 1,5 mm gebohrt ist. Die Lochblenden werden vorher in 3%ige Formvarlösung getaucht, damit bei der Zielpräparation eine bessere Haftung des Formvarfilmes auf der Objektblende erreicht wird. Der Formvarfilm zum Auffangen der Schnitte nach Abb. 233 wird auch nicht über einen Drahtring, sondern über ein ausgestanztes Blech mit längerem Stiel gespannt. Die Präparation wird durch eine Verstärkung mit Kohle abgeschlossen. Weitere Versuche, um haltbare Trägerfolien über derartig große Lochblenden zu präparieren, sind in § 15.4.2 beschrieben. Mit diesen Kohle-Kollodium-Doppelfolien lassen sich haltbare Filme mit wesentlich geringerer Massendicke herstellen, welche auch für die Routinemethode der Schnittmontage auf Netzen sehr nützlich sind, da dadurch der Streuuntergrund der Trägerfolie herabgesetzt wird.

22.6. Veränderungen der Schnitte unter Elektronenbeschuß

In § 9.2. ist bereits auf die Objektveränderungen unter Elektronenbeschuß ausführlich eingegangen. Wegen der großen Wichtigkeit sollen die Einwirkungen des Elektronenstrahles auf Dünnschnitte an dieser Stelle näher aufgeführt werden.

Zunächst sei darauf hingewiesen, daß für hochauflösende Aufnahmen nach SJÖSTRAND (1955) das Auffangen auf Lochfolien empfohlen wird (Präparation s. § 15.6). Dadurch wird die zusätzliche Elektronenstreuung durch die Trägerfolie vermieden. Eponschnitte lassen sich auch ohne Trägerfolie auffischen. Eine schwerwiegende Veränderung des Kontrastes und des Auflösungsvermögens erfolgt durch die Kontaminationsschichten (§ 9.3), die insbesondere dann auftreten, wenn man bei hohen Vergrößerungen mit einer Feinstrahlbeleuchtung arbeitet. Unter diesen Bedingungen ist ein Arbeiten mit Objektraumkühlung zur Verhinderung der Kontamination dringend zu empfehlen.

Eine andere Möglichkeit zur Herabsetzung der Elektronenstreuung des Einbettungsmittels wäre das Herauslösen vor der elektronenmikroskopischen Beobachtung. Entsprechende Versuche waren aber nicht erfolgreich. KLEINSCHMIDT (1954) erhielt beim Herauslösen des Methacrylates durch eine 3 min-Behandlung mit Xylol keine befriedigenden Ergebnisse. Die Kerne waren nicht mehr scharf umrandet. Neben einer gröber hervortretenden Innenstruktur zeigten sich faserförmig nach außen laufende Bereiche. ROZSA u. WYCKOFF (1950) lösten auf Formvarfolien in den Schnitten das Einbettungsmittel mit Amylazetat heraus

33a

und beschatteten schräg mit Palladium, um stark streuende Chromosomen abzubilden.

Bei der Elektronenbestrahlung von Methacrylatschnitten beobachtet man nach kurzer Zeit eine starke Aufhellung, die auf den Abbau durch Strahlenschädigung zurückzuführen ist. Dieser Substanzverlust ist bei so geringen Bestrahlungsdosen beendet (etwa 10^{-2} Asec/cm²), daß er bei normaler Ausleuchtung des Leuchtschirmes im Bruchteil einer Sekunde abgeschossen ist. Bei einer starken Bestrahlung steigt außerdem die

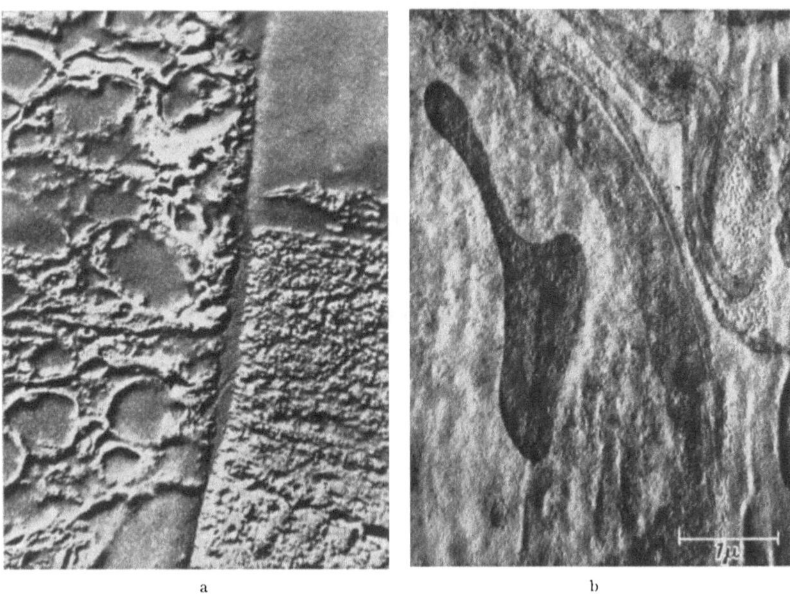

a   b

Abb. 234a u. b. Pseudoabdrücke mit Platin-Schrägbeschattung von bestrahlten Methacrylat- a) und Vestopalschnitten b). a) ist im photogr. Negativ wiedergegeben, Schatten dunkel

Objekttemperatur stark an, was zu Fließerscheinungen führen kann und nach LIPPERT (1960) auch zu einem stärkeren Massenverlust als bei schwachen Bestrahlungsintensitäten. Dies demonstrieren besonders deutlich Versuche von MORGAN u. a. (1956). Sie machten zunächst bei sehr geringer Elektronenstrahlintensität eine Aufnahme mit minutenlanger Belichtungszeit und anschließend eine Aufnahme unter normalen Arbeitsbedingungen. Dabei zeigte die erstere zahlreiche Messerscharten, die in der zweiten Aufnahme bis auf grobe Störungen nicht zu erkennen waren. Zusätzlich wurde auch eine Änderung der Gestalt, Größe und Orientierung einiger Gewebesubstanzen beobachtet.

Wenn allerdings der Massenverlust beendet ist, besteht die restliche Substanz aus einem vernetzten Kohlenstoffpolymerisat, welches kaum noch weitere Änderungen erfährt. Es empfiehlt sich daher, gerade Methacrylatschnitte zunächst bei schwacher Vergrößerung mit niedrigen Bestrahlungsintensitäten vorzubestrahlen. Dazu genügt bereits die zum normalen Durchmustern bei etwa 1000facher Vergrößerung benötigte Zeit.

LIPPERT (1965) findet auch bei Vestopalschnitten starke Unterschiede im Kontrast an langsam bestrahlten Schnitten und an solchen, bei denen die Temperaturerhöhung stärkere Massenverluste hervorruft. Dies kann zu einer regelrechten Kontrastumkehr führen, wie sie nach Erhitzung von Vestopalschnitten auf 250°C auch von Low (1960) beobachtet wurde.

Die durch die Abdampfung und Strahlenschädigung hervorgerufene Schrumpfung der Methacrylatschicht ruft ein Oberflächenrelief hervor (erhaben an den Stellen mit Gewebestruktur), welches mit Schrägbeschattung hervorgehoben werden kann (Abb. 234a). In Vestopalschnitten mit wesentlich geringerem Massenverlust sind derartige Oberflächenstrukturen nach der Bestrahlung wesentlich schwächer zu erkennen (Abb. 234b). Dieser Massenverlust der Methacrylatschnitte

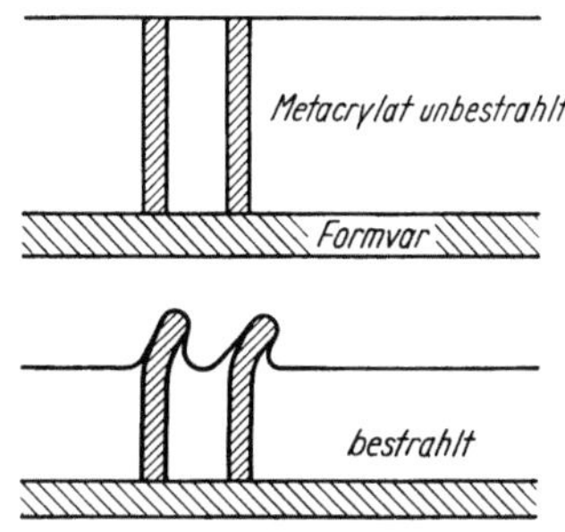

Abb. 235. Einfluß der Strahlenschädigung des Methacrylates unter Elektronenbeschuß auf die Bildschärfe am Beispiel eines Doppelmembransystems

kann z. B. bei Lamellen zu einer Verwaschung der Konturen führen (Abb. 235) und bei hoher Auflösung auch andere Fehldeutungen verursachen. Andere Einbettungsmittel – Araldit, Epon, Vestopal usw. – zeigen andererseits sehr scharfe Membranen. Es sind aber auch die Kontraste bei diesen Einbettungsmitteln wegen des geringeren Massenverlustes geringer. Um die Unschärfe von Membransystemen bei der Methacrylateinbettung zu vermeiden, schlägt WATSON (1957) vor, die Schnitte beidseitig mit Formvar-, Kohle- oder Kollodiumschichten zu belegen. Nach REIMER (1959) läßt sich mit einer zusätzlichen Kohleaufdampfschicht bei dünnen Schichten der Massenverlust in gleichen Schichten von 55% ohne Schutzschicht auf 34% verringern. Der wesentliche Beitrag einer solchen Deckschicht wird aber darin bestehen, daß die Membranen an dieser haften und damit am Umklappen gehindert werden.

22.7. Möglichkeiten der Schnittdickenbestimmung

Die Kenntnis der Schnittdicke ist aus mehreren Gründen erwünscht. Sie gibt einen Anhalt für die Leistungsfähigkeit eines Ultramikrotoms und man kann ersehen, ob gleichmäßig dicke Schnitte erhalten werden. Für die Beurteilung vieler Strukturen, deren Ausdehnung vergleichbar mit der Schnittdicke ist, kann eine Kenntnis der Schnittdicke die Interpretation erleichtern und ferner bei der Auswertung von Serienschnitten zu einer räumlichen Rekonstruktion führen (BANG u. BANG, 1957; SJÖSTRAND, 1958).

Nach den vorhergehenden Betrachtungen des Schnittvorganges und den Veränderungen des Schnittes unter Elektronenbeschuß kann man bei Messungen der Schnittdicke im Prinzip drei verschiedene Werte erhalten. 1. die wirkliche geometrisch abgeschnittene Schnittdicke, welche wegen der elastischen Rückfederung nicht notwendig gleich dem während einer Periode auftretenden Vorschub zu sein braucht, 2. die Schnittdicke nach dem Schnitt, die durch Stauchungen des Einbettungsmittels größer als die Dicke unter 1 sein kann und 3. die Schnittdicke nach Bestrahlung im Elektronenmikroskop, die wegen des Massenverlustes auf jeden Fall zu klein gefunden wird.

Ein beliebtes Kriterium, bereits während des Schneidens die Schnittdicke zu beurteilen, sind die auftretenden Interferenzfarben. Die übliche Farbskala kann nicht ohne weiteres angewandt werden, da in Reflexion beobachtet wird, und bei der Reflexion an der Schnittoberfläche ein Phasensprung um $\lambda/2$ auftritt. Außerdem muß bei der Differenz der optischen Weglängen zwischen den an der Schnittoberseite und an der Grenzfläche Schnitt-Wasser reflektierten Strahlen noch der Brechungsindex ($n = 1{,}5$ für Methacrylat) berücksichtigt werden.

SITTE (1958), BACHMANN u. SITTE (1958) und PEACHEY (1958) geben folgende Farbskala an, deren Übereinstimmung befriedigend ist:

BACHMANN u. SITTE		PEACHEY	
grau	450 Å	600 Å	grau
silber	450— 800 Å	600— 900 Å	silber
gold	800—1300 Å	900—1500 Å	gold
kupfer	1300—1600 Å	1500—1900 Å	purpur
violett	1600—2000 Å	1900—2400 Å	blau
blau	2000—2300 Å	2400—2800 Å	grün
		2800—3200 Å	gelb

PEACHEY bestimmte die Schichtdicke aus der nach der Reflexion auftretenden Elliptizität von polarisiert einfallendem Licht. BACHMANN u. SITTE fingen die Schnitte auf Glasobjektträger auf, bedampften mit einer undurchsichtigen Silberschicht und ermittelten die Schichtdicke mit Vielstrahlinterferenzen nach TOLANSKY (§ 14.4). Das Silber kann nach der Schnittdickenbestimmung abgelöst werden (Überführung in Amalgam mittels Quecksilber oder Ablösen in verd. Salpetersäure). Die Schnitte sind dann noch ohne weiteres nach Übertragung auf Objektträger zu untersuchen. Diese Methode stellt die genaueste und zuverlässigste Methode zur Schnittdickenbestimmung dar (Fehler ± 10 Å).

Die oben angegebenen Interferenzfarben gelten für senkrechten Lichteinfall. Die Interferenzfarben ändern sich, wenn der Einfallswinkel Θ und damit der optische Wegunterschied verändert wird. Man muß dann die aus der Interferenzfarbe ermittelte Schnittdicke D_{beob} reduzieren:

$$D_{\text{wahr}} = D_{\text{beob}} \sqrt{1 - \frac{\sin^2 \Theta}{n^2}}$$

Gerade im besonders interessierenden Schnittdickenbereich unter 500 Å versagt die Interferenzfarbenmethode. Was man kurz nach dem Schneiden beobachtet, ist aber der gestauchte Schnitt. Da bei Methacrylat in Schneidrichtung durchaus Stauchungen auf 50% der wahren Länge auftreten (Abb. 231), heißt dies, daß die scheinbare für die Interferenzfarbe maßgebende Dicke um einen Faktor 2 größer sein kann. Man überzeugt sich leicht an Hand der obigen Farbskala, daß ein Faktor 2 sehr viel in der Interferenzfarbe ausmacht. Daß diese Interferenzfarben nicht die wahren Dicken wiedergeben, erkennt man besonders bei dem Strecken der Schnitte im Chloroform- oder Xylol-Dampf (§ 22.5).

COSSLETT (1960) und ZELANDER u. EKHOLM (1960) benutzen für die Schnittdickenbestimmung eine Zweistrahlinterferenzmethode, deren Genauigkeit bei etwa 20–50 Å liegt. Diese Methoden sind direkt auf Schnitte anwendbar, die auf Trägernetzen präpariert sind.

Eine von SJÖSTRAND (1953) und PORTER u. BLUM (1953) benutzte Methode, bei der die Schnittdicke an der Schnittkante aus der Länge des Schattens bei einer Schrägbeschattung gemessen wird, ist sehr unzuverlässig. Man bekommt unter Umständen zu niedrige Werte, wenn der Schnitt am Rand keilförmig ausläuft.

WILLIAMS u. KALLMAN (1955) vermessen Stereobilder mit einem Stereokippwinkel von $\pm$ 30°. Wenn eine punktförmige Bildstruktur gerade an der Schichtoberfläche und eine andere an der Schichtunterseite liegt, ergibt sich aus der Parallaxe (§ 11.2) die Schnittdicke. Bei einer Meßgenauigkeit des Abstandes von 50 Å beträgt der Fehler in der Dickenbestimmung etwa 50 Å. Diese Methode liefert also bei dünnen Schnitten sehr ungenaue Ergebnisse, vor allem weil bis zur Aufnahme schon längst ein Massenschwund durch Elektronenbeschuß aufgetreten ist. Aus diesem Grunde finden WILLIAMS u. KALLMAN auch nur die Hälfte der Schichtdicke als mit obiger Schrägbeschattungsmethode, wobei vor der Bestrahlung schräg beschattet wurde.

Es lassen sich über quantitative Kontrastmessungen aber auch Informationen über die Schnittdicke aus der elektronenmikroskopischen Aufnahme gewinnen, wenn ein Schnittrand aufgenommen wird, so daß auf derselben Platte sowohl eine Stelle mit reiner Formvarfolie als auch mit Folie und Schnitt vorhanden ist. Falls die Schwärzung 0,6 und bei einigen Platten 1 nicht übersteigt, ist die Schwärzung der Elektronenintensität proportional und es bedarf keiner mühsamen Ermittlung der Schwärzungskurve (s. § 10.3). Aus den Lichtdurchlässigkeiten der Photoplatte J_F

an Stellen ohne und J_{obj} mit Schnitt ergibt sich die Schnittdicke nach der Formel (11.18) von BAHR und ZEITLER. Hierin ist die Konstante c noch abhängig von der Apertur und der Strahlspannung. Sie läßt sich aber einfach mit Polystyrolkugeln ermitteln. Diese Methode liefert die Massendicke des Präparates. Für die geometrische Schichtdicke benötigt man daher noch die Dichte, für welche man aber mit hinreichender Genauigkeit die des kompakten Materials einsetzen kann. Ein Nachteil dieser Methode ist der Massenverlust unter Elektronenbeschuß. Er ist besonders groß für Methacrylat, so daß hier die Unsicherheiten dieser Methode liegen. Für Vestopal, Araldit und Epon kann man dagegen einen Korrekturfaktor verwenden, welcher den Massenverlust berücksichtigt, der hier nur in der Größenordnung 10–20% liegt (s. Tab. 9.3). Man kann jedoch mit einer Messung bei geringen Vergrößerungen (200fach) den Massenverlust so gering halten, daß diese Methode auch bei Methacrylatschnitten richtige Werte liefert.

22.8. Lichtmikroskopische Vergleichsschnitte und ihre Färbung

Dickere Schnitte $(0,2-2\,\mu)$ werden in zunehmendem Maße für lichtmikroskopische Kontrolluntersuchungen herangezogen. Es bieten sich folgende Vorteile:

1. Übersicht über die histologische Struktur des Objektes und Anschluß an die lichtmikroskopisch bekannten Strukturen mit dem gleichen Einbettungsmittel. Durch wechselweise Herstellung licht- und elektronenmikroskopischer Schnitte sind eindeutige Vergleichsbilder zu erzielen.

2. Kontrolle der relativen Schrumpfung bzw. Quellung von Zellbestandteilen.

3. Voruntersuchung zur Kontrolle des richtigen Anschnittes bei gezielter Anspitzung eines Gewebeblockes. Insbesondere können die Blöcke zunächst großflächig angeschnitten werden, um anschließend an Hand der lichtmikroskopischen Kontrollaufnahmen die elektronenmikroskopisch interessierenden Bereiche weiter anzuspitzen.

4. Histochemische Nachweisreaktionen und Autoradiographie an den Vergleichsschnitten und Untersuchung der elektronenmikroskopischen Feinstruktur an Dünnschichten der gleichen Zelle.

5. Kunststoffeinbettung und Dünnschnitt-Technik sind auch für die lichtmikroskopische Histologie von Nutzen, da wesentlich dünnere Schnitte benutzt werden können als bei der Paraffin-Einbettung.

Die Tabelle 22.1. gibt einen Überblick über einige im Zusammenhang mit der Elektronenmikroskopie benutzten Untersuchungs- und Färbemethoden.

Bei Methacrylatschnitten besteht die Möglichkeit, das Einbettungsmittel nach dem Aufziehen der Schnitte auf Glasobjektträger zu lösen (Xylol oder Äther). Dadurch ergibt sich eine optimalere Untersuchung im Phasenkontrast und Färbungen können wirksamer durchgeführt werden. Bei Epoxydharzen und Polyestern ist die Auflösung des Einbettungsmittels jedoch schwieriger. MAYOR u. a. (1961) geben ein Lösungsverfahren für Araldit an.

Tabelle 22.1. *Lichtmikroskopische Vergleichsfärbungen an dicken Schnitten*

Methode	Schnittdicke	Einbettungsmittel	Autoren
Phasen-kontrast	$0,2-0,8\,\mu$	Bedeckung mit wasserlösl. Einschlußmittel „W 15" (Zeiss)	RUTHMANN (1961)
Phasen-kontrast	$0,1-0,5\,\mu$	Methacrylat in Xylol oder Äther aufgelöst und mit Glycerin oder Kanadabalsam eingeschlossen	FABBRINI u. GIACOMELLI (1960)
Toluidin-blau	$0,5-2\,\mu$	Epon	TRUMP u. a. (1961) MEEK (1963)
Giemsa-Färbung	$1-2\,\mu$	Vestopal, Methacrylat	THOENES (1960) SCHWALBACH u. a. (1963)
Hämato-xylin	$0,5-2\,\mu$	Methacrylat, Vestopal, Epon	SCHWALBACH u. a. (1963) MUNGER (1961)
Kristall-violett u. bas. Fuchsin	$0,1-0,15\,\mu$	Methacrylat	MOORE u. a. (1960)
Sudan-schwarz oder Nilblau	$1\,\mu$	Epon, Araldit	MERCER (1963) McGEE-RUSSELL (1963)

Die Schnitte können jedoch auch ohne Entfernung des Einbettungsmittels intensiv genug gefärbt werden. Besonders leicht anzufärben sind Methacrylatschnitte und im abnehmenden Maße Vestopal, Epon und Araldit. Für letztere lassen sich jedoch auch durch Variation der Konzentration, des pH-Wertes und anderer Parameter zufriedenstellende Ergebnisse erreichen. Die Anfärbbarkeit wird durch die Verwendung von alkoholischen Lösungen an Stelle von wässerigen begünstigt. Das gleiche gilt für alkalische Lösungen, die man z. B. durch Auflösen des Farbstoffes in Borax-Lösung (pH 11) erhalten kann (RICHARDSON u. a., 1960). Auch eine kurze Erwärmung der Schnitte oder Einwirkung der Lösung bei erhöhter Temperatur wirken sich günstig aus.

Ausführlicher soll die Toluidinblau-Färbung beschrieben werden, da sie häufig benutzt wird und die Farbintensität mit dem elektronenmikroskopischen Kontrast in osmiumfixierten und nachkontrastierten Dünnschnitten vergleichbar ist. Dadurch wird die Zuordnung wesentlich erleichtert.

Toluidinblau-Färbung nach Trump u. a. (1961). Mit einem Glasmesser werden auf einem Ultramikrotom $0,5-2\,\mu$ dicke Schnitte von osmiumfixiertem Gewebe geschnitten und mit einem feinen Haar, einer Drahtschlaufe oder mit angespitzten Holzstäbchen auf einen Tropfen Wasser übertragen, der auf einem mit Albumin überzogenen Glasobjektträger liegt. Nach der Trocknung (24 Std bei Raumtemperatur) wird der Träger mit frischer, gefilterter wässeriger Lösung von Toluidinblau (0,1 %) in 2,5 % Na_2CO_3 (pH 11) für 30—120 min überdeckt. Innerhalb von 15 min ist die Anfärbung der Schnitte zu erkennen. Durch Neigen des Glasobjektträgers und Abtupfen der Schnittumgebung mit Filtrierpapier wird der Überschuß der Farblösung entfernt. Durch vorsichtiges Auftropfen von Wasser und mit dem gleichen Abtupfverfahren werden die Schnitte gewässert und in ähnlicher Weise mit 90 % und absolutem Alkohol behandelt. Falls zuviel Farbstoff ausgewaschen oder zu wenig aufgenommen wurde, kann der Färbeprozeß wiederholt werden. Nach kurzer Einwirkung von Xylol erfolgt die Montage in Balsam.

Die Osmiumkontrastierung alleine gibt im Lichtmikroskop zu schwache Kontraste. Pease (1964) führt ein Verfahren nach Estable-Puig u. a. an, bei welchem p-Phenylendiamin spezifisch mit den am Gewebe gebundenen Osmiumkomplexen reagiert. Eine 1 %ige frisch angesetzte, gefilterte Lösung wird 15—60 min auf Epon- oder Methacrylatschnitte einwirken lassen. Die Montage erfolgt nach Wässerung und zweistufiger Entwässerung in Alkohol. Dadurch ergibt sich eine Anfärbung, welche noch besser mit dem elektronenmikroskopischen Kontrast zu vergleichen ist.

Literatur zu § 22

André, J.: Présentation d'un appareil destiné à préparer les conteaux de verre. J. Ultrastruct. Res. 6, 437 (1962).

Bachmann, L., u. P. Sitte: Über Schnittdickenbestimmung nach dem Tolansky-Verf. IV. Internat. Kongr. EM Berlin, Bd. II, 75 (1958).

Bang, B. G., and F. B. Bang: Graphic reconstruction of the third dimension from serial electr. micrographs. J. Ultrastruct. Res. 1, 138 (1957).

Barnes, B. G., and T. C. Chambers: A simple and rapid method for mounting serial sections for electr.micr. J. biophys. biochem. Cytol. 9, 724 (1961).

Behnke, O., and J. Rostgaard: Your "third-hand" in mounting serial sections on grids for electr.micr. Stain Techn. 39, 205 (1964).

Birbeck, M. S. C., and E. H. Mercer: Appl. of an epoxide embedding medium to electr.micr. J. Roy. Micr. Soc. 76, 159 (1956).

Borries, B. von, u. J. Huppertz: Über ein Ultramikrotom. Z. wiss. Mikr. 63, 484 (1958).

Boyde, A.: Device for the trimming of blocks for ultramicrotomy. J. Ultrastruct. Res. 3, 398 (1960).

Burkel, W. E., and J. J. Taylor: A device for removing gelatine capsules from plastic-embedded specimens. Stain Techn. 39, 116 (1964).

Cosslett, A.: Somme appl. of the ultraviolet and interference micr. in electr.micr. J. Roy. Micr. Soc. 79, 263 (1960).

Danon, D.: An instrument to trim plastic specimen blocks for electr.micr. prior to sectioning. J. biophys. biochem. Cytol. 9, 726 (1961).

EKHOLM, R., O. HALLÉN, and T. ZELANDER: Sharpening of ultramicrotome knives by a lapping techn. Proc. Internat. Congr. EM London, 114 (1954).

FABBRINI, A., u. F. GIACOMELLI: Phasenkontrast an Dünnschnitten, dargestellt an Beisp. der Nierenpath. Z. wiss. Mikr. **64**, 429 (1960).

FAHRENBACH, W. H.: A contribution to glass knife breaking. J. Cell Biol. **18**, 475 (1963).

FERNÁNDEZ-MORÁN, H.: A diamond knife for ultrathin sectioning. Exp. Cell Res. **5**, 255 (1953).

— Appl. of diamond knife for ultrathin sect. to the study of the fine structure of biol. tissues and metals. J. biophys. biochem. Cytol. **2** (Suppl.), 29 (1956).

GALEY, F.: A mechanical techn. for trimming tissue blocks in electr. micr. J. Ultrastr. Res. **9**, 139 (1963).

GAY, H., and T. F. ANDERSON: Serial sections for electr.micr. Science **120**, 1071 (1954).

GETTNER, M. E., and L. ORNSTEIN: Microtomy. Phys. Techn. in Biol. Research **3**, 627, New York 1956.

HILLIER, J.: On the sharpening of microtom knives for ultrathin sectioning. Rev. sci. Instr. **22**, 185 (1951).

HUXLEY, H. E.: An improved microtome for ultrathin sectioning. Proc. Int. Conf. EM London, 112 (1954).

KLEINSCHMIDT, A.: Die Herst. von Dünnschnitten u. ihre Bewertung im Elektr. mikr. Z. wiss. Mikr. **62**, 138 (1954).

LATTA, H., and J. E. HARTMANN: Use of a glass edge in thin sect. for electr. micr. Proc. Soc. exp. Biol. (N. Y.) **74**, 436 (1950).

LIPPERT, W.: Über therm. bedingte Veränderungen an dünnen Folien im Elektr. mikr. Z. Naturforsch. **15**a, 612 (1960).

— Bemerkungen zu Veränderungen bei elektr.mikr. Schnitten durch den abb. Elektronenstrahl und zur Struktur der eingebetteten Gewebe. Z. Natorforsch. **20**b, 775 (1965).

LOW, F. N.: Methods of clearing tissue sections embedded in Vestopal W. Proc. Europ. Reg. Conf. EM Delft, Vol. **II**, 615 (1960).

MAAS, A.: Eine einf. Vorrichtung zum Anspitzen von plexiglaseingebetteten Objekten. Proc. Stockholm Conf. EM, 118 (1956).

MAYOR, H. D., J. C. HAMPTON, and B. ROSARIO: A simple method for removing the resin from epoxy-embedded tissue. J. biophys. biochem. Cytol. **9**, 909 (1961).

McGEE-RUSSELL, S. M.: Diskussionsbem. zu MERCER (1963).

MEEK, G. A.: Diskussionsbem. zu MERCER (1963).

MERCER, E. H.: A scheme for section staining in electr. micr. J. roy. micr. Soc. **81**, 179 (1963).

MOORE, R. D., V. MUMAW, and M. D. SCHOENBERG: Optical micr. of ultrathin tissue sections. J. Ultrastruct. Res. **4**, 113 (1960).

MORGAN, C., D. H. MOORE, and H. M. ROSE: Some effects of the microtome knife and electr. beam on methacrylate-embedded thin sections. J. biophys. biochem. Cytol. **2** (Suppl.), 21 (1956).

MUNGER, B. L.: Staining methods appl. to sections of Os-fixed tissue for light micr. J. biophys. biochem. Cytol. **11**, 502 (1961).

PEACHEY, L. D.: Thin sections I: A study of section thickness and physical distortion produced during microtomy. J. biophys. biochem. Cytol. **4**, 233 (1958).

— Section thickness and compression. IV. Intern. Kongr. EM Berlin, Bd. **II**, 72 (1958).

PEASE, D. C.: Histological Techn. for Electr. micr. New York: 1964.

PORTER, K. R., and J. BLUM: A study in microtomy for electr.micr. Anat. Record **117**, 685 (1953).

REIMANN, B.: A simple holder for trimming blocks for ultrathin sectioning. Mikroskopie **18**, 162 (1964).

REIMER, L.: Quant. Unters. zur Massenabnahme von Einbettungsmitteln (Methacrylat, Vestopal und Araldit) unter Elektronenbeschuß. Z. Naturforsch. **14**b, 566 (1959).

RICHARDSON, K. C., L. JARETT, and E. H. FINKE: Embedding in epoxy resins for ultrathin sectioning in electr. micr. Stain Technol. **35**, 313 (1960).

ROZSA, G., and R. W. G. WYCKOFF: The electr.micr. of dividing cells. Biochim. Biophys. Acta **6**, 334 (1950).

RUTHMANN, A.: Die mikr. Unters. von Methacrylat-Schnitten. Zeiss Mitt. **2**, 115 (1961).

SATIR, P. G., and L. D. PEACHEY: Thin sections II: A simple method for reducing compression artifacts. J. biophys. biochem. Cytol. **4**, 345 (1958).

SCHWALBACH, G., K. G. LICKFELD, and H. HOFFMEISTER: Differentiated staining of osmium tetroxide-fixed, Vestopal-W-embedded tissue in thin sections. Stain Technol. **38**, 15 (1963).

SIAKOTOS, A. N., and E. MAIOLATESI: Glass-breaking pliers for the prep. of glass knives used in ultramicr. Stain. Techn. **39**, 171 (1964).

SITTE, H.: Ein einfaches Ultramikrotom für hochauflösende elektr.mikr. Unters. Mikroskopie **10**, 365 (1955).

— Physikal. Probleme bei der Herstellung von Dünnschnitten. IV. Internat. Kongr. EM Berlin, Bd. **II**, 63 (1958).

— Aufbau und Funktion des neuen Reichert-Ultramikrotomes. Proc. 3. Europ. Reg. Conf. EM Prag, Vol. B, 11 (1964).

SJÖSTRAND, F. S.: A new ultramicr. for ultrathin sect. for high resolution electr.micr. Experientia (Basel) **9**, 114 (1953).

— A method to improve contrast in high resolution electr.micr. of ultrathin tissue sections. Exp. Cell Res. **10**, 657 (1955).

— Ultrastructure of retinal rod synapses of the guinea pig eye as revealed by three-dimensional reconstructions from serial sections. J. Ultrastruct. Res. **2**, 122 (1958).

SOTELO, J. R.: Techn. imporovements in specimen prep. for electr.micr. Exp. Cell Res. **13**, 599 (1957).

THOENES, W.: Giemsa-Färbung an Geweben nach Einbettung in Polyester (Vestopal) und Methacrylat. Z. wiss. Mikr. **64**, 406 (1960).

TOKUYASU, K., and S. OKAMURA: A method for making glass knives for thin sectioning. J. biophys. biochem. Cytol. **6**, 305 (1959).

TRUMP, B. F., E. A. SMUCKLER, and E. P. BENDITT: A method for staining epoxy sections for light micr. J. Ultrastruct. Res. **5**, 343 (1961).

WALTER, F.: Die Wirkungsweise der Fließbewegung von Polymethacrylat bei der Herstellung von Ultradünnschnitten. Z. wiss. Mikr. **64**, 106 (1959).

WATSON, M. L.: Reduction of heating artifacts in thin sections examined in the electr. micr. J. biophys. biochem. Cytol. **3**, 1017 (1957).

WEINER, S.: A new method of glass knife prep. for thin-section microtomy, J. biophys. biochem. Cytol. **5**, 175 (1959).

WILLIAMS, R. C., and F. KALLMAN: Interpr. of electr. micrographs of single and serial sections. J. biophys. biochem. Cytol. **1**, 301 (1955).

ZACKS, S. I.: High speed trimming of plastic-embedded tissue blocks for electr.micr. Stain Techn. **37**, 257 (1962).

ZELANDER, T., and R. EKHOLM: Determination of the thickness of electr. micr. sections. J. Ultrastruct. Res. **4**, 413 (1960).

§ 23. Präparation organischer Teilchen (Fraktionen, Homogenisate, Bakterien, Phagen und Viren)

23.1. Präparation von Kulturen

23.1.1. Bakterienkulturen

Um Bakterienkulturen nach dem Impfen des Nährbodens (Agar) elektronenmikroskopisch zu untersuchen, gibt es folgende Möglichkeiten:

1. Der Nährstoffboden wird direkt mit verdünnter Kollodiumlösung in Amylazetat übergossen (WYCKOFF, 1948b). Der getrocknete Kollodiumfilm wird dann mit den haftenden Bakterien auf Wasser abflottiert und auf Trägernetze gefischt. Für dieses und die folgenden Verfahren werden am zweckmäßigsten Glasobjektträger verwendet, die mit einer Agarschicht überzogen werden.

2. Mit Kollodium oder Formvar befilmte Glasplatten werden gegen die Kolonie gepreßt, wobei die Bakterien z. T. hängen bleiben (Abklatschverfahren). Nach LIEBERMEISTER (1953) kann man nach dem Auflegen eines bewachsenen Agarblockes auf eine befilmte Glasplatte auch eine Fixation mit Bouinscher Lösung, die auch sonst in der Agarfixation üblich ist, durchführen. Das Agarstück wird dann vorsichtig abgeschleudert. Die anschließende Wässerung erfolgt durch Schwimmen des Präparates auf Wasser, wobei die Schichtseite nach unten zeigt. Man kann auch gleich den befilmten Agarblock auf die Glasplatte legen und die Kultur zwischen Agarblock und Film wachsen lassen.

3. Bei einem ähnlichen Verfahren wachsen die Bakterien direkt auf der Oberseite der Kollodium- oder Formvarfilme. Nach HILLIER u. a. (1948) und RAETTIG (1953) wird Kulturagar mit dest. Wasser übergossen, darauf ein Kollodiumfilm nach der Auftropfmethode erzeugt (§ 15.1) und durch Absaugen des Wassers auf den Agarblock abgesetzt. Bakterien-Aufschwemmungen werden zum Impfen aufgetropft und der Tropfen wieder zurückgezogen. Der Nährstoff diffundiert durch den Film als permeable Membran. Dies geht um so schneller, je dünner der Film ist. Es besteht daher leicht die Gefahr, daß die Bakterien unter Nährstoffmangel wachsen. Die Methode besitzt aber den Vorteil, daß man die gewachsene Kultur ohne Störung durch Präparation untersuchen kann. Nach dem Waschen des Filmes wird in üblicher Weise auf Aqua dest. abgeflottet.

4. Eine Bakteriensuspension wird nach den in § 23.2 und 23.3 beschriebenen Methoden weiterbehandelt.

Die Fixation kann man vor oder nach dem Präparieren auf Trägernetze durchführen. Es kann die Fixation mit einer gepufferten $1-2\%$igen OsO_4-Lösung durch Eintauchen erfolgen oder man wendet die bei Bakterienkulturen häufig benutzte Fixation im OsO_4-Dampf an. Dazu können die auf einem Glasobjektträger festgeklebten Netze mit der Präparatseite nach unten über die Öffnung einer Flasche mit 2%iger Lösung gehalten werden, oder ein Uhrschälchen mit OsO_4-Lösung wird in die Petrischale mit den Agarplatten gelegt und die Dämpfe etwa 5 min einwirken lassen. Die Fixation kann auch mittels Dialyse durch den Trägerfilm erfolgen (Cuckow, 1955), wenn das präparierte Netz auf einer gepufferten OsO_4-Lösung schwimmt.

Aus derartigen Totalpräparationen lassen sich nur wenig Informationen gewinnen, es sei denn über die Struktur von Geißeln oder Wimpern. Bakterien und ähnliche Mikroorganismen zeigen in Durchstrahlung nur geringe Eigenstruktur, die sich bei intensivem Elektronenbeschuß auch verändern kann (s. § 9.2.1). Aussagen über die Ultrastruktur der Bakterien kann daher nur die Dünnschnitt-Methode liefern. Diese setzt neben einer einwandfreien Einbettung auch eine Fixation mit guter Strukturerhaltung voraus. Für die Bakterienfixation hat sich insbesondere ein Fixationsgemisch nach Kellenberger u. a. (1958), Ryter u. a. (1958) bewährt. Ein pH 6, die Anwesenheit von Aminosäuren oder Peptiden und Ca^{++}-Ionen während der OsO_4-Fixation und eine Stabilisierung mit Uranylazetat erwiesen sich als wesentlich, um ein feinfädiges Nukleoplasma zu erhalten (s. a. Schreil, 1964). Abweichungen von der Standardfixation führten zu mehr oder weniger groben Einschlüssen in einer leeren Kernvakuole. Die Schwierigkeiten bei der Fixation der Bakterien-DNS in situ liegen vor allem darin, daß diese im Gegensatz zu den höher entwickelten Organismen kein Histon enthält und keine Kernmembran vorhanden ist.

Standardfixation nach Kellenberger

1. Veronalazetat-Puffer nach Michaelis
   Natriumazetat (hydr.)   1,94 g
   Na-Veronal   2,94 g
   NaCl   3,40 g   auf 100 cm³ Wasser

2. Puffer nach Kellenberger
   Veronalazetat-Puffer   5,0 ml
   0,1 n HCl   7,0 ml
   m-CaCl$_2$-Lösung   0,25 ml
   Aqua dest.   13,0 ml; mit HCl auf pH 6 einstellen

3. Fixationsflüssigkeit: 0,1 g OsO_4 in 10 ml Puffer lösen

4. Trypton-Medium durch Auflösen von 1 g Bacto-Trypton (Difco) und 0,5 g NaCl in 100 ml Aqua dest.

Fixationsverfahren: 30 ml der angesetzten Bouillonkultur werden mit 3 ml Fixationsflüssigkeit versetzt und sofort 5 min bei 2000—4000 U/min zentrifugiert. Der Niederschlag wird in 1 ml Fixationsflüssigkeit und 0,1 ml Trypton-Medium resuspendiert und über Nacht in einer verschlossenen

Flasche stehen lassen. Die Tryptonlösung darf nicht vorher zu der OsO_4-Lösung gegeben werden, da Reaktionen auftreten. Die Suspension wird dann mit 8 ml Puffer verdünnt und wieder 5 min zentrifugiert. Der Niederschlag wird in 0,1–0,3 ml einer 0,2%igen Agarlösung gegeben und gut gemischt (s. a. KELLENBERGER u. RYTER, 1955). Der Agar wird durch Eintauchen des Gläschens in Eiswasser zum Erstarren gebracht und kann dann mit einer Rasierklinge in Würfel von 1–2 mm Kantenlänge geschnitten werden. Dieser Agarwürfel kann dann 2 Std mit einer 0,5%igen Uranylazetatlösung nachkontrastiert werden und wird anschließend entwässert und eingebettet. Die Einbettung erfolgt vorzugsweise in Vestopal oder Araldit. Mit Methacrylat ergeben sich bei Bakterien leicht „Explosionsschäden" (s. § 21.2).

GIESBRECHT (1962) wendet ein chromathaltiges Fixationsgemisch nach WOHLFARTH-BOTTERMANN (§ 19.2) auf die Fixation von Dinoflagellaten und andere Bazillus-Arten an. Die Zellen werden bei demselben pH-Wert und derselben Temperatur fixiert, die in der Kulturlösung herrschen (Dinoflagellaten 18–20°C, Bakterien 25° oder 37°C, pH 7,2). Als Fixationslösung dient 1,5% OsO_4 + 1,55% $K_2Cr_2O_7$ in 20% Meerwasser, pH 7,2. Letzteres wird auch zur Kultivierung der Dinoflagellaten benutzt. Bei empfindlichen Organismen wird der Fixationslösung unmittelbar vor Gebrauch noch 2,5–3% Saccharose oder 3% Glyzerin zugesetzt. Bei gramnegativen Bakterien reicht diese Fixation nicht aus. Eine kurze Vorfixierung mit Formalin (GRUND, 1965) führt zu besseren Ergebnissen. Nach der Waschung mit 20% Meerwasser folgt der Agareinschluß nach KELLENBERGER u. RYTER (s. o.). Die Nachfixation erfolgt in 0,5% Uranylazetat in Michaelispuffer. Bei empfindlichen Objekten kann auch hier 2,5% Saccharose zugesetzt werden. Uranylazetat-Saccharose-Lösungen sind besonders lichtempfindlich.

23.1.2. Gewebekulturen

Gewebekulturen können nach ähnlichen Verfahren in direkter Durchstrahlung untersucht werden (s. u. a. PORTER u. a., 1945; MARTIN u. TOMLIN, 1950; SHIMUZU, 1950). NILSSON (1955) verwendet folgende Methode. Der Trägerfilm (Formvar), auf den man später die Gewebekultur aufbringt, wird über einen Glasring gebreitet, der aus 1,5 mm dicken Glasstäbchen mit einem inneren Durchmesser von 8 mm gebogen ist. Die OsO_4-Fixation kann direkt in der Züchtungskammer erfolgen. Nach dem Spülen wird auf den feuchten Film eine Netzblende gelegt und angetrocknet.

Zum Schneiden von Gewebekulturen auf einem Ultramikrotom werden diese direkt auf Glasträger fixiert, entwässert und eingebettet. Die Methoden sind in § 21.6 beschrieben unter besonderer Berücksichtigung einer gezielten Einbettung optisch ausgewählter Zellen.

23.2. Isolation und Fragmentation

23.2.1. Isolation von Phagen und Viren

Die Viren oder Phagen müssen zur elektronenmikroskopischen Präparation aus Zellsäften, Spülflüssigkeiten oder homogenisiertem Gewebe als Ausgangsmaterial isoliert werden, da diese in der Regel stark durch Zellfragmente, gelöste Zellkomponenten (z. B. Proteine oder Nukleinsäuren) oder anorganische Salze verunreinigt sind. SHARP (1960) gibt einen einfachen Mikro-Homogenisator für Gewebe mit nur 0,5 cm³ Fassungsvermögen an.

Nur bei einer charakteristischen Form der Viren und nicht zu starken Verunreinigungen kann eine direkte Untersuchung des Rohsaftes erfolgen, z. B. bei stäbchenförmigen Viren in Pflanzenzellen (BRANDES, 1964) oder Pockenviren (PETERS u. a., 1962). Bei Phagen genügt in der Regel eine Differentialzentrifugierung zur Reinigung, nach der sie in einem Puffer (0,1 m Ammoniumazetat) aufgenommen werden. Bei Resuspendierung in reinem Wasser kann durch den osmotischen Schock die Hülle aufspringen und zuviel DNS verloren gehen. Bei den Viren kommt man in den seltensten Fällen mit einer Differentialzentrifugierung aus. Es sind anschließend noch die in der Virusforschung üblichen Reinigungsmethoden wie Säulenchromatographie, Gradientenzentrifugierung in Glyzerin, Saccharose oder $CsCl_2$, Elektrophorese oder Gegenstromverteilung (BENGTSSON u. PHILIPSON, 1963) anzuwenden. Diese können noch mit der Fluorcarbontechnik oder Fällungsreaktionen wie der Methanol- (COX u. a., 1947), Nukleinsäure- (CHARNEY u. a., 1961) oder Protaminsulfat-Fällung (WEIL u. a., 1952; KAIGHN u. a., 1964) kombiniert werden. Dabei wird zweckmäßig im Ausgangszustand und am Ende einer jeden Stufe die Virus-Aktivität in Verbindung mit anderen Eigenschaften (z. B. Stickstoffbestimmung oder UV-Absorption) gemessen, um den Anreicherungsprozeß zu verfolgen. LERNER (1964) gibt eine Übersicht über die verschiedenen Reinigungsmethoden für Virus-Suspensionen.

Sollen Viren oder Phagen für die Ultramikrotomie angereichert werden, so bewährt sich nach MOLL (1962, 1963, 1965) ein Al-Alginat-Ultrafilter mit ausgezeichneten Filtrationseigenschaften, welches direkt in Methacrylat eingebettet werden kann.

23.2.2. Fragmentation von Bakterien

Besonders bei Bakterien sind die Innen- und Oberflächenstrukturen mit Eintrocknungsmethoden schlecht zu erfassen, da die Bakterien nur schwer durchstrahlbar sind. Durch die Anwendung der Dünnschnitt-Technik werden die besten Resultate erzielt, um die Innenstruktur (Kern und Plasma) zu untersuchen (s. o. spez. Fixationsverfahren für Bakterien). Daher sind viele Versuche überholt, die durch mechanische oder physikochemische Methoden versuchen, an die Innenstruktur durch Aufbrechen heranzukommen. Wenn aber nur die Struktur der Bakterienhülle interessiert, sind diese Aufbereitungsmethoden für einige Probleme doch von Interesse, da mit der Dünnschnitt-Technik nur schwer ein Eindruck von der Oberflächenstruktur der Bakterienwände erhalten werden kann.

BACKUS (1955) führt eine „Adhäsionsteilung" von Bakterien durch, indem das Präparat zwischen Klebstreifen eingebettet wird. Beim Auseinanderziehen blieb ein Teil des Bakteriums an der oberen Folie und ein Teil an der unteren hängen. Durch Schrägbeschattung erhält man zwei komplementäre Bilder der „Schnittfläche" durch das Bakterium. LAURELL (1949) erreicht eine derartige Teilung durch Bedampfen der auf Glas eingetrockneten Bakterien mit Beryllium-Schichten und einem anschließenden Abziehen des Be-Filmes. Eine derartige Freilegung innerer Strukturen wird jedoch neuerdings wesentlich besser mit der Methode der Gefrierätzung erreicht (§ 19.5.4).

WEIBULL u. HEDVALL (1953) und DAWSON u. STERN (1954) brechen die Zellwände durch Schütteln mit Glasperlen auf. Anschließend kann man z. B. die Bakterienwände durch fraktioniertes Zentrifugieren trennen. Bei 3000 U/min werden die ungeschädigten Bakterien sedimentiert. Die Membranen bleiben in der überstehenden Flüssigkeit und können bei 10000 U/min abgeschieden werden. FRASER (1951) und LEVINTHAL u. FISHER (1952) bringen die Bakteriensuspension in einem Drucktank mit NO_2 und zerreißen die Membranen durch plötzlichen Druckablaß (NO_2 wird wegen seiner guten Löslichkeit gewählt). SALTON u. HORNE (1951) erhitzen die Bakteriensuspension auf $75-100°C$ und kühlen sie schnell in einem Eisbad ab. Außerdem hat sich in vielen Fällen ein Aufbrechen durch intensive Ultraschallbehandlung bewährt.

Neben diesen mechanischen und thermischen Methoden ist auch ein chemischer und enzymatischer Abbau möglich (KNAYSI u. a., 1950; GUINTINI u. TEHAN, 1950; WEIBULL, 1953; ausf. Übersicht bei ANDERSON, 1956). Besonders Enzyme bauen nur bestimmte Komponenten ab. So wird z. B. bei einer Behandlung von E. Coli mit Pepsin, Ribonuklease und Desoxyribonuklease (PETERS u. WIGAND, 1953) der gesamte Zellinhalt bis auf die Membranen aufgelöst, während bei einer Lösung in Pepsin und Ribonuklease ein oder mehr Einschlußkörper ungelöst bleiben. Es liegt daher der Schluß nahe, daß diese vorwiegend aus DNS aufgebaut sind. Ähnliche Versuche führen PETERS u. NASEMANN (1953), PETERS (1960) am Vaccine-Virus durch. Die Wirkung einer Säure- und NaOH-Behandlung wurde an Hefezellen von YAMAMOTO u. NAGASAKI (1954) elektronenmikroskopisch verfolgt. Über den Abbau von Bakterienzellwänden durch Lysozym und Freilegung der DNS-Fäden durch Spreitung in einer Monolage, s. § 23.3.2.

34*

23.2.3. Isolierte Zellbestandteile (Homogenisate)

Vor der Entwicklung der Ultramikrotomie stellte die Fragmentation der Gewebe im Mörser oder Homogenisator die wirksamste Methode dar, um Zellbestandteile in elektronenmikroskopisch durchstrahlbarer Form zu untersuchen. Es treten dabei aber so starke Zerstörungen und postmortale Veränderungen auf, daß diese Methode zugunsten der Dünnschnitt-Technik verlassen wurde. Die Herstellung von Homogenisaten (z. B. aus Mikrosomen, Mitochondrien oder Kernen) ist daher vielfach nur noch in Verbindung mit biochemischen Untersuchungen von Bedeutung, indem die Veränderungen durch eine biochemische Behandlung im Bild kontrolliert werden. KUFF u. a. (1956) homogenisieren z. B. Rattenleber in 30%iger Rohrzuckerlösung und zentrifugieren bei 0−4°C. Die Extrakte werden mit gepufferter Osmiumsäure fixiert. Nach dem Zentrifugieren werden aus verschiedenen Sendimentationshöhen Proben entnommen und Sedimentationsdiagramme in Abhängigkeit von der Teilchengröße elektronenmikroskopisch aufgenommen. Es läßt sich dabei vor allem die Homogenität der Fraktionen übersehen und wieweit die Einzelbestandteile frei von anhaftenden Gewebebestandteilen anderer Zusammensetzung sind. Eine durch fraktioniertes Zentrifugieren gereinigte Pille des Zentrifugates läßt sich auch wie ein Gewebeblock behandeln, entwässern und einbetten (s. z. B. BIRBECK u. REID (1956), CHAUVEAU u. a., 1956; DAVISON u. MERCER, 1956; MORGAN u. a., 1956; BRAUN u. ERNST, 1960; ERNSTER u. a., 1962). MALAMED (1963) zentrifugiert kleine Substanzmengen mit einer Ultrazentrifuge bei 10000 g in die Spitze eines konischen Polyäthylenfläschchens. BAKER u. PEARSON (1961) behandeln die Suspension mit den üblichen Fixations-, Entwässerungs- und Einbettungsmethoden, in dem sie durch Zentrifugieren die Zellbestandteile auf dem Boden des Gefäßes halten. Die mit dem Einbettungsmittel versetzte Suspension wird mit einer Injektionsspritze in einen Polyäthylenschlauch von 0,57 mm inneren und 0,92 mm äußeren Durchmesser gefüllt. Dieser wird U-förmig gebogen und die Zellbestandteile in das U-förmige Knie zentrifugiert. Die Polymerisation in dem Polyäthylenschlauch erfolgt mit UV. Herausgeschnittene Polyäthylenstücke lassen sich dann weiter in Gelatinekapseln einbetten.

Mit der Anwendung der Negativkontrastierung auf Zellkomponenten (z. B. Ribosomen oder Mitochondrienmembranen) wird diese Technik jedoch auch wieder für die Untersuchung der Ultrafeinstruktur interessant (s. z. B. FERNÁNDEZ-MORÁN u. a. (1964) mit einer ausführlichen Beschreibung des Isolationsvorganges). Zur Isolation und Reinigung von Ribosomenfraktionen s. PETERMANN (1964).

Wesentlich erfolgreicher kann die Isolationstechnik auf faserförmige Stoffe (z. B. Kollagen oder Zellulose) angewandt werden. Bei der Dünnschnitt-Technik bleibt es nämlich dem Zufall überlassen, ob eine Faser gerade im Schnitt liegt. Nach dem Zerreißen in einem Homogenisator ruft eine anschließende Schall- oder Ultraschallbehandlung eine weitere Aufspaltung in feine durchstrahlbare Fibrillen hervor. Dabei wirken niedrige Schallfrequenzen (etwa 10 kHz) in der Regel besser als höherfrequente, die leicht wieder sekundäre Aggregation hervorrufen (POHLMAN u. WOLPERS, 1944). Oft ist es schwer die Fasern von anhaftenden Substanzen zu befreien (z. B. bei Zellulose die Hemizellulose oder Lignin), so daß weitere chemische oder enzymatische Aufschlüsse erforderlich sind. Durch die enzymatische Wirkung der Hyaluronidase konnten BECHER u. HOEGEN (1954) die Schleimmasse zwischen den Cilien des Trachialeptithels weitgehend entfernen und für die elektronenmikroskopische Untersuchung aufschließen (s. a. KUHNKE, 1958).

Bei den Kollagen-Präparationen ist nach KÜHN u. a. (1958) zu beachten, daß der ursprüngliche Ordnungszustand möglichst wenig gestört wird. Ein Auseinanderziehen von Fasern mit Präpariernadeln führt zu einer Verschiebung der Polypeptidspindeln gegeneinander und macht sich in unkontrastierten Fibrillen oft in einem verschwommenen Hell- und Dunkelteil bemerkbar. Werden dagegen die Fasern im Gefriermikrotom klein geschnitten, anschließend im Homogenisator aufgeschlämmt und als Suspension auf eine befilmte Blende gebracht, fällt die Ziehbeanspruchung weg, und es können häufiger auch bei unbehandeltem Kollagen Fibrillen mit 6–7 Querstreifen pro Periode beobachtet werden. Eine Kontrastierung der Perioden kann u. a. mit Phosphorwolframsäure, Uranylazetat oder 33%iger basischer Chromalaun-Lösung erfolgen.

Bei der Untersuchung von Zellulose ist eine Isolation nur dann von Interesse, wenn die Struktur einer einzelnen Faser interessiert. Die Untersuchung der Faser in situ erfolgt z. B. nach den eindrucksvollen Untersuchungen von FREY-WYSSLING (1962) und MÜHLETHALER (1957) am wirksamsten mit Oberflächenabdrücken oder Pseudoabdrücken.

23.3. Präparation von Suspensionen

23.3.1. Eintrocknen eines Tropfens auf einer Trägerfolie

Auf einige Besonderheiten der Eintrocknungsmethode wurde bereits in § 18.2 hingewiesen. Ein typisches Beispiel für mögliche Fehldeutungen stellen die älteren Bilder von Bakterien mit Bakteriophagen dar, bei denen die Phagen mit ihren Köpfen voran alle auf das Bakterium zeigen. Diese Aktivität, die scheinbar in diesen Bildern zum Ausdruck kommt, ist aber ein Eintrocknungsartefakt, da beim Eintrocknen eine Strömung in Richtung auf gröbere Teilchen beobachtet wird, welche die Phagen so ausrichtet. Erst Untersuchungen mit Gefriertrocknung und Kritischer-Punkt-Methode (s. u.) bei denen die Eintrocknungsartefakte umgangen

34a

werden, konnten zeigen, daß sich die Phagen mit den stielförmigen Ansätzen an den Bakterien anlagern.

Bei den mechanisch empfindlichen Teilchen ist es angebracht, die Kräfte näher zu betrachten, die beim Eintrocknen infolge der Oberflächenspannung auftreten können (ANDERSON, 1952). Diese sollen für kugelförmige Teilchen berechnet werden (für stäbchenförmige oder anders geformte Teilchen ergeben sich Kräfte der gleichen Größenord-

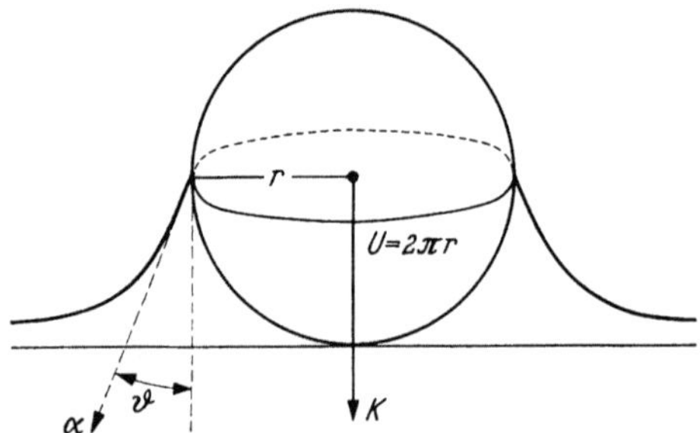

Abb. 236. Zur Berechnung der Kraft K mit der kugelförmige Teilchen vom Radius r durch Oberflächenspannung auf die Unterlage gepreßt werden

nung). Die Oberflächenspannung α, die längs des Umfanges $U = 2\pi r$ der Teilchen angreift, preßt diese mit einer Kraft

$$K = U\,\alpha \cos \vartheta = 2\pi r\,\alpha \cos \vartheta \qquad (23.1)$$

gegen die Unterlage. ϑ bedeutet nach Abb. 236 den Winkel des Wassermeniskus mit den Teilchen. Der Druck P berechnet sich daraus zu

$$P = \frac{K}{F} = \frac{2\pi r\,\alpha \cos \vartheta}{\pi r^2} = \frac{2\alpha \cos \vartheta}{r}\,. \qquad (23.2)$$

So würde z. B. mit $\alpha_{H_2O} = 70$ dyn $\cdot$ cm^{-1} ein kugelförmiges Teilchen mit $r = 1\,\mu$ mit einem Druck von 1,4 kg/mm^2 auf die Unterlage gedrückt, wenn man vollständige Benetzung voraussetzt (cos $\vartheta = 1$) und bei $r = 100$ Å sogar mit 140 kg/mm^2. Durch diese Kräfte können zahlreiche Eintrocknungsartefakte entstehen. Es werden die Teilchen sogar so fest gegen den Formvarfilm gepreßt, daß dieser an der anderen Seite ausbeult. Dies konnte von ANDERSON (1954) durch Schrägbeschattung nachgewiesen werden. Andererseits wird gerade hierdurch die gute Haftung eingetrockneter Suspensionen hervorgerufen, so daß diese in der Regel ohne weiteres in Flüssigkeiten zur Nachbehandlung (Waschen, Kontrastierung oder fermentativen Abbau) eingetaucht werden können, ohne daß die Teilchen von der Folie geschwemmt werden.

Trotzdem stellt die Eintrocknungsmethode das einfachste und schnellste Untersuchungsverfahren dar. Da jedoch in kleinen Tropfen schon nichtflüchtige Salze in Konzentrationen von 10^{-7} nachgewiesen werden und das Bild stören können, empfiehlt es sich bei der Verwendung von isotonischen Lösungen mit einem flüchtigen Salz zu arbeiten (Backus u. Williams, 1950). Es eignet sich hierfür Ammoniumazetat oder Ammoniumcarbonat. Man kann zwar die Trägerfolie nach dem Eintrocknen wässern. Die plötzliche Einwirkung von Aqua dest. kann aber durch die Differenzen im osmotischen Druck den größten Teil der Mikroorganismen zerstören, welche die bisherige Behandlung gut überstanden haben (Hook u. a., 1946).

Besonders störend können sich Änderungen des pH-Wertes und der Isotonie beim Eintrocknen auswirken. Mit der Agarfiltrationsmethode (§ 23.3.3) werden die hierdurch entstehenden Schäden vermieden. Das Suspensionsmittel einschließlich der löslichen Salze dialysiert durch eine Kollodiummembran in einem Agarblock, so daß die osmotische Konzentration der Lösung beim Eintrocknungsprozeß konstant bleibt.

Beim Eintrocknen der Tropfen auf Trägernetze werden wegen des Durchhanges der Trägerfolie die Teilchen bevorzugt an den Netzstegen abgeschieden. Man kann dies durch eine schnellere Entfernung des Wassers vermeiden. Hierzu legen Valentine u. Bradfield (1953) die Netze auf Wasser, geben einen Tropfen der Suspension darauf und zerstechen mit einer ausgezogenen Glasspitze durch eine Netzmasche die Folie, wodurch die Flüssigkeit schnell abfließen kann. Nach einem anderen Vorschlag (Anderson, 1956) läßt man den Tropfen auf einer Formvarfolie eintrocknen, die von einer weiten Platinöse (3 mm ∅) getragen wird. Nach dem Eintrocknen wird die Folie auf einen Objektträger übertragen. Auf die Vorteile der Sprühtrocknung nach Backus u. Williams (1950), Backus (1952) wurde bereits in § 18.2 hingewiesen. Mitchell (1952) benutzte diese Methode zur Präparation von Plasma-Proteinen. Eine weitere Aerosoltechnik wurde von De Robertis u. a. (1953) zum Studium von Makromolekülen (Fibrinogen, Edestin und Carboxyhämoglobin) angewandt. Für infektiöses Material beschrieben Horne u. Nagington (1959) eine Sprühapparatur, welche aus einem Inhalator besteht, mit dem auch sehr kleine Substanzmengen versprüht werden, können und der überschüssige Nebel wird durch Einspritzen in eine Bunsenflamme vernichtet. Bei Bakterien kann der austretende Luftstrom durch Waschflaschen mit Desinfektionslösung gereinigt werden (Zapf u. Ludvik, 1961).

23.3.2. Spreiten in einer Monolage

Von Hartman u. a. (1953), Desjardins u. a. (1953) wurde eine interessante Methode angegeben, um vor allem eine gleichmäßige Verteilung zu erhalten. Sie macht davon Gebrauch, daß unlösliche organische Moleküle, wie z. B. Ölsäure oder Serumalbumine auf Wasseroberflächen sich in Form einer monomolekularen Schicht ausbreiten. Wenn in einer isotonischen Albuminlösung suspendierte Bakterien auf eine Wasseroberfläche getropft werden, so sind sie auf der Oberfläche von einem Albumin-film umgeben und die Oberflächenspannung sorgt für eine gleichmäßige Verteilung. Wenn der Schub des Proteinfilmes groß genug ist, breitet sich beim Herausziehen eines befilmten Netzes ein Teil des Filmes mit den Bakterien oder anderen Teilchen auf dem Netz aus. Diesen kritischen Schub kann man durch einen zusätzlichen Schubölfilm erreichen, welcher

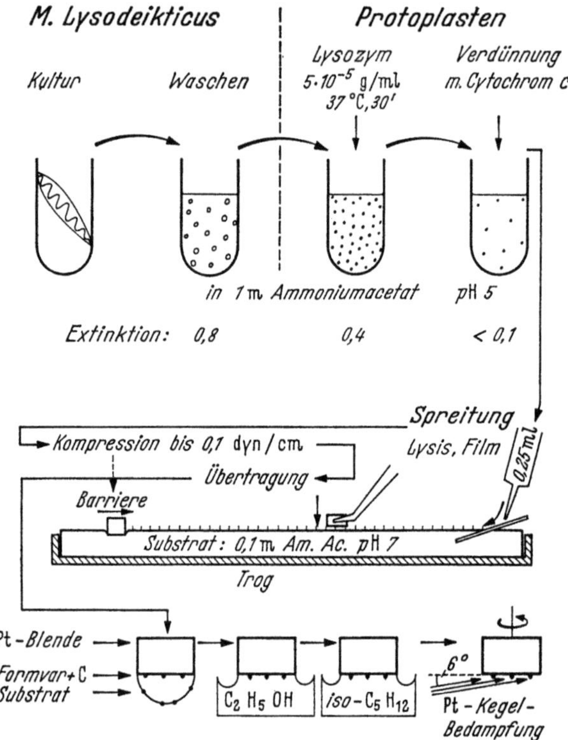

Abb. 237. Präparationsgang für die elektronenmikroskopische Darstellung von gespreiteten Chloroplasten und DNS-Fäden (nach KLEINSCHMIDT u. a., 1961)

mit Hilfe eines geschlossenen gefetteten Fadens vom Proteinfilm getrennt wird und diesen zusammendrückt. Man kann auch den „Eigenschub" des Proteinfilmes nach Abschluß einer Alterung ausnutzen. Die Anwendung einer solchen Methode setzt aber die Kenntnis der Schub-Flächen-Kurven voraus, die nach einem Vorschlag von KLEINSCHMIDT (1956) am besten während der Filmherstellung in einem „Langmuir-Trog" gemessen werden.

Abb. 237 erläutert näher dieses Verfahren, wie es von KLEINSCHMIDT u. ZAHN (1959), KLEINSCHMIDT u. a. (1961) zur Darstellung der Bakterien- und Phagen-DNS-Fäden angewandt wurde. Die Kultur wird in

1 m Ammoniumazetat (pH 5) als isotonische Lösung gewaschen und mit
Lysozym die Zellwände fermentativ abgebaut. Das so erhaltene Proto-
plastenpräparat wird ohne weitere Reinigung, also mit Lysozym und
Zellwandresten mit 1 m Ammoniumazetatlösung (pH 7) um das 10fache
und mit Cytochrom c (0,01% Endkonzentration) im gleichen Medium auf
maximal das 100fache verdünnt. Dadurch erreicht man, daß die Chloroplasten nach der Spreitung sicher einzeln liegen. Die Spreitung erfolgt im
Langmuir-Trog auf 0,1 m Ammoniumazetat (pH 7), wobei die zu sprei-
tende Suspension (0,25 cm³) von der wasserbenetzten Glasfläche eines
Objektträgers als Ablauframpe auf 550 cm² Wasseroberfläche abgeschwemmt wird. Nach Ausbreiten des Filmes wird er auf 300 cm² durch
Verschieben der Barriere langsam bis zu einem Schub von 0,1 bis 0,3
dyn · cm⁻¹ komprimiert. Der Film ist für längere Zeit stabil und kann auf
befilmte Netze durch Adsorption übertragen werden, indem diese nur
kurz von oben mit der Oberfläche in Berührung kommen. Die Waschung
erfolgt im hängenden Tropfen mit Äthylalkohol und Isopentan. Letzteres
besitzt eine besonders geringe Oberflächenspannung zur Vermeidung der
Eintrocknungsartefakte. Zur Verbindung der Spreitungstechnik mit der
Negativ-Kontrastierung s. § 23.4.2.

23.3.3. Quantitative Verfahren zur Teilchenzählung in Suspensionen

Für viele Fragen ist es wichtig, eine quantitative Teilchenzählung
durchzuführen. Es lassen sich z. B. hiermit von Makromolekülen die
Molekulargewichte ermitteln, oder bei Virussuspensionen kann man aus
der Teilchenzahl Rückschlüsse auf die Entwicklung einer Infektion
ziehen. Auch für die Kenntnis des DNS- oder Proteingehaltes eines einzelnen Virus ist die Zahl der Viren von Interesse. Es sei in diesem Zusammenhang auch auf die direkte Massenbestimmung mit der Methode nach
BAHR und ZEITLER (§ 11.4) hingewiesen.

Die experimentelle Aufgabe besteht darin, die Zahl der Teilchen in
einem bestimmten Volumen quantitativ zu erfassen. In einer Sprüh-
methode nach WILLIAMS u. BACKUS (1949), BACKUS u. WILLIAMS (1950),
WILLIAMS u. a. (1951) wird der Suspension eine bestimmte Konzentration
an Polystyrollatex-Teilchen aus etwa 0,25 μ großen Kügelchen zugesetzt.
Wenn die Suspension aus Kugeln konstanten Durchmessers besteht, kann
man aus der Dichte ϱ (1,06 g · cm⁻³), dem Trockengewicht W von 1 cm³
Emulsion und dem Teilchendurchmesser $2r$ die Konzentration leicht
berechnen

$$c = \frac{3W}{4\pi r^3}.\qquad(23.3)$$

Bei der Teilchengrößenbestimmung mit dem Elektronenmikroskop geht
jedoch der dreifache Fehler der Vergrößerungseichung ein. Eine Standard-
emulsion hält sich fast unbeschränkt und kann durch Schütteln stets

wieder homogen suspendiert werden. Aus den in § 18.2 dargelegten Gründen empfiehlt sich zur Vermeidung von Eintrocknungsartefakten die quantitative Zählung nur stets im Bereich eines einzelnen eingetrockneten Tropfens durchzuführen. Die Größe eines Einzeltropfens kann man durch einen geringen Zusatz von Serumalbumin (z. B. 0,05% Rinderserumalbumin) markieren. In einem Tropfen wird dann die Zahl der Latexkügelchen mit der Zahl der Viren, Phagen oder Makromoleküle verglichen, und das erhaltene Verhältnis aus mehreren Tropfen gemittelt. Günstige Konzentrationen müssen aus Verdünnungsreihen ermittelt werden. SUGAR (1956) benutzt Mikropipetten (Kapillaren von $2-3\,\mu\,\varnothing$), um unter einem Mikromanipulator definierte Tropfengrößen auf formvarbefilmte Netze zu übertragen.

Eintrocknungsartefakte lassen sich jedoch auch durch Dialyse vermeiden, so daß dann nicht mehr nur einzelne Tropfen, sondern große Flächen ausgezählt werden. Hierzu präparieren KELLENBERGER u. ARBER (1957) teilweise entwässerte Agarscheiben mit einem Kollodiumfilm, auf dem die Virussuspension mit Latexzusatz mit einem Glasstab aufgetragen wird (Agarfiltrationsmethode). Die Flüssigkeit mit dem anderen dialysierbaren Material dringt durch den Kollodiumfilm in das Agar ein. Der Kollodiumfilm wird von der Agaroberfläche auf Wasser abgeflottet. Es wird in verschiedenen Feldern geprüft, ob das Verhältnis Virus : Latex übereinstimmt. Bei PINTERIC u. TAYLOR (1962) schwimmt eine Formvarfolie auf einer mit Ammoniumazetat-Carbonat-Puffer versetzten Lösung. Die Mischung wird auf den Formvarfilm getropft und dieser nach 30 min durch Senken des Flüssigkeitsspiegels auf Trägernetze abgesenkt. Die Tropfengröße ermitteln sie zusätzlich nach dem Eintrocknen aus der Aktivität radioaktiver Zusätze. GEISTER u. PETERS (1963) lassen ein formvarbefilmtes Netz auf Wasser schwimmen und bringen sorgfältig einen Tropfen in der Mitte des Netzes auf, so daß der Rand nicht berührt wird. Die Verdampfung des Tropfens wird durch eine feuchte Atmosphäre verhindert, so daß nur Dialyse auftreten kann. Ein Zusatz von Serumalbumin (0,005%) unterdrückt die Neigung zur Aggregatbildung.

Bei einer anderen Methode werden die Teilchen in einem bekannten Volumen der Suspension durch Zentrifugieren ($> 16\,000$ g) auf Trägernetze oder Folien niedergeschlagen, also gewissermaßen in eine zweidimensionale Verteilung gebracht, aus der die Teilchenkonzentration und auch die Aggregatbildung der Suspension zu ersehen ist (CRANE, 1944; SHARP, 1949, 1958; KELLENBERGER, 1949). Dies Verfahren hat außerdem den Vorteil, mit geringen Konzentrationen auszukommen und erlaubt eine einfache Berechnung der Teilchenzahl. Wenn das Gefäß bis zu einer Höhe h (cm) gefüllt ist und n Teilchen pro μ^2 bei der Auszählung gefunden werden, so beträgt die Konzentration

$$c = \frac{10^8\,n}{h}\ \text{Teilchen/cm}^3\,. \tag{23.4}$$

Es sind noch Konzentrationen von 10^6-10^7 Teilchen/cm^3 mit großer Genauigkeit zu ermitteln. Die Genauigkeit ist letzten Endes durch die gute Erkennbarkeit der Teilchen und durch Auszählung einer großen Anzahl gegeben. Zum Sammeln der Teilchen wird auf den Boden des Zentrigufeneinsatzes eine Glasplatte gelegt, von der ein Filmabdruck hergestellt werden kann, oder es wird direkt eine befilmte Glasplatte oder Netzblende auf den Boden gelegt. Bessere Ergebnisse in der Haftung der Teilchen werden mit Agaroberflächen erhalten (SHARP, 1960). Agarscheiben von 2 mm Dicke werden aus einer erstarrten 2%igen Lösung geschnitten. Von der Oberfläche können Filmabdrücke mit den haftenden Teilchen auf einer Wasseroberfläche abgeflottet werden. Diese Filme können noch zur besseren Beobachtung schräg beschattet werden (Pseudoabdrücke). RHIM u. a. (1961) streifen den Film auf einer 0,5%igen Phosphorwolframsäurelösung ab und erhalten so direkt negativ konstrastierte Bilder. Viele Virusteilchen sind dann auf Grund ihrer charakteristischen Feinstruktur besser von Verunreinigungen zu erkennen. SMITH u. MELNICK (1962) erzielen auf gleiche Weise eine positive Kontrastierung mit einer Uranylazetat-Lösung.

Eine ausführliche Diskussion der Methoden und Ergebnisse der quantitativen Zählung von Virussuspensionen erfolgte von SHARP (1965).

23.3.4. Gefriertrocknung und Kritische-Punkt-Methode

Alle bisher genannten Eintrocknungsverfahren haben den Vorteil der Einfachheit. Bei ihnen werden durch die Senkung des Wasserspiegels während des Eintrocknens mit Sicherheit alle Teilchen niedergeschlagen. Gerade die Wasseroberfläche ruft aber die schon erwähnten Artefakte durch die Wirkung der Oberflächenspannung hervor. So ist es z. B. unmöglich, Erythrozytenmembranen mit dem Eintrocknungsverfahren im ursprünglichen dreidimensionalem Zustand zu erhalten. Man findet stets flach gedrückte Membranen. Eine Umgehung dieser Schwierigkeiten kann im Prinzip nach drei verschiedenen Verfahren erfolgen: 1. Gefriertrocknung (WYCKOFF, 1946; WILLIAMS, 1953; KANNGIESSER u. DEUBNER, 1953; STEERE, 1957). 2. Kritische-Punkt-Methode (ANDERSON, 1950, 1952, 1954) und 3. Wasserentzug (z. B. Alkoholreihe) mit anschließender Einbettung. Letztere Methode ist ausführlich in § 21 u. 22 diskutiert, und man hat die bekannten Schwierigkeiten die dreidimensionale Gestalt kleiner Teilchen aus den Schnitten zu rekonstruieren.

Wie in § 19.5.1 dargelegt wurde, muß bei der Gefriertrocknung die Abkühlung möglichst rasch erfolgen, um Eiskristallbildungen zu vermeiden, die zu einem Zerreißen von Membransystemen und anderen Strukturen führen können. Bei der Gefriertrocknung von Suspensionen liegen die Verhältnisse aber einfacher, wenn man die Suspension direkt auf eine tiefgekühlte Fläche sprüht. Auch der experimentelle Aufwand zum

Trocknen ist dann wesentlich geringer als bei der Gefriertrocknung von Geweben. Abb. 238 zeigt eine einfache Anordnung von WILLIAMS. Die Suspension wird durch die Düse B auf einen tiefgekühlten Kupferblock A aufgesprüht, der vorher mit einer Trägerfolie überspannt ist. Die Kühlung erfolgt in einem Gemisch aus festem CO_2 (Kohlensäureschnee) mit Azeton ($-75°C$) oder mit flüssiger Luft ($-185°C$). Das Aufsprühen auf Netzen, die mit einer Trägerfolie überzogen sind und auf dem Kupferblock liegen, ist auch möglich. Man erreicht wegen des schlechteren Wärmekontaktes nur nicht so hohe Abkühlungsgeschwindigkeiten, die nach

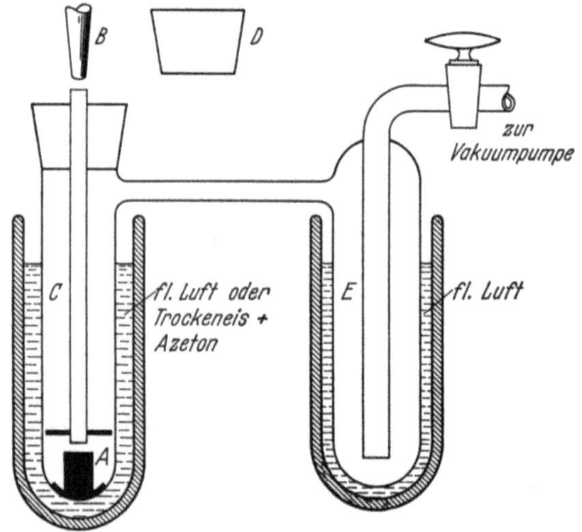

Abb. 238. Apparatur zur Gefriertrocknung kleiner Tropfen (nach WILLIAMS, 1953)

WILLIAMS (1953) bei der ersten Methode etwa $10^5°C$/sec betragen sollen. Nach dem Schließen des Gefäßes C mit dem Stopfen D wird mit dem Kupferblock auf $-50°C$ auf einen Druck von $10^{-4}-10^{-5}$ Torr evakuiert, bis das Eis sublimiert ist. Dies dauert bei aufgesprühten Suspensionen im Gegensatz zur Gefriertrocknung von Geweben nur etwa 30 min bis 1 Std. Die Kühlfalle E wird mit flüssiger Luft gefüllt, um den Trocknungsprozeß zu beschleunigen und das Vakuum zu verbessern. Dann kann man auf Zimmertemperatur erwärmen und vorsichtig Luft einlassen.

RICE u. a. (1953, 1956) berichten, daß viele Tabakmosaik-Viren bei der Gefriertrocknung in kleinere Teilchen zerfallen. Diese haben eine ziemlich einheitliche Länge von 400 Å und sind linear angeordnet (Zerfall längerer Virusteilchen). Die Ursachen für diese Artefakte sind aber vielleicht darin zu suchen, daß diese Autoren mit relativ hohen Temperaturen von $-22°$ bis $-15°C$ arbeiten, wo noch zu große Eiskristalle gebildet werden, welche die Viren zerreißen können. Auch bei der Vakuumtrocknung darf die Temperatur möglichst $-50°$C nicht überschreiten, da dann Rekristallisationsprozesse im Eis ablaufen (s. § 19.5.1).

Bei der Gefriertrocknung muß im Phasendiagramm Abb. 239 auf dem Weg 1 noch die Grenze fest-gasförmig bei der Sublimation überschritten werden und vorher die Grenze flüssig-fest bei der Gefrierung. Bei der Kritische-Punkt-Methode nach ANDERSON wird ausgenutzt, daß die Phasengrenze flüssig-gasförmig bei dem sog. kritischen Punkt K endet. Das heißt, wenn man auf dem in Abb. 239 eingezeichneten Weg 2 den Punkt K durch geeignete Änderung des Druckes p und der Temperatur T

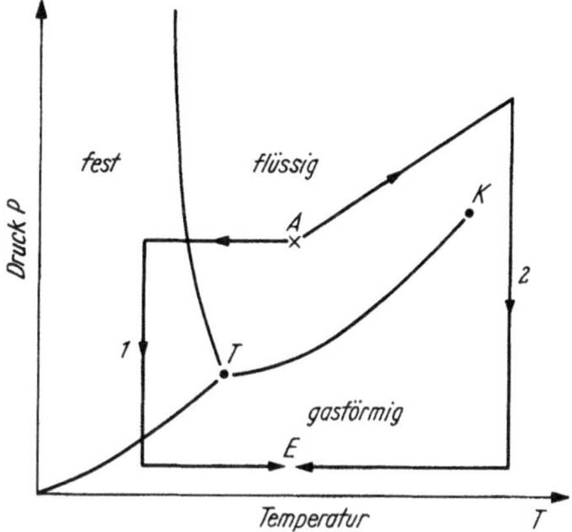

Abb. 239. Wege, die im p-T-Diagramm bei Gefriertrocknung (1) und bei der Kritische-Punkt-Methode (2) durchlaufen werden (A Ausgangs-, E End-, T Tripel- und K Kritischer Punkt)

umläuft, so ist man in der Lage, die Flüssigkeit in den gasförmigen Zustand zu überführen, ohne daß eine Phasengrenze flüssig-gasförmig überschritten wird. Damit entsteht aber auch keine Oberflächenspannung, die Artefakte hervorrufen könnte.

Die Werte des kritischen Punktes betragen für Wasser $p_{kr}= 218$ atm und $T_{kr}= 374°$C. Sie sind also für die Praxis undiskutabel. Am geeignetsten erwies sich nach ANDERSON CO_2 ($p_{kr}= 73$ atm, $T_{kr}= 31°$C). Um das Wasser durch CO_2 zu ersetzen, wird zuerst das Wasser in einer Alkoholreihe entzogen und dann der Alkohol in einer Verdünnungsreihe durch Amylazetat ersetzt. Bei Suspensionen werden die Teilchen durch Zentrifugierung mit geringer Rotationsgeschwindigkeit nach jedem Zwischenbad absedimentiert. Nach dem Dekantieren wird das neue Bad hinzugegeben. (10, 40 und 70% Äthylalkohol je 2 min; 100% Alkohol 10 min; 10, 40 und 70% Amylazetat in Alkohol je 2 min; 100% Amylazetat und anschließend flüssiges CO_2 bei Zimmertemperatur 10 min.) Das Amylazetat wird durch Spülen mit flüssigem CO_2 bei einem Druck von 60 atm herausgewaschen (unter Druck ist auch CO_2 in der Druckflasche flüssig), indem ein Druckgefäß mit den Präparaten an eine CO_2-Flasche angeschlossen wird. Wenn alles Amylazetat durch CO_2 ersetzt ist, wird das abgeschlossene Gefäß in einem Wasserbad auf 45°C erwärmt, wobei der Druck auf 110–130 atm ansteigt. Durch vorsichtiges Ablassen des Gasdruckes und anschließendes Abkühlen auf Zimmertemperatur durchläuft man den Weg 2 und umgeht den kritischen Punkt. Die Präparate zeigen nach diesem Verfahren ihre volle dreidimensionale Gestalt, wie ANDERSON in vielen eindrucksvollen Bildern belegen konnte. Diese Methode ist leider nur wenig benutzt worden. Sie ist die einzige Methode, um Eintrocknungsartefakte vollständig zu vermeiden.

Bei diesen beiden Verfahren fehlt aber die feste Haftung mit der Filmunterlage, die bei den Eintrocknungsmethoden durch das Aufpressen infolge der Oberflächenspannung erreicht wird. Wenn die Teilchen aber nur an einigen Punkten aufliegen, werden sie durch die Brownsche Molekularbewegung Schwirrbewegungen ausführen. Dadurch kommen sie in mehr Haftpunkten mit dem Trägerfilm in Berührung und werden durch die Adsorptionskräfte fester gebunden, bis sie schließlich zur Ruhe kommen.

23.3.5. Nachbehandlungen der Eintrocknungen (insbesondere Pseudoabdrücke)

In allen Fällen können die Präparate, wenn sie auf Trägerfolien aufgebracht sind, durch Schrägbeschattung, Hüllabdrücke und Pseudoabdrücke weiter verarbeitet werden. Auf diese Methoden ist im einzelnen im Kapitel über Oberflächenabdrücke näher eingegangen. Die Techniken für organische und anorganische Objekte unterscheiden sich in dieser Hinsicht nicht voneinander. Als weitere Präparationsmöglichkeit bietet sich für einige Fragestellungen der enzymatische Abbau (§ 23.2.2) an. Die Präparate können auch nach den in § 20 beschriebenen Methoden auf der Folie nachkontrastiert werden (Positivkontrastierung). In letzter Zeit gewinnt die Negativkontrastierung wachsende Bedeutung (§ 23.4) und drängt die Schrägbeschattungs-Technik zurück. Man sollte sich jedoch davor hüten, einseitig die Negativkontrastierung anzuwenden.

Bei Pseudoabdrücken werden die auf der Folie eingetrockneten Objekte schräg beschattet und bleiben unter dem Beschattungsfilm liegen, während sie bei normalen Abdrücken herausgelöst werden. Sie werden vor allem bei der Darstellung von Viren und Bakteriophagen angewandt (s. z. B. MATTERN, 1956; NODA u. WYCKOFF, 1952). Abb. 240a–c zeigt als Beispiel ein TMV-Eintrocknungspräparat ohne und mit Schrägbeschattung (Pt und Uran). Ohne Schrägbeschattung wurde die Aufnahme bei 40 kV durchgeführt, um überhaupt genügend Kontrast für die Präparation zu erhalten. Man erkennt andererseits wie wichtig die Wahl eines sehr feinkristallinen Beschattungsfilmes ist (§ 14.5.3). Gerade am Beispiel der Viren haben sich im Vergleich mit den Ergebnissen der Nega-

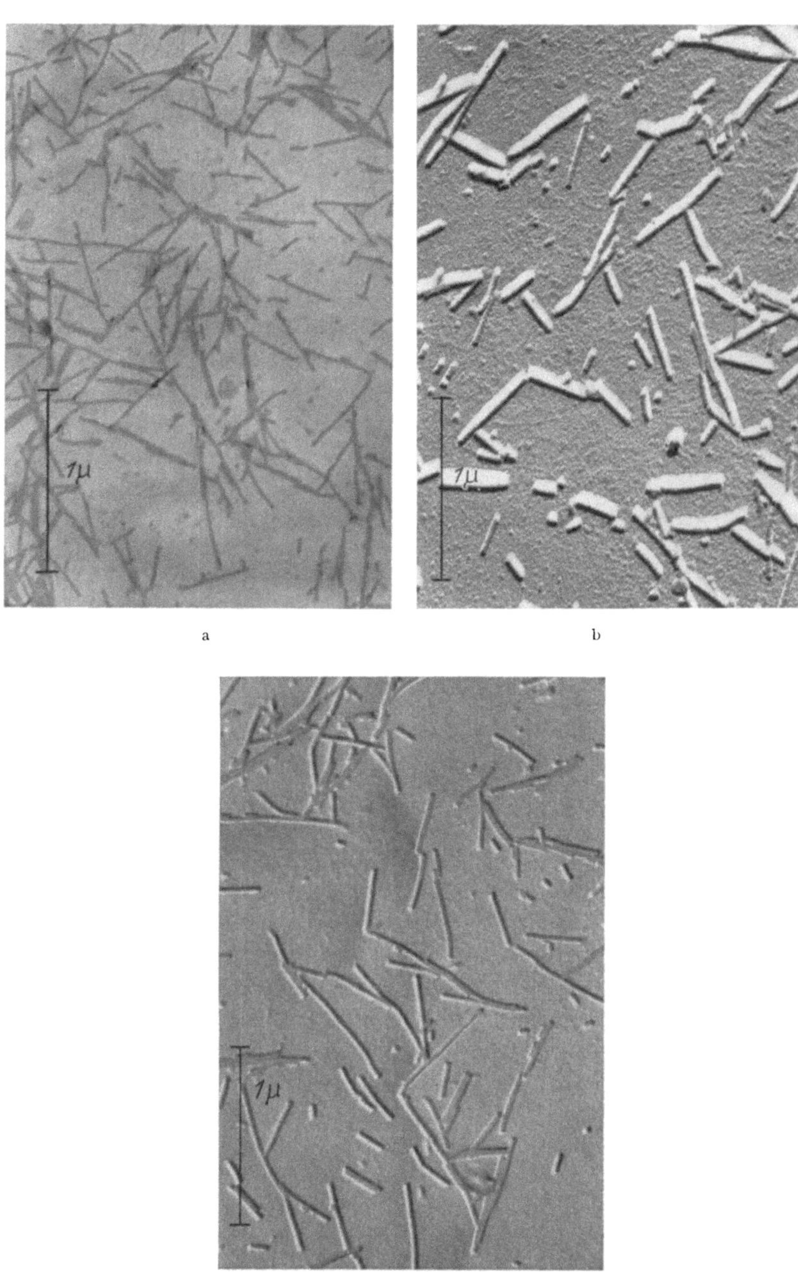

Abb. 240 a—c. Tabakmosaikviren (eingetrocknete Suspension), a) aufgenommen mit einer Strahlspannung von 40 kV ohne Schrägbeschattung, b) unter 30° mit Platin beschattet (60 kV) und c) unter 45 °mit Uran

tivkontrastierung jedoch die Grenzen der Schrägbeschattungstechnik gezeigt, die im wesentlichen durch die Eigenstruktur und Dicke des Beschattungsfilmes bestimmt sind. Für die Entwicklung des reinen Oberflächenprofils stellt die Schrägbeschattung jedoch nach wie vor die geeignetste Methode dar. Makromoleküle werden auch mit großem Erfolg mit der Pseudoabdruckmethode untersucht. Sie sind z. T. aus gesättigter Lösung in kristallisierter Form zu erhalten. Diese Methode wurde besonders von WYCKOFF u. Mitarb. zum Studium von Protein- und Viruskristallen angewandt (s. WYCKOFF, 1948a). Durch die Schrägbeschattung wird die Oberfläche der dünnen Kristallamellen sichtbar gemacht. Die so erhaltenen Durchmesser der Moleküle sind in guter Übereinstimmung mit Werten, die aus Messungen mit der Ultrazentrifuge oder nach anderen Verfahren gewonnen wurden. So findet z. B. HALL (1950) an Edestin aus der Molekülanordnung ein kubisch flächenzentriertes Gitter mit $a_0 = 114$ Å. Röntgenographisch ergibt sich allerdings im feuchten und aufgeweiteten Zustand $a_0 = 140$ Å. Vergleiche der Gitterkonstanten und Durchmesser von Makromolekülen wurden auch von HALL und DOTY (1958) durchgeführt.

Eine besondere Präparationstechnik zur Untersuchung von Makromolekülen beschreibt HALL (1956). Er benutzt für die Aufsprühung von Suspensionen aus DNS-Molekülen eine frische Glimmerspaltfläche als Unterlage. Diese zeigt nur gelegentlich einige Stufen und ist außerdem sehr hydrophil. Die besprühte Fläche wird mit Platin schräg beschattet und mit $25-50$ Å SiO als Trägerfilm verstärkt. Nach der Entfernung aus der Verdampfungsapparatur wird die Oberfläche mit Kollodium bedeckt, angeritzt und die Schicht auf Wasser abflottiert. Mit dieser Methode wird vor allem vermieden, daß bei den etwas durchhängenden Trägerfilmen auf Netzen der Beschattungswinkel unsicher bleibt.

23.4. Negativkontrastierung

23.4.1. Kontrastentstehung und Strukturerhaltung

Wenn eingetrocknete Suspensionen organischer Substanz oder Schnitte durch Einwirkung von Schwermetallsalz-Lösungen kontrastiert werden (§ 20) und der Überschuß an Metallsalzen durch nachträgliches Waschen entfernt wird, spricht man von Positivkontrastierung. Die Teilchen erscheinen dann dunkler auf hellem Untergrund der Trägerfolie. Es werden nur Moleküle der Schwermetallverbindung im Objekt verbleiben, die eine festere Bindung eingegangen sind. Die Dichte und damit der Kontrast lassen sich mit der Positivkontrastierung aber höchstens verdoppeln. Bei dem Verfahren der „Negativkontrastierung" wird das Objekt in eine dichte amorphe Schicht eines Schwermetallsalzes, z. B. Phosphorwolframsäure (PWS) mit einer Dichte $\varrho = 4$ g $\cdot$ cm^{-3}, vollständig oder teilweise eingebettet. Die Teilchen erscheinen dann hell auf dunklem Grund. Für den Kontrast ist die Dichtedifferenz maßgebend, die dreimal so groß wie bei einem unbehandelten Objekt ($\varrho \cong 1\,\mathrm{g}\cdot\mathrm{cm}^{-3}$) sein kann. Der Bildkontrast wird durch viele Faktoren beeinflußt:

1. ist die Massendicke am Ort der Teilchen geringer und die PWS-Schicht ist durchstrahlbarer an Stellen, wo Teilchen liegen. Dieses ist der echte Negativkontrastierungseffekt. Dabei kann entweder im Negativ die Dickenverteilung des gesamten Teilchens bei vollständiger Umhüllung mit PWS abgebildet werden, oder bei teilweiser Eindringung des Teilchens in die PWS-Schicht wird vorzugsweise das Oberflächenrelief auf der Unterseite des Teilchens abgebildet.

2. kann die PWS in Hohlräume des Teilchens eindringen, so daß diese dunkel erscheinen. Der Begriff des Hohlraumes ist in molekularen Dimensionen nicht exakt definierbar. Es besteht auch die Möglichkeit, daß z. B. an zwischenmolekularen Plätzen PWS-Moleküle einlagern, welche aber nur durch Adsorptionskräfte gebunden sind und wieder ausgewaschen werden können.

3. kann auch eine Positivkontrastierung durch chemische Anlagerung auftreten, welche bei verschiedenen Schwermetallsalzen unterschiedlich ausfallen kann und nicht auswaschbar ist. Dieser Beitrag ist auch durch den pH-Wert zu beeinflussen.

4. ist zu berücksichtigen, daß das Objekt auch einen Eigenkontrast hat, wie man ihn in eingetrockneten unkontrastierten Objekten vorfindet.

5. sind anomale Kontrasteffekte diskutiert, deren Existenz und Deutung aber z. Z. noch umstritten sind (s. u.).

Die Entstehung der mit Negativkontrastierung erhaltenen Bilder ist also sehr komplex und es bedarf einer kritischen Bildinterpretation. Es sei hier z. B. auf eine Arbeit von HORNE (1962) hingewiesen, der die Schnittbilder verschiedener Viren mit dem negativ-kontrastierten Bild vergleicht und bemerkenswerte Unterschiede findet. Von den langen Erfahrungen mit der Einbettungstechnik ist bekannt, daß bei der Entwässerung und Einbettung Extraktions- und Quellungs- bzw. Schrumpfungsprozesse ablaufen. Bei der Negativkontrastierung darf das hohe Auflösungsvermögen nicht darüber hinwegtäuschen, daß auch hier evtl. Artefakte durch den Kontrastierungsprozeß möglich sind. Es ist jedoch in einigen Fällen nachgewiesen, daß Viren nach der Mischung und Versprühung mit PWS noch infektiös (HORNE u. WILDY, 1964) und einige Enzyme noch aktiv sind (WATSON, 1962), nachdem sie mit PWS eingetrocknet und wieder in Wasser aufgelöst sind. Dies spricht jedenfalls unter den benutzten Bedingungen (pH und Konzentration der Lösung) für eine Erhaltung der Struktur ohne Denaturierung.

BARRERA ORO u. a. (1962) vergleichen schrägbeschattete Bilder eines Warzenvirus mit solchen nach PWS- und Uranylazetat-Negativkontrastierung. Bei diesen Kontrastierungsmitteln ergeben sich starke Unterschiede. Von Uranylazetat ist aus den Kontrastierungsversuchen an Dünnschnitten bekannt, daß es selektiv Nukleinsäuren stärker kontrastiert. Um derartige Reaktionen, welche zu einem überlagerten Positivkontrastierungs-Effekt führen, zu vermeiden, kann man z. B. einen pH-Wert oberhalb des isoelektrischen Punktes von Protein verwenden, bei dem diese negativ geladen sind und dann mit den negativ geladenen PWS-Molekülen nicht reagieren (VAN BRUGGEN u. a., 1960).

Wenn man nur Ober- und Unterseite, aber nicht die Innenstrukturen abbilden will, gelingt dies in der Regel mit 1%iger PWS, pH 4—6. Dabei tritt unter Umständen eine Überlagerung der Strukturen auf, so daß es erwünscht ist, auch nur eine Seite abzubilden. Dieses gelang z. B. NAGINGTON u. a. (1964) bei Untersuchungen des Orf-Virus, in dem sie einmal die Oberseite mit Chrom unter 10—12° schrägbeschatteten und andererseits wahrscheinlich die der Folie zugewandte Unterseite mit 2% Ammoniummolybdat, pH 6,8 negativ kontrastierten. Will man dagegen auch im Innenkörper (''core'') der Viren weitere Struktureinzelheiten erkennen, so kann man wie PETERS u. MÜLLER (1963) am Beispiel des Vaccine-Virus zeigten, mit stark alkalischer 5%iger PWS-Lösung, pH 10,5 arbeiten.

Wenn die Lösung eintrocknet, können große Änderungen im pH-Wert auftreten, welche Veränderungen der Objekte vermuten lassen. Nach Untersuchungen von VAN BRUGGEN u. a. (1962) dissozieren z. B. Hämocyaninmoleküle bei hohen Salzkonzentrationen. Nimmt man dagegen eine geringere Salzkonzentration, bei der noch keine Dissoziation erfolgt (Nachweis durch Ultrazentrifugierung), so beobachtet man diese auch nicht in den eingetrockneten negativkontrastierten Präparaten. Es ist anzunehmen, daß eine ähnliche Stabilisierung des Zustandes in der Originallösung auch bei anderen Objekten auftritt.

Es scheint, daß die Einbettung der Teilchen in das Kontrastierungsmittel auch die Artefakte vermeidet, welche durch die Oberflächenspannung hervorgerufen werden. An Teilchen, die vollkommen von PWS umgeben sind, kann die Oberflächenspannung nicht angreifen. Es gibt in der Literatur genügend Aufnahmen, bei denen Teilchen, die isoliert mit PWS kontrastiert sind, etwas größer erscheinen, weil offenbar hier die Oberflächenspannung Deformationen beim Eintrocknen hinterließ (s. ANDERSON, 1962).

MÜLLER u. MEYERHOFF (1964), MEYERHOFF u. MÜLLER (1965) beobachteten bei der Negativkontrastierung von Polystyrolkugeln, daß Kugeln, welche in der PWS eingebettet sind, heller erscheinen als freiliegende (Nachweis durch Photometrierung der Platten). Nach dem Weglösen der PWS-Schicht können zwischen den Kugeln keine Unterschiede gefunden werden. MgO-Kristalle, welche auf eingetrocknete PWS nachträglich aufgeraucht wurden, gaben ebenfalls hellere Bilder, obwohl man erwarten sollte, daß der Kontrast hierbei noch größer wird, indem sich derjenige der PWS-Schicht und des Kristalls addiert. Sie versuchten diese Erscheinung des „anomalen Kontrastes" durch Aufladungseffekte zu erklären, die zur Ausbildung kleiner elektrostatischer Mikrolinsen im Objekt führen. LIPPERT (1964) schließt jedoch aus seinen Versuchen, daß PWS stark hygroskopisch ist und die MgO-Kristalle in diese einsinken. Erhöhungen der Bildhelligkeit in auf PWS liegenden Kristallen konnte er nicht beobachten. Gegen diese Deutung spricht, daß der Effekt auch auftritt, wenn man MgO von der Unterseite auf die Folie aufraucht. Wahre „Mikrolinsen-Effekte" wurden von REIMER (1965) an NaCl- und MgO-Kriställchen auf Kohlefolie beobachtet. Der „Brennpunkt" dieser elektrostatischen Felder durch Aufladung der kleinen Teilchen liegt jedoch mehrere cm unterhalb des Objektes. Im Fokus ist von der Aufladung nichts zu bemerken, genauso wie man die von MAHL u. WEITSCH beobachteten Fluktuationen durch Aufladung nur im Schattenwurf, aber nicht im fokussierten Bild erkennt (s. § 12.2). Obwohl die Aufladung der Teilchen gegenüber der Kohlefolie nur in der Größenordnung 2 V liegt, sind die Feldstärken an der Oberfläche der Kriställchen in der Größenordnung 10^4-10^5 V/cm. Wesentlich höhere Aufladungen von kleinen Teilchen lassen sich danach nicht erreichen, da dann die Feldstärken so hoch werden, daß Feldemission einsetzt. Die Deutung des Phänomens des „anomalen Kontrastes" ist daher z. Z. noch nicht abgeschlossen.

23.4.2. Päparationsverfahren

Die Negativkontrastierung geht auf Beobachtungen von HALL (1955) und HUXLEY (1956) zurück. Letzterer fand bei der Kontrastierung von TMV mit PWS oder KCl einen dunklen Mittelfaden, der durch Eindringen der Metallsalze in die hohle Achse des Virus entstanden sein mußte. Nach gründlichem Auswaschen verschwand dieser Effekt wieder. Es handelte sich also nicht um eine Kontrastierung durch chemische Anlagerungsprozesse. Voll ausgenutzt wurde diese Methode durch HORNE u. BRENNER (1958), BRENNER u. HORNE (1959) und wird bis auf geringe Variationen in der Konzentration des Metallsalzes (1—5%) und des pH-Wertes (4—11) weiter in dieser Form angewandt. Eine Lösung von 1% PWS wird mit n KOH auf pH 6,8—7,4 gebracht und 1 cm³ der Virus-Suspension in Wasser oder 1% Ammoniumazetatlösung mit 0,5 cm³ der PWS-Lösung gemischt. Die Lösung wird in einen Sprühapparat gebracht und die Tropfen auf kohlebefilmte Trägernetze aufgefangen. Kohlefilme sind zu empfehlen, um Aufladungen zu vermeiden und eine gute thermische Leitfähigkeit zu schaffen, da die PWS unter Elektronenbeschuß stark erwärmt wird, besonders wenn sie nur stellenweise konzentriert liegt. Die Aufsprühung kann mit einem einfachen Tascheninhalator erfolgen (in

35*

jeder Apotheke erhältlich). Neben dieser Aufsprühmethode kann man
aber auch einen Tropfen der Mischung auf das Trägernetz geben und den
Überschuß mit feuchtem Filtrierpapier absaugen (THORNLEY u. HORNE,
1962). Eine andere Möglichkeit besteht darin, zunächst die Virus-Suspension eintrocknen zu lassen und anschließend eine PWS-Lösung aufzu-
sprühen oder auch in einem Tropfen aufzubringen (1–5%ige PWS), den
man 10–60 sec einwirken läßt und mit Filtrierpapier absaugt (HUXLEY
u. ZUBAY, 1960).

Bei zu niedrigem Proteingehalt der Lösung ballt sich die PWS bevorzugt an einigen Stellen zusammen, die dann undurchstrahlbar sind und

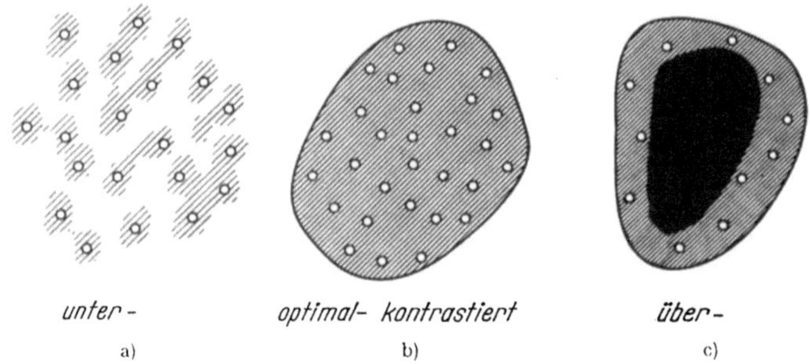

Abb. 241 a—c. Erscheinung eines negativ kontrastierten Präparates bei verschiedener Konzentration
der PWS (schematisch)

negativkontrastierte Objekte nur stellenweise am Rand zeigen (s. schematische Skizze in Abb. 241c). Man kann dann 0,005–0,05% Rinderserumalbumin zusetzen, um eine gleichmäßige Spreitung des PWS-Filmes
zu begünstigen (THORNLEY u. HORNE, 1962). Bei zu dichter Zusammenballung der PWS kann sich diese auch kristallin ausscheiden. Der Nega-
tivkontrastierungs-Effekt beruht aber gerade auf der amorphen Form der
Eintrocknung. In einer gleichmäßigen Bedeckung mit PWS (s. Abb. 241b
und 242) liegen die Hauptschwierigkeiten dieses Verfahrens, so schnell
und einfach diese Technik sonst ist, so daß unter Umständen lange Versuche erforderlich sind, um günstige Bedingungen zu erarbeiten. Zur
Verhinderung der Kristallisation kann zu 4% PWS auch 0,4% Rohrzucker hinzugefügt werden (ANDERSON, 1962). Es wird auch eine schnelle
Trocknung vorgeschlagen, die durch schnelles Einschleusen in das Mikroskop erfolgen kann. Neben PWS kann noch eine Reihe anderer Schwer-
metallsalze benutzt werden: K-Phosphorwolframat, Uranylazetat,
Ammoniummolybdat, Natriumwolframat oder Si-Wolframat. Weitere
Einzelheiten zur Negativkontrastierung sind den Arbeiten von ANDERSON
(1962), VALENTINE und HORNE (1962), HORNE u. WILDY (1964) zu entnehmen.

Obwohl Viren und Phagen die am meisten untersuchten und auch am
einfachsten zu präparierenden Objekte für die Negativkontrastierung

sind, steigt auch das Interesse an der Abbildung von Zellbestandteilen, insbesondere Mitochondrienmembranen, Membranen des ER, Ribosomen oder Chromatinstrukturen. Die Negativkontrastierung kann auch hier nach den oben angegebenen Verfahren erfolgen, wenn Suspensionen der Teilchen in Form von Homogenisaten vorliegen. FERNÁNDEZ-MORÁN u. a. (1964) erhielten z. B. an durch fraktionierte Zentrifugation gereinigten

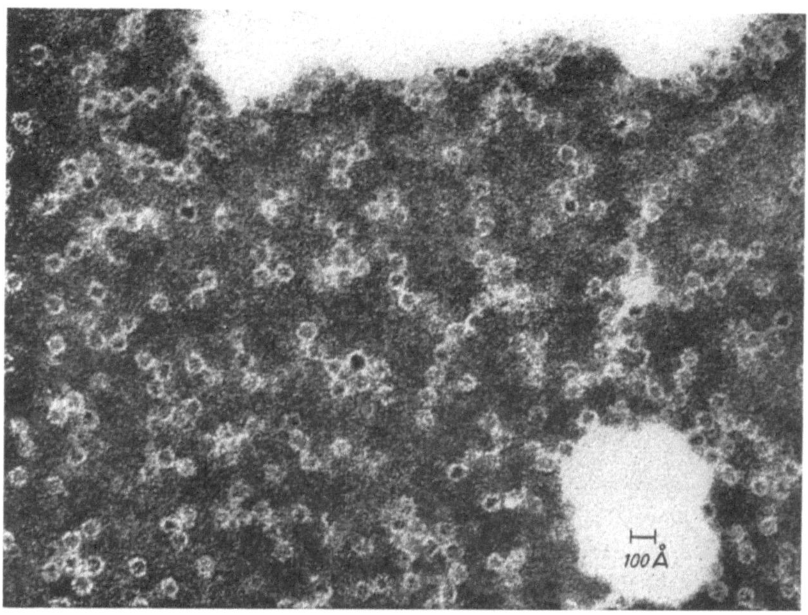

Abb. 242. Beispiel einer Negativkontrastierung von Ferritinmolekülen mit Phosphorwolframsäure (PWS) (Aufn. F. AMELUNXEN)

Mitochondrienmembranen eindrucksvolle Bilder der an diesen haftenden Elementarteilchen. In dieser Arbeit werden auch ausführlich die Schritte des Isolationsverfahren beschrieben.

PARSONS (1962, 1963) wendet ein Spreitungsverfahren an. Eine Nadel wird in das zu untersuchende Gewebe gestoßen, um einige Zellen aufzunehmen. Die Zellen werden von der Nadel abgeflottet, indem sie in eine 1—2%ige PWS-Lösung (pH 6,0—7,3, 0,005—0,01% Rinderserumalbumin) getaucht wird. Die Zellbestandteile bleiben dabei auf der Oberfläche schwimmen und werden durch die Oberflächenspannung auseinandergezogen. Zur Präparation braucht man nur ein befilmtes Netz auf die Oberfläche zu senken und den Film aus den dünn gespreiteten Zellen abheben (s. a. ähnliches Verfahren in § 23.3.2). Durch die PWS im anhaftenden Tropfen erfolgt die Negativkontrastierung. Diese und auch die fol-

gende Methode ist auf virusbefallene Zellen angewandt, um auch die örtliche Zuordnung zwischen Virus und Wirtszelle zu untersuchen. ALMEIDA
u. HOWATSON (1962, 1963) zentrifugieren virusbefallene Zellen aus Gewebekulturen und brechen in einer 1 : 5-Verdünnung des Kulturmediums
die Zellen, aber nicht die Zellkomponenten durch osmotischen Schock
auf. Die Suspension wird bei $-20°C$ eingefroren, und mit einem Gefriermikrotom 4 µ dicke Schnitte angefertigt. Die Schnitte werden in der
Mulde eines ausgeschliffenen Objektträgers gesammelt und bei Zimmertemperatur aufgetaut. Es wird etwa 3%ige PWS-Lösung hinzugegeben
und ein Tropfen der Emulsion auf ein formvarbefilmtes Netz gebracht.
Nach 1 min wird die überschüssige Flüssigkeit abgesaugt. Obwohl 4 µ-
Schnitte vorliegen, ist das Material stellenweise dünn genug, um hochauflösende Elektronenmikroskopie zu betreiben. Die Zellstruktur ist
zwar nicht erhalten geblieben, zwischen den Zellbestandteilen besteht
jedoch noch genügend Zusammenhang, um die wichtigsten Zellkomponenten identifizieren zu können.

Die Anfangserfolge der Negativkontrastierung lagen vor allem in der
Darstellung der Virusfeinstruktur, welche auf Grund der Symmetrieeigenschaften eine neue Klassifikation ermöglichte. Da an der Grenze des
Auflösungsvermögens gearbeitet wird,werden Periodizitäten oft durch statistische Schwankungen der Dichte der PWS-Filme und evtl. auch durch
die Körnigkeit der photographischen Platte nicht ganz klar abgebildet.
Eindeutige Rückschlüsse lassen sich dann nur durch einen Vergleich zahl-
reicher Bilder ziehen. Zur Eliminierung dieser Schwankungen wird von
MARKHAM u. a. (1963) ein photographisches Verfahren vorgeschlagen. Ein
stark vergrößertes Bild eines Einzelvirus wird mehrmals übereinander
kopiert, indem das Photopapier zwischen den Einzelbelichtungen auf
einem Drehtisch um $360°/n$ gedreht wird, wenn n die vermutete Periodizität ist. Bei $(n - 1)$ oder $(n + 1)$ ist das Bild in der Regel sehr verwaschen.
Dieses Verfahren wird auch zuweilen stroboskopische Methode genannt,
weil man den gleichen Effekt erzielen kann, wenn man einen Papierabzug
auf einen schnell rotierenden Teller stroboskopisch beleuchtet (Frequenz:
$n.\nu$ mit ν als Umlauffrequenz). Mit diesem Verfahren lassen sich unter
Umständen noch Struktureinzelheiten erkennen, die der Einzelkopie
nicht zu entnehmen sind. Dies Verfahren birgt aber auch die Gefahr in
sich, der Phantasie sehr viel Spielraum zu geben. Man sollte nur solche
Strukturen als reell ansehen, die in stroboskopischen Aufnahmen mehrerer
Einzelviren erscheinen. Oft bleibt dann nicht mehr übrig, als man schon
durch bloße Bildbetrachtung gewonnen hat. Nach KLUG u. BERGER
(1964) kann man von dem Bild eines Einzelvirus auch eine optische
Beugungsfigur aufnehmen. Denn einem Punkt des Beugungsbildes ist
eindeutig eine bestimmte Periodizität zugeordnet.

Literatur zu § 23

ALMEIDA, J. D., and A. F. HOWATSON: Substructure of viruses within cells studied by negative staining. V. Internat. Congr. EM Philadelphia, Vol. **II**, MM-4 (1962).
— — A negative staining method for cell-associated virus. J. Cell Biol. **16**, 616 (1963).

ANDERSON, T. F.: The use of critical point phenomena in prep. specimens for the electr.micr. J. appl. Phys. **21**, 724 (1950).
— Stereoscopic studies of cells and viruses in the electr. micr. Amer. Naturalist **86**, 91 (1952).
— Preservation of structures in dried specimens. Proc. Int. Congr. EM London, 122 (1954).
— Electr.micr. of microorganism. In: Phys. Techn. in Biol. Research III (ed. G. OSTERN u. A. W. POLLISTER). New York 1956.
— Negative staining and its use in the study of viruses and their serological reactions. In: The Interpretation of Ultrastructure, ed. R. J. C. HARRIS, 251, New York 1962.

BACKUS, R. C.: Spraying of particulate suspensions containing infective materials for electr.micr. analysis. Science **115**, 246 (1952).
— Adhesion partitioning, intrasomatic obs. on normal E. Coli and T2 bacteriophage. J. biophys. biochem. Cytol. **1**, 99 (1955).
—, and R. C. WILLIAMS: The use of spraying methods and of volatile suspending media in the prep. of specimens for electr. micr. J. appl. Phys. **21**, 11 (1950).

BAKER, R. F., and H. E. PEARSON: New embedding method for cell suspensions. J. biophys. biochem. Cytol. **9**, 217 (1961).

BARRERA ORO, J. G., K. O. SMITH, and J. L. MELNICK: Quantitation of Papova virus particles in human warts. V. Internat. Congr. EM Philadelphia. Vol. **II**, X-3 (1962).

BECHER, H., u. K. HOEGEN: Die Verw. der Hyaluronidase für licht- und elektr.mikr. Präp.methoden biol. Objekte. Z. wiss. Mikr. **62**, 41 (1954).

BENGTSSON, S., and L. PHILIPSON: Countercurrent distribution of poliovirus type 1. Virology **20**, 176 (1963).

BIRBECK, M. S. C., and E. REID: A new medium for the isolation of liver mitochondria. Biochim. Biophys. Acta **20**, 419 (1956).

BRANDES, J.: Identifizierung von gestreckten pflanzenpathogenen Viren auf morphologischer Grundlage. Mitt. Biol. Bundesanstalt f. Land- u. Forstwirtsch. Berlin-Dahlem 110, 1 (1964).

BRAUN, H., u. H. ERNST: Elektronenopt. Studien zur Isolierung von Kern-Fraktionen. Z. Naturforsch. **15**b, 592 (1960).

BRENNER, S., and R. W. HORNE: A negative staining method for high resolution electr.micr. of viruses. Biochim. Biophys. Acta **34**, 103 (1959).

BRUGGEN, E. F. J. VAN, E. H. WIEBENGA, and M. GRUBER: Negative-staining electr.micr. of proteins at pH values below their isoelectric points. Its appl. to hemocyanin. Biochim. Biophys. Acta **42**, 171 (1960).
— — — Structure and properties of hemocyanins. J. mol. Biol. **4**, 1 (1962).

CHARNEY, J., R. MACHLOWITZ, A. A. TYTELL, J. F. SAGIN, and D. S. SPICER: The concentration and purification of poliomyelitis virus by the use of nucleic acid precipitation. Virology **15**, 269 (1961).

CHAUVEAU, J., Y. MOULÉ, and C. ROUILLER: Isolation of pure and unaltered liver nuclei morphology and biochem. composition. Exp. Cell Res. **11**, 317 (1956).

COX, H. R., J. VAN DER SCHEER, S. AISTON, and E. BOHNEL: J. Immunology **56**, 149 (1947).

CRANE, H. R.: Direct centrifugation onto electr.micr. specimen films. Rev. sci. Instr. **15**, 253 (1944).

CUCKOW, F. W.: Fixation in electr.micr. Nature (Lond.) **175**, 131 (1955).

DAVISON, P. F., and E. H. MERCER: Electr.micr. of cell nuclei isolated in aqueous media. Exp. Cell Res. **11**, 237 (1956).

DAWSON, I. M., and H. STERN: Structure in the bacterial cell wall during cell division. Biochim. Biophys. Acta **13**, 31 (1954).

DESJARDINS, P. R., C. A. SENSENEY, and G. E. HESS: Further studies in the electr.-micr. of purified tobacco ringspot virus. Phytopath. **43**, 687 (1953) [s. a. Science **120**, 456 (1954)].

ERNSTER, L., P. SIEKEVITZ, and G. E. PALADE: Enzyme-structure relationships in the endoplasmatic reticulum of rat liver. J. Cell Biol. **15**, 541 (1962).

FERNÁNDEZ-MORÁN, H., T. ODA, P. V. BLAIR, and D. E. GREEN: A macromolecular repeating unit of mitochondrial structure and function. J. Cell Biol. **22**, 63 (1964).

FRASER, D.: Bursting bacteria by release of gas pressure. Nature (Lond.) **167**, 33 (1951).

FREY-WYSSLING, A.: Interpretation of the ultratexture in growing plant cell walls. In: The Interpretation of Ultrastructure I. ed. R. J. C. HARRIS, 307. New York 1962.

GEISTER, R., u. D. PETERS: Ein vereinf. direktes Zählverf. für Virus-Suspensionen ab 10^5 Partikel/ml. Z. Naturforsch. **18**b, 266 (1963).

GIESBRECHT, P.: Vergl. Unters. an den Chromosomen der Dinoflagellaten Amphidinium elegans und denen der Bakterien. Zbl. Bakt. I. Orig. **187**, 452 (1962).

GRUND, S.: "Supercoiling"-System des Chromosoms gramnegativer Bakt. Naturwissenschaften **52**, 116 (1965).

GUINTINI, J., and P. T. TEHAN: Proc. Conf. EM Delft 1950, S. 159.

HALL, C. E.: Electr.micr. of crystalline edestin. J. Biol. Chem. **185**, 45. Electr.micr. of cryst. catalase **185**, 749 (1950).

— Electr. densitometry of stained virus particles. J. biophys. biochem. Cytol. **1**, 1 (1955).

— Method for the observation of macromol. with the electr.micr. J. biophys. biochem. Cytol. **2**, 625 (1956).

—, and P. DOTY: A comparison between the dimensions of some macromolecules determined by electr.micr. and by phys. chem. methods. J. Amer. chem. Soc. **80**, 1269 (1958).

HARTMAN, R. E., T. D. GREEN, J. B. BATEMAN, C. A. SENSENEY, and G. E. HESS: Prep. of uniformly dispersed spec. of particulate matter for electr.micr. J. appl. Phys. **24**, 90 (1953).

HILLIER, J., G. KNAYSI, and R. F. BAKER: New prep. techn. for the electr. micr. of bact. J. Bact. **56**, 569 (1948).

HOOK, A. E., D. BEARD, A. R. TAYLOR, D. G. SHARP, and J. W. BEARD: Isolation and characterization of the T2 phage of E. Coli. J. biol. Chem. **165**, 241 (1946).

HORNE, R. W.: The structure and symmetry of virus particles. V. Internat. Congr. EM Philadelphia, Vol. **II**, S-1 (1962).

—, and S. BRENNER: A negative staining techn. for high resolution of virus. IV. Internat. Kongr. EM Berlin, Bd. **II**, 625 (1958).

—, and J. NAGINGTON: Electr.micr. studies of the development and structure of poliomyelitis virus. J. mol. Biol. **1**, 333 (1959).

—, and P. WILDY: Virus structure revealed by negative staining. Adv. Virus Res. **10**, 101 (1964).

HUXLEY, H. E.: Some obs. on the structure of TMV. Proc. Stockholm Conf. EM, 260 (1956).

HUXLEY, H. E., and G. ZUBAY: Electr.micr. obs. on the structure of microsomal particles from E. Coli. J. mol. Biol. **2**, 10 (1960).

KAIGHN, M. E., M. A. MOSCARELLO, and C. R. FUERST: Purification of mucine encephalomyocarditis virus. Virology **23**, 183 (1964).

KANNGIESSER, W., u. B. DEUBNER: Elektr.mikr. Aufn. von Kartoffel-X-Virus in gefriergetrocknetem Tabakrohsaft. Naturwissenschaften **40**, 442 (1953).

KELLENBERGER, E.: La techn. de prép. microcentrifugation. Experientia (Basel) **5**, 253 (1949).

—, and W. ARBER: Electr.micr. studies of phage multiplication I: A method for the quant. analysis of particle suspensions. Virology **3**, 245 (1957).

—, et A. RYTER: Contribution a l'etude du noyan bacterien. Schweiz. Z. allgem. Path. Bakt. **18**, 1122 (1955).

— —, and J. SÉCHAUD: Electr.micr. study of DNA-containing plasms. J. biophys. biochem. Cytol. **4**, 671 (1958).

KLEINSCHMIDT, A.: Über die quantitative Spreitung von Zellen. Proc. Stockholm Conf. EM, 128 (1956).

— D. LANG, C. PLESCHER, W. HELLMANN, J. HAASS, R. K. ZAHN u. A. HAGEDORN: Über die intrazelluläre Formation von Bakterien-DNS. Z. Naturforsch. **16**b, 730 (1961).

—, u. R. K. ZAHN: Über DNS-Molekeln in Protein-Mischfilmen. Z. Naturforsch. **14**b, 770 (1959).

KLUG, A., and J. E. BERGER: An opt. method for the analysis of periodicities in electr. micrographs and some obs. on the mechanism of negative staining. J. mol. Biol. **10**, 565 (1964).

KNAYSI, G., J. HILLIER, and C. FABRICANT: The cytology of an avian stain of mycobacterium tuberculosis studied with the electr. and light micr. J. Bact. **60**, 423 (1950).

KUFF, E. L., G. H. HOGEBOOM, and A. J. DALTON: Centrifugal, biochem. and electr. micr. analysis of cytoplasmatic particulates in liver homogenates. J. biophys. biochem. Cytol. **2**, 33 (1956).

KÜHN, K., W. GRASSMANN, u. U. HOFMANN: Die elektr.mikr. „Anfärbung" des Kollagens und die Ausbildung einer hochunterteilten Querstreifung. Z. Naturforsch. **13**b, 154 (1958).

KUHNKE, E.: Elektr.mikr. Befunde zur Wirkung von Hyaluronidase auf Kollagenfibrillen. Naturwissenschaften **45**, 166 (1958).

LAURELL, A. H. F.: A method of sectioning bacteria in situ for electr.micr. and cytochem. investigations. Nature (Lond.) **163**, 282 (1949).

LERNER, A. M.: Concentration and purification of viruses with special reference to reoviruses. Bact. Rev. **28**, 391 (1964).

LEVINTHAL, C., and H. FISHER: The struct. development of a bact. virus. Biochim. Biophys. Acta **9**, 419 (1952).

LIEBERMEISTER, K.: Ein Verf. zur Verwendung der Agarfixation in der Elektr.mikr. Z. Naturforsch. **8**b, 755 (1953).

LIPPERT, W.: Bemerkungen zum Kontrast beim „negative-staining" der Elektr.-mikr. Naturwissenschaften **51**, 408 (1964).

MALAMED, S.: Use of microcentrifuge for prep. of isolated mitochondria and cell suspensions for electr.micr. J. Cell Biol. **18**, 696 (1963).

MARKHAM, R., S. FREY, and G. J. HILLS: Methods for the enhancement of image detail and accentuation of structure in electr.micr. Virology **20**, 88 (1963).

MARTIN, A., and S. G. TOMLIN: A techn. for the cultivation and prep. of tissue cultures for electr.micr. Biochim. Biophys. Acta **5**, 154 (1950).

MATTERN, C. F. T., and H. G. DUBUY: Purification and crystallization of coxsackie virus. Science **123**, 1037 (1956).

Meyerhoff, K. H., and G. Müller: Anomalous contrast in electr.micr. of negatively stained specimens. Symp. Quant. Electr.micr. Washington 1964, in Lab. Invest. **14**, 1080 (1965).

Mitchell, R. F.: The examination of some plasma proteins by electr.micr. Biochim. Biophys. Acta **9**, 430 (1952).

Moll, G.: Elektr.mikr. Unters. zur Virusfiltration mit einem löslichen Al-Alginat-Ultrafilter. Naturwissenschaften **49**, 406 (1962).

— Über die lösl. Ultrafilter aus Al- und Lanthan-Alginat und die elektr.mikr. Demonstr. ihrer Filtrationseigenschaften. Z. Hygiene **149**, 297 (1963).

— Die elektr.mikr. Darst. des Injektionsvorganges von T2-Bakteriophagen und von Phagen-DNS unter Zuhilfenahme von Al-Alginat-Ultrafilter. Naturwissenschaften **52**, 21 (1965).

Morgan, C., C. Howe, H. M. Rose, and D. H. Moore: Structure and development of viruses obs. in the electr.micr. J. biophys. biochem. Cytol. **2**, 351 (1956).

Mühlethaler, K.: Gegenwärtiger Stand der elektr.mikr. Erforschung der Pflanzenzelle. Naturwissenschaften **44**, 204 (1957).

Müller, G., and K. Meyerhoff: Anomalous contrast in electr.micrographs of negative stained specimens. Nature (Lond.) **201**, 590 (1964).

Nagington, J., A. A. Newton, and R. W. Horne: The structure of orf virus. Virology **23**, 461 (1964).

Nilsson, O.: Eine Meth. zur Elektr.mikr. von Zellen aus Gewebekulturen. Z. wiss. Mikr. **62**, 441 (1955).

Noda, H., and R. W. G. Wyckoff: The electr. micr. of developing bacteriophage. Biochim. Biophys. Acta **8**, 381 (1952).

Parsons, D. F.: Negative staining of Gross leukemia virus in thinly spread cells and after partial purification. V. Internat. Congr. EM Philadelphia, Vol. II, X-1 (1962).

— Negative staining of thinly spread cells and associated virus. J. Cell. Biol. **16**, 620 (1963).

Petermann, M. L.: The physical and chemical properties of ribosomes. Amsterdam 1964.

Peters, D.: Strukturaufkl. am Elementarkörper des Vaccine-Virus durch Abbau mit Trypsin. Proc. Europ. Reg. Conf. EM Delft, Vol. II, 694 (1960).

—, and G. Müller: The fine structure of the DNA-containing core of vaccinia virus. Virology **21**, 266 (1963).

—, u. T. Nasemann: Unters. am Virus der Variola-Vaccine. Z. Naturforsch. **8b**, 547 (1953).

— G. Nielssen, u. M. E. Bayer: Variola, die Zuverl. der elektr.mikr. Schnelldiagnostik. Dtsch. Med. Wschr. **87**, 2240 (1962).

—, u. R. Wigand: Enzymatisch-elektronenopt. Analyse der Nucleinsäurevert., dargest. an E. Coli als Modell. Z. Naturforsch. **8b**, 180 (1953).

Pinteric, L., and J. Taylor: The lowered drop method for the prep. of specimens of partially purified virus lysates for quant. electr.micr. Virology **18**, 359 (1962).

Pohlman, R., u. C. Wolpers: Über das Verh. histologischer Suspensionen im Ultraschallfeld. Kolloid-Z. **109**, 106 (1944).

Porter, K. R., A. Claude, and E. F. Fullam: A study of tissue culture cells by electr.micr. J. exp. Med. **81**, 233 (1945).

Raettig, H.: Erf. bei der elektr. opt. Darst. von Bakteriophagen mit dem Filmbewuchsverf. Z. wiss. Mikr. **61**, 280 (1953).

Reimer, L.: Aufladung kleiner Teilchen im Elektr.mikr. Z. Naturforsch. **20a**, 151 (1965).

Rhim, J. S., K. O. Smith, and J. L. Melnick: Complete and coreless forms of reovirus. Ratio of number of virus particles to infective units in the one-step growth cycle. Virology **15**, 428 (1961).

RICE, R. V., P. KAESBERG, and M. A. STAHMANN: The breaking of TMV using a new freeze drying method. Biochim. Biophys. Acta 11, 337 (1953).
— — — Further studies concerning the breaking of TMV. Biochim. Biophys. Acta 20, 488 (1956).
ROBERTIS, E. DE, C. M. FRANCHI, and M. PODOLSKY: Aerosol techn. for the study of macromolecules with the electr.micr. Biochim. Biophys. Acta 11, 507 (1953).
RYTER, A., E. KELLENBERGER, A. BIRCH-ANDERSEN, and O. MAALOE: Etude au micr. electr. de plasmas contenant de DNA. Z. Naturforsch. 13b, 597 (1958).
SALTON, M. R. J., and R. W. HORNE: Studies of the bacteria cell walls I u. II. Biochim. Biophys. Acta 7, 19, 177 (1951).
SCHREIL, W. H.: Studies on the fixation of artificial and bacterial DNA plasms for the electr.micr. of thin sections. J. Cell Biol. 22, 1 (1964).
SHARP, D. G.: Enumeration of virus particles by electr.micr. Proc. Soc. exp. Biol. Med. 70, 54 (1949).
— Sedimentation counting of particles via electr.micr. IV. Internat. Kongr. EM Berlin, Bd. II, 542 (1958).
— Extraction and counting of vaccinia virus particles from calf lymph vaccine. J. Immunology 84, 507 (1960).
— Quant. use of the electr.micr. in virus research. Symp. Quant. Electr.micr. Washington 1964, in Lab. Invest. 14, 831 (1965).
SHIMUZU, T.: Electr.micr. of tissue cells. A. Schole Med. Univ. Kioto 28, 77 (1950).
SMITH, K. O., and J. L. MELNICK: Recognition and quantitation of herpes-virus particles in human vesicular lesions. Science 137, 543 (1962).
STEERE, R. L.: Electr.micr. of structural detail in frozen biol. specimens. J. biophys. biochem. Cytol. 3, 45 (1957).
SUGAR, I.: A micro-manipulation method for the prep. of calibrated microdroplets over the range of 10^{-6}—10^{-10} ml in electr.micr. Proc. Stockholm Conf. EM, 127 (1956).
THORNLEY, M. J., and R. W. HORNE: Electr.micr. obs. on the structure of fimbriae, with particular ref. to Klebsiella Strains by the use of negative staining techn. J. gen. Microbiol. 28, 51 (1962).
VALENTINE, R. C., and J. R. G. BRADFIELD: A new procedure for bacterial viability counts and its biophys. appl. Nature (Lond.) 171, 878 (1953).
—, and R. W. HORNE: An assessment of negative staining techn. for revealing ultrastructure. In: Interpretation of Ultrastructure, ed. R. J. C. HARRIS, 263, New York 1962.
WATSON, D. H.: Electr.micr. particle counts of phosphotungstate-sprayed virus. Biochim. Biophys. Acta 61, 321 (1962).
WEIBULL, C.: The isolation of protoplasts from bac. megaterium by controlled treatment with lysozyme. J. Bact. 66, 688 (1953).
—, and J. HEDVALL: Some obs. of fractions of disintegrated bacterial cells obtained by diff. centrifugations. Biochim. Biophys. Acta 10, 35 (1953).
WEIL, M. L., J. WARREN, S. S. BREESE, S. B. RUSS, and H. JEFFRIES: Separation of encephalomyocarditis virus from tissue components by means of protamine precipitation and encymic digestion. J. Bact. 63, 99 (1952).
WILLIAMS, R. C.: Method of freeze-drying for electr.micr. Exp. Cell Res. 4, 188 (1953).
— —, and R. C. BACKUS: Macromolecular weights determined by direct particle counting I. J. Amer. Chem. Soc. 71, 4052 (1949).
— —, and R. L. STEERE: Macromol. weights determined by direct particle counting II. J. Amer. Chem. Soc. 73, 2062 (1951).
WYCKOFF, R. W. G.: Frozen-dried prep. for electr.micr. Science 104, 37 (1946).
— The electr.micr. of macromol. crystals. Acta cryst. 1, 292 (1948a).

Wyckoff, R. W. G.: The electr.micr. of developing bacteriophage. Biochim. Biophys. Acta **10**, 35 (1948b).

Yamamoto, T., and S. Nagasaki: An appl. of analytical study to electr.micr. of yeast cells. Proc. Intern. Congr. EM London, 440 (1954).

Zapf, K., u. J. Ludvik: Einf. in die elektr.mikr. Präpariertechn. in der Mikrobiol. Jena 1961.

§ 24. Autoradiographie

24.1. Vorteile und Auflösungsvermögen der elektronen-mikroskopischen Autoradiographie

Bei der Autoradiographie wird die Verteilung von radioaktiv markierten Stoffen in der Zelle dadurch sichtbar gemacht, daß ein Schnitt mit einer dünnen photographischen Schicht (Kernemulsion) überzogen wird. Ein emittiertes Teilchen (z. B. β-Strahlung) erzeugt in einem Silberhalogenidkorn ein latentes Bild und nach der Entwicklung ein Silberkorn

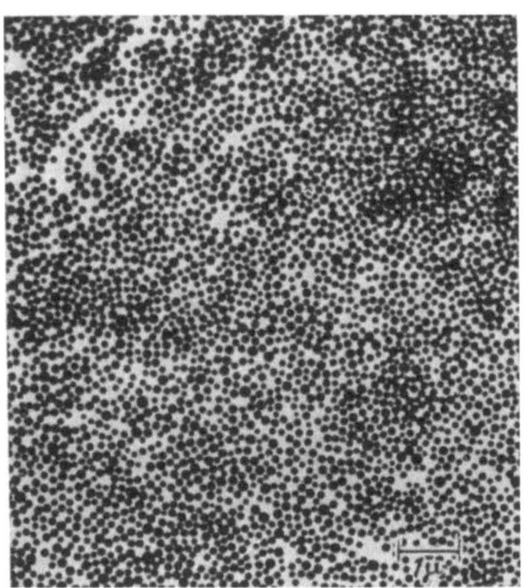

Abb. 243. Kornverteilung in einer präparierten Ilford-L 4-Emulsion (Aufn. H. G. Fromme)

in der Nähe des radioaktiven Atoms. Die markierten Stoffe (Träger), z. B. ^{3}H-Thymidin, werden durch Verfütterung oder Injektion verabreicht. In der Lichtmikroskopie wird diese Methode schon länger mit Erfolg angewandt (s. Boyd, 1955; Harbers, 1958). Die Korngrößen betragen bei den Kernemulsionen etwa 1000 Å. Deshalb ist das Auflösungsvermögen durch das Lichtmikroskop – auch bei Verwendung der Ölimmersion – nicht voll ausgenutzt. Mit dem Elektronenmikroskop lassen sich durch gleichzeitige Sichtbarmachung der Ultrafeinstruktur von Dünnschnitten und den darüber liegenden entwickelten Silberkörnern die

Möglichkeiten voll ausnutzen. Aus den unten dargelegten Gründen ist aber das Auflösungsvermögen für die Lokalisation des markierten Moleküls etwa 100 mal schlechter als das Auflösungsvermögen des Elektronenmikroskopes.

Die Präparation muß für die Elektronenmikroskopie modifiziert werden, indem möglichst dünne Emulsionsschichten mit kleinen Silberhalogenidkörnern benutzt werden. Die kommerziellen Kernemulsionen

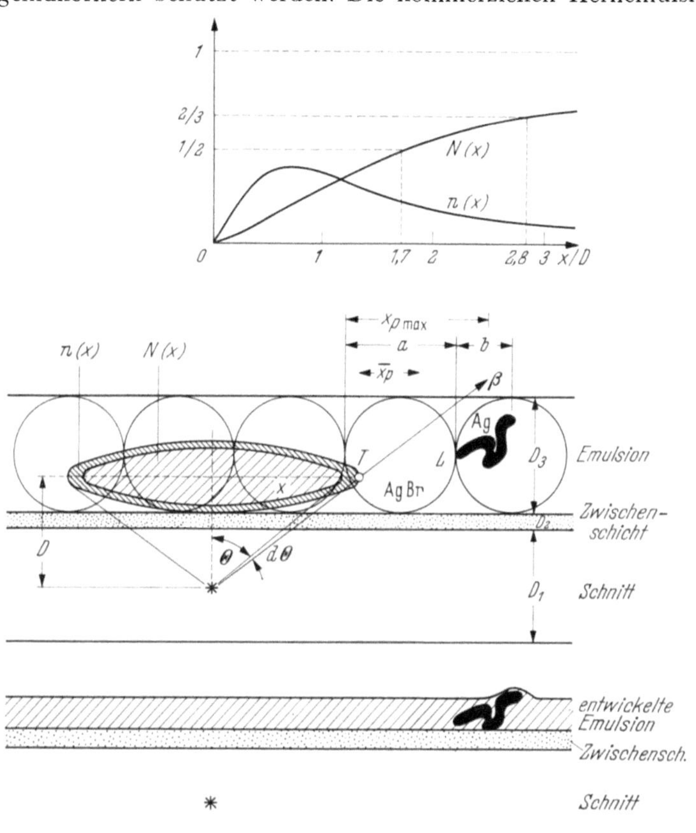

Abb. 244. Zur Ableitung des Auflösungsvermögens in der elektronenmikroskopischen Autoradiographie

enthalten etwa gleiche Volumina an Gelatine und Silberbromidkörnern. Sie besitzen Korndurchmesser von 300—3000 Å. Die optimale Verteilung der Silberbromidkörner ist eine dichtest gepackte Monolage (Einkornschicht). Praktisch werden in der Regel nur lockere Verteilungen erreicht (Abb. 243), wodurch die Ausbeute herabgesetzt wird.

Im folgenden soll das erreichbare Auflösungsvermögen diskutiert werden (CARO, 1962; CARO u. VAN TUBERGEN, 1962; PELC, 1963; BACH-

MANN u. SALPETER, 1965). Ein β-Teilchen, welches von einem markierten Molekül des Schnittes ausgesandt wird, ruft einen Ionisationsprozeß im darüberliegenden Silberhalogenidkorn hervor (Abb. 244). Der Zuordnungsfehler setzt sich aus einem durch die Geometrie verursachten Anteil (x_G) und einem durch den photographischen Prozeß bedingten Anteil (x_P) zusammen. Im Mittel liegt der Treffer T in einer Entfernung

$$x = \left(\frac{D_1}{2} + D_2 + \frac{D_3}{2} \right) \cdot \operatorname{tg} \Theta = D \operatorname{tg} \Theta \qquad (24.1)$$

vom markierten Molekül. Auf den eng schraffierten Kreisring mit der Fläche $2\pi x\, dx$ entfällt der Bruchteil $\sin \Theta\, d\Theta$ der in den oberen Halbraum statistisch emittierten Elektronen. Die Wahrscheinlichkeit $n(x)$, daß ein Korn in der Entfernung x getroffen wird, ergibt sich daher mit (24.1) zu

$$n(x)\, dx = \frac{\dfrac{x}{D} \cdot \dfrac{dx}{D}}{\left(1 + \left(\dfrac{x}{D} \right)^2 \right)^{3/2}} \cdot \qquad (24.2)$$

Fragt man dagegen nach der Wahrscheinlichkeit $N(x)$, daß das Silberkorn innerhalb eines Kreises (weit schraffiert) mit dem Radius x zu liegen kommt, so ist

$$N(x) = (1 - \cos \Theta) = 1 - \frac{1}{\sqrt{1 + \left(\dfrac{x}{D} \right)^2}} \cdot \qquad (24.3)$$

Die Hälfte aller Körner liegt demnach in einem Kreis mit dem Radius $1{,}7\, D$ (Abb. 247), $^2/_3$ im Kreis mit dem Radius $2{,}8\, D$. Es sei bemerkt, daß natürlich pro markiertes Molekül stets nur ein Korn entwickelt wird, es sei denn, daß unter sehr schrägem Durchgang des β-Teilchens mehrere Körner entwicklungsfähig werden. Die Zahlen $n(x)$ bzw. $N(x)$ stellen daher statistische Aussagen dar, mit welcher Wahrscheinlichkeit das Korn in einem bestimmten Abstand anzutreffen ist, bzw. innerhalb des Kreises mit dem Radius x liegt. Für die Praxis ergibt sich hieraus auch die Forderung nach einer statistischen Auswertung, wenn die Trägermoleküle in einer bestimmten Gewebestruktur inkorporiert sind. Den mittleren geometrischen Fehler kann man nach (24.3) zu

$$\overline{x_G} = 1{,}7\, D \qquad (24.4)$$

definieren.

Das latente Bild liegt jedoch nicht notwendig an der vom Elektronenstrahl getroffenen Stelle T des Silberhalogenidkornes. Bei der Entwicklung wächst am Ort des latenten Bildes L ein Silberkeim in Form eines wurmartigen Filamentes (Abb. 245), welches sich nicht notwendig um diesen Ort herumwindet, sondern im ungünstigsten Fall von diesem fast geradlinig wegwachsen kann. Dadurch resultiert der in Abb. 244 verzeichnete maximale Fehler $x_{P,\,\mathrm{max}} = a + \dfrac{b}{2}$ zwischen dem Ort der Elektronenwechselwirkung und dem Schwerpunkt des Silberfilamentes. Ein Ende des Filamentes wird zwar wesentlich näher am Ort des latenten Bildes liegen. Man kann den Aufnahmen aber nicht ansehen, wo der Anfang des Filamentes liegt. Beachtet man die verschiedenen möglichen Stellen, an denen das Silberhalogenidkorn getroffen werden kann, und nimmt gerade gewachsene Filamente der Länge b in allen möglichen Richtungen an, so ergibt sich ein mittlerer Fehler

$$\overline{x_P} = \sqrt{\frac{a^2}{5} + \frac{b^2}{12}} \, . \tag{24.5}$$

Der geometrische Fehler $\overline{x_G}$ und der photographische Fehler $\overline{x_P}$ addieren sich zu dem mittleren Gesamtfehler

$$\overline{x_{\mathrm{ges}}} = \sqrt{\overline{x_G}^2 + \overline{x_P}^2} \tag{24.6}$$

Zahlenbeispiele:

1. Schnittdicke $\quad\quad D_1 = 350 \,\text{Å}\quad$ (graue Interferenzfarbe)
   Zwischenschicht $\quad D_2 = 50 \,\text{Å}\quad$ (Kohle)
   Emulsionsdicke $\quad D_3 = 500 \,\text{Å}\quad$ (Monolage Kodak NTE)
   Größe des Ag-Filamentes $b = 500 \,\text{Å}$
   $\overline{x_G} = 680 \,\text{Å}, \quad \overline{x_P} = 270 \,\text{Å} , \quad \overline{x_{\mathrm{ges}}} = 730 \,\text{Å} .$
2. Schnittdicke $\quad\quad D_1 = 1000 \,\text{Å}\quad$ (Interferenzfarbe gold)
   Zwischenschicht $\quad D_2 = 50 \,\text{Å}$
   Emulsionsdicke $\quad D_3 = 1300 \,\text{Å}\quad$ (Ilford L 4)
   Größe des Ag-Filaments $b = 2500 \,\text{Å}$
   $\overline{x_G} = 1700 \,\text{Å} , \quad \overline{x_P} = 930 \,\text{Å} , \quad \overline{x_{\mathrm{ges}}} = 1940 \,\text{Å} .$

Man ersieht aus dieser Abschätzung, daß der geometrische Fehler den größten Einfluß ausübt. Diese grobe Abschätzung enthält nicht die Streuung, welche die langsamen β-Teilchen speziell in den stärker streuenden AgBr-Körnern erleiden, und berücksichtigt auch nicht den Aufbau der Schicht aus einzelnen kugelförmigen Teilchen. Eventuell wird auch durch den längeren Weg der Elektronen in der Emulsion ($\sim 1/\cos \Theta$) die Wahrscheinlichkeit zur Erzeugung eines latenten Bildes erhöht. Die Abschätzung zeigt aber deutlich, daß man hohe Auflösungen nur mit Dünnschnitten und Feinstkornemulsionen ermöglichen kann und daß die Elektronenmikroskopie gegenüber der Lichtmikroskopie eine Steigerung des Auflösungsvermögens im wesentlichen aus folgenden Gründen erreichen läßt: 1. liefert diese in den geringen Schnittdicken den nötigen Kontrast, 2. können die nachweisbaren Silberkörner kleiner sein und werden immer noch scharf mit gutem Kontrast abgebildet, so daß jedes Silberkorn ohne Schwierigkeiten von Präparatstrukturen oder Verschmutzungen zu unterscheiden ist; 3. ist der Abstand der Körner von den Objekten genauer zu ermitteln, was die statistischen Auswertungen erleichtert und 4. sind auf Grund der großen Tiefenschärfe des Elektronenmikroskopes (§ 2.2) die Silberkörner und die Schichtstruktur gleichzeitig scharf abgebildet.

Vom Auflösungsvermögen her kann man also nur entscheiden, ob die markierten Moleküle etwa im Nukleolus, in der Kernmembran, in den Zisternen des endoplasmatischen Retikulums oder in den Mitochondrien liegen. Es ist schon schwer zu entscheiden, ob z. B. in den Cristae oder der Mitochondrienmatrix. Für die experimentelle Bestimmung des Auflösungsvermögens eignen sich „punktförmige" Objekte, z. B. Phagen (500–1000 Å). Eine statistische Auswertung der Abstände der Silberkörner vom Zentrum ergibt befriedigende Übereinstimmung mit theoretisch berechneten Verteilungen (CARO, 1962a).

Durch eine Exposition der Emulsion im Magnetfeld eines Permanentmagneten glauben HARFORD und HAMLIN (1961) und NAKAI (1964) eine Steigerung der Ausbeute zu erreichen. Eine Erhöhung der Ausbeute durch die Schraubenbahnen im Magnetfeld kann nach CARO (1961a) aber nicht die Ursache sein. Nach (1.16) beschreiben 10 keV-Elektronen in einem Magnetfeld von $B = 10000$ Gauß eine Kreisbahn mit dem Radius $r = 340\ \mu$. Die mittlere Reichweite dieser Elektronen beträgt aber nur etwa $2{,}5\ \mu$. Um durch Magnetfelder eine Erhöhung des Auflösungsvermögens zu erreichen, indem schräg zur Schichtnormalen emittierte Elektronen auf engeren Schraubenbahnen die Emulsion durchlaufen, würde man Feldstärken höher als 10^6 Gauß benötigen. Diese können z. Z. nur im Impulsbetrieb während der Dauer von Mikrosekunden erzeugt werden, dagegen nicht über die wochenlangen Expositionszeiten.

24.2. Eigenschaften der radioaktiven Isotope und ihrer Träger

In der biologischen Anwendung der Autoradiographie finden z. Z. vorwiegend β-Strahler Verwendung. Die Energie der β-Strahlen sollte möglichst gering sein. Wegen des kontinuierlichen Energiespektrums der β-Strahlen kann man eine Maximalenergie E_{max} und eine mittlere Energie $\overline{E}$ angeben. Die Energie sollte für einen quantitativen Nachweis möglichst unter 100 keV liegen. 10 keV-Elektronen erfahren in einem Silberhalogenidkorn mit $0{,}01\ \mu$ Durchmesser einen mittleren Energieverlust von 150 eV, 100 keV-Elektronen dagegen nur 17 eV. Nach Untersuchungen mit sichtbarem Licht ist eine Energie von etwa 35 eV pro Korn erforderlich, um ein latentes Bild zu erzeugen (PELC u. a., 1961).

Tritium ^{3}H, $E_{max} = 18$ keV, $\overline{E} = 5{,}5$ keV.

Als Träger werden bevorzugt Aminosäuren benutzt. ^{3}H-Thymidin wird vorwiegend in DNS-haltigen Strukturen eingebaut. Abb. 245 zeigt die Konzentration von Silberfilamenten über dem Kernchromatin nach ³H-Thymidin-Einbau. Über dem RNS-haltigen Nukleoplasma liegen keine Silberkörner. ³H-4,5-Leucin ist für die Untersuchung der Proteinsynthese geeignet (CARO u. PALADE, 1964; CARO, 1961b), ³H-Prolin zur Lokalisation der Kollagen-Synthese (REVEL u. HAY, 1963). ³H-Uridin

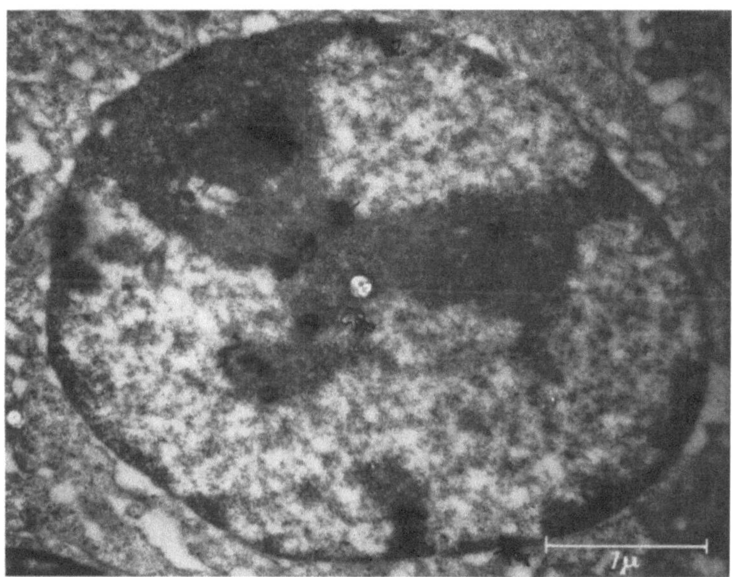

Abb. 245. ³H-Thymidin-Markierung des Kernchromatins (Aufn. H. G. FROMME)

und ³H-Cytidin wird praktisch ausschließlich in der Ribonukleinsäure inkorporiert (JACOB u. SIRLIN, 1964; GRANBOULAN u. GRANBOULAN, 1964; FIRKET u. GRANBOULAN, 1963).

^{125}J emittiert monochromatische Konversions- und Auger-Elektronen von 3 und 30 keV. Es wird trägerfrei benutzt und dient zur Untersuchung der Ablagerung in der Schilddrüse (KAYES u. a., 1962).

^{35}S, $E_{max} = 167$ keV, wird trägerfrei als $Na_2{}^{35}SO_4$ verwendet und in Chondriotinsulfat eingebaut (FEWER u. a., 1964).

^{14}C hat ein $E_{max} = 155$ keV und ist daher zur Markierung von organischen Stoffen nicht so gut geeignet wie Tritium.

Mit der Autoradiographie lassen sich auch an Staubteilchen angelagerte α- und β-Strahler untersuchen. Diese Methode ist für eine elektronenmikroskopische Analyse des Fall-out von Interesse (RIEDEL, 1964).

24.3. Präparation der Emulsionen

Die Verarbeitung der Emulsionen muß in der Dunkelkammer erfolgen. Es kann z. B. ein gelbgrünes Kodak Wratten-Filter AO mit einer

25 W Lampe in 2 m Entfernung benutzt werden. Die Emulsionen

Ilford L 4	Korngröße:	1000 – 1600 Å
Kodak NTE (zentrifugiert)		300 – 550 Å
oder Gevaert NUC 307		700 Å

werden im Handel als festes oder flüssiges Gel geliefert. Die Ilford-Emulsion wird z. B. so zubereitet, daß 10 g des käuflichen Gels mit 20 ml Wasser bei 45°C 15 min lang erwärmt werden. Die Mischung muß mit einem Glasrührer gründlich aber nicht zu heftig durchgerührt werden. Nach einer Abkühlung von 2–3 min im Eisbad bleibt die verdünnte Emulsion 30 min bei Raumtemperatur stehen.

Es empfiehlt sich, vor dem Aufbringen der Emulsion auf den Schnitt diesen mit einer dünnen Kohle-Aufdampfschicht von 50 Å zu überziehen (KOEHLER u. a., 1963; BACHMANN u. SALPETER, 1964). 1. Wird dadurch das latente Bild vor Oxydation durch das Gewebe geschützt. 2. Wird der kontrastierte Schnitt vor einer Dekontrastierung während des Entwicklungs- und Fixationsprozesses bewahrt. Diese Ausbleichung kann in $KMnO_4$-fixiertem Gewebe unter Umständen zu einer Kontrastumkehr führen (KOEHLER u. a., 1963). Es wird daher eine Nachkontrastierung mit Bleihydroxyd in der Regel erst nach der Entwicklung und Fixation durchgeführt. Hierbei besteht aber die Gefahr, daß die Gelatine durch die alkalische Kontrastierungsflüssigkeit abgebaut wird, was zu einer Verlagerung der Silberkörner führen kann. 3. Läßt sich eine gleichmäßigere Emulsionsbedeckung erreichen.

1. *Drahtschlaufenmethode* (CARO u. PALADE, 1961; CARO u. VAN TUBERGEN, 1962; KAYES u. a., 1962; FROMME, 1964). Eine Drahtschlaufe aus etwa 0,5 mm starkem Kupfer-, Silber- oder Platindraht und einem Durchmesser von 3–4 cm wird in die Emulsion getaucht und senkrecht herausgezogen. Der seifenblasenähnliche Film erstarrt sofort mit einer mehr oder weniger dichten Monolage von Silberbromidkörnern. Dieser Film kann dann auf die Trägernetze gelegt werden, welche auf einem Glasobjektträger aufgeklebt sind. KAYES u. a. (1962) benutzten kleinere Drahtschlaufen (7,5 mm ⌀) und legten die präparierten Netze zum Überspannen auf senkrechtstehende Holzstäbchen (2,5 mm ⌀, 10 mm lang). HAASE u. JUNG (1964) beschreiben Versuche, um dicht gepackte „Einkornschichten" mit der Emulsion NUC 307 zu erhalten. Dies wird mit einer länglichen Drahtschlaufe (15 mm breit, 30 mm lang) und Zusatz eines Netzmittels (einige Tropfen einer 10%igen Lösung von Hostapan *T* auf 25 cm³ Emulsion) erreicht. In einer oberen Eintrocknungszone des Emulsionsgels liegen die optimalsten Schichten.

2. *Blasenmethode.* CARO (1961) nimmt eine kleine Menge der Emulsion mit einer Mikropipette auf und bläst eine Blase von etwa 2 cm Durchmesser, die dann ebenfalls über die präparierten Netze gelegt wird.

3. *Eintauchmethode* (HAY u. REVEL, 1963; FEWER u. a., 1964; PELC u. a., 1961). Die Netze werden mit doppelseitig klebendem Klebstreifen auf Glasobjektträgern befestigt. Nach dem Eintauchen in die Emulsion werden diese in vertikaler Stellung getrocknet. Der Nachteil dieser Methode ist die ungleichmäßige Bedeckung. Es ergibt sich durch die Eintrocknung eine stärkere Konzentration an den Netzstegen. SALPETER u.

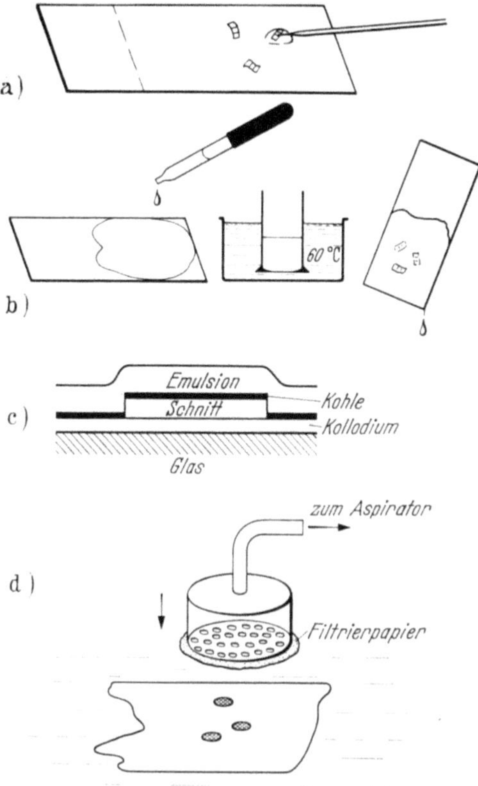

Abb. 246a—d. Präparationsverfahren zur Befilmung von Schnitten mit einer Kernspuremulsion (nach SALPETER und BACHMANN, 1964)

BACHMANN (1964) übertragen die Schnitte deshalb zunächst auf kollodiumbefilmte Glasobjektträger, bedampfen mit einer Kohle-Zwischenschicht und tropfen die Emulsion auf (Trocknung in vertikaler Stellung). Das Schichtsystem wird abgeflottet, die Netze auf die Schnitte gelegt und in üblicher Weise abgehoben (Abb. 246). BUDD u. PELC (1964) bedecken 7 mm-Löcher in dünnen Scheiben eines Plastikmaterials mit Formvarfolien, bringen die Schnitte mit einem Tropfen auf diese auf, und nach dem Antrocknen wird ein Tropfen der Emulsion aufgetragen. Nach der Exposition und Entwicklung wird erst das Trägernetz aufgelegt.

36*

4. *Zentrifugalmethoden*. KOEHLER u. a. (1963) versuchen eine homogenere Verteilung dadurch zu erreichen,daß die kohlebedampften Schnitte mit den Netzen auf einen Formvarfilm gelegt werden, welcher mit einer Glasscheibe aufgenommen wird. Diese wird auf den Tisch einer Zentrifuge in eine passende Vertiefung gelegt und ein Tropfen der Emulsion aus etwa 5 cm Entfernung auf die mit 10000 rpm rotierende Glasscheibe getropft. Der über dem Netz liegende Formvarfilm verhindert die stärkere Konzentration an den Netzstegen. DOHLMAN u. a. (1964) lassen die AgBr-Körner in einer Ultrazentrifuge absedimentieren. Nach der Sedimentation wird etwas Formalin oder Alkohol zugesetzt, um die Gelatinehaut der AgBr-Körner zu fixieren. Nach dem Trocknen wird noch eine Kollodiumhaut überzogen, um die Bewegung der AgBr-Körner während der Entwicklung und Fixierung zu verhindern.

Nach dem Auftragen der Emulsion sollte man stets eine Testpräparat unentwickelt untersuchen (Abb. 243), um die Dichte der AgBr-Körner zu kontrollieren. Dabei ist mit niedrigen Elektronenstrahlintensitäten zu arbeiten, um eine Zersetzung der AgBr-Körner zu vermeiden.

Nach SILK u. a. (1961), DOHLMAN u. FARKASHIDY (1962) kann man auch elektronenempfindliche Schichten erhalten, wenn man zunächst eine Silberaufdampfschicht auf dem Schnitt niederschlägt, die aus $150-450$ Å großen Silberkriställchen besteht. Die Schicht wird $1,5-2$ min im Bromdampf in AgBr umgewandelt. Die Ergebnisse sind jedoch nicht so zufriedenstellend, daß bessere Ergebnisse als mit Kernemulsionen erhalten werden.

Nach dem Eintrocknen der Emulsion werden die Präparate in lichtdicht verklebte und innen geschwärzte Schachteln verpackt und im Kühlschrank einige Wochen bis Monate (je nach Aktivität) exponiert. Eine Exposition bei $4°C$ unterdrückt den Untergrund.

24.4. Entwicklung der Emulsionen

Die Entwicklung erfolgt in den von den Lieferfirmen angegebenen Entwicklern (z. B. Dektol, Microdol X, Kodak D 19, Rezept G 201 Gevaert). Die Entwicklungstemperatur liegt bei $17-20°C$. Bei der Entwicklungszeit ist zu beachten, daß eine zu lange Zeit einen plötzlichen Anstieg des Untergrundes bewirkt (Abb. 247). Die optimale Entwicklungszeit liegt bei $2-5$ min, wenn die Empfindlichkeit der Emulsion konstant geworden ist, ohne daß der Untergrund ansteigt. Falls eine Emulsion aus Gründen der Fertigung oder längeren Lagerung bereits einen zu starken Untergrund zeigt, kann dieser durch eine Vorbehandlung in H_2O_2-Dampf ($3-5$ Std) herabgesetzt werden. Eine $5-6$ Std-Behandlung reduziert z. B. den Untergrund um 95% und läßt die Empfindlichkeit unverändert (CARO u. VAN TUBERGEN, 1962). In der Regel sollten jedoch frische einwandfreie Emulsionen benutzt werden. Als Test für den Untergrund können neben der Verwendung von unexponierten Präparaten bei Verwendung von ^{3}H-Thymidin z. B. die Auszählungen außerhalb der Kernstrukturen dienen, da diese Substanz ausschließlich im Kern eingebaut wird (DNS-haltiges Material).

Die Entwicklung und nachfolgende Behandlung erfolgt vorwiegend in Plastikschalen oder Glasbechern, wenn die Netze auf Glasflächen liegen oder festgeklebt sind. Für einzelne Netze kann auch nur ein einziger Tropfen Entwickler aufgebracht werden (KAYES u. a., 1962). Danach wird das Netz in eine kleine Plastikschale (0.5 cm^3) mit doppelt-dest.

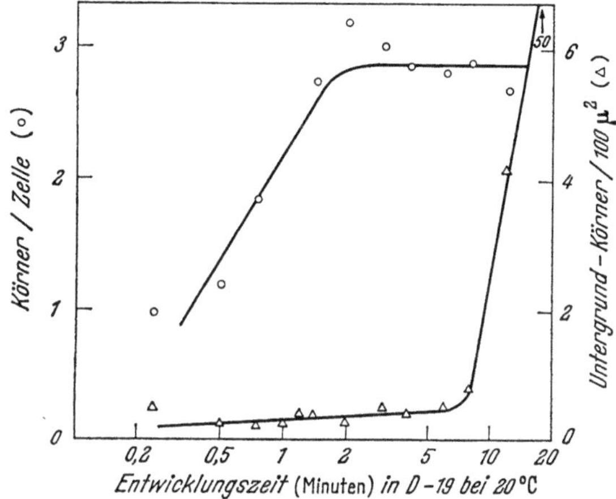

Abb. 247. Abhängigkeit der Zahl der entwickelten Körner und des Untergrundes von der Entwicklungszeit. Entwicklung von Ilford L 4 in D-19 (nach CARO, 1962)

Wasser gelegt und in dieser in das Fixierbad und die nachfolgende Wässerung übertragen. Dadurch werden nicht dauernd Flüssigkeitsoberflächen durchbrochen, und Schäden durch Oberflächenspannungen werden auf ein Minimum reduziert.

Es lassen sich folgende Richtwerte für die photographische Entwicklung angeben: 2—5 min Entwicklung, Spülung in Aqua dest. (30 sec verd. Essigsäure als Unterbrecher). 2—10 min Fixierbad. 3mal je 1 min Aqua dest. als Spülung.

Die chemischen Entwickler greifen das gesamte Silberhalogenidkorn an und es wächst vom Keim aus ein ausgedehntes Silberfilament. Physikalische Entwickler ergeben wesentlich kleinere Körner und lösen einen großen Teil des Silberhalogenidkornes (CARO, 1962b; BACHMANN u. SALPETER, 1964b). Als „physikalischer Entwickler" kann z. B. 12,6 g Na_2SO_3 sicc. + 1,1 g p-Phenylendiamin in 100 cm^3 H_2O (1 min bei 25°C) benutzt werden. Es wachsen nur 400—700 Å-Körner, während eine

36a

Entwicklung in Microdol X (3 min bei 24°C) 2000–3000 Å große Silberkörner ergibt (KODAK NTE-Emulsion).

Kleineres Korn erhält man auch bei dem Verfahren der *Gold-Latensifikation* (BACHMANN u. SALPETER, 1964): 2% Stammlösung mit Goldchlorid (AuCl$_3$HCl · 3H$_2$O). 0,5 cm^3 Stammlösung auf 10 cm^3 verdünnen, + 0,15 g KBr und Verdünnen auf 250 cm^3. (Diese Lösung ist nur einen Tag haltbar.) 30 sec Baden der exponierten Emulsion in einer 1:20 Verdünnung, anschließend Wässern und normale Entwicklung.

Bei diesem Verfahren wird Gold am Ort des latenten Bildes niedergeschlagen und macht das Entwickeln kleiner Körner möglich. Zum Beispiel ergibt eine Entwicklung in Dektol alleine (1 : 2-Verdünnung, 2 min, 24°C) eine Silberkorngröße von 1200 Å, bei vorgeschalteter Gold-Latensifikation dagegen nur 250–500 Å. Dadurch wird das Auflösungsvermögen etwas verbessert. Außerdem wird durch diese Behandlung die Empfindlichkeit gesteigert. Während bei reiner Dektol-Entwicklung im Mittel jedes 12. Elektron ein entwickelbares Korn liefert, ist nach einer Gold-Latensifikation jedes 3. entwickelbar. Die Empfindlichkeit steigert sich also um einen Faktor 4 bei unverändertem Untergrund (1 Korn auf 30 µ^2). Diese Feinkornentwicklung läßt auch eine gewisse Anzahl (15–20%) von gehäuften Körnern (2–3) erkennen, die aber innerhalb eines Kreises von 600 Å liegen und somit von einem Korn stammen.

Den Verlust an latenten Bildern während langer Lagerung durch Reoxydation bezeichnet man als Fading. Während z. B. nach 2monatiger Lagerung an trockner Luft (Raumtemp.) die Ilford L 4-Emulsion bei Entwicklung mit Microdol kein Fading zeigt, erfolgt in der Kodak NTE-Emulsion unter den gleichen Bedingungen ein 60%iger Abfall bei Entwicklung in Dektol (SALPETER u. BACHMANN, 1964). Das Fading kann neben der oben erwähnten Abdeckung des Schnittes mit einer aufgedampften Kohle-Zwischenschicht durch Exposition in einem inerten Gas (Helium) vermieden werden (BACHMANN u. SALPETER, 1965).

Zur besseren Bildqualität kann man daran denken, die Gelatine nach der Fixierung ebenfalls zu entfernen, da durch das Fixierbad die unentwickelten Silberhalogenidkörner aufgelöst werden. Es bleibt der Gelatinefilm zurück, der jedoch in seiner lokalen Dicke durch Quellungserscheinungen ausgeglichen wird, so daß man nicht unbedingt mehr durch den Bildkontrast den Ort eines ursprünglichen AgBr-Kornes erkennt. Bei aufgetragenen Monolagen kann die Gelatine mit 100 kV-Elektronen leicht durchstrahlt werden. Eine Entfernung der Gelatine in warmen Wasser oder durch fermentativen Abbau in warmer Trypsin-Lösung (0,2% Trypsin, 1 Std bei 38°C) ist möglich, birgt aber die Gefahr einer Verlagerung der Silberkörner in sich. Ein großer Teil der Gelatinemasse wird auch beim Elektronenbombardement durch Strahlenschädigung abgebaut.

Literatur zu § 24

Bachmann, L., and M. M. Salpeter: A quant. approach to high resolution autoradiography. Proc. Europ. Reg. Conf. EM Prag, Vol. B, 15 (1964a).
— — Zur Autoradiographie im elektr.mikr. Bereich. Naturwissenschaften 51, 237 (1964b).
— — Autoradiography with the electr.micr., a quant. evaluation, Symp. Quant. Electr.micr., Washington 1964, in Lab. Invest. 14, 1041 (1965).
Boyd, G. A.: Autoradiography in biology and medicin. New York 1955.
Budd, G. C., and S. R. Pelc: The membrane method of electr.micr. autoradiography. Stain Techn. 39, 295 (1964).
Caro, L. G.: Electr.micr. radioautography of thin sections: The Golgi zone as a site of protein concentration in pancreatic acinar cells. J. biophys. biochem. Cytol. 10, 37 (1961a).
— Proposed use of magnetic fields in electr.micr. radioautography. Nature (Lond.) 191, 1188 (1961b).
— High resolution autoradiography II: The problem of resolution. J. Cell Biol. 15, 189 (1962a).
— High resolution autoradiography. V. Internat. Congr. EM Philadelphia, Vol. II, L-10 (1962b).
—, et G. E. Palade: Le rôle de l'appareil de Golgi dans le procès sus sécrétoire. Etude autoradiographique. Compt. rend. Soc. Biol. 155, 1750 (1961).
— — Protein synthesis, storage and discharge in the pancreatic exocrine cell. J. Cell Biol. 20, 473 (1964).
—, and R. P. van Tubergen: High resolution autoradiography I, Methods. J. Cell Biol. 15, 173 (1962).
Dohlman, G. F., and J. Farkashidy: Evaluation of diff. methods of autoradiography in electr.micr. V. Internat. Congr. EM Philadelphia, Vol. II, L-11 (1962).
— A. B. Maunsbach, L. Hammarström, and L. E. Appelgren: Electr.micr. autoradiography: A method for producing uniform monolayers of silver halide crystals using centrifuge sedimentation. J. Ultrastruct. Res. 10, 293 (1964).
Fewer, D., J. Threadgold, and H. Sheldon: Studies on cartilage. Electr. micr. obs. on the autoradiographic localization of S^{35} in cells and matrix. J. Ultrastruct. Res. 11, 166 (1964).
Firket, H., and P. Granboulan: Electr.micr. autoradiographs of tritiated uridine incorporation. J. Roy. Micr. Soc. 81, 227 (1963).
Fromme, H. G.: Ein Beitr. zur Methodik der elektr.mikr. Autoradiographie. Z. Naturforsch. 19b, 852 (1964).
Granboulan, N., et P. Granboulan: Etude des sites nucléaires et nucléolaires de la synthèse du RNA et des protéines en autoradiographie à haute résolution. Proc. Europ. Reg. Conf. EM Prag, Vol. B, 31 (1964).
Haase, G., u. G. Jung: Herst. von Einkornschichten aus photogr. Emulsionen. Naturwissenschaften 51, 404 (1964).
Harbers, E.: Autoradiographie als Untersuchungsverf., in Hdb. d. Histochemie I/1 (Hrsg. W. Graumann u. K. H. Neumann). Stuttgart 1958.
Harford, C. G., and A. Hamlin: Electr.micr. autoradiography in a magnetic field. Nature (Lond.) 189, 505 (1961).
Hay, E. D., and J. P. Revel: The fine structure of the DNP component of the nucleus. J. Cell Biol. 16, 29 (1963).
Jacob, J., and J. L. Sirlin: Electr.micr. autoradiography of the nucleolus of insect salivary gland cells. Nature (Lond.) 202, 622 (1964).

KAYES, J., A. B. MAUNSBACH, and S. ULLBERG: Electr.micr. autoradiography of radioiodine in the thyroid using the extranuclear electrons of J^{125}. J. Ultrastruct. Res. **7**, 339 (1962).

KOEHLER, J. K., K. MÜHLETHALER, and A. FREY-WYSSLING: Electr.micr. autoradiography. An improved techn. for producing thin films and its appl. to H^3-thymidine-labeled maize nuclei. J. Cell Biol. **16**, 73 (1963).

NAKAI, T.: A study of the ultrastructural localization of hair keratin synthesis utilizing electr.micr. autoradiography in a magnetic field. J. Cell Biol. **21**, 63 (1964).

PELC, S. R.: Theory of electr. autoradiography. J. Roy. Micr. Soc. **81**, 131 (1963).

— J. D. COOMBES, and G. C. BUDD: On the adaption of autoradiographic techn. for use with the electr.micr. Exp. Cell Res. **24**, 192 (1961).

REVEL, J. P., and E. D. HAY: An autoradiographic and electr.micr. study of collagen synthesis in differentiating cartilage. Z. Zellforsch. **61**, 110 (1963).

RIEDEL, G.: Différentation au micr.électr. d'émulsions d'origines diverses ayant subi des irradiations α ou β. V. Intern. Conf. on Nuclear Photogr., CERN, Genf 1964.

SALPETER, M. M., and L. BACHMANN: Autoradiography with the electr.micr. A procedure for improving resolution, sensitivity and contrast. J. Cell Biol. **22**, 469 (1964).

SILK, M. H., A. O. HAWTREY, I. M. SPENCE, and J. H. S. GEAR: A method for intracellular autoradiography in the electr.micr. J. biophys. biochem. Cytol. **10**, 577 (1961).

§ 25. Monographien über Elektronenmikroskopie

Elektronenoptische Grundlagen:

ARDENNE, M. VON: Tabellen zur angewandten Physik. 2. Aufl., Bd. I: Elektronenphysik, Übermikroskopie und Ionenphysik. Berlin 1962.

BORRIES, B. VON: Die Übermikroskopie. Berlin 1949.

BRÜCHE, E., u. A. RECKNAGEL: Elektronengeräte. Berlin 1941.

—, u. O. SCHERZER: Geometrische Elektronenoptik. Berlin 1934.

BUSCH, H., u. E. BRÜCHE: Beiträge zur Elektronenoptik. Leipzig 1937.

COSSLETT, V. E.: Introduction to Electron Optics. 2. Aufl. Oxford 1950.

GLASER, W.: Grundlagen der Elektronenoptik. Wien 1952.

— Elektronen- und Ionenoptik. Hdb. Physik Bd. 33 (Hrsg. S. FLÜGGE), Berlin 1956.

HAINE, M. E., and V. E. COSSLETT: The Electron Microscope. London 1961.

KLEMPERER, O.: Electron optics. 2. Aufl. Cambridge 1953.

LEISEGANG, S.: Elektronenmikroskope. Hdb. Physik Bd. 33 (Hrsg. S. FLÜGGE). Berlin 1956.

PICHT, J.: Einführung in die theoretische Elektronenoptik. Leipzig 1939.

RUSTERHOLZ, A.: Elektronenoptik. Basel 1950.

Elektronenbeugung:

BAUER, E.: Elektronenbeugung, Theorie, Praxis und industrielle Anwendung. München 1958.

FINCH, G. J., and H. WILMAN: The study of surface structures by electron diffraction. Ergebn. exakt. Naturwiss. **16**, 354 (1936).

LAUE, M. VON: Materiewellen und ihre Interferenzen. Leipzig 1948.

PINSKER, Z. G.: Electron Diffraction. London 1953.

RAETHER, H.: Elektroneninterferenzen und ihre Anwendungen. Ergebn. exakt. Naturwiss. **24**, 54 (1951).
— Elektroneninterferenzen. Hdb. Physik Bd. 32 (Hrsg. S. FLÜGGE). Berlin 1957.
VAINSHTEIN B. K.: Structure Analysis by electron diffraction. (Transl. and ed. by E. FEIGL and J. A. SPINK). Oxford 1964.

Allgemeine Präparationsprobleme:

BAHR, G. F., and E. ZEITLER: Quantitative Electron Microscopy. Proc. of the Symposium on Quantitative Electron Microscopy. Washington 1964, als Sammelband in: Lab. Invest. **14**, 739—1334 (1965).
HALL, C. E.: Introduction to Electron Microscopy. New York 1953.
KAY, D.: Techniques for Electron Microscopy. 2. Aufl. Oxford 1965.
KÖNIG, H.: Präparative Methoden der Elektronenmikroskopie und ihre Ergebnisse. Ergebn. exakt. Naturwiss. **27**, 188 (1953).
MAGNAN, C.: Traité de microscopie électronique. Tome I und II. Paris 1961.
MÜLLER, H.: Präparation von technisch-physikalischen Objekten für die elektronenmikroskopische Untersuchung. Leipzig 1962.
SIEGEL, B. M.: Modern Developments in Electron Microscopy. New York 1964.
WYCKOFF, R. W. G.: Electron Microscopy. New York 1949.

Untersuchung kristalliner Objekte (spez. Metalle):

AMELINCKX, S.: The direct observation of dislocations, Solid State Physics Suppl. 6 (ed. F. SEITZ and D. TURNBULL). New York 1964.
HEIDENREICH, D.: Fundamentals of Transmission Electron Microscopy. New York 1964.
HIRSCH, P. B., A. HOWIE, R. B. NICHOLSON, D. W. PASHLEY, and M. J. WHELAN: Electron Microscopy of Thin Crystals. London 1965.
NEWKIRK, J. B., and J. H. WERNICK: Imperfections in crystals. Proc. Techn. Conf. St. Louis 1961, New York 1962.
THOMAS, G.: Transmission Electron Microscopy of Metals. New York 1962.
—, and J. WASHBURN: Electron microscopy and strength of crystals. Proc. I. Berkeley Internat. Materials Conf. 1961, New York 1963.

Biologische Präparation und Anwendungen:

COSSEL, L.: Die menschliche Leber im Elektronenmikroskop. Jena 1964.
ENGSTRÖM, A., and J. B. FINEAN: Biological Ultrastructure. New York 1958.
HARRIS, R. J. C.: The Interpretation of Ultrastructure. New York 1962.
KURTZ, S. M.: Electron Microscopic Anatomy. New York 1964.
MERCER, E. H., and M. S. C. BIRBECK: Electron Microscopy. A Handbook for Biologists. Oxford 1961.
PEASE, D. C.: Histological Techniques for Electron Microscopy. 2. Aufl. New York 1964.
PORTER, K. R., u. M. A. BONNEVILLE: Einführung in die Feinstruktur von Zellen und Geweben. Berlin 1965.
RUTHMANN. A.: Methoden der Zellforschung. Stuttgart 1966.
SCANGA, F.: Atlas of Electron Microscopy. Biological Applications. Amsterdam 1964.
SCHULZ, H.: Die submikroskopische Anatomie und Pathologie der Lunge. Berlin 1959.
ZAPF, K., u. J. LUDVIK: Einführung in die elektronenmikroskopische Präpariertechnik in der Mikrobiologie. Jena 1961.

§ 26. Bezugsquellennachweis

Die im Folgenden aufgeführte Liste der Lieferfirmen erhebt keinen Anspruch auf Vollständigkeit. Weitere Hinweise sind aus „Wer liefert was" (Adreßbuchverlag, Hamburg 11, Gröningerstr. 25) zu entnehmen.

Acrolein: Schuchardt, München.

Aluminiumfolie: Aluminiumwalzwerke Singen/Hohentwiel. — E. Merck AG. Darmstadt. — Rheinische Blattmetall AG, Grevenbroich/Niederrhein.

Analysenwaagen: E. Mettler, Zürich/Schweiz, Pelikanstr. 19 (Deutsche Vertr.: Colora GmbH, Lorch/Württ.). — Sartorius-Werke AG. Göttingen. — Schuco International Hamburg 36, Neuer Wall 54.

Bedacryl 122 X: Plastics Division, Hexagon House, Blackley, Manchester, England.

Bedampfungsgeräte: Balzers Hochvakuum GmbH, Fürstentum Lichtenstein (Deutsche Vertr.: Balzers Hochvakuum GmbH, Frankfurt/Main S 10, Seehofstr. 11). — Consolidated Vacuum Corporation GmbH, Friedberg/Hessen, Postfach 78. — W. Edwards u. Co., Manor Royal, Crawley/Sussex, England (Deutsche Vertr.: Edwards Hochvakuum GmbH. Frankfurt/M.-Niederrad, Hahnstr. 46). — W. C. Heraeus GmbH, Abt. Hochvakuum, Hanau/Main. — E. Leybolds Nachf., Köln-Bayenthal. — Siemens & Halske, Berlin-Siemensstadt. — Japan Electron Optics Laboratory Co. Ltd., Tokio (Deutsche Vertr.: Kontron GmbH, München, Heidemannstr. 41).

Beugungsgitterabdruck (zur Vergrößerungsbestimmung): E. C. Fullam Inc., P. O. Box 444, Schenectady 1, N. Y. U.S.A. — National Physical Laboratory, Teddington, Middlesex, England. — Bausch u. Lomb Inc., Bausch St., Rochester, N. Y., USA.

Bioden: Kontron GmbH, München 45, Heidemannstr. 41.

Chemikalien aller Art: E. Merck AG, Darmstadt. — Riedel de Haen, Seelze.

Dentalwachs: örtliche Firmen für Dentalbedarf.

Destillationsgeräte (für Aqua dest.): Heraeus Quarzschmelze GmbH, Hanau/Main.

Diamantmesser: Ge-Fe-Ri, Via Maritima, Frosinone, Italien. — Instituto Venezolano de Investigaciones Científicas, Caracás, Venezuela.

Einbettungsmittel: Araldit: Ciba AG, Wehr/Baden. — Durcupan (wasserlöslich) und Durcupan ACM (identisch mit Araldit CY212): Fluka AG, Chemische Fabrik, Buchs S. G., Schweiz. — Epon: Shell Chemical Co., San Francisco, U.S.A. 812. — Serva Entwicklungslabor, Heidelberg, Römerstr. 118. — Glykolmethacrylat: Serva Entwicklungslabor, Heidelberg, Römerstr. 118. — Methacrylate: (Methyl- und Butyl-Methacrylat mit Hydrochinon stabilisiert) Röhm & Haas GmbH, Chem. Fabrik, Darmstadt. — Maraglas: Marblette Corporation, Long Island City, N. Y., U.S.A. — Polyscience Inc., Rydal, Pennsylvania, U.S.A. — Serva Entwicklungslabor, Heidelberg, Römerstr. 118. — Plexigum: Röhm & Haas GmbH, Chemische Fabrik, Darmstadt — Vestopal: W. M. Jaeger, Vesenaz/Genf, Schweiz.

Elektronenmikroskope: Akashi Ltd., Tokio (Europ. Vertr. LKB-Producter, Stockholm, Schweden). — Carl Zeiss, Oberkochen/Württ. — Hitachi, Ltd., Tokio, Japan. — Japan Electron Optics Laboratory Co., Ltd., Tokio (Deutsche Vertr. Kontron GmbH, München, Heidemannstr. 41). — Metropolitan-Vickers Electrical Co. Ltd., Manchester, England. — Philips Electrical Industries, Eindhoven, Niederlande. — Radio Corporation of America, Camden, N. Y., U.S.A. — Siemens & Halske, Berlin-Siemensstadt — Tesla, Brno, Tschechoslowakei (Deutsche Vertr. P. Schultz & Meyer, Frankfurt/Main). — VEB Optische Werke, Jena.

Emissionsmikroskope: Trüb, Täuber & Co., Zürich, Schweiz. — VEB Optische Werke, Jena.

Elektronen-Rastermikroskope: Cambridge Instrument Co. Ltd., 13 Grosvenor Place, London SW 1, England. — Japan Electron Optics Laboratory Co., Ltd., Tokio (Deutsche Vertr.: Kontron GmbH., München, Heidemannstr. 41).

Glasmesser örtliche Firmen (Spiegelglas, Schaufensterglas): Deutsche Spiegelglas AG, Grüneplan über Alfeld (Leine). — Jenaer Glaswerke Schott u. Gen., Mainz. — LKB-Producter, Stockholm (Deutsche Vertr. Colora GmbH, Lorch/ Württ.) in Verbindung mit Knife-Maker (Gerät zum reproduzierbaren Brechen von Glasmessern).

Glimmer: Glimosa-Werk, Wiesbaden-Schierstein.

Gefrierätzeinrichtung (nach Moor): Balzers Hochvakuum GmbH, Fürstentum Lichtenstein.

Gelatinekapseln: G. Pohl-Boskamp, Hohenlockstedt über Itzehoe (Holst.). — Paul Reuss KG, Hannover-L., Stärkestr. 15.

Glutaraldehyd: Schuchardt, München.

Filmnumerierungsstempel: (Mafi-Numerierungsstempel für Filme) Fiedler u. Ziemermann, Freudenstadt.

Formvar (Grade 15/95): Shawinigan Ltd., Marlow House, Lloyd's Avenue, London EC 3, England. — Serva Entwicklungslabor, Heidelberg, Römerstr. 118.

Hydro-Kollag IP5 (Leitende Kohle-Emulsion): Riedel de Haen AG, Seelze.

Ionenaustauscher (Ministil P-5) zur Aufbereitung von Leitungswasser in reinstes Wasser: Dr. Kurt Schmalfuß, Waiblingen, Stuttgarter Str. 9.

Kapuzolöl (äußeres Rostschutzmittel): Mineralöl-Import-Gesellschaft O. Weck, Solingen-Ohligs.

Klebwachs (Qualität 572): Adam Gies, Wachsindustrie, Fulda.

Klimaanlagen: Anton Kaeser, Hamburg 6, Weidenallee 37. — Linde, Berlin 10, Otto-Suhr-Allee 136.

Kohlen für Kohlebedampfung: C. Conradty, Nürnberg (Kohlestäbe Noris H 6). — Edwards Hochvakuum GmbH, Frankfurt/M. — Ringsdorff-Werke, Bad Godesberg-Mehlem (Spektralkohle RW 1).

Kollodium (HP 5000, 5% Lösung in Amylazetat): Dynamit Nobel AG, Abt. Kunststoff-Verkauf, Troisdorf, Bez. Köln.

Kollodiumwolle: E. Merck, Darmstadt (Typ Cedukol). — Fa. Wolf & Co., Walsrode (Typ E 950).

Kühlwasserkreis, geschlossener ("Coolwell"-Anlagen): Cordley u. Hayes, 443 Park Ave. South, New York, N.Y., U.S.A. (Europ. Vertr.: Eisenwerke Franz Weeren, Berlin-Neukölln 44, Glasowerstr. 28—30).

Lacomit-Lack (zum Dünnpolieren von Metallen nach der Fenster-Methode): W. Canning & Co. Ltd., Gt. Hampton Street, Birmingham 18, England.

Latexteilchen: BASF Ludwigshafen. — Dow Chemical Company, Midland, Michigan, U.S.A. — Serva Entwicklungslabor, Heidelberg, Römerstr. 118.

Leitender Kleber (zum Aufkleben von Präparaten auf Objektträger), (Television Tube Coat): General Cement Mfg. Co., Rockford, Ill., U.S.A.

Lichtmikroskope: Ernst Leitz GmbH, Wetzlar. — C. Reichert, Optische Werke, Wien. — Zeiss GmbH, Oberkochen/Württ.

Linsenpapier (zum Reinigen, z. B. Polschuhe) (Ross Optical Lens Tissue): Fa. Franz Heinen, Bonn, Baumschul-Allee 15.

Lochblenden: Herstellerfirmen der Elektronenmikroskope.

Metalle aller Art: Dr. W. Franke, Frankfurt/M., Gärtnerweg 41.

Molybdänblech: Bayerische Metallwerke, Dachau.

Mowiol s. Polyvinylalkohol.

Mowital: Farbwerke Hoechst, Frankfurt/M.-Hoechst.

Netzaufbewahrungsbehälter: LKB-Producters, Stockholm, Schweden (Deutsche Vertr. Colora GmbH, Lorch/Württ.).

Nucleasen (Desoxyribo- und Ribo-Nukleasen): Fluka AG, Buchs, S. G., Schweiz.

Osmiumsäure: Degussa, Frankfurt/M. — E. Merck AG, Darmstadt. — Riedel de Haen AG, Seelze.

Palladium: Degussa, Hanau/Main.

Phosphor-Bronze-Gewebe: Degussa, Hanau/Main.

Photo-Zubehör und Dunkelkammerausrüstung: Agfa AG, Bayerwerk, Leverkusen. Auer GmbH, Berlin, Friedrich Krause-Ufer 24. — Johannes Bockenmühl, Derschlag. — Elektromedizinische Werkstätten, Friedrich Janus, Landau/Isar, Zum alten Hofgarten 22. — Kindermann-Photogeräte, Ochsenfurt, Tückelhäuserstr. 41. — Ernst Leitz GmbH, Wetzlar. — Linhoff-Nikolaus Karf KG, München 25. — Wilhelm Schmidthals, München, Bertelstr. 25.

Platin-Carbon-Pellets (für Pt-C-Mischschichten nach Kranitz und Seal): Ladd Research Ind., Inc., P. O. Box 901, Burlington, Vermont, U.S.A.

Platindraht u. Platinlegierungen: Degussa Hanau/Main. — W. C. Heraeus, Hanau/Main.

Platinösen: Werkstätte für Chemie und Foto, Berlin 30, Salzufer 20.

Platintiegel: W. C. Heraeus GmbH, Hanau/Main.

Poliereinrichtung (zum Schwabbeln von Anode u. Wehneltzylinder): Bosch GmbH, Stuttgart. — Wernicke u. Co., Düsseldorf-Eller.

Poliergeräte (zum elektrolytischen Dünnpolieren von Metallen), Disa Electropol (mit Elektrolyten): H. Struers Chemiske Laboratorium, Kopenhagen, Dänemark.

Polystyrolfolie: BX Plastics Ltd., Higham Station Ave., Chingford, London E4.

Polyvinylalkohol: Wacker GmbH, München — (Mowiol): Farbwerke Hoechst AG, Frankfurt/M.-Hoechst.

Radioisotope: Radiochemical Centr., Amersham, Buckinghamshire, England (Deutsche Vertr.: Buchler & Co. Frankfurt/M., Untermainkai 34). — Schwarz Bioresearch, Orangeburg, N. Y., U.S.A.

Reinigungsmittel: Wenol (für alle Metalle) Drogerien. — Kontakt 60 (für elektr. Kontakte) Kontakt-Chemie, Rastatt/Baden. — Ultraschallreinigungsmittel RBS 25 Konzentrat (für Anode und Wehneltzylinder) Carl Roth, Karlsruhe, Herrenstraße. — Chemateel 24 (für Eisenteile) Bernhard Collardin GmbH, Köln-Ehrenfeld, Widdersdorfer Str. 215. — Trulit S 755 (für Edelmetalle) Tru-Chemie, Oberursel/Taunus.

Silicagel sowie Trockenperlen mit Silicagel-Indikator: Kali-Chemie, Hannover, Postfach 220, Hans-Böckler-Allee 20.

Siliziummonoxyd (SiO): Balzers Hochvakuum GmbH, Frankfurt/Main — W. C. Heraeus, Abt. Phys. Techn. Werkstätten, Hanau/Main.

Stanze (zum Ausstanzen von Trägernetzen aus Drahtgeflecht): Manufacture des Montres Rolex, Biel, Schweiz.

Stereobetrachtungsgeräte (einfache Stereolupen und Auswertegeräte): Zeiss-Aerotopograph GmbH, München.

Technovit (4071d oder 4030b): Kulzer & Co., Bad Homburg v. d. H.

Tetrazoliumsalze (Dehydrogenase-Nachweis): Serva Entwicklungslabor Heidelberg, Römerstr. 118.

Trägernetze:

a) Fertige Netze aller Abmessungen:
N. V. Vecov, Berbek, Niederlande (Deutsche Vertr.: Hoelscher KG, Hamburg-Wellingbüttel, Rabenhorst 32). — Ernest F. Fullam, Inc., P. O. Box 444,

Schenectady 1, N. Y., U.S.A. — Ets. Henrion et Co., 124 Rue des Vennes, Liège, Belgien. — Sté René Janning, 92 Boulevard Murat, Paris-16. — Polaron Instruments Ltd., Delviljem House, 4 Shakespeare Road, Finchley, London N3. — Pyramid Screen Corp., 181 Harvard Street, Brookline 46, Boston/Mass., U.S.A. — Smethurst High-Light Ldt., Bolton, Lanc., England.
  b) Drahtnetze zum Ausstanzen:
    Rotazzi & May, Erste Metallweberei, Schlüchtern. — Weise & Eschwisch GmbH, Ludwigstadt/Bayern.
  c) Geätztes Kupfernetz zum Ausstanzen:
    C. O. Jelliff, Mfg. Corp., Southport/Conn., U.S.A.
Triafol-Folien: Farbenfabriken Bayer, Leverkusen.
Trockenöfen: W. C. Heraeus GmbH, Hanau/Main.
Tylose (C 10): Kalle & Co., Wiesbaden-Bieberich.
Uhrmacherpinzetten (Dumont Pinzette Nr. 5): Dumont & Fils, Genf, Schweiz. — Rudolf Flume, Berlin 30, Lützowstr. 84. — Greiner & Co., Bremen 1, Niedersachsendamm 71.
Ultramikrotome: Ernst Leitz, Wetzlar. — LKB-Producters, Stockholm, Schweden (Deutsche Vertr. Colora GmbH, Lorch/Württ.). — C. Reichert, Optische Werke, Wien. — Ivan Sorvall Inc., Norwalk/Conn., U.S.A. (Deutsche Vertr.: L. Hormuth, Heidelberg, Postfach 127).
Ultraschallgeräte:
  Ultraschallnebler: Schoeller & Co. Elektrotechnische Fabrik Frankfurt/M., Mörfelder Landstr. 115—119.
  Ultraschallreinigungsgeräte: Bandelin Electronic KG, Berlin 45, Heinrichstr. 3—4. — Dr. Lehfeld & Co. GmbH, Heppenheim/Bergstr. — Ultrasonic Industries, Inc., Albertson, L. I., N. Y., U.S.A. (Deutsche Vertr.: Emil Lux, Remscheid, Brüderstr. 45—47). — Kerry's Ultrasonics Ltd., Warton Road, London E 15. — Headland Engineering Dev. Ltd., Electromechanical Div., Melon Road, London SE 15. — Aeon Laboratories, Englefield Green, Egham, Surrey, England.
Wasseraufbereitungsanlage: Walter Hamann u. Co., Hamburg 1, Kuttrepel 2.
Wasserpumpen (zur Druckerhöhung): Grundfoss, Wahlstedt (Holst.) (Typ CP2.30 bis CP2.50). — Ing.-Büro Dahlke, Freiburg, Eschholzstr. 15 (Eco-Rollkolbenpumpe Typ PP-1-11).
Wolframblech: Deutsche Edelstahlwerke AG, Stuttgart.
Wolframdraht: Bayerische Metallwerke, Dachau. — W. C. Heraeus GmbH, Hanau/Main. — Osram GmbH, München.
Vakuumbauteile: Balzers Hochvakuum GmbH, Frankfurt/M. S 10, Seehofstr. 11. — Consolidated Vacuum Corporation GmbH, Friedberg (Hessen), Postfach 78. — W. Edwards & Co., Manor Royal, Crawley/Sussex, England (Deutsche Vertr. Frankfurt/Main-Niederrad, Mahnstr. 46). — W. C. Heraeus GmbH, Abt. Hochvakuum, Hanau/M. — E. Leybolds Nachf., Köln-Bayenthal.
Vakuum-Vorpumpen s. Vakuumbauteile: Rudolf Brand, Wertheim/M., Glashütte.
Zellglastüten (für Platten und Filme, verschiedene Formate): Gebr. Berner, Fabrik für Cellophanpackungen, Eßlingen/Neckar. — Zellglasverarbeitung und Druck Oberwandner u. Co., Berlin-Tempelhof, Ringbahnstr. 16—20.
Zerstäuber (für Flüssigkeiten): Vaponefrin Glas Standard Nebulizer Nr. 100: Fa. Vaponefrin Division, Revlon International, 666, 5th Ave. New York 19, N. Y., U.S.A. — "Inhala Jet Nebulizer": Vaponefrin Company Inc., Edison, New Jersey, U.S.A. — Aerograph Company Inc., Lower Sydenham. London SE 26.

Namenverzeichnis

Die kursiven Zahlen beziehen sich auf die Literaturzusammenfassungen am Ende
der Kapitel

Ackermann, I. 123, *139*, 329, *331*
Adam, M. 462, *474*
Adams, C. W. M. 429, *449*
Afzelius, B. A. 417, *449*, 473, *474*
Agar, A. W. 50, *51*, 54, *64*, 119, *139*, 151,
 171, 302, *318*, 324, *332*, 334, 336, *370*
Aharonov, Y. 177, *189*
Ahrend, M. 269, *278*
Aiston, S. 530, *551*
Akashi, K. 255, *261*
Albersheim, P. 463, 464, *474*
Albert, L. 181, 183, 184, *189*, 258, *261*,
 369, *370*
Aldridge, W. G. 463, *479*
Almeida, J. D. 497, *499*, 550, *551*
Altenhein, H. J. 176, *189*
Amelinckx, S. 200, 209, 210, 213, 214,
 215, *220*, *221*, 222, 283, *284*, 375, 377,
 393, *394*, *569*
Amelunxen, F. 273, *277*, 433, *449*, 459, *474*
Anderson, F. R. 357, 358, *372*
Anderson, T. F. 516, *525*, 531, 534, 539,
 546, 548, *551*
Ando, K. 11, *38*
Andrè, J. 507, *524*
Andres, G. A. 473, *474*
Andrews, E. H. 50, *52*, 349, *370*
Angerer, E. von 295, *318*
Apicella, J. V. 497, *501*
Appelgren, L. E. 564, *567*
Arber, W. 538, *553*
Archard, G. D. 17, 27, *38*, *39*
Ardenne, M. von 232, *242*, 246, 247, 248,
 258, *261*, 282, *284*, 399, *409*, *568*
Arend, H. 246, 247, *261*
Arnold, M. 406, *409*
Art, A. 210, *220*
Ashby, M. F. 215, *220*
Ashinuma, K. 50, *52*, 391, *395*
Austin, A. E. 349, *370*
Ayroles, R. 198, *221*

Baas, G. 57, *65*
Bachmann, L. 151, *170*, 302, 317, *318*,
 346, *370*, 520, *524*, 558, 562, 563, 565,
 566, *567*, *568*
Bachmeyer, H. 485, 487, *498*
Backus, R. C. 69, *83*, 400, *409*, 531, 535,
 537, *551*, *555*
Bahr, G. F. 67, 68, *83*, 163, 167, *173*,
 235, *242*, 259, *261*, 462, 463, *474*, 481,
 482, *499*, *569*
Bailey, J. E. 384, *392*
Baillie, Y. 337, *370*
Baker, J. R. 488, *499*
Baker, R. F. 249, *261*, 443, 444, 445,
 452, 464, *474*, 527, 532, *551*, *552*
Balk, P. 224, *242*
Balser, K. 349, *372*, 486, 490, 494, *499*
Baltz, A. 138, *139*
Bang, B. G. 520, *524*
Bang, F. B. 520, *524*
Baradi, A. F. 470, *474*
Barka, T. 470, *474*
Barnes, B. G. 516, *524*
Barnes, D. C. 49, *52*
Barnes, R. B. 352, 354, *370*
Barnes, R. S. 207, 215, *221*, 383, *392*
Barrera Oro, J. G. 545, *551*
Barrnett, R. J. 435, 436, *452*, 464, 465,
 466, 470, 471, *474*, 477, 478
Bartl, P. 446, *449*, 462, *474*, 493, 495,
 500, *501*
Bartz, G. 59, 60, *63*
Bassett, G. A. 51, *52*, 80, *83*, 121, *139*,
 216, *221*, 238, *242*, 345, *370*, 392, *392*
Bateman, J. B. 535, *552*
Baud, C. A. 462, *474*
Bauer, E. *568*
Baxendall, J. 473, *474*
Bayer, M. E. 487, *499*, 530, *554*
Bayh, W. 58, 59, *63*, *65*, 178, *189*
Bayley, S. T. 263, *277*
Beard, D. 535, *552*
Beard, J. W. 535, *552*
Beck, E. G. 407, *410*
Becher, H. 533, *551*
Becker, A. 249, *261*

Dietrich, W. 154, *173*
Dinichert, P. 355, *371*
Dobberstein, P. 160, *170*
Dobrezov, G. E. 473, *477*
Dohlman, G. F. 564, *567*
Dolby, R. M. 62, *63*
Donati, E. J. 473, *478*
Donnay, G. 127, *139*
Donnay, J. D. H. 127, *139*
Dornfield, E. G. 24, *41*
Dorsten, A. C. van 4, *39*, 241, *242*
Dosse, J. 7, 22, *39*, 69, *84*
Doty, P. 544, *552*
Dove, D. B. 51, *52*
Dowell, W. C. T. 68, 80, 82, *84*, 119, 125, 126, *139*, 327, *332*
Drechsler, M. 10, *39*, 248, *261*
Drochmans, P. 464, *475*
Drum, C. M. 377, *393*
Düker, H. 57, 59, *64*, *65*, 176, *190*, *191*
Dumais, M. W. 344, *371*
Duncumb, P. 62, *64*
Dupouy, G. 4, *39*, 198, *221*
Duspiva, F. 468, 469, 470, *477*

Ehlers, H. 123, *139*
Ehrenberg, W. 177, *190*
Ehrlich, H. G. 434, *449*
Eide, B. 486, *500*
Einstein, P. A. 248, *262*
Eisfeldt, M. 124, *139*
Ekholm, R. 506, 521, *525*, *526*
Elbers, P. F. 68, *84*, 414, *449*
Elfvin, L. G. 414, 441, 445, *449*, *452*
Ellinger, J. P. 396, *409*
Ellis, S. G. 162, *171*, 238, *242*
Engle, R. J. 383, 384, 389, *395*
Engström, A. 62, *63*, *569*
Ennos, A. E. 239, *242*, 248, *262*
Erlandson, R. A. 491, *499*
Ericsson, J. L. E. 413, 420, *453*
Ernst, H. 532, *551*
Ernster, L. 532, *552*
Esser, H. F. 407, *410*
Essmann, U. 207, *221*, *222*, 388, *393*
Essner, E. 466, 468, 470, *475*, *476*, *477*
Evans, D. J. 365, *371*
Evans, T. 238, *242*
Everhardt, T. E. 61, *64*
Everitt, C. W. F. 17, *39*

Fabbrini, A. 523, *525*
Fabre, R. 4, *39*
Fabricant, C. 531, *553*
Faget, J. 179, 181, *190*
Fagot, M. 186, *190*
Fahnenbrock, M. 353, *373*
Fahrenbach, W. H. 507, *525*
Farkashidy, J. 564, *567*
Farrant, J. L. 66, *84*, 434, *450*
Fasske, E. 466, 471, *476*
Feder, N. 445, *450*
Feitknecht, W. 238, *244*
Feldman, D. G. 456, *476*
Feltynowski, A. 176, *190*
Fengel, D. 486, 490, 494, *499*
Fernandez, C. 470, *479*
Fernández-Morán, H. 375, *393*, 413, 414, 441, 446, *450*, 461, *476*, 492, *499*, 503, 506, *525*, 532, 549, *552*
Ferre, J. 181, *190*
Ferrell, R. A. 159, *171*, *173*
Ferrier, R. P. 282, *284*
Fert, C. 54, 55, 56, 57, 58, *63*, *64*, 179, 186, *190*
Fewer, D. 561, 563, *567*
Ficker, J. 223, 224, *244*, 340, *373*
Finch, G. J. *568*
Finck, H. 473, *477*, 489, 491, *499*
Finean, J. B. 413, 414, 445, *450*, 492, *499*, *569*
Finke, E. H. 523, *526*
Firket, H. 561, *567*
Fischbein, I. W. 352, 355, *371*
Fischer, H. 181, 183, *189*
Fischer, E. W. 232, 235, 237, *244*
Fischer, R. B. 238, *242*, 396, *409*
Fischer, W. von 349, *373*
Fischlschweiger, W. 492, *499*
Fisher, H. 531, *553*
Fisher, R. 344, *371*
Fisher, R. M. 50, *52*, 385, *393*
Forro, F. 461, *475*
Forst, G. 61, *64*
Forsyth, P. J. E. 50, *52*
Forty, A. J. 215, *221*, 238, *242*, 243, *245*, 391, *393*
Fourdeaux, A. 384, *393*
Fourie, J. T. 50, *52*, 264, 278, 368, *371*
Fowler, H. A. 157, *173*, 178, *190*
Fragstein, C. von 312, *320*, 364, *374*
Franchi, C. M. 535, *555*
Franz, W. 177, *190*

Kausche, G. A. 360, *371*
Kawakatsu, H. 181, *190*
Kay, D. *569*
Kaye, W. 330, *332*
Kayes, J. 561, 562, 565, *568*
Keck, K. 154, *172*
Kehler, H. 298, *318*, 326, 329, *332*, 402, *409*
Kellenberger, E. 352, 355, *371*, *372*, 459, *476*, *492*, *500*, 528, 529, 538, *553*, *555*
Keller, A. 121, *139*
Keller, K. W. 345, *370*
Keller, M. 58, 59, *65*, 175, 176, *190*, *191*
Kelly, A. 209, *221*, 376, 377, *393*, *395*
Kelly, R. 215, *222*
Kelly, P. M. 385, 389, *394*
Kempf, G. 83, *84*, 151, *172*
Kephart, J. E. 433, *453*
Kerecman, A. J. 330, *331*
Kerridge, J. F. 384, *394*
Kern, R. A. 69, *84*
Kern, S. F. 69, *84*
Kerner, I. 464, *478*
Kessler, J. 167, *171*, *172*
Kikuchi, Y. 24, *40*
Killias, U. 463, *474*
Kimmel, H. 336, *371*, *372*
Kimura, H. 24, *40*
Kinder, E. 238, *243*, 257, *262*, 351, *372*
Kipphan, E. 249, *261*
Kirkpatrick, H. B. 377, *394*
Kitamura, N. 50, *52*, 224, *243*
Kleinschmidt, A. 263, 304, 313, *318*, *319*, 517, *525*, 536, *553*
Klemperer, O. 156, *172*, *568*
Klein, E. 249, 253, *261*
Kleinn, W. 54, *64*, 268 *277*
Klima, J. 482, *499*
Klimenko, S. M. 473, *477*
Klug, A. 550, *553*
Knaysi, G. 527, 531, *552*, *553*
Knobling, E. 268, *277*
Knoch, M. 232, *242*, 305, *319*
Knoll, M. 250, *261*
Kobayashi, K. 108, *140*, 235, *243*
Koch, A. 402, *409*
Koch, W. 57, *64*, *65*
Koehler, H. 377, *394*
Koehler, J. K. 562, 564, *568*
Komoda, T. 80, 82, *84*, 134, *142*
König, H. 125, 126, 136, *141*, 232, 238, 239, *242*, *243*, 263, *277*, 305, 306, 313, *318*, *319*, 326, *332*, 357, *372*, *569*

Kopp, Ch. 257, *262*
Koppe, H. 150, *172*
Koritke, H. 50, *52*
Kossel, W. 123, *141*
Kranitz, M. 304, *319*
Krause, R. 367, *372*
Krimmel, E. 177, *191*
Krüger-Thiemer, E. 274, *277*
Kubo, I. 368, *374*
Kubota, L. 462, *479*
Kuff, E. L. 532, *553*
Kühn, K. 533, *553*
Kühne, W. 80, *84*
Kuhnke, E. 533, *553*
Kunath, W. 27, 35, *40*
Kunz, C. 159, *172*
Kurtz, S. M. 492, *500*
Kuschnier, J. M. 54, *64*, 248, *262*
Kushida, H. 488, 492, *500*
Kuwabara, S. 111, *141*
Kynaston, D. 29, *40*

Labaw, L. W. 80, *84*
Lachenbruch, S. H. 282, *284*
Lamb, W. G. P. 464, *476*
Lamy, F. 466, 470, *476*
Landuyt, J. van 215, *222*
Lang, D. 304, 313, *318*, *319*, 536, *553*
Langbein, W. 302, *319*
Langner, G. 24, *39*, *40*
Lansing, A. I. 413, *450*, 466, 470, *476*
Latta, H. 497, *500*, 506, *525*
Laue, M. von 102, 109, *141*, 168, *172*, *568*
Laurell, A. H. F. 531, *553*
Lawn, A. M. 460, *476*
Lawrence, J. E. 377, *394*
Le Bras, L. R. 349, *373*
Leder, L. B. 152, 158, *172*
Leduc, E. H. 465, *476*, 495, *500*
Lees, C. S. 317, *319*
Lehmpfuhl, G. 108, 123, *140*, *141*, 255, *262*
Lehrer, G. M. 471, *476*
Leisegang, S. 31, 32, *40*, 51, *53*, 70, 76, *84*, 167, *172*, 224, 228, 230, 239, *244*, *568*
Lenz, F. 13, 22, 24, *39*, *40*, 70, 80, 83, *84*, 148, 149, 150, 151, 154, 161, 167, *172*, *173*, 177, 184, 186, 188, *189*, *191*, 253, *262*
Leonhard, F. 47, *52*, 357, 358, 369, *372*

Willighagen, R. G. J. 470, *477*
Wilsdorf, H. G. F. 50, *53*, 264, *278*
Wilman, H. *568*
Wilska, A. P. 4, *41*, 155, *173*
Wilson, C. E. 473, *478*
Wilson, R. N. 50, *52*
Winkelmann, A. 224, *245*
Winkler, A. 232, *243*
Wiskott, D. 60, *63*
Wislocki, G. B. 462, *475*
Witt, W. 125, *143*
Wohlfarth-Bottermann, K. E. 417, *453*, 459, 461, *479*
Wohlleben, D. 178, *189*, 280, *284*
Wolfe, S. L. 463, *479*
Wolpers, C. 533, *554*
Wolter, H. 187, *191*
Wood, R. L. 413, 417, 420, *453*, 459, *479*
Wrischer, M. 487, *499*
Wyckoff, R. W. G. 80, *84*, 127, *143*, 337, *374*, 517, *526*, 527, 539, 544, *554*, *555*, *556*, *569*
Wyrwich, H. 149, 150, *173*

Yada, K. 238, *243*, 367, *372*

Yagi, K. 377, *395*
Yahara, S. 491, 500
Yamaguchi, S. 224, *245*, 343, *374*
Yamamoto, T. 531, *556*
Yamanouchi, K. 255, *261*
Yarwood, J. 295, *320*
Yotsumoto, H. 68, *85*, 181, *190*
Yusa, A. 497, *501*

Zachariasen, W. H. 102, *143*
Zacks, S. I. 510, *526*
Zahn, R. K. 313, *319*, 536, *553*
Zapf, K. 485, *501*, 535, *556*, *569*
Zeitler, E. 67, 68, *83*, 163, 167, *173*, 235, *242*, 253, 259, *261*, 275, 276, *277*, *278*, *569*
Zelander, T. 521, *525*, *526*
Zetterqvist, H. A. 416, 419, *453*, 464, *478*
Zhdanov, V. M. 473, 477
Zimmermann, B. 13, *41*
Zobel, C. R. 463, 464, *474*, *479*
Zörgiebel, F. 375, *393*
Zorll, U. 369, *374*
Zubay, G. 456, 459, 463, *476*, 548, *553*
Zworykin, V. K. 349, 354, *374*

Sachverzeichnis

MIX
Papier aus verantwortungsvollen Quellen
Paper from responsible sources
FSC® C105338

If you have any concerns about our products,
you can contact us on
ProductSafety@springernature.com

In case Publisher is established outside the EU,
the EU authorized representative is:
Springer Nature Customer Service Center GmbH
Europaplatz 3, 69115 Heidelberg, Germany

Printed by Libri Plureos GmbH
in Hamburg, Germany